ENCYKLOPÄDIE
DER
ELEMENTAREN GEOMETRIE.

BEARBEITET

VON

HEINRICH WEBER, JOSEF WELLSTEIN
UND **WALTHER JACOBSTHAL.**

MIT 280 TEXTFIGUREN.

LEIPZIG
DRUCK UND VERLAG VON B. G. TEUBNER.
1905.

Vorrede.

Der zweite Band der Encyklopädie der Elementarmathematik, dessen Erscheinen durch äußere Umstände in unerwünschter Weise verzögert wurde, ist ausschließlich der Geometrie gewidmet. Bei dem großen Umfang der Elementargeometrie mit ihren zahllosen Sätzen und Sätzchen über Dreieck und Kreis, Tetraeder und Kugel, die einige wenige projektive Grundgedanken immer wieder variieren und spezialisieren, mußte um so mehr eine Beschränkung auf das Notwendigste eintreten, als, zum Teil mit Rücksicht auf den dritten Band, auch die Kegelschnitte, die ebene und sphärische Trigonometrie sowie die Anfangsgründe der analytischen Geometrie zu behandeln waren.

Es liegt nicht im Plane unseres Buches, eine Sammlung alles Wissenswerten aus diesem weiten Gebiete, womöglich mit Angabe der Literatur zu geben, wie in der großen Encyklopädie der Mathematischen Wissenschaften; vielmehr sollte unter Ausscheidung alles zur Zeit noch Isolierten und darum Unfruchtbaren nur das geboten werden, was in den Anwendungen auf Mechanik und Physik sich als nützlich erweist und auch in der höheren Mathematik fortlebt.

In diesem engeren Bereiche wurde in erster Linie Vertiefung und Belebung des Gegenstandes angestrebt, Vertiefung durch ausführliche kritische Untersuchung der Grundlagen nach der logischen und erkenntnistheoretischen Seite, durch sorgfältige Behandlung alles dessen, was Vorzeichen, Rechts und Links, Richtung und Drehsinn betrifft; Belebung durch Anwendungen, die für den dritten Band vorbehalten sind.

Der Band ist in drei Bücher eingeteilt. Nicht ohne Sorge übergebe ich das erste Buch der Öffentlichkeit, das die Grundlagen behandelt, also jenes schwierige Zwischengebiet, das außer mathematischem auch philosophischen Sinn beansprucht. Bei dem allgemeinen Tiefstand unserer philosophischen Bildung, den wir uns wohl ruhig eingestehen dürfen, und der großen Abneigung weiter Kreise gegen alle Fragen, die in dieses Gebiet schlagen, kam es vor allem darauf an zu zeigen, daß hier wirklich ernsthafte Fragen vorliegen, die auch den Mathematiker angehen. Mögen auch nicht alle Ausführungen des Verfassers Anklang finden, so würde er sich schon freuen, etwas erreicht zu haben, wenn es ihm gelänge, für die ganze Fragestellung Interesse zu erwecken, besonders bei den jungen Lehrern. Verfasser weiß es aus eigener Erfahrung, wie deplaciert sich der eben von der Universität gekommene junge Lehrer fühlt, wenn er, der sich bis dahin mit den höchsten und neuesten Fragen der höheren Mathematik beschäftigt hat, sich in die Lage versetzt sieht, Quartanern die Anfangsgründe der Geometrie beibringen zu müssen. Daß dies in Wirklichkeit eine schwere, verantwortungsvolle Aufgabe ist, die nicht nur gründliche wissenschaftliche Bildung, sondern auch pädagogische Kunst erfordert, das vermag nur derjenige vollständig zu würdigen, der sich bemüht hat, in die erkenntnistheoretische Grundlegung der Geometrie einzudringen. Nichts ist so geeignet, den Lehrer innerlich zu heben und mit dem Gefühl der Größe seines Berufes zu erfüllen, als die klare Einsicht, daß die Grundlegung der Geometrie eine beinahe unüberwindlich schwere Aufgabe ist, mit deren Lösung er sein ganzes Leben hindurch ringen muß, fortwährend vermittelnd zwischen den Forderungen der strengen Logik und der Rücksicht auf die erst zu erschließende Auffassungsfähigkeit der Schüler, zwischen wissenschaftlicher Strenge und naiver Anschauung, deren Belebung und Stärkung nach dem Urteil pädagogisch und wissenschaftlich erfahrener Schulmänner das erste Ziel des geometrischen Unterrichts sein muß. Es sei auch an dieser Stelle der Gedanke abgewiesen, als solle der geometrische Unterricht rein formal logisch betrieben werden. — Da das erste Buch wegen seiner erkenntnistheoretischen Fragestellung auch Leser finden könnte, die der sonstige Inhalt des Bandes vielleicht weniger interessiert, so wurden alle nicht im engsten Sinne elementaren Sätze, die zum Verständnis notwendig waren, abgeleitet. Zur Kennzeichnung des Wesens der projektiven Raumanschauung mußten auch die Anfangsgründe der projektiven Geometrie in diesen Abschnitt eingeflochten werden. Daran schließt sich die Planimetrie, in der besonders die Theorie des Kreisbündels ausführlich behandelt ist; sie bildet, wie nach Zeuthen (Poncelet) gezeigt wird, einen bequemen Zugang in die Metrik der Kegelschnitte.

Das zweite Buch bringt die ebene und sphärische Trigonometrie, bei der einerseits nach dem Vorgange von Study der Gruppenbegriff in den Mittelpunkt gestellt, andererseits auf die Bedürfnisse der Praxis Rücksicht genommen wurde.

Im dritten analytisch-geometrischen und stereometrischen Buche wird die Lehre von den Kegelschnitten nach der analytischen Seite ausgebaut, wobei auch die Lehre von der Krümmung, besonders mit Rücksicht auf die im dritten Band zu bringende Projektionslehre, dargestellt wird. Eine zusammenhängende Darstellung der Kegelschnittslehre würde über den Rahmen unseres Werkes hinausgegangen sein, vielmehr wurde Wert darauf gelegt, dieses schönste und höchste Gebiet der Elementargeometrie von den verschiedensten Seiten in Angriff zu nehmen: rein synthetisch, von der Kreisgeometrie her, analytisch, und im dritten Bande mit Hilfe der darstellenden Geometrie und der Perspektive. Auch die sphärischen Kegelschnitte sind in einem kurzen Paragraphen behandelt. Der stereometrische Abschnitt bringt außer den Grundlagen der Raumgeometrie die Lehre vom Volumen.

Die Bearbeitung der sphärischen Trigonometrie und der analytischen Sphärik hat W. Jacobsthal übernommen. In den übrigen Stoff haben sich die beiden Herausgeber in der aus dem Inhaltsverzeichnis ersichtlichen Weise geteilt.

Straßburg, im August 1905.

Joseph Wellstein.

Inhaltsverzeichnis.

Erstes Buch.

Grundlagen der Geometrie.

(Von Josef Wellstein.)

Erster Abschnitt.

Kritik der Grundbegriffe.

Zweiter Abschnitt.

Die natürliche Geometrie als eine der unendlich vielen Erscheinungsformen einer rein begrifflichen Geometrie (Metageometrie).

Dritter Abschnitt.

Grundlegung der projektiven Geometrie.

Vierter Abschnitt.

Planimetrie.

Zweites Buch.

Trigonometrie.

Fünfter Abschnitt.

Ebene Trigonometrie und Polygonometrie.

(Von Heinrich Weber.)

Sechster Abschnitt.

Sphärik und sphärische Trigonometrie.

(Von Walther Jacobsthal.)

A. Orientierung auf der Kugel.

B. Die Formeln erster Ordnung.

C. Die Grundformeln zweiter Ordnung.

D. Angewandte sphärische Trigonometrie.

Drittes Buch.

Analytische Geometrie und Stereometrie.

(Von Heinrich Weber.)

Siebenter Abschnitt.

Analytische Geometrie der Ebene.

Seite

Achter Abschnitt.

Punkte, Ebenen und Gerade im Raum.

Neunter Abschnitt.

Rauminhalt und Flächeninhalt.

Zehnter Abschnitt.

Drehungsgruppen und reguläre Körper.

Elfter Abschnitt.

Analytische Geometrie des Raumes.

ERSTES BUCH.

GRUNDLAGEN DER GEOMETRIE.

Einleitung.

1. Was die Mathematik zum stolzesten und vollendetsten Vorbild einer reinen Wissenschaft macht, ist nicht sowohl ihre streng deduktive Methode, als vielmehr der Umstand, daß sie in der Lage ist, die Voraussetzungen, auf die sie sich gründet, als „Grundbegriffe" und „Grundsätze" an die Spitze ihres Lehrganges zu stellen und die Tragweite der einzelnen Grundsätze dadurch ins rechte Licht zu rücken, daß Systeme konstruiert werden, in denen die eine oder die andere dieser Voraussetzungen fehlt. Die Grundlagen der Arithmetik (siehe Bd. I, erstes Buch) haben wir im wesentlichen durch eine einzige Funktion unseres Geistes, die der Zuordnung, gewonnen. Die Grundlagen der Geometrie, die wir nunmehr, soweit es mit elementaren Mitteln möglich ist, einer genaueren Untersuchung unterwerfen wollen, sind nicht so einfacher Natur. Es sind die Begriffe „Punkt", „Gerade", „Ebene", „parallel", „zwischen" u. s. w. und unter anderem die Sätze: Durch zwei Punkte geht immer eine und nur eine Gerade; durch drei Punkte, die nicht in gerader Linie liegen, geht immer nur eine Ebene; von drei Punkten einer Geraden liegt immer nur einer „zwischen" den beiden übrigen, u. s. w. Diese Sätze sehen zwar sehr einfach aus, da sie in der Anschauung unmittelbar einleuchten und nicht durch noch einfachere bewiesen werden können; sie werden leicht für selbstverständlich gehalten. Aber nichts ist tieferer Erkenntnis hinderlicher als das, was auf den ersten Blick als selbstverständlich erscheint. Während die Mathematiker aller Zeiten bestrebt waren, den Umfang ihrer Wissenschaft durch Entdeckung neuer Lehrsätze zu erweitern, sind es nur wenige, freilich gerade die besten, gewesen, die mehr nach Vertiefung der Geometrie, nach Einsicht in den Zusammenhang und die Tragweite der einzelnen Grundsätze drangen: so wenig hielt man es für der Mühe wert, jene schlichten Sätze, die beinahe trivial klingen und nur geringe Ausbeute versprechend offen zu Tage lagen, zu sammeln und ihnen auf den Grund zu gehen. Und doch gibt es in er ganzen Geometrie kaum etwas reizvolleres als die Beschäftigung mit jenen unscheinbaren Sätzen, die mit wenig Worten so ungeheuer viel

sagen, da sie *in nuce* die ganze Geometrie enthalten. Durch ihre Erforschung sind der Geometrie größere Gebiete erobert worden, als durch den Ausbau ihrer höheren Theorien.

2. Wir beabsichtigen in der Folge nicht, nach Euklidischem Vorbild unter Vorausschickung der Grundannahmen ein System der Geometrie Stufe für Stufe aufzubauen, weil bei diesem Verfahren die Bedeutung der einzelnen Voraussetzung zu wenig hervortritt. Vielmehr geben wir einer Darstellung den Vorzug, die durch Kritik der üblichen Auffassung der Elemente erst den Sinn für streng logische Betrachtung der Geometrie wecken und zugleich dartun soll, wie wenig die Tatsachen der sinnlichen Anschauung geeignet sind, unmittelbar als Bausteine einer Wissenschaft zu dienen, die nur mit vollkommen bestimmten Begriffen etwas anfangen kann.

Erster Abschnitt.

Kritik der Grundbegriffe.

§ 1. Geschichtliches.

1. Wie die Geschichte zeigt, ist die Geometrie empirischen Ursprunges. Wenigstens ist von dem ältesten Kulturvolk, das auf die Geometrie des Abendlandes nachweisbaren Einfluß ausgeübt, von den alten Ägyptern, sowohl durch griechische Geschichtsschreiber als auch durch die Ergebnisse der Ägyptologie bezeugt, daß ihre Geometrie hervorgegangen ist aus dem Bedürfnisse, alljährlich nach dem Sinken der Nilschwelle die verwischten Flurgrenzen wieder herzustellen. Dementsprechend beziehen sich die ältesten aus dem Papyrus Eisenlohr[1]) uns bekannten geometrischen Formeln auf die Ausmessung von Flächen, eine Aufgabe, die aber nur durch Näherung gelöst wird. So wird z. B. die Fläche eines gleichschenkeligen Dreiecks mit den Seiten a, a, c gleich $\frac{1}{2}ac$ angegeben, statt $\frac{1}{2}ac\sqrt{1-(c/2a)^2}$, was aber um so besser stimmt, je größer die beiden gleichen Seiten im Verhältnis zur dritten sind. Auch was jener Papyrus sonst noch an geometrischen Tatsachen enthält, hat unmittelbar praktischen Wert; Beweise oder Andeutungen solcher finden sich nirgends. Im ganzen wird man den alten Ägyptern in dieser Richtung nicht viel zutrauen dürfen, ihre Weisheit ist im Altertum sehr überschätzt worden.

2. Die Griechen befreiten die Geometrie aus dem engen Gesichtskreis ägyptischer Handwerker und Baumeister. Indem sie die Geometrie um ihrer selbst willen trieben, förderten sie dieselbe in zwei Jahrhunderten mehr als jene in zwanzig. Anfangs mag noch die sinnliche Anschauung die entscheidende Rolle gespielt haben, bald aber stellte sich das Bedürfnis nach logischen Beweisen ein; aus einfachen Sätzen wurden schwierigere hergeleitet und immer umfangreichere Abschnitte der Geometrie im Zusammenhang dargestellt. Damit war der Anstoß gegeben, auf die letzten Voraussetzungen zurückzugehen, aus denen alles übrige folgt. Der Mann, der diese unvergleichlich große Geistes-

1) A. Eisenlohr, Ein mathematisches Handbuch der alten Ägypter. Leipzig 1877.

tat vollbrachte, war Euklid, der um das Jahr 300 v. Chr. unter Ptolemaeus I. in Alexandria lebte und lehrte. Er brachte, was seine Vorgänger in mehr als hundertjähriger Vorarbeit zur Grundlegung der Geometrie geleistet, zum Abschluß, und seine dreizehn Bücher der Elemente, die in geometrischer Einkleidung zugleich die Grundlagen der Arithmetik enthalten, verdrängten vollständig die Werke seiner Vorgänger. An die Spitze seines Buches, der *στοιχεῖα*, stellt Euklid die Definitionen (*ὅροι*), Postulate (*αἰτήματα*) und Axiome (*κοιναὶ ἔννοιαι*), auf die sich seiner Ansicht nach die Geometrie gründet. Die wichtigsten Definitionen sind

I. *Σημεῖόν ἐστιν, οὗ μέρος οὐθέν.*	Punkt ist, dessen Teil nichts ist.
II. *Γραμμὴ δὲ μῆκος ἀπλατές.*	Eine Linie ist Länge ohne Dicke[1]).
III. *Εὐθεῖα γραμμή ἐστιν, ἥτις ἐξ ἴσου τοῖς ἐφ' ἑαυτῆς σημείοις κεῖται.*	Gerade ist eine Linie, die gleichmäßig liegt zu ihren Punkten.

Die Stelle *ἐξ ἴσου κεῖται* ist noch nicht befriedigend übersetzt, der Sinn ist aber wohl nicht zu verkennen.

IV. *Ἐπιφάνεια δέ ἐστιν, ὃ μῆκος καὶ πλάτος μόνον ἔχει.*	Eine Fläche ist, was nur Länge und Breite hat.
V. *Ἐπίπεδος ἐπιφάνειά ἐστιν, ἥτις ἐξ ἴσου ταῖς ἐφ' ἑαυτῆς εὐθείαις κεῖται.*	Ebene ist eine Fläche, die gleichmäßig zu ihren Geraden liegt.
VI. *Παράλληλοί εἰσιν εὐθεῖαι, αἵτινες ἐν τῷ αὐτῷ ἐπιπέδῳ οὖσαι καὶ ἐκβαλλόμεναι εἰς ἄπειρον ἐφ' ἑκάτερα τὰ μέρη ἐπὶ μηδέτερα συμπίπτουσιν ἀλλήλαις.*	Parallel sind Gerade, welche in derselben Ebene liegen und nach beiden Seiten bis ins unendliche verlängert auf keiner Seite sich treffen.

Von den Postulaten wollen wir nur das fünfte anführen, das in manchen Euklidausgaben als elftes oder dreizehntes Axiom erscheint und gewöhnlich das Parallelenaxiom genannt wird.

(*Ἠιτήσθω*) *καὶ ἐὰν εἰς δύο εὐθείας εὐθεῖα ἐμπίπτουσα τὰς ἐντὸς καὶ ἐπὶ τὰ αὐτὰ μέρη γωνίας δύο ὀρθῶν ἐλάσσονας ποιῇ, ἐκβαλλομένας τὰς δύο εὐθείας ἐπ' ἄπειρον συμπίπτειν, ἐφ' ἃ μέρη εἰσὶν αἱ τῶν δύο ὀρθῶν ἐλάσσονες.*	(Es soll gefordert werden) wenn eine zwei andere Gerade schneidende Gerade mit ihnen auf derselben Seite innere Winkel bildet, die (zusammen) kleiner sind als zwei Rechte, so schneiden sich jene zwei Gerade, verlängert bis ins unendliche, auf der Seite, auf der diese Winkel liegen.

1) Genauer „ohne Breite", vergl. *ἀπλατές* in II und *πλάτος* in IV. Euklid denkt die Linie offenbar auf einer Fläche gezeichnet.

Die Axiome 1, 2, 3 und 8 enthalten die Grundsätze der Arithmetik, sind aber hier unmittelbar auf Raumgrößen bezogen. Axiom 7 enthält den Begriff der Kongruenz:

καὶ τὰ ἐφαρμόζοντα ἐπ' ἄλληλα ἴσα ἀλλήλοις ἐστίν.	und was sich deckt, ist gleich.

3. Auf Euklid folgte im Altertum eine Reihe hervorragender Mathematiker, wie Apollonius, Archimedes, Heron (1. Jahrhundert v. Chr.), Geminus, Nikomachus (1. Jahrh. n. Chr.), Pappus (um 300 n. Chr.), Theon und Proklus (5. Jahrh. n. Chr.), die sein Werk teils durch Kommentare zu erklären und in Einzelheiten zu verbessern, teils durch selbständige Werke zu übertreffen bemüht waren. Ihre Tätigkeit bezog sich auf das Parallelenaxiom, die Wahl der Voraussetzungen und den Aufbau des ersten Buches sowie auf die Hebung gewisser Widersprüche zwischen den sechs ersten und den drei letzten Büchern. Als ganzes blieb das System Euklids unangetastet, nur das Parallelenaxiom fand ernsthaften Tadel, weil es im Verhältnis zu angeblich einfacheren Sätzen, die Euklid eines Beweises gewürdigt hatte, zu wenig anschaulich sei, um als Postulat gelten zu können.

Als im 6. Jahrhundert n. Chr. die griechische Kultur erlosch, da sank auch die Geometrie bald wieder auf die Stufe des Handwerksmäßigen hinab, die sie in Ägypten inne gehabt, ja jene uralte Näherungsformel für den Inhalt des Dreiecks (siehe Art. 1) kam wieder zu Ehren. Im Mittelalter wurde die Kenntnis Euklids neu belebt durch die Araber, und alsbald machte sich der Eifer der Mathematiker wieder an die Rätsel des Parallelenaxioms. Die erste Euklidausgabe des Mittelalters in lateinischer Sprache ist eine Übersetzung aus dem Arabischen (1482). Erst mit dem Beginn der Renaissance wurden wieder griechische Codices des Euklid und seiner Kommentatoren ans Licht gezogen; 1533 erschien die erste griechische Textausgabe des Euklid, besorgt von Simon Grynaeus. Von den Versuchen mittelalterlicher Mathematiker, das fünfte Postulat (Parallelenaxiom) zu beweisen, ist der des Nasir Eddin (13. Jahrh.) wohl der älteste; im 16. Jahrh. widerlegte dann Clavius einen Beweisversuch des Proclus, wie seinerseits Proclus ähnliche Versuche seiner Vorgänger als falsch erwiesen hatte. Immer deutlicher trat die Schwierigkeit des Problems zutage und reizte zahlreiche Mathematiker, diesen „Fleck" des Euklidischen Systems zu beseitigen. Soweit diese Beweisversuche sich nicht auf Trugschlüsse gründen, beruhen sie alle darauf, stillschweigend oder offen einen anderen Satz vorauszusetzen, der auf den ersten Blick ganz unverfänglich aussieht. „Das, was noch zu erweisen übrig ist, scheint anfangs eine Kleinigkeit zu sein; aber diese anscheinende Kleinigkeit, soll sie nach aller Strenge berichtigt werden, ist, wenn man genau nachsieht, immer die Hauptsache selbst; gewöhnlich setzt sie den Satz, oder einen ihm gleichwertigen, voraus, den man eben erweisen soll.“ (Lambert.) Dieses Mißgeschick traf auch den Begründer der Nichteuklidischen Geometrie und Herausgeber des „Euklides ab omni naevo vindicatus“, Hieronymus Saccheri (1667—1733), der mit bewunderungswürdigem Scharfsinn eine Geometrie aufbaute, die das Parallelenaxiom verwirft. Nicht als hätte er an der Wahrheit dieses Axioms und seiner logischen Abhängigkeit von den anderen Voraussetzungen gezweifelt. Er hoffte vielmehr durch zu erwartende Widersprüche „die verhaßte Hypothese“ beweisen zu können. Eng verwandt mit Saccheris Ideen und anscheinend von ihnen nicht unabhängig ist die „Theorie der Parallellinien“ von Lambert, die Johann Bernoulli nach dem Tode dieses großen Mannes im Magazin für reine und angewandte Mathematik 1786 herausgegeben hat.

4. Über 2000 Jahre hatten sich die hervorragendsten Denker im festen Glauben an die absolute Wahrheit des Satzes, daß zu einer Geraden durch einen gegebenen Punkt immer eine und nur eine Parallele gezogen werden könne, vergeblich angestrengt, dieses Axiom als Folge der übrigen Voraussetzungen darzustellen, als fast zu gleicher Zeit nicht ein, sondern vier Mathematiker den Bann lösten, der die Geister umfangen hatte. Zuerst wohl Gauß, der aber nichts darüber veröffentlichte. Doch geht aus seinem Nachlaß mit Sicherheit hervor, daß er mindestens schon um das Jahr 1799 an der logischen Beweisbarkeit des Parallelenaxioms zweifelte und spätestens 1816 die Grundlagen der hyperbolischen Geometrie hatte.[1]) Unabhängig von ihm gelangte etwa 1818 der Jurist K. Schweikart in Marburg zu demselben Ergebnis. Auch diese Arbeit wurde nicht publiziert. An die Öffentlichkeit wagten sich mit der neuen Lehre zuerst der Russe Lobatschewski (Vortrag in Kasan 12. Februar 1826) und Joh. Bolyai in seinem Appendix 1832, ohne jedoch viel Verständnis und Anerkennung zu finden. Die neue Lehre wurde teils mit Gleichgültigkeit, teils mit abweisendem Spott aufgenommen und als „Metageometrie“[2]) auf gleiche Stufe gestellt mit der Metaphysik, die sich nicht gerade des besten Rufes erfreute. Erst die Schriften von Beltrami, Riemann, Helmholtz, Klein, Lie u. a. zerstreuten einigermaßen die Vorurteile, mit denen selbst Mathematiker die Nichteuklidische Geometrie ansahen. Aber die neue Auffassung der Grundlagen hätte vielleicht noch lange auf allgemeine Anerkennung warten müssen, wenn nicht die Entwicklung der mo-

1) Gauß, Werke, Bd. 8. Dort findet sich auch Nachricht über Schweikarts (Astral-)Geometrie. Vergl. auch Engel und Stäckel, Die Theorie der Parallellinien von Euklid bis auf Gauß. Leipzig 1895.

2) Das Wort stammt übrigens von Leibniz.

dernen Funktionentheorie und der Mengenlehre dazu gedrängt hätte, gleichzeitig auch die Grundbegriffe der Arithmetik zu revidieren. Die Entdeckung stetiger und doch nicht differentiierbarer Funktionen (durch Weierstraß), denen analytisch-geometrisch stetige Kurven ohne Tangenten entsprechen, der Nachweis der Möglichkeit, eine Kurve auf eine Fläche abzubilden, die immer deutlicher werdende Unzulänglichkeit der überlieferten Auffassung des Zahlbegriffes, besonders des Begriffes der Irrationalzahl, die Ausbildung des Stetigkeitsbegriffes und der Lehre von der Reihenkonvergenz sowie viele andere Umstände wirkten zusammen, um den blinden Glauben an die Zuverlässigkeit unserer sinnlichen Anschauung gründlich zu erschüttern und eine kritische Richtung in der Mathematik zu erzeugen, die auch der Geometrie zugute kam.

§ 2. Die Begriffe „Punkt“, „Linie“, „Fläche“.

1. Die Entwicklung der modernen Funktionentheorie hat gezeigt, daß die Kritik der Grundlagen nicht am fünften Postulat, sondern gleich an der ersten Definition hätte ansetzen sollen:

σημεῖόν ἐστιν, οὗ μέρος οὐθέν[1]).

Dieser Begriff entsteht aus dem Begriffe des — wirklichen oder vorgestellten — materiellen Punktes durch den Grenzprozeß, d. h. durch einen Geistesakt, der einer an sich unbegrenzten Reihe von Vorstellungen ein Ziel setzt. Man stelle sich etwa ein Sandkörnchen oder ein Sonnenstäubchen vor, das ohne Unterlaß kleiner und kleiner wird. Damit schwindet dann immer mehr die Möglichkeit, sich innerhalb dieses Sandkörnchens kleinere Teilchen abzugrenzen, und es entsteht, so sagt man, mit wachsender Bestimmtheit die Vorstellung des Punktes als eines bestimmten Ortes im Raum, der nur noch Einer ist und keine Teile mehr hat. Diese Auffassung ist unhaltbar, denn man kann sich zwar einigermaßen vorstellen, wie das Körnchen kleiner und kleiner wird, aber nur so lange, bis es den Augen fast entschwindet; von da an sind wir vollkommen im Dunkeln, und den Fortgang der Verkleinerung können wir weder sehen noch uns vorstellen. Daß dieses Verfahren ein Ende erreicht, ist undenkbar, daß dagegen ein Ziel existiert, über das es nicht hinaus kann, ohne es je zu erreichen, müssen wir glauben oder postulieren. Man gebe sich keiner Täuschung hin: so gut man sich vorstellen kann, daß ein Sandkörnchen unbegrenzt kleiner wird, können wir uns auch

1) Die folgenden Ausführungen passen zwar genau auf den Wortlaut der Euklidischen Definitionen, sollen aber nicht diese, sondern ihre gewöhnliche Auffassung treffen. Den Euklidischen Absichten dürften besser §§ 7 ff. entsprechen.

vorstellen, daß man es durch ein Mikroskop betrachtet, dessen Vergrößerungsvermögen im Verhältnis zu jener Verkleinerung zunimmt. Dann wird an dem Sandkorn keine Veränderung wahrzunehmen sein und es leuchtet ein, was auch an sich klar ist, daß jener Verkleinerungsprozeß in der Anschauung nie ein Ende erreichen kann. Wenn man diesem Prozesse gleichwohl den Begriff des Punktes als „Des durch ihn eindeutig Bestimmten" zuordnen will, so muß man sich bewußt bleiben, daß das ein reiner Akt des Willens, nicht des Verstandes ist; und der so definierte „Punkt" ist nicht vorstellbar, sondern nur etwas an eine Vorstellungsreihe Geknüpftes. Zu der ersten Definition gehörte also auf alle Fälle ein erstes Postulat, daß es überhaupt Punkte g i b t. Räumliche Existenz haben sie nicht. Bewegte sich unsere tägliche Erfahrung so häufig im Reiche des sehr klein Erscheinenden, wie sie sich im Reiche des Großen bewegt, so würde man dem Begriffe des Punktes mehr Mißtrauen entgegenbringen. Wenn man an das reiche Leben der Kleinwelt denkt, die unseren Sinnen hauptsächlich nur durch das Mikroskop zugänglich ist, an das Leben der Spaltpilze, Algen und Bakterien, an das Leben der Pflanzen- und Tierzellen mit ihrer wunderbar feinen Struktur, wenn wir überlegen, wie in der menschlichen Eizelle ein hoch organisiertes Wesen mit diesen oder jenen Eigenheiten seines Körperbaues, seines Charakters und Verstandes präformiert vorliegt, so können wir uns des Eindruckes nicht erwehren, daß das, was klein erscheint, nur in bezug auf unsere Sinne so ist, und daß vor einer anders gearteten Intelligenz als der menschlichen der sinnliche Unterschied zwischen groß und klein wegfallen könnte.

2. Wie der Punkt als Grenzbegriff dem im Abnehmen begriffenen Sandkörnchen zugeordnet wird, so knüpfen wir den Begriff der (krummen) Linie und der (krummen) Fläche an die Vorstellung einer materiellen Linie oder Fläche, die eine zunehmende Verfeinerung erfährt. Und zwar können wir uns die Linie als dünnen Faden, die Fläche als dünnes Blatt vorstellen, die immer dünner werden, oder als scharfe Kante bezw. glatte Oberfläche, die immer noch feiner und glätter wird. Bei der Bildung des Flächenbegriffes nur von der Oberfläche oder dem zwei Körpern Gemeinsamen auszugehen, ist nicht ausreichend, weil es Flächen gibt, die nicht als Ganzes Oberfläche eines Körpers, nicht Trennungsfläche zweier Körper sein können. Versucht man z. B. das in Fig. 1 abgebildete Möbiussche Blatt, das aus einem Rechteck AA_1BB_1 entsteht, indem man nach geeigneter Verdrehung A_1B_1 an BA klebt, auf einer Seite mit Materie zu bedecken, etwa mit Wachs, so wird schließlich die ganze Fläche in der Materie stecken, weil sie nur eine Seite hat.

Der zur Linie und Fläche führende Grenzprozeß unterliegt denselben Bedenken wie beim Punkt. Eine genaue Vorstellung einer glatten Fläche gibt es nicht, eine vorgestellte Fläche kann nicht glatter oder dünner sein als eine materielle; denn umgekehrt sind wir nicht imstande, von zwei materiellen Flächen anzugeben, welche die dünnere ist, wenn sie beide nur einigermaßen dünn sind und der Unterschied nicht zu groß ist; ebenso verhält es sich mit der Glätte. Selbst die Oberfläche einer Flüssigkeit ist nicht absolut glatt, denn die Flüssigkeiten lassen fortgesetzt zahllose Teilchen in den Raum sprühen, was man Verdunstung nennt; eine Flüssigkeit hat daher ebensowenig eine bestimmte Oberfläche, wie ein Bienenschwarm eine hat. Von diesen verschwommenen Vorstellungen soll nun der Grenzprozeß zu etwas vollkommen Genauem und Bestimmtem übergehen; das kann aber nicht wieder ein Vorstellbares sein, sondern ein reiner Begriff, den wir dem Grenzprozesse als das durch ihn Bestimmte zuordnen. Räumliche Existenz haben die „Linie" und die „Fläche" ebensowenig als der „Punkt". Und auf so bedenklichen Grundlagen sollte sich die Geometrie aufbauen?

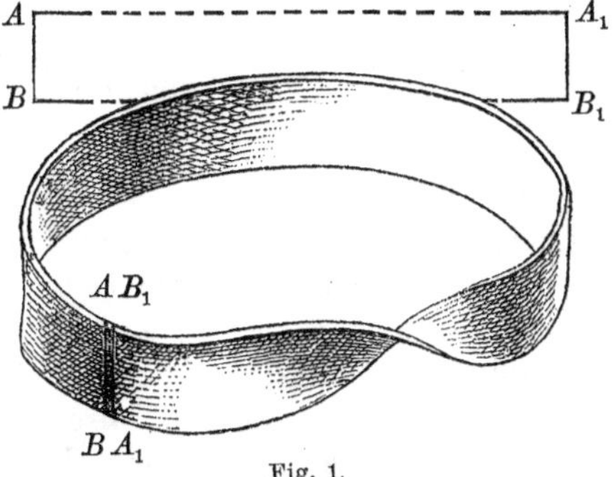

Fig. 1.

§ 3. Die Begriffe „Gerade", „Ebene", „parallel".

1. Die Schwierigkeiten und Widersprüche häufen sich, wenn man von der (krummen) Linie und der Fläche zu der geraden Linie und der Ebene aufsteigt. Diese Begriffe oder doch die ihnen zu Grunde liegenden Anschauungen sucht man dadurch zu übermitteln, daß man verlangt, man solle sich zunächst eine materielle Gerade, etwa eine scharfe Kristallkante, einen gespannten Faden oder einen Lichtstrahl vorstellen und nun den in § 2 geschilderten Grenzprozeß vornehmen. Die (grobe) Vorstellung des Geraden entsteht auch, wenn man Körper zwischen zwei Körper A, B so einordnet, daß sie sich beim Visieren mit ihnen zu decken scheinen. (Richtung nehmen beim Militär!) Diesem Vorgang entspricht die Platonische Definition der Geraden als einer Linie, „deren Mittleres die Enden beschattet", also als Weg des Lichtstrahles. Es braucht nicht wiederholt zu werden, daß eine materielle Linie nicht eine exakte Vorstellung und auch keinen exakten geometrischen Begriff erzeugen kann; auch der Lichtstrahl ist nichts in seiner Richtung Unteilbares, zudem hat er die durch den Schwingungszustand bedingte Seitlichkeit. Noch weniger geht es an, die

Gerade als Das zu definieren, was bei der Drehung eines Körpers um zwei Punkte in Ruhe bleibt. Denn damit käme in intensivster Weise die Bewegung mit allen ihren Rätseln in die Geometrie, außerdem kann man sich dabei nichts vorstellen und noch weniger aus dieser Definition brauchbare Schlüsse ziehen. Die dem Archimedes zugeschriebene Definition, die Gerade sei die kürzeste Linie zwischen zwei Punkten, setzt den Begriff der Länge, wenn auch nur des Linienelementes, und damit denn doch wieder den Begriff der Geraden voraus.

2. Wie ihre Modelle ist die (roh vorgestellte) Gerade zunächst endlich, muß aber, besonders dem Parallelenbegriff zu Liebe, unbegrenzt fortgesetzt werden, denn die Definition des Parallelismus besagt, daß zwei Geraden einer Ebene einander parallel heißen, wenn sie, bis ins Unendliche verlängert, einander nicht treffen. Diese Forderung ist aber bei einer vorstellbaren, also materiellen Geraden vollkommen unzulässig, weil sie die Grenzen der Erfahrung und des Vorstellbaren übersteigt und es auf Grund dieser Definition vollkommen unmöglich ist, von zwei Geraden zu entscheiden, ob sie wirklich parallel sind. Man knüpft die Vorstellung des Parallelismus gern an die beiden Schienenstränge eines Geleises, die durch die Schwellen immer in gleichem Abstand voneinander gehalten werden und sich auch bei unbegrenzter Fortsetzung des Geleises nie schneiden werden. Aber hier müßte erst bewiesen werden, daß, wenn die eine Schiene wirklich eine absolut genaue Gerade wäre, auch die andere Schiene eine Gerade sein muß. Außerdem wird der Begriff des Lotes und der Gleichheit vorausgesetzt. Von den rohen Linien, auf die sich allein unsere Vorstellung und Erfahrung bezieht, sollte man vernünftigerweise überhaupt nichts aussagen, was eine Überschreitung der engen Grenzen voraussetzt, die unseren Sinnen gezogen sind; wenn man es doch tut, muß man auf Widersprüche oder Zweideutigkeiten gefaßt sein.

3. Die hier geltend gemachten Bedenken übertragen sich auch auf die Ebene. Es wird nicht nötig sein, das weiter auszuführen, dagegen muß noch ein anderer Umstand hervorgehoben werden. Wenn man zwischen zwei (groben) Punkten A, B einen Faden spannt, oder zwischen ihnen andere Punkte durch Visieren einordnet, ähnlich wie man die Mitte einer Zielscheibe zwischen Korn und Kimme einer Flinte einvisiert, so gewinnen wir den Erfahrungssatz, daß zwischen zwei materiellen Punkten nur eine materielle Gerade möglich ist. Definiert man ferner die Ebene als die Fläche, welche eine Gerade beschreibt, die durch einen Punkt P gehend eine Gerade p trifft, so ist die Ebene durch P und zwei Punkte dieser Geraden p, die übrigens nicht durch P gehen darf, vollkommen bestimmt. Ob oder daß sie durch drei andere ihrer Punkte ebenfalls bestimmt ist, oder, was auf dasselbe hinauskommt, ob sie jede Gerade vollkommen enthält, von der sie zwei Punkte enthält, das kann nur die Erfahrung lehren. Diese Erfahrung gewinnen wir etwa an einer Tischplatte, auf der wir ein Lineal nach allen Richtungen hin glatt auflegen können, wenn wir nicht allzugroße Ansprüche an Genauigkeit stellen. Werden aber diese Eigenschaften sich erhalten, wenn man von der materiellen Ebene oder Geraden zur exakten übergeht? Ist es zulässig, wie Euklid es tut, zu postulieren, daß die Gerade durch zwei ihrer Punkte völlig bestimmt ist, oder liegt das nicht schon im Begriffe? Diese Fragen sind nicht schwer zu beantworten. Man kann nämlich zwischen zwei Punkten A, B einen dritten nur so lange einvisieren, als diese Punkte wirklich sichtbar sind; werden sie bei dem vorzunehmenden Grenzübergange unsichtbar, so sind wir völlig ratlos, wie jene Punkte eingeschaltet werden sollen; wollte man ein Vergrößerungsglas zur Hilfe nehmen, so entstände wieder der Einwand, daß man nicht zu Ende kommt. Ebenso geriete man in Verlegenheit, wenn man am gespannten Faden den Grenzprozeß vornehmen wollte, denn der Faden müßte doch, um gespannt werden zu können, immer materiell bleiben, was der Absicht des Grenzverfahrens vollständig widerspricht. Es folgt, daß bei einer materiellen Geraden, wie auch immer man sie erzeugt, ein exakter Grenzübergang überhaupt nicht möglich ist. Will man nun doch zu einem bestimmten Begriffe gelangen, so muß man so viel Eigenschaften der materiellen Geraden in die Definition dieses Begriffes aufnehmen, bis man mit der so definierten (nicht mehr vorstellbaren) Geraden alles das anfangen kann, was uns die verfeinerte materielle leisten sollte. Es zeigt sich also schon hier, daß die Euklidischen Definitionen für die logische Beweisführung vollkommen unbrauchbar sind. Zu jenen Eigenschaften der materiellen Geraden nun, die man in den zu bildenden Begriff der exakten übernehmen muß, gehört gerade die, daß sie durch zwei Punkte bestimmt sein soll; ähnlich müssen wir in die Definition des durch Grenzübergang ebenfalls nicht bestimmbaren Begriffs der Ebene die Eigenschaft aufnehmen, daß sie jede Gerade völlig enthält, von der zwei Punkte in ihr liegen, oder eine äquivalente Eigenschaft. Ebene und Gerade können also nur durch Eigenschaften, nicht durch Grenzübergänge an Objekten der Anschauung definiert und damit überhaupt ins Dasein gerufen werden.

§ 4. Die Bewegung und die Kongruenz.

1. Auf eine Kritik des Begriffes „zwischen“, die hier unmittelbar anknüpfen könnte, wollen wir, um nicht zu ermüden, nicht eingehen, dagegen dürfen die Schwierigkeiten des Begriffes der Bewegung, auf die sich die ganze Lehre von der Kongruenz stützt, nicht unerörtert bleiben. „Zwei Strecken heißen einander gleich oder kongruent, wenn sie sich aufeinander legen lassen.“ Auf Grund dieser bekannten Definition kann also die Frage nach der Gleichheit zweier Strecken zunächst nur rein empirisch entschieden werden, nämlich indem man sie aufeinander legt. Das wäre noch zu dulden, wenn sich später andere Mittel fänden, die rein mittels der existent[1]) gedachten geometrischen Gebilde eine Entscheidung ermöglichten. Solche Mittel gibt es, wie wir sehen werden, aber die Elementargeometrie hat sich nie darum bemüht, sie zur Beseitigung des Empirischen zu benutzen. Diese wird aber noch aus einem anderen Grunde notwendig. Die Feststellung der Deckbarkeit zweier Strecken kann nur an materiellen Geraden vorgenommen werden. Durch die obige Definition werden also Strecken geometrischer Geraden gar nicht getroffen. Auch zwei Winkel werden als kongruent oder gleich definiert, wenn sie sich so aufeinander legen lassen, daß ihre Schenkel sich decken. Wiederum ist der Einwand zu machen, daß das reine Gedankending, das man Gerade nennt, und dem keine unmittelbare sinnliche Anschauung entspricht, nicht bewegt werden kann; also ist auch diese Definition hinfällig. Oder soll man sich auch die Bewegung nur denken? Aber was ist Bewegung?

2. Mag man den Begriff der Gleichheit bei materiellen Geraden immerhin auf die Bewegung gründen, in die Geometrie kann er nicht so ohne weiteres übernommen werden. Die Bewegung muß auf alle Fälle eliminiert werden. Da stünde man nun vor einem unüberwindlichen Hindernis, wenn diejenigen Recht hätten, welche behaupten, daß man ohne Bewegung in der Geometrie nicht auskommen kann. Dann wäre eine exakte Geometrie nicht möglich. So liegt die Sache aber nicht. Vergegenwärtigen wir uns doch erst, was die Bewegung im obigen Falle uns eigentlich leistet!

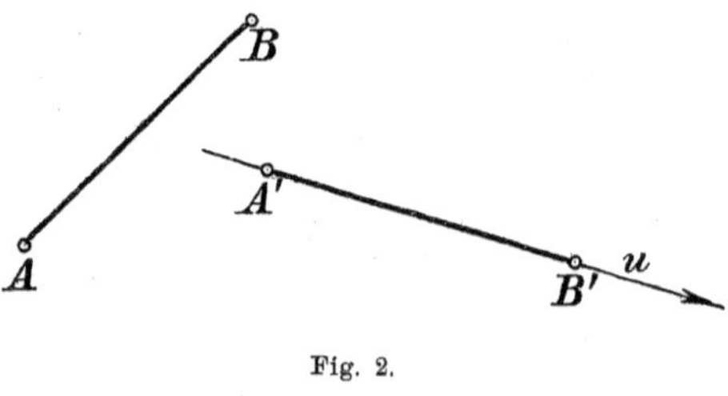

Fig. 2.

1.) Ist eine (materielle) Strecke AB gegeben und eine Gerade u mit einem Punkte A' darauf, so ordnet die Bewegung in vollkommen bestimmter Weise den Punkten AB und A' in gegebener

1) „Existent“ wollen wir die Geraden, Kreise u. s. w. nennen, wenn sie im Raume vorhanden sind oder so gedacht werden, sodaß sie also nicht erst „gezogen“ werden müssen wie in der Schulgeometrie.

Richtung auf u einen Punkt B' zu, und man sagt dann, die Strecke $A'B'$ sei kongruent AB, in Zeichen: $A'B' \cong AB$. Speziell ist in diesem Sinne $AB \cong AB$. Weiter können wir von der Bewegung aussagen:

2.) Wenn die Bewegung einer Strecke AB sowohl die Strecke $A'B'$ als auch die Strecke $A''B''$ als kongruent zuordnet, so entsprechen auch die Strecken $A'B'$ und $A''B''$ einander als kongruent.

Ferner:

3.) Entsprechen auf derselben Geraden a oder zwei verschiedenen Geraden a, a' drei Punkten A, B, C, von denen B zwischen A und C liegt, drei Punkte A', B', C', von denen B' zwischen A' und C' liegt, in der Weise, daß $AB \cong A'B'$ und $BC \cong B'C'$, so ist auch $AC \cong A'C'$.

Es ließen sich noch viele Sätze dieser Art aufstellen. Ähnliche Dienste leistet uns die Bewegung beim Winkel:

4.) Sei in einer Ebene α ein Winkel mit den Schenkeln h, k, sowie in einer Ebene α' (die mit α zusammenfallen darf) ein Halbstrahl h' und eine bestimmte Seite von h' in α' gegeben: dann ordnet die Bewegung in vollkommen bestimmter Weise den gegebenen Stücken einen Halbstrahl k' in α' durch den Anfangspunkt von h' zu, sodaß man von dem Winkel $\sphericalangle h'k'$ aussagt, er sei kongruent $\sphericalangle hk$. Speziell ist in diesem Sinne $\sphericalangle hk$ sich selbst kongruent. Dem Satze 2.) steht gegenüber:

5.) Sind zwei Winkel demselben dritten kongruent, so sind sie einander kongruent.

So könnte man noch viele Eigenschaften von Strecken und Winkeln aussagen, die nur der Bewegung ihren Ursprung verdanken; dazu kämen dann noch die Eigenschaften kongruenter Dreiecke. Nun hat aber Hilbert in seinem berühmten Buche über die „Grundlagen der Geometrie“, Leipzig 1903 (2. Aufl.), § 5 u. 6 gezeigt, daß man zu diesen fünf Tatsachen der Bewegung 1.) bis 5.) nur noch die folgende hinzuzunehmen braucht, um alles das zusammenzufassen, was uns beim Beweise der Kongruenzsätze allein die Bewegung leisten kann und muß; alles andere folgt dann streng deduktiv. Dieser sechste Satz aber lautet:

6.) Wenn für zwei Dreiecke ABC und $A'B'C'$ die Kongruenzen

$$AB \cong A'B', \quad AC \cong A'C', \quad \sphericalangle BAC \cong \sphericalangle B'A'C'$$

gelten, so sind auch stets die Kongruenzen

$$\sphericalangle ABC \cong \sphericalangle A'B'C' \text{ und } \sphericalangle ACB \cong \sphericalangle A'C'B'$$

erfüllt.

Hilbert legt sich bei der Definition der Kongruenz sogar die Beschränkung auf, daß er die Kongruenz zunächst nicht als eine wechselseitige definiert, also z. B. in 1.) nur AB kongruent $A'B'$, nicht $A'B'$ auch kongruent AB nennt; die Wechselseitigkeit folgt dann aus 2.)

und 5.) Die Einzelheiten und vor allem den Beweis der Kongruenzsätze wolle man bei Hilbert l. c. nachlesen[1]).

3. Die Beweisbarkeit der Kongruenzsätze aus den Voraussetzungen 1.) bis 6.) ohne weitere Benutzung der Bewegung hat eine merkwürdige Folge: Hätte man nämlich ein Konstruktionsverfahren, das man Idealbewegung nennen möge, ohne daß es aber mit der Bewegung eine andere Eigenschaft gemeinschaftlich zu haben brauchte als die, die Sätze 1.) bis 6.) zu erfüllen, so könnte man auf diese Idealbewegung den Begriff der idealen Kongruenz gründen und streng logisch vier ideale Kongruenzsätze beweisen. Unsere gewöhnliche Kongruenz wäre dann nur ein besonderer Fall der idealen. Idealkongruente Strecken brauchten durchaus nicht im gewöhnlichen Sinne gleich zu sein. Solche ideale Kongruenzen gibt es: Um in einer Ebene η eine solche herzustellen, nehme man etwa eine Ebene η' sowie einen außerhalb beider Ebenen liegenden Punkt P zur Hilfe und nenne zwei Strecken A_1B_1, A_2B_2 in η idealkongruent, wenn die Strecken $A'_1B'_1$, $A'_2B'_2$, die die Strahlen PA_1, PA_2, PB_1, PB_2 auf η' als Projektion bestimmen, im gewöhnlichen Sinne kongruent sind. Freilich ist diese Pseudokongruenz von der gewöhnlichen abhängig, beweist aber jedenfalls, daß nicht jede ideale Kongruenz mit der gewöhnlichen identisch sein muß und daß diese Begriffsbildung überhaupt zulässig ist. Auf diesem Standpunkt steht Hilbert, der die ideale Kongruenz mittels der Eigenschaften 1.) bis 6.) definiert, soweit sie eben dadurch definiert ist. Man muß dann während derselben geometrischen Betrachtung voraussetzen, daß man es immer mit derselben Realisierung der idealen Kongruenz zu tun hat.

4. Kann dieses Verfahren auch nie zu inneren Widersprüchen führen, so unterliegt es doch folgenden zwei Bedenken:

Erstens. Wenn es ein Verfahren der Strecken- und Winkelzuordnung gibt, das die Bedingungen der idealen Kongruenz erfüllt, so ist das Verlangen gerechtfertigt, daß man ein solches Verfahren auch angebe, damit man wirklich geometrische Geometrie treiben kann, denn so lange man das Verfahren nicht hat, kann man nicht konstruieren.

Zweitens. Dieses Verfahren und überhaupt die ideale Kongruenz würde die gewöhnliche, unvollkommene Kongruenz aus der Geometrie nicht verbannen, wenn es selber wieder, wie das soeben angegebene, die gewöhnliche Kongruenz voraussetzte. Die Bewegung wäre dann eines der notwendigen Übel in der Geometrie. Ob durch die Kongruenz in die Geometrie ein den Grundbegriffen und den übrigen Grundsätzen fremdes, auf empirischen Grundlagen beruhendes Element hineingeschleppt werden muß oder nicht, ob wir auch die ideale

1) Unseren Sätzen 1.) bis 6.) entsprechen l. c. genau III_1 bis III_6.

Kongruenz, ohne Benutzung der gewöhnlichen, schlechterdings als gegeben voraussetzen müssen, oder ob wir sie selbst geben können, das wird beim Hilbertschen Aufbau der Elemente nicht vollkommen klar. Denn was nützt es zu wissen, daß die Annahme der idealen Kongruenz nie zu logischen Widersprüchen führen kann, wenn ich diese Kongruenz ohne Hilfe der gewöhnlichen gar nicht realisieren könnte? Ideale Kongruenz ohne empirisch-physikalische Hilfsmittel (Zirkel und Lineal) existiert nur dann, wenn sie dadurch gesetzt ist, daß alle Punkte, Linien und Flächen gesetzt sind. Es müßte also möglich sein

A) gleiche Strecken und Winkel, überhaupt kongruente Figuren durch eine der Geometrie „immanente Konstruktion“ herzustellen, d. h. durch eine Konstruktion, die weder materiell noch auch nur in der Vorstellung ein Instrument benutzt, sondern die unter der Voraussetzung, daß alle Punkte, Flächen und Linien des Raumes existieren[1]), darin besteht, daß man sich speziell derjenigen unter ihnen bewußt wird, die die Zuordnung der kongruent zu nennenden Stücke vermitteln. Und damit nicht schließlich doch wieder die Bewegung in die Geometrie kommt, müßte sich

B) auf diese „immanente Konstruktion“ auch eine „immanente Definition“ der Kongruenz stützen lassen, d. h. man müßte von dieser Konstruktion, ohne den Begriff der Kongruenz irgendwie zu benutzen, erst rein logisch beweisen können, daß sie die Bedingungen 1.) bis 6.) erfüllt; dann könnte man die Kongruenz einfach durch diese Konstruktion *definieren*. Die Frage also, ob in einer streng logischen Geometrie auch die Kongruenz Platz hat, hängt von der anderen ab: Giebt es eine „immanente Konstruktion“ kongruenter Strecken und Winkel, von der ohne Benutzung der Kongruenzsätze bewiesen werden kann, daß sie die in 1.) bis 6.) geforderte eindeutige Zuordnung leistet?

§ 5. Die Steinerschen Linealkonstruktionen.

1. Eine Konstruktion, welche wenigstens der Forderung A) des vorigen Paragraphen genügt, existiert. Jacob Steiner hat nämlich in einem berühmten kleinen Buche[2]), das zu den Perlen der Elementargeometrie zu zählen ist, mit ganz einfachen Mitteln den Beweis erbracht, daß alle Konstruktionen, die man mit Zirkel und Lineal ausführen kann, auch mittels des Lineales allein gelingen, wenn ein Kreis und sein Mittelpunkt gezeichnet vorliegt. Da das Lineal dabei nur zum Ziehen gerader Linien benutzt wird, so brauchen wir uns

1) Siehe die Fußnote S. 14.
2) Ostwalds Klassiker der exakten Wissenschaften, Nr. 60.

den Kreis und sämtliche gerade Linien nur als schon vorhanden vorzustellen oder besser zu denken, um die verlangte immanente Konstruktion zu haben. Die Begriffe Gerade und Kreis müßten natürlich einwandsfrei definierbar sein, was wir vorläufig voraussetzen müssen. Die Steinerschen Konstruktionen benutzen eine Eigenschaft des Paralleltrapezes, die leicht zu beweisen ist:

Satz 1. Die Gerade, welche den Schnittpunkt der beiden nicht parallelen Seiten eines Paralleltrapezes mit dem Schnittpunkte der beiden Diagonalen verbindet, halbiert die parallelen Seiten, und umgekehrt:

Satz 2. Wenn die Verbindungslinie des Schnittpunktes zweier gegenüberliegender Seiten und des Diagonalschnittpunktes eines Vierecks eine dritte Seite des Vierecks halbiert, so halbiert sie auch die vierte, und diese beiden Seiten sind parallel.

Sind also zwei parallele Gerade u, v gegeben, und auf einer derselben, etwa auf v, eine Strecke AB, so kann man mit dem Lineal allein AB halbieren, indem man auf u willkürlich zwei Punkte a, b annimmt und den Schnittpunkt S der Geraden Aa, Bb mit dem Schnittpunkte T der Geraden Ab, Ba verbindet. Diese Gerade ST halbiert dann nicht nur AB, sondern auch ab. Konstruktion 1.

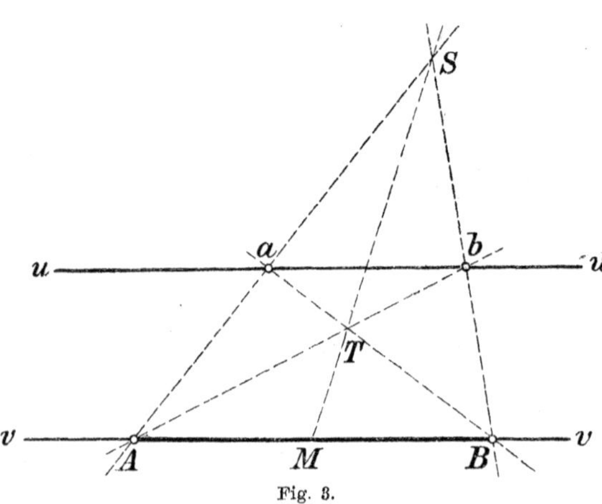

Fig. 3.

Ist umgekehrt die Mitte M von AB sowie ein Punkt a gegeben, durch den zu AB die Parallele konstruiert werden soll, so nehme man auf aA einen beliebigen Punkt S an, der von a und A verschieden ist, ziehe SA, SM, SB und aB; die Geraden aB und SM bestimmen dann den Schnittpunkt T, und AT trifft SB in einem Punkte b, sodaß ab parallel zu AB ist. Konstruktion 2.

Wenn nun ein Kreis K mit seinem Mittelpunkte O gezeichnet vorliegt, so halbiert O jeden Durchmesser PP'. Also kann man mittels der Linealkonstruktion 2 durch einen Punkt Q von K (wie durch jeden anderen) zu PP' die Parallele ziehen; ist R ihr anderer Schnittpunkt mit dem Kreise, so bestimmen die Durchmesser QO, RO auf K zwei andere Punkte Q', R', sodaß die drei Geraden QR,

PP' und $Q'R'$ parallel und „äquidistant“ sind (gleichen Abstand von der mittleren haben). Diese drei Geraden treffen jede dazu nicht parallele Gerade g in drei äquidistanten Punkten; folglich kann man nach Konstruktion 2 zu g durch einen beliebigen Punkt die Parallele ziehen. Nach Konstruktion 1 kann man dann auf g jede Strecke halbieren. Da man nun PP' immer so annehmen kann, daß diese Gerade zu einer vorgegebenen Geraden g nicht parallel ist, so folgt:

Satz 3. Wenn ein Kreis mit Mittelpunkt gezeichnet vorliegt, so können wir mit Hilfe des Lineals ohne Zirkel

1) zu einer gegebenen Geraden durch einen gegebenen Punkt die Parallele ziehen;

2) eine gegebene Strecke halbieren.

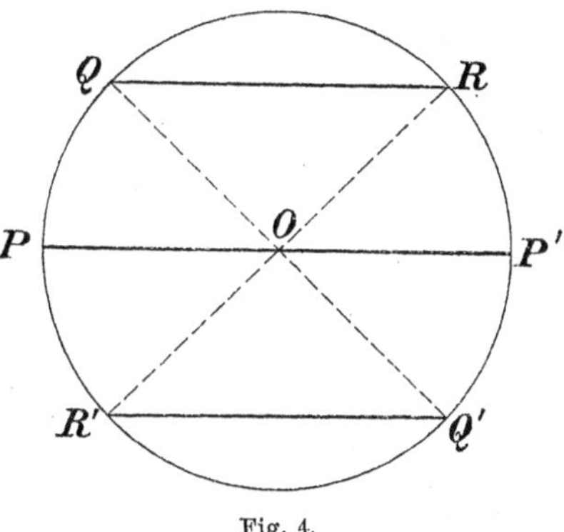

Fig. 4.

2. Nach dieser Vorbereitung können wir zunächst das Steinersche Verfahren der „Verschiebung“ einer Strecke auf ihrer Geraden beweisen. Um zu einer Strecke AB einer Geraden u in einem Punkte A' derselben nach gleicher Richtung die kongruente Strecke abzutragen, ziehe man zu u nach Satz 3 zwei Parallelen v, w, verbinde einen beliebigen Punkt S von w mit A und B und bringe diese zwei Verbindungslinien mit v zum Schnitt; der Schnittpunkt auf SA sei a, der auf SB sei b. Dann bestimmt $A'a$ auf w einen Punkt S', sodaß die Gerade $S'b$ die Gerade u in dem Punkte B' trifft, für welchen $A'B' = AB$ ist. Es ist leicht einzusehen, wie diese Konstruktion sich ändert, wenn $A'B'$ entgegengesetzte Richtung haben soll wie AB; den außer A, B gegebenen Punkt nennt man dann am besten B' und ermittelt A' nach obiger Figur. Der Beweis benutzt die Ähnlichkeit einerseits der Dreieke aSb, ASB, andererseits der Dreiecke $aS'b$,

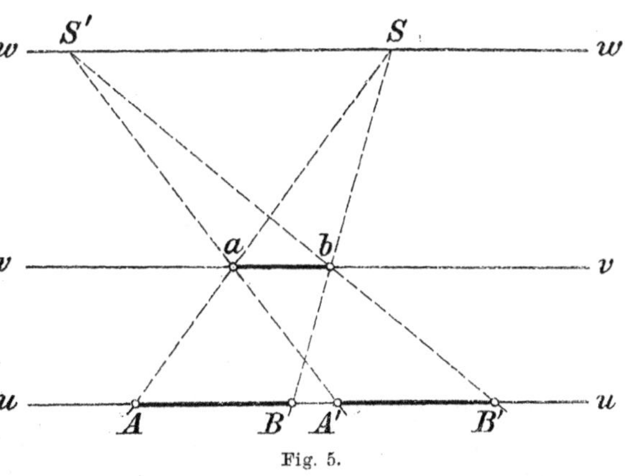

Fig. 5.

$A'S'B'$. Danach ist, indem drei Parallelen auf jeder anderen Geraden proportionale Stücke abschneiden:

$$AB : ab = SA : Sa = S'A' : S'a = A'B' : ab,$$

also $AB = A'B'$.

Zu diesem Verfahren fügen wir noch ein zweites, das die Drehung einer Strecke auf einem Durchmesser des gegebenen Kreises K um den Mittelpunkt O ermöglicht.

Soll ein Durchmesser d mit einer darauf gelegenen Strecke PQ um den Mittelpunkt O so gedreht werden, daß d in die vorgeschriebene Lage d' kommt, so trifft d' den Kreis in zwei Punkten, von denen wir noch den Punkt A' willkürlich vorschreiben können, auf

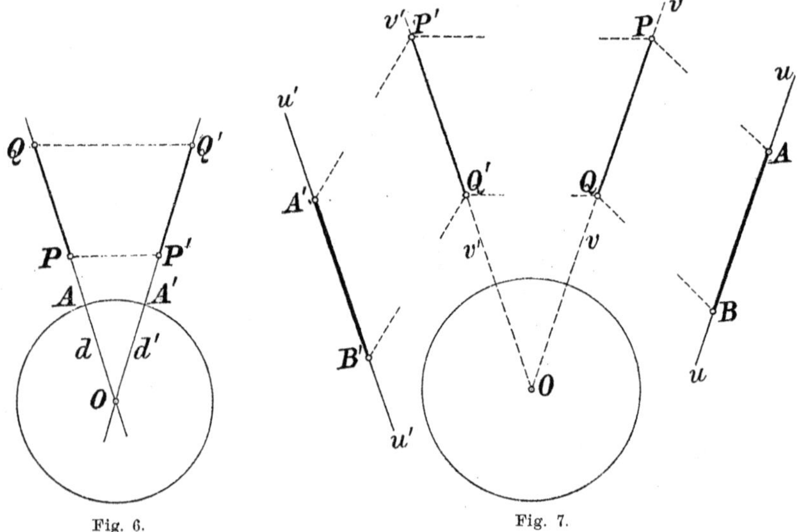

Fig. 6. Fig. 7.

den der zwischen O und P liegende Punkt A von K fallen soll. Zieht man jetzt durch P und Q zu AA' die Parallelen (Satz 3, 1), so treffen diese d' in zwei Punkten P', Q', sodaß, wie man leicht zeigt, $P'Q' = PQ$ ist.

Soll jetzt endlich eine auf einer Geraden u gegebene Strecke AB auf eine beliebige Gerade u' übertragen werden, wobei ein Endpunkt der neuen Strecke und die Richtung, nach der sie liegen soll, gegeben sein dürfen, so braucht man offenbar nur zu u und u' durch O zwei Parallelen v, v' zu ziehen, auf v die Strecke $PQ = AB$ durch Konstruktion eines Parallelogramms $PQAB$ zu übertragen, diese Strecke samt v in die Lage $P'Q'$ auf v' zu drehen und die Strecke $P'Q'$ durch Konstruktion eines Parallelogramms $P'Q'A'B'$ auf v zu übertragen. Dann ist $A'B' = AB$. Je nachdem man den auf u' gegebenen Endpunkt E der Strecke $A'B'$ mit A' oder B' bezeichnet, wird das gesuchte B' bezw. A' rechts oder links von E auf u' liegen.

3. Satz 4. Sind in dem gegebenen Kreise K die Zentriwinkel AOB und $A'OB'$ einander gleich, so ist, je nachdem die gleichnamigen Schenkel dieser Winkel durch Drehung um O, ohne die Ebene zu verlassen, aufeinander gelegt werden können oder nicht:

$$AB' \text{ parallel } BA' \text{ oder } AA' \text{ parallel } BB'.$$

Der Beweis wird geführt, indem man auf eine dieser Parallelen von O das Lot fällt und die Symmetrie der Figur zu diesem Lote benutzt.

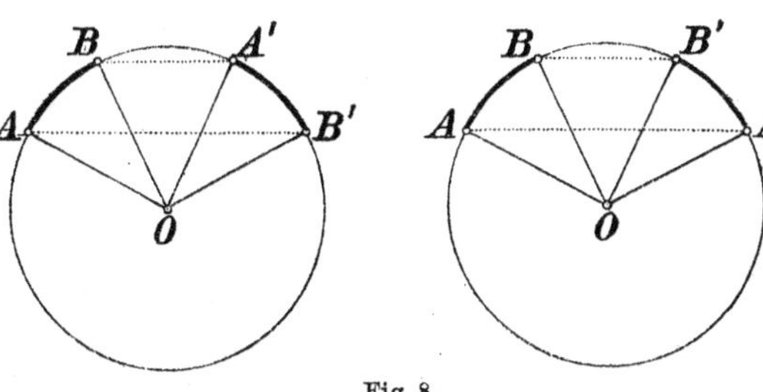

Fig. 8.

Auf Grund der Sätze 3 und 4 kann man mit alleiniger Hilfe des Lineals einen Zentriwinkel des festen Kreises K um O in beliebig vorgeschriebene Lage drehen. Um jetzt einen beliebigen Winkel mit den Schenkeln h, k in eine neue Lage $h'k'$ zu bringen, in der der Halbstrahl h' und die Seite, nach der er zu k' liegen soll, willkürlich vorgeschrieben sein darf, ziehe man von O aus die Halbstrahlen a, b, a' parallel zu den Halbstrahlen h, k, h' und ihrem Richtungssinn und drehe nach Satz 4 den Zentriwinkel $a, b = h, k$ in die Lage $a'b'$, sodaß, wenn man k' auch dem Sinne nach parallel zu b' zieht, $h'k' = a'b' = ab = hk$ nach der vorgeschriebenen Seite von h' zu liegen kommt. Diese Konstruktion ist etwas umständlich, aber doch sehr leicht zu verstehen. Bei der Drehung des Zentriwinkels sind die Punkte A, B des Kreises zu benutzen, welche auf den im Richtungssinn der Halbstrahlen h, k gezogenen Halbstrahlen a, b, nicht etwa auf ihren ergänzenden Halbstrahlen liegen.

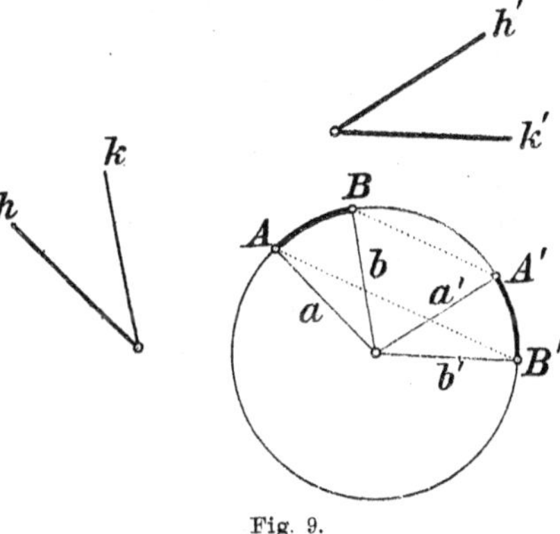

Fig. 9.

Wir haben der bequemeren Ausdrucksweise wegen die Konstruktionen der Strecken- und Winkelabtragung in der Sprache der Elementargeometrie dargestellt, in der eine Gerade, auf die man seine Aufmerksamkeit richtet, immer erst „gezogen" wird; setzen wir den Kreis und alle Geraden und Punkte einfach als schon vorhanden voraus, wie man in einer streng logischen Geometrie es tun muß, so braucht man sich der zur „Konstruktion" benutzten Hilfslinien und Hilfspunkte immer nur bewußt zu werden. Das ist dann die verlangte „immanente" Konstruktion.

§ 6. Natürliche Geometrie.

1. Die Idealisierung durch Grenzübergang, die man an dem Rohmaterial der Geometrie, den materiellen Punkten, Geraden und Ebenen vorzunehmen pflegt, um es von aller Unbestimmtheit und Willkür frei zu machen, hat zu so schweren Bedenken Anlaß gegeben, daß die Wahrheit der ganzen Elementargeometrie in Frage gestellt scheint. Andererseits beweist aber, wie wir sehen werden, die analytische Geometrie, als reine Analysis einer linearen, dreifach unendlichen Zahlenmenge ohne Beziehung auf das räumlich Vorstellbare entwickelt, daß die elementare Geometrie nie zu logischen Widersprüchen führen kann. Und doch besteht unsere Kritik zu Recht, daß die sogenannten „geometrischen" Punkte, Ebenen und Geraden keine räumliche Existenz haben, daß die Kongruenz durch die übliche Definition nur für materielle, vollkommen starre Gebilde erklärt wird, u. s. w. Der Widerspruch löst sich so: Allerdings schickt Euklid seinem Lehrsystem jene bedenklichen Definitionen voraus, und viele Lehrbücher, sogar das sonst so vortreffliche von Baltzer, tun das noch heute. Aber beim weiteren Aufbau des Systems wird von diesen Definitionen kein Gebrauch gemacht, weil sich kein Anlaß dazu bietet. Was schadet es auch, wenn eine Kreislinie einige zehntel Millimeter dick ist? Erst in der Funktionentheorie macht sich das Bedürfnis nach ausdehnungslosen Punkten und Linien ohne Dicke geltend, indem man in der komplexen Zahlenebene jeder Zahl einen Punkt zuordnen möchte. Nur in der Lehre von den Parallelen und überall, wo der Begriff des Unendlichen in der Geometrie eine Rolle spielt, sind aus der Unzulässigkeit der idealisierten Grundbegriffe von jeher Streitigkeiten entstanden. Sollte also die Elementargeometrie als anschauungsmäßige Geometrie sich rechtfertigen lassen, so müßte sie ohne alle Idealisierung aufgebaut werden können.

2. Es fragt sich demnach, ob nicht eine Geometrie möglich wäre — man könnte sie „natürliche" Geometrie nennen — die ausdrücklich auf Grenzprozesse verzichtet und sich an das hält, was unsere Sinne wahrnehmen, oder was wir wenigstens als wahrnehmbar uns vorstellen können, an die materiellen Punkte, Linien und Flächen in einem endlichen, wohlübersehbaren Teil des Raumes, in dem wir alle Urteile, die wir uns bilden, auch auf ihre Richtigkeit prüfen können. Ein Lehrsystem der natürlichen Geometrie müßte zunächst in einem einleitenden Kapitel nach naturwissenschaftlichen Methoden gleichsam das Rohmaterial der Geometrie an Vorstellungen und Tatsachen einsammeln. Dieses Kapitel, so wie wir es uns denken, wäre ganz vortrefflich für den Vorunterricht in der Geometrie geeignet, um die Raumanschauung zu wecken, zu stärken und den geometrischen Beobachtungssinn, die Quelle des schöpferischen geometrischen Vermögens, zu schärfen. Was ließe sich nicht alles über die (materielle) Gerade sagen! Ein gespannter Faden von nicht allzugroßer Länge hätte zunächst, wie wir bereits ausgeführt haben, die Vorstellung des Geraden zu wecken. Wir könnten einen Draht so biegen, daß er dem gespannten Faden sich innig anschmiegen läßt, das wäre dann ein stabileres Modell. Indem wir an diesem Drahte entlang visieren, erscheint er zum Punkt verjüngt, sein „Inneres wird vom Äußeren beschattet“ (Plato). Wir unterstützen den Draht in zwei Punkten; er wird dann festliegen, während ein Punkt ihn nicht festlegen konnte — den „Mittelpunkt“ ausgenommen; wir verschieben nun den Stab, während die zwei Stützen bleiben und visieren gleichzeitig: die Gerade wird sich zum Punkt verjüngen und in Ruhe zu sein scheinen. So ergibt sich die Fortsetzbarkeit der Geraden (Strecke) und zugleich die Tatsache, daß sie durch zwei Punkte mechanisch festgelegt und begrifflich bestimmt ist. Dann wäre die Absteckung gerader Linien im Feld, durch fortgesetztes Einvisieren, das Richtungnehmen beim Militär, das Zielen und vieles andere zu besprechen, wo der Begriff der Geraden empirisch verwirklicht wird. Das Lineal wäre endlich die vollkommenste Realisierung der Geraden, aber ein Blick durch ein Vergrößerungsglas hätte uns vor der Illusion zu bewahren, daß diese Vollkommenheit absolut ist[1]).

3. Reicher fließen die Beobachtungen, wenn wir zum Begriff der natürlichen (materiellen) Ebene aufsteigen. Der Spiegel einer ruhenden Flüssigkeit wäre etwa das Prototyp; wir beobachten sofort, daß wir die Linealkante nach allen Richtungen scharf auflegen können. Wir bemerken diese Eigenschaft alsbald an anderen Flächen, die wir darauf zur Probe unmittelbar auf die Oberfläche der Flüssigkeit legen; so bekommen wir dann etwa in einer dünnen Platte ein haltbares Modell der Ebene. Es wird durch drei seiner Punkte, die nicht in gerader Linie liegen (die Schwerlinien ausgenommen), mechanisch festgelegt; über drei stützende Punkte hin kann die Fläche willkürlich verschoben werden, ohne daß sie beim Visieren zu schlingern scheint:

1) Vgl. auch P. du Bois-Reymond, Die allgemeine Funktionentheorie. Tübingen 1882.

die Ebene ist durch drei Punkte bestimmt. Interessant wäre es dann, zu zeigen, wie bei den verschiedenen Handwerken die (begrenzte) Ebene hergestellt und nach allen Seiten erweitert wird; jene ausgezeichneten Geraden, durch deren Unterstützung die Ebene mechanisch festgelegt, wenigstens ins Gleichgewicht gebracht wird, wechseln bei der Erweiterung der Ebene ihre Lage, desgleichen der Schwerpunkt, erweisen sich also als „schwankende" Eigenschaften der natürlichen Ebene, die Bestimmbarkeit durch drei nicht in gerader Linie liegende Punkte ist dagegen eine „wesentliche" Eigenschaft. Diese Unterscheidung ist natürlich nicht zwingend, ein Schwerpunkt ist auch nach jeder Erweiterung vorhanden. Hier kommt so recht unsere Willkür in der Bildung des Ebenenbegriffes zum Ausdruck. Legten wir bei der Fortsetzung der Ebene mehr Gewicht auf die Eigenschaft, durch eine ruhende Wasserfläche verwirklicht zu sein, so würde die Ebene zu dem, was wir jetzt Kugel[1]) nennen, allerdings zu einer unübersehbar großen. Man wende nicht ein, daß auf einer solchen Ebene keine Gerade möglich wäre. Denn diese müßte doch erst durch Fortsetzung einer verhältnismäßig kleinen Geraden der Ebene, etwa mittels der Methode des Visierens, gewonnen werden. Ergäbe sich nun nach vieler Mühe endlich eine kleine Abweichung, so brauchte man den Versuch nur zu wiederholen, um sicher zu sein, eine andere Abweichung zu finden; außerdem sind einigermaßen glatte Ebenen von hinreichender Ausdehnung gar nicht vorhanden, also experimentell wäre nichts zu entscheiden. Im Vorübergehen wollen wir hier die Frage aufwerfen: Was wäre aus der Geometrie geworden, wenn ihre „Ebenen" in „Wirklichkeit" große „Kugeln" wären? Die Antwort dürfte den, der mathematischen Betrachtungen dieser Art fernsteht, überraschen: Wir könnten — wie wir später sehen werden — unter dieser Annahme alle Sätze unserer Geometrie gewinnen; die Annahme brächte sogar in der Physik manche Vorteile.

4. Doch genug! Aus dieser Skizze dürfte hinreichend klar werden, wie wir uns den ersten Anschauungsunterricht in der empirischen Geometrie etwa gestaltet denken; er könnte sehr anregend sein. Es sei nur noch gestattet, kurz darauf hinzuweisen, welch reiches Material wir aus der Beobachtung der Symmetrie an Naturgegenständen gewinnen könnten. Indem wir die axiale Symmetrie in der Ebene zunächst ganz roh dadurch nachahmen, daß wir auf einen Bogen Papier mit schwarzer Kreide irgend einen Gegenstand, etwa ein halbes Kastanienblatt zeichnen und dann durch Falten des Papiers längs der Symmetrieachse und festes Aufeinanderlegen der beiden Papierhälften die Figur auf die andere Seite der Symmetrieachse abklatschen, ge-

1) Streng genommen zu einem Geoïd.

winnen wir einen geeigneten Übergang von der rein beobachtenden Geometrie zur zeichnenden. Man sieht und beweist leicht aus der Definition, daß ein Kreis, dessen Mittelpunkt auf der Symmetrieachse liegt, beim Kopieren in sich selbst übergeht, und findet durch Verwendung zweier solcher Kreise unmittelbar eine Konstruktion des einem Punkte zugeordneten Punktes. Damit werden zahlreiche Konstruktionsaufgaben zugänglich. Ist so das empirische Material der Geometrie hinreichend gesammelt und durch einfache Schlüsse bereits die Möglichkeit logischer Bearbeitung erkannt und die Freude an scharfsinnigen Schlüssen, die uns die verborgenen Eigenschaften der Figuren enthüllen, hinreichend geweckt, so handelte es sich in einem zweiten Kapitel der „natürlichen" Geometrie darum, zwischen logisch beweisbaren und nur durch die Erfahrung zu gewinnenden Eigenschaften der geometrischen Gebilde streng zu scheiden; es würde sich zeigen, daß, je nach den Sätzen, die man als unbeweisbar voraussetzt, ein gegebener Satz bald beweisbar, bald unbeweisbar sein wird. In letzter Linie ist es also Willkür oder Sache des Geschmackes, welche Tatsachen man als Grundsätze betrachten will und welche nicht; es kommt nur darauf an, daß die Grundsätze empirisch leicht, d. h. ohne umständliche Experimente, erkannt werden können.

5. Aber nun kommt die entscheidende Frage: Wird man mit diesem rohen Material, mit diesen grob sinnlichen Punkten, Linien und Flächen überhaupt eine Wissenschaft aufbauen können? Diese Frage kann nur der Erfolg entscheiden, und der Erfolg hat sie bereits entschieden: Wir besitzen in den „Vorlesungen über neuere Geometrie" von M. Pasch ein ausgearbeitetes System des im engeren Sinne geometrischen Teiles der Geometrie, die oben als „natürliche" bezeichnet worden ist. Zur Charakterisierung dieses schönen Buches, das jeder gelesen haben muß, der mehr nach intensiver als nach extensiver Kenntnis der Geometrie trachtet, sei folgender Satz aus dem Vorwort angeführt: „. . . Mag man immerhin mit der Geometrie noch mancherlei Spekulationen verbinden; die erfolgreiche Anwendung, welche die Geometrie fortwährend in den Naturwissenschaften und im praktischen Leben erfährt, beruht jedenfalls nur darauf, daß die geometrischen Begriffe ursprünglich genau den empirischen Objekten entsprachen, wenn sie auch allmählich mit einem Netze von künstlichen Begriffen übersponnen wurden, um die theoretische Entwicklung zu fördern; und indem man sich von vornherein auf den empirischen Kern beschränkt, bleibt der Geometrie der Charakter der Naturwissenschaft erhalten, vor deren anderen Teilen jene sich dadurch auszeichnet, daß sie nur eine sehr geringe Anzahl von Begriffen und Gesetzen unmittelbar aus der Erfahrung zu entnehmen braucht."

Diesem Standpunkt entsprechend sind die „Punkte" bei Pasch

nicht in mystisches Dunkel gehüllte Gedankendinge, sondern materielle Körper, „deren Teilung sich mit den Beobachtungsgrenzen nicht verträgt“, also nicht Dinge, „deren Teil nichts ist“ (Euklid), sondern deren Teil vernachlässigt werden soll. Wenn man auch nach Pasch die Punkte, Linien und Flächen sich als sehr dünn vorzustellen hat, so ist das doch im Grunde genommen sehr unwesentlich, die (begrenzte) Gerade hat jedenfalls nach Pasch nur eine endliche Zahl solcher Punkte; auch dürfen zwei Punkte nicht zu nahe aneinander rücken, wenn sie eine Gerade bestimmen sollen (l. c. Seite 17); es würde nichts schaden, wenn man die Punkte, Linien und Flächen etwas vergrößerte, nur würde der Bereich dessen, was sich unmittelbar am Objekt sehen und beurteilen läßt, dadurch verkleinert. Wer befürchtet, daß durch diese natürliche Auffassungsweise, die den Weg vom Anfang an noch einmal geht, auf dem die Geometrie historisch zu ihrer jetzigen Vollendung emporgestiegen[1]), in die Geometrie ein weder wissenschaftlich noch ästhetisch befriedigender Realismus und grobe Sinnlichkeit getragen werde, der lese bei Pasch die grundlegenden Paragraphen nach. Es gehört ein außerordentliches Feingefühl dazu, um all die kleinen und kleinsten Dinge zu würdigen, aus denen die Geometrie so große Schlüsse zieht. Jedermann glaubt zu wissen, was „zwischen“ heißt, aber wer vermöchte so ohne weiteres die Eigenschaften anzugeben, die diesen Begriff bestimmen? (l. c. § 1.)

6. Es geht nicht an, den Gedankengang dieses Buches hier zu skizzieren; nur eines sei hervorgehoben: es wäre unmöglich, ausnahmslose Lehrsätze aufzustellen, wenn man die empirischen Geraden und Ebenen in ihrer Unvollkommenheit beließe und nicht einmal ihre räumliche Begrenztheit beseitigen könnte. Das geschieht aber nicht durch unzulässige Operationen an den in der sinnlichen Anschauung gegebenen Objekten der Geometrie, sondern an ihren Begriffen. Die Gesamtheit der durch einen Punkt A gehenden Geraden nennt man Strahlenbündel; die Strahlen des Bündels sind dadurch ausgezeichnet, daß je zwei von ihnen (die nicht zu eng beieinander liegen) eine Ebene bestimmen. All diese Gebilde sind natürlich räumlich begrenzt vorzustellen. Nimmt man nun in einer solchen Ebene zwei Strahlen u und v des Bündels an, auf u zwei Punkte B, B', auf v zwei Punkte $\mathfrak{B}$ und $\mathfrak{B}'$, sodaß die Geraden $B\mathfrak{B}$ und $B'\mathfrak{B}'$ sich in einem Punkte S, die Geraden $B\mathfrak{B}'$ und $B'\mathfrak{B}$ sich in einem Punkte T treffen, so trifft ST die Gerade u in einem Punkte A', der[2]), wie wir später sehen wer-

1) Oder besser gesagt: hätte emporsteigen sollen, wenn sie nicht frühzeitig das Empirische und Ideale vermengt hätte.

2) Als vierter harmonischer Punkt zu A und B, B'.

den, nur von den gewählten Punkten A, B, B', nicht von v, $\mathfrak{B}, \mathfrak{B}'$, S, T abhängt; legt man jetzt durch u irgend eine Ebene, und nimmt man in dieser einen Punkt S an, den man mit B, B', A' verbindet, und auf SA' einen zweiten Punkt T, den man mit B und B' verbindet, so trifft BT die Gerade SB' und $B'T$ die Gerade SB in je einem Punkte $\mathfrak{B}, \mathfrak{B}'$, sodaß die Gerade $x = \mathfrak{B}\mathfrak{B}'$ durch A geht. Bei allen diesen Konstruktionen ist A nicht benutzt worden. Sind nun u und v zwei Geraden einer Ebene, von denen die Existenz eines Schnittpunktes nicht ausgesagt werden kann, so kann man nach dem soeben erklärten Verfahren doch beliebig viel Geraden x, durch jeden Raumpunkt eine, konstruieren, von denen die Existenz eines Schnittpunktes ebenfalls nicht zu übersehen ist, aber es läßt sich zeigen, daß je zwei dieser Strahlen eine Ebene bestimmen, ganz ebenso, wie die Strahlen eines Bündels; und nun nennt man nach Pasch auch dieses neue System von Strahlen ein „Bündel", und zwar ein „uneigentliches", und schreibt ihm einen „uneigentlichen" Punkt zu, durch den seine Strahlen „hindurchgehen". Das ist also eine reine Sprechweise. Ähnlich werden „uneigentliche" Schnittlinien von Ebenen definiert, die sich in „Wirklichkeit" nicht schneiden. Auch die Schwierigkeiten des Kongruenzbegriffes werden nicht durch die Forderung unvollziehbarer Vorstellungen, sondern rein begrifflich überwunden. Interessant ist der § 9 l. c., der die ausgedehntere Anwendung des Wortes „zwischen" behandelt. Die Betrachtungen, die nötig sind, um es nach und nach zu ermöglichen, daß man von den „uneigentlichen" Punkten, Geraden und Ebenen gerade so sprechen darf, als wären sie wahrnehmbar vorhanden, sind sehr reizvoll. Das Ergebnis ist ein in sich widerspruchfreies System der natürlichen Geometrie. Durch sie werden alle geometrischen Systeme gerechtfertigt, welche sich auf vorstellbare Raumgebilde, auf räumlich lokalisierte Punkte, Linien und Flächen beziehen.

Zweiter Abschnitt.

Die natürliche Geometrie als eine der unendlich vielen Erscheinungsformen einer rein begrifflichen Geometrie (Metageometrie).

§ 7. Natürliche und Approximationsgeometrie, Analysis situs, Metageometrie.

1. Aus unseren Andeutungen über die natürliche Geometrie dürfte das Wesen ihrer Grundbegriffe hinreichend klar zu erkennen sein. Sie kommen durch eine eigentümliche Mischung von Empirismus und Formalismus zustande. Empirisch in ihrer ursprünglichen Form müssen die Begriffe „Punkt", „Gerade" etc., um allgemein gültige Lehrsätze aufstellen zu können, über ihren engen Gültigkeitsbereich hinaus „erweitert" werden; das geschieht rein formalistisch durch Einführung einer merkwürdigen Sprechweise, die es ermöglicht, auch wenn gerade Linien einer Ebene sich im übersehbaren Raum nicht schneiden, sie doch so zu behandeln, als wenn sie sich schnitten. Dieses Spiel mit fingierten Tatsachen müßte üble Folgen haben, läge ihm nicht eine höhere Wahrheit zu Grunde, die durch jene Sprechweise nur nicht objektiv genug ausgedrückt wird. Was nämlich *immer* existiert, wenn zwei Geraden einer Ebene gegeben sind, mögen sie sich schneiden oder nicht, das ist das von ihnen erzeugte Strahlenbündel, d. h. die Gesamtheit der Strahlen, welche zusammengenommen mit den gegebenen die Eigenschaft haben, daß je zwei von ihnen eine Ebene bestimmen. Das Bündel ist also immer vorhanden, der gemeinsame Schnittpunkt seiner Strahlen aber nicht — wenigstens enthält man sich eines Urteils in dieser Beziehung —; die Nötigung zu dem künstlichen Begriffe eines „uneigentlichen" Schnittpunktes ergibt sich daraus, daß man sich darauf steift, das *zufällige* Merkmal (eines gemeinsamen Schnittpunktes) auch vom allgemeinen Begriffe aussagen zu wollen. Mit Recht bemerkt Pasch in seinen „Vorlesungen", daß man den Begriff des Punktes ganz beseitigen und durch den des Bündels ersetzen könnte, allerdings nicht von vornherein. Man würde sich dadurch aber zu sehr von der üblichen Auffassung der geometrischen Lehrsätze entfernen und auch auf große Schwierigkeiten der sprachlichen Darstellung stoßen.

2. Auch würde dieser Schritt sofort zu einem zweiten nötigen: Von zwei Ebenen ist (im übersehbaren Raum) eine Schnittgerade nur zufällig, das sie enthaltende Büschel dagegen immer vorhanden; um also auch den Begriff der „uneigentlichen" Geraden zu vermeiden, müßte man zugleich den Begriff der „eigentlichen" Geraden aus der Geometrie ausmerzen und dafür den Begriff des Ebenenbüschels einführen. Dem in Artikel 1 besprochenen Falle zweier Geraden in einer Ebene entspräche jetzt der, daß zwei Ebenenbüschel eine Ebene gemein haben; sie bestimmen dann ein Ebenenbündel, d. h. eine Gesamtheit von Ebenenbüscheln, von denen je zwei eine Ebene gemein haben. Die Grundgebilde der Geometrie wären dann: die Ebene, das Ebenenbüschel und das Ebenenbündel; dagegen wären die Punkte und Geraden nur Hilfsgebilde, um jene anderen zu konstruieren. Setzt man alle Ebenenbüschel und -bündel als existent voraus, so könnte man die Punkte und Geraden völlig entbehren; aber das wäre keine natürliche Geometrie mehr; wäre doch schon jene Darstellungsform der Geometrie unnatürlich genug, die ihre Lehrsätze nur von Ebenen, Ebenenbüscheln und Ebenenbündeln aussagt; man suche nur in dieser Form die Begriffe „Strecke", „Winkel" zu definieren oder die Kongruenzsätze auszusprechen. Also lassen wir es lieber bei dem Begriffe „uneigentlicher" Punkte und Geraden bewenden, wenn sie auch dem empirischen Tatbestande nicht vollkommen entsprechen. Nur muß man sich vor einem naheliegenden Trugschlusse hüten: Wenn auch der erweiterte, eigentliche wie uneigentliche Punkte umfassende Punktbegriff logisch zu keinem Widerspruch führt, so hat das seinen tiefsten Grund nicht etwa darin, daß eben in Wahrheit immer eigentliche Punkte als existent[1]) angenommen werden dürfen, denn zu einem solchen Schlusse liegen keine Prämissen vor. Ein ganz ähnlicher Fall ergibt sich in der gewöhnlichen, mit unendlich langen Geraden operierenden Geometrie, wenn man einen Kreis und eine Gerade in derselben Ebene annimmt: Die Gerade wird den Kreis treffen oder nicht; trifft die Gerade den Kreis nicht, so spricht man gleichwohl von zwei „imaginären" Schnittpunkten; auch diese Sprechweise läßt sich widerspruchslos durchführen, berechtigt aber nicht zu der Annahme, daß ein Kreis und eine Gerade, die in derselben Ebene liegen, sich immer treffen müssen; gilt nämlich in einer Geometrie der Satz, daß von vier Punkten einer Geraden immer nur zwei Paare einander trennen, die anderen Paare aber einander nicht trennen, so gibt es, wie wir sehen werden, immer Geraden in der Ebene einer Kurve

1) Vgl. die Fußnote S. 14.

II. Ordnung, die diese Kurve schlechterdings nicht schneiden können, soll nicht jener Satz verletzt werden. Die Analogie mit dem „uneigentlichen" Schneiden zweier in derselben Ebene liegender Geraden liegt auf der Hand. Wenn man übrigens von „uneigentlichen" Elementen spricht, so soll andererseits damit durchaus nicht in Abrede gestellt werden, daß unter Erweiterung des Gesichtsfeldes, in dem man operiert, und nach Fortsetzung der in Betracht kommenden Ebenen und Geraden sich nicht oft genug „eigentliche" Elemente statt uneigentlicher einstellen werden; jene Sprechweise will eben nur in bescheidener Selbstbeschränkung es vermeiden, ein Urteil zu fällen, wenn man nicht am Objekte nachprüfen kann, ob es zutrifft oder nicht.

3. Darin liegt freilich eine Willkür und, wenn man will, Unentschlossenheit, die den nach Klarheit und Bestimmtheit strebenden Verstand wenig befriedigt. Daß wir uns die Geraden und Ebenen begrenzt vorstellen müssen, versetzt unsere Phantasie in eine gewisse Unruhe, wir können uns die Grenzen der Geraden bald enger, bald weiter, die Grenzlinie der Ebene bald so bald so gestaltet vorstellen. Zu diesen Unbestimmtheiten kommen noch tiefer liegende: Da die Geraden, Ebenen und Punkte eine gewisse Dicke haben, ohne die sie gar nicht sinnlich vorgestellt werden können, so kann man sich eine ganze Reihe von Geometrien G_1, G_2, G_3, ... denken, sodaß die Grundgebilde in jeder folgenden Geometrie feiner sind als in der vorangehenden; in G_1 etwa 1 mm dick, in G_2 nur 0,1 mm, in G_3 nur 0,01 mm etc.; es braucht kaum gesagt zu werden, daß das Millimeter selber keine absolut genaue Größe, sondern nur mit einem gewissen Spielraum bestimmt ist, der allerdings eine verhältnismäßig geringe Ausdehnung hat[1]). Was in G_1 eine Linie ist, ist in G_2 ein Körper, den man mit zahlreichen Linien der G_2 ausfüllen, mit zahlreichen ihn berührenden Linien der G_2 einhüllen kann. Geht man umgekehrt aus der G_2 zurück in die G_1, so werden viele Feinheiten, die in der G_2 noch zu unterscheiden waren, wegfallen: Eine Strecke von 1 m Länge wird in der G_1 gleich aussehen, ob man sie einer Geraden oder einem Kreise von 300 m Radius entnimmt. In einer (hohl gedachten) Geraden der G_1 wird man zahlreiche Kurven der G_2 und a fortiori der G_3 unterbringen können, die durchaus nicht Gerade zu sein brauchen, z. B. flache Sinuslinien oder Teile von Kurven III. Ordnung, woraus, nebenbei bemerkt, wieder folgt, daß der natürliche Begriff der Geraden kein absolut bestimmter sein kann, ebensowenig wie der der Ebene. Nach absoluten, von aller Willkür und Unbestimmtheit freien Begriffen wird aber der mathematische Sinn mit fast unwiderstehlicher Kraft getrieben, nach

1) Vgl. P. du Bois-Reymond, l. c.

Bestimmtheit selbst auf Kosten der empirischen Wahrheit. Je eingehender man sich mit der natürlichen Geometrie beschäftigt, desto gewisser wird unser Glaube an die Möglichkeit einer von allen Zufälligkeiten freien Geometrie, welche ihre Gebilde durch die Eigenschaften definiert, die sich an den Grundgebilden der natürlichen Geometrie als fruchtbar erwiesen haben, und welche aus diesen Definitionen, vielleicht unter Zuhilfenahme von Postulaten, ihre Wahrheiten ohne Bezug auf sinnenfällige Realisierbarkeit rein deduktiv ableitet. Ohne Willkür könnte es freilich bei der Definition der Grundbegriffe nicht hergehen, denn welche Eigenschaften der empirischen Geraden man für wesentlich halten soll, sodaß sie in die Definition der idealen aufgenommen werden müßten, läßt sich a priori nicht entscheiden. Wir haben ja gesehen (S. 24), daß man von der Vorstellung der Ebene als Oberfläche einer ruhenden Flüssigkeit durch Fortsetzung dieser begrenzten Fläche eigentlich zur Vorstellung einer sehr großen Kugel hätte kommen müssen, und daß man mit diesen „sphärischen“ Ebenen unsere gewöhnliche Geometrie gerade so gut hätte aufbauen können als mit den „wirklichen“ Ebenen; die „Kugeln“ dieser seltsamen Geometrie wären auch Kugeln im gewöhnlichen Sinne gewesen; experimentell könnte nie entschieden werden, welche von beiden Geometrien die der „Wirklichkeit“ entsprechende ist, schon aus dem einfachen Grunde, weil unendliche Geraden und Ebenen nur begriffliche, nicht räumliche Existenz haben könnten. Bei der Begründung einer idealen Geometrie — der Begriff selber muß vorläufig noch verschwommen bleiben, bis wir neue Anschauungen in uns aufgenommen haben, die die nötige Aufklärung bringen werden — wird man sich von einem zarten Gefühl für das Zweckmäßige und Naturwahre müssen leiten lassen; die ideale Geometrie soll nicht Natur, sondern verklärte Nachahmung der Natur sein. Vom Standpunkte dieser idealen oder „Metageometrie“ — immer unter Voraussetzung ihrer Existenz — müßte man sagen dürfen: Die natürliche Geometrie ist zwar eine einfache, aber doch auch unvollkommene Versinnlichung ihres Gedankengehaltes.

4. Ganz anders muß unser Werturteil über die natürliche Geometrie ausfallen, wenn man sie nicht nach der Richtung weiterbildet, die von ihren Unvollkommenheiten absieht, sondern vielmehr gerade diese ihre Ungenauigkeiten zum Gegenstande der Untersuchung macht und sich dabei von dem Grundsatze leiten läßt, in ihren Konstruktionen nicht genauer sein zu wollen, als man bei der Ungenauigkeit ihrer Punkte, Linien und Flächen erwarten darf. Das wäre dann die „Approximationsgeometrie“, ein Teil der gegenwärtig heiß ersehnten „Näherungsmathematik“, die in allen Anwendungen der Mathematik vom größten Nutzen sein würde. Aber auch in der reinen Mathematik, z. B. in der Funktionentheorie bei der Betrachtung der Funktion in einem Streifen, hätte sie einen Platz; wir denken hier an Ansätze und Untersuchungen Kleins, die sich aber in einem Lehrbuche der Elementarmathematik, das den Funktionsbegriff (in der Trigonometrie) sich erst erringen muß, nicht gut andeuten lassen. Doch auch das Elementare der Approximationsgeometrie ist durchaus unverächtlich, besonders wegen des praktischen Wertes. Wir haben hervorgehoben, daß in der natürlichen Geometrie bei gewisser Dicke der Punkte, Linien und Flächen manche Gebilde, die begrifflich voneinander verschieden sind, empirisch nicht voneinander zu unterscheiden sind, wie z. B. kurze Stücke von Geraden und von großen Kreisen. Aufgabe der Approximationsgeometrie, ihrem Grundsatze entsprechend, wäre es nun, begrifflich definierte oder sonstwie gegebene Gebilde, sagen wir etwa Kurven, aus einfacheren Gebilden so genau zusammenzusetzen, als das bei der gewählten Größe der Punkte etc. möglich ist. Um einen bestimmten Fall zu behandeln, denken wir uns etwa eine Ellipse mit gegebenen Hauptachsen $2a$ und $2b$. Die Konstruktion der Ellipse ist nicht schwer, aber immerhin umständlich; gezeichnet soll sie werden mit 0,5 mm Strichdicke. Durch diese Strichdicke müssen die Feinheiten einer exakten Konstruktion doch zum Teil illusorisch werden. Also entsteht die Frage: Kann man nicht aus einfacheren Kurven, die bequem zu zeichnen sind, etwa aus Kreisbögen, eine Kurve zusammenstückeln, die in den gegebenen Fehlergrenzen die Ellipse zu ersetzen vermag? Das wäre eine typische Aufgabe der in Rede stehenden Geometrie; ihre Lösung wird in dem Abschnitt „Darstellende Geometrie“ gegeben werden, die ja ein Interesse daran haben muß, komplizierte Kurven mittels Zirkels und Lineals zeichnen zu können; die dabei benutzten Kreise heißen „Krümmungskreise“, weil sie sich der Krümmung der Kurve an der betreffenden Stelle so innig anschmiegen, daß sie auf eine gewisse Strecke hin die Kurve völlig zu ersetzen vermögen. Präzisiert wird dieser immerhin verschwommene Begriff erst in der Infinitesimalgeometrie.

5. Wir haben an den Begriffen der Geraden und der Ebene in der gewöhnlichen Geometrie so viel auszusetzen gehabt, daß, ehe wir zu einer reineren Geometrie aufzusteigen suchen, die Frage am Platze ist, ob wohl eine Geometrie möglich ist, die diese Begriffe und damit überhaupt den Begriff der mathematischen Kurven und Flächen gänzlich entbehrt und nur das aussagt, was man über krumme Linien und Flächen im allgemeinen aussagen kann. Gibt es da Sätze von hinreichendem Interesse? Nehmen wir eine kugelartige Hohlfläche, etwa einen ausgehöhlten und wieder geschlossenen Kürbis. Wenn wir in dieser Fläche irgendwo ein Messer einsetzen, und längs einer beliebigen Linie so lange weiter schneiden, bis der Schnitt in sich zurückläuft, so wird die Fläche in zwei Stücke zerfallen. „Eine sehr triviale Tatsache" wird der Nichtmathematiker sagen; aber eben dieser wird auch geneigt sein, zuzugeben, daß das immer so sein muß, daß ein in sich zurücklaufender Schnitt oder „Ringschnitt" eine Fläche immer in Stücke zerlegen müsse. Setzen wir aber an diese Fläche, die wir uns als dünnwandig vorstellen, einen aus einer dünnwandigen Röhre zurechtgebogenen „Henkel" an, so wird ein Schnitt, der diesen Henkel aufschlitzt und über die ursprüngliche Fläche ohne Umschweife in sich zurückkehrt (s. Fig. 10), die Fläche nicht in zwei oder mehr Stücke zerlegen. Auch wenn man den noch nicht geschlitzten Henkel an irgend einer Stelle quer durchschneidet, werden keine getrennten Stücke auftreten; ja diese beiden Schnitte dürfen sogar hintereinander ausgeführt werden, sie können die Fläche nicht zerstückeln. Aber dann muß, wie man sich leicht überzeugt, jeder andere Ringschnitt die Fläche in getrennte Stücke zerlegen.

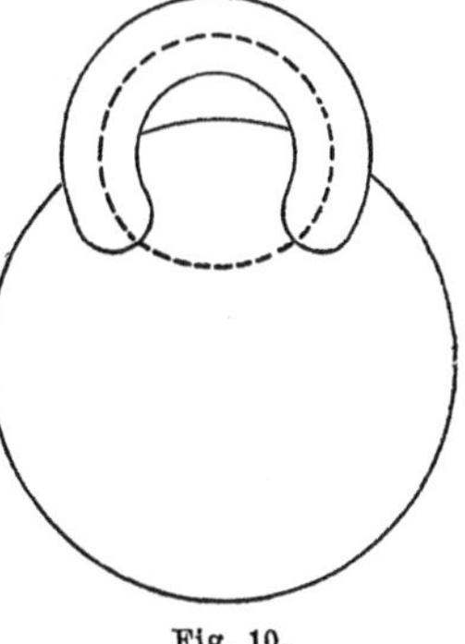

Fig. 10.

Setzt man an die ursprüngliche Fläche im ganzen p solcher Henkel an, so wird man $2p$ solcher Schnittpaare ausführen können, die die Fläche nicht in getrennte Gebiete zerlegen, ihr aber nun die Eigenschaft verleihen, durch jeden ferneren Ringschnitt in Stücke zu gehen. Man sieht aber, daß man diese die Fläche nicht zerstückelnden Schnitte, „das Querschnittsystem", auch in anderer Weise anlegen könnte, sodaß etwa ein Schnitt mehrere solcher Henkel zugleich aufschlitzte. Auch dann sind $2p$ Schnitte möglich, die der Fläche die genannte Eigenschaft des „einfachen Zusammenhanges" verleihen, d. h. durch jeden weiteren Ringschnitt zerstückelt zu werden. Denkt man nun zwei solcher „Querschnittsysteme" auf der Fläche verzeichnet, so werden diese sich in gewissen Punkten treffen müssen. Wird sich über die Anzahl dieser Schnittpunkte etwas aussagen lassen? Allerdings, und zwar ist die Herleitung dieser Sätze so schwierig, daß man dazu meist die komplexe Integration und hochtranscendente Funktionen benutzt hat[1]): es leuchtet also ein, daß hier eine eigenartige Geometrie vorliegt, die nicht nur zu interessanten, sondern auch schwierigen Fragestellungen Anlaß gibt. Es ist die sogenannte Analysis situs[2]), eine Schöpfung Riemanns, die

1) Einen rein geometrischen Beweis gab Verfasser in Bd. 54 der Math. Ann.

2) Das Wort stammt von Leibniz, der damit in einem Briefe an Huygens

besonders von Klein und Dyck ausgebildet worden ist; sie bildet eines der wirksamsten Hilfsmittel der Funktionentheorie, und doch operiert sie nur mit dem allgemeinen Begriff der Linie, der Fläche (im approximativen Sinne) und des Zusammenhanges, ist also wesentlich einfacher als die gewöhnliche Geometrie. In einem vollständigen Lehrsystem der Geometrie müßte also die Analysis situs vor der Elementargeometrie ihren Platz haben.

§ 8. Euklidische Geometrie im parabolischen Kugelgebüsche.

1. Ehe man es wagen darf, der natürlichen Geometrie mit ihren vielen Mängeln eine rein ideale entgegenzustellen, wird es nötig sein, Klarheit darüber zu gewinnen, welche Eigenschaften der geometrischen Grundgebilde die Träger der geometrischen Wahrheiten sind. Zwar haben sich die Grenzübergänge, die an Stelle der natürlichen Punkte, Linien und Flächen etwas vollkommen Bestimmtes setzen sollten, als unzulässig und auch unnötig erwiesen; aber noch könnte es scheinen, als müßte der Punkt etwas sein, wovon keine Ausdehnung in Betracht kommen soll, die Linie ein Gebilde mit vorherrschender Längenausdehnung u. s. w. Die folgenden Betrachtungen dürften geeignet sein, das tief eingewurzelte Vorurteil zu erschüttern als trüge das Aussehen der geometrischen Grundgebilde irgend etwas zur Gültigkeit der geometrischen Lehrsätze bei; wir werden sehen, daß man auf unendlich viel Weisen an Stelle der den Begriffen Punkt, Gerade, Ebene entsprechenden Objekte andere, davon verschiedene Objekte setzen kann, die als „Punkte", „Geraden" und „Ebenen" bezeichnet sämtliche Lehrsätze der Geometrie verwirklichen. Ein sehr nahe liegendes Beispiel ist dieses: Man nimmt im Raume R der Euklidischen[1]) Geometrie einen Punkt O an und versteht unter R' den Raum, der mit R außer O alle Punkte gemeinsam hat. Die Gesamtheit der Kugeln und Kreise des R, die durch O gehen, nennt man ein „Kugelgebüsch", und zwar ein parabolisches zum Unterschied von anderen, die wir alsbald werden kennen lernen; die durch O gehenden Ebenen und Geraden des R gehören dem Gebüsche als „Grenzkugeln" und „Grenzkreise" (mit unbegrenzt großem Radius) an, eine Auffassung, die sich auch sonst in der Kugelgeometrie als nützlich erweist. Und nun definieren wir im Raume R' als „Geraden" und „Ebenen" die

(1679) vorahnend das bezeichnete, was wir jetzt Streckenrechnung (Quaternionen, Ausdehnungslehre) nennen; statt Analysis situs sollte man lieber Zusammenhangslehre sagen. Vgl. Leibniz, Mathematische Schriften, herausgegeben von C. J. Gerhardt, I, 19.

1) Man nennt so die gewöhnliche Geometrie zum Unterschied von anderen Geometrieen, die wir bald werden kennen lernen.

Kreise und Kugeln des R, die dem Gebüsche angehören; um Verwechselungen vorzubeugen, wollen wir für diese „Geraden“ und „Ebenen“ die Ausdrücke „Scheingeraden“ und „Scheinebenen“ gebrauchen. Dann gelten folgende Sätze:

I_1. Zwei voneinander verschiedene Punkte A, B des R' bestimmen stets eine Scheingerade.

I_2. Diese Scheingerade wird auch durch je zwei andere, voneinander verschiedene ihrer Punkte bestimmt.

I_3. Auf einer Geraden gibt es stets mindestens zwei Punkte, in einer Ebene mindestens drei, die nicht in gerader Linie liegen.

I_4. Drei nicht auf derselben Scheingeraden liegende Punkte bestimmen stets eine Scheinebene.

I_5. Diese wird auch bestimmt durch je drei andere ihrer Punkte, die nicht einer Scheingeraden angehören.

I_6. Wenn zwei Punkte einer Scheingeraden in einer Scheinebene liegen, so liegen alle Punkte dieser Geraden in dieser Ebene.

I_7. Wenn zwei Scheinebenen einen Punkt gemein haben, so haben sie mindestens noch einen zweiten Punkt gemein.

I_8. Es gibt mindestens vier nicht in einer Ebene liegende Punkte.

Die Sätze ließen sich leicht vermehren, es sind die acht ersten Hilbertschen Grundsätze seines Systems der Euklidischen Geometrie, und zwar seine „Axiome der Verknüpfung“; wir werden davon noch zu sprechen haben. Die Beweise sind äußerst einfach, wenn man diese Scheingeometrie des Raumes R' im Raume R vom Euklidischen Standpunkt aus betrachtet: Die zwei Punkte des Satzes I_1 bestimmen mit O zusammen immer einen Kreis; O bestimmt mit den drei Punkten des Satzes I_4 stets eine Kugel, den Grenzfall eingerechnet, daß diese vier Punkte einer Ebene angehören. Im Falle I_7 haben die Kugeln natürlich eine gemeinschaftliche Schnittlinie.

2. Diese Scheingebilde erfüllen auch alle Sätze, die man in der Euklidischen Geometrie über den Begriff „zwischen“ aussagen kann. Wir wollen von diesen Sätzen nur die anführen, die nach Hilbert als „Grundsätze“ (Axiome) gelten können; diese „Axiome der Anordnung“, wie Hilbert sie nennt, lauten in unserem Falle:

II_1. Wenn A, B, C Punkte einer Scheingeraden sind und B „zwischen“ A und C liegt, so liegt B auch „zwischen“ C und A.

II_2. Wenn A und C zwei Punkte einer Scheingeraden sind, so gibt es stets wenigstens einen Punkt B, der zwischen A und C liegt, und wenigstens einen Punkt D, sodaß C zwischen A und D liegt.

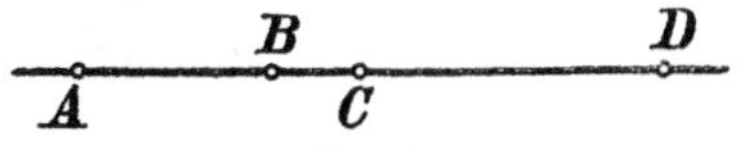

Fig. 11.

II_3. Unter irgend drei Punkten einer Scheingeraden gibt es stets einen und nur einen, der zwischen den beiden andern liegt.

II_4. Seien A, B, C drei nicht in scheingerader Linie liegende Punkte und u eine Scheingerade der Scheinebene ABC, die durch keinen der Punkte A, B, C geht; wenn dann die Gerade u mit einer Seite des Scheindreiecks A, B, C einen Punkt gemein hat, der zwischen den Endpunkten dieser Seite liegt, so trifft u auch eine der übrigen Seiten in einem Punkte, der zwischen den Endpunkten der betreffenden Seite liegt.

Alle diese Sätze gelten offenbar nur in dem Raume R', der den Punkt O nicht enthält, nicht etwa im Raume R; denn hier ist auf einem Kreise durch zwei Punkte A, C die Bezeichnung „zwischen" überhaupt nicht festgelegt, weil ein Punkt auf dem Kreise sowohl durch linksläufige als auch durch rechtsläufige Bewegung von A nach C gelangen kann; durch Ausschluß des Punktes O wird das verhindert. (Siehe Fig. 12.)

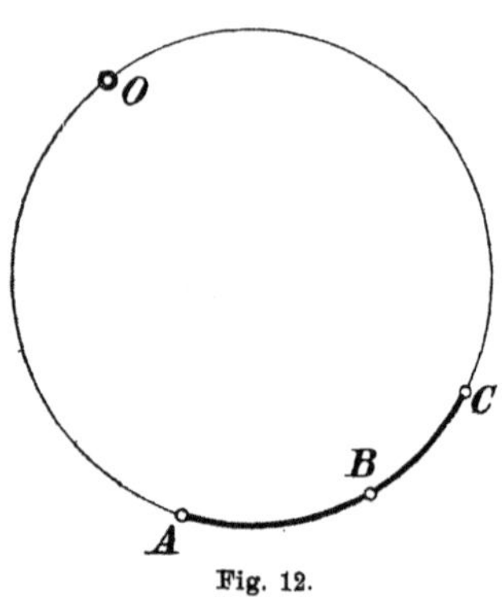

Fig. 12.

3. Von besonderem Interesse ist nun, daß in unserer Scheingeometrie auch das Parallelenaxiom erfüllt ist. Als „parallel" wird man zwei Scheingeraden anzusprechen haben, die als Gebilde (Kreise) des Euklidischen Raumes R betrachtet sich in O berühren, denn diese Geraden bestimmen eine Scheinebene und haben in ihr keinen Punkt gemein; ebenso wird man zwei Scheinebenen parallel nennen müssen, wenn sie als Gebilde des R sich in O berühren. Diese „Parallelen" haben alle Eigenschaften der gewöhnlichen, insbesondere genügen sie dem Parallelenaxiom, das bei Hilbert die Nummer IV führt:

Durch einen Punkt ist zu einer Geraden immer nur eine Parallele möglich.

Um jetzt im Raume R' auch die Kongruenz zu definieren, ziehen wir, da ein anschauliches Analogon der Bewegung fehlt, die Steinerschen Linealkonstruktionen heran; die „Scheinmitte" M einer Scheingeraden AB bestimmen wir mittels der Trapezkonstruktion (§ 5, 1.), ein Verfahren, das erst dadurch seine Berechtigung erhält, daß man die Unabhängigkeit des Punktes M von der Wahl der ihn bestimmenden Hilfslinien beweisen kann. Bevor wir den Beweis erbringen, wollen wir den Gedankengang zu Ende durchführen. Die „halbierte" Strecke AB kann, wie in § 5, umgekehrt dazu dienen, zu ihr durch einen beliebigen Punkt die Parallele zu ziehen, wie die Fig. 13, die in der Bezeichnung genau mit Fig. 3 des § 5 übereinstimmt, unmittelbar erkennen läßt. Auch das in § 5 angegebene Verfahren, eine

Strecke auf ihrer Geraden beliebig zu verschieben, kann in unsere Geometrie übertragen werden; sie wird dabei vom Standpunkte unserer gewöhnlichen Geometrie betrachtet um so kleiner, je mehr sie sich dem ausgeschlossenen Punkte nähert. Zur Drehung von Strecken und Winkeln ist endlich in jeder Ebene ein „Kreis“ notwendig. Zu dem Zwecke nehmen wir eine Kugel k des Raumes R zu Hilfe und betrachten sie auch im R' als „Kugel“, ihre Schnitte mit den Schein-

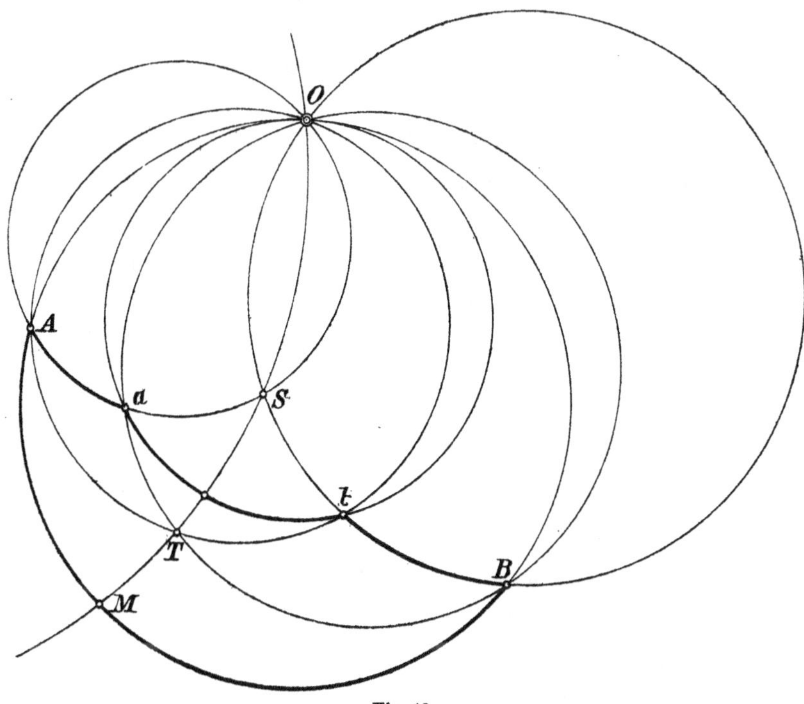

Fig. 13.

ebenen also als „Kreise“. Die „Scheincentra“ dieser Scheinkreise (und der Scheinkugel) werden wir in Artikel 4. angeben; dann ist zunächst in allen Scheinebenen, die k treffen, der zu den Steinerschen Konstruktionen nötige Kreis nebst Zentrum bekannt. Um auch in einer Scheinebene η, die von k nicht geschnitten wird, konstruieren zu können, braucht man nur η durch parallele Scheingeraden auf eine zu η parallele Scheinebene η' zu projizieren, die k trifft, in ihr die Konstruktion auszuführen und nach η zurückzuprojizieren. Nennen wir zwei Strecken oder Winkel des R' einander „kongruent“, wenn sie durch diese Konstruktion, deren Eindeutigkeit wir gleich beweisen werden, ineinander übergehen, so kann man auf diese Definition leicht die Lehre von der Kongruenz und der Flächengleichheit aufbauen.

4. Die Übereinstimmung unserer Scheingeometrie des R' mit der Euklidischen des R liegt auf der Hand und kann dadurch vollständig bewiesen werden, daß wir ein Abbildungsverfahren angeben können, welches die „Scheinebenen" und „Scheingeraden" des R' in „wirkliche" Ebenen und Geraden des R verwandelt. Diese Abbildung besteht in der Inversion. Bei gegebenem „Zentrum" O und gegebener „Potenz" $+r^2$ oder $-r^2$ nennt man zwei Punkte P, P' zueinander „invers", wenn sie mit O in gerader Linie liegend bei „hyperbolischer" Inversion der Bedingung

$$OP\,.\,OP' = +r^2,$$

bei „elliptischer" der Bedingung

$$OP\,.\,OP' = -r^2$$

genügen, wo r eine gegebene Strecke bedeutet; das Vorzeichen soll ausdrücken, daß im ersten Falle P und P' auf derselben Seite von O liegen, im zweiten auf entgegengesetzter. In der Planimetrie wird gezeigt werden, daß, wenn P einen Kreis k beschreibt, auch P' einen Kreis k' durchläuft; je nachdem die Inversion hyperbolisch oder elliptisch ist, ist O äußerer oder innerer Ähnlichkeitspunkt beider Kreise. Geht Kreis k durch O, so artet k' in eine Gerade aus, und umgekehrt entspricht einer Geraden durch Inversion immer ein Kreis, der durch O geht. Die Beziehung zwischen P und P' oder k und k' ist eine gegenseitige; ist durch Inversion P in P' verwandelt, so führt dieselbe Inversion P' wieder in P über. Läßt man jetzt die Kreise k und k' um ihre Zentrale rotieren, so beschreiben sie zwei Kugeln, und man sieht unmittelbar:

Durch Inversion geht eine Kugel allemal in eine Kugel über, die nur in dem Falle in eine Ebene „ausartet", daß die gegebene Kugel durch O geht.

Umgekehrt entspricht einer durch O gehenden Kugel eine Ebene. Wenden wir jetzt dieses Verfahren auf die Scheingeraden und Scheinebenen des R' an, bei beliebiger „Potenz" $\pm r^2$, so werden diese in Geraden und Ebenen des R verwandelt; dagegen geht die zu den Steinerschen Konstruktionen benutzte Hilfskugel in eine Kugel des R über und jenen „Scheinkonstruktionen" entsprechen im R die gewöhnlichen Steinerschen Konstruktionen, wenn die Scheincentra der Scheinkreise (und der Scheinkugel) zu den wirklichen Zentren der inversen Kreise (bezw. Kugel) invers sind. Damit ist nicht nur die Zulässigkeit dieser Konstruktionen zur Definition der Kongruenz bewiesen, sondern zugleich dargetan, daß die Scheingeometrie des R' nie zu logischen Widersprüchen führen kann, weil aus ihr vermöge der Inversion sofort sich Widersprüche der Euklidischen Geometrie ergeben würden, die, wie wir sehen werden, begrifflich vollkommen widerspruchsfrei begründet werden kann. Vorläufig kommt es uns nur darauf an, gezeigt zu haben, daß man eine im Wortlaut ihrer Lehrsätze mit der gewöhnlichen Geometrie übereinstimmende Geometrie aufbauen kann, deren „Ebenen" und „Geraden" von den gewöhnlichen vollkommen verschieden sind. Um weitere anschauliche Beispiele dieser Art beibringen zu können, müssen wir erst die Lehre vom Kugelgebüsch so weit entwickeln, als für unsere Zwecke notwendig ist; wir wollen dabei nur ganz elementare Sätze der Planimetrie als bekannt annehmen und durch eingestreute „Aufgaben" zur allseitigen Durcharbeitung der gewonnenen Resultate anregen.

§ 9. **Das Kugelgebüsch.**

1. Treffen die Strahlen eines Büschels O einen Kreis M in den Punktepaaren A, A'; B, B'; C, C'; ... (siehe Fig. 14 und 15), so ist nach dem Sehnensatze $OA \cdot OA' = OB \cdot OB' = OC \cdot OC' = \cdots$, gleichgültig, ob O außerhalb oder innerhalb des Kreises liegt. Im

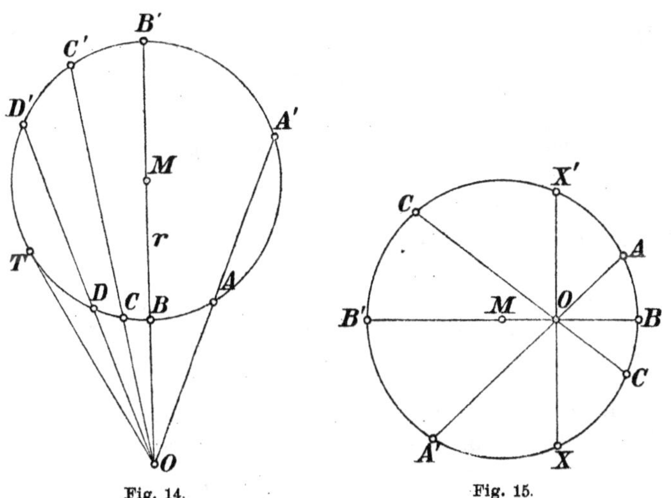

Fig. 14. Fig. 15.

ersten Falle kann dieses konstante Produkt, die „Potenz des Kreises M im Punkte O", speziell durch das Quadrat der Tangente OT, im zweiten Falle durch das Quadrat der in O auf OM senkrechten halben Sehne OX bestimmt werden, oder auch, wenn OM den Kreis in B und B' trifft, im ersten Falle durch

$$OB \cdot OB' = (OM - r)(OM + r) = OM^2 - r^2,$$

im zweiten durch $OB \cdot OB' = (r + OM)(r - OM) = -(OM^2 - r^2)$, wenn M den Mittelpunkt und r den Radius des Kreises bezeichnet. Dieser Ausdruck der Potenz durch $\pm(OM^2 - r^2)$ legt es nahe, der „Potenz“ des Kreises im Punkte O das Plus- oder Minuszeichen zuzuschreiben, je nachdem O außerhalb oder innerhalb des Kreises liegt; man kann das auch dadurch begründen, daß im ersten Falle die von O ausgehenden Stücke jeder Sekante auf derselben Seite von O liegen, im zweiten aber ein Stück links, eines rechts von O; gibt man diesen Stücken im ersten Falle gleiches Vorzeichen, so verdienen sie im zweiten ungleiches. Also ist die Potenz des Kreises M im Punkte O

in Fig. 14 gleich $+(OM^2 - r^2) = +OT^2$,

in Fig. 15 gleich $-(OM^2 - r^2) = -OX^2$.

Diese Begriffsbildung überträgt sich unmittelbar auf die Kugel. Treffen die Strahlen eines Strahlenbündels O eine Kugel mit dem Mittelpunkt M in den Punktepaaren A, A'; B, B'; C, C'; ..., so trifft die durch AA' und BB' bestimmte Ebene die Kugel in einem Kreise, für den $OA \cdot OA' = OB \cdot OB'$ ist; ebenso ist in der Ebene der Strahlen OBB' und OCC' die Potenz des Schnittkreises in O gleich

$$OB \cdot OB' = OC \cdot OC', \text{ also } OA \cdot OA' = OB \cdot OB' = OC \cdot OC' = \cdots,$$

gültig für alle Strahlen durch O; dieses konstante Produkt heißt „Potenz der Kugel in O“ und wird mit positivem oder negativem Vorzeichen genommen, je nachdem O außerhalb oder innerhalb der Kugel liegt; wiederum ist im ersten Falle die Potenz gleich $+(OM^2 - r^2)$, im zweiten $-(OM^2 - r^2)$.

Aufgabe 1. Wo liegen alle Punkte, in denen ein Kreis dieselbe Potenz $+p^2$ (oder $-p^2$) hat?

Aufgabe 2. Alle Punkte zu konstruieren, in denen ein Kreis M_1 die Potenz $\pm p_1^2$, ein anderer M_2 die Potenz $\pm p_2^2$ hat.

Aufgabe 3. Die vorigen Aufgaben auf die Kugel zu übertragen.

2. Haben zwei beliebig zueinander gelegene Kreise M_1, M_2 (siehe Fig. 16) einer Ebene in einem Punkte P dieselbe Potenz:

$$PM_1^2 - r_1^2 = PM_2^2 - r_2^2,$$

wo r_1, r_2 die beiden Radien sind und die Vorzeichen entweder beiderseits positiv oder negativ gemeint sind, und ist Q der Fußpunkt des von P auf M_1M_2 gefällten Lotes, so folgt durch Subtraktion von PQ^2 aus dieser Gleichung:

$$(PM_1^2 - PQ^2) - r_1^2 = (PM_2^2 - PQ^2) - r_2^2,$$
$$QM_1^2 - r_1^2 = QM_2^2 - r_2^2.$$

Dann haben also beide Kreise auch in Q gleiche Potenz, und wenn man zur letzten Gleichung QS^2 addiert, wo S ein beliebiger Punkt von PQ ist,

$$(QM_1^2 + QS^2) - r_1^2 = (QM_2^2 + QS^2) - r_2^2,$$
$$SM_1^2 - r_1^2 = SM_2^2 - r_2^2,$$

so sieht man, daß auch in S beide Kreise gleiche Potenz haben. Nun gibt es aber nur einen Punkt Q auf der Zentrale, in dem die Gleichung

$$QM_1^2 - r_1^2 = QM_2^2 - r_2^2$$

oder

$$QM_1^2 - QM_2^2 = r_1^2 - r_2^2$$

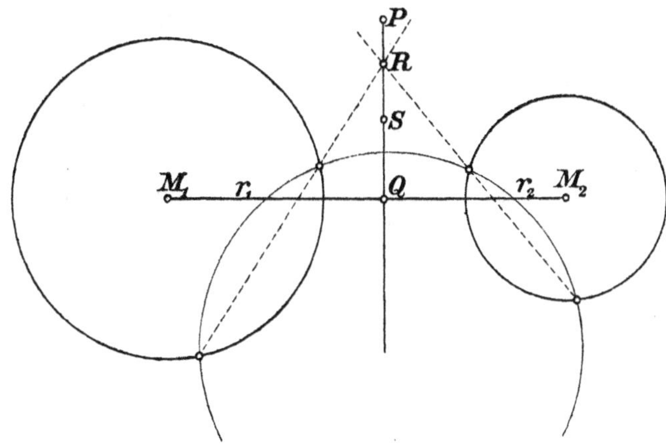

Fig. 16.

stattfindet, denn für $QM_1 + QM_2 = M_1M_2 = c$ hat man

$$c[QM_1 - (c - QM_1)] = r_1^2 - r_2^2,$$

woraus sich für QM_1 der eine Wert

$$QM_1 = \frac{1}{2}\frac{r_1^2 - r_2^2 + c^2}{c}$$

ergibt. Daraus folgt:

Satz I. Die Punkte, in denen zwei Kreise derselben Ebene gleiche Potenz haben, erfüllen eine Gerade, die auf der Zentrale dieser Kreise senkrecht steht.

Die Potenz ist natürlich auf dieser Geraden, der „Potenzachse" der beiden Kreise, von Punkt zu Punkt eine andere.

Wenn die Kreise sich schneiden, ist die gemeinschaftliche Sehne die Potenzachse (Sehnensatz). Um dann im Falle, daß die Kreise sich nicht schneiden (s. Fig. 16), mindestens einen Punkt zu finden, in dem beide Kreise gleiche Potenz haben, nimmt man einen Kreis zu Hilfe, der M_1 und M_2 schneidet, und die zwei gemeinsamen Sehnen schneiden sich dann in einem Punkte der gewünschten Art; auf dieselbe Weise bestimmt man noch einen zweiten Punkt; die Verbindungsgerade beider oder das Lot vom ersten auf die Zentrale ist dann die Potenzachse. Läßt man die Kreise um die gemeinschaftliche Zentrale rotieren, so erhält man zwei Kugeln, und es gilt der

Satz II. Die Punkte, in denen zwei Kugeln gleiche Potenz haben, erfüllen eine Ebene, die „Potenzebene" der beiden Kugeln, die auf der Zentrale senkrecht steht und, wenn die Kugeln sich scheiden, ihren Schnittkreis enthält.

Aufgabe 4. Die Potenzebene zweier sich nicht schneidenden Kugeln k_1, k_2 mit Hilfe zweier Kugeln zu konstruieren, die k_1 und k_2 schneiden.

3. Wenn drei Kreise in einer Ebene liegen und ihre Mittelpunkte M_1, M_2, M_3 ein Dreieck bilden, so werden sich die Potenzachsen p_{12}, p_{23}, p_{31} dieser Kreise in dem nämlichen Punkte C, dem „Potenzzentrum" der Kreise, schneiden müssen, denn im Schnittpunkte von p_{12} und p_{23} haben die drei Kreise gleiche Potenz, und durch diesen Punkt geht also auch die dritte Potenzachse p_{31}; liegen die Mittelpunkte M_1, M_2, M_3 dagegen in gerader Linie, so sind die Geraden p_{12}, p_{23}, p_{31} entweder voneinander verschieden und dann parallel, oder sie fallen zusammen. Im ersten Falle spricht man von einem „uneigentlichen" Potenzzentrum; der letzte Fall tritt ein, wenn zwei der drei Potenzachsen zusammenfallen. Dann ist nämlich ihr Schnittpunkt mit der Zentrale ein Punkt gleicher Potenz aller drei Kreise, und solcher Punkte gibt es, wie wir gesehen haben, auf der Zentrale zweier Kreise nur einen.

Schneiden sich zwei Kreise in zwei Punkten A, B, so bilden ihre beiden Tangenten in A miteinander dieselben Winkel wie die Tangenten in B. Unter den vier Winkelflächen, welche die zwei Tangenten in A bilden, ist eine einzige dadurch ausgezeichnet, daß sie keine Teile der Kreise enthält (siehe Fig. 17 und 18); dieser Winkel φ ist supplementär zu dem Winkel M_1AM_2, und man sagt, die Kreise schneiden sich unter dem Winkel φ. Für zwei Kugeln gilt dann die analoge Definition: zwei Kugeln schneiden sich unter dem Winkel φ, wenn die von einem (und daher von jedem) der gemeinsamen Schnittpunkte nach den beiden Mittelpunkten gehenden Strahlen den Winkel $2R - \varphi$ einschließen. Konstruiert man in einem gemeinsamen Punkte beider Kugeln die beiden Berührungsebenen, so ist derjenige Winkel dieser zwei Ebenen, der keine Teile der Kugeln enthält, gleich φ. Läßt man φ unbegrenzt abnehmen, so geht das Schneiden in Berühren über; zwei Kreise oder Kugeln schneiden sich unter dem Winkel $\varphi = 0$, wenn sie sich so berühren, daß die Zentrale gleich der Summe der Radien ist; sie schneiden sich dagegen unter einem gestreckten

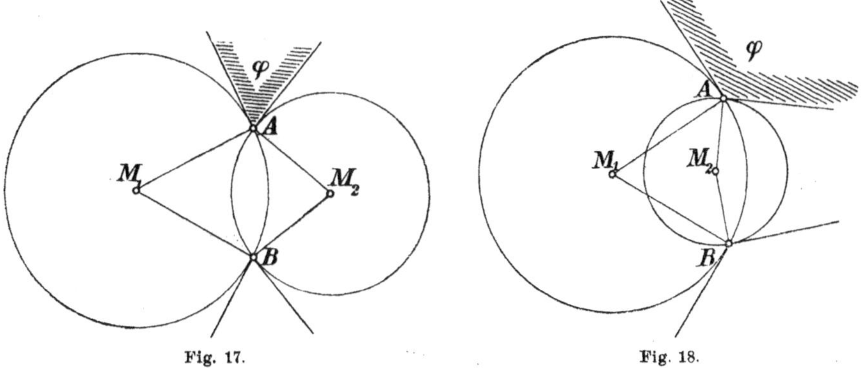

Fig. 17. Fig. 18.

Winkel, wenn sie sich so berühren, daß die Zentrale gleich der Differenz der Radien ist.

Abgesehen von diesen Grenzwerten von φ ist noch der Fall von besonderem Interesse, daß φ ein Rechter ist (siehe Fig. 19); dann stehen die nach einem gemeinsamen Schnittpunkte gehenden Radien aufeinander senkrecht, und die Potenz einer jeden dieser Kugeln (oder Kreise) im Mittelpunkt der anderen ist gleich dem positiven Quadrat des Radius der anderen. Bei beliebigem Schnittwinkel φ kann die Lage zweier Kreise oder Kugeln zueinander dadurch ausgezeichnet sein, daß die gemeinsame Sehne oder Schnittebene durch einen der Mittelpunkte geht, also Durchmesser bezw. Durchmesserebene eines dieser Kreise oder Kugeln ist; dieser Kreis oder diese Kugel wird dann „diametral" geschnitten. Diese Beziehung ist aber nicht, wie das „rechtwinklige" Schneiden, eine wechselseitige; sonst müßten beide Kreise oder beide Kugeln zusammenfallen. Ein Durchmesser schneidet einen Kreis immer rechtwinklig (orthogonal) und diametral.

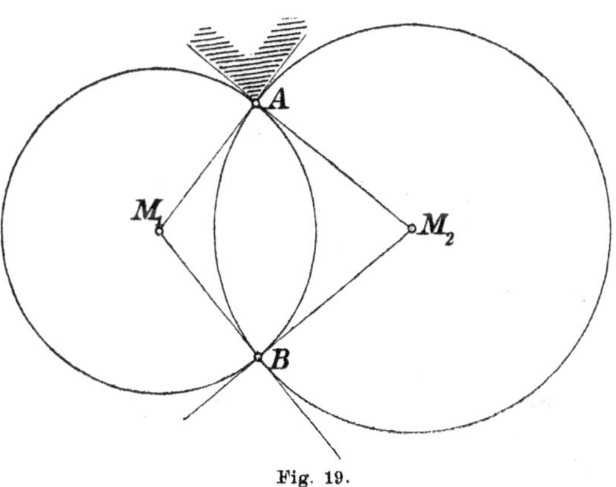

Fig. 19.

4. Kehren wir nun wieder zu dem Falle dreier Kreise M_1, M_2, M_3 einer Ebene zurück, die einen einzigen Punkt C gleicher Potenz haben; ist dieser Punkt ein uneigentlicher, so werden die Kreise von der Zentrale zugleich orthogonal und diametral geschnitten, und es gibt außer diesen Geraden keinen Kreis, der M_1, M_2, M_3 orthogonal oder diagonal schnitte, denn sein Zentrum wäre ein Punkt gleicher Potenz der drei Kreise. Liegt C dagegen im Endlichen, und ist die gemeinsame Potenz gleich $\pm r^2$, so wird nach 3. der Kreis um C mit dem Radius r von den drei Kreisen M_1, M_2, M_3 rechtwinklig (siehe Fig. 20) oder diametral (siehe Fig. 21) geschnitten, je nachdem die Potenz positiv oder negativ ist.

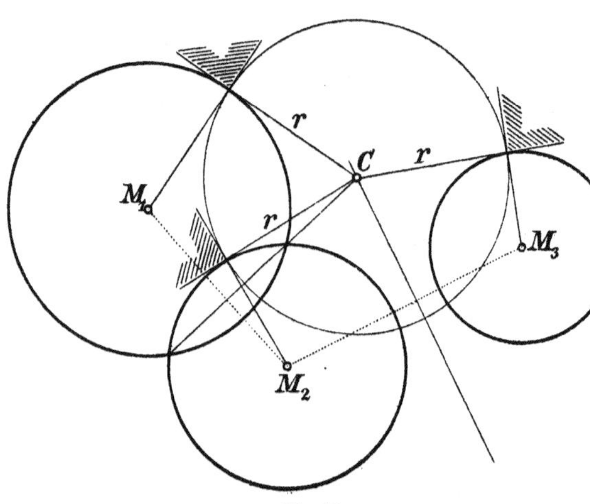

Fig. 20.

Analoge Sätze gelten für drei Kugeln: Wenn ihre Potenzebenen $\pi_{1,2}$ und $\pi_{2,3}$ sich in einer Geraden schneiden, so haben die drei Kugeln in jedem Punkte der Schnittgeraden gleiche Potenz; folglich muß auch die dritte Potenzebene $\pi_{3,1}$ durch diese Gerade gehen:

Satz III. Schneiden sich zwei der drei Potenzebenen dreier Kugeln in einer Geraden $a_{1,2,3}$, so liegt diese auch in der dritten Potenzebene und heißt „Potenzachse“ der drei Kugeln.

Satz IV. Wenn vier Kugeln zu je dreien eine Potenzachse bestimmen, so schneiden sich diese vier Potenzachsen in einem Punkte, dem „Potenzzentrum“ der vier Kugeln,

denn je zwei dieser Achsen liegen in einer Ebene und müssen sich daher schneiden.

Satz. V. Das Potenzzentrum C ist Mittelpunkt einer Kugel k, welche von den gegebenen orthogonal oder diametral geschnitten wird, je nachdem die gemeinsame Potenz positiv oder negativ ist. Nur wenn C im Unendlichen liegt, und k infolgedessen in eine Ebene ausartet, ist das Schneiden orthogonal und diametral zugleich.

Außerdem ist noch der Grenzfall zu erwähnen, daß die Potenz null ist, also die Kugeln einander berühren; die gemeinsame Orthogonalkugel oder Diametralkugel artet dann in eine „Punktkugel", d. h. in einen Punkt aus. Es wird wohl nicht nötig sein, die Besonderheiten aufzuzählen, die dadurch entstehen können, daß man eine oder mehrere der gegebenen Kugeln unbegrenzt abnehmen oder zunehmen läßt. Wir wollen noch einige Aufgaben folgen lassen. Zuvor aber eine allgemeine Bemerkung: Während der Aufbau der gewöhnlichen Elementargeometrie mit seiner dogmatischen Darstellungs-

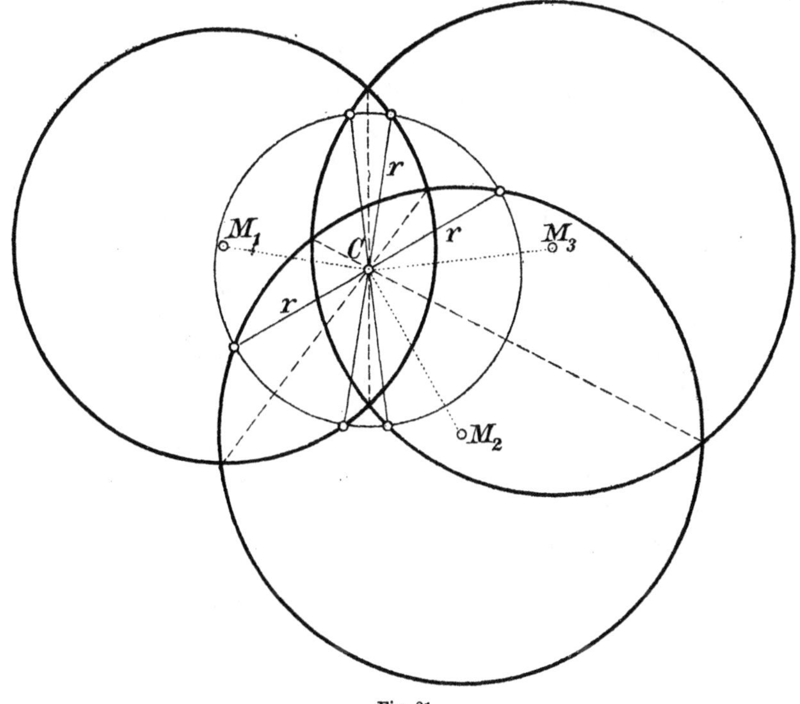

Fig. 21.

weise den Eindruck des Schwerfälligen macht und die einzelnen Lehrsätze für sich isoliert und als überraschende Merkwürdigkeiten erscheinen, läßt uns die Kugelgeometrie einen ersten Einblick gewinnen in die reiche Fülle der neueren Geometrie, deren Tatsachen ungezwungen aus wenigen, aber fruchtbaren Begriffsbildungen und Hauptsätzen entspringen und sich dem Aufmerksamen ungesucht darbieten.

Aufgabe 5. Wo liegen die Punkte, von denen an zwei gegebene Kugeln gleiche Tangenten gehen?

Aufgabe 6. Die Punkte zu bestimmen, in denen drei gegebene Kugeln k_1, k_2, k_3 die Potenzen P_1, P_2, P_3 haben. ($P_i = \pm d_i^2$, $i = 1, 2, 3$.)

Aufgabe 7. Wo liegen die Mittelpunkte aller Kugeln von gegebenem Radius, die eine gegebene Kugel k unter gegebenem Winkel schneiden?

Aufgabe 8. Zwei sich schneidende Kugeln durch Inversion in zwei Ebenen zu verwandeln und zu zeigen, daß die Ebenen sich unter demselben Winkel schneiden wie die Kugeln. Daraus folgt allgemein, daß zwei Kugeln sich unter demselben Winkel schneiden wie zwei dazu inverse Kugeln.

Aufgabe 9. Wo liegen die Mittelpunkte aller Kugeln, die zwei Ebenen unter gegebenen Winkeln schneiden?

Aufgabe 10. Wo liegen die Mittelpunkte aller Kugeln, die zwei sich schneidende Kugeln unter gegebenen Winkeln schneiden?

Ähnliche Aufgaben für die Kreise der Ebene sind vielleicht vor diesen zu lösen. Man konstruiere ferner die Potenzebene zweier, die Potenzachse dreier Kugeln und bringe sie zum Schnitt mit einer Ebene, um die Schnittgebilde zu studieren.

5. Unter einem „Kreisbüschel“ versteht man die Gesamtheit der Kreise einer Ebene, welche dieselbe Potenzachse haben. Treffen sich zwei Kreise eines Büschels in einem Punkte, so ist in ihm die Potenz null, er liegt auf der Potenzachse und alle Kreise des Büschels müssen durch ihn gehen, weil die Kreise des Büschels in jedem Punkte der Potenzachse gleiche Potenz haben. Je nach der Anzahl der gemeinsamen Schnittpunkte unterscheidet man:

1. Hyperbolische Kreisbüschel, deren Kreise keinen Punkt gemein haben,
2. parabolische „ „ „ einen „ „ „ ,
3. elliptische „ „ „ zwei Punkte „ „ .

Die Kreise eines parabolischen Büschels berühren einander und die Potenzachse a in demselben Punkte A; ihre Mittelpunkte liegen auf einer Geraden a', die in A auf a senkrecht steht (siehe Fig. 22). Die Kreise des zu diesem Büschel „orthogonalen“ Büschels, deren Centra auf a liegen und die a' als Potenzachse in A berühren, schneiden die Kreise des ersten Büschels rechtwinkelig.

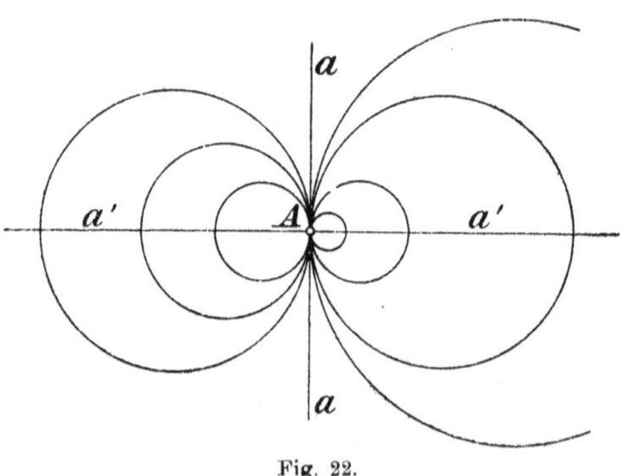

Fig. 22.

Das elliptische Büschel (siehe Fig. 23) ist ebenfalls leicht zu konstruieren: seine Kreise gehen durch zwei feste Punkte A_1, A_2, die „Grundpunkte“, ihre Mittelpunkte liegen also auf dem Mittellote a' von A_1A_2. Der größte

Kreis dieses Büschels ist, wie beim parabolischen, die durch A_1, A_2 gehende Potenzachse a, der kleinste hat $A_1 A_2$ zum Durchmesser, wird also von allen anderen Kreisen des Büschels diametral geschnitten. Wiederum haben alle Kreise des Büschels in jedem Punkte der Potenzachse a gleiche Potenz. Für die Punkte P von a, die außerhalb der Strecke $A_1 A_2$ liegen, ist diese Potenz p^2 positiv, sodaß man von P an alle Kreise des Büschels Tangenten von gleicher Länge p legen kann. Der Kreis um P mit dem Radius p schneidet also alle Kreise des Büschels orthogonal. Sind M_1, M_2 die Mittelpunkte zweier

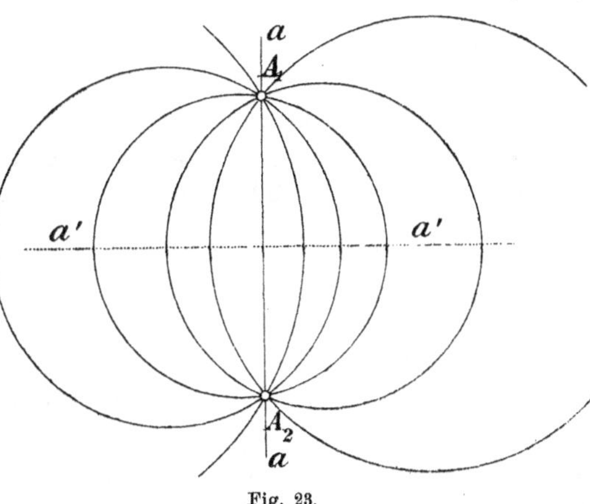

Fig. 23.

Kreise des gegebenen Büschels (siehe Fig. 24), r_1, r_2 ihre Radien, so hat der Kreis um P in M_1 die Potenz r_1^2, in M_2 die Potenz r_2^2. Ein zweiter Kreis Q, von dem wir nur voraussetzen, daß er die Kreise M_1, M_2 orthogonal schneidet, hat dann ebenfalls in M_1 und M_2 die Potenzen r_1^2 und r_2^2. Also ist die durch M_1, M_2 gehende Gerade a' die Potenzachse aller Kreise, die die Kreise des gegebenen Büschels rechtwinkelig schneiden, und da a selber zum Büschel gehört, so liegen die Mittelpunkte der rechtwinkelig schneidenden Kreise auf a; diese bilden ebenfalls ein Büschel, das zu dem ersten „orthogonal“ heißt und a' zur Potenzachse hat. Dieses zweite Büschel ist ein hyperbolisches. Denn bezeichnet O den Mittelpunkt von $A_1 A_2$, so ist, da das erste Büschel als elliptisch vorausgesetzt wurde,

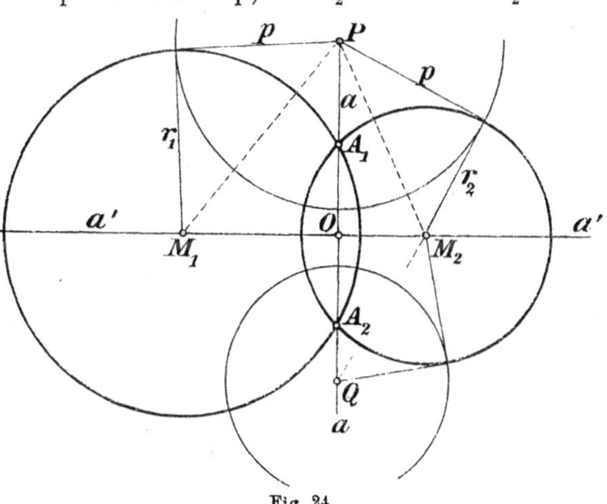

Fig. 24.

$$PM_1^2 = p^2 + r_1^2 = M_1O^2 + PO^2,$$

woraus, da $M_1 O < r_1$ ist, $p < PO$ folgt, d. h. der Kreis um P trifft a' nicht, und da a' als Grenzkreis dem zweiten Büschel angehört, so treffen sich die Kreise dieses Büschels nicht. Die Beziehung zwischen beiden Büscheln ist eine wechselseitige, denn umgekehrt werden die Kreise des zweiten von jedem Kreise des ersten orthogonal geschnitten, und wenn man von einem hyperbolischen Büschel ausgeht und die vorangegangene Betrachtung darauf überträgt, erhält man ein elliptisches Büschel, das dazu „orthogonal" ist. Da in jedem Kreise eines hyperbolischen Büschels noch kleinere Kreise des Büschels liegen, so müssen die Kreise des Büschels in zwei Stellen symmetrisch zu seiner

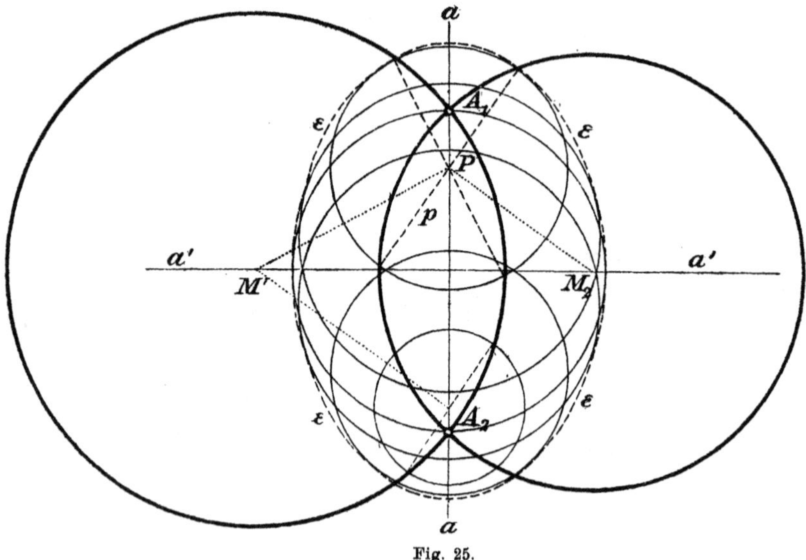

Fig. 25.

Potenzachse sich immer mehr je einem Punkte nähern; es sind das die „Grundpunkte" des orthogonalen elliptischen Büschels. Sie heißen die „Punktkreise" des hyperbolischen Büschels. Das elliptische Büschel hat keinen Punktkreis, das parabolische einen, das hyperbolische zwei. (Siehe auch Fig. 26.)

Bei der Ableitung des zu einem elliptischen Büschel orthogonalen hyperbolischen gingen wir von einem Punkte P außerhalb der Verbindungsstrecke der Grundpunkte aus. Es liegt nahe, P innerhalb dieser Strecke anzunehmen (siehe Fig. 25). Die gemeinsame Potenz der Kreise des Büschels in P ist dann negativ, etwa gleich $-p^2$, und der Kreis (P) um P mit dem Radius p wird dann von den Kreisen des Büschels diametral geschnitten. Durchläuft P die Strecke $A_1 A_2$, so nimmt der Kreis (P) andere Lage und Größe an, dabei aber immer eine Ellipse ε von innen berührend, die A_1, A_2 zu Brennpunkten und eine kleine Achse von der Länge $A_1 A_2$ hat. Wir werden von dieser Tatsache keinen weiteren Gebrauch machen, weshalb diese Andeutung genügen mag.

6. Die Gesamtheit der Kreise einer Ebene, welche in einem Punkte O dieselbe Potenz haben, nennt man ein „Kreisbündel". Da alle durch einen Punkt gehenden Kreise der Ebene in diesem die gleiche Potenz Null haben, so bilden sie einen Grenzfall eines Bündels, das „parabolische" Kreisbündel. Hyperbolisch oder elliptisch heißt das Bündel, je nachdem die Potenz positiv oder negativ ist. Ist $+p^2$ die Potenz im hyperbolischen Bündel, so werden alle Kreise des Bündels von dem Kreise $\varkappa$, der O zum Zentrum und p zum Radius hat, orthogonal geschnitten. Das Bündel kann dann auch definiert werden als Gesamtheit der Kreise, die $\varkappa$ orthogonal schneiden. Damit ist zugleich die Konstruktion seiner Kreise gegeben (siehe Fig. 26): Man legt an Kreis $\varkappa$ in irgend einem seiner Punkte A die Tangente und schlägt um einen Punkt C dieser Tangente den Kreis, der durch A geht; dieser Kreis hat in O die Potenz $+p^2$, gehört also zum Bündel. Zum Bündel gehört ferner jedes Büschel, das je zwei Kreise des Bündels bestimmen.

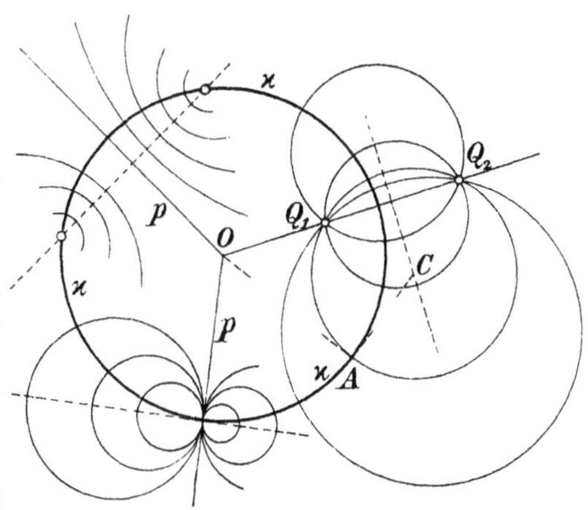

Fig. 26.

Die Punktkreise aller hyperbolischen Büschel liegen auf $\varkappa$; die zwei Grundpunkte aller elliptischen Büschel im Bündel bilden inverse Punktepaare mit O als Zentrum und p^2 als Potenz der Inversion. Umgekehrt gehören alle durch ein paar inverse Punkte dieser Inversion gehende Kreise zum Bündel. Überhaupt trifft jede durch O gehende Gerade jeden Kreis des Bündels, den sie schneidet, in zwei inversen Punkten, „einem Punktepaar des Bündels". Durch zwei nicht zueinander inverse Punkte der Ebene geht daher immer nur ein Kreis des Bündels, den man dadurch festlegen kann, daß man zu einem dieser Punkte den inversen bestimmt. Das Bündel ist in dieser Inversion zu sich selbst invers.

Aufgabe 11. Den gemeinsamen Kreis zweier Büschel des Bündels zu konstruieren.

Aufgabe 12. Ein elliptisches Kreisbüschel durch Inversion in ein Strahlenbüschel zu verwandeln. Was wird dabei aus dem orthogonalen Büschel?

Das elliptische Bündel ist einförmiger als das hyperbolische. Da alle seine Kreise im gemeinsamen Potenzzentrum O dieselbe negative Potenz $-p^2$ haben, so schneiden sie alle denselben Kreis k, der O zum Mittelpunkt und p zum Radius hat, diametral. Während der Orthogonalkreis $\varkappa$ des hyperbolischen Bündels nicht zu dem Bündel gehört, weil er in O ja negative Potenz hat, ist der „Diametralkreis“ k des elliptischen Bündels in diesem enthalten. Wiederum gehört das Büschel, das von zwei Kreisen des Bündels bestimmt wird, dem Bündel an; da aber alle Kreise des Bündels den Punkt O einschließen, so müssen sie sich paarweise in zwei Punkten schneiden: die im Bündel enthaltenen Büschel sind daher ausnahmslos elliptisch (siehe Fig. 27 und 28; in Fig. 28 liegen die Grundpunkte des elliptischen Büschels auf dem Diametralkreis), ihre Grundpunkte natürlich wieder invers bezüglich O als Zentrum und $-p^2$ als Potenz. Überhaupt wird, wie beim hyperbolischen Bündel, jeder Kreis des Bündels von jeder durch O gehenden Geraden in zwei inversen Punkten dieser Inversion, einem „Punktpaare des Bündels“, getroffen.

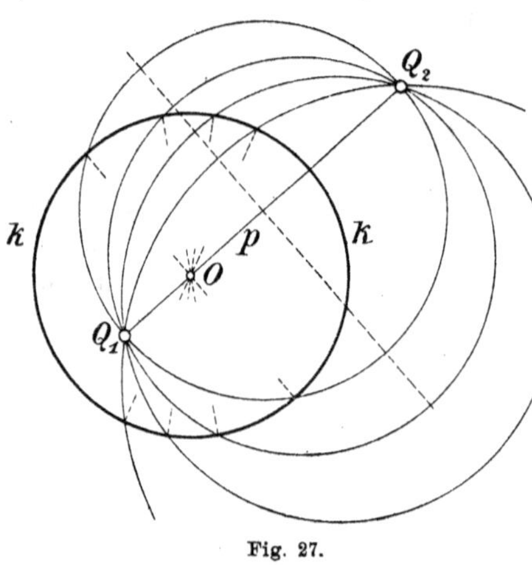

Fig. 27.

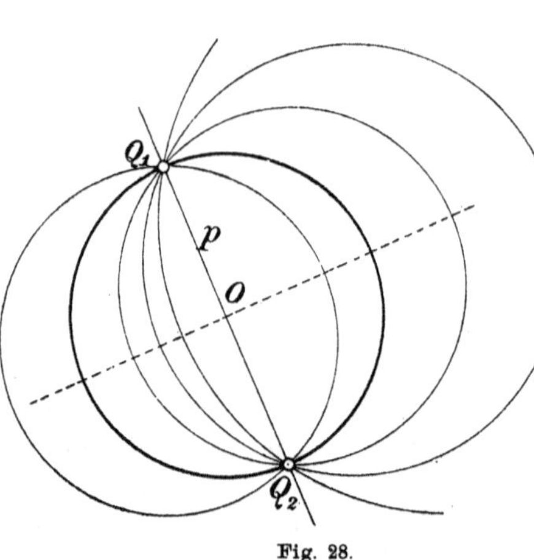

Fig. 28.

Aufgabe 13. Den gemeinsamen Kreis zweier Büschel des Bündels zu konstruieren.

Aufgabe 14. Durch zwei Punkte, die nicht zueinander invers sind, geht immer ein Kreis des Bündels. Man soll ihn konstruieren.

Sind zwei Bündel mit gleichen oder verschiedenen Potenzzentren O_1, O_2 gegeben, und P_1, P_2 in diesen Bündeln zu einem gegebenen

Punkte P invers, so gehört der Kreis π durch PP_1P_2 zu beiden Bündeln. Ist τ ein zweiter Kreis dieser Art, so ist O_1O_2 gemeinsame Potenzachse beider Kreise, und das von ihnen bestimmte Büschel gehört zu beiden Bündeln. Fällt O_1 mit O_2 zusammen, so artet dieses Büschel aus in die Gesamtheit der durch O_1 gehenden Geraden. Fassen wir dieses Strahlenbüschel als Grenzfall eines elliptischen Kreisbüschels auf, in das es ja durch Inversion verwandelt werden kann, so haben wir den Satz: Die gemeinsamen Kreise zweier Kreisbündel bilden ein Kreisbüschel.

7. Es bleibt noch übrig, diese Resultate auf die Kugel zu übertragen. Läßt man zunächst ein Kreisbüschel um seine Zentrale rotieren, so entsteht das „Kugelbüschel", die Gesamtheit der Kugeln mit derselben Potenzebene. Wenn die zu einem Bündel gehörigen Kreise — wozu der etwa vorhandene Orthogonalkreis nicht gehört — je um ihren Mittelpunkt rotieren, beschreiben sie Kugeln, die zusammen ein „Kugelbündel" bilden, d. h. die Gesamtheit der Kugeln, welche dieselbe Potenzachse haben; diese steht senkrecht auf der Ebene des erzeugenden Kreisbündels im Potenzzentrum. Während also die Mittelpunkte der Kugeln eines Kugelbüschels eine Gerade erfüllen, liegen die Mittelpunkte der Kugeln eines Kugelbündels in einer Ebene, und die Kugeln des Bündels gehen entweder sämtlich durch zwei Punkte, deren Verbindungslinie dann die Potenzachse ist, oder nicht; im ersten Falle schneiden sie sämtlich eine gewisse Kugel diametral, die den Schnittpunkt S der Zentralebene mit der Potenzachse zum Mittelpunkt hat; im letzten Falle ist der Punkt S das Zentrum einer Kugel, die die Kugeln des Bündels orthogonal schneidet; ihr Radius ist die Quadratwurzel aus der Potenz des Bündels in S.

Man sieht leicht, daß zu jedem Kugelbündel ein Kugelbüschel gehört, dessen Kugeln die des Bündels orthogonal schneiden, und umgekehrt.

Die Gesamtheit der Kugeln, die in einem Punkte O dieselbe Potenz haben, heißt ein „Kugelgebüsch". Dann bilden speziell alle durch einen Punkt gehenden Kugeln ein Gebüsch, das wir bereits als das parabolische kennen gelernt haben. Seine Potenz ist Null. Die Gebüsche mit nicht verschwindender Potenz nennt man hyperbolisch oder elliptisch, je nachdem die Potenz positiv, $= +p^2$, oder negativ, $= -p^2$, ist. Die Kugel um das Potenzzentrum O als Mittelpunkt und mit p als Radius wird im hyperbolischen Gebüsch von allen Kugeln des Gebüsches orthogonal geschnitten, gehört aber nicht zum Gebüsch; im elliptischen Gebüsche dagegen wird jene Kugel diametral geschnitten und ist eine ausgezeichnete Kugel des Gebüsches, die bei Konstruktionen gute Dienste leistet. Eine Gerade durch O trifft jede

Kugel des Gebüsches, die sie schneidet, in zwei Punkten, die zueinander invers sind bezüglich O als Zentrum und der Potenz des Gebüsches als Inversionspotenz. Jede Kugel eines Gebüsches ist bei dieser „Inversion des Gebüsches“ zu sich selbst invers. Wenn zwei Kugeln eines Gebüsches sich schneiden, so ist der Schnittkreis, dessen Ebene natürlich durch O geht, zu sich selbst invers und heißt ein „Kreis des Gebüsches“, während zwei inverse Punkte kurz „ein Punktepaar“ des Gebüsches genannt werden. Jede Kugel und jeder Kreis durch ein Punktepaar des Gebüsches gehört zum Gebüsch. Durch zwei Punktepaare geht immer nur ein Kreis, durch drei Punktepaare, die nicht einem Kreise angehören, immer nur eine Kugel des Gebüsches. Bezüglich zweier Gebüsche (O_1), (O_2) kann man zu jedem Punkte P des Raumes zwei inverse P_1 und P_2 konstruieren, und alle durch jene drei Punkte P, P_1, P_2 gehenden Kugeln, die also ein Büschel bilden, gehören beiden Gebüschen an und haben die Gerade $O_1 O_2$ zur Potenzachse; man erhält so unendlich viele den Gebüschen (O_1), (O_2) gemeinsame Büschel, die zusammen ein Bündel mit $O_1 O_2$ als Potenzachse bilden. Es ist unmöglich, auch nur annähernd die reiche Fülle von Sätzen zu erschöpfen, die sich hier mühelos aufstellen ließen, wir müssen deshalb auf Spezialwerke verweisen[1]). Für unsere Untersuchung über die Grundlagen wird das Mitgeteilte ausreichen.

§ 10. Teilweise Verwirklichung der Euklidischen Geometrie im Kugelgebüsch. Die beiden Nichteuklidischen Geometrien.

1. Während die Versinnlichung der Euklidischen Geometrie im parabolischen Kugelgebüsche immer noch den Anschein erwecken konnte, als müßte der „Punkt“ stets etwas Unteilbares sein, haben wir jetzt die Mittel in der Hand, Geometrien aufzubauen, in denen der „Punkt“ bald als Kugel, bald als Kreis, bald als inverses Punktepaar eines hyperbolischen oder elliptischen Kugelgebüsches (O) erscheint.

A) Bezeichnet man als „Scheinpunkte“ die Kugeln des Gebüsches (O), als „Scheingeraden“ seine Büschel, als „Scheinebenen“ seine Bündel, so können wir von diesen „Scheingebilden“ sämtliche Sätze der Hilbertschen Axiomgruppe I aussagen, die wir in § 8 kennen gelernt haben. Insbesondere gilt der Satz:

---

1) Am besten eignet man sich die Geometrie der Kugelgebüsche auf dem Wege der Konstruktion, also durch Lösung vieler Aufgaben an. Als geometrische Aufgabensammlung, die das Gebüsch gründlich behandelt, ist die von Milinowski, II. Teil, zu empfehlen. Eine elegante Einzeldarstellung der Kugelgeometrie mit elementaren Mitteln findet man in dem Buche „Synthetische Geometrie der Kugeln“ von Th. Reye, Leipzig 1879.

Zwei Scheinpunkte bestimmen immer eine Scheingerade, und drei Scheinpunkte, die nicht einer Scheingeraden angehören, bestimmen eine Scheinebene.

Denn jene zwei Kugeln bestimmen ein Büschel, jene drei Kugeln ein Bündel, dessen Kugeln alle dem Gebüsche angehören. Es wäre nicht schwer, die Hilbertsche Satzgruppe II, die den Begriff „zwischen" auseinandersetzt, in der Modifikation auf die „Punkte" unserer Scheingeraden zu übertragen, die Pasch l. c. § 1, 18. durch Einführung des Begriffes des „ausgeschlossenen" Punktes erzielt; es handelt sich da um die Bedeutung der Aussage, daß zwei Punktepaare einer Geraden einander „trennen" oder „nicht trennen". Wir werden noch darauf zurückkommen.

B) Eine andere, der zeichnend-konstruktiven Behandlung mehr zugängliche Realisierung der Hilbertschen Satzgruppen I und II (diese mit der eben angedeuteten Modifikation) beruht darauf, daß man als „Scheinpunkte", „Scheingeraden" und „Scheinebenen" die Kreise, Kreisbüschel und Kreisbündel einer Ebene η bezeichnet. Durch Inversion kann man η in eine Kugel verwandeln und damit den „Scheinraum" unserer Scheingeometrie auf eine Kugel verlegen. Zwei voneinander verschiedene Scheinpunkte bestimmen immer eine Scheingerade, drei nicht einer Scheingeraden angehörige Scheinpunkte immer eine Scheinebene. Es würde eine ebenso lehrreiche als nützliche Aufgabe sein, die Hilbertschen Sätze I und ihre Folgerungen durch Konstruktion zu verifizieren. Um auf die große Fruchtbarkeit der Durchführung derartiger Analogien wenigstens einigermaßen hinzuweisen, wollen wir das Analogon des Désarguesschen Satzes herleiten. Der Satz von Désargues setzt zwei Dreiecke A_1, B_1, C_1 und A_2, B_2, C_2 in zwei sich schneidenden Ebenen η_1 und η_2 voraus, die zueinander in der speziellen Lagebeziehung stehen, daß die in der Bezeichnung sich entsprechenden Seiten A_1B_1 und A_2B_2, B_1C_1 und B_2C_2, C_1A_1 und C_2A_2 sich in drei Punkten Z, X, Y der Schnittgeraden s von η_1, η_2 treffen. Dann bestimmen diese drei Geradenpaare drei Ebenen, die sich in einem Punkte S treffen, sodaß also die Punktepaare A_1 und A_2, B_1 und B_2, C_1 und C_2 mit S je in einer Geraden liegen. Nimmt man jetzt in der Ebene η_1 selber noch ein Dreieck A_1', A_2', A_3' an, dessen drei Seiten je durch X, Y, Z gehen, so gehen ebenso die Strahlen $A_1'A_2$, $B_1'B_2$, $C_1'C_2$ durch einen Punkt S'. Mithin enthalten die Ebenen $A_1A_1'A_2$, $B_1B_1'B_2$, $C_1C_1'C_2$ die Geraden A_1A_2 und $A_1'A_2$, B_1B_2 und $B_1'B_2$, C_1C_2 und $C_1'C_2$, also auch die Punkte S, S' und bilden daher ein Ebenenbüschel mit der Achse SS'; dieses trifft die Ebene η_1 in den Strahlen A_1A_1', B_1B_1', C_1C_1', die durch den Punkt Σ gehen, in dem SS' die Ebene η_1 trifft. Der Satz von Désargues lautet jetzt:

Wenn zwei Dreiecke A_1, B_1, C_1 und A_2, B_2, C_2 in derselben oder in verschiedenen Ebenen so aufeinander bezogen sind, daß die homologen Seiten $A_1 B_1$ und $A_2 B_2$, $B_1 C_1$ und $B_2 C_2$, $C_1 A_1$ und $C_2 A_2$ sich in drei Punkten einer Geraden s treffen, so liegen die Ecken A_1 und A_2, B_1 und B_2, C_1 und C_2 je in drei Strahlen durch denselben Punkt S.

Dieser Satz gilt nun auch in den beiden Scheingeometrien A) und B). In die Sprache der gewöhnlichen Kreisgeometrie zurückübersetzt würde der Satz im Falle B) lauten:

Nimmt man in einer Ebene sechs Kreise A_1, B_1, C_1; A_2, B_2, C_2 an, von denen die drei ersten und ebenso die drei letzten keinem Büschel angehören; haben ferner die durch

B_1 und C_1, B_2 und C_2 bestimmten Büschel einen Kreis X,
C_1 „ A_1, C_2 „ A_2 „ „ „ „ Y,
A_1 „ B_1, A_2 „ B_2 „ „ „ „ Z

gemeinsam, und gehören, falls die beiden von A_1, B_1, C_1 und A_2, B_2, C_2 bestimmten Bündel miteinander identisch sind, die drei Kreise X, Y, Z demselben Büschel an, so haben die drei Büschel (A_1, A_2), (B_1, B_2), (C_1, C_2) einen Kreis S gemein.

Wenn die Bündel (A_1, B_1, C_1) und (A_2, B_2, C_2) voneinander verschieden sind, so sind X, Y, Z doch ebenfalls in einem Büschel enthalten. Der Satz läßt sich leicht umkehren. Wer mit der projektiven Geometrie vertraut ist, wird sehen, daß nun auch der Satz vom vollkommenen Vierseit in unserer Geometrie B) gilt und folglich der Begriff der „harmonischen" Lage von vier Scheinpunkten einer Scheingeraden definiert ist; damit ist sofort der Begriff der projektiven Beziehung zweier Scheingeraden festgelegt, und man wird also das Analogon der Kurve zweiter Ordnung konstruieren können. Doch wollen wir die Kenntnis der projektiven Geometrie hier nicht voraussetzen und müssen daher auf die Ausbeutung dieser Tatsache verzichten.

2. Ausführlicher soll dagegen eine andere Versinnlichung der Hilbertschen Axiomgruppen I und II (siehe § 8) untersucht werden, welche wieder, wie 1. A), in einem hyperbolischen oder elliptischen Kugelgebüsche spielt; O sei das Potenzzentrum, $+r^2$ oder $-r^2$ die Potenz des Gebüsches. Verstehen wir jetzt unter einem „Scheinpunkte" ein Punktepaar der Inversion des Gebüsches, unter einer „Scheingeraden" einen Kreis des Gebüsches, unter einer „Scheinebene" endlich eine Kugel desselben, so geht wiederum durch zwei Scheinpunkte nur eine Scheingerade, durch drei Scheinpunkte, die drei verschiedene Scheingeraden bestimmen, nur eine Scheinebene, die jene Schein-

geraden enthält. Denn die jenen zwei „Scheinpunkten" entsprechenden zwei Punktepaare bestimmen einen Kreis, der schon durch drei dieser Punkte festgelegt ist und auch durch den vierten geht. Drei Scheinpunkte, d. h. sechs Punkte wären ebenfalls zur Bestimmung einer Kugel zu viel, wenn nicht eine Kugel, die durch vier dieser Punkte geht, auf Grund des Sehnensatzes auch durch die übrigen gehen müßte. Man sieht nun leicht, daß in unserer Scheingeometrie die Hilbertsche Axiomgruppe I gilt.

In dieser Scheingeometrie gibt es nur ein Bündel von Scheingeraden, das zugleich auch im gewöhnlichen Sinne ein Strahlenbündel ist, nämlich die Gesamtheit der Strahlen durch das Potenzzentrum O. Da nun jede „wirkliche" und damit zugleich „scheinbare" Gerade durch O jeden Kreis und jede Kugel des Gebüsches, die sie trifft, in einem Paare inverser Punkte, also jede Scheingerade oder Scheinebene in einem Scheinpunkte schneidet, so gelten in der Scheinebene und auf der Scheingeraden alle die Aussagen über den Begriff „zwischen", die auch im wirklichen Strahlenbündel zutreffend sind. Wie also z. B. von vier Strahlen a, b, c, d eines Bündels, die in einer Ebene liegen, immer nur zwei Strahlen die beiden übrigen trennen, etwa a, b und c, d, während die anderen Anordnungen zu je zwei Paaren sich nicht trennen, so gibt es unter vier Scheinpunkten einer Scheingeraden auch nur zwei Paare, die einander „trennen", und zwei Anordnungen zu je zwei Paaren, die einander „nicht trennen". Weitere Sätze dieser Art finden sich bei Pasch l. c., § 1, 18. Die Hilbertsche Axiomgruppe II gilt also in unserer Scheingeometrie mit der Modifikation, die wir auch in Artikel 1. angedeutet haben und im dritten Abschnitte genauer werden kennen lernen.

3. Um nun auch zum Parallelenaxiome Stellung zu nehmen, müssen wir die beiden Arten von Kugelgebüschen mit nicht verschwindender Potenz voneinander trennen. Im elliptischen Gebüsche schließen alle Kreise und Kugeln das Potenzzentrum ein, alle Kugeln, sowie alle Kreise auf derselben Kugel müssen sich schneiden. Auf den entsprechenden „elliptischen Raum" übertragen heißt das: Je zwei Scheinebenen im elliptischen Raume haben eine Scheingerade, je zwei Scheingeraden auf derselben Scheinebene einen Scheinpunkt gemeinsam. I n d e r e l l i p t i s c h e n G e o m e t r i e g i l t d e m n a c h d a s P a r a l l e l e n a x i o m n i c h t, z w e i G e r a d e n e i n e r E b e n e s c h n e i d e n s i c h i m m e r.

Im hyperbolischen Gebüsche gibt es dagegen beliebig viele Kugeln, die eine gegebene nicht treffen. Man kann hier, ohne auf Widersprüche zu stoßen, die Sprechweise ausbilden, daß zwei sich nicht schneidende Kugeln einen „imaginären Schnittkreis" gemein haben;

das (aus dem hyperbolischen Kreisbüschel durch Rotation um die Zentrale entstehende) hyperbolische Kugelbüschel kann dann aufgefaßt werden als Gesamtheit der Kugeln mit demselben imaginären Schnittkreise. Dieser „liegt“ in der Potenzebene des Büschels. Jede Gerade durch O in dieser Ebene „trifft“ den imaginären Kreis in zwei „zueinander inversen imaginären Punkten“. Diese ergeben zusammengenommen einen „idealen“ Scheinpunkt, dem imaginären Kreise entspricht die „ideale“ Gerade.

Zwei sich nicht schneidende Scheinebenen haben also eine „ideale“ Schnittgerade: Es gibt dann Büschel und Bündel von Scheinebenen mit idealer gemeinsamer Schnittgerade bezw. mit einem idealen gemeinsamen Schnittpunkt. Das sind offenbar Analoga zu den „uneigentlichen“ Punkten und Geraden der natürlichen Geometrie.

Zwischen diesem Falle des Schneidens und dem des Nichtschneidens der Kugeln und Kreise des hyperbolischen Gebüsches liegt der der Berührung. Da ein Berührungspunkt zu sich selbst invers sein muß, so muß er auf der Orthogonalkugel ω des Gebüsches liegen. Jeder Kreis des Gebüsches trifft ω in zwei Punkten A, B. Ist P ein beliebiger Punkt und P' der dazu inverse, so werden die durch A, P, P' und B, P, P' gehenden Kreise den gegebenen Kreis in A und B je einmal berühren, wie denn überhaupt alle Kreise, die durch denselben Punkt der Orthogonalkugel ω gehen, einander in diesem Punkte berühren. Will man jetzt in unserer hyperbolischen Scheingeometrie etwas ähnliches haben wie Parallelismus, so wird man als „Raum“ dieser Geometrie denjenigen definieren müssen, der aus dem gewöhnlichen Raume der Kugelgeometrie entsteht, wenn man daraus die Fläche der Orthogonalkugel ω fortläßt. In dem verbleibenden „hyperbolischen“ Raume gilt dann der Satz, daß zu einer Scheingeraden AB durch einen Scheinpunkt P immer zwei Scheinparallelen gehen. Um das an einer Figur veranschaulichen zu können, wollen wir uns erinnern, daß die durch O gehenden Ebenen dem Gebüsche als Grenzkugeln angehören, also zugleich Scheinebenen genannt werden dürfen. In einer solchen speziellen Scheinebene wollen wir eine Scheingerade g annehmen und durch einen Punkt P die beiden „Parallelen“ PA und PB ziehen. Der Schnitt der Scheinebene mit der Orthogonalkugel heiße $\varkappa$. (Siehe Fig. 29.)

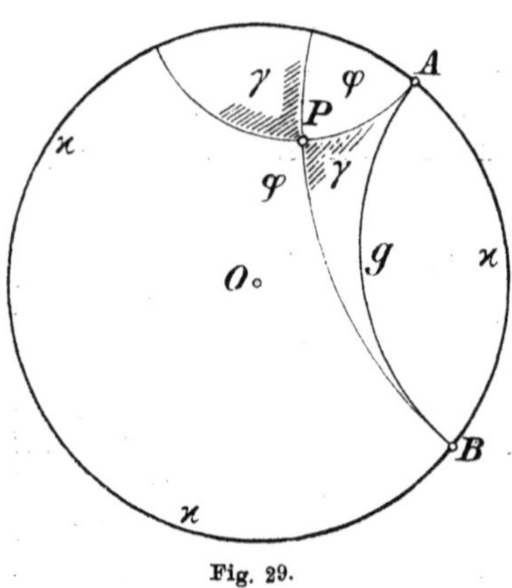

Fig. 29.

Die beiden Parallelen bilden in P vier Winkelfelder. Eines davon enthält die Scheingerade g und möge mit γ bezeichnet werden; das ist dann der sogenannte Parallelenwinkel, der in der Geometrie von Bolyai und Lobatschefski eine Rolle spielt. In den beiden Feldern φ, φ der Nebenwinkel von γ verlaufen diejenigen Scheingeraden, welche g in „idealen" Punkten treffen, während im Felde des Parallelenwinkels γ sich die wirklich schneidenden Scheingeraden befinden. Alles das zusammenfassend können wir also sagen: In der hyperbolischen Geometrie gilt das Parallelenaxiom ebenfalls nicht, vielmehr kann man durch einen gegebenen Punkt zu einer gegebenen Geraden immer zwei Parallelen ziehen, und diese bestimmen zwei Scheitelwinkel φ, φ, sodaß alle in diesen Winkeln verlaufenden Geraden mit der gegebenen keine realen Schnittpunkte gemein haben[1]).

4. Da haben wir nun zwei Geometrien, in denen allemal durch zwei Punkte nur eine Gerade, durch drei Punkte, die drei verschiedene Geraden bestimmen, nur eine Ebene geht, Geometrien, in denen überhaupt alle Sätze gelten, die sich über das Schneiden von Ebenen und Geraden aussagen lassen, die auch in der Euklidischen Geometrie gelten, mit alleiniger Ausnahme des Parallelenaxioms. Damit ist also einwandsfrei und vollkommen anschaulich der Beweis erbracht, daß die zweitausendjährigen Bemühungen, das Parallelenaxiom, oder, wie es richtiger heißen müßte, das fünfte Postulat Euklids, aus den übrigen Voraussetzungen abzuleiten, notwendig scheitern mußten: Das Parallelenaxiom ist keine logische Folge der übrigen Grundsätze der Geometrie. Wir können sogar sagen: Wenn jemals die beiden Geometrien, die das Parallelenaxiom leugnen, auf logische Widersprüche stoßen könnten, so müßte auch die Euklidische Geometrie Widersprüche enthalten, denn man brauchte diese Widersprüche der Nichteuklidischen Geometrie nur aus der Sprache der „Scheingeometrie" im Kugelgebüsche zu übersetzen in die Sprache der gewöhnlichen, der Euklidischen Geometrie angehörenden Kugelgeometrie und hätte dann Widersprüche in der Kugelgeometrie. Daß aber die Euklidische Geometrie auf vollkommen widerspruchslosen Voraussetzungen beruht, werden wir in einem der folgenden Paragraphen zeigen können. Das kann natürlich nur von einer idealisierten Geometrie gelten.

Aus der Unabhängigkeit des Parallelenaxioms einerseits und der Unzulässigkeit des Parallelenbegriffes in der natürlichen Geometrie

1) Im Grunde genommen könnte man alle diese Geraden als Parallelen betrachten, doch haben die (asymptotischen) Parallelen PA, PB mehr Ähnlichkeit mit der Parallelen in der Euklidischen Geometrie.

andererseits folgt, daß die natürliche Geometrie niemals zu einer Scheidung der drei möglichen Annahmen bezüglich des Parallelismus wird gelangen können. Tatsächlich muß denn auch Pasch in seinen öfters erwähnten „Vorlesungen“ diese Frage offen lassen; in dem engen Bereiche, in dem sich die Geraden und Ebenen unserer Erfahrung befinden, kann man alle Tatsachen der natürlichen Geometrie gleich gut beschreiben, mag es zu einer Geraden durch einen Punkt keine Parallele geben, oder eine oder zwei. Ja, wir können noch einen Schritt weiter gehen und sagen: Es wird empirisch nie möglich sein, zu entscheiden, ob das, was man Ebenen und Geraden nennt, „wirkliche“ Ebenen und Geraden sind, oder Scheinebenen und Scheingeraden in einem Kugelgebüsche von ungeheuer großer Potenz; wäre etwa die Sonne das Potenzzentrum und die Orthogonalkugel bezw. Diametralkugel so groß, daß sie sämtliche Planeten einschlösse, so wären die Scheinebenen und Scheingeraden, d. h. die Kugeln und Kreise des Gebüsches, in dem uns von der Erde aus zugänglichen Teile des Raumes von Ebenen und Geraden der natürlichen Geometrie nicht zu unterscheiden. Denkt man sich an einen solchen Kreis eine Tangente gezogen, so würde diese 11 km vom Berührungspunkte entfernt sich erst um $^1/_{1000}$ mm von dem Kreise abheben. Ein Unterschied zwischen beiden Linien würde also nur dem Begriffe nach bestehen und könnte empirisch nicht nachgewiesen werden. — Es ließen sich noch zahllose andere Versinnlichungen der drei nur hinsichtlich der Parallelenfrage sich unterscheidenden Geometrien angeben, die im Bereiche des empirisch Zugänglichen vollkommen mit der natürlichen Geometrie übereinstimmten, doch reichen dazu unsere elementaren Mittel nicht aus.

Wir müssen jenen drei Geometrien nun noch die ihnen zukommenden Namen geben: Die Geometrie mit dem Parallelenaxiom heißt Euklidische oder parabolische Geometrie. Wir haben daher das Kugelbündel mit der Potenz null, das diese Geometrie vollkommen realisiert, als parabolisch bezeichnet. Die beiden anderen Geometrien heißen *κατ' ἐξοχὴν* Nichteuklidische. Eigentlich müßte man ja jede Geometrie so nennen, die mit der Euklidischen nicht in allen Voraussetzungen übereinstimmt. Diejenige Nichteuklidische Geometrie, in welcher überhaupt kein Parallelismus vorkommt und die durch das elliptische Kugelgebüsch illustriert wird, heißt elliptische Geometrie, die andere hyperbolische. Sie wird im hyperbolischen Gebüsche verwirklicht. Bolyai und Lobatschefski fanden die hyperbolische Geometrie, die elliptische wurde viel später von Riemann entdeckt. Der charakteristische Unterschied dieser drei Geometrien läßt sich auch so aussprechen:

In der parabolischen Geometrie ist die Winkelsumme

im Dreieck zwei Rechte, in der hyperbolischen kleiner, in der elliptischen größer, aber beidemal keine Konstante. Um das auch in den beiden Kugelgebüschen in Evidenz zu bringen, messen wir die Winkel zwischen Scheingeraden, d. h. die Winkel zweier Kreise in einem ihrer Schnittpunkte durch die Winkel der entsprechenden Tangenten; jedoch betrachten wir abweichend von § 9, 3. in einem Dreieck ABC als Winkel A dasjenige der vier Winkelfelder mit dem Scheitel A, in dem die Strecke BC liegt. Nimmt man jetzt im hyperbolischen Gebüsche, um bequem darstellen zu können, eine Scheinebene, die durch das Potenzzentrum geht, und ist ω ihr Schnitt mit der Orthogonalkugel (siehe Fig. 30), so ist jedes Dreieck, dessen drei Ecken A, B, C auf ω liegen, dadurch ausgezeichnet, daß die betreffenden Kreise des Gebüsches sich in A, B, C berühren, daß also die drei Scheingeraden in A, B, C drei Winkel gleich Null bilden. Die Winkelsumme eines solchen Dreiecks ist also Null; seine Seiten sind nach der oben getroffenen Festsetzung paarweise zueinander parallel. Daß in anderen Dreiecken dieser Geometrie die Winkelsumme kleiner als 2R ist, läßt sich ohne umständliche trigonometrische Rechnungen nicht unmittelbar verifizieren. Die Möglichkeit von Dreiecken mit verschwindenden Winkeln war schon den Entdeckern der hyperbolischen Geometrie bekannt und wurde von ihren Gegnern als anschauungswidrig bekämpft. Denkt man aber, wie oben angedeutet wurde, die Orthogonalkugel so groß, daß sie die sämtlichen Planeten einschließt, so könnten in den uns zugänglichen Scheinebenen von derartigen Dreiecken im übersehbaren Bereiche nicht zugleich Stücke aller drei Seiten vorkommen; ein Widerspruch gegen die Anschauung wäre also nicht möglich. Der Mangel an einer leicht verständlichen Versinnlichung hat den Nichteuklidischen Geometrien sehr geschadet. Die von Beltrami 1868 angegebene Realisierung der hyperbolischen Geometrie auf Flächen von konstanter negativer Krümmung ist nicht elementar genug und nicht ohne höhere Mathematik zu verifizieren. Die elliptische Geometrie der Ebene hat Riemann auf der Kugel verwirklicht gefunden, wobei die zwei Endpunkte jedes Durchmessers als derselbe „Punkt“ gelten. Indem man aber nicht scharf genug hervorhob, daß der „Punkt“ dieser Versinnlichung aus zwei gewöhnlichen Punkten besteht, sind Misverständnisse und Unklarheiten entstanden, die zu dem Zweifel führten, ob die Riemannsche ebene

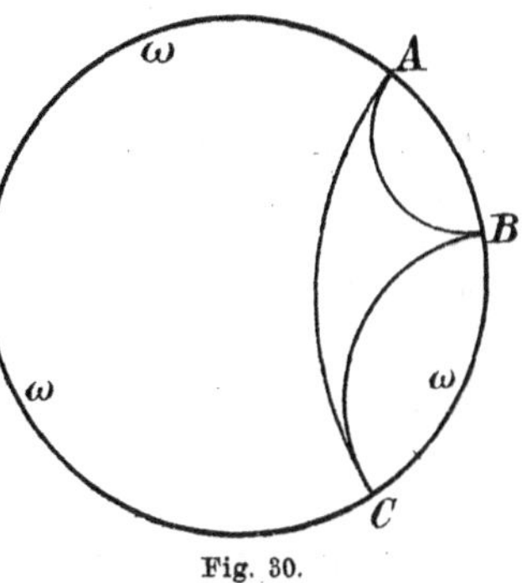

Fig. 30.

Geometrie nicht mit der gewöhnlichen Geometrie auf der Kugel identisch ist. In der richtig aufgefaßten Realisierung der elliptischen „Ebene“ auf einer Kugel wird man mühelos unsere Scheinebene im elliptischen Kugelgebüsche wiedererkennen: die Riemannsche Kugel ist die Diametralkugel des Gebüsches; die Endpunkte jedes Durchmessers sind invers, konstituieren also in der Tat einen Scheinpunkt. Es wäre also nicht notwendig gewesen, gerade den Endpunkten des Durchmessers diese Ausnahmestellung zuzuweisen. Als Scheinpunkt konnte man jedes Paar Endpunkte der Sehnen definieren, die durch denselben Punkt O im Innern der Kugel gehen. Nimmt man O außerhalb der Kugel an, so hat man die hyperbolische Ebene[1]).

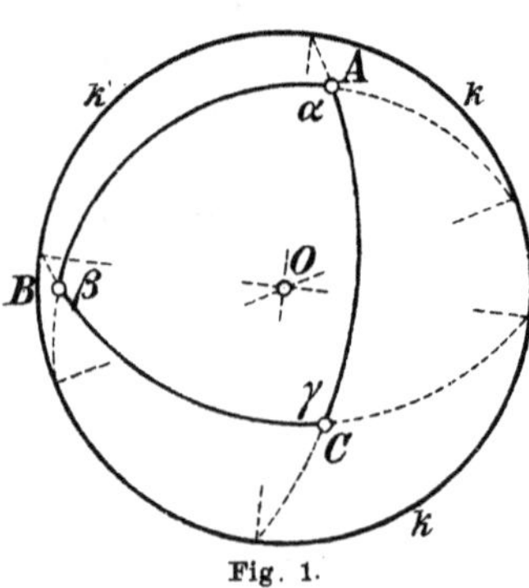

Fig. 1.

Schließlich wollen wir, da es nur mit umständlichen Rechnungen bewiesen werden könnte, wenigstens an einer Figur (siehe Fig. 31) veranschaulichen, daß in der elliptischen Geometrie die Winkelsumme im Dreieck größer als zwei Rechte ist. Als Scheinebene dient das Zeichenblatt, das durch das Potenzzentrum O gelegt ist; k ist der Schnitt der Diametralkugel. Das gezeichnete Dreieck hat ersichtlich drei stumpfe Winkel[2]).

§ 11. Metrik der beiden Nichteuklidischen Geometrien.

1. Wie wir gesehen haben, stimmt die Geometrie des Kugelgebüsches von nicht verschwindender Potenz mit der Euklidischen vollkommen überein in den Hilbertschen Axiomen I, und mit einer gewissen, im dritten Abschnitt zu besprechenden (projektiven) Modifikation auch in der Axiomgruppe II. Um nun den Beweis zu ver-

1) Das ist der Weg, auf dem Verfasser dieses vor fünf Jahren zu der Versinnlichung der Nichteuklidischen Geometrie im Kugelgebüsche gelangte. (Vorgetragen gelegentlich der Habilitation und in einer Vorlesung im Sommersemester 1898 zu Straßburg, in der auch die Metrik dieser Geometrie entwickelt wurde.)

2) Die bekannten Beweise dafür, daß die Winkelsumme im Dreieck nicht größer sein kann als zwei Rechte, beruhen auf der stillschweigend gemachten Voraussetzung, daß die Gerade unendliche Länge hat oder daß sie die Ebene in zwei getrennte Stücke zerlegt. Beides trifft aber für die elliptische Geometrie nicht zu. Daher verliert auch in der elliptischen Ebene die Stelle ἐφ' ἃ μέρη εἰσὶν . . . des Parallelenaxioms (vgl. § 1, S. 6) jeden Sinn, denn eine Gerade in der Ebene hat dort keine Seiten.

vollständigen, daß die Geometrie der Gebüsche nur im Parallelenaxiom und seinen logischen Folgen von der Euklidischen abweicht, haben wir noch die Gültigkeit der Hilbertschen Axiome III und V zu verifizieren. Es sind das im wesentlichen die Kongruenzaxiome, auf die sich die Lehre von den Maßeigenschaften der Raumgebilde, die „Metrik", gründet. Erst wenn die Übereinstimmung unserer beiden Nichteuklidischen Geometrien mit der Euklidischen in diesem Umfange sicher ist, sind sie charakterisiert durch den Satz von der Winkelsumme. Läßt man dagegen in der Euklidischen Geometrie etwa das Archimedische Axiom (Hilbert, l. c. § 8, V) fallen, so kann man eine Geometrie aufbauen, in der die Winkelsumme jedes Dreiecks zwei Rechte beträgt, ohne daß der Parallelensatz gilt[1]). Wir wollen nun nicht etwa die Kongruenzsätze vom Standpunkte der beiden Nichteuklidischen Geometrien aus den Kongruenzaxiomen ableiten, denn die Hilbertschen Beweise dieser Sätze sind so eingerichtet, daß sie das Parallelenaxiom nicht benutzen, also ohne weiteres für die parabolische, hyperbolische und elliptische Geometrie gelten. Überhaupt besteht der Reiz, den die ungewöhnlichen Realisierungen einer Geometrie gewähren, nicht darin, daß man sie mit den Augen der betreffenden Geometrie ansieht, sondern daß man sie vom Standpunkte einer anderen Geometrie aus betrachtet. Als hyperbolische Geometrie unterscheidet sich z. B. die Geometrie des hyperbolischen Kugelgebüsches in keinem Satze von einer anderen Realisierung der hyperbolischen Geometrie; ihre Sätze erlangen aber sofort das größte Interesse, wenn man sie in die Sprache der Euklidischen Geometrie zurückübersetzt. Man vergleiche den Satz von Désargues mit seiner seltsamen Übersetzung in § 10, 1. Umgekehrt kann es auch unter Umständen von Nutzen sein, ein System geometrischer Gebilde vom Standpunkte einer Nichteuklidischen Geometrie aus zu studieren. So hat man z. B. in einem von der Geometrie anscheinend ganz fern abgelegenen Gebiete der modernen Funktionentheorie, in der Theorie der automorphen Funktionen, Veranlassung, gewisse Kreisbogenpolygone der komplexen Zahlenebene zu untersuchen, deren Seiten einen gewissen Kreis k orthogonal schneiden; die Inversionen dieser Polygone bezüglich seiner Seiten als Inversionskreise werden Spiegelungen genannt. Die Polygonseiten gehören offenbar dem Kreisbündel an, dessen Orthogonalkreis k ist. Die kleinste durch k gehende Kugel O ist dann Orthogonalkugel eines hyperbolischen Kugelgebüsches, dem auch die Zahlenebene mit ihrem Kreisbündel angehört. Die Kreisbogenpolygone erscheinen daher als geradlinige Polygone,

1) Vgl. M. Dehn, Die Legendreschen Sätze über die Winkelsumme im Dreieck. Math. Ann. 53.

wenn man sie vom Standpunkte der durch das Gebüsch O verwirklichten hyperbolischen Geometrie betrachtet, und was besonders schön ist, die sogenannte Spiegelung der Ebene an einer Seite eines Polygons wird dann, wie wir alsbald zeigen werden, zu einer wirklichen Spiegelung, das heißt zu einer axialsymmetrischen Abbildung der Ebene auf sich selbst. Hier lohnt es sich also in der Tat, den Standpunkt der Euklidischen Raumanschauung gegen den der hyperbolischen einzutauschen, die in diesem Falle den einfachsten, zutreffendsten Ausdruck gestattet.

2. Über die Inversion im Kugelgebüsche gilt der folgende grundlegende Satz:

I. Ein Kugelgebüsch geht durch hyperbolische Inversion an irgend einer seiner Kugeln in sich selbst über.

Das hyperbolische Gebüsch besteht nämlich aus allen Kugeln, die eine Kugel k rechtwinkelig schneiden. Ist nun λ eine Kugel des Gebüsches, so hat k im Mittelpunkt L von λ die Potenz $+ l^2$, wenn l der Radius von λ ist, also schneidet jede Gerade durch L, die k trifft, diese Kugel in zwei Punkten A, A', sodaß $\overline{LA} \cdot \overline{LA'} = l^2$ ist, d. h. durch die hyperbolische Inversion, die die Kugel λ vermittelt, geht k in sich selbst über. Da aber durch Inversion der Schnittwinkel zweier Kugeln nicht geändert wird, so gehen die Kugeln, die k orthogonal schneiden, wieder in Kugeln dieser Art über. Es folgt: Durch die Inversion an λ werden die Kugeln des Gebüsches nur miteinander vertauscht, das Gebüsch als Ganzes geht in sich selbst über.

Ist $\varkappa$ in einem elliptischen Gebüsche die Kugel, bezüglich der eine hyperbolische — nicht elliptische — Inversion ausgeführt werden soll, so hat man nur zu beachten, daß $\varkappa$ jede Kugel λ des Gebüsches schneidet; der Schnittkreis heiße γ. Dieser geht dann durch die Inversion an $\varkappa$ Punkt für Punkt in sich selber über, und der Kugel λ entspricht eine durch γ gehende Kugel λ', die als Kugel durch einen Kreis γ des Gebüsches dem Gebüsche angehört, w. z. b. w. Auf den einfachen Fall des parabolischen Gebüsches brauchen wir wohl nicht einzugehen. Damit ist denn unser Satz vollständig bewiesen, und es gilt nun, ihn in die Sprache der betreffenden Nichteuklidischen Geometrie zu übersetzen. Er lautet dann:

II. Die hyperbolische Inversion eines Kugelgebüsches bezüglich einer seiner Kugeln $\varkappa$ erscheint vom Standpunkte der betreffenden Nichteuklidischen Geometrie aus als Spiegelung an der Scheinebene $\varkappa$.

Jedenfalls ist nämlich die hyperbolische Inversion an $\varkappa$ vom Standpunkte dieser Scheingeometrie aus eine Kollineation, d. h. eine stetige Abbildung des Raumes auf sich, die jedem Scheinpunkte P einen Scheinpunkt P' so zuweist, daß, wenn P eine Ebene durchläuft, auch P' sich in einer im allgemeinen davon verschiedenen Ebene bewegt und umgekehrt. Wenn also P eine Gerade beschreibt, beschreibt auch P' eine Gerade. Diese Kollineation hat aber folgende spezielle Eigenschaften:

a) Die Punkte der Scheinebene $\varkappa$, und nur diese, entsprechen je sich selbst.

b) Die Scheingeraden, die auf $\varkappa$ senkrecht stehen, gehen — als zur Kugel $\varkappa$ normale Kreise — in sich selbst über, in der Weise, daß jedem Punkt P einer solchen Geraden g ein Punkt P' derselben Geraden g entspricht, der nur dann mit P zusammenfällt, wenn P zugleich in $\varkappa$ liegt.

Dadurch ist die Kollineation immer noch nicht als Spiegelung charakterisiert, sie ist vielmehr zunächst eine (perspektive) „Affinität" mit $\varkappa$ als Affinitätsebene und den darauf normalen Scheingeraden g als Affinitätsstrahlen. Durch Angabe dieser Bestimmungsstücke und eines einzigen Paares entsprechender Punkte P, P' ist aber die Affinität vollkommen festgelegt. Denn um zu einem Punkte Q den entsprechenden zu finden, verbindet man Q mit P durch eine Scheingerade und bringt diese mit $\varkappa$ zum Schnitt in S. Durch die affine Abbildung geht dann die Gerade SPQ in die Gerade SP' über, auf der auch Q' liegen muß; und da die Ebene ν, die durch SPQ und P' geht, die auf $\varkappa$ normale Gerade PP' enthält, also auf $\varkappa$ senkrecht steht und folglich auch die von Q auf $\varkappa$ gefällte Normale q enthält, so ist Q' auf SP' bestimmt als Schnittpunkt dieser Geraden mit q. Leitet man in entsprechender Weise aus P, P' den zu einem gegebenen Punkte R gehörigen Punkt R' ab, so ist mittels des Satzes von Désargues leicht zu zeigen, daß in der Tat auch die Geraden QR und $Q'R'$ sich auf $\varkappa$ schneiden, denn die Dreiecke PQR und $P'Q'R'$ sind durch Strahlen PP', QQ', RR' aufeinander bezogen, die vom Euklidischen Standpunkte aus als Kreise eines Kreisbündels zu betrachten sind, weil sie auf der Kugel $\varkappa$ senkrecht stehen und noch einem Gebüsche angehören. Diese Kreise haben also dieselbe Potenzachse und auf ihr dieselben reellen oder imaginären Schnittpunkte. Die Strahlen PP', QQ', RR' gehen also durch denselben gewöhnlichen oder idealen Scheinpunkt, und nun tritt der genannte Satz in Kraft. Damit ist gezeigt, daß die Konstruktion von R' aus P, P' und R denselben Punkt liefert wie die Konstruktion aus Q, Q' und R.

Die Affinität wird nun ersichtlich zur Spiegelung, wenn das erste Punktepaar P, P' von $\varkappa$ gleiche Abstände hat. Da wir nun aber noch kein Verfahren zur Messung von Scheinstrecken haben, so versagt dieses Kriterium. Da aber die richtige Spiegelung an $\varkappa$ sicher eine Affinität mit den Eigenschaften a) und b) ist, so muß sie auch daran erkennbar sein, daß bei einer Spiegelung die Winkel $PS\Pi$ und $\Pi SP'$ einander gleich sein müssen, deren Scheitel S auf $\varkappa$ liegt, wenn Π den Schnittpunkt von PP' mit $\varkappa$ bezeichnet. Das ist nun, da die Inversion eine winkeltreue Abbildung ist, in der Tat richtig, und damit ist der Satz II bewiesen.

3. Mit der räumlichen Symmetrie ist durch diesen Satz auch die axiale Symmetrie in einer Ebene gegeben. Aus der ebenen Symmetrie ergeben sich dann rückwärts in bekannter Weise die Kongruenzsätze. Das Beweisverfahren beruht im wesentlichen darauf, daß zwei in derselben Ebene gelegene kongruente Dreiecke immer durch höchstens drei Spiegelungen ineinander übergeführt werden können, und zwar durch eine ungerade Anzahl von Spiegelungen, wenn sie ungleichwendig, durch zwei Spiegelungen, wenn sie gleichwendig kongruent sind. Wenn nämlich die Dreiecke ungleichwendig (spiegelbildlich) kongruent sind, aber nicht schon symmetrisch liegen, so mache man sie durch Spiegelung des einen an irgend einer Geraden der Ebene erst gleichwendig kongruent. Um zwei gleichwendig kongruente Dreiecke ABC, $A'B'C'$ durch Spiegelung ineinander überzuführen, spiegele man $A'B'C'$ erst an dem Mittellote von AA' — falls nicht schon A' mit A zusammenfällt. Sicher hat dann das Spiegelbild $AB''C''$ mit ABC die Ecke A gemeinsam. Die Dreiecke ABC und $AB''C''$ sind jetzt gegenwendig kongruent und gehen also durch Spiegelung an der Halbierungslinie des Winkels BAB'' (oder CAC'') ineinander über.

Wenn in einer Geometrie, wie in unserem Beispiele, die Spiegelung direkt gegeben ist, kann man, wie diese Betrachtung zeigt, beim Abtragen von Strecken und Winkeln den Zirkel ganz entbehren. Man darf vom Standpunkt der beiden Nichteuklidischen Geometrien im Kugelgebüsche aber nicht etwa sagen, weil alle Scheingeraden Kreise sind, die Planimetrie dieser Geometrie komme allein mit dem Zirkel ohne Lineal aus, denn der Zirkel der Euklidischen Geometrie ist vom Standpunkte der beiden Nichteuklidischen Geometrien kein Zirkel. Nicht minder wichtig wie der Zirkel wäre übrigens für beide Geometrien ein Inversor, d. h. ein Instrument, das — vom Standpunkt der Euklidischen Geometrie aus gesprochen — bei gegebenem Inversionszentrum und Inversionsradius zu jedem Punkte den inversen unmittelbar angibt. Der bekannteste Inversor ist der von Peaucellier[1]), der erste Gelenkmechanismus, der durch Verwandlung einer Kreisbewegung in eine geradlinige das Problem der Geradeführung löste. Er besteht aus einem Rhombus P, Q, P', Q', dessen Seiten in

1) Nouv. ann. (2) 3 (1864), p. 344 und (2) 12, (1873), p. 71.

den vier Ecken gelenkartig aneinander befestigt sind; von zwei gegenüberliegenden Ecken Q, Q' gehen zwei gleich lange Stäbe QO, $Q'O$, die um Q, Q', O ebenfalls drehbar sind (siehe Fig. 32). Bezeichnet M den Mittelpunkt des Rhombus, so ist:

$$\begin{aligned} OP \cdot OP' &= (OM - MP)(OM + MP), \\ &= OM^2 - MP^2, \\ &= (OQ^2 - QM^2) - (QP^2 - QM^2), \\ &= OQ^2 - QP^2 = \text{const.}, \end{aligned}$$

also nur abhängig von den unveränderlichen Stablängen, nicht von der veränderlichen Länge OP. Hält man jetzt O fest und beschreibt P eine ebene Figur, so durchläuft P' die dazu inverse Figur bezüglich O als Zentrum und $r^2 = OQ^2 - QP^2$ als Potenz der Inversion. Gibt man dem Instrumente einen siebenten Stab CP, dessen Länge gleich OC ist, so kann P bei festgehaltenem O und C sich nur noch um C auf einem Kreise drehen, der durch das Inversionszentrum O geht; der inverse Punkt P' durchläuft also ein Stück einer geraden Linie.

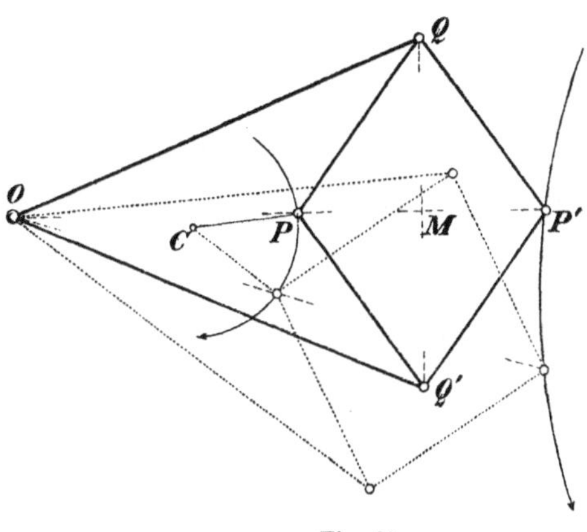

Fig. 32.

Wenn dagegen die Bedingung $CP = CO$ nicht erfüllt ist, beschreiben P und P' zwei zueinander inverse Kreise.

Damit der Inversor eine elliptische Inversion verwirklicht, hat man offenbar nur die gleichen Stäbe OQ und OQ' kleiner als PQ anzunehmen (siehe Fig. 33); alsdann ist nämlich:

$$\begin{aligned} OP \cdot OP' &= (PM - OM)(PM + OM), \\ &= PM^2 - OM^2, \\ &= (PQ^2 - QM^2) - (OQ^2 - QM^2), \\ &= PQ^2 - OQ^2 = \text{const.}, \end{aligned}$$

und O liegt zwischen den Punkten PP'. Die Bedingung der Geradführung von P' ist dieselbe wie beim hyperbolischen Inversor.

4. Es wird gewiß von Interesse sein, die wichtigsten elementargeometrischen Konstruktionen unserer beiden Nichteuklidischen Geometrien kennen zu lernen. Vor allem wird man fragen: Wie sehen in diesen Scheingeometrien der Kreis und die Kugel aus? Wir definieren beide Gebilde als Kurven bezw. Flächen konstanten Abstandes von einem festen Punkte, dem scheinbaren Zentrum. Da Strecken gleich sind, wenn sie durch Spiegelung ineinander übergehen, so können wir die Kugeln mit dem Scheinzentrum C auch definieren als Flächen, die durch Spiegelung an allen Scheinebenen, die durch C gehen, in sich selbst übergehen. Ähnlich ist ein Kreis definierbar als Kurve, die durch Spiegelung an allen Durchmessern in sich selbst übergeht. Die Scheinebenen durch C bilden aber ein Bündel, das durch Spiegelung an einer seiner Ebenen als Ganzes in sich übergeht.

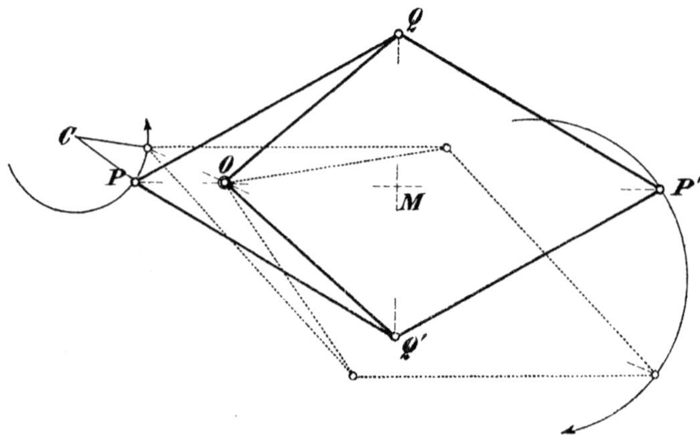

Fig. 38.

Nun bilden die Kugeln des zum Kugelbündel orthogonalen Büschels offenbar ein System von Flächen, die bei der genannten Spiegelung unverändert bleiben, und zwar ist es ein hyperbolisches Kugelbüschel, dessen Achse $C'C''$ durch das Zentrum O unseres ganzen Kugelgebüsches geht; C', C'' sind die beiden Bestandteile des Scheinpunktes C. Die Punktkugeln des hyperbolischen Büschels sind C' und C'' und so folgt:

III. Die Scheinkugeln und Scheinkreise unserer beiden Nichteuklidischen Scheingeometrien sind auch vom Standpunkte der Euklidischen Geometrie aus Kugeln bezw. Kreise, nur muß man nicht Anstoß daran nehmen, daß in dieser Versinnlichung der beiden Nichteuklidischen Geometrien die Scheinkugel aus zwei Euklidischen Kugeln besteht, die bezüglich des Gebüsches zueinander invers sind. Umgekehrt konstituiert jedes Paar bezüglich des Gebüsches inverser Kugeln eine Scheinkugel. Das Scheinzentrum einer Scheinkugel oder eines Scheinkreises ist vom Euklidischen Zentrum im allgemeinen verschieden. Zu den Scheinkugeln gehören auch alle im Sinne der Euklidischen Geometrie Ebenen zu nennenden Gebilde, die nicht durch das Zentrum des Gebüsches gehen.

Insbesondere ist denn auch die Orthogonalkugel des hyperbolischen Gebüsches eine Scheinkugel, die „absolute“ Kugel der hyperbolischen Geometrie, während die Diametralkugel des elliptischen Gebüsches eine Scheinebene des elliptischen Raumes ist. Erblickt man das Wesen der Kugel darin, daß sie sämtliche Ebenen und Strahlen des Durchmesserbündels rechtwinkelig schneidet, so muß man in der

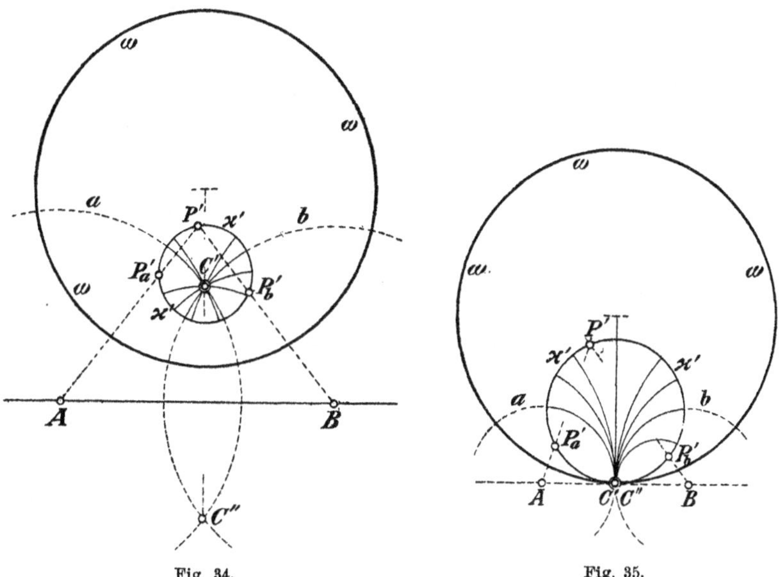

Fig. 34. Fig. 35.

hyperbolischen Geometrie noch zwei eigenartige Gebilde als Scheinkugeln ansprechen, nämlich die Orthogonalkugeln aller im Gebüsche enthaltenen parabolischen und hyperbolischen Kugelbündel. Wir wollen diese Verhältnisse erst am Kreise studieren, wo man der Anschauung leichter durch Zeichnungen entgegenkommen kann.

5. Wie schon öfter, legen wir die Zeichenebene ζ durch das Zentrum des Gebüsches, wodurch sie ja zu einer Scheinebene ζ der betreffenden Nichteuklidischen Geometrie wird, und stellen uns die Aufgabe, in ζ den Scheinkreis zu konstruieren, der durch einen gegebenen Scheinpunkt P geht und ein gegebenes Scheinzentrum C hat. Seien C' und C'' (Fig. 34, 35, 36) die beiden schlichten Punkte, die den Scheinpunkt C konstituieren, P' eine der Konstituenten von P und ω der Schnitt von ζ mit der Orthogonalkugel des zunächst als hyperbolisch vorausgesetzten Gebüsches. Da der schlichte Kreis $\varkappa'$, der zusammen mit dem dazu bezüglich ω inversen Kreise $\varkappa''$ den gesuchten Scheinkreis $\varkappa$ ausmacht, alle Kreise $a, b, \ldots$ durch C', C'' orthogonal schneiden soll, so gehört er dem zum Büschel der $a, b, \ldots$ orthogonalen Büschel an. Die Scheinkreise mit dem Scheinzentrum C sind also in der Sprache der Euklidischen Geometrie Kreispaare des zum Durchmesserbüschel orthogonalen Büschels. Durch (hyperbolische) Inversion bezüglich $a, b, \ldots$ erhält man aus P' weitere Punkte $P_a', P_b', \ldots$ des Kreises $\varkappa'$, wodurch er also völlig bestimmt ist; P_a' liegt natürlich mit P' und dem Zentrum A von a in gerader Linie, ebenso geht $P'P_b'$ durch das Zentrum B von b. Jede Gerade durch A trifft $\varkappa'$ in zwei bezüglich a inversen Punkten H', K' (nicht in den Figuren), die im Sinne der hyperbolischen Geometrie als zueinander symmetrisch bezüglich der Scheingeraden a gelten. Da auch Kreis $\varkappa''$ (siehe Fig. 36; in Fig. 34 und 35 ist $\varkappa''$ nicht gezeichnet) ebenfalls den Kreis a senkrecht schneidet, so liegen auch die bezüglich ω zu H', K' inversen Punkte auf $\varkappa''$

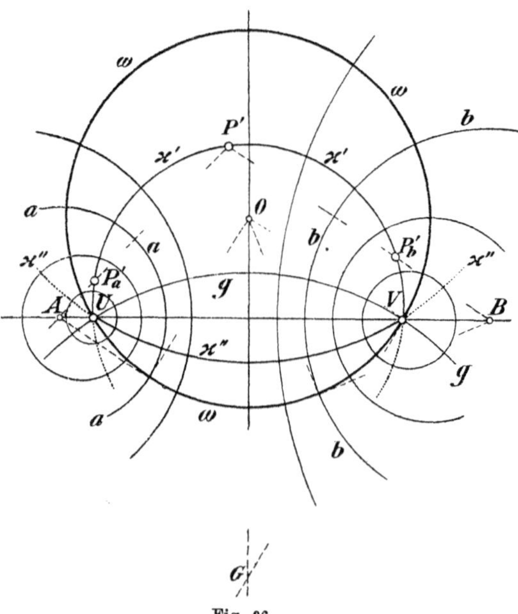

Fig. 36.

und sind zueinander invers bezüglich a. Die Punktepaare H', H'' und K', K'' des Gebüsches konstituieren also zwei Scheinpunkte H, K des Scheinkreises $\varkappa$, die zur Scheingeraden a symmetrisch liegen, d. h. der Scheinkreis $\varkappa$ geht in der Tat durch Spiegelung an seinen Scheindurchmessern in sich selbst über. Ist, wie in Fig. 34, das scheinbare Durchmesserbüschel als Kreisbüschel elliptisch, so möge auch der Scheinkreis elliptisch genannt werden.

Parabolisch kann das Durchmesserbüschel $a, b, \ldots$ nur werden, wenn C' mit C'' (natürlich auf ω) zusammenfällt, wie in Fig. 35. Seine Kreise berühren sich in $C' = C''$. Das orthogonale Büschel ist dann ebenfalls parabolisch und hat die Tangente von ω in C' zur Potenzachse. Je zwei zueinander bezüglich ω inverse Kreise dieses Büschels bilden zusammen einen Scheinkreis mit dem Mittelpunkt C; Scheinkreise mit parabolischem Scheindurchmesserbüschel mögen als parabolisch bezeichnet werden.

Zu einem hyperbolischen Kreisbüschel $a, b, \ldots$ (siehe Fig. 36) ist ein elliptisches Kreisbüschel orthogonal; seine Grundpunkte seien U, V. Entschließt man sich dazu, $a, b, \ldots$ als Büschel von Scheingeraden durch ein ideales Scheinzentrum C zu deuten, so bestehen die — hyperbolischen — Scheinkreise mit diesem Scheinzentrum aus je zwei schlichten Kreisen durch U, V, die bezüglich ω zueinander (hyperbolisch) invers sind, wie z. B. $\varkappa'$ und $\varkappa''$ (Fig. 36). Nur wenn $\varkappa'$ mit $\varkappa''$ zusammenfällt, also wenn $\varkappa$ zum Gebüsche gehört, darf man nicht von einem Scheinkreise sprechen, sondern man hat dann eine Scheingerade vor sich, die auf den gegebenen Scheingeraden $a, b, \ldots$ senkrecht steht. Es gibt aber nur einen Kreis g durch U, V, der ω orthogonal schneidet, sein Zentrum G ist auf dem Mittellote von UV so gelegen, daß GVO einen rechten Winkel bildet.

Alles das zusammenfassend können wir also sagen:

IV. Im hyperbolischen Raume gibt es drei Arten von Scheinkreisen, elliptische, parabolische und hyperbolische:

a) die elliptischen haben ein im Endlichen gelegenes reelles Scheinzentrum;

b) das Scheinzentrum der parabolischen liegt auf der absoluten Scheinkugel, seine scheinbaren Durchmesser sind zueinander parallel; der Scheinkreis geht durch das Scheinzentrum;

c) die hyperbolischen haben ein ideales Scheinzentrum, ihre Scheindurchmesser sind nicht (asymptotisch) parallel, aber sie schneiden sich auch nicht. Es gibt außerdem immer eine Scheingerade g, die das Durchmesserbüschel ebenfalls orthogonal trifft.

Der letzte Satz läßt sich umkehren: Die Scheinlote einer Scheingeraden bilden ein Büschel, und zwar in der hyperbolischen Geometrie ein hyperbolisches, in der elliptischen ein elliptisches. Wir setzen jetzt voraus, das Gebüsch sei elliptisch. Die Zeichenebene ζ sei zugleich — als Scheinebene — wieder durch das Zentrum des Gebüsches gelegt, d sei der Schnitt mit der Diametralkugel (Fig. 37). Wie vorhin seien C', C'' die Konstituenten des gegebenen Scheinzentrums, P', P'' die des gegebenen Scheinpunktes, durch den der Scheinkreis gehen soll. Durch Spiegelung an den scheinbaren Durchmessern a und b entstehen aus P' zwei weitere Punkte P_a', P_b'

der einen Konstituente $\varkappa'$ des gesuchten Scheinkreises $\varkappa$, die dadurch bestimmt ist. Die andere Konstituente $\varkappa''$ ist aus drei ihrer Punkte P'', Q'', S'' konstruiert, die aus Punkten von $\varkappa'$ durch elliptische Inversion bezüglich d erhalten sind. Übrigens genügte schon der auf a gelegene Punkt S'' zur Festlegung des Mittelpunktes N von $\varkappa''$, indem $OS''N$ ein rechter Winkel sein muß. Da es im elliptischen Gebüsche nur elliptische Kreisbüschel gibt, so folgt:

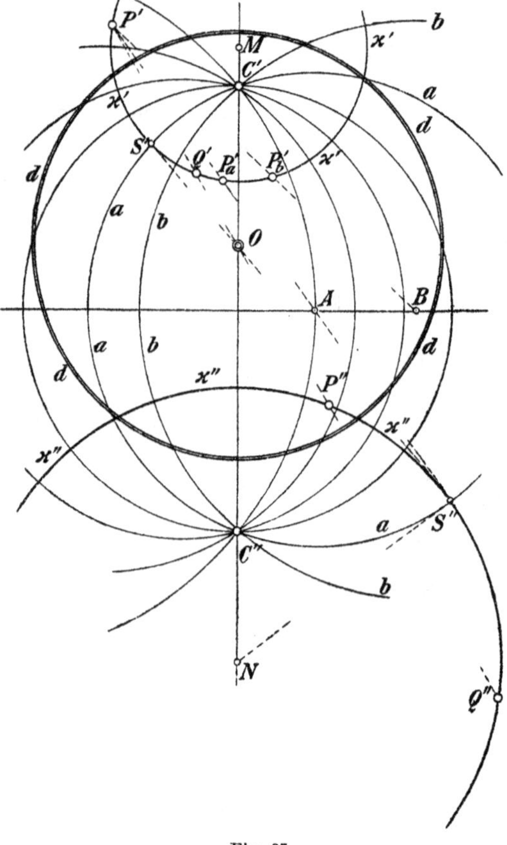

Fig. 37.

V. Im elliptischen Raume gibt es nur elliptische Scheinkreise (mit reellem Scheinzentrum).

Nach dieser ausführlichen Behandlung der Scheinkreise können wir uns hinsichtlich der Kugel auf die Bemerkung beschränken, daß die Sätze IV und V mit sinngemäßer Änderung auch von der Kugel gelten.

6. Auf den rechnenden Teil der Nichteuklidischen Metrik können wir um so mehr verzichten, als dabei für unsere Fragestellung nach dem Wesen der geometrischen Grundbegriffe nur wenig herauskommen würde. Die Metrik der Nichteuklidischen Geometrie ist hoch interessant, wenn man sie gleichsam von einem erhöhten Standpunkte aus mit einem Male überblicken kann, wie ihn einerseits die projektive Maßbestimmung Cayleys, andererseits die Liesche Gruppentheorie gewährt. Dagegen ist es eine ziemlich unerquickliche Arbeit, nach Art der Elementargeometrie von unten herauf in dies fremdartige Gebiet einzudringen, zumal wenn die Lektüre der großen grundlegenden Untersuchungen durch eine Menge von neuen Kunstausdrücken und Symbolen, über welche bei den verschiedenen Autoren keine Einigkeit herrscht, sowie durch philosophische Betrachtungen erschwert wird, denen man nicht immer beizupflichten vermag; dem weiteren Mißstand, daß man diesen Gedankengängen nicht mit exakten Konstruktionen folgen konnte, wird durch die Verlegung der ganzen Geometrie in ein Kugelgebüsch begegnet. Aber dann übersieht man die Sätze immer viel leichter vom Standpunkte der Euklidischen Kugelgeometrie als vom Nichteuklidischen. Die sphärische Trigonometrie läßt sich auf diesem Wege leicht in die Scheingeometrie übertragen.

Zur analytischen Behandlung der beiden Geometrien haben Schur[1]) und Hilbert[2]) einen bequemen Zugang geschaffen. Die Hilbertsche Theorie setzt nur die Anfangsgründe der analytischen Geometrie voraus. Diese Theorie wird bei Benutzung eines hyperbolischen Kugelgebüsches so überraschend klar, daß ihre Durcharbeitung an der Hand dieses Hilfsmittels einen hohen Genuß bereitet. Die Hilbertschen „Enden" einer Geraden der hyperbolischen Geometrie sind natürlich die zwei Schnittpunkte mit der Orthogonalkugel. Den Hilbertschen Hilfssatz 4 in § 1 der angeführten Abhandlung, auf den sich die Operationen mit den Enden stützen, mache man sich erst in der Euklidischen Geometrie klar; er sagt dann im wesentlichen aus, daß sich die Mittellote der drei Seiten eines Dreiecks ABC in einem Punkte, dem Zentrum des Umkreises $\varkappa$, schneiden. In der hyperbolischen Geometrie können jene Lote entweder parallel sein, oder sich überhaupt nicht schneiden, in welchem Falle sie aber auf einer gewissen Geraden senkrecht stehen. In der Scheinebene ζ des vorigen Artikels sieht man sofort: Jene Lote gehören entweder einem elliptischen, oder einem parabolischen bezw. hyperbolischen Büschel an (einem Büschel, weil sie den Kreis durch ABC und den absoluten Kreis ω rechtwinkelig schneiden). Da wir in der hyperbolischen Geometrie den Loten einer Geraden, die mit dieser in derselben Ebene liegen, einen idealen Schnittpunkt zuschreiben

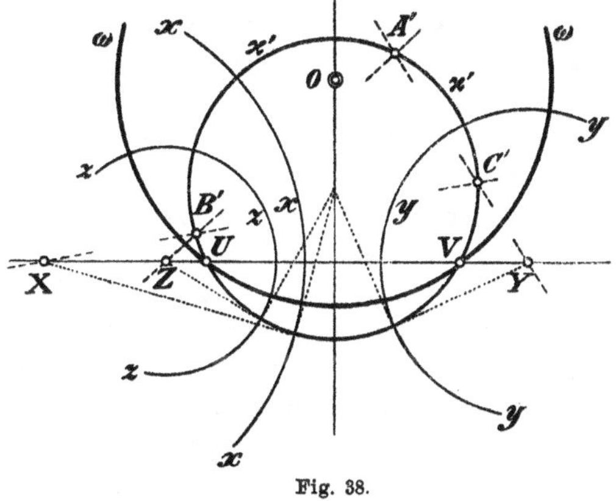

Fig. 38.

1) Schur, F., Über die Grundlagen der Geometrie, Math. Ann. 55.

2) Hilbert, D., Neue Begründung der Bolyai-Lobatschefskyschen Geometrie, Math. Ann. 57. (Abgedruckt in der 2. Aufl. seiner „Grundlagen der Geometrie".)

(Zusatz zu IV), so gilt jener Hilfssatz Hilberts nicht nur, wenn die drei Lote parallel sind, sondern auch, wenn sie einen idealen Schnittpunkt gemein haben. In Fig. 38 ist das ausgeführt, und zwar, wie in Art. 5, unter Weglassung des zur Figur bezüglich ω inversen Teiles; A', B', C' und $\varkappa'$ sind je eine Konstituente von A, B, C und $\varkappa$. Die scheinbaren Mittellote der Scheinstrecken $B'C'$, $C'A'$, $A'B'$ werden versinnlicht durch die Kreise x, y, z, deren Mittelpunkte X, Y, Z auf der gemeinschaftlichen Sehne UV der Kreise ω, $\varkappa'$ liegen. Die Radien sind gleich den Tangenten von X, Y, Z an den Kreis $\varkappa'$. In der Figur sind alle benutzten Hilfslinien eingetragen; die Tangenten sind nach Augenmaß angelegt, die Berührungspunkte durch Fällen eines Lotes vom Zentrum aus bestimmt, was mit Hilfe zweier Winkellineale geschehen ist. Wenn man sich diese Freiheiten gestattet, die auch in der darstellenden Geometrie als zulässig gelten, machen derartige Konstruktionen nur wenig Mühe. Bringt man das scheinbare Mittellot x von AB zum Schnitt mit der Scheingeraden AB (die in der Figur nicht gezeichnet ist), so erhält man einen Punkt M, den man als Mittelpunkt der Scheinstrecke AB zu definieren pflegt. Die so definierte „Mitte“ zeigt jedenfalls mehr Übereinstimmung mit der Euklidischen Mitte als die auf Grund des Satzes 1 in § 5 definierbare: die „Mitte“ wäre dann der Punkt, der A und B vom unendlich fernen Punkte harmonisch trennt. Daher gäbe es in der hyperbolischen Geometrie zwei „Mitten“ einer Strecke, und in der elliptischen würde die Definition ganz versagen, während die erste Definition immer anwendbar bleibt.

7. Es hat sich bisher gezeigt, daß die beiden Scheingeometrien von der gewöhnlichen Geometrie empirisch nicht zu unterscheiden sind, wenn man nur den Radius R der Orthogonal- bezw. Diametralkugel des Gebüsches hinreichend groß nimmt (vgl. S. 58). Die Frage ist aber am Platze, ob nicht etwa die Besonderheiten der Nichteuklidischen Kugel sofort auffallen müßten, da man doch von keinem Raumgebilde eine so klare Anschauung besitzt als von der Kugel. Zur Beurteilung dieser Frage wollen wir einige Formeln ableiten, die zeigen, wie groß man R nehmen muß, um eine Nichteuklidische Ebene oder Kugel einer Euklidischen so anzunähern, daß der Unterschied in beliebig vorgeschriebenen Grenzen bleibt. Dazu sind folgende Sätze der Euklidischen Geometrie erforderlich:

a) An einen Kreis mit dem Radius r (siehe Fig. 39) legen wir eine Tangente und fällen auf sie von einem Punkte C des Kreises das Lot CB. Gegeben sei die Größe $CB = h$, gesucht der Abstand a des Punktes B vom Berührungspunkte A. Aus der Figur entnimmt man unmittelbar: $r^2 = (r - h)^2 + a^2$, also:

$$a = \sqrt{2rh - h^2}. \tag{1}$$

Wenn der Kreis als Scheingerade einer Nichteuklidischen Geometrie betrachtet wird, so heiße h ihre tangentiale Abweichung von der Euklidischen Geraden im Abstand a.

b) Wie auf S. 58 sei das Sonnenzentrum S der Mittelpunkt des Gebüsches, der Radius R der Orthogonalkugel oder Diametralkugel

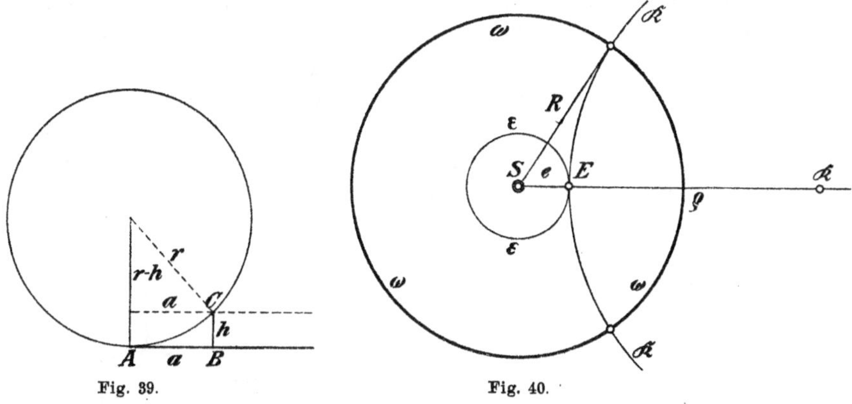

Fig. 39. Fig. 40.

sei gleich n Erdbahnradien e, und durch den Mittelpunkt E der Erde sei eine Kugel $\mathfrak{K}$ des Gebüsches gelegt, deren Radius ϱ gesucht wird. In den Fig. 40 und 41, die dem hyperbolischen und elliptischen Falle entsprechen, bezeichnet ε die (kreisförmig angenommene) Erdbahn. Nach dem Sekanten- und Sehnensatze ist

in Fig. 40: $e(2\varrho + e) = R^2$,

„ „ 41: $e(2\varrho - e) = R^2$,

also zusammengefaßt

(2) $2\varrho = (R^2 - \varepsilon e^2)/e = (n^2 - \varepsilon)e$

wo im hyperbolischen Gebüsche $\varepsilon = +1$, im elliptischen $\varepsilon = -1$ ist.

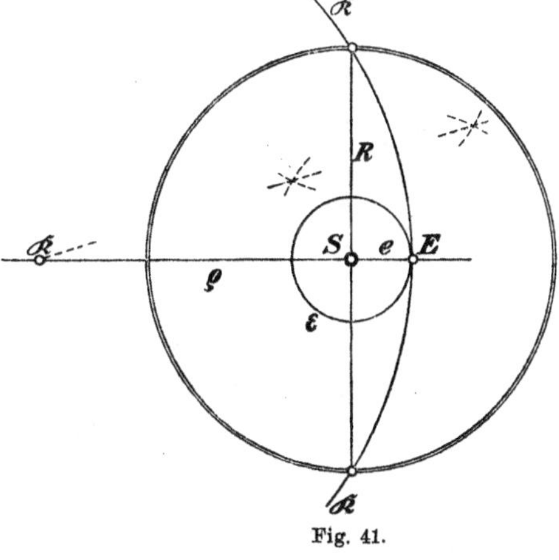

Fig. 41.

c) An die Kugel $\mathfrak{K}$ legen wir in einem von der Erde aus zugänglichen Punkte die Tangentialebene und suchen in dieser den vom Berührungspunkte A aus genommenen Abstand a eines Punktes B, über dem sich die Kugel um die Höhe h abhebt, so wie in a) genauer auseinandergesetzt ist. In Formel (1) ist also $r = \varrho$ aus (2) einzusetzen. Man findet:

(3) $a = n\sqrt{eh - \varepsilon he/n^2 - h^2/n^2} = n\sqrt{eh}\sqrt{1 - \varepsilon/n^2 - h/en^2}.$

d) Sei K eine beliebige Kugel, ϱ ihr Radius, K ihr Euklidischer, U ihr scheinbarer Mittelpunkt im Sinne der Nichteuklidischen Geometrie des betreffenden Gebüsches, d dessen Abstand vom Zentrum S des Gebüsches. Gesucht wird die Differenz $z = SU' - SK$, die „Anomalie" der Kugel gegen die betr. Nichteuklidische Geometrie, wo U' die am nächsten bei S gelegene Konstituente des Scheinpunktes U ist. Damit U im hyperbolischen Gebüsche reell ausfällt, muß die Kugel K innerhalb der Orthogonalkugel verlaufen. Wir legen die Zeichenebene ζ wiederum durch S und zugleich durch K, daher auch U in sie fällt. Durch U geht eine Kugel Q des Gebüsches, die den Kreis K rechtwinkelig schneidet. In Fig. 42 und 43 sind die Schnittkreise dieser Kugeln mit ζ dargestellt; in Fig. 42 ist außerdem die Konstruktion von U ersichtlich gemacht. Aus Dreieck QAK entnimmt man in beiden Figuren:

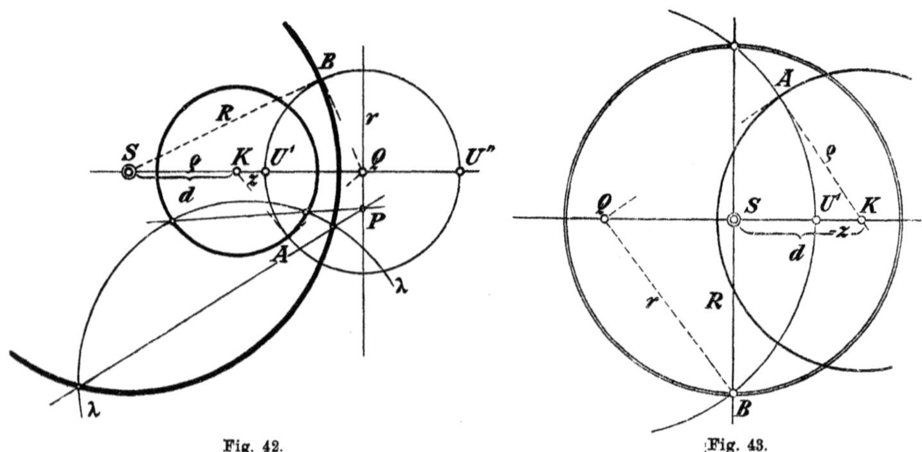

Fig. 42. Fig. 43.

α) $$r^2 + \varrho^2 = (r + \varepsilon z)^2,$$

wo wieder im hyperbolischen Gebüsche $\varepsilon = +1$, im elliptischen $\varepsilon = -1$ ist; $\varepsilon^2 = 1$. Das Dreieck QBS ergibt

in Fig. 42: $r^2 + R^2 = (d + z + r)^2$, also

$$R^2 = d^2 + z^2 + 2dz + 2zr + 2rd;$$

in Fig. 43: $r^2 - R^2 = (r - z - d)^2$, also

$$-R^2 = d^2 + z^2 + 2dz - 2zr - 2rd,$$

oder, indem man beide Fälle wieder zusammenzieht:

β) $$\varepsilon R^2 = d^2 + z^2 + 2dz + 2\varepsilon zr + 2\varepsilon rd,$$
$$\varepsilon R^2 = d^2 + (z^2 + 2\varepsilon zr) + 2d\varepsilon(r + \varepsilon z).$$

Vermöge α) kann man in β) einsetzen:

$$\gamma) \qquad r + \varepsilon z = + \sqrt{r^2 + \varrho^2}, \quad z^2 + 2\varepsilon z r = \varrho^2.$$

Daraus folgt

$$\varepsilon R^2 = d^2 + \varrho^2 + 2 d \varepsilon \sqrt{r^2 + \varrho^2},$$

oder:

$$\delta) \quad \sqrt{r^2 + \varrho^2} = [R^2 - \varepsilon(d^2 + \varrho^2)]/2d, \quad r = \sqrt{[R^2 - \varepsilon(d^2 + \varrho^2)]^2/4d^2 - \varrho^2}.$$

Nach γ) ist aber:

$$\varepsilon) \qquad \varepsilon z = -r + \sqrt{r^2 + \varrho^2},$$

daher endlich

$$(4) \quad 2\varepsilon z d = [R^2 - \varepsilon(d^2 + \varrho^2)] - \sqrt{[R^2 - \varepsilon(d^2 + \varrho^2)]^2 - 4d^2\varrho^2}$$

mit eindeutig bestimmter Wurzel. Aus (4) findet man nach leichter Rechnung:

$$(5) \qquad \varrho^2 = \varepsilon z R^2/d - z d - \varepsilon(z R/d)^2/(1 + z/d).$$

Diese allgemein gültigen Formeln werden wesentlich einfacher, wenn man auf die Größenordnung der Zahlen Rücksicht nimmt, die in sie eingehen und sich mit einigen Dezimalstellen Genauigkeit zufrieden gibt. Ist, wie S. 58, die um das Sonnenzentrum S als Mittelpunkt gelegte Orthogonal- oder Diametralkugel so groß, daß sie alle Planeten des Sonnensystems einschließt, so beträgt ihr Radius $R = ne$ mindestens $n = 30$ Erdbahnradien e. Es sei

$$(6) \qquad \begin{aligned} & n \geqq 30, \\ & e = 148 \cdot 10^6 \text{ km (angenähert)}, \\ & h = {}^1\!/_{1000} \text{ Millimeter} = 10^{-9} \text{ km (siehe c))}, \end{aligned}$$

also gleich der Einheit der feinsten mikroskopischen Messungen Dann ist auf zwei Dezimalen genau

$$(7) \qquad a = n\sqrt{eh} = 0{,}38 \cdot n \text{ km.} \qquad (n \geqq 30).$$

In Fig. 42 und 43 ist K das Zentrum einer Kugel, von der wir jetzt annehmen wollen, daß es von der Erde aus zugänglich sei. Dann ist sein Abstand d von der Sonne nur unerheblich vom Erdbahnradius e verschieden. Für $d = e$, $R = ne$ geht aber aus (3) hervor:

$$\varrho^2 = \varepsilon z n^2 e - z e - \varepsilon z^2 n^2/(1 + z/e),$$

ein Ausdruck, dessen letztes Glied man sicher unterdrücken darf, wenn etwa $z^2 n^2 < 10^{-6}$, $\varepsilon z n < 10^{-3}$ und z gegen e sehr klein angenommen wird; εz ist immer positiv. Unter dieser Annahme ist angenähert

$\varrho^2 = \varepsilon z e(n^2 - \varepsilon)$, und ϱ^2 wächst oder fällt zugleich mit εz. Geht εz nicht über $h = 10^{-9}$ km, so überschreitet ϱ nicht den Wert

$$(8) \qquad \varrho = 0{,}38 \cdot n \text{ km}, \qquad (n \geqq 30),$$

wie in (7) und mit derselben Annäherung. Das Ergebnis dieser Rechnungen können wir so aussprechen:

VI. Die beiden Nichteuklidischen Geometrien sind nicht nur logisch mit der Euklidischen gleichberechtigt, sondern auch empirisch. Speziell genügt die Versinnlichung der beiden Nichteuklidischen Geometrien im elliptischen oder hyperbolischen Kugelgebüsche den größten Ansprüchen auf Genauigkeit. Wenn das Sonnenzentrum zum Mittelpunkt des Gebüsches, der Radius der Orthogonal- oder Diametralkugel gleich n Erdbahnradien e gemacht wird, $n > 30$, so beträgt die tangentiale Abweichung einer von der Erde aus zugänglichen Scheinebene von der Euklidischen Ebene $^1/_{1000}$ Millimeter erst im Abstande

$$a = 0{,}38 \cdot n \text{ km},$$

also für $n = 30$:

$$a = 11 \text{ km}$$

vom Berührungspunkte aus. Die elliptische Anomalie einer Scheinkugel ist negativ, die hyperbolische positiv, und damit sie in beiden Fällen dem absoluten Werte nach unter $^1/_{1000}$ Millimeter bleibt, darf der (Euklidische) Kugelradius ϱ nicht größer als

$$\varrho = 0{,}38 \cdot n$$

sein, also im ungünstigsten Falle $n = 30$ nicht über 11 km betragen.

Für Kugeln und Kreise gewöhnlicher Größe ist die Annäherung der Scheinmitte an die Euklidische ganz enorm. Man darf nicht etwa einwenden, daß hiermit zwar ein sehr kleiner Unterschied, aber immerhin doch ein Unterschied der drei Raumanschauungen bezüglich ihrer praktischen Verwendbarkeit in den Naturwissenschaften und im täglichen Leben zugegeben sei. Ein empirisch festzustellender Unterschied ist schon für $n = 30$ kaum noch vorhanden und schwindet für verhältnismäßig geringe Werte von n (> 30) vollständig. Die errechneten Abweichungen der hyperbolischen und elliptischen Geometrie von der Euklidischen stehen dann sozusagen nur auf dem Papiere; sie existieren nur in unseren Begriffen, und ebensogut als man vom Euklidischen Standpunkte aus sagt, die (Schein-)Ebene der hyperbolischen oder elliptischen Geometrie habe doch auf alle Fälle eine berechenbare Abweichung von der Ebene der Euklidischen Geometrie, kann man umgekehrt vom Standpunkte dieser Nichteuklidischen Geometrien aus einwenden, daß die sog. Ebene der Euklidischen Geometrie eine krumme Fläche sein müsse, weil sie von einer angelegten Tangentialebene (dieser Nichteuklidischen Geometrie) um einen genau zu berechnenden Betrag abweiche. Ebenso steht bei der Kugel Behauptung gegen Behauptung. Wenn alle drei Geometrien denselben (materiellen) Maßstab benutzen, werden sie bei Aufwendung aller Genauigkeit im Messen und Rechnen auf wesentlich dieselben Werte von h und z kommen, allerdings mit ganz verschiedenen Formeln. Wenn man also gewöhnlich sagt, in unendlich kleinen Gebieten der zwei Nichteuklidischen Geometrien gelte die Euklidische Metrik, so sehen wir jetzt, daß diese Gebiete im Verhältnis zu unserer menschlichen Kleinheit doch gewaltig groß sind.

8. Es ist nun zum Schlusse noch der Nachweis zu erbringen, daß in beiden Nichteuklidischen Geometrien der Kugelgebüsche auch die zwei Hilbertschen Stetigkeitsaxiome V_1 und V_2 gelten. Das eine, das „Archimedische Axiom", sagt aus, daß, wenn man in geraden Linien mit gleich großen Schritten vorwärts schreitet, man nach einer endlichen Zahl von Schritten über jeden im Endlichen gelegenen Punkt der Geraden hinaus gelangen kann. Der Beweis ist im Kreisbüschel sehr leicht zu führen, wenn man beachtet, daß von zwei bezüglich eines Kreises $\varkappa$ inversen Punkten immer der vom Kreisumfange den kürzesten (Euklidischen) Abstand hat, der im Kreise liegt. Das gilt für beide Arten der Inversion. — Das „Axiom der Vollständigkeit" V_2 ist im Gebüsche ebenfalls erfüllt, weil das Gebüsche ja die „Ebenen", „Geraden" und Punkte der Euklidischen Geometrie mit umfaßt. Von den beiden Stetigkeitsaxiomen V ist das Archimedische das wichtigste, da es die Grundlage der Streckenmessung bildet. Wir wollen daher untersuchen, in welchem Zusammenhang die Streckenmessung der beiden Nichteuklidischen Geometrien mit der Euklidischen steht, und zwar denken wir uns die Nichteuklidischen Geometrien wieder im Kugelgebüsche versinnlicht. Die „Länge" $\langle AB \rangle$ einer Scheinstrecke AB wird dann eine von den Konstituenten A', A'' und B', B'' ihrer Endpunkte abhängige Zahl sein, die ihren Wert nicht ändert,

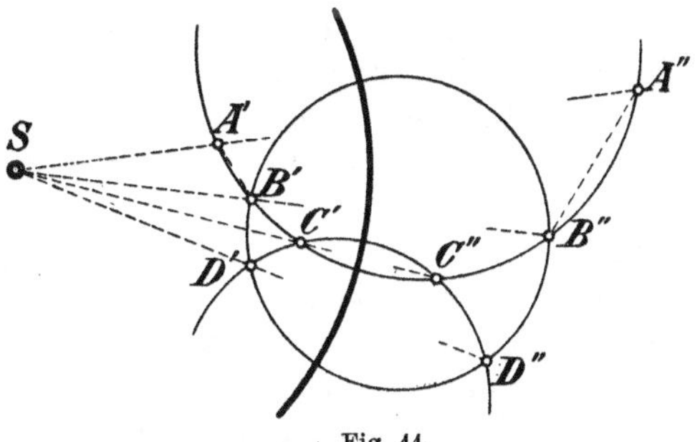

Fig. 44.

1) wenn A' mit A'', B' mit B'' vertauscht wird, oder
2) wenn die Punkte A', A'' und B', B'' durch ihre Spiegelbilder $\mathfrak{A}'$, $\mathfrak{A}''$ und $\mathfrak{B}'$, $\mathfrak{B}''$ an irgend einer Kugel des Gebüsches ersetzt werden.

Durch diese Forderungen ist die „Länge“ $\langle AB\rangle$ noch nicht vollständig bestimmt, aber wir wissen doch wenigstens, daß wir sie unter den Ausdrücken zu suchen haben, die durch Inversion nicht geändert werden. Man nennt sie Invarianten der Inversion. Sind A' und A'', B' und B'', ..., paarweise invers (siehe Fig. 44), und ist S das Inversionszentrum, also $SA' \cdot SA'' = SB' \cdot SB'' = \cdots$, so geht durch A', A'', B', B'' ein Kreis, ebenso durch C', C'', D', D'' u. s. w., und es ist daher $\sphericalangle SA'B' = \sphericalangle SB'A''$, ... Aus der Ähnlichkeit der Dreiecke $SA'B'$ und $SB''A''$ folgt aber:

$$A'B' : SA' = A''B'' : SB'', \quad A'B' : SB' = A''B'' : SA'',$$

also

$$\frac{A'B'}{\sqrt{SA' \cdot SB'}} = \frac{A''B''}{\sqrt{SA'' \cdot SB''}}. \tag{9}$$

Aus dieser einfachsten Invariante der Punkte A', B', A'', B'' ergeben sich leicht andere. Es ist z. B. identisch

$$\frac{A'C'}{B'C'} : \frac{A'D'}{B'D'} = \frac{A'C'/\sqrt{SA' \cdot SC'}}{B'C'/\sqrt{SB' \cdot SC'}} : \frac{A'D'/\sqrt{SA' \cdot SD'}}{B'D'/\sqrt{SB' \cdot SD'}},$$

und da man rechts nach (9) überall A', B', C', D' durch A'', B'', C'', D'' ersetzen kann und sich die Wurzeln wieder herausheben:

$$\frac{A'C'}{B'C'} : \frac{A'D'}{B'D'} = \frac{A''C''}{B''C''} : \frac{A''D''}{B''D''}. \tag{10}$$

Eine Proportion von dieser Form nennt man ein Doppelverhältnis. Wir sehen also:

VII. Das Doppelverhältnis von vier schlichten Punkten ist gegenüber der Inversion invariant.

Die vier Punkte brauchen nicht in derselben Ebene zu liegen. Während der Ausdruck (9) nur bei der dort vorliegenden Inversion ungeändert blieb, ist das Doppelverhältnis invariant bei allen Inversionen. Weniger als vier Punkten entspricht keine solche Invariante, was wir aber mit elementaren Mitteln nicht beweisen können. Um also zwei Scheinpunkten A, B eine Länge $\langle AB\rangle$ ihrer Verbindungsstrecke zuzuordnen, müssen wir notgedrungen noch zwei weitere Punkte der Scheingeraden AB zur Hilfe nehmen. Der tiefere Grund dieser Tatsache läßt sich nur mit den Hilfsmitteln der Invariantentheorie einsehen. In der hyperbolischen Geometrie wird man sofort zu den beiden „Enden“ der Scheingeraden greifen, ihren Schnittpunkten U, V mit der Orthogonalkugel. Im elliptischen Gebüsche ist bekanntlich die Diametralkugel kein ausgezeichnetes Gebilde, und die Schnittpunkte einer Scheingeraden mit ihr eignen sich daher nicht für unsere Zwecke. Das Analogon der Orthogonalkugel ist hier vielmehr eine Kugel um das Zentrum des Gebüsches mit rein imaginärem Radius, dessen absolute Größe gleich der des Diametralkugelradius ist. Da aber dieses Gebilde sich der Anschauung entzieht, wollen wir uns auf die hyperbolische Geometrie beschränken. Indem wir die durch A', A'', B', B'' und das Zentrum O des Gebüsches gehende Ebene ζ, die zugleich auch eine Scheinebene ist, als Zeichenebene benutzen, erhalten wir Fig. 45. Der Schnitt mit der Orthogonalkugel ist ω; die Enden von AB sind U, V. Durch Spiegelung an einer Scheinebene des Gebüsches geht die Orthogonalkugel in sich über; daraus folgt:

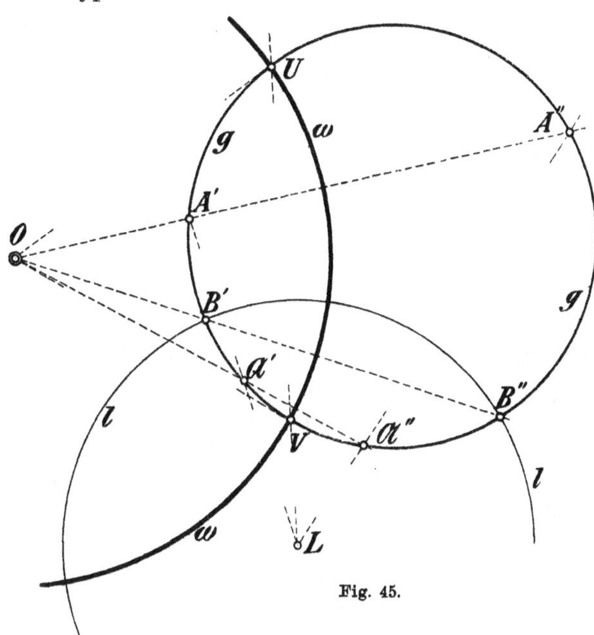

Fig. 45.

Die Enden einer Scheingeraden gehen durch Spiegelung in die Enden des Spiegelbildes über. Wir spiegeln nun die Scheingerade AB speziell an der Scheingeraden l in ζ, die auf ihr in B senkrecht steht (siehe Fig. 45). Der Mittelpunkt L des Kreises l liegt auf UV, der Potenzachse des von ω und AB gebildeten Kreisbüschels. Also sind U, V bezüglich l zueinander invers. Die Spiegelbilder von A', A'' bezüglich l seien $\mathfrak{A}'$, $\mathfrak{A}''$; diese Punkte sind bezüglich des Gebüsches zueinander invers und konstituieren den Scheinpunkt $\mathfrak{A}$, das Spiegelbild von A bezüglich l. Nach (10) ist jetzt einerseits

$$(11)\qquad \frac{A'U}{A'V}:\frac{B'U}{B'V}=\frac{A''U}{A''V}:\frac{B''U}{B''V},$$

andererseits:

$$(12)\qquad \frac{A'U}{A'V}:\frac{B'U}{B'V}=\frac{\mathfrak{A}'V}{\mathfrak{A}'U}:\frac{B'V}{B'U},\quad \frac{A''U}{A''V}:\frac{B''U}{B''V}=\frac{\mathfrak{A}''V}{\mathfrak{A}''U}:\frac{B''V}{B''U}.$$

Setzt man abkürzend

(13) $$\frac{PU}{PV} : \frac{QU}{QV} = \{PQ\},$$
so ist also

(14) $\{A'B'\} = \{A''B''\}; \quad \{A'B'\} = \{B'\mathfrak{A}'\}, \quad \{A''B''\} = \{B''\mathfrak{A}''\},$

wofür wir zusammenfassend schreiben wollen:

(15) $$\{AB\} = \{B\mathfrak{A}\}.$$

Ferner ist
$$\{A'B'\}^2 = \{A'B'\}\{B'\mathfrak{A}'\}$$
$$= \left(\frac{A'U}{A'V} : \frac{B'U}{B'V}\right)\left(\frac{B'U}{B'V} : \frac{\mathfrak{A}'U}{\mathfrak{A}'V}\right) = \frac{A'U}{A'V} : \frac{\mathfrak{A}'U}{\mathfrak{A}'V} = \{A'\mathfrak{A}'\},$$
und ebenso
$$\{A''B''\}^2 = \{A''B''\}\{B''\mathfrak{A}''\} = \{A''\mathfrak{A}''\},$$
oder kurz

(16) $$\{AB\}^2 = \{AB\}\{B\mathfrak{A}\} = \{A\mathfrak{A}\}.$$

Die Scheinstrecke $A'\mathfrak{A}$ ist die Summe der Scheinstrecken $A'B'$ und $B'\mathfrak{A}'$, die einander im Sinne der hyperbolischen Geometrie gleich sind; $A'\mathfrak{A}'$ ist also das Doppelte von $A'B'$ im Sinne dieser Geometrie. In (13) entspricht der Summe $A'\mathfrak{A}'$ der Teilstrecken $A'B'$ und $B'\mathfrak{A}'$ das Produkt ihrer Doppelverhältnisse, dem Doppelten der Strecke $A'B'$ das Quadrat ihres Doppelverhältnisses. Soll also der geometrischen Addition der Strecken auch die arithmetische Addition der zugeordneten Maßzahlen entsprechen, so kommen als solche nicht die Doppelverhältnisse, sondern ihre Logarithmen in Betracht. Wir machen daher zur Definition der Länge $\langle AB\rangle$ der Scheinstrecke AB den Ansatz:

(17) $$\langle AB\rangle = k \log\{AB\} = k \log\left(\frac{A'U}{A'V} : \frac{B'U}{B'V}\right),$$

wo k eine noch zu bestimmende Konstante ist. Als Logarithmensystem soll das natürliche benutzt werden; bei anderer Wahl würde sich übrigens nur k ändern. Wenn k von A', B' unabhängig ist, so ist nach (11) die in (17) definierte Größe in der Tat gegenüber der Inversion des Gebüsches invariant, also geeignet, als eine von den Scheinpunkten A, B abhängige Zahl betrachtet zu werden. Auch bei der Spiegelung an Scheinebenen bleibt $\langle AB\rangle$ nach VII ungeändert. Die Gleichungen (16) setzen sich um in:

(18) $$\langle AB\rangle + \langle B\mathfrak{A}\rangle = \langle A\mathfrak{A}\rangle, \quad 2\langle AB\rangle = \langle A\mathfrak{A}\rangle,$$

wo B die Scheinmitte von $A\mathfrak{A}$ ist.

Sei jetzt $A_0, A_1, A_2, \ldots, A_n$ eine Reihe von Scheinpunkten einer Scheingeraden g, und A_1 die Scheinmitte von A_0A_2, A_2 die von $A_1A_3, \ldots, A_{n-1}$ die von $A_{n-2}A_n$, so ist, wenn wir wieder die Konstituenten dieser Punkte durch Accente unterscheiden,

$$(19)\qquad \frac{A_0'U}{A_0'V}:\frac{A_1'U}{A_1'V}=\frac{A_1'U}{A_1'V}:\frac{A_2'U}{A_2'V}=\frac{A_2'U}{A_2'V}:\frac{A_3'U}{A_3'V}=\cdots=\frac{A'_{n-1}U}{A'_{n-1}V}:\frac{A'_nU}{A'_nV},$$

denn $A'_{\nu+1}$ ist das Spiegelbild von $A'_{\nu-1}$ an dem in A'_ν auf g errichteten Scheinlote. Dieselbe Beziehung gilt auch für die zweifach gestrichenen A. Durch Bildung des Produktes folgt aus den Gleichungen (19):

$$\left(\frac{A_0'U}{A_0'V}:\frac{A_1'U}{A_1'V}\right)^n=\frac{A_0'U}{A_0'V}:\frac{A'_nU}{A'_nV},$$

also

$$(20)\qquad n\langle A_0A_1\rangle=\langle A_0A_n\rangle,$$

wie es sein muß. Ist das m-fache von $\langle A_0A_1\rangle$ gleich der als Maßstab zu verwendenden scheinbaren Einheitsstrecke $\mathfrak{e}$, so ist

$$(21)\qquad \langle A_0A_n\rangle=\frac{n}{m}\,\mathfrak{e}.$$

Die Formel (21) leistet also in diesem Falle die Messung der Scheinstrecke A_0A_n mit der Einheitsstrecke $\mathfrak{e}$. Ähnlich wie in der Euklidischen Geometrie kann man aber mittels des Archimedischen Axioms beweisen, daß sich zu jeder Strecke A_0A_n mit beliebiger Annäherung eine Hilfsstrecke A_0A_1 finden läßt, die einerseits ein n^{ter} Teil von A_0A_n, andererseits ein m^{ter} Teil des Maßstabes $\mathfrak{e}$ ist, wo m, n ganze Zahlen bedeuten. Damit ist das allgemeine Verfahren der Streckenmessung erklärt.

Wir können jetzt die Konstante k leicht bestimmen. Sind $\mathfrak{E}_1$, $\mathfrak{E}_2$ die scheinbaren Endpunkte der Einheitsstrecke $\mathfrak{e}$ für irgend eine Lage derselben im Raume, so ist

$$\langle\mathfrak{E}_1\mathfrak{E}_2\rangle=1,$$

also

$$(22)\qquad 1=k\log\{\mathfrak{E}_1\mathfrak{E}_2\}.$$

Das Ergebnis unserer Untersuchung sprechen wir so aus:

VIII. Die Länge einer Strecke AB in der hyperbolischen Geometrie ist eine Zahl, die vom Verhalten der Endpunkte A, B der Strecke zur absoluten Fläche, d. h. zur Fläche der unendlich fernen Punkte abhängt, und zwar ist die Länge bis auf einen konstanten Faktor gleich dem Logarithmus des Doppelverhältnisses der zwei Endpunkte A, B der Strecke und der zwei unendlich fernen Punkte der Geraden AB:

$$\langle AB\rangle=k\log\left(\frac{A'U}{A'V}:\frac{B'U}{B'V}\right)=k\log\left(\frac{A''U}{A''V}:\frac{B''U}{B''V}\right),$$

$$1=k\log\{\mathfrak{E}_1\mathfrak{E}_2\}.$$

Ist B' identisch mit A'', also B'' identisch mit A', so ist

$$\langle AB\rangle = k\log\left(\frac{A'U}{A'V}:\frac{A''U}{A''V}\right) = k\log\left(\frac{A''U}{A''V}:\frac{A'U}{A'V}\right),$$

mithin

$$\langle AB\rangle = -\langle AB\rangle, \qquad \langle AB\rangle = 0,$$

wie es auch sein muß, da in diesem Falle der Scheinpunkt B mit A zusammenfällt.

In der elliptischen Geometrie ist die absolute Fläche imaginär und die Streckenlänge hängt wiederum vom Verhalten der Endpunkte der Strecke zu der absoluten Fläche ab. Doch wollen wir den zu VIII analogen Satz nicht formulieren, weil er sich nur mittels der analytischen Geometrie befriedigend beweisen läßt. Beide Sätze zusammen ermöglichen uns einen bescheidenen Einblick in das Wesen der Cayleyschen Maßbestimmung, die bezüglich der Winkel zu ganz ähnlichen Resultaten gelangt.

§ 12. Die Euklidische Geometrie in einer linearen Zahlenmenge dritter Stufe.

1. Die geometrischen Ergebnisse der vorangegangenen Untersuchung beweisen, daß die Erforschung der Grundlagen unserer Wissenschaft nicht nur erkenntnis-theoretischen, sondern auch praktischen Wert hat, indem sie eine fast unbegrenzte Ausbeutung der geistigen Arbeit ermöglicht, die zum streng deduktiven Aufbau der Geometrie einmal wird geleistet werden müssen: alle Sätze über die gegenseitigen Beziehungen zwischen den Punkten, Geraden, Ebenen und ihren Erzeugnissen lassen sich notwendigerweise übertragen auf jede andere Mannigfaltigkeit oder Menge von Dingen, die den Voraussetzungen entsprechend sich ordnen lassen, aus denen die Sätze der Geometrie rein deduktiv folgen. Das sinnliche Aussehen der Grundgebilde, z. B. das Vorherrschen der Längendimension bei der Geraden, die vollkommene Gestalt der Kugel, die ästhetisch so ansprechende Form der Ellipse — alles das hat für die Geometrie als solche nicht den geringsten Wert. Für die Ableitung der Lehrsätze ist es vollkommen unnötig, sich mit der Vorstellung eines unbegrenzt abnehmenden (materiellen) Punktes zu quälen; wir haben gesehen, die Kugeln eines Gebüsches oder die Kreise der Ebene, als Punkte definiert, leisten denselben Dienst. Wir können jetzt sogar zeigen, daß der Punkt nicht einmal ein Raumobjekt zu sein braucht, überhaupt nicht mit dem Raume in Beziehung stehen muß, indem wir die analytische Geometrie rein formal als Geometrie einer dreidimensionalen linearen Zahlenmenge entwickeln können. Die Kenntnis der analytischen Geometrie wird hierbei nicht vorausgesetzt, vielmehr wird sich derjenige, der in dieses Gebiet der Mathematik noch nicht eingedrungen ist, dem Kenner gegenüber im Vorteil befinden, indem er genötigt ist, sich streng an die Definitionen zu halten, während es dem mit der analytischen Geometrie Vertrauten leicht begegnen kann, daß er auf Grund dieser seiner Kenntnis als richtig vorwegnimmt, was tatsächlich aus den Definitionen nicht folgt.

2. Als „Punkte“ bezeichnen wir alle Systeme von je drei in bestimmter Reihenfolge genommenen reellen Zahlen; zwei Punkte (a, b, c) und (a', b', c') sollen immer nur dann für identisch gelten, wenn $a = a'$, $b = b'$, $c = c'$ ist. Eine „Ebene“ ist der Inbegriff aller „Punkte“ oder Zahlentripel x, y, z, die derselben Gleichung ersten Grades

$$Ax + By + Cz + D = 0$$

mit numerischen Koeffizienten A, B, C, D, die nicht alle verschwinden, genügen. Die Lösungen dieser „Gleichung der Ebene“ ändern sich nicht, wenn man die beiden Seiten der Gleichung mit einer Zahl multipliziert. Zwei Ebenen, die sämtliche Punkte gemein haben, gelten als identisch; ihre Gleichungen unterscheiden sich dann höchstens um einen Zahlenfaktor. Eine „Gerade“ besteht endlich aus den gemeinschaftlichen Punkten zweier Ebenen; ihre Zahlentripel genügen also zwei Gleichungen ersten Grades. Seien etwa

$$(1)\qquad \begin{aligned} f_1(x, y, z) &= A_1 x + B_1 y + C_1 z + D_1 = 0 \quad \text{und} \\ f_2(x, y, z) &= A_2 x + B_2 y + C_2 z + D_2 = 0 \end{aligned}$$

die Gleichungen einer Geraden g und (x', y', z') ein Punkt dieser Geraden. Dann ist nicht nur $f_1(x', y', z') = 0$, $f_2(x', y', z') = 0$, sondern auch

$$(2)\qquad \varkappa f_1(x', y', z') + \lambda f_2(x', y', z') = 0$$

für jedes numerische $\varkappa$ und λ. Jede Lösung von (1) genügt also auch der Gleichung (2), die ebenfalls vom ersten Grade ist, d. h. jede Gerade ist in unendlich vielen Ebenen enthalten. Soll die Ebene

$$(3)\qquad \varkappa f_1(x, y, z) + \lambda f_2(x, y, z) = 0$$

„durch einen bestimmten Punkt (a, b, c) gehen“, d. h. ihn enthalten, so muß

$$\varkappa f_1(a, b, c) + \lambda f_2(a, b, c) = 0$$

sein, woraus

$$\varkappa = -\omega f_2(a, b, c), \quad \lambda = \omega f_1(a, b, c)$$

folgt, wo ω ein unbestimmt bleibender Proportionalitätsfaktor ist. Setzt man diese Werte in (3) ein, so erhält man

$$(4)\qquad f_1(x, y, z) f_2(a, b, c) - f_2(x, y, z) f_1(a, b, c) = 0$$

als Gleichung einer Ebene, welche nicht nur die Gerade g, sondern auch den Punkt (a, b, c) enthält. Diese Gleichung wird zur Identität $0 = 0$, wenn $f_1(a, b, c) = 0$, $f_2(a, b, c) = 0$, d. h. wenn (a, b, c) auf g liegt. Wir können also sagen: Eine Gerade kann mit jedem nicht auf ihr gelegenen Punkte „durch eine Ebene verbunden“ werden.

3. Vermittelst der unendlich vielen Ebenen, die durch eine Gerade g gehen, läßt sich das sie bestimmende Paar von Gleichungen in eine sehr übersichtliche Form bringen: Ist die Gerade g ursprünglich durch (1) gegeben und (x', y', z') einer ihrer Punkte, so ist jede Lösung von $f_1(x, y, z) = 0$, $f_2(x, y, z) = 0$ auch Lösung von

$$f_1(x, y, z) - f_1(x', y', z') = 0, \quad f_2(x, y, z) - f_2(x', y', z') = 0$$

und umgekehrt, sodaß also auch die Gleichungen

$$\begin{aligned} \varphi_1(x,y,z) &= f_1(x,y,z) - f_1(x',y',z') = A_1(x-x') + B_1(y-y') \\ &\qquad + C_1(z-z') = 0, \\ \varphi_2(x,y,z) &= f_2(x,y,z) - f_2(x',y',z') = A_2(x-x') + B_2(y-y') \\ &\qquad + C_2(z-z') = 0 \end{aligned} \tag{5}$$

die Gerade g definieren. Dann ist g aber auch in den Ebenen

$$\begin{aligned} e_1(x, y, z) &= \varkappa_1 \varphi_1(x, y, z) + \varkappa_2 \varphi_2(x, y, z) = 0, \\ e_2(x, y, z) &= \lambda_1 \varphi_1(x, y, z) + \lambda_2 \varphi_2(x, y, z) = 0 \end{aligned} \tag{6}$$

enthalten, wo $\varkappa_1, \varkappa_2, \lambda_1, \lambda_2$ beliebige Zahlen sind, und diese Ebenen können sicher zur Definition von g dienen, wenn sich aus den Gleichungen (6) rückwärts φ_1 und φ_2 wieder durch e_1, e_2 ausdrücken lassen, d. h. also, wenn die Determinante $\varkappa_1\lambda_2 - \varkappa_2\lambda_1$, für welche wir das Symbol

$$\varkappa_1\lambda_2 - \varkappa_2\lambda_1 = (\varkappa, \lambda) = -(\lambda_1\varkappa_2 - \lambda_2\varkappa_1) = -(\lambda, \varkappa) \tag{7}$$

einführen wollen, nicht Null ist. Wir nehmen jetzt speziell

$$\varkappa_1 = -C_2,\ \varkappa_2 = +C_1;\quad \lambda_1 = -B_2,\ \lambda_2 = +B_1;\quad \mu_1 = -A_2,\ \mu_2 = +A_1,$$

wo das letzte Paar einer dritten Ebene

$$e_3(x, y, z) = \mu_1 \varphi_1(x, y, z) + \mu_2 \varphi_2(x, y, z) = 0$$

entsprechen soll. Nach einfacher Rechnung bekommt man unter Benutzung der Symbole (7):

$$\begin{aligned} (C, A)(x-x') - (B, C)(y-y') &= 0, \\ (A, B)(x-x') - (B, C)(z-z') &= 0, \\ (A, B)(y-y') - (C, A)(z-z') &= 0, \end{aligned} \tag{8}$$

und diese Gleichungen bestimmen paarweise g, wenn die Determinanten $(\varkappa, \lambda)$, (λ, μ), $(\mu, \varkappa)$ oder $-(B, C)$, $-(A, B)$, $-(C, A)$ von Null verschieden sind. Wären sie alle drei gleich Null, so hätte man

$$A_2 = \varepsilon A_1, \quad B_2 = \varepsilon B_1, \quad C_2 = \varepsilon C_1, \quad \varepsilon \text{ ein Proportionalitätsfaktor,}$$

d. h. die Ebenen (5) wären identisch, was nicht zutrifft. Es ist also mindestens eine der Zahlen (A, B), (B, C), (C, A) von Null verschieden, also in (8) mindestens ein Gleichungspaar, das die Gerade bestimmt, und wenn wir noch die dritte Gleichung des Systems (8) hinzufügen, so kann sie nicht stören, weil sie durch jede Lösung der beiden anderen ebenfalls befriedigt wird. Aus (8) folgt zunächst, wenn keines der Klammersymbole Null ist:

$$(x-x'):(y-y') = (B,C):(C,A); \quad (x-x'):(z-z') = (B,C):(A,B);$$
$$(y-y'):(z-z') = (C,A):(A,B),$$

sodaß man für g das „Tripelverhältnis"

$$(9) \qquad (x-x'):(y-y'):(z-z') = (B,C):(C,A):(A,B)$$

hat, das wir nun auch benutzen wollen, wenn nicht alle Klammersymbole von Null verschieden sind, indem wir dann aus (9) erst wieder die unzweideutigen Gleichungen (8) ableiten. Auf alle Fälle bestimmt also die Tripelgleichung (9) unsere durch (x', y', z') gehende Gerade, und jeder Gleichung

$$(10) \qquad (x-x'):(y-y'):(z-z') = a:b:c$$

entspricht eine Gerade, wenn nicht die Zahlen a, b, c sämtlich Null sind, und diese Gerade geht durch (x', y', z'). Durch zwei Punkte (x', y', z') und (x'', y'', z'') geht also immer eine und nur eine Gerade, denn wenn man x'', y'', z'' in (10) einsetzt, findet sich das zu bestimmende Tripelverhältnis $a:b:c = (x''-x'):(y''-y'):(z''-z')$, und „die" Gleichung der Geraden, wie wir kurz sagen wollen, ist

$$(11) \quad (x-x'):(y-y'):(z-z') = (x''-x'):(y''-y'):(z''-z').$$

4. Da die Gleichung

$$(12) \qquad Ax + By + Cz + D = 0$$

einer Ebene, durch einen ihrer Koeffizienten dividiert, nur drei wesentliche Konstanten aufweist, so können wir diese durch Angabe dreier Punkte (x', y', z'); (x'', y'', z''); (x''', y''', z''') bestimmen, die in der Ebene liegen sollen. Es ist etwa $A:D$, $B:D$, $C:D$ zu berechnen aus

$$(13) \qquad \begin{aligned} Ax' + By' + Cz' + D &= 0, \\ Ax'' + By'' + Cz'' + D &= 0, \\ Ax''' + By''' + Cz''' + D &= 0, \end{aligned}$$

wodurch diese Unbekannten nur dann nicht eindeutig festgelegt sind, wenn die (bekannten) Koeffizienten einer dieser Gleichungen, etwa der dritten, sich aus denen der beiden anderen durch dieselbe lineare Verbindung zusammensetzen lassen:

(14) $x''' = \varkappa x' + \lambda x'', \quad y''' = \varkappa y' + \lambda y'', \quad z''' = \varkappa z' + \lambda z'', \quad 1 = \varkappa + \lambda.$

Aber $x''' - x' = (\varkappa - 1)x' + \lambda x'' = \lambda(x'' - x')$, also:

$$(x''' - x') : (y''' - y') : (z''' - z') = (x'' - x') : (y'' - y') : (z'' - z'),$$

d. h. der Punkt (x''', y''', z''') liegt auf der durch (x', y', z') und (x'', y'', z'') gehenden Geraden

$$(x - x') : (y - y') : (z - z') = (x'' - x') : (y'' - y') : (z'' - z');$$

es folgt: Drei Punkte, die nicht in gerader Linie liegen, bestimmen immer eine Ebene, denn unter dieser Voraussetzung sind die drei zur Berechnung von $A : D$, $B : D$, $C : D$ dienenden Gleichungen (13) von einander unabhängig.

5. Man überzeugt sich jetzt leicht, daß unsere Grundgebilde alle Eigenschaften der gewöhnlichen Punkte, Geraden und Ebenen haben, die das Bestimmen dieser Gebilde durch gegebene Elemente und die gemeinsamen Elemente zweier derselben betreffen (vgl. § 8, I.). Es gilt nun, auch die Eigenschaften des Begriffes „zwischen" unseren „Geraden" aufzuprägen. Die Lagebeziehungen der Punkte einer Geraden haben ihr Bild bekanntlich in den Zahlen der reellen Zahlenreihe: Eine Zahl z liegt entweder „zwischen" zwei gegebenen Zahlen a, b — dann ist $a \overline{\gtrless} z \overline{\gtrless} b$ — oder nicht, und dann ist entweder $z < a$ oder $b > z$. Die Beziehung „zwischen" findet also sicher statt in der Geraden $x = 0$, $y = 0$, denn ihre Punkte haben die Form $(0, 0, z)$, wo z alle reellen Werte annimmt. Diese Gerade möge „die z-Achse" genannt werden. Ebenso ist auch auf der y-Achse $z = 0$, $x = 0$ und auf der x-Achse $y = 0$, $z = 0$ die dem Begriff „zwischen" entsprechende Anordnung der Punkte durch das „größer" oder „kleiner" sein der rationalen Zahlen gegeben. Die Punkte der x-, y-, z-Achse sind von der Form $(x, 0, 0)$, $(0, y, 0)$, $(0, 0, z)$, können also aufeinander eindeutig bezogen werden, indem man gleiche Werte der von Null verschiedenen Zahlen x, y, z der drei Tripel einander zuordnet, und damit sind zugleich die drei Orientierungen dieser Geraden aufeinander bezogen: Was auf der einen sich von der Anordnung ihrer Punkte sagen läßt, gilt auch von den zugeordneten Punkten der anderen. Um also auf einer von den drei Achsen verschiedenen Geraden die gewünschte Anordnung herzustellen, brauchen wir sie nur eindeutig auf eine der drei Achsen abzubilden.

Das geschieht durch die (vorläufige) Definition: Ein Punkt $P = (x, y, z)$ einer Geraden liegt „zwischen" zwei Punkten $P_1 = (a_1, b_1, c_1)$ und (a_2, b_2, c_2) dieser Geraden, wenn der Punkt

$(x, 0, 0)$ zwischen $(a_1, 0, 0)$ und $(a_2, 0, 0)$,
$(0, y, 0)$ „ $(0, b_1, 0)$ „ $(0, b_2, 0)$,
$(0, 0, z)$ „ $(0, 0, c_1)$ „ $(0, 0, c_2)$

liegt, wo von einem Punkte Q der Achsen die Aussage zulässig sein soll, daß Q zwischen Q und Q liege. Diese Bedingungen sind voneinander nicht unabhängig. Da nämlich die Gleichung der Geraden in den beiden Formen

$$(x - a_1) : (y - b_1) : (z - c_1) = (a_2 - a_1) : (b_2 - b_1) : (c_2 - c_1) \quad \text{und}$$
$$(x - a_2) : (y - b_2) : (z - c_2) = (a_1 - a_2) : (b_1 - b_2) : (c_1 - c)$$

angesetzt werden kann, so ist:

$$(15) \qquad \frac{x - a_1}{x - a_2} = \frac{y - b_1}{y - b_2} = \frac{z - c_1}{z - c_2} = \lambda_3,$$

wo der „Parameter“ λ_3 offenbar alle reellen Zahlenwerte außer $\lambda_3 = 1$ annehmen kann; denn $\lambda_3 = 1$ gäbe $a_1 = a_2$, $b_1 = b_2$, $c_1 = c_2$, was der selbstverständlichen Voraussetzung widerspricht, daß die Punkte P_1, P_2 voneinander verschieden sein sollen. Umgekehrt entspricht jedem reellen Zahlenwerte von λ_3 (außer $\lambda_3 = 1$) ein Punkt der Geraden P_1, P_2; speziell müssen wir auch den Wert $\lambda_3 = \infty$ zulassen.

Wenn nun im Sinne obiger Definition P zwischen P_1 und P_2 liegt, so ist von den Differenzen

$$x - a_1 \text{ und } x - a_2; \quad y - b_1 \text{ und } y - b_2; \quad z - c_1 \text{ und } z - c_2$$

allemal eine positiv, eine negativ, also λ_3 negativ, und umgekehrt ergeben sich bei negativ angenommenem λ_3 für jene Differenzen immer ungleiche Vorzeichen. Liegt dagegen P_3 nicht zwischen P_1 und P_2, so haben jene Differenzen immer paarweise gleiche Zeichen, sodaß also λ_3 positiv ausfältt. Der Punkt P liegt demnach zwischen P_1, P_2 oder nicht, je nachdem sein Parameter λ_3 negativ oder positiv ist.

Der Inbegriff aller Punkte der Geraden zwischen P_1, P_2 heißt „Strecke“ $\overline{P_1 P_2}$, die Punkte P_1, P_2 bilden die „Endpunkte“ der Strecke, die übrigen Punkte der Geraden liegen auf der „Verlängerung“ von $\overline{P_1 P_2}$.

Aus (15) ergibt sich für die Punkte der Geraden $P_1 P_2$ die „Parameterdarstellung“:

$$(16) \qquad x_3 = \frac{a_1 - \lambda_3 a_2}{1 - \lambda_3}, \quad y_3 = \frac{b_1 - \lambda_3 b_2}{1 - \lambda_3}, \quad z_3 = \frac{c_1 - \lambda_3 c_2}{1 - \lambda_3},$$

die nochmals erkennen läßt, daß λ_3 nicht gleich 1 sein darf. Ebenso sind in der Form

$$(16') \qquad \begin{aligned} x_1 &= \frac{a_2 - \lambda_1 a_3}{1 - \lambda_1}, \quad y_1 = \frac{b_2 - \lambda_1 b_3}{1 - \lambda_1}, \quad z_1 = \frac{c_2 - \lambda_1 c_3}{1 - \lambda_1} \quad \text{und} \\ x_2 &= \frac{a_3 - \lambda_2 a_1}{1 - \lambda_2}, \quad y_2 = \frac{b_3 - \lambda_2 b_1}{1 - \lambda_2}, \quad z_2 = \frac{c_3 - \lambda_2 c_1}{1 - \lambda_2} \end{aligned}$$

die Punkte der Geraden P_2P_3 und P_3P_1 darstellbar, wo $P_3 = (a_3, b_3, c_3)$ ein nicht auf P_1P_2 gelegener Punkt sei.

Die drei Punkte P_1, P_2, P_3 bilden ein „Dreieck", die Strecken $\overline{P_1P_2}$, $\overline{P_2P_3}$, $\overline{P_3P_1}$ seine „Seiten". Die Geraden P_1P_2, P_2P_3, P_3P_1 bringen wir zum Schnitt mit einer Geraden s, die in der Dreiecksebene η als Schnittgerade mit einer von η verschiedenen Hilfsebene

$$Ax + By + Cz + D = 0$$

gegeben sei; die Schnittpunkte seien S_3, S_1, S_2. Die entsprechenden Zahlentripel sind von der Form (16) oder (16′) und müssen der Gleichung der Hilfsebene genügen. So ergibt sich je eine lineare Gleichung zur Bestimmung von λ_3, λ_1, λ_2. Man findet

$$\text{(17)} \qquad \begin{aligned} \lambda_1 &= \frac{Aa_2 + Bb_2 + Cc_2 + D}{Aa_3 + Bb_3 + Cc_3 + D}, \\ \lambda_2 &= \frac{Aa_3 + Bb_3 + Cc_3 + D}{Aa_1 + Bb_1 + Cc_1 + D}, \\ \lambda_3 &= \frac{Aa_1 + Bb_1 + Cc_1 + D}{Aa_2 + Bb_2 + Cc_2 + D}, \end{aligned}$$

woraus die wichtige Formel

$$\text{(18)} \qquad \lambda_1 \lambda_2 \lambda_3 = 1$$

folgt, die den analytischen Ausdruck für den bekannten Satz des Menelaus enthält, worauf wir aber hier nicht eingehen können; wir wollen diese Formel nur zum Beweise des „ebenen Axioms der Anordnung" (Hilbert) benutzen, das wir in § 8, II_4 kennen gelernt haben: Eine Gerade in der Ebene eines Dreiecks trifft entweder zwei (nicht verlängerte) Seiten desselben oder keine. In der Tat werden mit Rücksicht auf (18) entweder zwei der Zahlen λ_1, λ_2, λ_3 negativ sein oder keine.

Damit ist die Richtigkeit des Satzes II_4 und überhaupt aller Sätze I und II des § 8 bewiesen.

6. Wir kommen jetzt zur Kongruenz. Als kongruent oder gleich definieren wir zwei Strecken, wenn sie gleiche „Länge", als kongruent zwei Winkel, wenn sie gleiches „Maß" haben, wo nun noch diese beiden Begriffe festzulegen sind. Einer Strecke mit den Endpunkten (x, y, z) und (x', y', z') ordnen wir eine positive Zahl l, ihre „Länge", zu durch die Formel

$$\text{(19)} \qquad l = \sqrt{(x - x')^2 + (y - y')^2 + (z - z')^2},$$

die durch Vertauschung der beiden Punkte den Wert von l nicht ändert; die Länge einer Strecke nennen wir auch „Abstand" ihrer Endpunkte.

Die trigonometrischen Funktionen können wir natürlich nicht in der gewöhnlichen Weise einführen, müssen sie vielmehr, losgelöst von jeder Beziehung zur Geometrie, definieren durch die Exponentialreihe (Bd. I, § 123):

$$2\cos\varphi = e^{i\varphi} + e^{-i\varphi}, \quad 2i\sin\varphi = e^{i\varphi} - e^{-i\varphi}, \quad i = \sqrt{-1}.$$

Zwei von demselben Punkte $P_1 = (a_1, b_1, c_1)$ ausgehenden Strecken d_2, d_3 mit den Endpunkten $P_2 = (a_2, b_2, c_2)$ und $P_3 = (a_3, b_3, c_3)$ ordnen wir durch die Formel

$$(20) \quad d_2 d_3 \cos\varphi_1 = (a_2 - a_1)(a_3 - a_1) + (b_2 - b_1)(b_3 - b_1) + (c_2 - c_1)(c_3 - c_1)$$

mit dem Zusatze, daß $\varphi_1 \leqq \pi$ sein soll, eindeutig einen Winkel oder eigentlich nur eine unbenannte Zahl φ_1 zu, die wir „den von den beiden Strecken gebildeten Winkel" nennen; φ_1 ist die „Maßzahl" des Winkels. Man darf sich bei dieser Sprechweise durchaus nicht mehr denken, als durch die Definition hineingelegt ist. Der Kosinus von φ_1 ist, wie in der gewöhnlichen Trigonometrie, ein echter Bruch, der alle Werte von -1 bis $+1$ und keine anderen annimmt; sein Zähler Z ist nämlich höchstens gleich dem Nenner N, denn aus der Identität

$$(A_1^2 + B_1^2 + C_1^2)(A_2^2 + B_2^2 + C_2^2) - (A_1 A_2 + B_1 B_2 + C_1 C_2)^2$$
$$= (A_1 B_2 - A_2 B_1)^2 + (B_1 C_2 - B_2 C_1)^2 + (C_1 A_2 - C_2 A_1)^2$$

ergibt sich, wenn man

$$A_1 = a_2 - a_1, \quad B_1 = b_2 - b_1, \quad C_1 = c_2 - c_1,$$
$$A_2 = a_3 - a_1, \quad B_2 = b_3 - b_1, \quad C_2 = c_3 - c_1$$

setzt, für $N^2 - Z^2$ die Summe von drei Quadratzahlen, die nicht negativ sein kann, also $N^2 - Z^2 \geqq 0$, $N \geqq Z$.

Schreibt man die Gleichungen der zwei Geraden, auf denen die Strecken liegen,

$$(x - a_1) : (y - b_1) : (z - c_1) = u_2 : v_2 : w_2,$$
$$(x - a_1) : (y - b_1) : (z - c_1) = u_3 : v_3 : w_3,$$

wo etwa die erste Gerade durch (a_2, b_2, c_2), die zweite durch (a_3, b_3, c_3) gehen mag, so ist

$$u_2 : v_2 : w_2 = (a_2 - a_1) : (b_2 - b_1) : (c_2 - c_1),$$
$$u_3 : v_3 : w_3 = (a_3 - a_1) : (b_3 - b_1) : (c_3 - c_1),$$

also

$$\varkappa u_2 = a_2 - a_1, \quad \varkappa v_2 = b_2 - b_1, \quad \varkappa w_2 = c_2 - c_1,$$
$$\lambda u_3 = a_3 - a_1, \quad \lambda v_3 = b_3 - b_1, \quad \lambda w_3 = c_3 - c_1,$$

wo $\varkappa$, λ Proportionalitätsfaktoren sind; durch Einsetzen in (20) erhält man:

$$\cos\varphi_1 = \pm \frac{u_2 u_3 + v_2 v_3 + w_2 w_3}{\sqrt{u_2{}^2 + v_2{}^2 + w_2{}^2}\sqrt{u_3{}^2 + v_3{}^2 + w_3{}^2}},$$

wo zwar $\varkappa$, λ wieder herausgefallen, aber nun beide Vorzeichen zulässig sind; denn die Wurzeln müssen hier nur so gezogen werden, daß die in (20) vorkommenden Längen d_2, d_3 positiv sind, also ist z. B.

$$\sqrt{(a_2 - a_1)^2 + (b_2 - b_1)^2 + (c_2 - c_1)^2} = \sqrt{\varkappa^2 (u_2{}^2 + v_2{}^2 + w_2{}^2)}$$

bei negativem $\varkappa$ gleich

$$-\varkappa\sqrt{u_2{}^2 + v_2{}^2 + w_2{}^2}$$

zu nehmen, daher:

Zwei Geraden bestimmen zwei zueinander komplementäre Winkel, zwei Strecken nur einen einzigen Winkel, wenn die Forderung hinzugefügt wird, daß der Winkel nicht über π gehen darf.

Unsere Definition des Winkels in (20) ist nur wegen dieser Eindeutigkeit so eng gefaßt.

7. Um jetzt das von den drei Punkten

$$P_1 = (a_1, b_1, c_1), \quad P_2 = (a_2, b_2, c_2), \quad P_3 = (a_3, b_3, c_3)$$

bestimmte Dreieck zu berechnen, bezeichnen wir

$$\sphericalangle P_3 P_1 P_2 = \varphi_1, \quad \sphericalangle P_1 P_2 P_3 = \varphi_2, \quad \sphericalangle P_2 P_3 P_1 = \varphi_3,$$
$$\overline{P_2 P_3} = d_1, \quad \overline{P_3 P_1} = d_2, \quad \overline{P_1 P_2} = d_3.$$

Nach (20) ist dann:

$$\begin{aligned} d_1 d_2 \cos\varphi_3 &= (a_1 - a_3)(a_2 - a_3) + (b_1 - b_3)(b_2 - b_3) + (c_1 - c_3)(c_2 - c_3), \\ d_2 d_3 \cos\varphi_1 &= (a_2 - a_1)(a_3 - a_1) + (b_2 - b_1)(b_3 - b_1) + (c_2 - c_1)(c_3 - c_1), \\ d_3 d_1 \cos\varphi_2 &= (a_3 - a_2)(a_1 - a_2) + (b_3 - b_2)(b_1 - b_2) + (c_3 - c_2)(c_1 - c_2), \end{aligned} \tag{21}$$

wo

$$\begin{aligned} d_1 &= \sqrt{(a_2 - a_3)^2 + (b_2 - b_3)^2 + (c_2 - c_3)^2}, \\ d_2 &= \sqrt{(a_3 - a_1)^2 + (b_3 - b_1)^2 + (c_3 - c_1)^2}, \\ d_3 &= \sqrt{(a_1 - a_2)^2 - (b_1 - b_2)^2 + (c_1 - c_2)^2}. \end{aligned} \tag{22}$$

Aus (21) erhält man durch Addition von je zwei dieser Gleichungen:

$$\begin{aligned} d_1 &= d_2 \cos\varphi_3 + d_3 \cos\varphi_2, \\ d_2 &= d_3 \cos\varphi_1 + d_1 \cos\varphi_3, \\ d_3 &= d_1 \cos\varphi_2 + d_2 \cos\varphi_1, \end{aligned} \tag{23}$$

und daraus, indem man aus den beiden ersten Gleichungen $\cos\varphi_2$, $\cos\varphi_1$ entnimmt und in der dritten einsetzt:

(24) $$d_3^2 = d_1^2 + d_2^2 - 2d_1d_2\cos\varphi_3,$$

also den Kosinussatz der elementaren Trigonometrie. Für $\varphi_3 = \pi/2$ ergibt er als Spezialfall den Pythagoräischen Lehrsatz, und die Formeln (23) definieren dann $\cos\varphi_2$, $\cos\varphi_3$ durch die Verhältnisse der Seiten des rechtwinkeligen Dreiecks.

Eine einfache Folge des Kosinussatzes ist der Sinussatz. Mit Rücksicht auf $\sin^2\varphi_3 = 1 - \cos^2\varphi_3$ schließt man nämlich aus (24):

$$\begin{aligned} 4d_1^2d_2^2\sin^2\varphi_3 &= 4d_1^2d_2^2 - (d_3^2 - d_1^2 - d_2^2)^2 \\ &= (2d_1d_2 - d_3^2 + d_1^2 + d_2^2)(2d_1d_2 + d_3^2 - d_1^2 - d_2^2) \\ &= ((d_1 + d_2)^2 - d_3^2)(d_3^2 - (d_1 - d_2)^2) = 16\varDelta^2, \end{aligned}$$

wo zur Abkürzung

(25) $$d_1 + d_2 + d_3 = 2s$$

und

(26) $$\varDelta = \sqrt{s(s-d_1)(s-d_2)(s-d_3)}$$

gesetzt ist. Mithin ist

(27) $$d_1d_2\sin\varphi_3 = d_2d_3\sin\varphi_1 = d_3d_1\sin\varphi_2 = 2\varDelta,$$

und zwar mußte die Wurzel positiv gezogen werden, weil die Winkel unter π keinen negativen Sinus haben. In (27) erkennen wir den Sinussatz der ebenen Trigonometrie wieder:

(28) $$\sin\varphi_1 : \sin\varphi_2 : \sin\varphi_3 = d_1 : d_2 : d_3.$$

Wenn man die erste Gleichung (23) durch eines der drei d dividiert und die Verhältnisse der d nach dem Sinussatze (28) durch die Sinus der Winkel φ ausdrückt, ergibt sich

$$\sin\varphi_1 = \sin\varphi_2\cos\varphi_3 + \cos\varphi_2\sin\varphi_3,$$

und nach dem Additionstheorem

(29) $$\sin\varphi_1 = \sin(\varphi_2 + \varphi_3),$$

ebenso ist

(30) $$\sin\varphi_2 = \sin(\varphi_3 + \varphi_1), \quad \sin\varphi_3 = \sin(\varphi_1 + \varphi_2),$$

also entweder

(31) $$\varphi_1 + \varphi_2 + \varphi_3 = \pi,$$

oder

(32) $$\begin{aligned} \varphi_1 &= \varphi_2 + \varphi_3, \\ \varphi_2 &= \varphi_3 + \varphi_1, \\ \varphi_3 &= \varphi_1 + \varphi_2, \end{aligned}$$

also $\varphi_1 + \varphi_2 + \varphi_3 = 0$, woraus, da die Winkel positive Zahlen sind, einzeln $\varphi_1 = 0$, $\varphi_2 = 0$, $\varphi_3 = 0$ folgt. Nach (23) ist dann $d_1 + d_2 + d_3 = 0$, also wiederum einzeln $d_1 = 0$, $d_2 = 0$, $d_3 = 0$, was unmöglich ist; denn $d_1 = 0$ gibt z. B.:

$$(a_2 - a_3)^2 + (b_2 - b_3)^2 + (c_2 - c_3)^2 = 0,$$

und da alle drei Glieder positiv sind, so müssen sie einzeln verschwinden, also würde P_2 mit P_3 zusammenfallen. Daher ist von den beiden sich ausschließenden Annahmen (31) und (32) die letzte unrichtig, und es folgt: Die Winkelsumme im Dreieck beträgt zwei Rechte.

8. Durch Angabe seines Kosinus ist ein Dreieckswinkel eindeutig bestimmt, während zu demselben Sinus zwei Winkel gehören, die sich zu zwei Rechten ergänzen. Die Folgen davon zeigen sich bei der Berechnung eines Dreiecks aus gegebenen Seiten oder Winkeln. Ist ein Dreieck durch die gegebenen Stücke eindeutig bestimmt, so ist es zu jedem anderen, mit dem es in den gegebenen Stücken übereinstimmt, „kongruent“, d. h. es stimmt mit ihm in allen Seiten und Winkeln überein, was hier die Definition der Kongruenz sein möge. Auf diesem Wege müssen wir daher zu den vier Kongruenzsätzen gelangen. Sind zunächst zwei Seiten d_1, d_2 und der „eingeschlossene“ Winkel φ_3 gegeben, so berechnet sich die positive Zahl d_3 eindeutig nach dem Kosinussatz, und dann findet man $\cos\varphi_1$ und $\cos\varphi_2$, also auch φ_1, φ_2 eindeutig durch denselben Satz, wenn das auch nicht gerade der bequemste Weg für die Rechnung ist. In unserer Geometrie gilt also der erste Kongruenzsatz. Aus einer Seite d_3 und den zwei „anliegenden“ Winkeln φ_1, φ_2 ermittelt man d_1 und d_2 am einfachsten mittels des Sinussatzes, da $\varphi_3 = \pi - \varphi_1 - \varphi_2$ bekannt ist. Damit ist der zweite Kongruenzsatz bewiesen. Auch die Kongruenz zweier Dreiecke, die in den drei Seiten übereinstimmen, ist unmittelbar evident, da nach dem Kosinussatze die drei Winkel eindeutig zu berechnen sind. Zum Beweise des noch fehlenden Kongruenzsatzes brauchen wir den Hilfssatz, daß in einem Dreieck der größeren Seite auch der größere Winkel gegenüberliegt. Wenn man die erste Gleichung (23) von der zweiten abzieht, folgt:

$$d_3(\cos\varphi_1 - \cos\varphi_2) = -(1 + \cos\varphi_3)(d_1 - d_2),$$

also:

$$\frac{\cos\varphi_1 - \cos\varphi_2}{d_1 - d_2} = -\frac{2\cos^2\frac{1}{2}\varphi_3}{d_3}. \tag{33}$$

Die rechte Seite ist sicher negativ, da d_3 eine stets positive Zahl, der Zähler eine Quadratzahl ist. Wenn nun $d_1 > d_2$, so ist nach dieser Formel $\cos\varphi_1 - \cos\varphi_2$ negativ, also $\cos\varphi_2 > \cos\varphi_1$ und folglich $\varphi_1 > \varphi_2$, da mit wachsendem Winkel innerhalb der Grenzen 0 und π der Kosinus abnimmt. Damit ist der Hilfssatz bewiesen. Berechnet man aus dem gegebenen d_1, d_2 und φ_1 den Winkel φ_2 mittels des Sinussatzes, so ist nach dem Hilfssatze von den beiden für φ_2 sich ergebenden Winkeln unter π der spitze zu wählen und damit das Dreieck eindeutig bestimmt, d. h.: Zwei Dreiecke, die in zwei Seiten und dem der größeren von ihnen „gegenüberliegenden" Winkel übereinstimmen, sind kongruent.

9. Damit ist in unserer Geometrie die Gültigkeit sämtlicher Kongruenzsätze nachgewiesen. Aber noch fehlt der charakteristische Satz der Euklidischen Geometrie, das fünfte Postulat: Durch einen gegebenen Punkt geht nur eine Gerade, die eine gegebene Gerade, mit der sie in einer Ebene liegt, nicht trifft.

Dieser Satz läßt sich am besten im Anschluß an die Betrachtungen des Artikels 5 beweisen. Sei P_1P_2 die gegebene Gerade, S_1 der gegebene Punkt und s die zu ziehende Parallele. Wir definieren zwei Geraden einer Ebene als parallel, wenn sie keinen Punkt gemeinsam haben. Damit also s parallel zu P_1P_2 wird, muß die Berechnung von S_3 in (16) illusorisch werden, was nach einer zu (15) gemachten Bemerkung immer nur eintritt, wenn λ_3 den unzulässigen Wert $\lambda_3 = 1$ annimmt. Mit S_1 ist nach (17) $\lambda_1 \gtrless 1$ gegeben, und nach (18) ist $\lambda_1\lambda_2 = 1$, also $\lambda_2 \gtrless 1$ und damit S_2 als eigentlicher Punkt festgelegt; die Gerade S_1S_2 ist also die einzige Parallele durch S_1 zu P_1P_2. Die Formeln (16′) ergeben mit Rücksicht auf $\lambda_1\lambda_2 = 1$ nach leichter Rechnung:

$$x_2 - x_1 = -\frac{a_2 - a_1}{1 - \lambda_1}, \quad y_2 - y_1 = -\frac{b_2 - b_1}{1 - \lambda_1}, \quad z_2 - z_1 = -\frac{c_2 - c_1}{1 - \lambda_1},$$

also hat die Parallele durch $S_1 = (x_1, y_1, z_1)$ zur Geraden

$$(34) \quad (x - a_1) : (y - b_1) : (z - c_1) = (a_2 - a_1) : (b_2 - b_1) : (c_2 - c_1)$$

die Gleichung

$$(35) \quad (x - x_1) : (y - y_1) : (z - z_1) = (a_2 - a_1) : (b_2 - b_1) : (c_2 - c_1).$$

Unser Ziel ist erreicht. Der weitere Ausbau der Elementargeometrie macht jetzt keine prinzipiellen Schwierigkeiten mehr und kann daher hier unterbleiben. Dagegen müssen wir zum Schluß noch auf die analytischen Voraussetzungen des Parallelensatzes näher eingehen.

10. Die Gerade s erweist sich als parallel zu P_1P_2, weil für $\lambda_3 = 1$ die zur Berechnung von S_3 dienenden Ausdrücke in die Form

$$x_3 = \frac{a_1 - a_2}{0}, \quad y_3 = \frac{b_1 - b_2}{0}, \quad z_3 = \frac{c_1 - c_2}{0}$$

übergehen. Läßt man λ_3 den unzulässigen Wert $\lambda_3 = 1$ nicht unvermittelt, sondern von $\lambda_3 = 0$ wachsend durch Grenzübergang annehmen, so ergeben sich nach (16) Werte von x_3, y_3, z_3, die nach und nach alle Schranken überschreiten. Im Grenzfalle erhält man also unendlich große „Werte" $x_\infty, y_\infty, z_\infty$ der x_3, y_3, z_3, die aber zueinander in endlichen Verhältnissen stehen:

$$x_\infty : y_\infty : z_\infty = (a_1 - a_2) : (b_1 - b_2) : (c_1 - c_2).$$

Erweitert man jetzt die Definition des Punktes dahin, daß auch unendlich große „Werte" von x, y, z zulässig sein sollen, die aber zueinander in endlichen Verhältnissen stehen müssen, und bezeichnet man diese Punkte als „uneigentliche", so muß man jeder Geraden

$$(x - a_1) : (y - b_1) : (z - c_1) = (a_2 - a_1) : (b_2 - b_1) : (c_2 - c_1)$$

einen und nur einen uneigentlichen Punkt $(x_\infty, y_\infty, z_\infty)$ zuschreiben, und zwar ist $x_\infty : y_\infty : z_\infty = (a_2 - a_1) : (b_2 - b_1) : (c_2 - c_1)$. Wie der Schlußsatz von Artikel 9. unmittelbar zeigt, sind in dieser Auffassungsweise zwei Geraden parallel, wenn sie durch denselben uneigentlichen Punkt gehen.

Sind (x_3', y_3', z_3') und (x_3'', y_3'', z_3'') zwei eigentliche Punkte von $P_1 P_2$ mit den Parametern $\lambda_3 = \varkappa'$ und $\lambda_3 = \varkappa''$, so findet man nach leichter Rechnung:

$$x_3' - x_3'' = (a_1 - a_2)\varkappa, \quad y_3' - y_3'' = (b_1 - b_2)\varkappa, \quad z' - z'' = (c_1 - c_2)\varkappa,$$

mit $$\varkappa = (\varkappa' - \varkappa'')/(1 - \varkappa')(1 - \varkappa''),$$

also ist:

$$\sqrt{(x_3' - x_3'')^2 + (y_3' - y_3'')^2 + (z_3' - z_3'')^2} = \pm \varkappa\, d_3,$$

wo d_3 die in (22) angegebene Bedeutung hat.

Der Abstand der Punkte (x_3', y_3', y_3') und (x_3'', y_3'', y_3'') wächst daher über alle Grenzen, wenn bei konstantem, von 1 verschiedenem $\varkappa'$ der Parameter $\varkappa''$ von 0 gegen 1 geht, d. h. der uneigentliche Punkt einer Geraden hat von allen eigentlichen Punkten der Geraden unendlich großen Abstand.

Das Wesen der uneigentlichen Punkte tritt am deutlichsten hervor, wenn man den Punkt nicht als Tripel, sondern als Quadrupel von endlichen, reellen Zahlen (x_1, x_2, x_3, x_4) definiert, mit der Bestimmung, daß für endliches, von Null verschiedenes reelles ϱ die Quadrupel (x_1, x_2, x_3, x_4) und $(\varrho x_1, \varrho x_2, \varrho x_3, \varrho x_4)$ denselben Punkt x repräsentieren, während das Quadrupel $(0, 0, 0, 0)$ nicht als Punkt dieser Geometrie $\mathfrak{H}$ gelten soll. Die Ebene und die Gerade werden wie in der Geometrie 𝔊 der vorangehenden Artikel definiert: die Ebene durch eine lineare, homogene Gleichung

$$(36)\qquad a_1x_1 + a_2x_2 + a_3x_3 + a_4x_4 = 0,$$

die wir abgekürzt durch $a(x) = 0$ wiedergeben, deren Koeffizienten a_1, a_2, a_3, a_4 reell und nicht sämtlich null sein sollen; die Gerade durch die gemeinsamen Punkte zweier voneinander verschiedener Ebenen: Zwei Ebenen $a(x) = 0$, $b(x) = 0$ gelten für identisch, wenn sie dieselben Punkte enthalten, d. h. wenn sich ϱ so bestimmen läßt, daß $a_1 = \varrho b_1$, $a_2 = \varrho b_2$, $a_3 = \varrho b_3$, $a_4 = \varrho b_4$ ist. Diese Bedingung läßt sich auch in die Form bringen, daß die drei Größen $(a, b)_{14}$, $(a, b)_{24}$, $(a, b)_{34}$ nicht gleich Null sein dürfen, wo abkürzend

$$(37)\qquad (a, b)_{hk} = a_hb_k - a_kb_h$$

gesetzt ist; da $(a, b)_{hh}$ identisch null ist, so kann man allgemein sagen: Die vier Größen $(a, b)_{1k}$, $(a, b)_{2k}$, $(a, b)_{3k}$, $(a, b)_{4k}$ dürfen nicht (bei beliebig gewähltem k) gleichzeitig verschwinden. Ebenso sind dann zwei Punkte $x = (x_1, x_2, x_3, x_4)$, $y = (y_1, y_2, y_3, y_4)$ voneinander verschieden, wenn nicht $(x, y)_{1k}$, $(x, y)_{2k}$, $(x, y)_{3k}$, $(x, y)_{4k}$ für irgend ein k zugleich Null sind. Aus zwei voneinander verschiedenen Punkten x, y der Geraden $a(x) = 0$, $b(x) = 0$ ergeben sich unendlich viele andere Punkte z der Geraden durch die Formel

$$(38)\qquad z_h = x_h\varkappa + y_h\lambda, \quad h = (1, 2, 3, 4),$$

wo $\varkappa$, λ alle endlichen Zahlenwerte annehmen dürfen; denn es ist offenbar $a(z) = \varkappa a(x) + \lambda a(y) = 0$, $b(z) = \varkappa b(x) + \lambda b(y) = 0$, da einzeln $a(x) = 0$, $a(y) = 0$, $b(x) = 0$, $b(y) = 0$ ist. Die Formel (38) würde also das Gegenstück zur Parameterdarstellung (16) der Geraden bilden, wenn man umgekehrt zeigen könnte, daß *jede* gemeinsame Lösung z_1, z_2, z_3, z_4 von $a(z) = 0$, $b(z) = 0$ bei geeigneter Wahl von p, q in die Form

$$(39)\qquad z_h = x_hp + y_hq \quad (h = 1, 2, 3, 4)$$

gebracht werden kann. Die Lösbarkeit zweier dieser Gleichungen

$$z_h = x_hp + y_hq,$$
$$z_k = x_kp + y_kq$$

nach p, q hängt davon ab, ob $(x, y)_{hk}$ von Null verschieden ist oder nicht. Da aber die Punkte x, y voneinander verschieden sind, so sind in der Tat die $(x, y)_{hk}$ nicht für sämtliche Kombinationen der h, k gleich null. Sei etwa $(x, y)_{\alpha\beta}$ von Null verschieden; dann kann man also z_α, z_β in die Form

$$(40)\qquad z_\alpha = x_\alpha p + y_\alpha q, \quad z_\beta = x_\beta p + y_\beta q$$

bringen. Zu den Indices α, β fügen wir γ, δ, sodaß α, β, γ, δ irgend eine Reihenfolge der Zahlen 1, 2, 3, 4 ausmachen. Aus $a(z) = 0$, $b(z) = 0$ folgt: $a(z)b_\mu - b(z)a_\mu = 0$, also ausgerechnet:

$$(41)\qquad \begin{aligned}&(a, b)_{1\mu}z_1 + (a, b)_{2\mu}z_2 + (a, b)_{3\mu}z_3 + (a, b)_{4\mu}z_4 = 0 \quad \text{oder}\\ &(a, b)_{\alpha\mu}z_\alpha + (a, b)_{\beta\mu}z_\beta + (a, b)_{\gamma\mu}z_\gamma + (a, b)_{\delta\mu}z_\delta = 0.\end{aligned}$$

Dieser Gleichung genügen auch x_1, x_2, x_3, x_4 und y_1, y_2, y_3, y_4. Aus (41) folgt mit Rücksicht auf (40):

$$\begin{aligned}((a, b)_{\alpha\mu}x_\alpha + (a, b)_{\beta\mu}x_\beta)p + ((a, b)_{\alpha\mu}y_\alpha + (a, b)_{\beta\mu}y_\beta)q&\\ + (a, b)_{\gamma\mu}z_\gamma + (a, b)_{\delta\mu}z_\delta = 0,&\end{aligned}$$

oder, da die x und y ebenfalls der Gleichung (41) genügen:

$$\begin{aligned}-((a, b)_{\gamma\mu}x_\gamma + (a, b)_{\delta\mu}x_\delta)p - ((a, b)_{\gamma\mu}y_\gamma + (a, b)_{\delta\mu}y_\delta)q&\\ + (a, b)_{\gamma\mu}z_\gamma + (a, b)_{\delta\mu}z_\delta = 0,&\end{aligned}$$

also:

$$(a, b)_{\gamma\mu}\{z_\gamma - px_\gamma - qy_\gamma\} + (a, b)_{\delta\mu}\{z_\delta - px_\delta - qy_\delta\} = 0.$$

Ist nun $(a, b)_{\gamma\delta}$ von null verschieden, so folgt aus dieser Gleichung, indem man $\mu = \delta$ oder $\mu = \gamma$ setzt:

$$(42)\qquad \begin{aligned}z_\gamma &= px_\gamma + qy_\gamma,\\ z_\delta &= px_\delta + qy_\delta.\end{aligned}$$

Da aber die Gleichung $(a, b)_{\gamma\delta} = 0$ nach (41) (für $\mu = \delta$) die Gleichung

$$(a, b)_{\alpha\delta}z_\alpha + (a, b)_{\beta\delta}z_\beta = 0$$

zur Folge hat, der auch x_α, x_β und y_α, y_β genügen müßten, so wäre $x_\alpha : x_\beta = y_\alpha : y_\beta$, also im Widerspruch zu unserer Voraussetzung $(x, y)_{\alpha\beta} = 0$. Die Annahme $(a, b)_{\gamma\delta} = 0$ trifft demnach nicht zu, und es ist hiermit bewiesen, daß alle Punkte einer Geraden sich aus zwei von ihnen in der Form

$$(43)\qquad z_h = x_h p + y_h q$$

darstellen lassen.

Wir bilden jetzt die Geometrie $\mathfrak{H}$ der homogenen Koordinaten auf die frühere Geometrie $\mathfrak{G}$ der inhomogenen ab, indem wir setzen:

$$(44)\qquad \begin{aligned}&\frac{z_1}{z_4} = x, \quad \frac{z_2}{z_4} = y, \quad \frac{z_3}{z_4} = z,\\ &\frac{x_1}{x_4} = x', \quad \frac{x_2}{x_4} = y', \quad \frac{x_3}{x_4} = z',\\ &\frac{y_1}{y_4} = x'', \quad \frac{y_2}{y_4} = y'', \quad \frac{y_3}{y_4} = z'',\end{aligned}$$

wo immer links Größen der $\mathfrak{H}$, rechts solche der $\mathfrak{G}$ stehen und eine

Verwechselung mit den Bezeichnungen in (16), (16′) nicht zu befürchten ist. Aus (43) folgt jetzt

$$x = \frac{x_1 p + y_1 q}{x_4 p + y_4 q} = \left(\frac{x_1}{x_4} + \frac{y_1}{y_4}\,\frac{q}{p}\,\frac{y_4}{x_4}\right) \Big/ \left(1 + \frac{q}{p}\,\frac{y_4}{x_4}\right) = \frac{x' - \lambda x''}{1 - \lambda},$$

wo

$$\lambda = -\frac{q}{p}\,\frac{y_4}{x_4}$$

ist, und die homogene Parameterdarstellung der Geraden geht über in die frühere:

$$x = \frac{x' - \lambda x''}{1 - \lambda}, \quad y = \frac{y' - \lambda y''}{1 - \lambda}, \quad z = \frac{z' - \lambda z''}{1 - \lambda}.$$

Dem früher unzulässigen Parameterwerte $\lambda = 1$ entspricht jetzt aber $p x_4 + q y_4 = 0$, also $z_4 = 0$, d. h.: Während in der Geometrie 𝔊 dem Parameterwerte $\lambda = 1$ kein eigentlicher Punkt entsprach, ist in 𝔥 diesem Werte derjenige Punkt der Geraden zugeordnet, der in der Ebene $z_4 = 0$ der 𝔥 liegt. Vom Standpunkte der Geometrie 𝔊 aus können wir also sagen: Den uneigentlichen Punkten der 𝔊 entsprechen in 𝔥 die Punkte der Ebene $z_4 = 0$; zwei Geraden oder Ebenen der 𝔊 sind parallel, wenn sie sich in einem Punkte bezw. einer Geraden dieser Ebene schneiden. Es ist daher zulässig, zu sagen, daß die uneigentlichen Punkte der 𝔊 eine „uneigentliche" Ebene erfüllen, die mit jeder eigentlichen Ebene eine Gerade, die „uneigentliche" Gerade dieser Ebene, gemein hat, auf der alle uneigentlichen Punkte dieser Ebene liegen. Das ist die moderne „projektive" Auffassung des Parallelismus.

§ 13. Das Wesen der Grundbegriffe.

1. Das erste und wichtigste Ergebnis der vorangehenden Untersuchung ist, daß die Euklidische Geometrie keinen Widerspruch in sich schließt, d. h., daß es wenigstens eine Mannigfaltigkeit oder Menge, die der Zahlentripel, gibt, deren Elemente sich zueinander in die Beziehungen setzen lassen, welche die Grundbegriffe und Grundsätze der Euklidischen Geometrie verlangen. Allerdings fehlt diesen Elementen und damit dieser ganzen Geometrie die räumliche Existenz, auch haben wir bei der Bildung der Begriffe „Länge" und „Winkel" es ausdrücklich abgelehnt, uns dabei mehr zu denken als Zahlen, die gewissen anderen Zahlen zugeordnet sind. Aber gerade weil die gewöhnlichen Eigenschaften der Zahlen ausreichten, um die von der Euklidischen Geometrie geforderte Ordnung vollkommen insoweit nachzubilden, daß jeder Satz der Euklidischen Geometrie auch in der Zahlengeometrie gilt und umgekehrt jedem Satze der arithmetischen Geometrie ein Satz der räumlichen entspricht, sind wir sicher, daß die Grundbegriffe und Grundsätze der Euklidischen Geometrie miteinander verträglich sind.

Durch die Euklidische Geometrie sind zugleich auch die beiden Nichteuklidischen Geometrien gesichert, die ja, wie wir sahen, mit ihr stehen und fallen: Mit den Kugelgebüschen der arithmetischen Geometrie des vorigen Paragraphen aufgebaut können die elliptische und die hyperbolische Geometrie niemals zu logischen Widersprüchen führen. Weil aber, wie hieraus nochmals folgt, das Parallelenpostulat keine logische Folge der übrigen Begriffe und Voraussetzungen der Geometrie ist, so kann es weiter nicht befremden, daß die in der Perspektive und in der projektiven Geometrie übliche Auffassung des Parallelismus auf Grund der Ausführungen am Schlusse des § 12 nun ebenfalls sich als logisch zulässig erweist, wonach auch parallele Geraden einen Schnittpunkt haben, der aber, als „uneigentlicher" Punkt, einer ausgezeichneten Ebene des Raumes, der „uneigentlichen" Ebene angehört. Man kann hierin entweder nur eine Umschreibung der Tatsache erblicken, daß der Schnittpunkt in Wirklichkeit fehlt, oder aber die „uneigentliche" Ebene sich als wirklich existierend denken. In einer rein begrifflichen Geometrie ist diese Auszeichnung einer Ebene vor den anderen ein reiner Akt der Willkür, aber an sich zulässig; da diese ausgezeichnete Ebene sich als Ebene in nichts von den anderen unterscheidet, so können wir sagen: Nach der projektiven Auffassung des Parallelismus ist die elliptische Geometrie, in der alle Ebenen und alle Geraden derselben Ebene einander schneiden, die begriffliche Grundlage der parabolischen und hyperbolischen Geometrie, der hyperbolischen, weil in ihr durch Einführung der idealen Schnittpunkte und Schnittgeraden ja schließlich doch bewirkt wird, daß alle Ebenen und alle Geraden in ihnen einander schneiden.

Durch die Euklidische Geometrie des parabolischen Kugelgebüsches ist noch eine vierte Auffassungsweise des unendlich Fernen als in sich widerspruchsfrei erwiesen, die dem Raum einen einzigen, allen Geraden und Ebenen gemeinsamen Punkt im Unendlichen zuschreibt. Der Parallelismus wird dabei in der Euklidischen Weise als Nichtschneiden erklärt, indem man jenen uneigentlichen Punkt als Schnittpunkt nicht mitzählt. Den gewöhnlichen Euklidischen Raum kann man übrigens als Grenzfall eines parabolischen Gebüsches betrachten, dessen Zentrum ins Unendliche gerückt ist; die Kreise und Kugeln des Gebüsches gehen dadurch in „wirkliche" Geraden und Ebenen über.

2. Daß somit (mindestens) vier einander vollkommen widersprechende Auffassungsweisen des unendlich Fernen und des Parallelismus möglich sind, gibt sehr zu denken. Wer wird da noch im Ernste behaupten wollen, daß die Geometrie ausschließlich die „Tatsachen“ der Raumanschauung beschreibe? Haben wir es nicht vielmehr, wenn wir vom unendlich Fernen reden, mit einer reinen Begriffsbildung zu tun, welche nicht nur die Grenzen jeder möglichen, sondern wahrscheinlich jeder denkbaren Erfahrung hinter sich läßt? Zeigt sich hier nicht deutlich, daß nicht nur die Anschauung den Begriff, sondern der Begriff auch die Anschauung beeinflussen kann? Das sind Fragen, die sich jedem denkenden Menschen aufdrängen werden. Ehe wir uns an die Beantwortung derselben wagen, wird es gut sein, mit unseren durch den § 12 erweiterten Hilfsmitteln eindringender zu zeigen, daß dabei auch rein mathematische Interessen im Spiele sind. Wir haben schon in § 12, 1 auf den hohen wissenschaftlichen Wert der logischen Analyse unserer Raumanschauung und des rein logischen Aufbaues der Geometrie hingewiesen. Er besteht darin, daß die Sätze der rein logisch begründeten Geometrie von jeder linearen dreidimensionalen Mannigfaltigkeit gelten, d. h. von jedem System von Dingen, die sich zueinander verhalten wie Punkte, Geraden und Ebenen. Die Ausdrücke „Scheinpunkt“, „Scheingerade“, „Scheinebene“, die wir im vorangehenden für diese Gebilde gebraucht haben, waren nur Notbehelfe, um die Wortzwitter Pseudopunkt u. s. w. zu vermeiden; sie mögen von nun an Grundgebilde „nullter“, „erster“ oder „zweiter“ Stufe heißen, kürzer $\mathfrak{G}_0$, $\mathfrak{G}_1$, $\mathfrak{G}_2$; die Mannigfaltigkeit selber heiße auch ein $\mathfrak{G}_3$; „Stufe“ sei gleichbedeutend mit Dimension. Für Grundgebilde nullter Stufe nehmen wir auch aus der Mengenlehre (Bd. I, erster Abschnitt) den Ausdruck „Elemente“ herüber. Diese ganze Namengebung rechtfertigt sich dadurch, daß es außer den Kugelgebüschen noch unendlich viele andere dreidimensionale Mannigfaltigkeiten gibt, wie wir alsbald zeigen werden, sodaß also die Punkte, Geraden und Ebenen als Individuen der Gattungsbegriffe $\mathfrak{G}_0$, $\mathfrak{G}_1$, $\mathfrak{G}_2$ zu betrachten sind.

3. Es geht aus didaktischen Gründen nicht an, die rein begriffliche Geometrie von vornherein als Geometrie dreidimensionaler linearer Mannigfaltigkeiten zu entwickeln, weil dieser Begriff selber aus der Anschauung nicht unmittelbar gewonnen werden kann, sondern die gewöhnliche Geometrie voraussetzt. Erst wenn die gewöhnliche Geometrie soweit durchgeführt ist, daß man hinreichend viele Beispiele linearer Mannigfaltigkeiten dritter Stufe zur Verfügung hat, kann man die bis dahin gewonnenen Lehrsätze von der Beschränkung auf die gewöhnlichen Punkte, Geraden und Ebenen befreien, indem man zeigt, daß die $\mathfrak{G}_0$, $\mathfrak{G}_1$, $\mathfrak{G}_2$ jener Mannigfaltigkeiten ebenfalls den (Hilbertschen) Axiomen der Geometrie, also auch ihren logischen Folgerungen gehorchen. Von da an muß die Geometrie dann ganz abstrakt, für alle bekannten und denkbaren Mannigfaltigkeiten gültig, weiter gebildet werden.

Hat man etwa die gewöhnliche Geometrie rein begrifflich soweit gesichert, daß man die Lehre vom Kugelgebüsche beherrscht, so liefert das parabolische Gebüsche die erste Travestie der Euklidischen Geometrie (bis auf das Verhalten im Unendlichen). Bezeichnet man die Punktepaare, Kreise und Kugeln des hyperbolischen oder elliptischen Gebüsches als Scheinpunkte, Scheingeraden und Scheinebenen, und ist von diesen nachgewiesen, daß sie außer dem Parallelenaxiom alle Axiome der Euklidischen Geometrie erfüllen, so gelten von ihnen, ohne daß noch Beweise nötig wären, alle Sätze der Euklidischen Geometrie, die vom Parallelenaxiom nicht abhängen.

Wenn man ferner aus der projektiven, von jeder Maßbestimmung unabhängigen Erzeugung der Kurven und Flächen zweiter Ordnung rein logisch die Theorie dieser Gebilde gewonnen hat, so läßt sich diese Theorie ohne weiteres auf die Kugelgebüsche übertragen, die wieder als Scheingeometrien betrachtet werden. Von den Kurven und Flächen zweiter Ordnung dieser Scheingeometrien haben wir nur die Scheinkreise und Scheinkugeln kennen gelernt. Viel interessanter sind aber die allgemeinen Scheingebilde zweiter Ordnung, deren Theorie man ohne ein Wort des Beweises aus der gewöhnlichen Geometrie herübernehmen kann. Und, was das Schöne ist, vom Standpunkte der gewöhnlichen Geometrie aus wären das Kurven und Flächen (Zykliden) vierter Ordnung, deren direkte Erforschung sehr schwierig wäre, während bei jener Übertragung die geometrischen Erkenntnisse ungesucht in unerschöpflicher Fülle uns zuströmen. Man denke nur an die Lehre von Pol und Polare.

So kann die Geometrie jeder dreidimensionalen linearen Mannigfaltigkeit unter zwei ganz verschiedenen Gesichtspunkten studiert werden, die man begrifflich streng auseinander halten muß, während man praktisch fortgesetzt zwischen ihnen wechseln wird: Man kann die Grundgebilde nullter, erster und zweiter Stufe $\mathfrak{G}_0$, $\mathfrak{G}_1$, $\mathfrak{G}_2$ einer Mannigfaltigkeit $\mathfrak{G}_3$ entweder als Gebilde der gewöhnlichen Geometrie auffassen, wo sie dann im allgemeinen von sehr komplizierter Natur sein werden, oder als Analoga der Punkte, Geraden und Ebenen der gewöhnlichen Geometrie, die alle Axiome derselben erfüllen. Dann lassen sich auch alle Folgerungen der Axiome von den $\mathfrak{G}_0$, $\mathfrak{G}_1$, $\mathfrak{G}_2$ aussagen. So wird die zum Aufbau der rein begrifflichen Geometrie verwandte Geistesarbeit zur unerschöpflichen Quelle neuer Wahrheiten. Also nicht aus Mißachtung der schöpferischen Anschauungskraft, nicht aus Freude an zerstörender Kritik oder pedantischer Logik, sondern im wohlerwogenen Interesse unserer Wissenschaft muß man eine streng axiomatische Kodifizierung ihrer Voraussetzungen verlangen, damit ihre Lehrsätze von vornherein die volle ihnen zukommende Tragweite erhalten. Das ist die Forderung, die man nach Mach die „Ökonomie des Denkens“ nennt.

4. Noch aus einem anderen Grunde ist es wünschenswert, sozusagen mehrere geometrische Sprachen zu beherrschen und das Anschauungsvermögen zu einer gewissen Elastizität auszubilden. Es gibt nämlich in der Geometrie des dreidimensionalen Raumes Probleme, die ihrem analytischen Charakter nach in Räumen von vier und mehr Dimensionen spielen. Sie entziehen sich dabei in der ursprünglichen Einkleidung der rein synthetischen Forschung, weil wir nicht gewöhnt sind, uns den Euklidischen Raum als Grundgebilde dritter Stufe eines vierdimensionalen Raumes zu denken. Dagegen gibt es im Euklidischen Raume zahlreiche lineare Mannigfaltigkeiten von vier und mehr Dimensionen. Am bekanntesten ist die aller Kugeln. Zur Festlegung des Zentrums einer Kugel ist die Angabe seiner drei Abstände von drei aufeinander senkrechten Ebenen nötig; der Radius erfordert eine vierte Zahlenangabe. Also gibt es „vierfach unendlich“ viel Kugeln, d. h. man kann die Elemente der Mannigfaltigkeit aller Kugeln durch je vier Zahlen voneinander unterscheiden, die aller reellen Werte fähig sind. Die Kugeln bilden daher eine vierdimensionale Mannigfaltigkeit $\mathfrak{G}_4$. Diese ist linear, d. h. je zwei $\mathfrak{G}_3$ (Gebüsche) der $\mathfrak{G}_4$ bestimmen ein $\mathfrak{G}_2$ (Bündel), je drei $\mathfrak{G}_3$ ein $\mathfrak{G}_1$ (Büschel), je vier $\mathfrak{G}_3$ ein $\mathfrak{G}_0$ (Kugel); oder auch: je zwei $\mathfrak{G}_0$ bestimmen ein $\mathfrak{G}_1$, je drei $\mathfrak{G}_0$, die nicht einem $\mathfrak{G}_1$ angehören, ein $\mathfrak{G}_2$, und je vier Elemente, die keinem $\mathfrak{G}_2$ angehören, legen endlich ein $\mathfrak{G}_3$ fest. Ähnlich wird der Begriff der Linearität für fünf und mehr Dimensionen definiert. Analytisch entspricht der Linearität die Tatsache, daß die Grundgebilde durch „lineare“ Gleichungen, d. h. durch Gleichungen ersten Grades in den Koordinaten dargestellt werden.

Wenn man nun auf ein Problem gestoßen ist, das (analytisch geometrisch) dazu nötigt, den Punkt-Geraden-Ebenenraum als Grundgebilde dritter Stufe einer vierdimensionalen linearen Mannigfaltigkeit aufzufassen, so braucht man das Problem nur etwa auf die Mannigfaltigkeit der Kugeln zu übertragen, um es der rein synthetischen Geometrie zu erschließen und zugleich anschaulich zu machen. Diese Übertragung aus einer Mannigfaltigkeit in eine andere ist aber nur unter der Voraussetzung zulässig, daß beide Mannigfaltigkeiten denselben Axiomen gehorchen und ihre Geometrie sich nur auf diese Axiome stützt; sowie man Beweismotive nicht rein logischer Herkunft zuließe, wäre diese Übertragbarkeit nicht mehr a priori sicher.

Daß es geometrische Probleme gibt, die erst durch Übergang in eine Mannigfaltigkeit höherer Dimension eine vollkommen befriedigende Lösung erfahren, hat man zuerst bei dem Satze von Desargues bemerkt (vgl. § 10, 1). Auf zwei Dreiecke in derselben Ebene beschränkt bildet dieser Satz die Grundlage der synthetischen Geometrie der Ebene. Während nun alle anderen Sätze dieser Planimetrie rein mit den Hilfsmitteln der ebenen Geometrie, und zwar rein synthetisch, d. h. unabhängig von den Kongruenzaxiomen bewiesen werden können, wollte ein Gleiches für diesen fundamentalen Satz nicht gelingen, bis dann Hilbert in seinen „Grundlagen“ (§ 23) zeigte, daß diese Versuche notwendig scheitern mußten. Hilbert bewies, daß dieser Satz entweder die räumlichen Axiome, oder die Kongruenzaxiome voraussetzt. Da aber die Kongruenzaxiome dem Geiste der reinen Synthesis widersprechen, so ist jener planimetrische Satz nur unter Benutzung des Raumes synthetisch beweisbar, und zwar durch die einfache Überlegung, die wir in § 10, 1 mitgeteilt haben.

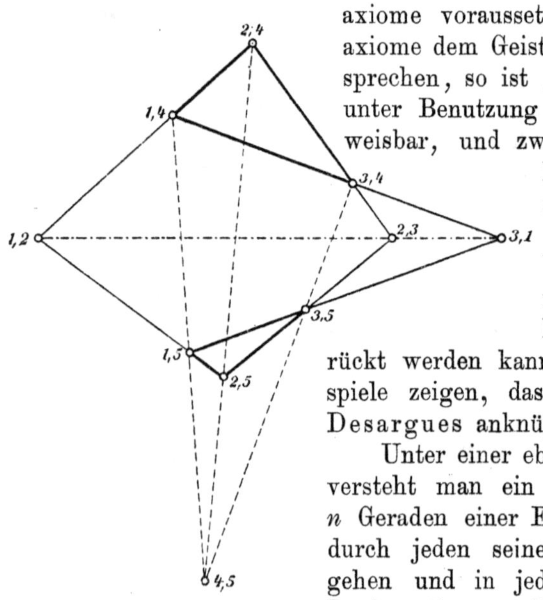

Fig. 46.

5. Wie ein Problem durch Übersetzung aus einer Mannigfaltigkeit in eine andere plötzlich in das klarste Licht gerückt werden kann, wollen wir an einem Beispiele zeigen, das sich leicht an den Satz von Desargues anknüpfen läßt.

Unter einer ebenen Konfiguration Kf. (n_k) versteht man ein System von n Punkten und n Geraden einer Ebene in der Anordnung, daß durch jeden seiner Punkte k seiner Geraden gehen und in jeder seiner Geraden k seiner Punkte liegen. Eine räumliche Konfiguration Kf. (n_k, g_s) ist ein System von n Punkten, n Ebenen und g Geraden in folgender Anordnung: Durch jeden Punkt des Systems gehen k seiner Ebenen, und in jeder Ebene des Systems liegen k seiner Punkte; jede Gerade des Systems geht durch s der n Punkte und liegt in s der n Ebenen.

Die Ermittelung aller Konfigurationen für gegebenes n, g, k, s ist ein ebenso schönes als schwieriges Problem, das noch der vollständigen Lösung harrt. Im folgenden wollen wir die zwei Anfangsglieder einer unbegrenzten Reihe von Konfigurationen angeben, die aber Räumen von zunehmender Dimensionszahl angehören. Eine einfache ebene Konfiguration, und zwar eine Kf. (10_3) haben wir in der vollständigen Figur des Satzes von Desargues, wenn man die beiden perspektiven Dreiecke in einer Ebene η annimmt. Wie die Fig. 46

zeigt, kann man die 10 Punkte dieser Konfiguration so mit je einem Indexpaare aus der Zahlenreihe 1, 2, 3, 4, 5 bezeichnen, daß jedes der 10 möglichen Paare nur einmal vorkommt und die zu einer Konfigurationsgeraden gehörigen Indexpaare nur aus drei verschiedenen Ziffern gebildet sind, die daher zur Bezeichnung dieser Geraden dienen können. Dieser Sachverhalt bringt uns auf den Gedanken, ob vielleicht im Raume ein System von fünf Punkten $\mathfrak{P}_1$, $\mathfrak{P}_2$, $\mathfrak{P}_3$, $\mathfrak{P}_4$, $\mathfrak{P}_5$ so angenommen werden kann, daß der Punkt h, k der Konfiguration als Schnitt von η mit der Geraden $\mathfrak{P}_h \mathfrak{P}_k$, die Gerade h, k, l der Konfiguration als Schnitt von η mit der Ebene $\mathfrak{P}_h \mathfrak{P}_k \mathfrak{P}_l$ erscheint ($h, k, l = 1, 2, 3, 4, 5$). Das ist nun in der Tat möglich, und so ergibt sich denn die ebene Kf. (10_3) als Schnitt einer Ebene mit einem vollständigen räumlichen Fünfeck, d. h. einem System von fünf Punkten, den Verbindungsgeraden von je zweien und den Verbindungsebenen von je dreien derselben.

Es liegt nahe, zum Raume aufsteigend zwei perspektive Tetraeder zu betrachten, d. h. zwei Tetraeder, die infolge spezieller Lage so aufeinander bezogen werden können, daß die Verbindungslinien entsprechender Punkte durch denselben Punkt gehen; durch wiederholte Anwendung des Satzes von Desargues folgt aus dieser Voraussetzung, daß die entsprechenden Seiten und Kanten beider Tetraeder sich in Geraden und Punkten einer Ebene treffen. Die so entstehende Figur bildet eine Kf. $(15_6, 20_3)$, deren Punkte, wie Fig. 47 zeigt, analog zu Fig. 46 so mit Indexpaaren aus der Zahlenreihe 1, 2, 3, 4, 5, 6 bezeichnet werden können, daß jedes der 15 möglichen Paare einmal vorkommt und die Paare auf einer Geraden der Konfiguration nur aus drei, auf einer Ebene derselben nur aus vier verschiedenen Zahlen gebildet sind; diese Tripel und Quadrupel können dann zur Bezeichnung dieser Geraden und Ebenen dienen. Nach der Analogie der Kf. (10_3) wird man jetzt sofort an ein vollständiges Sechseck $\mathfrak{P}_1 \mathfrak{P}_2 \mathfrak{P}_3 \mathfrak{P}_4 \mathfrak{P}_5 \mathfrak{P}_6$ in einem vierdimensionalen Raume denken, dessen Schnitt mit dem dreidimensionalen

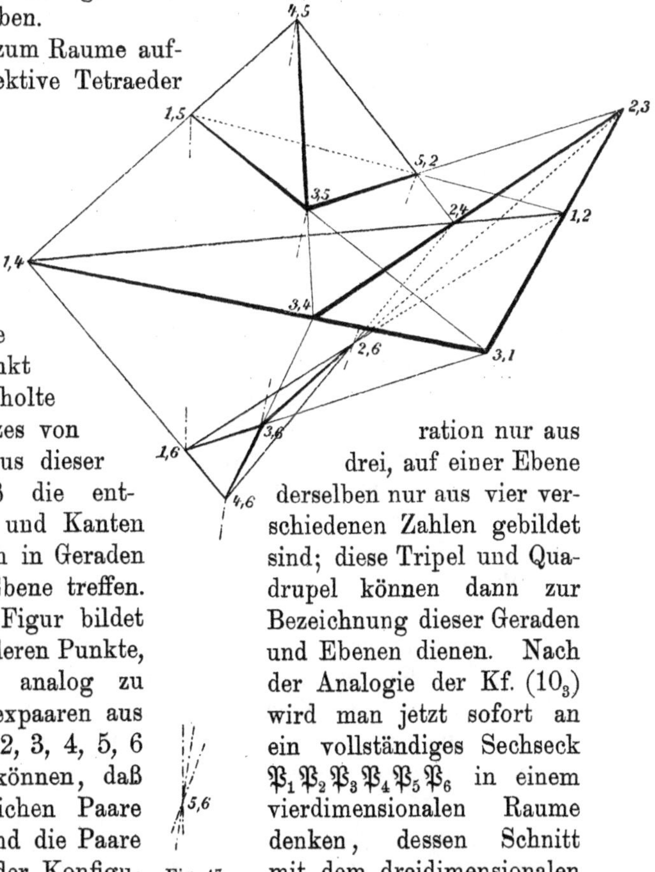

Fig. 47.

Raume R_E unserer Euklidischen Geometrie die Kf. $(15_6, 20_3)$ sein soll; der Punkt h, k, die Gerade h, k, l, die Ebene h, k, l, m unserer Konfiguration wären dann der Schnitt des R_E mit der Geraden $\mathfrak{P}_h\mathfrak{P}_k$, der Ebene $\mathfrak{P}_h\mathfrak{P}_k\mathfrak{P}_l$, dem dreidimensionalen Raume $\mathfrak{P}_h\mathfrak{P}_k\mathfrak{P}_l\mathfrak{P}_m$, $(h, k, l, m = 1, 2, 3, 4, 5, 6)$. Analytisch läßt sich diese Vermutung sehr leicht bestätigen[1]), aber rein geometrisch vermögen wir den an sich einfachen Rechnungen nur schwer zu folgen, weil wir uns den R_E als Gebilde eines Raumes R_4 von vier Dimensionen nicht anschaulich vorstellen können. Da wir aber wissen, daß die Kugeln, Kugelbüschel, Kugelbündel und Kugelgebüsche als Grundgebilde nullter, erster, zweiter und dritter Stufe einer linearen Mannigfaltigkeit $\mathfrak{G}_4$ von vier Dimensionen betrachtet werden können, so kommen wir über diese Schwierigkeit leicht hinweg, wenn wir den Schauplatz der Untersuchung in die Mannigfaltigkeit aller Kugeln verlegen. Die Grundgebilde $\mathfrak{G}_0$, $\mathfrak{G}_1$, $\mathfrak{G}_2$, $\mathfrak{G}_3$ dieser Mannigfaltigkeit nennen wir Scheinpunkte, Scheingeraden, Scheinebenen, Scheinräume und denken uns von sechs willkürlich angenommenen Scheinpunkten $\mathfrak{P}_1$, $\mathfrak{P}_2$, $\mathfrak{P}_3$, $\mathfrak{P}_4$, $\mathfrak{P}_5$, $\mathfrak{P}_6$ je zwei durch eine Scheingerade, je drei durch eine Scheinebene, je vier durch einen Scheinraum verbunden. Der „Schnitt", d. h. das Gemeinsame dieses „vollständigen" vierdimensionalen Sechsecks mit einem Scheinraume R ist dann die Konfiguration Kf. $(15_6, 20_3)$, die nunmehr der Anschauung und der geometrischen Untersuchung zugleich erschlossen ist. Doch können wir hierauf nicht weiter eingehen. Nur eins wollen wir noch erwähnen: Zu den Scheinräumen gehört auch der Punkt-Geraden-Ebenenraum der Euklidischen Geometrie als Grenzfall eines parabolischen Gebüsches mit unendlich fernem Mittelpunkt. Bringen wir aber das vollständige vierdimensionale Sechseck mit diesem speziellen (Schein-)Raume zum Schnitt, so erhalten wir die Kf. $(15_6, 20_3)$ in gewöhnlichen Ebenen, Geraden und Punkten; und zwar sind das die Potenzebenen von je zwei, die Potenzachsen von je drei und die Potenzzentra von je vier der sechs Kugeln, die als Scheinecken des Sechsecks fungieren.

Wenn wir von diesem besonderen Glücksfalle, daß sich das zu untersuchende Gebilde hier schließlich wieder in der ursprünglichen Form einstellt, auch ganz absehen, war die Hinüberspielung unseres Problems in die Kugelgeometrie an sich schon ein entscheidender Erfolg, durch den der Machtbereich der rein synthetischen Geometrie um eine Dimension erweitert wurde. Wie hier, so in vielen anderen Fällen! Es wird daher erwünscht sein, und für eine klarere Erfassung

1) Vergl. etwa die Arbeiten von Richmond, Math. Ann. 53 und R. Funck (Straßb. Diss. 1901) über die Kf. $(15_6, 20_3)$.

des Wesens der geometrischen Grundbegriffe ist es ohnehin notwendig, den Umfang des Begriffes der linearen Mannigfaltigkeit näher kennen zu lernen. Wir müssen dazu die Anfangsgründe der analytischen Geometrie voraussetzen, wenn anders der Leser es nicht vorzieht, die Ergebnisse des folgenden Artikels auf guten Glauben hinzunehmen.

6. Wir verwenden ein gewöhnliches rechtwinkeliges System von Punktkoordinaten x, y, z, also etwa die des § 12. Die Punkte einer Fläche n^{ter} Ordnung werden durch eine Gleichung n^{ter} Ordnung $f(x, y, z) = 0$ dargestellt, die Punkte einer algebraischen Kurve durch die gemeinsamen Lösungen einer endlichen Anzahl s solcher Flächengleichungen. Diese s Gleichungen $g_1 = 0, g_2 = 0, g_3 = 0, \cdots, g_s = 0$ lassen sich in eine einzige $\varphi = 0$ zusammenziehen, wenn man $\varphi = g_1 u_1 + g_2 u_2 + \cdots + g_s u_s$ setzt und nur solche Lösungen x, y, z der Gleichung $\varphi = 0$ in Betracht zieht, die von den unbestimmt bleibenden Parametern $u_1, u_2, \cdots, u_s$ unabhängig sind; man nennt den Ausdruck φ bei dieser Beurteilung seines Verschwindens ein Funktional.

Wenn die Flächen $f_1 = 0, f_2 = 0, \cdots, f_r = 0$ nur ein System von einzelnen Punkten, im äußersten Falle einen Punkt gemeinsam haben, so stellt das Funktional $\Phi = f_1 v_1 + f_2 v_2 + \cdots + f_r v_r$, mit unbestimmten Parametern $v_1, \cdots, v_r$ gebildet und gleich null gesetzt, dieses Punktsystem dar; haben die Flächen aber keinen Punkt gemeinsam, so stelllt $\Phi = 0$ überhaupt kein Raumgebilde dar. Wir vermerken als erstes Ergebnis dieser Betrachtung:

Mit Hilfe von Funktionalen kann man das allgemeinste algebraische Gebilde, das aus einzelnen Punktsystemen $\Phi_1 = 0$, $\Phi_2 = 0, \cdots, \Phi_p = 0$, einzelnen Kurven $\varphi_1 = 0, \varphi_2 = 0, \cdots, \varphi_k = 0$ und einzelnen Flächen $f_1 = 0, f_2 = 0, \cdots, f_m = 0$ besteht, durch eine einzige algebraische Gleichung $\Omega = 0$ darstellen, wo

$$\Omega = \Phi_1 \Phi_2 \cdots \Phi_p \cdot \varphi_1 \varphi_2 \cdots \varphi_k \cdot f_1 f_2 \cdots f_m$$

ist.

Zwei solcher algebraischer Gebilde $\Omega = 0$, $\Omega' = 0$ bestimmen ein Ω-Büschel $\varkappa\Omega + \lambda\Omega' = 0$, drei nicht demselben Büschel angehörige Gebilde $\Omega = 0$, $\Omega' = 0$, $\Omega'' = 0$ ein Ω-Bündel $\varkappa\Omega + \lambda\Omega' + \mu\Omega'' = 0$, vier nicht demselben Bündel angehörige Gebilde $\Omega = 0$, $\Omega' = 0$, $\Omega'' = 0$, $\Omega''' = 0$ endlich ein Ω-Gebüsch $\varkappa\Omega + \lambda\Omega' + \mu\Omega'' + \nu\Omega''' = 0$, wenn $\varkappa, \lambda, \mu, \nu$ alle Zahlenwerte durchlaufen. Weiter wollen wir nicht gehen. Sind nun $\Omega_1 = 0$, $\Omega_2 = 0$, $\Omega_3 = 0$, $\Omega_4 = 0$ in „laufenden" Koordinaten x, y, z die Gleichungen von vier algebraischen Raumgebilden, die keinem Bündel angehören, und bezeichnet man die Individuen des Gebüsches $\xi\Omega_1 + \eta\Omega_2 + \zeta\Omega_3 + \Omega_4 = 0$ als Scheinpunkte, die sie festlegenden Parameter ξ, η, ζ als ihre Scheinkoordinaten, so kann man auf diese Scheinkoordinaten die Begriffsbildungen des § 12 anwenden und so Scheingeraden und Scheinebenen definieren. Die Scheinkoordinaten eines Scheinpunktes (ξ, η, ζ) auf der Scheingeraden durch zwei Scheinpunkte (ξ', η', ζ'), (ξ'', η'', ζ'') lassen sich nach § 12, 5. mittels eines Parameters λ in die Form

$$\xi = \frac{\xi' - \lambda\xi''}{1-\lambda}, \quad \eta = \frac{\eta' - \lambda\eta''}{1-\lambda}, \quad \zeta = \frac{\zeta' - \lambda\zeta''}{1-\lambda}$$

bringen. Wegen $\xi\Omega_1 + \eta\Omega_2 + \zeta\Omega_3 + \Omega_4 = 0$ hat man daher: $\Omega' - \lambda\Omega'' = 0$, wo $\Omega' = \Omega_1\xi' + \Omega_2\eta' + \Omega_3\zeta' + \Omega_4$, $\Omega'' = \Omega_1\xi'' + \Omega_2\eta'' + \Omega_3\zeta'' + \Omega_4$. Die Scheinpunkte der Scheingeraden bilden daher Ω-Büschel, deren Individuen dem Gebüsche angehören; die Scheinpunkte der Scheinebenen bilden, wie leicht zu zeigen ist, Ω-Bündel, deren Elemente ebenfalls im Gebüsche enthalten sind. Wir haben somit eine dreidimensionale lineare Mannigfaltigkeit von höchst umfassender Art hinsichtlich der Elemente gewonnen, die in ihr als (Schein-)Punkte auftreten. Jedes Raumgebilde vom Typus Ω, also speziell jede Raumkurve oder Fläche, kann zum „Punkt“ einer „Geometrie“ gemacht werden, die nach dem Vorbild der Euklidischen geordnet ist und alle Sätze derselben erfüllt.

7. Damit ist aber der Umfang des Begriffes der linearen Mannigfaltigkeit bei weitem nicht erschöpft, und das dürfte auch kaum möglich sein. Man könnte die Ω in Ebenen- und Linienkoordinaten ansetzen, mit Hilfe der Matrizensymbolik lineare Transformationen des Raumes als Elemente einer Mannigfaltigkeit einführen u. s. w. Eine andere Erzeugungsweise wollen wir an einem Beispiele klar machen, das unsere beiden Geometrien des § 10, 2 ff. als besonderen Fall umfaßt und leicht zu verallgemeinern ist. Wir gehen zu diesem Zwecke aus von einem Gebüsche von Flächen zweiter Ordnung, einem „F^2-Gebüsche“

$$F_1(x, y, z)\xi + F_2(x, y, z)\eta + F_3(x, y, z)\zeta + F_4(x, y, z) = 0.$$

Soll eine Fläche dieses Gebüsches durch den Punkt (x', y', z') gehen, so muß

$$F_1(x', y', z')\xi + F_2(x', y', z')\eta + F_3(x', y', z')\zeta + F_4(x', y', z') = 0,$$

also auch

$$(F_1F_4' - F_1'F_4)\xi + (F_2F_4' - F_2'F_4)\eta + (F_3F_4' - F_3'F_4)\zeta = 0$$

sein, wo zur Abkürzung F_h, F_h' für $F_h(x, y, z)$, $F_h(x', y', z')$ gesetzt ist. Die Flächen durch (x', y', z') bilden also ein Bündel und haben die acht Schnittpunkte der Flächen zweiter Ordnung $F_1F_4' - F_1'F_4 = 0$,

$F_2 F_4' - F_2 F_4' = 0$, $F_3 F_4' - F_3' F_4 = 0$ gemeinsam; einer dieser Punkte ist (x', y', z'). Die Flächen eines F^2-Gebüsches, die durch einen Punkt (x', y', z') gehen, haben daher noch sieben andere Punkte gemeinsam, die mit dem gegebenen „assoziiert" heißen; jede Fläche des Gebüsches durch einen dieser Punkte geht von selbst durch die sieben anderen. Acht assoziierte Punkte bestimmen daher im F^2-Gebüsche nur ein F^2-Bündel, zwei Oktupel assoziierter Punkte nur ein F^2-Büschel, drei Oktupel endlich erst eine einzige Fläche, die durch diese Punkte geht, während neun Punkte allgemeiner Lage allein schon eine Fläche zweiter Ordnung im Raume festlegen können. Da die Flächen eines Büschels sich in einer Raumkurve IV. Ordnung durchdringen, so kann man auch sagen: Zwei Oktupel bestimmen eine und nur eine durch sie gehende Raumkurve IV. Ordnung. Man sieht, die Oktupel assoziierter Punkte tragen zur Festlegung der Raumkurven IV. Ordnung und der Flächen II. Ordnung des Gebüsches in ähnlicher Weise bei, wie die Paare inverser Punkte zur Festlegung der Kreise und Kugeln eines Kugelgebüsches. Es folgt: Wenn man die Oktupel assoziierter Punkte eines F^2-Gebüsches als Scheinpunkte, die Raumkurven IV. Ordnung desselben als Scheingeraden, die Flächen II. Ordnung desselben als Scheinebenen bezeichnet, so bilden diese Scheinpunkte, Scheingeraden und Scheinebenen eine lineare Mannigfaltigkeit von drei Dimensionen, in der die Axiome der Euklidischen Geometrie erfüllt sind; natürlich auch die der beiden Nichteuklidischen Geometrien, je nachdem man eine Fläche des Systems als uneigentliche auszeichnet oder nicht.[1]) Wir heben als wesentlich für die Gültigkeit dieses Satzes hervor, daß je acht assoziierte Punkte für einen einzigen Scheinpunkt gelten müssen; man darf nicht etwa sagen, wenn A und B assoziiert sind, A sei derselbe Scheinpunkt wie B. Es ist in hohem Grade interessant, die Lehre von den F^2-Gebüschen unter diesem Gesichtspunkte zu betrachten und sich die Sätze bei Reye, Geometrie der Lage, Bd. III klar zu machen. Als Analoga der Kurven und Flächen zweiter Ordnung der gewöhnlichen Geometrie treten wichtige Kurven und Flächen höherer Ordnung auf, die man von unserem Standpunkte aus im hellsten Lichte übersieht. Ein ganz spezieller Fall des F^2-Gebüsches ist übrigens das Kugelgebüsch; an die Stelle der assoziierten Punkte treten dort die Paare inverser Punkte.

8. Wenn man in obigen Formeln überall z durch einen konstanten Wert ersetzt und dieselben nebst den Bezeichnungen sinn-

1) Dabei wird allerdings auf Realitätsverhältnisse keine Rücksicht genommen!

gemäß umdeutet, ergeben sich entsprechende Sätze für die Ebene, von denen wir nur den anführen wollen, daß die Kegelschnitte, die Kegelschnittbüschel und Kegelschnittbündel eines ebenen Kegelschnittgebüsches eine dreidimensionale lineare Mannigfaltigkeit bilden, in der die Voraussetzungen der Euklidischen Geometrie erfüllt sind — von einigen Ausnahmen und Ausartungen abgesehen. — Diese Sätze über die Kegelschnitt- und F^2-Gebüsche sind verhältnismäßig leicht auch rein synthetisch zu gewinnen. Bezeichnet man nun die Kegelschnitte eines Gebüsches als Scheinpunkte, die Büschel und Bündel als Scheingeraden und Scheinebenen, so gelten alle Folgerungen der Axiome der Anordnung und Verknüpfung.

Im wesentlichen waren diese Sätze, allerdings nicht in diesem Zusammenhange, schon den Analytikern zu Anfang des vorigen Jahrhunderts bekannt und wurden von Jakob Steiner rein synthetisch heiß umworben. In einem Briefe an Jacobi vom 31. Dezember 1833, den Jahnke im Archiv der Mathematik und Physik (3), Bd. 4, S. 274 mitgeteilt hat, gibt Steiner die Umdeutung eines Satzes über das vollkommene Vierseit in die Geometrie des Kegelschnittgebüsches an; aus dem Stolze, mit dem er von dieser doch ziemlich an der Oberfläche liegenden Entdeckung spricht, geht deutlich hervor, daß ihm die logischen Gründe dieser ihn überraschenden Übereinstimmung nicht bekannt waren, ein neuer Beweis dafür, daß es kein unfruchtbares Beginnen der kritisch gerichteten Mathematik ist, alle Sätze der Geometrie von vornherein so zu beweisen, daß sie auch in jeder anderen linearen Mannigfaltigkeit von drei Dimensionen gelten. Das ist im wesentlichen ja auch das Ziel der Ausdehnungslehre von Graßmann, deren steigende Anerkennung im Gebiete der reinen und angewandten Mathematik besonders dafür spricht, daß es einen guten Sinn hat, auch die Eigenschaften des Maßes auf alle Mannigfaltigkeiten zu übertragen; hinsichtlich der aus den Axiomen der Anordnung und Verknüpfung folgenden (projektiven) Eigenschaften wird man ja ohnehin geneigt sein, die Möglichkeit und Zweckmäßigkeit ihrer Übertragung auf alle lineare Mannigfaltigkeiten zuzugeben.

9. Während wir bisher zu beweisen suchten, daß die logische Zergliederung und Präzisierung unserer Raumanschauung vom rein geometrischen Standpunkte aus notwendig und nützlich ist, wollen wir nun auch auf die rein erkenntnistheoretische Seite des Problems eingehen, soweit das mit einfachen mathematischen Methoden möglich ist. Es sei gleich vorausgeschickt, daß wir damit den Boden streng mathematischer Deduktion verlassen und uns auf ein Gebiet begeben, auf dem zwischen den Mathematikern ebensowenig Übereinstimmung herrscht als zwischen den Philosophen. Deshalb dürfen wir aber den Schwierigkeiten nicht aus dem Wege gehen, noch gar sie als mathematisch unfruchtbar lediglich den Philosophen überlassen. Denn allem Anschein nach wird das Erkenntnisproblem der exakten Wissenschaften die Philosophie in steigendem Maße beschäftigen. Da ist es Sache des Mathematikers, der ja in seiner Wissenschaft nach Plato[1]) die „Handhaben der Philosophie“ (λαβὰς φιλοσοφίας) besitzt, seine Interessen zu vertreten und das Material herbeizuschaffen, das ihm der Berücksichtigung besonders wert scheint. Es handelt sich hier um Fragen, die auch wir wesentlich fördern können, wenn wir unbefangen prüfen und zum Ausdruck bringen, was wir uns beim Betriebe unserer Wissenschaft eigentlich denken. Dazu kommt noch ein anderer Grund: die Anwendung der Mathematik auf die Naturwissenschaften kann nur dann im höchsten Sinne erfolgreich sein, wenn wir uns im voraus keiner Täuschung darüber hingeben, was wir mit unserer Wissenschaft leisten können und was nicht. In dieser Beziehung wäre es sehr lehrreich, auf die Geschichte der Mathematik in den letzten zweihundert Jahren zurückblickend sich klar zu machen, wie es kommen konnte, daß die Mathematik als Hilfsmittel der Naturwissenschaften ebenso maßlos überschätzt als herabgesetzt und daß andererseits der Formelapparat der Physik von den großen Umwälzungen der physikalischen Anschauungen verhältnismäßig so wenig berührt worden ist.

10. Soviel dürfte aus unserer Untersuchung mit Bestimmtheit hervorgehen: daß man bei den Grundgebilden „Punkt“, „Gerade“, „Ebene“, „Raum“, und den Grundbegriffen „zwischen“, „Strecke“, „Winkel“, „Kongruenz“ streng zu scheiden hat zwischen den Eigenschaften, die sich vom gewöhnlichen Raume auf jede andere lineare dreidimensionale Mannigfaltigkeit übertragen lassen, und den Eigenschaften, die diesen Begriffen individuell zukommen. Übertragbar sind die Eigenschaften der Verknüpfung und Anordnung, der Stetigkeit und Kongruenz, soweit sie in den (Hilbertschen) Axiomen zusammengestellt sind. Unübertragbar ist z. B. die Kleinheit des (materiellen) Punktes, die gefällige, gleichmäßige Rundung der Kugel, überhaupt alles, was sich auf das Aussehen der Raumgebilde bezieht, indem man denselben an sich, nicht in Beziehung zu anderen betrachtet. Durch gewisse Ausfallserscheinungen macht sich die Unterdrückung der individuellen Eigenschaften besonders in der rein formal begründeten analytischen Geometrie des § 12 bemerkbar. Bei einem Zahlentripel (a, b, c), das dort den Punkt definiert, denkt man überhaupt nicht an etwas Großes oder Kleines, es müßte denn die Größe der drei Zahlen

1) Diogenes Laertius, IV, 10 (nach M. Cantor).

selbst sein, worauf es hier aber nicht ankommt; und das unendlich Ferne büßt in der „homogenen" Geometrie $\mathfrak{H}$ des § 12 die Sonderstellung, die es in unserer Raumanschauung hat, vollständig ein; eine geometrische Figur in unserer gewöhnlichen Raumanschauung hat stets ein Oben und Unten, hat näher und ferner liegende Teile: in der rein arithmetischen Geometrie ist das von unserem subjektiven Standpunkte Herrührende völlig eliminiert. Die übertragbaren Eigenschaften betreffen die Beziehungen der Grundbegriffe zueinander, die individuellen Eigenschaften die Beziehungen zu unserer Sinnlichkeit.

11. Wohl jeder Grundbegriff wird in eine übertragbare und in eine individuelle Komponente spaltbar sein, doch ist es im allgemeinen schwer, eine scharfe Grenze zu ziehen. Während noch Kant in seinen Prolegomena wiederholt darauf hinwies, daß der Gegensatz zwischen rechts und links, zwischen einem Körper und seinem Spiegelbilde durch begriffliche Definitionen gar nicht zu fassen sei, was Gauß durchaus anerkennt, wenn er auch die von Kant daraus gezogene Folgerung bestreitet (Selbstanzeige der „Theoria residuorum biquadraticorum", Gauß' Werke, Bd. 2, S. 177), ist es Pasch in seinen schon zitierten Vorlesungen über Neuere Geometrie gelungen, die Begriffe der Anordnung rein axiomatisch zu fixieren. Jener Gegensatz läßt sich nunmehr nicht nur begrifflich fassen, sondern sogar rein logisch deduzieren. Damit soll durchaus nicht gesagt sein, daß in den Axiomen der Anordnung der Begriff der Anordnung restlos untergebracht sei, es ist nur die Rede von der übertragbaren Komponente, für die allein die rein logische Geometrie Verwendung hat. Die Euklidischen Definitionen der Begriffe „Punkt", „Gerade", „Ebene" (der Begriff „zwischen" wird überhaupt nicht erörtert) enthalten ausschließlich die individuelle, oder, wie man es auch auffassen kann, die materielle Seite dieser Begriffe, weshalb denn auch aus diesen Definitionen kein geometrischer Schluß gezogen werden kann. Die Axiome der Anordnung und Verknüpfung, der Kongruenz, des Parallelismus und der Stetigkeit (in der Hilbertschen Fassung) legen ebenso ausschließlich nur die rein logischen Beziehungen zwischen diesen Begriffen fest, indem ja, wie Hilbert selbst zeigt, diese Axiome in der linearen dreidimensionalen Zahlenmenge sich erfüllen lassen. Es beruht daher auf vollständiger Verkennung der Absichten Hilberts, wenn man ihm vorgeworfen hat, auf Grund seiner Axiome könne man nicht entscheiden, ob eine Taschenuhr ein Punkt ist oder nicht. Das können und das wollen diese Axiome nicht. Denn obwohl die Geometrie zu dem Zwecke erfunden ist und weiter ausgebildet wird, die Eigenschaften der Gebilde unserer (sinnlichen) Raumanschauung zu ergründen, sind doch ihre Wahrheiten von der sinnlichen Form, in der uns die Raumgebilde erscheinen, logisch vollkommen unabhängig; unsere gewöhnliche Geometrie ist ja, wie wir an zahlreichen Beispielen dargetan haben, nur eine von unendlich vielen (angenäherten) Realisierungen ihres reinen Gedankengehaltes. Also beabsichtigt oder nicht, muß eine im Sinne der Hilbertschen „Grundlagen" aufgebaute Geometrie in jeder dreidimensionalen linearen Mannigfaltigkeit gelten. Wenn man, wie wir es tun, diese Übertragbarkeit der geometrischen Sätze ausdrücklich anstrebt, so kann man auch nicht im Zweifel sein, was man von jenen Axiomen zu halten hat, die manchen als unnötig, als trivial erscheinen, weil sie unmittelbar einleuchten, wie z. B. die Axiome der Anordnung. Schon die Mathematiker des griechischen Altertums waren gegenüber derartigen Axiomen geteilter Ansicht. Für eine in allen dreidimensionalen linearen Mannigfaltigkeiten gültige Geometrie ist aber keiner dieser Sätze so unscheinbar, daß er nicht als Voraussetzung ausdrücklich anerkannt werden müßte. Das sieht man sofort, wenn diese Beziehungen in ungewohnter Weise verwirklicht werden; man versuche einmal, den Oktupeln assoziierter Punkte eines F^2-Gebüsches, die wir in Artikel 8 als Scheinpunkte aufgefaßt haben, die Beziehung „zwischen" aufzuprägen; ohne die Axiome der Anordnung würde man da ganz ratlos sein.

12. Die Geometrie kann ihre Gewißheit nicht den individuellen Eigenschaften der Grundgebilde und Grundbeziehungen verdanken, die ja von einer Mannigfaltigkeit zur anderen wechseln, sondern einzig und allein den Eigenschaften, die wir als übertragbare bezeichnet haben und die als solche in allen Mannigfaltigkeiten wiederkehren. Wie der Hilbertsche Abriß der Grundlagen zeigt, bilden die Axiome die einzige unbeweisbare Voraussetzung und die einzige Erkenntnisquelle seines ganzen Systems. Auf die Grundbegriffe stützen sich die Definitionen der abgeleiteten Begriffe des Kreises, des Kegelschnittes u. s. w. Aber die Geometrie arbeitet nicht bloß mit den fundamentalen und den abgeleiteten Begriffen, deren Anzahl immerhin eine begrenzte ist; denn sonst müßte sie sich schließlich erschöpfen, weil man aus jenen Begriffen nicht mehr herausziehen kann, als man durch die Definition in sie hineingesteckt hat. Das Charakteristische der geometrischen Forschungsmethode besteht vielmehr darin, daß man immer und immer wieder neue Voraussetzungen einführt, die sich aber von den Grundvoraussetzungen dadurch ganz wesentlich unterscheiden, daß ihre Verträglichkeit mit jenen stets im voraus beweisbar ist und daß sie mit jenen zugleich erfüllt sind. So setzt z. B. der Satz des Desargues zwei Dreiecke A', B', C' und A'', B'', C'' voraus, die so zueinander gelegen sind, daß sich die Geraden $A'B'$ und $A''B''$, $B'C'$ und $B''C''$, $C'A'$ und $C''A''$ in drei Punkten C, A,

B einer Geraden u treffen. Um die Zulässigkeit dieser Annahme einzusehen, nehme man (vgl. Fig. 48) A, B, C auf einer Geraden u willkürlich an (Axiom II_2), füge dazu einen nicht auf u gelegenen Punkt A' und verbinde ihn mit B und C (Axiom I_1). Die drei Punkte A', B, C bestimmen eine Ebene η (I_4), der die Geraden $A'B$, BC, CA' angehören (I_6). Man nehme jetzt etwa B' auf der Verlängerung der Strecke CA' an (II_2). Dann muß die Gerade $B'A$, da sie nach I_6 in η liegt, die Seite BA' des Dreiecks $A'CB$ in einem Punkte C' zwischen $A'B$ treffen (II_4); damit ist der Hilfssatz bewiesen: Man kann ein Dreieck immer so annehmen, daß seine drei Seiten je durch einen gegebenen Punkt einer gegebenen Geraden gehen.

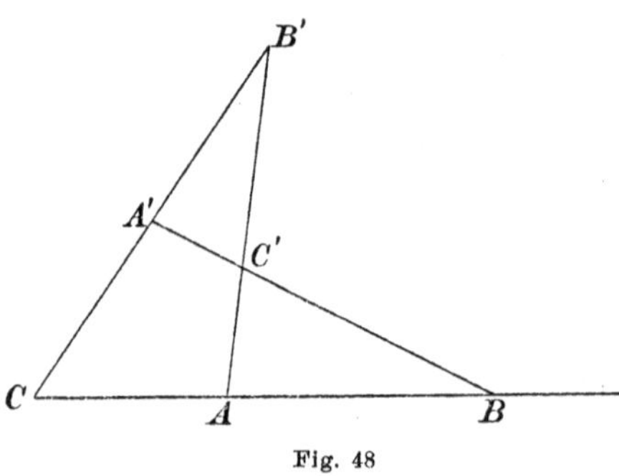

Fig. 48

Durch zweimalige Anwendung dieses Satzes erhält man die vom Desarguesschen Satze vorausgesetzte Figur.

Durch ähnliche Überlegungen beweist man die Zulässigkeit der Annahme, aus der wir in Art. 5 die Kf. (15_6, 20_3) ableiteten. Man sieht schon an diesen Beispielen, daß diese Möglichkeitsbeweise auf Grund der Axiome sehr schleppend sein können.

Der erste, der auf diese charakteristische Methode der Geometrie nachdrücklich aufmerksam gemacht hat, war Kant in seiner Kritik der reinen Vernunft. Doch stellt er mehr die Konstruktion, die durch diese Möglichkeitsbeweise und zugleich mit ihnen gegeben wird, in den Vordergrund. Die Konstruktion ist aber Nebensache, es muß auf alle Fälle die Erkenntnis vorangehen, daß sie überhaupt möglich ist.[1])

Die Geometrie erscheint so als Inbegriff der logischen Folgen einer unbegrenzten Reihe von Voraussetzungen, die mit dem System der Axiome nicht nur vereinbar, sondern immer erfüllt sind, wenn jene gelten.

Nicht alle wissenschaftlichen Darstellungen der Geometrie werden

---

1) Siehe Kant, Kritik der reinen Vernunft, Transzendentale Methodenlehre; Kant denkt zu ausschließlich an die Hilfslinien, die konstruiert werden müssen, um die Lehrsätze anwenden zu können. Die alt überlieferte starre und unbeholfene Elementargeometrie gibt übrigens ein sehr einseitiges Bild von der Methode der Geometrie, was aber um so weniger als Vorwurf gegen Kant gedeutet werden kann, als zu seiner Zeit die Geometrie der Lage noch nicht erfunden war.

in dieser streng logischen Form durchgeführt; besonders verläßt man sich hinsichtlich der Eigenschaften der Anordnung gern auf die Anschauung, weil eine exakte Beweisführung zu umständlich wäre. Überhaupt pflegt man sich in den geometrischen Beweisen häufig auf die Angabe der Momente und des allgemeinen Ganges der Beweisführung zu beschränken, es dem Leser überlassend, sich nach Neigung oder Bedürfnis einen strengen Syllogismus herzustellen. Doch gibt es Gebiete der Geometrie, wo man, von der Anschauung im Stiche gelassen, sich streng an die vorausgesetzten oder bewiesenen Tatsachen halten muß und beinahe genötigt ist, die Beweise in die Form von Syllogismen zu bringen, damit kein Irrtum unterläuft. Dahin gehören die Sätze über den Zusammenhang und die Zerschneidung Riemannscher Flächen, worüber wir in § 7 Andeutungen gemacht haben, Sätze über die Struktur von Fachwerken, u. s. w.; aber auch in den Elementen der Geometrie stößt man auf derartige Schwierigkeiten, wenn man auf die Anschauung freiwillig verzichtet, um sicher zu sein, daß man wirklich nur aus den Axiomen und Begriffen logisch deduziert. Wir werden das im nächsten Abschnitte bei den Axiomen der Anordnung sehen. Wie man es immer aus Gründen des Stils oder der Didaktik mit der Form der geometrischen Beweise halten mag: wissenschaftlich einwandsfrei ist ein Beweis nur, wenn er alles Material zu einer streng logischen Schlußweise beibringt.

13. Die Möglichkeit, einem derartigen logischen Formalismus in der Anschauung ganz andere Objekte zu unterschieben, als die waren, für welche er ursprünglich geschaffen ist, beschränkt sich nicht auf die Geometrie allein, sie wird sich naturgemäß überall bieten, wo man in ähnlicher Weise in einem axiomatisch festgelegten Denkbereiche operiert. Es muß besonders betont werden, daß auch die Arithmetik durch ihre Rechenregeln und Axiome die Gebilde nicht festlegt, die ihnen gehorchen sollen; man kann in mannigfacher Weise mittels des Galoisschen Gruppenbegriffes Systeme von Symbolen bilden, die denselben Verknüpfungsgesetzen unterliegen wie die Zahlen.[1]) Die ganze aus der multiplikativen Verknüpfung der Zahlen entspringende Satzgruppe über Teilbarkeit gilt im wesentlichen auch von den algebraischen Zahlen, und die Theorie der algebraischen Zahlen läßt sich auf die algebraischen Funktionen übertragen. Die additive Komposition der komplexen Zahlen in der komplexen Zahlenebene hat ein genaues Gegenbild in der Zusammensetzung und Zerlegung von Kräften, die

1) Überhaupt läßt sich der Operationsbereich der Arithmetik dem Gruppenbegriff unterordnen, und zwar sowohl dem Galoisschen als auch dem Lieschen. Vergl. einerseits Weber, Math. Ann. Bd. 43, S. 521, andererseits F. Schur, Math. Ann. Bd. 41, S. 509.

in einer Ebene an demselben Punkte wirken; eine merkwürdige Travestie der additiven und multiplikativen Verknüpfung der Zahlen werden wir in der Graphischen Statik kennen lernen, wobei die Zahlen durch Kräftesysteme an einem Fachwerk ersetzt sind. Wie die geometrischen Grundgebilde hat auch die Zahl sowohl übertragbare als individuelle Eigenschaften. Die letzteren bedürfen noch sehr der Durchforschung.

In der Physik kennt und benutzt man die Übertragbarkeit mancher Theorien von einem Gebiete auf ein anderes schon seit langer Zeit. Man spricht da von mechanischen, hydrodynamischen und statistischen „Bildern". Manche dieser Bilder sind bloße Analogien, manche aber entspringen aus gleichen logischen Voraussetzungen. Vollkommen axiomatisch hat z. B. Christoffel[1]) die Übertragbarkeit der Differentialgleichungen der Wärmeleitungstheorie auf die Theorie des Welthandels begründet und diese Gleichungen so abgeleitet, daß ihre Gültigkeit für beide Probleme unmittelbar einleuchtet.

In der Chemie war man an derartige „Bilder" nicht gewöhnt. Daher erregte seiner Zeit die Entdeckung von Sylvester und Clifford (1878) ein gewisses Aufsehen, daß die Konstitutionsformeln der organischen Verbindungen sich in den symbolischen Bildungsgesetzen der Invarianten binärer Formen spiegeln. Ein innerer Zusammenhang zwischen Chemie und Invariantentheorie liegt nicht vor, die Übereinstimmung ist nur eine Folge zufällig gleicher Verknüpfungsgesetze.[2])

14. Abgebildet werden in allen diesen Fällen nicht die zu erkennenden Objekte selber, sondern ihre übertragbaren Eigenschaften, oder besser gesagt: die zwischen diesen Objekten bestehenden Beziehungen. In diesem Zusammenhange leuchtet nun ein, daß, was wir oben (am Anfang des Art. 13) einen logischen Formalismus nannten, doch eigentlich den Kern der wissenschaftlichen Geometrie ausmacht. Denn da unsere Erkenntnis nicht auf die Gegenstände selber, sondern auf Relationen zwischen ihnen geht, so ist einzig und allein in der rein logischen Geometrie der wertvolle, absolut gewisse Teil unserer Wissenschaft enthalten. Daher fängt für viele produktive Mathematiker die Geometrie erst da an, wo sie auf Axiome gebracht ist — bei der analytischen Geometrie ist das indirekt immer der Fall —, während für die Vorstufen der Geometrie der Historiker und der

1) In einer Vorlesung über partielle Differentialgleichungen im Wintersemester 1891/92.

2) Diese Zufälligkeit hat Study in den Beiblättern zu den Annalen der Physik, 1901, Bd. 25, S. 87 überzeugend nachgewiesen. Die Arbeiten von Sylvester und Clifford stehen im Am. Journ. I.

Philosoph aufzukommen hat. Aber wenn man auch dieser immerhin einseitigen Auffassung nicht beitreten mag, wird man dem Mathematiker das Recht einräumen müssen, wenn ihm einmal ein System von Axiomen vorliegt, diese zu den Grundpfeilern eines rein logischen Lehrgebäudes zu machen. Dabei vollzieht sich ein interessanter Wechsel des Gesichtspunktes: Waren die Axiome vorher durch die Erfahrung gegebene oder eingegebene Sätze, die in der natürlichen Geometrie mehr oder minder genau erfüllt sind und daher bei allen Lehrsätzen lästige Einschränkungen nötig machen,[1]) so erheben wir sie jetzt zu strenger Gültigkeit, indem wir sie zu Definitionen machen. In dieser Weise definieren die Hilbertschen Axiome die Begriffe der Inzidenz (d. h. „auf einer Geraden" oder „Ebene liegen", „durch einen Punkt gehen", „bestimmen", „gemeinsam haben", „schneiden"), der Anordnung („zwischen"), des Parallelismus, der Kongruenz und der Stetigkeit. Was dagegen Punkte, Geraden, Ebenen sind, darüber wird nichts vereinbart, sodaß die aufgezählten Beziehungen, wie wir wissen, auf jede lineare dreidimensionale Mannigfaltigkeit übertragbar sind; es genügt zu wissen, daß die Worte Punkt, Gerade, Ebene drei Systeme von Dingen bezeichnen, die den Anforderungen der Axiome genügen. Es empfiehlt sich, daraufhin die sehr sorgfältig und korrekt gefaßten „Erklärungen" und „Definitionen" in Hilberts „Grundlagen" nochmals durchzulesen.

Da also im Hilbertschen Buche über die drei Grundgebilde selber nichts ausgesagt und auch der Aufbau der Geraden und Ebenen aus Punkten nicht versucht wird, so wird man die Hilbertsche Geometrie am zutreffendsten eine reine Beziehungslehre nennen.

15. Es versteht sich von selbst, daß durch die Hilbertschen Axiome — wie wir die Definitionen seiner Beziehungsgeometrie wieder nennen wollen — auch zwischen den Punkten einer Geraden oder einer Ebene gewisse Beziehungen gesetzt werden, wenn dieselben auch nicht dazu ausreichen, die Gerade als Punktgebilde eindeutig zu definieren. Selbst wenn man — über die Axiome hinausgehend — bereits vereinbart hätte, das Wort Punkt solle den gewöhnlichen (sehr kleinen materiellen) Punkt bedeuten (und nicht etwa eine Kugel eines Kugelgebüsches), so könnten die Geraden und Ebenen entweder die gewöhnlichen sein, oder etwa Kreise und Kugeln eines parabolischen Gebüsches. Andere Beispiele lassen sich leicht analytisch konstruieren:

1) Zwei Punkte bestimmen eine Gerade, wenn sie nicht zu nahe beieinander liegen; zwei Geraden einer Ebene, die nicht parallel sind, bestimmen einen Schnittpunkt, doch dürfen sie nicht einen gar zu spitzen Winkel einschließen u. s. w.

Man lege etwa homogene Koordinaten x_1, x_2, x_3, x_4 zu Grunde und nehme die Transformation

$$(1)\quad x_1 = a_1 y_2 y_3 y_4, \quad x_2 = a_2 y_3 y_4 y_1, \quad x_3 = a_3 y_4 y_1 y_2, \quad x_4 = a_4 y_1 y_2 y_3$$

des x-Raumes in einen y-Raum vor. Dadurch gehen die Ebenen $u_1 x_1 + u_2 x_2 + u_3 x_3 + u_4 x_4 = 0$ des x-Raumes in Flächen dritter Ordnung

$$(2)\quad a_1 u_1 y_2 y_3 y_4 + a_2 u_2 y_3 y_4 y_1 + a_3 u_3 y_4 y_1 y_2 + a_4 u_4 y_1 y_2 y_3 = 0,$$

die Geraden in die Schnittkurven je zweier dieser Flächen über. Diese Abbildung ordnet aber nicht nur jedem Punkte (x_1, x_2, x_3, x_4) einen einzigen Punkt (y_1, y_2, y_3, y_4), sondern auch umgekehrt jedem (y_1, y_2, y_3, y_4) einen bestimmten Punkt (x_1, x_2, x_3, x_4) zu, denn aus (1) folgt:

$$(3)\quad \varrho y_1 = a_1 x_2 x_3 x_4, \quad \varrho y_2 = a_2 x_3 x_4 x_1, \quad \varrho y_3 = a_3 x_4 x_1 x_2, \quad \varrho y_4 = a_4 x_1 x_2 x_3,$$

wo ϱ einen Proportionalitätsfaktor bezeichnet, der durch Einsetzen der Formeln (1) in (2) leicht bestimmt werden kann. Die Eindeutigkeit der Beziehung zwischen dem x-Raume und dem y-Raume erleidet eine Ausnahme nur in den Punkten (1, 0, 0, 0), (0, 1, 0, 0), (0, 0, 1, 0), (0, 0, 0, 1), den „Fundamentalpunkten" dieser Abbildung. Auch bei der Inversion gibt es einen (reellen) Fundamentalpunkt, das Inversionszentrum. Diese Ausnahmestellung der Fundamentalpunkte hat zur Folge, daß alle den Ebenen des x-Raumes entsprechenden Flächen dritter Ordnung durch diese vier Punkte gehen, wie Gleichung (2) zeigt. Sollen diese Flächen also im y-Raume die Rolle von Ebenen, ihre gegenseitigen Schnittkurven die Rolle von Geraden spielen, so müssen wir die Fundamentalpunkte in ähnlicher Weise vom y-Raume ausschließen, wie wir im parabolischen Gebüsche zu dem gleichen Zwecke das Zentrum des Gebüsches ausgeschlossen hatten (§ 8). Man kann zeigen, allerdings nicht mit elementaren Mitteln, daß Euklidische Scheingeometrien, deren Scheinpunkte zugleich „wirkliche" Punkte sind, ohne daß die Scheingeraden und Scheinebenen „wirkliche" Geraden und Ebenen wären, nur auf die Weise möglich sind, daß vom Raume gewisse Punkte oder Linien ausgeschlossen werden.

16. Da muß nun die für die Erkenntnistheorie bedeutsame Frage aufgeworfen werden: Ist es möglich, die Axiome (der Gruppe V) so zu vervollständigen, daß eine vorgelegte Menge von Elementen nur auf eine einzige Weise sämtlichen Axiomen entsprechen kann? Oder, indem wir uns auf den gewöhnlichen (Punkt-)Raum beschränken: Lassen sich die eindeutigen und eindeutig umkehrbaren Transformationen der Euklidischen Geometrie, die jedem Punkte wieder einen

Punkt zuordnen, durch geeignete Axiome von den Realisierungen der Hilbertschen Axiome ausschließen? Es gilt also, die Linearität einer Mannigfaltigkeit von drei Dimensionen eindeutig festzulegen, sodaß man, um mit Kant zu reden, die Gerade „vom Punkt aus" erzeugen könnte.

Zur Beantwortung dieser Frage teilen wir die in Rede stehenden Transformationen ein in Kollineationen, die jede Ebene wieder in eine Ebene überführen, und in höhere Transformationen, die das nicht tun.

a) Die Eindeutigkeit der höheren Transformationen erleidet, wie unser Beispiel zeigt, in gewissen „Fundamentalpunkten" eine Ausnahme, denen nicht ein einzelner Punkt, sondern unendlich viele entsprechen. Bei der Inversion ist das Inversionszentrum ein Fundamentalpunkt, dem alle unendlich fernen Punkte entsprechen. Es wird wohl möglich sein, die Existenz solcher Punkte durch geeignete Axiome auszuschließen, aber nicht durch Axiome, von deren Gültigkeit man sich an den Gebilden einer empirischen Geometrie überzeugen kann. Es genügt, das am Beispiele des parabolischen Kugelgebüsches zu beweisen, das ja, bei Ausschluß seines Zentrums O, die Euklidische Geometrie realisiert, d. h. alle Axiome derselben erfüllt. Damit diese Geometrie auch empirisch mit der Euklidischen übereinstimmt (deren Geraden etwa durch den Weg der Lichtstrahlen oder durch gespannte Fäden realisiert seien), muß man O in großer Entfernung von der Erde, sagen wir etwa auf einem Fixsterne, annehmen. Ist diese Entfernung gleich n Erdbahnradien e, so hat die kleinste von der Erde aus zugängliche Kugel des Gebüsches den Radius $r = ne/2$. Nach Formel (1) des § 11 ist die tangentiale Abweichung einer solchen Kugel von der Ebene im Abstande a vom Berührungspunkte gleich 1/1000 mm, wenn man $a = \sqrt{neh - h^2}$, also angenähert $a = 0{,}38\sqrt{n}$ km annimmt. Für den nächsten Fixstern (α Centauri) ist ungefähr $n = 227\,000$, also rund $a = 180$ km. Diese Kugel realisiert also die Ebene mit ganz ungeheurer Genauigkeit. Verlegt man O in noch größere Ferne, so könnte diese Kugel in den genauesten astronomischen Berechnungen als Ebene betrachtet werden. Unter dieser Voraussetzung ist also die Scheingeometrie des § 8 axiomatisch und empirisch von der Euklidischen nicht zu unterscheiden: Oder besser gesagt, sie ist eine Euklidische, da eine solche ja nicht genauer realisiert werden könnte.

Selbst wenn wir die natürlichen Beobachtungsgrenzen erheblich erweiterten, könnten wir nie eine Abweichung dieser „Schein"-Geometrie von der „wirklichen" konstatieren, und folglich nie feststellen, ob ein den Punkt O betreffendes Axiom erfüllt ist oder nicht; wir können es zwar nicht beweisen, glauben aber behaupten zu dürfen, daß durch Axiome, deren Gültigkeit im Endlichen schon konstatiert werden könnte, diese Scheingeometrie nicht von den Realisierungen der Euklidischen sich ausscheiden läßt.

Wir nahmen bis jetzt das Zentrum O des Gebüsches nur in sehr großer Entfernung an; aber mit demselben Recht, mit dem man in der Euklidischen Geometrie von unendlich fernen Punkten spricht, kann man sich auch O in unendlicher Ferne denken. Dann kann eine auf O bezügliche axiomatische Forderung überhaupt nicht auf ihre Gültigkeit geprüft werden.

Wenn es also auch gelingen mag, durch geeignete Axiome die höheren Transformationen der Euklidischen Geometrie als nicht zum Euklidischen Typus gehörig zu charakterisieren, so würden diese Axiome von ähnlicher Natur sein wie das Parallelenaxiom, das zwar begrifflich zulässig, aber praktisch nicht kontrollierbar ist. Wir haben diese Transformationen stillschweigend als algebraisch, ihre Fundamentalpunkte als reell vorausgesetzt, weil wir im allgemeinsten Falle mit unseren beschränkten Mitteln der Schwierigkeiten noch weniger Herr werden könnten.

b) Von den Kollineationen kommen für uns nur die in Betracht, die alle unendlich fernen Punkte wieder in solche, also die „unendlich ferne Ebene“ in sich selbst überführen. Man nennt sie Affinitäten (vergl. § 11). Sind (x, y, z) und (ξ, η, ζ) entsprechende Punkte der Affinität in den Koordinaten des § 12, so bestehen für alle ξ, η, ζ Beziehungen von der Form

$$\begin{aligned} x &= a_1\xi + b_1\eta + c_1\zeta + d_1, \\ y &= a_2\xi + b_2\eta + c_2\zeta + d_2, \\ z &= a_3\xi + b_3\eta + c_3\zeta + d_3, \end{aligned}$$

mit konstanten Koeffizienten, und es gibt drei ganz ähnlich gebaute Gleichungen, die ξ, η, ζ durch x, y, z ausdrücken, ebenfalls mit konstanten Koeffizienten. Ob man nun diese Transformation, wie hier, rein analytisch, oder wie in § 11 rein geometrisch begründet, auf alle Fälle ist leicht einzusehen, daß sie ausnahmslos jeden Punkt wieder in einen Punkt, jede Gerade in eine Gerade, jede Ebene wieder in eine Ebene verwandelt, wobei die unendlich ferne Ebene in sich übergeht. Aus dieser vollkommen ausnahmslosen Eindeutigkeit und eindeutigen Umkehrbarkeit der Abbildung folgt: Wenn man die Bilder kongruenter Figuren wieder kongruent nennt und auch die übrigen Beziehungsbegriffe vom Original auf das Bild überträgt, so sind im Bilde des Euklidischen Raumes alle Axiome der Euklidischen Geometrie ohne Ausnahme erfüllt. Es gibt also unbegrenzt viele vollkommene Realisierungen der Axiome der Euklidischen Geometrie mit gewöhnlichen Punkten, Geraden und Ebenen, ohne daß die kongruent zu nennenden Figuren wirklich im empirischen Sinne kongruent wären. Von diesen Geometrien läßt sich aber keine als die „wirkliche" Euklidische Geometrie aussondern durch Axiome, die reine Beziehungseigenschaften verlangen.

17. Die Frage, von der wir in Artikel 16 ausgingen, ist also ablehnend zu beantworten. Selbst wenn man gewisse singuläre Stellen des Raumes durch Axiome verbietet, die, wie die Axiome von den Parallelen und von der Vollständigkeit, niemals als Kriterien der Anwendbarkeit der begrifflichen Geometrie auf die Gebilde der sinnlichen Anschauung gelten können, gibt es noch unendlich viele (angenäherte) Realisierungen der Axiome der Euklidischen Geometrie mit „wirklichen" Punkten, Geraden und Ebenen. Aber die Schuld dieser Vieldeutigkeit liegt, wie wir nun sehen, zugleich auch an der Kongruenz. Die Kongruenz wird durch die Hilbertschen Kongruenzaxiome nicht eindeutig festgelegt. Wir werden den Satz alsbald noch schärfer formulieren. Vorerst sei gewissen philosophischen Illusionen gegenüber bemerkt: Die Axiome der Geometrie enthalten keine Erzeugungsgesetze der Grundgebilde. Daß zunächst die Hilbertschen Axiome nicht die Erzeugung der Geraden „vom Punkte aus" ermöglichen, ist schon gesagt. Aber auch andere Axiome können das nicht; denn wenn man ein rein begriffliches Erzeugungsgesetz hätte (das also keinerlei physikalische Mittel benutzen darf), so brauchte man nur eine Inversion mit sehr fernem Inversionszentrum hinzuzunehmen, um sofort ein Gebilde zu erzeugen, das in jeder Beziehung als Gerade gelten kann und erst in großer Ferne sich begrifflich (nicht materiell, da eine materielle Gerade eo ipso begrenzt ist) von einer gewöhnlichen Geraden unterscheidet. Abgesehen von dieser Art der Unbestimmtheit des Problems gibt es noch eine zweite viel tiefer liegende. Wir haben soeben gesagt, daß durch die Hilbertschen Axiome die Kongruenz nicht auf eindeutige Weise als ein Verfahren festgelegt werde, zu gegebenen Strecken und Winkeln in beliebiger Lage gleiche zu konstruieren; es gäbe vielmehr unendlich viele Verfahren, die den Hilbertschen Axiomen genügen. Man darf aber daraus nicht etwa schließen, daß diese Vieldeutigkeit die Kongruenz allein betreffe und fortfalle, wenn man von der Kongruenz absieht. Vielmehr sind die Begriffe der Inzidenz und der Anordnung, der Kongruenz, des Parallelismus und der Stetigkeit in den Hilbertschen Axiomen so miteinander verflochten und verquickt, daß es absolut unmöglich ist, sie aus dieser innigen Verbindung zu isolieren und jeden dieser Begriffe unabhängig von den anderen zu definieren; an der erwähnten Unbestimmtheit haben also alle Begriffe teil, auch der Begriff der Linearität, falls man ihn durch ein die punktuelle Lückenlosigkeit[1]) des Raumes sicherndes Axiom zu fassen suchte.

18. Die Axiome bewirken also nicht eine Synthesis, einen Aufbau der geometrischen Gebilde, sondern nur eine Auslese der geeigneten Mannigfaltigkeiten und Verknüpfungen aus der Gesamtheit aller denkbaren. Läßt man also das eine oder andere Axiom fallen, so wird die Auslese weniger streng, es werden dann Systeme als den übrigen Axiomen genügend durchschlüpfen, die bei Hinzunahme jenes fortgelassenen Axioms zurückgewiesen werden müßten. Das sieht man deutlich an den von Hilbert und seinen Nachfolgern konstruierten pathologischen Geometrien — wenn der Ausdruck erlaubt ist —, denen gewisse Axiome fehlen: Die anderen Axiome erfahren dann immer außer den herkömmlichen Realisierungen auch neue ungewöhnliche. Nur von der Inzidenz scheint eine von der gewöhnlichen Anschauung abweichende Verwirklichung nicht versucht worden zu sein. Eine Quasi-inzidenz kann man aber u. a. herstellen, indem man zunächst jedem Raumpunkte P durch eine allgemeine Kollineation (oder eine Affinität) einen „Bildpunkt“ P' zuordnet und von einer Geraden oder Ebene sagt, sie sei quasi-inzident mit einem Punkte P, wenn sie mit seinem Bildpunkte „wirklich“ inzident ist. Die mit einer Ebene quasi-inzidenten Punkte gehören dann nicht der Ebene selbst an, sondern ihrem Bilde; eine Ebene ist durch drei Punkte bestimmt; diese liegen aber — im gewöhnlichen Sinne des Wortes — im Bilde dieser Ebene.

Angesichts dieser Sachlage ist es ein vollständig aussichtsloses Unternehmen, eine Gerade oder Ebene je für sich definieren zu wollen. Zudem sind die Eigenschaften der einzelnen geraden Linie als Trägerin von Punkten so wenig charakteristisch, daß sie jeder Kurve („vom Geschlecht Null“) zukommen, die sich auf eine Gerade eindeutig und eindeutig umkehrbar abbilden läßt.

19. Die kollineare Abbildbarkeit des Raumes reicht allein schon aus, um von vornherein alle Versuche zu vereiteln, welche die Raumgebilde und die zwischen ihnen postulierten Beziehungen durch geeignete Axiome eindeutig definieren wollen, ohne physikalische Gesetze[2]) zu Hilfe zu nehmen. Die Kollineation (oder speziell die Affinität) ordnet vollkommen eindeutig und eindeutig umkehrbar jedem Punkte einen Punkt, jeder Geraden eine Gerade, jeder Ebene eine Ebene als „Bild“ zu, und diese Zuordnung erleidet nicht die geringste

1) Ob das überhaupt ein zulässiger Begriff ist, wollen wir hier dahingestellt sein lassen.

2) Wenn man z. B. eine Gerade durch Visieren konstruiert, benutzt man das Gesetz von der Geradheit der Lichtstrahlen.

Ausnahme, während bei den „höheren" Transformationen, wie wir ausführten, Fundamentalpunkte auftreten. Gebraucht man nun von den Bildern der Punkte, Geraden und Ebenen die Ausdrücke „quasiinzident", „quasiparallel", „quasikongruent" u. s. w., falls den Originalen die Inzidenz, der Parallelismus, die Kongruenz u. s. w. von rechts wegen zugesprochen werden muß, so ist diese Sprechweise in sich folgerichtig durchführbar, selbst wenn z. B. das Bild η' der unendlich fernen Ebene im Endlichen liegt und zwei durch einen Punkt von η' gehende Bilder a', b' von Geraden a, b als quasiparallel bezeichnet werden. Zur größeren Anschaulichkeit wollen wir aber nur eine affine Transformation des Raumes vornehmen, wobei die unendlich ferne Ebene in sich übergeht, und ihre Wirkung auf die Kongruenz untersuchen.

Wir erinnern vorerst an die Steinerschen Linealkonstruktionen in § 5, die dort übrigens zum Teil (für unsere Zwecke) etwas durchsichtiger, dafür aber weniger einfach als bei Steiner dargestellt sind. Da der Quasiparallelismus unserer Scheingeometrie jetzt zugleich wirklicher Parallelismus ist, so können wir ohne Hilfskreis mit dem Lineale allein zu einer gegebenen Strecke quasikongruente auf derselben oder jeder parallelen Geraden konstruieren; um dagegen auf zwei sich schneidenden Geraden quasikongruente Strecken zu konstruieren, reicht das Lineal nicht aus; im ursprünglichen Raume R ist dazu nach § 5 eine Kugel nötig; ihr entspricht im transformierten Raume R' ein Ellipsoid, das wir Quasikugel nennen und in R' zu den Linealkonstruktionen des § 5 benutzen, als wenn es eine wirkliche Kugel wäre. Diese Konstruktionen widersprechen sich nie, obwohl die „Kongruenz", die sie vermitteln, nicht die empirische ist. Von einer wirklichen Kugel kann man beliebig viel Punkte mit dem Lineal allein (unter Benutzung von Ebenen) konstruieren, wenn drei aufeinander senkrechte Durchmesser gegeben sind; ihre Bilder nennt man zueinander konjugierte Durchmesser des Ellipsoids. Da alle Linealkonstruktionen sich durch Affinität von der Kugel auf das Ellipsoid übertragen lassen und andererseits ein Ellipsoid durch drei beliebig angenommene paarweise konjugierte Durchmesser festgelegt ist, so können wir die vorläufige Bemerkung über die Kongruenz in Art. 17 so ergänzen: Aus jeder Verwirklichung der Kongruenzaxiome entspringen durch affine Umformung des Raumes unendlich viele andere; um von diesen eine bestimmte festzulegen, kann man drei beliebige Strecken x, y, z, die von demselben Punkte O ausgehen und nicht in derselben Ebene liegen, als zueinander „senkrecht" und „kongruent" definieren; sie bestimmen dann eine „Kugel", die im Sinne des § 5 die „Kongruenz" vermittelt. Soll nun diese „Kongruenz" die empirische sein, die wir allein so zu nennen gewohnt sind, so gibt es schlechterdings kein anderes Mittel, als jene drei Strecken x, y, z im empirischen Sinne (etwa mit dem Zirkel) möglichst genau zueinander senkrecht und kongruent anzunehmen.[1])

20. Damit soll nicht gesagt sein, daß man auf Grund dieser Annahmen praktisch konstruieren könne, sondern wir wollten nur das Minimum von Operationen mit Hilfe physikalischer Gesetze angeben — denn ohne diese könnte man die empirische Kongruenz und Orthogonalität der Strecken x, y, z nicht realisieren —, die nötig sind, um durch rein begriffliche Konstruktionen alle anderen Gebilde der Geometrie zu erzeugen und die axiomatisch geforderten Grundbeziehungen eindeutig bestimmt zu machen. Es zeigt sich hier auf das Nachdrücklichste, daß man in der geometrischen Geometrie gewisse Dinge von vornherein als gegeben annehmen muß, nämlich die Punkte, Geraden und Ebenen, und daß noch weitere empirische Data hinzukommen müssen, wie hier die „gleichen und aufeinander senkrechten" Strecken x, y, z, wenn die rein begrifflich aufgeführte Geometrie mit der gewöhnlichen in der Anschauung übereinstimmen soll. Das ist schon wiederholt ausgesprochen worden, zuerst anscheinend von Gauß in einem denkwürdigen Briefe an Bessel (1829), worin er sein mathematisches Glaubensbekenntnis in die Worte kleidet: „Nach meiner innigsten Überzeugung hat die Raumlehre zu unserem Wissen der selbstverständlichen Wahrheiten eine ganz andere Stellung, als die reine Größenlehre; es geht unserer Kenntnis von jener durchaus diejenige vollständige Überzeugung von ihrer Notwendigkeit (also auch von ihrer absoluten Wahrheit) ab, welche der letzteren eigen ist; wir müssen in Demut zugeben, daß, wenn die Zahl bloß unseres Geistes Produkt ist, der Raum auch außer unserem Geiste eine Realität hat, der wir a priori ihre Gesetze nicht vollständig vorschreiben können". Das Wort „vollständig" ist hier zu betonen, das Wort „Raum" wohl genauer durch „Raumordnung" zu ersetzen. An der Richtigkeit des logischen Formalismus der Geometrie hat Gauß natürlich nicht gezweifelt, wohl aber mußte ihm die Notwendigkeit der Axiome fraglich erscheinen, auf die jener Formalismus sich stützt, da sich ihm neben der Euklidischen Geometrie auch die hyperbolische als logisch zulässig erwiesen hatte. Ob die höhere Einschätzung der Arithmetik noch aufrecht zu erhalten ist, mag dahingestellt bleiben.

---

1) Man kann jetzt die Theaterperspektive und den Pohlkeschen Satz der Darstellenden Geometrie a priori als möglich einsehen.

§ 14. Die Anschauung.

1. Wie der Regreß des lückenlosen, streng deduktiven Gefüges der geometrischen Lehrsätze schließlich auf Sätze zurückführt, die nicht weiter beweisbar sind, sondern als „Axiome" die Grundgesetze des geometrischen Denkbereiches bilden, so ist die gesetzmäßige Erzeugung der den geometrischen Begriffen in der (sinnlichen) Anschauung entsprechenden Raumgebilde nur möglich unter der Voraussetzung, daß die Grundgebilde gegeben sind; da die Ebene durch ein Strahlenbüschel erzeugt werden kann, dessen Strahlen eine gegebene Gerade schneiden, so brauchen in letzter Linie nur die Geraden erzeugt vorzuliegen, woraus jedoch nicht folgt, daß eine Gerade für sich definiert werden könne. Wohl aber läßt sich die axiomatische Definition der Ebene (Axiome I_4, I_5, I_6) vermeiden, wenn man die Ebene in der angegebenen Weise erzeugt und das Axiom aufnimmt, daß eine Gerade, die zwei Seiten eines Dreiecks trifft, auch die dritte schneiden muß, die Seiten als unbegrenzte Geraden genommen; doch erfordert in der Euklidischen Geometrie alsdann der Parallelismus eine andere Behandlung.

Außerdem muß noch angegeben sein, wie die in den Kongruenzaxiomen geforderten Beziehungen in eindeutiger Weise verwirklicht werden können. Bei der konstruktiven Vermittelung der Kongruenz durch die Steinerschen Linealkonstruktionen, die wir zu diesem Zwecke in § 5 vorgeschlagen haben, muß in jeder Ebene noch ein Kreis mit Mittelpunkt als existent angenommen werden. Diese Kreise kann eine einzige Kugel liefern, die vermittelst der gegebenen Geraden nach § 13 aus dem Mittelpunkt und drei aufeinander senkrechten und kongruenten Durchmessern ohne Benutzung der Kongruenzsätze Punkt für Punkt konstruiert werden kann. Die Gleichheit und Orthogonalität dieser drei Durchmesser ist jedoch nur nötig, um eine Übereinstimmung der rein begrifflichen Kongruenz mit der empirischen zu erzielen; an sich dürfen die drei Strecken, wie in § 13 bemerkt, ganz beliebig angenommen werden. Jene Punktkonstruktion liefert dann allerdings keine Kugel, sondern ein Ellipsoid, aber die durch dasselbe vermittelst der Steinerschen Konstruktionen erhaltene Quasikongruenz erfüllt alle Axiome (natürlich sind in diesem Falle die Schnittkurven Ellipsen, dieselben werden aber behandelt, als wären es Kreise). Wenn man solche Punkte als „unendlich fern" definiert, die von keinem anderen Punkte aus durch eine endliche Zahl im Sinne der Kongruenzaxiome kongruenter Schritte erreicht werden können, so erhält man noch umfassendere Systeme von Geometrien, die allen Hilbertschen Axiomen genügen, ohne mit der Geometrie unserer gewöhnlichen Anschauung identisch zu sein. Dann kann man nämlich nicht nur die drei „Durchmesser" vollkommen willkürlich, ohne Rücksicht auf Gleichheit und Orthogonalität, annehmen, sondern sie brauchen auch durch den Mittelpunkt O nicht im empirischen Sinne halbiert zu werden. Führt man jetzt jene „Kugelkonstruktion" aus, so entsteht ein Ellipsoid, das als (Schein-)Kugel bezeichnet eine Euklidische (Schein-)Geometrie mit Euklidischer Kongruenz vermittelt; eine vom Standpunkte unserer gewöhnlichen Anschauung „im Endlichen gelegene" Ebene η wird zur „unendlich fernen Ebene" jener Scheingeometrie im Sinne ihrer Kongruenz. In sich ist diese Euklidische Scheingeometrie vollkommen widerspruchsfrei. Nach Wahl des „Mittelpunktes" O, einer Durchmessergeraden xx und einer durch sie gehenden Durchmesserebene xy kann die Durchmessergerade yy noch ∞^1, die dritte Durchmessergerade zz noch ∞^2 Lagen annehmen; fixiert man auf xx einen Punkt der „Kugel", so bleiben für die fünf anderen Kugelpunkte auf den drei Durchmessergeraden noch ∞^5 Lagen zulässig. Es gibt somit ∞^8 verschiedene Geometrien, die gewöhnliche Punkte, Geraden und Ebenen voraussetzen und sämtliche Axiome der Euklidischen Geometrie erfüllen; keine dieser Geometrien kann durch **rein** geometrische Bestimmungen vor den anderen als **die** Euklidische Geometrie ausgezeichnet werden. Vielmehr ist dazu die empirische Bewegung eines im empirischen Sinne starren[1]) Körpers nötig.

Wenn wir diese wichtigen Sätze mit unseren einfachen Hifsmitteln hier auch nicht beweisen können, so konnten wir auf dieselben doch nicht ganz verzichten, weil sie den Nachweis von acht Raumkonstanten der Euklidischen Geometrie enthalten, die durch rein geometrische Begriffe nicht festgelegt werden können. Gegen die beiden Nichteuklidischen Geometrien hat man oft vom idealistischen Standpunkte Kants aus das Vorhandensein jener einen Raumkonstante geltend gemacht, die in unserer Versinnlichung dieser Geometrien als Radius der Orthogonal- bezw. Diametralkugel auftritt; durch die Existenz einer solchen Konstanten wird es allerdings unmöglich gemacht, die Gebilde unserer empirischen Anschauung ausschließlich für Produkte unserer Geistestätigkeit auszugeben. Es gibt eben in der Geometrie etwas, worüber unser Denkvermögen [noch?] nicht Herr ist. Wenn man die beiden Nichteuklidischen Geometrien übrigens ganz ohne Hilfe der Bewegung aufbaut, wie wir es bei der Euklidischen taten, so werden sie von mindestens neun verfügbaren Konstanten abhängen.

1) Unabhängig vom Kongruenzbegriff kann der Begriff des starren Körpers nur sehr unbestimmt als der eines Körpers definiert werden, der unserer Muskelkraft beim Zusammendrücken großen Widerstand entgegensetzt.

2. Mit Hilfe der als gegeben vorauszusetzenden Gebilde kann man alle anderen erzeugen durch Verfahren, die um so genauer funktionieren, je besser die benutzten Grundgebilde den Anforderungen der Axiome genügen. Da dies aber immer nur mit mehr oder minder großer Annäherung möglich ist, so besteht die reine, von allem Makel freie Geometrie nur in der Idee; ihre Gebilde existieren nicht in der Anschauung, sondern im Kantschen Schematismus, d. h. im Erzeugungsgesetz.

Vom Standpunkte dieser idealen Geometrie aus muß man das System der sinnlichen Raumgebilde als eine äußerst anschauliche, aber immerhin unvollkommene Realisierung der reinen Ideen bezeichnen. Es ist überdies nicht die einzig mögliche. Denn da die Punkte, Geraden und Ebenen nur Vertreter von Gattungsbegriffen, nämlich der Raumgebilde nullter, erster und zweiter Stufe einer dreidimensionalen linearen Mannigfaltigkeit sind, und die Axiome der Geometrie auch von diesen allgemeinen Gebilden erfüllt werden, so versinnlichen die gewöhnlichen Raumgebilde die ideale Geometrie in der mannigfachsten Weise: jedes Raumgebilde kann die Rolle des idealen Punktes übernehmen. So erscheinen also die materiellen Punkte, Geraden und Ebenen der gewöhnlichen Geometrie nur als eine von unendlich viel möglichen Versinnlichungen, als anschauliche Illustration, oder, um mit Plato zu reden, als παράδειγμα (Beispiel) der idealen Geometrie. Diese verschiedenen Paradigmata der idealen Geometrie im voraus begrifflich voneinander zu unterscheiden, nicht etwa relativ zu einem von ihnen, bedeutet ein neues, äußerst schwieriges Problem der Geometrie, zu dessen Lösung, wenn sie überhaupt möglich ist, jedenfalls neue Begriffe in die Geometrie aufgenommen werden müssen.

3. Alle Sorgen, die man sich in den landläufigen Darstellungen der Geometrie macht, durch Grenzprozesse in der empirischen Anschauung exakte, den Axiomen völlig entsprechende Punkte, Geraden und Ebenen zu erzielen, betreffen also immer nur das Paradigma, das Illustrationsmaterial der reinen Geometrie, und speziell die Euklidischen Definitionen der Grundgebilde können nur als Beschreibungen dieser Illustration gelten. Zur Sicherung der geometrischen Wahrheit wird dadurch nicht beigetragen. Eine exakte Wissenschaft ist die Geometrie, weil sie ihre Grundbegriffe selbst erzeugt, zwar anknüpfend an die Erfahrung und zum Zweck, diese zu bestimmen, aber nicht in dem Sinne auf dieselbe gestützt, daß die Erfahrung etwa als erster Erkenntnisgrund diente, wenigstens insoweit es sich um wissenschaftliche Geometrie handelt. Die Erfahrung hat für die im Ausbau begriffenen Systeme der Geometrie einzig und allein den Wert, daß sie zur Aufstellung des Problems der Geometrie führt, im Verein mit der Physik und Mechanik ein geordnetes Weltbild zu gewinnen. Ohne ein solches Endziel wäre der Geometrie der Zufluß neuer, befruchtender Gedanken von außen her abgeschnitten, sie hätte nicht mehr Erkenntniswert wie ein geistreiches Spiel, z. B. das Schachspiel, das ja seine Grundbegriffe und Axiome ebenfalls selbst erzeugt und als exakte Wissenschaft zu bezeichnen wäre, wenn der Begriff des richtigsten Zuges (eventuell unter weiterer Einengung der Spielaxiome) feststände. Soll aber ein Denkbereich zur begrifflichen Bestimmung der Raumgebilde geeignet sein, so muß er die in der empirischen Raumanschauung immer schon vorhandenen Ansätze ordnenden Denkens herausgreifen und zu freier Entfaltung bringen. Daher die Notwendigkeit, beim Unterricht von der Erfahrung auszugehen. Da aber die der empirischen Anschauung entnommenen Ansätze noch nicht allseitig miteinander verknüpft sein können, so ist man im voraus nicht sicher, ob sie, zu freier Entfaltung gebracht, miteinander überhaupt vereinbar sind. Ich finde z. B., schon ehe ich Geometrie treibe, den Begriff der Ähnlichkeit in mir ziemlich scharf ausgebildet, desgleichen die Anschauung, daß eine Gerade nach jeder ihrer beiden Richtungen ins Unendliche läuft. Es widerspricht der unbefangenen Anschauung, diese zwei unendlich fernen Punkte in einen zusammenfallen zu lassen, wie es die parabolische Geometrie annimmt; erst durch Scheinbeweise (mittels eines Strahlenbüschels) läßt man sich überzeugen, daß diese Punkte in Wirklichkeit miteinander identisch „sind". Wenn ich nun in ein geometrisches System den Begriff der Ähnlichkeit und der beiden unendlich fernen Punkte einer Geraden aufnehme, darf ich da im voraus erwarten, daß diese Begriffe miteinander verträglich sind? Tatsächlich sind sie es nicht, in der hyperbolischen Geometrie gibt es keine Ähnlichkeit, wenigstens nicht auf Grund der Euklidischen Definition. Dieses Beispiel zeigt genugsam, daß die landläufigen Begriffe der Erfahrung nicht ihren Gegenstand völlig bestimmen, denn sonst wären Widersprüche zwischen den so gewonnenen Begriffen nicht möglich, wenn anders man die Möglichkeit der Erfahrung nicht in Frage stellen will. Die Erfahrung läßt sich eben nicht durch Gesetze bestimmen, die jeder sozusagen mit Händen greifen kann; was man an Gesetzen „der Anschauung zu entnehmen" glaubt, sind im günstigsten Falle nur Annäherungen, die den ersten ordnenden Versuchen unseres Denkens entstammen. Daraus entspringt für die Geometrie die Pflicht, die gegenseitige Verträglichkeit ihrer Grundannahmen zu beweisen, wie das in den „Grundlagen der Geometrie" von Hilbert zuerst geschehen ist.

4. So wird denn der berechtigte Stolz der idealen Geometrie auf die schöpferische Tätigkeit des menschlichen Geistes in Schranken gehalten durch die Erkenntnis, daß die ideale Geometrie, die sich mit den gegenwärtigen Mitteln der Wissenschaft aufbauen läßt, noch lange nicht die Geometrie ist. Wenn das Problem der Geometrie darin besteht, unter Mithilfe der Mechanik und Physik den Inhalt unserer Empfindungen zu einem einheitlichen Weltbilde zu ordnen, dann ist die Bestimmung unserer empirischen Raumanschauung sowohl der Ausgangspunkt, als auch das ferne, vielleicht nie erreichbare Ziel aller Geometrie. Das geometrische System von Pasch, das wir in § 10 als „natürliches“ zu skizzieren versucht haben, bedeutet in diesem Entwicklungsgange der Geometrie also nicht das erreichte Ende, sondern erst den Anfang; auch diese Geometrie macht ja ihr Glück dadurch, daß sie schließlich mit reinen Begriffen arbeitet, die ihren Gegenstand nur angenähert bestimmen; aus diesem reinen Begriffe allein folgert sie ihre Lehrsätze, denen hinterher durch einschränkende Zusätze (auf Grund der Stetigkeit des Raumes), wie „ungefähr“, „im allgemeinen“, „wenn die Bestimmungsstücke nicht zu ungünstig liegen“ u. s. w. ihre Schärfe genommen wird. Wollte eine Geometrie die Eigenschaften von Geraden und anderen Kurven der Ebene bestimmen, die mit Bleistift und Lineal hingezeichnet sind, so müßte sie dem Umstand Rechnung tragen, daß wirkliche Punkte immer eine Ausdehnung, wirkliche Geraden immer eine Dicke haben. Um auf Gesetze zu kommen, könnte man den Punkt als kleinen Kreis, die Gerade als schmalen Parallelstreifen definieren. Läßt man den Streifen in einer Ebene sich so bewegen, daß er zwei kreisartige Punkte A, B derselben wenigstens teilweise bedeckt, im Grenzfalle berührt, so wird er ein Gebiet $\varphi(A, B)$ überstreichen, den „Spielraum“, in welchem die streifenartige Gerade durch A, B festgelegt ist. Zwei solcher Spielräume $\varphi(A, B)$ und $\varphi(C, D)$ haben dann ein Gebiet ψ gemeinsam, den „Spielraum“ des Schnittpunktes der Geraden AB und CD. Die Aufgabe dieser Geometrie wäre, die Abhängigkeit des Spielraumes $\varphi(A, B)$ von A und B, des Gebietes ψ von $\varphi(A, B)$ und $\varphi(C, D)$ zu untersuchen, indem man etwa, um einfache Gesetze zu erhalten, das Gebiet φ durch eine Hyperbel, das Gebiet ψ durch eine geeignete Ellipse angenähert ersetzt. Dies ist aber eines der Hauptprobleme der „Approximationsgeometrie“, wovon wir in § 10 gesprochen haben. Es braucht kaum gesagt zu werden, daß auch diese Geometrie vereinfachende Annahmen machen muß, die zudem nicht möglich wären ohne eine vorausgehende reine Geometrie, die den Begriff völlig bestimmter Punkte, Geraden und Ebenen hat. Versucht man dieser Notwendigkeit dadurch zu entgehen, daß man sich darauf beruft, die Grenzen der Streifen seien selbst wieder Streifen, nur feinere, so muß man diesen feineren Streifen ihrerseits wieder Grenzen zuschreiben u. s. w. Damit wird die Approximationsgeometrie zur Grundlage für eine Näherungsgeometrie zweiter Ordnung, auf die sich eine von der dritten Ordnung stützt u. s. w. Aber keines dieser Systeme könnte Gegenstand einer Wissenschaft werden ohne Annahmen, die eine mit unseren jetzigen Begriffen faßbare Gesetzmäßigkeit hineinlegen, und das ist nur auf Grund einer Geometrie möglich, die den Begriff bestimmter Punkte, Geraden und Ebenen hat. Daraus ergibt sich mit zwingender Notwendigkeit, daß man im guten Recht ist, eine beabsichtigtermaßen ideale Geometrie zu entwerfen; ohne es zu wollen, ist ja jede Geometrie eine ideale, wenn es auch bei der Darstellung nicht klar zum Ausdruck kommt.[1])

5. Nur muß sich die ideale Geometrie vor dem häufig vorkommenden Fehler hüten, die empirische Anschauung künstlich mit den reinen Begriffen in Übereinstimmung bringen zu wollen. Es ist das offenbar eine Rückwirkung der begrifflichen Vollkommenheit der Geometrie auf ihren sinnlichen Gegenstand, soweit nicht einfach nur ein Übersehen der Abweichungen der sinnlichen Gebilde von den begrifflichen vorliegt. Künstlich glaubt man sie beseitigen zu können durch Grenzübergänge. Von der Einsicht ausgehend, daß die hingezeichneten Gebilde den Axiomen (im Endlichen) um so genauer entsprechen, je feiner und sorgfältiger man zeichnet, schließt man auf völlige Exaktheit der (sinnlichen) Figuren, falls man den Punkt zum vollständigen Nichts abnehmen läßt, der Geraden jede Breite und Tiefe nimmt und die Ebene nur Länge und Breite ohne Tiefe sein läßt. Auf das Unerlaubte dieses Schlusses haben wir schon im ersten Abschnitte hingewiesen. Der richtig geleitete Grenzprozeß kann vernünftigerweise nur den Zweck haben, durch die unendliche Vorstellungsreihe in fortwährender Verfeinerung begriffener Punkte, Geraden und Ebenen 1) die Idee vollkommen exakter Grundgebilde als möglich und notwendig nachzuweisen und 2) rückwärts ein Verfahren zu gewinnen, wie diese Idee auf empirische Objekte angewandt werden kann. Der Grenzprozeß ist also der Schematismus dieser reinen Begriffe im Sinne Kants, d. h. das Verfahren, wie dieselben auf sinnliche Objekte allein bezogen werden können. Mit den reinen Begriffen des Punktes, der Geraden und Ebene selber haben die Grenzprozesse nichts zu tun, denn auch Kugeln, Kreise, Zahlentripel u. s. w. können die Rolle von Punkten übernehmen.

6. In ganz anderer Richtung sucht Kant die Anschauung mit den reinen Begriffen in Einklang zu bringen, indem er eine vom reinen Denken und der (sinnlichen) Anschauung verschiedene Erkenntnisquelle geometrischer Wahrheiten, die reine Anschauung a priori annimmt. Um zu dieser schwierigen Frage auf Grund mathematischer Betrachtungen Stellung zu nehmen, gehen wir von einer Be-

1) Eine Geometrie, die es ablehnte, ideal zu sein, müßte notwendig im Nominalismus eine Ergänzung suchen.

merkung des Philosophen Natorp aus: „Den Mathematikern ist der allgemeine Begriff von Räumen beliebiger Dimensionszahl und verschiedener Charakteristik so in Fleisch und Blut übergegangen, daß ihnen oft jedes Verständnis abgeht für den Euklidischen, Newtonschen und Kantschen Begriff des Raumes, welchem das Merkmal der Einzigkeit wesentlich ist. Das hat einen begreiflichen Grund: dies Merkmal der Einzigkeit ist in der Tat nicht mehr von rein mathematischer Begründung, sondern es ist gefordert durch den Begriff der Existenz, der überhaupt nichts weiter als Bestimmtheit in einziger Weise, im Unterschied von der unendlichen Vielheit offener Möglichkeiten, besagt. Dieser fordert sie aber in der Tat bedingungslos. Es ist kein Ort des Existierens eindeutig bestimmt, wenn nicht der Raum selbst, der ja nur das System der Bedingungen der Ortsbestimmung besagt, eindeutig bestimmt ist. Daraus entsteht aber, obwohl die Forderung selbst keine rein mathematische ist, doch die Aufgabe für die Mathematik, nachzuweisen, aus welchen Voraussetzungen diese verlangte Geschlossenheit und damit Einzigkeit des Systems der Ortsbestimmungen möglich ist.“ (Unterrichtsblätter für Math. u. Naturw., 1902, Heft 1.) Die Existenz des Raumes, d. h. in diesem Zusammenhange: eines geometrischen Systems als des einzigen, absolut bestimmten, ist die fundamentale Voraussetzung der rein begrifflichen Mechanik, und zwar fordert letztere eine Geometrie, in der die Kongruenz unabhängig vom Begriffe der Bewegung definiert ist, um umgekehrt den Begriff der Bewegung und des starren Körpers auf die Kongruenz rein begrifflich gründen zu können. Man würde sich vollständig im Kreise bewegen, wollte man die Kongruenz auf die Bewegung und den Begriff des starren Körpers auf die Kongruenz stützen. Unter Voraussetzung der Kongruenz ist Bewegung zunächst ganz zeitlos die Erzeugung einer stetigen Reihe von gleichwendig kongruenten Figuren, sodaß homologe Punkte gewisse Kurven, ihre „Bahnen“, stetig erfüllen. Die verschiedenen Figuren heißen „Lagen“ einer von ihnen, „der bewegten“; jede der kongruenten Figuren kann „die“ bewegte sein. Die Abstände eines bewegten Punktes von seinen verschiedenen Lagen, gemessen auf seiner Bahn, heißen seine Wegstrecken bis zu diesen Lagen oder die durchlaufenen Wege. Unter dem Begriff der Zeit nun verstehen wir eine Bestimmung mit Größencharakter, die hinzutreten muß, um die Lagen eines bewegten Punktes voneinander zu unterscheiden, und zwar sollen dieser Größe die Weglängen des Punktes eindeutig und stetig zugeordnet sein. Vermöge dieser Definition hat die Zeit nur eine Dimension, kann also durch eine Veränderliche t gemessen und abgebildet werden. Die Bewegung eines Punktes auf gerader Bahn heißt „gleichförmig“, wenn die Zeit dem Weg proportional ist; hierauf gründet man in bekannter Weise die Definition der Geschwindigkeit und der Beschleunigung. Die Punkte einer Geraden können auf unendlich viele Weisen durch eine Variable t festgelegt werden, d. h. ein Punkt kann sich auf einer Geraden auf unendlich viele verschiedene Weisen bewegen. Körper, die paarweise so[1]) bestimmt sind, daß sie in Bewegung gedacht werden müssen, heißen materielle Körper, wenn nach hinreichend weiter Entfernung der anderen sich je zwei von ihnen aufeinander zu bewegen. Sind dabei die Beschleunigungen einander (entgegengesetzt) gleich, so sagen wir, die Körper seien einander äquivalent; sind zwei materielle Körper einem dritten äquivalent, so sind sie einander äquivalent. Wenn von drei materiellen Körpern A_1, A_2, A_3 sich A_3 in Gegenwart von A_2 stärker beschleunigt als A_2, und A_2 in Gegenwart von A_1 stärker als A_1, so beschleunigt sich A_3 in Gegenwart von A_1 stärker als A_1, wobei immer der dritte Körper hinreichend zu entfernen ist. Durch diese Axiome wird die Äquivalenz dem Größenbegriffe untergeordnet; diese Größe heißt Masse. Zeit und Masse sind die Grundbegriffe der Mechanik. Die vorangehenden Definitionen wollen angesichts der großen Schwierigkeit des Gegenstandes nur als vorläufige Versuche gelten, Zeit und Masse soweit zu bestimmen, als diese Begriffe für die reine Mechanik nötig sind. Bei der Anwendung derselben auf die Wirklichkeit muß noch der Schematismus dieser Begriffe, die Einführungsbestimmung der in ihnen liegenden Gesetzgebung, angegeben werden. Der Schematismus der Zeitmessung bereitet außerordentliche Schwierigkeiten, die in der Eindimensionalität der Zeit ihren Ursprung haben. Da man auf einer Geraden nicht ohne Benutzung anderer Raumgebilde gleiche Strecken konstruieren kann, so lassen sich gleiche Zeiten empirisch nicht konstruktiv, sondern nur durch einen rhythmischen Bewegungsvorgang, etwa den Pulsschlag oder die Pendelschwingung, geben. Von der Zeit haben wir nur die allgemeine Größenanschauung und das Gefühl für Rhythmus, wenn die einzelnen Taktschläge nicht zu rasch und nicht allzu langsam folgen.[2])

In unserer Darstellung der Grundbegriffe haben wir versucht, die Bewegung als den ursprünglicheren Begriff hinzustellen, auf den der Zeitbegriff sich stützt. Die Bewegung ist andererseits die Quelle des Kraftbegriffes. Als natürlicher, „unbeeinflußter" Bewegungszustand eines materiellen Systems gilt nämlich das Fortschreiten seiner Punkte auf gerader Bahn. Anders verlaufende Bahnen werden in bekannter Weise durch Kräfte erklärt, die dem Körper Beschleunigungen nach

1) Das Wie anzugeben, ist ein Zukunftsproblem.

2) Über den gegenwärtigen Stand der Kritik der Grundlagen der Mechanik vergleiche man den ausführlichen Bericht von A. Voß in der „Encyklopädie der Math. Wissenschaften", Bd. IV_1.

verschiedenen Richtungen „erteilen"; diesen folgt er nach dem Parallelogrammgesetz. Wie innig hier die Mechanik mit der Geometrie verwachsen ist, kommt am schlagendsten zum Ausdruck in dem obersten Prinzip, aus welchem der große Physiker Heinrich Hertz die ganze Mechanik deduziert hat: Systema omne liberum perseverare in statu suo quiescendi vel movendi uniformiter in directissimam (Mechanik, p. 162).

7. Wenn auch Kant im einzelnen sich diese Dinge anders zurechtgelegt haben wird, so muß ihn doch das Studium von Newtons „Philosophiae naturalis Principia Mathematica" (London 1687) auf ähnliche Gedankengänge gebracht haben, aus denen er die Überzeugung von der Notwendigkeit einer auf einzige Art bestimmten Geometrie, gleichsam der Weltgeometrie, geschöpft hat. Daß das nur die Euklidische Geometrie sein könne, war für Kant eine der unumstößlichsten wissenschaftlichen Tatsachen. Wäre diese Ansicht begründet, so läge hier eine Erkenntnis von ungeheuerer Tiefe und gewaltiger Tragweite vor, eine Erkenntnis, die weder aus der Erfahrung stammen kann, weil ihre einzigartige Notwendigkeit für den Aufbau des geordneten Weltsystems feststände, noch aus der Zergliederung von Begriffen, weil die Grundbegriffe der Mathematik und Mechanik erst durch die Axiome erzeugt werden; denn als Weltgeometrie kann die Euklidische Geometrie nur in ihren Axiomen erkannt sein, die als solche aber den Grundbegriffen vorhergehen und ihre (formale) Definition erst möglich machen. In diesem grundlegenden, eine einheitliche rein begriffliche Wissenschaft erst ermöglichenden Charakter dieser ganzen Erkenntnis beruht das, was Kant mit dem Worte a priori[1]) ausdrücken will.

An diesem Punkte setzt Kants „Kritik der reinen Vernunft" und ihre Erläuterung in den „Prolegomena" ein. Es steht fest, daß Mathematik und Physik auf Erkenntnissen a priori beruhen. Wo kommen diese her, da sie nicht aus der Erfahrung, noch aus der Zergliederung von Begriffen gewonnen sein können? Die aparte Erkenntnisquelle, aus der diese Wahrheiten geflossen sein müssen, nennt

1) Die Erklärung des a priori von den analytischen und synthetischen Urteilen aus, wie sie Kant in der „Ästhetik" zu geben versucht, ist nicht glücklich, weil das Wort „Urteil" es nahe legt, den Standpunkt der alten formalen Logik einzunehmen, die durch das „Urteil" ihre fertig vorliegenden Begriffe, um deren Genesis sie sich nicht kümmert, zueinander in Beziehung setzt. Dann sind natürlich alle „Urteile" der Geometrie „analytisch", auch die in den Axiomen ausgesprochenen, weil nach dieser Auffassung ja die Grundbegriffe durch die Axiome formal definiert werden. Synthetisch sind diese Sätze gewesen, als die Grundbegriffe durch sie erst gewonnen wurden, also auf jener Vorstufe der Erkenntnis, den die alte Logik als abgeschlossen ansieht (oder ignoriert), ehe sie ans Werk geht.

Kant die reine Anschauung a priori. Wie ist diese aber möglich? Stellte die Anschauung die Dinge vor, so wie sie an sich sind, so wäre eine Anschauung a priori gar nicht denkbar, denn die Eigenschaften der Dinge, die diesen unabhängig von mir zukommen, kann ich nur wissen, wenn ich die Dinge vor Augen habe. „Freilich ist es auch dann unbegreiflich, wie die Anschauung einer gegenwärtigen Sache mir diese sollte zu erkennen geben, wie sie an sich ist, da ihre Eigenschaften nicht in meine Vorstellungskraft hinüberwandern können".[1]) Jedenfalls aber könnte diese Anschauung nicht a priori sein. So lange überhaupt die Anschauung sich nach den Dingen richtet, kommt man über diese Schwierigkeit nicht hinaus; wie aber, wenn umgekehrt die Dinge sich nach unserer Anschauung richten, wenn Raum und Zeit die unserem Geiste eigentümlichen Ordnungsprinzipien sind, durch die sie den Chaos unserer Empfindungen entwirren und uns das Weltbild zusammensetzen? Nur auf diese eine Weise ist Erkenntnis a priori denkbar, „wenn sie nämlich nichts anderes enthält als die Form der Sinnlichkeit, die in meinem Subjekt vor allen wirklichen Eindrücken vorhergeht, dadurch ich von den Gegenständen affiziert werde".[1]) Folgerichtig müßte hier das Subjekt aus dem Spiele bleiben, da das Ich ja schließlich von diesem Gesichtspunkte aus ebenso sehr ein Ergebnis der Erkenntnis ist als die Gegenstände. Diese werden also nicht an sich erkannt, sondern so, wie sie uns, verarbeitet durch unsere Erkenntnisprinzipien, erscheinen.

So ungefähr läßt sich Kants Lehre vom Raume, der transzendentale Idealismus, soweit es überhaupt in kurzen Worten möglich ist, wiedergeben. Absichtlich haben wir dieselbe nicht in der vollen Reinheit darzustellen versucht, zu der sie sich in ihrem mathematischen Teile ausbilden ließe[2]), weil Kant selber nur an einzelnen Stellen zum vollendeten Idealismus, der allen Sensualismus überwindet, vorgedrungen ist. Besonders die Beispiele, die Kant der Mathematik entnimmt, sind seinen eigenen Absichten häufig ungünstig und wissenschaftlich nicht einwandsfrei.[3])

---

1) Prolegomena, § 9.

2) In der Richtung von Cohen, Natorp; vergl. etwa Natorp, Sozialpädagogik, § 1—5. Was von philosophischer Seite über die Grundlagen der Mathematik geschrieben wird, bedarf durchgängig der Kritik; im ganzen hat man den Eindruck, daß die Schwierigkeit des Problems unterschätzt wird, eine unangenehme Wirkung des (Neu-)Kantschen Idealismus, der die Hoffnung nährt, die Grundgesetze der Mathematik und Mechanik aus allgemeinen logischen Prinzipien zu deduzieren. Die Bekämpfung des rohen Empirismus durfte nicht zur Verwerfung aller Erfahrung führen, der Idealismus (dem wir selbst nahe stehen) könnte unbedenklich der Empirie mehr Spielraum gewähren.

3) Man beachte etwa Prolegomena, § 12 u. § 13, die unzulässige Definition der Kongruenz.

8. Angesichts der Tendenz der modernen Geometrie, sich zu einer reinen Begriffswissenschaft auszubilden, kann es uns nicht gleichgültig sein, ob außer dem Begriffsdenken noch eine andere Erkenntnisquelle geometrischer Wahrheiten in Betracht kommt, die nicht bloß Anregungen geben will, sondern auf absolute Glaubwürdigkeit Anspruch macht. Wir können daher nicht umhin, zu der Erkenntnislehre Kants Stellung zu nehmen, indem wir uns erlauben, das mathematische Beweismaterial Kants vom Standpunkte der seit Kant erheblich fortgeschrittenen mathematischen Kritik nachzuprüfen.

Das Bewußtsein von der einzigartigen Stellung der Euklidischen Geometrie als der durch die Einheit der exakten Naturwissenschaften geforderten, die wissenschaftliche Überzeugung von der inneren Notwendigkeit ihrer Axiome zur Erklärbarkeit des Weltganzen, wie sie Kant voraussetzt, haben wir nicht und können sie vorläufig auch gar nicht haben, weil unsere Kenntnisse über die Grundlagen der Mathematik, Mechanik und Physik viel zu lückenhaft sind, als daß man über ihre gegenseitige Verträglichkeit und ihre Notwendigkeit sich ein begründetes Urteil bilden könnte. Zwischen der Physik des Äthers und der der ponderabeln Materie klafft ein tiefer Spalt, der sich erweitert, je mehr man versucht, diese Wissenschaften rein begrifflich nach Art der Geometrie durch scharf formulierte Axiome zu begründen; es ist schon außerordentlich schwer, diese zwei Bereiche der Erscheinungswelt überhaupt begrifflich zu definieren; unsere oben (Art. 7) versuchte Definition der Materie würde z. B. versagen, wenn es außer der Gravitation noch eine andere fundamentale Anziehungskraft ohne Abstoßung gäbe. Da somit große Gebiete der Physik noch so gut wie vollständig ohne inneren Zusammenhang sind, so läßt sich weder von der Euklidischen Geometrie, noch von einer anderen absolut sicher entscheiden, ob sie sich ohne Widerspruch diesen Wissenschaften wird zu Grunde legen lassen.

9. Es ist merkwürdig, daß Kant und seine Anhänger es für unstatthaft erklären, durch ein Experiment[1]) entscheiden zu wollen, ob die Euklidische Geometrie „die“ reale ist oder nicht. Zweck und Voraussetzung des Experimentes werden allerdings nicht immer scharf definiert. Man kann durch Nachmessen an Dreiecken natürlich nicht beweisen wollen, ob die Euklidische Geometrie (oder eine andere) als Begriffssystem richtig, d. h. in sich widerspruchsfrei ist oder nicht. Das kann man bei keiner Geometrie, weil wir die Grundgebilde keiner Geometrie auf Grund ihrer Axiome sinnlich darstellen

1) Auf diesen Gedanken kam u. a. Joh. Bolyai. Vergl. P. Stäckel, De ea Mechanicae analyticae parte, quae ad varietates complurium Dimensionum spectat.

können; das ist aber auch nicht nötig, weil die Richtigkeit der Euklidischen Geometrie (und der beiden Nichteuklidischen) sich aus den Axiomen begrifflich beweisen läßt. Wohl aber muß man sich fragen, ob die Gebilde mannigfachster Erzeugungsweise, die wir im täglichen Leben als Geraden bezeichnen, den Axiomen der Euklidischen Geometrie wirklich (angenähert) entsprechen. Wenn man mit Zirkel und Lineal ein „Dreieck" konstruiert und die Winkel mit dem Transporteur mißt, kann man da schon wirklich a priori wissen, daß die Winkelsumme mit hinreichender Näherung zwei Rechte beträgt? Wenn man in das Lineal (angenähert) die in den Axiomen geforderte Gesetzmäßigkeit hineinlegen könnte, dann gewiß. Aber das gibt es nicht; wir benutzen zur Herstellung des Lineals nicht die in den Axiomen verlangte Gesetzmäßigkeit, sondern die der Lichtbewegung, indem wir dafür sorgen, daß seine Kante beim Visieren zu einem Punkte zusammenschrumpft; vielleicht auch ist die Kante nur mit rein mechanischen Mitteln „gerade" gemacht worden. Nun kann man ja allenfalls aus Erfahrung wissen, daß die durch das Lineal erzeugten Linien den Axiomen der Anordnung und Verknüpfung, Kongruenz und Stetigkeit hinreichend genügen; ob aber auch das Parallelenaxiom, also der Satz von der Winkelsumme gilt, kann man nicht mit Sicherheit sagen, da es von den anderen Axiomen unabhängig ist. Also nicht über die Richtigkeit der Lehrsätze dieser oder jener Geometrie soll das Experiment entscheiden, sondern über ihre Anwendbarkeit auf so oder so erzeugte empirische Raumgebilde. Die Erzeugungsart derselben muß freilich genau angegeben sein, sonst hätte das ganze Problem keinen Sinn. Je größer das Dreieck ist, desto mehr müßten Abweichungen der Winkelsumme zur Wirkung kommen; gleichzeitig kompliziert sich dann aber das Experiment. Konnte man bei kleinen Dreiecken noch ausschließlich mit den Mitteln der Mechanik auskommen, so muß man bei großen terrestrischen und astronomischen Dreiecken die Gesetze der Optik heranziehen. Denn da jetzt die Winkel mit dem Theodolit gemessen werden, so bestehen die Seiten des Dreiecks aus Lichtstrahlen. Der Teilkreis des Theodolits ist dagegen in der Drehbank hergestellt, also seine Kreisgestalt durch Rotation eines starren Körpers erzeugt. Hier wirken also zwei getrennte Welten, der Äther und die Materie, zusammen, um die Messung zustande kommen zu lassen. Nun sind ja die Lichtstrahlen, gespannte Fäden, Rotationsachsen u. s. w. gewiß im landläufigen Sinne gerade Linien, aber ob das nicht bloß Annäherungen sind, kann man nicht wissen, und daß speziell die Fortpflanzungsrichtung des Lichtes identisch ist mit den Trägheitsbahnen starrer Körper, die ja in der reinen Mechanik auf Grund der Definition (Euklidische) Geraden sind, ist theoretisch noch nicht bewiesen. Es wäre denkbar, daß die

Lichtstrahlen eine Nichteuklidische, die Trägheitsbahnen die Euklidische Geometrie verwirklichen, d. h. zu ihrer Erklärbarkeit in einem einheitlichen Systeme der Wissenschaft voraussetzen. Selbst wenn ein Dreieck mit rein mechanischen Mitteln erzeugt und gemessen wird, ist ein Zweifel statthaft. Beim üblichen Aufbau der Mechanik setzt man nämlich ohne weitere Begründung die Euklidische Geometrie voraus und definiert die Trägheitsbahnen als Euklidische Geraden. Dann muß doch zum mindesten bewiesen werden, daß diese Geometrie mit den Axiomen der überlieferten Mechanik verträglich ist. Daß in dieser Hinsicht Kollisionen denkbar sind, beweist folgendes Beispiel. Die vierte Ecke D eines Parallelogramms A, B, C, D kann man aus den drei anderen erhalten, indem man den Mittelpunkt M der nicht durch D gehenden Diagonale AC mit der Ecke B verbindet und $MD = MB$ macht. Damit ist bewiesen, daß das sogenannte Parallelogrammgesetz der Mechanik den Parallelenbegriff ganz ohne Not benutzt, indem der Punkt D, auf den es ankommt, auf Grund der Kongruenzsätze allein definiert und konstruiert werden kann; dieses Gesetz soll ja nur die Resultante von BA und BC nach Größe und Richtung festlegen, alles andere ist Zutat von Seiten der Geometrie. Es könnte demnach scheinen, als ob auch in den beiden Nichteuklidischen Geometrien auf Grund dieser Konstruktion die Zusammensetzung von Kräften und Geschwindigkeiten möglich wäre. Dem ist aber nicht so! Konstruiert man nämlich auf diese Weise zu drei Kräften x, y, z der Ebene mit demselben Angriffspunkte O die Resultanten ξ, η, ζ der Paare y, z; z, x; x, y, und dann die Resultanten a, b, c der Paare ξ, x; η, y; ζ, z, so müssen a, b, c zusammenfallen auf Grund des Resultantenbegriffes und des Axioms, daß Kräfte mit demselben Angriffspunkte eine bestimmte Resultante haben. Hier stellt also ein Axiom der Mechanik ganz erhebliche Ansprüche an die Geometrie; das Zusammenfallen von a, b, c findet nur statt in der Euklidischen Geometrie, und zwar ausdrücklich unter Voraussetzung des Parallelenaxioms, sodaß also in den beiden Nichteuklidischen Geometrien die Geraden a, b, c voneinander verschieden sind. Nebenbei bemerkt folgt daraus nun nicht, daß die Euklidische Geometrie die in der Mechanik allein mögliche ist, sondern nur, daß obige Konstruktion der Resultante zweier Kräfte in den beiden Nichteuklidischen Geometrien nicht als Grundlage der Resultantenbildung dienen kann; man muß da also ein anderes Konstruktionsverfahren[1]) annehmen, das der Forderung des Zusammenfallens von a, b, c genügt.

1) Ein solches hat E. Davis (Die geometrische Addition der Stäbe in der hyperbolischen Geometrie, Diss. Greifswald 1904) angegeben; ob es das einzig Mögliche ist, scheint nicht sicher.

Wenn dieses Verfahren dem Resultate nach mit der obigen Konstruktion in genügender Annäherung übereinstimmt — nachdem eine exakte Übereinstimmung ausgeschlossen ist —, hat man von dieser Seite her nicht mehr und nicht weniger Widersprüche mit den übrigen Axiomen der Mechanik zu besorgen als unter Zugrundlegung der Euklidischen Geometrie und des herkömmlichen Verfahrens der Resultantenbildung.

10. Man hört nicht selten die Meinung vertreten, daß Kant schon durch die Schöpfung der Nichteuklidischen Geometrien widerlegt sei. Kant konnte aber von seinem Standpunkte aus diese Geometrien, wie es auch viele Mathematiker tun, als reine Denkbereiche ebensowohl gelten lassen als die mehrdimensionalen Geometrien. Nur würde er ihnen die „Realität“ abgesprochen haben. Wir hoffen im vorangehenden gezeigt zu haben, daß die beiden Nichteuklidischen Geometrien gerade auf Grund der Euklidischen sich realisieren lassen, daß sie also nicht reine Hirngespinste sind, wie so häufig behauptet wurde. Hiergegen würde man vom Kantschen Standpunkte wohl kaum einwenden, daß die Punkte bei diesen Realisierungen keine wirklichen Punkte seien. Die hiermit gestellte Aufgabe wird gelöst durch die Cayley-Kleinsche Darstellung der beiden Nichteuklidischen Geometrien, deren Wesen wir im dritten Abschnitt andeuten werden.[1]) Diese Versinnlichung der Nichteuklidischen verhält sich zur unsrigen etwa wie die gewöhnliche Euklidische Geometrie zum parabolischen Gebüsche; ihr liegen Punkte, Geraden und Ebenen der Euklidischen Geometrie in gleicher Benennung zu Grunde. Dadurch kommt, wie uns scheinen will, in die Frage eine entscheidende Wendung. Denn wenn die durch die Euklidische Geometrie gesetzte Raumordnung es ermöglicht, die Nichteuklidischen Geometrien zu verwirklichen, dann kann man die Realität dieser Geometrien nicht länger bestreiten, wie dies viele Kantianer tun. Die Nichteuklidischen Geometrien sind schon auf Grund unserer elementaren Realisierung derselben einfach besondere Abschnitte der Euklidischen Geometrie, nur in einer eigenen Kunstsprache ausgedrückt. Wir zweifeln nicht daran, daß es umgekehrt möglich sein wird, die Euklidische Geometrie mit den Mitteln der Nichteuklidischen zu erzeugen; das unendlich ferne Gebiet der Euklidischen Geometrie kann ja im Endlichen abgebildet werden, denn unendlich fern heißt nur „durch eine endliche Anzahl

1) Eine wirklich befriedigende Darstellung läßt sich nur mit den Hilfsmitteln der projektiven Geometrie und Invariantentheorie geben; die Cayleysche Maßbestimmung gibt ein Bild der beiden Nichteuklidischen Geometrien, wenn die Absolute im Endlichen liegt, sie geht in die elliptische Geometrie über, wenn die Absolute sehr fern liegt; und in die hyperbolische, wenn die Absolute in unendliche Ferne rückt.

von Schritten auf Grund der Bewegung im Sinne dieser Geometrie nicht erreichbar", d. h. „nicht durch eine endliche Reihe äquidistanter Punkte im Sinne der Kongruenz dieser Geometrie meßbar". Der Satz von der Einzigkeit der Euklidischen Geometrie, soweit ihn Kant braucht, würde durch die volle Anerkennung der Nichteuklidischen Geometrie unseres Erachtens nicht preisgegeben, müßte aber anders formuliert werden (vergl. Art. 11). — Von einer Geometrie A aus, etwa der Euklidischen, kann man zahllose Mannigfaltigkeiten erzeugen und ihre Verknüpfungsgesetze erforschen. Wenn man dann auf Grund dieser Verknüpfungsgesetze eine solche Mannigfaltigkeit B independent definiert, wobei also ein zur Erzeugung von B hinreichendes und notwendiges System jener Verknüpfungsgesetze zu Axiomen gemacht wird, so entsteht eine „in A enthaltene Geometrie B", oder allgemeiner, ein im Denkbereich A enthaltener Denkbereich B. Zwei geometrische Denkbereiche, von denen jeder im anderen enthalten ist, nennen wir äquivalent. Dann besagt der Realitätssatz im Sinne Kants: Eine Geometrie hat nur dann Realität, wenn sie der Euklidischen äquivalent ist. Das hiermit gestellte Problem, Kriterien für die Äquivalenz zweier Denkbereiche anzugeben, ist sehr schwer; man bedenke, daß in der Euklidischen Geometrie Mannigfaltigkeiten von beliebig hoher Dimensionszahl enthalten sind, und zwar lineare und nicht lineare. Die Lösung dieses Problems wäre für die Geometrie nicht weniger wichtig als für die Beurteilung der Erkenntnislehre Kants. Denn jene Kriterien müßten die obersten Grundsätze frei von allen Besonderheiten eines zufällig gewählten Gesichtspunktes enthalten, die zur Ableitung des Euklidischen Denkbereichs notwendig und hinreichend sind; das wären aber nach Kant Erkenntnisse a priori. Das Parallelenaxiom würde nicht zu diesen Kriterien gehören, denn es gilt nicht in den beiden Nichteuklidischen Geometrien; wohl aber die Stetigkeit.

11. Nachdem die Realitätsfrage der beiden Nichteuklidischen Geometrien ausgeschieden ist, läßt sich das Problem von der Einzigkeit der Euklidischen Raumordnung schärfer fassen. Beim rein begrifflichen und rein geometrischen Aufbau der Euklidischen Geometrie wie der beiden Nichteuklidischen wird die Kongruenz nicht, wie üblich, durch Deckbarkeit mittels Bewegung definiert und bewiesen, sondern durch ein Konstruktionsverfahren, das begrifflich nur die nach Abzug des Parallelenaxioms und der Kongruenzaxiome verbleibenden Axiome, materiell nur die als existent angenommenen Grundgebilde benutzt. Auf diese Definition der Kongruenz gründen wir dann umgekehrt den Begriff der Bewegung, wie in Art. 6 angedeutet wurde, die zunächst ganz zeitlos ist und durch den abgeleiteten Begriff der Zeit näher bestimmt wird. Jeder der drei Geometrien entspricht daher eine eigene „Bewegung“ und eine eigene „Zeit“. Nunmehr ist die Kantsche Ansicht von der einzigartigen Stellung der Euklidischen Geometrie dahin auszulegen, daß nur der „Bewegung“ und „Zeit“ der Euklidischen Geometrie Wirklichkeit zukommt. Also nicht die Realität der elliptischen und der hyperbolischen Geometrie, sondern die Wirklichkeit ihrer „Bewegung“ und „Zeit“ wird geleugnet; was man vom Standpunkte dieser zwei Geometrien auf Grund gewisser Analogien „Bewegung“, „Zeit“ und „starre Körper“ nennt, das kann nicht dazu dienen, in einem widerspruchsfreien Lehrsystem der Mechanik und Physik Bewegungsvorgänge zu bestimmen. Die Euklidische Bewegung ist die Bewegung, der Euklidische starre Körper ist der starre Körper, die Euklidische Zeit ist die Zeit — das sind kurz gefaßt jene großen Erkenntnisse a priori, wodurch die Euklidische Geometrie zur einzig möglichen Grundlage der Mechanik wird.

Es liegt uns fern, bestreiten zu wollen, daß die Euklidische Geometrie sich in allen Anwendungen auf Mechanik, Physik und Astronomie bisher auf das Beste bewährt hat, wir glauben auch, daß sie sich ferner bewähren wird, aber die Notwendigkeit und einzige Möglichkeit dieser Geometrie als Grundlage der Naturerkenntnis ist nie und nimmer eine Erkenntnis a priori, die wir bereits haben, sondern höchstens eine Erkenntnis, die wir im Verlauf der fortschreitenden Entwicklung unserer Gesamterkenntnis einmal zu gewinnen hoffen dürfen. Bei Kant besteht die logische Substruktion unserer Erkenntnis sozusagen aus einigen mächtigen Säulen, die das ganze Gebäude der Wissenschaft tragen; richtiger wäre es, an ein Fachwerk zu denken, dessen Stäbe sich mannigfach kreuzen und einander gegenseitig rückwirkende Festigkeit verleihen. So greifen auch die Axiome der Geometrie und der Mechanik ineinander über, und keines kann herausgenommen werden, ohne das Zusammenhalten der übrigen zu gefährden. Zu dem Beispiel in Art. 9 ließen sich noch viele andere fügen. Über die ganze Frage wird man sich erst ein begründetes Urteil bilden können, wenn einmal ein streng begriffliches System einer reinen Mechanik vorliegen wird, dessen Durchführbarkeit in der Physik des Äthers sich einigermaßen übersehen läßt. Die Einzigkeit einer bestimmten Geometrie ist also nicht Grundlage, sondern ein Problem der Erkenntnis, und zwar ein sehr schwieriges. Denn ob ein in sich widerspruchfreies System der Mechanik zur Bestimmung wirklicher Naturvorgänge geeignet sein wird, kann mangels anderer Kriterien nur der Erfolg entscheiden. Unser gegenwärtiges Wissen läßt sich aber durch verschiedene Systeme der Mechanik gleich genau vereinheitlichen, deren Unterschiede erst in fernen Zeiten und Raumgebilden deutlich genug hervortreten würden, um das geeignetste System auswählen zu können. Alle Versuche, die „Nichteuklidischen

Systeme der Mechanik“, d. h. Systeme der Mechanik auf Grund der Nichteuklidischen Geometrien als mit der Erfahrung nicht vereinbar hinzustellen, laufen darauf hinaus, gewisse Gesetze dieser Mechaniken nachzuweisen, die mit der bisherigen Erfahrung in Widerspruch stehen. Wenn man aber jene Raumkonstante der beiden Nichteuklidischen Geometrien, die bei unserer Versinnlichung derselben als Radius der Orthogonalkugel bezw. Diametralkugel erscheint[1]), hinreichend groß annimmt, so lassen sich diese Widersprüche jenseits der Grenzen aller bisherigen Erfahrung verlegen. Damit verstößt man durchaus nicht gegen die Grundforderung der Naturwissenschaften, im Raume durchgängig dieselben Gesetze gelten zu lassen; es gibt ja Naturgesetze, wie die Aberration des Lichtes, die erst bei großen Entfernungen der Beobachtung zugänglich werden, und so könnten auch jene „Widersprüche“ gegen die Erfahrung in Wirklichkeit Naturgesetze sein, die in den verhältnismäßig kleinen Räumen und Zeiten unserer Erfahrung sich der Beobachtung entziehen.

12. Die vollständige Unmöglichkeit, unter den verschiedenen denkbaren Geometrien eine als die allein in der Naturforschung durchführbare durch Erkenntnisse a priori auszusondern, ergibt sich aus den zahlreichen empirischen Konstanten aller dieser Geometrien. Es ist absolut unmöglich, durch rein geometrische Bestimmungen diese Konstanten eindeutig festzulegen, denn jede kollineare oder affine Umformung des Raumes würde, ohne diese Bestimmung zu verletzen, ihren Zweck vereiteln. Die acht Konstanten der Nichteuklidischen Geometrie, die wir bisher nachgewiesen haben, werden auch durch die Axiome der Mechanik nicht festgelegt, so lange man diese Wissenschaft nach Art der Hilbertschen Geometrie rein begrifflich ausarbeitet, ohne sich bei ihren Begriffen mehr zu denken, als durch die Definitionen hineingelegt wurde. Ob sich diese ∞^8 Systeme aber bei der Anwendung auf die Mechanik der Wirklichkeit als gleich zweckmäßig erweisen werden, ist kaum anzunehmen; jedenfalls würden gewisse nach unserer bisherigen Anschauung einfache Bewegungsvorgänge in den von der gewöhnlichen Geometrie stark abweichenden Euklidischen Geometrien sich als sehr kompliziert herausstellen und umgekehrt. Diese Abweichungen beständen aber nur in der empirischen Anschauung, nicht in den Begriffen. Um unsere gewöhnliche Euklidische Geometrie festzulegen, bleibt vorläufig gar nichts anderes übrig, als die nach Art. 1 erforderlichen drei kongruenten und paarweise aufeinander normalen Durchmesser möglichst im Sinne der em-

1) Vom Standpunkte der betr. Nichteuklidischen Geometrie heißt diese Konstante das Krümmungsmaß des entsprechenden Raumes, ein Begriff, der sich der elementaren Darstellung entzieht.

pirischen Anschauung kongruent und normal anzunehmen; d. h. genauer: man muß einen Zirkel als „starren Körper“, die empirische Bewegung als „Bewegung“ im Sinne der Euklidischen Geometrie betrachten und in bekannter Weise auf diesem mechanischen Wege die Kongruenz und Orthogonalität dieser Strecken (versuchsweise) herstellen. In diesem Sinne hat Newton recht, wenn er sagt, das Ziehen von Kreisen sei ein Problem der Mechanik. Daß es aber im absoluten Sinne in der Natur keine starren Körper gibt, bedarf wohl keines Beweises; theoretisch muß jeder Körper aus zahlreichen Gründen bei der Bewegung seine Gestalt ändern, die Starrheit ist nur eine geometrische Idee. Der naturwissenschaftlich denkende Leser verzeihe diese Spitzfindigkeiten; in hinreichend großen Zeiten und Räumen kann die geringste Abweichung von dem absolut strengen Gesetz, das der Idealismus erstrebt, zu beliebig hohem Betrage anwachsen. Nehmen wir nun noch hinzu, daß durch diese mechanische Konstruktion die $2 \cdot 3$ Strecken nur angenähert festgelegt sind, so folgt, daß selbst nach Annahme des Euklidischen Denkbereiches die vollständige Bestimmung einer einzigen Euklidischen Raumordnung, die den empirisch starren Körper als geometrisch starren, die empirische Bewegung als geometrische gelten läßt, ein Problem von äußerster Komplexion ist. Auf seine Schwierigkeiten mechanischer Herkunft, ganz besonders die des Begriffes der mechanischen Starrheit, können wir nicht eingehen.

13. Dagegen wollen wir noch bemerken, daß alle Argumente zu gunsten der Euklidischen Geometrie im Endlichen auch dem parabolischen Kugelgebüsche und allgemeiner allen Gebüschen von Flächen zweiter Ordnung zu statten kommen, die ähnliche Struktur haben wie das genannte Kugelgebüsch. Diese F^2-Gebüsche lassen sich aber unabhängig vom Parallelenaxiom erzeugen. In der Graphischen Statik werden wir nun gerade das parabolische Kugelgebüsch als natürliche Grundlage der Lehre vom astatischen Gleichgewicht kennen lernen und darauf ein System von homogenen Punktkoordinaten auf der Kugel gründen, in denen die Gleichungen der Kreise des Gebüsches linear sind. Trotz der Ausführungen des § 13 wird es nicht überflüssig sein, mit Hinweis auf dieses Beispiel zu betonen, daß mit dem Formalismus der Cartesiusschen Punktkoordinaten noch lange nicht der Euklidische Raum, sondern höchstens der Euklidische Denkbereich gegeben ist. Eine andere, allerdings nur indirekte Hinüberspielung eines Problems der Mechanik in die Nichteuklidische Geometrie, speziell in die eines Kugelgebüsches, ist Klein und Sommerfeld geglückt. Sie fanden, daß die Bewegung eines schweren Kugelkreisels an der Bewegung eines Punktes unter dem Einfluß geeigneter Kräfte in einem „sphärischen“ Raume von drei Dimensionen studiert werden kann, der mit einem nicht parabolischen Kugelgebüsche identisch ist. Überhaupt gewinnt die Mechanik nichteuklidischer und mehrdimensionaler Räume immer mehr an Bedeutung. Wir können auf diesen hochinteressanten Gegenstand nicht eingehen und verweisen deshalb auf den (vorläufigen) „Bericht über die Mechanik mehrfacher Mannigfaltigkeiten“ von P. Stäckel[1]), sowie auf dessen oben zitierte Festschrift zur Erinnerung an Bolyai; mit Rücksicht auf den beabsichtigten elementaren Charakter unserer Untersuchung geben wir uns damit zufrieden, wenn es uns gelingt, den Leser an diese naturwissenschaftlich und philosophisch gleich interessanten Probleme heranzuführen und in ihm den Wunsch nach vertiefter Kenntnis dieser Fragen zu wecken. Dazu ist aber das Studium der grundlegenden Arbeiten notwendig, die wir in dem bibliographischen Schlußparagraphen angeben werden.

14. Ehe wir aus unseren Ausführungen über die Frage der Apriorität des Raumes die Schlußfolgerungen ziehen, müssen wir noch eines Einwandes gedenken, der gern zu gunsten der Euklidischen Geometrie gemacht wird, daß nämlich die Möglichkeit der Translationsbewegung (Parallelverschiebung) nur an die Euklidische Geometrie geknüpft sei. Hier liegt es ähnlich wie mit dem Parallelogrammgesetz. Definiert man nämlich die Translationsbewegung als eine solche Bewegung eines starren Systems, bei der alle Punkte gerade Linien beschreiben, so ist diese Bewegung in der Euklidischen Geometrie exakt, in den beiden Nichteuklidischen Geometrien nur angenähert möglich; bei unbegrenzt fortschreitender Bewegung müßte da das System seine Form ändern. Dagegen wäre diese Bewegung im parabolischen Kugelgebüsche genau ausführbar. Das spricht aber nicht gegen die beiden Nichteuklidischen Geometrien. Denn absolut genaue Translationsbewegungen, in der Schärfe des Begriffes, wie sie der Idealismus voraussetzt, gibt es nicht, ebensowenig als absolut starre Körper; das sind alles „nur“ Ideen, durch die wir in die Fülle der Naturerscheinungen Ordnung zu bringen suchen. Alle unsere Messungen bestimmen ihren Gegenstand nur ungenau, teils aus (noch zu beseitigenden) Ungenauigkeiten der Methode, teils weil wir kein Phänomen in der Reinheit isolieren können, die zur vollkommen exakten Beobachtung und Messung vorausgesetzt werden müßte. Der gleicharmige Hebel z. B., mit zwei gleichen Lasten rechts und links, auf den sonst nichts wirkt, ist absolut genommen „nur“ eine Idee. Der Erdmagnetismus, die mit der geographischen Breite sich ändernde Gravitation, die Anziehung der Himmelskörper, jeder Lichtstrahl,

1) Jahresbericht der Deutschen Mathematiker-Vereinigung 12 (1903).

jeder Blick, die Millionen von feinsten Stäubchen, die sich darauf niederlassen, kurz, eine unübersehbare Fülle von Einflüssen, machen die Reinheit der Naturerscheinung unmöglich. Das Hebelgesetz ist also keine absolut exakt beobachtbare Tatsache, sondern eine von den zahlreichen exakten Annahmen, die man auf Grund der Beobachtung machen darf (wenn sie sich mit den übrigen exakten Annahmen verträgt), um physikalische Tatsachen überhaupt erst zu bestimmen. Eine ähnliche Hypothese ist der freie Fall. Außer der Erdanziehung, die streng genommen mit der Annäherung an den Erdmittelpunkt wächst, wirken auf den herabfallenden Körper der Widerstand der Luft, die Zentrifugalkraft der Erde, etwa in der Nähe befindliche Gebirgsmassen, die Anziehung der Himmelskörper und viele andere Einflüsse, deren Aufzählung ermüden würde. Naturwissenschaft beobachtet demnach nicht reine Phänomene, sondern nimmt sie an, um die Beobachtung auf Gesetze zu bringen; sie geht nicht von „exakten" Tatsachen aus, sondern die Konstatierung des wahrhaft Tatsächlichen — immer im absolut strengen Sinne des Wortes — ist ihr fernes, nie zu erreichendes Endziel; ihre Formeln sind nicht kompendiöse Beobachtungstabellen, so objektiv sind mathematische Formeln nicht, sondern Erzeugungsgesetze für die beobachteten und dazwischenliegenden Zahlen. Durch Beobachtung und Messung allein kann aber nie ein funktionaler Zusammenhang zwischen einem veränderlichen x und einem davon abhängigen y ermittelt werden, wenn wir nicht aus eigener Machtvollkommenheit über die Natur der gesuchten Funktion eine Verfügung treffen. So werden also die reinen Phänomene, die exakten Gesetze immer Ideen bleiben. Natur erklären heißt sie aus reinen Phänomenen vermittelst exakter Gesetze aufbauen, heißt „den großen Gedanken der Schöpfung noch einmal denken" (Klopstock). Nach alledem darf man also einer Nichteuklidischen Mechanik nicht vorwerfen, daß in ihr dieser oder jener Naturvorgang nicht exakt möglich ist, sondern man muß nur fragen: kann man ohne die Idee der exakten Translationsbewegung, des exakten Hebels u. s. w. Naturvorgänge gesetzmäßig bestimmen? Und man wird gewiß nicht mehr sagen, in der Nichteuklidischen Mechanik sei alles ungenau, nur angenähert, vielmehr sind ihre Ideen so rein und streng wie die der Euklidischen Mechanik. Nur sind es andere, und die Frage kann allein sein, ob sie sich in der Anwendung bewähren. Das ist aber bis jetzt immer der Fall und wird es auch bleiben, so lange wir unsere Erfahrungen nicht auf unendliche Zeiten und enorm ferne Räume ausdehnen können. Andererseits hat sich noch nie begründeter Anlaß gefunden, die historisch uns werte, wohlerprobte Euklidische Geometrie als Grundlage der Mechanik aufzugeben. Aber ihre prinzipielle Alleinherrschaft ist gebrochen, ihre Vorrechte sind nur historisch, psychologisch-physiologisch und durch die Ökonomie des Denkens zu rechtfertigen.

15. Damit fällt die Apriorität der Euklidischen Raumordnung in dem strengen Nebensinne, den das Wort bei Kant vielfach erkennen läßt; denn außer der begrifflichen gibt es bei ihm noch eine andere Art des Gegebenseins exakter Tatsachen, nämlich in der reinen Anschauung a priori. Diese Zwangsläufigkeit unseres Geistes, welche die Axiome der Geometrie schlechthin als gegeben hinnehmen muß, ist nur zu erklären aus jenem Erdenreste von Sensualismus, der dem Kantschen Idealismus noch anhaftet: Kant nimmt bei seinen geometrischen Betrachtungen in so hohem Maße die (empirische) Anschauung zu Hilfe, daß unter dem Einfluß Schopenhauers sich die Auffassung bilden konnte, die Geometrie (und Arithmetik) gründe sich bei Kant auf die Anschauung. Nichts könnte aber verkehrter sein. Das ordnende Denken ist Kant immer die Hauptsache gewesen, der Verstand bestimmt geradezu die Sinnlichkeit. Wenn Kant trotzdem der Sinnlichkeit in der reinen Anschauung eine im einzelnen schwer zu verstehende Rolle zuweist, so lag das wohl an den Mängeln seiner geometrischen und physikalischen Kenntnisse. Er beurteilt die Geometrie ganz unter der Perspektive der Elementargeometrie, die vom Größenbegriff vollständig beherrscht wird. Die Begriffe „in" (allgemeiner der Inzidenz) und „zwischen" (allgemeiner der Anordnung) sucht er nirgends zu erfassen, sondern beruft sich dabei nur auf die Anschauung. Am schlimmsten tritt das hervor bei dem früher zitierten Beispiel aus den Prolegomena, wo ein Handschuh mit seinem Spiegelbild verglichen wird; in allen Bestimmungen seien sie einander gleich und ließen sich doch nicht zur Kongruenz bringen. In Wirklichkeit fehlt aber eine wesentliche Bestimmung, nämlich die des „Sinnes". In der projektiven Geometrie läßt sich der Gegensatz eines Körpers zu seinem Spiegelgebilde zurückführen auf die Alternative, ob ein Punkt einer Geraden zwischen zwei auf ihr gegebenen Punkten liegt oder nicht. Die Kongruenz scheint bei Kant bald durch Deckbarkeit mittels Bewegung, bald durch Gleichheit aller Bestimmungen definiert zu sein, also im einen Falle nicht rein geometrisch, im anderen ganz unzulänglich. Wie wenig Kant den inneren Zusammenhang der Geometrie übersah, ergibt sich daraus, daß das Ziehen einer Linie (= Geraden) mit dem Ziehen der Ellipse auf gleiche Stufe gestellt wird. Das Erzeugungsgesetz der Geraden sollte wohl die reine Anschauung liefern, die Erzeugung der Ellipse, wenn alle Geraden als konstruiert vorausgesetzt werden, ist streng begrifflich definierbar. Das Parallelenaxiom erkannte er durch die reine Anschauung mit dem Bewußtsein, daß es so ist und nicht anders sein könne. Alles das sind Mängel, die nicht seinem System zur Last fallen, sondern seinem

Glauben an die Euklidische Geometrie; die Literatur über das Parallelenaxiom findet man in der Kritik der reinen Vernunft und in den Prolegomena nirgends erwähnt. Es liegt auf der Hand, daß so die freie Entfaltung des guten Grundgedankens seiner Erkenntnislehre verhindert wurde.

16. Mit der reinen Anschauung a priori möchten wir aber nicht alle Anschauung aus der Geometrie verweisen; läßt sich doch die (empirische) Anschauung in gewisser Hinsicht durch fortgesetzte Übung dem Ideal einer reinen Anschauung nähern. Ihre Reinigung von allen Zufälligkeiten der sinnlich vorgestellten Figur gelingt uns, indem wir die Raumgebilde bald aus gewöhnlichen Punkten, Geraden und Ebenen aufbauen, bald aus Kugeln, Kugelbüscheln und Kugelbündeln eines Gebüsches, bald rein arithmetisch u. s. w., sodaß im bunten Wechsel der sinnlichen Erscheinungsformen nur das reine Erzeugungsgesetz bestehen bleibt, nach dem wir die ursprüngliche Figur erzeugt hatten. Wenn wir an dieser Figur Eigenschaften entdecken, die bei diesen Transformationen bleiben, so dürfen wir hoffen, daß dieselben aus dem Erzeugungsgesetz folgen, aber nur ein Beweis aus den reinen Begriffen kann uns die geometrische Wahrheit verbürgen. Aus der Anschauung allein fließen immer nur isolierte und angenäherte Erkenntnisse; ob diese sich im Zusammenhange mit anderen Anschauungen widerspruchslos zu streng exakter Gültigkeit erheben lassen, kann nur durch Denkarbeit entschieden werden. Anschauungsnotwendigkeiten gibt es nicht; Notwendigkeit kann nur im Denken liegen.[1]) Aber mit der Anschauung muß alle Geometrie anheben; denn begriffliche Verarbeitung des Empirischen ist ihr Problem. In die unendliche Fülle der Wahrnehmungen läßt sich nur Ordnung bringen durch unbegrenzt funktionierende Gesetze. Wir beobachten etwa, wie die Bewegung eines Geschosses beeinflußt werden kann, indem wir über drei Punkte seiner Bahn verfügen, wie Formen beweglicher Gebilde durch Festlegung einiger ihrer Punkte bestimmt werden können. Durch derartige und andere Erfahrungen, die wir in § 7 zu skizzieren gesucht haben, ergibt sich für den denkenden Geist die Notwendigkeit, versuchsweise einige Ordnungen vollzogen anzunehmen, um andere daraus ableiten zu können. Das geschieht durch Begriffe und Axiome. So beginnt die exakte Wissenschaft zwar mit der Erfahrung, und ihre Grundbegriffe mögen in geschichtlich weit zurückliegenden Zeiten wohl in dem Glauben gebildet worden sein, dem empirischen Objekte genau adäquat zu sein; im Grunde sind sie aber nicht Nachbildungen des Empirischen, sondern in Anlehnung an die Empirie er-

1) Hierüber besteht zwischen den beiden Herausgebern eine Meinungsverschiedenheit.

faßte reine Ideen, die ungeheuer viel einfacher sind als der sinnliche Gegenstand. Wir befürchten nach diesen Ausführungen und denen des Art. 15 nicht mißverstanden zu werden, wenn wir kurzweg sagen: Die Axiome der Geometrie und der Mechanik sind empirischen Ursprungs. Wir leugnen damit durchaus nicht ihre freie Schöpfung durch unser Denken, das nur geleitet ist durch die Absicht, den Inhalt unserer Erfahrung durch Gesetze zu ordnen; wir treten damit aber andererseits den Ansprüchen eines die Erfahrung mißachtenden Idealismus entgegen, als hätte man durch bloßes Nachdenken auf Grund unserer Denkgesetze allein zu unserer Geometrie und Mechanik kommen müssen. Auf diesem Wege können wir nur zu der Einsicht gelangen, daß wir suchen müssen, Ordnungen zu vollziehen, die aus gewissen fundamentalen Ordnungen entspringen. In diesem Sinne ist Geometrie a priori, d. h. zur Erfahrung nötig. Aber ihre grundlegenden Sätze können nicht von Anfang an bereits gesicherte Erkenntnisse, sondern nur durch die Erfahrung nahegelegte Hypothesen sein, in dem Sinne, den das Wort bei Platon[1]) hat, d. h. versuchsweise gemachte Ansätze, um überhaupt einen Anfang zu gewinnen und darauf relative Erkenntnisse zu gründen. Je mehr die Hypothese sich bewährt, desto höher steigt sie im Erkenntniswert; es kann aber auch, wie die Physik täglich lehrt, vorkommen, daß die Hypothese sich nicht durchführen läßt. Dann ist aber die aufgewandte Arbeit im allgemeinen nicht vergebens gewesen, in der Regel sieht man, wo die Voraussetzungen verbessert werden müssen. Erst wenn die Grundannahmen als in sich widerspruchsfrei erkannt sind und zur Bestimmung des Wirklichen ausreichen, werden sie zu Erkenntnissen im echten Sinne des Wortes. Auf dieser Stufe befinden sich zur Zeit die Axiome unserer verschiedenen Geometrien, wenn man von ihrer Eingliederung in die Physik absieht. Neben der einen Geometrie, die der Mechanik als geeignetste Grundlage dienen kann und deshalb *κατ' ἐξοχήν* natürliche Geometrie zu nennen wäre, sind ja immer noch andere, künstliche Geometrien zulässig. Betrachtet man als Endziel unserer Geometrien ihre Einfügung in den Verband unserer gesamten Naturerkenntnis, dann sind ihre Axiome auch heute noch Hypothesen.

Wenn man den Streit um die Grundlagen unserer Wissenschaft, der von tiefdenkenden Gelehrten mit großer Erbitterung geführt wird, leidenschaftslos verfolgt und sich dabei von dem Gedanken leiten läßt, daß jeder von seinem Standpunkte aus etwas Vernünftiges gedacht haben müsse, dann kommt man zu der Überzeugung, nicht, daß die Wahrheit zwischen ihnen in der Mitte, sondern daß sie über ihnen

1) Vergl. H. Cohen, Platons Ideenlehre und die Mathematik. Marburg 1879.

liege. Von dem Standpunkte, den wir zu erreichen gesucht haben, glauben wir das Berechtigte aller philosophischen Systeme würdigen zu können, die mit wissenschaftlichem Ernst über die Grundlagen der Mathematik nachgeforscht haben. Speziell möchten wir noch in Kürze einen guten Gedanken in Kants Lehre von der reinen Anschauung a priori herausheben. Hilbert hat den Anstoß gegeben, die Tragweite der einzelnen Axiome unserer Wissenschaft genau zu bestimmen. Ähnliches geschieht zur Zeit in der Mechanik; diese Untersuchungen gehen übrigens bis auf Lagrange zurück, wie man aus den zitierten Abhandlungen von Stäckel und dem Berichte von Voß ersehen kann. Auf Grund dieser Vorarbeiten wird man immer mehr imstande sein, zu beurteilen, welche Axiome der Geometrie und Mechanik man voraussetzen muß, um diesen oder jenen Naturvorgang so oder so exakt erklären zu können; solche Untersuchungen über die Vorzüge und Nachteile dieser oder jener Hypothese werden jetzt in steigendem Maße angestellt. Diese Betrachtungen aber bewegen sich wahrhaft im Bereiche der reinen Anschauung a priori in dem vertieften Sinne, daß sie Überlegungen über die Voraussetzungen der Möglichkeit unserer Erfahrung enthalten. Nur wäre statt des a priori ein unzweideutiger Kunstausdruck zu wählen.

17. Indem wir Übergriffe der Anschauung in den Machtbereich des reinen Denkens entschieden zurückweisen, lassen wir sie als anregende Stütze und Begleiterin unseres Denkens um so unbedenklicher herrschen. Ohne die individuellen Eigenschaften der sinnlichen Figuren, die in die Begriffe der Geometrie nicht aufgenommen sind, wären manche Begriffe der Geometrie ihrem Zwecke nach gar nicht zu verstehen. Wir erinnern nur an den Begriff der Krümmung. Nach Art. 1 kann man eine beliebige Ellipse als „Kreis", einen Punkt in ihr als „Zentrum" desselben bezeichnen und konsequent eine Euklidische Geometrie aufbauen, in der die sogenannten „Radien" dieses „Kreises" einander gleich sind. Wenn man aber in dieser oder der herkömmlichen Euklidischen Geometrie den Begriff der Krümmung zu einem exakten machen will und sich nach einer Kurve umsieht, die (im noch unklaren Sinne des Wortes) etwa als durchaus gleichmäßig gekrümmt zu bezeichnen wäre, so wird Jedermann zu dem mittels des Zirkels konstruierten „wahren" Kreise greifen. Vom Standpunkte jener „Pseudoeuklidischen Geometrie" müßte man aber ihrem Pseudokreis gleichmäßige Krümmung zuschreiben und käme dabei zu genau denselben Gesetzen, die man in der „wahren" Euklidischen Geometrie mit Zugrundelegung der „wahren" Kreise erhält. So konsequent die Krümmungslehre jener Pseudogeometrie in sich wäre, so unbegreiflich bliebe die Wahl ihres Pseudokreises als Kurve gleichmäßiger Krümmung. Wollte aber diese Pseudogeometrie der Anschauung mehr gerecht werden, so müßte sie versuchen, unter den Ellipsen diejenige, welche wir wahren Kreis nennen, irgendwie zu definieren. Das ist aber, wie wir gesehen haben, durch rein geometrische Bestimmungen nicht möglich. Aber, wird man mit Recht einwenden, wenn jemandem ein wahrer Kreis vorgelegt würde, ohne daß man verriete, wie er (mittels des Zirkels) konstruiert ist, so würde er doch an dieser Kurve ganz entschieden eine Gesetzmäßigkeit herausfühlen, wenn er sie auch nicht beschreiben könnte, die sie vor allen Ellipsen auszeichnet. Gewiß! Die Bestimmung dieser Gesetzmäßigkeit ist aber kein geometrisches, sondern ein physiologisch-psychologisches Problem von größter Schwierigkeit. Zu seiner Erklärung wird man wohl auf die physiologisch-psychologische Grundlage der Symmetrie zurückgreifen müssen. Auch der nicht mathematisch Denkende hat ein ausgesprochenes Gefühl für „wahre“ Symmetrie, das nicht aus der Bewegung allein erklärt werden kann. Wenn wir zwei kongruente Figuren rechts und links von einer Geraden nicht ganz symmetrisch annordnen, so empfinden wir geradezu ein physisches Unbehagen; wenn eine Gerade x senkrecht auf der Symmetrieebene unseres Körpers, eine andere mit dem Fußpunkte in dieser Ebene nicht vollkommen senkrecht auf x steht, so werden wir durch den fortwährenden Anblick dieser Figur erregt und ermüden leichter, als wenn der Winkel vollkommen (d. h. mit unmerklichem Fehler) ein Rechter wäre. Offenbar kommt hier die Akkomodationsstellung der beiden Augen in Betracht. Gegenüber Figuren, die zu unserer eigenen Symmetrieebene symmetrisch liegen, werden beide Augen beim Sehen gleich eingestellt und gleich angestrengt. Rechte Winkel, die durch diese Symmetrie in sich übergehen, kann man „aus der Anschauung“ viel leichter zeichnen als anders liegende. Vielleicht ist dies in Verbindung mit der Erzeugung des Kreises durch Rotation eines starren Körpers ein Weg, die Bevorzugung einer bestimmten Euklidischen Geometrie vor allen anderen zu erklären.[1]) Das ist Sache der Psychologie.

1) Vergl. M. Simon, Zu den Grundlagen der Nichteuklidischen Geometrie, Straßburg 1891, woselbst weitere Literaturangaben.

Dritter Abschnitt.

Grundlegung der projektiven Geometrie.

§ 15. Die Axiome der Verknüpfung und der Anordnung.

1. Indem wir die beiden Nichteuklidischen Geometrien mittels der Euklidischen darstellten, erlangten wir den Vorteil, die Schicksale dieser drei Geometrien miteinander solidarisch zu verketten: führte eine von ihnen zu inneren Widersprüchen, so müßten alle drei falsch sein. Andererseits erwuchs daraus der Nachteil, daß es scheinen könnte, als sei schließlich die Euklidische Raumordnung doch der Urquell aller anderen Raumgestaltungen. Daß jedoch die beiden Nichteuklidischen Geometrien eine selbständige Begründung zulassen, haben wir in § 13 und 14 bereits bemerkt, und zwar kann man diese Geometrien entweder nach Art der Schulgeometrie aus ihren Axiomen aufbauen, oder, was einen rascheren Überblick gewährt, sie aus der Cayleyschen Maßbestimmung deduzieren. Wir entschließen uns zu letzterem, wenn wir uns auch auf Andeutungen beschränken müssen. Die Cayleysche Metrik gründet sich aber auf die projektive Geometrie, und so müssen wir erst diese herleiten.

2. Die projektive Geometrie soll uns zugleich die Grundlage für das definitive Lehrgebäude der Euklidischen Geometrie abgeben. Wir hatten die Bewegung als Kriterium der Kongruenz verworfen (§ 14), weil dabei stillschweigend die bewegten Gebilde als starr vorausgesetzt werden, der Begriff der Starrheit aber nur durch die Unveränderlichkeit der Maße bestimmt werden kann; die übliche Definition der Kongruenz begeht also einen circulus vitiosus, über den auch die „reine Anschauung" nicht hinweghelfen kann, wie man wohl behauptet hat. Die Bewegung ist kein Ordnungsprinzip der Geometrie, sondern ein Problem der Kinematik. Nach dem Vorgange von Leibniz hat neuerdings Natorp[1]) versucht, die Bewegung als Ortsveränderung oder Inbegriff aller Lagen zur Herleitung der Raumordnung zu benutzen. Der Begriff der Veränderung ist aber für diesen Zweck zu allgemein; man könnte leicht „Veränderungen" angeben, die

1) Siehe das Zitat S. 129; vergl. auch Natorp, Logik in Leitsätzen zu akad. Vorlesungen, Marburg 1904.

eine stetige Umgestaltung der Raumordnung bewirken, ohne das zu leisten, was die Bewegung leisten soll. Man muß also die Eigenschaften hinzunehmen, welche jene Veränderungen oder Transformationen zur Bewegung machen. Das sind aber Gruppeneigenschaften, die sich ohne Benutzung der Axiome I, II, IV, V nicht bestimmen lassen. Da dies im wesentlichen die Axiome der projektiven Geometrie sind, so kann das Brauchbare des Natorpschen Gedankens erst auf Grund der projektiven Geometrie Verwertung finden, etwa im Sinne von Lindemann[1]). Dieser Weg ist aber nur mit den Mitteln der Analysis oder der ganzen Geometrie der Lage gangbar. Es liegt mehr im Geiste der Elementargeometrie, die Kongruenzaxiome durch geeignete Konstruktionen zu verwirklichen. Das sollten die Steinerschen Linealkonstruktionen leisten (§ 5). Diese setzen in jeder Ebene einen Hilfskreis voraus. Die geometrischen Eigenschaften des Kreises können aber ohne Maßbegriffe nicht definiert werden. So würden wir uns also mit unseren Absichten in einem falschen Zirkel bewegen, wenn die Geometrie ihre Gesetze wirklich, wie der naive Empirismus will, aus den Figuren herausläse, statt sie vielmehr hineinzulegen. Vom Standpunkte der rein begrifflichen Geometrie schließen wir dagegen umgekehrt: wenn der ideale Kreis nur metrisch von anderen Ellipsen unterschieden ist, so muß man jede Ellipse im reinen Begriffssystem der idealen Geometrie zum „Kreis“ machen können, nicht in dem Sinne, daß man auch an eine „ungenaue“ Figur exakte Folgerungen knüpfen könne, sondern so, daß die durch jenen Kreis vermittelten Konstruktionen vollkommen exakt sind, wenn auch die auf diesem Wege erzeugte Kongruenz nicht die empirische ist. Diese Möglichkeit wurde schon in § 14 behauptet. Es gilt nun, sie zu verwirklichen.

3. Da die parabolische und die hyperbolische Geometrie durch Einführung der uneigentlichen bezw. idealen Elemente rein begrifflich die Verknüpfungsgesetze der elliptischen Geometrie herbeiführen, so wird die projektive Geometrie, die jenen zur Grundlage dienen soll, die Verknüpfungsaxiome der elliptischen voraussetzen müssen.

In der projektiven Ebene werden also je zwei Geraden einander schneiden; erst hinterher werden wir gewisse Punkte und Geraden als uneigentliche oder ideale auszeichnen, um zu den drei verschiedenen Geometrien zu gelangen. Die Worte „Punkt, Gerade, Ebene“ könnten übrigens durch „Grundgebilde nullter, erster, zweiter Stufe“ ersetzt werden; die Ebene suchen wir durch ein Strahlenbüschel zu erzeugen.

Wir gehen demnach von zwei verschiedenen Systemen von Dingen

---

1) Vergl. A. Clebsch, Vorlesungen über Geometrie, bearbeitetet von Lindemann, Bd. II.

aus, die Punkte und Geraden heißen mögen. Es sei festgesetzt, was man unter Inzidenz eines Punktes und einer Geraden zu verstehen hat. Von den mit einer Geraden inzidenten Punkten sagen wir, sie „liegen auf ihr“, sie „gehören ihr an“; nach einer in § 13 gemachten Bemerkung brauchen diese Punkte nicht im gewöhnlichen Sinne „auf“ der Geraden zu liegen; die mit einem Punkte inzidenten Geraden „gehen durch diesen Punkt“. Eine Gerade „verbindet“ je zwei „ihrer“, d. h. der ihr angehörigen Punkte. Zwei durch denselben Punkt gehende Geraden „schneiden sich in diesem Punkte“, sie „haben diesen Punkt gemein“. Alle diese Redewendungen dienen nur zur Erleichterung des Ausdruckes, sie könnten sämtlich durch den Begriff der Inzidenz ersetzt werden. Zwischen den Punkten und Geraden bestehe unter Benutzung des Begriffes der Inzidenz eine Verknüpfung folgender Art:

I_1. Durch zwei voneiander verschiedene Punkte geht stets eine und nur eine Gerade.

I_2. Auf jeder Geraden liegen mindestens zwei Punkte.

I_3. Es gibt mindestens zwei einander nicht schneidende Geraden.

Es gibt demnach mindestens drei nicht in einer Geraden liegende Punkte. Die drei Geraden, welche drei nicht in einer Geraden gelegene Punkte paarweise verbinden, konstituieren ein „Dreiseit“ mit den drei Geraden als „Seiten“ und den drei Punkten als „Ecken“. Unter einem „Strahlenbüschel“ (S, u) mit dem „Scheitel“ S und der „Leitlinie“ u verstehen wir die Gesamtheit der Geraden oder „Strahlen“, welche den Punkt S mit den Punkten der Geraden u verbinden. Ein Strahlenbüschel kann nur einen Scheitel haben, sonst müßten seine Strahlen nach I_1 miteinander zusammenfallen. Wir fordern weiter:

I_4. Zwei Strahlenbüschel mit gemeinsamem Scheitel haben mindestens einen gemeinsamen Strahl.

I_5. Eine Gerade, die zwei Seiten eines Dreiseits schneidet, und zwar nicht in ihrem gemeinsamen Schnittpunkte, schneidet auch die dritte Seite.

4. Diese zwei Axiome bezwecken ersichtlich die Definition der Ebene. Aus I_5 folgen zunächst die Hilfssätze:

A. Eine Gerade, die zwei Strahlen eines Strahlenbüschels schneidet, ohne durch den Scheitel zu gehen, schneidet 1) auch die Leitlinie und 2) die übrigen Strahlen des Büschels und kann daher als Leitlinie dienen.

B. Je zwei Leitlinien desselben Büschels schneiden einander.

Die Allheit der Strahlen und Leitlinien eines Strahlenbüschels mit den ihnen angehörigen Punkten nennen wir eine „Ebene“, die mit jenen Geraden und Punkten „inzident“ ist; diese Gebilde „liegen in dieser Ebene“, sie „gehören ihr an“, die Ebene „geht durch sie“. Der Ebene gehören an: die Verbindungsgerade von je zwei ihrer Punkte, der Schnittpunkt von je zwei ihrer Geraden. Je zwei Geraden einer Ebene schneiden sich. Jeder Punkt einer Ebene kann Scheitel, jede nicht durch ihn gehende Gerade der Ebene kann Leitlinie eines die Ebene „erzeugenden“ Strahlenbüschels sein. Nach I_3 liegen nicht alle Geraden in derselben Ebene. Eine Ebene wird von jeder nicht in ihr liegenden Geraden in einem und nur einem Punkte geschnitten. Denn ist S der Scheitel, u eine Leitlinie eines Strahlenbüschels der Ebene, v jene Gerade, so haben die Büschel (S, u), (S, v) nach I_4 einen Strahl w gemeinsam, der die Gerade v in dem Punkte V schneidet; dieser ist der Geraden v und der Ebene gemeinsam. Gleichzeitig folgt hieraus, daß zwei Ebenen einander stets in einer Geraden schneiden. Drei Ebenen, die nicht eine Gerade gemeinsam haben, schneiden sich in einem Punkte. Durch drei Punkte, die nicht in einer Geraden liegen, geht stets eine und nur eine Ebene; denn einer dieser Punkte kann als Scheitel, die Verbindungsgerade der beiden anderen als Leitlinie eines Strahlenbüschels dienen, das die Ebene erzeugt.

5. Die Verbindungsstrahlen der Punkte einer Ebene α mit einem ihr nicht angehörigen Punkte S bilden einen „Schein“ dieser Ebene; der Schnitt dieser Strahlen mit einer nicht durch S gehenden Ebene β heißt die „Projektion“ (der Punkte) von α aus S auf β. Eigenschaften von Figuren der Ebene α, die durch Projektion erhalten bleiben, heißen „projektiv“. Die Geometrie, deren Begründung uns obliegt, befaßt sich nur mit projektiven Eigenschaften der geometrischen Gebilde. Die Eigenschaft des Mittelpunktes M einer Strecke AB der gewöhnlichen Geometrie, „zwischen“ ihren Endpunkten zu liegen, ist z. B. nicht projektiv, da man leicht bewirken kann, daß die Projektion M' von M aus einem Punkte S auf eine Gerade u' außerhalb der Verbindungsstrecke $A'B'$ der Projektionen A', B' von A, B fällt. Liegt der Punkt D auf der Geraden AB außerhalb der Strecke AB, und ist D' seine Projektion aus S auf u', so wird von den Punkten M', D' einer zwischen A', B' und einer nicht zwischen ihnen liegen. Die Eigenschaft der vier Punkte A, B, M, D, daß A und B durch M und D getrennt werden, überträgt sich also auf ihre Projektionen A', B', M', D', sie ist projektiv. Das gibt uns einen Fingerzeig, wie wir die Axiome der Anordnung für die Zwecke der projektiven Geometrie zu modifizieren haben (vergl. § 10, 1). Wir postulieren:

Je zwei verschiedene Punkte A, B einer Geraden u bewirken eine Einteilung aller übrigen Punkte der Geraden in zwei Klassen $(A, B)_{\mathrm{I}}$ und $(A, B)_{\mathrm{II}}$ mit folgenden Eigenschaften:

II_1. Die Klasseneinteilung ist von der Reihenfolge der Punkte A, B unabhängig.

II_2. Jeder Punkt der Geraden außer A und B gehört einer und nur einer Klasse an.

II_3. In jeder Klasse gibt es mindestens einen Punkt.

Bei der durch A, B bewirkten Klassenbildung heißen zwei Punkte Z, W „isothetisch" oder „enantiothetisch" bezüglich A, B, je nachdem sie derselben oder verschiedenen Klassen angehören.

II_4. In jedem Quadrupel von Punkten gibt es zu jedem seiner Punkte nur einen von der Art, daß beide bezüglich der zwei übrigen enantiothetisch sind.

Sind also Z, W enantiothetisch bezüglich A, B, so sind

a)	Z, A	isothetisch	„	W, B,
b)	Z, B	„	„	W, A,
c)	W, A	„	„	Z, B,
d)	W, B	„	„	Z, A;

aus a) und c) folgt auf Grund von II_4:

e) A, B sind enantiothetisch bezüglich Z, W.

Dasselbe ergibt sich aus b) und d); aus a) und d) wie aus b) und c) erhellt, daß auch die isothetische Anordnung von vier Punkten wechselseitig ist. Wir haben also den Satz:

Wenn Z, W isothetisch (oder enantiothetisch) bezüglich A, B ist, so ist auch umgekehrt A, B isothetisch (oder enantiothetisch) bezüglich Z, W.

Um dieser Wechselseitigkeit Ausdruck zu geben, sagen wir im Falle der enantiothetischen Lage, die Paare Z, W und A, B „trennen" einander, im Falle der isothetischen Lage dagegen, sie „folgen" einander. Zwischen den verschiedenen Punktanordnungen auf derselben oder auf verschiedenen Geraden vermittelt das „ebene" Axiom der Anordnung:

II_5. Zwei Geraden u, u' in der Ebene eines Dreiseits a, b, c, die durch keine der drei Ecken A, B, C gehen und sich auf keiner der drei Seiten schneiden, haben mit den drei Seiten a, b, c drei Punktepaare X, X'; Y, Y'; Z, Z' gemeinsam, die entweder **kein** Eckenpaar oder **zwei** Eckenpaare trennen,

also entweder allen drei Eckenpaaren folgen oder nur einem.

6. Wenn auf einer Geraden C die Punktepaare Z, W und A, B einander trennen, also Z, B und A, W einander folgen, und Z, Z' das Paar A, W trennt, so kann Z' nicht mit B identisch sein, und natürlich auch nicht mit A, W, Z. Auf einer Geraden c gibt es also mindestens fünf Punkte A, B, W, Z, Z', und es ist die Annahme erlaubt, daß Z, Z' und A, W einander trennen; C sei ein nicht auf c gelegener Punkt, der von W durch S, S' getrennt werde (II_3). Die Verbindungsgerade u von S, Z und u' von S', Z' (siehe Fig. 49) schneiden BC und AC in X, X' und Y, Y'. Aus den Voraussetzungen

1. Z, Z' trennt A, W,
2. S, S' trennt W, C,

folgt vermöge II_5 aus dem Dreieck WCA:

3. Y, Y' folgt A, C.

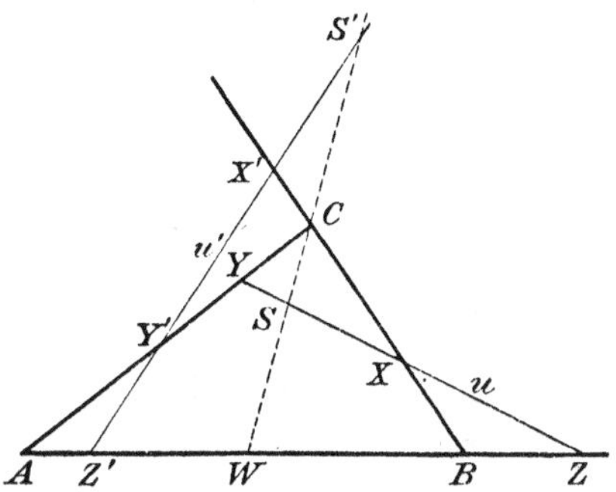

Fig. 49.

Mit Rücksicht auf 2. ergibt sich bei Dreieck WCB die Alternative:

a) entweder X, X' trennt B, C; Z, Z' folgt W, B;
b) oder „ folgt „ ; „ trennt „ .

Andererseits besteht bei Dreieck ABC wegen 3. die Alternative:

α) entweder X, X' trennt B, C; Z, Z' trennt A, B;
β) oder „ folgt „ ; „ folgt „ .

Da der Fall a) nur mit α), b) nur mit β) vereinbar ist, so trennt Z, Z' außer dem in der Voraussetzung angenommenen Paare immer noch ein zweites, aber kein drittes. Im ganzen haben wir aber auf C nur die aus A, B, W gebildeten drei Paare, die gegenüber Z, Z' in Betracht kommen. Wenn Z, Z' zwei dieser Paare nicht trennt, so kann Z, Z' auch das dritte nicht trennen, denn sonst müßte Z, Z' noch ein zweites der drei genannten Paare trennen. Es folgt:

Satz 1. Von fünf Punkten einer Geraden trennt jedes Paar entweder zwei oder keines der drei Paare, die sich aus den drei übrigen Punkten bilden lassen.

Jetzt können wir das Axiom II_5 von der Einschränkung frei machen, daß u, u' sich auf keiner der drei Geraden a, b, c schneiden dürfen. Sei etwa Y' mit Y identisch, A, B trenne das Paar Z, Z''; Y, Y'' trenne A, C; ist X'' der Schnittpunkt der Geraden $u'' = Y''Z''$ mit BC, und mit X nicht identisch, so muß X, X'' nach II_5 dem

Paare B, C folgen (siehe Fig. 50). Wenn nun A, B das Paar Z, Z' nicht trennt, also nach Satz 1 das Paar Z', Z'' trennt, muß X', X'' dem Paare B, C nach II_5 folgen, da Y', Y'' das Paar AC trennt. Nach Satz 1. folgt daher auch X, X' dem Paare B, C. Ist zufällig X'' mit X identisch und Z von Z', also X von X' verschieden, so kann X'' nicht mit X' zusammenfallen. Daher ist auf die Geraden u', u'' der Satz II_5 anwendbar und ergibt unmittelbar, daß X, X' das Paar B, C nicht trennt, wenn Z, Z' das Paar A, B nicht trennt. Diese Beziehung zwischen X, X' und Z, Z' ist wechselseitig, woraus folgt, daß, wenn X, X' das Paar B, C trennt, Z, Z' auch das Paar A, B trennt. Damit ist die erwähnte Einschränkung des Satzes II_5 aufgehoben. Legt man durch Y noch weitere Geraden, die A, B (und B, C) treffen, so ergibt sich durch wiederholte Anwendung des gefundenen Resultates der

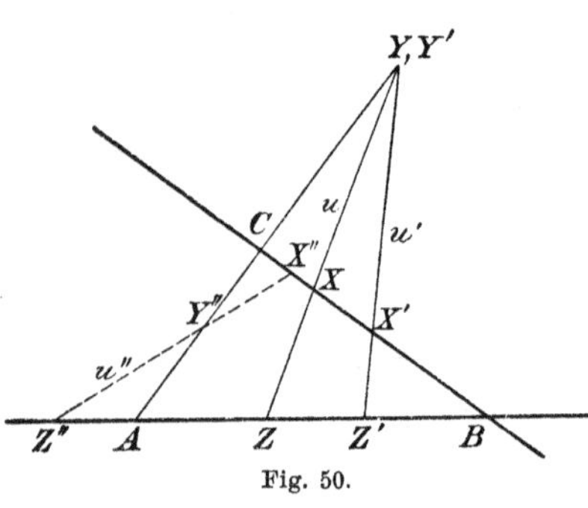

Fig. 50.

Satz 2. Die den Axiomen II entsprechende Anordnung der Punkte einer Geraden ist projektiv,

d. h. sie wird durch Projektion von einer Geraden auf die anderen übertragen.

7. Die in den Axiomen II geforderte Klasseneinteilung der Punkte einer Geraden ist einer wesentlichen Verallgemeinerung fähig. Wenn A, B, C, Z vier Punkte einer Geraden sind und $(A, B)_C$ diejenige durch A, B bestimmte Klasse bezeichnet, die C nicht enthält, so wird Z, je nachdem Z, C durch A, B getrennt wird oder nicht, der Klasse $(A, B)_C$ angehören oder nicht. Wenn man die Punkte A, B, C in irgend einer der sechs möglichen Reihenfolgen mit 1, 2, 3 bezeichnet, so muß Z nach II_4 einer und nur einer der Klassen $(1, 2)_3$, $(2, 3)_1$, $(3, 1)_2$ angehören. Wir behaupten jetzt ganz allgemein:

Satz 3. n Punkte einer Geraden lassen sich stets so mit den Ziffern $1, 2, \cdots, n$ bezeichnen, daß folgende Ordnung besteht:

1. Je zwei im Zyklus $1, 2, 3, \cdots, n, 1$ unmittelbar aufeinander folgende Punkte $\nu, \nu+1$ $(\nu = 1, 2, \cdots, n-1)$ oder $n, 1$ bestimmen im Sinne der Axiome II eine Klasse $[\nu, \nu+1]$ oder $[n, 1]$, die keinen der $n-2$ übrigen Punkte enthält, sodaß diese also der anderen Klasse, der „Ergänzungsklasse", angehören.

2. Jeder von diesen n Punkten verschiedene Punkt Z liegt in einer und nur einer dieser n Klassen $[1, 2], [2, 3], \cdots, [n-1, n], [n, 1]$.

3. Diese Ordnung bleibt bestehen, nicht nur, wenn man die Ziffern $1, 2, \cdots, n$ zyklisch permutiert, sondern auch, wenn man sie bezw. durch $n, n-1, \cdots, 1$ ersetzt, worauf man sie wieder zyklisch permutieren darf.

Für $n = 3$ haben wir den Satz vorweggenommen; um ihn durch den Schluß von n auf $n + 1$ vollständig zu beweisen, denken wir $n + 1$ Punkte gegeben und auf n derselben den Satz angewandt. Die entsprechenden Klassen seien $[1, 2]^*, [2, 3]^*, \cdots, [n-1, n]^*, [n, 1]^*$. Der $(n+1)^{\text{te}}$ Punkt liegt nach Voraussetzung in einer und nur einer dieser n Klassen; wir dürfen annehmen, in $[n, 1]$, da dieser Fall durch zyklische Permutation der Ziffern $1, 2, \cdots, n$ sich leicht herbeiführen läßt. Dann trennt $n+1, \nu$ das Paar $n, 1$ für

$$\nu = 2, 3, 4, \cdots, n-1.$$

Nach II_4 folgt also $n+1, 1$ dem Paare ν, n, und $n, n+1$ dem Paare $\nu, 1$, woraus sich ergibt, daß

$$(n+1, 1)_\nu = (n+1, 1)_n; \quad (n, n+1)_1 = (n, n+1)_\nu \quad \text{für } \nu = 2, 3, \cdots, n-1,$$

wenn das Gleichheitszeichen zum Ausdruck der Identität benutzt wird. Die Symbole $(n+1, 1)_2 = (n+1, 1)_3 = \cdots = (n+1, 1)_{n-1} = (n+1, 1)_n$ bezeichnen also dieselbe Klasse, die wir kurz $[n+1, 1]$ nennen wollen; ebenso bezeichne $[n, n+1]$ die Klasse

$$(n, n+1)_1 = (n, n+1)_2 = \cdots = (n, n+1)_{n-1}.$$

Ein von $1, 2, \cdots, n+1$ verschiedener Punkt Z muß einer und nur einer der Klassen $[1, 2]^*, [2, 3]^*, \cdots, [n-1, n]^*, [n, 1]^*$ angehören. Neues bietet nur der Fall, daß Z in der letzten Klasse $[n, 1]^*$ enthalten ist, in der auch $n+1$ sich befindet; Z, ν $(\nu = 2, \cdots, n-1)$ trennt dann $n, 1$, und durch Anwendung des Satzes 1. auf die fünf Punkte $Z, \nu, n, n+1, 1$ ergibt sich, daß Z, ν eines und nur eines der Paare $n, n+1$ oder $n+1, 1$ trennt, d. h. daß Z entweder in $(n, n+1)_\nu$ oder in $(n+1, 1)_\nu$ sich befindet.

Sind also Z und $n+1$ Punkte von $[n, 1]^*$, so gehört Z entweder zu $[n, n+1]$ oder zu $[n+1, n]$. Damit ist der Satz 3. bewiesen und zugleich gezeigt, daß jeder hinzukommende Punkt immer die Klasse in zwei neue Klassen spaltet, der er angehört. Die Sternchen, welche die durch n Punkte bewirkte Klasseneinteilung von der durch $n + 1$ Punkte erzeugten unterscheiden sollten, erweisen sich demnach als überflüssig. Nach II_3 gibt es in jeder

Klasse mindestens einen Punkt. Auf jeder Geraden gibt es demnach mindestens vier Punkte, also ebensoviel Klassen, also vier weitere Punkte, also acht Klassen und mindestens acht weitere Punkte u. s. w. In jeder der beiden Klassen, die ein Punktepaar auf einer Geraden bestimmt, gibt es also unendlich viel Punkte.

8. Die zwei verschiedenen zyklischen Anordnungen der Klassen, die durch n Punkte im Sinne des Satzes 3. gebildet werden, bestimmen zwei verschiedene „Sinne", in denen man die Klassen „durchlaufen", d. h. zunächst nur „aufzählen" kann. Läßt man aber an der Klasseneinteilung einen $(n+1)^{\text{ten}}$ Punkt α teilnehmen, der etwa der Klasse $[4, 5]$ angehört, so zerfällt diese, wie wir soeben bewiesen haben, in die Klassen $[4, \alpha]$ und $[\alpha, 5]$; ein zu $[4, 5]$ gehöriger Punkt β muß dann entweder in $[4, \alpha]$ oder in $[\alpha, 5]$ vorkommen. Nehmen wir das letzte an, so zerfällt $[\alpha, 5]$ in $[\alpha, \beta]$ und $[\beta, 5]$, sodaß jeder Punkt γ von $[\alpha, 5]$ in $[\alpha, \beta]$ oder $[\beta, 5]$ liegen muß. Falls γ zu $[\beta, 5]$ gehört, zerfällt $[\beta, 5]$ in $[\beta, \gamma]$ und $[\gamma, 5]$; daher setzt sich $[4, 5]$ aus $[4, \alpha]$, $[\alpha, \beta]$, $[\beta, \gamma]$, $[\gamma, 5]$ zusammen, und es ist $[1, 2]$, $[2, 3]$, $[3, 4]$, $[4, \alpha]$, $[\alpha, \beta]$, $[\beta, \gamma]$, $[\gamma, 5]$, $[5, 6]$, $\cdots$, $[n, 1]$ eine erweiterte Klasseneinteilung nach Satz 3. Eine Aufzählung dieser Klassen im einen oder anderen Sinne gibt dann zugleich eine Aufzählung der ursprünglichen Klassen in einem oder dem anderen Sinne; das setzt sich bei vermehrten Teilpunkten fort, und man nähert sich so der Vorstellung, daß die Punkte der Geraden selbst in eine bestimmte Ordnung gebracht werden können, indem eben alle Klassen und dann alle Unterabteilungen derselben u. s. f. sich in die zwei zyklisch verschiedenen Ordnungen bringen lassen. Zugleich prägt sich hier mit wachsender Schärfe die Verstellung der Klasse als Strecke aus, zunächst als Strecke ohne Beimischung des Längenbegriffs. Wohl aber stehen wir bereits am Ursprung der Begriffe Größer und Kleiner. Es liegt nämlich nahe, die Zerlegung von $[4, 5]$ in die Teilklassen $[4, \alpha]$, $[\alpha, 5]$ des obigen Beispiels symbolisch auszudrücken durch

$$[4, 5] = [4, \alpha] + [\alpha, 5]$$

und die „Teilklassen" $[4, \alpha]$, $[\alpha, 5]$, die weniger umfassend als $[4, 5]$ sind, „kleiner" als $[4, 5]$ zu nennen. Es ist dann

$$[\alpha, 5] = [\alpha, \beta] + [\beta, 5],$$

$$[\beta, 5] = [\beta, \gamma] + [\gamma, 5],$$

und

$$[4, 5] = [4, \alpha] + [\alpha, \beta] + [\beta, \gamma] + [\gamma, 5].$$

Bezeichnet man die Beziehung zwischen einer Klasse k und einer Teilklasse $\varkappa$ durch $\varkappa < k$, so ist z. B.

$$[\gamma, 5] < [\beta, 5], \quad [\beta, 5] < [\alpha, 5], \quad [\alpha, 5] < [4, 5]$$

und aus diesen „Ungleichungen" folgt, wie in der Arithmetik,

$$[\gamma, 5] < [4, 5].$$

Wir können also zwei Teilklassen k_1, k_2 einer Gesamtklasse k auf das Größer- oder Kleinersein vergleichen, wenn eine dieser Teilklassen ihrerseits eine Teilklasse der anderen ist: Ist dagegen keine von beiden Teil der anderen, so fehlt es an einem Vergleichungsmodus. Dieser muß durch ein Gesetz gegeben sein, das es gestattet, allenthalben auf einer Geraden einer gegebenen Klasse andere Klassen eindeutig zuzuordnen, die als der gegebenen Klasse „gleich" gelten sollen; k_1 heißt „kleiner" als k_2, wenn k_2 eine Teilklasse $\varkappa_1$ enthält, die gleich k_1 ist. Die logische Genesis des Größenbegriffes geht also aus von der Erzeugung des Größer und Kleiner, setzt dann die Gleichheit und definiert zum Schlusse das „Wie groß". Für unsere Zwecke reicht die Vorstufe aus. Doch möchten wir hierdurch angeregt haben, diese Begriffsbildung einmal an einer Mannigfaltigkeit auszuführen, wo sie uns nicht infolge alltäglicher Gewohnheit so trivial vorkommt als an den Punkten einer Geraden, z. B. an Temperaturdifferenzen.

§ 16. Das Dedekindsche Axiom und der Fundamentalsatz der projektiven Geometrie.

1. Zur Begründung der Geometrie der Ebene müssen wir nach § 13, 4. die reichere Gesetzlichkeit des Raumes benutzen, um den Satz von Desargues abzuleiten; seine Voraussetzungen sind in § 13, 12. ausführlich besprochen, der Beweis ist in § 10, 1. erbracht worden. Diesen Satz wenden wir auf zwei Dreieckspaare $A_1B_1C_1$ und $A_2B_2C_2$, $B_1C_1D_1$ und $B_2C_2D_2$ einer Ebene η an, die so zueinander gelegen sind, daß die Schnittpunkte

C von A_1B_1 und A_2B_2, A von B_1C_1 und B_2C_2, B von C_1A_1 und C_2A_2

der homologen Seiten des ersten Paares, und die Schnittpunkte

C von B_1C_1 und B_2C_2, C' von C_1D_1 und C_2D_2, B' von D_1B_2 und D_2B_2

der homologen Seiten des zweiten Paares einer Geraden u angehören. Dann gehen nach dem Satze von Desargues einerseits die Geraden

$$A_1A_2,\ B_1B_2,\ C_1C_2, \quad \text{andererseits} \quad B_1B_2,\ C_1C_2,\ D_1D_2$$

durch einen Punkt. Dieser wird aber durch das Paar B_1B_2 und C_1C_2, das beiden Tripeln angehört, allein schon bestimmt, ist also für beide Dreiecke derselbe Punkt S. Jetzt sind die Dreiecke $A_1B_1D_1$ und $A_2B_2D_2$ so zueinander gelegen, daß die Verbindungslinien homologer Eckpunkte A_1A_2, B_1B_2, D_1D_2 durch denselben Punkt S gehen, also liegen nach der Umkehrung des Satzes von Desargues die Schnittpunkte

$$C \text{ von } A_1B_1 \text{ und } A_2B_2, \quad B' \text{ von } B_1D_1 \text{ und } B_2D_2,$$
$$A' \text{ von } D_1A_1 \text{ und } D_2A_2$$

in einer Geraden. Das ist u (siehe Fig. 51). Der Beweis bleibt bündig, wenn die Punkte eines oder zweier der drei Paare A, A'; B, B'; C, C' je mit einander zusammenfallen, versagt aber, wenn einer

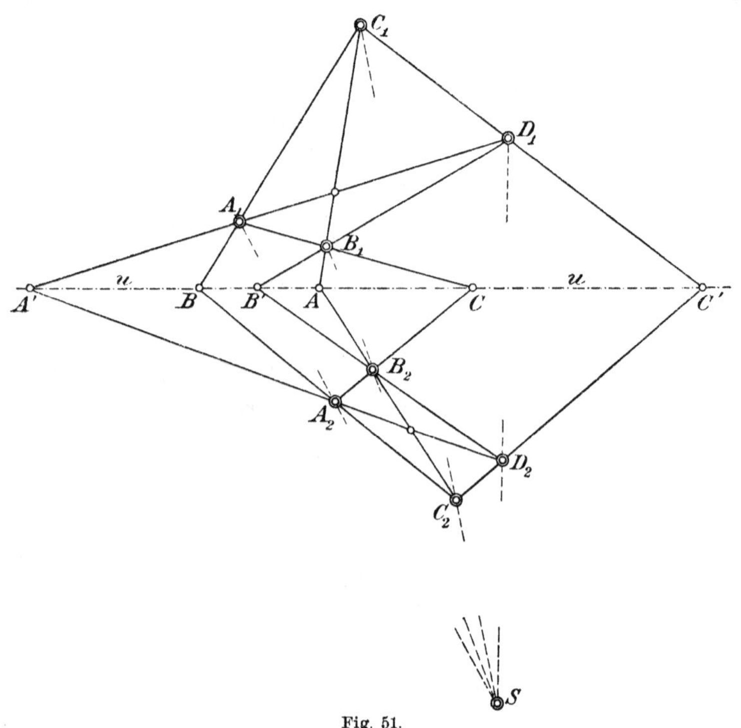

Fig. 51.

der vier Punkte A_1, B_1, C_1, D_1 auf u liegt. Das System der drei Paar Verbindungsgeraden dieser Punkte heißt ein „vollständiges" Viereck, je zwei Geraden oder „Seiten" desselben, die zusammen die vier „Eckpunkte" A_1, B_1, C_1, D_1 enthalten, werden ein Paar Gegenseiten oder gegenüberliegende Seiten genannt. Wir haben also den

Satz 1. **Wenn von zwei aufeinander bezogenen vollständigen Vierecken fünf Paar homologer Seiten sich in Punkten einer Geraden u schneiden, welche durch keinen Eckpunkt geht, so liegt auch der Schnittpunkt des sechsten Paares auf dieser Geraden.**

2. In Fig. 52 ist der spezielle Fall dargestellt, daß diese Gerade durch die Schnittpunkte A und B zweier Paare von Gegenseiten der Vierecke $OPQR$ und $O'P'Q'R'$ geht. Zu den so ausgezeichneten Punkten A, B und einem weiteren Punkte C bestimmt dieser Satz eindeutig vermöge der vollständigen Vierecke einen Punkt D der Geraden A, B, sodaß man also beliebig viel Punkte von AB konstruieren kann, wenn noch ein dritter Punkt C dieser Geraden gegeben ist. Geht man bei festgehaltenem A und B von D aus, so liefert die Konstruktion rückwärts den Punkt C. Die Beziehung der Punkte C, D zu dem in bezug auf das Viereck ausgezeichneten Paare A, B ist also wechselseitig. Diese Auszeichnung von A, B ist übrigens nicht wesentlich. Ist nämlich (vergl. Fig. 53) S der Schnittpunkt des dritten Paares von Gegenseiten, und sind $HKLM$ die Schnittpunkte der Geraden AS, BS mit den durch A und B gehenden Seiten des Vierecks, so senden die Vierecke $HOKS$ und $SMQL$ je ein Paar Gegenseiten durch A und durch B, während ihre gemeinsame Seite OSQ durch C geht; also müssen ihre sechsten Seiten HK und ML durch D gehen. Andererseits senden aber die Vierecke $PHSM$ und $SKRL$ je ein Paar Gegenseiten durch A und B, und die gemeinsame Seite PSR durch D, folglich

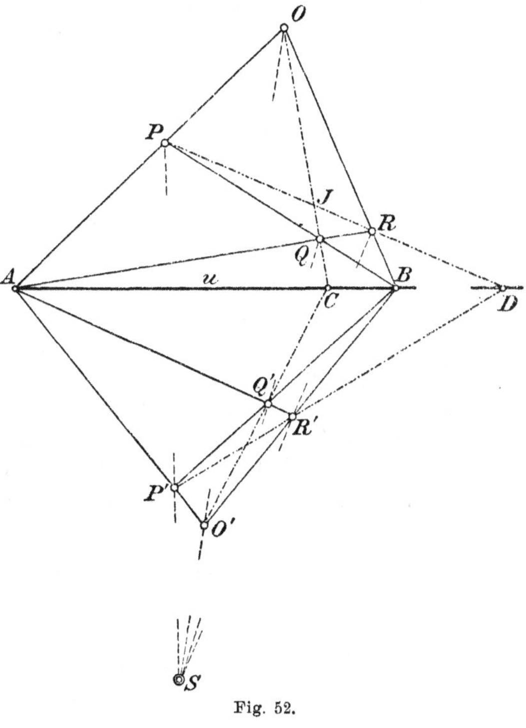

Fig. 52.

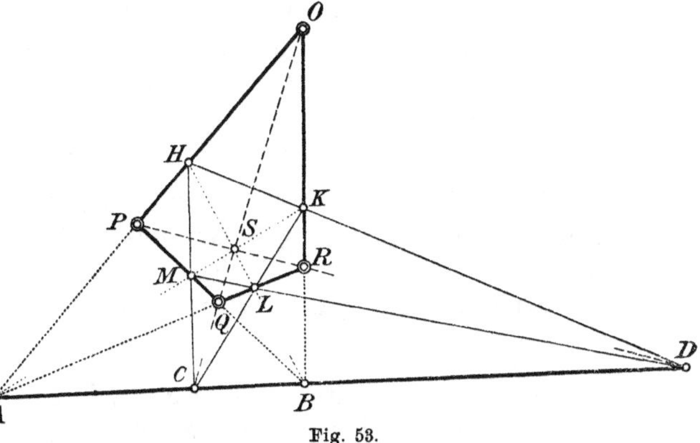

Fig. 53.

müssen die sechsten Seiten HM und KL durch den Punkt C gehen. Jetzt ist aber $HKLM$ ein Viereck, das zwei Paar Gegenseiten durch C und D sendet, während das dritte Paar Seiten durch A und B geht, also ist jetzt C, D so gegen A, B bevorzugt, wie ursprünglich A, B gegen C, D bevorzugt war. Man wird fragen, ob nicht etwa auch A und C zu Schnittpunkten von Gegenseitenpaaren gemacht werden können. Das ist aber unmöglich, weil, wie wir gleich zeigen werden, A, B durch C, D getrennt wird, also A, C und B, D nach II_4 (§ 15) einander folgen. Die Projektion von $ACBD$

aus Q auf PR ist nämlich: $RSPD$,
„ O „ „ : $PSRD$.

Wenn nun AC und BD einander trennten, so gälte das auch von R, S und P, D, sowie von P, S und R, D (§ 15, Satz 2.), im Widerspruch mit Axiom II_4 (§ 15), wonach unter den Punkten R, P, D nur einer den Punkt S von den anderen trennen kann. Folglich trennen AC und BD einander nicht; dasselbe gilt auch von A, D und C, B, sodaß also nach II_4 die Paare A, B und C, D einander trennen müssen. Das Ergebnis unserer Untersuchung fassen wir zusammen als

Satz 2. Ist ein vollständiges Viereck $OPQR$ zu drei Punkten A, B, C einer Geraden u so gelegen, daß es durch A und B je ein Paar Gegenseiten sendet, während eine fünfte Seite durch C geht, so bestimmt die sechste Seite auf u in eindeutiger Weise einen Punkt D; d. h. jedes andere ebenso zu A, B, C gelegene Viereck $OPQR$ bestimmt denselben Punkt D. Die zwei Punktepaare A, B und C, D heißen zwei harmonische Punktepaare oder zwei Paar harmonischer Punkte. Sie haben folgende Eigenschaften: a) sie trennen einander; b) auch C und D können zu Schnittpunkten von Gegenseitenpaaren eines vollständigen Vierecks gemacht werden, das dann durch A und B je eine Seite sendet; c) wenn C bei festgehaltenem A und B in die Lage von D fällt, so fällt D in die von C.

Die Eigenschaft zweier Punktepaare A, B; C, D einander harmonisch zu trennen, d. h. zwei harmonische Paare zu bilden, ist offenbar projektiv, weil ein vollständiges Viereck sich immer wieder in ein vollständiges Viereck, zwei harmonische Paare also in zwei ebensolche Paare projiziert werden.

3. Die drei Seitenpaare XX' und YY', XY und $X'Y'$, $X'Y$ und XY' eines vollständiges Vierecks mögen durch zwei Geraden u

und u_1 geschnitten werden in den drei Punktepaaren B, A; Z, Z'; W, W' und B_1, A_1; Z_1, Z_1'; W_1, W_1'. Die Punktepaare X, X' und Y, Y' können bezüglich des Dreiecks ABC nach II_5 nur folgende Lagen haben:

a) entweder sie trennen das Paar C, B bezw. das Paar C, A, wie in Fig. 54;

b) oder sie trennen nicht;

c) oder es findet eine Trennung, eine Folge statt, wie in Fig. 54 das Dreieck $A_1 B_1 C$ zeigt. Wendet man auf das Dreieck ABC bzw. $A_1 B_1 C$ und die Schnittgeraden XY und $X'Y'$ oder $X'Y$ und XY' das Axiom II_5 an (§ 15), so müssen Z, Z' und W, W' die Punkte des Paares A, B im Falle c) trennen (illustriert in Fig. 54 an A_1, B_1; Z_1, Z_1'; W_1, W_1'), im Falle a) und b) dagegen nicht. Jetzt wenden wir dasselbe Axiom auf das von u, $X'Y$ und XY' gebildete Dreieck SWW' und die Schnittgeraden an, die durch X', Y, X, Y' gehen. Im Falle a) und b), wo das Paar A, B die Punkte W, W' nicht trennt, wird das Paar X', Y zu S, W und zugleich X, Y' zu S, W' entweder isothetisch oder enantiothetisch liegen (II_5), also wird Z, Z' das Paar W, W' nicht trennen (II_5, § 15). Im Falle c), wo A, B die Punkte W, W' trennt und daher die Geraden $X'Y$ und XY' auf den Seiten des Dreiecks SWW' noch eine Trennung hervorrufen müssen (II_5, § 15), wird Z, Z' die Ecken W, W' trennen. Also ist bewiesen:

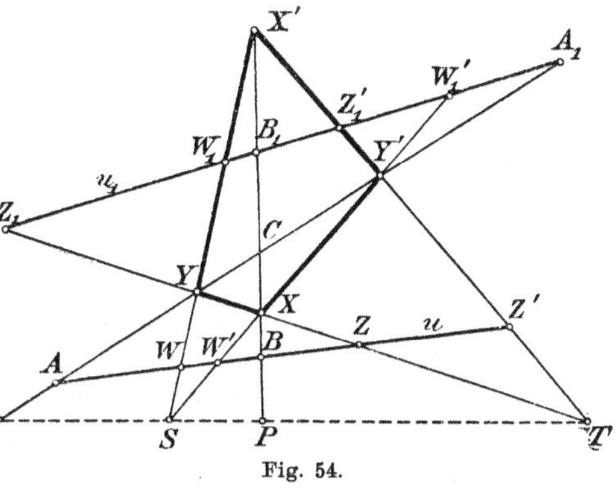

Fig. 54.

Satz 3. Wenn eine Gerade u von den Seiten eines vollständigen Vierecks in drei Paaren verschiedener Punkte geschnitten wird, so müssen diese drei Paare einander zu je zweien entweder sämtlich trennen oder nicht trennen.

4. In Artikel 2. wurde der besondere Fall erörtert, daß die schneidende Gerade u der Sätze 1. und 3. durch zwei Schnittpunkte von Gegenseitenpaaren geht. Es bleibt also noch der Fall zu untersuchen, daß auf u sich nur ein Paar Gegenseiten schneidet, also in Fig. 54 etwa Z' mit Z zusammenfällt. In der so entstehenden Fig. 55 werden alle Bezeichnungen der vorigen beibehalten und noch die Gerade SC eingefügt, die AB in Q und $X'Y'$ in Q' schneidet. Vermöge des vollständigen Vierecks $XCYS$ wird das Punktepaar X', Y' durch Q', Z harmonisch getrennt. Als Projektionen dieser Paare aus C und S auf u müssen dann auch A, B und Q, Z; W, W' und Q, Z einander harmonisch trennen. Da die Punktepaare A, C und Y, Y'; B, C und X, X' von Z aus aufeinander projiziert werden, so müssen sie entweder beide einander trennen oder beide einander nicht trennen. Vermöge des Axioms II_5, § 15 in Anwendung auf Dreieck ABC werden A, B und W, W' in beiden Fällen einander nicht trennen, daher

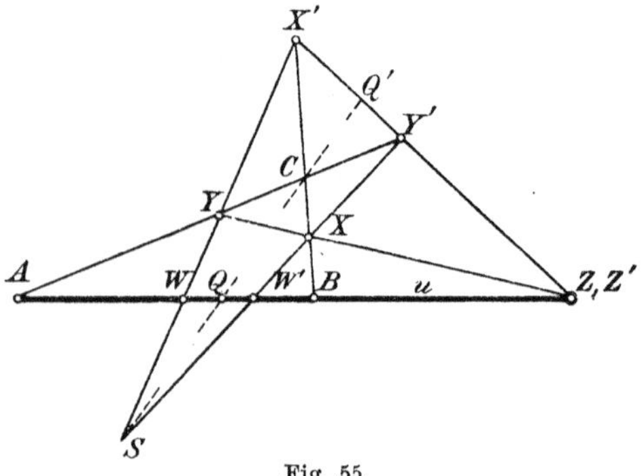

Fig. 55.

Satz 4. Wenn unter der Voraussetzung des Satzes 3. eines der dort genannten Punktepaare in einen Punkt Z zusammenfällt, so trennen die zwei übrigen Paare einander nicht und es gibt einen Punkt Q, der jedes dieser Paare von Z harmonisch trennt. Werden umgekehrt zwei Punktepaare durch ein Paar Z, Q harmonisch getrennt, so gibt es vollständige Vierecke, die durch Z (oder Q) zwei Gegenseiten, durch die zwei Punktepaare je ein Gegenseitenpaar senden.

Denn man kann Z, Q' und X', Y' auf einer durch Z gehenden Geraden willkürlich als harmonische Paare annehmen, AY' und BX' sowie $X'W$ und $Y'W'$ ziehen, wodurch in Fig. 55 die Punkte C und S festgelegt werden, und die Schnittpunkte X, Y von WX' mit AC sowie W', Y' mit BC konstruieren. Dann muß XY durch Z gehen, weil X', Y' und Q', Z harmonische Paare sind. Damit ist die Umkehrung bewiesen, aus der folgt, daß zwei einander trennende Punktepaare einer Geraden nicht durch ein drittes Paar harmonisch getrennt werden können.

5. Aus den Hilbertschen Untersuchungen über die Stetigkeit in § 20 seiner „Grundlagen" geht hervor, daß zu zwei einander nicht trennenden Punktepaaren A, B und M, N auf Grund unserer bisher eingeführten Axiome nicht notwendig ein drittes Paar U, V existiert, das A von B und M von N harmonisch trennt. Versucht man nach Satz 4. die Konstruktion eines vollständigen Vierecks $PQRS$, das durch M und N die Gegenseiten PQ und RS, durch A und B die Gegenseiten PR und QS sendet, und dessen drittes Gegenseitenpaar

PS und *QR* die Gerade *w*, auf der *A, B, M, N* liegen (siehe Fig. 56), in demselben Punkte *U* schneiden, so erhält man im allgemeinen zwei verschiedene Schnittpunkte x_1 und y_1. Die ihnen entsprechenden Punkte *P* und *Q* auf den festgehaltenen Strecken *AR* und *PS* bezeichnen wir genauer als P_1, Q_1. Indem wir *R* und *S* zugleich mit *A, B, M, N* festhalten und die Konstruktion für andere und andere Lagen $P_2, P_3, \cdots$ des Punktes *P* auf *AR* wiederholen, erhalten wir die Quadrupel $P_2 Q_2 x_2 y_2$, $P_3 Q_3 x_3 y_3, \cdots$, die jedem Punkte x_n von *w* einen Punkt y_n, jedem Punkte y_n einen Punkt x_n zuordnen. Der Schnittpunkt von *AR* und *BS* sei *C*. Wir beschränken die Lage von P_n auf die durch *A, B* bestimmte Klasse $(A, C)_R$, die *R* nicht enthält. Da *M, N* durch *A, B* nicht getrennt werden, so müssen *SN* und $P_n M$ die Seite *CB* des Dreiecks *ABC* in einem Punkte Q_n treffen, der von *S* durch *B, C* getrennt wird; also ist Q_n auf $(C, B)_S$ beschränkt, und da die durch *A, C* getrennten Punkte P_n und *R* aus *S* auf x_n und *N* projiziert werden, so gehören die Punkte x_n infolge der Einschränkung der Punkte P_n sämtlich der Klasse $(A, B)_N$ an, die wir kürzer mit $[A, B]$ bezeichnen wollen. Derselben Klasse gehören auch die Punkte y_n an, weil die Punktepaare A, B; x_n, y_n; M, N nach Satz 3. einander nicht trennen. Es wird nun unter Benutzung der ersten Stufe des Größenbegriffes nach § 15, 8. immer entweder

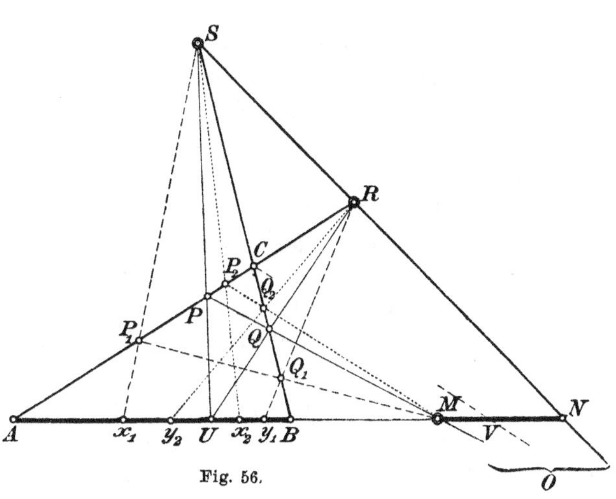

Fig. 56.

$$[A, x_n] \leqq [A, y_n] \quad \text{oder} \quad [A, x_n] \geqq [A, y_n]$$

sein, wo der Fall der Gleichheit nur eintritt, wenn x_n mit y_n zusammenfällt, der uns gerade interessiert. In Fig. 56 erfüllt x_1, y_1 die erste, x_2, y_2 die zweite Ungleichung, während *U* den axiomatisch noch zu fordernden Punkt *x* bezeichnet, der mit dem zugeordneten *y* zusammenfällt. Durch diese Ungleichungen wird unter den Punkten der Klasse $[A, B]$ ein Dedekindscher Schnitt U'/U'' hervorgerufen, wie wir ihn im ersten Bande, § 22, 4. zur Definition der irrationalen Zahlen benutzt haben, d. h.: Die Gesamtheit der Punkte der

Klasse $[A, B]$ zerfällt in zwei Gattungen[1]) U' und U'' von der Art, daß

1. jeder Punkt von $[A, B]$ einer und nur einer dieser Gattungen angehört;
2. von den Endpunkten A, B der Klasse einer zur Gattung U', der andere zu U'' zu zählen ist;
3. zwischen jedem Punkte u' der einen und u'' der anderen Gattung in $[A, B]$ die Beziehung $[A, u'] < [A, u'']$ besteht.

Um im vorliegenden Falle den durch die Zuordnung der y zu den x erzeugten Schnitt bequem beschreiben zu können, wollen wir sagen, ein Punkt μ von $[A, B]$ gehe in $[A, B]$ einem Punkte ν von $[A, B]$ voran, wenn innerhalb $[A, B]$ die Beziehung $[A, \mu] < [A, \nu]$ besteht. In Ergänzung dieser Ausdrucksweise wollen wir sagen, A gehe dem Punkte B voran. Nach F. Enriques[2]) rechnen wir nun

1. zur Gattung U' jeden Punkt x von $[A, B]$, der dem zugeordneten Punkte y vorangeht; zu dieser Gattung gehört wenigstens der eine Punkt A;
2. zur Gattung U'' alle anderen Punkte von $[A, B]$; hierher gehört B.

Jeder Punkt von $[A, B]$, die Endpunkte A, B eingeschlossen, kann als Punkt x gelten und muß einer der beiden Gattungen angehören. Geht x_n dem Punkte y_n voran, so geht auch jeder Punkt x von $[A, x_n]$ dem entsprechenden Punkte y voran, da die Klasse $[A, x_n]$ als Inbegriff von Punkten x der Klasse $[B, y_n]$ als Inbegriff von Punkten y entspricht (Satz 2., § 15.). Die Voraussetzungen eines Schnittes sind also erfüllt.

Den hiermit nachgewiesenen Schnitt U'/U'' könnten wir, wie im ersten Bande, benutzen, um den in Frage stehenden Punkt U zu definieren. Man kommt aber rascher zum Ziel, wenn man diesen Punkt fordert durch das Dedekindsche Axiom:

III. Ein Schnitt U'/U'' in einer Punktklasse $[A, B]$ einer Geraden w wird immer durch einen Punkt U der Klasse in der Weise erzeugt, daß U' mit $[A, U]$, U'' mit $[U, B]$ identisch ist.

Dieser Punkt U muß, als Punkt x aufgefaßt, in der Tat mit dem zugehörigen Punkte y zusammenfallen, da er ihm weder vorangehen,

1) Wir vermeiden den l. c. gebrauchten Ausdruck „Teil", um jede Anspielung auf das räumliche Beieinanderliegen der Punkte eines „Teils" zu vermeiden, das erst durch ein neues Axiom erzwungen werden muß.

2) Vergl. F. Enriques, Vorlesungen über projektive Geometrie. Deutsch von H. Fleischer, Leipzig 1903, §§ 18 und 19.

noch folgen kann. Nachdem U ermittelt ist, findet man V als Schnittpunkt der Geraden w mit der Geraden OC, die den Punkt C mit dem Schnittpunkte O der Geraden SR und PQ verbindet.

In der Klasse $[A, B]$ gibt es keinen von U verschiedenen Punkt U_0, der zusammen mit einem ebenso wie V zu konstruierenden Punkte V_0 die Punkte A und B, M und N harmonisch trennt; denn wäre AP_0PC die Projektion von AU_0UB aus S auf AC, ferner BQ_0QC die Projektion von AP_0PC aus M auf CB, so wäre BU_0UA die Projektion dieses letzten Quadrupels aus R auf AB. Also müßten AU_0UB und BU_0UA gleiche Anordnung haben (Satz 2., § 15). Wenn nun die Punkte A, B durch U, U_0 nicht getrennt werden, also entweder A, U_0 durch U, B, oder A, U durch U_0, B getrennt wird, so müßte im ersten Falle B, U_0 durch U, A, im zweiten B, U durch A, U_0 getrennt werden, beides im Widerspruch mit Axiom II_4, wonach zu U unter den Punkten U_0, A, B nur einer gefunden werden kann, der U von den beiden anderen trennt.

Da aber von zwei Punkten, die A von B harmonisch trennen, immer einer zur Klasse $[A, B]$ gehören muß, so folgt:

Satz 5. Zu zwei einander nicht trennenden Punktepaaren A, B und M, N existiert immer ein und nur ein Punktepaar U, V, das A von B und M von N harmonisch trennt.

Aus diesem Existenzbeweise kann sich, da er die entscheidende Wendung durch eine Forderung, das Axiom III, herbeiführt, keine exakte Konstruktion von U, V ableiten lassen; dazu ist vielmehr die Adjunktion einer Kurve zweiter Ordnung nötig, eines Gebildes, dessen Erzeugung selber nur als durch unbegrenzte Wiederholung eines gewissen Konstruktionsverfahrens ausführbar gedacht werden kann.

6. Die Axiome I, II, III bilden die Grundlage der projektiven Geometrie. Schon an dieser Stelle können wir den Erfolg der Arbeit, der zum Aufbau dieser Geometrie nötig ist, verdoppeln, wenn wir bemerken, daß aus den Axiomen I, II, III und ihren Folgerungen durch Vertauschung der Worte „Punkt“, „Ebene“ mit „Ebene“, „Punkt“ richtige Sätze hervorgehen, z. B.:

Zwei Punkte sind mit einer einzigen Geraden, ihrer Verbindungsgeraden, inzident.	Zwei Ebenen sind mit einer einzigen Geraden, ihrer Schnittgeraden, inzident.
Drei Punkte, die nicht mit einer Geraden inzident sind, sind mit einer Ebene inzident.	Drei Ebenen, die nicht mit einer Geraden inzident sind, sind mit einem Punkte, ihrem Schnittpunkte, inzident.

Aber auch in der Geometrie der Ebene, auf die wir uns im folgenden beschränken wollen, ordnen sich alle Lehrsätze immer zu zweien, die durch Vertauschung der Worte Punkt und Gerade nach sinngemäßer Änderung der übrigen Ausdrücke ineinander übergehen. Dem Dreieck als dem System der Verbindungsgeraden dreier Punkte entspricht so das Dreiseit als System der Schnittpunkte dreier Geraden der Ebene. Der Satz von Desargues ergibt z. B.:

Wenn zwei aufeinander bezogene Dreiecke einer Ebene so zueinander gelegen sind, daß die Verbindungsgeraden entsprechender Ecken durch einen Punkt gehen, so liegen die Schnittpunkte entsprechender Seiten in einer Geraden.	Wenn zwei aufeinander bezogene Dreiecke einer Ebene so zueinander liegen, daß die Schnittpunkte entsprechender Seiten auf einer Geraden liegen, so gehen die Verbindungsgeraden entsprechender Ecken durch einen Punkt.

Es wird nicht nötig sein, die Axiome der Verknüpfung in diesem Sinne einzeln durchzugehen. Der Begriff der Anordnung läßt sich leicht auf die Strahlen eines Strahlenbüschels $S(a, b, c, \cdots)$ übertragen, indem man von seinen Strahlen $a, b, c, \cdots$, die durch S gehen, dieselben Eigenschaften der Anordnung aussagt, die von ihren Schnittpunkten $A, B, C, \cdots$, mit einer nicht durch S gehenden Geraden u gelten. Da nach Satz 2., § 15 die Anordnung von Punkten einer Geraden projektiv ist, d. h. auch von ihren Projektionen aus irgend einem Punkte S auf irgend eine Gerade gilt, so ist die Anordnung der Strahlen jenes Büschels von der Wahl der Hilfsgeraden u unabhängig und erfüllt die Axiome II, wenn man die Worte Punkt und Gerade miteinander vertauscht. Von den sich so ergebenden Sätzen führen wir nur das ebene Axiom der Anordnung II_5 und sein Gegenstück an:

Zwei Geraden u, v in der Ebene eines Dreiecks trennen entweder kein oder zwei Paar Eckpunkte desselben.	Zwei Punkte U, V in der Ebene eines Dreiseits trennen entweder kein oder zwei Paar Seiten desselben.

Die hier neu eingeführten Bezeichnungen bedürfen wohl keiner Erläuterung; zum Beweise des Satzes rechts hat man die Verbindungsgerade von U und V mit den drei Seiten zum Schnitt zu bringen und den Satz 1., § 15 anzuwenden. Da auch der aus Axiom III entspringende Satz über Strahlen eines Büschels zutrifft, so stehen die Punkte einer Ebene zu ihren Geraden in derselben Beziehung wie die Geraden zu ihren Punkten. Damit ist das Dualitätsgesetz der Ebene bewiesen, daß alle Sätze der rein projektiven Geometrie der Ebene durch Vertauschung der Worte Punkt und Gerade und entsprechende Änderung der auf die Inzidenz bezüglichen Ausdrücke in richtige Sätze übergehen. Wir werden daher in Zukunft von zwei „dualen", d. h. in der angegebenen Weise einander gegenüberstehenden Sätzen immer nur den einen zu beweisen brauchen, eine Ersparnis an Arbeit, wodurch die auf die axiomatische Begründung der projektiven Geometrie verwandte Mühe schon an dieser Stelle reichlich aufgewogen wird. Um das Machsche Prinzip von der Ökonomie des Denkens vollständig durchzuführen, werden wir von nun an alle Definitionen dual aussprechen, also z. B. vier harmonische Strahlen definieren als vier Strahlen eines Büschels, zu denen ein vollständiges Vierseit sich in der Lage befindet, daß zwei jener Strahlen durch je ein Paar Gegenecken, der dritte und vierte je durch eine Gegenecke gehen. Diese Strahlen gehen immer durch vier harmonische Punkte eines der vollständigen Vierecke, die das vollständige Vierseit bestimmt, und es ist leicht einzusehen, daß vier Strahlen eines Büschels durch vier harmonische Punkte immer vier harmonische Strahlen sind.

7. Dem Strahlenbüschel, das wir bereits in § 15 definiert haben, steht in der Ebene die „Punktreihe" dual gegenüber, d. h. die Gesamtheit der Punkte einer Geraden. Die Punktreihe und das Strahlenbüschel sind die Grundgebilde (erster Stufe) der projektiven Geometrie der Ebene. Aus ihnen werden die interessantesten Gebilde der Ebene, die Kegelschnitte, punkt- oder tangentenweise erzeugt. Um das Ziel unserer Untersuchung schon jetzt hervortreten zu lassen, wollen wir eine Zwischenbemerkung unter Voraussetzung der Euklidischen Geometrie vorausschicken. Wenn man die Punkte $P_1, P_2, P_3, \cdots$ eines Kreisumfanges von zwei Punkten S und T des Umfanges aus projiziert, so sind die Winkel $P_h S P_k$ und $P_h T P_k$ $(h, k = 1, 2, 3, \cdots)$ einander kongruent für alle Kombinationen der Indizes h, k. Ordnen wir die nach demselben Punkte P_n des Kreises gehenden Strahlen der Büschel S und T einander zu, so entsprechen je vier harmonischen Strahlen von S vier harmonische Strahlen von T, indem letztere Strahlen nach dem Peripheriewinkelsatze miteinander dieselben Winkel bilden, wie erstere. Diese Beziehung zwischen den beiden Strahlenbüscheln wird aber durch Projektion nicht gestört, und wenn wir vorübergehend als bekannt voraussetzen dürfen, daß die Zentralprojektion eines Kreises ein Kegelschnitt ist, so können wir sagen, daß die Punkte P_1, P_2, $\cdots$ eines Kegelschnittes aus zwei Punkten S, T desselben durch Strahlen zweier Strahlenbüschel projiziert werden, die so aufeinander bezogen sind, daß je vier harmonischen Strahlen des einen Büschels vier harmonische Strahlen des anderen entsprechen. Man wird also erwarten dürfen, umgekehrt die Punkte eines Kegelschnittes als Schnittpunkte entsprechender Strahlen zweier Strahlen-

büschel S, T erzeugen zu können, die so aufeinander bezogen sind, daß je vier harmonischen Strahlen des einen vier harmonische Strahlen des anderen entsprechen.

Diese Überlegung, von der wir im folgenden natürlich keinen weiteren Gebrauch machen werden, führt uns dazu, Strahlenbüschel (und Punktreihen) umkehrbar eindeutig aufeinander zu „beziehen", d. h. Gesetze anzugeben und zu untersuchen, die jedem Elemente (d. h. Punkte bei der Punktreihe, Strahlen beim Strahlenbüschel) des einen Gebildes ein bestimmtes Element des anderen Gebildes zuordnen und umgekehrt. Ein Strahlenbüschel $S(a, b, c, \cdots)$ mit dem Mittelpunkt S und den Strahlen $a, b, c, \cdots$ wird auf eine in derselben Ebene liegende Punktreihe $u(A, B, C, \cdots)$ mit den Punkten $A, B, C, \cdots$ auf der Geraden u am einfachsten bezogen, indem man jedem Strahle von S den Punkt von u zuordnet, durch den er geht; diese Zuordnung nennt man perspektiv. Sind zwei Punktreihen u und v einer Ebene zu einem Strahlenbüschel S derselben perspektiv, so sind sie dadurch auch aufeinander eindeutig bezogen und werden zueinander perspektiv genannt. Die Verbindungslinien homologer Punkte zweier perspektiver Punktreihen einer Ebene gehen also durch denselben Punkt S. Zwei Strahlenbüschel, die zu derselben Punktreihe perspektiv sind, mögen auch zueinander perspektiv heißen.

Man denke sich nun eine Punktreihe u mittels eines Strahlenbüschels S_1 auf eine Punktreihe u_1 perspektiv bezogen, diese mittels eines Büschels S_2 auf eine Punktreihe u_2, diese mittels S_3 auf u_3 u. s. w.; dann wird auch die letzte Punktreihe u_n dieses Systems auf die erste u eindeutig bezogen sein, aber die Verbindungslinien homologer Punkte von u und u_n werden im allgemeinen nicht durch denselben Punkt gehen, die Punktreihen u und u_n also nicht perspektiv liegen. Aber die zwischen u und u_n bestehende Beziehung hat mit der perspektiven die wichtige Eigenschaft gemein, daß je vier harmonischen Punkten von u je vier harmonische Punkte von u_n entsprechen. Eine eindeutige Beziehung zwischen zwei Grundgebilden erster Stufe heißt projektiv, wenn je vier harmonischen Elementen des einen vier harmonische Elemente des anderen entsprechen. Zwei Grundgebilde erster Stufe, die zu einem dritten projektiv sind, sind auch zueinander projektiv. Ein Grundgebilde kann auch auf sich selbst projektiv bezogen sein, die Punktreihe u zum Beispiel, indem man etwa u_n mit u zusammenfallen läßt. Jede perspektive Beziehung ist zugleich projektiv; es wird sich umgekehrt zeigen, daß sich jede projektive Beziehung durch eine Reihe perspektiver Beziehungen herstellen läßt.

8. Zu diesem Zwecke vermerken wir zunächst:

Satz 6. Die projektive Beziehung zweier Grundgebilde erster Stufe ist eine geordnete, d. h. je zwei einander trennenden Elementenpaaren des einen Gebildes entsprechen zwei ebensolche des anderen.

Denn wenn den einander trennenden Paaren A, B und C, D zwei einander nicht trennende A', B' und C', D' entsprächen, und U', V' wären nach Satz 5. die Elemente, die A' von B' und C' von D' harmonisch trennen, so müßten nach der Definition die zu U', V' homologen Elemente U, V des ersten Gebildes die Elemente A und B wie C und D harmonisch trennen, im Widerspruch zum letzten Satze des Artikels 4. Also ist Satz 6. richtig, woraus folgt, daß einer zyklischen Folge von Punktklassen [1, 2], [2, 3], $\cdots$ im Sinne des § 15, 7 wieder eine zyklische Folge [1', 2'], [2', 3'], $\cdots$ entspricht.

Es fragt sich nun, wieviel Elementen eines Grundgebildes erster Stufe man je ein Element eines anderen Grundgebildes willkürlich zuordnen darf, um zwischen den Grundgebilden eine projektive Beziehung herzustellen, in der jene Elemente einander entsprechen. Zwei Elemente sind sicher zu wenig; denn handelte es sich etwa um zwei Punktreihen u, u', und ordnete man zwei Punkten A, B der einen zwei beliebige Punkte A', B' der anderen zu, so könnte man beide Punktreihen auf das Strahlenbüschel perspektiv beziehen, das den Schnittpunkt S von AA' und BB' zum Mittelpunkte hat; dadurch wären dann u, u' selber perspektiv aufeinander so bezogen, daß A und A', B und B' einander entsprächen. Man könnte aber auch erst u auf eine Punktreihe u'' perspektiv beziehen, indem man den Punkten A, B auf u'' willkürlich A'', B'' zuordnete, und dann u'' auf u' perspektiv beziehen, sodaß A'' und A', B'' und B' einander entsprächen. Ein Versuch zeigt, daß je nach der Wahl von u'', von A'' und B'' die Beziehung von u und u' sich ändert, daß also zwei Punkte sie nicht eindeutig festlegen. Wir versuchen es daher mit drei Punkten, und zwar wollen wir zur Erhöhung der Anschaulichkeit annehmen, eine Punktreihe u sei auf sich selber projektiv so bezogen, daß von den Punkten A, B, C derselben jeder sich selbst entspricht.

9. Es ist vielleicht übersichtlicher, sich den Sachverhalt so zu denken, daß auf derselben Geraden zwei Punktreihen u, u' einander projektiv in der Weise zugeordnet sind, daß die den Punkten A, B, C von u homologen Punkte A', B', C' von u' mit A, B, C zusammenfallen. Dann fällt auch der Punkt D, der B von A, C harmonisch trennt, mit dem entsprechenden Punkte D' zusammen, da dieser B' von A', C' harmonisch trennt.

Wenn zwei Punktreihen auf derselben Geraden oder zwei Strahlenbüschel mit demselben Mittelpunkt aufeinander projektiv bezogen sind, so versteht man unter einem Doppelelement ein Element, das mit dem entsprechenden zusammenfällt; A, B, C, D sind also Doppelelemente bei der in Rede stehenden projektiven Beziehung. Ein Doppelelement ist auch der Punkt E, der C von B, D harmonisch trennt, ferner der Punkt F, der D von C, E harmonisch trennt u. s. w. Es gibt also eine unbegrenzte Menge von Doppelelementen, da, wie man zeigen könnte, die Punkte $A, B, C, D, E, F, \cdots$ voneinander verschieden sind. Doch hat das hier keinen Wert. Jedenfalls wird aber die Vermutung nahegelegt, daß überhaupt alle Punkte der Geraden sich selbst entsprechen. Um dieser Frage auf den Grund zu gehen, nehmen wir an, P sei ein Punkt von u, dem ein davon verschiedener Punkt P' von u' entspricht. Nach Satz 1, § 15 wird dann das Paar P, P' entweder zwei oder keines der Paare A, B; B, C; C, A trennen.

Im ersten Falle möge P, P' etwa C von A und von B trennen, siehe Fig. 57. Da also das Paar A, C die Punkte des einen Paares P, P' trennt, so muß es entweder noch P von B oder P' von B trennen (§ 15, 1.). Auf Grund des Satzes 6. wird dann A, C aber auch bezw. entweder P' von B oder P von B trennen; folglich müßte A, C alle drei aus P, P', B zu bildenden Paare trennen, im Widerspruch mit § 15, Satz 1. Mithin ist dieser Fall unmöglich.

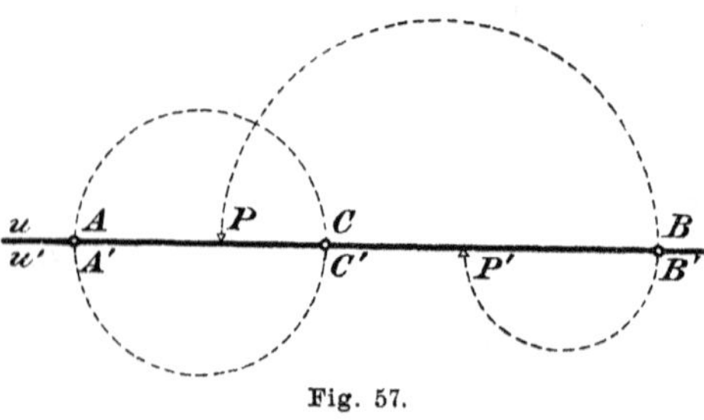

Fig. 57.

Im zweiten Falle denken wir, was immer möglich ist, die Punkte A, B, C so mit X, Y, Z bezeichnet, daß P und P' der Klasse $[X, Y]$ angehören, die Z nicht enthält, und P' innerhalb $[X, Y]$ in die Klasse $[P, Y]$ fällt; die in $[X, Y]$ enthaltenen Klassen können unzweideutig durch eckige Klammern um die Symbole der sie bestimmenden Punkte bezeichnet werden (siehe Fig. 58). In $[P, P']$ liegt keiner der Punkte X, Y, Z. Die projektive Beziehung zwischen u und u' läßt nach Satz 6. den Punkten einer Klasse von u die Punkte einer Klasse von u', also z. B. den Punkten der Klasse $[X, Y]$, die Z nicht enthält, die Punkte der Klasse $[X', Y']$ entsprechen, die Z' nicht enthält. Das heißt aber, da X', Y', Z' mit X, Y, Z identisch sind: Jedem Punkte von $[X, Y]$ entspricht wieder ein Punkt von

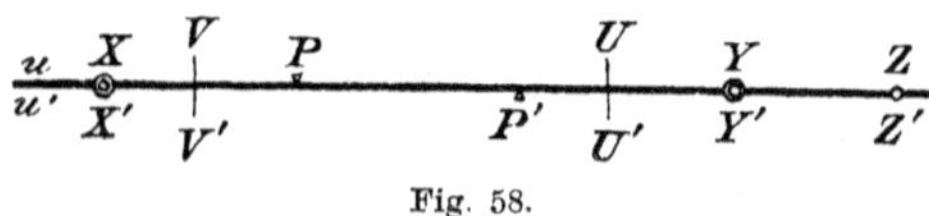

Fig. 58.

$[X, Y]$. Jedem Punkte von $[P, Y]$ ist ein Punkt von $[P', Y]$ zugeordnet. Mittels dieser Zuordnung erzeugen wir, wie in Art. 5., unter den Punkten von $[P, Y]$ einen Dedekindschen Schnitt U_1/U_2, indem wir zur Gattung U_1 jeden Punkt Q von $[P, Y]$ zählen, der mit jedem ihm vorangehenden Punkte von $[P, Y]$ dem entsprechenden Punkte vorangeht; alle anderen Punkte verweisen wir in die Gattung U_2. Zu U_1 gehören alle Punkte von $[P, P']$, P eingeschlossen, P' vielleicht ausgenommen; zu U_2 sicher der Punkt Y. Alle Voraussetzungen eines Schnittes sind erfüllt, also gibt es nach Axiom III in $[P, Y]$ einen Punkt U, der U_1 als $[X, U]$ und U_2 als $[U, Y]$ erzeugt. Der dem Punkte U entsprechende Punkt U' kann weder in $[P, U]$, noch in $[U, Y]$ liegen. Läge er in $[P, U]$, so müßte U ihm vorangehen, also ein Widerspruch; läge er in $[U, Y]$, so entspräche nach Satz 6. jedem Punkte von $[U, Y]$ ein Punkt von $[U', Y]$, also ginge jeder Punkt von $[U, U']$ dem entsprechenden voran und gehörte mithin zur Gattung U_1, d. h. zu $[P, U]$, also wiederum ein Widerspruch. Folglich fällt U' mit U zusammen, U ist also, wie X, Y, Z, ein Doppelelement der projektiven Beziehung von u zu u'. In $[P, U]$ existiert kein Doppelelement, da ja jeder Punkt von $[P, U]$ dem entsprechenden vorangeht. Dieses vorläufige Resultat unserer Untersuchung wenden wir sofort auf die projektive Beziehung von u' zu u an, die den Punkten Y', P', X' umgekehrt die Punkte Y, P, X, also jedem Punkte von $[Y, X]$ wieder einen Punkt von $[Y, X]$ entsprechen läßt. Jedem Punkte von $[P', X']$ ist ein Punkt von $[P, X]$ zugeordnet. Also gibt es in $[P, X]$ einen Punkt V', der mit dem zugeordneten Punkte V identisch ist und eine Klasse $[P', V]$ in $[P', X']$ bestimmt, die kein Doppelelement der Beziehung von u' zu u enthält. Jedes Doppelelement dieser Zuordnung ist aber auch ein Doppelelement der Beziehung von u zu u', und so folgt, daß in der Klasse $[U, V]$ von $[X, Y]$ kein Doppelelement der Beziehung von u zu u' enthalten ist, während ihre Endpunkte U, V Doppelelemente sind. Dann ist aber andererseits der Punkt W, der Z von U und V harmonisch trennt, ein Punkt von $[U, V]$, der mit dem zugeordneten Punkte W' zusammenfällt, da auch U, V und Z je mit ihrem zugeordneten Punkte identisch sind. Also hätten wir im Widerspruch zu unserer soeben ausgesprochenen Behauptung nun doch ein Doppelelement in $[U, V]$; folglich ist die Voraussetzung des zweiten Falles ebenfalls unzulässig, und da, solange P' von P verschieden ist, immer einer der beiden Fälle eintreten muß, so muß P' mit P identisch sein. Damit dieser apagogische Schluß Beweiskraft hat, muß man sicher sein, daß der Denkbereich der Geometrie, also das System der Axiome I, II, III, in sich widerspruchsfrei ist. Das ließe sich aber mittels der arithmetischen Geometrie $\mathfrak{H}$ des § 12 sehr leicht beweisen, worauf wir, um Raum zu ersparen, nicht eingehen dürfen.

10. Das vorläufige Ergebnis dieser Untersuchung ist: Wenn auf einer Geraden eine projektive Beziehung besteht, die drei Punkte je sich selbst zuordnet, so ordnet sie jeden Punkt der Geraden sich selbst zu.

Der dual entsprechende Satz, daß eine projektive Beziehung in einem Strahlenbüschel jeden Strahl sich selbst zuordnet, wenn sie drei Strahlen je sich selbst zuweist, ist schon darum richtig, weil durch den Schnitt dieses Büschels mit einer Geraden u in dieser eine projektive Beziehung hergestellt wird, die drei Punkte, die Schnittpunkte von u mit jenen Strahlen, je sich selber zuordnet. Ferner sieht man ohne weiteres: Wenn eine Punktreihe auf ein Strahlenbüschel so bezogen ist, daß drei Punkte je auf dem entsprechenden Strahle liegen, so liegt jeder Punkt auf dem zugeordneten Strahle. Diese drei Sätze bilden zusammengenommen den

Fundamentalsatz der projektiven Geometrie:

Wenn zwei Grundgebilde erster Stufe projektiv aufeinander bezogen sind und drei Elemente je mit dem zugeordneten inzident sind, so ist jedes Element mit dem zugeordneten inzident.

Dabei sollen zwei Punkte oder zwei Geraden miteinander inzident heißen, wenn sie zusammenfallen, ein Punkt und eine Gerade, wenn dieser in jener liegt. Wir behaupten jetzt:

Wenn zwei Punktreihen u, u' projektiv aufeinander so bezogen sind, daß der Schnittpunkt A der Geraden u, u' sich selber entspricht, so sind die Punktreihen zueinander perspektiv.

Wenn zwei Strahlenbüschel U, U' projektiv aufeinander so bezogen sind, daß die Verbindungslinie UU' ihrer Mittelpunkte sich selbst entspricht, so sind die Strahlenbüschel zueinander (oder, wenn man will, zu derselben Punktreihe) perspektiv.

Denn sind unter der Voraussetzung des Satzes links B und C irgend zwei Punkte von u, abgesehen vom Punkte A, und B', C' die zugeordneten Punkte auf u', so wird das Strahlenbüschel S, dem die Geraden BB' und CC' angehören, auf sich selber projektiv bezogen sein, wenn wir jedem Strahl durch einen Punkt von u den Strahl durch den homologen Punkt von u' zuordnen. Dann sind aber die Strahlen SA, SB, SC je sich selber zugeordnet, folglich auch alle anderen. Daraus ergibt sich zugleich, daß eine perspektive Beziehung zwischen zwei Punktreihen oder zwei Strahlenbüscheln festgelegt ist, wenn man, abgesehen von ihrem gemeinschaftlichen Elemente, zwei beliebigen Elementen des einen Gebildes zwei beliebige Elemente des anderen zuordnet.

11. Von diesem Satze machen wir Gebrauch, um die allgemeinste projektive Beziehung zwischen zwei Grundgebilden erster Stufe zu untersuchen.

Seien A, B, C und A', B', C' drei einander entsprechende Punkte zweier zueinander projektiver Punktreihen u, u', und u'' eine durch A gehende Hilfsgerade (siehe Fig. 59).

Seien a, b, c und a', b', c' drei einander entsprechende Strahlen zweier zueinander projektiver Strahlenbüschel U, U', und U'' ein auf a liegender Hilfspunkt (siehe Fig. 60).

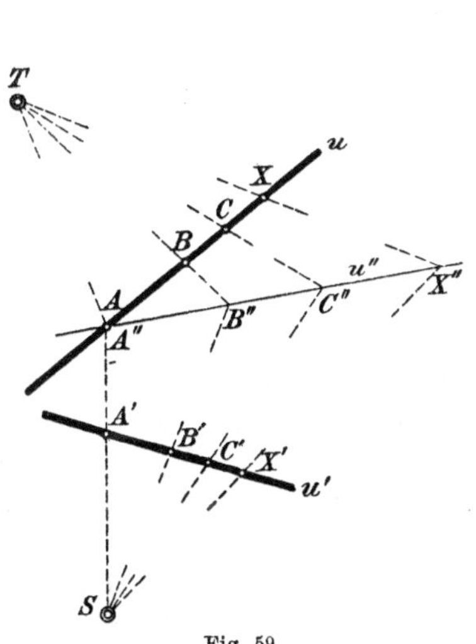

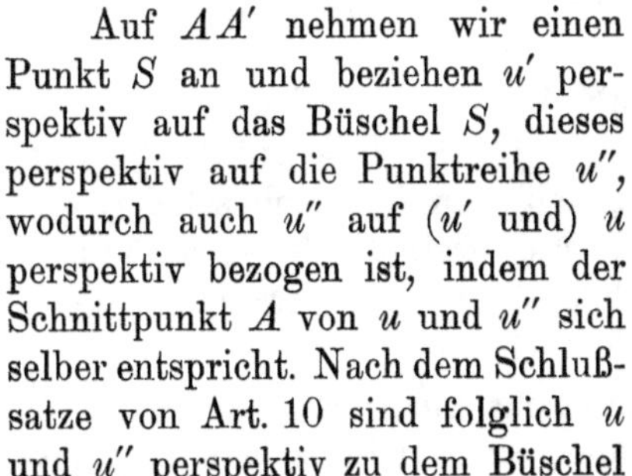

Fig. 59.

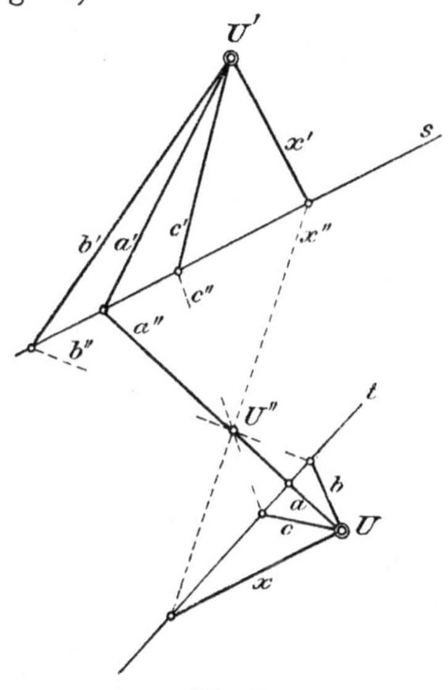

Fig. 60.

Auf AA' nehmen wir einen Punkt S an und beziehen u' perspektiv auf das Büschel S, dieses perspektiv auf die Punktreihe u'', wodurch auch u'' auf (u' und) u perspektiv bezogen ist, indem der Schnittpunkt A von u und u'' sich selber entspricht. Nach dem Schlußsatze von Art. 10 sind folglich u und u'' perspektiv zu dem Büschel

Durch den Schnittpunkt von a und a' legen wir eine Gerade s und beziehen U' perspektiv auf die Punktreihe s, diese perspektiv auf das Büschel U'', wodurch auch U'' auf (U' und) U perspektiv bezogen ist, indem die Verbindungsgerade a von U und U'' sich selber entspricht. Nach dem Schlußsatze von Art. 10 sind folglich U und

T, dem BB'' und CC'' angehören. Die projektive Beziehung zwischen u und u' wird also vermittelt durch die perspektive Beziehung von u zu u'' und von u'' zu u'.

U'' perspektiv zu der Punktreihe t, der die Schnittpunkte von b, b'' und von c, c'' angehören. Die projektive Beziehung zwischen U und U' wird also vermittelt durch die perspektive Beziehung von U zu U'' und von U'' zu U'.

Zu einem beliebigen Punkte X von u bestimmt TX auf u'' den homologen Punkt X'', und SX'' auf u' den Punkt X', der in jener projektiven Beziehung dem Punkte X zugeordnet ist.

Zu einem beliebigen Strahle x von U bestimmt der Schnittpunkt von t und x, verbunden mit U'', den homologen Strahl x'' im Büschel U'', der Schnittpunkt von s und x'', verbunden mit U', den Strahl x', der dem Strahle x entspricht.

Eine projektive Beziehung zwischen zwei Grundgebilden erster Stufe ist also festgelegt, wenn man drei beliebigen Elementen des einen drei beliebige Elemente des anderen als entsprechende zuordnet. Handelt es sich um eine Punktreihe und ein Strahlenbüschel, so kann man diese erst auf ein Büschel, oder jenes auf eine Punktreihe perspektiv beziehen und die soeben angegebene Konstruktion anwenden, die zu jedem Element das entsprechende finden lehrt. Eine projektive Beziehung, die nicht perspektiv ist, kann stets, wie wir sehen, durch eine geringe Anzahl perspektiver Beziehungen erzeugt werden.

12. Nachdem wir hiermit alle tieferen Schwierigkeiten der projektiven Geometrie überwunden haben, können wir zur Verwirklichung der in Art. 7 ausgesprochenen Gedanken schreiten; nur sind wir inzwischen dahin belehrt, daß wir nicht zueinander perspektive Strahlenbüschel nehmen dürfen. Wir beziehen daher nach Art. 11 zwei

Strahlenbüschel U, U' projektiv so aufeinander, daß der Strahl U, U' nicht sich selbst entspricht, und bringen jeden Strahl x von U mit dem homologen Strahle x' von U' zum Schnitt. Der Inbegriff der Schnittpunkte Ξ heißt eine Punktreihe (Kurve) zweiter Ordnung, weil auf einer Geraden g höchstens zwei Punkte Ξ liegen können.

Punktreihen u, u' projektiv so aufeinander, daß der Schnittpunkt von u und u' nicht sich selbst entspricht, und verbinden jeden Punkt X von u mit dem homologen Punkte X' von u' durch eine Gerade ξ. Der Inbegriff der Strahlen ξ heißt ein Strahlenbüschel zweiter Klasse, weil durch einen Punkt P höchstens zwei Strahlen ξ gehen können.

Zum Beweise der letzten Behauptung links hat man g mit den Büscheln U, U' zum Schnitt zu bringen und erhält so auf g zwei zueinander projektive Punktreihen; nach dem Fundamentalsatze können höchstens zwei Punkte je mit dem entsprechenden zusammenfallen, weil sonst, entgegen der Voraussetzung, U und U' perspektiv wären. — Von den Punktreihen und Strahlenbüscheln zweiter Ordnung unterscheiden wir die bisher so genannten Gebilde als Punktreihe erster Ordnung und Strahlenbüschel erster Klasse. Es sei schon hier bemerkt, daß die Punktreihe zweiter Ordnung ein Kegelschnitt, das Strahlenbüschel zweiter Klasse seine Tangentenhülle ist. Im nächsten Paragraphen werden wir diese Gebilde ausführlich zu betrachten haben.

§ 17. Die wesentlichsten projektiven Eigenschaften der Kegelschnitte.

1. Die wesentlichsten projektiven Eigenschaften der Punktreihen II. O. (zweiter Ordnung) und der Strahlenbüschel II. Kl. (zweiter Klasse) folgen aus dem Erzeugungsgesetz dieser Gebilde mit der größten Leichtigkeit, und zwar im wesentlichen auf Grund von nur zwei einander dual gegenüberstehenden Figuren. Um das Dualitätsgesetz recht deutlich hervortreten zu lassen, werden wir einander dual entsprechende Punkte und Geraden mit demselben Buchstaben bezeichnen, Punkte mit denen des großen, Geraden mit denen des kleinen Alphabets.

Zwei Strahlenbüschel S, T (siehe Fig. 61) beziehen wir aufeinander projektiv, indem wir drei beliebigen Strahlen a', b', c' des einen drei beliebige Strahlen a'', b'', c'' des anderen als homologe zuordnen. Die Schnittpunkte A, B, C der einander entsprechenden Strahlen gehören dann der von S, T erzeugten Punktreihe II. O. an. Durch C legen wir zwei Geraden φ, ψ und beziehen die Punkte von φ auf die durch sie gehenden Strahlen von S, die Punkte von ψ ebenso auf die Strahlen von T. Den Strahlen a', b', c' entsprechen dann auf φ die Punkte A', B', C', den Strahlen a'', b'', c'' auf ψ die Punkte A'', B'', C''. Da

Zwei Punktreihen s, t (siehe Fig. 62)[1]) beziehen wir aufeinander projektiv, indem wir drei beliebigen Punkten A', B', C' der einen drei beliebige Punkte A'', B'', C'' der anderen als homologe zuordnen. Die Verbindungsgeraden a, b, c der einander entsprechenden Punkte gehören dann dem von s, t erzeugten Strahlenbüschel II. Kl. an. Auf c nehmen wir zwei Punkte Φ, Ψ an und beziehen die Strahlen von Φ auf die mit ihnen inzidenten Punkte von s, die Strahlen von Ψ ebenso auf die Punkte von t. Den Punkten A', B', C' entsprechen dann in Φ die Strahlen a', b', c', den Punkten A'', B'', C'' in Ψ die Strahlen

1) Wir veranschaulichen das Strahlenbüschel durch die von ihm eingehüllte Kurve, die, wie wir in Art. 4 sehen werden, eine Punktreihe II. O. ist.

φ perspektiv zu S, ψ perspektiv zu T und S projektiv zu T ist, so ist auch φ projektiv zu ψ; da aber die homologen Punkte C' und C'' von φ und ψ in C zusammenfallen, so ist φ zu ψ perspektiv, d. h. die Verbindungsgeraden $A'A''$, $B'B''$, $\cdots$ homologer Punkte gehen durch denselben Punkt Ω. Man findet also zu einem beliebigen Strahle x' von S den homologen Strahl x'' von T, indem man den Schnittpunkt X' von x' und φ mit Ω verbindet und den Schnittpunkt X'' dieser Geraden und der Geraden ψ mit T verbindet; x' und x'' schneiden sich dann in einem Punkte X der Punktreihe II. O. Ähnlich ergibt sich zu x'' der Strahl x'. So kann man also beliebig viel Punkte X der Punktreihe finden. Dem Strahle

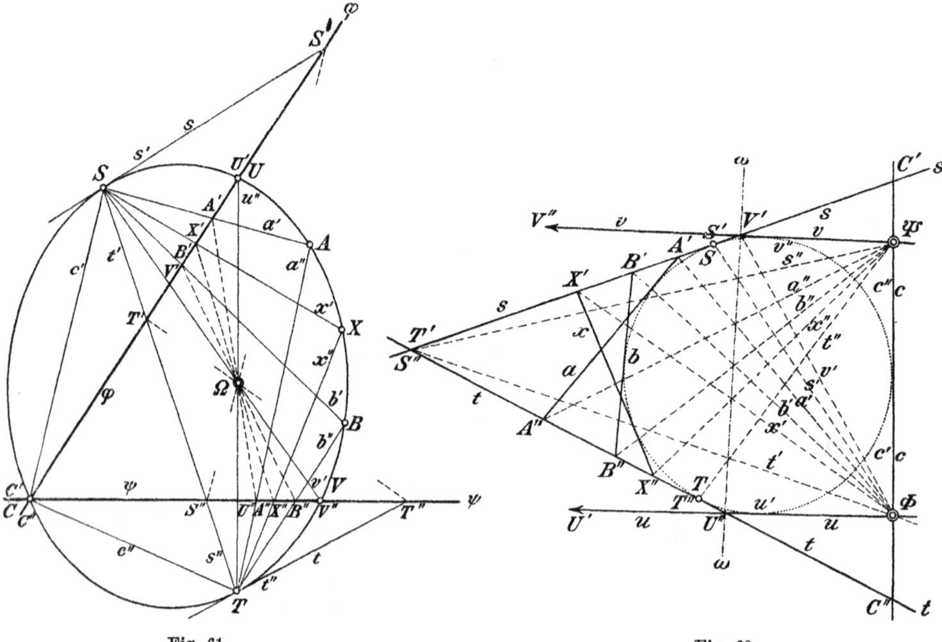

Fig. 61. Fig. 62.

a'', b'', c''. Da Φ perspektiv zu s, Ψ perspektiv zu t und s projektiv zu t ist, so ist auch Φ projektiv zu Ψ; da aber die homologen Strahlen c' und c'' von Φ und Ψ in c zusammenfallen, so ist Φ zu Ψ perspektiv, d. h. die Schnittpunkte $a'a''$, $b'b''$, $\cdots$ homologer Strahlen liegen auf einer Geraden ω. Man findet also zu einem beliebigen Punkte X' von s den homologen Punkt X'' von t, indem man die Verbindungsgerade x' von X' und Φ mit ω zum Schnitt bringt und die Verbindungsgerade x'' dieses Schnittpunktes und des Punktes Ψ mit t zum Schnitt bringt; die Gerade $X'X''$ oder x ist dann ein Strahl des Büschels II. Kl. Ähnlich ergibt sich zum Punkte X'' der Punkt X'. So kann

TS oder s'' des Büschels T entspricht auf ψ der Punkt S'', in welchem ψ von TS geschnitten wird, diesem auf φ der Schnittpunkt S' von φ mit $S''\Omega$; die Strahlen s' und s'' schneiden sich in S, also ist auch S ein Punkt der Punktreihe II. O.; ebenso T. Durch die Konstruktion von X wird also zugleich die Aufgabe gelöst, auf einer Geraden x', die durch einen Punkt S der Punktreihe geht, den anderen eventuell auf ihr liegenden Punkt X der Punktreihe zu finden. — Damit X mit S zusammenfällt, die Gerade x' also außer S keinen Punkt der Punktreihe enthält, muß auch x'' durch S gehen, also x' mit SS' oder s' zusammenfallen. Eine Gerade wie s', die mit der Punktreihe einen, aber nicht zwei Punkte gemeinsam hat, heißt eine Tangente derselben. Durch S geht demnach nur eine Tangente s'. Ebenso ist t'' die Tangente der Punktreihe in T. Wie leicht einzusehen ist, trifft $T\Omega$ die Gerade φ, $S\Omega$ die Gerade ψ je in einem Punkte U und V der Punktreihe II. O.

Durch Angabe der Punkte A, B, C ist die projektive Beziehung der Strahlenbüschel S, T festgelegt, indem die Strahlen SA und TA, SB und TB, SC und TC einander zuzuordnen sind. Die Punktreihe II. O. ist also durch die fünf Punkte S, T, A, B, C vollkommen bestimmt, jedoch, wie es scheinen könnte, unter Auszeichnung von S und T. Nun sind aber φ und ψ beliebige Geraden durch C, also U

man also beliebig viel Strahlen x des Büschels finden. Dem Punkte ts oder S'' der Punktreihe t entspricht in Ψ der Strahl s'', der Ψ mit ts verbindet, diesem in Φ die Verbindungsgerade von Φ mit $s''\omega$; die Verbindungsgerade von S' und S'' ist s, also ist auch s ein Strahl des Büschels II. Kl.; ebenso t. Durch die Konstruktion von x' wird zugleich die Aufgabe gelöst, durch einen Punkt X', der auf einem Strahle s des Büschels liegt, den anderen eventuell mit X' inzidenten Strahl x des Büschels zu legen. — Damit x mit s zusammenfällt, durch X' also außer s kein Strahl des Büschels geht, muß auch X'' auf s liegen, also X' mit ss' oder S' zusammenfallen. Ein Punkt S', durch welchen ein Strahl des Büschels II. Kl., aber nicht zweie gehen, heißt ein Berührungspunkt des Büschels. Auf s liegt demnach nur ein Beruhrungspunkt S'. Ebenso ist T'' Berührungspunkt des Büschels auf t. Wie leicht einzusehen ist, gehören die Geraden u und v, die $t\omega$ mit Φ, $s\omega$ mit Ψ verbinden, ebenfalls zum Büschel II. Kl.

Durch Angabe der Strahlen a, b, c ist die projektive Beziehung der Punktreihen s, t festgelegt, indem die Punkte sa und ta, sb und tb, sc und tc einander zuzuordnen sind. Das Strahlenbüschel II. Kl. ist also durch die fünf Strahlen s, t, a, b, c vollkommen bestimmt, jedoch, wie es scheinen könnte, unter Auszeichnung von s und t. Nun sind aber Φ und Ψ beliebige Punkte auf c, also u und v zwei und V zwei beliebige Punkte der Punktreihe II. O., die auch, wenn man will, mit A und B zusammenfallen dürfen. Ersetzt man C unter Festhaltung von A, B, U, V, S und T durch andere Punkte $C_1, C_2, \cdots$ der Punktreihe II. O., so nimmt X' auf x' die Lagen $X_1', X_2', \cdots$ an, X'' auf x'' die Lagen X_1'', $X_2'', \cdots$, und es geht immer $X'X''$, $X_1'X_1''$, $X_2'X_2''$, $\cdots$ durch Ω. Es entstehen also zwei durch Ω perspektiv aufeinander bezogene Punktreihen $X'X_1'X'_2 \cdots$ und $X''X_1''X_2'' \cdots$ auf x' und x''; zu diesen sind aber die Strahlenbüschel U und V perspektiv, also sind diese perzueinander projektiv, und da C_n der Schnittpunkt der homologen Strahlen UX_n' und VX_n'' ist, $n = 0, 1, 2, \cdots$, so wird die Punktreihe II. O. auch durch die projektiven Strahlenbüschel U, V erzeugt.

beliebige Strahlen des Büschels II. Kl., die auch, wenn man will, mit a und b zusammenfallen dürfen. Ersetzt man nun c unter Festhaltung von a, b, u, v, s und t durch andere Strahlen $c_1, c_2, \cdots$ des Büschels II. Kl., so nimmt x' im Büschel X' die Lagen $x_1', x_2', \cdots$ an, x'' im Büschel X'' die Lagen $x_1'', x_2'', \cdots$, und es liegt immer der Punkt $x'x''$, $x_1'x_1''$, $x_2'x_2''$, $\cdots$ auf ω. Es entstehen also zwei durch ω perspektiv aufeinander bezogene Strahlenbüschel $x'x_1'x_2', \cdots$ und $x''x_1''x_2'' \cdots$ mit den Mittelpunkten X' und X''; zu diesen sind aber die Punktreihen u, v perspektiv, also sind diese zueinander projektiv, und da c_n die Verbindungsgerade der homologen Punkte ux_n' und vx_n'' ist, $n = 0, 1, 2, \cdots$, so wird das Büschel II. Kl. auch durch die projektiven Punktreihen u, v erzeugt.

2. Aus der Fülle der hiermit festgestellten Tatsachen heben wir nur die allerwichtigsten hervor:

Satz 1. Eine Punktreihe II. O. enthält stets die Mittelpunkte der sie erzeugenden projektiven Strahlenbüschel.

Satz 1'. Ein Strahlenbüschel II. Kl. enthält stets die Träger (Geraden) der sie erzeugenden projektiven Punktreihen.

Satz 2. Eine Punktreihe II. O. wird aus je zwei ihrer Punkte durch projektive Strahlenbüschel projiziert.

Satz 2'. Ein Strahlenbüschel II. Kl. wird von je zwei seiner Strahlen in projektiven Punktreihen geschnitten.

Dieselbe Punktreihe II. O. kann also auf ∞^2 Arten projektiv erzeugt werden; ebenso ein Büschel II. Kl.

Satz 3. Eine Punktreihe II. O. ist bestimmt durch fünf Punkte, oder durch vier

Satz 3'. Ein Strahlenbüschel II. Kl. ist bestimmt durch fünf Strahlen, oder durch

Punkte und die Tangente in einem derselben, oder durch drei Punkte und die Tangenten in zwei derselben.

Der erste Fall wird illustriert durch S, T, A, B, C; der zweite durch S, s, T, A, C, wo die Strahlen s', a', c' von S den Strahlen s'', a'', c'' von T zugeordnet sind; der dritte durch S, s', T, t'', C, wo die Strahlen s', t', c' von S den Strahlen s'', t'', c'' von T entsprechen.

vier Strahlen und den Berührungspunkt auf einem derselben, oder durch drei Strahlen und die Berührungspunkte auf zwei derselben.

Der erste Fall wird illustriert durch s, t, a, b, c; der zweite durch s, S, t, a, c, wo die Punkte S', A', C' von s den Punkten S'', A'', C'' von t zugeordnet sind; der dritte durch s, S', t, T'', c, wo die Punkte S', T', C' von s den Punkten S'', T'', C'' von t entsprechen.

Auf Grund des Satzes 2. gewinnt auch die in Art. 1. gegebene Konstruktion von Tangenten und Berührungspunkten an Wert, weil sie nunmehr für alle Punkte der Punktreihe II. O. bezw. des Strahlenbüschels II. Kl. gilt.

Es folgt:

Satz 4. Eine Punktreihe II. O. hat in jedem ihrer Punkte eine Tangente.

Satz 4'. Ein Strahlenbüschel II. Kl. hat auf jedem seiner Strahlen einen Berührungspunkt.

Weitaus das wichtigste Ergebnis des Art. 1. sind der

Satz von Pascal[1]) und der Satz von Brianchon.[1])

In jedem einfachen Sechseck, dessen Ecken einer Punktreihe II. O. angehören, schneiden sich die drei Paar Gegenseiten in drei Punkten einer Geraden w, wie das Sechseck $SXTUCV$ unmittelbar erkennen läßt:

Seite:	SX,	XT,	TU
Gegenseite:	UC,	CV,	VS
Schnittpunkt:	X',	X'',	Ω;

In jedem einfachen Sechsseit, dessen Seiten einem Strahlenbüschel II. Kl. angehören, gehen die Verbindungsgeraden der drei Paar Gegenecken durch einen Punkt W, wie das Sechsseit $sxtucv$ unmittelbar erkennen läßt:

Ecke:	sx,	xt,	tu
Gegenecke:	uc,	cv,	vs
Verbindungsgerade:	x',	x'',	ω;

1) Wir entnehmen der Geometrie der Lage von Th. Reye, 3. Aufl., 1. Abt., S. 77, die Angabe, daß Pascal den nach ihm benannten fundamentalen Satz 1639 im Alter von 16 Jahren entdeckte. Brianchon veröffentlichte seinen Satz im Jahre 1806.

in der Tat liegen diese drei Punkte in einer Geraden w. In Fig. 63 ist das Sechseck in anderer Anordnung, aber mit den Bezeichnungen der Fig. 61 wiederholt.

in der Tat gehen diese drei Strahlen durch einen Punkt. In Fig. 64 ist das Sechsseit in anderer Anordnung, aber mit den Bezeichnungen der Fig. 62 wiederholt.

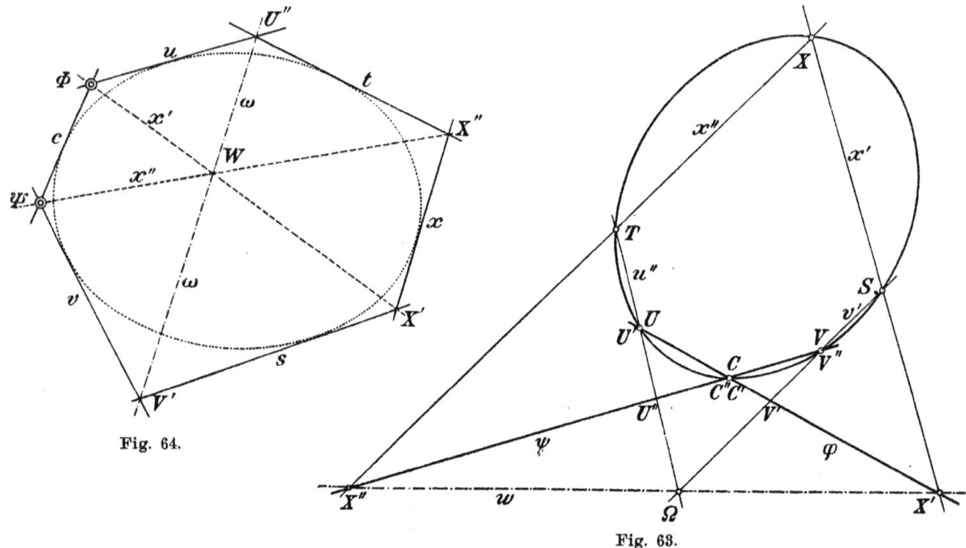

Fig. 64.

Fig. 63.

Es lohnt sich, auch auf den Fall einzugehen, wo die Strahlenbüschel S, T perspektiv sind, also etwa C auf ST liegt (siehe Fig. 65); sie erzeugen dann eine Gerade, die durch U und V geht und X enthält. So ergibt sich der

Spezialfall des Satzes von Pascal:

Wenn die Ecken eines Sechsecks $SXTUVC$ abwechselnd auf zwei Geraden p und q liegen, so schneiden sich die drei Paar Gegenseiten in drei Punkten einer Geraden w (siehe Fig. 65).

Spezialfall des Satzes von Brianchon:

Wenn die Seiten eines Sechsseits $sxtuvc$ abwechselnd durch zwei Punkte P und Q gehen, so gehen die Verbindungsgeraden der drei Paar Gegenecken durch einen Punkt W (siehe Fig. 66).

Umkehrung des Satzes von Pascal.

Wenn sich die drei Paar Gegenseiten eines ebenen

Umkehrung des Satzes von Brianchon.

Wenn die drei Verbindungsgeraden der drei Paar

Sechsecks $SXTUCV$ in drei Punkten X', X'', Ω einer Geraden w schneiden, so gehören seine sechs Ecken entweder einer Punktreihe II. O. an oder sie liegen zu je dreien auf zwei Geraden p, q.	Gegenecken eines ebenen Sechsseits $sxtucv$ durch einen Punkt W gehen, so gehören seine sechs Seiten entweder einem Strahlenbüschel II. Kl. an oder sie gehen zu je dreien durch zwei Punkte P, Q.

Denn führt man die Bezeichnungen der Fig. 63—66 ein, so sind unter den Voraussetzungen des Satzes links die Punktreihen φ und ψ

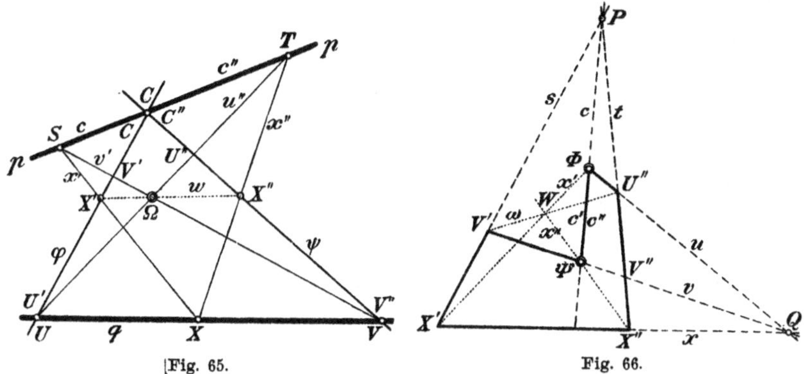

Fig. 65. Fig. 66.

bei Zuordnung von U', C', V' zu U'', C'', V'' perspektiv, und zwar wird diese Perspektivität vermittelt durch das Strahlenbüschel Ω. Also sind auch X', X'' homologe Punkte. Die Ecken des Sechsecks sind daher die Schnittpunkte homologer Strahlen der projektiven Büschel S und T, gehören also einer Punktreihe II. O. an, wenn die Büschel nicht zufällig perspektiv sind; in diesem Ausnahmefall aber muß C auf ST liegen und dann gehören auch U, X, V einer Geraden an (§ 16, 10). Damit ist, wegen des Dualitätsgesetzes, auch der Satz rechts bewiesen. Beide Sätze können dazu dienen, eine Punktreihe II. O. oder ein Strahlenbüschel II. Kl. aus fünf Punkten bezw. fünf Tangenten zu konstruieren.

3. Wie wir in Art. 1. gesehen haben, entspricht dem gemeinsamen Strahle ST zweier projektiver Büschel S, T, die eine Punktreihe zweiter Ordnung $\varkappa$ erzeugen, sowohl in S als in T die Tangente von $\varkappa$. Um diese Tatsache auszunützen, müssen wir uns noch einmal den Beweis des Satzes von Pascal vergegenwärtigen, siehe Fig. 61 oder 63. Die projektiven Strahlenbüschel S und T bestimmen auf φ und ψ zwei perspektive Punktreihen; diese Perspektivität wird vermittelt durch das Strahlenbüschel Ω. Die projektive Beziehung zwischen S und T ist aber festgelegt, wenn man die Strahlen SU und TU, SV und TV, SC und TC einander zuordnet; das bleibt richtig, wenn man T mit U zusammenfallen läßt und, nach dem soeben angeführten Satze über die Tangenten, unter TU die Tangente in T versteht, da dieser Geraden in der Tat im Büschel S der mit ST identische Strahl SU entspricht. Gleichzeitig darf man S mit V zusammenfallen lassen, wo man dann unter SV die Tangente in S zu verstehen hat. So ergeben sich die Sätze 5. und 6.[1]):

Satz 5. Der Satz von Pascal bleibt richtig, wenn man zwei aufeinander folgende Ecken in einen Punkt zusammenfallen läßt und unter ihrer Verbindungsgeraden die Tangente dieses Punktes versteht (siehe Fig. 67); wenn also fünf Punkte einer Punktreihe II. O. gegeben sind, und die Tangente in einem von ihnen bestimmt werden soll, so bezeichne man diesen Punkt etwa mit 5 und 6, die vier anderen in irgend einer Reihen-

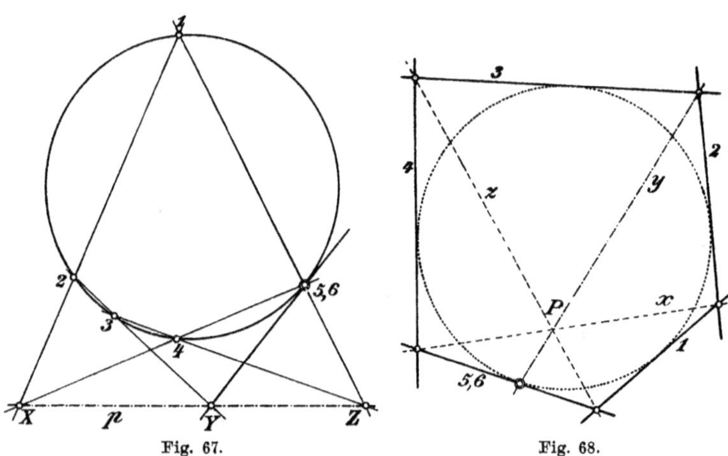

Fig. 67. Fig. 68.

Satz 5′. Der Satz von Brianchon bleibt richtig, wenn man zwei aufeinander folgende Seiten in eine Gerade zusammenfallen läßt und unter ihrem Schnittpunkt den Berührungspunkt der Geraden versteht (siehe Fig. 68); wenn also fünf Strahlen eines Büschels II. Kl. gegeben sind und der Berührungspunkt auf einem von ihnen bestimmt werden soll, so bezeichne man diesen Strahl mit 5 und 6, die vier anderen in

1) Wir sprechen den Satz vom Fünfeck und vom Fünfseit in der Form aus, in der man ihn durch Grenzübergang aus dem Pascalschen bezw. Brianchonschen Satze abzuleiten pflegt.

folge mit 1, 2, 3, 4 und konstruiere die Pascalsche Gerade p nach dem Schema:

Seite:	12,	23,	34
Gegenseite:	45,	**56**,	61
Schnittpunkt:	X,	Y,	Z.

Durch X und Z ist p, durch 23 und p ist Y festgelegt, $Y5$ ist dann die Tangente.

Satz 6. Wenn die Ecken eines Vierecks einer Punktreihe II. O. angehören, so liegen die zwei Schnittpunkte der zwei Paar Gegenseiten mit dem Schnittpunkte der zwei Tangenten zweier Gegenecken auf einer Geraden.

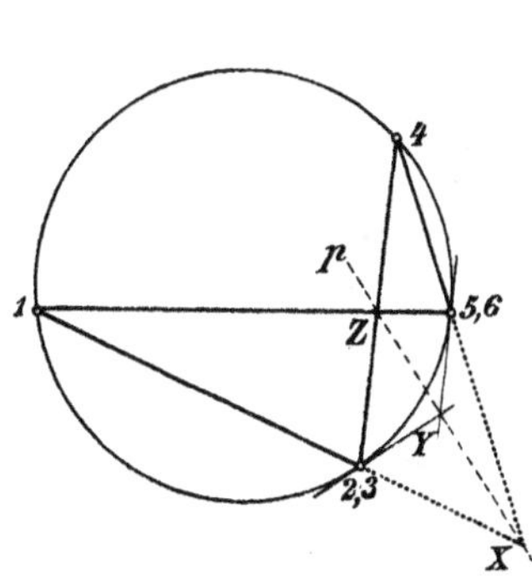

Fig. 69.

Hierzu gehört die Fig. 69, die in den Bezeichnungen mit Fig. 67 übereinstimmt; auf p schneiden sich nach unserem Satze auch die Tangenten der zwei anderen Gegenecken,

irgend einer Reihenfolge mit 1, 2, 3, 4 und konstruiere den Brianchonschen Punkt P nach dem Schema:

Ecke:	12,	23,	34
Gegenecke:	45,	**56**,	61
Verbindungsgerade:	x,	y,	z.

Durch x und z ist P, durch 23 und P ist y festgelegt; $y5$ ist dann der Berührungspunkt.

Satz 6'. Wenn die Seiten eines Vierseits einem Strahlenbüschel II. Kl. angehören, so gehen die zwei Verbindungsgeraden der zwei Paar Gegenecken und die Verbindungsgerade der Berührungspunkte zweier Gegenseiten durch einen Punkt.

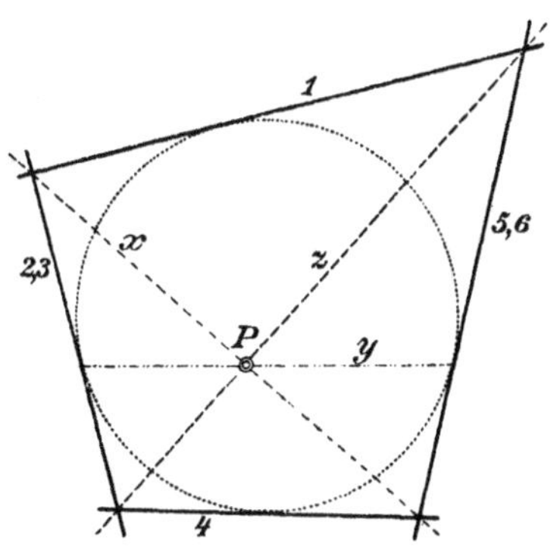

Fig. 70.

Hierzu gehört die Fig. 70, die in den Bezeichnungen mit Fig. 68 übereinstimmt; durch P geht nach unserem Satze auch die Verbindungsgerade der Berührungspunkte (die „Berührungssehne“) der zwei anderen Gegenseiten, wie sich ergibt, wenn man die Bezeichnungen 1; 2, 3; 4; 5, 6 ersetzt durch 1, 2; 3; 4, 5; 6.

4. Vier Punkte A, B, C, D einer Punktreihe II. O. bestimmen im ganzen drei Vierecke, nämlich $ABCD$, $ACBD$, $ADBC$, auf die sich der Satz 6. anwenden läßt; ähnlich liegt es mit vier Strahlen a, b, c, d eines Büschels II. Kl. Daraus ergeben sich zwei überaus fruchtbare Sätze:

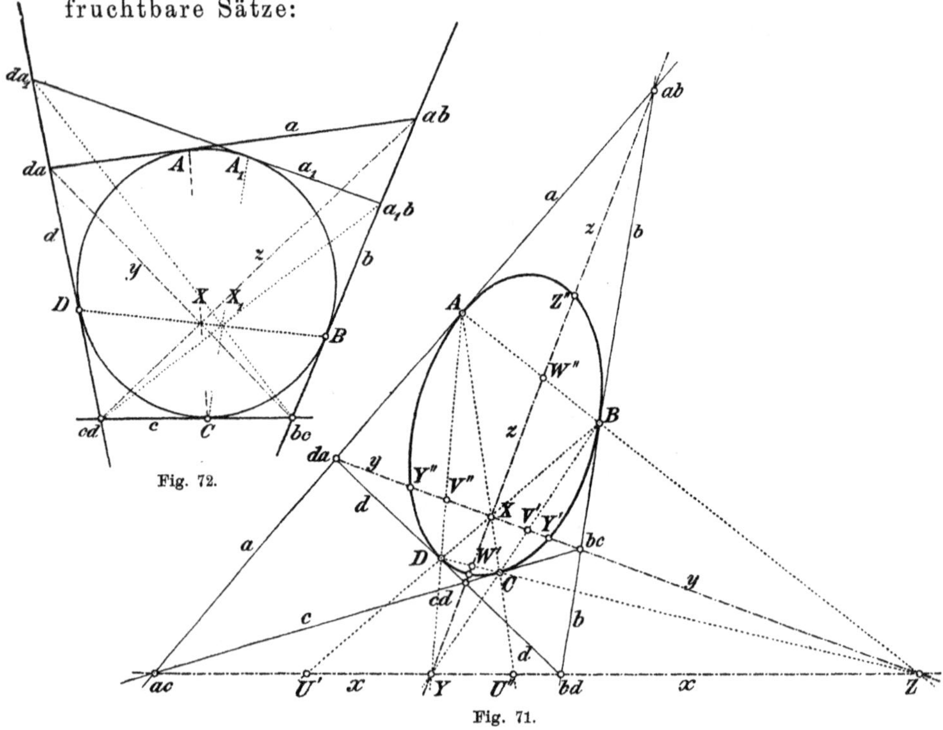

Fig. 72.

Fig. 71.

Satz 7. Vier Punkte A, B, C, D einer Punktreihe II. O. bestimmen ein vollständiges Viereck, ihre Tangenten a, b, c, d ein vollständiges Vierseit von der Beschaffenheit, daß in den Verbindungsgeraden x, y, z der drei Schnittpunkte X, Y, Z der Gegenseiten des Vierecks je zwei Gegenpunkte des Vierseits liegen (siehe Fig. 71).

Satz 7′. Vier Strahlen a, b, c, d eines Büschels II. Kl. bestimmen ein vollständiges Vierseit, ihre Berührungspunkte A, B, C, D ein vollständiges Viereck von der Beschaffenheit, daß durch die Schnittpunkte X, Y, Z der Verbindungsgeraden x, y, z der Gegenecken des Vierseits je zwei Gegenseiten des Vierseits gehen (siehe Fig. 71).

Wir denken die Punktreihe II. O. durch die Punkte B, C, D und die Tangenten b, d in B, D gegeben; um sie zu konstruieren, hat man den Strahlen b, BC, BD des Büschels B die Strahlen DB, DC, d des Büschels D zuzuordnen. Die Punktreihe ist durch diese Angaben in der Tat festgelegt und damit auch die Tangente c in C. Ist jetzt A ein beliebiger Punkt der Punktreihe, so findet man seine Tangente a nach Satz 7., indem man den Schnittpunkt X der Geraden AC und BD aus bc und cd auf d und b projiziert und die erhaltenen Punkte da und ab verbindet (siehe Fig. 72). Nimmt man statt A andere Punkte $A_1, A_2, A_3, \cdots$ der Punktreihe[1]), so bestimmen die Strahlen $CA, CA_1, CA_2, CA_3, \cdots$ auf BD eine zum Büschel C perspektive Punktreihe $X, X_1, X_2, X_3, \cdots$, die aus bc und cd durch zwei zueinander projektive Strahlenbüschel projiziert wird. Diese bestimmen dann auf d und b zwei zueinander projektive Punktreihen, und die Tangenten $a, a_1, a_2, a_3, \cdots$ der Punkte $A, A_1, A_2, A_3, \cdots$ verbinden immer zwei homologe Punkte dieser Punktreihen. Indem man noch das Dualitätsgesetz anwendet, erhält man so die fundamentalen Sätze:

Satz 8. Die Tangenten einer Punktreihe II. O. bilden ein Strahlenbüschel II. O.

Satz 8′. Die Berührungspunkte eines Strahlenbüschels II. Kl. bilden eine Punktreihe II. O.

Jetzt leuchtet ein, warum die Sätze 7. und 7′. durch dieselbe Figur erläutert werden konnten. Man beachte die aus Fig. 72 fließenden Konstruktionen von Punktreihen II. O. aus Punkten und Tangenten. Auch legt die vorangehende Betrachtung es nahe, die Punkte einer Punktreihe II. O. auf die einer anderen Punktreihe II. O. projektiv zu beziehen. Wir definieren zu diesem Zwecke:

Vier Punkte einer Punktreihe II. O. heißen vier harmonische Punkte, wenn sie aus einem und dann nach Satz 2. aus jedem anderen Punkte der Punktreihe durch vier harmonische Strahlen projiziert werden.

Vier Strahlen eines Strahlenbüschels II. Kl. heißen vier harmonische Strahlen, wenn sie von einem und dann nach Satz 2′. von jedem anderen Strahle des Büschels in vier harmonischen Punkten getroffen werden.

Mit Hilfe der angeführten Sätze kann man auch die Eigenschaften der Anordnung, die in den Axiomen II definiert sind, mühelos auf die Punkte und Strahlen der Gebilde zweiter Ordnung übertragen. Defi-

1) Man vergleiche die Detailfigur 72, in der zur Erleichterung des Zeichnens, wie öfters im vorangehenden, die Punktreihe II. O. durch einen Kreis wiedergegeben ist.

niert man nun die projektive Beziehung zweier Gebilde ganz allgemein als eine eindeutige Zuordnung, die je vier harmonischen Elementen des einen Gebildes vier harmonische Elemente des anderen entsprechen läßt, so können wir an Fig. 72 feststellen: Vier harmonischen Punkten A, A_1, A_2, A_3 entsprechen vier harmonische Strahlen, die sie mit C verbinden, diesen vier harmonische Schnittpunkte X, X_1, X_2, X_3 auf DB, diesen auf b und d je vier harmonische Punkte ab, a_1b, a_2b, a_3b und da, da_1, da_2, da_3 als Projektionen aus cd und bc, diesen vier harmonische Tangenten a, a_1, a_2, a_3. So sind also die Punkte der Punktreihe zweiter Ordnung den Strahlen des sie berührenden Büschels II. Kl. projektiv zugeordnet, und es gilt der

Satz 9. Die Punkte einer Punktreihe II. O. werden auf die Strahlen des sie berührenden Strahlenbüschels II. Kl. projektiv bezogen, wenn man jedem Punkte seine Tangente als entsprechenden Strahl zuordnet.

Vier harmonische Punkte haben also vier harmonische Tangenten, und umgekehrt gehören zu vier harmonischen Tangenten vier harmonische Berührungspunkte.

5. Aus Fig. 71 und den daran geknüpften Betrachtungen gewinnt man nach dem Vorgange von Th. Reye[1]), dem wir auch bisher uns angeschlossen haben, die Polarentheorie der Punktreihen II. O. und der Strahlenbüschel II. Kl. in großartiger Einfachheit. Wir behaupten zunächst, daß, wenn die Punktreihe zweiter Ordnung $\varkappa$ und mit ihr das sie umhüllende Strahlenbüschel II. Kl. gegeben ist, der Punkt X und die Gerade x, ebenso Y und y, Z und z einander wechselseitig bestimmen.

Wegen ihrer Lage zu dem

durch die Punkte A, B, C, D bestimmten vollständigen Vierecke	durch die Strahlen a, b, c, d bestimmten vollständigen Vierseite

werden nämlich

die Punkte U' und U'', die x mit den Geraden BD und AC gemeinsam hat, von X harmonisch getrennt durch die Punkte von $\varkappa$,	die Strahlen u' und u'', die X mit den Punkten bd und ac verbinden, von x harmonisch getrennt durch die Strahlen von $\varkappa$,

womit wir ausdrücken wollen, daß

die Geraden $U'X$ und $U''X$ mit $\varkappa$ je zwei Punkte gemein haben, die X von U' bezw. von U'' harmonisch trennen.	durch die Punkte $u'x$ oder bd und $u''x$ oder ac zwei Tangenten von $\varkappa$ gehen, die x von u' bezw. von u'' harmonisch trennen.

1) Geometrie der Lage, 1. Abt., achter Vortrag.

Nun ist aber x durch die zwei Punkte A, C von $\varkappa$, die mit X in einer Geraden liegen, schon völlig bestimmt als Verbindungsgerade des Schnittpunktes ac der Tangenten von A und C mit dem Punkte U'', der von X durch A, C harmonisch getrennt wird. Wir können daher BD als eine ganz beliebige Gerade durch X ansehen, die mit $\varkappa$ zwei Punkte B und D gemeinsam hat, und haben soeben festgestellt, daß sowohl der Punkt U', der B und D von X harmonisch trennt, als auch den Schnittpunkt bd der Tangenten von B und D auf x liegt.

Damit ist bewiesen:

Satz 10. Eine Punktreihe zweiter Ordnung $\varkappa$ bestimmt zu jedem ihr nicht angehörigen Punkte X ihrer Ebene eine Gerade x, seine „Polare“, mit folgenden Eigenschaften:

a) jede Gerade durch X, die mit $\varkappa$ zwei Punkte gemeinsam hat, schneidet x in einem Punkte, der von x durch $\varkappa$ harmonisch getrennt wird;

b) wenn die Berührungspunkte zweier Tangenten von $\varkappa$ mit X in gerader Linie liegen, so schneiden sich diese Tangenten auf x;

c) wenn von X an $\varkappa$ zwei Tangenten gehen, so lie-

Nun ist aber X durch die zwei Tangenten a, c, die durch denselben Punkt von x gehen, schon völlig bestimmt als Schnittpunkt der Verbindungsgeraden AC der Berührungspunkte von a und c mit dem Strahle u'', der von x durch a und c harmonisch getrennt wird. Wir können daher bd als einen ganz beliebigen Punkt von x ansehen, von dem aus zwei Tangenten b und d an $\varkappa$ gehen, und haben soeben festgestellt, daß sowohl der Strahl u', der b und d von x harmonisch trennt, als auch die Verbindungsgerade der Berührungspunkte von b und d durch X geht.

Satz 10'. Ein Strahlenbüschel zweiter Klasse $\varkappa$ bestimmt zu jedem ihm nicht angehörigen Strahle x ihrer Ebene einen Punkt X, ihren „Pol“, mit folgenden Eigenschaften:

a) jeder Punkt auf x, von dem aus zwei Tangenten an $\varkappa$ gehen, bestimmt mit X eine Gerade, die von x durch die Strahlen des Büschels $\varkappa$ harmonisch getrennt wird;

b) wenn die Tangenten zweier Berührungspunkte von $\varkappa$ sich in einem Punkte von x schneiden, so geht die Verbindungsgerade der Berührungspunkte durch X;

c) wenn auf x zwei Berührungspunkte des Bügen ihre Berührungspunkte auf x; | schels $\varkappa$ liegen, so liegen ihre Berührungspunkte mit X in einer Geraden;

d) wenn das Büschel zweiter Klasse aus den Tangenten der Punktreihe zweiter Ordnung besteht, so ist jeder Punkt der Pol seiner Polare, jede Gerade die Polare ihres Pols.

Die Behauptungen c) bedürfen noch des Beweises. In Fig. 71 gehen von X keine Tangenten an $\varkappa$, wohl aber von Y und Z. Da

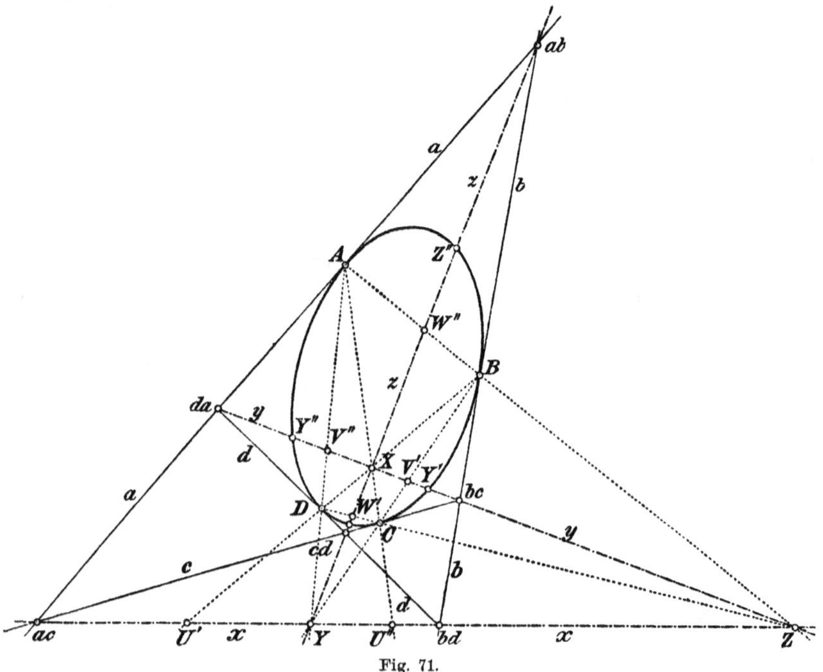

Fig. 71.

aber Y von V' und V'' durch $\varkappa$ harmonisch getrennt wird, so ist y die Polare von Y; ebenso ist z die Polare von Z, also ist in dem Dreieck XYZ jede Seite die Polare der gegenüberliegenden Ecke, ihres Pols. Es wird daher ein „Poldreieck“ und „Poldreiseit“ genannt. Wenn nun die Gerade ZZ'', die von Y nach dem gemeinschaftlichen Punkte Z'' von $\varkappa$ und y geht, mit $\varkappa$ noch einen Punkt P gemeinschaftlich hätte, so müßte der Punkt, der Z'' und P von Z harmonisch trennt, ebenfalls auf z liegen, also mit Z'' zusammenfallen, was nur dann keinen Widerspruch gibt, wenn P mit Z'' zusammenfällt. Daher gehen die Tangenten von Z' und Z'' durch Z. —

Die Sätze 10. und 10'. können auf mannigfache Weise benutzt werden, um zu einem Punkte die Polare, zu einer Geraden den Pol zu konstruieren; dabei braucht $\varkappa$ nur durch die hinreichende Zahl von Punkten oder Tangenten gegeben zu sein, also durch fünf Punkte oder Tangenten, oder durch vier Punkte und die Tangente in einem derselben, oder durch vier Tangenten und den Berührungspunkt einer derselben, oder durch drei Punkte und die Tangenten in zwei von ihnen, oder durch drei Tangenten und die Berührungspunkte auf zwei von ihnen. In allen diesen Fällen ist die projektive Erzeugung von $\varkappa$ unmittelbar in die Hand gegeben und Pole und Polaren können mit alleiniger Hilfe des Lineals gefunden werden.

6. Indem wir in Fig. 71 die Punkte A, B, Z und mit ihnen die Geraden a, b, z festhalten, lassen wir X auf z andere und andere Lagen $X_1, X_2, X_3, \cdots$ einnehmen.[1]) Da C und D durch AX und BX auf $\varkappa$ festgelegt sind, so werden mit Y zugleich die Tangenten c und d von C und D andere Lagen $c_1, c_2, c_3, \cdots$ und $d_1, d_2, d_3, \cdots$ annehmen. Wir fassen nun die Lagen des Strahles c ins Auge; die Strahlen $c, c_1, c_2, c_3, \cdots$ schneiden a und b nach Satz 2'. in zwei zueinander projektiven Punktreihen $ac, ac_1, ac_2, ac_3, \cdots$ und $bc, bc_1, bc_2, bc_3, \cdots$, die aus Z durch zwei zueinander projektive Strahlenbüschel $x, x_1, x_2, x_3, \cdots$ und $y, y_1, y_2, y_3, \cdots$ projiziert werden; das letztere ist aber auch perspektiv zur Punktreihe $X, X_1, X_2, X_3, \cdots$, also diese projektiv zum Strahlenbüschel $x, x_1, x_2, x_3, \cdots$. Wenn X_n nicht auf $\varkappa$ liegt, ist x_n die Polare dieses Punktes, und wenn die Gerade x_n nicht $\varkappa$ berührt, ist X_n ihr Pol; wenn aber X mit einem der Punkte Z', Z'' zusammenfällt, die z mit $\varkappa$ gemein hat, so fallen auch B und D und damit auch Y in diesen Punkt und x wird zur Tangente, da, wie wir gesehen haben, ZZ' und ZZ'' die Tangenten sind, die aus Z an $\varkappa$ gehen. Will man also den Begriff der Polaren auch auf Punkte ausdehnen, die auf $\varkappa$ liegen, so wird man definieren müssen: Die Polare eines Punktes von $\varkappa$ ist seine Tangente, der Pol einer Tangente ihr Berührungspunkt. Auf Grund dieser Definition können wir ohne Einschränkung den Satz aussprechen:

Satz 11. Die Polaren der Punkte einer Punktreihe erster Ordnung z bilden ein zu dieser Punktreihe projektives Strahlenbüschel erster Klasse Z, dessen Mittelpunkt der Pol von z ist, und umgekehrt.

Der noch unerörterte Fall, daß z die Punktreihe $\varkappa$ berührt, ist sehr leicht für sich zu erledigen. — Auf diesen Satz kann man einen neuen Beweis des Dualitätsgesetzes gründen, der weniger fundamental ist als der oben gegebene, dafür aber jeder ebenen Figur eine duale

1) In Fig. 71 der Übersichtlichkeit wegen weggelassen.

in vollkommen bestimmter Weise zuordnet. Man hat zu diesem Zwecke nur zu jedem Punkte der Figur seine Polare, zu jeder Geraden den Pol zu konstruieren bezüglich irgend einer Punktreihe II. O.; vier harmonischen Punkten einer Geraden entsprechen dann vier harmonische Strahlen durch einen Punkt, zwei einander trennenden Punktepaaren zwei einander trennende Strahlenpaare u. s. w. Die Konstruktion und Untersuchung der zu einer Figur polaren ist sehr lehrreich. Zur Übung wollen wir in der Ebene einer Punktreihe zweiter Ordnung $\varkappa$ noch eine andere Punktreihe zweiter Ordnung λ annehmen und jedem Punkte P derselben seine Polare p bezüglich $\varkappa$ zuordnen. Man erhält so unbegrenzt viele Strahlen p. Was läßt sich von diesen aussagen? Denken wir λ durch zwei projektive Strahlenbüschel S und T erzeugt, so sind diesen zwei projektive Punktreihen s und t zugeordnet, und die Geraden p verbinden je zwei homologe Punkte derselben. Die Strahlen p bilden also ein Büschel zweiter Klasse, die Tangentenhülle einer gewissen Punktreihe zweiter Ordnung.

7. Man sieht an diesem Beispiele und der ganzen vorangehenden Untersuchung, wie ungemein beweglich und leichtflüssig die moderne synthetische Geometrie ist im Gegensatz zur antiken Geometrie, deren Aufbau wir im wesentlichen in der Schulgeometrie kennen lernen. Der auffälligste Gegensatz beider Geometrien besteht offenbar darin, daß die alte Geometrie vollkommen unter der Herrschaft des Maßbegriffes steht, während die neue sich vorwiegend auf die Eigenschaften der Anordnung und Lage (Inzidenz) gründet, weshalb sie auch G e o m e t r i e d e r L a g e genannt wird. Die Eigenschaften des Maßes können immer nur durch V e r g l e i c h u n g auf Grund der Maßgesetze erkannt werden, springen also viel weniger in die Augen als die der Anordnung und Inzidenz. Daher die große Anschaulichkeit der Geometrie der Lage. Wenn man häufig liest, dieser oder jener Beweis im Bereiche der projektiven Geometrie sei rein aus der Anschauung geführt, so soll oder kann das immer nur bedeuten, daß der Beweis sich nur auf Eigenschaften der Raumgebilde beruft, die, wie die Anordnung und Inzidenz, unmittelbar an der Figur gesehen werden können, ohne messende Vergleiche. Wir erkennen z. B. die Eigenschaft zweier Punktepaare, einander harmonisch zu trennen, an ihrer Lage zu einem vollständigen Viereck. In der älteren Geometrie werden sie definiert durch eine gewisse Proportion, und die Erkenntnis der harmonischen Lage wird daher häufig nur auf dem Wege der Rechnung gewonnen. Die Punktreihen II. O. wurden von den Griechen als ebene Schnitte von Kreiskegeln definiert, also mit Hilfe einer metrisch spezialisierten Punktreihe zweiter Ordnung, des Kreises, dessen Theorie natürlich vorausgegangen sein muß, während die neuere Geometrie bis zu den Quellen zurückgeht, aus denen die Eigen-

schaften aller Punktreihen zweiter Ordnung fließen. — Daß der Kreis zu den Punktreihen zweiter Ordnung zählt, haben wir bereits im vorigen Paragraphen gesehen. Dagegen haben wir zur Abrundung unseres Abrisses der Kegelschnittslehre noch zu zeigen, daß die Punktreihen zweiter Ordnung wirklich die Schnitte von Kreiskegeln, oder, was auf dasselbe hinauskommt, die Zentralprojektionen von Kreisen sind. In einer Ebene η sei eine Punktreihe zweiter Ordnung $\varkappa$ gegeben (siehe Fig. 73). Durch eine Tangente t derselben legen wir eine Ebene η' und konstruieren in ihr einen Kreis $\varkappa'$, der t berührt und mit $\varkappa$ den Berührungspunkt T auf t gemeinschaftlich hat. Drei beliebige Tangenten a, b, c von $\varkappa$ mögen t in X, Y, Z treffen. Aus diesen Punkten legen wir an $\varkappa'$ die Tangenten a', b', c'. Dann bestimmen die Geraden a und a', b und b', c und c' drei Ebenen α, β, γ. Diese schneiden sich in einem Punkte S, da sie nicht durch eine Gerade gehen können. Von S aus projizieren wir $\varkappa'$ auf die Ebene η. Wir behaupten, daß $\varkappa$ die Projektion von $\varkappa'$ ist. Jedenfalls ist nämlich die Projektion von $\varkappa'$ auf η ein durch projektive Strahlenbüschel erzeugbares Gebilde, also eine Punktreihe zweiter Ordnung, die mit $\varkappa$ die vier Tangenten a, b, c, t und den Berührungspunkt T auf t gemeinschaftlich hat und daher in der Tat mit $\varkappa$ identisch ist. Von $\varkappa'$ hat dabei nur die Eigenschaft Anwendung gefunden, daß $\varkappa'$ eine Punktreihe zweiter Ordnung ist; die metrischen Sondereigenschaften des Kreises kamen gar nicht zur Wirkung. Wenn wir also den Satz aussprechen:

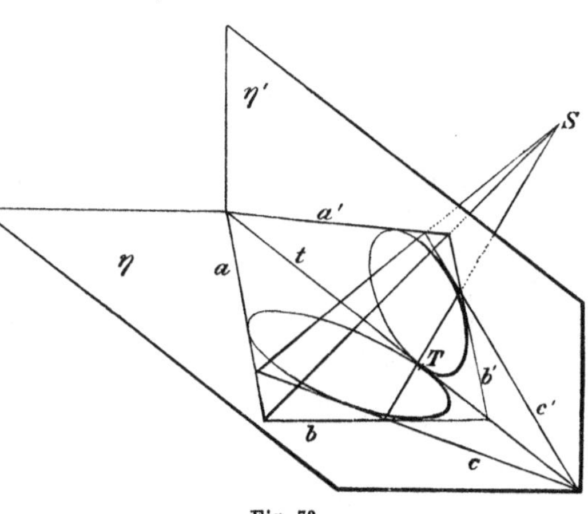

Fig. 73.

Satz 12. **Die Punktreihen zweiter Ordnung sind Zentralprojektionen von Kreisen,**

so gibt derselbe das Resultat unserer Untersuchung nur in beschränkter Form wieder. — In der „Perspektive“ wird der passende Ort für den Nachweis sein, daß die Punktreihen zweiter Ordnung als Schnitte von Rotationskegeln aufgefaßt werden können. Hiermit wollen wir die Lehre von den Kegelschnitten abschließen; die metrischen Eigenschaften dieser Gebilde sollen teils in der Planimetrie, teils in der Analytischen und Darstellenden Geometrie abgeleitet werden.

§ 18. Projektive Metrik.

1. In den drei vorangehenden Paragraphen zur Grundlegung der projektiven Geometrie haben wir uns auf die fundamentalen Sätze beschränkt, bei deren Beweis wirklich prinzipielle Schwierigkeiten zu überwinden sind; diesem Grundsatze entsprechend hätten auch die Stetigkeitseigenschaften der Punktreihen II. O. und der Strahlenbüschel II. Kl. behandelt werden müssen, und zwar besonders die wichtigen Sätze, die Reye im achten Vortrage der ersten Abteilung seiner „Geometrie der Lage", S. 100 und 101 der 4. Auflage anführt; diese Sätze sind aber an angeführter Stelle mit Hilfe der Stetigkeit der Geraden bewiesen, während wir von unserem erkenntniskritischen Standpunkte aus das Stetigkeitsaxiom III nicht ohne zwingenden Grund anwenden dürfen. Es handelt sich in erster Linie um den Satz, daß, wenn von zwei Punkten A und B einer Geraden u aus an eine Punktreihe zweiter Ordnung Tangenten gehen, von zwei anderen Punkten C und D dieser Geraden aus aber nicht, die Punkte A und B durch C und D nicht getrennt werden. Dieser Satz scheint weiter ausholende Vorbereitungen zu erfordern, weshalb wir nicht darauf eingehen wollen.[1])

2. Wir wenden uns nun zur projektiven Metrik als der Grundlage alles Messens in der elliptischen, der hyperbolischen und der parabolischen Geometrie, speziell der Ähnlichkeitslehre und Flächenvergleichung in der Euklidischen Geometrie. Die projektive Metrik der Ebene ist, im Gegensatz zu der der Euklidischen Geometrie, vollkommen dual, d. h. jedem Satze über Größenbeziehungen von Strecken steht ein Satz über Größenbeziehungen von Winkeln gegenüber, der aus dem ersten im wesentlichen durch Vertauschung der Worte „Gerade", „Strecke", „Punkt" mit den Worten „Punkt", „Winkel", „Strecke" hervorgeht; wir werden von dual entsprechenden Sätzen immer nur den einen beweisen, empfehlen aber, immer den Beweis des entsprechenden Satzes mit den zugehörigen Konstruktionen als Übungsbeispiel durchzuführen.

Beim Beweise des Fundamentalsatzes ist uns die in § 15 ausgebildete Vorstufe des Begriffes der Streckengröße nützlich geworden, die zur Synthesis dieses Begriffes nur den Grundsatz verwendet, daß das Ganze größer heißen soll als seine Teile. Dem entsprechend konnten wir zwei Strecken miteinander vergleichen, wenn eine ein Teil der anderen war; nicht aber, wenn sie keine Teilstrecke gemeinschaftlich hatten, und wir haben bereits bemerkt, daß es zum vollständigen Aufbau des Größenbegriffes nötig sein wird, eine Konstruk-

1) In der von C. Koehler, Arch. d. Math. und Phys., 3. Reihe, Bd. 6, p. 95 angegebenen Richtung.

tion zu verabreden, die entscheidet, ob zwei gegebene Strecken einer Geraden gleich genannt werden sollen oder nicht. Dazu soll das projektiv verallgemeinerte Steinersche Verfahren der „Streckenverschiebung" dienen, das wir in § 5, 2. zur Herstellung kongruenter Strecken AB und $A'B'$ verwendet haben, siehe Fig. 5. Indem wir die Geraden u, v, w dieser Figur durch einen beliebigen Punkt U gehen lassen, erhalten wir die in Fig. 74 angegebene Verschiebungskonstruktion einer Strecke AB auf ihrem Träger u unter Auszeichnung des Punktes U der Geraden u als ihres „ausgeschlossenen" Punktes. Unter der Strecke AB *excluso* U verstehen wir die von A und B nach den Axiomen II bestimmte Punktklasse auf u, die den Punkt U nicht enthält. Die Strecken AB und $A'B'$, die durch die Verschiebungs-

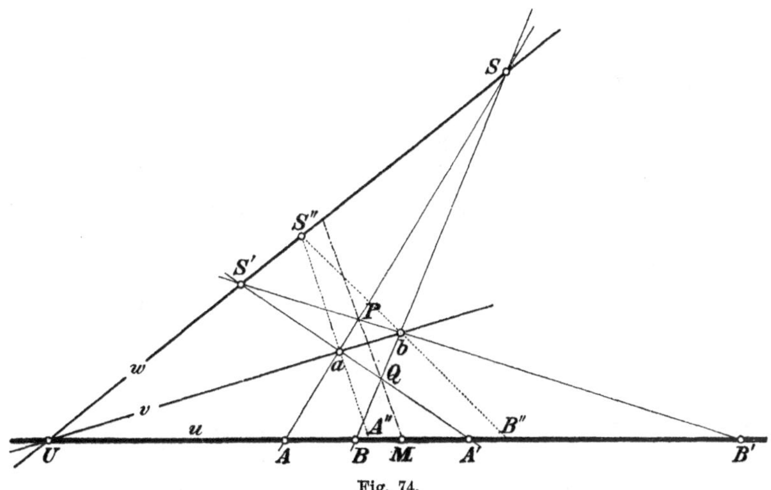

Fig. 74.

konstruktion „ineinander übergeführt" werden können, wollen wir *excluso* U einander gleich nennen; dabei soll es gestattet sein, die Buchstaben A' und B' in der Figur miteinander zu vertauschen. Es gilt nun, diese konstruktive Definition der Gleichheit in eine rein begriffliche, von den Hilfslinien und Hilfspunkten dieser Konstruktion unabhängige überzuführen. Ist P der Schnittpunkt von SA und $S'B'$, Q der Schnittpunkt von SB und $S'A'$, so schneiden sich die Geraden PQ und u nach dem Satze 4., § 16, angewandt auf das vollständige Viereck $abSS'$, in einem Punkte M, der durch A und B' sowie durch B und A' von U harmonisch getrennt wird; dabei wird vorausgesetzt, daß die Strecken AB und $A'B'$, entsprechend der Figur, *excluso* U gleichsinnig sind, d. h. daß die Tripel U, A, B und U, A', B' im Sinne des § 16 gleichsinnige Cyklen von Punktklassen bilden. Demnach können wir folgende **Definition** aufstellen:

Zwei *excluso* U gleichsinnige Strecken AB und $A'B'$ einer Geraden u heißen *excluso* U einander gleich, wenn ein Punkt M existiert, der von U durch jedes der Punktepaare A, B' und B, A' harmonisch getrennt wird, dessen Punkte nicht in einen Punkt zusammenfallen; zwei ungleichsinnige Strecken AB und $A'B'$ sollen *excluso* U einander gleich heißen, wenn die gleichsinnigen Strecken, die dieselben Endpunkte haben, gleich sind.

Durch Angabe von U, A, B und A' oder B' ist also $A'B'$ eindeutig bestimmt, wenn noch festgesetzt wird, ob die Strecken AB und $A'B'$ gleichsinnig sein sollen oder nicht. Jede Strecke ist sich selbst gleich, auch ist $AB = BA$; dagegen ist eine Strecke AB nie einem ihrer Teile $A'B'$ gleich, es müßten denn beide Strecken U zum Endpunkte haben. Denn zwei Strecken UA und UA' sind sowohl nach der Verschiebungskonstruktion als auch nach der mit ihr gleichbedeutenden Definition immer als einander gleich anzusprechen, wobei es gleichgültig ist, welche der beiden Punktklassen, die U und A (sowie U und A') bestimmen, man als „Strecke“ UA (bezw. Strecke UA') auffaßt[1]; wenn dagegen keiner der Punkte A, B, A', B' mit U identisch ist und die Teilstrecke A', B' von AB denselben Sinn hat wie AB, so wird A von B' durch A' und B getrennt, also existiert nach § 16, Satz 4. kein Punktepaar UM, das beide Paare harmonisch trennt. Zwei Strecken AB und $A''B''$ (*excluso* U), die derselben dritten Strecke $A'B'$ *excluso* U gleich sind, sind auch einander gleich, da die Verschiebungskonstruktion, die AB und $A''B''$ mit $A'B'$ vergleicht, mit Hilfe desselben Punktepaares ab auf v ausgeführt werden kann (siehe Fig. 74). Auf Grund dieser Sätze kann man von je zwei Strecken von u unterscheiden, ob sie gleich sind, oder welche von ihnen, falls sie nicht gleich sind, die größere ist.

3. Auch reicht die Verschiebungskonstruktion vollkommen aus, um einen in gleiche Teile eingeteilten projektiven Maßstab herzustellen. Ohne weiteres läßt sich zunächst die Maßeinheit m beliebig oft hintereinander abtragen, vergl. Fig. 75.[2]) Man erhält so die Punkte 2, 3, 4, $\cdots$ der Figur, wenn 01 die Maßeinheit m ist. Nach

1) Die obige Definition der Strecke *excluso* U versagt nämlich, wenn U selber Endpunkt der Strecke ist; man könnte es daher auch in diesem Falle ablehnen, von Streckenvergleichung zu reden.

2) In der Figur ist zu u die Parallele QR gezogen, um zu zeigen, daß der im Sinne der Euklidischen Geometrie unendlich ferne Punkt von u in der projektiven Skala eine endliche Nummer hat, die in unserem Falle zwischen 4 und 5 liegt, was deutlich die Skala auf w für den Punkt R erkennen läßt.

der Definition der Gleichheit liegt der Punkt $n+1$ so zu den vorangehenden, daß er von $n-1$ durch U und n harmonisch getrennt wird. Ebenso wird man die Punkte $-1, -2, -3, \cdots$ bestimmen durch die Bedingung, daß $-(n+1)$ von $-(n-1)$ durch $-n$ und U harmonisch getrennt sind; die Verschiebungskonstruktion liefert auch diese Punkte unmittelbar. Es ist übrigens nicht nötig, zu dieser Konstruktion immer dieselben zwei Hilfspunkte auf v zu verwenden, das Resultat ist ja von denselben unabhängig. Man wird sie daher so annehmen, daß die Teilpunkte auf u bequem erhalten werden. Auf die hier denkbaren Modifikationen der Verschiebungskonstruktion können wir nicht eingehen. Die Teilung verdichtet sich um den Punkt U immer mehr, ohne ihn je zu erreichen, und zwar liegen auf der einen Seite nur Punkte mit positiven, auf der anderen nur solche mit negativen Indizes. Von keinem Punkte der Geraden u aus ist U durch eine endliche Zahl *excluso* U gleicher Schritte zu erreichen, U ist also im Sinne der projektiven Gleichheit „der unendlich ferne Punkt von u".

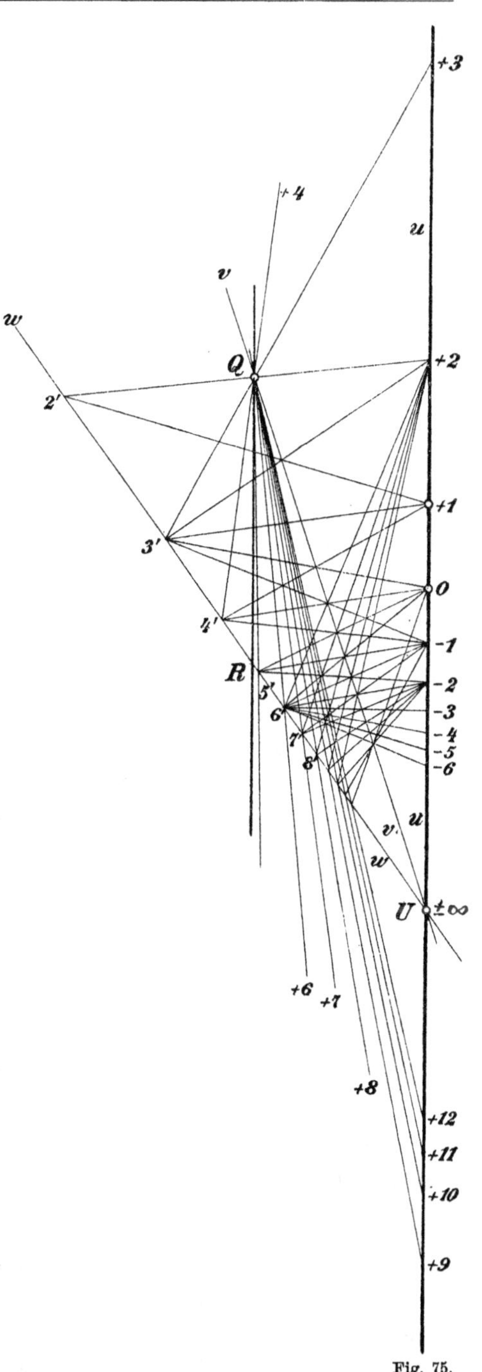

Fig. 75.

Faßt man die Definition der Punkte mit positivem und mit negativem Index in den Satz zusammen, daß drei *excluso* U äquidistante Punkte mit U zusammen ein harmonisches Quadrupel bilden, so wird man sofort auch den n^{ten} Teil einer Strecke $p, p+1$ unserer Skala definieren können: Die Strecke $p, p+1$ ist in n gleiche Teile mit den Teilpunkten

$$p, \quad p+\frac{1}{n}, \quad p+\frac{2}{n}, \cdots, \quad p+\frac{n-1}{n}, \quad p+1$$

geteilt, wenn je drei aufeinander folgende Punkte dieser Teilung zusammen mit U in der Weise ein harmonisches Quadrupel bilden, daß der mittlere Punkt von den beiden anderen durch U harmonisch getrennt wird. Bezieht man also

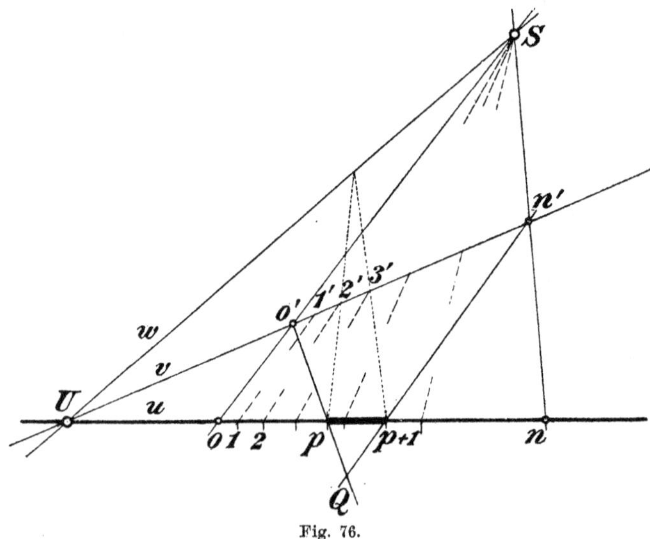

Fig. 76.

die Punktreihe u projektiv auf sich selbst, sodaß den Punkten $U, p, p+\frac{1}{n}$ die Punkte U, 0, 1 entsprechen, so sind den Punkten $p+\frac{2}{n}, p+\frac{3}{n}, \cdots, p+\frac{n-1}{n}, p+1$ die Punkte $2, 3, \cdots, n-1$, n zugeordnet. Diese Beziehung ist aber auch festgelegt, wenn man den Punkten $U, p, p+1$ die Punkte U, 0, n zuordnet, da ja $p+1$ und n, wie wir soeben festgestellt haben, einander entsprechen. Daraus folgt, daß durch unsere Definition die Teilung der Strecke $p, p+1$ in n *excluso* U gleiche Teile eindeutig bestimmt ist; zugleich ergibt sich folgende Konstruktion (siehe Fig. 76): Man projiziert die Punkte $0, 1, \cdots, n$ auf eine durch U gehende Gerade v als $0', 1', \cdots, n'$, verbindet $0'$ mit p, n' mit $p+1$ und projiziert aus dem Schnittpunkte Q beider Verbindungsgeraden die Punkte $0', 1', \cdots, n'$ zurück auf u; ihre Projektionen sind die gesuchten Teilpunkte. Es kommt übrigens nur darauf an, daß je drei aufeinander folgende Punkte der Reihe $0'$, $1'$, $\cdots$, n' mit U zusammen ein harmonisches Quadrupel bilden, man kann sie also auch direkt konstruieren, wobei $0'$ und $1'$ willkürlich angenommen werden können.

Von den Punkten U, 0, 1 ausgehend können wir also mit Leichtigkeit jeder rationalen Zahl einen Punkt der Geraden u zuordnen, und zwar gelangt man zu jedem dieser Punkte durch eine Kette harmonischer Konstruktionen; zur Begründung dieser Konstruktionen wurde der Fundamentalsatz der projektiven Geometrie nicht benutzt. Als wir daher bei der Herleitung dieses Satzes drei Punkte A, B, C einer Geraden je sich selbst zuordneten, um zu zeigen, daß, falls diese Zuordnung projektiv sein soll, auch jeder andere Punkt sich selbst zugeordnet ist, hätten wir diese drei Punkte in irgend einer Reihenfolge mit U, 0, 1 bezeichnen und aus der Definition der projektiven Beziehung unmittelbar schließen können, daß jeder Punkt mit rationaler Nummer sich selbst entsprechen muß; die eigentliche Schwierigkeit des Fundamentalsatzes bestand alsdann in dem Nachweise, daß auch alle anderen Punkte je sich selbst entsprechen müssen.

Mit Hilfe der projektiven Streckenskala läßt sich jede beliebige Strecke auf u messen, vorausgesetzt, daß jeder Endpunkt „zwischen" zwei aufeinander folgenden Teilpunkten der Skala, d. h. auf der von ihnen bestimmten Strecke liegt. Es wäre nämlich denkbar, daß kein ganzes Vielfache der Maßeinheit 01 größer wäre als die vorgelegte Strecke, daß also das Archimedische Axiom nicht erfüllt wäre. Das könnte in der Weise eintreten, daß die Teilpunkte mit wachsender ganzzahliger Nummer sich gegen einen Punkt Ω hin mehr und mehr verdichten, ohne ihn je zu erreichen, ähnlich wie es mit U tatsächlich der Fall ist, und daß der eine Endpunkt der vorgelegten Strecke jenseits dieser Verdichtungsstelle liegt. Dann könnte man aber leicht eine Strecke PQ mit rational bezifferten Endpunkten P, Q nachweisen, in deren Inneren kein Punkt mit rationaler Nummer läge, während doch andererseits jeder Punkt, der einen (von P und Q verschiedenen) rationalen Punkt R von P und Q harmonisch trennt, der Strecke PQ angehören muß. Das Archimedische Axiom ist also (auf Grund des Dedekindschen Axioms) erfüllt; wir können also sämtliche Strecken von u messen und miteinander vergleichen; dagegen ist es auf Grund dieses Verfahrens nicht möglich, zwei Strecken zweier verschiedener Geraden miteinander zu vergleichen, weil wir die Einheitsstrecke 01 nicht auf eine andere Gerade zu übertragen wissen. Dazu wird eine neue Definition nötig sein, die bestimmt, wie man die Einheitsstrecke oder irgend eine andere Strecke von einem ihrer Endpunkte aus nach allen Seiten hin abtragen soll. So gelangt man auch vom Standpunkte der projektiven Metrik aus zu der Einsicht, daß zur Metrik der Ebene ein Kreis erforderlich ist.

4. Wie man die Maßzahlen α und β zweier Strecken a und b arithmetisch zu einer neuen Zahl, der Summe $\alpha + \beta$, verknüpfen kann, so kann man aus den entsprechenden Strecken geometrisch eine neue Strecke konstruieren, der jene Summe $\alpha + \beta$ als Maßzahl entspricht und die daher Summe der beiden Strecken a und b genannt wird. Es liegt nahe zu fragen, ob nicht auch das Produkt $\alpha\beta$ ein rein geometrisches Analogon hat, sodaß man Strecken ohne Benutzung ihrer Maßzahlen rein geometrisch nach zwei verschiedenen Gesetzen miteinander verknüpfen könnte, die sich ähnlich verhielten wie die Addition und Multiplikation der Zahlen. Jene zwei Konstruktionsverfahren müßten also dieselben Verknüpfungsgesetze erfüllen wie die Addition und Multiplikation von Zahlen. Das sind in erster Linie:

A) bei der Addition:

a) das kommutative Gesetz: $a + b = b + a$,

b) das assoziative Gesetz: $(a + b) + c = a + (b + c)$;

B) bei der Multiplikation ebenso:

a) das kommutative Gesetz: $ab = ba$,

b) das assoziative Gesetz: $(ab)c = a(bc)$;

C) bei der Verknüpfung beider Operationen:

das distributive Gesetz: $(a + b)c = ac + bc$.

Eine diesen Anforderungen genügende Konstruktionsweise oder Streckenrechnung, um mit Hilbert zu reden, wollen wir im folgenden ableiten, und zwar mit der Maßgabe, daß das Stetigkeitsaxiom dabei nicht explizite, sondern nur implizite zur Verwendung kommen darf, insofern es im Fundamentalsatze und dem Satze 5., § 16 steckt; den Grund für diese Einschränkungen werden wir später angeben.

Die Gleichheit von Strecken einer Geraden u unter Auszeichnung eines Punktes U denken wir nach Art. 2 definiert. Außer dem Punkte U nehmen wir auf u zwei beliebige von U verschiedene Punkte als „Nullpunkt" N und als „Einheitspunkt" E an. Alle auf u miteinander zu vergleichenden Strecken denken wir durch die Verschiebungskonstruktion so verschoben, daß sie sämtlich den Punkt N zum einen Endpunkt haben; im Sinne UNE sollen positive, im Sinne ENU negative Strecken liegen, ähnlich wie bei der projektiven Skala, die wir uns ebenfalls ausgeführt denken. Der Skalenpunkt mit der rationalen Nummer r möge A_r heißen, sodaß U, N, E mit A_∞, A_0, A_1 zu bezeichnen wären, und r sei zugleich ein Symbol für die Strecke

$\overline{A_0 A_r}$. Wenn der Punkt P nicht zu denen mit rationaler Nummer gehört, und wir die Strecke $\overline{A_0 P}$ als solche mit dem Buchstaben x bezeichnen, so soll P auch durch A_x ausgedrückt werden; A_0 heiße Anfangspunkt, A_x Endpunkt dieser Strecke.

5. Wir definieren zunächst die Addition. Man erhält den Endpunkt A_{x+y} der Summe zweier Strecken $A_0 A_x$ und $A_0 A_y$, indem man im Endpunkte der einen mittels der Verschiebungskonstruktion die andere unter Wahrung ihres Sinnes anlagert. Zu diesem Zwecke legt man durch A_∞ noch zwei Hilfsgeraden v, w, projiziert aus einem Punkte C_0 von w die Punkte A_0, A_x, A_y auf v als B_0, B_x, B_y und fügt zur Strecke $A_0 A_x$ die Strecke $A_0 A_y$, indem man vom Schnittpunkte C_x der Geraden $B_0 A_x$ und w den Punkt B_y auf u projiziert (siehe Fig. 77). Zur Strecke

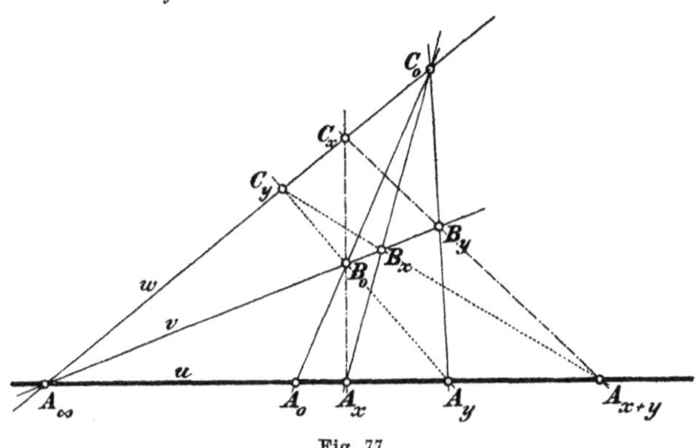

Fig. 77.

$A_0 A_y$ fügt man $A_0 A_x$, indem man vom Schnittpunkte C_y der Geraden $B_0 A_y$ und w den Punkt B_x auf u projiziert. Beide Projektionen sollen nach dem kommutativen Gesetze der Addition auf u denselben Punkt A_{x+y} bestimmen. In der Tat ist $B_0 C_x B_y C_0 B_x C_y$ ein spezielles Pascalsches Sechseck, und wenn man den in Frage stehenden Schnittpunkt von $C_y B_x$ und $C_x B_y$ mit S bezeichnet, so ergibt das Schema:

Seite:	$B_0 C_x$,	$C_x B_y$,	$B_y C_0$,
Gegenseite:	$C_0 B_x$	$B_x C_y$,	$C_y B_0$,
Schnittpunkt:	A_x,	S,	A_y,

daß S auf u liegt, wie verlangt wurde. Also ist $x + y = y + x$ gültig für positive und negative Strecken. Die Konstruktion ergibt: $\overline{A_0 A_x} + \overline{A_0 A_0} = \overline{A_0 A_x}$, d. h. die Strecke $\overline{A_0 A_0}$ verhält sich bei der Addition der Strecken wie die Zahl Null in der Arithmetik.

Von der Addition der Strecken gilt der wichtige

Hilfssatz I. Es ist

$$u(A_\infty A_0 A_1 A_x A_y A_z \cdots) \barwedge u(A_\infty A_s A_{1+s} A_{x+s} A_{y+s} A_{z+s} \cdots),$$

wo $\barwedge$ das aus einem griechischen π entstandene Zeichen für die projektive Beziehung ist. Zur Konstruktion von A_{x+s} hat man nämlich aus dem Punkte C_0 der vorigen Figur den Punkt A_s auf v, und den erhaltenen Punkt B_s aus C_x als A_{x+s} auf u zu projizieren. Indem man diese Konstruktion für $x = \infty, 0, 1, x, y, z, \cdots$ ausführt (siehe Fig. 78), erhält man auf w die Punktreihe $w(C_\infty C_0 C_1 C_x C_y C_z \cdots)$, die einerseits durch die Strahlen des Punktes B_0 auf

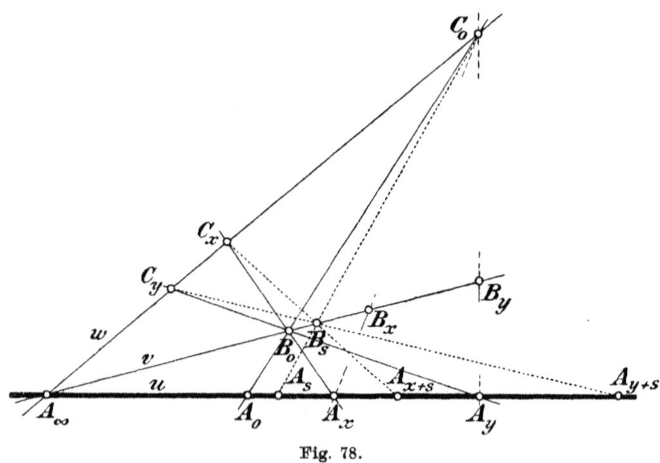

Fig. 78.

$$u(A_\infty A_0 A_1 A_x A_y A_z \cdots),$$

andererseits durch die Strahlen des Punktes B_s auf

$$u(A_\infty A_s A_{1+s} A_{x+s} A_{y+s} A_{z+s} \cdots)$$

perspektiv bezogen ist. Folglich sind die beiden letzten Punktreihen zueinander projektiv. — Aus Satz I. folgt einerseits:

$$u(A_\infty A_0 A_{-z} A_x \cdots) \barwedge u(A_\infty A_y A_{-z+y} A_{x+y} \cdots)$$
$$\barwedge u(A_\infty A_{y+z} A_{(-z+y)+z} A_{(x+y)+z} \cdots),$$

andererseits

$$u(A_\infty A_0 A_{-z} A_x \cdots) \barwedge u(A_\infty A_z A_0 A_{x+z} \cdots)$$
$$\barwedge u(A_\infty A_{z+y} A_y A_{(x+z)+y} \cdots).$$

Mit Rücksicht auf das soeben bewiesene kommutative Gesetz ist also:

$$u(A_\infty A_{y+z} A_{(-z+y)+z} A_{(x+y)+z} \cdots) \barwedge u(A_\infty A_{y+z} A_y A_{(x+z)+y} \cdots).$$

Die Projektionen der Punkte A_0, A_y, A_z aus einem Punkte P

der Ebene auf eine durch A_∞ gehende Hilfsgerade v seien B_0, B_y, B_z (siehe Fig. 79); der Schnittpunkt der Geraden A_0B_z mit w sei Q. Die Geraden QB_0 und QB_y schneiden u in A_{-z} und A_{-z+y}. Trifft w die Gerade $A_{-z+y}B_0$ in R, so schneidet RB_z die Gerade u in dem Punkte $A_{(-z+y)+z}$. *Dieser Punkt ist identisch* mit A_y, wie aus dem *Pascal*schen Sechseck $A_0PA_yRA_{-z+y}Q$ hervorgeht. Da hiernach von den projektiven Punktreihen $u(A_\infty A_{y+z}A_{(-z+y)+z}A_{(x+y)+z}\cdots)$ und $u(A_\infty A_{y+z}A_yA_{(x+z)+y}\cdots)$ die drei zuerst genannten Punkte je sich selbst zugeordnet sind, so ist nach dem Fundamentalsatze jeder Punkt sich selbst zugeordnet, also $A_{(x+y)+z}$ und $A_{(x+z)+y}$ identisch, d. h. *es gilt das assoziative Gesetz der Addition:*

$$(x+y)+z=(x+z)+y.$$

Die Summe dreier Strecken x, y, z wird demnach durch $x+y+z$ eindeutig bezeichnet.

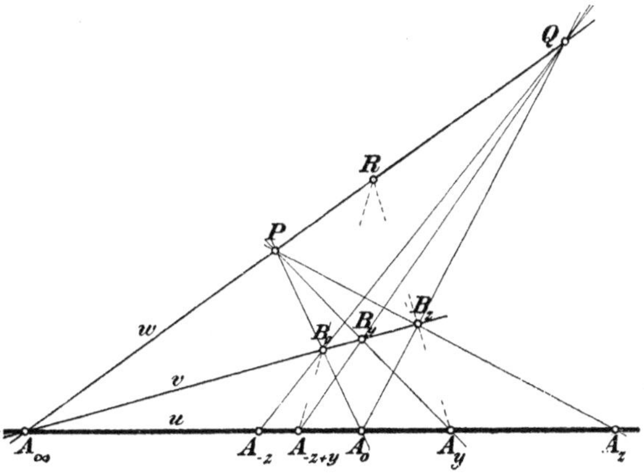

Fig. 79.

6. Von den Punkten $A_\infty A_0 A_1$ aus gelangt man zu $A_2, A_3, \cdots, A_n$ durch die harmonischen Quadrupel

$$A_\infty A_0 A_1 A_2, \quad A_\infty A_1 A_2 A_3, \quad A_\infty A_2 A_3 A_4, \cdots, A_\infty A_{n-2} A_{n-1} A_n.$$

Ebenso erhält man mittels der Verschiebungskonstruktion aus $A_\infty A_0 A_x$ die Punkte $A_{2x}, A_{3x}, \cdots, A_{nx}$ durch die Konstruktion der harmonischen Quadrupel $A_\infty A_0 A_x A_{2x}$, $A_\infty A_0 A_{2x} A_{3x}$, $A_\infty A_0 A_{3x} A_{4x}, \cdots$, $A_\infty A_{(n-2)x} A_{(n-1)x} A_{nx}$. In jedem Quadrupel wird der erste Punkt von dem dritten durch den zweiten und vierten harmonisch getrennt. Der Punkt A_{nx} wird aus $A_\infty A_0 A_1$ auf dieselbe Weise durch eine Kette harmonischer Quadrupel konstruiert wie A_n aus $A_\infty A_0 A_1$; wenn man also auf der Geraden u eine projektive Beziehung herstellt, bei der den Punkten $A_\infty A_0 A_1$ die Punkte $A_\infty A_0 A_x$ zugeordnet sind, so ist dem Punkte A_n der Punkt A_{nx} zugeordnet, daher

$$u(A_\infty A_0 A_1 A_n) \barwedge u(A_\infty A_0 A_x A_{nx}).$$

Diese Beziehung gilt zunächst nur für ganzzahliges positives n; wir benutzen sie nur, um uns die Anregung zu folgender allgemeinen *Definition* der multiplikativen Streckenverknüpfung zu holen: *Die Strecke* xy *entsteht aus* x *und* y *eindeutig durch die Forderung* $u(A_\infty A_0 A_y A_{xy}) \barwedge u(A_\infty A_0 A_1 A_x)$. Sind x und y rationaler

Zahlen, so heißt das: Die Strecke xy entsteht aus y ebenso, wie x aus 1.

In dieser Form findet man häufig die Multiplikationsregel der Brüche ausgedrückt, wie denn überhaupt die projektive Streckenrechnung einen interessanten Einblick in die Grundlagen der Arithmetik gewährt. Man übersieht zugleich den Vorteil der Geometrie gegenüber der Arithmetik: Wenn die Strecke x sich nicht als ein rationales Vielfaches der Einheitsstrecke darstellen läßt, so kann man den Punkt A_x von A_∞, A_0, A_1 ausgehend nicht durch eine endliche Anzahl harmonischer Konstruktionen erreichen, und dann würde die arithmetische Definition von xy versagen. Unsere Definition der

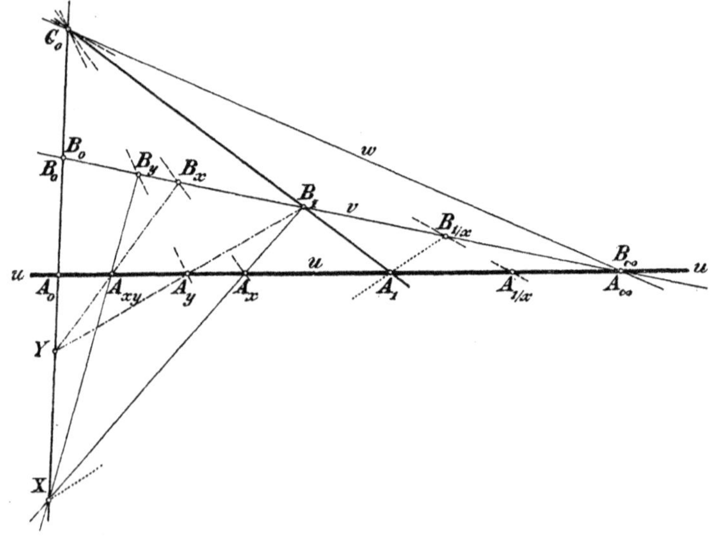

Fig. 80.

Strecke xy operiert dagegen mit den Strecken x, y selber, nicht mit ihren Maßzahlen, und umgeht die angedeutete Schwierigkeit.

Die Konstruktion des Produktes xy aus x und y ergibt sich unmittelbar aus der Definition der Multiplikation. Aus einem Punkte C_0 der Ebene (siehe Fig. 80) projiziert man A_∞, A_0, A_1, A_x auf eine durch A_∞ gehende Gerade v und erhält so B_∞, B_0, B_1, B_x. Die Gerade $B_1 A_y$ bestimmt auf $C_0 A_0$ einen Punkt Y, und YB_x trifft u in A_{xy}, denn es ist $u(A_\infty A_0 A_1 A_x) \barwedge v(B_\infty B_0 B_1 B_x)$, und wenn man diese Punkte aus Y auf u projiziert, $v(B_\infty B_0 B_1 B_x) \barwedge u(A_\infty A_0 A_y A_{xy})$, also $u(A_\infty A_0 A_1 A_x) \barwedge u(A_\infty A_0 A_y A_{xy})$, wie es verlangt war. Wir vertauschen jetzt die Bestimmungsstücke A_x, A_y, indem wir durch Projektion von A_∞, A_0, A_1, A_y aus C_0 auf v die Punkte B_∞, B_0, B_1, B_y konstruieren, den Schnittpunkt X von $B_1 A_x$ mit $C_0 A_0$ bestimmen und

XB_y mit u zum Schnitt bringen. Der mit A_{yx} zu bezeichnende Schnittpunkt fällt mit A_{xy} zusammen, da in dem Pascalschen Sechseck $B_1 A_x B_x A_{xy} B_y A_y$ die Schnittpunkte der Gegenseiten $B_1 A_x$ und $A_{xy} B_y$, $A_x B_x$ und $B_y A_y$, $B_x A_{xy}$ und $A_y B_1$ in gerader Linie liegen müssen; die beiden letzten Schnittpunkte sind C_0 und Y, also muß der erste X sein. Damit ist das kommutative Gesetz der Multiplikation bewiesen: $yx = xy$. Aus der Definition der Multiplikation folgt der

Hilfssatz II. Es ist

$$u(A_\infty A_0 A_1 A_x A_y A_z \cdots) \barwedge u(A_\infty A_0 A_s A_{sx} A_{sy} A_{sz} \cdots).$$

Daher ist einerseits

$$u(A_\infty A_0 A_1 A_x) \barwedge u(A_\infty A_0 A_y A_{xy}) \barwedge u(A_\infty A_0 A_{yz} A_{(xy)z}),$$

andererseits

$$u(A_\infty A_0 A_1 A_x) \barwedge u(A_\infty A_0 A_z A_{xz}) \barwedge u(A_\infty A_0 A_{yz} A_{(xz)y}),$$

also

$$u(A_\infty A_0 A_{yz} A_{(xy)z}) \barwedge u(A_\infty A_0 A_{yz} A_{(xz)y}),$$

und nach dem Fundamentalsatze fällt $A_{(xy)z}$ mit $A_{(xz)y}$ zusammen. Das assoziative Gesetz der Multiplikation ist daher erfüllt.

Nach den Hilfssätzen I. und II. ist ferner einerseits

$$u(A_\infty A_0 A_{-y} A_x) \barwedge u(A_\infty A_0 A_{-yz} A_{xz}) \barwedge u(A_\infty A_{yz} A_0 A_{xz+yz}),$$

andererseits

$$u(A_\infty A_0 A_{-y} A_x) \barwedge u(A_\infty A_y A_0 A_{x+y}) \barwedge u(A_\infty A_{yz} A_0 A_{(x+y)z}),$$

also

$$u(A_\infty A_{yz} A_0 A_{xz+yz}) \barwedge u(A_\infty A_{yz} A_0 A_{(x+y)z}),$$

und nach dem Fundamentalsatze fällt A_{xz+yz} mit $A_{(x+y)z}$ zusammen. Somit ist schließlich auch die Gültigkeit des distributiven Gesetzes bewiesen.

7. Läßt man in Fig. 80 den Punkt A_x mit A_0 oder A_1 oder A_∞ zusammenfallen, so rückt X auf $A_0 C_0$ als Punkt von $B_1 A_x$ bezw. nach A_0, C_0, B_0 und A_{xy} auf u als Punkt von XB_y bezw. nach A_0, A_y, A_∞. Also ist:

$$0 \cdot y = 0, \quad 1 \cdot y = y, \quad \infty \cdot y = \infty,$$

wenn A_y nicht selber mit A_∞ zusammenfällt. Nehmen wir noch die früher bewiesene Tatsache hinzu, daß in unserer Streckenrechnung $x + 0 = x$ ist, so ist nunmehr die Wahl der Indizes der Punkte A_∞, A_0, A_1 vollständig gerechtfertigt.

Wie die Subtraktion sich als Addition negativer Strecken erklären ließ, so definieren wir die Division durch eine Strecke x als Multiplikation mit ihrem reziproken Werte $1/x$. Da für $y = 1/x$ der Punkt A_{xy} mit A_1 zusammenfallen muß, so ergibt sich $A_{1/x}$ in Fig. 80, indem man XA_1 mit v zum Schnitt bringt und den erhaltenen Schnittpunkt $B_{1/x}$ aus C_0 auf u projiziert. In der beistehenden Fig. 81 ist diese einfache Konstruktion der reziproken Strecken von x, y, z ausgeführt; zur Konstruktion von $A_{1/x}$ bringt man B_1A_x zum Schnitt mit der Geraden C_0A_0, die wir mit s bezeichnen wollen, und projiziert den Schnittpunkt $B_{1/x}$ von XA_1 mit v aus C_0 auf u. Man wird bemerken, daß im Sinne unserer Streckenrechnung $1/0 = \infty$, $1/1 = 1$, $1/\infty = 0$ ist. Durch die Strahlenbüschel B_1 und A_1

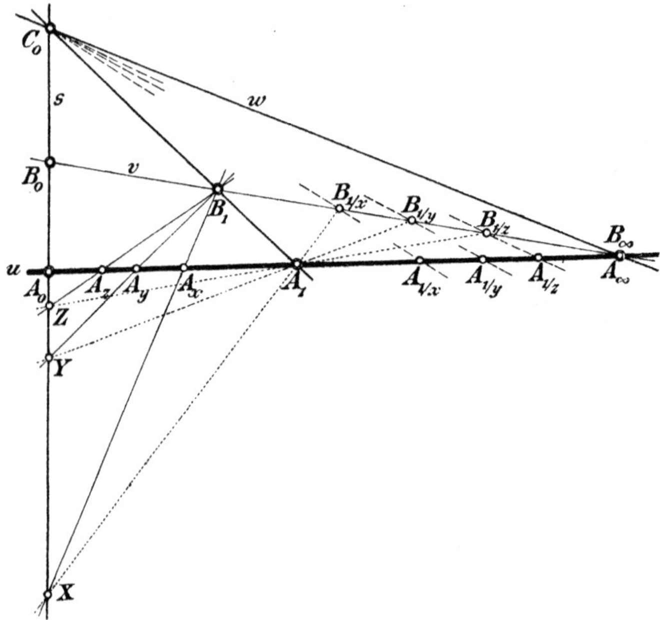

Fig. 81.

werden $A_\infty A_0 A_1 A_x A_y A_z$ und $A_{1/\infty} A_{1/0} A_{1/1} A_{1/x} A_{1/y} A_{1/z}$ auf dieselben Punkte $B_0 A_0 C_0 XYZ$ von s perspektiv bezogen; daraus folgt der

Hilfssatz III. Es ist

$$u(A_\infty A_0 A_1 A_x A_y A_z \cdots) \barwedge u(A_0 A_\infty A_1 A_{1/x} A_{1/y} A_{1/z} \cdots).$$

Aus den drei Hilfssätzen werden wir alsbald wichtige Folgerungen ziehen. Vorher wollen wir aber das Resultat unserer Untersuchung feststellen, daß unsere Streckenrechnung allen Gesetzen der vier Spezies gehorcht. Sämtliche zur Bildung von $x + y$, $x - y$, xy, x/y führenden Konstruktionen sind linear, d. h. mit alleiniger Hilfe gerader Linien ausführbar. Das Resultat dieser Konstruktionen hat sich aber als unabhängig von den Hilfslinien erwiesen, es hängt nur ab von den drei Punkten $A_\infty A_0 A_1$ und den Endpunkten der Strecken, auf die sich gerade die Konstruktion bezieht. Denken wir uns die Ebene η, in der diese Konstruktionen an den Strecken der Geraden u vorgenommen werden, mitsamt dieser Geraden u auf eine andere Ebene η' projiziert, und sind D_∞, D_0, D_1, $D_{x'}$, $D_{y'}$ die Projektionen von A_∞, A_0, A_1, A_x, A_y, so ist der von A_x, A_y in η zu $A_{x \pm y}$, A_{xy}, $A_{x/y}$ führenden Konstruktionsfigur in η' die von $D_{x'}$, $D_{y'}$ zu $D_{x' \pm y'}$, $D_{x'y'}$, $D_{x'/y'}$ führende Figur zugeordnet; projiziert man η' auf eine zweite Hilfsebene η'', so wiederholen sich diese Schlüsse. Da aber, wie im Anschluß an Fig. 59 gezeigt worden ist, jede projektive Beziehung zwischen zwei Geraden u, u^* durch zwei Projektionen vermittelt werden kann, so ist bewiesen:

Satz 1. Wenn zwei mit projektiver Skala versehene Geraden u, u^* aufeinander projektiv bezogen sind, und den Fundamentalpunkten A_∞, A_0, A_1 von u die Fundamentalpunkte C_∞, C_0, C_1 von u^*, den Strecken

$$x, y, \cdots (excl.\ C_\infty)$$

von u die Strecken $x^*, y^*, \cdots$ (*excl.* C_∞) von u^* entsprechen, so ist:

$$1)\ (x+y)^* = x^* + y^*,\quad 2)\ (x-y)^* = x^* - y^*,\quad 3)\ (xy)^* = x^* y^*,$$
$$4)\ (x/y)^* = x^*/y^*.$$

Also sind z. B. A_{xy} und $C_{x^* y^*}$ homologe Punkte. Da $1^2 = 1$, so ist auch $1^{*2} = 1^*$, also $1^* = 1$ und daher nach 1): $2^* = 2$, $3^* = 3, \cdots$; nach 1), 2), 3), 4) ist also $r^* = r$, wenn r eine rationale Zahl, was natürlich auch daraus folgt, daß von C_∞, C_0, C_1 zu C_{r^*} dieselbe Kette harmonischer Konstruktionen führt wie von A_∞, A_0, A_1 zu A_r. Da jede Strecke mit beliebiger Annäherung durch rationale Vielfache der Einheitsstrecke gemessen werden kann, so ist allgemein $x^* = x$, wenn jetzt unter x, x^* Maßzahlen verstanden werden. Trotzdem ist der Satz 1. nicht überflüssig. Abgesehen von seinem in der Fußnote[1])

1) Der Satz 1. vermittelt einen innigen Zusammenhang zwischen den Grundlagen der projektiven Geometrie und denen der Zahlenlehre, speziell der algebraischen Zahlenkörper. Da wir im Texte auf diese Verhältnisse nicht eingehen können, so seien an dieser Stelle folgende Angaben gestattet. Durch die Formeln 1)—4) (des Satzes 1.) definiert R. Dedekind in der vierten Auflage (1894) von Dirichlets Vorlesungen über Zahlentheorie (Supplement XI) vollkommen abstrakt die „Permutationen" eines Körpers A, die diesen in einen „konjugierten" Körper A^* überführen. In seiner Festschrift „Über die Permutationen des Körpers aller algebraischen Zahlen" (1901) dehnt Dedekind diese Definition und die darauf sich stützenden Folgerungen auf den Körper aller algebraischen Zahlen und auf den Körper aller reellen sowie den aller komplexen Zahlen aus. Diese Permutationen sind nach Satz 1. projektive Bezieh-

angegebenen Zwecke gestattet er nämlich einen Beweis der Formel $x = x^*$, der von dem Stetigkeitsaxiome III nur indirekt abhängt, insofern dieses nämlich dem Fundamentalsatze zu Grunde liegt, während die angenäherte Darstellung von x durch rationale Zahlen nur mit Berufung auf die Stetigkeit möglich ist. Genügt x^* einer algebraischen Gleichung mit rationalen Koeffizienten, so genügt x nach Satz 1. derselben Gleichung, und da A_x wegen der Projektivität der Eigenschaften der Anordnung *excluso* U zwischen den rationalen Punkten mit derselben Nummer liegt wie C_{x^*}, so kann die Zahl x^* keine andere Lösung jener Gleichung sein als x; daher ist die Zahl $x^* = x$. Ist x^* weder rational noch algebraisch, so gilt das Gleiche von x, und die Formeln 1), 2), 3), 4) des Satzes 1. ergeben dann, daß es wenigstens nicht zu Widersprüchen führen kann, auch in diesem Falle $x^* = x$ anzunehmen, was zu beweisen war.

8. Mittels der Hilfssätze beweisen wir jetzt den für die gesamte Metrik grundlegenden

---

ungen der Zahlenreihe des Körpers A auf sich selbst, falls A mit dem konjugierten Körper A^* identisch ist; im entgegengesetzten Falle entsprechen zwar je vier harmonischen Punkten der Zahlenreihe A vier harmonische Punkte der Reihe A^*, aber diese Anordnung ist trotzdem nicht projektiv, weil die Anordnungseigenschaften der Punktreihen A und A^* sich nicht entsprechen. Unsere Formeln $1^* = 1$, $2^* = 2, \cdots$ zeigen zwar, daß die rationalen Punkte mit gleicher Nummer sich stets entsprechen, aber die irrationalen Punkte tun es im allgemeinen nicht. Als Beispiel diene der Körper der in der Form $x = a + b\sqrt{2}$ ausdrückbaren Zahlen, wo a, b rationale Zahlen sein sollen. Setzt man $x^* = a - b\sqrt{2}$, so entsprechen je vier harmonischen x vier harmonische x^*, die rationalen Zahlen ($b = 0$) entsprechen je sich selbst, aber zu $x = \sqrt{2}$ gehört $x^* = -\sqrt{2}$. Die Eigenschaften der Anordnung haben sich also nicht übertragen. Anders in der Geometrie. Das liegt daran, daß der Fundamentalsatz sich auf die axiomatisch erzwungene Tatsache gründet, daß zu je zwei einander nicht trennenden Punktepaaren ein drittes Paar u, v existiert, das die Punkte jedes derselben harmonisch trennt. Aus den vier gegebenen Punkten werden u und v durch Ziehen einer Quadratwurzel gefunden. Wenn diese nicht zufällig in A vorhanden ist, gilt in A der Fundamentalsatz nicht. Um die Möglichkeit anderer Permutationen als der identischen auszuschließen, müßte man in A alle reellen Quadratwurzeln und alle reellen Zahlen aufnehmen, die sich durch Neben- und Übereinanderstellen von Quadratwurzelzeichen aus Größen des sich fortwährend erweiternden Körpers darstellen lassen. Dieser Körper ist aber mit seinen konjugierten Körpern nicht identisch, da diese auch komplexe Zahlen enthalten werden, und so ist es kein Widerspruch gegen den Fundamentalsatz, wenn Dedekind für den Körper aller algebraischen Zahlen Permutationen nachweist, die von der Identität verschieden sind. Diese Körper sind zudem nicht reell. Dagegen können wir die zwei Hauptfragen der „Festschrift" dahin beantworten, daß der Körper aller reellen Zahlen nach dem Fundamentalsatze nur die identische Permutation, der Körper aller komplexen Zahlen außerdem noch die aus der Vertauschung von $\sqrt{-1}$ mit $-\sqrt{-1}$ resultierende Permutation zuläßt.

Satz 2. Das projektive Doppelverhältnis von vier Elementen einer Punktreihe erster oder zweiter Ordnung, eines Strahlenbüschels erster oder zweiter Klasse ist von den drei Fundamentalelementen ∞, 0, 1 unabhängig.

Den Begriff des Doppelverhältnisses haben wir in § 11, 8 kennen gelernt; projektiv heißt es hier, weil es auf Grund der projektiven Maßskala gebildet werden soll. Es wird ausreichen, den Satz für die gerade Punktreihe (erster Ordnung) zu beweisen, da er alsdann nach dem Dualitätsgesetz auch von dem Strahlenbüschel erster Klasse gilt und durch dieses auf die Punktreihe zweiter Ordnung, durch diese auf ihre Tangentenhülle, das Strahlenbüschel zweiter Klasse, übertragen wird, wie wir auch die Eigenschaften der Anordnung vom Strahlenbüschel erster Klasse auf die Punktreihe zweiter Ordnung übertragen haben.

Wir nehmen jetzt an, daß die aufeinander projektiv bezogenen Punktreihen u und u^* des Satzes 1. auf derselben Geraden liegen. Den Punkten A_∞, A_0, A_{x_n} von u seien zugeordnet die Punkte C_∞, C_0, C_1, $C_{x_n^*}$ von u^* ($n = 1, 2, \cdots$); die x seien auf A_∞, A_0, A_1, die x^* auf C_∞, C_0, C_1 als Fundamentalpunkte bezogen. Wie wir in Art. 7. festgestellt haben, ist dann

$$x^* = x. \tag{1}$$

Auf die Fundamentalpunkte C_∞, C_0, C_1 bezogen seien die Strecken C_0A_∞, C_0A_0, C_0A_1, $C_0A_{x_n}$ gleich a', b', c', x_n', also ihre Endpunkte identisch mit $C_{a'}$, $C_{b'}$, $C_{c'}$, $C_{x_n'}$. Es gilt, den Zusammenhang zwischen den x_n und x_n' zu ermitteln.

Nach den Hilfssätzen I., II., III. erhält man aus der Punktreihe $u(C_\infty, C_0, C_1, C_{x_n^*})$ stets eine zu ihr projektive Punktreihe, wenn man zu den Indizes sämtlicher C dieselbe (positive oder negative) Größe addiert, wenn man diese Indizes mit derselben Zahl multipliziert oder sie durch die reziproken Werte ersetzt. Indem wir statt der Punkte C nur ihre Indizes anschreiben, erhalten wir auf diesem Wege der Reihe nach:

$$\begin{aligned}(\infty, 0, 1, x_n^*) &\barwedge (\infty, 0, r, rx_n^*) \barwedge (\infty, s, r+s, rx_n^*+s)\\ &\barwedge \left(0, \frac{1}{s}, \frac{1}{r+s}, \frac{1}{rx_n^*+s}\right) \barwedge \left(0, \frac{h}{s}, \frac{h}{r+s}, \frac{h}{rx_n^*+s}\right)\\ &\barwedge \left(a', \frac{h}{s}+a', \frac{h}{r+s}+a', \frac{h}{rx_n^*+s}+a'\right),\end{aligned}$$

oder nach Unterdrückung der Zwischenglieder:

$$(\infty, 0, 1, x_n^*) \barwedge \left(a', \frac{h}{s}+a', \frac{h}{r+s}+a', \frac{h}{rx_n^*+s}+a'\right). \tag{2}$$

Der zu C_∞ homologe Punkt bei dieser projektiven Zuordnung ist $C_{a'}$. Sollen den Punkten C_0 und C_1 ebenso $C_{b'}$ und $C_{c'}$ zugeordnet sein, so muß man

$$\frac{h}{s} + a' = b', \quad \frac{h}{r+s} + a' = c',$$

also

$$h = (b' - a')(c' - a')\,\omega, \quad r = (b' - c')\,\omega, \quad s = (c' - a')\,\omega$$

nehmen, wo ω einen Proportionalitätsfaktor bezeichnet. Jetzt ist nach (2):

$$(3) \qquad u(C_\infty, C_0, C_1, C_{x_1^*}, C_{x_2^*}, \cdots) \barwedge (C_{a'}, C_{b'}, C_{c'}, C_{x_1'}, C_{x_2'}, \cdots),$$

wo

$$(4) \qquad x_n' = \frac{h}{r x_n^* + s} + a' = \frac{a'(b' - c')x_n^* + b'(c' - a')}{(b' - c')\,x_n^* + (c' - a')},$$

und endlich mit Rücksicht auf (1):

$$(5) \qquad x_n' = \frac{a(b' - c')x_n + b'(c' - a')}{(b' - c')\,x_n + (c' - a')}, \quad n = 1, 2, \cdots.$$

Man sieht, daß die Formel (4) auch für $x_n^* = \infty, 0, 1$ die richtigen Werte a', b', c' liefert, daß also alle Indizes auf der rechten Seite von (3) aus denen der linken nach demselben Gesetze (4) gebildet sind. Setzt man $x_n' = \frac{p x_n^* + q}{r x_n^* + s}$, wo

$$p = a'(b' - c')\omega, \quad q = b(c' - a')\omega, \quad r = (b' - c')\omega, \quad s = (c' - a')\omega,$$

so können die vier Größen nicht vollkommen willkürlich vorgeschrieben werden, weil a', b', c' der selbstverständlichen Bedingung unterworfen sind, voneinander verschieden sein zu müssen, die mit der Forderung gleichwertig ist, daß $(a' - b')(b' - c')(c' - a') = (ps - qr)\omega^{-1}$ nicht verschwinden darf. Indem wir jetzt von den Punkten A statt den Punkten C sprechen, erhalten wir den

Satz 3. W e n n m a n d i e p r o j e k t i v e n I n d i z e s e i n e r P u n k t r e i h e u d e r s e l b e n T r a n s f o r m a t i o n e r s t e r O r d n u n g

$$x' = \frac{px + q}{rx + s}, \quad ps - qr \neq 0$$

u n t e r w i r f t u n d d e n P u n k t e n A_x d i e P u n k t e $A_{x'}$ z u o r d n e t, e r h ä l t m a n e i n e p r o j e k t i v e B e z i e h u n g.

Die Formel (5) deckt den oben gesuchten Zusammenhang zwischen x_n und x_n' auf:

Satz 4. D e r Ü b e r g a n g z u n e u e n F u n d a m e n t a l p u n k t e n e i n e r p r o j e k t i v e n S k a l a v o l l z i e h t s i c h d u r c h e i n e u n d d i e s e l b e T r a n s f o r m a t i o n e r s t e r O r d n u n g d e r I n d i z e s;

sind A_∞, A_0, A_1 die alten Fundamentalpunkte, C_∞, C_0, C_1 die neuen, und ist auf sie bezogen

$$C_0A_\infty = a', \quad C_0A_0 = b', \quad C_0A_1 = c',$$

so besteht zwischen dem auf A_∞, A_0, A_1 bezogenen Index x und dem auf C_∞, C_0, C_1 bezogenen Index x' desselben Punktes P die Beziehung

$$(6) \qquad x' = \frac{a'(b'-c')x + b'(c'-a')}{(b'-c')x + c' - a'}, \quad x = \frac{x'-b'}{x'-a'} : \frac{c'-b'}{c'-a'}.$$

Bildet man jetzt von vier Punkten $x_n' = (px_n + q)/(rx_n + s)$, $n = 1, 2, 3, 4$ das Doppelverhältnis $\frac{x_1'-x_2'}{x_1'-x_4'} : \frac{x_3'-x_2'}{x_3'-x_4'}$, so ergibt eine leichte Rechnung sofort, daß dasselbe gleich $\frac{x_1-x_2}{x_1-x_4} : \frac{x_3-x_2}{x_3-x_4}$ ist. Damit ist der Satz 2. bewiesen.[1]) Wie das Beispiel der einander harmonisch trennenden Punktepaare ∞, 1 und 0, 2 zeigt, ist das Doppelverhältnis von vier harmonischen Elementen gleich -1; die vier harmonischen Elemente können Punkte einer Punktreihe erster oder zweiter Ordnung, aber auch Strahlen eines Büschels erster oder zweiter Klasse sein. In (6) ist x selber als Doppelverhältnis dargestellt. Für $a' = \infty$ wird $x = (x' - b') : (c' - b')$, also

$$(x_1 - x_2) : (x_3 - x_4) = (x_1' - x_2') : (x_3' - x_4'),$$

d. h. das Verhältnis zweier Strecken einer Geraden ist nur vom ausgeschlossenen Punkte, nicht vom Nullpunkt und Einheitspunkt der projektiven Maßbestimmung abhängig; die Indizes x und x' beziehen sich nämlich beide auf A_∞ als ausgeschlossenen Punkt.

9. Die bis jetzt entwickelte Streckenrechnung gestattet nur, Strecken auf derselben Geraden miteinander zu vergleichen, und die ihr dual entsprechende Winkelmessung ermöglicht die Winkelvergleichung nur in demselben Strahlenbüschel. Es wäre möglich, die hiermit angedeutete Lücke durch Einführung des projektiven Kreises auszufüllen, doch können wir darauf nicht eingehen. Unsere Strecken- und Winkelrechnung reicht vollkommen aus zur Begründung der Metrik in den beiden Nichteuklidischen Geometrien, doch müssen wir uns, weil wir die Theorie des Imaginären als der höheren synthetischen Geometrie angehörig in unser Buch nicht aufnehmen konnten, auf die hyperbolische Geometrie beschränken, und in dieser auf die Streckenmessung. Die hyperbolische Geometrie gelangt, wenn man sie nach dem Vorbilde der (Euklidischen) Schulgeometrie ganz ele-

1) Einen anderen Beweis gab M. Pasch in seinen Vorlesungen über neuere Geometrie, § 21.

mentar aufbaut, zum Nachweise einer Punktreihe ω zweiter Ordnung, auf der die beiden unendlich fernen Punkte aller Geraden der Ebene liegen. Rein geometrisch ist ω von anderen Punktreihen nicht zu unterscheiden, es sei denn durch die Metrik, und man ist daher im stande jede beliebige Punktreihe zweiter Ordnung ω zur „Absoluten“ in der Ebene, d. h. zum Ort der unendlich fernen Punkte der Ebene zu machen. Das wollen wir jetzt tun. Wir beschränken uns auf das „Innere“ von ω, auf die Punkte, von denen aus an ω keine Tangenten gehen. Jede Gerade u dieses Gebietes trifft ω in zwei Punkten U_1, U_2, und wir definieren jetzt nach § 11, (17) die Länge einer Strecke AB auf u, deren Endpunkte A, B in ω liegen, als

$$\langle AB \rangle = k \log \left(\frac{A U_1}{A U_2} : \frac{B U_1}{B U_2} \right),$$

wo als „Strecke“ AB die im Inneren von ω liegende Punktklasse bezeichnet ist, die A und B auf u bestimmen. Das Doppelverhältnis ist hier im Sinne der projektiven Metrik zu bilden, die von unserem Standpunkte aus betrachtet der sogenannten absoluten Metrik der hyperbolischen Geometrie als primäre Metrik zu Grunde liegt. Im übrigen vergleiche man die Ausführungen über die hyperbolische Metrik in § 11, die dort von der Euklidischen Metrik abhängig erschien. Von den Konstruktionsverfahren der absoluten Streckenmessung wollen wir nur die unentbehrlichsten, die Verschiebungskonstruktionen, angeben, hauptsächlich, um von neuem zu zeigen, daß die Streckenlänge eine vom Maßstabe und der Definition der Gleichheit abhängige Größe ist. Nach der Definition der Länge von $\langle AB \rangle$ wird die Strecke $\langle AB \rangle$ einer anderen Strecke $\langle A'B' \rangle$ auf u gleich sein, wenn A, B und A', B' mit U_1, U_2 dasselbe Doppelverhältnis bilden, also

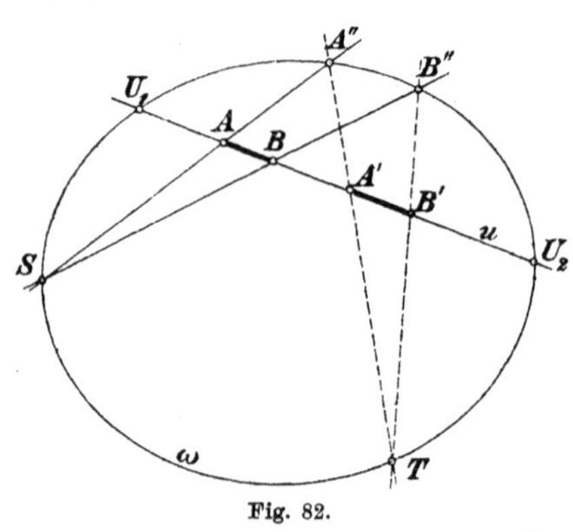

Fig. 82.

$$U_1 A B U_2 \barwedge U_1 A' B' U_2$$

ist. Projiziert man AB aus einem Punkte S von ω auf ω (siehe Fig. 82), und die erhaltenen Punkte A'', B'' aus einem Punkte T von ω zurück auf u, so ist $\langle AB \rangle = \langle A'B' \rangle$, weil $U_1 A B U_2$ zum Büschel S, dieses zum Büschel T, dieses zu $U_1 A' B' U_2$ projektiv ist. Man überzeugt sich leicht, daß U_1 und U_2 von A aus durch eine endliche Zahl von gleichen Schritten im Sinne dieser Maßbestimmung nicht erreichbar sind. Zwei Strecken $\langle AB \rangle$ und $\langle A'B' \rangle$ auf zwei verschiedenen Geraden u und u' mit den unzugänglichen Punkten U_1, U_2 und U_1', U_2' sind gleich, wenn $U_1ABU_2 \barwedge U_1'A'B'U_2'$ ist (siehe Fig. 83). Um, wenn A, B und A' gegeben sind, B' zu finden, projizieren wir A' aus dem Schnittpunkte S der Geraden U_1U_1' und U_2U_2' auf U_1U_2' als A'', bestimmen den Schnittpunkt T von U_2U_2' mit $A''A$ und den Schnittpunkt B'' von TB mit U_1U_2'. Dann wird u' von SB'' im gesuchten Punkte B' geschnitten. Offenbar ist

$$\langle AB\rangle = \langle A''B''\rangle = \langle A'B'\rangle.$$

Man überzeugt sich leicht, daß der Ort eines Punktes B, der von einem festen Punkte A einen bestimmten Abstand a hat, das Erzeugnis projektiver Strahlenbüschel ist. Der hyperbolische Kreis ist also eine Punktreihe zweiter Ordnung.

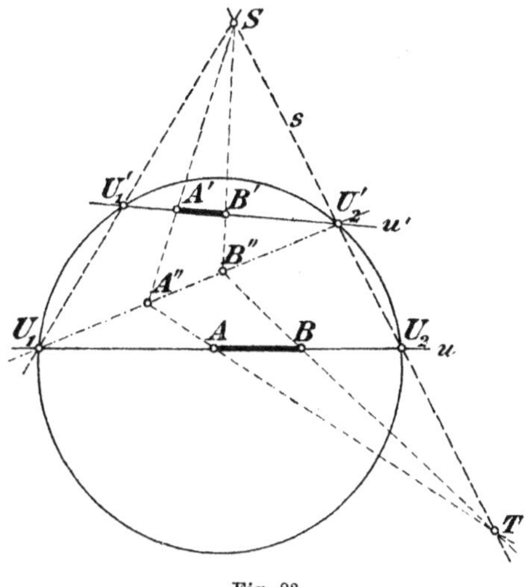

Fig. 83.

Eine ausführliche Darstellung der wichtigsten elementaren Konstruktionen der beiden Nichteuklidischen Geometrien vom Standpunkte der projektiven Geometrie aus hat M. Großmann[1]) gegeben, allerdings mit Hilfe von Koordinaten, doch sind die meisten Figuren auch ohne Rechnung verständlich.

Wir möchten nicht unterlassen, auf den interessanten Unterschied dieses Systems der hyperbolischen Geometrie gegen unsere Versinnlichung derselben im Kugelgebüsche aufmerksam zu machen, daß zwei Geraden, die sich innerhalb ω nicht schneiden, außerhalb ω stets einen Schnittpunkt haben, der vom Inneren der Punktreihe ω aus nicht durch eine endliche Anzahl im Sinne der hyperbolischen Metrik gleicher Schritte erreicht werden kann. Während also hier die idealen Schnittpunkte reell sind, waren sie beim sphärischen Typus der hyperbolischen Geometrie imaginär.

10. Die Metrik der parabolischen Geometrie ist viel weniger einfach als die der hyperbolischen. Die parabolische (Euklidische) Streckenskala auf einer Geraden u ist eine projektive, unter (vermeintlicher) Fixierung des unzugänglichen Punktes U der Geraden u

1) M. Großmann, Die fundamentalen Konstruktionen der Nichteuklidischen Geometrie, Beilage zum Programm der Thurgauischen Kantonsschule, 1903/04.

durch Bestimmungen, die rein empirischer Natur sind. Wir behaupten nämlich zunächst: **Wenn auf einer Geraden u zwei Punktepaare A, B und A', B' gegeben sind, so läßt sich immer eine projektive Maßbestimmung auf u so einrichten, daß A, B und A', B' im Sinne dieser Metrik gleiche Strecken bestimmen.** Denn man kann immer die Bezeichnung der Punkte A', B' so eingerichtet denken, daß A, B' und A', B einander nicht trennen; dann kann jeder der beiden Punkte M, N, welche unter dieser Voraussetzung A von B' und B von A' harmonisch trennen, als unendlich ferner Fundamentalpunkt gewählt werden. Zur Konstruktion von M, N ist in einer durch u gehenden Ebene eine Punktreihe ε zweiter Ordnung erforderlich. Seien $\alpha, \alpha', \beta, \beta'$ die Projektionen von A, A', B, B' aus einem Punkte S von ε auf ε; dann sind M, N die Schnittpunkte von u mit den Verbindungsgeraden $S\mu, S\nu$ von S mit den beiden Punkten von ε, die α von β' und β von α' harmonisch trennen (siehe Fig. 84). Man findet μ und ν als Schnittpunkte von ε mit der Geraden XZ, die den Schnittpunkt X von $\alpha\alpha'$ und $\beta\beta'$ mit dem Schnittpunkte Z von $\alpha\beta$ und $\alpha'\beta'$ verbindet.

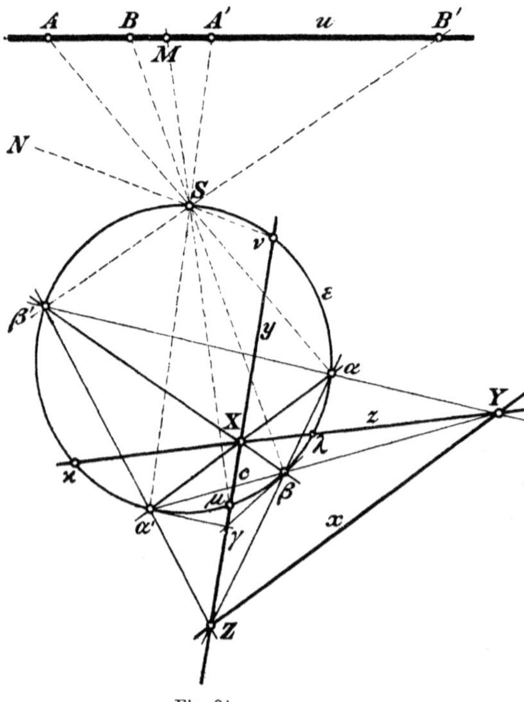

Fig. 84.

Auf XZ schneiden sich nämlich nach § 17, Satz 6. die Tangenten von α' und β, und dieser Schnittpunkt γ ist der Pol von $\alpha'\beta$, wird also durch μ und ν harmonisch getrennt von c, dem Schnittpunkte von XZ mit $\alpha'\beta$. Die zwei Punktepaare α', β und μ, ν werden aus α' durch zwei Paare $\alpha'\gamma, \alpha'\beta$ und $\alpha'\mu, \alpha'\nu$ von Strahlen projiziert, die bezw. durch γ, c und μ, ν gehen, also einander harmonisch trennen. Also werden in der Tat α' und β durch μ und ν harmonisch getrennt, ebenso β' und α. — Wenn A, B und A', B' einander nicht trennen, so gibt es auch ein Punktepaar K, L, das A von B und A' von B' harmonisch trennt. Ihm muß durch Projektion aus S auf der Punktreihe zweiter

Ordnung ein Punktepaar $\varkappa$, λ entsprechen, das α von β und α' von β' harmonisch trennt und auf der Verbindungsgeraden XY von X mit dem Schnittpunkte Y der Geraden $\alpha\beta'$ und $\alpha'\beta$ liegt. Wenn auch YZ mit der Punktreihe zwei Punkte π, ϱ gemein hätte, so würden diese α von α' und β von β' harmonisch trennen; es gäbe dann auf u zwei Punkte P, R, die A von A' und B von B' harmonisch trennten. Das ist aber unmöglich, denn zu A gibt es unter den Punkten A', B, B' nur einen, etwa A', der von A durch die beiden anderen getrennt wird, und diese zwei Paare können nicht durch ein drittes harmonisch getrennt werden; dagegen zweimal zwei Paare aus A, B, A', B', die je einander nicht trennen, und folglich gibt es zweimal ein harmonisch trennendes Paar. Also müssen auf zwei der Geraden XY, YZ, ZX Punkte von ε liegen, die dritte aber kann ε nicht schneiden. Da XYZ ein Poldreieck ist, so haben wir nebenbei das Resultat gewonnen, daß immer eine Seite eines Poldreiecks einer Punktreihe zweiter Ordnung diese nicht schneidet. — Zu den Strecken AB und $A'B'$ zurückkehrend nehmen wir nun an, daß dieselben mit Hilfe des Zirkels im empirischen Sinne „gleich“ gemacht seien. Suchen wir jetzt das Punktepaar M, N zu bestimmen, das A von B' und B von A' harmonisch trennt, so werden zwar die nach M und N hinführenden Strahlen $S\mu$ und $S\nu$ immer existieren, aber einer dieser Strahlen wird die Gerade u in erreichbarer Nähe nicht schneiden. Dieser zunächst nur empirisch unzugängliche Punkt ist der „unendlich ferne“ Punkt der Geraden in der parabolischen Geometrie, und wenn man ihn zum Punkte A_∞ einer projektiven Skala macht, so wird er auch im Sinne dieser Maßbestimmung unendlich fern liegen.[1]) Dabei ist zu beachten, daß es für unsere Konstruktionen in der projektiven Skala durchgängig genügt, zwei Geraden v und w zu haben, von denen feststeht, daß sie überhaupt durch A_∞ gehen, wenn dieser Punkt auch nicht auf der Zeichenebene liegt, denn anders als durch Vermittelung dieser Geraden v, w haben wir A_∞ beim Addieren und Multiplizieren nicht gebraucht. Einen nach A_∞ führenden Strahl v haben wir aber in $S\nu$, und durch andere Annahme von S auf ε bekommen wir leicht einen zweiten. Also sind alle Bedingungen zum praktischen Konstruieren erfüllt.

11. Die parabolische Streckenmessung ist als projektive an sich einfach, so lange es sich um Messung auf derselben Geraden handelt. Dagegen bereitet die Übertragung der Maßeinheit von einer Geraden

1) Die projektive Auffassung des Parallelismus läßt sich demnach so formulieren: Auch parallele Geraden haben einen Schnittpunkt, derselbe ist aber durch eine endliche Anzahl (im Sinne der parabolischen Metrik) endlicher Schritte nicht erreichbar.

zur anderen, wie wir in § 5 gesehen haben, ziemlich viel Umstände. Eine beliebige Punktreihe ε von der zweiten Ordnung kann, wie wir wiederholt betont haben, begrifflich zum Kreise gemacht werden; es sei etwa die des vorigen Artikels. Ein beliebiger Punkt O in der Ebene des Kreises, von dem aus an ihn keine Tangenten gehen, werde sein Mittelpunkt oder Zentrum genannt; die von O ausgehenden „Radien" nennen wir einander gleich, nachdem dieselben vorher als „Strecken" definiert sind durch Auschluß des Punktes, der O jedesmal von ε harmonisch trennt.

Diese ausgeschlossenen Punkte liegen also auf einer Geraden, der Polare ω von O bezüglich ε; sie heißt „die unendlich ferne" Gerade der Ebene. Sie bestimmt auf jeder Geraden den Punkt, der auf ihr als unendlich ferner Fundamentalpunkt der (projektiven) Streckenmessung dienen soll. Geraden mit demselben unendlich fernen Punkte heißen parallel. Man kann die Metrik genau unter den begrifflichen Voraussetzungen der parabolischen Geometrie so einrichten, daß irgend zwei Geraden der Ebene als parallel anzusprechen sind. Bei anderer Wahl der drei Fundamentalpunkte hat natürlich auch „der" unendlich ferne Punkt einer Geraden der Euklidischen Geometrie endlichen Abstand vom Nullpunkt. Vor Einführung der Metrik gibt es eben kein Nah und Fern, denn das sind ja metrische Begriffe, und Nähe oder Ferne ist nichts absolutes, sondern hat immer nur Bedeutung relativ zur Maßeinheit und den Gesetzen der jeweils benutzten Metrik. Für die Geometrie des naiven Mannes aus dem praktischen Leben ist freilich mit der Strecke zugleich auch die Länge gesetzt. Daß auch in der wissenschaftlich betriebenen Geometrie die Empirie einen viel größeren Spielraum hat, als man sich zugestehen möchte, kann man alle Tage beobachten. — Auf zwei Parallelen u, v schneiden zwei andere Parallelen p, q derselben Ebene, wenn sie nicht zu u und v parallel sind, gleiche Strecken ab. Das hat als Definition zu gelten. Sind zwei parallele Strecken einer dritten zu ihnen parallelen Strecke gleich, so sind sie, wie eine einfache Überlegung zeigt, nach dem Satze von Desargues über die perspektiven Dreiecke auch einander gleich. Zur Verschiebungskonstruktion und zur Übertragung der Strecken von einer Geraden auf die zu ihr parallelen kommt als dritte Fundamentalkonstruktion der Streckenmessung die Drehung mittels des Kreises ε (vergl. § 5). Auch hier ergibt der Satz von Desargues unmittelbar die Gleichheit zweier Strecken, die einer dritten gleich sind, wenn sie auf drei verschiedenen Geraden durch den Mittelpunkt O des Kreises ε liegen und durch das Verfahren der Fig. 6 die Drehung definiert wird.

12. Während die Streckenmessung der parabolischen Geometrie ihrem Wesen nach eine projektive ist, welche die ausgeschlossenen

Punkte ein für allemal definiert, beruht die Euklidische Winkelmessung auf ganz anderen Grundsätzen, die ohne den lebhaften Anteil der sinnlichen Anschauung an der Entwicklung der Geometrie nicht zu verstehen wären. Daß Strecken größer sein können als unser Blick in die Weite reicht, ist eine der ältesten, natürlichsten Erfahrungen; die Erde erscheint dem naiven Menschen unmeßbar groß; die Maßeinheit ist sein Schritt. Anders der Winkel. Das ganze Winkelfeld in der Umgebung eines Punktes O übersieht man mit einem Blick, seine Größe muß „also“ endlich sein, und wie der naive Sinn an absolute Länge glaubt, so glaubt er auch an absolute Winkelgröße. Eine natürliche Vierteilung des Winkelfeldes um O bewirken zwei aufeinander im empirischen Sinne senkrechte Geraden, das Auge entdeckt keinen Vorzug des einen Feldes vor den anderen. Aber wie man das Winkelfeld durch geeignete Wahl der Winkelmessung zu einer endlichen Größe machte, könnte man auch die Länge der Geraden durch ein entsprechend gewähltes Meßverfahren zu einer endlichen machen. — Homologe Winkel an Parallelen haben nach Definition als gleich zu gelten. Die Drehung eines Winkels um seinen Scheitel haben wir durch das aus Fig. 8 zu ersehende Verfahren definiert. Ist im Sinne dieser Definition, indem wir den Bogen statt des zugehörigen Zentriwinkels anschreiben, $AB = A''B''$, $A'B' = A''B''$, d. h. also $AB'' \parallel BA''$ und $A'B'' \parallel B'A''$ (siehe Fig. 85), so liegen von dem Pascalschen Sechsecke $AB'A''BA'B''$ die Schnittpunkte der Gegenseiten AB'' und BA'' sowie $A'B''$ und $B'A''$ auf der unendlich fernen Geraden, folglich liegt auch der Schnittpunkt des dritten Paares AB' und BA' von Gegenseiten auf dieser Geraden, daher ist auch Winkel $AB = A'B'$, d. h. wenn von drei Winkeln mit demselben Scheitel zwei einem dritten gleich sind, so sind sie auch einander gleich. Um an die Figuren des § 5 anzuknüpfen, haben wir einen wirklichen Kreis mit seinem wirklichen Zentrum benutzt. Aber allein schon der Umstand, daß der Pascalsche Satz den Ausschlag gab, zeigt, daß man auch mit einer beliebigen Punktreihe zweiter Ordnung eine in sich widerspruchsfreie Winkelmessung nach den Grundsätzen der Euklidischen definieren könnte, nur mit dem Unterschiede, daß die im Sinne dieser Metrik „gleichen“ Winkel nicht im empirischen Sinne gleich wären.

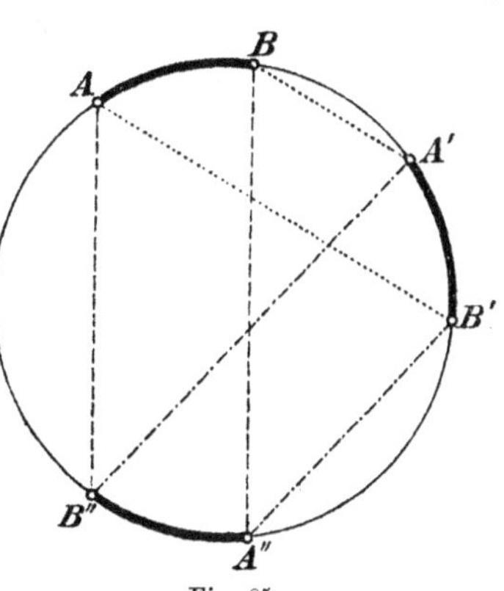

Fig. 85.

Wie wir sehen, ist die Euklidische Metrik nicht so leicht wissenschaftlich zu begründen wie die hyperbolische (und elliptische). Ihr Mangel an Symmetrie, der eine Folge der Preisgabe des Dualitätsgesetzes ist, wird aber reichlich ersetzt durch ihren hohen praktischen Wert. Die Teilung einer Strecke in beliebig viel gleiche Teile ist in der Euklidischen Geometrie infolge des projektiven Charakters ihrer Streckenmessung auf derselben Geraden eine mit Zirkel und Lineal exakt ausführbare Konstruktion, während dieselbe Aufgabe in den beiden Nichteuklidischen Geometrien ebenso kompliziert ist wie die n-Teilung des Winkels in der Euklidischen Geometrie. Dafür ist in der Euklidischen Geometrie das Rechnen mit Winkeln eine besondere Wissenschaft, die Trigonometrie, während in der rein projektiven Metrik Strecke und Winkel vollkommen nach gleichen Gesetzen gemessen werden.

Damit müssen wir diese Untersuchung schließen und hinsichtlich weiterer sich hier aufdrängender Fragen auf die Literatur verweisen.

§ 19. **Anhang: Literaturangaben.**

Da der Bericht der großen Encyklopädie der Mathematischen Wissenschaften über die Literatur der Prinzipien der Elementargeometrie noch nicht erschienen ist, so werden folgende Angaben, die natürlich keinen Anspruch auf Vollständigkeit machen, nicht unwillkommen sein. Im vorangehenden bereits zitierte Werke sind nicht aufgenommen.

1. Bibliographische Werke.

Libellus post saec. quam Jo. Bolyai de Bolya anno 1802, a. D. Claudiopoli natus est ad celebrandam memoriam eius immort. . . . editus, Claudiopoli, 1902. (Ein Verzeichnis aller Schriften über Nichteukl. Geom.).

Bonola, Bibliografia sui fondamenti della geometria noneuclidea, im Bollettino di bibliografia e storia delle scienze matematiche, seit 1899.

E. Wölffing, Mathematischer Bücherschatz, I. Teil, Leipzig 1903. (Keine Zeitschriften!)

Siehe besonders: Abt. 2. Philosophie der Mathematik. Abt. 139. Prinzipien der Geometrie. Abt. 140. Parallelentheorie. Abt. 141. Nichteuklidische Geometrie. Abt. 142. n-dimensionale Geometrie.

2. Geschichte der Erforschung der Grundlagen.

Tropfke, Geschichte der Elementar-Mathematik. 1902 u. 1903.

Simon, M., Euklid und die sechs planimetrischen Bücher. Leipzig 1901.

Reye, Th., Die synthetische Geometrie im Altertum u. in der Neuzeit. Straßburg 1899. (2. Aufl.)

Kewitsch, G., Zweifel an der astronomischen u. geometrischen Grundlage des 60-Systems. Zeitschr. f. Assyriologie, 18, (1904), S. 73 ff.

Stäckel u. Engel, Die Theorie der Parallellinien von Euklid bis Gauß. Leipzig 1895.

Stäckel u. Engel, Urkunden zur Geschichte der Nichteuklidischen Geometrie. Leipzig 1899.

Schmidt u. Stäckel, Briefwechsel zwischen Gauß u. Bolyai. Leipzig 1899.

Stäckel, P., Untersuchungen a. d. absoluten Geometrie. Aus Joh. Bolyais Nachlaß. Math. u. Nat. Ber. Ungarn, 18. Bd. 1902.

Baltzer, R., Die Elemente der Mathematik. Leipzig 1883.
Wertvolle historische Notizen.

3. Erkenntnislehre der Mathematik vom philosophischen Standpunkte.

Wundt, W., Logik. 2. Aufl., Stuttgart 1893.

Cassirer, E., Leibniz' System in seinen wissenschaftlichen Grundlagen. Marburg 1902.

Stumpf, Über den psychologischen Ursprung der Raumvorstellung. 1873.

Lipps, G. F., Untersuchungen über d. Grundlagen der Mathematik. Wundts Philos. Studien, Bd. 9.

Erdmann, Die Axiome der Geometrie, eine philos. Untersuchung der Riemann-Helmholtzschen Raumtheorie. Leipzig 1877.

Baumann, Die Lehren von Raum, Zeit u. Mathematik. 1868/69.

De Tilly, Sur divers points de la philosophie des Sciences mathématiques. Classe des sciences de l'Ac. R. de Belgique (1901).

De Tilly, Essai sur les principes fondamentaux de la géométrie et de la mécanique, Mémoires de la Société des sciences phys. et nat. de Bordeaux, 2ième série, t. 3, 1878.

4. Erkenntnislehre der Mathematik vom mathematischen Standpunkte.

Ricci, Greg., Anfänge u. Entwickelung der neueren Auffassungen der Grundlagen der Geometrie. Jahresber. d. Deutschen Math.-Ver. 1902.

Rosanes, J., Charakteristische Züge in der Entwickelung der Mathematik des 19. Jahrhunderts. Breslau 1903.

Wilson, E. B., The so-called Foundations of Geometry. Arch. d. Math. u. Phys. (3) 6, 104—123.

Klein, F., Anwendung der Differential- und Integralrechnung auf Geometrie; eine Revision der Prinzipien. Autograph. Vorlesung (1902).
Vergl. dazu die Rezension von Th. Vahlen, Arch. d. Math. u. Phys. (3), 7, 166—170.

Klein, F., Gutachten betreffend den dritten Band der Theorie der Transformationsgruppen von S. Lie. Phys.-math. Ges. Kasan 1897. Abgedruckt: Math. Ann. 50.

Klein, F., Über Arithmetisierung der Mathematik. Göttinger Nachr. 1895.

Hölder, Anschauung und Denken in der Geometrie. Leipzig 1900.

Hessenberg, G., Über die kritische Mathematik. Arch. d. Math. u. Phys. (3), 7, Anhang, p. 21.

Poincaré, H., Wissenschaft u. Hypothese. Deutsch von F. und L. Lindemann. Leipzig 1904.

5. Arbeiten in der Richtung von Bolyai und Lobatschefsky.

Stäckel, P., Johann Bolyais Raumlehre. Math. u. Nat. Ber. Ungarn, 19. Bd. 1903.

Kürschák, J. u. Stäckel, P., Johann Bolyais Bemerkungen über Nicolaus Lobatschefskys geometrische Untersuchungen zur Theorie der Parallellinien. Math. u. Nat. Ber. Ungarn, 18. Bd., 1902.

Engel, Fr., N. I. Lobatschefsky, Zwei geometrische Abhandlungen, aus dem Russischen übersetzt, mit Anmerkungen u. einer Biographie des Verfassers. Leipzig 1898/99.

Lobatschefskys Theorie der Parallelen ist in Ostwalds Klassikern der exakten Wissenschaften erschienen.

Simon, M., Zu den Grundlagen d. Nichteuklidischen Geometrie. Straßburg 1891.

Betont besonders die physiologische Seite des Problems und gehört auch in Nr. 6.

Simon, M., Die Elemente der Geometrie mit Rücksicht auf absolute Geometrie. Straßburg 1890.

Simon, M., Elementargeometrische Ableitung der Parallelenkonstruktion in der abs. Geometrie. Journ. f. r. u. a. Math. Bd. 107, Heft 1.

Simon, M., Die Geometrie der Zwischenebene. Jahresber. d. Math.-Ver. VII, 1.

Simon, M., Die Trigonometrie der abs. Geom. Journ. f. r. u. a. Math. Bd. 109, Heft 3.

Liebmann, H., Winkel- und Streckenteilung in der Lobatschefskyschen Geometrie. Arch. d. Math. u. Phys. (3), 5, p. 213.

Liebmann, H., Verschiedene wichtige Artikel in den Leipz. Sitzungsberichten.

Stäckel, P., Zur Nichteuklidischen Geometrie. Arch. d. Math. u. Phys. (3), 3, p. 187.

Engel, Fr., Zur Nichteuklidischen Geometrie. Leipzig 1898.

Gauß, Werke, Bd. 8.

6. Arbeiten in der Riemann-Helmholtzschen Richtung.

Riemann, B., Über die Hypothesen, welche der Geometrie zu Grunde liegen. Göttingen 1854 (Werke, 2. Aufl. XIII; siehe ferner XXII).

Helmholtz, Über die Tatsachen, die der Geometrie zu Grunde liegen. Nachr. Kgl. Ges. Wiss. Göttingen, Bd. 2. Braunschweig 1868.

Helmholtz, Über den Ursprung u. d. Bedeutung der geometrischen Axiome. Vorträge u. Reden, Bd. 2. Braunschweig 1884.

Beltrami, Saggio di interpretazione della geometria noneuclidea. 1868.

Beltrami, Teoria fondamentale degli spazii di curvatura costante. Annali di Mat., ser. II, 2. Bd. (1868).

Lie, S., Theorie der Transformationsgruppen. 3. Absch., V. Abt. Leipzig 1893.

Russell, B. A. W., An Essay on the foundations of geometry, Cambridge 1897; vergl. die Besprechung der französischen, von A. Cadenat ausgeführten Übersetzung durch P. Stäckel. Arch. f. Math. u. Phys., (3) IV, S. 140 ff.

Brill, Bemerkungen über pseudosphärische Mannigfaltigkeiten von drei Dimensionen. Math. Ann. 26.

Schur, F., Über die Deformation der Räume konstanten Riemannschen Krümmungsmaßes. Math. Ann. 27, S. 163—176 u. 537—567.

Schur, F., Über den Zusammenhang der Räume konstanten Riemannschen Krümmungsmaßes mit den projektiven Räumen. Math. Ann. 27, S. 537 ff.

Voss, Zur Theorie des Riemannschen Krümmungsmaßes. Math. Ann. 16.

Monro, S., On flexure of spaces. Proc. Lond. Math. Soc. 9, p. 171 ff.

Schwarzschild, Über das zulässige Krümmungsmaß des Raumes. Vortrag auf der Versammlung der Astr. Ges. Heidelberg 1900.

7. Systembildung der Euklidischen Geometrie (Lehrbücher).

Veronese, Elementi di Geometria. Padova 1897.
Veronese, Grundzüge der Geometrie, deutsch von Schepp.
Peano, Sui fondamenti della Geometria. Rivista di Matematica, vol. IV (1894).
Ingrami, Elementi di Geometria per le scuole secondarie superiori. Bologna 1899.
Pieri, Della geometria elementare come sistema ipotetico deduttivo. Mem. della Acc. di Torino 1899.
Enriques, Questioni riguardanti la geometria elementare. Bologna 1900.
G. Veronese, Nozioni elementari di Geometria intuitiva ad uso dei ginnasi inferiori. Verona-Padova 1901.

Vergl. dazu

Thieme, Die Umgestaltung der Elementargeometrie. Progr. Abh. Posen, 1900.

Zu Literaturangaben über Ähnlichkeit, Flächen- und Volumenbestimmung wird sich in der Planimetrie und Stereometrie Gelegenheit finden.

8. Projektive Geometrie und projektive Metrik.

Cayley, A sixth memoir upon quantics. Phil. Trans., vol. 149 (1859); Coll. pap. vol. 2.
Salmon-Fiedler, Analytische Geom. d. Kegelschnitte, II. Bd., Kap. XX.
Klein, F., Arbeiten über Nichteuklidische Geometrie: Math. Ann. 4 (1871), S. 573—625; 5 (1873), S. 112—145; 6 (1873), S. 112; 7 (1874), S. 531—537; 37 (1890), S. 544—572.
Darboux, Math. Ann. 17.
Klein, Vorlesungen über Nichteuklidische Geometrie (autographiert).
Killing, Die Nichteuklidischen Raumformen in analytischer Behandlung. Leipzig 1885.

Die vollständigste Darstellung der drei Geometrien vom projektiven Standpunkte gibt

Clebsch-Lindemann, Vorlesungen über Geometrie, Bd. II, Teil 1. Leipzig 1891.
Schor, D., Neuer Beweis eines Satzes aus den „Grundlagen der Geometrie" von Hilbert. Math. Ann. 58, S. 427.
Wiener, H., Über die Grundlagen u. den Aufbau der Geometrie. Jahresber. Deutsch. Math.-Ver. Bd. I, S. 45 ff. u. Bd. III, S. 70 ff.
Schur, F., Über den Fundamentalsatz der projektiven Geometrie. Math. Ann. 51.
Schur, F., Lehrbuch der analytischen Geometrie. Leipzig 1898.
Zeuthen, Sur le fondement de la Géometrie projective. Comptes rendus 1898, p. 213.
Hessenberg, G., Desarguesscher Satz u. Zentralkollineation. Arch. d. Math. u. Phys. (3), 6, S. 123—128.
Hessenberg, G., Über die projektive Geometrie. Arch. d. Math. u. Phys. (3), 5, Anhang, S. 35.
Hessenberg, G., Über Beweise von Schnittpunktsätzen. Arch. d. Math. u. Phys. (3), 3, S. 121 u. S. 316.

Vierter Abschnitt.

Planimetrie.

§ 20. Die grundlegenden Sätze.

1. Geometrie ist nach Platon[1]) die „Erkenntnis des ewig Seienden“, d. h., im Gegensatze zur Mechanik, Astronomie und Physik, die Erkenntnis der ob allem Wechsel beharrenden Raumordnung. Diese Erkenntnis schöpfen wir mittels reiner Denkarbeit aus den wenigen Grundgesetzen oder Axiomen, durch welche zwischen den Grundgebilden der Raumordnung, nämlich den Punkten, Geraden und Ebenen, geordnete Beziehungen hergestellt werden. Während aber die Grundgebilde vollkommen ausreichen, um die Formen der sinnlich wahrnehmbaren Gebilde durch reine Denkbestimmungen eindeutig zu beschreiben und mit Gesetzmäßigkeit auszustatten, so daß jemand, dem diese Formen unbekannt wären, sie auf Grund dieser Bestimmungen, unabhängig von der Erfahrung, erzeugen könnte, ist die sinnliche Form der Grundgebilde selber nicht durch Denksetzungen bestimmbar. Die Anschauung des Punktes, der Geraden und der Ebene kann nur empirisch an geeigneten Modellen geweckt und übermittelt werden und verwirklicht diese Ideen nur unvollkommen. — Die Anschauung ist nach Platon der Paraklet des Denkens, seine bewegliche, anregende, das Resultat oft vorwegnehmende Helferin. Sie verhält sich zum reinen Denken etwa wie die Kunst zur Wissenschaft, sie ist, wie die Anlage zur Kunst, der Steigerung und Vervollkommnung fähig und schon deshalb nicht letzte Instanz bei der Feststellung der geometrischen Wahrheit. Die Anschauung kann das Denken durch Begriffe nicht ersetzen, vielmehr soll das Begriffsdenken die Anschauung regeln und präzisieren. Durch fortgesetzte Übung läßt sich nicht nur eine geometrische, sondern auch eine arithmetische, eine graphostatische oder physikalische Anschauung ausbilden; ohne sie bliebe das Denken unbeholfen und unfruchtbar.

---

1) Politeia VII, 527b: *τοῦ γὰρ ἀεὶ ὄντος ἡ γεωμετρικὴ γνῶσίς ἐστιν.*

2. Der Aufbau des Lehrsystems der Euklidischen Geometrie hängt wesentlich davon ab, welche Stellung man zum Parallelenbegriffe nimmt. Der antiken Definition, daß Parallelen sich schlechterdings nicht schneiden, macht die moderne, projektive Auffassung immer mehr den Rang streitig, wonach ausnahmslos alle Geraden einer Ebene einander schneiden, nur, daß bei den Parallelen der Schnittpunkt durch eine endliche Zahl von Schritten endlicher Länge im Sinne der Euklidischen Metrik nicht erreichbar ist. Zwischen beiden Auffassungen sucht eine dritte, nominalistische zu vermitteln, die parallelen Geraden einen „uneigentlichen" Schnittpunkt zuschreibt und durch diese Sprechweise die vollendete Gesetzmäßigkeit des projektiven Standpunktes gewinnt, ohne an die (begriffliche) Existenz eines Schnittpunktes zu glauben. Dazu ist zu bemerken, daß nirgends in der ganzen Geometrie absolutes Nichtschneiden der Parallelen erforderlich ist und begrifflich benutzt wird, sondern immer nur die Unzugänglichkeit des Schnittpunktes auf Grund der Metrik. Rein wissenschaftlich betrachtet verdient die projektive Auffassung des Parallelismus ganz entschieden den Vorzug, weil sie einfacher ist als die antike und das Gesetz, daß je zwei Geraden einer Ebene einander schneiden, zur ausnahmslosen Gültigkeit erhebt. Gesetze ohne Ausnahme müssen doch wohl immer als das Ideal einer reinen Begriffswissenschaft gelten. Vom projektiven Standpunkte aus verliert der Parallelismus jede Spur des Geheimnisvollen und Unbegreiflichen, er wird zu einer rein internen Angelegenheit der Metrik, in die die Erkenntniskritik nicht hineinzureden hat; das Parallelenaxiom sinkt herab zu der Vorschrift, die Metrik so einzurichten, daß eine gewisse Ebene von allen ihr nicht angehörigen Punkten aus in gerader Bahn nicht durch eine endliche Zahl von Schritten erreichbar wird, denen auf Grund dieser Metrik eine endliche „Länge" zuzuschreiben ist. Begrifflich kann diese Auszeichnung jeder beliebigen Ebene zu teil werden, speziell kann auf jeder Geraden ein Punkt begrifflich zum „unendlich fernen Punkte" gemacht werden, der auf Grund der durch die Sehweite unserer Augen, durch den Tastbereich unserer Hände gegebenen Metrik im Endlichen liegt (vergleiche Fig. 75 im dritten Abschnitte). Immer läßt sich die Metrik so einrichten, daß ein beliebiger von sechs Ebenen begrenzter Körper begrifflich zum „Würfel" wird; durch Angabe eines solchen „Würfels" ist die Metrik konstruktiv festgelegt, so daß man begrifflich vollständig exakte Konstruktionen metrischer Natur ausführen kann. Legt man denselben einen „wirklichen" Würfel zugrunde, so vermittelt dieser die „wirkliche" Euklidische Maßbestimmung.

3. Hiernach ist das Parallelenaxiom eigentlich ein Eingriff in die Freiheit der projektiven Geometrie, der die parabolische Metrik vor der hyperbolischen und elliptischen bevorzugt. Wie im dritten Abschnitte gezeigt worden ist, kann die projektive Geometrie aus eigenen Mitteln alle drei Maßbestimmungen erzeugen. So hätte denn die projektive Geometrie, vom rein wissenschaftlichen Standpunkte aus betrachtet, als die wahre Elementargeometrie zu gelten und sie ließe sich auch unter Benutzung der Stetigkeit wahrhaft elementar darstellen. Aber bisher sind alle Versuche fehlgeschlagen, sie an Stelle der überlieferten Schulgeometrie zu setzen, und so müssen wir den streng wissenschaftlichen Standpunkt aufgeben. Insbesondere müssen wir darauf verzichten, Parallelismus und Kongruenz als Probleme zu betrachten, die die Geometrie mit eigenen Mitteln, durch Erschaffung einer geeigneten Metrik, zu lösen hat; wir wollen vielmehr alle diese Dinge mittels der Hilbertschen Axiome postulieren; streng genommen sollte man ja nur das axiomatisch fordern, was man nicht durch reine Denksetzungen aufbauen kann. Durch die Kongruenzaxiome fordert man etwas, das mit Hilfe der Axiome der Verknüpfung, der Anordnung (in der projektiven Modifizierung) und der Stetigkeit sich leisten ließe; in den Kongruenzaxiomen steckt ganz besonders der Fundamentalsatz der Geometrie der Lage, also auch das Stetigkeitsaxiom. Dem widerspricht durchaus nicht die von Hilbert in § 11 seiner „Grundlagen der Geometrie" nachgewiesene „Unabhängigkeit" der Kongruenzaxiome. Denn Hilbert zeigt a. a. O. nur, daß man nach Einführung seiner Axiome I, II, IV und V in der Metrik noch beinahe vollkommen freie Hand hat; ließe man auch noch IV fort, so hätte man u. a. die Wahl zwischen der parabolischen, hyperbolischen und elliptischen Metrik. Die Hilbertschen Axiome III und IV stellen eben an die projektive Geometrie die Forderung, von den zahlreichen Maßbestimmungen, die sich mittels der übrigen Axiome erzeugen ließen, eine bestimmte zu bevorzugen. Nur in diesem Sinne sind die Kongruenzaxiome von den anderen unabhängig.

4. In den Kongruenzaxiomen steckt ferner auch der Satz von Desargues, der einzige Satz der projektiven Geometrie der Ebene, der durch Betrachtungen im Raume bewiesen werden muß. Daher ist es möglich, die Planimetrie, der wir uns jetzt zuwenden, mittels der Hilbertschen Axiome zu begründen, ohne die Ebene zu verlassen. Durch diese Wahl der Axiome wird die Geometrie so ganz und gar dem Maßbegriffe untergeordnet, daß man häufig die Geometrie als Lehre von den Raumgrößen definiert. In Wahrheit ist aber die Geometrie des Maßes nur ein besonderer Fall der rein projektiven Geometrie. — In der „Geometrie der Lage" von Reye erscheinen z. B. die auf den Maßbegriff sich gründenden Sätze der Euklidischen Geometrie nur anhangsweise und zwar als Spezialisierungen viel umfassenderer Sätze. Die synthetische Geometrie braucht in ihren nichtmetrischen Sätzen die Zahl nur als Anzahl, als multitudo, nicht als Maßzahl oder magnitudo[1]), während sie in ihrer Metrik zur höchsten, reinsten Auffassung der „Zahl", der rein qualitativen, emporsteigt, der sich einerseits die gewöhnliche Zahl, andererseits die Streckengröße unterordnet; die projektive Metrik erzeugt „Summe" und „Differenz", „Produkt" und „Quotient" von Strecken rein konstruktiv, ohne Vermittelung der Maßzahl, wie wir in § 18 gesehen haben.

5. Die Hilbertschen Axiome der Euklidischen Geometrie sind in den beiden ersten Abschnitten aufgezählt und ausführlich besprochen worden. Es würde zu weit führen, wenn wir hier ein den verschärften Ansprüchen der rein begrifflichen Geometrie genügendes Lehrsystem der Elementargeometrie entwickeln wollten, sowohl wegen der unvermeidlichen Widerholung von Sätzen der vorangehenden Paragraphen als auch deshalb, weil ein solches Lehrsystem viel ausführlicher sein müßte als die gewöhnlichen Lehrbücher der Elementargeometrie. Da zudem die Untersuchung der Grundlagen in lebhaftem Fluß ist und die vorhandenen Systembildungen noch nicht elementar genug sind, so wollen wir die grundlegenden Sätze rein referierend mitteilen und je nach Bedarf auf einzelne Fragen näher eingehen.

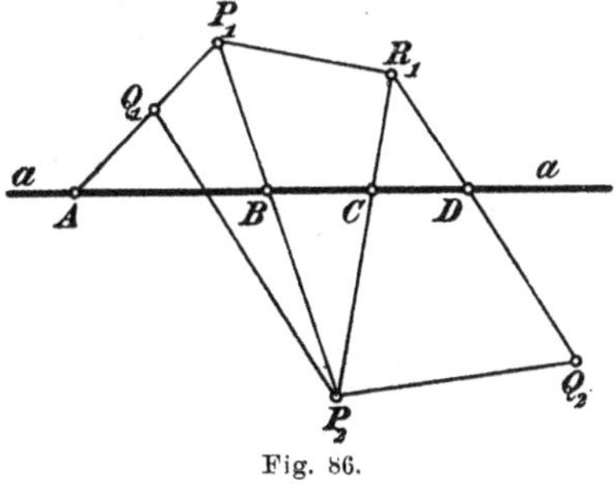

Fig. 86.

Weitaus die wichtigste Folge der Axiome der Anordnung ist der

Satz 1. Die Ebene wird durch jede in ihr liegende Gerade a in zwei Gebiete, die beiden „Seiten" der Geraden a, zerlegt, die folgende Beschaffenheit haben: jeder Punkt der Ebene, der nicht auf a liegt, gehört einem und nur einem dieser Gebiete an; je zwei Punkte desselben Gebietes begrenzen eine Strecke, die keinen Punkt von a enthält; dagegen begrenzt jeder Punkt des einen Gebietes mit jedem Punkte des anderen eine Strecke, der ein Punkt von a angehört.

Ist nämlich P_1 irgend ein nicht auf a liegender Punkt der Ebene und A ein Punkt von a, so enthält die Strecke AP_1 nach Axiom II_2 von Hilbert einen Punkt Q_1, so daß A nicht der Strecke $P_1 Q_1$ angehört.

1) Diese Unterscheidung rührt von Leibniz und Newton her; Leibniz kam sehr nahe an die qualitative Auffassung der Zahl, die Zahl als System von Relationssetzungen heran, die uns in § 18 entgegengetreten ist; vergl. Newton, Arithm. univ., Sect. I, cap. 2 und das in § 19 zitierte Werk von Cassirer.

Wir behaupten, daß P_1 und Q_1 demselben Gebiete im Sinne des Satzes 1. angehören. Denn ist R_1 ein Punkt, so daß Strecke $P_1 R_1$ keinen Punkt von a enthält, so kann auch auf Strecke $Q_1 R_1$ kein Punkt von a liegen (Axiom II_4 in Anwendung auf Dreieck $P_1 Q_1 R_1$). Ist jetzt B ein Punkt von a, der mit A identisch sein darf, so gibt es auf $P_1 B$ nach II_2 andererseits einen Punkt P_2, so daß B der Strecke $P_1 P_2$ angehört. P_2 ist dann ein Punkt des anderen Gebietes, denn z. B. die Strecke $P_2 R_1$ muß mit a einen Punkt C gemeinsam haben auf Grund des Axioms II_4 in Anwendung auf Dreieck $P_1 P_2 R$; und wenn Q_2 demselben Gebiete angehört wie P_2, also die Strecke $P_1 Q_2$ keinen Punkt von a enthält, so muß die Strecke $R_1 Q_2$ mit a einen Punkt gemeinsam haben (II_4 auf Dreieck $P_2 Q_2 R_1$ angewandt). Also gehören die Punkte $P_1, Q_1, R_1, \cdots$ zum einen, $P_2, Q_2, \cdots$ zum anderen Gebiete.

Dieser Satz gilt nicht mehr in der elliptischen Geometrie; die elliptische Ebene ist eine in sich zurücklaufende Fläche, die durch eine Gerade nicht in getrennte Gebiete zerlegt werden kann.

6. Wie aus den Kongruenzaxiomen die Kongruenzsätze abgeleitet werden, wolle man bei Hilbert nachlesen. Sie lauten:

Zwei Dreiecke sind kongruent, wenn sie der Größe nach übereinstimmen:

I. entweder in zwei Seiten und dem eingeschlossenen Winkel;

II. oder in einer Seite und den anliegenden Winkeln;

III. oder in den drei Seiten;

IV. oder in zwei Seiten und dem der größeren von ihnen jedesmal gegenüberliegenden Winkel.

Eine interessante Begründung der Geometrie ohne den Winkelbegriff hat neuerdings Mollerup[1]) gegeben, die verhältnismäßig einfach zu den Kongruenzsätzen führt. Am natürlichsten ist die Ableitung der Kongruenz aus der Symmetrie, da die Symmetrie ursprünglicher ist als die Kongruenz; sie findet sich als gestaltendes Prinzip in den Kunstversuchen der primitivsten Völker. Axiomatisch ist die Symmetrie u. a. von Peano, Sui fondamenti della Geometria, Rivista di Matematica, vol. IV, 55 (1894) begründet worden. Leibniz hat die Kongruenzsätze aus dem „Axiom“ gewonnen, daß Figuren kongruent sind, wenn ihre Bestimmungsstücke kongruent sind.[2])

1) Mollerup, J., Studier over den plane Geometris Aksiomer, (Diss.), Kjöbenhavn 1903 und Math. Ann. 58, 479.

2) Si determinantia sunt congrua, talia erunt etiam determinata posito scilicet eodem determinandi modo (C. J. Gerhardt, Leibnizens Math. Schriften, V, 172).

7. Der Parallelismus kann durch folgende Betrachtungsweise eingeführt werden. In zwei Punkten A und B einer Geraden u errichtet man die Lote a und b. Wenn diese sich in einem Punkte C schnitten, der auf a und b endliche Strecken CA und CB bestimmte, so könnte man in der Euklidischen und in der hyperbolischen Geometrie einen Punkt C' auf a so annehmen, daß A der Strecke CC' angehörte und $AC' \simeq AC$ wäre. Die Dreiecke BAC und BAC' wären dann kongruent, weil $C'A \simeq CA$, $AB \simeq AB$, $\sphericalangle BAC \simeq \sphericalangle BAC'$, also wäre auch $\sphericalangle C'BA \simeq \sphericalangle CBA \simeq$ einem Rechten, also Strecke $C'B$ auf der Geraden BC gelegen. Die Geraden a und b hätten dann zwei Schnittpunkte, im Widerspruch zum Hilbertschen Axiom I_2. Dieser Widerspruch fällt nur fort: entweder, wenn C' mit C identisch ist, also u nicht im Sinne des Art. 6, Satz 1. die Ebene in zwei Gebiete teilt (elliptische Geometrie), oder I) wenn C unendlich fern liegt, oder II) wenn a und b sich überhaupt nicht schneiden. Wenn C unendlich fern liegt, also A und C auf a keine Strecke mehr bestimmen, mit der sich auf Grund der Kongruenzaxiome konstruieren läßt, so läßt sich der Punkt C' nicht einführen. Die Fälle I) und II) sind der parabolischen und der hyperbolischen Geometrie eigen. Je nachdem man der ersteren die projektive oder die antike Auffassung des Parallelismus zugrunde legt, wird der Fall I) oder II) eintreten, der andere ausgeschlossen sein. Wir haben also in der Euklidischen Ebene den

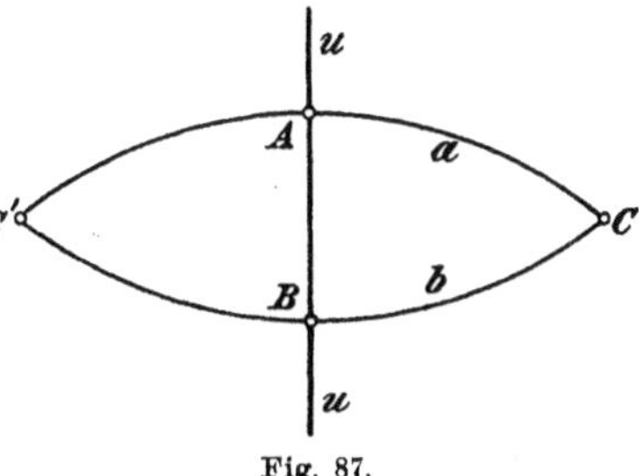

Fig. 87.

Satz 2. Zwei Geraden a, b, die auf einer dritten Geraden senkrecht stehen, sind parallel,

der sich sofort umkehren läßt:

Satz 3. Wenn von zwei parallelen Geraden a, b (einer Ebene) die eine, a, auf einer dritten Geraden u der Ebene senkrecht steht, so steht auch die andere, b, auf u senkrecht.

Da nämlich nach dem Parallelenaxiom durch den Schnittpunkt A von a und u nicht zwei Parallelen a und u zu b gezogen werden können, a aber zu b parallel ist, so muß u die Gerade b in einem metrisch zugänglichen Punkte B schneiden; das in B auf u errichtete Lot b' ist dann nach Satz 2 zu a parallel, muß also nach dem Parallelenaxiom mit b zusammenfallen.

Satz 4. Zwei Geraden a, b, die zu einer dritten Geraden c derselben Ebene parallel sind, sind auch zueinander parallel,

denn sie haben ein gemeinsames Lot u. Wenn also a und b in derselben Ebene liegen und parallel sind, und a von einer Geraden t dieser Ebene in einem Punkte A getroffen wird (siehe Fig. 88), so muß t auch mit b einen Schnittpunkt B haben. Fällt man vom Mittelpunkte O der Strecke AB auf a das Lot OX, so steht dieses nach Satz 3. auch auf b senkrecht; Y sei der Schnittpunkt von t und b. Dann sind die rechtwinkeligen Dreiecke OXA und OYB kongruent, also $\sphericalangle XAO$

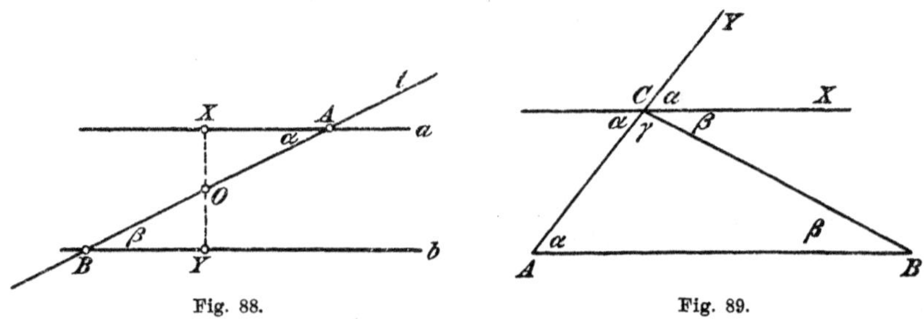

Fig. 88. Fig. 89.

oder α gleich $\sphericalangle YBO$ oder β. Diese Winkel heißen wegen ihrer Lage zu a, b, t Wechselwinkel, und wir haben den

Satz 5. Wenn zwei Parallelen von einer Geraden t geschnitten werden, so sind die Wechselwinkel gleich,

und umgekehrt:

Satz 6. Wenn die Winkel α und β gleich sind, so sind a und b parallel;

denn zieht man durch den Mittelpunkt O der Strecke AB eine Gerade, und sind X, Y ihre Schnittpunkte mit a, b, so ist

$$\sphericalangle XOA = \sphericalangle YOB, \quad \alpha = \beta, \quad OA = OB,$$

also Dreieck $OXA = OYB$, $\sphericalangle OXA = \sphericalangle OYB$, und wenn OX auf a senkrecht steht, so ist OX auch auf b senkrecht, also a zu b parallel (Satz 2.).

Das sind die grundlegenden Sätze der Lehre von den Parallelen. Eine unmittelbare Folge daraus ist der für die Euklidische Geometrie charakteristische

Satz 7. Die Winkelsumme des Dreiecks beträgt zwei Rechte.

Denn zieht man (siehe Fig. 89) durch eine Ecke C die Parallele zur Grundlinie AB, so treten bei C die Winkel α und β als Wechselwinkel zu $\sphericalangle CAB$ und $\sphericalangle CBA$ auf, also ist die Winkelsumme, wie sich in C zeigt, in der Tat einem gestreckten Winkel gleich. Nimmt man statt des bei C liegenden Winkels α seinen ihm gleichen Scheitelwinkel XCY (siehe Fig. 89), so hat man den

Satz 8. Jeder Außenwinkel eines Dreiecks ist gleich der Summe der gegenüberliegenden Winkel, $\sphericalangle YCB = \alpha + \beta$.

8. Um geometrische Gebilde konstruieren zu können, muß die Euklidische Geometrie so rasch wie möglich zum Kreise zu gelangen suchen, während die rein projektive Geometrie ihre grundlegenden Konstruktionen mit dem Lineale, d. h. der Geraden allein ausführt. Der Kreis wird definiert als der Ort der Punkte, die von einem festen Punkte, dem „Mittelpunkte" oder „Zentrum" des Kreises, gleichen Abstand haben. Auf Grund dieser Definition allein ist es nicht möglich, einen Kreis zeichnerisch zu erzeugen, man muß vielmehr ein Instrument zur Hilfe nehmen, das gleiche Strecken zu übertragen gestattet, den Zirkel. Wir haben im vorangehenden gesehen, daß der Zirkel in der Ebene nur zur Konstruktion eines einzigen Kreises unbedingt erforderlich ist, durch den dann alle anderen Kreise unter Benutzung gerader Linien festgelegt sind; und selbst bei diesem einen Kreise ist der Zirkel nur nötig, um zwei aufeinander „senkrechte" und „gleiche" Durchmesser herzustellen. Aus diesen Stücken ist der Kreis mit Hilfe des Lineals allein konstruierbar, d. h. man kann beliebig viel Punkte und Tangenten der Kurve aus den gegebenen Durchmessern mit alleiniger Hilfe gerader Linien ableiten. Wollte man sich beim Aufbau der Geometrie diese Einschränkung auferlegen, so müßte man vom herkömmlichen Lehrgang ganz erheblich abweichen. Wir wollen daher beim Euklidischen Verfahren bleiben, das überall in der Ebene Streckengleichheit setzt, statt sie begrifflich zu erzeugen. — Ein Kreis wird von jeder durch seinen Mittelpunkt gehenden Geraden in zwei Punkten „geschnitten"; d. h. die Gerade enthält zwei Punkte des Kreises (Axiom III_1); die von ihnen begrenzte Strecke heißt „Durchmesser" des Kreises, die Strecke vom Mittelpunkt bis zu einem Punkte des Kreises heißt „Radius" oder Halbmesser.

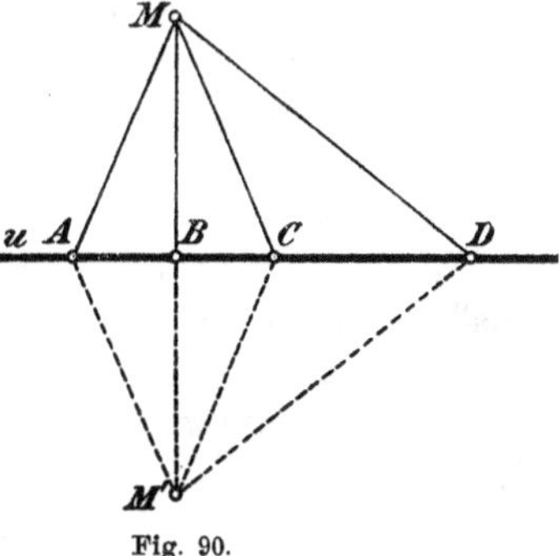

Fig. 90.

Auch eine nicht durch den Mittelpunkt M gehende Gerade u kann mit dem Kreise nicht mehr als zwei Punkte gemeinsam haben. Denn liegt auf u ein Punkt A des Kreises (siehe Fig. 90), und ist D irgend ein anderer Punkt von u, so ziehen wir das Dreieck $AM'D$ in Betracht, das mit AMD kongruent ist und dessen Ecke M' nicht mit M auf derselben Seite von u liegt. Die begriffliche Existenz dieses Dreiecks kann auf Grund der Kongruenzaxiome leicht bewiesen werden; auch folgt leicht, daß MM' auf u senkrecht steht. Der Schnittpunkt von u und MM' sei B. Ist nun C auf u so gelegen, daß $BC \cong AB$ und C von A verschieden ist (Axiom III_1), so ist Dreieck $MCB \cong MAB$, also $MC = MA$, d. h. auch C ist ein Punkt des Kreises, der nur dann mit A identisch ist, wenn A mit B, dem Fußpunkte des von M auf u gehenden Lotes, zusammenfällt. Läge nun auf u ein weiterer Punkt des Kreises, etwa D, so wäre $MD \cong MC$, $M'D \cong M'C$, $MM' \cong MM'$, also Dreieck $MCM' \cong MDM'$ nach dem dritten Kongruenzsatze. Dann wäre $\sphericalangle BMC \cong \sphericalangle BMD$, was dem Axiom III_4 widerspricht, falls nicht D mit A oder C zusammenfällt. Damit ist außer unserer Behauptung auch noch bewiesen, daß jede Gerade, die auf einem Radius im „Endpunkte" B desselben, d. h. in seinem dem Kreise angehörigen Punkte B, senkrecht steht, mit dem Kreise keinen weiteren Punkt gemeinsam hat. Derartige Geraden nennt man „Tangenten" oder „Berührungsgeraden", jener Punkt heißt Berührungspunkt. Beim Kreise (und allgemein bei den Kurven zweiter Ordnung) kann man die Tangenten noch einfach als Geraden definieren, die mit der Kurve nur einen Punkt gemeinsam haben; die begrifflichen Schwierigkeiten des Tangentenbegriffes treten erst bei den Kurven höherer Ordnung hervor.

Wäre in unserer Figur MB größer als der Radius r des Kreises, so wäre für jeden von B verschiedenen Punkt A der Geraden u erst recht $MA > r$,[1]) d. h.: Ist der Abstand — wie man das Lot MB nennt — einer Geraden u vom Zentrum eines Kreises größer als der Radius, so hat die Gerade mit dem Kreise keinen Punkt gemein, ist der Abstand gleich dem Radius, so berührt die Gerade den Kreis. Folglich kann der Fall des Schneidens nur eintreten, wenn der Abstand kleiner ist als der Radius; daß unter dieser Voraussetzung der Fall des Schneidens immer eintritt, ist nicht ganz einfach zu beweisen. Sei (siehe Fig. 91) M der Mittelpunkt des gegebenen Kreises, O der Fußpunkt des von M auf die gegebene Gerade u gefällten Lotes, und OM kleiner als der Radius r. Ist K_0 der Endpunkt des Radius MO, und auf u die Strecke $OJ_0 \cong OK_0$, so ist zwar $MJ_0 > MO$, aber doch auch $MJ_0 < r$ nach dem im Anschluß an die Beweise der Kongruenzsätze sich ergebenden Hilfssatze, daß in einem Dreieck jede Seite größer als die Differenz, aber kleiner als die Summe der beiden anderen Seiten ist.

1) Auf Grund des Satzes, daß in einem Dreieck dem größten Winkel auch die größte Seite gegenüberliegt, der mit den Kongruenzsätzen als Hilfssatz gewonnen wird.

Ist ebenso K_1 der Endpunkt des Radius MJ_0, und J_0J_1 auf u gleich J_0K_1, wobei J_1 außerhalb der Strecke OJ_0 liegen soll, so ist nach demselben Hilfssatze $MJ_1 > MJ_0 > MO$, aber immer noch $MJ_1 < r$. Durch Wiederholung dieser Schlußweise ergeben sich auf dem Kreise die Punkte $K_2, K_3, \cdots$, auf u die Strecken $J_1J_2 \cong J_1K_2$, $J_2J_3 \cong J_2K_3, \cdots$, und es ist

(a) $$MO < MJ_0 < MJ_1 < MJ_2 < MJ_3 < \cdots < r.$$

Auch für jeden anderen Punkt S der Strecken OJ_0, OJ_1, OJ_2, $\cdots$ gilt die Beziehung $OS < r$. Andererseits können wir aber auf u auch Punkte nachweisen, deren Abstand von M größer als r ist. Denn die Parallele durch M zu u muß als Durchmesser mit dem Kreise zwei Punkte P, Q gemein haben, und wenn man von diesen auf u die Lote PP' und QQ' fällt, so ist nach dem oben benutzten Hilfssatze

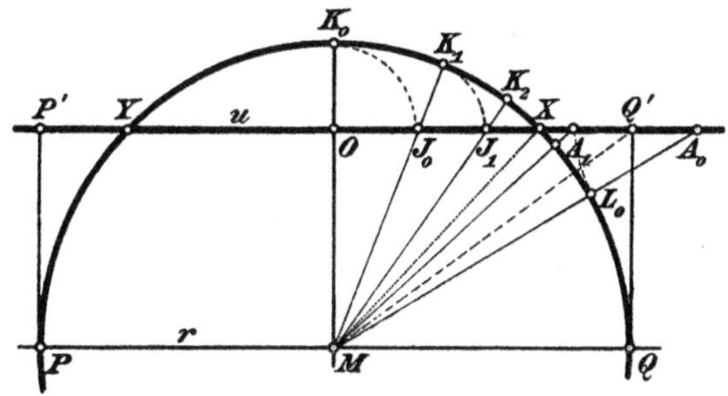

Fig. 91.

$MP' > r$, $MQ' > r$. Wenn A_0 ein Punkt von u und $OA_0 > OQ'$ ist, so ist um so mehr $OA_0 > r$. Es gibt also auf u zwei Gruppen von Punkten: „innere" Punkte, deren Abstand von M kleiner als r ist, und „äußere" Punkte, deren Abstand von M größer als r ist. Trägt man auf der Strecke OA_0 die Strecke $A_0A_1 \cong A_0L_0$ ab, wo L_0 der auf dem Radius MA_0 gelegene Kreispunkt ist, so ist zwar $MA_1 > r$, aber $MA_1 < MA_0$. Durch Wiederholung dieser Konstruktion erhält man so auf u die Punkte A_0, A_1, A_2, $\cdots$ mit der Eigenschaft, daß

(b) $$MA_0 > MA_1 > MA_2 > \cdots > r$$

ist. So nähern sich die Punkte J_n und A_n mit wachsendem Index n demselben Grenzpunkt X, für den $MX = r$ ist. Dieses Resultat kann sowohl auf Grund des Archimedischen Axioms, als auch des Dedekindschen aus den Relationen (a) und (b) exakt erschlossen werden.

Da aber die Schnittpunkte einer Geraden mit einem Kreise immer paarweise auftreten, falls nicht Berührung vorliegt, so folgt, daß jede Gerade in der Ebene eines Kreises, deren Abstand vom Zentrum kleiner als der Radius ist, mit dem Kreise genau zwei Punkte gemein hat.

9. Zwei Kreise können höchstens zwei gemeinschaftliche Punkte haben. Denn sind O_1, O_2 ihre Mittelpunkte (siehe Fig. 92) und ist A ein gemeinschaftlicher Punkt beider Kreise, so kann man sofort einen zweiten gemeinschaftlichen Punkt A' angeben: Nach Axiom III_4 existiert auf der anderen Seite von $O_1 O_2$ ein zu $\sphericalangle\, O_2 O_1 A$ kongruenter Winkel, und auf seinem von $O_1 O_2$ verschiedenen Schenkel liegt die Strecke $O_1 A' \cong O_1 A$. Dann ist nach dem ersten Kongruenzsatze Dreieck $O_1 A' O_2 \cong O_1 A O_2$, also nicht nur $O_1 A' \cong O_1 A$, sondern auch $O_2 A' \cong O_2 B'$, d. h. A' liegt auf beiden Kreisen. Der Schluß versagt nur, wenn $O_1 A O_2$ kein Dreieck ist, wenn also A auf $O_1 O_2$ liegt. Ist umgekehrt A'' irgend ein Punkt, der beiden Kreisen (außer A und A') zugleich angehört, so sind nach dem dritten Kongruenzsatze die Dreiecke $O_1 A O_2$, $O_1 A' O_2$

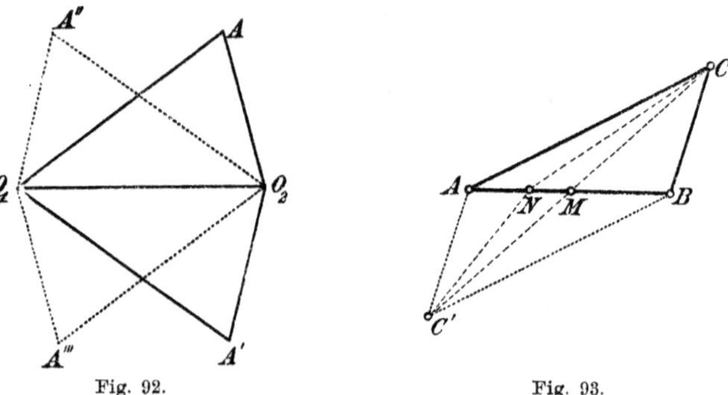

Fig. 92. Fig. 93.

und $O_1 A'' O_2$ kongruent; A'' muß entweder mit A oder mit A' auf derselben Seite von $O_1 O_2$ liegen (Satz 1.). Wir dürfen etwa das erste annehmen. Dann sind aber die Kongruenzen

$$\sphericalangle\, O_2 O_1 A'' \cong \sphericalangle\, O_2 O_1 A \quad \text{und} \quad \sphericalangle\, O_1 O_2 A'' \cong \sphericalangle\, O_1 O_2 A$$

nur in der Weise möglich, daß die Gerade $O_1 A''$ mit $O_1 A$, $O_2 A''$ mit $O_2 A$ der Lage nach zusammenfällt, w. z. b. w.

Wenn A auf $O_1 O_2$ liegt, so steht das in A auf $O_1 O_2$ errichtete Lot auf den Radien $O_1 A$ und $O_2 A$ senkrecht, ist also Tangente beider Kreise, und man sagt dann: beide Kreise berühren sich in A. Wenn umgekehrt zwei Kreise sich berühren, d. h. einen Punkt und in ihm die Tangente gemeinschaftlich haben, so liegt der Berührungspunkt auf der Verbindungsgeraden der Zentra, der „Zentralen", und die Tangente steht in ihm auf der Zentralen senkrecht. Aus einem bekannten Dreieckssatze ergibt sich der

Satz 9. **Wenn zwei Kreise sich schneiden, so ist die Zentrale kleiner als die Summe und größer als der Unterschied der beiden Radien, und umgekehrt.**

Nicht so leicht ist die Umkehrung dieses Satzes. Wenn nämlich die Zentrale $C_1 C_2$ kleiner als die Summe der Radien r_1 und r_2 zweier Kreise C_1, C_2, aber größer als ihre Differenz $r_1 - r_2$ ist $(r_1 > r_2)$, so liegen zwar auf c je ein Punkt J und A des zweiten Kreises, so daß $C_1 J < r_1$, $C_1 A > r_1$ ist, aber es läßt sich an dieser Stelle ohne Berufung auf ein Stetigkeitsaxiom nicht beweisen, daß beide Kreise sich schneiden müssen. Auf das Nähere dieses Beweises brauchen wir nicht einzugehen. Es ist aber von Interesse, daß die Fundamentalkonstruktionen der elementaren Geometrie, die sich auf das Abtragen von Strecken und Winkeln, das Halbieren derselben und auf das Fällen von Loten beziehen, unabhängig von der Umkehrung des Satzes 9. ausführbar sind. Es wird genügen, das an der Aufgabe zu zeigen, eine Strecke AB zu halbieren (Fig. 93). Sei C irgend ein nicht auf AB gelegener Punkt der Ebene. Nach den Kongruenzaxiomen existiert auf der Seite von AB, auf der C nicht liegt, ein Winkel $C'AB \cong ABC$ und auf seinem von AB verschiedenen Schenkel eine Strecke $AC' \cong CB$. Dann ist Dreieck $AC'B \cong ABC$ und also auch $BC' \cong AC$. Folglich müssen die Kreise um A oder B als Zentrum mit den Radien BC bezw. AC durch den sicher existierenden Punkt C' gehen, d. h. sie müssen sich schneiden.

Von den zwei Schnittpunkten beider Kreise ist für unsere Zwecke nur der brauchbar, der mit C nicht auf derselben Seite von AB liegt. Nach Satz 1. hat die Strecke CC' mit AB einen Punkt M gemeinschaftlich. Dieses ist der Mittelpunkt von AB, d. h. es ist $AM \cong MB$. Denn wäre nicht AM, sondern etwa $AN \cong MB$, so folgt aus der Kongruenz der Dreiecke ANC und BMC', BMC und ANC', daß $CN \cong C'M$, $C'N \cong CM$ ist; dann wäre also im Dreieck CNC' die Seite CC' gleich der Summe der beiden anderen, eine Tatsache, die nur dann keinen Widerspruch gegen bekannte Sätze enthält, wenn N mit M zusammenfällt. Damit ist die Existenz und Konstruktion der Mitte einer Strecke nachgewiesen.

Nachdem man weiß, daß AB eine Mitte hat, kann man in ihr auch an AB einen rechten Winkel liegend denken; es existiert also das Mittellot von AB. Beschreibt man jetzt um A und B zwei Kreise mit demselben Radius, der größer als die Hälfte von AB ist, so muß jeder dieser Kreise das Mittellot schneiden, und zwar in demselben Punkte, da, wenn Z etwa der Schnittpunkt des ersten Kreises mit dem Mittellote wäre, nach den Kongruenzsätzen $ZB \cong ZA$ wäre. Damit ist denn auch die übliche Konstruktion des Mittelpunktes gerechtfertigt, aber erst in zweiter Linie.

10. Indem wir die Umkehrung des Satzes 9. gelten lassen, wollen wir eine im wesentlichen von Euklid[1]) herrührende Lösung

1) Elemente III, 7.

der Aufgabe bringen, von einem Punkte S an einen Kreis O die Tangenten zu ziehen, eine Lösung, die deshalb bemerkenswert ist, weil sie auch in den beiden Nichteuklidischen Geometrien gilt. Ist nämlich SA (siehe Fig. 94) eine Tangente, also SA auf OA senkrecht, und erinnert man sich, daß beim Fällen des Lotes von O auf SA immer auch der Punkt O' auftritt, der zu O bezüglich SA symmetrisch liegt, so liegt es nahe, O' mit in die Figur zu bringen. Wegen des gleichschenkeligen Dreiecks OSO' ist $SO = SO'$ und $OO' = 2OA$; also liegt O' sowohl auf dem Kreise um S mit dem Radius SO als auch auf dem Kreise um O, dessen Radius gleich dem Durchmesser des gegebenen Kreises ist. Für O' ergeben sich zwei Lagen O' und O'', denen zwei Berührungspunkte A und B, also zwei Tangenten SA und SB entsprechen.

Die andere verbreitete Lösung dieser Aufgabe geht unmittelbar

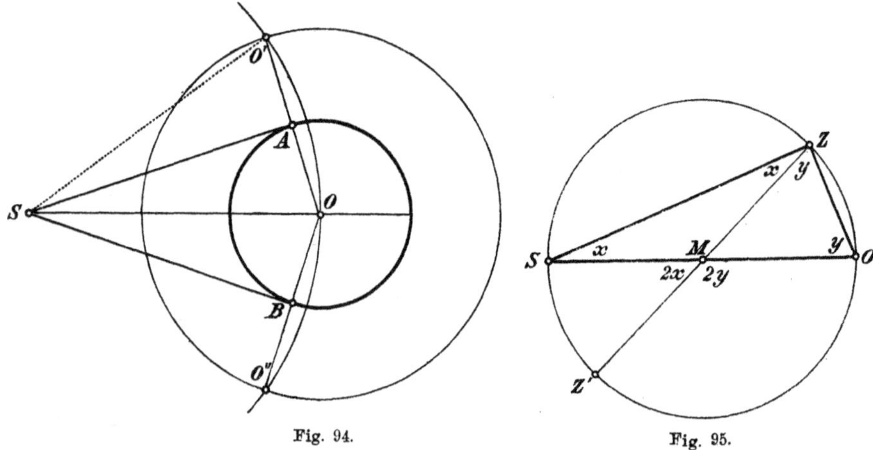

Fig. 94. Fig. 95.

auf einen geometrischen Ort für A und B (abgesehen vom gegebenen Kreise) aus. Nach einem Satze, der von Euklid auf Thales von Milet (um 600 v. Chr.) zurückgeführt wird, ist der Ort für die Spitzen aller rechten Winkel, deren Schenkel durch zwei feste Punkte S, O gehen, der Kreis, der SO zum Durchmesser hat. Demnach liegt A auf dem Kreise, der die Mitte M von SO zum Zentrum und MO zum Radius hat. In der Tat: ist Z irgend ein Punkt dieses Kreises (siehe Fig. 95), so ist $MS = MZ = MO$, also sind die Dreiecke ZMS und ZMO gleichschenkelig; daher

$$\sphericalangle MSZ \cong \sphericalangle MZS, \quad \sphericalangle MOZ \cong \sphericalangle MZO,$$

und wenn wir die Größe der ersten zwei Winkel mit x, die der beiden anderen mit y bezeichnen, so ist nach dem Satze vom Außenwinkel $\sphericalangle SMZ' \cong 2x$, $Z'MO \cong 2y$, also $2x + 2y = 2$ Rechten, $x + y$

= 1 Rechten; also SZO ein rechter Winkel, w. z. b. w. — Der gegebene Kreis und der Kreis M schneiden sich daher in A und B, wodurch die Aufgabe gelöst ist.

11. Der Satz des Thales ist als Spezialfall in einem Satze enthalten, den man gewöhnlich den Peripheriewinkelsatz nennt und so ausspricht: Peripheriewinkel über derselben Sehne eines Kreises sind einander gleich. Auf die hier genannten Begriffe und auf den Beweis des Satzes, der dem Beweise des Satzes von Thales ganz analog geführt werden kann, wollen wir nicht weiter eingehen, weil er an sich keine Schwierigkeiten bietet. Dagegen bereitet die Definition der „Gleichheit" von Kreisbogen eine gewisse Schwierigkeit, wenn man die Kongruenz nicht durch die empirische Aufeinanderlegung der Figuren gesetzt sein läßt. Man sagt: Zu gleichen Zentriwinkeln eines Kreises gehören gleiche Bogen. Ist das ein Lehrsatz oder eine Definition? Die Empiristen „beweisen" den Satz mit Berufung auf die Anschauung (Bewegung). Für die begriffliche Geometrie besteht aber das Wesen der Größe und der Größenmessung in der begrifflichen Setzung der Gleichheit, wie wir in § 15, 8. und § 18, 2. gesehen haben, wo wir die Gleichheit der Strecken durch ein Konstruktionsverfahren definiert haben. Der in Frage stehende Satz legt nun offenbar den Kreisbogen Größencharakter bei. Der kommt ihnen in der Tat zu, denn wir können die Betrachtungen des § 15, 8. über den Begriff „zwischen" leicht auf Kreisbogen übertragen; aber es fehlt uns, um den Größencharakter zu vollenden, das Gleichheit setzende Konstruktionsverfahren. Am natürlichsten wäre es nun offenbar, Gleichheit zu definieren durch den Satz, daß gleichen Zentriwinkeln gleiche Bogen entsprechen sollen. Man könnte ganz allgemein den S. 224 zitierten Satz von Leibniz zur Definition der Gleichheit erheben. Lehnt man diese zwei Vorschläge ab, so bleibt nur der Weg über die ganz allgemein zu definierende Bogenlänge von krummen Linien übrig, ein Begriff, der so schwierig ist, daß wir ihm die Aufnahme in die kritische Darstellung der Grundlagen versagen mußten, obwohl wir uns dort nicht immer auf das Elementare beschränkt haben. In einer elementaren Geometrie muß also der fragliche Satz als Definition gelten.

12. Auf die nächsten Folgerungen aus den genannten Lehrsätzen und ihre Anwendung auf Konstruktionsaufgaben wollen wir nicht weiter eingehen. Stoff und Anregungen bieten die geometrischen Lehrbücher und Aufgabensammlungen in unbegrenzter Fülle.

§ 21. Ähnlichkeit.

1. Um aus der mehr oder minder klaren Anschauung, die wir mit dem Worte „ähnlich" bei Raumfiguren verbinden, einen exakten Begriff zu gewinnen, beachten wir zunächst, daß die Ähnlichkeit jedenfalls eine Abbildung ist: zwei einander ähnliche Figuren sind vermöge der Ähnlichkeit so aufeinander bezogen oder „abgebildet", daß jedem Punkte der einen Figur ein Punkt der anderen entspricht und umgekehrt. Das reicht aber zur Definition der Ähnlichkeit nicht aus, denn auch zwei durch Kreisverwandtschaft (Inversion) ineinander überführbare Figuren sind aufeinander abgebildet, aber sie haben nicht das, was man als Ähnlichkeit bezeichnet. Einer Geraden kann ein Kreis invers sein und umgekehrt. Ähnlichkeit ist also genauer eine kollineare Abbildung, d. h. den Punkten einer Geraden entsprechen in der ähnlichen Figur wiederum Punkte einer Geraden, und umgekehrt ist jedem Punkte der letzten Geraden ein Punkt der ersten zugeordnet. Durch das Beispiel der Affinität, das wir in der darstellenden Geometrie werden kennen lernen, ließe sich zeigen, daß auch die Forderung der Kollinearität nicht ausreicht, um den Begriff der Ähnlichkeit zu bestimmen: einem rechtwinkeligen Dreieck muß nicht notwendig ein rechtwinkeliges kollinear entsprechen. Die Ähnlichkeit schließt aber auch für die noch nicht mathematisch präzisierte Anschauung die Winkeltreue in sich[1]), und so wollen wir von vornherein die Definition aufstellen: Ähnlichkeit ist die kollineare, winkeltreue Abbildbarkeit einer Figur auf eine andere.

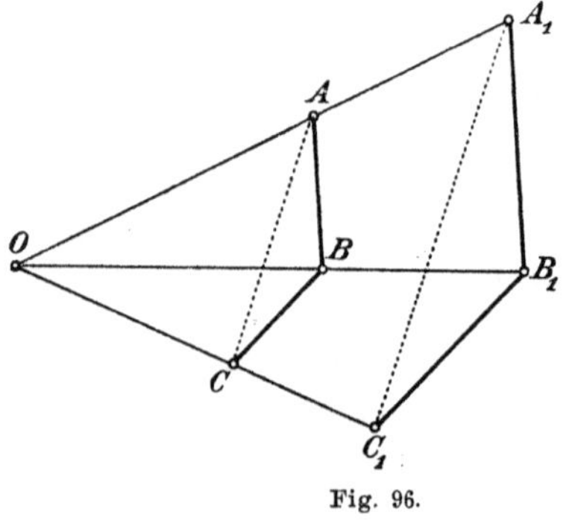

Fig. 96.

2. Es ist nun vor allem zu beweisen, daß es Ähnlichkeit auf Grund dieser Definition überhaupt gibt. Wir versuchen die Zuordnung oder Abbildung in der Weise, daß die Verbindungsgerade je zweier entsprechender Punkte durch denselben festen Punkt O geht, der sich selbst entspricht. Dieser sei willkürlich angenommen, ebenso ein Punktepaar A, A_1 auf einer durch O gehenden Geraden. Ist nun B ein weiterer Punkt, der nicht auf der Geraden OA liegt, so muß also der zugeordnete Punkt B_1 jedenfalls auf der Geraden OB liegen, jedoch so, daß $\sphericalangle B_1 A_1 O \cong BAO$, also $B_1 A_1$ parallel BA ausfällt. Dadurch ist B_1 bestimmt, und so sind in der Tat die Winkel des

1) Wenigstens für rechte Winkel.

Dreiecks OAB den entsprechenden Winkeln des Dreiecks OA_1B_1 kongruent. Soweit ist daher unsere Definition erfüllbar. Aber noch ist es fraglich, ob, wenn ein weiterer Punkt C herangezogen wird, der nicht auf den Geraden OA, AB, BO liegt, der zugeordnete Punkt C_1 auf der Geraden OC widerspruchsfrei bestimmt ist; denn einerseits muß $B_1C_1 \| BC$, andererseits $A_1C_1 \| AC$ sein, immer wegen der Winkelgleichheit. Diese zwei Forderungen sind aber auf Grund des Satzes von Desargues wirklich erfüllbar, der in § 10 ausgesprochen worden ist und einstweilen hier vorausgesetzt werden soll. Es gibt also Ähnlichkeit im Sinne unserer Definition, und zwar, wie wir sehen, in dem erweiterten Sinne, daß nicht nur zwei Figuren, sondern überhaupt die ganze Ebene auf sich oder eine andere Ebene ähnlich abgebildet werden kann; denn wie auch immer C in der Ebene des Dreiecks OAB liegen mag, immer ist C_1 eindeutig bestimmt, und das wäre nachträglich auch noch leicht für den bisher noch ausgeschlossenen Fall nachzuweisen, daß C auf einer der Geraden OA, AB, BO liegt.

3. Die Kongruenz ist in der Ähnlichkeit als besonderer Fall enthalten, indem sich die Kongruenz allgemein als winkeltreue Kollineation, d. h. Ähnlichkeit, definieren läßt, zu der noch Streckentreue, d. h. Kongruenz der entsprechenden Strecken, kommt. Da aber kongruente Figuren nicht notwendig die im vorigen Artikel angegebene Lagebeziehung zueinander haben, so liegt dort ein besonderer Fall von Ähnlichkeit vor, nämlich Ähnlichkeit bei ähnlicher Lage. Der sich selbst entsprechende Punkt O heißt Ähnlichkeitspunkt der Abbildung, und zwar innerer oder äußerer, je nachdem er zwei und damit je zwei (Axiom II_4) entsprechende Punkte trennt oder nicht. Die Ähnlichkeit bei ähnlicher Lage ist demnach eindeutig bestimmt, wenn gegeben sind: I. entweder der Ähnlichkeitspunkt und außerdem ein Paar entsprechender Punkte, oder II. zwei Paar entsprechender Punkte. Wenn im Falle II. etwa A und A', B und B' einander entsprechen sollen und diese Punkte nicht alle in einer Geraden liegen, so ist der Ähnlichkeitspunkt O bestimmt als Schnittpunkt der Geraden AA' und BB'. Natürlich muß $A'B'$ parallel AB angenommen sein. Diese Bedingung kann aber noch erfüllt sein, indem A, B, A', B' auf derselben Geraden u liegen. Konstruiert man dann irgend ein Dreieck ABC und ein dazu ähnliches $A'B'C'$, so sind auch C und C' in der ursprünglichen Ähnlichkeitsbeziehung einander zugeordnet; daher schneiden sich die Geraden AA' und CC' im Ähnlichkeitspunkt. Damit ist der Fall II. auf I. zurückgeführt. Aus der Definition der Ähnlichkeit folgt unmittelbar: Wenn zwei Figuren einer dritten ähnlich sind, so sind sie auch untereinander ähnlich. Sollen nun die

Figuren $OABC \cdots$ und $O'A'B'C' \cdots$ einander ähnlich sein, und ist $O'A_1B_1C_1 \cdots$ zu $O'A'B'C' \cdots$ ähnlich und ähnlich gelegen (mit O' als Ähnlichkeitspunkt), so muß auch $O'A_1B_1C_1 \cdots$ zu $OABC \cdots$ ähnlich sein; diese Beziehung geht aber in Kongruenz über, wenn $O'A_1 \cong OA$ wird. Die zu $OABC \cdots$ kongruente Figur $O'A_1B_1C_1 \cdots$ ist aber durch Angabe von O' und A_1 bestimmt bis auf eine Spiegelung an $O'A_1$, d. h. es gibt zwei zu $OABC \cdots$ kongruente Figuren $O'A_1B_1C_1 \cdots$ und $O'A_1B_1{}^*C_1{}^* \cdots$, die bezüglich $O'A_1$ symmetrisch sind. Aus jeder dieser Figuren geht aber $O'A'B'C' \cdots$ eindeutig hervor, wenn O' und A' gegeben sind und noch feststeht, auf welcher Seite von $O'A'$ der Punkt B' liegen soll. Daraus folgt: Eine zu $PQ \cdots$ ähnliche Figur $P'Q' \cdots$ ist durch Angabe zweier entsprechender Punktepaare P und P', Q und Q' bestimmt bis auf eine Spiegelung an $P'Q'$, womit endlich bewiesen ist, 1) daß der durch unsere Definition geschaffene Begriff der Ähnlichkeit einen guten Sinn hat und sich mit der Euklidischen Geometrie wohl vereinbaren läßt; und 2) daß jede ähnliche Abbildung der Ebene auf sich selbst oder auf eine andere Ebene durch eine kongruente und eine ähnliche Abbildung bei ähnlicher Lage erzeugt werden kann. Daher kann die Ähnlichkeit im wesentlichen an diesem speziellen Falle studiert werden.

4. Sind zwei entsprechende Strecken ähnlicher Figuren kongruent, so sind alle entsprechende Strecken paarweise kongruent; ist eine Strecke das Dreifache der entsprechenden, so ist, wie man leicht beweisen kann, jede Strecke der einen Figur das Dreifache der entsprechenden Strecke der anderen. Überhaupt gilt der Satz: Ist eine Strecke einer Figur ein rationales Vielfache der entsprechenden Strecke einer ähnlichen Figur, so ist jede Strecke der ersten Figur demselben Vielfachen der entsprechenden Strecke der ähnlichen Figur kongruent; sind also $a, b, c, \cdots$ Strecken der einen, $a', b', c', \cdots$ die entsprechenden Strecken der anderen Figur, so ist $a' \cong \omega a$, $b' \cong \omega b$, $c' \cong \omega c, \cdots$, wo ω eine rationale positive Zahl bedeutet. Alles das kann ohne (direkte) Benutzung des Stetigkeitsaxioms bewiesen werden. Andererseits ist aber beweisbar, daß die Diagonale eines Quadrates kein rationales Vielfache der Seite sein kann; macht man nun diese Seite und Diagonale zu entsprechenden Strecken zweier ähnlicher Figuren, so kann unser Lehrsatz auf diese Figuren nicht angewandt werden, es sei denn, daß man mit Berufung auf das Stetigkeitsaxiom zeigte, daß auch für die Seite und Diagonale a und a' eines Quadrates sowie überhaupt für je zwei Strecken a, a' mit beliebiger Annäherung eine rationale Zahl ω gefunden werden kann, welche die Bedingung $a' \cong \omega a$ erfüllt. Aus dieser nur angenähert erfüllten Kongruenz schließt aber die Ähnlichkeitslehre auf

Sätze, die ganz exakt gelten. Darin liegt etwas logisch Unbefriedigendes, das man erst in der letzten Zeit durch anderen Aufbau der Ähnlichkeitslehre aus der Elementargeometrie eliminiert hat. Wenn $a' \cong \omega a$, und ω eine rationale Zahl, d. h. der Quotient zweier ganzen Zahlen m, n ist, so ist a' das m-fache der auf Grund der Kongruenzsätze leicht konstruierbaren Strecke a/n, die wir μ nennen wollen, und a ist das n-fache von μ. Diese Strecke μ, von welcher a und a' ganze Vielfache sind, heißt das gemeinschaftliche Maß von a und a', die Strecken a und a' heißen „kommensurabel"; existiert ω nur angenähert, so gibt es auch kein exaktes gemeinschaftliches Maß μ, die Strecken a, a' sind dann „inkommensurabel". Die Schwierigkeiten des Begriffes der Kommensurabilität oder des gemeinschaftlichen Maßes gilt es also von der Geometrie fern zu halten. Das kann nur geschehen, indem man entweder die Rechnung mit Strecken als rein geometrisches Konstruktionsverfahren darstellt, so wie wir es in § 18 der projektiven Geometrie skizziert haben, oder aber, man sucht den Sachverhalt rein geometrisch zu erfassen, was immer möglich sein muß, da die Zahl, soweit sie die Geometrie in der Metrik braucht, sich als System von Relationssetzungen, also rein qualitativ auffassen läßt.

5. Die Metrik der Ähnlichkeitslehre beruht auf der Ähnlichkeit der „geraden Streckensysteme"; wir verstehen darunter folgendes: auf zwei Geraden u und u' seien Strecken $x, y, z, \cdots$ bezw. $x', y', z', \cdots$ in gleicher Anzahl (aber mindestens zwei) gegeben, die wir, wie es durch die Bezeichnung geschehen ist, einander zuordnen. Wir sagen nun, die Streckensysteme $u(x, y, z, \cdots)$ und $u'(x', y', z', \cdots)$ seien einander „ähnlich", in Zeichen

$$u(x, y, z, \cdots) \sim u'(x', y', z', \cdots),$$

wenn u und u' als entsprechende Geraden ähnlicher Figuren gedacht werden können, in denen jene einander zugeordnete Strecken x und x', y und y', z und z', $\cdots$ einander entsprechen. Hier liegt also eine Erweiterung der früheren Definition der Ähnlichkeit vor, die ja versagte, wenn die ähnlich zu nennenden Figuren aus Strecken zweier Geraden bestehen, da alsdann keine Winkel auftreten.

Ist S ein nicht auf u liegender Punkt (siehe Fig. 97), und sind $A, B, C, D, \cdots$ die Punkte, welche die Strecken $x, y, \cdots$ auf u begrenzen, $A', B', C', D', \cdots$ die entsprechenden Punkte auf u', und macht man Dreieck $S'A'B'$ ähnlich zu SAB, so müssen auch SAC und $S'A'C'$, SBC und $S'B'C'$, $\cdots$ einander ähnlich sein. Daraus folgt zweierlei: 1. Wenn etwa die Strecken auf u sämtlich gegeben sind, so kann auf u' nur noch eine Strecke $A'B'$ willkürlich angenommen werden; denn die Ähnlichkeit der Dreiecke SAB und $S'A'B'$

bestimmt dann S', und durch S' und die geforderte Ähnlichkeit von SAC und $S'A'C'$ ist C' festgelegt usw. 2. Wenn es ein Punktepaar S, S' gibt, so daß die Gesamtfiguren $(S, A, B, C, \cdots)$ und $(S', A', B', C', \cdots)$ einander ähnlich sind, so kann zu jedem Punkte S das entsprechende S' (auf zwei Weisen) gefunden werden, so daß diese Ähnlichkeit besteht; unsere Erweiterung des Ähnlichkeitsbegriffes ist also zulässig; die zwei Lagen von S' sind zueinander symmetrisch bezüglich u' als Achse.

Von den Strecken x, y und x', y' auf u und u' ist also vermöge der Ähnlichkeit dieser Streckensysteme immer eine durch die drei anderen bestimmt, und nach Lage und Größe unabhängig vom Hilfspunkte S, also abhängig nur von der gegenseitigen Lage der drei sie bestimmenden Strecken auf u und u'. Wenn zwei Figuren zu einer dritten ähnlich und ähnlich gelegen sind, so sind sie auch zueinander ähnlich und ähnlich gelegen, wie der Satz von Desargues leicht ergibt. Sind also $SABC \cdots$ und $S'A'B'C' \cdots$ sowie $SABC \cdots$ und $S_0A_0B_0C_0 \cdots$ ähnlich bei ähnlicher Lage, und ist $A_0B_0 \cdots$ zu $AB \cdots$ überdies kongruent, so ist $SABC \cdots$ zu $S_0A_0B_0C_0 \cdots$ kongruent, weil $SS_0, AA_0, BB_0, CC_0, \cdots$ parallel sind. Mithin ist die Größe der Strecken x, y, x', y' vom gegenseitigen Abstande der Geraden u, u' und vom Punkte O unabhängig. Aber noch mehr! Lassen wir u_0 mit u zusammenfallen (Fig. 98), ohne daß A_0 mit A identisch werden müßte, so wird nach dem vorher aufgestellten Satze[1]) SS_0 zu u parallel, und wenn Q der Ähnlichkeitspunkt von $S'A'B'C' \cdots$ und $S_0A_0B_0C_0 \cdots$ ist, so wird auch OQ zu SS_0, also zu u parallel. Zieht man noch OA_1 zu QA_0, OB_1 zu QB_0, OC_1 zu $QC_0, \cdots$ parallel, und sind $A_1', B_1', C_1', \cdots$ die Projektionen von $A_1, B_1, C_1, \cdots$ aus O auf u', so ist $OA_1B_1C_1A_1'B_1'C_1' \cdots$ zu $QA_0B_0C_0A'B'C', \cdots$ kongruent, also

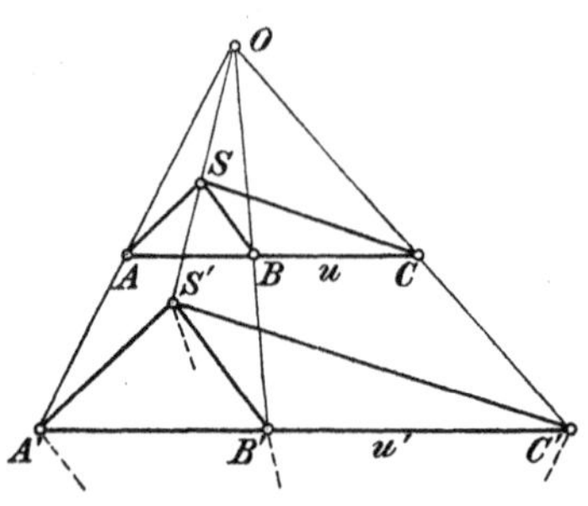

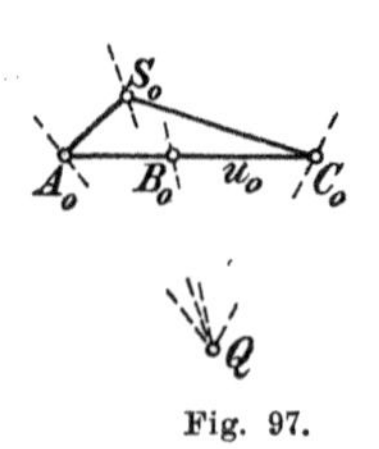

Fig. 97.

$$A_1'B_1' \cong A'B', \; B_1'C_1' \cong B'C', \cdots.$$

Damit ist erstens die in § 5, Fig. 5 gegebene „Verschiebungskonstruktion" bewiesen, die wir so aussprechen können: Jede

1) Seine Gültigkeit in diesem Spezialfalle ergibt sich leicht mittels des Satzes von Desargues.

Parallele zu der Grundlinie eines Paralleltrapezes trifft die zwei Seiten und die Diagonalen in den vier Endpunkten zweier gleicher Strecken ($AB \cong A_0B_0$ in Fig. 99); zweitens bemerken wir, daß auch die erweiterten Streckensysteme $AA_1BB_1CC_1\cdots$ und $A'A_1'B'B_1'C'C_1'\cdots$ einander ähnlich sind; wenn nun etwa $AB \cong x$, $CD \cong y$, und A_1B_1 wie oben zu AB kongruent, so ist auch $A_1'B_1'$ zu $A'B'$, also zu y' kongruent. Also wird von den vier Strecken x, y, x', y' jede durch die drei anderen festgelegt nicht nur durch die Beziehung $u(AB, CD) \sim u'(A'B', C'D')$, sondern auch durch $u(A_1B_1, CD) \sim u'(A_1'B_1', C'D')$, d. h.: Durch die Ähnlichkeit der Streckensysteme $u(x, y)$ und $u'(x', y')$ wird zwischen den vier Strecken x, y, x', y' eine Größenbeziehung festgelegt, die von der Wahl der Geraden u, u' und von der

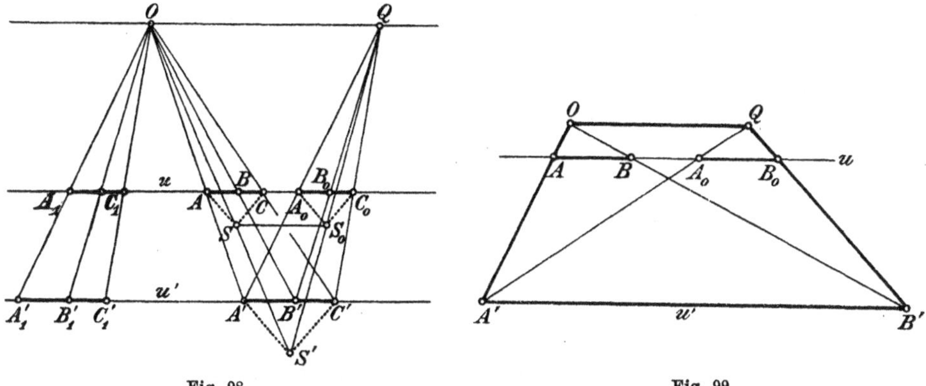

Fig. 98. Fig. 99.

Lage der Strecken auf ihnen ganz unabhängig ist, die also einzig und allein bestimmt wird durch die Größe von irgend drei dieser Strecken. Diese alleinige Abhängigkeit der Größe der Strecken von der Größe dreier derselben wollen wir zum Ausdruck bringen, indem wir sagen: Das Streckenpaar x, y ist dem Streckenpaare x', y' ähnlich, in Zeichen $(x, y) \sim (x', y')$, womit gleichbedeutend sein soll: $(y, x) \sim (y', x')$. Das soll aber, um es nochmal hervorzuheben, nur heißen: Wenn man auf einer Geraden u die Strecken $AB \cong x$, $CD \cong y$, und auf einer dazu parallelen Geraden u' die Strecke $A'B' \cong x'$ abträgt, den Schnittpunkt O der Strahlen AA' und BB' aufsucht und OC, OD mit u' in $C'D'$ zum Schnitte bringt, so ist $C'D' \cong y'$, und zwar unabhängig 1) von dem Abstande der Geraden u, u' und 2) unabhängig von der gegenseitigen Lage der drei bestimmenden Strecken auf u und u'. Allgemein können wir definieren: Ein — „freies" — Streckensystem $(x, y, z, \cdots)$ heißt einem — „freien" — Streckensysteme $(x', y', z', \cdots)$ ähnlich, wenn es im Sinne der früheren Definition zwei ähnliche „gebundene" Streckensysteme $u(x, y, z, \cdots)$ und $u'(x', y', z', \cdots)$ gibt; „gebunden" sollen nunmehr unsere früheren Streckensysteme heißen, weil jedes einer Geraden angehören mußte und die gegenseitige Lage der Strecken auf dieser Geraden in Betracht kam.

6. Daß wir damit wirklich den Kern jener Sätze herausgeschält haben, die man sonst mit Hilfe von Proportionen oder metrischen Streckenverhältnissen auszusprechen pflegt, während wir einen qualitativen Ausdruck für diese Beziehungen suchten, ergibt sich jetzt einfach aus der Möglichkeit, die Ähnlichkeitssätze zu formulieren und die üblichen Konstruktionen auszuführen.

Die Ähnlichkeitssätze: Zwei Dreiecke sind ähnlich, wenn eine der vier folgenden Annahmen erfüllt ist, und umgekehrt, wenn die Dreiecke ähnlich sind, gelten folgende vier Sätze:

I. Die Dreiecke stimmen in zwei Winkeln überein;

II. die Dreiecke stimmen in einem Winkel überein und die einschließenden Seiten des einen und die des anderen dieser zwei Winkel bilden zwei ähnliche Streckenpaare;

III. zwei Seiten des einen Dreiecks und zwei Seiten des anderen bilden ähnliche Streckenpaare, und die Winkel, die der größeren Strecke des einen Paares bezw. der größeren des anderen gegenüberliegen, sind einander gleich;

IV. die drei Seiten des einen Dreiecks und die des anderen bilden zwei ähnliche Streckentripel.

Zu I. Die Dreiecke stimmen, weil die Winkelsumme je zwei Rechte beträgt, auch im dritten Winkel überein, sind also ähnlich nach Definition und umgekehrt.

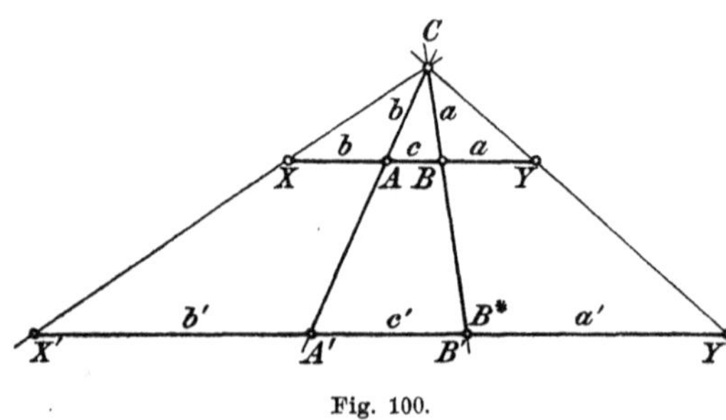

Fig. 100.

Zum Beweise der übrigen Sätze konstruieren wir zwei zu den ähnlichen Dreiecken kongruente, die sich in ähnlicher Lage befinden, und zwar soll eine Ecke C des einen Dreiecks ABC zugleich Ähnlichkeitspunkt sein, also mit der Ecke C' des ähnlichen Dreiecks $A'B'C'$ zusammenfallen (s. Fig. 100). Dann liegen A', B' auf CA, CB und $A'B'$ ist parallel zu AB; auf AB tragen wir $AX \cong AC$, $BY \cong BC$ ab, und X', Y' seien die

Schnittpunkte von CX, CY mit $A'B'$. Dann sind die Dreiecke $X'A'C$ und XAC ähnlich, ebenso $Y'B'C$ und YBC; $X'A'C$ und $Y'B'C$ sind daher gleichschenkelig, also $A'X' \cong A'C$, $B'Y' \cong B'C$. Bezeichnen wir die den Ecken A, B, C gegenüberliegenden Seiten des Dreiecks ABC mit a, b, c, die des Dreiecks A', B', C' ebenso mit a', b', c', so ist $BY \cong a$, $AX \cong b$, $AB \cong c$ und $B'Y' \cong a'$, $A'X' \cong b'$, $A'B' \cong c'$, also sind (a, b, c) und (a', b', c') ähnliche Streckentripel (Umkehrung von II, III und IV).

Zu II. Im Falle des direkten Satzes II. sei $\sphericalangle ACB \cong \sphericalangle A'C'B'$. Wir tragen auf der Seite CA von C aus $C'A'$ ab, der Endpunkt heiße wieder A', und nehmen auf CB den Punkt B^* so an, daß $A'B^*$ zu AB parallel ist, ferner machen wir AX auf AB kongruent AC, BY kongruent BC und bezeichnen den Schnittpunkt von $A'B^*$ und CX mit X', von $A'B^*$ und CY mit Y'. Dann sind Dreieck $X'A'C$ und XAC ähnlich (I.), ebenso $Y'B^*C$ und YBC, also $A'X' \cong A'C \cong b'$, $B^*Y' \cong B^*C$. Nun sind (a, c, b) und $(B^*Y'$, $A'B^*$, $A'X')$ ähnliche Streckentripel, oder, was hier nur interessiert, (a, b) und $(B^*Y', A'X')$, also $(a, b) \sim (B^*Y', b)$. Nach der Voraussetzung des direkten Satzes II. ist aber $(a, b) \sim (a', b')$, also ist $B^*Y' \cong a'$, und da $B^*Y' \cong B^*C$ war, auch $B^*C \cong a'$. Folglich ist der Punkt B^* mit B' identisch, wo $B'C \cong a'$, und es ist tatsächlich Dreieck $A'B'C$ dem Dreieck ABC ähnlich, da $A'B^*C$ zu ABC ähnlich bei ähnlicher Lage ist.

Zu III. Vorausgesetzt sei: $c > b$, $c' > b'$, $\sphericalangle ACB \cong A'C'B'$ und $(b, c) \sim (b', c')$. Wir dürfen annehmen, beide Dreiecke hätten die Ecke C gemeinsam, A' läge auf AC, B' auf BC. Zu beweisen ist, daß $A'B'$ zu AB parallel ist. Die durch A' zu AB gezogene Parallele treffe CB in B^*, dann ist zu zeigen, daß B^* mit B' zusammenfällt. Macht man wie vorhin $AX \cong AC \cong b$, und ist X' der Schnittpunkt von $A'B^*$ mit CX, so ist $X'A' \cong A'C \cong b'$. Also ist: $(XA, AB) \sim (X'A', A'B^*)$, oder $(b, c) \sim (b', A'B^*)$, und da nach Voraussetzung $(b, c) \sim (b', c')$, so folgt $A'B^* \cong c'$. Das Dreieck $A'B^*C$ stimmt dann mit $A'B'C$ überein in zwei Seiten $A'C \cong A'C$, $A'B^* \cong A'B'$ und dem der größeren gegenüberliegenden Winkel γ; die Dreiecke sind also kongruent, und B^* fällt daher mit B' zusammen. Da aber $A'B^*C$ zu ABC ähnlich und ähnlich gelegen ist, so ist der direkte Satz III. bewiesen.

Zu IV. Vorausgesetzt ist: $(a, b, c) \sim (a', b', c')$. Aus a, b, c konstruieren wir ein Dreieck ABC, machen, wie vorher, $AX \cong b$, $BY \cong a$, $CA' \cong b'$ und ziehen durch A' die Parallele zu XY; sie treffe CX in X', CB in B', CY in Y'. Wir müssen beweisen, daß $CB' \cong a'$, $A'B' \cong c'$ ist. Aus dem Parallelismus von $X'A'$ und XA ergibt sich, daß Dreieck $X'A'C$ wie XAC gleichschenkelig ist, daher

$X'A' \cong b'$. Also ist wegen der Ähnlichkeit von (XA, AB) und $(X'A', A'B')$ einerseits: $(b, c) \sim (b', A'B')$; andererseits nach Voraussetzung $(b, c) \sim (b', c')$, also $A'B' \cong c'$. Ferner ist einerseits $(AB, BY) \sim (A'B', B'Y')$ oder $(c, a) \sim (c', B'Y')$, andererseits nach Voraussetzung $(c, a) \sim (c', a')$, also $B'Y' \cong a'$, und somit $B'C \cong a'$, w. z. b. w. Aus dem Beweise ist zugleich zu ersehen, wie man in jedem der vier Fälle das Dreieck $A'B'C'$ wirklich konstruiert.

7. Wie fremdartig auch diese ganze Darstellungsweise sich ausnehmen mag, es läßt sich exakt beweisen, daß sie den Inhalt der gewöhnlich in metrischer Form aufgestellten Lehrsätze voll und ganz wiedergibt. Wir wollen nur noch die wichtigen Lehrsätze von Pythagoras und von Apollonius in die Sprache unserer qualitativen Metrik übersetzen. Sei (Fig. 101) ABC ein bei C rechtwinkliges Dreieck, α, β, a, b, c mögen die übliche Bedeutung haben und auf

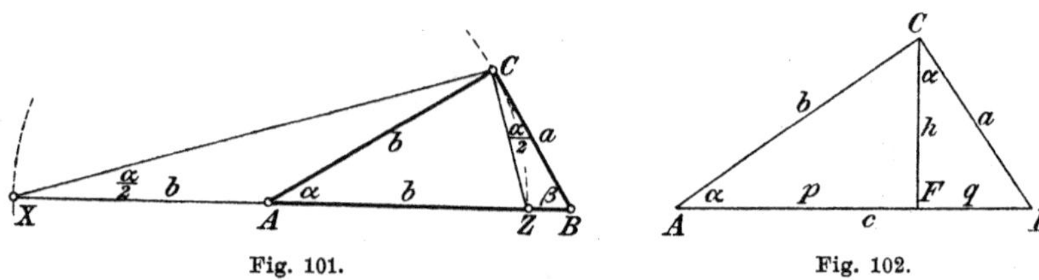

Fig. 101. Fig. 102.

AB sei $AX \cong AC$ und $AZ \cong AC$. Dann sind $\sphericalangle CXA$ und $\sphericalangle ZCB$ gleich $\alpha/2$, also Dreieck XCB ähnlich zu CZB nach dem ersten Ähnlichkeitssatze. Also ist $(XB, BC) \sim (CB, BZ)$, oder:

$$(1) \qquad (\boldsymbol{c} + \boldsymbol{b}, \boldsymbol{a}) \sim (\boldsymbol{a}, \boldsymbol{c} - \boldsymbol{b}).$$

Wir fällen (Fig. 102) von C auf AB die Höhe h; ihr Fußpunkt F teilt AB in die Strecken AF und FB, die wir mit p und q bezeichnen. Dann ist Dreieck $AFC \sim CFB$, also

$$(2) \qquad (\boldsymbol{h}, \boldsymbol{p}) \sim (\boldsymbol{q}, \boldsymbol{h}),$$

und $AFC \sim ACB$, also

$$(3) \qquad (\boldsymbol{p}, \boldsymbol{b}) \sim (\boldsymbol{b}, \boldsymbol{c}).$$

Diese drei Relationen geben den Lehrsatz des Pythagoras mit seinen Zusätzen wieder und würden in der antiken Bezeichnungsweise lauten:

$$(1') \qquad (c + b) : a = a : (c - b), \quad \text{oder} \quad c^2 = a^2 + b^2,$$

$$(2') \qquad h : p = q : h, \quad \text{oder} \quad h^2 = pq,$$

$$(3') \qquad p : b = b : c, \quad \text{oder} \quad b^2 = pc.$$

Dabei ist nun wohl zu beachten: in (1), (2), (3) sind a, b, c, p, q, h lediglich Zeichen für S t r e c k e n, und die „Formeln“ (1), (2), (3) sagen von diesen Strecken Lagebeziehungen bei gewissen Konstruktionen aus. In (1′), (2′), (3′) dagegen bezeichnen a, b, c, p, q, h nicht Strecken, sondern ihre Maßzahlen, und die Formeln (1′), (2′), (3′) machen nur über diese Maßzahlen gewisse Aussagen.

Zum Zweck einer anderen Anwendung der Ähnlichkeit von Streckensystemen konstruieren wir (Fig. 103) an einem Dreiecke ABC die zwei Halbierungsgeraden der Winkel an der Ecke C, bezeichnen mit W und W' ihre Schnittpunkte mit der gegenüberliegenden Seite, und tragen auf CA die Strecken $CY \cong CY' \cong CB$ ab. Dann ist $CW \perp BY$, $CW' \perp BY'$, also $CW \parallel Y'B$, $CW' \parallel YB$ und folglich sowohl $ACW \sim AY'B$ als auch $ACW' \sim AYB$, oder: 1) $(AW, AB) \sim (AC, AY')$ und 2) $(AW', AB) \sim (AC, AY)$. Da nun aus $(x, y) \sim (x', y')$ immer auch $(x, y, x + y, x - y) \sim (x', y', x' + y', x' - y')$ folgt, wie sich leicht auf Grund der Verschiebungskonstruktion (Fig. 98) ergibt, so ist nach 1): $(AW, AB - AW) \sim (AC, AY' - AC)$ oder $(WA, WB) \sim (b, a)$; nach 2): $(AW', AW' - AB) \sim (AC, AC - AY)$ oder $(W'A, W'B) \sim (b, a)$, oder zusammengefaßt:

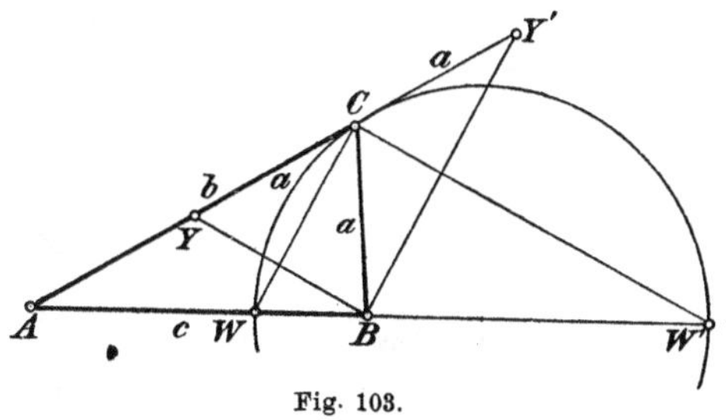

Fig. 103.

$$(WA, WB) \sim (W'A, W'B) \sim (b, a), \quad \text{d. h.:}$$

Die Halbierungslinien der Winkel an der Ecke C eines Dreiecks ABC treffen die gegenüberliegende Seite AB in zwei Punkten W, W', so daß

$$(WA, WB) \sim (W'A, W'B) \sim (CA, CB).$$

Da die Halbierungslinien CW, CW' der bei C liegenden zwei Nebenwinkel aufeinander senkrecht stehen, so geht durch die Punkte C, W, W' ein Kreis, der WW' zum Durchmesser hat. Hält man außer AB auch die Punkte W, W' fest, so kann C nur noch auf diesem Kreise variieren, und man hat den Satz:

Besteht zwischen vier Punkten A, B, W, W' einer Geraden die Beziehung $(WA, WB) \sim (W'A, W'B)$, so ist der Kreis, der WW' zum Durchmesser hat, der geometrische Ort für die Punkte C, die der Bedingung

$$(CA, CB) \sim (WA, WB)$$

genügen.

Das ist der sogenannte Apollonische Kreis.

8. Der Begriff der Ähnlichkeit von Streckensystemen würde zwar, wie behauptet worden ist, durchgängig ausreichen, um die sonst metrisch eingekleideten Eigenschaften der ebenen Figuren rein begrifflich-qualitativ zu bestimmen, doch würde diese Darstellungsweise eine zu große Abweichung von der herkömmlichen bedingen und zur Anwendung der Rechnung auf praktische Beispiele nicht eben bequem sein. Es ist aber leicht, die von uns benutzte Symbolik zunächst rein formal, also äußerlich, der gewöhnlichen Verhältnisrechnung anzugleichen, ohne aber in Wirklichkeit unter den Zeichen $a, b, c, \cdots$ etwas anderes zu verstehen als Strecken. Zu diesem Zwecke hat man, wie in Art. 7 beim Pythagoräischen Lehrsatze offenbar wurde, die Relation

(1) $$(x, y) \sim (x', y') \text{ nur durch } x : y = x' : y'$$

wiederzugeben. Da die Ähnlichkeit eine wechselseitige Eigenschaft der Figuren ist, so werden wir, wenn (1) gilt, noch bestimmen dürfen:

(2) $$x' : y' = x : y \text{ entsprechend } (x', y') \sim (x, y).$$

Auf Grund des Artikels 5. folgt aus (1)

(3) $$(y, x) \sim (y', x'), \text{ also } y : x = y' : x',$$

und nach diesem Artikel ist ferner

(4) $$(x, y, x + y, x - y) \sim (x', y', x' + y', x' - y'),$$

oder in der neuen Symbolik

$$x : (x \pm y) = x' : (x' \pm y'), \ (x \pm y) : (x \mp y) = (x' \pm y') : (x' \mp y'), \text{ usw.}$$

Von dem leicht zu beweisenden Satze ausgehend, daß die Mittellote der drei Seiten eines Dreiecks durch einen Punkt gehen, erhält man, indem man durch die drei Ecken zu den gegenüberliegenden Seiten Parallelen zieht und auf das neu entstandene Dreieck achtet, den Satz: Die drei Höhen eines Dreiecks (d. h. die von den Ecken auf die gegenüberliegenden Seiten gefällten Lote) treffen sich in einem Punkte, dem „Höhenpunkte" (Fig. 104). Dieser sei H, das Dreieck heiße ABC, die Fußpunkte der Höhen seien X, Y, Z. Dann ist:

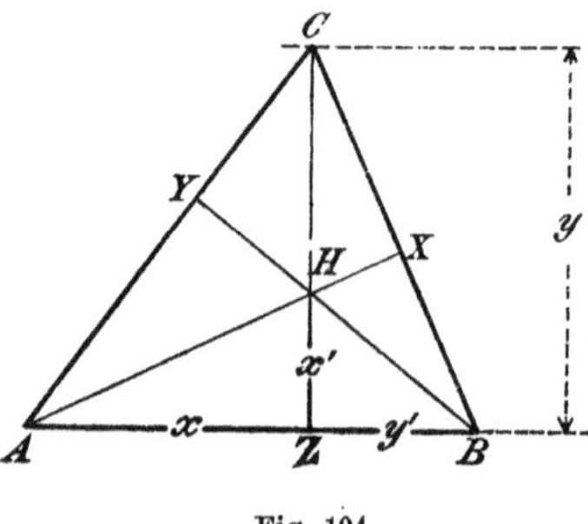

Fig. 104.

a) $$AZC \sim HZB, \text{ also } (ZC, ZA) \sim (ZB, ZH);$$

b) $$BZC \sim HZA, \text{ also } (ZC, ZB) \sim (ZA, ZH).$$

Nun kann man aber $ZA \cong x$, $ZB \cong y'$ willkürlich annehmen, $ZH \perp AB$ und $ZH \cong x'$ machen, von A und B auf HB und HA die Lote AY und BX fällen und ihren Schnittpunkt C bestimmen; H ist dann der

Höhenpunkt des Dreiecks ABC, und es ist also, wenn wir CZ mit y bezeichnen, nach

a): $(y, x) \sim (y', x')$; b): $(y, y') \sim (x, x')$.

Daraus folgt die wichtige Formel für das Vertauschungsgesetz:

(5) Wenn $(x, y) \sim (x', y')$, so ist auch $(x, x') \sim (y, y')$, oder:

Wenn $x : y = x' : y'$, so ist $x : x' = y : y'$.

Der Vollständigkeit halber verzeichnen wir noch:

(6) Wenn $x : y = x' : y'$, $y : z = y' : z'$, so ist auch $x : z = x' : z'$,

denn die Voraussetzung $(x, y) \sim (x', y')$, $(y, z) \sim (y', z')$ besagt $(x, y, z) \sim (x', y', z')$ auf Grund des Art. 5 (Fig. 98).

9. Durch die Beziehung $a : b = x : c$ ist x der Länge nach eindeutig bestimmt; wir wollen sie auffassen als eine „Umformung" des „Bruches" $a : b$ oder a/b auf den „Nenner" c. Da nun bei „gleichnamigen" Brüchen a/c, b/c die Definition der Addition und Subtraktion nahe liegt:

(7) $$\frac{a}{c} + \frac{b}{c} = \frac{a+b}{c}, \qquad \frac{a}{c} - \frac{b}{c} = \frac{a-b}{c},$$

so können wir jetzt allgemein Brüche addieren und subtrahieren. Nach (6) dürfen wir weiter die Multiplikation und Division definieren durch:

(8) $$\frac{x}{y} \cdot \frac{y}{z} = \frac{x}{z}, \qquad \frac{x}{z} : \frac{y}{z} = \frac{x}{y}.$$

Um z. B. zu bilden $a/b \cdot c/d$, setzen wir $a = x$, $b = y$, $c/d = y/z$, wodurch die Strecke z eindeutig bestimmt ist; dann ist $a/b \cdot c/d = x/z$, so daß also die Hilfsstrecke y sich ganz ausschaltet.

Für unsere Zwecke reichen diese Angaben aus. Daß man dieser Streckensymbolik vollständig die Verknüpfungsgesetze der Zahlen aufprägen kann, ist schon hier deutlich zu erkennen, es fehlt ja nur noch die Definition der Vergleichung durch den fast selbstverständlichen Ansatz $a/c < b/c$, wenn $a < b$ sowie die Beseitigung der Nenner durch Einführung einer „Einheitsstrecke" e oder 1, die während derselben Untersuchung nicht wechseln darf und überall als selbstverständlicher Nenner nach Belieben bald gesetzt, bald fortgelassen wird. Aus $a/b = c/d$ folgt so z. B.:

$$\frac{a}{b} \cdot \frac{b}{e} = \frac{c}{d} \cdot \frac{b}{e}, \quad \frac{a}{e} = \frac{c}{d} \cdot \frac{b}{e} \ (8), \quad \frac{a}{e} \cdot \frac{d}{e} = \frac{d}{e} \frac{c}{d} \frac{b}{e}, \quad \frac{a}{e} \frac{d}{e} = \frac{b}{e} \frac{c}{e} \ (8),$$

oder auch $ad = bc$, wobei allerdings (die leicht zu beweisende) Verträglichkeit des kommutativen Gesetzes bei der „Multiplikation" von Brüchen mit den übrigen Definitionen vorausgesetzt wird.

Auf den Beweis der Verknüpfungsgesetze wollen wir verzichten. Nur müssen wir noch auf den Satz von Desargues zurückkommen, der sich als das Fundament unseres konstruktiven Kalküls erwiesen hat. Derselbe ist nach § 10, 1. vermöge der Axiome I und II unter Berücksichtigung des Parallelenaxioms leicht zu beweisen, freilich unter Zuhilfenahme des Raumes. Wer die Planimetrie grundsätzlich auf ihre eigene Kraft angewiesen sehen will, wird einen Beweis dieses Satzes mit Hilfe der Axiome der Ebene erwarten. Es scheint aber keinen Beweis dieser Art zu geben, der nicht irgendwie mit der Streckenrechnung verquickt wäre, sodaß bei Beschränkung auf die Axiome der Ebene die Ähnlichkeitslehre auf andere Grundlage zu stellen ist. Dazu ist eine kompliziertere Streckenrechnung nötig, etwa die Hilbertsche, ein Problem, an dessen Vereinfachung eifrig gearbeitet wird.[1]) — Auch die Trigonometrie kann nach ihrer formalen Seite unabhängig vom Begriffe des gemeinsamen Maßes, d. h. unabhängig vom Archimedischen Axiome, ausgebildet werden, wie das die Mollerupsche[2]) Streckenrechnung mit Hilfe des „Projektionsparameters" zeigt. Eigentlich nur in den Anwendungen der Geometrie auf spezielle Beispiele des praktischen Lebens oder der Naturwissenschaften liegt ein Interesse vor, nach Maßzahlen zu fragen; in diesen Fällen wird aber immer das angenäherte gemeinschaftliche Maß μ zweier Strecken, das auf Grund des Archimedischen Axioms existieren muß, ausreichen. Die Geometrie als reiner Denkbereich kann an dieser Stelle auf das Irrationale, was ja wörtlich „das des Verhältnisses (zur Einheit) Ermangelnde" besagt, verzichten und damit begrifflich elementarer gestaltet werden als es bis jetzt der Fall war. Für die Anschauung ist allerdings oft das Irrationale natürlicher und klarer, und es soll durchaus nicht behauptet werden, daß etwa im Schulunterrichte die reine Begriffsgeometrie an Stelle der anschaulichen treten müßte. Im Gegenteil. Es wäre sehr bedauerlich, wenn man der rein abstrakten Geometrie in den Schulen Eingang verschaffen wollte; das wäre das beste Mittel, die unbefangene schöpferische Freude der anschauenden Phantasie, wie sie gerade der Jugend eignet, im Keime zu ersticken und gemütsarme Menschen zu erziehen. Höchstens wo in höheren Klassen an die Repetition der Elementargeometrie eine Einleitung in die Noetik geknüpft werden soll, wird der streng logische Aufbau der

1) Die wichtigste Literatur ist:
Hilbert, Grundlagen § 13ff., § 22ff;
J. Mollerup, Studien over den plane geometrie axiomer, Kopenhagen 1903, sowie Math. Ann. 56 und 58;
F. Schur, Math. Ann. 57;
A. Kneser, Arch. für Math. u. Phys. (3. Reihe) Bd. 2.

2) Siehe Zitat S. 224.

Geometrie am Platze sein; dann ist aber die rein begriffliche Arithmetik und Geometrie geradezu der Schlüssel für das Verständnis der Erkenntnislehre, besonders für die von Plato, Descartes, Leibniz, Kant.

§ 22. Flächenvergleichung.

1. Das Dreieck, das Quadrat, das Rechteck und der Kreis sind die einfachsten Beispiele von Linien oder Linienzügen, welche die Ebene in zwei „getrennte Gebiete" zerlegen, dergestalt, daß jeder Punkt der Ebene, der nicht auf der betreffenden Linie λ liegt, immer einem und nur einem dieser Gebiete angehört und mit keinem Punkte des anderen Gebietes durch eine Strecke oder einen Streckenzug verbunden werden kann, ohne daß dieser mit der gegebenen Linie λ einen Punkt gemeinsam hätte. Wohl aber können je zwei Punkte desselben Gebietes durch eine Strecke oder einen Streckenzug verbunden werden, der keinen Punkt jener Linie λ enthält. Diese Tatsache ist eine einfache Folge der Axiome der Verknüpfung und des daraus abgeleiteten Satzes 1. in § 20. Eine Linie λ von der angegebenen Art nennen wir eine „einfach geschlossene"[1]); die beiden Gebiete unterscheiden sich dadurch, daß dem einen, dem „äußeren", immer unbegrenzt viele Geraden in ihrer ganzen Erstreckung angehören, ohne mit der abgrenzenden Linie λ einen Punkt gemein zu haben, während das andere, „innere" Gebiet keine vollständige Gerade enthält. Das „innere" Gebiet wird von λ „eingeschlossen"; es bildet eine „begrenzte Fläche", ein „Flächenstück".

2. Die Bedürfnisse des praktischen Lebens, wie Wertbestimmung eines Grundstücks, Bemalung oder Vergoldung einer Wand u. dergl. mehr haben dazu genötigt, einem begrenzten Flächenstück eine Größe beizulegen [die beim Acker durch die zu seiner Bestellung nötige Zeit (Morgen) oder Zahl von Hilfskräften (Iugera, Joch (Ochsen)), bei Wandflächen etwa durch das Gewicht des verbrauchten Materials gemessen wurde], lange bevor diese Anschauung auf einen exakten Begriff gebracht war; erst der allerneuesten Zeit, speziell den Untersuchungen von Schur und Hilbert ist es geglückt, die Idee der Flächengröße wenigstens so weit völlig zu erfassen, als in der Elementargeometrie notwendig ist.

Alle Größenbestimmung ist relativ, nämlich abhängig von dem Gesichtspunkt, unter dem man vergleichen will. Für die Messung der Flächengröße war die praktische Forderung maßgebend, daß zwei von kongruenten Figuren umschlossene Flächen als „flächengleich"

1) Im Gegensatz zu n-fach geschlossenen, die $n+1$ Gebiete abgrenzen.

gelten sollen, während eine begrenzte Fläche A, die ganz einer begrenzten Fläche B angehört ohne B zu erschöpfen, „kleiner" als A sein soll. Wenn B in einer dritten Fläche C enthalten ist, ohne damit identisch zu sein, so ist auch A in C enthalten, so daß also aus der Annahme $A < B$, $B < C$ auch $A < C$ folgt, wie es der allgemeine Größenbegriff verlangt. Man vergleiche nun die ganz ähnliche Sachlage, von der aus wir in der projektiven Geometrie zur Synthesis des Begriffes der Streckengröße gelangt sind: dort wie hier konnten wir A mit B nur vergleichen, wenn A in B enthalten war; und wie wir dort zwei Strecken, die keinen Punkt gemeinschaftlich haben, erst vergleichen konnten, nachdem wir ein Verfahren verabredet hatten, wodurch die Streckengleichheit dem Begriffe und der (reinen) Anschauung nach erzeugt werden sollte, so müssen wir auch, um den Flächen Größencharakter zu verleihen, erst ein Gesetz aufstellen, das Flächengleichheit setzt. Nach Hilbert („Grundlagen", § 18) ist dazu der Hilfsbegriff der Zerlegungsgleichheit erforderlich. Zwei „Polygone"[1]), d. h. geradlinig begrenzte Flächenstücke, definieren wir als zerlegungsgleich, wenn sie in eine endliche Anzahl von Dreiecksflächen zerlegt werden können, so daß jedem Dreieck des einen Polygons ein ihm kongruentes Dreieck des anderen Polygons entspricht. Dann lautet die Definition der Flächengleichheit, oder, wie wir jetzt mit Hilbert sagen wollen, der Inhaltsgleichheit: Zwei Polygone heißen inhaltsgleich, haben gleichen Inhalt, wenn es möglich ist, zu ihnen zerlegungsgleiche Polygone hinzuzufügen, so daß die beiden zusammengesetzten Polygone einander zerlegungsgleich sind. Die Schwierigkeit der Flächenvergleichung liegt in der Willkür, welche diese Definition läßt. Bei den projektiven Strecken war die gleichheitsetzende Konstruktion vollkommen bestimmt, während es im vorliegenden Falle ganz unmöglich ist, alle ausführbaren Zerlegungen zu übersehen. Es ist ohne weiteres nicht einmal sicher, ob die zwei Definitionen der Zerlegungsgleichheit und der Inhaltsgleichheit überhaupt einen vernünftigen Sinn haben, denn es wäre denkbar, daß auf Grund dieser Definitionen allen Polygonen gleicher Inhalt zukäme. Dieses Bedenken wird sich nicht ohne umständliche Vorbereitungen beseitigen lassen, wenn wir, wie in der Ähnlichkeitslehre, ohne direkte Benutzung des Stetigkeitsaxiomes auskommen wollen, eine Forderung, die vom Standpunkte der idealen Geometrie aus unbedingt erhoben werden muß, sobald sie erfüllbar ist, weil anders durch die Berufung auf die Stetigkeit die komplizierte Idee des Irrationalen ohne Not eingeführt würde.

1) Die Begrenzung eines „Polygons" soll eine einfach geschlossene Linie λ sein.

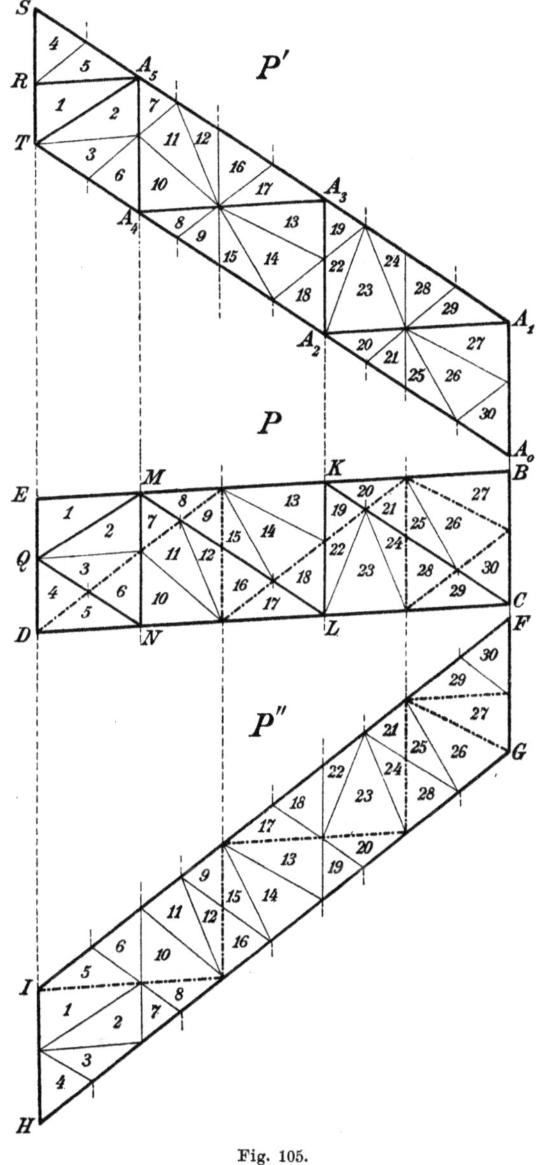

Fig. 105.

3. Aus den Hilbertschen Definitionen folgt:

Satz 1. Sind zwei Polygone einem dritten zerlegungsgleich, so sind sie auch einander zerlegungsgleich; sind zwei Polygone einem dritten inhaltsgleich, so sind sie auch einander inhaltsgleich.

Sind nämlich die Polygone P' und P'' mit P zerlegungsgleich (Fig. 105), so zerfällt P einerseits in Dreiecke Δ_1', Δ_2', Δ_3', $\cdots$, Δ_p', die[1]) in anderer Gruppierung das Polygon P' ausfüllen, andererseits in Dreiecke Δ_1'', Δ_2'', $\cdots$, Δ_q'', die in einer gewissen Gruppierung das Polygon P'' bilden. Denken wir uns an P diese beiden Zerlegungen gleichzeitig ausgeführt, so wird das i. a. keine Zerlegung in Dreiecke mehr sein, kann aber durch Zufügung weiterer Strecken in eine solche verwandelt werden. Dadurch wird dann sowohl jedes Dreieck Δ' als auch jedes Dreieck Δ'' des Netzes P in kleinere Dreiecke δ zerlegt. Diese Zerlegung führen wir auch an den entsprechenden Dreiecken Δ' und Δ'' von P' und P'' aus. Dann erscheinen P' und P'' je als Aggregate der

1) Von kongruenten Dreiecken sagen wir, es seien dieselben Dreiecke.

Dreiecke δ, aus denen auch P sich zusammensetzt. Damit ist die erste Aussage es Satzes 1. bewiesen.

In der Figur 105, die noch für einen anderen Zweck bestimmt ist, sind die Seiten der Dreiecke $\varDelta'$ kräftig ausgezogen, die der Dreiecke $\varDelta''$ strichpunktiert, soweit sie nicht der Begrenzung von P'' oder P' angehören; kongruente Dreiecke δ tragen dieselbe Nummer in arabischen Ziffern.

Der zweite Teil des Satzes 1 setzt zwei Polygone p', p'' voraus, die einem dritten Polygone p inhaltsgleich sind, d. h. wenn man zu p' und p zugleich gewisse Dreiecke $\varDelta_1'$, $\varDelta_2'$, $\varDelta_3'$, $\cdots$, $\varDelta_h'$ fügt, so sind die so „erweiterten“ Polygone P' und P_1 zerlegungsgleich, also je durch dieselben Dreiecke D_1', D_2', $\cdots$ ausfüllbar. Ebenso kann man zu p'' und p gleichzeitig Dreiecke $\varDelta_1''$, $\varDelta_2''$, $\cdots$, $\varDelta_k''$ fügen, sodaß die erweiterten Polygone P'' und P_2 zerlegungsgleich sind, d. h. durch dieselben Dreiecke D_1'', D_2'', $\cdots$ genau überdeckbar sind. Wir denken nun zu p zugleich die Dreiecke $\varDelta_1'$, $\varDelta_2'$, $\cdots$, $\varDelta_h'$ und $\varDelta_1''$, $\varDelta_2''$, $\cdots$, $\varDelta_k''$ gefügt, so wie dieselben in P' bezw. P'' liegen. Es kann sein, daß keines der $\varDelta'$ mit keinem der $\varDelta''$ ein Flächenstück gemein hat, es kann aber auch das Gegenteil der Fall sein. Wenn nun gewisse Dreiecke $\varDelta'$ und $\varDelta''$ übereinander greifen, so fügen wir, wie in Fig. 105, Hilfsstrecken hinzu, so daß die aus p durch Superposition der Dreiecke $\varDelta'$ und $\varDelta''$ entstehende Figur Π ein Dreiecksnetz bildet. Dann läßt sich Π immer aus P' durch Hinzufügung gewisser Dreiecke δ_1, δ_2, $\cdots$ dieses Netzes ableiten, ebenso aus P'' durch Hinzufügung gewisser Dreiecke δ_ν, $\delta_{\nu+1}$, $\cdots$ desselben Netzes. Fügt man erstere Dreiecke zu P_1, letztere zu P_2, so sind die erweiterten Figuren Π_1 und Π_2 mit Π und daher auch miteinander zerlegungsgleich; folglich haben p', p'' gleichen Inhalt, w. z. b. w.

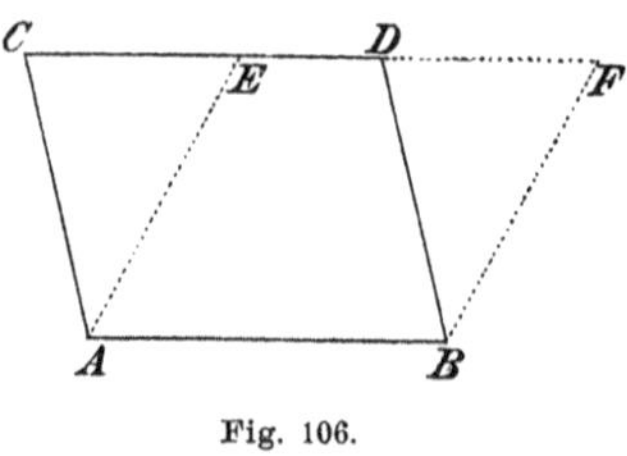

Fig. 106.

Haben zwei Parallelogramme $ABCD$ und $ABEF$ (Fig. 106) die Grundlinie AB gemein, und liegen die Seiten CD und EF auf derselben Geraden, so ergibt sich aus dem ersten durch Hinzufügung des Dreiecks BDF, aus dem zweiten durch Hinzufügung des zu BDF kongruenten Dreiecks ACE jedesmal das Trapez $ABCF$. Folglich sind beide Parallelogramme inhaltsgleich. Eine leichte Erweiterung dieses Resultates gibt dann den

Satz 2. Parallelogramme von gleicher Grundlinie und Höhe sind einander inhaltsgleich.

Zieht man (Fig. 107) durch den Mittelpunkt E der Seite CB eines Dreiecks ABC die Parallele zu AB, so muß diese nach Axiom II_4

die Seite CA in einem Punkte D treffen, und zwar in ihrer Mitte, da die Dreiecke CED und CBA ähnlich sind und $CB = 2 \cdot CE$ ist. Liegt F so auf DE, daß E der Mittelpunkt von DF ist, so sind die Dreiecke CDE und BEF kongruent (I. Kongruenzsatz) und $ABDF$ ist ein Parallelogramm. Wenn man zu diesem das Dreieck DEC, oder zu ABC das zu DEC kongruente Dreieck FEB fügt, erhält man jedesmal das Polygon $CABFEC$. Es folgt:

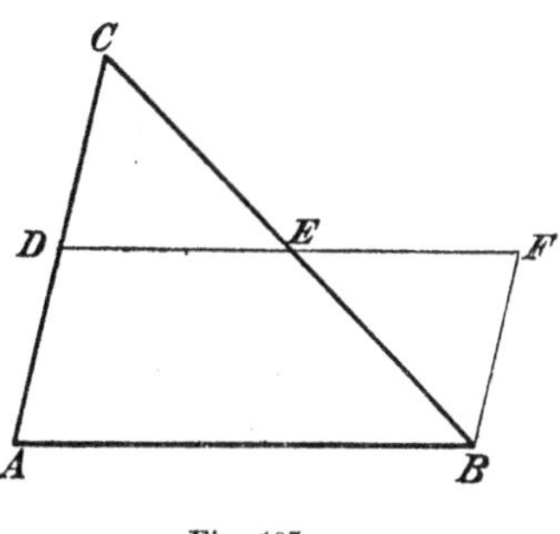

Fig. 107.

Satz 3. Jedes Dreieck ist einem gewissen Parallelogramm mit gleicher Grundlinie und halber Höhe zerlegungsgleich.

Daraus folgt:

Satz 4. Dreiecke mit gleicher Grundlinie und gleicher Höhe sind inhaltsgleich, denn sie sind Parallelogrammen mit gleicher Grundlinie und Höhe inhaltsgleich.

Satz 5. Auf Grund des Archimedischen Axioms sind Parallelogramme mit gleicher Grundlinie und Höhe zerlegungsgleich.

Sind nämlich (s. Fig. 105) P und P' die gegebenen Parallelogramme, also $A_0A_1 = CB$ und E, D, T, S auf derselben Geraden gelegen, so ziehe man $A_1A_2 \parallel BE$, $A_2A_3 \parallel A_0A_1$, $A_5A_4 \parallel BE$, $A_4A_5 \parallel A_0A_1, \cdots$, $A_{2\nu}A_{2\nu+1} \parallel A_0A_1$, $A_{2\nu+1}A_{2\nu+2} \parallel BE, \cdots$; auf A_0T entstehen so die kongruenten Strecken $A_0A_2, A_2A_4, A_4A_6, \cdots$, und nach dem Archimedischen Axiom muß sich eine Strecke $A_{2n}A_{2n+2}$ darunter finden, auf der T liegt. Sei zunächst $n > 1$, also etwa, wie in Figur 105, gleich 2. Ziehen wir auch durch A_{2n+1} die Parallele zu BE, so trifft sie nun nicht mehr die Strecke A_0T, sondern die Strecke ST in einem Punkte, der R heißen möge. Ebenso konstruieren wir aus Parallelogramm P die Strecken CK, LM, NQ parallel zu A_0T; dann ist $QM \parallel RN$, und die Parallelogramme P, P' erweisen sich als zerlegungsgleich, wenn die stark ausgezogenen Dreiecke als Teildreieck genommen werden, denn es ist $A_0A_1A_2 \cong CBK$, $A_1A_2A_3 \cong CKL, \cdots$. — Es wäre denkbar, daß das Archimedische Axiom nur infolge der besonderen Anlage unserer Figur herangezogen werden muß und eine andere Figur vielleicht ohne dasselbe auskommt. Daß dem aber nicht so ist, hat Hilbert in § 18 seiner Grundlagen streng bewiesen. Aus den Sätzen 3 und 5 folgt nun leicht:

Satz 6. Auf Grund des Archimedischen Axioms sind Dreiecke mit gleicher Grundlinie und gleicher Höhe zerlegungsgleich.

Da wir das Archimedische Axiom zur Lehre von der Flächenvergleichung nicht benutzen wollen, so dürfen wir von den Sätzen 5 und 6 keinen weiteren Gebrauch machen.[1]) Von den zahlreichen Folgerungen, die sich aus den Sätzen 1 bis 4 ableiten lassen, erwähnen wir nur die allerwichtigste, den Lehrsatz des Pythagoras:

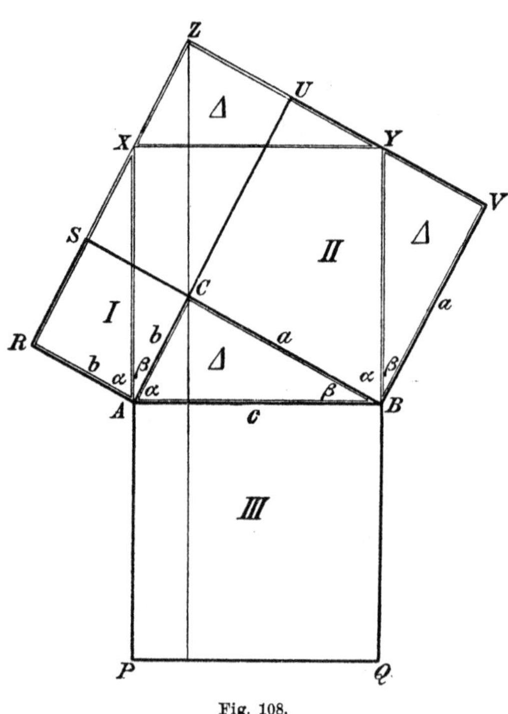

Fig. 108.

Das Quadrat über der Hypotenuse eines rechtwinkeligen Dreiecks ist der Summe der Quadrate über den Katheten inhaltsgleich.

ABC oder Δ sei das Dreieck (Fig. 108), bei C liege der rechte Winkel, $ACRS$, $CBUV$, $ABPQ$ oder I, II, III seien die drei Quadrate über den drei Seiten, X, Y seien die Schnittpunkte von PA mit RS und von QB mit UV. Dann ist, wie die Beischriften der Figur zeigen, $ARX \cong \Delta$ und $YVB \cong \Delta$, also $AX = BY$ und daher $ABYX$ ein zu $ABQP$ oder III kongruentes Quadrat. Ist Z der Schnittpunkt von RS und UV, so ist auch $XZY \cong \Delta$ (und $ZC \parallel XA \parallel YB$). Daher ist Fünfeck $ABVZRA$ einerseits inhaltsgleich mit $\mathrm{I} + \mathrm{II} + 3\Delta$, andererseits mit $\mathrm{III} + 3\Delta$ inhaltsgleich, also hat $\mathrm{I} + \mathrm{II}$ mit III gleichen Inhalt, w. z. b. w. Um die Identität dieses Satzes mit dem in § 21 unter derselben Benennung angeführten Satze zu erkennen, nehmen wir, unter Berufung auf das Archimedische Axiom an, die drei Seiten des Dreiecks Δ hätten ein gemeinschaftliches Maß μ, und zwar wäre $AB = c\mu$, $BC = a\mu$, $CA = b\mu$,

1) Mit der Zerlegungsgleichheit beschäftigt sich ausführlich der „Leitfaden der Geometrie" von H. Dobriner, Leipzig, Voigtländers Verlag 1898. Die schönen Figuren bieten ein wertvolles Material für den Schulunterricht.

wo a, b, c positive ganze Zahlen. Indem man jetzt AB in c, BC in a, AC in b gleiche Teile (von der Größe μ) teilt, in den Teilpunkten die Lote errichtet, und ebenso mit AP, BV, CS verfährt, zerfällt I in a^2, II in b^2, III in c^2 Quadrate von der Seitenlänge μ. Also ist in der Tat $c^2 = a^2 + b^2$ und III ist der Summe von I und II zerlegungsgleich.[1])

5. Wenn so auch die Hauptsätze der Flächenvergleichung sich beweisen lassen, zumal wenn wir uns auf das Archimedische Axiom berufen, so kann das doch nicht darüber hinwegtäuschen, daß durch die bloße Definition des Größer- und Kleinerseins, der Gleichheit und der Addition (durch Aneinanderlagern) noch keine Größe geschaffen wird; vielmehr gehört dazu auch noch die Definierbarkeit der „Multiplikation“ sowie der Nachweis, daß die als Addition und Multiplikation bezeichneten Operationen denselben Verknüpfungsgesetzen gehorchen wie in der Arithmetik, und daß endlich ein und nur ein Analogon der Null und der Eins existiert. Bei der projektiven Streckenmessung haben wir diese Forderung streng durchgeführt. Im vorliegenden Falle würde der direkte Weg in zu große Schwierigkeiten führen. Hilbert hat in seinen Grundlagen (§ 20) ein viel einfacheres Verfahren angegeben, das allerdings auf den ersten Blick ein wenig befremdet: Sind a, b, c die Seiten eines Dreiecks Δ und h_a, h_b, h_c die darauf senkrechten Höhen, so ist $a : h_b = b : h_a$, $a : h_c = c : h_a$, also:

$$ah_a = bh_b = ch_c.$$

Das Produkt aus einer Seite und der zugehörigen Höhe eines Dreiecks Δ ist demnach unabhängig von der gewählten Seite, ebenso auch das halbe Produkt. Dieses heiße das Inhaltsmaß des Dreiecks Δ und werde mit $J(\Delta)$ bezeichnet: $J(\Delta) = \frac{1}{2}ah_a = \frac{1}{2}bh_b = \frac{1}{2}ch_c$. Der Faktor $\frac{1}{2}$ wird sich alsbald rechtfertigen. Wir werden nun den Polygonen dadurch Größencharakter verschaffen, daß wir ihnen, wie dem Dreieck, ein Inhaltsmaß beilegen. Der Nachweis des Größencharakters ist aber nötig, um die Zulässigkeit der Definition inhaltsgleicher Polygone zu beweisen, denn sonst wäre denkbar, daß alle Polygone einander inhaltsgleich wären, oder daß ein Polygon mit einem seiner Teile gleichen Inhalt hätte. Wenn Euklid zur Umkehrung der Sätze 2 und 4 den allgemeinen Größensatz: *καὶ τὸ ὅλον τοῦ μέρους μεῖζόν ἐστι* (das Ganze ist größer als der Teil) benutzt,

1) Pythagoras lebte im 6. Jahrhundert v. Chr. Schon ungefähr 1200 Jahre vorher findet sich das spezielle rechtwinkelige Dreieck mit den Seitenlängen 3, 4, 5 bei den alten Ägyptern, die dasselbe höchst wahrscheinlich zum Abstecken rechter Winkel benutzt haben. Vgl. M. Cantor, Über die älteste indische Mathematik (Archiv der Math. u. Phys, [3] 8, 63—72).

so postuliert er damit eben, worauf Hilbert aufmerksam gemacht hat (l. c. § 19), die Größennatur des Flächeninhaltes.

6. Eine Strecke, die einen Eckpunkt S eines Dreiecks $\varDelta$ mit einem Punkte der gegenüberliegenden Seite g verbindet, heißt eine Transversale des Dreiecks; sie bewirkt eine transversale Zerlegung des Dreiecks in zwei Teildreiecke $\varDelta_1$, $\varDelta_2$, welche jene Ecke als Spitze gemeinsam haben und deren Grundlinien g_1, g_2 auf der Geraden g liegen. Beide Teildreiecke haben also die von jener Ecke ausgehende Höhe h gemeinschaftlich, und es ist:

$$J(\varDelta) = \tfrac{1}{2}hg = \tfrac{1}{2}h(g_1 + g_2) = J(\varDelta_1) + J(\varDelta_2).$$

Durch wiederholte Anwendung dieser Formel ergibt sich der

Hilfssatz: Wenn ein Dreieck $\varDelta$ so in Teildreiecke zerlegt ist, daß alle Ecken der Teildreiecke auf zwei Seiten von $\varDelta$ liegen, so ist das Inhaltsmaß von $\varDelta$ gleich der Summe der Inhaltsmaße der Teildreiecke (s. Fig. 109).

Ist dagegen $\varDelta$ in Teildreiecke α zerlegt, von denen die Eckpunkte $A_1, A_2, \cdots, A_n$ dem Inneren, nicht den Seiten von $\varDelta$ angehören

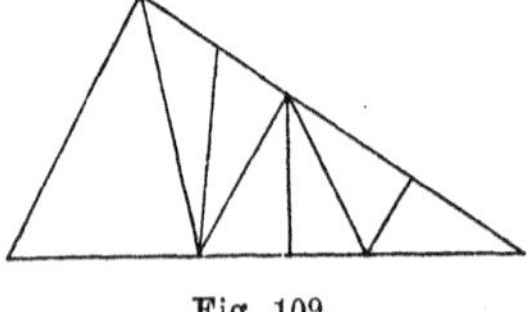

Fig. 109.

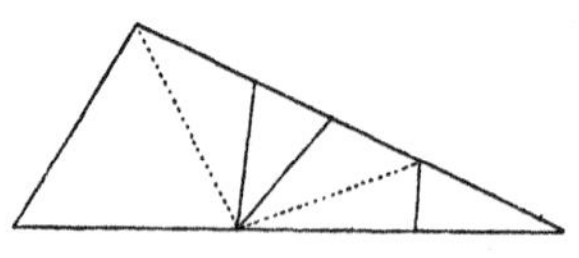

Fig. 110.

(während andere Eckpunkte auf den Seiten von $\varDelta$ liegen), so verbinden wir die Spitze S von $\varDelta$ mit $A_1, A_2, \cdots, A_n$ und bringen diese Geraden mit der Grundlinie von $\varDelta$ zum Schnitt in $B_1, B_2, \cdots, B_n$. Dadurch zerfällt $\varDelta$ in $n+1$ Dreiecke $\delta, \delta_1, \cdots, \delta_n$, mit derselben Spitze und derselben Höhe; das Inhaltsmaß von $\varDelta$ ist daher nach dem Hilfssatze gleich der Summe der Inhaltsmaße dieser Teildreiecke. Wir dürfen die Bezeichnung der Ecken $A_1, A_2, \cdots, A_n$ so getroffen annehmen, daß in keinem der $n+1$ Dreiecke δ eine Ecke A liegt. Jedes δ wird daher aus Dreiecken und Vierecken bestehen, deren Ecken auf den Seiten von δ liegen (s. Fig. 110). Zerlegen wir die Vierecke durch je eine Diagonale in Dreiecke, so ist das Inhaltsmaß von δ nach dem Hilfssatze gleich der Summe der Inhaltsmaße der Teildreiecke ε von δ; so erscheint also $J(\varDelta)$ selbst als die Summe der Inhaltsmaße der Teildreiecke ε sämtlicher δ. Aus den ε bauen sich aber auch die Dreiecke α der ursprünglichen Zerlegung je nach Art der Figur 105 auf, denn die α zerfallen durch die Strahlen $SB_1, SB_2, \cdots$ des Punktes S, der in keinem α liegt, nach Art der Figur 105. Folglich ist die Summe der Inhaltsmaße aller α

gleich der Summe der Inhaltsmaße aller ε, und es gilt daher endlich der

Satz 7: Wenn ein Dreieck in eine endliche Anzahl von Teildreiecken zerlegt ist, so ist das Inhaltsmaß aller Dreiecke gleich der Summe der Inhaltsmaße der Teildreiecke, $J(\Delta) = \Sigma J(\alpha)$.

Wird ein Polygon einmal in Dreiecke $\Delta_1, \cdots, \Delta_p$, ein andermal in Dreiecke $\Delta_1', \cdots, \Delta_q'$ zerlegt, und führt man diese Zerlegungen gleichzeitig aus, so können die Δ und Δ', wie in Fig. 105, je aus denselben Dreiecken $\delta_1, \cdots, \delta_n$ aufgebaut werden, und es ist

$$\Sigma J(\Delta) = \Sigma J(\delta) = \Sigma J(\Delta').$$

Definiert man also das Inhaltsmaß eines Polygons P als Summe der Inhaltsmaße aller Dreiecke Δ, in die dasselbe bei einer bestimmten Zerlegung zerfällt, so ist dieses Inhaltsmaß $J(P)$ von der Art der Zerfällung unabhängig: $J(P) = \Sigma J(\Delta) = \Sigma J(\Delta')$, also durch das Polygon allein bestimmt. Für ein aus den Teilen X, Y zusammengesetztes Polygon $X + Y$ ist daher $J(X + Y) = J(X) + (JY)$. — Mit Rücksicht auf Satz 7 folgt nun:

Satz 8: Zerlegungsgleiche Polygone haben gleiches Inhaltsmaß.

Sind ferner P und Q inhaltsgleiche Polygone, so gibt es nach der Definition der Inhaltsgleichheit zwei zerlegungsgleiche Polygone P' und Q', so daß das aus P und P' zusammengesetzte Polygon $(P + P')$ dem aus Q und Q' zusammengesetzten Polygon $(Q + Q')$ zerlegungsgleich ist. Nach Satz 7 ist daher:

$$J(P') = J(Q'), \qquad J(P + P') = J(Q + Q'),$$

und mit Rücksicht auf $J(X + Y) = J(X) + J(Y)$ folgt:

$$J(P) = J(P'), \quad \text{d. h.}$$

Satz 9. Inhaltsgleiche Polygone haben gleiches Inhaltsmaß.

7. Jetzt lassen sich die Sätze 2 und 4 umkehren:

Satz 10. Inhaltsgleiche Parallelogramme mit gleichen Grundlinien haben gleiche Höhen.

Satz 11. Inhaltsgleiche Dreiecke mit gleichen Grundlinien haben gleiche Höhen.

Denn bezeichnet g die Größe der Grundlinien, h, h' die der Höhen, so ist im Falle des Satzes 10: $gh = gh'$, im Falle des Satzes 11: $\frac{1}{2}gh = \frac{1}{2}gh'$, also jedesmal $h = h'$.

Zieht man (Fig. 111) durch eine Ecke B eines Polygons $ABCDE\cdots$ die Parallele p zur Verbindungsgeraden AC der nicht benachbarten Ecken

A, C, so ist das gegebene Polygon allen Polygonen $AB'CDE\cdots$ inhaltsgleich, deren Ecke B auf p liegt (Satz 4). Liegt nun B' zugleich noch auf der Polygonseite DC oder ihrer Verlängerung, so hat das Polygon $AB'CDE\cdots$ oder $AB'DE\cdots$ eine Ecke (C) weniger als das ursprüngliche. Durch Wiederholung dieses Verfahrens erhält man schließlich ein Dreieck $\varDelta$, das dem Polygone inhaltsgleich ist und daher mit ihm gleiches Inhaltsmaß hat (Satz 9.).

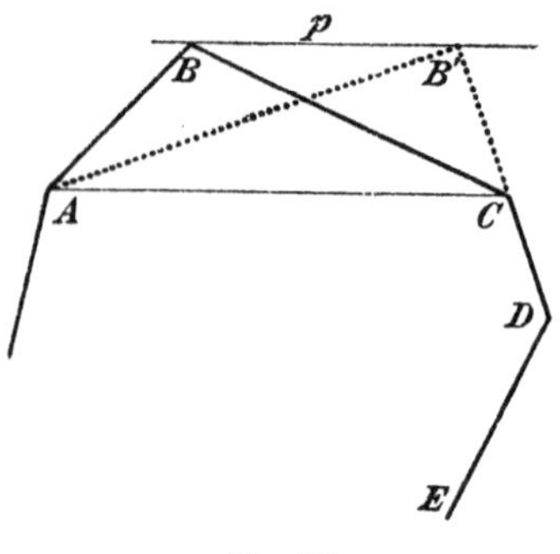

Fig. 111.

Zwei Polygonen P, P' mit gleichem Inhaltsmaß J entsprechen dann zwei Dreiecke $\varDelta$ und $\varDelta'$ mit demselben Inhaltsmaße J. Die Ecken dieser Dreiecke seien A, B, C und A', B', C'. Mit einem Radius g, der größer als die größere der Seiten AC, $A'C'$ ist, schlagen wir um A und A' als Mittelpunkt einen Kreis. Jeder dieser Kreise trifft dann ganz sicher die durch die Spitze C bezw. C' zur Grundlinie gezogene Parallele p bezw. p'; sind dann Z und Z' je einer dieser Schnittpunkte auf p bezw. p', so haben auch die Dreiecke AZB und $A'Z'B$ je das Inhaltsmaß J; da sie aber überdies in der Größe g der Seiten AZ, $A'Z'$ übereinstimmen, so ist, wenn h, h' die zugehörigen Höhen sind, $\frac{1}{2}gh = \frac{1}{2}gh'$, also $h = h'$, d. h. die Dreiecke AZB und $A'Z'B$ sind inhaltsgleich (Satz 4.), folglich auch $\varDelta$ und $\varDelta'$ (Satz 1.) und damit P und P' (Satz 1.). Es folgt die Umkehrung des Satzes 9:

Satz 12. Polygone mit gleichem Inhaltsmaß sind inhaltsgleich.

Die Produkte gh, $\frac{1}{2}gh$ sind immer in der Symbolik des § 21 gemeint, die mit Strecken selbst, nicht mit ihren Maßzahlen operiert. Damit ist dann der wichtige Satz 9. mit seiner Umkehrung 12. bewiesen, aus dem die Identität der Inhaltsgleichheit mit der Gleichheit des Inhaltsmaßes hervorgeht; dadurch ist der Größencharakter der Polygonfläche unmittelbar gesichert. Das von Hilbert eingeführte Wort Inhaltsmaß ist natürlich nicht als Maß im metrischen Sinne, als Maßzahl, zu verstehen, sondern als Produkt im Sinne der Streckenrechnung des § 21; $\frac{1}{2}gh$ ist also gleichbedeutend mit $\frac{1}{2}\cdot g/e\cdot h/e$, wo e die Einheitsstrecke. Der Faktor $\frac{1}{2}$ ist dem Inhaltsmaße des Dreiecks offenbar gegeben, damit das Quadrat mit der Seitenlänge e das Inhaltsmaß e^2 erhält. Die symbolischen Formeln der geometrischen Streckenverknüpfung stimmen dann mit den wirklichen Zahlenformeln der auf Maßzahlen gegründeten Streckenrechnung vollkommen überein. Wenn in einem Dreieck die Längen in irgend einem Verhältnis vergrößert werden, so wird der Flächeninhalt im quadratischen Verhältnis vergrößert. Durch Zerlegung der Polygone in Dreiecke folgt hieraus:

Satz 13. Bei ähnlichen Polygonen stehen die Inhaltsmaße in dem Verhältnis der Quadrate entsprechender Längen.

§ 23. Regelmäßige Vielecke und der Kreis.

1. Von den vielen Anwendungen, die sich auf die Begriffe der Ähnlichkeit und der Flächengröße stützen lassen, wollen wir nur die allerwichtigsten mitteilen, die sich auf die Kreisteilung und Kreismessung beziehen.

Ein Vieleck oder Polygon heißt regelmäßig (regulär), wenn seine Seiten einander gleich sind und auch gleiche Winkel einschließen; gemeint sind damit immer die Winkel zweier aufeinander folgender Seiten: $\sphericalangle ABC = \sphericalangle BCD = \sphericalangle CDE = \cdots$ (siehe Fig. 112). Ist O der Schnittpunkt der Halbierungsgeraden der Winkel bei A und B, so ist wegen der Gleichheit dieser Winkel auch $\sphericalangle OAB = \sphericalangle OBA$, also $OA = OB$. Die Dreiecke COB und BOA stimmen dann überein in den Seiten OB und $BC = BA$ und dem eingeschlossenen Winkel, sind also kongruent. Daher ist $OC = OB$ und $\sphericalangle OCB = \sphericalangle OBC$. Jetzt ergibt sich ebenso die Kongruenz der Dreiecke BOC und COD, usw., woraus folgt, daß O von den Ecken des Polygons gleichen Abstand hat. Aus der Kongruenz der Dreiecke AOB, BOC, $\cdots$ folgt auch die Gleichheit ihrer von O auf die Seiten AB, BC, $\cdots$ gefällten Höhen; diese Tatsachen können wir so aussprechen:

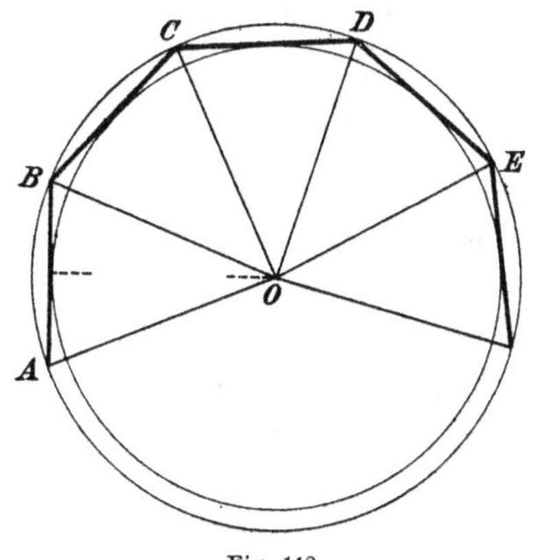

Fig. 112.

Satz 1. Jedes regelmäßige Vieleck hat einen „Umkreis" (auf dem seine Ecken liegen) und einen „Inkreis" (den seine Seiten berühren) mit gemeinschaftlichem Mittelpunkte O;

dieser heißt auch Mittelpunkt des Vielecks. Die Verbindungstrecken des Mittelpunktes mit den n Eckpunkten eines regelmäßigen n-Ecks teilen dasselbe in n kongruente gleichschenklige Dreiecke; aus irgend einem von ihnen läßt sich das ganze Polygon zurückgewinnen, man spricht daher von einem „Bestimmungsdreieck“. Der Winkel an der Spitze O eines Bestimmungsdreiecks des regelmäßigen n-Ecks beträgt den n^{ten} Teil von vier Rechten, also $4R/n$, wenn R den rechten Winkel bezeichnet; als Spitze soll dabei immer der Mittelpunkt des Vielecks gelten. Durch Hälftung der Winkel bei O entsteht aus dem regelmäßigen n-Eck das regelmäßige $2n$-Eck, aus diesem das $4n$-Eck usw. Seit alters her kennt man folgende vier Reihen regelmäßiger Vielecke, die aus dem regelmäßigen 3-Eck, 4-Eck, 5-Eck und 15-Eck durch das Verfahren der Winkelhälftung hervorgehen:

Dreieckreihe. Aus dem regelmäßigen Dreieck entspringt durch Winkelhälftung zunächst das regelmäßige Sechseck, dessen Bestimmungsdreieck an der Spitze den Winkel $4R/6 = 2R/3$ hat. Da $2R/3 + 2R/3 + 2R/3 = 2R$, so ist $2R/3$ der Winkel des gleichseitigen Dreiecks. Die Seite des regelmäßigen Sechsecks ist daher gleich dem Radius, und dieses Vieleck kann daher leicht konstruiert werden. Es war schon den alten Assyrern bekannt. Die erste, dritte und fünfte Ecke dieses Secksecks bestimmen das regelmäßige Dreieck.

Quadratreihe. Der Spitzenwinkel des Bestimmungsdreiecks ist ein Rechter. Auf diese Reihe brauchen wir daher nicht näher einzugehen. Das regelmäßige Viereck (Quadrat) und Achteck begegnen uns sehr häufig im Ornament und als Formen von Gebrauchsgegenständen bei den alten Ägyptern.

2. Fünfecksreihe. Wie bei der Dreiecksreihe geht man zur Konstruktion dieser Reihe nicht vom ersten, sondern vom zweiten Vieleck aus, was auch bei der algebraischen Behandlung der Kreisteilung (siehe Band I, § 96) auffällt. Das Bestimmungsdreieck AOB eines regelmäßigen 10-Ecks (siehe Fig. 113) hat an der Spitze O den Winkel $\omega = 4R/10 = 2R/5$. Die Winkel bei A und B machen also zusammen $2R - 2R/5 = 8R/5$, einzeln $4R/5 = 2\omega$ aus. Die Halbierende des Winkels BAO trifft daher die Seite OB in einem Punkte C, sodaß Dreieck BAC wie Dreieck AOB die Winkel ω, 2ω, 2ω hat, und mit dem Dreieck BAC ist überdies auch noch das Dreieck ACO gleichschenkelig. Daher ist $OC = CA = AB = s_{10}$, wenn s_n allgemein die Seite des regelmäßigen n-Ecks bezeichnet. Der Radius des Umkreises heiße immer r. Aus der Ähnlichkeit von BAC und AOB ergibt sich die Ähnlichkeit der Streckensysteme $(BC,\ AB)$ und $(AB,\ OA)$ oder:

$$(1) \qquad (r - s_{10},\ s_{10}) \sim (s_{10},\ r), \quad \text{woraus} \quad (r,\ s_{10}) \sim (s_{10} + r,\ r),$$

oder in der gewöhnlichen Schreibung

(2) $$r : s_{10} = (s_{10} + r) : r, \qquad r^2 = s_{10}(s_{10} + r)$$

folgt. Die zwei ähnlichen Streckenpaare erinnern sofort an den Beweis des Pythagoräischen Lehrsatzes in § 21 und legen es nahe, die dort benutzte Figur zur Konstruktion von s_{10} zu verwenden.[1]) Durch Anpassung dieser Figur an die Daten des vorliegenden Falles erhält man folgende Konstruktion von s_{10} aus r (siehe Fig. 113):

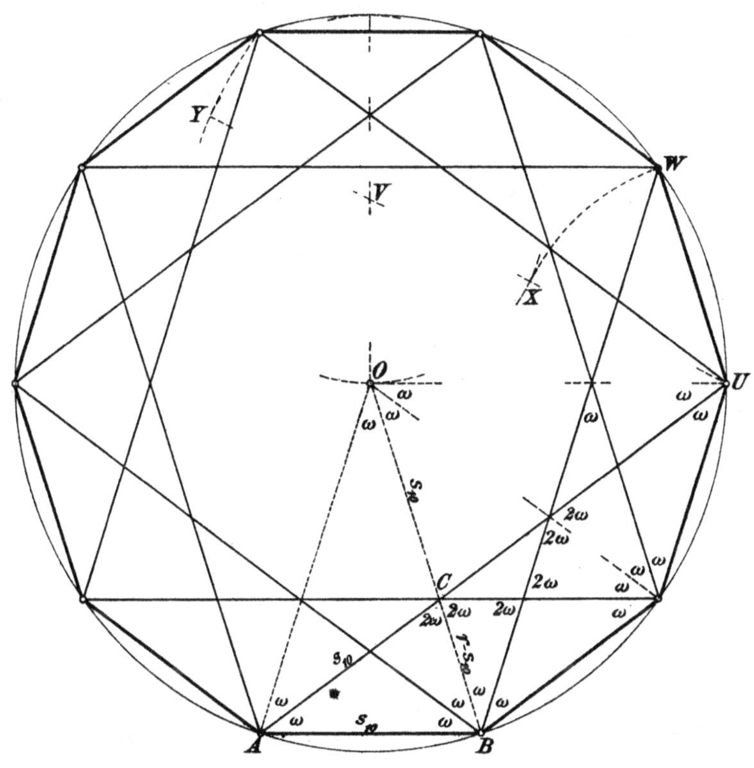

Fig. 113.

Auf $OU = r$ errichtet man das Lot $OV = r/2$ und schlägt um V den Kreis mit dem Radius VO. Dieser trifft die Strecke UV in einem Punkt X [ihre Verlängerung in Y]. Dann ist UX die gesuchte Seite des regelmäßigen Zehnecks. In der Tat sind die Dreiecke UXO und UOY wegen Übereinstimmung in den Winkeln ähnlich, und es ist daher: $(UO, UX) \sim (UY, UO)$ oder $(r, s_{10}) \sim (r + s_{10}, r)$. Die Verknüpfung dieser Konstruktion mit der des regelmäßigen Zehnecks zeigt Figur 113.

1) Der Sekanten- und Tangentensatz, dessen Anwendung hier am Platze wäre, wird erst im nächsten Paragraphen abgeleitet werden.

Zu dieser Figur ist noch zu bemerken, daß C den Radius OB in zwei ungleiche Teile von folgender Eigenschaft zerlegt: Das aus dem kleineren und dem größeren Teil bestehende Streckenpaar ist ähnlich dem Streckenpaar, das sich aus dem größeren Teil und der ganzen Strecke OB zusammensetzt, oder nach (1) in Formeln:

$$(r - s_{10}, s) \sim (s_{10}, r), \qquad (r - s_{10}) : s_{10} = s_{10} : r.$$

Weil sich beim Lesen der letzten Formel das rechts stehende s_{10} an das links stehende sofort (stetig) anschließt, spricht man von einer stetigen Proportion, deren allgemeine Form also $x : y = y : z$ wäre; unter einer Proportion versteht man, wie in der Arithmetik, die Gleichheit zweier Brüche oder „Verhältnisse", ein Begriff, der seine frühere Wichtigkeit eingebüßt hat, da die neuere Elementargeometrie ohne die Maßverhältnisse von Strecken auskommt. Man sagt auch, der Punkt C teile die Strecke OB stetig oder nach dem goldenen Schnitt (Sectio aurea). Golden hieß dieser Schnitt (= Streckenteilung) wegen seiner großen Bedeutung in der Geometrie und der Ästhetik: Man behauptet nämlich, eine Ellipse oder ein Rechteck mache den gefälligsten Eindruck, wenn die kleine und große Achse bezw. die kleine und die große Seite so gewählt wird, daß sie, auf einer Geraden aneinander gelegt, eine stetig geteilte Strecke ergeben. Auch sonst sollen wohlgefällige Abmessungen mit der stetigen Teilung zusammenhängen. (Vgl. Bd. I, p. 97.) — Wir wollen das Zahlenverhältnis der Teile OC und CB in Figur 113 ausrechnen. Aus $s_{10}^2 = r(r - s_{10})$ folgt:

$$s_{10} = -1/2 \cdot r + \sqrt{r^2/4 + r^2} = 1/2 \cdot r(\sqrt{5} - 1);$$

$$(r - s_{10}) : s_{10} = (3 - \sqrt{5}) : (\sqrt{5} - 1) = (\sqrt{5} - 1) : 2.$$

Demnach ist angenähert

$$(r - s_{10}) : s_{10} = 0{,}618 = 3/5\,.$$

Durch Vergleichung der Winkel läßt Figur 113 zahlreiche schöne Eigenschaften des regelmäßigen Zehnecks erkennen, so z. B., daß AC durch eine Ecke U des Zehnecks gehen muß und daß die beim goldenen Schnitte von r neben $UX = s_{10}$ auftretende Strecke $UY = r + s_{10}$ gleich UA, also gleich der Seite des regelmäßigen Sternzehnecks ist. Dreiecke mit den Winkeln ω, 2ω, 2ω und ω, ω, 3ω zeigt die Figur in fast unerschöpflicher Zahl. Dasselbe gilt vom regelmäßigen Fünfecke, dessen Bestimmungsdreiecke an der Spitze den Winkel 2ω haben.

3. Fünfzehneckreihe. Der Spitzenwinkel eines Bestimmungsdreiecks des regelmäßigen Fünfzehnecks beträgt $1/15$ von vier Rechten, oder, da $1/15 = 1/6 - 1/10$ ist, $2R/3 - 2R/5$. Das ist die Differenz der Spitzenwinkel, die dem regelmäßigen Sechseck und Zehneck entsprechen, woraus die Konstruktion unmittelbar zu entnehmen ist.

Durch Winkelhälftung entspringen daraus das regelmäßige 30-Eck, 60-Eck usw.

Es mußte den Scharfsinn der Mathematiker reizen, außer den Polygonen dieser vier Reihen auch noch andere, besonders zunächst das regelmäßige Siebeneck (mit Zirkel und Lineal) zu konstruieren; dabei lag es nahe, außer der Winkelhälftung auch die Dreiteilung als Hilfsmittel heranzuziehen. Erst seit der Begründung der modernen Algebra durch Gauß und Abel kann streng bewiesen werden, daß die Dreiteilung des Winkels und die Konstruktion der regelmäßigen Vielecke nur in gewissen ausgezeichneten Fällen mit Zirkel und Lineal exakt ausführbar ist. Speziell das 7-Eck und 11-Eck sind nicht konstruierbar, wohl aber, wie Gauß entdeckte, das regelmäßige 17-Eck; vergl. die Abschnitte 18. und 19. des ersten Bandes.

4. Wie die theoretische Geometrie keines festen Streckenmaßstabes bedarf, so braucht sie auch kein festes Winkelmaß, zumal da, wie die Trigonometrie oder die in § 21 zitierte Untersuchung von Mollerup zeigt, die Winkelmessung aus der Geometrie ganz eliminiert werden kann. Unsere von den Griechen übernommene Einteilung des Vollwinkels in 360, des rechten Winkels in 90 Grad ist babylonischer Herkunft; noch kurz vor Euklid war sie dem astronomischen Schriftsteller Autolykos unbekannt und ist anscheinend von dem Alexandriner Hypsikles (zwischen 200 und 100) zuerst eingeführt worden. Die Einteilung des Vollwinkels oder des Kreisumfanges in $360 = 6 \cdot 60$ Teile oder Grade, von denen jeder in 60 gleiche Unterabteilungen (Minuten) zu je 60 Sekunden zerfällt, ist jedenfalls künstlichen, und zwar, wie M. Cantor wahrscheinlich macht, astronomischen Ursprungs; es liegt nahe, an eine rohe Zählung der Tage des Sonnenjahres zu denken. Mit der 60-Teilung des Sextanten wird dann wohl auch das Sexagesimalsystem der Babylonier irgendwie zusammenhängen; diese stellen nämlich die ganzen Zahlen in der Form $a + a_1 60 + a_2 60^2 + \cdots$ dar, wo $a, a_1, a_2, \cdots$ ganze Zahlen und zwar kleiner als 60 sind. Wie zur ganzen dezimal geschriebenen Zahl $z = b + b_1 10 + b_2 10^2 + \cdots (b, b_1, b_2, \cdots < 10)$ systematisch der Dezimalbruch gehört, so entspricht dem 60er-System folgerichtig die Bruchdarstellung $\zeta = \cdots + c_3 60^3 + c_2 60^2 + c_1 60 + c + \gamma_1 60^{-1} + \gamma_2 60^{-2} + \cdots$ nach fallenden Potenzen von 60. Diese Darstellung der Zahlen ist schwerlich aus irgend einem Zählverfahren[1]) hervorgegangen, denn dann müßten doch auch die babylonischen Zahlwörter sexagesimal

1) In der Zeitschrift für Assyriologie (Bezold), **12**, pg. 73—95 macht G. Kewisch darauf aufmerksam, wie unsicher unser Wissen über diesen Gegenstand immer noch ist und sucht umgekehrt das Sexagesimalsystem und die Teilung des Kreises in 360 Grad von einem künstlichen Zählverfahren abzuleiten, was den oben angeführten philologischen Bedenken begegnet; das Zählverfahren

gebildet sein. Dieselben sind aber, wie bei allen Völkern der kaukasischen Rasse, dezimal, und man findet überdies sexagesimale Zahlschreibung mit dezimaler wechselnd; auch die Ägypter, die sich noch vor den Babyloniern von der semitischen Urgemeinschaft losgelöst haben und den Babyloniern in den ältesten Sprachformen sehr nahe stehen, besitzen dezimale Zahlwörter.

Die Konstruktion des Winkelgrades ist mit Zirkel und Lineal nicht exakt ausführbar, läßt sich aber von der Dreiteilung eines einzigen Winkels abhängig machen: Der Winkel an der Spitze des Bestimmungsdreiecks eines regelmäßigen Zehnecks beträgt 36^0, der entsprechende Winkel des regelmäßigen Zwölfecks 30^0, die Differenz ist 6^0, die Hälftung gibt 3^0 und die Dreiteilung 1^0.

5. Wir kommen nun zu einem der schwierigsten und berühmtesten Probleme der Elementargeometrie, zur Rektifikation und Quadratur des Kreises. — Ein Vieleck, dessen Ecken auf einem Kreise liegen, heißt dem Kreise eingeschrieben; ein Vieleck, dessen Seiten den Kreis berühren, heißt ihm umgeschrieben. Von diesen Vielecken gilt aber

Satz 2. Jedes einem Kreis umgeschriebene Vieleck hat größeren Umfang als jedes ihm eingeschriebene Vieleck.

Zum Beweise dieses wichtigen Satzes verbinden wir den Mittelpunkt O des Kreises mit allen Ecken $A, B, \cdots$ des eingeschriebenen n-Ecks $\mathfrak{E}$ und fällen aus O auf alle Seiten desselben die Lote. Durch diese $2n$ Geraden zerfällt die Ebene in $2n$ Gebiete, von denen jedes auch ein Stück des Umfanges des umgeschriebenen Vielecks $\mathfrak{U}$ enthalten wird. Dieses Stück ist ein Streckenzug, der in einem Punkte U des einen Grenzstrahles des Gebietes beginnt und in einem Punkte V des anderen Grenzstrahles endigt (siehe Fig. 114). Die Strecke UV ist dann kleiner als dieser Streckenzug oder höchstens von gleicher Länge; OV sei der auf einer Seite AB des eingeschriebenen Vielecks $\mathfrak{E}$ senkrechte Strahl; fällt man noch $UW \perp OV$, so ist UV als Hypotenuse des rechtwinkeligen Dreiecks UWV größer als UW, oder, wenn U, V, W in eine Gerade fallen, gleich UW, sicher ist also der zwischen den Strahlen OA, OF liegende Teil t des Umfanges

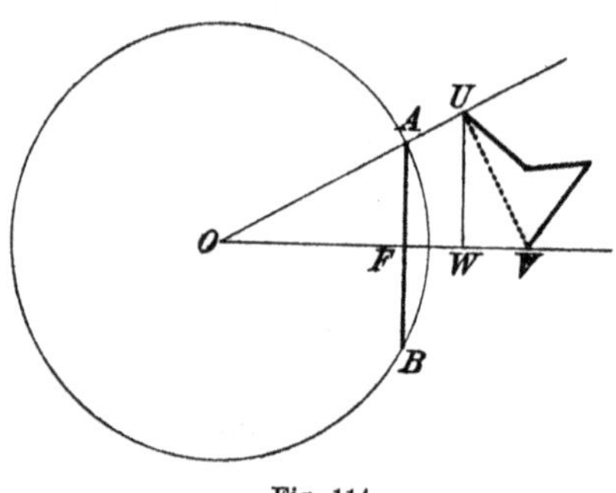

Fig. 114.

(mit Hilfe der Finger), das Kewisch angibt, gleichsam ein Ersatz für einen sexagesimalen Abacus, ist jedenfalls am einleuchtendsten, wenn man die sexagesimale (künstliche) Zahlenschreibung als das Ursprünglichere voraussetzt.

von $\mathfrak{U}$ größer als UW oder gleich UW. Nun liegt aber U als Punkt von $\mathfrak{U}$ nicht innerhalb des Kreises, also ist $OU \gtreqless OA$ und $UW \geqq AF$, $t > AF$; die Gleichheit von t und AF ist ausgeschlossen, da sie nur eintreten könnte, wenn t mit UW und dieses mit AF zusammenfiele, was unmöglich ist, weil F im Kreise liegt. Nunmehr ist auch die Summe der $2n$ Teile t größer als die Summe der zugehörigen AF, d. h. der Umfang von $\mathfrak{U}$ größer als der von $\mathfrak{E}$.

Für das Folgende ist es wichtig, den Satz 2. so umzukehren:

Satz 3. Ist ein Kreis mit dem Radius r gegeben und eine Strecke e, die nicht größer ist als jeder Umfang der dem Kreise eingeschriebenen Vielecke, so gibt es (unendlich viele) dem Kreise eingeschriebene Vielecke, deren Umfang gleich e ist. Zu einem Kreise und einer Strecke u, die nicht kleiner ist als der Umfang jedes dem Kreis umgeschriebenen Vielecks, existieren (unbegrenzt viele) dem Kreise umgeschriebene Vielecke, deren Umfang gleich u ist.

Beweis 1. Zunächst gibt es immer eingeschriebene Vielecke, z. B. Dreiecke ABC, deren Umfang kleiner als e ist; wir werden nämlich im nächsten Paragraph unabhängig vom vorliegenden die Aufgabe lösen, einem Kreise mit gegebenen Radius r ein Dreieck ABC einzubeschreiben, dessen Seite c und dessen Umfang $2s$ vorgeschriebene Größe haben. Wählt man $2s < e$, so ist die Behauptung 1. bewiesen.

2. Zu jedem eingeschriebenen Vieleck lassen sich andere konstruieren, deren Umfang um eine vorgeschriebene (mit Satz 1. verträgliche, hinreichend kleine) Strecke d größer ist. Fügt man nämlich (Fig. 115) zu den Ecken A und B des gegebenen Vielecks $\mathfrak{B}$ eine neue Ecke C nebst den Seiten CA, CB, so vermehrt sich der Umfang von $\mathfrak{B}$ um $d = a + b - c$, wo a, b, c wie üblich die Seiten von ABC bezeichnen. Es gilt also einem gegebenen Kreise mit dem Radius r ein Dreieck ABC einzuschreiben, von dem c und $a + b - c$ gegeben sind, eine Aufgabe, die sich auf die in 1. gestellte Aufgabe zurückführen lässt; d muß unterhalb einer gewissen Grenze δ liegen. Aus dem Beweise folgt zugleich:

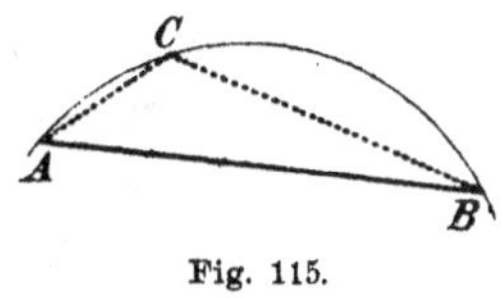

Fig. 115.

3. Zu hinreichend kleinem Umfange existieren immer unbegrenzt viele eingeschriebene Dreiecke.

Um jetzt eingeschriebene Vielecke vom Umfange e zu finden, hat man, falls e hinreichend klein ist, einfach nach 3. zu verfahren. Ist e aber zu groß, so gehen wir nach 1. zu einem eingeschriebenen

Dreieck PQR zurück, dessen Umfang $u_3 = 2s$ kleiner als e ist, und fügen (in der Mitte) zwischen zwei aufeinander folgenden Ecken eine vierte Ecke ein; in dem entstandenen Viereck $\mathfrak{B}_4$ ebenso (mitten) zwischen zwei konsekutiven Ecken eine fünfte Ecke, in dem entstandenen Fünfeck $\mathfrak{B}_5$ ebenso eine sechste Ecke, u. s. w. Die Umfänge $u_3, u_4, u_5, u_6, \cdots$ dieser Vielecke werden dann beständig wachsen. Da das Vieleck $\mathfrak{B}_{\nu+1}$ aus $\mathfrak{B}_\nu$ auch mittels der Konstruktion 2. erreichbar sein muß, wobei die dort d genannte Strecke gleich $u_{\nu+1} - u_\nu$ ist und unter der Grenze δ liegt, so liefert diese Konstruktion von $\mathfrak{B}_\nu$ aus auch $(\nu+1)$-Ecke, deren Umfang einen beliebig zwischen $u_{\nu+1}$ und u_ν vorgeschriebenen Wert annimmt. Da die Seiten eines eingeschriebenen Vielecks beliebig klein sein können, so muß man nach einer endlichen Zahl von Schritten zu einem Vieleck $\mathfrak{B}_m$ gelangen, von dem jede Seite kleiner ist als die kleinste Seite eines der nach Voraussetzung existierender Vielecke, deren Umfang größer als e ist; dann ist $u_m > e$, während $e_3 < e$ war. Folglich gibt es in der Reihe der Vielecke $\mathfrak{B}_3, \mathfrak{B}_4, \cdots, \mathfrak{B}_m$ entweder ein n-Eck mit $u_n = e$ oder zwei Vielecke $\mathfrak{B}_n, \mathfrak{B}_{n+1}$ von der Eigenschaft, daß $u_n < e < u_{n+1}$ ist. Nach der soeben hervorgehobenen Bemerkung gibt es dann auch ein $(n+1)$-Eck, dessen Umfang genau gleich e ist.

Ähnlich ist der zweite Teil des Satzes 3. zu beweisen.

6. Satz 4. Die Differenz der Umfänge je eines eingeschriebenen und eines umgeschriebenen Vielecks ist nach Satz 2. eine positive Größe. Diese Differenzen können (durch geeignete Wahl der Vielecke) unter jede noch so kleine Strecke ε hinabgedrückt werden, d. h. sie haben Null zur unteren Grenze. Es genügt zu zeigen, daß der Unterschied $U_n - u_n$ der Umfänge U_n und u_n des umgeschriebenen und des eingeschriebenen regelmäßigen n-Ecks mit wachsendem n unter jede Grenze ε sinkt. Der Beweis kann so geführt werden: Zieht man zu den Seiten des eingeschriebenen regelmäßigen n-Ecks parallele Tangenten an den Kreis $\varkappa$, dem das n-Eck eingeschrieben ist, so ist das entstehende umgeschriebene regelmäßige n-Eck zu dem eingeschriebenen ähnlich und ähnlich gelegen. Fällt man noch (siehe Fig. 117) vom Mittelpunkte O auf die Seiten S_n und s_n beider Vielecke die Lote r und ϱ_n, so ist $(U_n, r) \sim (u_n, \varrho_n)$ oder $U_n : r = u_n : \varrho_n$, also $U_n = r u_n / \varrho_n$. Daher ist

$$U_n - u_n = u_n(r - \varrho_n)/\varrho_n .$$

Wir vergrößern nun sicher die rechte Seite, wenn wir rechts

1. statt u_n den Umfang $8r$ des umgeschriebenen regelmäßigen Vierecks einsetzen, den ja kein u_n erreichen kann, und
2. für ϱ_n im Nenner den kleinsten Wert $r/2$ nehmen, der über-

haupt (im Falle $n = 3$) vorkommt. Also ist $U_n - u_n < 8r(r - \varrho_n)/(r/2)$ oder

$$U_n - u_n < 16(r - \varrho_n).$$

Die Differenz $U_n - u_n$ wird kleiner als ε ausfallen, wenn wir $16(r - \varrho_n) = \varepsilon$, also $\varrho_n = r - \varepsilon/16$ wählen. Zu dem Zwecke hat man nur eine Sehne zu konstruieren, deren Abstand vom Mittelpunkte O gleich $r - \varepsilon/16$ ist und diese auf dem Kreise herum abzutragen. Geht das m-mal, aber nicht $m + 1$-mal, und nimmt man $n > m$, so ist $U_n - u_n < \varepsilon$, wie verlangt war.

Wenn man auf einer durch einen Punkt O einseitig begrenzten („Halb"-)Geraden g die Umfänge der einem Kreise $\varkappa$ eingeschriebenen und umgeschriebenen Vielecke von O aus abträgt, und es sind E_1, E_2, E_3, $\cdots$ Endpunkte der Umfänge der ersteren Art, U_1, U_2, U_3, $\cdots$ Endpunkte der Umfänge der zweiten Art, so ist auch jeder Punkt zwischen E_h, E_k der Endpunkt des Umfanges von eingeschriebenen Vielecken des Kreises $\varkappa$; ebenso ist jeder Punkt zwischen U_h, U_k der Endpunkt des Umfanges von (unendlich) vielen dem Kreise umgeschriebenen Vielecken. Einem Punkt zwischen E_h, E_k wird aber nie ein umgeschriebenes, einem Punkt zwischen U_h, U_k nie ein eingeschriebenes Vieleck entsprechen. Jede Strecke OE ist kleiner als jede Strecke OU, und die Differenz $OU - OE$ kann unter jede noch so kleine (positive) Strecke ε sinken. Indem wir also die Punkte der Halbgeraden g in Punkte E und Punkte U ordnen, bewirken wir unter ihnen einen Dedekindschen Schnitt (siehe Band I, § 21). Dieser Schnitt definiert uns einen Punkt K, sodaß auf der Strecke OK nur Punkte E, auf der Verlängerung nur Punkte U liegen. Diesem Punkte K ordnen wir nun den Kreisumfang zu, der die eingeschriebenen Vielecke von den umgeschriebenen scheidet, und definieren OK als die Länge des Kreisumfanges. Wir haben dann den

Satz 5. Der Umfang eines Kreises ist größer als der Umfang jedes ihm eingeschriebenen und kleiner als der Umfang jedes ihm umgeschriebenen Vielecks.

7. Zwei regelmäßige Vielecke[1]) von gleicher Seitenzahl sind immer einander ähnlich; ihre Umfänge u, u' bilden also ein Streckenpaar, das dem Streckenpaar r, r' der Radien der Kreise $\varkappa$, $\varkappa'$ ähnlich ist, denen jene Vielecke eingeschrieben sind. Ist etwa $r' = \omega r$, so ist auch $u' = \omega u$. Überhaupt entspricht jedem ein- oder umgeschriebenen Vieleck des Kreises $\varkappa$ ein ähnlicher von $\varkappa'$, und sind e, u die Umfänge des einen, e', u' die des anderen, so ist $e' = \omega e$, $u' = \omega u$. Dem Schnitte $(e_1, e_2, e_3, \cdots \mid u_1, u_2, \cdots)$ entspricht so $(\omega e_1, \omega e_2, \omega e_3, \cdots \mid \omega u_1, \omega u_2, \cdots)$, und man muß daher auch zwischen den Umfängen

1) Gemeint sind, wie immer, einfach geschlossene Vielecke.

$\varkappa$, $\varkappa'$ der Kreise $\varkappa$, $\varkappa'$ die Beziehung $\varkappa' = \omega\varkappa$ annehmen wie $u' = \omega u$ war; denn wenn man die in 6. angegebene Konstruktion des Schnittes auf zwei Geraden g, g' ausführt, so werden diese auf einander ähnlich abgebildet sein, und dem Punkte K wird ein Punkt K' so entsprechen, daß $OK' = \omega OK$ ist.

Der Beziehung $r' = \omega r$ entspricht demnach $\varkappa' = \omega\varkappa$, d. h. die Umfänge zweier Kreise vom Radius r, r' stehen zueinander in derselben Beziehung, wie die zweier ähnlicher Vielecke, die je einem dieser Kreise einbeschrieben sind. Dazu stimmt nun sehr schön, daß man die Kreise selbst als ähnliche Linien auffassen muß. Die Verbindungsgerade c der Mittelpunkte O, O' zweier Kreise treffe den ersten in A, B, den anderen in A', B'; ist nun C ein dritter Punkt von $\varkappa$, so ziehe man durch A' die Parallele zu AC, durch B' die Parallele zu BC; der Schnittpunkt der Parallelen sei C'. Dann ist $\sphericalangle A'C'B' = \sphericalangle ACB$, und da ACB als Winkel im Halbkreis ein Rechter ist, so ist auch $A'C'B'$ ein Rechter, also C' auf dem Kreise $\varkappa'$ gelegen. Jedem Punkte C von $\varkappa$ entpricht so ein bestimmter Punkt C' von $\varkappa'$, und immer ist $A'C' \parallel AC$, $B'C' \parallel BC$. Aus dem Peripheriewinkelsatze folgt leicht, daß überhaupt je zwei entsprechende Sehnen beider Kreise parallel sind. Also sind die Kreise ähnlich und ähnlich gelegen.

Für $r = 1$ bezeichnen wir den Umfang des Kreises mit 2π; zum Radius $r' = \varrho \cdot 1$, wo also $\omega = \varrho$, gehört demnach als Umfang $\varkappa' = \omega\varkappa = \varrho 2\pi$, daher unter Wechsel der Bezeichnung:

Satz 6. Der Umfang des Kreises vom Radius r ist $2r\pi$, wo π den halben Umfang des Kreises vom Radius 1 oder den ganzen Umfang des Kreises vom Durchmesser 1 bezeichnet.

8. Die Betrachtungen des Artikels 6. ließen sich auch auf die Flächeninhalte der einem Kreise eingeschriebenen und umgeschriebenen Polygone übertragen, und zwar mit dem Ergebnis, daß die Gesamtheit dieser Polygone, als Dedekindscher Schnitt gedeutet, einen Flächeninhalt Φ definiert, der die obere Grenze der Inhalte der eingeschriebenen, die untere Grenze der Inhalte der umgeschriebenen Vielecke bildet. Diesen Inhalt Φ, den keines dieser Vielecke erreichen kann, legt man dann dem Kreise bei. Verbindet man den Mittelpunkt O des Kreises mit den Ecken eines umgeschriebenen Vielecks, so zerfällt dieses in Dreiecke, die sämtlich den Radius r zur Höhe haben, wenn man die Seiten des Vielecks als Grundlinien wählt. Der Inhalt eines solchen Dreiecks ist gleich dem halben Produkt aus r und der Grundlinie, der Inhalt J des Vielecks folglich gleich dem halben Produkt aus r und dem Umfange U, also $J = rU/2$.

Die untere Grenze aller U ist aber der Umfang $\varkappa = 2\pi r$ des Kreises, und die untere Grenze aller J demnach $r \cdot 2\pi r/2$ oder $r^2\pi$. Das wäre also der Inhalt des Kreises.

Diese Schlußweise läßt sich noch befriedigender gestalten, wenn man den Begriff der Vielecke höherer Ordnung einführt. Bisher wurde immer vorausgesetzt, das Vieleck solle eine einfach geschlossene Begrenzung haben; von nun an wollen wir zulassen, daß die Seiten eines Vieleckes einander überschneiden. Unter den Zentriwinkeln eines einem Kreise eingeschriebenen Vielecks verstehen wir die Winkel, die am Zentrum des Kreises entstehen, wenn man dasselbe mit den Eckpunkten verbindet. Bei den bisher betrachteten Vielecken war die Summe dieser Zentriwinkel gleich $4R$. Ein dem Kreise $\varkappa$ eingeschriebenes Vieleck heiße Vieleck n^{ter} Ordnung (V^n), wenn die Summe seiner Zentriwinkel n Vollwinkel $4R$ beträgt. Aus jedem Vieleck erster Ordnung V entsteht ein V^n in vollkommen bestimmter Weise, wenn man das n-fache sämtlicher Zentriwinkel von V zu Zentriwinkeln von V^n macht und diese in derselben Reihenfolge anordnet wie in V; aus jedem V^n kann umgekehrt das erzeugende V^1 zurückwonnen werden. Das regelmäßige Sternzehneck in Fig. 113 ist z. B. das V^3 des regelmäßigen einfachen Zehnecks. Zu den V^n gehören auch die n-mal gezählten oder „n-fach überdeckten“ einfachen Vielecke $\mathfrak{V}$. Das erzeugende V^1 ist aber nicht etwa das einmal gezählte $\mathfrak{V}$, sondern ein Vieleck, dessen Zentriwinkel aus denen von V^n durch n-Teilung entstehen. Als Inhalt eines Vielecks V^n gelte die Summe des Inhalts der Dreiecke, die das Zentrum O von $\varkappa$ zur Spitze und die Seiten von V^n zur Grundlinie haben.

Satz 7. Der Inhalt $J(V^n)$ eines V^n ist gleich dem Viertel des Produktes aus r und dem Umfang $U(V^{2n})$ von V^{2n}.

Denn ist (Fig. 116) AOB eines der genannten Dreiecke von V^n, und AA' das Doppelte des von A auf BO gefällten Lotes, so liegt auch A' auf dem Kreise, und AA' ist die aus AB entspringende Seite des V^{2n}; es ist aber $J(AOB) = \frac{1}{4}r \cdot AA'$, also $J(V^n) = r\,U(V^{2n})/4$.

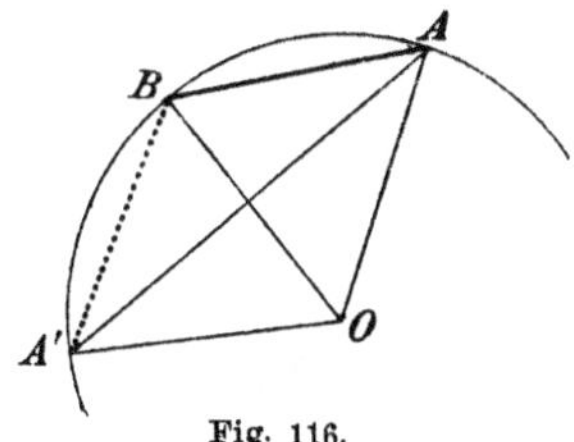

Fig. 116.

9. Diese Formel wenden wir an für $n = 1$, also

$$J(V) = r\,U(V^2)/4.$$

Die Inhalte der eingeschriebenen Vielecke werden, wie man sieht, miteinander vergleichbar, wenn man zu den Umfängen des Vielecks zweiter Ordnung übergeht. Diese Umfänge haben nun zur oberen Grenze den doppelten Umfang des Kreises, woraus sich für

$J(V)$ die obere Grenze $r \cdot 2 \cdot 2\pi r/4 = r^2\pi$ ergibt. Um diesen Schluß zu sichern, hat man auch auf die umgeschriebenen Vielecke den Begriff des Vielecks höherer Ordnung in der Weise zu übertragen, daß die Winkelsumme eines umgeschriebenen Vielecks n^{ter} Ordnung n Vollwinkel beträgt. Es ist dabei nur zu beachten, daß die Ableitung der umgeschriebenen Vielecke n^{ter} Ordnung aus solchen von der ersten Ordnung i. a. nicht möglich ist; nur bei regelmäßigen und n-fach überdeckten Vielecken ist sie immer möglich. Das reicht aber gerade aus; nämlich die Umfänge u und U der eingeschriebenen Vielecke n^{ter} Ordnung bilden ein System, auf das sich mühelos die Betrachtungen des Artikels 6. übertragen lassen. Es gibt also für jene eine obere Grenze G, die zugleich untere Grenze der anderen ist; unter jenen befinden sich aber die n-fach überdeckten einfachen Vielecke, die $\varkappa$ umgeschrieben sind, unter diesen die n-fach überdeckten einfachen Vielecke, die $\varkappa$ eingeschrieben sind; beide Teilsysteme haben aber den n-fachen Kreisumfang zur Grenze. Folglich ist auch $G = n \cdot 2\pi r$. Nunmehr steht fest: Die Inhalte der einfachen eingeschriebenen Vielecke haben $r^2\pi$ zur oberen, die Inhalte der einfachen umgeschriebenen Vielecke haben $r^2\pi$ zur unteren Grenze; $r^2\pi$ selbst wird von keinem dieser Inhalte erreicht und dem Kreise selbst als Inhalt beigelegt, der jene Scheidung in Vielecke kleineren und größeren Inhaltes bewirkt.

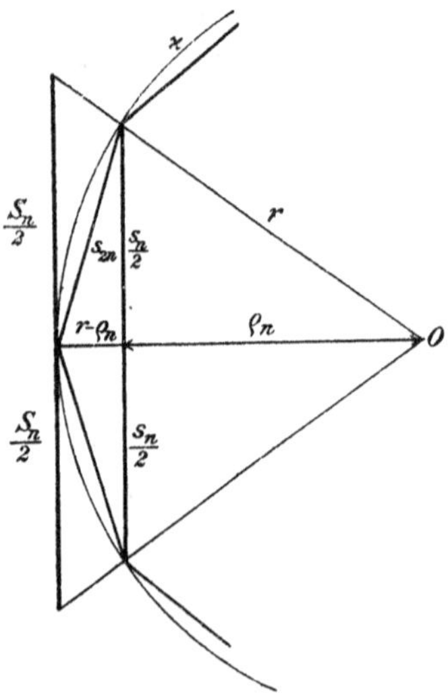

Fig. 117.

10. Zur Berechnung von π hat schon Archimedes die Tatsache benutzt, daß bei wachsendem n der Unterschied $U_n - u_n$ der Umfänge U_n und u_n des umgeschriebenen und des eingeschriebenen regelmäßigen Vielecks unter jede noch so kleine Grenze e sinkt.

Das Wachsen von n wird nach Archimedes am einfachsten durch fortgesetzte Verdoppelung der Seitenzahl bewirkt.

Aus der Seite s_n des eingeschriebenen regelmäßigen n-Ecks berechnet sich s_{2n} leicht mit Hilfe des Pythagoräischen Lehrsatzes. Nach Fig. 117 ist:

$$s_{2n}^2 = (r - \varrho_n)^2 + (s_n/2)^2,$$

wo

$$\varrho_n{}^2 = r^2 - (s_n/2)^2 = (4r^2 - s_n{}^2)/4, \quad \text{also}$$

$$s_{2n}^2 = 2r^2 - 2r\sqrt{r^2 - s_n^2/4},$$

(1) $$s_{2n} = r\sqrt{2 - \sqrt{4 - s_n^2/r^2}}.$$

Wegen der Ähnlichkeit der in Fig. 117 vorkommenden Dreiecke ist $S_n : r = s_n : \varrho_n$, oder

(2) $$S_n = r s_n/\varrho_n = 2 s_n/\sqrt{4 - s_n^2/r^2}.$$

Mit Hilfe der Formel (1) läßt sich nunmehr aus irgend einem bekannten s_n zuerst s_{2n}, daraus s_{4n}, daraus s_{8n} berechnen usw.; mittels (2) findet man dazu S_n, S_{2n}, S_{4n}, $\cdots$, und schließlich: $U_m = mS_m$, $u_m = ms_m$ für $m = 2n, 4n, 8n, \cdots$. Dann ist, indem man noch den Durchmesser $d = 2r$ einführt, $u_m < \pi d < U_m$ für $m = n, 2n, 4n, 8n \cdots$.

Von $n = 6$ ausgehend, wo $s_6 = r$ ist, erhält man angenähert:

$u_6 = 3{,}00000d$	$U_6 = 3{,}46410d$
$u_{12} = 3{,}10583d$	$U_{12} = 3{,}21539d$
$u_{24} = 3{,}13263d$	$U_{24} = 3{,}15966d$
$u_{48} = 3{,}13935d$	$U_{48} = 3{,}14609d$
$u_{96} = 3{,}14103d$	$U_{96} = 3{,}14271d$
$u_{192} = 3{,}14145d$	$U_{192} = 3{,}14187d$
$u_{384} = 3{,}14156d$	$U_{384} = 3{,}14166d$
$u_{768} = 3{,}14158d$	$U_{768} = 3{,}14161d$
$u_{1536} = 3{,}14159d$	$U_{1536} = 3{,}14160d$.

Auf vier Dezimalstellen abgerundet ist daher $\pi = 3{,}1416$.

11. Die Zahl π hat eine fast viertausendjährige Geschichte, die sich in drei Perioden einteilen läßt:

Erste Periode: Geometrische Berechnung von π. Die älteste Annäherung von π dürfte $\pi = 3$ sein, die vielleicht noch der Urgemeinschaft der semitischen Völker angehört und damals wohl auch zu den Chinesen gekommen ist. Der Wert $\pi = 3$ tritt uns zweimal in der Bibel entgegen. Im 1. Buch der Könige 7, 23 und im 2. Buche der Chronika 4, 2 heißt es von dem großen Wasserbecken, welches als „ehernes Meer" den Vorhof des Salomonischen Tempels (erbaut um 1000 v. Chr.) zierte, daß es „10 Ellen weit von einem Rande zum anderen" war, „und eine Schnur von 30 Ellen Länge war das Maß ringsum". Also $\pi = 3$. — Von den ältesten Ansätzen der Geometrie bei den alten Ägyptern erhalten wir Kunde aus dem Papyrus Rhind des British Museum, den A. Eisenlohr als „Ein mathematisches Handbuch der alten Ägypter" (Leipzig 1877) übersetzt und erklärt hat. „Verfaßt wurde das Buch", wie es selbst am

Eingange berichtet, „unter dem Könige ... ʿꜣ-wśr-rᶜ[1]) ... nach dem Vorbild von Schriften aus den Zeiten des Königs ... Nj-mꜣᶜt-rᶜ[2]) durch den Schreiber Iᶜḥ-mśw“.[3]) Hier finden wir nun zum ersten Male (in Nr. 41-43, 48, 50) im wahren Sinne des Wortes die Quadratur des Kreises, d. h. die Aufgabe, einen Kreis in ein flächengleiches Quadrat zu verwandeln; die Seite desselben wird gleich dem um 1/9 seiner Länge verminderten Durchmesser genommen, also $(2r \cdot 8/9)^2 = r^2\pi$, $\pi = 3{,}16 \cdots$. Diese offenbar durch die Erwartung eines rationalen Wertes für die Quadratseite $s = r\sqrt{\pi}$ beeinflußte Wert von π kann schwerlich rein empirisch sein, ist aber einstweilen vollkommen rätselhaft. Bei Heron von Alexandria (um 100 v. Chr.), der sonst vielfach aus altägyptischen Quellen schöpft, findet er sich nicht. — Nach langen vergeblichen Versuchen griechischer Matematiker, die Kreisfläche in ein flächengleiches Quadrat, den Umfang in eine längengleiche Strecke zu verwandeln, war es Archimedes von Syrakus (287—212 v. Chr.), der in seiner berühmten Abhandlung über die Kreismessung (*Κύκλου μέτρησις*) der Kreisberechnung im wesentlichen die Form gab, in der sie noch heute in den Schulen vorgetragen wird. Mittels des eingeschriebenen und umgeschriebenen regelmäßigen 96-Ecks fand er $3^{10}/_{71} < \pi < 3^{1}/_{7}$ oder

$$3{,}1408 \cdots < \pi < 3{,}1428 \cdots,$$

eine Leistung, die man um so höher schätzen muß, wenn man die ungeheueren Schwierigkeiten bedenkt, die damals das numerische Rechnen (ohne Dezimalbrüche) bereitete. Der berühmte Verfasser des Almagest (*μεγάλη σύνταξις*), Claudius Ptolemäus (etwa 87—165 n. Chr.) ermittelte in Form eines (babylonischen) Sexagesimalbruches $\pi = 3^0 8' 30''$, d. h. $\pi = 3 + 8/60 + 30/60^2 = 3{,}14166 \cdots$. — Die Römer haben bekanntlich in der Mathematik nicht viel geleistet und auch zur Kreisberechnung nichts beigetragen. Wohl aber war es von den Indern mit ihrem ausgezeichneten Zahlensystem zu erwarten, daß sie auf dem von Archimedes betretenen Wege weiter arbeiten würden. In der Tat ist Âryabhaṭṭa (geb. 476 n. Chr.) von der Sechs-

1) Bei Eisenlohr: Ra-ā-us. 2) Bei Eisenlohr: Ra-en-mat.

3) Bei Eisenlohr: Ahmes. Die Eisenlohrschen Transkriptionen, die sich auch in der mathematisch-historischen Literatur festgesetzt haben, beruhen auf der seither als unrichtig erkannten Lesung einiger Hieroglyphen als Vokalzeichen oder als Silben mit inhärierendem Vokal sowie bei 1) und 2) auf Verkennung einer Regel des höflichen Schreibstils. — Die ägyptische Schrift ist, wie man jetzt weiß, eine reine Konsonantenschrift; die Vokale kann man nur mittels des Koptischen, sowie der assyrischen, hebräischen und griechischen Transkriptionen von Eigennamen einigermaßen rekonstruieren. Der Name 1) dürfte *(ᶜ)A(ꜣ)-wūsi-rḗ(ᶜ) zu lesen sein, 2) etwa *Na-ma(ꜣᶜet)-rḗ(ᶜ), 3) *ᵉJ(ᶜ)aḥ-mṓśe(w) mit Abschleifung der eingeklammerten Laute; 2) ist der *Λαμαρις* des Manetho, mit dem Rufnamen A(ꜣ)men-em-ḥēt III, dem *Ἀμμενεμής* der Griechen (1856—1814 v. Chr.); 3) lautet bei den Griechen stark abgeschliffen *Ἄμωσις*.

eckseite über das 96-Eck hinaus zum 384-Eck vorgedrungen und zu $\pi = 31416/10000$ gelangt. Fast gleichzeitig findet sich aber auch die rohere Annäherung $\pi = \sqrt{10} = 3,162 \cdots$. Die Völkerwanderung bewirkt zunächst einen starken Rückgang der wissenschaftlichen Kultur. Im Mittelalter fördern zuerst die Araber wieder die Kreisberechnung durch Konstruktion umfangreicher trigonometrischer Tabellen. Der bedeutendste christliche Gelehrte dieser Zeit, Leonardo Pisano, war der erste, der über Archimedes hinausging, indem er in seiner Practica geometriae (1220) am 96-Eck, wie Archimedes, die Zahl π zwischen die engeren Grenzen $1440/458\frac{1}{5} = 3,1408 \cdots$ und $1440/458\frac{4}{5} = 3,1428 \cdots$ einschloß. — Die folgenden zwei Jahrhunderte brachten keinen Fortschritt in der Behandlung des Problems. In den Jahren 1450—1460 lenkte der Kardinal Nicolaus von Cues (an der Mosel) von neuem die Aufmerksamkeit weiterer Kreise auf die Kreisberechnung und bereicherte (nach arabisch-indischen Vorbildern?) dieselbe durch den Gedanken, umgekehrt von einer gegebenen Strecke ausgehend regelmäßige Dreiecke, Sechsecke, Zwölfecke, . . . zu konstruieren, deren Umfang gleich jener Strecke ist, und sich so dem Kreise zu nähern (Arkufikation der Geraden). Seinen Konstruktionen entspricht $\pi = 3,1423 \cdots$. Weniger Glück hatte er mit der direkten Berechnung und beging, wie einige seiner nächsten Vorgänger, den Fehler, den durch Eingrenzung von π erhaltenen Wert für genau zu halten. Diesen Irrtum sehen wir in der Folgezeit immer wieder auftauchen. Die großen Männer der Renaissance erzielten keine besonderen Erfolge. Mit Adrianus Metius beginnt dann am Ausgang der Renaissance eine überaus rechenlustige Zeit, die ihren ganzen Ehrgeiz darein setzte, π auf möglichst viel Dezimalstellen zu bestimmen. Adrianus gab den nach dem Schema 113|355 leicht zu merkenden Wert $\pi = 355/113 = 3,1415929 \cdots$, der erst in der 7ten Dezimale unrichtig ist. Der gleichen Geistesrichtung huldigen Adrianus Romanus (gest. 1616), der bis zum 2^{30}-Eck(!) vordrang und so 15 Dezimalen sicherte, ferner Ludolf van Ceulen[1]), der ihn mit mit Hilfe des $60 \cdot 2^{29}$-Ecks(!) um fünf Dezimalen überbot. Alle drei sind Rechner ohne neue Ideen. Anders der große französische Mathematiker Vieta (1540—1606). Dieser gab die erste exakte analytische Darstellung von π (durch ein unendliches Produkt), worauf wir noch zurückkommen werden. Er gehört schon zu den Mathematikern der nächsten großen Periode, die π durch analytische Ausdrücke zu bestimmen suchen. Die geometrische Periode in der Geschichte der Zahl π schließen Snellius (1580—1626) und Huygens (1629—1695), welche zum ersten Male seit Archimedes die Methode

1) Vergl. die Anm. zu § 121 im ersten Band.

der Eingrenzung des Kreises zwischen eingeschriebene und umgeschriebene Vielecke wachsender Seitenzahl wesentlich verbesserten. Der Fortschritt bestand darin, daß sie die durch ein eingeschriebenes und ein umgeschriebenes n-Eck bewirkte Eingrenzung des Kreisumfanges schärfer ausbeuteten, ohne n zu verdoppeln, indem sie, modern gesprochen, die Anfangsglieder der Arcussinusreihe abschätzten. Der wissenschaftlich schärfere Denker ist Huygens. Sein Werk: De circuli magnitudine inventa (1654) nennt Rudio[1]) eine der schönsten und bedeutendsten elementargeometrischen Arbeiten, die jemals geschrieben worden sind. Auf Huygens gehen verschiedene Näherungskonstruktionen der Rektifikation von Kreisbögen zurück, die seitdem wiederholt neu entdeckt worden und noch heute in der angewandten Mathematik gebräuchlich sind. Wir werden am Schluß dieses Paragraphen darauf zurückkommen.

12. Zweite Periode. Analytische Darstellung von π. (Vergl. den 24. Abschn. des Bd. I.) Der Formel von Vieta ist schon oben gedacht worden. Mit der Ausbildung der Analysis des Unendlichen erfolgt in der Methode der Kreisberechnung ein großer Umschwung. Mit Hilfe der unendlichen Reihen, Produkte und Kettenbrüche war man in der Lage, die unendlichen Grenzprozesse, die man nach Archimedes am geometrischen Gebilde vorzunehmen hatte, durch Formeln auszudrücken, die dann für sich weiter zu bearbeiten waren. Das ganze Verfahren des Archimedes selber konnte in eine Formel gebracht werden. Auf anderer Grundlage beruht die Formel von Wallis (1616—1703), die in § 124 des Bd. I mitgeteilt ist. Die von Gregory (1670) und Leibniz (1673) entdeckte Arcustangensreihe (Bd. I, § 121) gestattete eine vollständige Loslösung der Bestimmung der Zahl π von der Geometrie. Mittels des Additionstheorems des Arc tg gewinnt man nach dem in Bd. I, § 121 angegebenen Verfahren sehr stark konvergierende Reihen, die von verschiedenen Rechnern benutzt wurden, um π auf mehrere hundert Dezimalen genau zu bestimmen. (Vergl. Bd. I, § 121.) Wichtiger als alle diese Reihentwickelungen ist die Entdeckung des Zusammenhanges zwischen den trigonometrischen Funktionen und der Exponentialfunktion durch Leonhard Euler (1707—1783), dem die Trigonometrie ihre jetzige Form verdankt. In seiner Introductio in analysin infinitorum, I, pg. 104, bringt Euler die Funktionen $\sin x$ und $\cos x$ mit der Exponentialreihe in Verbindung durch die folgenreichen Formeln

1) F. Rudio: „Archimedes, Huygens, Lambert, Legendre. Vier Abhandlungen über die Kreismessung. Deutsch herausgegeben und mit einer Übersicht über die Geschichte des Problems von der Quadratur des Zirkels . . . versehen. Leipzig 1892.“ Dieses schöne Buch ist bei der Abfassung der obigen historischen Skizze außer M. Cantor und Hankel vielfach benutzt worden.

$$e^{ix} = \cos x + i \sin x, \qquad e^{-ix} = \cos x - i \sin x,$$

(siehe Bd. I, § 114), die zusammen mit $e^{2\pi i} = 1$ die ganze Trigonometrie umfassen. Auf diese Formeln sollte sich später der Beweis der Transzendenz von π stützen.

13. Dritte Periode. Erforschung des Zahlencharakters von π. Wir können uns den Eindruck nicht groß genug vorstellen, den die überraschenden Entdeckungen der Analysis auf alle denkenden Geister machen mußten. Jahrhunderte hatte man der Mathematik nur in mühesamer Arbeit ihre Geheimnisse abgerungen, und nun spendete sie ihre Wahrheiten in überraschender Fülle. Und trotzdem wollte es nicht gelingen, die Quadratur des Zirkels im engeren Sinne des Wortes zu finden; man verstand darunter eine begrifflich exakte Konstruktion des dem Kreise flächengleichen Quadrates nach Art der gewöhnlichen Konstruktionen der Elementargeometrie, d. h. mit alleiniger Hilfe von Zirkel und Lineal in einer endlichen Zahl von Operationen. Während die bedeutenderen Mathematiker anfingen, an die Unlösbarkeit der Quadratur und die Transzendenz der Zahl π zu glauben, bemächtigten sich immer mehr Unberufene des Gegenstandes. Wohl kein Problem der Geometrie ist so populär geworden wie die Quadratur des Zirkels, schien doch sein Sinn jedem Laien ohne weiteres verständlich, und indem man die Bedeutung der numerischen Berechnung von π für die Geometrie völlig überschätzte, machten sich Berufene wie Unberufene daran, „des Zirkels Viereck" zu finden.[1]) Da veröffentlichte im Jahre 1766 J. H. Lambert (geb. 1728 zu Mülhausen im Elsaß, gest. 1777 in Berlin) gerade zur rechten Zeit seine Abhandlung: „Vorläufige Kenntnisse für die, so die Quadratur und Rectification des Circuls suchen", worin er zeigte: Ist x eine von Null verschiedene rationale Zahl, so kann weder e^x noch $\operatorname{tg} x$ rational sein. Wegen $\operatorname{tg} \pi/4 = 1$ folgt daraus die Irrationalität von π. Damit war die Unmöglichkeit der Quadratur im engeren Sinne natürlich noch nicht bewiesen, denn π konnte etwa den Charakter der Quadratwurzel aus einer ganzen Zahl haben, die immer mit Zirkel und Lineal in einer endlichen Zahl von Operationen auf Grund des Pythagoräischen Lehrsatzes konstruierbar ist. Wohl aber war der Anstoß und die Grundlage gegeben, die Zahlennatur von π zu untersuchen, und Lambert hatte geradezu das Problem gestellt, zu beweisen, daß π nicht Wurzel einer algebraischen Gleichung mit rationalen Koeffizienten sein könne. Zahlen, die einer solchen Gleichung genügen, werden algebraische

1) Wie zahlreich diese Versuche waren, ist daraus zu entnehmen, daß die Pariser Akademie sich im Jahre 1775 zu der Erklärung veranlaßt sah, keine Lösung der Quadratur mehr der Durchsicht unterziehen zu wollen.

genannt; zu ihnen gehören die rationalen als Lösung einer Gleichung ersten Grades mit rationalen Koeffizienten; π sollte also eine nicht-algebraische Zahl, d. h. eine transzendente Zahl sein. Im Jahre 1840 glückte es Liouville, die Existenz transzendenter Zahlen darzutun; 1873 bewies dann Hermite die Transzendenz von e, der Basis der natürlichen Logarithmen, nachdem schon Liouville gefunden, daß weder e noch e^2 einer quadratischen Gleichung mit rationalen Koeffizienten genügen kann. Auf Grund der Hermiteschen Arbeit brachte endlich F. Lindemann im Jahre 1882 das uralte Problem der Quadratur zum Abschluß durch den Nachweis der Transzendenz von π (siehe Bd. I, 26. Abschn.).

14. Aus der Transzendenz von π folgt die Unmöglichkeit, π mit Zirkel und Lineal allein begrifflich exakt in einer endlichen Zahl von Operationen zu konstruieren, denn alle durch Zirkel und Lineal exakt konstruierbaren Strecken lassen sich aus den schon gefundenen (im wesentlichen nach dem Phythagoräischen Lehrsatz) durch Ziehen von Quadratwurzeln berechnen; eine in diesem Sinne konstruierbare Strecke läßt sich also aus den gegebenen Strecken darstellen durch eine Kette neben- und übereinander gestellter Quadratwurzeln, genügt daher einer algebraischen Gleichung.

Wenn demnach eine exakte Konstruktion von π im angegebenen Sinne unmöglich ist, so wird es in vielen Fällen der praktischen Geometrie darauf ankommen, hinreichend genaue Näherungsverfahren zur Rektifikation von Kreisen und Kreisbogen zu besitzen. In vielen Fällen wird $\pi = 22/7$ ausreichende Genauigkeit geben; auf die daraus folgende Rektifikation des Kreises brauchen wir wohl nicht einzugehen; sie ist übrigens nur insofern einfach, als sie sich leicht begründen läßt. Viel leichter und kürzer, aber schwerer zu beweisen ist die Konstruktion, die Huygens in seinem oben zitierten Werke als Lehrsatz XIII aufführt[1]): Um einen Bogen AB' zu rektifizieren (siehe Fig. 118), trägt man auf dem Radius OA die Strecke OC gleich dem Durchmesser so ab, daß O zwischen A und C liegt, und bringt die Gerade CB' mit der Tangente des Punktes A zum Schnitt; ist B der Schnittpunkt, so ist angenähert $AB = \operatorname{arc} AB'$. Den Beweis wollen wir analytisch führen.

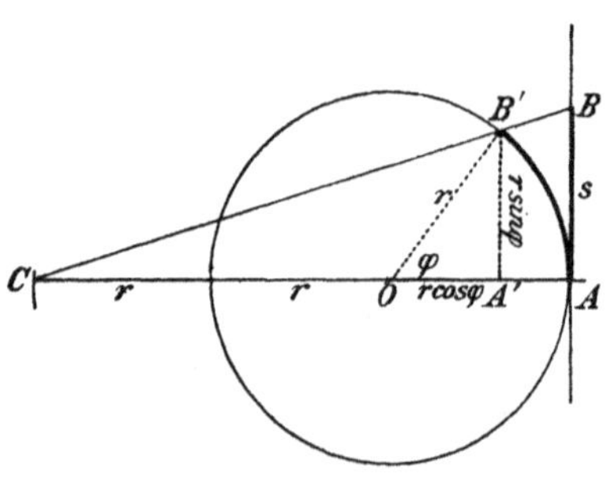

Fig. 118.

1) Bei Rudio (l. c.) S. 116.

Fällt man noch $B'A' \perp CA$, so folgt aus der Ähnlichkeit der Dreiecke $CA'B'$ und CAB, indem wir $\sphericalangle B'OA$ mit φ, die Strecke AB mit s bezeichnen:

$$s/r \sin\varphi = 3r/(2r + r\cos\varphi), \qquad s = 3r \cdot \sin\varphi/(2 + \cos\varphi).$$

Unter φ wollen wir jetzt genauer den Bogen verstehen, der im Kreise mit dem Radius 1 dem Zentriwinkel AOB' entspricht; man nennt diesen Bogen das absolute Maß des Winkels. Dann ist arc $AB' = r\varphi$, und es wird zur Beurteilung der Genauigkeit der Konstruktion darauf ankommen, den Unterschied $\Delta = r\varphi - s$ der wahren und der angenäherten Bogenlänge $r\varphi$ und s zu bestimmen. Zu dem Zwecke entwickeln wir $3\sin\varphi/(2 + \cos\varphi)$ in eine nach ganzen Potenzen von φ ansteigende Reihe, die wir, da der zu entwickelnde Ausdruck mit φ das Vorzeichen ändert, in der Form

$$\frac{3\sin\varphi}{2 + \cos\varphi} = A\varphi + B\varphi^3 + C\varphi^5 + \cdots$$

ansetzen dürfen. Für $\sin\varphi$, $\cos\varphi$ setzen wir die im ersten Bande (§ 114) gefundenen Reihenentwickelungen ein und multiplizieren die Gleichung mit $2 + \cos\varphi$. Dann ergibt sich

$$(1) \qquad 3\varphi - \frac{3\varphi^3}{3!} + \frac{3\varphi^5}{5!} - \frac{3\varphi^7}{7!} + \cdots$$

$$= (A\varphi + B\varphi^3 + C\varphi^5 + \cdots)\left(3 - \frac{\varphi^2}{2!} + \frac{\varphi^4}{4!} - \frac{\varphi^6}{6!} - \cdots\right)$$

$$= 3A\varphi + \left(3B - \frac{A}{2}\right)\varphi^3 + \left(3C - \frac{B}{2} + \frac{A}{24}\right)\varphi^5$$

$$+ \left(3D - \frac{C}{2} + \frac{B}{24} - \frac{A}{720}\right)\varphi^7 + \cdots.$$

Denken wir alle Glieder auf die linke Seite gebracht und nach Potenzen von φ geordnet, so entsteht eine Gleichung von der Form

$$(2) \qquad a_1\varphi + a_3\varphi^3 + a_5\varphi^5 + \cdots = 0,$$

gültig für alle Werte von φ, bei denen die Reihe konvergiert. Dividiert man diese Gleichung durch φ, so folgt für $\varphi = 0$, daß $a_1 = 0$ ist; dividiert man nach Streichung des ersten Gliedes durch φ^3, so folgt für $\varphi = 0$, daß auch $a_2 = 0$ ist, usw.; alle Koeffizienten von (2) sind Null. Folglich müssen in (1) die Koeffizienten gleich hoher Potenzen von φ rechts und links einander gleich sein:

$$3 = 3A, \qquad -\frac{3}{3!} = 3B - \frac{A}{2}, \qquad \frac{3}{5!} = 3C - \frac{B}{2} + \frac{A}{24},$$

$$-\frac{3}{7!} = 3D - \frac{C}{2} + \frac{B}{24} + \frac{A}{720}, \quad \text{usw.}$$

So findet sich: $A = 1$, $B = 0$, $C = -\frac{1}{180}$, $D = \frac{1}{360}$. Danach gilt für s die (stark konvergierende) Reihenentwicklung:

(3) $$s = r \cdot \frac{3 \sin \varphi}{2 + \cos \varphi} = r\left(\varphi - \frac{\varphi^5}{180} + \frac{\varphi^7}{360} + \cdots\right),$$

(4) $$\varDelta = r\varphi - s = \frac{r\varphi^5}{180}\left(1 - \frac{\varphi^2}{2}\right).$$

Der „Fehler“ $\varDelta$ der Annäherung ist demnach positiv und ungefähr der fünften Potenz des Winkels φ, der ersten Potenz des Radius r proportional. Bei 60 Grad ist $\varphi = 2\pi/6 = 1{,}04$; bei 30 Grad ist $\varphi = 0{,}52$. Aus (4) entnimmt man aber

(5) $$\text{für } \varphi = 1: \quad \varDelta = \frac{r}{360} \quad \text{(ungefähr)},$$

$$\text{„} \quad \varphi = \tfrac{1}{2}: \quad \varDelta = \frac{r}{6583} \quad \text{„}$$

Bei Winkeln, die nicht über 30 Grad gehen, ist also die Genauigkeit der Annäherung ganz außerordentlich; man darf den Radius unbedenklich bis zu 100 cm annehmen, ohne auf dem Reißbrett einen merklichen Fehler zu erhalten. Das Zwölffache des rektifizierten Bogens von 30 Grad ist gleich dem Umfang. In den meisten Fällen der darstellenden Geometrie, wo r nicht über 5 cm ist, darf der Winkel des Bogens bis zu 60 Grad betragen.

Huygens gibt noch ein anderes Verfahren zur Rektifikation des Bogens an (Aufgabe III l. c.), dessen Fehler ebenfalls zu r und der fünften Potenz des Zentriwinkels proportional ist.

15. Zum Schlusse wollen wir noch ein Verfahren der Rektifikation besprechen, das geometrisch der Methode von Archimedes überlegen ist und wohl verdiente, der elementaren Kreisberechnung

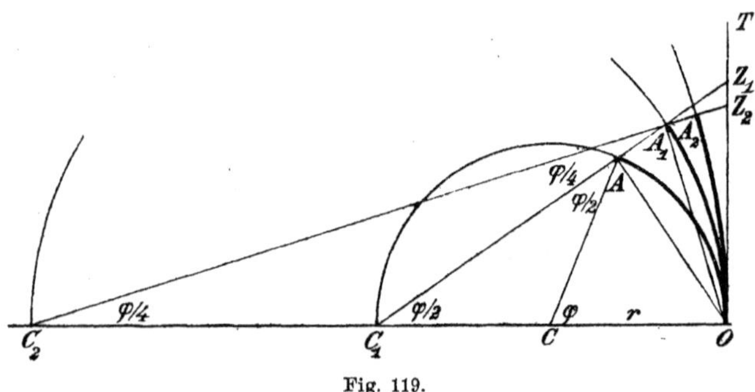

Fig. 119.

zu Grunde gelegt zu werden, wenn nicht das Archimedische Verfahren mehr dem Begriffe der Bogenlänge angepaßt wäre; denn es wird doch immer das Natürlichste bleiben, die Bogenlänge als Grenzwert eines eingeschriebenen Vielecks von unbegrenzt viel Seiten aufzufassen. — Es sei der Bogen OA eines Kreises C vom Radius r

zu „strecken“ (Fig. 119), d. h. in eine längengleiche Strecke zu verwandeln. Der Durchmesser OC trifft den Kreis in einem Punkte C_1, sodaß $\sphericalangle AC_1O = \sphericalangle ACO/2 = \varphi/2$ ist, wo φ das absolute Maß von $\sphericalangle ACO$ sei. Dann ist $\operatorname{arc} AO = r\varphi$, und wenn wir um C_1 den Kreis mit dem Radius C_1O schlagen, so wird derselbe vom Radius C_1A in einem Punkte A_1 getroffen, sodaß $\operatorname{arc} OA_1 = 2r \cdot \varphi/2 = \varphi$ ist. Also ist $\operatorname{arc} OA = \operatorname{arc} OA_1$. Das Verfahren läßt sich nun beliebig oft wiederholen: Man mache $C_1C_2 = C_1O$, schlage um C_2 den Kreis mit dem Radius C_2O und bringe denselben mit dem Radius C_2A_1 zum Schnitt. Ist A_2 der Schnittpunkt, so ist $\operatorname{arc} OA_2 = \operatorname{arc} OA_1 = \operatorname{arc} OA$; usw. Die Kreise werden immer größer, $OC_3 = 2\,OC_2$, $OC_4 = 2\,OC_3$ usw., $\operatorname{arc} OA = \operatorname{arc} OA_1 = \operatorname{arc} OA_2 = \operatorname{arc} OA_3 = \operatorname{arc} OA_4 = \cdots$, die Bogen aber bleiben sich gleich, werden daher immer flacher und nähern sich unbegrenzt der Strecke OA_n. Je größer n, um so mehr wird die Strecke OA_n dem Bogen OA gleich. — Die Konstruktion wird aber in dieser Gestalt praktisch unausführbar, da die Punkte C über den verfügbaren Raum hinausgehen. Dem kann durch die Überlegung abgeholfen werden, daß $A_1A_2 \perp OA_1$, $A_2A_3 \perp OA_2$, $A_3A_4 \perp OA_3$, $\cdots$, und daß OA_1 den Winkel AOT,[1]) OA_2 den Winkel A_2OT halbiert usw. Daher folgende aus Fig. 120 unmittelbar ersichtliche Konstruktion, die im vorliegenden Falle schon bei OA_3 abgebrochen werden kann.

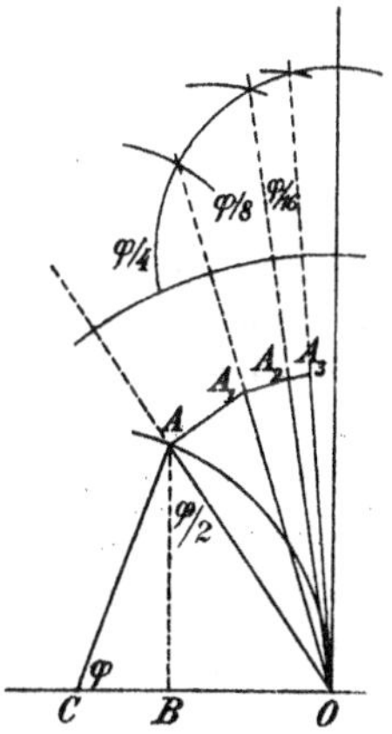

Zieht man noch $AB \perp CO$, so ist

$$AB = r\sin\varphi, \qquad OA = BA : \cos\varphi/2,$$

$$OA_1 = OA : \cos\varphi/4, \qquad OA_2 = OA_1 : \cos\varphi/8, \cdots.$$

Daher:

$$OA_n = \frac{r\sin\varphi}{\cos\varphi/2 \cdot \cos\varphi/4 \cdot \cos\varphi/8 \cdot \cdots \cdot \cos\varphi/2^{n+1}},$$

gültig, wenn φ unterhalb zwei Rechten liegt, also für $\varphi < \pi$. Daß diese Formel für wachsendes n den Bogen $OA = r\varphi$ immer genauer darstellt, folgt aus der Eulerschen Formel

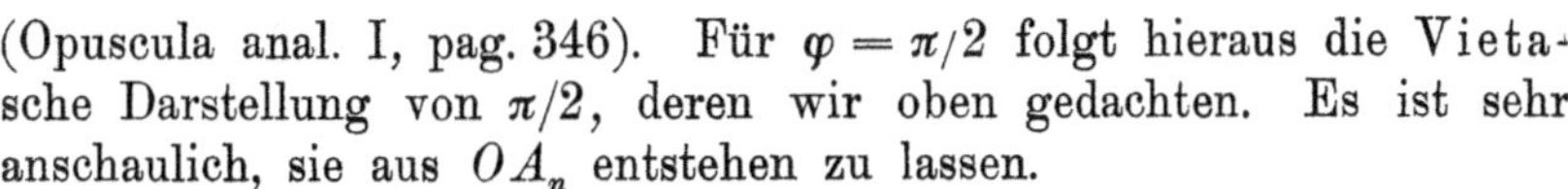

$$\varphi = \frac{\sin\varphi}{\cos\varphi/2 \cdot \cos\varphi/4 \cdot \cos\varphi/8 \cdots \text{ad inf.}}$$

Fig. 120.

(Opuscula anal. I, pag. 346). Für $\varphi = \pi/2$ folgt hieraus die Vietasche Darstellung von $\pi/2$, deren wir oben gedachten. Es ist sehr anschaulich, sie aus OA_n entstehen zu lassen.

Endlich sei noch bemerkt, daß im rechtwinkeligen Dreieck OA_nC_{n+1}

1) T sei ein Punkt der Tangente von O, der mit A auf derselben Seite von AC liegt.

(Fig. 119), die Hypothenuse $OC_{n+1} = 2^{n+1}r$, die Kathete $A_nC_{n+1} = \sqrt{(2^{n+1}r)^2 - s_n^{\,2}}$, wo $s_n = OA_n$, also

$$A_nA_{n+1} = C_{n+1}A_{n+1} - C_{n+1}A_n = C_{n+1}O - C_{n+1}A_n$$
$$= 2^{n+1}r - \sqrt{(2^{n+1}r)^2 - s_n^{\,2}},$$

und im rechtwinkligen Dreieck OA_nA_{n+1} daher

$$s_{n+1}^2 = OA_{n+1}^2 = s_n^{\,2} + A_nA_{n+1}^2 = s_n^{\,2} + \left(2^{n+1}r - \sqrt{(2^{n+1}r)^2 - s_n^{\,2}}\right)^2$$

ist. Mit alleiniger Hilfe des Pythagoräischen Lehrsatzes und des Satzes vom Peripheriewinkel lassen sich demnach die Strecken $OA_n = s_n$ aus $OA = s$ berechnen:

$$s_{n+1}^2 = s_n^{\,2} + \left(2^{n+1}r - \sqrt{(2^{n+1}r)^2 - s_n^{\,2}}\right)^2,$$

die mit wachsendem n sich dem Bogen OA nähern. Dieser umfassenden Bogenberechnung ließe sich leicht eine obere Grenze geben in den Strecken OZ_n, welche die Geraden $C_{n+1}A_n$ auf OT abgrenzen. Auch gelingt es mittels des binomischen Lehrsatzes leicht, aus der letzten Formel die Differenz $s_{n+1} - s_n$ abzuschätzen, die für die Beurteilung der Konvergenz des Verfahrens maßgebend ist.

§ 24. Sätze und Aufgaben über den Kreis.

1. Zur Anwendung der grundlegenden Lehrsätze und Herstellung des Zusammenhanges mit den in die „Grundlagen" eingeflochtenen elementargeometrischen Betrachtungen wollen wir einige Aufgaben aus der Geometrie des Kreises folgen lassen.

Die Halbierungsgeraden der Winkel α, β, γ eines Dreiecks ABC und die der Nebenwinkel schneiden sich zu je dreien in vier Punkten I, I_a, I_b, I_c, den Mittelpunkten von vier Kreisen, die alle Seiten des Dreiecks oder ihre Verlängerungen berühren; I sei das Zentrum des „Inkreises", der die Seiten selbst berührt; I_a der Mittelpunkt des „Ankreises", der die Seite a oder BC selber, die anderen Seiten in ihren Verlängerungen berührt (siehe Fig. 121). Wir bezeichnen den

Berührungspunkt des Kreises	I	I_a	I_b	I_c,
und der Geraden a mit	X	X_a	X_b	X_c,
b „	Y	Y_a	Y_b	Y_c,
c „	Z	Z_a	Z_b	Z_c.

Die Strecken, in welche die Seiten durch diese Punkte zerlegt werden, seien aus den Seiten zu bestimmen. Wegen Kongruenz der Dreiecke AYI, AZI ist $AY = AZ$; ebenso $BZ = BX$, $CX = CY$.

Setzt man die beiden von A ausgehenden gleichen Strecken gleich s_a, die von B ausgehenden gleich s_b, die von C ausgehenden gleich s_c, so ist

(1) $$a = s_b + s_c, \quad b = s_c + s_a, \quad c = s_a + s_b,$$

also

(2) $$s_a = s - a, \quad s_b = s - b, \quad s_c = s - c, \quad \text{wo} \quad a + b + c = 2s.$$

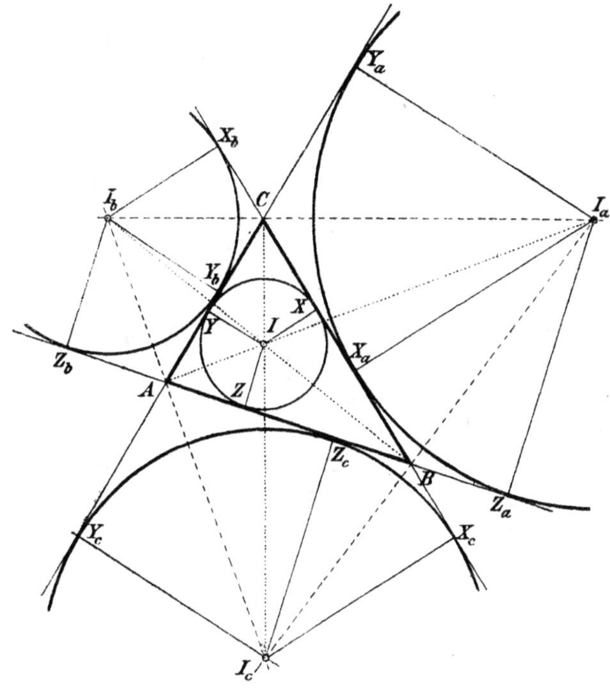

Fig. 121.

Ferner hat man:

$$a = CX_c - BX_c, \quad b = CY_c - AY_c, \quad c = AZ_c + BZ_c,$$

und da $CY_c = CX_c$, $AZ_c = AY_c$, $BX_c = BZ_c$ ist,

$$a = CX_c - BZ_c, \quad b = CX_c - AZ_c, \quad c = AZ_c + BZ_c,$$

daher

(3) $$CX_c = CY_c = s, \quad AY_c = AZ_c = s - b, \quad BZ_c = BX_c = s - a,$$

woraus u. a. folgt, daß $AZ = BZ_c$ ist, d. h.:

Satz 1. Die im Inneren einer Dreieckseite gelegenen zwei Berührungspunkte sind symmetrisch zu den Endpunkten der Seite.

Da $BX_c = BZ_c = s_a$, $CX_b = CY_b = AY = s_a$, so folgt analog:

Satz 2. Die auf der Verlängerung einer Dreieckseite gelegenen zwei Berührungspunkte sind ebenfalls symmetrisch zu den Endpunkten der Seite.

Bei Untersuchungen metrischer Natur ist es zweckmäßig, der von einem Punkt P an einen Kreis $\varkappa$ gehenden Tangente PQ die Strecke PQ als Länge beizulegen, wenn Q der Berührungspunkt ist. Die erste Formel (3) ergibt dann:

Satz 3. Die Tangenten von einem Eckpunkt des Dreiecks an den die gegenüberliegende Seite berührenden Ankreis sind je gleich dem halben Umfang s.

Merkt man sich noch die Formeln (1) und (2), so kann man mit Hilfe dieser Sätze leicht die in Fig. 121 auf den Seiten vorkommenden Strecken durch a, b, c ausdrücken.

Auch löst man jetzt leicht die im vorigen Paragraphen gestellten Aufgaben, ein Dreieck aus c, $a + b - c = 2s_c$ und dem Radius r des Umkreises oder aus c, s und r zu konstruieren; da $s_c = s - c$, so sind beide Aufgaben einander äquivalent. Durch r und c ist nach dem Peripheriewinkelsatz γ als Peripheriewinkel im Kreise mit dem Radius r über c als Sehne bestimmt. Auf den Schenkeln des Winkels γ trage man vom Scheitel, der C heißen möge, $CY_c = CX_c = s$ ab (Fig. 121) und konstruiere den Kreis I_c, der die Schenkel in X_c und Y_c berührt; macht man noch auf CX_c und CY_c die Strecken CX und CY je gleich $s - c$, so schneiden sich die in X, Y auf den Schenkeln errichteten Lote im Zentrum I des Inkreises, und AB wird als Tangente der Kreise I, I_c gefunden. Damit die Lösung möglich ist, darf keiner der Kreise den anderen schneiden oder einschließen, also die Größe von $2s_c$ eine gewisse Grenze δ nicht überschreiten.

2. Aus der Ähnlichkeit der Dreiecke CYI und CY_cI_c der Fig. 121 folgt, wenn wir die Radien der Kreise I, I_a, I_b, I_c mit ϱ, ϱ_a, ϱ_b, ϱ_c bezeichnen:

$$\varrho : s_c = \varrho_c : s;$$

andererseits sind auch AZI und I_cZ_cA ähnlich, da die Dreiecke rechtwinkelig sind und I_cA auf AI senkrecht steht. Daher ist:

$$\varrho : s_a = s_b : \varrho_c,$$

und aus beiden Formeln folgt durch Multiplikation: $\varrho^2 : s_a s_c = s_b : s$ oder $\varrho^2 = s_a s_b s_c : s$, sowie durch Division: $s_a : s_c = \varrho_c^2 : s s_b$ oder $\varrho_c^2 = s s_a s_b : s_c$.

Satz 4. Zwischen den Radien der vier Berührungskreise und den aus den Seiten a, b, c abgeleiteten Strecken s, s_a, s_b, s_c bestehen die Relationen:

(4) $\varrho = \sqrt{s_a s_b s_c / s}$, $\varrho_a = \sqrt{s s_b s_c / s_a}$, $\varrho_b = \sqrt{s s_c s_a / s_b}$, $\varrho_c = \sqrt{s s_a s_b / s_c}$.

Da die Fläche ABC sich aus den Dreiecken AIB, BIC, CIA zusammensetzt, so ist der Inhalt J von ABC gleich $c\varrho/2 + a\varrho/2 + b\varrho/2 = s\varrho$; aus $ABC = AI_cC + BI_cC - AI_cB$ folgt ebenso: $J = b\varrho_c/2 + a\varrho_c/2 - c\varrho_c/2 = s_c\varrho_c$.

Satz 5. **Aus den Größen des vorigen Satzes berechnet sich J nach den Formeln:**

(5) $$J = s\varrho = s_a\varrho_a = s_b\varrho_b = s_c\varrho_c.$$

Aus Satz 4. und 5. folgt speziell die von Heron von Alexandria gefundene Inhaltsformel

(6) $$J = \sqrt{s s_a s_b s_c}.$$

Nach der Definition des Inhaltsmaßes ist

(7) $J = ah_a/2 = bh_b/2 = ch_c/2$,

wo h_a, h_b, h_c die Höhen bezeichnen, diese sind also vermöge (6) aus s, s_a, s_b, s_c zu berechnen.

Auch mit dem Radius des Umkreises O stehen die Seiten in einer leicht angebbaren Größenbeziehung (siehe Fig. 122). Ist D der andere Endpunkt des Durchmessers OC, so ist DAC ein rechter Winkel und $\sphericalangle ADC = \sphericalangle ABC$ als Peripheriewinkel über der Sehne AC. Daher sind die Dreiecke CAD und CH_cB ähnlich (H_c ist der Fußpunkt der Höhe h_c), und es ist:

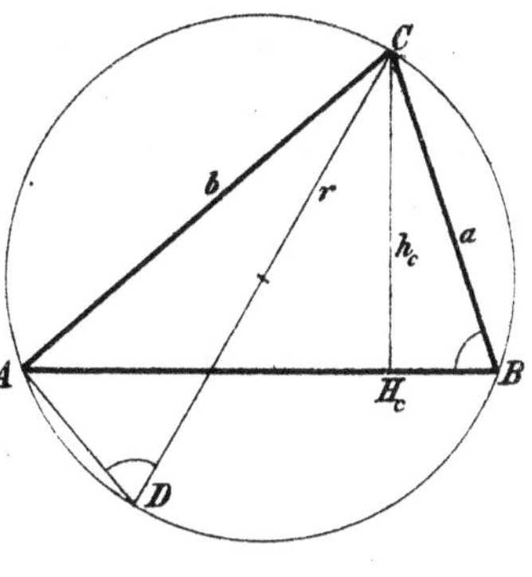

Fig. 122.

$$2r : b = a : h_c, \quad 2r = ab : h_c = abc : ch_c = abc : 2J \quad \text{oder}$$

(8) $$4r = abc/J.$$

3. Eine fruchtbare Umformung der Ähnlichkeitssätze ist der Sehnen- und Sekantensatz. Wenn zwei Sehnen AB' und BA' eines Kreises sich in einem Punkte V schneiden (Fig. 123), so heißen die Strecken VA, VB' die Abschnitte der Sehne AB'; ebenso sind UA, UA' die Abschnitte, die U auf der Sehne AA' bewirkt, und zwar auch in dem Falle, daß U außerhalb des Kreises liegt. Dann lautet der

Satz 6. **Wenn durch einen Punkt zwei Sehnen oder Sekanten eines Kreises gehen, so ist das Produkt der Abschnitte, die der Punkt auf der einen Geraden bestimmt, gleich dem Produkt der Abschnitte auf der anderen.**

Beweis. Liegt der gegebene Punkt U außerhalb des Kreises auf den Sekanten AA' und BB', so folgt aus der Ähnlichkeit der Dreiecke $AB'U$ und $BA'U$ (siehe Fig. 123): $UA : UB' = UB : UA'$ oder $UA \cdot UA' = UB \cdot UB'$. Der Beweis bleibt noch richtig, wenn A' und A in einem Punkte T zusammenfallen und UA zur Tangente in T wird: $AT^2 = AU \cdot AU'$. — Liegt der gegebene Punkt V innerhalb des Kreises (Fig. 123), so folgt aus der Ähnlichkeit der Dreiecke AVA' und BVB' ebenso $VA \cdot VB' = VB \cdot VA'$.

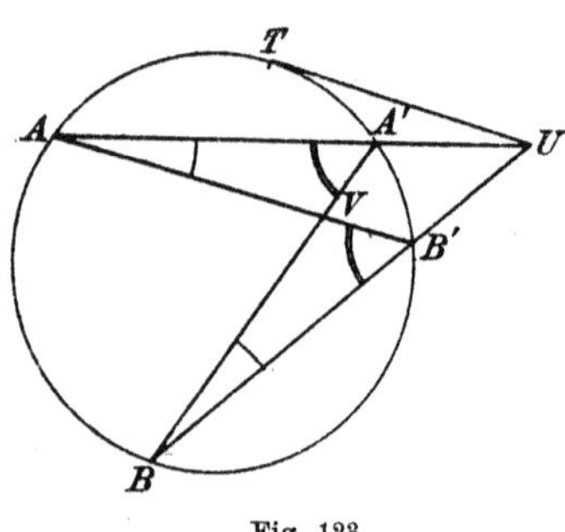

Fig. 123.

Auf diesen einen Satz gründet sich der ganze Inhalt des § 9, dessen planimetrischen Teil man nun herübernehmen kann; das ist also die Lehre von der Potenz und von den Kreisbüscheln. Vorher nehme man noch von den Sätzen 8—11 über die Inversion Kenntnis, die den Sehnen-Sekantensatz nur in eine beweglichere Form bringen. Zunächst ist indirekt zu beweisen, daß der Satz 6 sich umkehren läßt:

Satz 7. Haben zwei Strecken PP', QQ' einen Punkt O gemeinsam, und ist $OP \cdot OP' = OQ \cdot OQ'$, so liegen die vier Endpunkte P, P', Q, Q' der Strecken auf einem Kreise.

In § 8, 4. ist der Begriff der Inversion definiert. Um das Zentrum O der Inversion schlagen wir mit dem Radius r den Kreis ω (Fig. 124). Zwei Punkte PP' auf demselben Durchmesser heißen hyperbolisch invers bezüglich O als Zentrum und r als Radius der Inversion, wenn $OP \cdot OP' = r^2$ ist. Dabei müssen P und P' auf demselben durch O begrenzten Halbstrahl liegen. Befindet sich P außerhalb des Kreises ω, so konstruiere man den Kreis über dem Durchmesser OP; dieser Kreis wird von ω in zwei Punkten U, V geschnitten, deren Verbindungsgerade auf der Geraden OP den Punkt P' bestimmt. Denn nach dem Pythagoräischen Satze ist

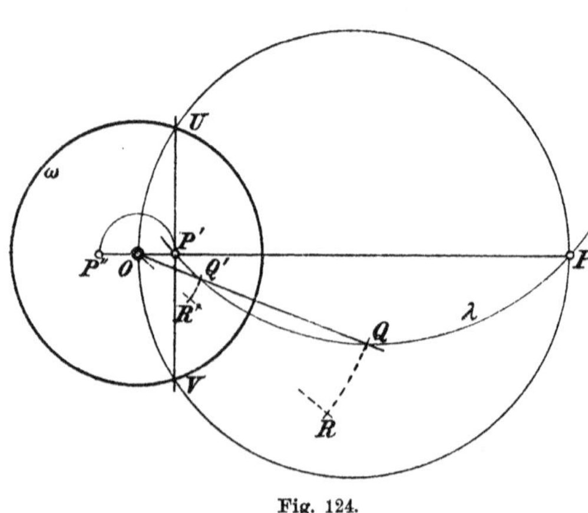

Fig. 124.

$OP' \cdot OP = OU^2 = r^2$. Liegt der gegebene Punkt innerhalb des Kreises, und identifiziert man ihn etwa mit dem Punkte P' der Fig. 124, so muß P der dazu inverse Punkt sein, und man findet ihn durch Benutzung des Umstandes, daß UP auf OU senkrecht steht.

Trägt man auf der Geraden OP (Fig. 124) die Strecke OP' nach der anderen Seite ab, sodaß $OP'' = OP'$ wird, so sind P und P'' elliptisch invers bezüglich O und $-r^2$ als Zentrum und Potenz der Inversion. Die Punkte P' und P'' liegen „zentrisch symmetrisch" bezüglich O. Daher können wir sagen:

Satz 8. Die elliptische Inversion mit dem Zentrum O und der Potenz $-r^2$ kann durch die hyperbolische Inversion mit demselben Zentrum O und der Potenz $+r^2$ und eine darauf folgende zentrische Symmetrie erzeugt werden.

Auf Grund dieses Satzes dürfen wir uns im folgenden auf die hyperbolische Inversion beschränken.

4. Satz 9. Jeder Kreis durch zwei inverse Punkte ist zu sich selbst invers.

Damit wollen wir sagen: Sind P, P' zwei inverse Punkte bei einer hyperbolischen Inversion (siehe etwa Fig. 124), und Q, Q' irgend zwei Punkte eines durch P, P' gehenden Kreises λ, die mit O in gerader Linie liegen, so ist $OQ \cdot OQ' = OP \cdot OP'$ (Satz 6) und Q, Q' sind daher invers. Die Punkte des Kreises λ sind also zueinander paarweise invers. Das kann dazu dienen, nachdem P, P' und λ konstruiert sind, zu jedem anderen Punkte R den inversen R' sehr einfach zu finden: Man lege um O als Zentrum den Kreis, der durch R geht (Fig. 124); er trifft λ in einem Punkte Q; OQ bestimmt auf λ den Punkt Q'. Der Kreis um O mit dem Radius OQ' schneidet OR in R'.

In einem von zwei inversen Punkten A, A', etwa in A, errichten wir auf OA das Lot a (siehe Fig. 125). Zu einem Punkte P von a sei P' invers. Da also $OA \cdot OA' = OP \cdot OP'$, so liegen die vier Punkte A, A', P, P' auf einem Kreise, und so ist $\sphericalangle A'P'P$ wie $\sphericalangle A'AP$ ein Rechter. Folglich liegt P' auf dem Kreise a', der die Strecke OA' als Durchmesser faßt.

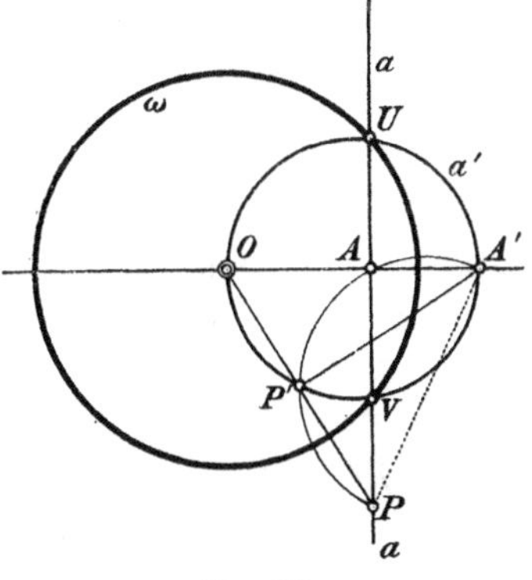

Fig. 125.

Ändert P auf a seine Lage (d. h. nimmt man statt dieses Punktes P andere Punkte auf a an, die ebenfalls P heißen mögen), so ändert

P' seine Lage auf a', wobei aber der Kreis a' derselbe bleibt. Es folgt:

Satz 10. Beschreibt ein Punkt P eine Gerade, so beschreibt der inverse Punkt P' einen Kreis a' durch das Inversionszentrum und umgekehrt.

Wenn, wie in der Figur, die Gerade a den Kreis ω in zwei Punkten U, V trifft, so geht a' bei hyperbolischer Inversion durch diese Punkte, von denen jeder nach der Definition zu sich selbst invers ist.

Satz 11. Beschreibt ein Punkt P einen Kreis $\varkappa$, der nicht durch das Zentrum der Inversion geht, so beschreibt auch der inverse Punkt P' einen Kreis

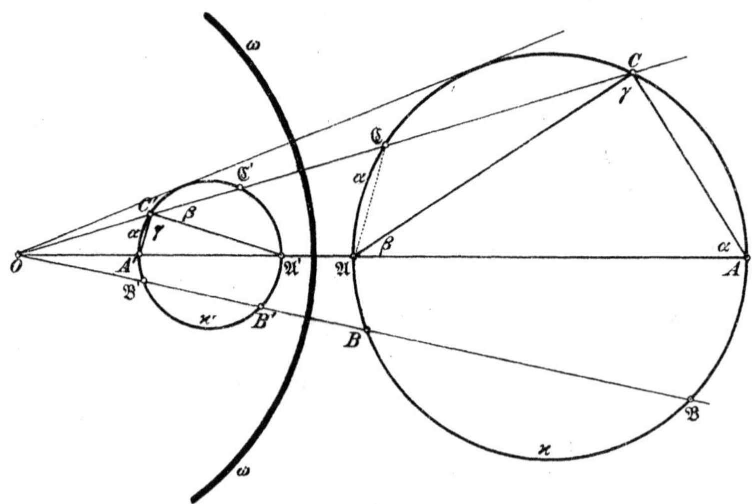

Fig. 126.

Es genügt nach Satz 8, den Beweis für hyperbolische Inversion zu führen. Seien A, $\mathfrak{A}$, C Punkte des Kreises $\varkappa$ und A', $\mathfrak{A}'$, C' die dazu inversen Punkte (siehe Fig. 126). Behauptet wird, daß zu den Punkten von $\varkappa$ die Punkte des Umkreises $\varkappa'$ von A', $\mathfrak{A}'$, C' invers seien. Aus $OA \cdot OA' = O\mathfrak{A} \cdot O\mathfrak{A}' = OC \cdot OC' = r^2$ folgt:

a) $OA : OC = OC' : OA'$, d. h. $OAC \sim OC'A'$ (2. Ähnlichkeitssatz),

und wenn wir den Winkel OAC mit α bezeichnen, so ist auch $\sphericalangle\, OC'A' = \alpha$;

b) $O\mathfrak{A} : OC = OC' : O\mathfrak{A}'$, d. h. $O\mathfrak{A}C \sim OC'\mathfrak{A}'$.

Wir nehmen noch an, daß $\mathfrak{A}$ und A, also auch A' und $\mathfrak{A}'$ mit O auf derselben Geraden liegen. Bezeichnen wir nun den Nebenwinkel von $O\mathfrak{A}C$ mit β, so ist der von $OC'\mathfrak{A}'$ ebenfalls gleich β.

Ist γ der dritte Winkel $\mathfrak{A}CA$ des Dreiecks $\mathfrak{A}AC$, so ist $\alpha + \beta + \gamma = 2R$, also $\sphericalangle A'C'\mathfrak{A}' = \gamma$, da die drei Winkel bei C' zusammen $2R$ ausmachen müssen. Wenn C den Kreis $\varkappa$ durchläuft, so bleibt γ ungeändert, und C' beschreibt folglich den Kreis $\varkappa'$, der γ als Peripheriewinkel über $A'\mathfrak{A}'$ als Sehne faßt. Damit ist der Satz bewiesen. Zur Erhöhung der Genauigkeit wird man, wie in der Fig. 126, die Punkte A, $\mathfrak{A}$ auf einem (durch O gehenden) Durchmesser von $\varkappa$ annehmen. Die Mittelpunkte von $\varkappa$ und $\varkappa'$ sind übrigens nicht zueinander invers.

Jetzt bieten die zahlreichen Sätze und Andeutungen der ersten vier Abschnitte ein reiches Übungsmaterial.

5. Wie A und $\mathfrak{A}$ zwei auf demselben Strahl durch O gelegene Punkte von $\varkappa$ waren (Fig. 126), so mögen auch C und $\mathfrak{C}$, B und $\mathfrak{B}$ zusammengehören. Da nach dem Sekantensatze[1]) $O\mathfrak{C} \cdot OC = O\mathfrak{A} \cdot OA$ oder $O\mathfrak{C} : O\mathfrak{A} = OA : OC$, so ist $O\mathfrak{C}\mathfrak{A}$ ähnlich zu OAC, also $\sphericalangle O\mathfrak{C}\mathfrak{A} = \sphericalangle OAC = \alpha$, und daher $A'C'$ zu $\mathfrak{A}\mathfrak{C}$ parallel; folglich ist auch $\mathfrak{C}'\mathfrak{A}' \parallel CA$, $C'B' \parallel \mathfrak{C}\mathfrak{B}$. Nennt man von zwei Punkten eines Kreises $\varkappa$, die mit O in gerader Linie liegen, jeden den Beipunkt des anderen, so können wir den Satz aussprechen:

Satz 12. Sind zwei Kreise zueinander invers, und ordnet man jedem Punkte des einen den Beipunkt seines inversen Punktes zu, so wird der erste Kreis auf den zweiten ähnlich bezogen.

Das Inversionszentrum ist der Ähnlichkeitspunkt. Wichtig ist nun, daß der Satz sich umkehren läßt: Zwei Kreise $\varkappa$, $\varkappa'$ seien aufeinander ähnlich bezogen, C' und $\mathfrak{C}$, B und $\mathfrak{B}'$, A' und $\mathfrak{A}$, $\cdots$, seien entsprechende Punkte, also $A'C' \parallel \mathfrak{A}\mathfrak{C}$. Bezeichnen wir die Beipunkte wie in der Figur, so ist $\sphericalangle OAC = \sphericalangle O\mathfrak{C}\mathfrak{A} = \alpha$ wie oben, also $OC'A' \sim OAC$, $OC' : OA' = OA : OC$, $OA \cdot OA' = OC \cdot OC'$. Bei der Inversion mit O als Inversionszentrum und $OA \cdot OA' = OC \cdot OC'$ als Potenz der Inversion sind also A und A', C und C' invers; da aber ebenso auch $OA \cdot OA' = OB \cdot OB'$, so sind auch B und B' invers. Da aber einem Kreise immer ein Kreis (oder im Ausnahmefall, der hier nicht vorliegt, eine Gerade) invers ist, so ist der Kreis $\varkappa$ durch A, B, C, dem Kreise $\varkappa'$ durch A', B', C' invers, w. z. b. w. Es folgt:

---

1) Man kann auch den Satz vom Kreisviereck anwenden, daß in jedem einfachen dem Kreise eingeschriebenen Viereck zwei gegenüberliegende Winkel sich zu $2R$ ergänzen.

Satz 13. Zwei Kreise $\varkappa$ und $\varkappa'$ bestimmen immer zwei Inversionen, durch welche sie ineinander übergeführt werden. Zentra der Inversion sind der innere und der äußere Ähnlichkeitspunkt. Invers sind immer zwei nicht entsprechend gelegene Punkte auf einem „Ähnlichkeitsstrahl“ (so heißt jede Gerade durch einen Ähnlichkeitspunkt).

Wenn, wie in der Fig. 126, kein Kreis den anderen einschließt, so wird zum äußeren Ähnlichkeitspunkt eine hyperbolische, zum inneren eine elliptische Inversion gehören.

6. Satz 14. Zwei Kreise werden von einem dritten Kreise immer in zwei inversen Punkten (einer der in Satz 13 genannten Inversionen) berührt.

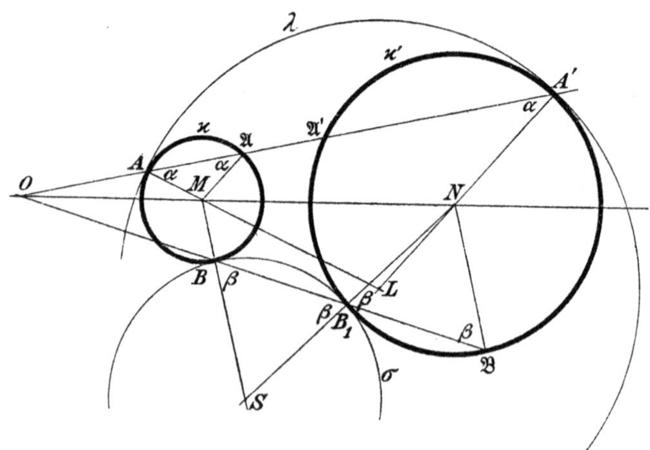

Fig. 127.

Seien $\varkappa$, $\varkappa'$ die gegebenen Kreise (siehe Fig. 127 und 128) und λ (oder σ) der Berührungskreis; M, N, L (S) seien die Mittelpunkte von $\varkappa$, $\varkappa'$, λ (σ) und A, A' die Berührungspunkte von λ mit $\varkappa$, $\varkappa'$ (ebenso B, B_1 die Berührungspunkte von σ mit $\varkappa$, $\varkappa'$). Die Berührungspunkte liegen immer auf der Zentrale, also A auf ML, A' auf NL (B auf MS, B_1 auf NS). Nun ist ALA' (BSB_1) ein gleichschenkeliges Dreieck, daher $\sphericalangle\, LAA' = LA'A$; wir wollen diese Winkel mit α bezeichnen. Die Gerade AA' treffe $\varkappa$ noch $\mathfrak{A}$; dann ist auch $M\mathfrak{A} = MA$, also $\sphericalangle\, M\mathfrak{A}A = MA\mathfrak{A} = \alpha$, daher $M\mathfrak{A} \parallel NA'$ d. h. die Punkte $\mathfrak{A}$, A' sind entsprechende Punkte bei der Ähnlichkeitsbeziehung, welche die Punkte M und N einander zuordnet; AA' geht also durch einen der Ähnlichkeitspunkte von $\varkappa$ und $\varkappa'$, und da $\mathfrak{A}$, A' zugeordnete Punkte sind, A der Beipunkt von $\mathfrak{A}$ ist, so sind A und

A' invers (ebenso B und B'). — In Fig. 127 liegt Ähnlichkeit mit äußerem, in 128 Ähnlichkeit mit innerem Ähnlichkeitspunkte vor.

Nach Satz 9 ist jeder gemeinschaftliche Berührungskreis zweier Kreise $\varkappa$, $\varkappa'$ zu sich selbst invers bei einer der zwei Inversionen, die $\varkappa$ in $\varkappa'$ verwandeln.

7. Wir könnten an dieser Stelle schon das berühmte Problem des Apollonius lösen, einen Kreis zu konstruieren, der drei gegebene Kreise berührt. Tiefere Einsicht in das ganze Problem gewinnt man jedoch erst, wenn man die Theorie des Kreisbüschels und Kreisbündels, die im § 10 ausführlich behandelt ist, zur Hilfe nimmt. Ferner wollen wir die im zweiten Abschnitt dieses Bandes viel verwendete Eigenschaft der Inversion beweisen, daß sie eine winkel-

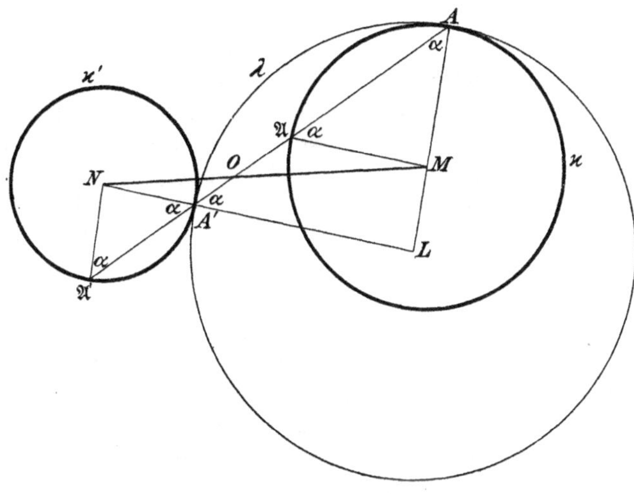

Fig. 128.

treue Abbildung ist. Schneiden sich zwei Kreise $\varkappa$, λ in einem Punkte P unter einem Winkel φ, so bilden die Tangenten a, b im Punkte P ebenfalls den Winkel φ und natürlich auch den Winkel $2R-\varphi$. Nach Fig. 125 entsprechen aber den Tangenten a, b zwei Kreise a', b' durch das Inversionszentrum O, deren Tangenten in O zu a, b parallel sind, also dieselben Winkel φ und $2R-\varphi$ einschließen wie a, b. Die Kreise a', b' schneiden sich aber noch in dem zu P inversen Punkte P' und bilden dort dieselben Winkel wie in O. In P berühren aber a, b die Kreise $\varkappa'$, λ', die zu $\varkappa$, λ invers sind. Daher haben $\varkappa'$ und λ' in P mit a' und b' die Tangenten gemein, schneiden sich dort also entweder unter dem Winkel φ oder unter $2R-\varphi$, falls der Begriff des Schnittwinkels nach der in § 9, 3, gegebenen Definition eindeutig festgelegt wird. Will man den Satz aufrecht erhalten, daß die Inversion eine winkeltreue Abbildung ist, so muß man den Winkel anders bestimmen: Zwei sich schneidende Kreise zerlegen die als Grenzfall einer Kugel gedachte Ebene in vier von je zwei Kreisbogen begrenzte Zweiecke; man denke eines derselben herausgegriffen und sein „Inneres" willkürlich festgesetzt und etwa durch Schraffieren kenntlich gemacht; der Winkel in einem Eckpunkte werde durch den der Tangenten gemessen und zwar so, daß in der Nähe des Scheitels das Winkelfeld dem Inneren der Zweieckfläche angehört. Die Winkel an den zwei Ecken eines Zweiecks z sind dann einander gleich, und wenn man in einem inversen Zweieck z' als Inneres dasjenige Gebiet wählt, in dem die zu den Punkten des Inneren von z inversen Punkte liegen, so sind die Winkel von z und z' einander gleich. Die Inversion ist also eine winkeltreue Abbildung, wenn man dem Winkel nicht nur Schenkel, sondern auch ein Winkelfeld beilegt. Daß aber diese Definition mit der in § 9, 3. gegebenen und an sich ebenfalls berechtigten Festlegung des Winkels nicht immer übereinstimmt, sieht man am besten an zwei Kreisen $\varkappa$, λ, von denen der eine, $\varkappa$, das Inversionszentrum O im gewöhnlichen Sinne des Wortes einschließt, den Kreis λ aber ausschließt und von außen berührt, oder, wie man nach § 9, 3. sagen würde, unter null Grad schneidet. Dem Kreis $\varkappa$ entspricht durch Inversion wieder ein Kreis $\varkappa'$, dem Punkte O entsprechen aber die unendlich fernen Punkte, d. h. als „Inneres" von $\varkappa'$, das zu dem inneren von $\varkappa$ invers ist, hat jetzt das unendlich große Gebiet zu gelten, dem der Mittelpunkt von $\varkappa'$ nicht angehört, und das in der Sprache des täglichen Lebens das Äußere von $\varkappa'$ heißt; dagegen wird λ' dem Inneren von $\varkappa'$, das Wort im gewöhnlichen Sinne genommen, angehören, also schneiden sich $\varkappa'$ und λ' nach § 9, 3. unter 180 Grad. Man mache sich den Unterschied dieser Auffassungsweisen an drei Figuren klar, die folgende drei Fälle illustrieren: $\varkappa$ schließt O ein, λ ebenfalls; $\varkappa$ schließt O ein, λ nicht; $\varkappa$ schließt O nicht ein, λ ebenfalls nicht, wo das Wort „einschließen" die übliche Bedeutung haben soll.

Indem wir uns jetzt entschließen, die auf das Bogenzweieck gestützte Definition anzuwenden, müssen wir beachten, daß alsdann „gleiche" Winkel in diesem Sinne vom Standpunkt der Definition des § 9, 3. aus gleich oder supplementär sein werden.

8. Nach Satz 14. geht die Verbindungsgerade der Punkte, in denen zwei Kreise $\varkappa_1$, $\varkappa_2$ von einem dritten λ berührt werden, immer durch den inneren oder äußeren Ähnlichkeitspunkt von $\varkappa_1$, $\varkappa_2$, und die Berührungspunkte sind invers in einer Inversion, die den Ähnlichkeitspunkt zum Zentrum O hat, wie wir in Satz 13. gesehen haben. Alle Kreise aber, welche in O die für jene Inversion charakteristische

Potenz haben, gehören einem Bündel an, durch dessen Angabe die Inversion mitgegeben ist. Dieses Bündel wollen wir das „Bündel des Ähnlichkeitspunktes O" oder auch das „Ähnlichkeitsbündel O" nennen. Wir können dann sagen:

Satz 15. Die Kreise, welche zwei Kreise $\varkappa_1$, $\varkappa_2$ berühren, gehören einem der beiden Ähnlichkeitsbündel von $\varkappa_1$, $\varkappa_2$ an.

Satz 16. Jeder Kreis λ eines der Ähnlichkeitsbündel zweier Kreise $\varkappa_1$, $\varkappa_2$, der einen dieser Kreise und dann auch den anderen schneidet, schneidet sie unter gleichen Winkeln.

Denn da λ zu sich selbst invers ist (im Bündel) und $\varkappa_1$ in $\varkappa_2$ übergeht, so ist der Winkel $(\varkappa_1, \lambda)$ invers zu $(\varkappa_2, \lambda)$, also gleich dem Winkel $(\varkappa_2, \lambda)$.

Der Satz 16 ist umkehrbar und enthält dann den Satz 15 als besonderen Fall.

Satz 17. Jeder Kreis λ, der zwei Kreise $\varkappa_1$, $\varkappa_2$ unter gleichen Winkeln schneidet, gehört einem der Ähnlichkeitsbündel $\varkappa_1$, $\varkappa_2$ an.

Der Satz kann direkt durch eine Figur bewiesen werden, welche Fig. 127 oder 128 als speziellen Fall mit dem Schnittwinkel $\varphi = 0$ enthält. Man kann auch folgendermaßen schließen: Durch jede Inversion J, deren Zentrum C auf λ liegt, geht λ in eine Gerade λ' über, welche die zu $\varkappa_1$, $\varkappa_2$ inversen Kreise $\varkappa_1'$, $\varkappa_2'$ gleichwinkelig schneidet und daher durch einen Ähnlichkeitspunkt S' von $\varkappa_1'$ und $\varkappa_2'$ geht. Das Bündel der Inversion, die $\varkappa_1'$ in $\varkappa_2'$ und λ' in sich selbst verwandelt, geht durch die Inversion J über in das Bündel einer Inversion, die $\varkappa_1$ in $\varkappa_2$ und λ in sich selbst verwandelt, also in eine der zwei Inversionen, die den Ähnlichkeitsbündeln entsprechen, und λ gehört einem Ähnlichkeitsbündel an.

9. Jetzt folgt:

Satz 18. Alle Kreise, die drei nicht einem Büschel angehörige Kreise $\varkappa_1$, $\varkappa_2$, $\varkappa_3$ unter gleichen Winkeln schneiden, bilden zusammen vier Kreisbüschel.

Alle Kreise, die $\varkappa_1$ und $\varkappa_2$, sowie $\varkappa_2$ und $\varkappa_3$ gleichwinkelig schneiden, treffen auch $\varkappa_3$ und $\varkappa_1$ unter gleichen Winkeln; daraus folgt, daß jeder Kreis, welcher einem Ähnlichkeitsbündel S_{12} von $\varkappa_1$ und $\varkappa_2$ sowie einem Ähnlichkeitsbündel S_{23} von $\varkappa_2$ und $\varkappa_3$ angehört und einen dieser Kreise schneidet, auch einem Ähnlichkeitsbündel S_{31} von $\varkappa_3$ und $\varkappa_1$ angehört. Die gemeinsamen

Kreise zweier Bündel S_{12}, S_{23} bilden aber ein Büschel; dieses muß auch dem Bündel S_{31} angehören. Da alle Kreise des Büschels in den Zentren S_1, S_2, S_3 von S_{23}, S_{31}, S_{12} gleiche Potenz haben, so liegen diese drei Punkte auf der Potenzlinie des Büschels. Die sechs Ähnlichkeitspunkte von drei Kreisen liegen also zu dreien auf einer Geraden, einer „Ähnlichkeitsachse". Jetzt wird jeder Kreis, der den Bündeln S_{12} und S_{23} angehört, auch zu S_{31} gehören, selbst wenn er keinen der Kreise $\varkappa_1$, $\varkappa_2$, $\varkappa_3$ schneidet, denn er gehört dem Büschel an und alle Kreise des Büschels gehören auch zu S_{31}. Da es nun zwei Bündel S_{12} und zwei Bündel S_{23} gibt, so gibt es vier Büschel, deren Kreise (nach Satz 16) die Kreise $\varkappa_1$, $\varkappa_2$, $\varkappa_3$ gleichwinkelig schneiden. — Den vier Büscheln entsprechen vier Ähnlichkeitsachsen als Potenzlinien. Sind K_1, K_2, K_3 die Mittelpunkte von $\varkappa_1$, $\varkappa_2$, $\varkappa_3$, so findet man die Ähnlichkeitspunkte am einfachsten, indem man parallele Radien $K_1A_1 \parallel K_2A_2 \parallel K_3A_3$ zieht und die Verbindungsgeraden homologer Punktepaare mit der Zentrale zum Durchschnitt bringt. Haben die Strecken K_1A_1 und K_2A_2 entgegengesetzten Sinn, ebenso K_2A_2 und K_3A_3, so haben K_1A_1 und K_3A_3 gleichen Sinn, d. h. zu zwei inneren Ähnlichkeitspunkten gehört als dritter immer ein äußerer, der mit ihnen in gerader Linie liegt; das ist der Satz von Desargues, angewandt auf die Dreiecke K_1, K_2, K_3 und A_1, A_2, A_3.[1]) Ist also J_{hk} der innere, A_{hk} der äußere Ähnlichkeitspunkt von K_h, K_k, so liegen je auf einer Geraden:

$$\begin{array}{ccc} A_{12} & A_{23} & A_{31}, \\ A_{12} & J_{23} & J_{31}, \\ J_{12} & A_{23} & J_{31}, \\ J_{12} & J_{23} & A_{31}. \end{array}$$

Daß keine zwei äußere Ähnlichkeitspunkte mit einem inneren in gerader Linie liegen können, folgt daraus, daß, wenn K_1A_1 und K_2A_2, sowie K_2A_2 und K_3A_3 gleichsinnig sind, auch K_1A_1 und K_3A_3 gleichen Sinn haben.

10. Unter den Kreisen der vier Büschel, die der Satz 18 nennt, befinden sich auch die Berührungskreise von $\varkappa_1$, $\varkappa_2$, $\varkappa_3$, falls solche existieren. Da man die vier Büschel leicht finden kann, so käme es zur Lösung des Apollonischen Berührungsproblems nur darauf an, in einem Kreisbüschel diejenigen Kreise zu finden, die einen gegebenen Kreis $\varkappa_1$ (oder $\varkappa_2$ oder $\varkappa_3$) berühren. Diese auch für

1) Die Gleichsinnigkeit von Streckeneinteilungen derselben Geraden kann nach § 15 definiert werden; die Gleichsinnigkeit paralleler Geraden durch Orthogonalprojektion der einen auf die andere.

die Kegelschnittlehre wichtige Aufgabe ist jetzt leicht zu lösen: Sind α, β, γ, $\cdots$ Kreise des gegebenen Büschels, k der Kreis, welcher von einem Kreise ξ des Büschels berührt werden soll, und konstruiert man die Potenzlinie $p_{\alpha k}$ von α und k, so trifft diese die Potenzlinie p des Büschels in einem Punkte S, in dem erstens die Kreise des Büschels und zweitens auch α und k gleiche Potenz haben; folglich haben auch β und k, γ und k, $\cdots$ in S diese Potenz, sodaß also auch die Potenzlinien $p_{\beta k}$, $p_{\gamma k}$, $\cdots$, $p_{\xi k}$, $\cdots$ durch S gehen. Die Potenz-

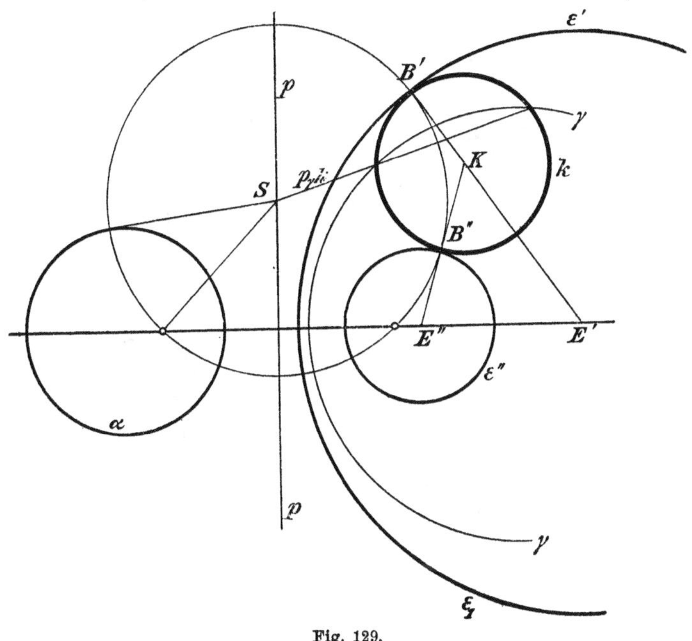

Fig. 129.

linie $p_{\xi k}$ ist aber die gemeinschaftliche Tangente von ξ und k im Berührungspunkte, diese geht also durch S, und da man S leicht finden kann, so ist die Aufgabe im Prinzip gelöst. Die einfachste praktische Lösung wird nun die sein (siehe Fig. 129): Man sucht die Potenzlinie p des Büschels, wählt einen Kreis γ desselben, der k schneidet, und zieht die gemeinsame Sehne, die zugleich die Potenzlinie $p_{\gamma k}$ von γ und k ist, bestimmt den Schnittpunkt S beider Potenzlinien, legt von S an einen der Kreise des Büschels[1]) (oder an k) die Tangente, wozu im Falle eines hyperbolischen Büschels einfach die von S zu einem der Punktkreise gehende Strecke dienen kann, und schlägt um S mit der zum Berührungspunkt reichenden Strecke den Kreis;

1) Bei dieser Modifikation bleibt die Lösung auch in dem Spezialfalle richtig, daß k eine Gerade ist.

dieser trifft k in den Berührungspunkten B', B''. Die Geraden KB', KB'', wo K das Zentrum von k, treffen dann die Zentrale des Büschels in den Mittelpunkten E', E'' der zwei gesuchten Berührungskreise ε', ε''.[1]) — Damit S existiert, darf $p_{\gamma k}$ nicht mit p identisch sein, d. h. k darf nicht dem Büschel angehören.

11. Die Lösung des Apollonischen Problems[2]) ist nach diesen Vorbereitungen sehr leicht. Die Mittelpunkte der drei gegebenen Kreise k_1, k_2, k_3 seien K_1, K_2, K_3 (siehe Fig. 130). Mittels dreier

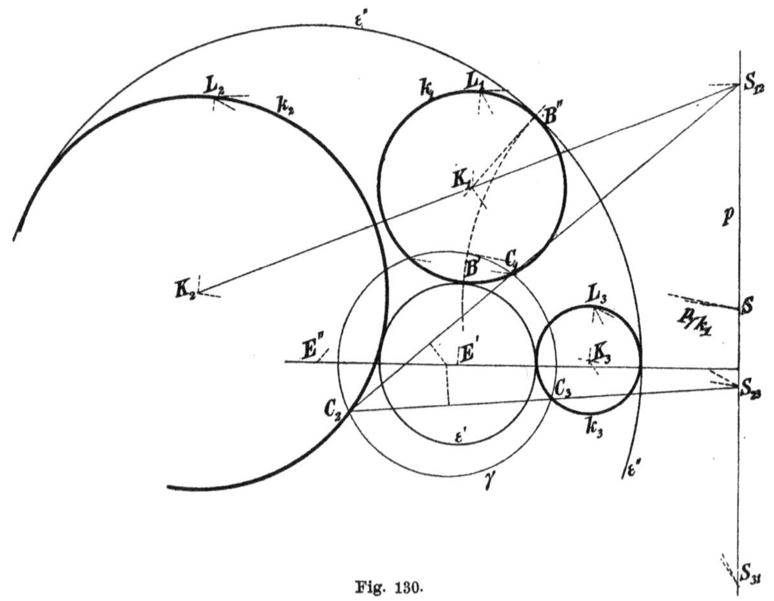

Fig. 130.

paralleler Radien K_1L_1, K_2L_2, K_3L_3 konstruieren wir die vier Ähnlichkeitsachsen. Eine derselben sei p, die darauf liegenden Ähnlichkeitspunkte S_{12}, S_{23}, S_{31}. Es gilt nun, das zugehörige Büschel zu bestimmen. Ein beliebiger Strahl durch S_{12} treffe k_1, k_2 in C_1, C_2, und der Strahl $S_{23}C_2$ treffe k_3 in C_3; dann sind C_1, C_2 inverse Punkte in dem Ähnlichkeitsbündel (S_{12}), das zu S_{12} gehört, ebenso C_2, C_3 inverse Punkte im Bündel (S_{23}). Folglich gehört der Kreis γ, der durch C_1, C_2, C_3 geht, zum Bündel S_{12} und S_{23}, also zum Büschel, das der Ähnlichkeitsachse p entspricht; p ist die Potenzlinie dieses Büschels, und nun haben wir die Kreise ε', ε'' des Büschels zu suchen, die etwa k_1

1) Die Fig. 129 ist dem hyperbolischen Büschel gewidmet, wo die Konstruktion am umständlichsten ist; beim elliptischen Büschel hat man p sofort.

2) Nach Maßfeller, Archiv d. Math. u. Phys. (3) 3, 189.

und damit k_2, k_3 berühren. Zu dem Zwecke hat man etwa k_1 mit dem Kreise k der Fig. 129, die Potenzlinie p mit der gleichbenannten dieser Figur, den Kreis γ mit dem Kreis γ der Figur zu identifizieren und erhält dann leicht die Berührungskreise ε', ε''.

Den vier Ähnlichkeitsachsen entsprechen vier Paar Berührungskreise. Durch Grenzübergang der gegebenen Kreise in Punkte und Geraden entstehen zahlreiche Einzelfälle, in denen die obige Konstruktion im wesentlichen bestehen bleibt. Gehören die gegebenen Kreise einem Büschel an, so versagt die Konstruktion, wie oben am Schlusse von Art. 10 bemerkt wurde. Dann gibt es aber auch keinen Berührungskreis ε, weil ein Kreis $\varkappa$ nur von zwei Kreisen eines Büschels berührt wird.

12. Auf die Lösung des Apollonischen Problems fällt ein überraschend helles Licht, wenn man zu den drei Kreisen k_1, k_2, k_3 den Orthogonalkreis oder Diametralkreis O konstruiert und in dem zugehörigen Bündel O die in § 10 gegebene Umdeutung der inversen Punkte als Scheinpunkte, der Kreise des Bündels als Scheingeraden vornimmt. Die Kreise k_1, k_2, k_3 werden dann zu Scheingeraden einer hyperbolischen oder elliptischen Geometrie, je nachdem das Bündel O einen Orthogonalkreis oder einen Diametralkreis hat. In dieser Scheingeometrie bestehen aber die Scheinkreise aus zwei wirklichen Kreisen, die im Bündel O zueinander invers sind. Die Apollonische Aufgabe lautet jetzt: Die vier Scheinkreise zu konstruieren, die drei Scheingeraden k_1, k_2, k_3 berühren. Das ist die Aufgabe des Art. 1, den Inkreis und die drei Ankreise eines Dreiecks zu finden. Nur müssen wir, wenn ein hyperbolisches Bündel vorliegt, in Aussicht nehmen, daß die Seiten k_1, k_2, k_3 des Dreiecks keine reellen Schnittpunkte zu haben brauchen. Die Ecken sind dann ideal. Die in Art. 1 gegebene Konstruktion wird aber auch auf diesen Fall anwendbar, wenn man nicht von Winkelhalbierenden, sondern von Symmetrieachsen der drei Seitenpaare des Dreiecks spricht. Der Satz 14 dieses Paragraphen, wonach zu zwei Kreisen immer zwei Inversionen bestehen, die sie ineinander überführen, deutet sich in unserer Scheingeometrie um in den Satz, daß zwei Scheingeraden immer durch zwei Scheinsymmetrien ineinander übergeführt werden können, genau wie in der Euklidischen Geometrie. Beschränken wir uns auf den anschaulichsten Fall, daß die Ähnlichkeitsbündel S_{12}, S_{23}, S_{31} je einen reellen Orthogonalkreis ω_{12}, ω_{23}, ω_{31} haben, so sind in unserer Scheingeometrie ω_{12}, ω_{23}, ω_{31} die scheinbaren Symmetrieachsen oder „Winkelhalbierenden" der Geradenpaare k_1, k_2, k_3 und schneiden sich im Scheinzentrum eines k_1, k_2, k_3 berührenden Scheinkreises ε, der sich aus den wirklichen Kreisen ε', ε'' zusammensetzt. Von den „Abschnitten", die die scheinbaren Berührungspunkte auf den „Seiten" des Scheindreiecks k_1, k_2, k_3

begrenzen, gelten dieselben Sätze wie in Art. 1. In der Sprache der gewöhnlichen Geometrie zurückübersetzt gibt das eine Reihe schöner trigonometrischer Formeln, deren Ableitung aber zu weit führen würde. Alle Akte der in Art. 11 gegebenen Konstruktion finden in unserer Scheingeometrie eine einfache Deutung. Hier zeigt sich von neuem der große denkökonomische Wert der begrifflichen Geometrie. Wer die vier Berührungskreise eines Dreiecks konstruieren kann und die wenigen Sätze weiß, die nötig sind, um die Geometrie des Kreisbündels als Nichteuklidische Geometrie umzudeuten, kann das Apollonische Problem ohne neue Denkarbeit lösen, und zwar in der einfachsten Weise. Auch das viel allgemeinere Problem, die Kreise zu finden, die drei Kreise k_1, k_2, k_3 unter gegebenen Winkeln α_1, α_2, α_3 schneiden, läßt sich als einfache Dreiecksaufgabe umdeuten und dann leicht lösen.

§ 25. Elementargeometrische Behandlung der Kegelschnitte.

1. Die Apollonische Berührungsaufgabe ist eines der fruchtbarsten Probleme der Elementargeometrie; ihre Lösung beruht einerseits auf der Lehre von den Potenzlinien und Ähnlichkeitspunkten der Kreise, den Kreisbüscheln und Kreisbündeln; sie hängt andererseits mit den beiden Nichteuklidischen Geometrien zusammen, indem es gelingt, das Apollonische Problem in das einfachere überzuleiten, in einer der beiden Nichteuklidischen Geometrien den Inkreis und die drei Ankreise eines Dreiecks zu konstruieren. Wir wollen nun zeigen, daß unser Problem auch mitten in die Kegelschnittslehre führt. Es liegt nämlich nahe, die Lösung der Apollonischen Aufgabe in der Weise zu versuchen, daß man zunächst nach dem Ort der Mittelpunkte der Kreise $\varkappa$ fragt, die zwei gegebene Kreise ψ_1, ψ_2 berühren. Dieser Ort kann etwas einfacher definiert werden. Sind nämlich F_1, F_2 die Mittelpunkte, r_1, r_2 die Radien der gegebenen Kreise, P der Mittelpunkt, r der Radius von $\varkappa$, so wird P auch das Zentrum eines Kreises $\varkappa'$ sein, der durch F_1 geht und einen mit ψ_2 konzentrischen Kreis φ_2 berührt, dessen Radius je nach der Art der Berührung gleich $r_1 + r_2$ oder $r_1 - r_2$ ist (siehe Fig. 131 und 132). Läßt man den Kreis ψ_2 in eine Gerade ausarten, so wird φ_2 eine dazu parallele Gerade im Abstande r_1, die je nach der Art der Berührung auf der einen oder anderen Seite von ψ_2 liegt (siehe Fig. 133 und 134). Es kommt also darauf an, den Ort der Mittelpunkte aller Kreise $\varkappa'$ zu untersuchen, die durch einen festen Punkt F_1 gehen, und einen festen Kreis φ_2 berühren, der auch in eine Gerade ausarten kann. Diesen Ort bezeichnen wir definitionsweise als Kegelschnitt, und zwar als Ellipse oder Hyperbel, je nachdem F_1 innerhalb oder außerhalb des Kreises φ_2 liegt, und als Parabel, wenn φ_2 eine Gerade ist. Wenn F_1 auf φ_2 liegt, artet der Kegelschnitt in die Gerade aus, die in F_1 auf φ_2 senkrecht steht. Es wird dann später zu beweisen sein, daß die so definierten Kegelschnitte mit den ebenen Schnitten des Kreiskegels identisch sind.

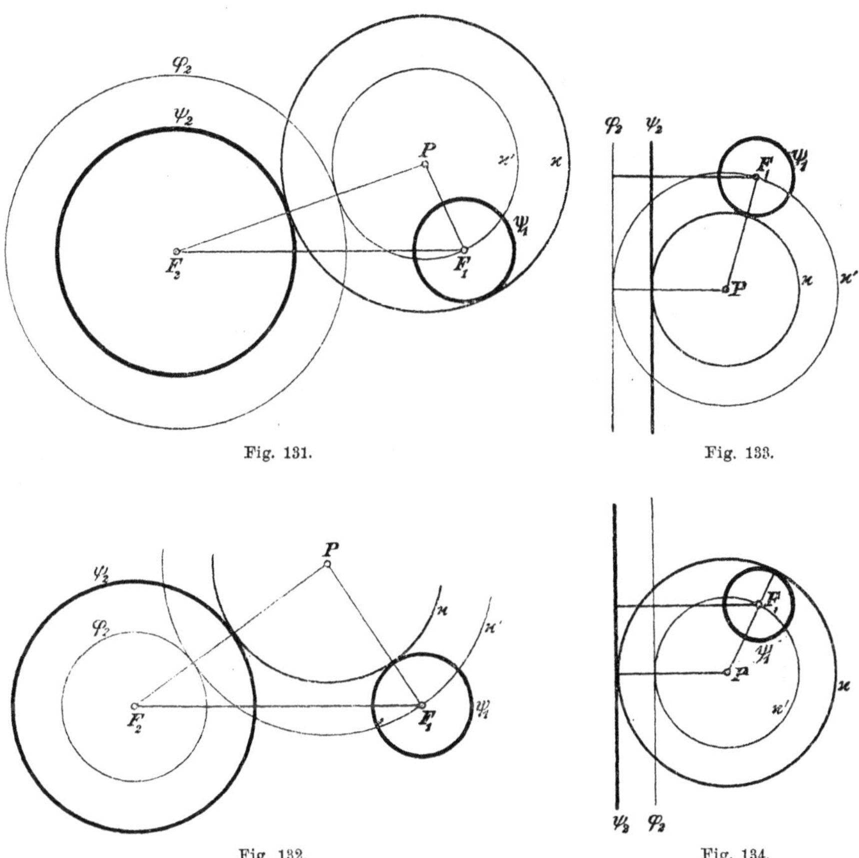

Fig. 131. Fig. 133. Fig. 132. Fig. 134.

2. Auf Grund unserer Definition ist es leicht, Punkte eines Kegelschnittes in beliebiger Menge zu konstruieren, wenn F_1 und φ_2 gegeben sind; falls φ_2 ein Kreis, sei $2a$ sein Radius, F_2 sein Zentrum. Schreibt man auf φ_2 den Berührungspunkt Q eines Kreises $\varkappa$ vor, der durch F_1 gehen und φ_2 berühren soll, so liegt sein Mittelpunkt P einerseits auf dem Mittellote von $F_1 Q$, andererseits, wenn φ_2 ein Kreis ist, auf dem Radius $F_2 Q$ (siehe Fig. 135 und 136), oder, falls φ_2 in eine Gerade ausgeartet ist, auf der Geraden, die in Q auf φ_2 senkrecht steht (siehe Fig. 137).

Legt man im Falle der Ellipse oder der Hyperbel um P als Zentrum einen Kreis λ, der durch F_2 geht (Fig. 138 und 139), so trifft die Gerade $F_1 P$ diesen Kreis immer in einem Punkte R von der Art, daß $RF_1 = QF_2$ gleich dem Radius $2a$ des Kreises φ_2 ist. Der

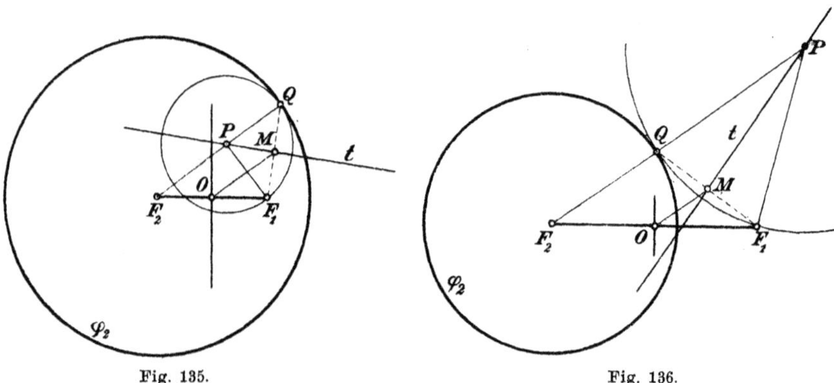

Fig. 135. Fig. 136.

Kreis λ geht also durch F_2 und berührt einen festen Kreis φ_1 mit dem Mittelpunkte F_1 und dem Radius $2a$. Die Ellipse oder Hyperbel ist daher der Ort der Mittelpunkte sowohl der Kreise, die durch F_2 gehen und φ_1 berühren, als auch der Kreise, die

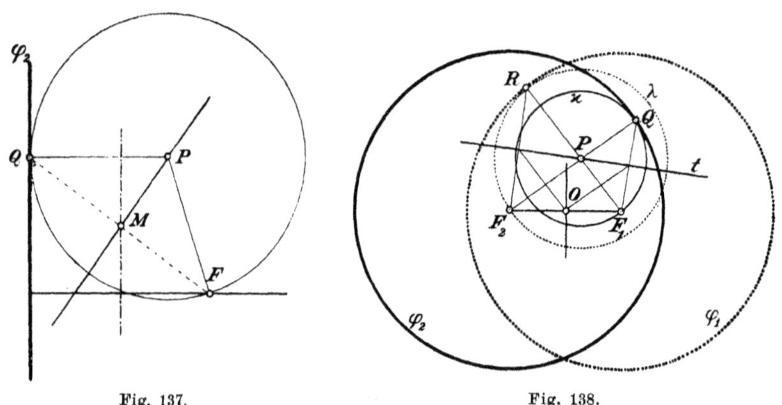

Fig. 137. Fig. 138.

durch F_1 gehen und φ_2 berühren. Da die Bestimmungsstücke F_1 und φ_2 des Kegelschnittes durch Spiegelung an dem Mittellote von $F_1 F_2$ in die Bestimmungsstücke F_2 und φ_1 übergehen, so liegen alle seine Punkte zu diesem Mittellote symmetrisch; und da diese Stücke durch Spiegelung an der Geraden $F_1 F_2$ in sich selbst übergehen, so teilt auch $F_1 F_2$ den Kegegelschnitt in zwei symmetrisch gleiche Teile: Die Ellipse und die Hyperbel haben also zwei zueinander senkrechte Symmetrieachsen; auf einer derselben liegen die Punkte F_1, F_2, die „Brennpunkte" des Kegelschnittes, von denen nach dem Vorangehenden keiner vor dem anderen bevorzugt ist, wie es nach der Definition hätte scheinen können. Auch übersieht man jetzt sofort eine andere Definition dieser zwei Arten von Kegelschnitten, die beide Brennpunkte gleichmäßig benutzt. Im Falle der Ellipse ist nämlich nach Fig. 135: $PF_1 + PF_2 = F_2Q = 2a$, und im Falle der Hyperbel nach Fig. 136 entweder $PF_1 - PF_2$ oder $PF_2 - PF_1 = 2a$. Es folgt: Die Ellipse bezw. Hyperbel ist der Ort eines Punktes, dessen Abstände von zwei festen Punkten F_1 und F_2, den Brennpunkten, eine konstante Summe bezw. Differenz

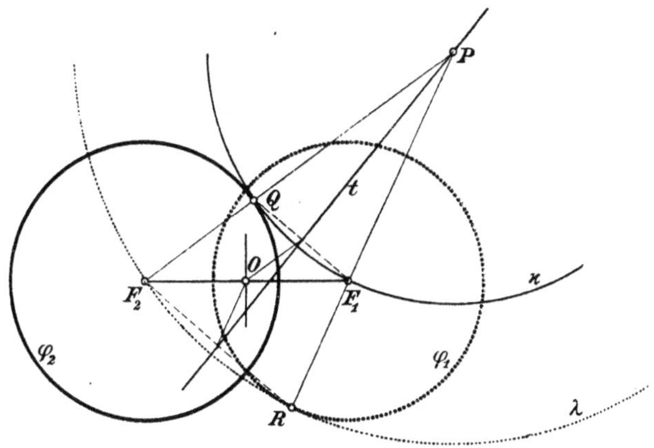

Fig. 139.

bilden. Hingegen ist die Parabel der Ort aller Punkte, die von einem festen Punkte F_1, dem „Brennpunkte", und einer festen Geraden, der „Leitlinie", denselben Abstand haben, wie aus der Konstruktion des Parabelpunktes P in Fig. 137 unmittelbar zu ersehen ist. Es ist klar, daß diese Abstandseigenschaften zur Definition der Kegelschnitte dienen können, indem jedesmal die von der ursprünglichen Definition geforderte Linie φ_2 sofort angegeben werden kann. Auf Grund der neuen Definition ist aber unter Benutzung der Dandelischen Kugeln, wie wir in der darstellenden Geometrie zeigen werden, leicht der Nachweis zu führen, daß die durch sie bestimmten Kegelschnitte als ebene Schnitte von Rotationskegeln, also als Kreisprojektionen und damit als Erzeugnisse projektiver Strahlenbüschel herstellbar sind.

3. Zu unserer ersten Definition in Art. 1 zurückkehrend wollen wir jetzt die Aufgabe lösen, einen Kegelschnitt, der durch Brennpunkt und Leitlinie F_1, φ_2 gegeben ist, mit einer Geraden u zum Schnitt zu bringen (Fig. 140, 141, 142); das heißt vermöge dieser Definition, man soll auf u die Mittelpunkte der Kreise $\varkappa$ finden, die durch F_1 gehen und φ_2 berühren. Alle durch F_1 gehenden Kreise aber, deren Mittelpunkte auf u liegen, gehen noch durch einen zweiten Punkt G_1, der zu F_1 bezüglich u symmetrisch liegt, bilden also ein Kreisbüschel, und unsere Aufgabe ist damit auf die schon früher gelöste zurückgeführt, diejenigen Kreise eines Kreisbüschels zu konstruieren, die einen gegebenen Kreis φ_2 berühren. Daher ergibt sich folgende Lösung für Ellipse und Hyperbel: Man legt durch F_1 und G_1 irgend einen Hilfskreis η, der φ_2 in zwei Punkten A und B trifft und legt vom Schnittpunkte S der Geraden F_1G_1 und AB aus an φ_2 die Tangenten. Die nach den Berührungspunkten T_1 und T_2 gehenden Radien F_2T_1 und F_2T_2 des Kreises φ_2 treffen dann u in den gesuchten P_1 und P_2.[1]) Eine Gerade u hat also mit einer Ellipse oder Hyperbel höchstens zwei Punkte gemeinsam. Damit diese zwei Punkte P_1, P_2 in einen zusammenfallen und die Gerade u zur Tangente des Kegelschnittes wird, muß T_1 mit T_2 zusammenfallen, was nur möglich ist, wenn in denselben Punkt S fällt, also G_1 auf φ_2 liegt. Eine Gerade u ist also Tangente einer Ellipse oder Hyperbel, wenn der bezüglich u zu einem Brennpunkte F_1 symmetrisch gelegene

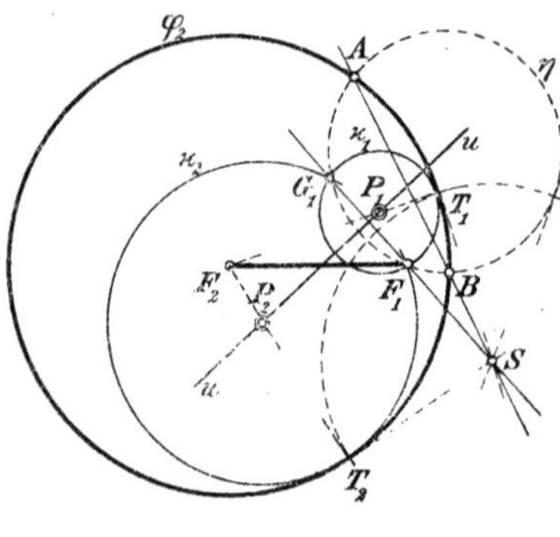

Fig. 140.

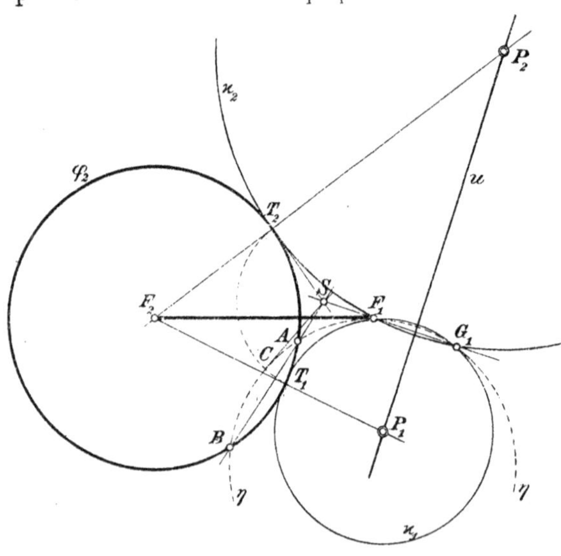

Fig. 141.

1) Wenn u durch F_2 geht, werden T_1 und T_2 einfach durch den Schnitt von u mit φ_2 bestimmt, indem $AB \parallel F_1G_1$ wird.

Punkt Q auf dem Kreise φ_2 liegt. In Fig. 135 und 136 sind also die Geraden MP Tangenten, P ist jedesmal der Berührungspunkt. Ist O der Mittelpunkt von F_1F_2 (siehe Fig. 135 und 136), M die Mitte von F_1Q, so ist $OM \parallel F_2Q$, also $OM = \frac{1}{2}F_2Q = a$. Die Fußpunkte M der Lote, die aus den Brennpunkten einer Ellipse oder Hyperbel auf die Tangenten derselben gefällt werden können, liegen also auf dem Kreise, der den „Mittelpunkt" O der Ellipse zum Zentrum und a zum Radius hat. Die Tangente der Hyperbel oder Ellipse in einem ihrer Punkte P halbiert den von den Strahlen PF_1 und PF_2 gebildeten Winkel F_1PF_2, bezw. den Nebenwinkel.

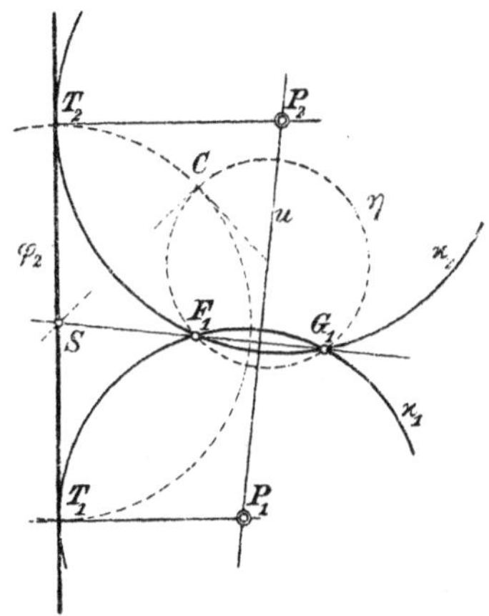

Fig. 142.

4. Mit geringen Änderungen gelten alle diese Sätze von der Parabel. Modifiziert man die in Fig. 140 und 141 gegebene Konstruktion so, daß von S aus nicht an φ_2, sondern an den Hilfskreis η die Tangenten gelegt werden, und ist C einer der Berührungspunkte, so liegt er mitsamt T_1, T_2 auf einem Kreise, der S zum Zentrum hat. In dieser Modifikation ist die in Fig. 140 und 141 gegebene Konstruktion auch auf die Parabel anwendbar (Fig. 142), bei der ja φ_2 in eine Gerade ausgeartet ist. Um eine Gerade u mit einer Parabel zum Schnitt zu bringen, die durch Brennpunkt und Leitlinie F_1 und φ_2 festgelegt ist, fällt man von F_1 auf u das Lot, bringt es (in S) mit der Leitlinie zum Schnitt, legt um einen Punkt von u als Zentrum den Kreis η,[1]) der durch F_1 geht, und zieht an diesen Kreis von S aus eine Tangente SC_1. Der Kreis um S als Zentrum, der durch C_1 geht, schneidet dann φ_2 in zwei Punkten T_1, T_2 derart, daß die Lote in T_1 und T_2 auf φ_2 die Gerade u in den Punkten P_1, P_2 schneiden, die die Gerade u etwa mit der Parabel gemeinsam hat.

Die Gerade u wird zur Tangente der Parabel, wenn P_1 mit P_2, also T_1 mit T_2 in einen Punkt Q auf φ_2 zusammenfällt (siehe Fig. 137). Der Ort des Fußpunktes M des vom Brennpunkt F_1 auf eine Tangente der Parabel gefällten Lotes ist eine Parallele zur Leitlinie φ_2, die den Abstand derselben vom Brennpunkte halbiert. Diese Parallele ist selber eine Tangente, die Scheitel-

1) Hier braucht η die Linie φ_2 nicht zu treffen.

tangente, da sie die Parabel in ihrem Schnittpunkt mit der Symmetrieachse, dem Scheitel, berührt.

5. Wie ein Kegelschnitt mit einer Geraden höchstens zwei Punkte gemein hat, so gehen durch einen Punkt A höchstens zwei Tangenten des Kegelschnittes, wie wir jetzt zeigen können. Bezeichnet nämlich Q (Fig. 143) den bezüglich der Geraden u zu F_1 symmetrisch gelegenen Punkt, der sich, wenn u Tangente ist, auf φ_2 befindet, so ist $AQ = AF_1$. Daher liegt Q auf dem Kreise α um A als Zentrum, der durch F_1 geht. Andererseits liegt Q auf φ_2. Folglich gibt es zwei Punkte Q_1 und Q_2 von der Art, daß

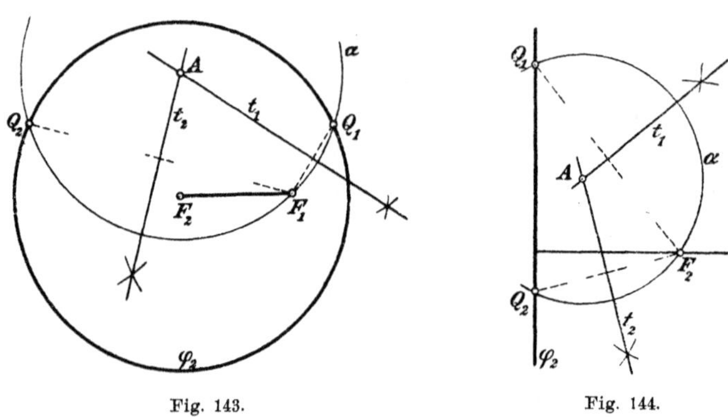

Fig. 143. Fig. 144.

die Mittellote von $F_1 Q_1$ und $F_1 Q_2$ Tangenten sind, die, als Radien des Kreises α, durch A gehen. Die Konstruktion hält auch im Falle der Parabel Stich (Fig. 144).

Wenn F_1 mit F_2 zusammenfällt und φ_2 ein Kreis mit dem Radius $2a$ bleibt, ist der Kegelschnitt ein Kreis mit dem Radius a. Die obige Tangentenkonstruktion geht dann über in die alte, schon von Euklid angegebene Konstruktion der Kreistangente, die auch in den beiden Nichteuklidischen Geometrien gilt.

Auch die andere Konstruktion der Kreistangente, die darauf beruht, daß der Berührungsradius auf der Tangente senkrecht steht, läßt sich auf die Kegelschnitte übertragen (Fig. 145 und 146). Der Fußpunkt M des Lotes, das man von F_1 auf die Kegelschnittstangente u fällen kann, liegt, wie wir gesehen haben, bei Ellipse und Hyperbel auf einem Kreise σ mit dem Radius a, der den Mittelpunkt des Kegelschnitts zum Zentrum hat. Im Falle der Parabel geht dieser Kreis in die Scheiteltangente über. Ein zweiter Ort für M ist der Kreis, der AF_1 als Durchmesser faßt. Durch beide Kreise sind zwei Lagen von M bestimmt und damit ist die Aufgabe gelöst. — Fällt wiederum F_1 mit F_2 in einem Punkte O zusammen, sodaß der Kegelschnitt in einen Kreis übergeht, so fällt der erste Ort für M mit diesem Kreise zusammen, der zweite Ort wird zum Kreise, der AO zum Durchmesser hat.

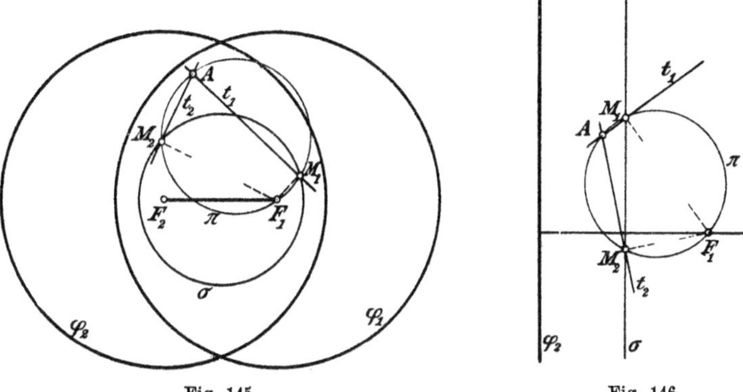

Fig. 145. Fig. 146.

Mit diesen metrischen Konstruktionen und Lehrsätzen möge es sein Bewenden haben; weitere Einzelheiten findet man in den Speziallehrbüchern, von denen wir das von Zeuthen[1]) deshalb empfehlen, weil es auf der auch von uns benutzten Definition der Kegelschnitte beruht.

1) Grundriß einer elementargeometrischen Kegelschnittslehre.

ZWEITES BUCH.

TRIGONOMETRIE.

Fünfter Abschnitt.

Ebene Trigonometrie und Polygonometrie.

§ 26. Trigonometrische Funktionen. Rechtwinkliges Dreieck.

1. Die Planimetrie hat uns gelehrt, daß zwischen den Seiten und den Winkeln eines Dreiecks eine gewisse Abhängigkeit besteht.

Die Kongruenzsätze zeigen, daß ein Dreieck nach Gestalt und Größe vollständig bestimmt ist, wenn entweder die drei Seiten, oder zwei Seiten und der eingeschlossene Winkel, oder eine Seite und zwei Winkel gegeben sind.

Sind zwei Seiten und ein anliegender Winkel gegeben, so ist das Dreieck, wenn auch nicht eindeutig, doch höchstens auf zwei Arten bestimmt.

Man kann also sagen, daß, wenn von den sechs Stücken des Dreiecks, den drei Seiten und den drei Winkeln, irgend drei gegeben sind, so sind die drei anderen dadurch mitbestimmt. Eine Ausnahme davon machen die drei Winkel, die nicht voneinander unabhängig sind, sondern eine konstante Summe von zwei Rechten haben müssen. Die drei Winkel vertreten also nur die Stelle von zwei Daten, und reichen nicht aus, das Dreieck zu bestimmen.

Will man diese Verhältnisse durch die Rechnung verfolgen, so ist zu beachten, daß Winkel und Strecken von Hause aus ganz verschiedene Dinge sind, die je durch eine besondere Einheit gemessen werden. Die Einheit ist ein an sich willkürlich gewähltes Ding der gleichen Art, also eine bestimmte Strecke und ein bestimmter Winkel. Darin können Winkel und Strecken zwar durch Zahlen ausgedrückt werden; die beiden Zahlenarten haben aber keinerlei Beziehung zueinander.

Für die Streckenmessung ist jetzt allgemein das metrische System gebräuchlich, so daß als Einheit etwa das Meter oder das Zentimeter gebraucht wird. Die Winkel werden in praktischen Anwendungen ausschließlich nach Graden, Minuten, Sekunden gemessen, wobei der rechte Winkel in 90 gleiche Teile, Grade genannt, eingeteilt wird. Jeder Grad wird in 60 Minuten, jede Minute in 60 Sekunden geteilt. Die dafür gebräuchliche abkürzende Schreibweise ergibt sich aus dem Beispiel $18^0 35' 10''$ d. h. achtzehn Grad, fünfunddreißig Minuten, zehn Sekunden. Der stumpfe Winkel hat mehr als 90 Grad und der gestreckte Winkel 180 Grad. Es sind in unserer Zeit Bestrebungen hervorgetreten, auch beim Winkel eine Dezimalteilung einzuführen, indem man den rechten Winkel in 100 Grade teilt, die dann weiter dezimal geteilt werden. Eine solche Dezimalteilung hätte für den praktischen Gebrauch große Vorteile. Bis jetzt aber sind die trigonometrischen Tafeln noch nicht auf diese Teilung eingerichtet.

2. Will man die Abhängigkeit zwischen den Seiten und Winkeln des Dreiecks durch Gleichungen ausdrücken, so muß man nicht die Winkel selbst, sondern gewisse von ihnen abhängige Größen durch Zahlen ausdrücken, die zu den Längen in einer algebraischen Beziehung stehen. Diese Größen werden die trigonometrischen Funktionen genannt. Ihre Bedeutung läßt sich am einfachsten an einem rechtwinkligen Dreieck erläutern.

Es sei ABC ein bei C rechtwinkliges Dreieck, a, b die Katheten, c die Hypotenuse. Die beiden spitzen Winkel α, β ergänzen einander zu einem rechten. Jeder heißt das Komplement des anderen.

Man nennt nun das Verhältnis der gegenüberliegenden Kathete a zu der Hypotenuse c den Sinus des Winkels α und schreibt abgekürzt

$$\sin \alpha = \frac{a}{c}.$$

Der Sinus ist also eine positive Zahl, und da die Hypotenuse immer größer ist als jede der beiden Katheten, ein positiver echter Bruch.

Das Verhältnis der anliegenden Kathete b zu der Hypotenuse heißt der Kosinus des Winkels α. Man schreibt

$$\cos \alpha = \frac{b}{c},$$

und der Kosinus ist also ebenfalls ein positiver echter Bruch.

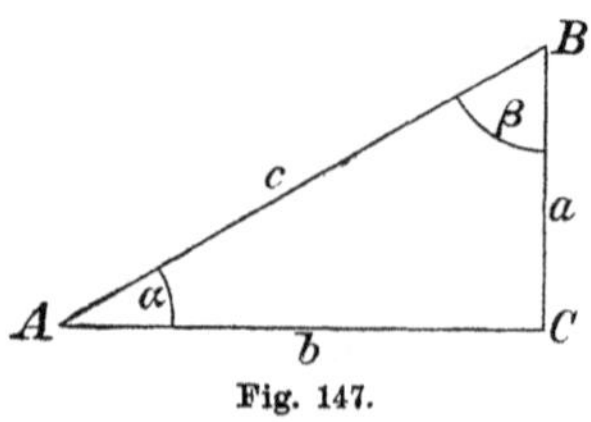

Fig. 147.

Das Verhältnis der gegenüberliegenden Kathete a zu der anliegenden b heißt die Tangente des Winkels α, und das Verhältnis der anliegenden zur gegenüberliegenden Kathete die Kotangente. Geschrieben:

$$\operatorname{tg} \alpha = \frac{a}{b}, \qquad \operatorname{cotg} \alpha = \frac{b}{a}.$$

Endlich werden bisweilen auch die beiden noch fehlenden Verhältnisse: Hypotenuse zu anliegender Kathete und Hypotenuse zu gegenüberliegender Kathete als Sekante und Kosekante des Winkels α bezeichnet:

$$\sec\alpha = \frac{c}{b}, \quad \operatorname{cosec}\alpha = \frac{c}{a}.$$

Da die sechs trigonometrischen Funktionen $\sin\alpha$, $\cos\alpha$, $\operatorname{tg}\alpha$, $\operatorname{cotg}\alpha$, $\sec\alpha$, $\operatorname{cosec}\alpha$ durch Verhältnisse von Dreiecksseiten definiert sind, so bleiben sie ungeändert, wenn das Dreieck ABC durch ein anderes, aber ähnliches, ersetzt wird. Zwei rechtwinklige Dreiecke sind aber immer ähnlich, wenn sie in einem der beiden spitzen Winkel übereinstimmen. Die trigonometrischen Funktionen sind also nur von dem Winkel α abhängig, nicht von der Größe und Lage des rechtwinkeligen Dreiecks, in dem dieser Winkel vorkommt.

Die vier Funktionen $\sin\alpha$, $\cos\alpha$, $\operatorname{tg}\alpha$, $\operatorname{cotg}\alpha$ sind in den gebräuchlichen Tabellen zu finden; die weit seltener gebrauchten Funktionen $\sec\alpha$, $\operatorname{cosec}\alpha$ pflegen nicht darin aufgeführt zu sein.

Die Tafeln geben meist nicht die Funktionen selbst, sondern deren Briggische Logarithmen, und zwar für alle Winkel zwischen 0^0 und 90^0, von Minute zu Minute. Um die entsprechenden Zahlen für zwischenliegende Winkel zu finden, muß man Interpolationen anwenden, worüber man in den Einleitungen zu den Tafeln die nötigen Anweisungen findet.[1])

3. Zwischen den trigonometrischen Funktionen bestehen mannigfaltige Relationen, die sich leicht aus der Definition ergeben. Zunächst ist nach dem Pythagoräischen Lehrsatz

$$a^2 + b^2 = c^2,$$

und das ergibt vermöge der Definition von Sinus und Kosinus

$$\sin\alpha^2 + \cos\alpha^2 = 1. \tag{1}$$

Man kann daher jede der beiden Zahlen $\sin\alpha$ und $\cos\alpha$ durch die andere ausdrücken:

$$\cos\alpha = \sqrt{1 - \sin\alpha^2}, \quad \sin\alpha = \sqrt{1 - \cos\alpha^2}. \tag{2}$$

Ferner ergibt sich für die vier anderen Funktionen

$$\operatorname{tg}\alpha = \frac{\sin\alpha}{\cos\alpha}, \quad \operatorname{cotg}\alpha = \frac{\cos\alpha}{\sin\alpha}, \tag{3}$$

1) Ursprung und Bedeutung des Wortes Sinus ist nicht ganz sicher. Die Sache ist uns durch Vermittelung der Araber zugekommen und seit dem 12. Jahrhundert im Abendlande bekannt. Das Wort „cosinus" ist eine Abkürzung für „complementi sinus", Sinus des Komplementes ($\cos\alpha = \sin\beta$), und ist seit Anfang des 17. Jahrhunderts gebräuchlich; etwa aus derselben Zeit stammen auch die Namen Tangente, Sekante. Vgl. Cantor, Gesch. d. Mathematik Bd. I. S. 693; Bd. II. S. 604. v. Braunmühl, Vorlesungen über Geschichte der Trigonometrie.

(4) $$\sec\alpha = \frac{1}{\cos\alpha}, \quad \operatorname{cosec}\alpha = \frac{1}{\sin\alpha},$$

die man in mannigfacher Weise miteinander kombinieren kann, und man kann so z. B., was eine gute Übung ist, jede der sechs Funktionen durch jede andere ausdrücken. Man erhält z. B.

(5) $$1 + \operatorname{tg}\alpha^2 = \frac{1}{\cos\alpha^2}, \quad 1 + \operatorname{cotg}\alpha^2 = \frac{1}{\sin\alpha^2}.$$

Der Winkel β im rechtwinkligen Dreieck (Fig. 147) ist, wie schon bemerkt, das Komplement von α. Es ist aber

$$\sin\beta = \frac{b}{c}, \quad \cos\beta = \frac{a}{b},$$

also

(6) $$\cos\alpha = \sin\beta, \quad \sin\alpha = \cos\beta,$$

und ebenso

(7) $$\operatorname{cotg}\alpha = \operatorname{tg}\beta, \quad \operatorname{cotg}\beta = \operatorname{tg}\alpha.$$

§ 27. Goniometrie.

1. Da in dem rechtwinkligen Dreieck außer dem rechten nur spitze Winkel vorkommen können, so sind durch das Vorstehende die trigonometrischen Funktionen nur für spitze Winkel erklärt. Aber schon in einem Dreieck kann auch ein stumpfer Winkel vorkommen. Im Viereck

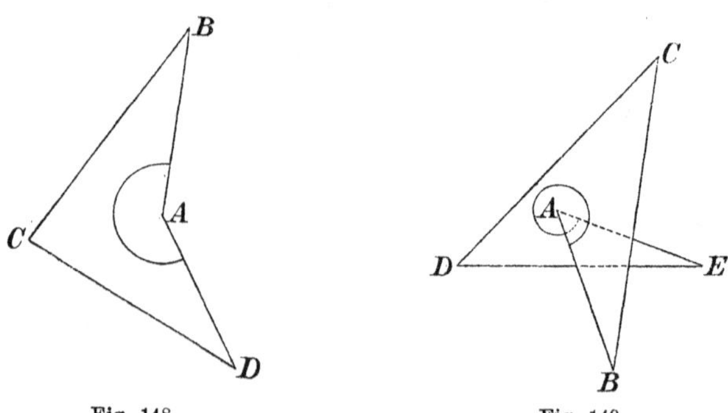

Fig. 148. Fig. 149.

kann einer der Winkel größer als zwei rechte sein (Fig. 148), und beim Fünfeck können sogar Winkel vorkommen, die größer als vier rechte sind, wenn man, wie es naturgemäß ist, den Winkel in einem Vieleck durch das Flächenstück erklärt, das zwischen zwei zusammenstoßenden Seiten im Inneren des Vielecks liegt. Freilich muß dann, wenn Winkel vorkommen, die größer als vier rechte sind, angenommen werden, daß ein Teil der Vielecksfläche über einen anderen Teil gelagert ist, wie es z. B. in der Zeichnung des Fünfecks (Fig. 149) angedeutet ist. Hier ist der Winkel bei A größer als vier Rechte.

Hiernach liegt das Bedürfnis vor, die trigonometrischen Funktionen nicht nur für stumpfe und überstumpfe Winkel, sondern für Winkel von beliebiger Größe zu definieren. Man erklärt zu diesem Zwecke den Winkel als Maß einer Drehung, die man einem durch einen festen Punkt gehenden Strahl, etwa wie dem Zeiger einer Uhr, erteilt hat. Man hat dann auch die Möglichkeit, den Sinn der Drehung, ob rechts oder links, durch das Vorzeichen zu unterscheiden, und dann kann man die ganze unbegrenzte Zahlenreihe zur Messung von Winkeln anwenden. Um das etwas genauer darzulegen, nehmen wir einen Kreis und einen um dessen Mittelpunkt C drehbaren Strahl CE, außerdem auf der Kreisperipherie einen Nullpunkt A (Fig. 150). Die Drehung des Strahles kann dann gemessen werden durch den Winkel α, den der drehbare Strahl von der Lage CA aus überstrichen hat, und dieser Winkel soll positiv gerechnet sein, wenn er durch eine Drehung von rechts nach links für den in C stehenden Beobachter (also dem Zeiger der Uhr entgegengesetzt) entstanden ist, im anderen Falle negativ. Der Winkel α kann dann nach beiden Seiten hin ohne Grenzen wachsen.

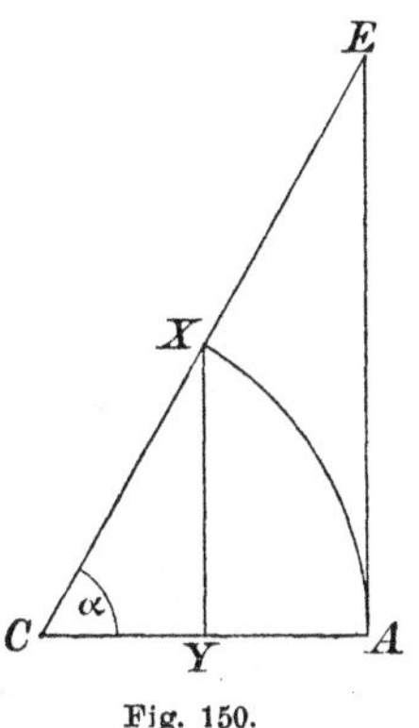

Fig. 150.

Den Winkel messen wir entweder dadurch, daß wir die ganze Kreisperipherie in 360 Grade einteilen, und daß wir, wenn der Punkt die ganze Peripherie durchlaufen hat, über 360 hinaus weiter zählen. Oder wir messen den Winkel durch das Verhältnis der Länge des Kreisbogens, den der Schnittpunkt X des Strahles auf ihm durchlaufen hat, zu der Länge des Radius, positiv im einen, negativ im anderen Sinne genommen (absolutes oder Bogenmaß).

Diese Verhältniszahl ist unabhängig von der Größe des Kreisradius und auch unabhängig von der gewählten Längeneinheit. Wählt man den Radius selbst als Längeneinheit, so ist die in derselben Längeneinheit gemessene Bogenlänge AX selbst das Maß des Winkels α. Bei dieser Winkelmessung erhält der gestreckte Winkel (180^0) die Maßzahl

$$\pi = 3{,}14159265\cdots,$$

der rechte Winkel die Maßzahl

$$\frac{\pi}{2} = 1{,}570796 32\cdots$$

und die ganze Pheripherie die Maßzahl

$$2\pi = 6{,}28318530\cdots.$$

Die Einheit des Winkels ist der Winkel, dessen Bogen dem Radius gleich ist. Man erhält die Gradzahl x für diesen Winkel aus der Proportion $x : 180 = 1 : \pi$, die einen Winkel von $57^0 17' 44{,}8''$ ergibt.

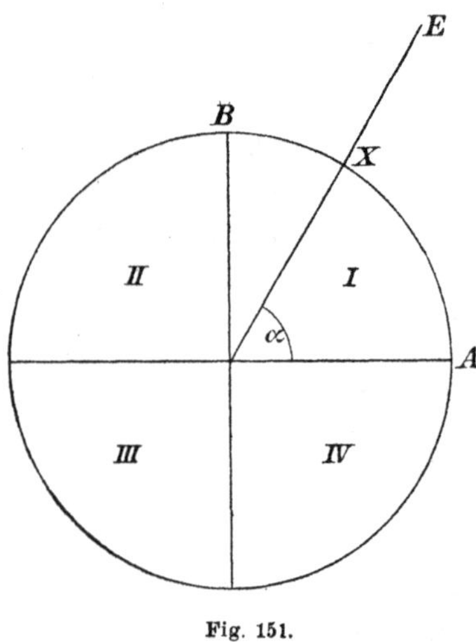

Fig. 151.

Wir teilen durch zwei zueinander senkrechte Durchmesser die Kreisfläche (und durch Verlängerung die ganze Ebene) in vier Teile, I, II, III, IV, die wir die Quadranten nennen, und als 1ten, 2ten, 3ten, 4ten unterscheiden (Fig. 151). Wir können auch weiter zählen und vom 5ten, 6ten, ⋯ und vom — 1ten, — 2ten Quadranten reden. Es decken sich dann räumlich z. B. der 5te und 1te oder der 4te und — 1te Quadrant. Bei der Messung der Drehung aber sind sie unterschieden.[1])

2. Die Winkel im ersten Quadranten entsprechen den spitzen Winkeln α im rechtwinkligen Dreieck Fig. 147, und wenn wir also vom Punkt X ein Perpendikel XY auf die Nulllage CA des Radius fällen, so ist die Länge a dieses Perpendikels gleich dem Sinus des Winkels α, vorausgesetzt, daß wir wieder den Radius als Längeneinheit annehmen. Der Abschnitt $YC = b$ ist der Kosinus des Winkels α (Fig. 152).

Wir wollen nun übereinkommen, eine Senkrechte auf dem Anfangsdurchmesser AA' nach oben positiv, nach unten negativ zu rechnen, und eine Senkrechte auf dem Durchmesser BB' nach A (nach rechts) positiv, nach A' (nach links) negativ zu nennen, und die Maßzahlen mit den entsprechenden Vorzeichen zu versehen. Nach dieser Festsetzung wollen wir unter dem Sinus des Winkels die Länge des Perpendikels vom Punkte X auf den Anfangsdurchmesser, unter dem Kosinus den Abschnitt vom Mittelpunkt bis zum Fußpunkt dieses Perpendikels, oder was dasselbe ist, die Länge des Perpendikels von X auf BB' verstehen.

Man bemerke dabei, daß die trigonometrischen Funktionen eigentlich nicht Längen, sondern die Verhältniszahlen dieser Längen zu der Länge des Radius sind, daß man sie aber, wenn man den Radius zur Längeneinheit nimmt, durch Längen darstellen kann, was zur Ver-

1) Die Quadrantenzahlen, um 1 vermindert, würden die Ganzen bei einer Winkelmessung sein, bei der der rechte Winkel als Einheit gilt.

anschaulichung sehr dienlich ist. Man spricht daher auch von den trigonometrischen Linien Sinus und Kosinus.

Nach dieser Festsetzung haben wir folgende Zeichenbestimmung:

I. Quadrant Sinus + Kosinus +,
II. „ „ + „ −,
III. „ „ − „ −,
IV. „ „ − „ +,

wie man aus dem Anblick der Fig. 152 sofort erkennt.

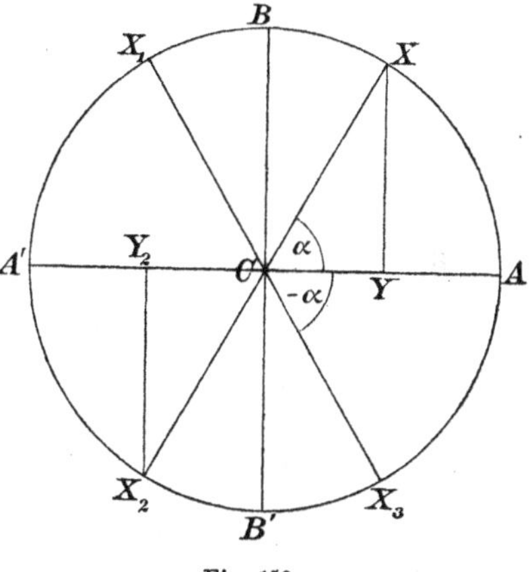

Fig. 152.

3. Periodizität. Wenn der Winkel α um die ganze Kreisperipherie wächst oder abnimmt, so kehrt der Punkt X in seine Ausgangslage zurück. Daher erhalten auch Sinus und Kosinus ihre früheren Werte wieder. Das drückt sich, wenn wir für die Winkel das Bogenmaß anwenden, in den Formeln aus:

(1) $$\sin(\alpha + 2\pi) = \sin\alpha, \quad \cos(\alpha + 2\pi) = \cos\alpha,$$

und allgemein:

(2) $$\sin(\alpha + 2k\pi) = \sin\alpha, \quad \cos(\alpha + 2k\pi) = \cos\alpha,$$

wenn k eine beliebige positive oder negative ganze Zahl ist. Diese Eigenschaft, ungeändert zu bleiben, wenn der Winkel um eine bestimmte Größe wächst, heißt die Periodizität der trigonometrischen Funktionen, die Größe 2π und jedes Vielfache von 2π heißt eine Periode. Man kann jeden Winkel durch Hinzufügung einer Periode in einen der vier ersten Quadranten bringen.

4. Wenn der Winkel nur um die halbe Kreisperipherie wächst oder abnimmt, so geht der Punkt X in die diametral gegenüberliegende Lage X_2 über und $\sin\alpha$ und $\cos\alpha$ bleiben dem absoluten Werte nach ungeändert, ändern aber beide ihr Vorzeichen (in der Fig. 152 sind die Dreiecke CXY und CX_2Y_2 kongruent). Wir haben also

(3) $$\sin(\alpha \pm \pi) = -\sin\alpha, \quad \cos(\alpha \pm \pi) = -\cos\alpha,$$

und diese Formeln gelten für jeden beliebigen Winkel α.

Durch Subtraktion von π kann man die Winkel des dritten und vierten Quadranten in den ersten und zweiten hineinbringen.

5. Wenn wir die Drehung $AX = \alpha$ im entgegengesetzten Sinne ausführen, so kommt, was auch α sein mag, X in eine Lage X_3, die zu X in bezug auf AA' symmetrisch liegt. Es ändert also der

Sinus sein Vorzeichen, der Kosinus bleibt ungeändert, und es ist für jeden Winkel α

(4) $$\sin(-\alpha) = -\sin\alpha, \qquad \cos(-\alpha) = \cos\alpha,$$

und wenn man α mit $-\alpha$ vertauscht, so folgt hiernach aus (3)

(5) $$\sin(\pi - \alpha) = \sin\alpha, \qquad \cos(\pi - \alpha) = -\cos\alpha.$$

Der Sinus eines Winkels ist also gleich dem Sinus seines Supplementes und der Kosinus gleich dem negativen Kosinus des Supplementes.

6. Wir haben schon im vorigen Paragraphen gesehen und bestätigen es an der Fig. 152 unmittelbar, daß der Kosinus eines spitzen Winkels α gleich dem Sinus seines Komplementes ist, daß also, wenn α im ersten Quadranten liegt,

(6) $$\cos\alpha = \sin\left(\frac{\pi}{2} - \alpha\right), \qquad \sin\alpha = \cos\left(\frac{\pi}{2} - \alpha\right).$$

Wenn aber α stumpf ist, so ist $\alpha' = \pi - \alpha$ spitz, und es ist also dann nach (6) $\cos(\pi - \alpha) = \sin(-\pi/2 + \alpha)$ oder nach (4) und (5) wiederum $\cos\alpha = \sin(\pi/2 - \alpha)$, und ebenso $\sin\alpha = \cos(\pi/2 - \alpha)$. Die Formeln (6) gelten also auch für stumpfe Winkel.

Wenn α im 3ten oder 4ten Quadranten liegt, so liegt $\alpha - \pi$ im 1ten oder 2ten, und folglich ist auch jetzt $\cos(\alpha - \pi) = \sin(\pi/2 - \alpha + \pi)$, also folgt nach (3) auch hier die Gültigkeit von (6).

Vermehrt oder vermindert man endlich α noch um beliebige Vielfache von 2π, so ergibt sich die ganz allgemeine Gültigkeit der Formeln (6).

Daß endlich allgemein die Formel gilt

(7) $$\sin\alpha^2 + \cos\alpha^2 = 1,$$

kann ebenso aus ihrer Gültigkeit für einen spitzen Winkel gefolgert werden, ist aber auch für den allgemeinen Fall nichts anderes als der Pythagoräische Lehrsatz.

7. Die Funktionen $\operatorname{tg}\alpha$, $\operatorname{cotg}\alpha$, $\sec\alpha$, $\operatorname{cosec}\alpha$ erklären wir nun für den allgemeinen Fall einfach durch die Formeln

(8) $$\operatorname{tg}\alpha = \frac{\sin\alpha}{\cos\alpha}, \qquad \operatorname{cotg}\alpha = \frac{\cos\alpha}{\sin\alpha} = \frac{1}{\operatorname{tg}\alpha},$$
$$\sec\alpha = \frac{1}{\cos\alpha}, \qquad \operatorname{cosec}\alpha = \frac{1}{\sin\alpha}.$$

Aus (3) ergibt sich dann

(9) $$\operatorname{tg}(\alpha \pm \pi) = \operatorname{tg}\alpha, \qquad \operatorname{cotg}(\alpha \pm \pi) = \operatorname{cotg}\alpha,$$

und diese beiden Funktionen haben also auch eine Periode, nämlich

π und alle Vielfache von π. Sie sind positiv im ersten und dritten, negativ im zweiten und vierten Quadranten.

Aus (4) und (6) ergibt sich

$$\text{(10)} \qquad \operatorname{tg}(-\alpha) = -\operatorname{tg}\alpha, \qquad \operatorname{cotg}(-\alpha) = -\operatorname{cotg}\alpha,$$

$$\text{(11)} \qquad \operatorname{tg}\left(\frac{\pi}{2} - \alpha\right) = \operatorname{cotg}\alpha.$$

Man kann die Tangente und die Sekante ebenfalls als Linien an dem Kreis mit dem Radius 1 darstellen und es erklären sich aus dieser Darstellung die Namen.

Wir beschränken uns auf den ersten Quadranten. Man lege in A eine Tangente AE an den Kreis (Senkrechte auf AC). Dann geben die beiden ähnlichen Dreiecke CEA und CXY (Fig. 153) die Proportion

$$\overline{AE} : \overline{XY} = \overline{AC} : \overline{CY},$$

und da $XY = \sin\alpha$, $CY = \cos\alpha$, $AC = 1$ ist, so folgt, daß $AE = \operatorname{tg}\alpha$ ist.

Es ist ferner aus denselben Dreiecken $CE : CX = CA : CY$, also ist $CE = 1 : \cos\alpha = \sec\alpha$.

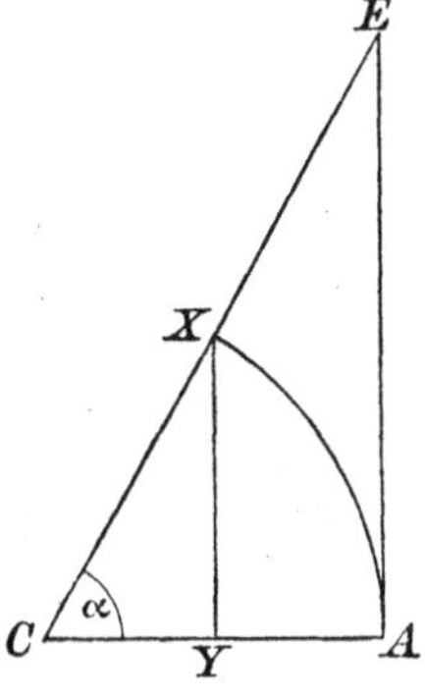

Fig. 153.

8. Wenn die trigonometrischen Funktionen $\sin\alpha$, $\cos\alpha$ eines Winkels gegeben sind, so ist damit der Winkel α nicht vollständig bestimmt, dagegen ist α vollständig bestimmt, wenn etwa noch die Forderung hinzukommt, daß der Winkel α zwischen 0 und 2π liegen soll. Ist nur eine der beiden Funktionen, etwa $\sin\alpha$ gegeben, so gibt es auch in diesem Intervall zwei Winkel, nämlich α und $\pi - \alpha$, d. h. zwei Supplementwinkel, und ist $\cos\alpha$ gegeben, die beiden Winkel α und $2\pi - \alpha$. Um also den Winkel α in dem Intervall zwischen 0 und 2π eindeutig zu bestimmen, muß $\cos\alpha$ und $\sin\alpha$ zugleich gegeben sein. Diese können aber nicht willkürlich sein, sondern sie müssen der Relation $\cos\alpha^2 + \sin\alpha^2 = 1$ genügen.

9. Für einzelne Winkel lassen sich die numerischen Werte der trigonometrischen Funktionen leicht bestimmen. Wenn der Winkel $\alpha = 0$ ist, so fällt der Punkt X nach A. Es wird $a = 0$ und $b = 1$. Also:

$$\sin 0 = 0, \qquad \cos 0 = 1, \qquad \operatorname{tg} 0 = 0,$$

und mit Rücksicht auf die Formel (5)

$$\sin\pi = 0, \qquad \cos\pi = -1.$$

Das können wir mit Hilfe der Periodizität verallgemeinern, wenn wir mit k eine beliebige ganze Zahl bezeichnen:

(12) $\sin k\pi = 0, \quad \cos k\pi = (-1)^k, \quad \operatorname{tg} k\pi = 0,$

d. h. es ist $\cos k\pi = +1$, wenn k eine gerade, und gleich -1, wenn k eine ungerade Zahl ist.

Für einen rechten Winkel α fällt X nach B (Fig. 152), und es ist $a = 1$, $b = 0$. Also

(13) $$\sin\frac{\pi}{2} = 1, \quad \cos\frac{\pi}{2} = 0, \quad \operatorname{tg}\frac{\pi}{2} = \infty,$$

also allgemein, wenn h eine ungerade ganze Zahl ist,

$$\sin h\frac{\pi}{2} = (-1)^{\frac{h-1}{2}}, \quad \cos h\frac{\pi}{2} = 0,$$

d. h. es ist $\sin h\frac{\pi}{2}$ gleich $+1$ oder $= -1$, je nachdem h von der Form $4n+1$ oder $4n+3$ ist. Die Formel $\operatorname{tg}\pi/2 = \infty$ erhält in der Fig. 153 eine anschauliche Bedeutung, indem die Strecke AE über alle Grenzen wächst, wenn sich der Strahl CE der zu CA senkrechten Lage nähert.

Für den Winkel α von 45^0 werden $\sin\alpha$ und $\cos\alpha$ einander gleich, und ihr gemeinsamer Wert ergibt sich aus der Formel (7) gleich $1/\sqrt{2}$, also:

$$\sin\frac{\pi}{4} = \frac{1}{\sqrt{2}}, \quad \cos\frac{\pi}{4} = \frac{1}{\sqrt{2}}, \quad \operatorname{tg}\frac{\pi}{4} = 1.$$

Betrachten wir endlich noch den Winkel von 60 Grad, d. h. den Winkel im gleichseitigen Dreieck.

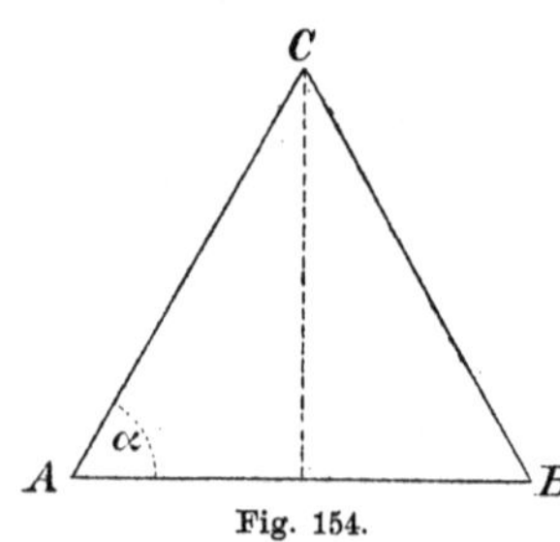

Fig. 154.

Ziehen wir in einem gleichseitigen Dreieck von der Seite 1 die Höhe, so teilt diese die Grundlinie in zwei gleiche Teile, deren jeder also die Länge $\frac{1}{2}$ hat. Jeder dieser Abschnitte ist aber der Kosinus des Dreieckswinkels und wir haben also mit Rücksicht auf (7)

$$\cos\frac{\pi}{3} = \frac{1}{2}, \quad \sin\frac{\pi}{3} = \frac{\sqrt{3}}{2}, \quad \operatorname{tg}\frac{\pi}{3} = \sqrt{3}.$$

Die Lehre von den Eigenschaften der trigonometrischen Funktionen bei unbeschränktem Winkel, also ohne unmittelbare Beziehung zu der Dreiecksberechnung, heißt auch Goniometrie (Winkelmessung).

§ 28. Die Grundformeln der Trigonometrie.

1. Um ein Dreieck zu bestimmen genügt es, wenn drei Stücke gegeben sind, durch die dann die übrigen Stücke und überhaupt alles, wonach bei dem Dreieck gefragt werden kann, wie Höhen, Winkelhalbierende, Radius des umgeschriebenen und eingeschriebenen Kreises, zugleich mit bestimmt sind. Je nach der Auswahl der gegebenen

Stücke werden aber diese Bestimmungen eindeutig oder mehrdeutig sein.

Algebraische Relationen zwischen den Seiten und Winkeln gibt es aber nicht, sondern nur zwischen den Seiten und den trigonometrischen Funktionen der Winkel, und es ist also unsere nächste Aufgabe, solche Relationen in genügender Zahl aufzustellen.

2. Sinussatz. Wir bezeichnen die Seiten eines Dreiecks ABC mit a, b, c, die gegenüberliegenden Winkel mit α, β, γ. Wenn wir von der Ecke A ein Perpendikel AD auf die Gegenseite fällen, so können wir das Perpendikel h_a (die Dreieckshöhe) auf zwei Arten, nämlich aus jedem der beiden rechtwinkligen Dreiecke ABD und ACD, ausdrücken und erhalten

(1) $$h_a = b \sin\gamma = c \sin\beta,$$

und das bleibt richtig, auch wenn das Dreieck ABC stumpfwinklig ist (Fig. 156, 157 a. f. S.). Dieselbe Konstruktion läßt sich aber aus jeder der drei Ecken machen; man erhält also auch $a \sin\beta = b \sin\alpha$, $a \sin\gamma = c \sin\alpha$. Es ergibt sich daraus eine Doppelgleichung, die sich so darstellen läßt:

(2) $$\frac{a}{\sin\alpha} = \frac{b}{\sin\beta} = \frac{c}{\sin\gamma}.$$

Man kann dies in Worten so ausdrücken:

In jedem Dreieck verhalten sich die Seiten wie die Sinus der gegenüberliegenden Winkel:

$$a : b : c = \sin\alpha : \sin\beta : \sin\gamma.$$

3. Um die geometrische Bedeutung des gemeinsamen Wertes der drei Verhältnisse (2) zu ermitteln, umschreiben wir dem Dreieck ABC einen Kreis mit dem Mittelpunkt K und dem Halbmesser r. Dann ist der Winkel CKB als Zentriwinkel doppelt so groß als der zugehörige Pheripheriewinkel $\alpha = CAB$, und wenn wir von K ein Perpendikel KH auf CB fällen, so sind die Dreiecke CHK, BHK kongruent. Folglich ist $HKC = \alpha$ und $a/2 = r \sin\alpha$ oder $a/\sin\alpha = 2r$. Fällt man die Perpendikel von K auf die beiden anderen Seiten b, c, so ergeben sich für $2r$ ebenso die Ausdrücke $b/\sin\beta$, $c/\sin\gamma$.

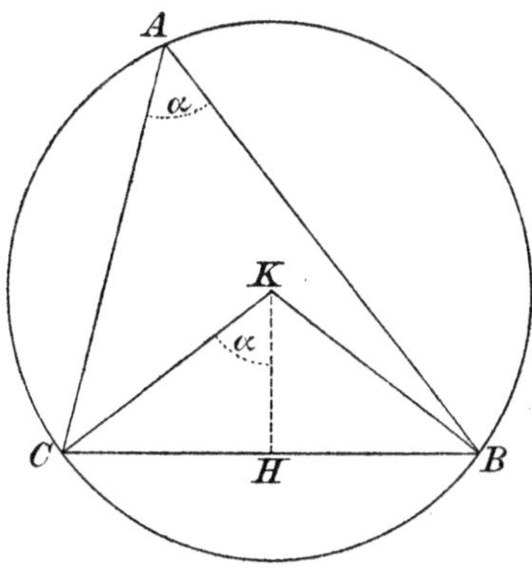

Fig 155.

Der gemeinschaftliche Wert der Verhältnisse (2) ist also der Durchmesser des umgeschriebenen Kreises.

4. Kosinussatz. In den rechtwinkligen Dreiecken ABD und ACD der Fig. 156 ist $DB = c\cos\beta$, $DC = b\cos\gamma$ und da die Summe dieser beiden Strecken $= a$ ist, so ist

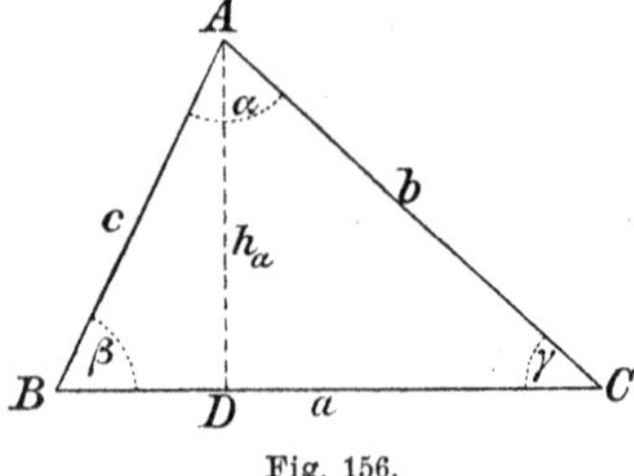

Fig. 156.

$$a = b\cos\gamma + c\cos\beta,$$

und diese Formel gilt auch noch, wenn einer der Winkel, z. B. γ stumpf ist, weil dann $\cos\gamma$ negativ und zugleich $a = BD - DC$ ist (Fig. 157).

Solcher Formeln können wir also wieder drei aufstellen

$$\begin{aligned} a &= b\cos\gamma + c\cos\beta, \\ b &= c\cos\alpha + a\cos\gamma, \\ c &= a\cos\beta + b\cos\alpha. \end{aligned} \tag{3}$$

Mit Hilfe dieser drei Gleichungen lassen sich $\cos\alpha$, $\cos\beta$, $\cos\gamma$ aus den Seiten a, b, c berechnen. Zu diesem Zwecke multipliziert man die erste mit a und setzt aus der zweiten und dritten die Werte von $a\cos\beta$ und $a\cos\gamma$ ein, dadurch erhält man

$$a^2 = b(b - c\cos\alpha) + c(c - b\cos\alpha),$$

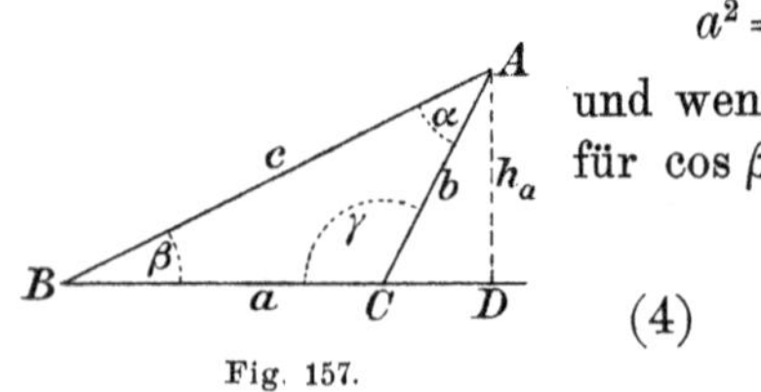

Fig. 157.

und wenn man die entsprechenden Rechnungen für $\cos\beta$, $\cos\gamma$ macht:

$$\begin{aligned} a^2 &= b^2 + c^2 - 2bc\cos\alpha, \\ b^2 &= c^2 + a^2 - 2ca\cos\beta, \\ c^2 &= a^2 + b^2 - 2ab\cos\gamma. \end{aligned} \tag{4}$$

5. Hiermit sind die Fundamentalaufgaben der Trigonometrie im Prinzip gelöst:

1. Sind die Seiten a, b, c gegeben, so findet man $\cos\alpha$, $\cos\beta$, $\cos\gamma$ aus (4), z. B.
$$\cos\alpha = \frac{b^2 + c^2 - a^2}{2bc}.$$

2. Sind zwei Seiten b, c und der eingeschlossene Winkel α gegeben, so erhält man aus (4)
$$a = \sqrt{b^2 + c^2 - 2bc\cos\alpha}$$
durch eine Quadratwurzel.

3. Sind aber zwei Seiten b, c und ein anliegender Winkel β gegeben, so hat man, um a zu finden, eine quadratische Gleichung zu lösen, die man aus der zweiten Gleichung (4) erhält.

4. Sind zwei Winkel und eine Seite gegeben, so ist zugleich der dritte Winkel bestimmt, und man erhält die beiden anderen Seiten aus dem Sinussatz.

6. Additionstheoreme. Da einer von den drei Winkeln des Dreiecks durch die beiden anderen bestimmt ist, so sind auch die trigonometrischen Funktionen des einen durch die der beiden anderen bestimmt, und es müssen also zwischen diesen trigonometrischen Funktionen Gleichungen bestehen. Eine erste hierher gehörige Relation ergibt sich aus den Gleichungen (3). Diese sind homogene lineare Gleichungen für a, b, c, und es muß also die Determinante dieses Systems gleich Null sein (vgl. Bd. I, § 41, 2.):

$$\begin{vmatrix} -1, & \cos\gamma, & \cos\beta \\ \cos\gamma, & -1, & \cos\alpha \\ \cos\beta, & \cos\alpha, & -1 \end{vmatrix} = 0,$$

oder entwickelt:

$$\cos\alpha^2 + \cos\beta^2 + \cos\gamma^2 + 2\cos\alpha\cos\beta\cos\gamma = 1, \tag{5}$$

oder indem man $\gamma = \pi - \alpha - \beta$ setzt:

$$\cos^2\alpha + \cos^2\beta + \cos^2(\alpha + \beta) - 2\cos\alpha\cos\beta\cos(\alpha + \beta) = 1. \tag{6}$$

Dies ist aber nicht die einfachste Relation zwischen diesen Größen. Man würde daraus z. B. $\cos\alpha$ durch Auflösung einer quadratischen Gleichung erhalten, und es wäre dann noch zweifelhaft, welche der beiden Wurzeln die richtige ist. Einfachere Formeln erhält man auf folgende Weise.

Nach dem Sinussatz kann man in den Formeln (3) die Seiten a, b, c durch $\sin\alpha$, $\sin\beta$, $\sin\gamma$ ersetzen, und erhält so:

$$\begin{aligned} \sin\alpha &= \sin\beta\cos\gamma + \sin\gamma\cos\beta, \\ \sin\beta &= \sin\gamma\cos\alpha + \sin\alpha\cos\gamma, \\ \sin\gamma &= \sin\alpha\cos\beta + \sin\beta\cos\alpha, \end{aligned} \tag{7}$$

und hierdurch ist zunächst der $\sin\gamma$ eindeutig durch die trigonometrischen Funktionen von α und β ausgedrückt. Hat man aber $\sin\gamma$, so kann man $\cos\gamma$ aus den Gleichungen (7) berechnen, nämlich

$$\begin{aligned} \sin\alpha\cos\gamma &= \sin\beta - \cos\alpha(\sin\alpha\cos\beta + \sin\beta\cos\alpha) \\ &= -\sin\alpha\cos\beta\cos\alpha + \sin\beta(1 - \cos^2\alpha) \\ &= -\sin\alpha\cos\beta\cos\alpha + \sin\beta\sin\alpha^2, \end{aligned}$$

und durch Division mit $\sin\alpha$:

$$\cos\gamma = \sin\alpha\sin\beta - \cos\alpha\cos\beta. \tag{8}$$

Hierdurch ist also auch $\cos\gamma$ eindeutig bestimmt, und man kann zwei ähnliche Formeln ableiten, wenn man α, β, γ zyklisch miteinander vertauscht.

Daß die Relation (6) aus (7) und (8) folgt, läßt sich durch eine kleine Rechnung leicht nachweisen.

§ 29. Goniometrische Formeln.

1. Ehe wir in der Anwendung der trigonometrischen Formeln auf die Dreiecksberechnung weitergehen, leiten wir aus den zuletzt gefundenen Resultaten eine Ergänzung der goniometrischen Formeln her.

Wenn wir nämlich $\gamma = \pi - \alpha - \beta$ setzen und beachten, daß nach § 27 (5) $\sin(\pi - \alpha - \beta) = \sin(\alpha + \beta)$, $\cos(\pi - \alpha - \beta) = -\cos(\alpha + \beta)$ ist, so ergeben die Formeln (7) und (8) des vorigen Paragraphen:

$$(1) \quad \begin{aligned} \sin(\alpha + \beta) &= \sin\alpha\cos\beta + \cos\alpha\sin\beta, \\ \cos(\alpha + \beta) &= \cos\alpha\cos\beta - \sin\alpha\sin\beta, \end{aligned}$$

und in diesen Formeln ist das sogenannte Additionstheorem der Funktionen Sinus und Kosinus enthalten.

2. Diese Formeln sind zunächst nur unter der Voraussetzung erwiesen, daß α, β und $\alpha + \beta$ zwischen 0 und π liegen; sie lassen sich aber mit Hilfe der Sätze des § 27 leicht verallgemeinern.

Sind nämlich zunächst noch α, β positiv und kleiner als π, dagegen $\alpha + \beta$ größer als π, so setze man $\alpha' = \pi - \alpha$, $\beta' = \pi - \beta$, $\alpha' + \beta' = 2\pi - \alpha - \beta < \pi$, und für α', β' sind die Bedingungen, unter denen die Formeln (1) bewiesen sind, befriedigt. Demnach ist

$$\sin(2\pi - \alpha - \beta) = \sin(\pi - \alpha)\cos(\pi - \beta) + \cos(\pi - \alpha)\sin(\pi - \beta),$$

was sich mit Hilfe der Formeln § 27 (5) auch so schreiben läßt

$$\sin(\alpha + \beta) = \sin\alpha\cos\beta + \cos\alpha\sin\beta,$$

und ebenso ergibt sich die zweite der Formeln (1), die sonach allgemein gelten, so lange α und β kleiner als π sind.

Ist aber α ein beliebiger Winkel, so kann man die ganze Zahl k immer so bestimmen, daß $\alpha + k\pi$ zwischen 0 und π liegt, und es ist also für jedes beliebige α

$$\sin(\alpha + \beta + k\pi) = \sin(\alpha + k\pi)\cos\beta + \cos(\alpha + k\pi)\sin\beta,$$

woraus nach § 27 (2) und (3) wieder die erste Formel (1) folgt; und ebenso die zweite. Mit dem Winkel β kann man dann ebenso verfahren, und damit sind also die Formeln (1) für je zwei beliebige (positive und negative) Winkel α, β nachgewiesen. Es ist daher nur eine andere Form dieser Gleichungen, die wir durch Vertauschung von β mit $-\beta$ erhalten, wenn wir schreiben:

$$(2)\qquad \begin{aligned} \sin(\alpha-\beta) &= \sin\alpha\cos\beta - \cos\alpha\sin\beta, \\ \cos(\alpha-\beta) &= \cos\alpha\cos\beta + \sin\alpha\sin\beta. \end{aligned}$$

3. Wenn man die Formeln (1) durcheinander dividiert, so erhält man die Additionstheoreme für tangens und cotangens.

$$(3)\qquad \begin{aligned} \operatorname{tg}(\alpha+\beta) &= \frac{\sin\alpha\cos\beta+\cos\alpha\sin\beta}{\cos\alpha\cos\beta-\sin\alpha\sin\beta} = \frac{\operatorname{tg}\alpha+\operatorname{tg}\beta}{1-\operatorname{tg}\alpha\operatorname{tg}\beta}, \\ \operatorname{cotg}(\alpha+\beta) &= \frac{\operatorname{cotg}\alpha\operatorname{cotg}\beta-1}{\operatorname{cotg}\alpha+\operatorname{cotg}\beta}. \end{aligned}$$

Wir stellen noch einige der am häufigsten gebrauchten goniometrischen Formeln zusammen, die sich aus dem Additionstheorem ergeben.

Durch Addition und Subtraktion von (1) und (2) folgt:

$$(4)\qquad \begin{aligned} \sin(\alpha+\beta)+\sin(\alpha-\beta) &= 2\sin\alpha\cos\beta, \\ \sin(\alpha+\beta)-\sin(\alpha-\beta) &= 2\cos\alpha\sin\beta, \\ \cos(\alpha+\beta)+\cos(\alpha-\beta) &= 2\cos\alpha\cos\beta, \\ \cos(\alpha+\beta)-\cos(\alpha-\beta) &= -2\sin\alpha\sin\beta, \end{aligned}$$

und wenn man hierin $\alpha+\beta=a$, $\alpha-\beta=b$ setzt:

$$(5)\qquad \begin{aligned} \sin a+\sin b &= 2\sin\frac{a+b}{2}\cos\frac{a-b}{2}, \\ \sin a-\sin b &= 2\cos\frac{a+b}{2}\sin\frac{a-b}{2}, \\ \cos a+\cos b &= 2\cos\frac{a+b}{2}\cos\frac{a-b}{2}, \\ \cos a-\cos b &= -2\sin\frac{a+b}{2}\sin\frac{a-b}{2}. \end{aligned}$$

4. Wenn man in den Additionsformeln $\alpha=\beta$ setzt, so erhält man die Formeln für die Verdoppelung des Winkels:

$$(6)\qquad \begin{aligned} \sin 2\alpha &= 2\sin\alpha\cos\alpha, \\ \cos 2\alpha &= \cos\alpha^2-\sin\alpha^2, \end{aligned}$$

von denen man die letzte auch in jeder der Formen

$$(7)\qquad \cos 2\alpha = 2\cos\alpha^2-1 = 1-2\sin\alpha^2$$

darstellen kann, und wenn man α durch $\alpha/2$ ersetzt

$$(8)\qquad \begin{aligned} 1+\cos\alpha &= 2\cos^2\frac{\alpha}{2}, \\ 1-\cos\alpha &= 2\sin^2\frac{\alpha}{2}, \\ \sin\alpha &= 2\sin\frac{\alpha}{2}\cos\frac{\alpha}{2}. \end{aligned}$$

Es folgt aus den beiden ersten Gleichungen (5) durch Multiplikation mit $\cos\frac{1}{2}(a+b)$, $\sin\frac{1}{2}(a+b)$ nach (8):

$$(9)\qquad \begin{aligned}\cos\frac{a+b}{2}(\sin a+\sin b) &= \sin(a+b)\cos\frac{a-b}{2},\\ \sin\frac{a+b}{2}(\sin a-\sin b) &= \sin(a+b)\sin\frac{a-b}{2},\end{aligned}$$

woraus noch durch Division:

$$(10)\qquad \frac{\sin a-\sin b}{\sin a+\sin b}=\frac{\operatorname{tg}\frac{a-b}{2}}{\operatorname{tg}\frac{a+b}{2}}.$$

Macht man noch von der Formel

$$\cos\alpha^2=\frac{1}{1+\operatorname{tg}\alpha^2}$$

Gebrauch, so erhält man aus (6) oder (7)

$$\sin 2\alpha=\frac{2\operatorname{tg}\alpha}{1+\operatorname{tg}\alpha^2},$$

$$\cos 2\alpha=\frac{1-\operatorname{tg}\alpha^2}{1+\operatorname{tg}\alpha^2},$$

$$\operatorname{tg}2\alpha=\frac{2\operatorname{tg}\alpha}{1-\operatorname{tg}\alpha^2}.$$

Hiernach lassen sich alle trigonometrischen Funktionen ausdrücken durch die Tangente des halben Winkels. Wenn man nämlich α durch $\alpha/2$ ersetzt, und zur Abkürzung

$$\operatorname{tg}\frac{\alpha}{2}=t$$

setzt, so ergibt sich

$$(11)\qquad \begin{aligned}\sin\alpha &= \frac{2t}{1+t^2},\\ \cos\alpha &= \frac{1-t^2}{1+t^2},\\ \operatorname{tg}\alpha &= \frac{2t}{1-t^2}.\end{aligned}$$

Diese Relationen haben den Vorzug, daß sie frei von Wurzelzeichen, oder wie man sagt, rational sind, während bei den Darstellungen der trigonometrischen Funktionen durch eine unter ihnen immer Wurzelzeichen vorkommen.

§ 30. Multiplikation und Teilung des Winkels.

1. Durch die Formeln (6), (7) § 29 ist der Sinus und der Kosinus des Winkels 2α ausgedrückt durch die gleichen Funktionen des einfachen Winkels α. Setzt man zur Abkürzung

(1) $$x = 2\cos\alpha,$$

so kann man diese Formeln so darstellen:

(2) $$\begin{aligned} 2\cos 2\alpha &= x^2 - 2, \\ \sin 2\alpha &= \sin\alpha \cdot x. \end{aligned}$$

Man erhält ferner aus dem Additionstheorem, wenn man in den Formeln § 29 (4) $\beta = 2\alpha$ setzt:

(3) $$\begin{aligned} \cos 3\alpha &= 2\cos\alpha\cos 2\alpha - \cos\alpha, \\ \sin 3\alpha &= 2\sin\alpha\cos 2\alpha + \sin\alpha, \end{aligned}$$

woraus mit Benutzung von (2):

(4) $$\begin{aligned} 2\cos 3\alpha &= x^3 - 3x, \\ \sin 3\alpha &= \sin\alpha(x^2 - 1). \end{aligned}$$

2. Diese Formeln lassen sich in die allgemeinen zusammenfassen:

(5) $$\begin{aligned} 2\cos n\alpha &= A_n(x), \\ \sin n\alpha &= \sin\alpha B_n(x), \end{aligned}$$

worin $n = 2$ und $n = 3$ und $A_n(x)$ und $B_n(x)$ ganze Funktionen von x von den Graden n und $n-1$ sind, deren Koeffizienten ganze Zahlen sind. Daß dieses Gesetz allgemein gilt, läßt sich durch vollständige Induktion beweisen. Denn es folgt aus den Formeln § 29 (4): wenn man $\beta = n\alpha$ setzt:

$$\begin{aligned} \cos(n+1)\alpha &= 2\cos\alpha\cos n\alpha - \cos(n-1)\alpha, \\ \sin(n+1)\alpha &= 2\cos\alpha\sin n\alpha - \sin(n-1)\alpha, \end{aligned}$$

oder durch die Substitution (5)

(6) $$\begin{aligned} A_{n+1}(x) &= xA_n(x) - A_{n-1}(x), \\ B_{n+1}(x) &= xB_n(x) - B_{n-1}(x). \end{aligned}$$

Wird also als schon bewiesen angenommen, daß $A_n(x)$, $A_{n-1}(x)$, $B_n(x)$, $B_{n-1}(x)$ ganze Funktionen von x mit ganzzahligen Koeffizienten sind, so folgt aus diesen Formeln das Gleiche für $A_{n+1}(x)$, $B_{n+1}(x)$; auch die Grade n und $n-1$ für A_n und B_n ergeben sich allgemein, und wir schließen ferner daraus, daß bei geraden n A_n nur die geraden, B_n nur die ungeraden Potenzen von x enthält, und bei ungeradem n umgekehrt.

Die Formeln (6) gestatten die sukzessive Berechnung der Funktionen A_n, B_n. Man erhält für die ersten Fälle:

$$
(7)\qquad
\begin{array}{l}
A_2 = x^2 - 2,\\
B_2 = x\\
\hline
A_3 = x^3 - 3x,\\
B_3 = x^2 - 1\\
\hline
A_4 = x^4 - 4x^2 + 2,\\
B_4 = x^3 - 2x\\
\hline
A_5 = x^5 - 5x^3 + 5x,\\
B_5 = x^4 - 3x^2 + 1\\
\hline
A_6 = x^6 - 6x^4 + 9x^2 - 2,\\
B_6 = x^5 - 4x^3 + 3x\\
\hline
A_7 = x^7 - 7x^5 + 14x^3 - 7x,\\
B_7 = x^6 - 5x^4 + \ 6x^2 - 1.
\end{array}
$$

Die Darstellung der trigonometrischen Funktionen der Vielfachen eines Winkels durch die gleichen Funktionen des einfachen Winkels heißt die Multiplikation des Winkels, und diese Aufgabe ist also durch die Formeln (4), (5), (6), (7) allgemein gelöst.[1])

3. Die umgekehrte Aufgabe ist die Teilung des Winkels. Man versteht darunter die Bestimmung von $\cos\varphi/n$, $\sin\varphi/n$, wenn $\cos\varphi$ und $\sin\varphi$ gegeben sind. Diese Aufgabe ist aber nicht so einfach zu lösen, sondern erfordert die Auflösung einer algebraischen Gleichung. Setzt man $\varphi = n\alpha$, $x = 2\cos\alpha$, so ergeben die Gleichungen (5)

$$(8)\qquad 2\cos\varphi = A_n(x), \qquad \sin\alpha = \frac{\sin\varphi}{B_n(x)},$$

und die erste dieser Formeln gibt uns eine Gleichung n^{ten} Grades zur Bestimmung von x. Nimmt man eine Wurzel dieser Gleichung, so gibt die zweite Formel den zugehörigen Wert von $\sin\alpha$.

4. Die Gleichung n^{ten} Grades

$$A_n(x) = 2\cos\varphi$$

---

1) Man kann leicht durch vollständige Induktion die allgemeinen Formeln beweisen:

$$A_n(x) = \sum^{\nu}(-1)^{\nu}\frac{n(n-\nu-1)!}{\nu!\,(n-2\nu)!}x^{n-2\nu}, \qquad \left(0 \leqq \nu \leqq \frac{n}{2}\right),$$

$$B_n(x) = \sum^{\nu}(-1)^{\nu}\frac{(n-\nu-1)!}{\nu!\,(n-2\nu-1)!}x^{n-2\nu-1}, \qquad \left(0 \leqq \nu \leqq \frac{n-1}{2}\right).$$

hat aber n Wurzeln. Die folgende Überlegung zeigt, welche Bedeutung diese n Wurzeln haben: Es ist, wenn k eine beliebige ganze Zahl ist,

$$\cos(\varphi + 2k\pi) = \cos\varphi, \qquad \sin(\varphi + 2k\pi) = \sin\varphi,$$

und wenn also

$$x_0 = 2\cos\frac{\varphi}{n} = 2\cos\alpha$$

den Gleichungen (8) genügt, so genügt

$$x_k = 2\cos\left(\alpha + \frac{2\pi k}{n}\right)$$

denselben Gleichungen. Wenn aber k um ein Vielfaches von n wächst, so wächst $2\pi k/n$ um ein Vielfaches von 2π und x_k bleibt ungeändert. Demnach gibt es nur die folgenden n verschiedenen Werte von x_k:

$$x_0,\ x_1,\ x_2,\ \cdots,\ x_{n-1},$$

und diese sind auch alle voneinander verschieden, wenigstens solange φ nicht einen besonderen Wert hat.[1])

5. Die Gleichung n^{ten} Grades, von der die Teilung des Winkels abhängt, hat aber eine besondere Natur; sie gehört nämlich für jedes n zu den Gleichungen, die durch Radikale lösbar sind, was wir für den Fall, daß es sich um die Teilung der ganzen Kreisperipherie handelt, schon im ersten Bande nachgewiesen haben. Ohne auf die allgemeine Theorie dieser Gleichungen einzugehen, erhält man das Resultat aus der Moivreschen Formel (Bd. I, § 47, 8.), wonach

$$(\cos\alpha + i\sin\alpha)^n = \cos n\alpha + i\sin n\alpha$$

ist. Daraus ergibt sich:

$$\cos\alpha + i\sin\alpha = \sqrt[n]{\cos\varphi + i\sin\varphi},$$

$$\cos\alpha - i\sin\alpha = \sqrt[n]{\cos\varphi - i\sin\varphi},$$

$$1 = \sqrt[n]{\cos\varphi + i\sin\varphi}\,\sqrt[n]{\cos\varphi - i\sin\varphi},$$

also

$$(9) \qquad x = \sqrt[n]{\cos\varphi + i\sin\varphi} + \sqrt[n]{\cos\varphi - i\sin\varphi},$$

worin die beiden n^{ten} Wurzeln in der Weise voneinander abhängen,

1) Ist z. B. $\varphi = \pi$, so erhält man nur die beiden verschiedenen Werte

$$x_0 = 2\cos\frac{\pi}{3} = 1, \qquad x_1 = -2.$$

Auch der Fall, daß $B_n(x) = 0$ wird, wo die zweite der Gleichungen (8) ihren Sinn verliert, kann nur bei besonderen Werten von φ vorkommen, nämlich wenn $\sin\varphi = 0$, also φ ein Vielfaches von π ist. Diese besonderen Fälle führen immer auf die Teilung der ganzen Kreisperipherie, die wir im ersten Bande behandelt haben.

daß die eine der reziproke Wert der anderen ist; die n verschiedenen Werte von x ergeben sich, wenn man der n^{ten} Wurzel ihre n verschiedenen Werte erteilt. Diese Werte sind alle reell.

Im Falle $n = 3$ ist (8) nichts anderes als die Cardanische Formel für den irreduziblen Fall der kubischen Gleichung, und wir haben in der Tat im ersten Bande bereits einen Gewinn darin gesehen, daß wir diesen Fall auf die Dreiteilung des Winkels zurückgeführt haben. Ebensowenig wie dort läßt sich im allgemeinen Fall die Lösung auf reelle Radikale zurückführen. Dies ist nur möglich, wenn n eine Potenz von 2 ist, und es ergibt sich z. B. für $n = 2$ und $n = 4$:

$$\sqrt{\cos\varphi + i\sin\varphi} = \sqrt{\frac{1+\cos\varphi}{2}} + i\sqrt{\frac{1-\cos\varphi}{2}},$$

$$\sqrt[4]{\cos\varphi + i\sin\varphi} = \sqrt{\frac{1}{2} + \sqrt{\frac{1+\cos\varphi}{8}}} + i\sqrt{\frac{1}{2} - \sqrt{\frac{1+\cos\varphi}{8}}}.$$

§ 31. Dreiecksberechnungen.

1. Wir fahren nun fort mit der Anwendung der trigonometrischen Formeln auf die Dreiecksberechnung. Die Formeln des § 28 enthalten zwar alles, was prinzipiell dazu notwendig ist; es lassen sich aber daraus noch andere Formeln ableiten, die für gewisse besondere Zwecke geeigneter sind.

Wir wollen ausgehen von der Aufgabe, die Winkel α, β, γ zu finden, wenn die drei Seiten a, b, c gegeben sind. Diese Aufgabe löst der Kosinussatz in der Form

$$\cos\alpha = \frac{b^2 + c^2 - a^2}{2bc}, \tag{1}$$

und da α zwischen 0 und π liegt, so ist α dadurch eindeutig bestimmt. Für praktische Anwendung, besonders für die Rechnung mit Logarithmen ist aber die Formel weniger geeignet, da man zuerst die Quadrate und Produkte von a, b, c zu bilden, den Quotienten zu nehmen, und den Winkel α aus der Tafel zu suchen hätte. Die Tafeln enthalten nicht den Kosinus selbst, sondern seinen Briggischen Logarithmus. Man müßte also, wenn man auch die Quadrate und Produkte durch Logarithmen berechnen will, mehrmals Logarithmen und Numeri aufschlagen, was nicht nur beschwerlich ist, sondern auch die Gefahr einer Häufung der unvermeidlichen Ungenauigkeiten der Tafeln mit sich bringt. Dies würde vermieden, wenn wir eine Formel hätten, in der eine trigonometrische Funktion direkt als Produkt und Quotient oder Wurzel von gegebenen Größen dargestellt ist.

2. Um das zu erreichen leiten wir aus (1) die beiden Formeln ab

$$(2)\qquad \begin{aligned} 1+\cos\alpha &= \frac{-a^2+(b+c)^2}{2bc} = \frac{(a+b+c)(-a+b+c)}{2bc},\\ 1-\cos\alpha &= \frac{a^2-(b-c)^2}{2bc} = \frac{(a+b-c)(a-b+c)}{2bc}, \end{aligned}$$

und da (nach § 29 (8)) $1+\cos\alpha = 2\cos^2\frac{1}{2}\alpha$, $1-\cos\alpha = 2\sin^2\frac{1}{2}\alpha$ ist:

$$\cos\frac{\alpha}{2} = \sqrt{\frac{(a+b+c)(-a+b+c)}{4bc}},\quad \sin\frac{\alpha}{2} = \sqrt{\frac{(a+b-c)(a-b+c)}{4bc}},$$

und diese Formeln lassen sich mit Benutzung der Abkürzung

$$(3)\qquad a+b+c = 2s$$

auch so darstellen:

$$(4)\qquad \cos\frac{\alpha}{2} = \sqrt{\frac{s(s-a)}{bc}},\quad \sin\frac{\alpha}{2} = \sqrt{\frac{(s-b)(s-c)}{bc}},$$

$$(5)\qquad \operatorname{tg}\frac{\alpha}{2} = \sqrt{\frac{(s-b)(s-c)}{s(s-a)}},$$

wo die Wurzeln alle positiv zu nehmen sind, da die Winkel alle kleiner als 90° sind.

3. Der Flächeninhalt $\varDelta$ eines Dreiecks ist gleich der Hälfte des Produktes einer Seite und des auf diese Seite von der Gegenecke gefällten Perpendikels, also gleich $\frac{1}{2}ch_c$ (Fig. 158). Es ist aber $h_c = b\sin\alpha$ und folglich

$$(6)\qquad \varDelta = \tfrac{1}{2}bc\sin\alpha = bc\sin\frac{\alpha}{2}\cos\frac{\alpha}{2},$$

also nach den Formeln (4)

$$(7)\qquad \varDelta = \sqrt{s(s-a)(s-b)(s-c)}.$$

Man kann den Flächeninhalt elegant ausdrücken durch den Umfang und durch die drei Winkel. Wenn man nämlich α durch β und durch γ ersetzt, so folgt aus (5)

$$\operatorname{tg}\frac{1}{2}\beta = \sqrt{\frac{(s-c)(s-a)}{s(s-b)}},$$

$$\operatorname{tg}\frac{1}{2}\gamma = \sqrt{\frac{(s-a)(s-b)}{s(s-c)}},$$

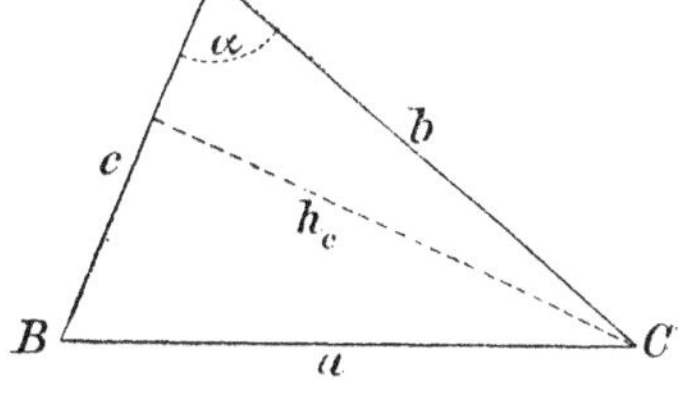

Fig. 158.

und daraus durch Multiplikation

$$(8)\qquad \begin{aligned} s-a &= s\operatorname{tg}\tfrac{1}{2}\beta\operatorname{tg}\tfrac{1}{2}\gamma,\\ s-b &= s\operatorname{tg}\tfrac{1}{2}\gamma\operatorname{tg}\tfrac{1}{2}\alpha,\\ s-c &= s\operatorname{tg}\tfrac{1}{2}\alpha\operatorname{tg}\tfrac{1}{2}\beta, \end{aligned}$$

woraus nach (7)

$$\Delta = s^2 \operatorname{tg}\tfrac{1}{2}\alpha \operatorname{tg}\tfrac{1}{2}\beta \operatorname{tg}\tfrac{1}{2}\gamma. \tag{9}$$

3. Den Radius r des umgeschriebenen Kreises erhalten wir aus der schon früher abgeleiteten Formel (§ 28, 3.) gleich $a/2\sin\alpha$, also

$$\begin{aligned} a &= 2r\sin\alpha = 4r\sin\tfrac{1}{2}\alpha\cos\tfrac{1}{2}\alpha, \\ b &= 2r\sin\beta = 4r\sin\tfrac{1}{2}\beta\cos\tfrac{1}{2}\beta, \\ c &= 2r\sin\gamma = 4r\sin\tfrac{1}{2}\gamma\cos\tfrac{1}{2}\gamma, \end{aligned} \tag{10}$$

und nach (6) und (9)

$$abc = \frac{2\Delta a}{\sin\alpha} = 4r\Delta = 4rs^2 \operatorname{tg}\tfrac{1}{2}\alpha \operatorname{tg}\tfrac{1}{2}\beta \operatorname{tg}\tfrac{1}{2}\gamma.$$

Daraus erhält man dann, wenn man die drei Gleichungen (10) miteinander multipliziert:

$$r = \frac{s}{4\cos\tfrac{1}{2}\alpha\cos\tfrac{1}{2}\beta\cos\tfrac{1}{2}\gamma}. \tag{11}$$

4. Um die Radien des eingeschriebenen und der drei angeschriebenen Kreise ϱ, ϱ_1, ϱ_2, ϱ_3 zu erhalten, bemerke man, daß, wie die Fig. 159 zeigt,

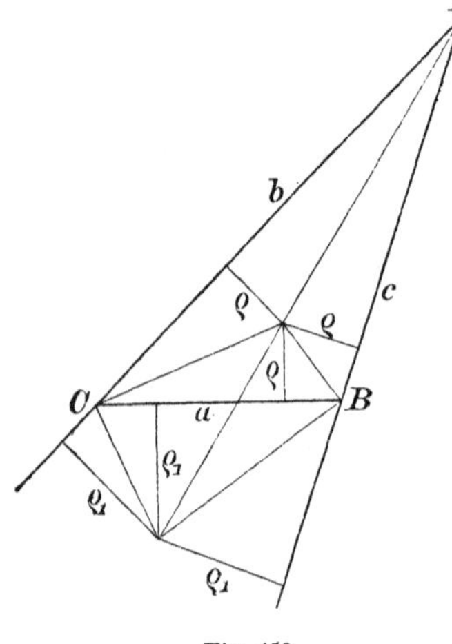

Fig. 159.

$$2\Delta = \varrho(a+b+c) = \varrho_1(-a+b+c)$$

ist; also ist

$$\varrho = \frac{\Delta}{s}, \quad \varrho_1 = \frac{\Delta}{s-a}$$

und ähnlich ϱ_2, ϱ_3. Man findet also mit Hilfe der Formeln (7) und (8)

$$\begin{aligned} &\varrho = s\operatorname{tg}\tfrac{1}{2}\alpha\operatorname{tg}\tfrac{1}{2}\beta\operatorname{tg}\tfrac{1}{2}\gamma, \\ &\varrho_1 = s\operatorname{tg}\tfrac{1}{2}\alpha, \quad \varrho_2 = s\operatorname{tg}\tfrac{1}{2}\beta, \\ &\varrho_3 = s\operatorname{tg}\tfrac{1}{2}\gamma, \end{aligned} \tag{12}$$

was auch leicht geometrisch geschlossen werden kann. Drückt man Δ nach (7) durch a, b, c aus, so findet man

$$\begin{aligned} 4\varrho^2 &= \frac{(-a+b+c)(a-b+c)(a+b-c)}{a+b+c}, \\ 4\varrho_1{}^2 &= \frac{(a+b+c)(a-b+c)(a+b-c)}{-a+b+c}, \\ 4\varrho_2{}^2 &= \frac{(a+b+c)(-a+b+c)(a+b-c)}{a-b+c}, \\ 4\varrho_3{}^2 &= \frac{(a+b+c)(-a+b+c)(a-b+c)}{a+b-c}. \end{aligned} \tag{13}$$

$\varrho_1{}^2$ geht aus ϱ^2 hervor, wenn man a in $-a$ oder b und c in $-b$, $-c$ verwandelt, und entsprechend die übrigen, und man kann eine Gleichung 4ten Grades mit den Wurzeln ϱ^2, $\varrho_1{}^2$, $\varrho_2{}^2$, $\varrho_3{}^2$ bilden, deren Koeffizienten nur die Quadrate a, b, c enthalten. (Vgl. hierzu § 24.)

5. Wie wir vorhin von der Aufgabe ausgegangen waren, daß die drei Seiten des Dreiecks gegeben waren und andere Stücke gefunden werden sollten, so wollen wir jetzt annehmen, es seien zwei Seiten a, b und der eingeschlossene Winkel γ gegeben. Es werden die dritte Seite c und die Winkel α, β gesucht.

Eine unmittelbare Lösung gibt uns der Kosinussatz, und wenn c gefunden ist, der Sinussatz. Will man die Winkel α, β zuerst berechnen, so erhält man aus § 28 (3)

$$c \cos\beta = a - b\cos\gamma,$$

und daraus nach dem Sinussatz ($c\sin\beta = b\sin\gamma$)

$$b \operatorname{cotg}\beta \sin\gamma = a - b\cos\gamma,$$

also:

$$\operatorname{tang}\beta = \frac{b\sin\gamma}{a - b\cos\gamma}. \tag{14}$$

6. Diese Formeln leiden aber an dem früher schon besprochenen Übelstande, daß sie für logarithmische Rechnung nicht geeignet sind. Bessere Resultate ergeben sich aus den goniometrischen Formeln § 29 (9) in denen wir jetzt α, β für a, b schreiben:

$$\cos\frac{\alpha+\beta}{2}(\sin\alpha + \sin\beta) = \sin(\alpha+\beta)\cos\frac{\alpha-\beta}{2},$$
$$\sin\frac{\alpha+\beta}{2}(\sin\alpha - \sin\beta) = \sin(\alpha+\beta)\sin\frac{\alpha-\beta}{2}.$$

Hierin ist $\alpha + \beta = \pi - \gamma$, also $\sin(\alpha+\beta) = \sin\gamma$. Dann kann man nach (10) $\sin\alpha$, $\sin\beta$, $\sin\gamma$ durch die ihnen gleichen $a/2r$, $b/2r$, $c/2r$ ersetzen und erhält, wenn man $1/2r$ heraushebt,

$$\begin{aligned}(a+b)\cos\frac{\alpha+\beta}{2} &= c\cos\frac{\alpha-\beta}{2},\\ (a-b)\sin\frac{\alpha+\beta}{2} &= c\sin\frac{\alpha-\beta}{2}.\end{aligned} \tag{15}$$

Diese Formeln werden die Mollweideschen Gleichungen genannt.[1]) Durch Division erhält man daraus den Tangentensatz

---

1) Mollweide, geb. 1774 zu Wolfenbüttel, Mathematiker und Astronom, in Leipzig gest. 1825.

$$\frac{\operatorname{tg}\frac{\alpha-\beta}{2}}{\operatorname{tg}\frac{\alpha+\beta}{2}}=\frac{a-b}{a+b},$$

wofür man, wegen $\alpha+\beta+\gamma=\pi$, auch setzen kann

$$\operatorname{tg}\frac{\alpha-\beta}{2}\operatorname{tg}\frac{\gamma}{2}=\frac{a-b}{a+b}.$$

Sind a, b, γ gegeben, so findet man hieraus $\alpha-\beta$ und dann α und β einzeln aus

$$2\alpha=\pi+\alpha-\beta-\gamma,\qquad 2\beta=\pi-\alpha+\beta-\gamma,$$

und dann ergibt sich c aus jeder der Gleichungen (15).

7. Die Mollweideschen Gleichungen lassen sich auch auf folgendem geometrischen Wege einfach ableiten.

Man mache in dem Dreieck ABC (Fig. 160)

$$CD=CE=CA,$$

dann ist

$$BD=a-b,\qquad BE=a+b.$$

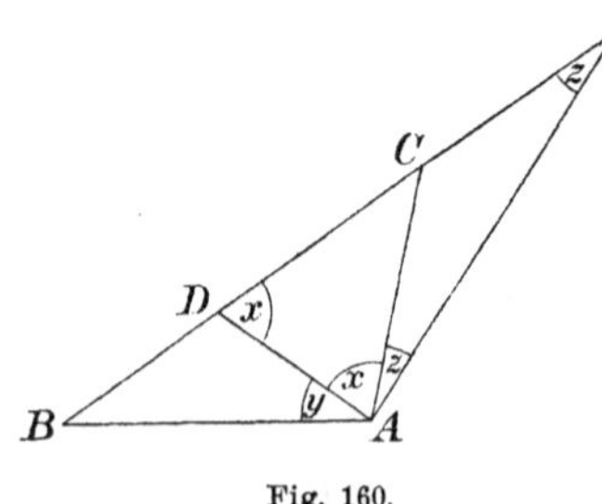

Fig. 160.

Es ist ferner

$$x+y=\alpha,\quad x-y=\beta,$$

$$x=\frac{\alpha+\beta}{2},\quad y=\frac{\alpha-\beta}{2},$$

$$z=\frac{\gamma}{2}=\frac{\pi}{2}-\frac{\alpha+\beta}{2},$$

$$x+y+z=\frac{\pi}{2}+\frac{\alpha-\beta}{2},$$

folglich nach dem Sinussatz, angewandt auf das Dreieck ADB:

$$(a-b)\sin\frac{\alpha+\beta}{2}=c\sin\frac{\alpha-\beta}{2}.$$

Ebenso ist für das Dreieck BAE

$$(a+b)\cos\frac{\alpha+\beta}{2}=c\cos\frac{\alpha-\beta}{2},$$

in Übereinstimmung mit den Gleichungen (15).

§ 32. Vierecksberechnung.

1. Die Anwendung der trigonometrischen Formeln auf die Berechnung von Vielecken wird dadurch ermöglicht, daß man das Vieleck in Dreiecke zerlegt. Im Viereck z. B. ist die Winkelsumme vier Rechte, also $=2\pi$, und das Viereck ist durch fünf Stücke bestimmt.

Denn nimmt man z. B. die vier Seiten und einen Winkel als gegeben an, so erhält man zunächst ein Dreieck aus zwei Seiten und dem eingeschlossenen Winkel, dessen dritte Seite eine Diagonale des Vierecks ist. Aus dieser und den beiden noch nicht benutzten Viereckseiten erhält man dann ein zweites Dreieck, wodurch das erste Dreieck zum Viereck ergänzt wird.

Wir wollen hier die vier Seiten und die Summe zweier gegenüberliegender Winkel als die gegebenen Größen annehmen. Wir bezeichnen die Seiten des Vierecks $ABCD$ (Fig. 161) mit a, b, c, d, die Winkel mit $\alpha, \beta, \gamma, \delta$, sodaß a, b den Winkel α, und cd den Winkel γ einschließen. Bezeichnen wir mit R die Diagonale BD, so gibt uns der Kosinussatz, angewandt auf die beiden Dreiecke ABD und BCD, die beiden Ausdrücke für R^2

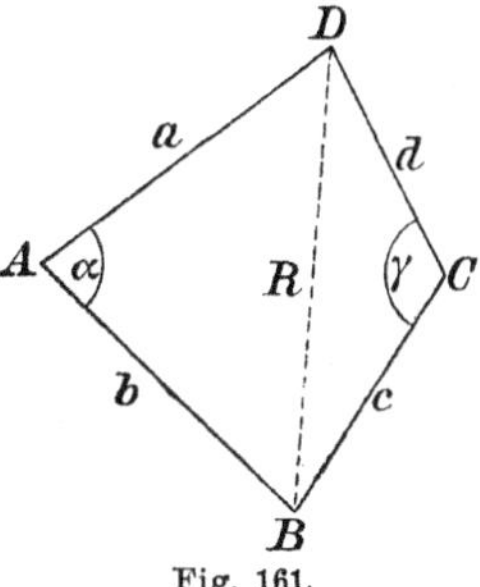

Fig. 161.

(1) $$R^2 = a^2 + b^2 - 2ab\cos\alpha = c^2 + d^2 - 2cd\cos\gamma,$$

und daraus die erste Relation:

(2) $$\tfrac{1}{2}(a^2 + b^2 - c^2 - d^2) = ab\cos\alpha - cd\cos\gamma.$$

Wenn man den Flächeninhalt Θ des Vierecks zusammensetzt aus den Flächeninhalten der beiden Dreiecke, so ergibt sich

(3) $$2\Theta = ab\sin\alpha + cd\sin\gamma,$$

und wenn man (2) und (3) ins Quadrat erhebt und addiert (§ 27 (7), § 29 (1)):

$$4\Theta^2 + \tfrac{1}{4}(a^2 + b^2 - c^2 - d^2)^2 = a^2b^2 + c^2d^2 - 2abcd\cos(\alpha + \gamma).$$

Hierin setzen wir

$$a^2b^2 + c^2d^2 = (ab + cd)^2 - 2abcd$$

und erhalten (§ 29 (8)):

$$16\Theta^2 = 4(ab + cd)^2 - (a^2 + b^2 - c^2 - d^2)^2 - 16abcd\left(\cos\frac{\alpha+\gamma}{2}\right)^2.$$

Es ist aber

$$(a^2 + b^2 - c^2 - d^2)^2 - 4(ab + cd)^2$$
$$= ((a + b)^2 - (c - d)^2)((a - b)^2 - (c + d)^2)$$
$$= (a + b + c - d)(a + b - c + d)(a - b + c + d)(a - b - c - d),$$

und wenn wir also mit s den halben Umfang bezeichnen:

$$s = \tfrac{1}{2}(a + b + c + d),$$

so wird das Produkt gleich

$$-16(s - a)(s - b)(s - c)(s - d).$$

Es wird also schließlich das Quadrat des Inhalts des Vierecks

$$(4)\qquad \Theta^2 = (s-a)(s-b)(s-c)(s-d) - abcd\left(\cos\frac{\alpha+\gamma}{2}\right)^2,$$

und hierin kann $\alpha+\gamma$ durch $\beta+\delta$ ersetzt werden.

Dieser Ausdruck für Θ^2 nimmt bei gegebenen a, b, c, d seinen größten Wert an, wenn $\cos\frac{1}{2}(\alpha+\gamma) = 0$, also $\alpha+\gamma=\pi$ ist. Daß die Summe zweier gegenüberliegender Winkel zwei Rechte beträgt, ist aber das Kennzeichen des Kreisvierecks (Sehnenvierecks).

Wir haben also den Satz:

Unter allen Vierecken mit den gleichen Seiten hat das Kreisviereck den größten Flächeninhalt.

2. Relationen zwischen den sechs Verbindungsstrecken von vier Punkten. Ein Viereck ist auch vollständig bestimmt, wenn seine Seiten und eine Diagonale gegeben sind. Denn aus je zwei Seiten und der gegebenen Diagonale kann man zwei Dreiecke konstruieren, die zusammen das Viereck ergeben. Das Viereck ist aber nur dann eindeutig bestimmt, wenn gleichzeitig bestimmt ist, welche Seiten sich auf der gegebenen Diagonale schneiden sollen, und auf welcher Seite der Diagonale jede Seite liegen soll. Da hierdurch zugleich die zweite Diagonale bestimmt ist, so ergibt sich, daß zwischen den sechs Strecken, die je zwei von vier gegebenen Punkten der Ebene miteinander verbinden, eine Relation bestehen muß. Diese Relation soll aufgestellt werden.

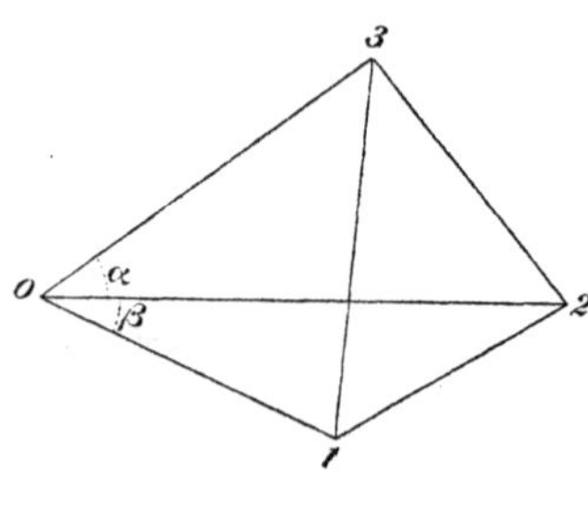

Fig. 162.

Es seien (Fig. 162) 0, 1, 2, 3 die vier gegebenen Punkte und (01), (02), (03), (12), (13), (23) ihre Verbindungsstrecken. Durch Anwendung des Kosinussatzes auf die Dreiecke (023), (031), (012) ergibt sich

$$(5)\qquad \begin{aligned} (23)^2 &= (02)^2 + (03)^2 - 2(02)(03)\cos\alpha, \\ (31)^2 &= (03)^2 + (01)^2 - 2(03)(01)\cos(\alpha+\beta), \\ (12)^2 &= (01)^2 + (02)^2 - 2(01)(02)\cos\beta. \end{aligned}$$

Setzt man zur Abkürzung

$$(6)\qquad \begin{aligned} a &= (01)^2, & A &= (02)^2 + (03)^2 - (23)^2, \\ b &= (02)^2, & B &= (03)^2 + (01)^2 - (31)^2, \\ c &= (03)^2, & C &= (01)^2 + (02)^2 - (12)^2, \end{aligned}$$

so folgt aus (5)

$$
(7)\qquad
\begin{aligned}
2\sqrt{bc}\cos\alpha &= A,\\
2\sqrt{ca}\cos(\alpha+\beta) &= B,\\
2\sqrt{ab}\cos\beta &= C,\\
8abc\cos\alpha\cos\beta\cos(\alpha+\beta) &= ABC.
\end{aligned}
$$

Zwischen den drei Winkeln α, β, $(\alpha+\beta)$ besteht aber nach § 28 (6) die Relation:

$$\cos^2\alpha + \cos^2\beta + \cos^2(\alpha+\beta) - 2\cos\alpha\cos\beta\cos(\alpha+\beta) = 1,$$

und daraus durch Einsetzen der Ausdrücke (7)

$$(8)\qquad aA^2 + bB^2 + cC^2 = ABC + 4abc.$$

Das ist nach (6) die gesuchte Relation.[1]) Bei dieser Ableitung und auch noch in der Endformel (8) ist dem Punkte O ein gewisser Vorzug vor den übrigen eingeräumt. Diese Unsymmetrie in der Formel fällt weg, wenn man in (8) die Ausdrücke (6) substituiert. Die Formel wird aber dann weit weniger einfach.

3. Der Satz des Ptolemäus.[2]) Wenn die Lage der vier Punkte nicht ganz willkürlich ist, so treten zwischen den sechs Strecken noch weitere Beziehungen ein: Wenn zunächst die vier Punkte auf einem Kreise liegen, so gilt der Satz des Ptolemäus, den wir jetzt ableiten:

Es seien a, a' und b, b' die zwei Paare gegenüberliegender Seiten eines dem Kreise eingeschriebenen Vierecks, c, c' seine Diagonalen. Zwischen diesen Stücken besteht eine Abhängigkeit, die sich leicht aus dem Kosinussatz ableiten läßt.

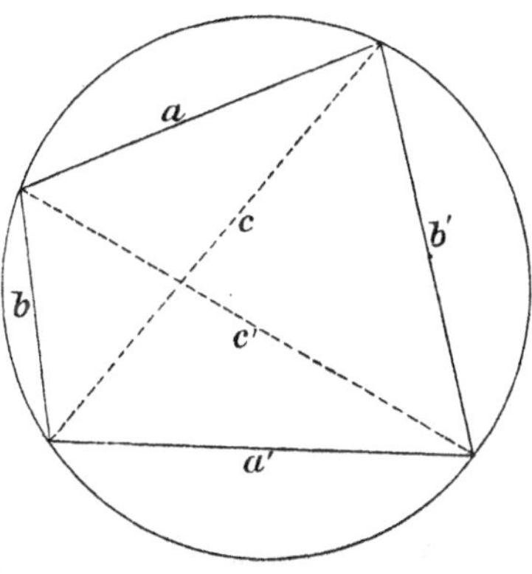

Fig. 163.

Aus den beiden Dreiecken abc, $a'b'c$ (Fig. 163) erhalten wir, wenn wir den Winkel zwischen a und b mit (ab), den zwischen a' und b' mit $(a'b')$ bezeichnen,

$$
\begin{aligned}
c^2 &= a^2 + b^2 - 2ab\cos(ab),\\
c^2 &= a'^2 + b'^2 - 2a'b'\cos(a'b'),
\end{aligned}
$$

und da nun (ab) und $(a'b')$ Supplementwinkel sind, so ist $\cos(ab) + \cos(a'b') = 0$. Also ergibt sich aus vorstehenden Relationen:

$$
(8)\qquad
\begin{aligned}
c^2(ab + a'b') &= (a^2 + b^2)a'b' + (a'^2 + b'^2)ab\\
&= (aa' + bb')(ab' + ba'),
\end{aligned}
$$

1) Gauß' Werke Bd. IX, S. 248.

2) Vgl. Franz Meyer, Archiv der Math. u. Physik (3) Bd. 7, S. 1.

und ebenso erhalten wir aus den Dreiecken $ab'c'$, $a'bc'$

$$(10) \qquad c'^2(ab' + ba') = (aa' + bb')(ab + a'b').$$

Multipliziert man diese beiden Relationen und hebt den Faktor $(ab + a'b')(ab' + ba')$ beiderseits heraus, so erhält man $c^2c'^2 = (aa' + bb')^2$, oder indem man die Wurzel zieht:

$$cc' = aa' + bb',$$

und dies ist der Satz des Ptolemäus, der sich in Worten so ausdrücken läßt:

In einem Kreisviereck ist das Rechteck aus den beiden Diagonalen gleich der Summe der Rechtecke aus je zwei Gegenseiten.

Dividiert man die Gleichungen (9) und (10) und zieht die Wurzel, so erhält man noch

$$\frac{c}{c'} = \frac{ab' + ba'}{ab + a'b'}.$$

Durch die Seiten a, b, a', b' sind also die Diagonalen des Sehnenvierecks, und damit dieses selbst, eindeutig bestimmt.

4. Der Satz von Stewart.[1]) Eine andere Spezialisierung der Lage der vier Punkte tritt dann ein, wenn drei von ihnen in einer Geraden liegen. Wir erhalten dann die Fig. 164, und es handelt sich um die sechs Strecken $\overline{AB}, \overline{AC}, \overline{AD}, \overline{BC}, \overline{BD}, \overline{CD}$, zwischen denen die Relation $\overline{BC} = \overline{BD} + \overline{CD}$ statt hat. Es besteht aber noch eine zweite Relation zwischen diesen Strecken, die wir gleichfalls aus dem Kosinussatz erhalten. Bezeichnen wir den Winkel ADC mit α, so haben wir nach dem Kosinussatz:

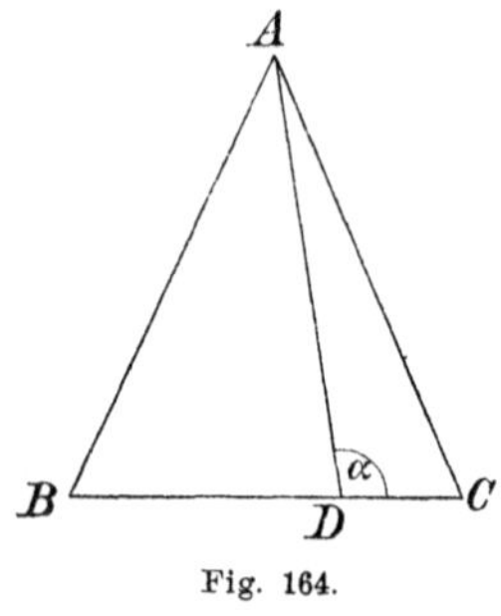

Fig. 164.

$$\overline{AB}^2 = \overline{AD}^2 + \overline{BD}^2 + 2\,\overline{AD}\cdot\overline{BD}\cos\alpha,$$

$$\overline{AC}^2 = \overline{AD}^2 + \overline{CD}^2 - 2\,\overline{AD}\cdot\overline{CD}\cos\alpha,$$

und daraus, wenn wir α eliminieren, indem wir die erste Gleichung mit CD, die zweite mit BD multiplizieren,

$$\overline{AB}^2\cdot\overline{CD} + \overline{AC}^2\cdot\overline{BD} = \overline{AD}^2(\overline{BD} + \overline{CD}) + \overline{BD}^2\cdot\overline{CD} + \overline{CD}^2\cdot\overline{BD}.$$

Setzen wir darin

$$\overline{BD} + \overline{CD} = \overline{BC},$$

$$\overline{BD}^2\cdot\overline{CD} + \overline{CD}^2\cdot\overline{BD} = \overline{BD}\cdot\overline{CD}(\overline{BD} + \overline{CD}) = \overline{BC}\cdot\overline{BD}\cdot\overline{CD},$$

1) Mathew Stewart, Theolog und Mathematiker, lebte 1717—1785 in Schottland.

so ergibt sich

$$\overline{AB}^2 \cdot \overline{CD} + \overline{AC}^2 \cdot \overline{BD} - \overline{AD}^2 \cdot \overline{BC} = \overline{BC} \cdot \overline{BD} \cdot \overline{CD},$$

und dies ist der Stewartsche Satz.

§ 33. Die Brocardschen Punkte.

1. Wenn man von einem Punkt R im Innern eines Dreiecks ABC nach den drei Ecken gerade Linien zieht, so bilden diese mit den drei Seiten des Dreiecks im allgemeinen verschiedene Winkel. Es gibt aber eine besondere Lage des Punktes R, bei der diese Winkel einander gleich werden:

(1) $$\sphericalangle RAC = \sphericalangle RCB = \sphericalangle RBA = \omega \quad \text{(Fig 165).}$$

Ebenso kann man aber auch nach der Lage des Punktes R' fragen, wenn

(2) $$\sphericalangle R'AB = \sphericalangle R'BC = \sphericalangle R'CA$$

werden soll. Diese Punkte R, R' heißen die Brocardschen Punkte[1]). Die folgende Betrachtung gibt uns eine Konstruktion des Punktes R und lehrt uns zugleich die Größe ω der drei Winkel (1) kennen.

Wir bezeichnen mit α, β, γ die Winkel des gegebenen Dreiecks. In dem Dreieck ACR ist dann der Winkel bei A gleich ω und der bei C gleich $\gamma - \omega$, folglich der bei R gleich $\pi - \gamma$. Errichtet man in C eine Senkrechte $\overline{CC_1}$ auf $\overline{BC}$ und konstruiert das gleichschenkelige Dreieck ACC_1, so hat dies bei A und C die Winkel $\pi/2 - \gamma$, und folglich ist der Winkel bei C_1 gleich 2γ. Es ist also C_1 der Mittelpunkt eines Kreisborgens ARC, der bei R als Peripheriewinkel über AC als Sehne den Winkel $\pi - \gamma$ faßt. Der Punkt R liegt also auf dem Kreise, der um C_1 mit $\overline{CC_1}$ als Radius beschrieben ist.

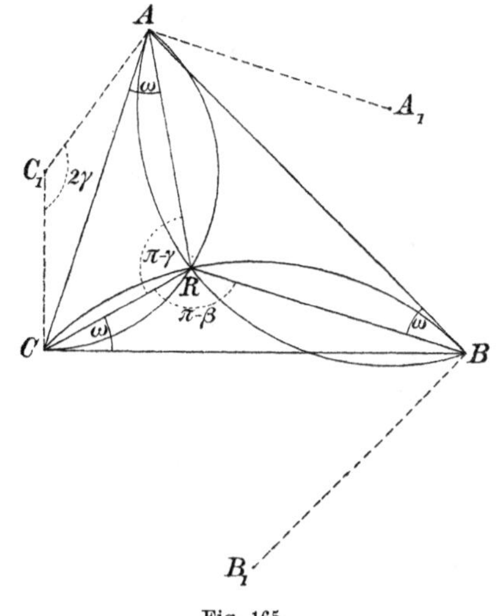

Fig. 165.

1) Man sehe den Abschnitt über die moderne Geometrie des Dreiecks im „Repertorium der höheren Mathematik“ von Ernst Pascal, deutsch von Schepp, Bd. 2 § 7.

Macht man dieselbe Konstruktion für die beiden anderen Dreiecksseiten, so erhält man drei Kreise, die sich in dem gesuchten Punkte R schneiden.

2. Um den Winkel ω zu finden, wenden wir auf die beiden Dreiecke CRA und CRB den Sinussatz an, und erhalten:

$$\overline{RC} = \frac{b \sin\omega}{\sin\gamma} = \frac{a \sin(\beta - \omega)}{\sin\beta},$$

und wenn man, wieder nach dem Sinussatz, auf das gegebene Dreieck angewandt, $a : b = \sin\alpha : \sin\beta$ setzt:

$$\frac{\sin\beta \sin\omega}{\sin\gamma} = \frac{\sin\alpha \sin(\beta - \omega)}{\sin\beta},$$

und da nach dem Additionstheorem:

$$\sin(\beta - \omega) = \sin\beta \cos\omega - \cos\beta \sin\omega$$

ist:

$$\sin\omega\left(\frac{\sin\beta}{\sin\gamma} + \frac{\sin\alpha \cos\beta}{\sin\beta}\right) = \cos\omega \sin\alpha,$$

daraus:

$$\operatorname{cotg}\omega = \operatorname{cotg}\beta + \frac{\sin\beta}{\sin\gamma \sin\alpha},$$

und endlich, da $\sin\beta = \sin\alpha\cos\gamma + \sin\gamma\cos\alpha$ ist:

(1) $$\operatorname{cotg}\omega = \operatorname{cotg}\alpha + \operatorname{cotg}\beta + \operatorname{cotg}\gamma.$$

Wenn man denselben Winkel ω in den Punkten A, B, C an die Seiten c, a, b statt an b, c, a anträgt, so erhält man den zweiten Brocardschen Punkt.

§ 34. Grundformeln für das Vieleck.

1. Wir wollen einen gebrochenen Linienzug $0, 1, 2, \cdots, n$ betrachten, der aus den Strecken $a_1, a_2, a_3, \cdots, a_n$ besteht. Jede Strecke soll gegen die vorangehende um einen gewissen Winkel in einem willkürlich festgesetzten, als positiv betrachteten Sinne gedreht sein, und diese Drehungswinkel, die wir mit $(12), (23), \cdots, (n-1, n)$ bezeichnen, sollen alle kleiner als π sein und eine Summe haben, die kleiner als vier Rechte ist, so daß die Richtung der Strecken nicht völlig einen ganzen Umlauf gemacht hat (Fig. 166).

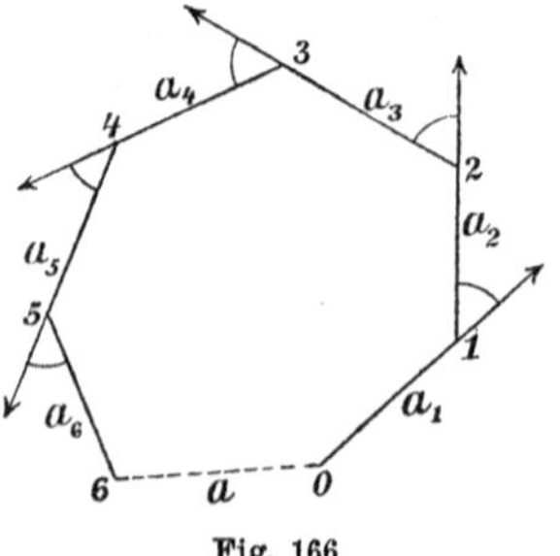

Fig. 166.

Verbinden wir den Endpunkt n mit dem Anfangspunkt 0 durch eine Strecke a, so erhalten wir ein Polygon (ein $n+1$-Eck) mit nur ausspringenden Winkeln, bei dem nicht angrenzende Seiten sich nirgends durchschneiden, und die Winkel dieses Polygons sind $\pi - (12)$, $\pi - (23)$, $\cdots$.

Die Drehung (i, k) einer Seite a_k gegen eine a_i ist, wenn $k > i$ ist, positiv, und es ist

$$(i, k) = (i, i+1) + (i+1, i+2) + \cdots + (k-1, k).$$

Durch die Strecken $a_1, a_2, \cdots, a_n$ und die Drehungen (12), (13), $\cdots$, $(n-1, n)$ ist der Linienzug, und damit auch das Polygon, eindeutig bestimmt. Diese $2n-1$ Stücke aber können (innerhalb gewisser Grenzen) beliebig gegeben sein.

Wenn der Linienzug sich schließt, so bildet er ein n-Eck. Die Winkelsumme $(12) + (23) + \cdots + (n-1, n)$ ist gleich 2π, und die Strecke a muß $= 0$ sein.

2. Es soll die Schlußstrecke a aus den gegebenen Stücken a_1, $a_2, \cdots, a_n$, (12), (23), $\cdots$, $(n-1, n)$ bestimmt werden; wir beginnen mit dem Falle $n = 3$ (Fig. 167).

Wir verlängern a_1 und a_3 bis zu ihrem Schnitt 4 und bezeichnen die Strecken $\overline{41}$, $\overline{42}$ mit a_1' und a_3', dann ist aus dem Dreieck (412), in dem der Winkel bei 4 gleich $\pi - (13)$ ist:

$$a_1' = a_2 \frac{\sin(23)}{\sin(13)}, \quad a_3' = a_2 \frac{\sin(12)}{\sin(13)},$$

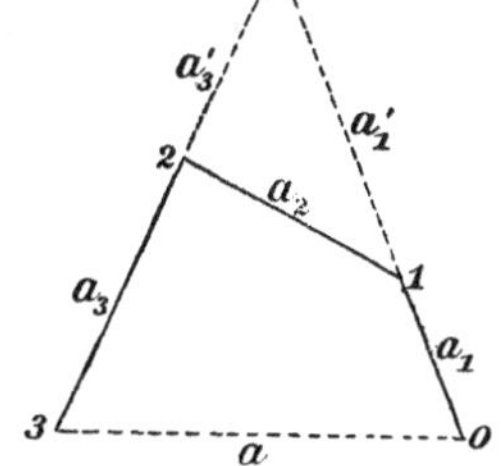

Fig. 167.

und folglich nach dem Kosinussatz:

$$a^2 = \left(a_1 + a_2 \frac{\sin(23)}{\sin(13)}\right)^2 + \left(a_3 + a_2 \frac{\sin(12)}{\sin(13)}\right)^2$$
$$+ 2\left(a_1 + a_2 \frac{\sin(23)}{\sin(13)}\right)\left(a_3 + a_2 \frac{\sin(12)}{\sin(13)}\right)\cos(13),$$

und dies gibt mit Benutzung der Formeln

$$\sin(13) = \sin(12)\cos(23) + \cos(12)\sin(23),$$
$$\cos(13) = \cos(12)\cos(23) - \sin(12)\sin(23)$$

nach einfacher Rechnung

$$a^2 = a_1^2 + a_2^2 + a_3^2 + 2a_2 a_3 \cos(23)$$
$$+ 2a_3 a_1 \cos(31) + 2a_1 a_2 \cos(12).$$

Dieselbe Formel gilt auch, wenn sich die beiden Linien a_1, a_3 unter der Linie a schneiden.

Mit Benutzung eines Summenzeichens läßt sich die Formel auch so schreiben:

$$a^2 = \Sigma a_i^2 + 2\Sigma a_i a_k \cos(i, k), \tag{2}$$

und in dieser Gestalt gilt sie allgemein für ein beliebiges n, wenn man in der ersten Summe i von 1 bis n gehen läßt, und in der zweiten für i, k alle Paare voneinander verschiedener Zahlen $1, 2, \cdots, n$ setzt.

Man erweist die Allgemeingültigkeit dieser Formel leicht durch den Schluß von $n-1$ auf n, wenn man den Linienzug $a_1, a_2, a_3, \cdots, a_n$

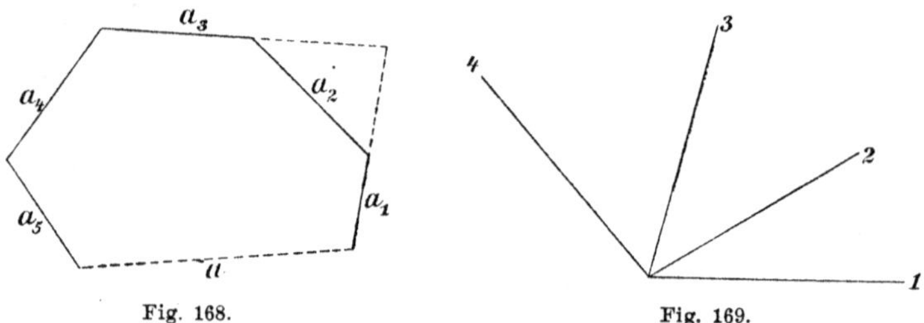

Fig. 168. Fig. 169.

durch Überspringen einer Linie, etwa a_2, und Verlängerung der beiden angrenzenden a_1 und a_3 zu einem Zug von nur $n-1$ Linien a_1', a_3', $a_4, \cdots, a_n$ macht, für den die Formel als erwiesen gilt (Fig. 168). Man benutze dabei die erste der beiden Formeln:

$$(3)\qquad \begin{aligned} \sin(13)\cos(24) &= \sin(23)\cos(14) + \sin(12)\cos(34),\\ \sin(13)\sin(24) &= \sin(23)\sin(14) + \sin(12)\sin(34), \end{aligned}$$

die sich leicht aus den Additionsformeln der trigonometrischen Funktionen ableiten lassen, wenn man setzt (Fig. 169):

$$\begin{aligned} (14) &= (13) + (34),\\ (24) &= (23) + (34),\\ (12) &= (13) - (23). \end{aligned}$$

3. Direkt kommt man auch auf folgendem Wege zu der Formel (2). Man nehme eine beliebige feste Richtung X in der Ebene des Polygons an, und bezeichne mit $\alpha_1, \alpha_2, \alpha_3, \cdots, \alpha_n$ die Winkel zwischen der Richtung X und den Richtungen $a_1, a_2, a_3 \cdots, a_n$, wobei diese Richtungen im Sinne des positiven Umkreisens der Polygonfläche verstanden sind. Es ist dann

$$(i, k) = \alpha_k - \alpha_i,$$

und es ist $a_k \cos\alpha_k$ die Projektion der Strecke a_k auf der Richtung X, positiv oder negativ gerechnet, jenachdem der Winkel α spitz oder stumpf ist.

Da nun das Polygon geschlossen sein soll, so ist die Gesamtlänge der positiven Projektionen ebenso groß wie die der negativen, und die Gesamtsumme aller dieser Projektionen ist also Null. Dies gilt selbst dann noch, wenn an dem Polygon einspringende Winkel vorkommen, oder wenn sich die Polygonseiten gegenseitig durchschneiden. Es ist also

$$-a\cos\alpha = a_1\cos\alpha_1 + a_2\cos\alpha_2 + \cdots + a_n\cos\alpha_n.$$

Ersetzt man aber die Richtung X durch eine auf ihr senkrechte Richtung Y, so hat man die Winkel α_i sämtlich um $\pi/2$ zu vergrößern und man erhält:

$$-a\sin\alpha = a_1\sin\alpha_1 + a_2\sin\alpha_2 + \cdots + a_n\sin\alpha_n.$$

Wenn man diese beiden Formeln quadriert und addiert, so ergibt sich nach den Formeln

$$\cos\alpha^2 + \sin\alpha^2 = 1,$$

$$\cos\alpha_i\cos\alpha_k + \sin\alpha_i\sin\alpha_k = \cos(\alpha_k - \alpha_i)$$

die Formel (2).

4. Einfach läßt sich auch der Flächeninhalt des Polygons durch die Seiten $a_1, a_2, \cdots, a_n$ und durch die Winkel (i, k) ausdrücken.

Wir wollen wieder mit dem Viereck 0, 1, 2, 3 (Fig. 170) beginnen, das wir zu einem Dreieck 0, 4, 3 ergänzen. Ist dann F der Flächeninhalt des Vierecks, so ist

$$2F = -(a_1'a_3' - (a_1' + a_1)(a_3' + a_3))\sin(13),$$

und mit Benutzung der Formeln

$$a_1' = a_2\frac{\sin(23)}{\sin(13)}, \quad a_3' = a_2\frac{\sin(12)}{\sin(13)}:$$

$$2F = a_2a_3\sin(23) + a_1a_2\sin(12) + a_1a_3\sin(13).$$

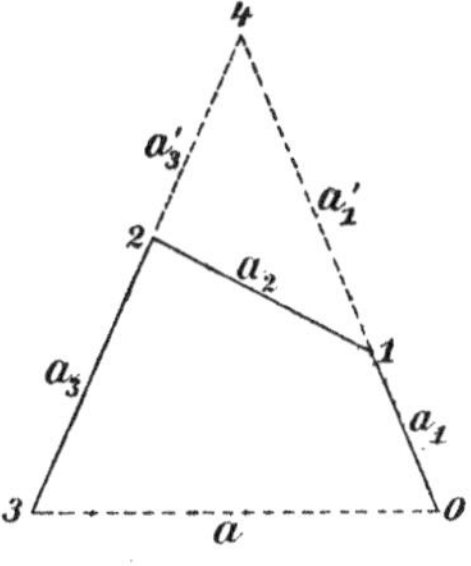

Fig. 170.

Dieser Ausdruck läßt sich wieder so schreiben:

$$2F = \Sigma a_ia_k\sin(i, k),$$

und in dieser Form ist er allgemein gültig. Dies läßt sich durch vollständige Induktion (nach Fig. 170) leicht allgemein nachweisen.

§ 35. Umfang und Flächeninhalt regulärer Polygone.

1. Nehmen wir in einem Kreise mit dem Radius r einen Zentriwinkel 2α, der kleiner als π ist, so ist, wenn wir α in Bogenmaß messen, die Länge des zugehörigen Kreisbogens gleich $2r\alpha$ und der Flächeninhalt des Sektors gleich $r^2\alpha$. Die Sehne $2s$ hat die Länge $2r\sin\alpha$ und der Flächeninhalt $AB'C'$ ist gleich $r^2\operatorname{tg}\alpha$ (Fig. 171). Da die Sehne kürzer ist als der Bogen und der Flächeninhalt des Dreiecks größer als der des Sektors, so ist

$$(1) \qquad \sin\alpha < \alpha < \operatorname{tg}\alpha.$$

2. Es seien nun α und β zwei Winkel des ersten Quadranten und es sei

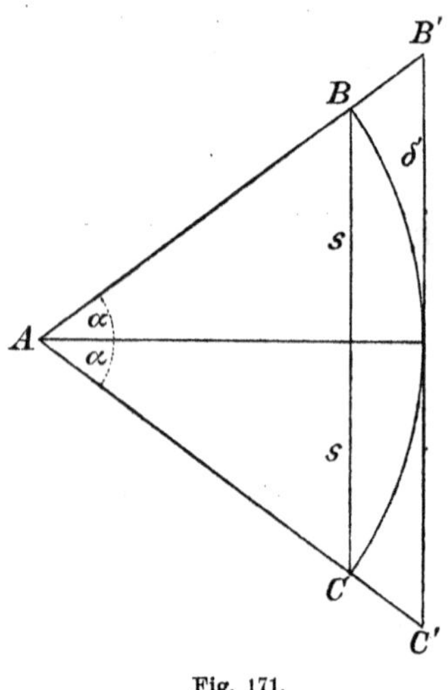

Fig. 171.

$$\alpha > \beta.$$

Es ergibt sich dann

$$(2) \quad \frac{\sin\beta}{\beta} - \frac{\sin\alpha}{\alpha} = \frac{\alpha\sin\beta - \beta\sin\alpha}{\alpha\beta},$$

und wenn man hierin

$$\sin\alpha = \sin(\beta + \alpha - \beta)$$
$$= \sin\beta\cos(\alpha - \beta) + \cos\beta\sin(\alpha - \beta)$$

setzt, so folgt:

$$\alpha\sin\beta - \beta\sin\alpha$$
$$= (\beta + \alpha - \beta)\sin\beta - \beta\sin\beta\cos(\alpha - \beta)$$
$$- \beta\cos\beta\sin(\alpha - \beta)$$
$$= \beta\sin\beta(1 - \cos(\alpha - \beta))$$
$$+ \beta(\alpha - \beta)\cos\beta\left(\frac{\operatorname{tg}\beta}{\beta} - \frac{\sin(\alpha - \beta)}{\alpha - \beta}\right).$$

Dieser Ausdruck ist aber nach (1) immer positiv, weil

$$\cos(\alpha - \beta) < 1, \quad \frac{\operatorname{tg}\beta}{\beta} > 1, \quad \frac{\sin(\alpha - \beta)}{\alpha - \beta} < 1,$$

und es ist also die Differenz (2) gleichfalls positiv. Wir haben also:

So lange α zwischen 0 und $\pi/2$ liegt, nimmt der Bruch $\sin\alpha : \alpha$ ab, wenn α wächst.

3. Wir betrachten noch unter derselben Voraussetzung $\alpha > \beta$ die Differenz

$$\frac{\operatorname{tg}\alpha}{\alpha} - \frac{\operatorname{tg}\beta}{\beta} = \frac{\beta\sin\alpha\cos\beta - \alpha\sin\beta\cos\alpha}{\alpha\beta\cos\alpha\cos\beta},$$

wofür man auch schreiben kann:

$$\frac{(\alpha+\beta)\sin(\alpha-\beta) - (\alpha-\beta)\sin(\alpha+\beta)}{2\alpha\beta\cos\alpha\cos\beta} = \frac{\alpha^2 - \beta^2}{2\alpha\beta\cos\alpha\cos\beta}\left(\frac{\sin(\alpha-\beta)}{\alpha-\beta} - \frac{\sin(\alpha+\beta)}{\alpha+\beta}\right),$$

und da $\alpha + \beta$ größer ist als $\alpha - \beta$, so ist diese Differenz nach 2 positiv. Wir haben damit den Satz:

So lange α zwischen 0 und $\pi/2$ liegt, wächst der Bruch $\operatorname{tg}\alpha : \alpha$ mit α.

4. Nehmen wir jetzt den Winkel 2α gleich dem n^{ten} Teil von vier Rechten, also $= 2\pi/n$, an, so werden die Strecken BC und $B'C'$ die Seiten von regelmäßigen n-Ecken und die Sektoren ABC, $AB'C'$ die n^{ten} Teile der Flächeninhalte dieser Polygone. Das erste von ihnen ist dem Kreise mit dem Radius r eingeschrieben, das zweite umgeschrieben.

Bezeichnen wir mit S, S' die Umfänge, mit F, F' die Flächeninhalte der beiden Polygone, so ist

$$S = 2nr\sin\frac{\pi}{n}, \qquad F = nr^2\sin\frac{\pi}{n}\cos\frac{\pi}{n},$$

$$S' = 2nr\,\mathrm{tg}\frac{\pi}{n}, \qquad F' = nr^2\,\mathrm{tg}\frac{\pi}{n}.$$

Der Kreisumfang liegt zwischen S und S' und die Kreisfläche zwischen F und F'. Je mehr n wächst, um so näher kommen S und S' einerseits, F und F' andererseits einander, und man erhält als gemeinschaftliche Grenze von S und S' die Kreisperipherie $2r\pi$ und von F und F' die Kreisfläche $r^2\pi$.

5. Wir können den Flächeninhalt des n-Ecks auch durch seinen Umfang ausdrücken, wenn wir r aus S und F (oder aus S' und F') eliminieren. Man erhält so

$$F = \frac{S^2}{4n\,\mathrm{tg}\frac{\pi}{n}}.$$

Lassen wir den Umfang S unverändert und lassen n wachsen, so nimmt $n\,\mathrm{tg}(\pi/n)$ nach 3. ab und der Ausdruck für F nimmt zu. Daraus ergibt sich der wichtige Satz:

Ein einfaches reguläres n-Eck von gegebenem Umfang hat um so größeren Flächeninhalt, je größer die Anzahl n seiner Ecken ist.

Die obere Grenze der Werte F ist $S^2/4\pi$, d. h. gleich dem Inhalt eines Kreises vom Radius $S:2\pi$ (Bd. I, § 114).

Sechster Abschnitt.

Sphärik und sphärische Trigonometrie.

A. Orientierung auf der Kugel.

§ 36. Einleitung. — Der Eulersche Dreiecksbegriff.

1. In der ebenen Trigonometrie ist gelehrt worden, aus drei unabhängigen Stücken eines Dreiecks die übrigen zu berechnen. Die praktische Bedeutung solcher Berechnungen liegt in der Möglichkeit, auf der Erdoberfläche nach einmaliger Festlegung einer „Standlinie" durch bloße Winkelaufnahmen Vermessungen auszuführen.

Es leuchtet aber ein, daß derartige Aufnahmen auf Genauigkeit nur Anspruch machen können, so lange wir uns auf kleine Teile der Erdoberfläche beschränken, genauer gesagt — so lange die Krümmung der Erdoberfläche vernachlässigt werden darf. Haben wir es dagegen mit der Vermessung größerer Gebiete zu tun, so sind die Flächen der Dreiecke nicht mehr eben, sondern gekrümmt: an Stelle der ebenen Dreiecke treten „sphärische Dreiecke", an Stelle der ebenen die „sphärische Trigonometrie".

Historisch verdankt die sphärische Trigonometrie ihren Ursprung nicht der Vermessung der Erde, sondern der des Himmels. Ja sie ist sogar zeitlich die ältere Schwester der ebenen Trigonometrie. Von alters her haben die Geheimnisse des gestirnten Himmels einen unwiderstehlichen Reiz auf die Menschen ausgeübt. Ihrer Erforschung galten die ältesten mathematischen Bemühungen. Aus diesen Bemühungen ist die sphärische Trigonometrie hervorgegangen.

Und bis heute ist sie dem Astronomen eine unentbehrliche und treue Helferin geblieben.

2. Wie in der ebenen Trigonometrie die wichtigsten Lehren der ebenen Geometrie als bekannt vorausgesetzt werden müssen, so erfordert die sphärische Trigonometrie die Kenntnis der geometrischen Verhältnisse auf der Kugel. Man pflegt diesen Teil der Geometrie als Sphärik zu bezeichnen.

Es scheint aber nicht empfehlenswert, eine scharfe Trennung zwischen Sphärik und sphärischer Trigonometrie durchzuführen. Beide durchdringen und befruchten sich gegenseitig.

Wir werden uns im ersten Teil zwar ausschließlich mit reiner Sphärik beschäftigen, im zweiten mit reiner sphärischer Trigonometrie, aber im dritten werden uns gewisse merkwürdige Erscheinungen an Formeln der sphärischen Trigonometrie zu wesentlichen und weittragenden Erweiterungen im Gebiete der reinen Sphärik führen. Der vierte Teil beschäftigt sich mit praktischen Anwendungen der sphärischen Trigonometrie; endlich werden wir später, wenn uns auch die Lehre der analytischen Geometrie zur Verfügung stehen, eine Verbindung von Sphärik, sphärischer Trigonometrie und analytischer Geometrie kennen lernen: die „analytische Sphärik".

3. Denkt man sich auf der Kugelfläche drei Punkte A, B, C angenommen, so können diese auf mannigfache Weise zu je zwei durch Kurven verbunden werden. Wie man nun in der Ebene unter einem Dreieck ein System von drei Punkten mit ihren kürzesten Verbindungslinien — Geraden — versteht, so definiert man auch ein sphärisches Dreieck als ein System von drei Punkten mit ihren kürzesten, auf der Kugel verlaufenden Verbindungslinien; diese sind, wie sich zeigen läßt, Stücke von Hauptkreisen, die die Länge eines Halbkreises nicht übersteigen.

Anschaulich lassen sich solche Dreiecke aus Stücken von Apfelsinenschalen herstellen.

4. Das Nächstliegende wäre jetzt, unter einer „Seite" eines sphärischen Dreiecks die absolute Länge s des betreffenden Hauptkreisbogens zu verstehen. Denkt man sich aber zu der Kugel und dem sphärischen Dreieck eine Schar konzentrischer und ähnlicher Kugeln und Dreiecke hinzu, so unterscheiden sich alle diese nur durch den Maßstab, nicht aber ihrem Wesen nach. Man wird daher als Dreiecksseiten Größen einzuführen suchen, die von der Veränderung des Kugelradius r unabhängig sind; solche erhält man am einfachsten, wenn man als Seiten statt der Bogenlängen selbst deren Verhältnis zum Kugelradius r einführt. Ist also s_{AB} die Länge des zwischen a und b ver-

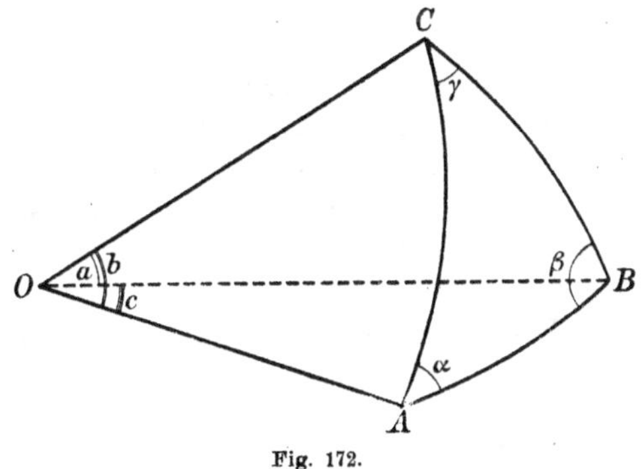

Fig. 172.

laufenden Hauptkreisbogens, und bezeichnet man wie in der Ebene die Seiten nach ihren gegenüberliegenden Ecken, so sind die Seiten durch folgende Gleichungen definiert (Fig. 172):

$$a = BC = \frac{s_{BC}}{r},$$

$$b = CA = \frac{s_{CA}}{r},$$

$$c = AB = \frac{s_{AB}}{r}.$$

Die Größe s_{BC}/r ist aber nichts anderes als der in Bogenmaß gemessene Winkel BOC, wo O den Mittelpunkt der Kugel bezeichnet (§ 27, p. 309). Wir können daher sagen:

Die Seiten eines sphärischen Dreiecks sind die Kantenwinkel des Dreikants, das das sphärische Dreieck aus dem Kugelmittelpunkt projiziert.

Es ist damit die Sphärik in engste Verbindung mit der Geometrie des „projizierenden Dreikants" gebracht. Jedem Satz über das eine Gebilde entspricht ein solcher über das andere.

5. Als Winkel des sphärischen Dreiecks werden wir die zwischen 0 und π liegenden Winkel anzusehen haben, die die Hauptkreisbogen miteinander bilden. Da aber die Winkel zwischen krummen Linien durch die Winkel ihrer Tangenten gemessen werden, und diese Tangenten bei der Kugel auf den Radien nach den Berührungspunkten senkrecht stehen, so können wir sagen:

Die Winkel eines sphärischen Dreiecks sind identisch mit den Flächenwinkeln des projizierenden Dreikants.

Bezeichnet werden die Winkel durch griechische Buchstaben nach den Ecken, zu denen sie gehören.

6. Der bisher entwickelte Dreiecksbegriff möge der Eulersche heißen. Es soll damit in Erinnerung gebracht werden, daß Euler als der Vater der modernen sphärischen Trigonometrie anzusehen ist.[1])

Es ist dies der Dreiecksbegriff, der in der Wissenschaft bis zum Anfang des 19. Jahrhunderts, in den Schulen bis heute der allein herrschende war.

Die charakteristischen Eigenschaften der Eulerschen Dreiecke sind (vgl. § 38, 7.):

1) Principes de la Trigonométrie sphérique, tirés de la methode des plus grands et plus petits. Mém. de l'Acad. de Berlin t IX, 1753. — Trigonometria sphaerica universa, ex primis principiis breviter et dilucide derivata. Act. Petrop. 1779. — Beide Abhandlungen (von denen die erste nicht elementar ist, indem sie von der Differentialgleichung der geodätischen Linien ausgeht) sind deutsch erschienen in Ostwalds Klassikern Nr. 73.

a) Seiten und Winkel eines Eulerschen Dreiecks liegen zwischen 0 und π.

b) Durch drei Punkte der Kugeloberfläche ist ein und nur ein Eulersches Dreieck bestimmt, wenn keine von den drei Punkten zueinander diametral sind.

7. Aus den geometrischen Eigenschaften des Dreikants folgen einige Sätze über das Eulersche Dreieck, die uns im vierten Teil häufig von Nutzen sein werden:

1. Die Summe der Seiten eines Eulerschen Dreiecks liegt zwischen 0 und 2π.

2. Die Summe der Winkel eines Eulerschen Dreiecks liegt zwischen π und 3π.

3. Dem größeren Winkel eines Eulerschen Dreiecks liegt die größere Seite, gleichen Seiten liegen auch gleiche Winkel gegenüber.

§ 37. Die stereographische Projektion.

1. Um den Schwierigkeiten perspektivischer Zeichnungen, die sich für uns bei den Dreiecksformen der nächsten Paragraphen noch wesentlich steigern, zu entgehen, ist es wünschenswert, eine „Abbildung" der sphärischen Figuren auf die Ebene zu besitzen, die gleichwohl die ursprünglichen räumlichen Verhältnisse klar erkennen läßt.

Dies leistet uns die Abbildung, die in der Kartographie unter dem Namen der „stereographischen Projektion" bekannt ist.

Bei der stereographischen Projektion werden die Punkte der Kugel von einem auf der Kugel gelegenen Projektionszentrum auf eine Ebene projiziert, die den Durchmesser nach dem Projektionszentrum senkrecht schneidet.

Zur Vereinfachung des Ausdrucks denken wir uns die Kugel als Erdkugel und reden demgemäß von Nord- und Südpol, Äquator usw.

Wir wählen als Projektionszentrum den Südpol, als Bildebene die Ebene ε des Äquators.

Jedem Punkt P der Kugel entspricht dann ein Punkt P' von ε. Die Punkte des Äquators entsprechen sich selbst. Die Punkte der nördlichen Halbkugel haben ihre Bilder innerhalb, die der südlichen Halbkugel außerhalb des Äquators. Dem Südpol entspricht als Bild jeder unendlich ferne Punkt der Ebene ε. Der Eindeutigkeit wegen ist es zweckmäßig, als unendlich fernes Gebilde der Ebene nicht eine „unendlich ferne Gerade", sondern einen „unendlich fernen Punkt" anzunehmen, wie in der Inversionsgeometrie (§ 9).

Die Abbildung ist dann eine eindeutige.

2. Der weiteren Betrachtung legen wir vorübergehend ein rechtwinkliges Koordinatensystem mit dem Anfangspunkt O zu Grunde, dessen x- und y-Achse in der Äquatorebene liegen, während die positive z-Achse vom Anfangspunkt nach dem Nordpol geht.[1])

Irgend ein Punkt P der Kugel habe die Koordinaten x, y, z. Welches sind dann die Koordinaten x', y' des Bildpunktes P'?

Zur Beantwortung dieser Frage führen wir neben den rechtwinkligen Koordinaten noch Polarkoordinaten ein; P habe die Polarkoordinaten φ, ϱ, z, wo φ den Winkel bezeichnet, den die durch P gelegte Meridianebene mit der Ebene des Nullmeridians bildet, ϱ aber den Abstand des Punktes P von der Erdachse angibt; P' habe die Koordinaten φ' und ϱ'. Es ist offenbar:

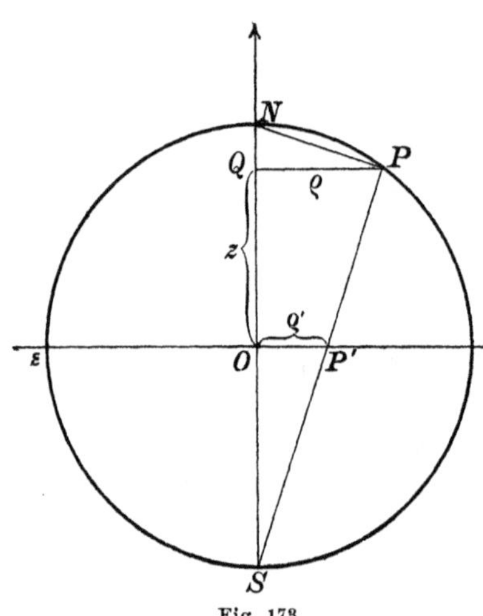

Fig. 173.

(1) $$\varphi' = \varphi.$$

Bei festgelegtem Kugelradius r ist P durch zwei Angaben, etwa φ und z, bestimmt. Wegen (1), und da ϱ' nur von z, nicht aber von φ abhängig ist, bleibt nur noch die Aufgabe, ϱ' durch z (und r) auszudrücken. Zu dem Ende können wir wegen der Unabhängigkeit des z von φ den Punkt P in der Zeichenebene annehmen (Fig. 173). Es ist:

$$\triangle SOP' \sim SQP \sim PQN.$$

Daher:

(2) $$\frac{\varrho'}{\varrho} = \frac{r}{r+z},$$

(3) $$\frac{\varrho'}{r} = \frac{r-z}{\varrho},$$

mithin:

(4) $$\varrho'^2 = r^2\frac{r-z}{r+z}; \qquad z = r\frac{r^2-\varrho'^2}{r^2+\varrho'^2}.$$

Satz: Der Übergang von den Punkten P der Kugel zu den entsprechenden P' der Ebene wird vermittelt durch die Gleichungen:

$$\varphi' = \varphi, \qquad \varrho'^2 = r^2\frac{r-z}{r+z},$$

1) Vgl. den Abschnitt „analytische Geometrie des Raumes“.

der Übergang von der Ebene zur Kugel aber durch:

$$\varphi = \varphi', \qquad z = r\frac{r^2 - \varrho'^2}{r^2 + \varrho'^2}.$$

3. Wir wollen nun untersuchen, wie Kreise in der Ebene sich auf der Kugel abbilden.

Ein beliebiger Kreis der Ebene hat in Polarkoordinaten die Gleichung:

$$(5) \qquad \varrho'^2 + A\varrho' \cos\varphi' + B\varrho' \sin\varphi' + C = 0.$$

Unter Benutzung von (2) und (1) ist aber:

$$\varrho' \cos\varphi' = \varrho'\frac{x'}{\varrho'} = \varrho'\frac{x}{\varrho} = x\frac{r}{r+z},$$

$$\varrho' \sin\varphi' = \varrho'\frac{y'}{\varrho'} = \varrho'\frac{y}{\varrho} = y\frac{r}{r+z};$$

daher geht (5) über in:

$$(6) \qquad Arx + Bry + (C - r^2)z + r(C + r^2) = 0.$$

Dies ist die Gleichung einer Ebene; eine solche hat mit der Kugel einen Kreis gemein. Da aber (6) eine ganz allgemeine Ebenengleichung ist, kann umgekehrt jeder Kreis auf der Kugel als Schnitt einer Ebene (6) mit der Kugel aufgefaßt werden, und wir haben den Satz:

Jeder Kreis auf der Kugel wird bei stereographischer Projektion als Kreis auf der Ebene abgebildet, und umgekehrt jeder Kreis auf der Ebene als Kreis auf der Kugel.

Nur wenn A, B und C unendlich werden, geht der Kreis (5) in eine Gerade über, wie man nach Division durch C sieht, während (6) als Bild nach wie vor einen Kreis (der durch den Südpol geht) liefert — was auch die unmittelbare geometrische Anschauung lehrt. Es ist daher wie in der Planimetrie zweckmäßig, die Gerade als ausgearteten Kreis aufzufassen.

4. Zwei durch den Südpol gehende Kreise mit dem zweiten Schnittpunkt P bilden sich auf ε nach 3. als zwei Geraden mit dem Schnittpunkt P' ab. Der Winkel, den die Kreise bei P miteinander bilden, ist aus Symmetriegründen derselbe wie der bei S. Der letztere aber wird, wie leicht ersichtlich, erhalten, wenn man die Ebene der beiden Kreise mit der Tangentialebene in S zum Schnitt bringt. Da aber diese Tangentialebene der Äquatorebene ε parallel ist, so folgt:

Zwei durch S gehende Kreise schneiden sich unter demselben Winkel wie die sie abbildenden Geraden.

Zwei unendlich benachbarten Punkten der Kugel entsprechen auch zwei unendlich benachbarte Punkte der Ebene. Daher folgt aus dem letzten Satz sofort:

Zwei beliebige Kurven der Kugel schneiden sich unter demselben Winkel wie ihre stereographischen Bilder.

Man nennt eine Abbildung, bei der die Winkel erhalten bleiben, eine konforme oder winkeltreue Abbildung.

Die stereographische Projektion ist also eine konforme Abbildung.

5. Für uns sind am wichtigsten die Abbildungen von Hauptkreisen. Da jeder Hauptkreis den Äquator halbiert, der Äquator aber sein eigenes Bild ist, folgt aus Art. 3.:

Jeder Hauptkreis der Kugel und nur ein solcher wird durch einen Kreis abgebildet, der den Äquator halbiert, oder, wie wir uns in § 9 ausdrückten, das Bild eines Hauptkreises schneidet den Äquator diametral.

Ein sphärisches Dreieck hat also als Bild ein Kreisbogendreieck, dessen Seiten den Äquator halbieren. Beide Dreiecke stimmen in den Winkeln überein, nicht aber in den Seiten.

Indessen können auch die Seiten durch geometrische Konstruktion leicht gefunden werden (§ 39, 15.).

Umgekehrt kann man zu drei beliebigen Kreisen einer Ebene, zu denen ein Diametralkreis ε existiert, sofort eine Kugel bestimmen, auf der dem von jenen Kreisen gebildeten Kreisbogendreieck ein sphärisches Dreieck stereographisch entspricht. Der Äquator dieser Kugel ist nämlich ε.

6. Denken wir uns in N an die Kugel die Tangentialebene gelegt, und trifft SP diese in P'', so ist nach dem Pytagoreischen Lehrsatze:

$$SP \cdot SP'' = 4r^2;$$

da aber $SP'' = 2\,SP'$ wegen Ähnlichkeit der Dreiecke SOP' und SNP'' ist, so folgt:

$$SP \cdot SP' = 2r^2.$$

Mithin ergibt sich der Satz (vgl. § 9):

Die stereographische Projektion ist eine Inversion mit dem Zentrum S und der Potenz $2r^2$.

§ 38. Der Moebiussche Dreiecksbegriff.

1. Während in der Ebene zwischen zwei Punkten nur eine geradlinige Verbindungsstrecke existiert, können wir auf der Kugel zwei Verbindungen durch Hauptkreisbogen herstellen, die sich zu 2π ergänzen. Von diesen ist freilich nur der eine, zwischen 0 und π liegende, zugleich kürzeste Verbindungslinie zwischen den beiden Punkten. Läßt man aber diese Forderung fallen, so gelangt man zu allgemeineren sphärischen Dreiecken, deren Seiten nicht wie bisher zwischen 0 und π, sondern zwischen 0 und 2π liegen. Es liegt nahe, mit dieser Verallgemeinerung zugleich die weitere einzuführen, daß man auch überstumpfe Winkel zuläßt.

Diese Erweiterung des Dreiecksbegriffs verdanken wir Moebius, und wir werden ihn daher fortan als „Moebiusschen Dreiecksbegriff" bezeichnen.[1])

2. Über die Notwendigkeit einer solchen Erweiterung spricht sich Moebius selbst folgendermaßen aus (Ges. Werke II, p. 74f.):

„In der Tat wird erst dadurch, daß man den Begriff eines sphärischen Dreiecks in möglichster Allgemeinheit auffaßt, eine vollkommene Übereinstimmung zwischen den Formeln einerseits und der Konstruktion andererseits zuwege gebracht. Denn wenn von den drei Seiten und den drei Winkeln eines Dreiecks irgend drei Stücke gegeben sind und ein viertes gesucht wird, so ergeben sich für das gesuchte mittels der zugehörigen Formel stets zwei im allgemeinen verschiedene Werte: und, übereinstimmend hiermit, kann man unter Zulassung auch überstumpfer Seiten und Winkel mit den drei gegebenen Stücken immer zwei verschiedene Dreiecke konstruieren, in deren einem der eine, im anderen der andere der zwei durch die Formel gefundenen Werte dem gesuchten Stücke zukommt, während, wenn noch die an sich willkürliche Bedingung hinzugefügt wird, daß keine Seite und kein Winkel π überschreiten soll, in der Mehrzahl der Fälle nur der eine der zwei aus der Formel für das vierte Stück folgenden Werte statthaft ist.

Sind z. B. von einem sphärischen Dreieck ABC zwei Seiten a, b und der von ihnen eingeschlossene Winkel γ gegeben, und soll die dritte Seite c gefunden werden, so ist diese von dem durch A zu legenden Hauptkreise entweder der eine oder der andere der zwei

1) Moebius, Über eine neue Behandlungsweise der analytischen Sphärik, 1846. — Entwicklung der Grundformeln der Trigonometrie in größtmöglicher Allgemeinheit, 1860. Vgl. Ges. Werke II.

Teile, in welche dieser Kreis durch A und B zerlegt wird, und hat daher zwei einander zu 2π ergänzende Werte. Andererseits wird c aus a, b, und γ durch die Formel:

$$\cos c = \cos a \cos b + \sin a \sin b \cos \gamma$$

gefunden, wonach dem durch seinen Kosinus gefundenen Bogen c ebenfalls zwei Werte zukommen, deren Summe gleich 2π ist.

Oder, soll aus denselben drei Stücken a, b, γ der Winkel α gefunden werden, so ergeben sich, je nachdem man für die dritte Seite c, als den einen Schenkel des Winkels α, entweder den einen oder den anderen der zwei einen ganzen Kreis bildenden Bogen AB nimmt, zwei um π verschiedene Winkel, indem sie beide den Schenkel AC gemeinsam haben, der andere Schenkel des einen aber und der andere des anderen Winkels in dem durch A und B zu legenden Hauptkreise von A aus nach entgegengesetzten Richtungen fortgehen, und die zwei Winkel selbst von AC aus nach einerlei Sinn zu rechnen sind. — Übereinstimmend hiermit findet sich mittelst der Formel:

$$\sin b \operatorname{cotg} a - \sin \gamma \operatorname{cotg} \alpha = \cos b \cos \gamma$$

zwischen a, b, γ und α, der Winkel α durch seine Tangente; und man weiß, daß jeder Tangente zwei Winkel zukommen, deren Differenz gleich π ist."

3. So weit Moebius. Wir fügen als für uns späterhin besonders wichtig hinzu:

Läßt man Seiten und Winkel von beliebiger Größe zu, so bekommt man im wesentlichen den Moebiusschen Dreiecksbegriff, wenn man Seiten und Winkel, die sich um ganze Vielfache von 2π unterscheiden, die also „modulo 2π congruent" sind, als gleich ansieht: es hat dies seinen berechtigten Grund darin, daß die trigonometrischen Funktionen solcher Seiten und Winkel, auf die es uns letzten Endes allein ankommt, tatsächlich gleich sind.

4. Um bei unserer jetzigen Auffassung Bogen und Winkel eindeutig bestimmen zu können, müssen wir gewisse Festsetzungen treffen.

Auf jedem Hauptkreisbogen denken wir uns fortan einen bestimmten Richtungssinn festgelegt, den wir als positiven bezeichnen; der entgegengesetzte heißt dann negativ.

Dies vorausgesetzt, sollen die Seiten a, b, c eines Dreiecks so definiert sein, daß wir immer im positiven Sinn von B nach C, von C nach A, von A nach B gehen. (Tafel I.)[1])

1) Die Dreiecke der Tafeln I—III sind in stereographischer Projektion (§ 37) gezeichnet.

Liegen auf einem mit positiver Richtung versehenen Hauptkreise Punkte $A, B, C, \cdots, P, Q$, so ist jederzeit, welches auch die Reihenfolge dieser Punkte sein mag:

$$\widehat{AB} + \widehat{BC} + \cdots + \widehat{PQ} \equiv \widehat{AQ} \quad (\text{mod. } 2\pi),$$
$$\widehat{AB} + \widehat{BA} = 2\pi.$$

Bei der Moebiusschen Auffassung können diese allgemeinen Gleichungen durch die spezielleren ersetzt werden:

$$\widehat{AB} + \widehat{BC} + \cdots + \widehat{PQ} = \widehat{AQ},$$
$$\widehat{AB} = -\widehat{BA}.$$

5. Hat man zwei Hauptkreise a, b und will ihren Winkel definieren, so setze man zuerst fest, welchen ihrer beiden Schnittpunkte man als Scheitel ansehen will. (Der andere heißt dann „Gegenscheitel".) Ferner setze man auf der Kugel einen Drehungssinn fest, den man als positiven bezeichne; der entgegengesetzte heißt dann negativ.

Dies vorausgesetzt, wollen wir unter dem Winkel (ab) den verstehen, um den man, unter Festhaltung des Scheitels und in ihm auf der Kugel stehend, die positive Richtung von a im positiven Drehungssinn drehen muß, bis sie mit der positiven Richtung von b zusammenfällt.

Der Drehungssinn heißt Rechtssinn, wenn die positive Drehung im Sinne des Uhrzeigers erfolgt, im entgegengesetzten Falle Linkssinn.

Gehen die Hauptkreise $a, b, c, \cdots, p, q$ alle durch dieselben beiden Punkte, von denen man einen als Scheitelpunkt auffaßt, so ist jederzeit, wie auch die Kreise aufeinander folgen mögen:

$$(ab) + (bc) + \cdots + (pq) \equiv (aq) \quad (\text{mod. } 2\pi),$$
$$(ab) + (ba) = 2\pi.$$

Bei der Moebiusschen Auffassung können diese allgemeinen Gleichungen durch die spezielleren ersetzt werden:

$$(ab) + (bc) + \cdots + (pq) = (aq),$$
$$(ab) = -(ba).$$

Verwandelt man den Richtungssinn auf einem der beiden Hauptkreise in den entgegengesetzten, so geht (ab) in $\pi + (ab)$ über Gleichzeitige Änderung beider Richtungssinne läßt daher den Winkel unverändert.

Dagegen verwandelt sich (ab) in $2\pi - (ab)$, wenn entweder der Drehungssinn in den entgegengesetzten verwandelt oder Scheitel und Gegenscheitel miteinander vertauscht werden.

Tafel Ia.

Die Moebiusschen Dreiecke.

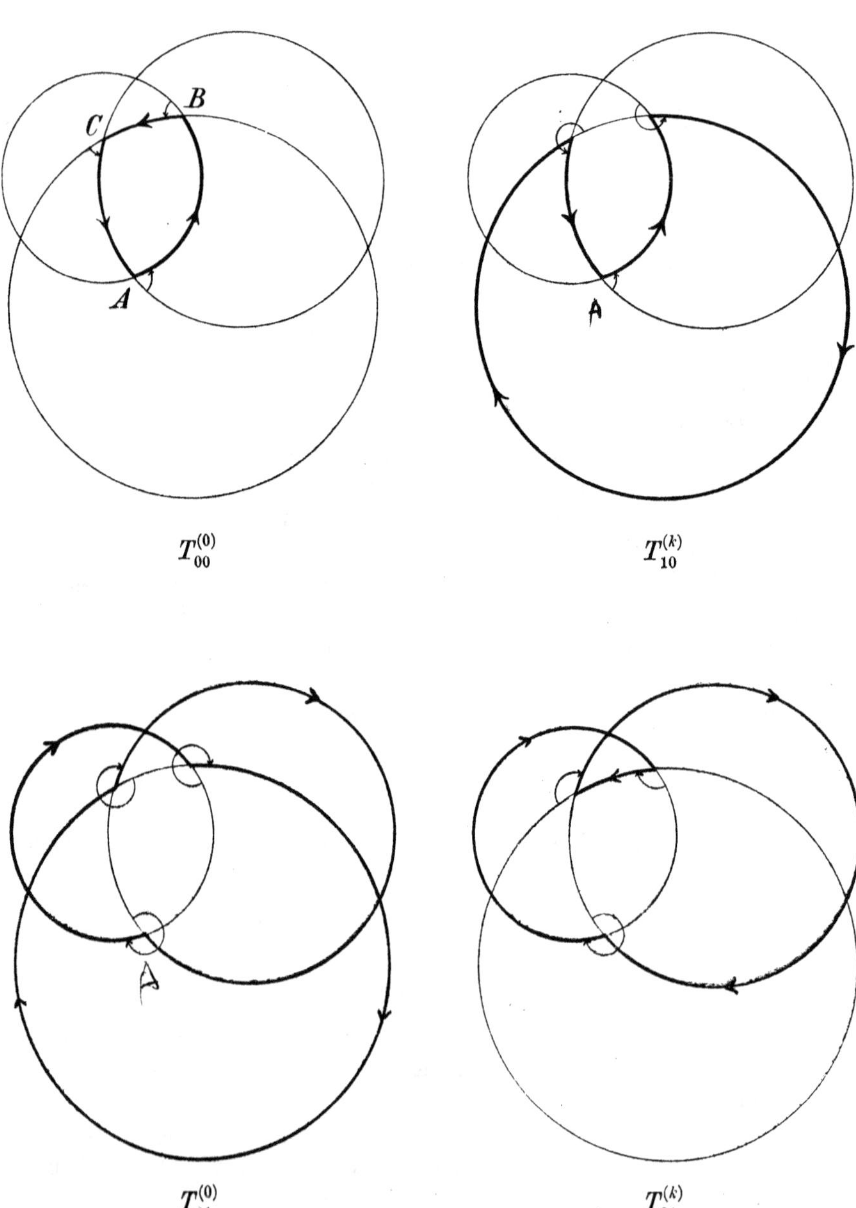

$T_{00}^{(0)}$ $T_{10}^{(k)}$

$T_{11}^{(0)}$ $T_{01}^{(k)}$

Tafel Ib.

Die Moebiusschen Dreiecke.

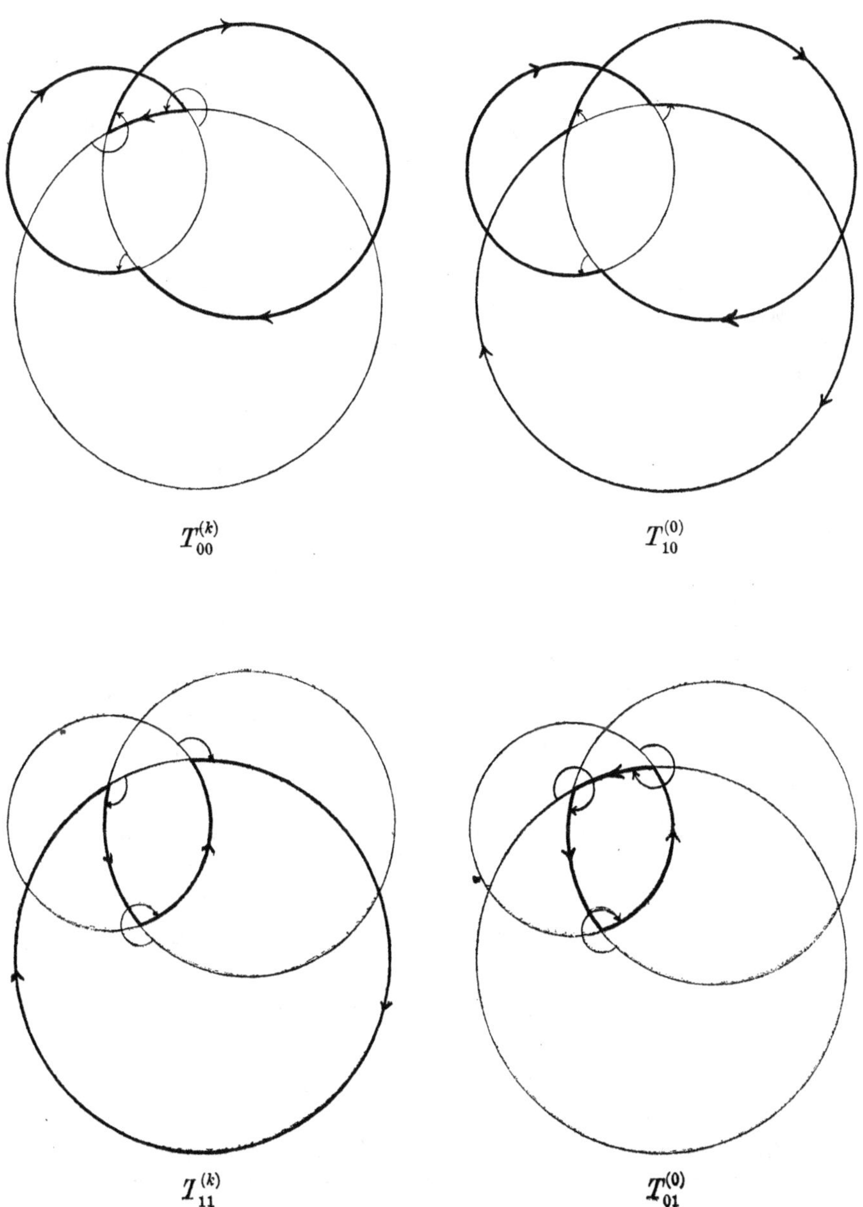

6. Die Winkel eines sphärischen Dreiecks ABC definieren wir durch die Scheitelpunkte A, B, C und die Gleichungen:

$$\alpha = (bc),$$
$$\beta = (ca),$$
$$\gamma = (ab).$$

Drei Punkte der Kugel bestimmen jetzt 16 verschiedene Moebiussche Dreiecke. Denn da auf jedem der drei Hauptkreisbogen die positive Richtung, und ferner der Drehungssinn auf der Kugel beliebig angenommen werden kann, ergeben sich $2 \cdot 2 \cdot 2 \cdot 2 = 16$ Möglichkeiten.

Von diesen 16 Dreiecken sind 8 auf Tafel I in sterographischer Projektion abgebildet. Die übrigen 8 entstehen dem „Typus" nach (Art. 7) aus den vier mittleren Bildern durch zyklische Vertauschung der Ecken. Das zweite, dritte, vierte Dreieck jeder Horizontalreihe entsteht aus dem ersten, indem man an einer, zwei, drei Seiten den Richtungssinn umkehrt.

Die obere Reihe enthält die Dreiecke mit Linkssinn, die untere die mit Rechtssinn.

Das erste Dreieck der ersten Zeile ist ein Eulersches. Man bemerke aber, daß wir jetzt als Dreieckswinkel die Nebenwinkel der früher so bezeichneten Winkel anzusehen haben.

Wir unterscheiden zwischen Eulerschen Dreiecken und Eulerscher Bezeichnung. Jene sind Dreiecke, deren Seiten und Winkel π nicht übersteigen, gleichviel, ob die Bezeichnung nach Euler oder Moebius geschieht. Die Eulersche Bezeichnung, die nur in Verbindung mit Eulerschen Dreiecken auftritt, ist die in § 36 angegebene und für den ganzen vierten Teil maßgebend. Ein Eulersches Dreieck in Eulerscher Bezeichnung heiße „gewöhnliches" Dreieck.

7. Um jede der 16 Dreiecksformen bequem bezeichnen zu können, führen wir gewisse Symbole ein. Es bedeute, wenn den Seiten a, b, c beziehungsweise der Index $k = 1, 2, 3$ zugeordnet wird:

$S_0^{(0)}$ ein Dreieck, dessen Seiten sämtlich zwischen 0 und π liegen;
$S_1^{(0)}$ „ „ „ „ „ „ π „ 2π „ ;
$S_0^{(k)}$ „ „ bei dem nur die k^{te} Seite zwischen 0 und π liegt;
$S_1^{(k)}$ „ „ „ „ „ „ k^{te} „ „ π „ 2π „

Das Symbol $W_\delta^{(i)}$ ($i = 0, 1, 2, 3$; $\delta = 0, 1$) möge die entsprechenden Bedeutungen für die Winkel haben.

Der Anblick der Tafel I lehrt nun, daß nur solche Kombinationen $S_\delta^{(i)} W_\varepsilon^{(h)}$ ($i, h = 0, 1, 2, 3$; $\delta, \varepsilon = 0, 1$) vorkommen können, für die

$i = h$ ist, daß dagegen den Fällen $i \neq h$ keine Dreiecksformen entsprechen.

Sämtliche möglichen 16 Moebiusschen Dreiecksformen sind also in dem Symbol $S_\delta^{(i)} W_\varepsilon^{(i)}$ $(i = 0, 1, 2, 3;\ \delta, \varepsilon = 0, 1)$ enthalten.

Wir führen für dieses Symbol künftig das kürzere $T_{\delta\varepsilon}^{(i)}$ ein und nennen dies den „Typus", die Marke i aber den „Index" eines Dreiecks.

Die folgende Tabelle, in der zu jedem Typus die Grenzen der Seiten und Winkel angegeben sind, wird uns häufig von Nutzen sein:

Typus:	a	b	c	α	β	γ
$T_{00}^{(0)}$	$0, \pi$	$0, \pi$	$0, \pi$	$0, \pi$	$0, \pi$	$0, \pi$
$T_{01}^{(0)}$	$0, \pi$	$0, \pi$	$0, \pi$	$\pi, 2\pi$	$\pi, 2\pi$	$\pi, 2\pi$
$T_{10}^{(0)}$	$\pi, 2\pi$	$\pi, 2\pi$	$\pi, 2\pi$	$0, \pi$	$0, \pi$	$0, \pi$
$T_{11}^{(0)}$	$\pi, 2\pi$	$\pi, 2\pi$	$\pi, 2\pi$	$\pi, 2\pi$	$\pi, 2\pi$	$\pi, 2\pi$
$T_{00}^{(1)}$	$0, \pi$	$\pi, 2\pi$	$\pi, 2\pi$	$0, \pi$	$\pi, 2\pi$	$\pi, 2\pi$
$T_{01}^{(1)}$	$0, \pi$	$\pi, 2\pi$	$\pi, 2\pi$	$\pi, 2\pi$	$0, \pi$	$0, \pi$
$T_{10}^{(1)}$	$\pi, 2\pi$	$0, \pi$	$0, \pi$	$0, \pi$	$\pi, 2\pi$	$\pi, 2\pi$
$T_{11}^{(1)}$	$\pi, 2\pi$	$0, \pi$	$0, \pi$	$\pi, 2\pi$	$0, \pi$	$0, \pi$
$T_{00}^{(2)}$	$\pi, 2\pi$	$0, \pi$	$\pi, 2\pi$	$\pi, 2\pi$	$0, \pi$	$\pi, 2\pi$
$T_{01}^{(2)}$	$\pi, 2\pi$	$0, \pi$	$\pi, 2\pi$	$0, \pi$	$\pi, 2\pi$	$0, \pi$
$T_{10}^{(2)}$	$0, \pi$	$\pi, 2\pi$	$0, \pi$	$\pi, 2\pi$	$0, \pi$	$\pi, 2\pi$
$T_{11}^{(2)}$	$0, \pi$	$\pi, 2\pi$	$0, \pi$	$0, \pi$	$\pi, 2\pi$	$0, \pi$
$T_{00}^{(3)}$	$\pi, 2\pi$	$\pi, 2\pi$	$0, \pi$	$\pi, 2\pi$	$\pi, 2\pi$	$0, \pi$
$T_{01}^{(3)}$	$\pi, 2\pi$	$\pi, 2\pi$	$0, \pi$	$0, \pi$	$0, \pi$	$\pi, 2\pi$
$T_{10}^{(3)}$	$0, \pi$	$0, \pi$	$\pi, 2\pi$	$\pi, 2\pi$	$\pi, 2\pi$	$0, \pi$
$T_{11}^{(3)}$	$0, \pi$	$0, \pi$	$\pi, 2\pi$	$0, \pi$	$0, \pi$	$\pi, 2\pi$

Die beiden charakteristischen Eigenschaften der Moebiusschen Dreiecke sind (vgl. § 36, 6.):

a) Seiten und Winkel eines Moebiusschen Dreiecks liegen zwischen 0 und 2π.

b) Durch drei Punkte der Kugeloberfläche sind 16 Moebiussche Dreiecke bestimmt, wenn keine von den drei Punkten diametral sind.

8. Um auch für den Moebiusschen Dreiecksbegriff den Zusammenhang zwischen Dreieck und projizierendem Dreikant aufrecht zu erhalten, bedarf es weiterer Festsetzungen, die die Winkel zwischen Geraden und zwischen Ebenen betreffen.

Auf jeder Geraden denken wir uns eine bestimmte Richtung festgelegt, die wir als die positive bezeichnen; die entgegengesetzte heißt dann negativ. Liegen auf einer solchen Geraden Punkte A, B, $C, \cdots, P, Q$, so ist jederzeit, welches auch die Reihenfolge dieser Punkte sein mag:

$$AB + BC + \cdots + PQ = AQ,$$
$$AB + BA = 0.$$

Es werde ferner jede Ebene mit einer positiven und einer negativen Seite versehen.

Unter dem Winkel (g_1, g_2) zweier sich schneidender Geraden g_1 und g_2 soll nun der verstanden werden, um den man, auf der positiven Seite der durch g_1 und g_2 bestimmten Ebene stehend, die positive Richtung von g_1 im entgegengesetzten Sinn des Uhrzeigers drehen muß, bis sie mit der positiven Richtung von g_2 zusammenfällt.

Gehen mehrere Geraden $g_1, \cdots, g_n$ durch denselben Punkt einer Ebene, so ist jederzeit:

$$(g_1 g_2) + (g_2 g_3) + \cdots + (g_{n-1} g_n) \equiv (g_1 g_n) \quad (\text{mod. } 2\pi),$$
$$(g_1 g_2) + (g_2 g_1) \equiv 0 \quad (\text{mod. } 2\pi),$$

wobei wieder für trigonometrische Funktionen der Winkel die Kongruenzen durch Gleichungen ersetzt werden können.

Liegen g_1 und g_2 nicht in derselben Ebene, so denken wir uns durch einen Punkt von g_2 eine Parallele g_1' zu g_1 gezogen und setzen $(g_1 g_2) = (g_1' g_2)$.

Verwandelt man die Richtung auf einer der beiden Geraden in die entgegengesetzte, so geht $(g_1 g_2)$ in $\pi + (g_1 g_2)$ über.

Vertauscht man die positive und die negative Seite der durch g_1 und g_2 (bez. g_1' und g_2) bestimmten Ebene miteinander, so geht $(g_1 g_2)$ in $2\pi - (g_1 g_2)$ über.

Um den Winkel zweier Ebenen ε_1 und ε_2 zu definieren, legen wir zunächst auf ihrer Schnittgeraden eine positive Richtung fest und bezeichnen die in einem Punkte der Schnittgeraden errichteten positiven Normalen der Ebenen mit n_1 und n_2.

Unter dem Winkel $(\varepsilon_1 \varepsilon_2)$ der Ebenen ε_1 und ε_2 soll dann der Winkel $(n_1 n_2)$ ihrer positiven Normalen verstanden werden. Dabei ist als positive Seite der durch n_1 und n_2 bestimmten Ebene die anzusehen, für die die auf der Schnittkante zuvor festgelegte Richtung positive Normale wird.

9. Die Zuordnung des Dreikants und Dreiecks erledigt sich nun in folgender Weise. Es bezeichne

r_a, r_b, r_c die Radien OA, OB, OC;
ε_a die durch r_b und r_c bestimmte Ebene,
ε_b " " r_c " r_a " "
ε_c " " r_a " r_b " "

Dann wird

$$a = (r_b r_c), \quad \alpha = (\varepsilon_b \varepsilon_c),$$
$$b = (r_c r_a), \quad \beta = (\varepsilon_c \varepsilon_a),$$
$$c = (r_a r_b), \quad \gamma = (\varepsilon_a \varepsilon_b)$$

unter folgenden Voraussetzungen:

Wenn auf der Kugel Linkssinn angenommen ist, sind als positive Richtungen von r_a, r_b, r_c die Richtungen

$$\overrightarrow{OA},\ \overrightarrow{OB},\ \overrightarrow{OC}$$

zu wählen; umgekehrt bei Rechtssinn.

Nennt man ferner die dem Inneren des Tetraeders $OABC$ zugewandten Flächen der Ebenen $\varepsilon_a, \varepsilon_b, \varepsilon_c$ „innere“ Seiten dieser Ebenen, die anderen „äußere“, so ist zu wählen als positive Seite von ε_a

die innere, wenn $0 < a < \pi$; die äußere, wenn $\pi < a < 2\pi$ ist, und entsprechend für ε_b und ε_c bez. b und c.

Bei einem Eulerschen Dreieck sind also bei allen drei Ebenen die inneren Seiten als positive zu wählen. Als positive Richtungen von r_a, r_b, r_c sind

$$\overrightarrow{OA},\ \overrightarrow{OB},\ \overrightarrow{OC}$$

zu wählen, falls, von O aus gesehen, die Punkte A, B, C im Sinn des Uhrzeigers aufeinander folgen (wie bei unseren Figuren — vgl. insbesondere Fig. 180); im anderen Falle die entgegengesetzten. Im ersten Falle sagen wir, die Punkte $OABC$ bilden ein „Rechtssystem“, im zweiten, sie bilden ein „Linkssystem“. Bei unseren Festsetzungen entspricht für ein Eulersches Dreieck dem Rechtssinn auf der Kugel ein Linkssystem $OABC$ und umgekehrt.

10. Das Tetraeder $OABC$ heiße das dem sphärischen Dreieck ABC konjugierte Tetraeder. Wir wollen O als seine Spitze, A, B, C als seine Ecken betrachten. Sein Inhalt gelte als positiv, wenn die positiven Richtungen der Kanten

$$\overrightarrow{OA},\ \overrightarrow{OB},\ \overrightarrow{OC}$$

sind und zugleich die Punkte O, A, B, C ein Rechtssystem bilden, oder wenn bei umgekehrten Kantenrichtungen die Eckpunkte ein Linkssystem bilden. In den beiden übrigen Fällen gelte der Inhalt als negativ.

§ 39. Pol und Polare.

1. Die Hauptkreise, die einen gegebenen Hauptkreis senkrecht schneiden, gehen alle durch denselben Punkt und seinen Gegenpunkt. Diese Punkte heißen „Pole" des gegebenen Hauptkreises.

Sobald auf dem Hauptkreise ein Richtungssinn nach § 38 festgelegt ist, erscheint einem auf dem Hauptkreise im positiven Sinne sich bewegenden Beobachter der eine Pol zur Linken, der andere zur Rechten.

Es soll nun „positiver Pol" des Hauptkreises der Pol zur Linken oder der zur Rechten heißen, je nachdem auf der Kugel Linkssinn oder Rechtssinn festgelegt ist. Der andere Pol heiße „negativer Pol" oder „Gegenpol".

2. Die Bogen, die die Punkte eines Hauptkreises mit seinem Pole verbinden, sind Quadranten. Man findet daher zu einem gegebenen Hauptkreise die Pole entweder, indem man zu den Hauptkreisen senkrecht Hauptkreise zieht und ihre Schnittpunkte bestimmt; oder indem man einen Hauptkreis zieht und auf ihm nach beiden Seiten einen Quadranten abträgt. Die Festsetzung des positiven und negativen Pols geschieht dann nach Art. 1.

3. Die Quadranten, die von einem gegebenen Punkte der Kugel ausgehen, endigen alle auf einem und demselben Hauptkreise. Wird diesem Hauptkreise ein solcher Richtungssinn beigelegt, daß der gegebene Punkt als sein positiver Pol erscheint, so heiße er „Polare" des gegebenen Punktes.

4. Die durch den Pol gezogenen Hauptkreise schneiden die Polare senkrecht. Man findet daher zu einem gegebenen Punkte die Polare entweder, indem man von ihm aus zwei Quadranten zieht und deren Endpunkte durch einen Hauptkreis verbindet; oder indem man einen Quadranten zieht und durch dessen Endpunkt senkrecht zu ihm den Hauptkreis legt. Der Richtungssinn auf den Polaren ist nach Art. 3. festzusetzen.

5. Seien (Fig. 174)[1]) a und b zwei mit positivem Richtungssinn versehene Hauptkreise, die den Winkel (ab) mit dem Scheitel C bilden (§ 38, 5.); trägt man auf a und b von C aus im positiven Sinne die

1) Die Figuren dieses Paragraphen sind schematisch gezeichnet.

Quadranten CM und CN ab und legt durch M und N einen neuen Hauptkreis c', dessen Sinn so bestimmt wird, daß C sein positiver Pol ist, so ist

$$\sphericalangle(ab) = \widehat{MN}$$

und

$$(ac') = \frac{\pi}{2}, \quad (bc') = \frac{\pi}{2}.$$

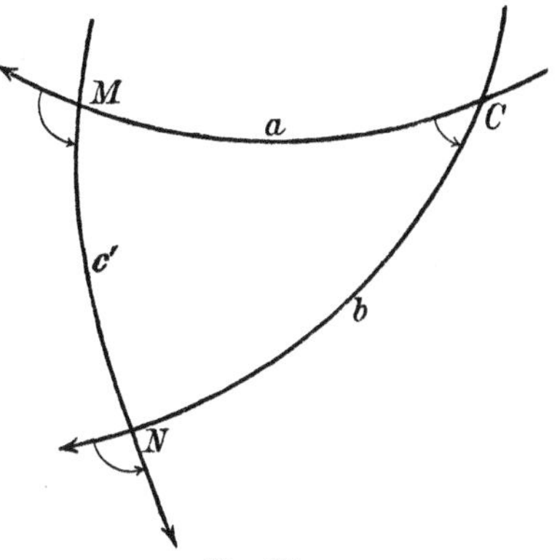

Fig. 174.

6. Die letzten Gleichungen lassen sich auch so aussprechen: Ist C der positive Pol von c', a ein durch C und einen beliebigen Punkt M von c' gelegter Hauptkreis, und wird

a) die Richtung auf a so fixiert, daß $\widehat{CM} = \pi/2$ ist, so ist auch $\sphericalangle(ac') = \pi/2$ (Fig. 175a);

b) die Richtung auf a so fixiert, daß $\widehat{CM} = 3\pi/2$ ist, so ist auch $\sphericalangle(ac') = 3\pi/2$ (Fig. 175b).

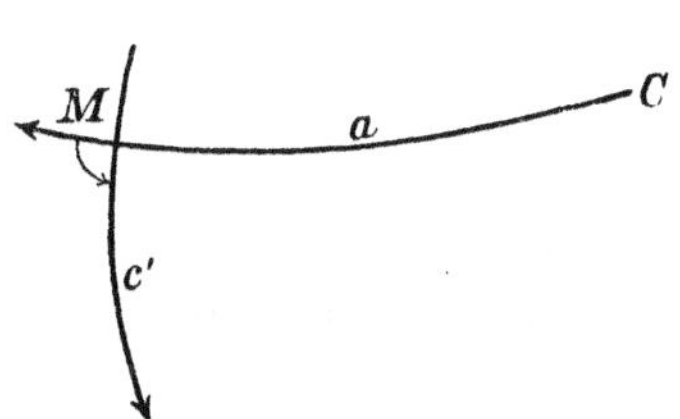

Fig. 175a.

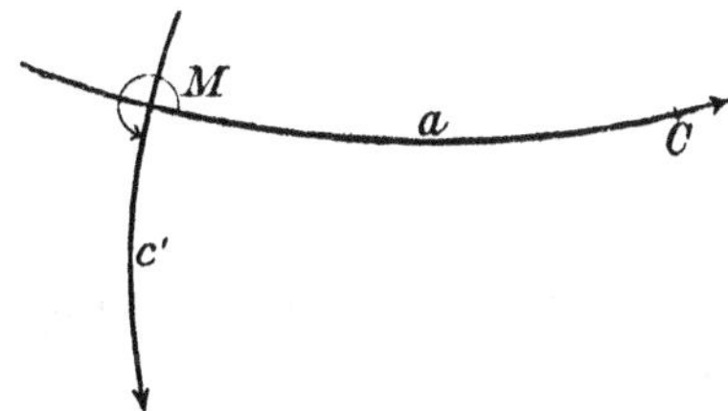

Fig. 175b.

In beiden Fällen ist also $(ac') = \widehat{CM}$.

Satz: Ist C der positive Pol des Hauptkreises c', und M ein beliebiger Punkt von c', so ist, welches auch der Richtungssinn auf dem durch C und M gehenden Hauptkreise a sein möge, jederzeit $\sphericalangle(ac') = \widehat{CM}$.

7. Sind also C und A' die positiven Pole zweier sich in M rechtwinklig schneidender Hauptkreise c' und a, so ist (Fig. 176)

$$(ac') = \widehat{CM}, \quad (c'a) = \widehat{A'M},$$

und folglich, da $(ac') + (c'a) = 2\pi$, auch

$$\widehat{CM} + \widehat{A'M} = 2\pi;$$

und da auch

$$\widehat{A'M} + \widehat{MA'} = 2\pi,$$

so folgt:

$$\widehat{CM} = \widehat{MA'}.$$

Satz: Sind C und A' die positiven Pole zweier sich in M rechtwinklig schneidender Hauptkreise, so ist stets:

$$\widehat{CM} = \widehat{MA'}.$$

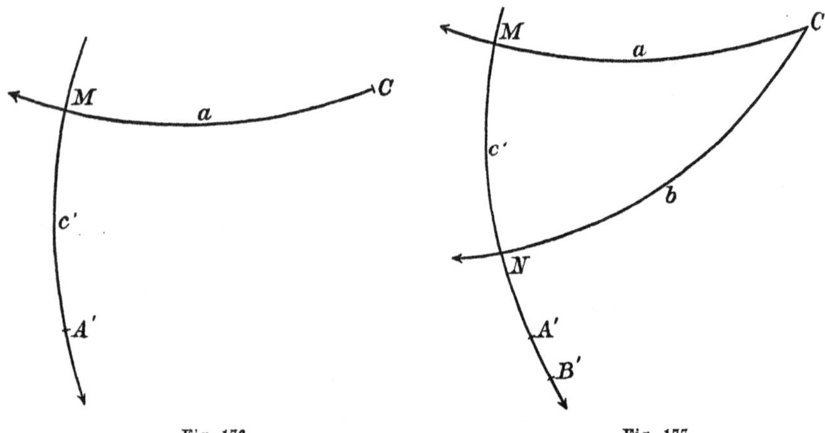

Fig. 176. Fig. 177.

8. Der Satz 7. führt nun zu dem wichtigsten Satze der Polarentheorie. Sind a, b zwei Hauptkreise, A' und B' die positiven Pole von a und b, C der positive Pol von c' (s. Fig. 177), so ist

$$\widehat{CM} = \widehat{MA'}, \quad \widehat{CN} = \widehat{NB'},$$

und da $\widehat{CM} = \widehat{CN} = \pi/2$ ist, so folgt:

$$\widehat{MA'} = \widehat{NB'},$$

oder

$$\widehat{MN} + \widehat{NA'} = \widehat{NA'} + \widehat{A'B'},$$

$$\widehat{MN} = \widehat{A'B'}.$$

Wegen 5. folgt hieraus:

$$\sphericalangle (ab) = \widehat{A'B'}.$$

Damit haben wir den

Hauptsatz der Polarentheorie:

Sind A' und B' die positiven Pole zweier Hauptkreise a und b, und C einer ihrer Schnittpunkte, also zugleich einer der Pole des durch A' und B' gehenden Hauptkreises c', und wird die Richtung auf c' so gewählt, daß C der positive Pol von c' ist, so ist jederzeit:

$$\sphericalangle (ab) = A'B'.$$

9. Aus 8. folgt der Doppelsatz:

Dreht sich ein Hauptkreis im positiven Drehungssinn um einen Punkt der Kugel, so bewegt sich sein positiver Pol im positiven Richtungssinn auf der Polare dieses Punktes.

Bewegt sich ein Punkt im positiven Richtungssinn auf einem Hauptkreise, so dreht sich seine Polare im positiven Drehungssinn um den positiven Pol dieses Hauptkreises.

Der Form nach decken sich diese Sätze mit den ganz anders abgeleiteten Sätzen über Pol und Polare der Kegelschnitte.

10. Diese Analogie läßt sich noch weiter durchführen. Wie nämlich in der Planimetrie zwei aufeinander fallende Ebenen η und η' polar zueinander heißen, wenn jedem Punkt P von η eine Gerade p' von η' entspricht, und jeder durch P gehenden Geraden g von η ein in p' liegender Punkt G' von η', so können wir uns auch die Kugel doppelt überdeckt denken und sagen:

Zwei (zusammenfallende) Kugeln K und K' heißen „polar aufeinander bezogen", wenn jedem Punkte P von K ein Hauptkreis p' in K' entspricht, und jedem durch P gehenden Hauptkreis h ein in p' liegender Punkt H von K'.

Eine solche Beziehung ist also hergestellt, sobald man jedem Punkt der Kugel (aufgefaßt als zu K gehörig) seine Polare (aufgefaßt als zu K' gehörig) zuordnet.

Hiermit ist das in der Planimetrie so fruchtbare Prinzip der Dualität auf die Kugel übertragen.

Es ist zweckmäßig, auf der Kugel durch zwei Punkte zwei Hauptkreise als bestimmt anzusehen, die sich durch ihre Richtung unterscheiden. Dann stehen sich polar gegenüber die Sätze:

Zwei Punkte der Kugel bestimmen zwei Hauptkreise, auf denen sie liegen.	Zwei Hauptkreise der Kugel bestimmen zwei Schnittpunkte, durch die sie gehen.

Jeder der Hauptkreise links hat als reziprokes Gebilde rechts einen ganz bestimmten Punkt, nämlich seinen positiven Pol, und entsprechend umgekehrt.

Richtungsänderung auf einem Hauptkreise und Vertauschung von Pol und Gegenpol sind also zueinander polare Vorgänge. Da aber Vertauschung von Pol und Gegenpol dieselbe Wirkung hat, wie Umkehrung des Drehungssinnes auf der Kugel (§ 38, 5.), so kann man, was später für uns von Bedeutung sein wird, sagen:

Umkehrung des Richtungssinnes und Umkehrung des Drehungssinnes sind zueinander polare Vorgänge.

11. Sind K und K' zwei zusammenfallende polar aufeinander bezogene Kugeln, und läßt man einen Punkt P von K eine beliebige Kurve s auf der Kugelfläche durchlaufen, so beschreibt p' auf K' eine stetige Folge von Hauptkreisen, die „eine zu s polare Kurve S umhüllen". Bezeichnet Q einen festen Punkt von s und läßt man P unbegrenzt nahe an Q heranrücken, so wird der Hauptkreis PQ zur sphärischen Tangente von s in Q. Ihr entspricht ein bestimmter Punkt von S (Richtung!), der „Berührungspunkt" des dem Punkte Q entsprechenden Hauptkreises q'.

Hat ein Hauptkreis mit s n Punkte gemein, so entsprechen diesen n Tangenten von S. Dabei ist immer festzuhalten, daß zwei zusammenfallende Hauptkreise von entgegengesetzten Richtungen als voneinander verschieden gelten (10.).

Auf diese Weise kann jeder Figur auf der Kugel eine Polarfigur zugeordnet werden — jedem Satze auf der Kugel entspricht auch ein zweiter, der Polarfigur zugehöriger.

12. Bezeichnet k irgend einen Kleinkreis der Kugel, m den zu ihm parallelen Hauptkreis, so heißt derjenige Pol M von m, der innerhalb der kleinen Kalotte liegt, „sphärisches Zentrum" von k. Verbindet man die Punkte von k durch Hauptkreisbogen mit M, so sind diese, wie leicht zu beweisen, einander gleich und heißen daher „sphärische Radien" von k.

Dem Leser mag der Beweis folgender Sätze überlassen bleiben:

Jedem Kleinkreis auf der Kugel entspricht polar wieder ein Kleinkreis, dessen Ebene zu der des ursprünglichen parallel ist.

Die sphärischen Radien zweier zueinander polaren Kleinkreise ergänzen sich zu $\pi/2$.

13. Besonderes Interesse verdienen die Figuren, die durch Bogen von Hauptkreisen begrenzt werden, die sogenannten sphärischen Polygone.

Man sieht leicht ein, daß den Ecken eines sphärischen Polygons in der Polarfigur die Polaren jener Ecken, den Seiten aber deren Pole entsprechen. Aus 8. folgt der wichtige Satz:

Die Seiten eines sphärischen Polygons sind gleich den Winkeln des Polarpolygons und die Winkel des Polygons gleich den Seiten des Polarpolygons.

Es ergibt sich hier also eine Eigenschaft der Dualität zwischen Seiten und Winkeln, die vor der aus der Planimetrie bekannten dadurch ausgezeichnet ist, daß sie metrischer Natur ist: jeder metrischen Beziehung zwischen Seiten und Winkeln eines sphärischen Polygons tritt eine zweite zur Seite, in der Seiten und Winkel ihre Stelle getauscht haben.

Wir werden der Kürze halber in der Folge von zwei zueinander polaren Figuren oder Formeln sagen, sie seien durch „Polarisation" auseinander hervorgegangen.

14. Für uns wird die Polarisation des sphärischen Dreiecks eine Hauptrolle spielen. Von zwei zueinander polaren Dreiecken heißt jedesmal das eine Polardreieck des anderen. Die Seiten und Winkel zweier solcher Dreiecke ABC und $A'B'C'$ stehen in den Beziehungen:

$$a = \alpha', \quad \alpha = a',$$
$$b = \beta', \quad \beta = b',$$
$$c = \gamma', \quad \gamma = c'.$$

Aus 12. folgt leicht der Satz:

Der eingeschriebene (umgeschriebene) Kreis eines sphärischen Dreiecks geht durch Polarisation in den umgeschriebenen (eingeschriebenen) des Polardreiecks über. Die sphärischen Radien beider ergänzen sich zu $\pi/2$.

15. Denkt man sich die stereographische Projektion eines Hauptkreises gegeben, so kann man nach 2. und wegen § 37, 4. und 5. die Projektionen seiner Pole finden, indem man zwei Hilfskreise konstruiert, deren jeder den Äquator halbiert und den gegebenen Kreis rechtwinklig schneidet und deren Schnittpunkte aufsucht. Am besten nimmt man für den einen dieser Hilfskreise die Verbindungsgerade der Mittelpunkte des Äquators und des gegebenen Kreises, und verlegt den Mittelpunkt des zweiten Hilfskreises auf diese Gerade.

Man kann mithin zu der stereographischen Projektion eines sphärischen Dreiecks die stereographische Projektion des Polardreiecks finden. Da dieses aber als Winkel die Seiten des ursprünglichen Dreiecks hat und die stereographische Projektion konform ist, so folgt:

Durch die angegebene geometrische Konstruktion kann man zu einem in stereographischer Projektion gezeichneten sphärischen Dreieck die wirkliche Größe seiner Seiten finden (vgl. § 37, 5.).

B. Die Formeln erster Ordnung.

§ 40. Einleitung. — Der Projektionssatz.

1. Während unsere bisherigen Betrachtungen vorwiegend topographischer Natur waren und daher der Sphärik angehörten, betreten wir nun, indem wir uns der eigentlichen sphärischen Trigonometrie zuwenden, das Gebiet der Rechnung.

2. Aus jeder trigonometrischen Formel lassen sich weitere durch zyklische Vertauschung und durch Polarisation ableiten.

Die zyklische Vertauschung besteht darin, daß man von den Seiten a, b, c und gleichzeitig von den Winkeln α, β, γ jedes Element mit dem folgenden, das letzte aber mit dem ersten vertauscht. Aus einer sphärisch-trigonometrischen Formel gehen im allgemeinen durch zyklische Vertauschung zwei weitere hervor. Es können aber auch alle drei in eine zusammenfallen.

Durch Polarisation (§ 39, 14.) tritt jeder sphärisch-trigonometrischen Formel eine zweite zur Seite, in der Seiten und Winkel miteinander vertauscht sind. Es kann aber auch eine Formel mit ihrer Polarformel zusammenfallen.

3. Als Fundamentalsatz der sphärischen Trigonometrie ist der sogenannte sphärische Kosinussatz anzusehen, und zwar deshalb, weil aus ihm, abgesehen vom Vorzeichen, sämtliche Formeln der sphärischen Trigonometrie ohne geometrische Betrachtungen, also rein goniometrisch, abgeleitet werden können, eine Tatsache, die gewiß hervorgehoben zu werden verdient.

Bei den so abgeleiteten Formeln wird sich aber ein tiefgreifender Unterschied herausstellen. Während nämlich für einen Teil dieser Formeln der bisher entwickelte Moebiussche Dreiecksbegriff aussreicht, werden wir durch andere gezwungen werden, den Dreiecksbegriff nochmals wesentlich zu erweitern.

Wir unterscheiden daher Formeln erster Ordnung — das sind die, denen der Moebiussche Dreiecksbegriff zu Grunde liegt; und Formeln zweiter Ordnung — das sind die, für die der Moebiussche Dreiecksbegriff nicht mehr ausreicht (vgl. §§ 44 und 45).

Jene werden in dem gegenwärtigen zweiten, diese im dritten Teil behandelt.

4. Wie in der ebenen Trigonometrie der Kosinussatz eine rationale Relation zwischen den drei Seiten und dem Kosinus eines Winkels darstellt, so ist der sphärische Kosinussatz eine rationale Relation zwischen trigonometrischen Funktionen der drei Seiten und dem Kosinus eines Winkels. Es handelt sich also darum, etwa $\cos\gamma$ rational durch trigonometrische Funktionen von a, b, c darzustellen.

Es erscheint auf den ersten Blick unter Voraussetzung eines Eulerschen Dreiecks als das Ungezwungenste, dieses Problem dadurch auf eines der ebenen Trigonometrie zurückzuführen, daß man in C Tangenten an die Seiten a und b legt, die die Geraden OA und OB in $\bar{A}$ und $\bar{B}$ schneiden mögen. Das so entstehende Tetraeder $OC\bar{A}\bar{B}$ hat dann als Kantenwinkel die Seiten a, b, c, der Winkel $\bar{A}C\bar{B}$ ist γ, die Kante OC ist gleich r, und man wird so die gesuchte Relation leicht zu finden erwarten.

5. In der Tat hat Euler l. c. diesen Weg eingeschlagen. Aber man erkennt leicht, daß diese Ableitung nur für den Eulerschen Dreiecksbegriff Gültigkeit hat. Dagegen würde ihre Gültigkeit für den Moebiuschen Dreiecksbegriff eines besonderen und umständlichen Nachweises bedürfen.

Wir ziehen daher einen Beweis vor, der sofort in voller Allgemeinheit für den Moebiusschen Dreiecksbegriff gilt.[1])

Ein dritter, aber nur für Eulersche Dreiecke gültiger Beweis wird sich als Nebenresultat in § 54, 2. unter Voraussetzung der Formeln des rechtwinkligen Dreiecks ergeben.

6. Wir stellen nun zunächst einige Hilfssätze zusammen, wobei die Festsetzungen in § 38, 8. maßgebend sind.

a) Sind l und g_1 zwei mit positivem Richtungssinn versehene Geraden, und liegt auf g_1 eine Strecke $AA_1 = s_1$, so soll nach Größe und Vorzeichen unter der Projektion der Strecke s_1 auf l das Produkt

$$p_1 = s_1 \cos(lg_1)$$

verstanden werden (§ 34, 3).

b) Denken wir uns von A und A_1 auf l Lote mit den Fußpunkten A' und A_1' gefällt, so zeigt eine leichte geometrische Betrachtung:

Die Projektion von AA_1 ist nach Vorzeichen und Größe gleich $A'A_1'$; in Formel:

$$p_1 = s_1' = A'A_1'.$$

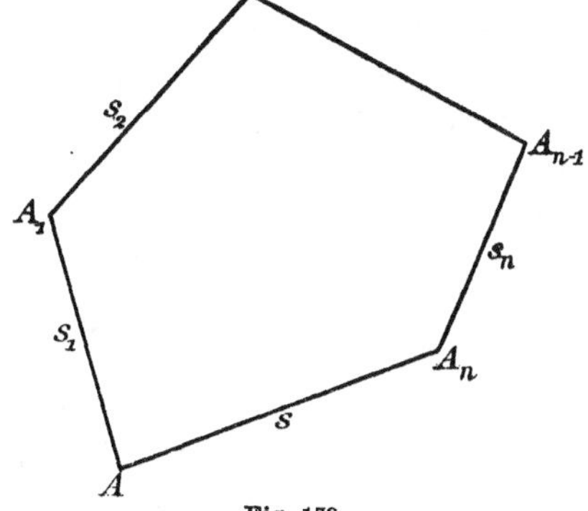

Fig. 178.

1) Moebius, Über eine neue Behandlungsweise der analytischen Sphärik. Ges. Werke II, p. 22 ff.

c) Denken wir uns eine aus den Stücken $s_1, s_2, \cdots, s_n$ bestehende gebrochene Linie $AA_1 \cdots A_n$, so ist die Projektion p dieser Linie gleich der Projektion s' der Strecke $s = AA_n$.

Denn es ist mit Rücksicht auf § 38, 8.:

$$p = s_1 \cos(lg_1) + s_2 \cos(lg_2) + \cdots + s_n \cos(lg_n)$$
$$= A'A_1' + A_1'A_2' + \cdots + A_{n-1}'A_n' = A'A_n' = s'.$$

d) Läßt man A mit A_n zusammenfallen, so folgt (Fig. 178):

Der Projektionssatz: Die Projektion jedes geschlossenen Linienzuges ist gleich Null: $\Sigma s_n \cos(lg_n) = 0$.

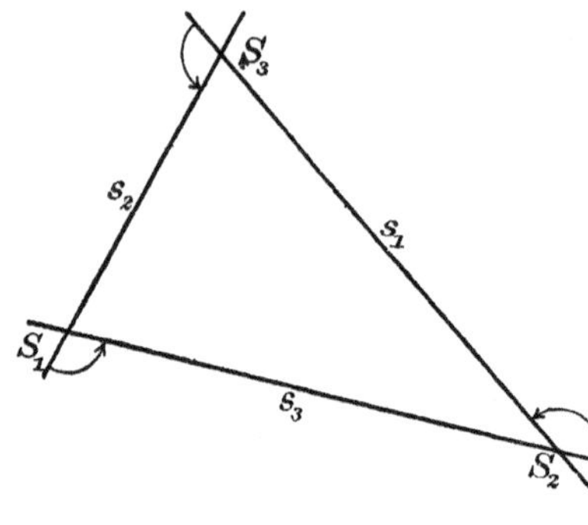

Fig. 179.

e) Insbesondere ist für ein ebenes Dreieck $S_1 S_2 S_3$ (Fig. 179):

$$s_1 \cos(ls_1) + s_2 \cos(ls_2) + s_3 \cos(ls_3) = 0.$$

Nach dem Sinussatz der ebenen Trigonometrie ist aber

$$s_1 : s_2 : s_3 = \sin(s_2 s_3) : \sin(s_3 s_1) : \sin(s_1 s_2).$$

Daher geht für ein ebenes Dreieck die letzte Formel über in:

$$\sin(s_2 s_3)\cos(ls_1) + \sin(s_3 s_1)\cos(ls_2) + \sin(s_1 s_2)\cos(ls_3) = 0.$$

§ 41. Der sphärische Kosinussatz.

1. Das allgemeine Moebiussche Dreieck ABC sei nach den Festsetzungen und Bezeichnungen von § 38, 9. dem Dreikant zugeordnet.

Wir tragen[1]) nun von C aus auf a und b im positiven Sinn die Quadranten CM und CN ab und legen durch M und N einen neuen Hauptkreis, dessen Sinn so bestimmt wird, daß C sein positiver Pol ist; dann ist nach § 39, 5.:

$$MN = \gamma$$
$$CM = CN = \frac{\pi}{2}.$$

Es sei ferner $OM = r_m$ und $ON = r_n$ gesetzt und der positive Sinn auf diesen Strahlen wie bei r_a, r_b, r_c bestimmt.

Wir ziehen nun erstens in einer zur Ebene des Hauptkreises BCM parallelen Ebene irgend drei ein Dreieck bestimmende Parallelen

1) Vgl. Fig. 174.

zu r_b, r_c, r_m. Identifizieren wir dieses Dreieck mit dem Dreieck $S_1 S_2 S_3$ des vorigen Paragraphen, die Gerade l aber mit r_a, so ist:

$$(1)\quad \begin{cases} (s_2 s_3) = (r_c r_m) = CM = \frac{\pi}{2} & (l s_1) = (r_a r_b) = AB = c \\ (s_3 s_1) = (r_m r_b) = MB = MC + CB & (l s_2) = (r_a r_c) = AC = -b \\ \qquad = -\frac{\pi}{2} - a & \\ (s_1 s_2) = (r_b r_c) = BC = a & (l s_3) = (r_a r_m) = AM. \end{cases}$$

Zweitens ziehen wir in einer zur Ebene des Hauptkreises CAN parallelen Ebene irgend drei ein Dreieck bestimmende Parallelen zu r_c, r_a, r_n. Identifizieren wir dieses Dreieck mit dem Dreieck $S_1 S_2 S_3$, die Gerade l aber mit r_m, so ist:

$$(2)\quad \begin{cases} (s_2 s_3) = (r_a r_n) = AN = AC + CN & (l s_1) = (r_m r_c) = MC = \frac{\pi}{2} \\ \qquad = -b + \frac{\pi}{2} & \\ (s_3 s_1) = (r_n r_c) = NC = -\frac{\pi}{2} & (l s_2) = (r_m r_a) = MA \\ (s_1 s_2) = (r_c r_a) = CA = b & (l s_3) = (r_m r_n) = MN = \gamma. \end{cases}$$

Indem man nun (1) und (2) in die letzte Gleichung von § 40 einsetzt, erhält man die Gleichungen:

$$\cos c - \cos a \cos b + \sin a \cos AM = 0$$
$$- \cos MA + \sin b \cos \gamma = 0,$$

woraus unter Beachtung, daß $\cos AM = \cos MA$ ist, die für jedes Moebiussche Dreieck gültige Formel folgt:

$$\cos c = \cos a \cos b - \sin a \sin b \cos \gamma.$$

Durch zyklische Vertauschung folgen hieraus zwei weitere Formeln. Alle drei zusammen bilden

den ersten sphärischen Kosinussatz:

$$(\mathrm{I})\quad \begin{cases} \cos a = \cos b \cos c - \sin b \sin c \cos \alpha, \\ \cos b = \cos c \cos a - \sin c \sin a \cos \beta, \\ \cos c = \cos a \cos b - \sin a \sin b \cos \gamma. \end{cases}$$

2. Durch Polarisation folgt sofort

der zweite sphärische Kosinussatz:

$$(\mathrm{I}')\quad \begin{cases} \cos \alpha = \cos \beta \cos \gamma - \sin \beta \sin \gamma \cos a, \\ \cos \beta = \cos \gamma \cos \alpha - \sin \gamma \sin \alpha \cos b, \\ \cos \gamma = \cos \alpha \cos \beta - \sin \alpha \sin \beta \cos c. \end{cases}$$

Es ist aber von prinzipieller Wichtigkeit — vgl. § 40, 3. — daß die Formel (I') aus (I) rein goniometrisch abgeleitet werden kann, wie dies in § 42 geschehen wird. Es ist damit umgekehrt rechnerisch erwiesen, daß zu jedem Dreieck ein „Polardreieck" existiert, nämlich ein Dreieck, das aus dem ursprünglichen durch Vertauschung der Seiten und Winkel hervorgeht.

§ 42. Der sphärische Sinussatz und der v. Staudtsche Eckensinus.

1. Der ersten Formel I kann man die Form geben:

$$\cos\alpha = \frac{\cos b\cos c - \cos a}{\sin b\sin c}.$$

Indem man quadriert, die Sinusquadrate nach der Formel $\sin^2 x = 1 - \cos^2 x$ durch Kosinusquadrate ausdrückt, und

(1) $$D^2 = 1 - \cos^2 a - \cos^2 b - \cos^2 c + 2\cos a\cos b\cos c$$

setzt, erhält man unter Anwendung der zyklischen Vertauschung:

$$\sin^2\alpha = \frac{D^2}{\sin^2 b\sin^2 c},\qquad \sin^2\beta = \frac{D^2}{\sin^2 c\sin^2 a},\qquad \sin^2\gamma = \frac{D^2}{\sin^2 a\sin^2 b}.$$

Hieraus folgt die elegante Relation:

(2) $$\sin^2 b\sin^2 c\sin^2\alpha = \sin^2 c\sin^2 a\sin^2\beta = \sin^2 a\sin^2 b\sin^2\gamma = D^2.$$

Den Gleichungen (1) und (2) treten durch Polarisation die folgenden an die Seite:

(1') $$\Delta^2 = 1 - \cos^2\alpha - \cos^2\beta - \cos^2\gamma + 2\cos\alpha\cos\beta\cos\gamma;$$

(2') $$\sin^2\beta\sin^2\gamma\sin^2 a = \sin^2\gamma\sin^2\alpha\sin^2 b = \sin^2\alpha\sin^2\beta\sin^2 c = \Delta^2.$$

Nach der Tabelle p. 353 haben die drei Produkte $\sin b\sin c\sin\alpha$, $\sin c\sin a\sin\beta$, $\sin a\sin b\sin\gamma$ einerseits und $\sin\beta\sin\gamma\sin a$, $\sin\gamma\sin\alpha\sin b$, $\sin\alpha\sin\beta\sin c$ andererseits gleiche Vorzeichen. Man darf daher wegen (2) und (2') setzen:

$$D = \sin b\sin c\sin\alpha = \sin c\sin a\sin\beta = \sin a\sin b\sin\gamma,$$

$$\Delta = \sin\beta\sin\gamma\sin a = \sin\gamma\sin\alpha\sin b = \sin\alpha\sin\beta\sin c,$$

wodurch gleichzeitig die Vorzeichen von D und Δ definiert werden.

Hieraus erhält man:

$$D^2 = \sin^2 a\sin b\sin c\sin\beta\sin\gamma,$$

$$D\Delta = \sin a\sin b\sin c\sin\alpha\sin\beta\sin\gamma,$$

und daraus:

$$\frac{D}{\Delta} = \frac{\sin a}{\sin\alpha}\quad\text{und ebenso}\quad = \frac{\sin b}{\sin\beta} = \frac{\sin c}{\sin\gamma}.$$

Damit haben wir den zweiten Fundamentalsatz der sphärischen Trigonometrie, den sphärischen Sinussatz:

$$\text{(II)} \quad \begin{cases} \dfrac{\sin a}{\sin \alpha} = \dfrac{\sin b}{\sin \beta} = \dfrac{\sin c}{\sin \gamma} = \dfrac{D}{\varDelta}; \\ D = \sin b \sin c \sin \alpha = \sin c \sin a \sin \beta = \sin a \sin b \sin \gamma, \\ \varDelta = \sin \beta \sin \gamma \sin a = \sin \gamma \sin \alpha \sin b = \sin \alpha \sin \beta \sin c. \end{cases}$$

2. Die Analogie zum Sinussatze der ebenen Trigonometrie leuchtet ein. An Stelle des dort auftretenden Durchmessers des Umkreises (§ 28, 3.) ist hier das Verhältnis $D/\varDelta$ getreten.

Wir werden naturgemäß auch hier nach einer geometrischen Deutung fragen. Eine solche Deutung verdanken wir v. Staudt, der die Größen D und $\varDelta$ als „Eckensinusse" bezeichnet.

Sei nämlich das Dreieck zunächst ein Eulersches. Wir wollen den Inhalt des dem Dreieck konjugierten Tetraeders $OABC$ (§ 38, 10.) berechnen. Es ist — auch dem Vorzeichen nach —

$$OAB = \tfrac{1}{2} OA \cdot OB \cdot \sin c$$
$$= r^2 \sin c.$$

Die Höhe ergibt sich aus Fig. 180 zu

$$CF \sin(\pi - \alpha) = r \sin b \sin \alpha.$$

Das Volumen ist also

$$V = \tfrac{1}{6} r^3 \sin b \sin c \sin \alpha,$$

oder

$$(3) \qquad 6V = r^3 D.$$

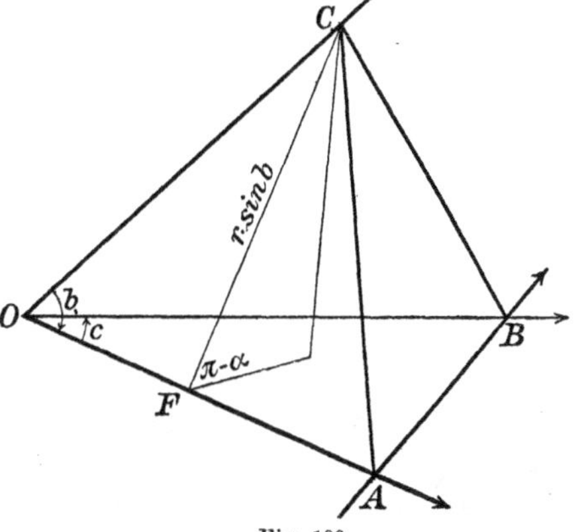

Fig. 180.

Für ein allgemeines Moebiussches Dreieck fragt es sich noch, ob (3) auch das Vorzeichen des Volumens richtig bestimmt. Indem man aber die verschiedenen Vorzeichen von D aus (II) und der Tabelle p. 353 entnimmt und jedesmal mit dem Vorzeichen des Tetraedervolumens, wie es sich aus den Festsetzungen § 38, 9. und 10. ergibt, vergleicht, erkennt man:

Die Formel (3) liefert den Inhalt des einem Moebiusschen Dreieck konjugierten Tetraeders auch dem Vorzeichen nach richtig.

Als Inhalt Y des konjugierten Polartetraeders ergibt sich:

$$(3') \qquad 6Y = r^3 \varDelta.$$

Damit haben wir den Satz:

Das im Sinussatz auftretende Verhältnis $D : \varDelta$ ist, auch dem Vorzeichen nach, gleich dem Verhältnis der Volumina des dem Dreieck konjugierten Tetraeders und des konjugierten Polartetraeders.

3. Eine bemerkenswerte Umformung von D und Δ möge hier noch Platz finden.

Setzt man mit Study:[1])

$$(4)\quad \begin{cases} 2s_0 = 2\pi - (a+b+c), & 2\sigma_0 = 2\pi - (\alpha+\beta+\gamma), \\ 2s_1 = \quad -a+b+c, & 2\sigma_1 = \quad -\alpha+\beta+\gamma, \\ 2s_2 = \quad +a-b+c, & 2\sigma_2 = \quad +\alpha-\beta+\gamma, \\ 2s_3 = \quad +a+b-c; & 2\sigma_3 = \quad +\alpha+\beta-\gamma. \end{cases}$$

so findet man aus (1):

$$\begin{aligned} D^2 &= 1-\cos^2 a-\cos^2 b-\cos^2 c+2\cos a\cos b\cos c \\ &= (1-\cos^2 a)(1-\cos^2 b)-\cos^2 a\cos^2 b-\cos^2 c+2\cos a\cos b\cos c \\ &= \sin^2 a\sin^2 b-\cos^2 a\cos^2 b-\cos^2 c+\cos c\cdot 2\cos a\cos b \\ &= -\cos(a+b)\cos(a-b)-\cos^2 c+\cos c[\cos(a-b)+\cos(a+b)] \\ &= [-\cos(a+b)+\cos c]\cdot[\cos(a-b)-\cos c] \\ &= 4\sin\frac{a+b+c}{2}\sin\frac{a+b-c}{2}\sin\frac{a+c-b}{2}\sin\frac{c+b-a}{2}. \end{aligned}$$

Mit Benutzung von (4) haben wir damit die gesuchte Umformung:

$$(5)\quad \begin{aligned} D^2 &= 4\sin s_0\sin s_1\sin s_2\sin s_3, \\ \Delta^2 &= 4\sin\sigma_0\sin\sigma_1\sin\sigma_2\sin\sigma_3. \end{aligned}$$

4. Wir haben noch den in § 41, 2. angekündigten Beweis nachzutragen, daß der zweite sphärische Kosinussatz (I′) sich aus dem ersten ohne Benutzung der Polarecke ableiten läßt. Zu dem Ende bemerke man zunächst, daß sich der Sinussatz auch aus den Formeln (2) allein, die ohne Benutzung von (1′) abgeleitet sind, ergibt. Aus (2) und (1) folgt aber:

$$\begin{aligned} \sin^2 b\sin^2 c\sin^2\alpha &= (\cos b\cos c-\cos a)\cos a \\ &\quad + 1-\cos^2 b-\cos^2 c+\cos a\cos b\cos c. \end{aligned}$$

Nach Multiplikation mit $\cos a$ ergibt sich:

$$\begin{aligned} \cos a\sin^2 b\sin^2 c\sin^2\alpha &= -(\cos b\cos c-\cos a)\sin^2 a \\ &\quad + (\cos a\cos c-\cos b)(\cos a\cos b-\cos c). \end{aligned}$$

Unter Anwendung von (I) folgt:

$$\cos a\sin b\sin c\frac{\sin^2\alpha}{\sin^2 a} = -\cos\alpha+\cos\beta\cos\gamma,$$

1) Study, Sphärische Trigonometrie, orthogonale Substitutionen und elliptische Funktionen. Leipzig 1893. — Dieses Werk ist als durchaus grundlegend für die moderne sphärische Trigonometrie anzusehen. Der Einführung in die Studysche Anschauungsweise ist in der vorliegenden Darstellung namentlich Teil C. gewidmet.

woraus nach dem Sinussatz die erste Formel (I′) und die übrigen dann durch zyklische Vertauschung folgen.

§ 43. Weitere Formeln erster Ordnung. — Anwendung auf das rechtwinklige Dreieck.

1. Es werden jetzt eine Reihe von Formeln abgeleitet, die teils an sich interessant sind, teils im Teil D. wichtige Anwendungen finden.

Nach dem sphärischen Kosinussatz ist:

$$\cos b - \cos c \cos a + \sin c \sin a \cos\beta = 0$$

und

$$\cos a = \cos b \cos c - \sin b \sin c \cos\alpha;$$

durch Einsetzen der zweiten Gleichung in die erste findet man:

$$\cos b(1 - \cos^2 c) + \sin b \sin c \cos c \cos\alpha + \sin c \sin a \cos\beta = 0$$

oder:

$$\cos b \sin c + \sin b \cos c \cos\alpha + \sin a \cos\beta = 0.$$

Man hat somit ein erstes Formelsystem:

$$(1)\quad \begin{cases} \sin a \cos\beta + \cos b \sin c + \sin b \cos c \cos\alpha = 0, \\ \sin a \cos\gamma + \cos c \sin b + \sin c \cos b \cos\alpha = 0; \\ \sin b \cos\gamma + \cos c \sin a + \sin c \cos a \cos\beta = 0, \\ \sin b \cos\alpha + \cos a \sin c + \sin a \cos c \cos\beta = 0; \\ \sin c \cos\alpha + \cos a \sin b + \sin a \cos b \cos\gamma = 0, \\ \sin c \cos\beta + \cos b \sin a + \sin b \cos a \cos\gamma = 0. \end{cases}$$

Hieraus folgt unmittelbar durch Polarisation ein zweites:

$$(1')\quad \begin{cases} \sin\alpha \cos b + \cos\beta \sin\gamma + \sin\beta \cos\gamma \cos a = 0, \\ \sin\alpha \cos c + \cos\gamma \sin\beta + \sin\gamma \cos\beta \cos a = 0; \\ \sin\beta \cos c + \cos\gamma \sin\alpha + \sin\gamma \cos\alpha \cos b = 0, \\ \sin\beta \cos a + \cos\alpha \sin\gamma + \sin\alpha \cos\gamma \cos b = 0; \\ \sin\gamma \cos a + \cos\alpha \sin\beta + \sin\alpha \cos\beta \cos c = 0, \\ \sin\gamma \cos b + \cos\beta \sin\alpha + \sin\beta \cos\alpha \cos c = 0. \end{cases}$$

Indem man in der ersten Gleichung von (1) nach dem Sinussatz $\sin a = \sin b \cdot \sin\alpha/\sin\beta$ setzt und durch $\sin b$ dividiert, und bei den andern Gleichungen entsprechend verfährt, erhält man:

$$(2)\quad \begin{cases} \sin\alpha \operatorname{cotg}\beta + \operatorname{cotg} b \sin c + \cos c \cos\alpha = 0, \\ \sin\alpha \operatorname{cotg}\gamma + \operatorname{cotg} c \sin b + \cos b \cos\alpha = 0; \\ \sin\beta \operatorname{cotg}\gamma + \operatorname{cotg} c \sin a + \cos a \cos\beta = 0, \\ \sin\beta \operatorname{cotg}\alpha + \operatorname{cotg} a \sin c + \cos c \cos\beta = 0; \\ \sin\gamma \operatorname{cotg}\alpha + \operatorname{cotg} a \sin b + \cos b \cos\gamma = 0, \\ \sin\gamma \operatorname{cotg}\beta + \operatorname{cotg} b \sin a + \cos a \cos\gamma = 0. \end{cases}$$

Hierzu ist polar:

$$(2')\quad \begin{cases} \sin a \operatorname{cotg} b + \operatorname{cotg}\beta \sin\gamma + \cos\gamma \cos a = 0\,, \\ \sin a \operatorname{cotg} c + \operatorname{cotg}\gamma \sin\beta + \cos\beta \cos a = 0\,; \\ \sin b \operatorname{cotg} c + \operatorname{cotg}\gamma \sin\alpha + \cos\alpha \cos b = 0\,, \\ \sin b \operatorname{cotg} a + \operatorname{cotg}\alpha \sin\gamma + \cos\gamma \cos b = 0\,; \\ \sin c \operatorname{cotg} a + \operatorname{cotg}\alpha \sin\beta + \cos\beta \cos c = 0\,, \\ \sin c \operatorname{cotg} b + \operatorname{cotg}\beta \sin\alpha + \cos\alpha \cos c = 0\,. \end{cases}$$

2. Multipliziert man die dritten Gleichungen von (I) und (I′) mit $\cos\gamma$ und $\cos c$, so erhält man durch Gleichsetzung der beiden Ausdrücke für $\cos c \cos\gamma$ und unter Anwendung der Formel $\cos^2 x = 1 - \sin^2 x$:

$$\begin{aligned} &\cos a \cos b \cos\gamma - \sin a \sin b + \sin a \sin b \sin^2\gamma \\ &= \cos\alpha \cos\beta \cos c - \sin\alpha \sin\beta + \sin\alpha \sin\beta \sin^2 c\,. \end{aligned}$$

Die letzten Glieder sind aber auf beiden Seiten gleich, denn nach (II) ist:

$$\frac{\sin a \sin b \cdot \sin^2\gamma}{\sin\alpha \sin\beta \cdot \sin^2 c} = \frac{D^2}{\Delta^2} \cdot \frac{\Delta^2}{D^2} = 1\,;$$

mithin erhalten wir das Formelsystem:

$$(3)\quad \begin{cases} \cos a \cos b \cos\gamma - \sin a \sin b = \cos\alpha \cos\beta \cos c - \sin\alpha \sin\beta\,, \\ \cos b \cos c \cos\alpha - \sin b \sin c = \cos\beta \cos\gamma \cos a - \sin\beta \sin\gamma\,, \\ \cos c \cos a \cos\beta - \sin c \sin a = \cos\gamma \cos\alpha \cos b - \sin\gamma \sin\alpha\,. \end{cases}$$

Diese Formeln sind dadurch ausgezeichnet, daß sie zu sich selbst polar sind; bezeichnen also a', b', c', α', β', γ' die Seiten und Winkel des Polardreiecks, so ist:

$$\begin{aligned} \cos a' \cos b' \cos\gamma' - \sin a' \sin b' &= \cos a \cos b \cos\gamma - \sin a \sin b \\ \cos\alpha' \cos\beta' \cos c' - \sin\alpha' \sin\beta' &= \cos\alpha \cos\beta \cos c - \sin\alpha \sin\beta\,. \end{aligned}$$

Man pflegt dies so auszudrücken: Die rechten und linken Seiten der Gleichungen (3) für sich genommen sind Invarianten für den Übergang von einem Dreieck zu seinem Polardreieck.

3. Die Neperschen Analogieen. Zur Ableitung der folgenden Formeln benutzen wir die erst im nächsten Teil abgeleiteten Delambreschen Formeln (§ 45, III). Während aber diese, wie sich zeigen wird, Formeln zweiter Ordnung sind, ergeben sich durch Division aus ihnen Formeln erster Ordnung. Es sind dies die sogenannten Neperschen[1]) Analogieen (vgl. § 45, 6.):

1) John Neper oder Napier, Baron von Merchiston, ein Schotte, lebte von 1550 bis 1617.

(6)
$$\frac{\operatorname{tg}\frac{b-c}{2}}{\operatorname{tg}\frac{a}{2}} = -\frac{\sin\frac{\beta-\gamma}{2}}{\sin\frac{\beta+\gamma}{2}}, \qquad \frac{\operatorname{tg}\frac{\beta-\gamma}{2}}{\operatorname{tg}\frac{\alpha}{2}} = -\frac{\sin\frac{b-c}{2}}{\sin\frac{b+c}{2}},$$
$$\frac{\operatorname{tg}\frac{b+c}{2}}{\operatorname{tg}\frac{a}{2}} = -\frac{\cos\frac{\beta-\gamma}{2}}{\cos\frac{\beta+\gamma}{2}}, \qquad \frac{\operatorname{tg}\frac{\beta+\gamma}{2}}{\operatorname{tg}\frac{\alpha}{2}} = -\frac{\cos\frac{b-c}{2}}{\cos\frac{b+c}{2}}.$$

Die übrigen acht Neperschen Analogieen folgen aus den angegebenen durch zyklische Vertauschung.

Zwei nebeneinander stehende gehen auch durch Polarisation auseinander hervor.

Zwei untereinander stehende gehen auch auseinander hervor durch Anwendung der in § 48 zu besprechenden Substitution E_3.

Aus einer einzigen Neperschen Formel folgen also alle elf übrigen durch Anwendung der Polarisation, der Substitution E_3 und der zyklischen Vertauschung.

4. Der Tangentensatz ergibt sich aus zwei untereinander stehenden Neperschen Analogieen durch Division:

(7)
$$\frac{\operatorname{tg}\frac{b-c}{2}}{\operatorname{tg}\frac{b+c}{2}} = \frac{\operatorname{tg}\frac{\beta-\gamma}{2}}{\operatorname{tg}\frac{\beta+\gamma}{2}}.$$

6. Eine sehr bemerkenswerte Form hat Study[1]) den Neperschen Analogieen gegeben, die wir in etwas anderer Weise jetzt ableiten wollen. Wendet man auf die dritte Formel (6) die Additionstheoreme des Tangens und Kosinus an, und führt statt der Tangenten die Kotangenten ein, so erhält man:

$$\frac{\operatorname{cotg}\frac{b}{2} + \operatorname{cotg}\frac{c}{2}}{1 - \operatorname{cotg}\frac{b}{2}\operatorname{cotg}\frac{c}{2}} \cdot \operatorname{cotg}\frac{a}{2} = \frac{\cos\frac{\beta}{2}\cos\frac{\gamma}{2} + \sin\frac{\beta}{2}\sin\frac{\gamma}{2}}{\cos\frac{\beta}{2}\cos\frac{\gamma}{2} - \sin\frac{\beta}{2}\sin\frac{\gamma}{2}},$$

oder unter Vertauschung von rechter und linker Seite:

$$\frac{\operatorname{cotg}\frac{\beta}{2}\operatorname{cotg}\frac{\gamma}{2} + 1}{\operatorname{cotg}\frac{\beta}{2}\operatorname{cotg}\frac{\gamma}{2} - 1} = \frac{\operatorname{cotg}\frac{a}{2}\operatorname{cotg}\frac{b}{2} + \operatorname{cotg}\frac{c}{2}\operatorname{cotg}\frac{a}{2}}{1 - \operatorname{cotg}\frac{b}{2}\operatorname{cotg}\frac{c}{2}}$$

Hieraus ergibt sich unmittelbar durch korrespondierende Addition und Subtraktion:

1) l. c. pag. 136 f.

$$\operatorname{cotg}\frac{\beta}{2}\operatorname{cotg}\frac{\gamma}{2}=\frac{1-\operatorname{cotg}\frac{b}{2}\operatorname{cotg}\frac{c}{2}+\operatorname{cotg}\frac{c}{2}\operatorname{cotg}\frac{a}{2}+\operatorname{cotg}\frac{a}{2}\operatorname{cotg}\frac{b}{2}}{-1+\operatorname{cotg}\frac{b}{2}\operatorname{cotg}\frac{c}{2}+\operatorname{cotg}\frac{c}{2}\operatorname{cotg}\frac{a}{2}+\operatorname{cotg}\frac{a}{2}\operatorname{cotg}\frac{b}{2}}.$$

Man hat also mittels zyklischer Vertauschung und Polarisation, wenn man noch mit Study

$$\operatorname{cotg}\frac{a}{2}=l_1,\quad \operatorname{cotg}\frac{b}{2}=l_2,\quad \operatorname{cotg}\frac{c}{2}=l_3,$$

$$\operatorname{cotg}\frac{\alpha}{2}=\lambda_1,\quad \operatorname{cotg}\frac{\beta}{2}=\lambda_2,\quad \operatorname{cotg}\frac{\gamma}{2}=\lambda_3$$

setzt, folgendes Gleichungssystem:

$$(8)\quad\begin{cases} l_2 l_3=\dfrac{1-\lambda_2\lambda_3+\lambda_3\lambda_1+\lambda_1\lambda_2}{-1+\lambda_2\lambda_3+\lambda_3\lambda_1+\lambda_1\lambda_2}, \\ l_3 l_1=\dfrac{1-\lambda_3\lambda_1+\lambda_1\lambda_2+\lambda_2\lambda_3}{-1+\lambda_3\lambda_1+\lambda_1\lambda_2+\lambda_2\lambda_3}, \\ l_1 l_2=\dfrac{1-\lambda_1\lambda_2+\lambda_2\lambda_3+\lambda_3\lambda_1}{-1+\lambda_1\lambda_2+\lambda_2\lambda_3+\lambda_3\lambda_1}. \end{cases}$$

$$(8')\quad\begin{cases} \lambda_2\lambda_3=\dfrac{1-l_2 l_3+l_3 l_1+l_1 l_2}{-1+l_2 l_3+l_3 l_1+l_1 l_2}, \\ \lambda_3\lambda_1=\dfrac{1-l_3 l_1+l_1 l_2+l_2 l_3}{-1+l_3 l_1+l_1 l_2+l_2 l_3}, \\ \lambda_1\lambda_2=\dfrac{1-l_1 l_2+l_2 l_3+l_3 l_1}{-1+l_1 l_2+l_2 l_3+l_3 l_1}. \end{cases}$$

6. Aus (8) und (8′) folgert Study den interessanten Satz:

„Die vier Quotienten

$$\frac{1+l_2 l_3}{\lambda_3\lambda_1+\lambda_1\lambda_2},\qquad -\frac{1-l_2 l_3}{1-\lambda_2\lambda_3},$$

$$\frac{l_3 l_1+l_1 l_2}{1+\lambda_2\lambda_3},\qquad -\frac{l_3 l_1-l_1 l_2}{\lambda_3\lambda_1-\lambda_1\lambda_2},$$

und die acht übrigen, die aus ihnen durch zyklische Vertauschung der Indizes 1, 2, 3 hervorgehen, haben alle denselben Wert.“

7. Der Fall des rechtwinkligen Dreiecks. Wir wenden den sphärischen Sinus- und Kosinussatz auf das rechtwinklige Dreieck an.

Setzen wir $\gamma=\pi/2$ voraus (Fig. 181), so liefern (I), (I′) und (II) unmittelbar die Formeln:

$$(9)\qquad \cos c=\cos a\cos b,$$

$$(10)\qquad \cos c=\operatorname{cotg}\alpha\operatorname{cotg}\beta,$$

$$(11)\qquad \cos a = -\frac{\cos\alpha}{\sin\beta}, \qquad \cos b = -\frac{\cos\beta}{\sin\alpha},$$

$$(12)\qquad \sin\alpha = \frac{\sin a}{\sin c}, \qquad \sin\beta = \frac{\sin b}{\sin c}.$$

Aus (11) und (12) folgt unter Benutzung von (9):

$$\cos\alpha = -\frac{\cos a \sin b}{\sin c} = -\frac{\cos c \sin b}{\cos b \sin c};$$

daher:

$$(13)\qquad \cos\alpha = -\frac{\operatorname{tg} b}{\operatorname{tg} c}, \qquad \cos\beta = -\frac{\operatorname{tg} a}{\operatorname{tg} c}.$$

Endlich durch Division von (12) und (13) und unter Benutzung von (9):

$$(14)\quad \operatorname{tg}\alpha = -\frac{\operatorname{tg} a}{\sin b}, \quad \operatorname{tg}\beta = -\frac{\operatorname{tg} b}{\sin a}.$$

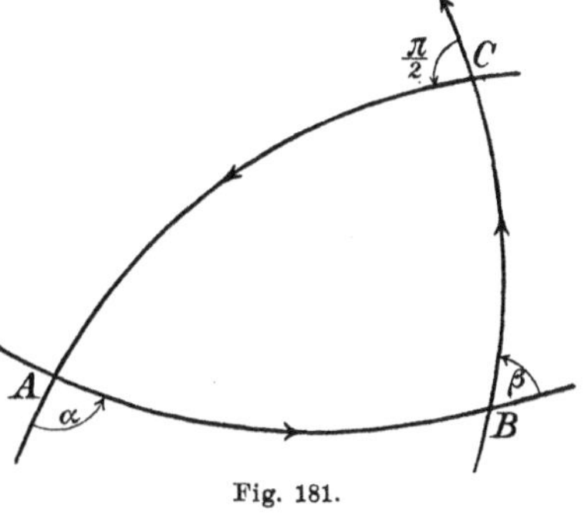

Fig. 181.

Die Formeln (12) bis (14) sind analog den entsprechenden in der ebenen Trigonometrie gebaut, nur daß an Stelle der Seiten a, b, c selbst hier trigonometrische Funktionen derselben treten. Die abweichenden Vorzeichen entspringen aus unserer Bezeichnung.

Die Formeln (9) bis (11) haben kein Analogon in der ebenen Trigonometrie.

8. Die Formeln des Eulerschen rechtwinkligen Dreiecks in Eulerscher Bezeichnung folgen aus den angegebenen, indem man die Winkel durch ihre Supplemente ersetzt; man erhält so die in der Praxis vielgebrauchten[1]) Formeln für das gewöhnliche rechtwinklige Dreieck (Fig. 182):

$$(9^*)\qquad \cos c = \cos a \cos b,$$

$$(10^*)\qquad \cos c = \operatorname{cotg}\alpha \operatorname{cotg}\beta,$$

$$(11^*)\qquad \cos\alpha = \frac{\cos a}{\sin\beta}, \quad \cos b = \frac{\cos\beta}{\sin\alpha},$$

$$(12^*)\qquad \sin\alpha = \frac{\sin a}{\sin c}, \quad \sin\beta = \frac{\sin b}{\sin c},$$

$$(13^*)\qquad \cos\alpha = \frac{\operatorname{tg} b}{\operatorname{tg} c}, \quad \cos\beta = \frac{\operatorname{tg} a}{\operatorname{tg} c},$$

$$(14^*)\qquad \operatorname{tg}\alpha = \frac{\operatorname{tg} a}{\sin b}, \quad \operatorname{tg}\beta = \frac{\operatorname{tg} b}{\sin a}.$$

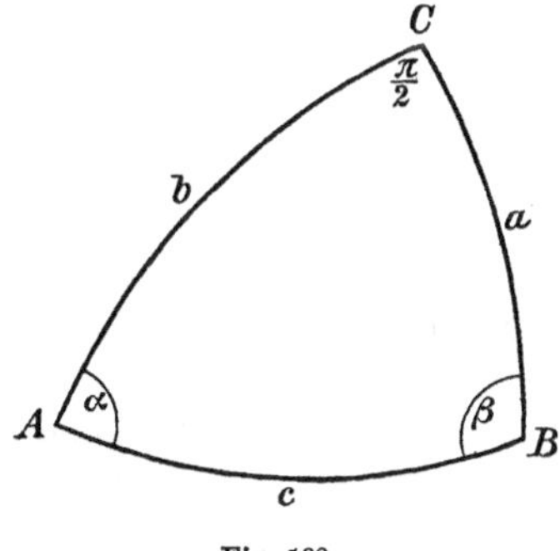

Fig. 182.

9. Diese Formeln werden zusammengefaßt durch die „Nepersche Regel“, deren tiefer liegenden Begründung erst später (§ 49) gegeben

1) Vgl. § 52.

werden kann. Man schreibe, indem man den rechten Winkel wegläßt, die Katheten aber durch ihre Komplemente ersetzt, die fünf Dreieckstücke in unveränderter Reihenfolge an die Peripherie eines Kreises (Fig. 183). Dann heißt die Nepersche Regel:

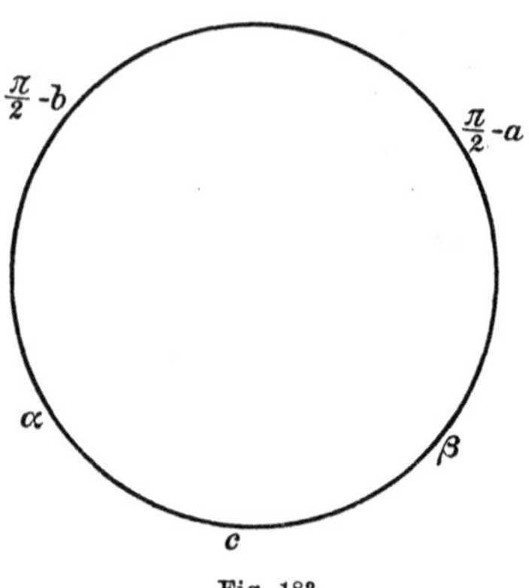

Fig. 183.

1. Der Kosinus irgend eines Stückes ist gleich dem Produkte der Kotangenten der beiden benachbarten Stücke.

2. Der Kosinus irgend eines Stückes ist gleich dem Produkt der Sinus der beiden nichtbenachbarten Stücke.

Die Anwendung dieser Formeln auf die praktische Auflösung des rechtwinkligen sphärischen Dreiecks s. § 52.

C. Die Grundformeln zweiter Ordnung.

§ 44. Einleitendes.

1. Wir gehen jetzt zu Formelgruppen über, die ihrer innersten Natur nach von den bisher betrachteten verschieden sind. Während die Formeln des vorigen Abschnittes für alle 16 Dreieckstypen in gleicher Weise galten, tritt jetzt eine Scheidung ein. Die neuen Formeln enthalten nämlich eine Quadratwurzel, und damit die Wahl zwischen zwei Vorzeichen. Es erweist sich nun, daß die Wahl des einen Vorzeichens von den 16 Typen in bestimmter Weise 8 charakterisiert, während das andere Vorzeichen für die übrigen 8 gilt. Unsere Dreiecke zerfallen also jetzt in zwei Klassen, für deren jede ein bestimmtes Vorzeichen charakteristisch ist.

Aber noch mehr: fragt man nach der Gesamtheit aller Dreiecke, die zu einem bestimmten Vorzeichen gehören, so erweist sich der Moebiussche Dreiecksbegriff nicht mehr als ausreichend. Wir werden wiederum zu einer Erweiterung des Dreiecksbegriffs geführt, bei dem Seiten und Winkel, die sich um Vielfache von 2π unterscheiden, als verschieden angesehen werden.

Zu drei Punkten gehören dann nicht mehr, wie bei Moebius, 16, sondern unendlich viele Dreiecke, die sich aber durch 32 „Repräsentanten" veranschaulichen lassen; von diesen Repräsentanten gehören dann 16 in die eine, 16 in die andere Klasse.

Diese Scheidung der Dreiecke in zwei Klassen und die damit verbundene Verallgemeinerung des Dreiecksbegriffs stand schon Gauß vor Augen, in dessen Theoria motus sich in Nr. 54 folgende Stelle findet: „Quodsi quidem idea Trianguli sphaerici in maxima generalitate concipitur, ut nec latera nec anguli ullis limitibus restringantur, casus existere possunt, ubi in cunctis aequationibus praecedentibus signum mutare oportet."

Indessen ist die ganze Tragweite dieser Verallgemeinerung erst von Study[1]) erkannt und verarbeitet worden. Namentlich über die letzte Wurzel dieser Erscheinungen scheint sich bei Gauß keine Andeutung zu finden. Sie ist geometrischer Natur und findet ihren Ausdruck in dem „Studyschen Satz" (§ 47).

§ 45. Die Delambreschen Formeln.

1. Die für das Folgende fundamentalen Formeln sind die sogenannten Delambreschen Formeln.[2]) Sie bilden ein System von $3 \cdot 4 = 12$ Formeln, von denen wir nur die ersten vier ableiten, die übrigen aber durch zyklische Vertauschung erhalten.

Zu dem Ende schlagen wir genau denselben Weg ein, wie in der ebenen Trigonometrie (§ 31, 2.), indem wir in die goniometrischen Formeln

$$\sin^2\frac{\alpha}{2} = \frac{1-\cos\alpha}{2}, \qquad \cos^2\frac{\alpha}{2} = \frac{1+\cos\alpha}{2}$$

für $\cos\alpha$ den Wert aus § 42, 1. einsetzen. Wir erhalten nach einfachen Umformungen:

$$(1)\quad \begin{cases} \sin^2\dfrac{\alpha}{2} = \dfrac{\sin s_0 \sin s_1}{\sin b \sin c}, & \cos^2\dfrac{\alpha}{2} = \dfrac{\sin s_2 \sin s_3}{\sin b \sin c}, \\ \sin^2\dfrac{\beta}{2} = \dfrac{\sin s_0 \sin s_2}{\sin c \sin a}, & \cos^2\dfrac{\beta}{2} = \dfrac{\sin s_3 \sin s_1}{\sin c \sin a}, \\ \sin^2\dfrac{\gamma}{2} = \dfrac{\sin s_0 \sin s_3}{\sin a \sin b}, & \cos^2\dfrac{\gamma}{2} = \dfrac{\sin s_1 \sin s_2}{\sin a \sin b}, \end{cases}$$

worin die s_i dieselbe Bedeutung wie auf S. 368, (4) haben.

---

1) Vgl. die Fußnote p. 368.

2) Die Delambreschen Formeln sind 1807 von Delambre und bald darauf unabhängig von Gauß und Mollweide gefunden worden; sie werden daher auch häufig nach diesen beiden Mathematikern benannt. — Vgl. auch § 31, 6.

Wir setzen, da sich dies hier am ungezwungensten macht, diesen Formeln gleich die polaren gegenüber, die wir zwar nicht für den Augenblick, wohl aber im Teil D brauchen:

$$(1') \quad \begin{cases} \sin^2\frac{a}{2} = \frac{\sin\sigma_0 \sin\sigma_1}{\sin\beta\sin\gamma}, & \cos^2\frac{a}{2} = \frac{\sin\sigma_2 \sin\sigma_3}{\sin\beta\sin\gamma}, \\ \sin^2\frac{b}{2} = \frac{\sin\sigma_0 \sin\sigma_2}{\sin\gamma\sin\alpha}, & \cos^2\frac{b}{2} = \frac{\sin\sigma_3 \sin\sigma_1}{\sin\gamma\sin\alpha}, \\ \sin^2\frac{c}{2} = \frac{\sin\sigma_0 \sin\sigma_3}{\sin\alpha\sin\beta}, & \cos^2\frac{c}{2} = \frac{\sin\sigma_1 \sin\sigma_2}{\sin\alpha\sin\beta}. \end{cases}$$

Hieraus durch Division:

$$(2) \qquad \operatorname{tg}^2\frac{\alpha}{2} = \frac{\sin s_0 \sin s_1}{\sin s_2 \sin s_3} \text{ u. s. w.}, \qquad \operatorname{tg}^2\frac{a}{2} = \frac{\sin\sigma_0 \sin\sigma_1}{\sin\sigma_2\sin\sigma_3} \text{ u. s. w.}$$

Beiläufig sei bemerkt, daß von den Formeln (1) und (1′) aus auch leicht der Sinussatz gewonnen werden kann; die Multiplikation je zweier nebeneinander stehender Formeln ergibt:

$$\begin{aligned} 4\sin s_0 \sin s_1 \sin s_2 \sin s_3 &= \sin^2 b \sin^2 c \sin^2 \alpha \\ &= \sin^2 c \sin^2 a \sin^2 \beta \\ &= \sin^2 a \sin^2 b \sin^2 \gamma, \\ 4\sin\sigma_0 \sin\sigma_1 \sin\sigma_2 \sin\sigma_3 &= \sin^2\beta \sin^2\gamma \sin^2 a \\ &= \sin^2\gamma \sin^2\alpha \sin^2 b \\ &= \sin^2\alpha \sin^2\beta \sin^2 c. \end{aligned}$$

Die linken Seiten dieser Gleichungen sind nichts anderes als die früher § 43, 3. gewonnenen Formen für D^2 und Δ^2. Das Andere folgt wie früher.

2. Wir kehren zur Ableitung der Delambreschen Formeln zurück. Aus (1) folgt

$$(3) \qquad \frac{\sin\frac{\beta}{2}\cos\frac{\gamma}{2}}{\sin\frac{\alpha}{2}} = \sqrt{\frac{\sin^2 s_2}{\sin^2 a}}; \qquad \frac{\cos\frac{\beta}{2}\sin\frac{\gamma}{2}}{\sin\frac{\alpha}{2}} = \sqrt{\frac{\sin^2 s_3}{\sin^2 a}}.$$

Wir beweisen nun, daß hier beide Wurzeln gleichzeitig entweder positiv oder negativ zu ziehen sind. Setzt man nämlich

$$\sqrt{\frac{\sin^2 s_2}{\sin^2 a}} = \varrho\frac{\sin s_2}{\sin a}, \qquad \sqrt{\frac{\sin^2 s_3}{\sin^2 a}} = \varrho'\frac{\sin s_3}{\sin a}, \quad \text{wo} \quad \varrho, \varrho' = \mp 1,$$

so wird

$$\frac{\sin\beta\sin\gamma}{4\sin^2\frac{\alpha}{2}} = \varrho\varrho'\frac{\sin s_2 \sin s_3}{\sin^2 a}.$$

Unter Anwendung von (1), § 42 (19), § 42 (II) folgt

$$\varrho\varrho' \cdot \sin s_0 \sin s_1 \sin s_2 \sin s_3 = \sin^2 a \sin\beta \sin\gamma \sin b \sin c$$

oder

$$\varrho\varrho' \cdot D^2 = \frac{\sin b \sin c}{\sin\beta \sin\gamma} \cdot \sin^2\beta \sin^2\gamma \sin^2\alpha = \left(\frac{D}{\varDelta}\right)^2 \cdot \varDelta^2 = D^2,$$

also $\varrho\varrho' = +1$, was zu beweisen war.

Die Relationen (3) heißen also jetzt

$$\text{(3a)} \qquad \frac{\sin\frac{\beta}{2}\cos\frac{\gamma}{2}}{\sin\frac{\alpha}{2}} = \varrho\frac{\sin s_2}{\sin a} \qquad \frac{\cos\frac{\beta}{2}\sin\frac{\gamma}{2}}{\sin\frac{\alpha}{2}} = \varrho\frac{\sin s_3}{\sin a},$$

wobei gleichzeitig entweder $\varrho = +1$ oder $\varrho = -1$ zu wählen ist.

Das Gleiche gilt für die hieraus durch Addition und Subtraktion folgenden beiden Delambreschen Formeln:

$$\text{(4)} \qquad \frac{\sin\frac{\beta+\gamma}{2}}{\sin\frac{\alpha}{2}} = \varrho\frac{\cos\frac{b-c}{2}}{\cos\frac{a}{2}}; \qquad \frac{\sin\frac{\beta-\gamma}{2}}{\sin\frac{\alpha}{2}} = -\varrho\frac{\sin\frac{b-c}{2}}{\sin\frac{a}{2}}.$$

Die anderen beiden erhalten wir, indem wir den Sinussatz zunächst in die Form setzen:

$$\frac{\sin\beta \mp \sin\gamma}{\sin\alpha} = \frac{\sin b \mp \sin c}{\sin a};$$

die oberen Zeichen liefern dann nach § 29, (5) und (8):

$$\frac{\sin\frac{\beta-\gamma}{2}}{\sin\frac{\alpha}{2}} \cdot \frac{\cos\frac{\beta+\gamma}{2}}{\cos\frac{\alpha}{2}} = \frac{\sin\frac{b-c}{2}}{\sin\frac{a}{2}} \cdot \frac{\cos\frac{b+c}{2}}{\cos\frac{a}{2}};$$

die unteren:

$$\frac{\sin\frac{\beta+\gamma}{2}}{\sin\frac{\alpha}{2}} \cdot \frac{\cos\frac{\beta-\gamma}{2}}{\cos\frac{\alpha}{2}} = \frac{\cos\frac{b-c}{2}}{\cos\frac{a}{2}} \cdot \frac{\sin\frac{b+c}{2}}{\sin\frac{a}{2}}.$$

Hieraus folgt durch Vergleichung mit (4):

$$\text{(4a)} \qquad \frac{\cos\frac{\beta+\gamma}{2}}{\cos\frac{\alpha}{2}} = -\varrho\frac{\cos\frac{b+c}{2}}{\cos\frac{a}{2}}; \qquad \frac{\cos\frac{\beta-\gamma}{2}}{\cos\frac{\alpha}{2}} = \varrho\frac{\sin\frac{b+c}{2}}{\sin\frac{a}{2}}.$$

Indem wir nun (4) mit (4a) und den zyklisch sich daraus ergebenden Formeln zusammenstellen, erhalten wir folgende drei

Systeme der Delambreschen Formeln:

$$(\mathrm{III}_1)\begin{cases} \text{a)}\ \dfrac{\sin\frac{\beta+\gamma}{2}}{\sin\frac{\alpha}{2}} = \varrho\dfrac{\cos\frac{b-c}{2}}{\cos\frac{a}{2}}, & \text{b)}\ \dfrac{\sin\frac{\beta-\gamma}{2}}{\sin\frac{\alpha}{2}} = -\varrho\dfrac{\sin\frac{b-c}{2}}{\sin\frac{a}{2}}, \\ \text{c)}\ \dfrac{\cos\frac{\beta+\gamma}{2}}{\cos\frac{\alpha}{2}} = -\varrho\dfrac{\cos\frac{b+c}{2}}{\cos\frac{a}{2}}, & \text{d)}\ \dfrac{\cos\frac{\beta-\gamma}{2}}{\cos\frac{\alpha}{2}} = \varrho\dfrac{\sin\frac{b+c}{2}}{\sin\frac{a}{2}}, \end{cases}$$

$$(\mathrm{III}_2)\begin{cases} \text{a)}\ \dfrac{\sin\frac{\gamma+\alpha}{2}}{\sin\frac{\beta}{2}} = \varrho\dfrac{\cos\frac{c-a}{2}}{\cos\frac{b}{2}}, & \text{b)}\ \dfrac{\sin\frac{\gamma-\alpha}{2}}{\sin\frac{\beta}{2}} = -\varrho\dfrac{\sin\frac{c-a}{2}}{\sin\frac{b}{2}}, \\ \text{c)}\ \dfrac{\cos\frac{\gamma+\alpha}{2}}{\cos\frac{\beta}{2}} = -\varrho\dfrac{\cos\frac{c+a}{2}}{\cos\frac{b}{2}}, & \text{d)}\ \dfrac{\cos\frac{\gamma-\alpha}{2}}{\cos\frac{\beta}{2}} = \varrho\dfrac{\sin\frac{c+a}{2}}{\sin\frac{b}{2}}, \end{cases}$$

$$(\mathrm{III}_3)\begin{cases} \text{a)}\ \dfrac{\sin\frac{\alpha+\beta}{2}}{\sin\frac{\gamma}{2}} = \varrho\dfrac{\cos\frac{a-b}{2}}{\cos\frac{c}{2}}, & \text{b)}\ \dfrac{\sin\frac{\alpha-\beta}{2}}{\sin\frac{\gamma}{2}} = -\varrho\dfrac{\sin\frac{a-b}{2}}{\sin\frac{c}{2}}, \\ \text{c)}\ \dfrac{\cos\frac{\alpha+\beta}{2}}{\cos\frac{\gamma}{2}} = -\varrho\dfrac{\cos\frac{a+b}{2}}{\cos\frac{c}{2}}, & \text{d)}\ \dfrac{\cos\frac{\alpha-\beta}{2}}{\cos\frac{\gamma}{2}} = \varrho\dfrac{\sin\frac{a+b}{2}}{\sin\frac{c}{2}}. \end{cases}$$

$$(\varrho = \mp 1.)$$

3. Diese Systeme sind vollständig in sich abgeschlossen und können auch durch Polarisation nicht erweitert werden; denn die Formeln (b) und (c) sind jedesmal zu sich selbst polar, während (a) und (b) gegenseitig zueinander polar sind.

Innerhalb jeden Systems (III_i) $(i = 1, 2, 3)$ gehören die Werte $\varrho = +1$ und $\varrho = -1$ zusammen. Wir fragen:

1. Wann ist innerhalb eines Systems ϱ positiv, wann negativ zu wählen?

2. Welcher Zusammenhang besteht zwischen den ϱ der verschiedenen Systeme (III_i)?

Beide Fragen erledigen sich gleichzeitig.[1] Wir beginnen die Untersuchung an einem speziellen Beispiel, indem wir fragen: welche Vorzeichen müssen wir in den Delambreschen Gleichungen z. B. dem Dreieckstypus $T_{00}^{(1)}$ geben? Aus der Tabelle S. 353 entnehmen wir für diesen Typus folgende Grenzwerte der Seiten und Winkel:

1) Eine andere Darstellung siehe § 50, 4.

a	b	c	α	β	γ
$0, \pi$	$\pi, 2\pi$	$\pi, 2\pi$	$0, \pi$	$\pi, 2\pi$	$\pi, 2\pi$

Wollen wir nun für diesen Typus etwa das Vorzeichen der Formel (III_1)(a) bestimmen, so finden wir folgende Grenzen:

$\frac{\beta+\gamma}{2}$	$\frac{\alpha}{2}$	$\frac{b-c}{2}$	$\frac{a}{2}$
$\pi, 2\pi$	$0, \frac{\pi}{2}$	$+\frac{\pi}{2}, -\frac{\pi}{2}$	$0, \frac{\pi}{2}$

Es ist also

$$\sin\frac{\beta+\gamma}{2} \quad \text{negativ},$$

$$\sin\frac{\alpha}{2} \quad \text{positiv},$$

$$\cos\frac{b-c}{2} \quad \text{positiv},$$

$$\cos\frac{a}{2} \quad \text{positiv},$$

so daß in diesem Falle für ϱ der Wert -1 und auch nur dieser gewählt werden muß. Symbolisch schreiben wir jetzt, wo es sich nur um die Vorzeichen handelt, die behandelte Delambresche Formel (III_1)(a) so:

$$\frac{-}{+} = \varrho \frac{+}{+};$$

in unserem Falle ist also $\varrho = -1$.

Damit ist aber nach 2. schon bewiesen, daß für das ganze System (III_1) der Typus $T_{00}^{(1)}$ die unteren Vorzeichen fordert. Um weiter zu einer Entscheidung über das System (III_2) zu gelangen, versagt der angegebene Weg, wenn man ihn auf die Formel (III_2)(a) anwendet; es ergeben sich nämlich die Grenzwerte:

$\frac{\gamma+\alpha}{2}$	$\frac{\beta}{2}$	$\frac{c-a}{2}$	$\frac{b}{2}$
$\frac{\pi}{2}, \frac{3\pi}{2}$	$\frac{\pi}{2}, \pi$	$0, \pi$	$\frac{\pi}{2}, \pi$

Es ist also in Bezug aufs Vorzeichen:

$$\sin\frac{\gamma+\alpha}{2} \quad \text{oszillierend},$$

$$\sin\frac{\beta}{2} \quad \text{positiv},$$

$$\cos\frac{c-a}{2} \quad \text{oszillierend},$$

$$\cos\frac{b}{2} \quad \text{negativ}.$$

Bezeichnen wir eine oszillierende Größe als „unbestimmt“ und deuten dies durch ein Fragezeichen (?) an, so nimmt die Delambresche Formel (III_2)(a) die Gestalt an:

$$\frac{?}{+} = \varrho \frac{?}{-},$$

woraus wir keinen Schluß auf ϱ ziehen können. Dagegen erhält die Formel (III_2)(b) symbolisch die Form:

$$\frac{+}{+} = -\varrho \frac{+}{+},$$

also ist für (III_2)(b) ebenfalls $\varrho = -1$. Da aber, wie bewiesen, innerhalb eines Systems die Vorzeichen zusammengehören, so gilt für das ganze System (III_2): $\varrho = -1$. Ebenso kann man beweisen, daß für das ganze System (III_3) $\varrho = -1$ zu nehmen ist. Damit hat man das Resultat gewonnen: Für den Dreieckstypus $T_{00}^{(1)}$ ist in den gesamten Delambreschen Formeln $\varrho = -1$. In dieser Weise fortfahrend kann man für alle 16 Typen die Vorzeichen ermitteln.

4. Schneller und übersichtlicher kommt man zum Ziele durch folgende Tabelle[1]), die mit Hilfe der Tabelle p. 353 leicht hergestellt ist, und zwar durch einige leichte Überlegungen rein mechanisch, sobald nur gewisse wenige Felder auf die bereits angegebene Weise ausgefüllt sind:

(5)

	III_1				III_2				III_3			
	a	b	c	d	a	b	c	d	a	b	c	d
$T_{00}^{(0)}$	$\frac{+}{+} = \varrho \frac{+}{+}$	?	?	$\frac{+}{+} = \varrho \frac{+}{+}$	$\frac{+}{+} = \varrho \frac{+}{+}$	?	?	$\frac{+}{+} = \varrho \frac{+}{+}$	$\frac{+}{+} = \varrho \frac{+}{+}$	?	?	$\frac{+}{+} = \varrho \frac{+}{+}$
$T_{11}^{(0)}$	$\frac{-}{+} = \varrho \frac{+}{-}$	?	?	$\frac{+}{-} = \varrho \frac{-}{+}$	$\frac{-}{+} = \varrho \frac{-}{+}$	?	?	$\frac{+}{-} = \varrho \frac{-}{+}$	$\frac{-}{+} = \varrho \frac{+}{-}$	?	?	$\frac{+}{-} = \varrho \frac{-}{+}$
$T_{01}^{(0)}$	$\frac{-}{+} = \varrho \frac{+}{+}$	?	?	$\frac{+}{-} = \varrho \frac{+}{+}$	$\frac{-}{+} = \varrho \frac{+}{+}$	?	?	$\frac{+}{-} = \varrho \frac{+}{+}$	$\frac{-}{+} = \varrho \frac{+}{+}$	?	?	$\frac{+}{-} = \varrho \frac{+}{+}$
$T_{10}^{(0)}$	$\frac{+}{+} = \varrho \frac{+}{-}$	?	?	$\frac{+}{+} = \varrho \frac{-}{+}$	$\frac{+}{+} = \varrho \frac{-}{+}$	?	?	$\frac{+}{+} = \varrho \frac{-}{+}$	$\frac{+}{+} = \varrho \frac{+}{-}$	?	?	$\frac{+}{+} = \varrho \frac{-}{+}$
	a	b	c	d	a	b	c	d	a	b	c	d
$T_{01}^{(1)}$	$\frac{+}{+} = \varrho \frac{+}{+}$	?	?	$\frac{+}{-} = \varrho \frac{-}{+}$	?	$\frac{-}{+} = \bar\varrho \frac{+}{+}$	$\frac{-}{+} = \bar\varrho \frac{-}{-}$	?	?	$\frac{+}{+} = \bar\varrho \frac{-}{+}$	$\frac{-}{+} = \bar\varrho \frac{-}{-}$	?
$T_{10}^{(1)}$	$\frac{-}{+} = \varrho \frac{+}{-}$	?	?	$\frac{+}{+} = \varrho \frac{+}{+}$	?	$\frac{+}{+} = \bar\varrho \frac{-}{+}$	$\frac{-}{-} = \bar\varrho \frac{-}{+}$	?	?	$\frac{-}{+} = \bar\varrho \frac{+}{+}$	$\frac{-}{-} = \bar\varrho \frac{-}{+}$	?
$T_{00}^{(1)}$	$\frac{-}{+} = \varrho \frac{+}{+}$	?	?	$\frac{+}{+} = \varrho \frac{-}{+}$	?	$\frac{+}{+} = \bar\varrho \frac{+}{+}$	$\frac{-}{-} = \bar\varrho \frac{-}{-}$	?	?	$\frac{-}{+} = \bar\varrho \frac{-}{+}$	$\frac{-}{-} = \bar\varrho \frac{-}{-}$	?
$T_{11}^{(1)}$	$\frac{+}{+} = \varrho \frac{+}{-}$	?	?	$\frac{+}{-} = \varrho \frac{+}{+}$	?	$\frac{+}{-} = \bar\varrho \frac{-}{+}$	$\frac{-}{+} = \bar\varrho \frac{-}{-}$	?	?	$\frac{+}{+} = \bar\varrho \frac{+}{+}$	$\frac{-}{+} = \bar\varrho \frac{-}{+}$	?

1) Des bequemeren Drucks wegen ist in der Tabelle (6) überall $-\varrho$ durch $\bar\varrho$ ersetzt.

Die zum Index 2 und 3 gehörigen Tabellen erhält man aus Tabelle (5) durch zyklische Vertauschung der Kolonnen (III_1), (III_2), (III_3).

Bezeichnen k, l, m die Zahlen 1, 2, 3 in irgend einer Reihenfolge, so ergeben sich die Formeln, deren Vorzeichen durch die Tabelle ohne weiteres bestimmt und die Formeln, die unbestimmt sind, aus dem Schema:

(6)

Typus	bestimmt		unbestimmt	
$T_{\delta\varepsilon}^{(0)}$	(III_k a)	(III_k d)	(III_k b)	(III_k c)
	(III_l a)	(III_l d)	(III_l b)	(III_l c)
	(III_m a)	(III_m d)	(III_m b)	(III_m c)
$T_{\delta\varepsilon}^{(k)}$	(III_k a)	(III_k d)	(III_k b)	(III_k c)
	(III_l b)	(III_l c)	(III_l a)	(III_l d)
$\delta, \varepsilon = 0, 1$	(III_m b)	(III_m c)	(III_m a)	(III_m d)

Dies Schema zeigt, daß für jeden Dreieckstypus zur Bestimmung von Vorzeichen innerhalb eines Systems $(III)_i$ $(i = 1, 2, 3)$ zwei Formeln der Tabelle (5) zur Verfügung stehen, womit dann das Vorzeichen des ganzen Systems bestimmt ist. Die beiden in Art. 3. aufgeworfenen Fragen finden jetzt ihre Erledigung in dem aus der Tabelle (5) und den Formeln (III_i) abzuleitenden

Satz: In sämtlichen Delambreschen Formeln ist gleichzeitig entweder $\varrho = +1$ oder $\varrho = -1$. Es ist $\varrho = +1$ für die Typen:

$$T_{00}^{(0)} \quad T_{11}^{(0)} \quad T_{01}^{(k)} \quad T_{10}^{(k)} \quad (k = 1, 2, 3).$$

Es ist $\varrho = -1$ für die Typen:

$$T_{01}^{(0)} \quad T_{10}^{(0)} \quad T_{00}^{(k)} \quad T_{11}^{(k)} \quad (k = 1, 2, 3).$$

Insbesondere ist also für die Eulerschen Dreiecke $\varrho = +1$.

5. Es mag nochmals hervorgehoben werden, daß dieser Satz von fundamentaler Bedeutung ist. Er zeigt uns, daß man nicht vom „sphärischen Dreieck" schlechthin sprechen darf, sondern daß es zwei Arten von sphärischen Dreiecken gibt, die derart voneinander verschieden sind, daß für sie ganz verschiedene Formelsysteme gelten.[1]) Diese tiefgehende Verschiedenheit macht es wünschenswert, die beiden Klassen von Dreiecken durch besondere Namen zu kennzeichnen. Ein

1) Die Delambreschen Formeln sind je nach der Wahl von ϱ als zwei Formelgruppen aufzufassen, die nichts miteinander zu tun haben. Wir werden aber noch Formeln zweiter Ordnung kennen lernen, bei denen der Unterschied zwischen eigentlichen und uneigentlichen Dreiecken noch schärfer hervortritt; sie enthalten für eigentliche und uneigentliche Dreiecke nicht nur verschiedene Vorzeichen, sondern ganz verschiedene Funktionen (§ 50, (H) und (IV)).

Dreieck heißt nach Study „eigentliches" Dreieck, wenn $\varrho = +1$, dagegen „uneigentliches" Dreieck, wenn $\varrho = -1$ ist.

Von den 16 Moebiusschen Dreieckstypen repräsentieren die 8 Typen:

$$T_{00}^{(0)} \quad T_{11}^{(0)} \quad T_{01}^{(k)} \quad T_{10}^{(k)}$$

eigentliche, die 8 Typen:

$$T_{01}^{(0)} \quad T_{10}^{(0)} \quad T_{00}^{(k)} \quad T_{11}^{(k)}$$

uneigentliche Dreiecke.

In der Tafel I (p. 350 f.) sind links die eigentlichen, rechts die uneigentlichen Typen verzeichnet. In der Tabelle (5) sind eigentliche und uneigentliche Typen durch Doppelstriche getrennt.

Formeln, die für eigentliche und uneigentliche Dreiecke gleichzeitig gelten, heißen Formeln erster Ordnung. Formeln, die sich entweder nur auf eigentliche oder nur auf uneigentliche beziehen, heißen Formeln zweiter Ordnung.

Diese Definition der Formeln 1. und 2. Ordnung weicht scheinbar von der in § 40, 3. gegebenen ab; da aber, wie sich im nächsten Paragraphen zeigen wird, die Einführung der eigentlichen und uneigentlichen Dreiecke notwendig über Moebius hinaus zu einem neuen Dreiecksbegriff führt, so sind in Wahrheit beide Definitionen identisch.

Bemerkenswert ist, daß durch Division der Delambreschen Formeln Formeln erster Ordnung entstehen; es sind dies die in § 8 mitgeteilten Neperschen Analogieen.

Gauß glaubte in den Delambreschen Formeln gegenüber den Neperschen Analogieen rechnerische Vorteile zu erblicken, Delambre bestritt diese Ansicht.[1]) Vom theoretischen Standpunkte aus stehen nach dem Vorgetragenen zweifellos die Delambreschen Formeln höher: sie zeigen uns die Existenz der zwei Dreiecksklassen, während jene für beide Klassen gelten.

§ 46. Der Gauß-Studysche Dreiecksbegriff.

1. Irgend ein eigentliches und ein uneigentliches Dreieck vom selben Index (§ 3, 4.) mögen konträr zueinander heißen. Zu einem Dreieck $T_{\delta\varepsilon}^{(i)}$ $(i = 0, 1, 2, 3)$ wird ein konträres erhalten, indem man entweder dem δ oder dem ε den anderen möglichen Wert gibt. Geometrisch gesprochen: indem man entweder den Richtungssinn aller drei Seiten oder den Drehungssinn auf der Kugel in den entgegengesetzten verwandelt — zwei Vorgänge, die nach § 39, 10. zueinander

1) v. Braunmühl, Vorlesungen über Geschichte der Trigonometrie, zweiter Band, p. 193.

polar sind. Mit diesen Vorgängen ist — was dasselbe in anderen Worten sagt — ein Vorzeichenwechsel von ϱ verbunden.

2. Es ist dies aber nicht die einzige Weise, auf die ein Vorzeichenwechsel hervorgerufen werden kann. Vermehren wir nämlich eine Seite oder einen Winkel um 2π, so wird der halbe Winkel dadurch um π vermehrt, und man sieht leicht, daß hiermit ein Vorzeichenwechsel in den Formeln verknüpft ist.

Dies zwingt uns dazu, auch solche Dreiecke als verschieden anzusehen, deren Seiten oder Winkel sich um Vielfache von 2π unterscheiden. Aus einem Moebiusschen Dreieck gehen also jetzt durch unbeschränkte Veränderlichkeit der Seiten und Winkel unendlich viele hervor. Der so gewonnene Dreiecksbegriff heiße der „Gauß-Studysche".

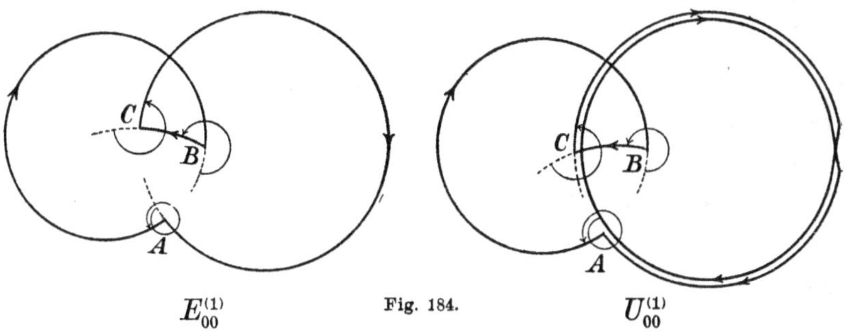

$E_{00}^{(1)}$ Fig. 184. $U_{00}^{(1)}$

Rechnerisch vollzieht sich der Übergang vom Moebiusschen zum Gauß-Studyschen Dreiecksbegriff dadurch, daß man bei einem Moebiusschen Dreieck Seiten und Winkel durch neue ersetzt gemäß den Gleichungen:

$$(\mathfrak{M}) \qquad \left.\begin{aligned} a' &= a + 2n_a\pi, & \alpha' &= \alpha + 2\nu_\alpha\pi \\ b' &= b + 2n_b\pi, & \beta' &= \beta + 2\nu_\beta\pi \\ c' &= c + 2n_c\pi, & \gamma' &= \gamma + 2\nu_\gamma\pi \end{aligned}\right\}.$$

In diesen „linearen Substitutionen", bedeuten n, ν positive oder negative ganze Zahlen oder Null.

Wir erweitern den Begriff des „Typus" (§ 38, 7.) dahin, daß wir Dreiecken, die sich nur durch eine Substitution ($\mathfrak{M}$) unterscheiden, denselben Typus zuschreiben.

Geometrisch kann man sich eine gute Vorstellung von einem Gauß-Studyschen Dreieck machen, indem man sich die Seiten durch Fäden hergestellt, zwischen den Schenkeln der Winkel aber Federn ausgespannt denkt; der Faden kann dann die Kugel mehrfach umschlingen, die Feder mehrere Spiralwindungen haben. In den Figuren 184[1])

1) Die den Figuren beigedruckten Symbole finden weiter unten ihre Erläuterung.

sind zwei Gauß-Studysche Dreiecke des Typus $T_{00}^{(1)}$ gezeichnet, von denen das erste der Substitution

$$a' = a, \quad b' = b, \quad c' = c, \quad \alpha' = \alpha + 2\pi, \quad \beta' = \beta, \quad \gamma' = \gamma,$$

der zweite aber der Substitution

$$a' = a, \quad b' = b + 2\pi, \quad c' = c, \quad \alpha' = \alpha + 2\pi, \quad \beta' = \beta, \quad \gamma' = \gamma$$

entspricht.

3. Welche von den Gauß-Studyschen Dreiecken sind nun eigentlich, welche uneigentlich? Da die Vermehrung einer Seite oder eines Winkels um 2π den Wert von ϱ in den entgegengesetzten verwandelt, müssen wir die Substitutionen ($\mathfrak{M}$) trennen, bei denen $n_a + n_b + n_c + \nu_\alpha + \nu_\beta + \nu_\gamma$ eine gerade oder eine ungerade Zahl ist; bei den ersteren behält ϱ sein Zeichen, bei den letzteren nicht.

Lehrsatz: Die Substitutionen ($\mathfrak{M}$), für die die Kongruenz

($\mathfrak{N}$) $$\Sigma n + \Sigma \nu \equiv 0 \pmod{2}$$

erfüllt ist, führen ein eigentliches Dreieck in ein eigentliches, ein uneigentliches in ein uneigentliches über; dagegen wird beim Bestehen der Kongruenz

($\mathfrak{N}'$) $$\Sigma n + \Sigma \nu \equiv 1 \pmod{2}$$

ein eigentliches Dreieck in ein uneigentliches übergeführt, und umgekehrt.

Nennen wir Dreiecke, die sich bei gleichem Typus nur durch eine Substitution ($\mathfrak{N}$) unterscheiden, „äquivalent“, dagegen Dreiecke, die sich durch eine Substitution ($\mathfrak{N}'$) unterscheiden, „wesentlich verschieden“, so sind äquivalente Dreiecke stets gleichzeitig eigentlich oder uneigentlich, während von zwei wesentlich verschiedenen Dreiecken stets das eine ein eigentliches, das andere ein uneigentliches ist. Unser letzter Satz kann daher auch so ausgesprochen werden:

Lehrsatz: Ein sphärisches Dreieck wird durch eine Substitution ($\mathfrak{N}$) in ein äquivalentes, durch eine Substitution ($\mathfrak{N}'$) aber in ein wesentlich verschiedenes übergeführt.

4. Wir ziehen hieraus die wichtige Folgerung, daß die Eigenschaft eines Dreiecks, eigentlich oder uneigentlich zu sein, nicht mehr wie bei Moebius an bestimmte Typen $T_{\delta\varepsilon}^{(i)}$ gebunden ist (siehe § 45, 5.). Wir haben vielmehr von jedem Typus eine Schar eigentlicher und eine Schar uneigentlicher Dreiecke. So ist in Figur 183 das erste Dreieck ein eigentliches, das zweite ein uneigentliches des Typus $T_{00}^{(1)}$. Aus den 8 Moebiusschen eigentlichen Typen gehen 8 Scharen eigentlicher Dreiecke durch Anwendung von ($\mathfrak{N}$), 8 Scharen uneigentlicher Dreiecke durch Anwendung von ($\mathfrak{N}'$) hervor. Das Entsprechende gilt für die 8 Moebiusschen uneigentlichen Typen. Wir haben also jetzt 16 Scharen eigentlicher und 16 Scharen uneigentlicher Dreiecke; jene bezeichnen wir durch das Symbol $E_{\delta\varepsilon}^{(i)}$, diese durch das Symbol $U_{\delta\varepsilon}^{(i)}$ $\left(\begin{smallmatrix} i=0,1,2,3 \\ \delta,\,\varepsilon=0,1 \end{smallmatrix}\right)$. Jede Schar kann durch irgend eins ihrer Dreiecke repräsentiert werden: alle übrigen der Schar sind dann zu diesem „Repräsentanten" äquivalent und gehen durch Substitutionen $\mathfrak{N}$ aus ihm hervor. Als Repräsentanten eignen sich namentlich die Formen, die auf Tafel II und III verzeichnet sind. Wir nennen sie „reduzierte" Dreiecke. Ihre Zweckmäßigkeit wird sich erst später (§ 47, 3.) erweisen.

5. Wir stellen die gefundenen Resultate in folgender Weise einander gegenüber:

Moebiusscher Dreiecksbegriff.	Gauß-Studyscher Dreiecksbegriff.
a) Die Seiten und Winkel liegen zwischen 0 und 2π. Modulo 2π kongruente Seiten oder Winkel gelten als identisch.	a) Die Seiten und Winkel sind unbeschränkt veränderlich. Modulo 2π kongruente Seiten oder Winkel gelten als verschieden.
b) Zu gegebenen 3 Punkten auf der Kugeloberfläche gehören 16 verschiedene Dreiecke.	b) Zu gegebenen 3 Punkten auf der Kugeloberfläche gehören unendlich viele verschiedene Dreiecke, die aber in 32 Scharen äquivalenter Dreiecke zerfallen.
c) Von diesen sind 8 eigentliche und 8 uneigentliche Dreiecke.	c) Von diesen 32 Scharen enthalten 16 äquivalente eigentliche und 16 äquivalente uneigentliche Dreiecke. Jede Schar kann durch einen Repräsentanten, z. B. ein „reduziertes" Dreieck, vertreten werden

6. Es könnte scheinen, als sei die Gauß-Studysche Verallgemeinerung des Moebiusschen Dreiecksbegriffs überflüssig weitgehend. Wir haben Seiten und Winkel, die sich modulo 2π unterscheiden, als verschieden angesehen. Da aber ein Hinzufügen von 4π, 8π, $\cdots$ keine Zeichenänderung hervorruft, hätten wir anscheinend genügend durch folgende Festsetzung verallgemeinert: Dreiecke, deren Seiten (oder Winkel) sich modulo 4π unterscheiden, gelten als identisch. Bei dieser Festsetzung würde man die Anzahl sämtlicher Dreiecke, die aus einem Moebiusschen hervorgehen, aus der Gleichung ($\mathfrak{M}$) erhalten, wenn man die n und ν nur die Werte 0 und 1 annehmen

Tafel IIa.

Die reduzierten eigentlichen Dreiecke.

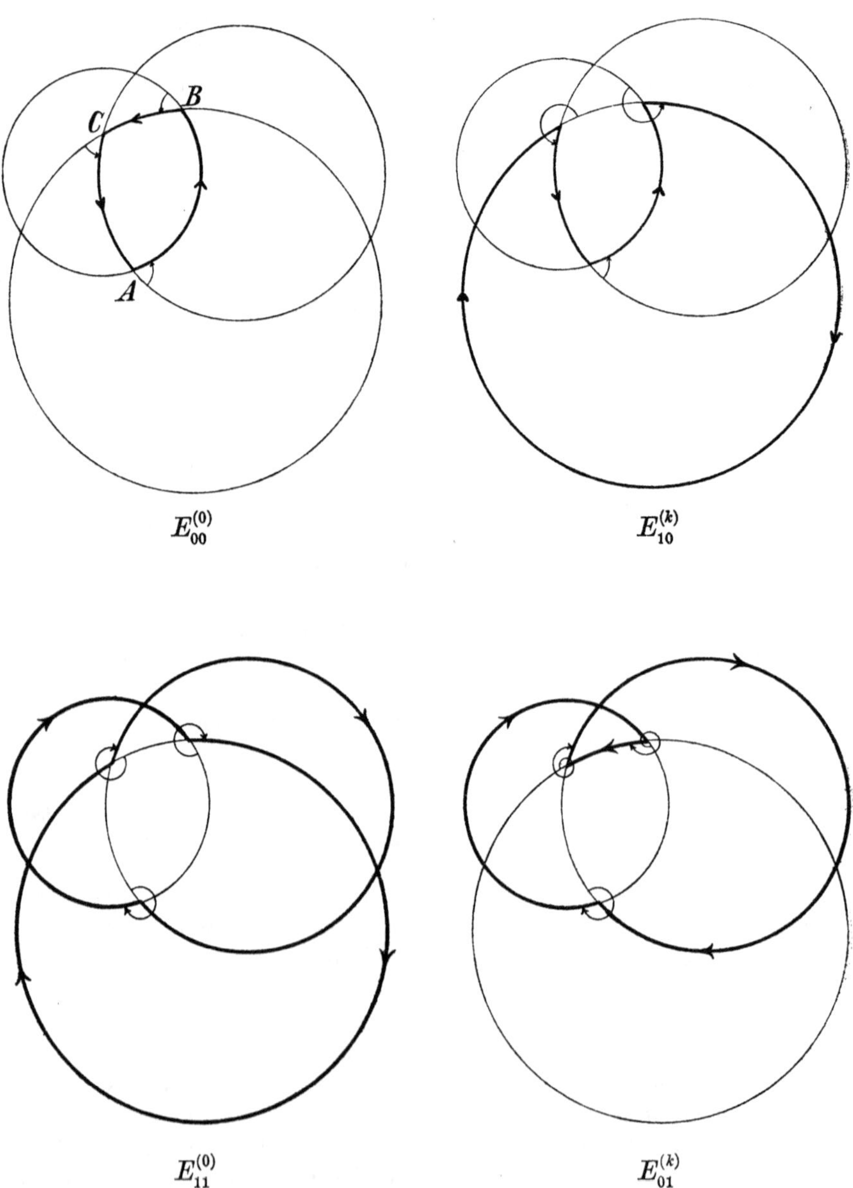

Tafel IIb.

Die reduzierten eigentlichen Dreiecke.

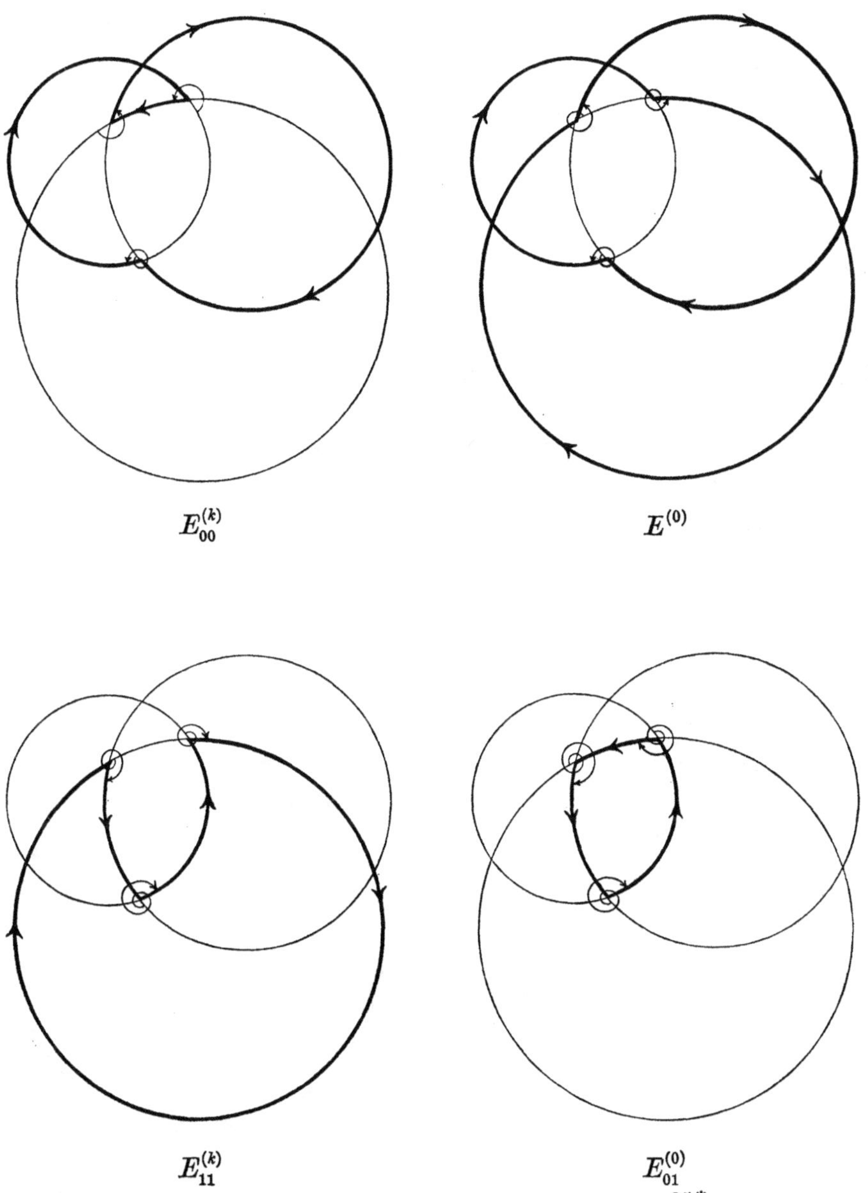

Tafel IIIa.

Die reduzierten uneigentlichen Dreiecke.

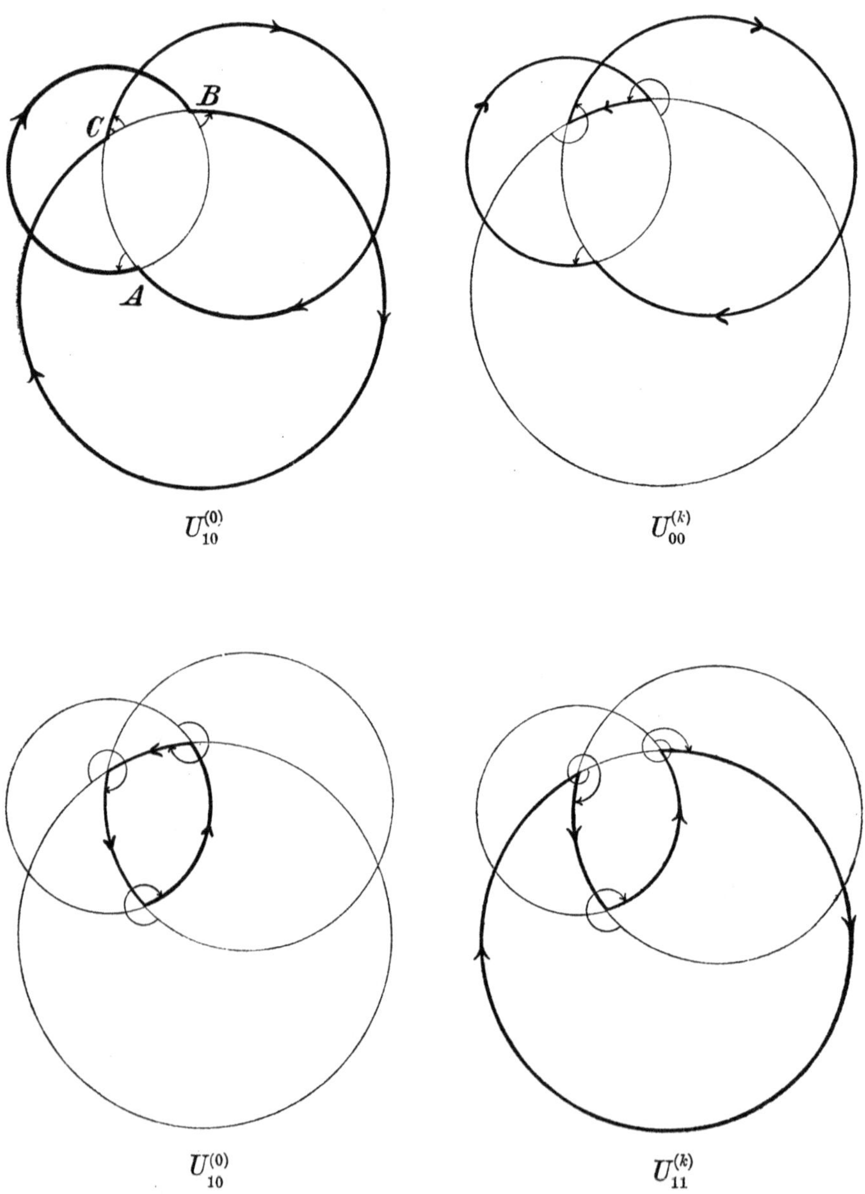

$U_{10}^{(0)}$ $U_{00}^{(k)}$

$U_{10}^{(0)}$ $U_{11}^{(k)}$

Tafel IIIb.

Die reduzierten uneigentlichen Dreiecke.

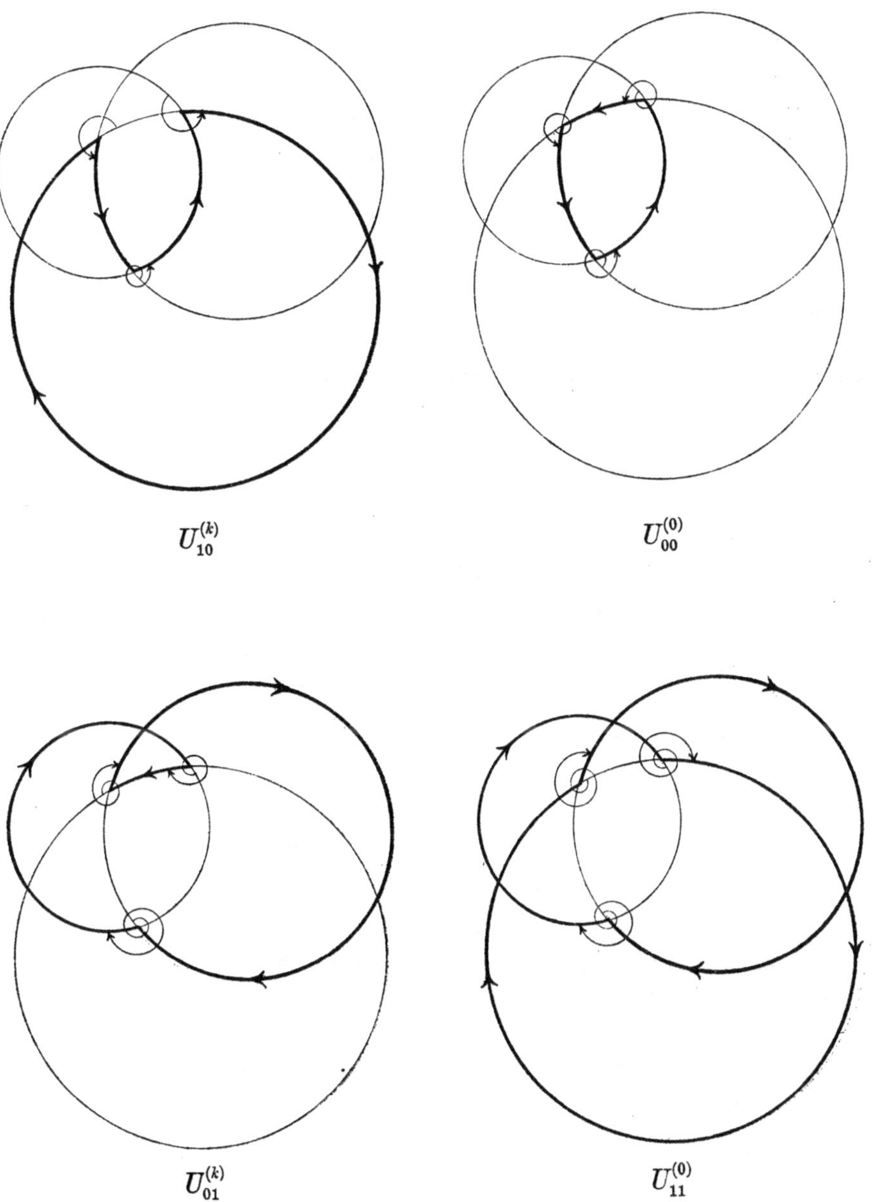

läßt: dies sind aber $2^6 = 64$ Dreiecke. Und da 3 Punkte zu 16 Moebiusschen Dreiecken Anlaß geben, würden wir von diesem Standpunkte sagen müssen:

Drei Punkte der Kugel bestimmen $16 \cdot 64 = 1024$ verschiedene Dreiecke, von denen die eine Hälfte eigentliche, die andere Hälfte uneigentliche Dreiecke sind.

In der Tat würde dieser Dreiecksbegriff für die Delambreschen Formeln allein ausreichen. Aber aus zwei Gründen haben wir gleich in weiter gehender Weise verallgemeinert.

Wie nämlich die Delambreschen Formeln halbe Winkel enthalten, so kann man auch Formeln ableiten, die drittel, viertel, $\cdots$, k^{tel} Winkel enthalten. Und dies würde jedesmal zur Einführung eines neuen Dreiecksbegriffs nötigen; wir würden dann offenbar Dreiecke, deren Seiten und Winkel sich modulo 6π, 8π, $\cdots$ $2k\pi$ unterscheiden, als identisch anzusehen haben.

Von diesem Standpunkte aus würden wir also eine Reihe von Dreicksbegriffen erhalten, indem wir nacheinander Seiten und Winkel, die sich

$$\text{mod}\, 2\pi, \quad \text{mod}\, 4\pi, \quad \text{mod}\, 6\pi, \quad \cdots, \quad \text{mod}\, 2k\pi$$

unterscheiden, als identisch ansehen.[1])

Die Gesamtheit aller Dreiecke gliederte sich dann in Dreiecke 1., 2., $\cdots$, k^{ter} „Stufe“. Drei Punkte bestimmten $16 \cdot k^6$ Dreiecke k^{ter} Stufe.

Der Gauß-Studysche Dreiecksbegriff hat also den praktischen Vorteil, alle diese Erweiterungen mit einem Schlage zu vollziehen und somit für die Gesamtheit aller denkbaren Formeln auszureichen.

Viel tiefer liegend ist aber der zweite Grund. Dieser ist geometrischer Natur und findet seinen Ausdruck in dem „Studyschen Satz“.

§ 47. Der Satz von Study.

1. Bezeichnet man die Gesamtheit aller Dreiecke, die aus irgend einem Dreieck durch stetige Deformation auf der Kugel (d. h. durch Verschiebung, Zerrung oder Dehnung) hervorgehen, als „Kontinuum“, so gilt folgender

Satz von Study: Die Gesamtheit aller eigentlichen Dreiecke und die Gesamtheit aller uneigentlichen Dreiecke bilden jedes für sich ein Kontinuum.

1) Vgl. F. Klein, Autogr. Vorlesungsheft „Über die hypergeometrische Funktion“, 1894, p. 312 ff.

Dagegen ist kein stetiger Übergang von einem eigentlichen zu einem uneigentlichen Dreieck möglich.[1])

2. Dieser Satz zeigt, daß die in Nr. 6 des vorigen Paragraphen besprochene Einteilung in Dreiecke verschiedener „Stufen" eine unnatürliche Schranke aufrichtet zwischen Dreiecken, die durch eine wichtige geometrische Eigenschaft verbunden sind, nämlich die, stetig ineinander deformierbar zu sein; sobald man irgend ein Dreieck, etwa erster Stufe hat, kann man durch stetige Deformation stets zu Dreiecken jeder beliebigen Stufe gelangen. Von diesem Standpunkte aus erweist sich also eine Trennung der Dreiecke verschiedener Stufen als undurchführbar. Dagegen ist die Einteilung in eigentliche und uneigentliche Dreiecke eine natürliche Schranke. Sobald man sich also überhaupt von der Notwendigkeit überzeugt, Winkel, die sich um Vielfache von 2π unterscheiden, als verschieden anzusehen, wird man zweckmäßig den Gauß-Studyschen Dreiecksbegriff in seiner vollen Allgemeinheit zugrunde legen.[2]) Um jedem Mißverständnisse vorzubeugen, sei noch folgendes bemerkt: die Definition in Formeln 1. und 2. Ordnung bleibt auch unter Zugrundelegung des Gauß-Studyschen Dreiecksbegriffs wörtlich, wie § 45, 5. angegeben, bestehen.

Die Formeln der ersten Ordnung haben ihre Wurzel im Kosinus- und Sinussatz, die der zweiten in den Delambreschen Gleichungen.[3])

3. Beweis des Satzes von Study. Daß zunächst Moebiussche Dreiecke desselben Typus stetig ineinander überführbar sind, ist unmittelbar anschaulich und bedarf keines Beweises.

Des Weiteren verfahren wir beim Beweise für den ersten, positiven Teil des Satzes stufenweise. Wir zeigen:

1) alle äquivalenten Dreiecke sind stetig ineinander deformierbar.

Damit können wir jedes Dreieck stetig in ein reduziertes überführen, und haben daher nur noch zu zeigen:

2) die 16 reduzierten eigentlichen und ebenso die 16 reduzierten uneigentlichen Typen sind stetig ineinander deformierbar.

ad 1) Wir führen das Dreieck — was immer möglich ist — in eine solche Gestalt über, daß etwa $a \equiv \pi \pmod{2\pi}$ wird. Die Fig. 185 zeigt dies für ein Eulersches Dreieck: wir brauchen nur die Ecke C auf der positiven Richtung a bis zum Punkt C' wandern zu lassen. Das Dreieck hat dann die in Fig. 186 gezeichnete Gestalt. Lassen wir

1) Beweis folgt unter Nr. 3.

2) Damit soll nicht gesagt sein, daß nicht für gewisse algebraische Untersuchungen die Beibehaltung der „Stufen" zweckmäßig sein könnte.

3) Study l. c. S. 130.

dann unter Festhaltung von B und C die Seite a k mal rotieren, so wachsen bei jeder vollen Umdrehung die Winkel β und γ um 2π; endlich führen wir den Punkt C wieder in seine alte Lage zurück, wobei jene Änderungen der Winkel erhalten bleiben. Wir haben also durch stetige Deformation eine Substitution

$$\begin{pmatrix} a & b & c & \alpha & \beta & \gamma \\ a & b & c & \alpha & \beta + 2k\pi & \gamma + 2k\pi \end{pmatrix}$$

erreicht; zu diesen treten analog die durch zyklische Vertauschung daraus hervorgehenden.

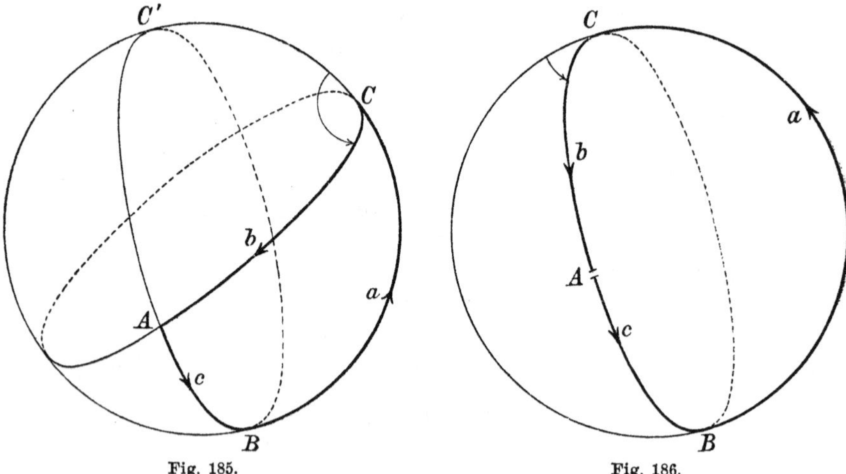

Fig. 185. Fig. 186.

Lassen wir weiter bei dem Dreieck ABC die Ecke C den Bogen BC im positiven Sinne durchlaufen, so wird bei jedem vollen Umlauf a um 2π wachsen, α aber je nach dem festgesetzten Drehungssinn um 2π wachsen oder abnehmen. Bei k-maligem Umlauf erhalten wir also die Substitutionen:

$$\begin{pmatrix} a & b & c & \alpha & \beta & \gamma \\ a + 2k\pi & b & c & \alpha \pm 2k\pi & \beta & \gamma \end{pmatrix},$$

und ebenso die beiden analogen. Endlich kann man, indem man die eben beschriebenen Vorgänge am Polardreieck verfolgt und bedenkt, daß einer stetigen Operation am ursprünglichen Dreieck eine ebensolche am Polardreieck entsprechen muß, noch die Substitutionen herstellen, die aus den angegebenen durch Vertauschung der Seiten und Winkel hervorgehen. Aus den so erhaltenen 12 Substitutionen läßt sich aber, wie man sich leicht überzeugt, jede Substitution $(\mathfrak{R})$ herstellen. Äquivalente Dreiecke können also stetig ineinander übergeführt werden.

ad 2) Wir teilen den Beweis in zwei Teile.

a) Wir zeigen erstlich, daß solche eigentliche reduzierte Typen, die sich nur durch den Richtungssinn der Seiten, nicht aber durch den Drehungssinn auf der Kugel unterscheiden, stetig ineinander deformierbar sind. Damit sind einerseits die auf Tafel II in der oberen Horizontalreihe, andererseits die in der unteren Horizontalreihe stehenden Typen ineinander deformierbar. Genau entsprechendes gilt für die uneigentlichen Dreiecke der Tafel III.

b) Zweitens zeigen wir dann, daß zwischen den Typen der oberen und denen der unteren Horizontalreihen sowohl auf Tafel II als auf Tafel III ebenfalls ein stetiger Übergang möglich ist. Die oberen Horizontalreihen unserer Tafeln mögen mit (α), die unteren mit (β) bezeichnet werden.

a) Wir gehen aus von dem reduzierten Dreieck $E_{00}^{(0)}$ und führen es, genau wie vorher, in eine solche Gestalt über, daß $a = \pi$ wird (Figg. 185, 186). Hierauf lassen wir a unter Festhaltung von B und C eine halbe Umdrehung machen, wobei die Winkel β und γ je um π (bei richtig gewähltem Drehungssinn) wachsen; bei dem so erhaltenen Dreieck (Fig. 187) wird Seite a im entgegengesetzten Sinn wie vorher durchlaufen, oder a ist in $2\pi - a$ übergegangen. Endlich führen wir C wieder in seine alte Lage zurück, wodurch nun das Dreieck $E_{00}^{(0)}$ in ein Dreieck $E_{10}^{(1)}$ mit den Seiten und Winkeln $2\pi - a$, b, c; α, $\pi + \beta$, $\pi + \gamma$ übergeführt ist. Diesen ganzen Prozeß bezeichnen wir mit E_1, die durch zyklische Vertauschung daraus hervorgehenden mit E_2 und E_3.

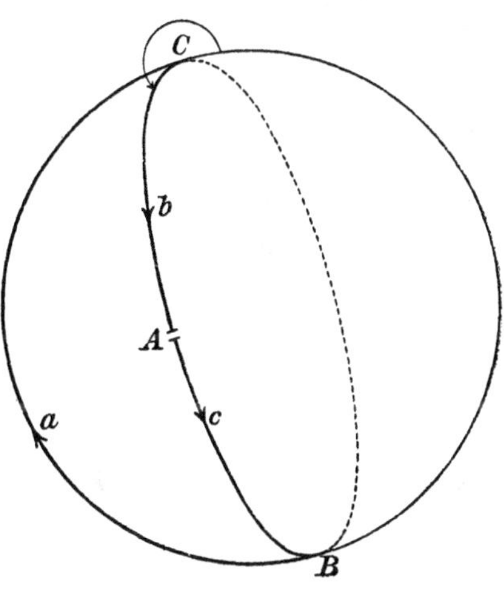

Fig. 187.

Durch den Prozeß E_k wird ein Dreieck $E_{00}^{(0)}$ stetig in ein Dreieck $E_{10}^{(k)}$ übergeführt und umgekehrt ($k = 1, 2, 3$).

Vom zweiten Teil der Behauptung kann man sich leicht überzeugen.

Wendet man ferner auf $E_{00}^{(0)}$ den Prozeß E_2 an, so erhält man $E_{10}^{(2)}$; übt man auf dieses Dreieck aber den Prozeß E_3 aus, so lehrt dieselbe Betrachtung, wie vorhin, daß man zu dem Dreieck $E_{00}^{(1)}$ gelangt. Die Seiten und Winkel dieses Dreiecks sind a, $2\pi - b$, $2\pi - c$, $2\pi + \alpha$, $\pi + \beta$, $\pi + \gamma$. Man bemerke, daß durch die Hinzufügung des 2π zu α bewirkt wird, daß wir den eigentlichen Typus $E_{00}^{(1)}$ erhalten. Wir sagen, wir hätten die Prozesse E_2 und E_3

„komponiert“ und bezeichnen diese Komposition durch das symbolische Produkt $E_2 E_3$. Es ist dies dieselbe Ausdrucksweise, die uns schon aus der Theorie der Permutationsgruppen (s. Bd. I, § 50) geläufig ist. Bezeichnen also i, k, l die Zahlen 1, 2, 3 in irgend einer Reihenfolge, so können wir sagen: Durch den Prozeß $E_i E_k$ wird $E_{00}^{(0)}$ stetig in $E_{00}^{(l)}$ übergeführt.

Ebenso läßt sich einsehen: Durch den Prozeß $E_1 E_2 E_3$ wird das Dreieck $E_{00}^{(0)}$ stetig in das Dreieck $E_{10}^{(0)}$ übergeführt. Die Seiten und Winkel dieses Dreiecks sind $2\pi - a$, $2\pi - b$, $2\pi - c$, $2\pi + \alpha$, $2\pi + \beta$, $2\pi + \gamma$, wobei die Hinzufügung der 2π zu den Winkeln bewirkt, daß das Dreieck ein eigentliches bleibt.

Damit ist die Behauptung a) für die Reihe (α) erwiesen. Analoges gilt aber für die Reihe (β) und für die entsprechenden Reihen uneigentlicher Dreiecke.

Jetzt wird auch klar, warum wir die „reduzierten“ Dreiecke gerade in der auf unseren Tafeln verzeichneten Weise gewählt haben: die Wahl ist so getroffen, daß die Dreiecke einer Horizontalreihe unmittelbar durch E-Prozesse auseinander hervorgehen.

b) Der Beweis, daß nun auch die Reihen (α) und (β) stetig ineinander überführbar sind, wird leicht durch Polarisation erbracht. Der Prozeß $E_1 E_2 E_3$ bewirkt (außer der Hinzufügung von 2π zu den Winkeln, wodurch das Dreieck ein eigentliches bleibt) eine Umkehrung sämtlicher Seitenrichtungen. Nach § 39, 10. bewirkt dieser Prozeß also am Polardreieck die Umkehrung des Drehungssinnes, wobei gleichzeitig durch die Hinzufügung von 2π zu den drei Seiten des Polardreiecks erreicht wird, daß das Dreieck ein eigentliches bleibt. Dieses Dreieck ist noch kein reduziertes, aber durch eine Substitution (N) stetig in ein reduziertes überführbar. Damit ist aber der Übergang von (α) zu (β) bewirkt, und wir können sagen:

Durch den zu $E_1 E_2 E_3$ polaren Prozeß wird die Reihe (α) stetig in die Reihe (β) übergeführt.

Damit ist der positive Teil des Satzes bewiesen.

4. Zum Beweise des negativen Teils, daß nämlich kein stetiger Übergang von einem eigentlichen zu einem uneigentlichen Dreieck möglich ist, bemerke man, daß es wegen des ersten Teils genügt, auch nur einen Fall sphärischer Dreiecke nachzuweisen, die nicht ineinander deformierbar sind. Wir betrachten irgend ein eigentliches Dreieck, für das weder $\sin \frac{1}{2}\alpha$ noch $\cos \frac{1}{2}\alpha$ verschwinden, und das uneigentliche Dreieck, das durch Addition von 2π zu α daraus erhalten wird. Wären nun diese Dreiecke stetig ineinander deformierbar, so müßten die Gleichungen (III_1) gleichzeitig für $\varrho = 1$ und für $\varrho = -1$ bestehen können, und daraus würde durch Addition der entsprechenden Gleichungen das gleichzeitige Bestehen der Gleichungen folgen:

$$\sin\frac{\beta+\gamma}{2}=0, \qquad \sin\frac{\beta-\gamma}{2}=0,$$

$$\cos\frac{\beta+\gamma}{2}=0, \qquad \cos\frac{\beta-\gamma}{2}=0;$$

dies ist aber ein offenbarer Widersinn.

Damit ist auch der negative Teil des Satzes bewiesen.

5. Der Studysche Satz führt zu einer neuen Definition der eigentlichen und uneigentlichen Dreiecke:

Eigentliche Dreiecke heißen alle Dreiecke, die sich aus einem Eulerschen Dreieck durch stetige Deformation ableiten lassen. Alle übrigen Dreiecke heißen uneigentliche Dreiecke.

§ 48. Analytische Darstellung. Stammverwandte Dreiecke. Der Studysche Dreiecksbegriff.

1. Es hat keine Schwierigkeit, die im vorigen Paragraphen benutzten Prozesse $E_k (k=1,2,3)$ analytisch darzustellen. Wie aus S. 393 f. unmittelbar hervorgeht, haben diese Prozesse die Wirkung der Substitutionen

$$E_1=\begin{pmatrix} a & b & c & \alpha & \beta & \gamma \\ 2\pi-a & b & c & \alpha & \pi+\beta & \pi+\gamma \end{pmatrix}$$

$$E_2=\begin{pmatrix} a & b & c & \alpha & \beta & \gamma \\ a & 2\pi-b & c & \pi+\alpha & \beta & \pi+\gamma \end{pmatrix}$$

$$E_3=\begin{pmatrix} a & b & c & \alpha & \beta & \gamma \\ a & b & 2\pi-c & \pi+\alpha & \pi+\beta & \gamma \end{pmatrix},$$

und sollen deshalb des weiteren mit diesen Substitutionen identifiziert werden. Übersichtlicher schreiben wir die Substitutionen in folgender Tabelle an, in der die neuen Seiten und Winkel durch Akzente bezeichnet sind:

(E)

	a'	b'	c'	α'	β'	γ'
E_1	$2\pi-a$	b	c	α	$\pi+\beta$	$\pi+\gamma$
E_2	a	$2\pi-b$	c	$\pi+\alpha$	β	$\pi+\gamma$
E_3	a	b	$2\pi-c$	$\pi+\alpha$	$\pi+\beta$	γ

Die Wirkung einer Substitution E_l besteht darin, irgend einen Typus der Reihe (α) und ebenso der Reihe (β) in den nächstfolgenden überzuführen, vorausgesetzt, daß k von l verschieden ist. Für $k=l$ wird jedes Dreieck in ein zu sich selbst äquivalentes übergeführt.

Bezeichnet man die Äquivalenz (§ 46, 3.) durch das Zeichen $\sim$, und die identische Substitution mit J (cf. Bd. I § 50), so folgt:

$$E_1^2 = \begin{pmatrix} a & b & c & \alpha & \beta & \gamma \\ a & b & c & \alpha & 2\pi+\beta & 2\pi+\gamma \end{pmatrix} \sim J,$$

also allgemein

(8) $$E_k^2 \sim J \qquad (k=1,2,3)$$

eine Formel, deren geometrische Bedeutung, ebenso wie die der folgenden, bereits dargelegt wurde. Ferner erhält man:

(9)

	a'	b'	c'	α'	β'	γ'
$E_2 E_3$	a	$2\pi - b$	$2\pi - c$	$2\pi + \alpha$	$\pi + \beta$	$\pi + \gamma$
$E_3 E_1$	$2\pi - a$	b	$2\pi - c$	$\pi + \alpha$	$2\pi + \beta$	$\pi + \gamma$
$E_1 E_2$	$2\pi - a$	$2\pi - b$	c	$\pi + \alpha$	$\pi + \beta$	$2\pi + \gamma$

(10) $$E_k E_l = E_l E_k, \qquad (k, l = 1, 2, 3;\ k \neq l)$$

$$E_1 E_2 E_3 = \begin{pmatrix} a & b & c & \alpha & \beta & \gamma \\ 2\pi - a & 2\pi - b & 2\pi - c & 2\pi + \alpha & 2\pi + \beta & 2\pi + \gamma \end{pmatrix},$$

(11) $$\sim \begin{pmatrix} a & b & c & \alpha & \beta & \gamma \\ -a & -b & -c & \alpha & \beta & \gamma \end{pmatrix}.$$

2. Wir hatten ferner auf S. 394 den zu $E_1 E_2 E_3$ polaren Prozeß benutzt, um von der Reihe (α) zur Reihe (β) zu gelangen. Unser allgemeiner Grundsatz, daß jede Operation auf der Kugel polarisierbar ist, verlangt aber, daß wir auch schon die polaren Prozesse der E_k ($k = 1, 2, 3$) einführen. Dies ergibt, rein formell ausgeführt, folgende Formeln:

(E)

	a'	b'	c'	α'	β'	γ'
E_1	a	$\pi + b$	$\pi + c$	$2\pi - \alpha$	β	γ
E_2	$\pi + a$	b	$\pi + c$	α	$2\pi - \beta$	γ
E_3	$\pi + a$	$\pi + b$	c	α	β	$2\pi - \gamma$

(8′) $$\mathsf{E}_k^2 \sim J \quad (k = 1, 2, 3)$$

(9′)

	a'	b'	c'	α'	β'	γ'
$\mathsf{E}_2 \mathsf{E}_3$	$2\pi + a$	$\pi + b$	$\pi + c$	α	$2\pi - \beta$	$2\pi - \gamma$
$\mathsf{E}_3 \mathsf{E}_1$	$\pi + a$	$2\pi + b$	$\pi + c$	$2\pi - \alpha$	β	$2\pi - \gamma$
$\mathsf{E}_1 \mathsf{E}_2$	$\pi + a$	$\pi + b$	$2\pi + c$	$2\pi - \alpha$	$2\pi - \beta$	γ

(10′) $$\mathsf{E}_k \mathsf{E}_l = \mathsf{E}_l \mathsf{E}_k, \qquad (k, l = 1, 2, 3;\ k \neq l)$$

(11′) $$\mathsf{E}_1 \mathsf{E}_2 \mathsf{E}_3 = \begin{pmatrix} a & b & c & \alpha & \beta & \gamma \\ 2\pi + a & 2\pi + b & 2\pi + c & 2\pi - \alpha & 2\pi - \beta & 2\pi - \gamma \end{pmatrix}$$
$$\sim \begin{pmatrix} a & b & c & \alpha & \beta & \gamma \\ a & b & c & -\alpha & -\beta & -\gamma \end{pmatrix}.$$

(12) $$E_k \mathsf{E}_l \sim \mathsf{E}_l E_k. \qquad (k, l = 1, 2, 3)$$

Daß in (12) Äquivalenz und nicht Gleichheit stattfindet, zeigt das Beispiel:

$$\mathsf{E}_1 E_2 = \begin{pmatrix} a & b & c & \alpha & \beta & \gamma \\ a & \pi - b & \pi + c & 3\pi - \alpha & \beta & \pi + \gamma \end{pmatrix},$$
$$E_2 \mathsf{E}_1 = \begin{pmatrix} a & b & c & \alpha & \beta & \gamma \\ a & 3\pi - b & \pi + c & \pi - \alpha & \beta & \pi + \gamma \end{pmatrix};$$

es unterscheiden sich also beide Substitutionen durch eine Substitution ($\mathfrak{R}$).

3. Fragt man nach der geometrischen Bedeutung der E_k, so erkennt man, daß sich unter den bisher betrachteten Dreiecken keines vorfindet, das einer Substitution E_k entspricht. Dies leuchtet geometrisch ein. Der Prozeß E_1 bewirkte ja im wesentlichen eine Umkehrung des Richtungssinnes der Seite und nur der Seite a; der polare Prozeß wäre die Änderung des Drehungssinnes für den Winkel α und nur für diesen, oder, was dasselbe der Übergang von α zu $2\pi - \alpha$, während β und γ unverändert bleiben. Diese Änderung wird erhalten, indem statt der Ecke A deren Gegenpol A' eintritt (§ 38, 5.). Die Substitution E_1 führt also unser Dreieck ABC in ein Dreieck $A'BC$ über, dessen eine Ecke A' nicht unter den bisher als festen Ausgangspunkten benutzten Ecken vorkommt (Fig. 188).

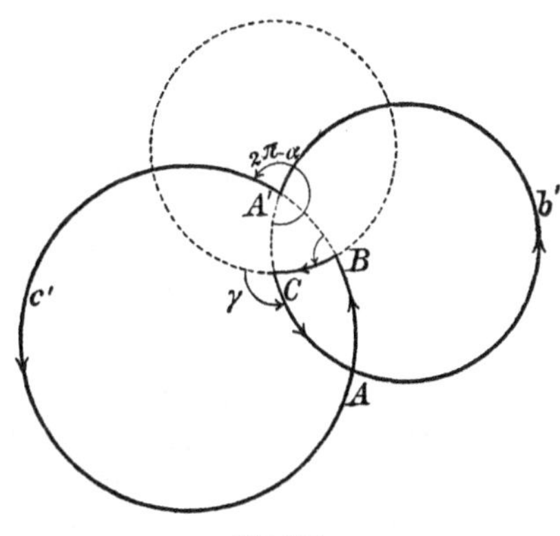

Fig. 188.

4. Es ist aber wichtig zu bemerken, daß damit zwar neue Dreiecke, aber keine neuen Dreieckstypen geschaffen sind. So wird z. B. ein Dreieck vom Typus $E_{00}^{(0)}$ durch E_1 in eines vom Typus $E_{01}^{(1)}$ übergeführt (Fig. 188). Seinen allgemeinen Ausdruck findet dies Verhalten in dem leicht einzusehenden Satze: Bedeutet E irgend eine aus den E_k und E die entsprechende aus den E_k komponierte Substitution, und wird ein Typus $T_{\delta\varepsilon}^{(h)}$ ($h = 0, 1, 2, 3$;

$\delta, \varepsilon = 0, 1)$ durch E in $T^{(i)}_{\delta \varepsilon'}$ übergeführt, so wird er durch E in $T^{(i)}_{\varepsilon \delta'}$ übergeführt; eigentliche Typen gehen dabei stets wieder in eigentliche, uneigentliche Typen in uneigentliche über.

Es folgt daraus, daß wir, um zu allen möglichen Dreiecken zu gelangen, statt der E_k ebenso gut, wenn auch weniger anschaulich, die E_k als „Erzeugende" hätten wählen können. Als reduzierte Dreieckstypen hätte man dann zweckmäßig andere, von der Art der zweiten Figur auf S. 383 eingeführt.

5. Wie wir sehen, nötigt das Auftreten der Substitutionen E_k zur Zuziehung der Gegenpole A', B', C'. Es tritt damit in den Vordergrund nicht mehr, wie bisher, das Punktetripel A, B, C, sondern das projizierende Dreikant $(r_a r_b r_c)$.

Es ist für den Augenblick zweckmäßig, äquivalente Dreiecke geradezu als identisch zu betrachten; dann bestimmt ein Punktetripel auf der Kugeloberfläche 16 eigentliche und 16 uneigentliche Dreiecke (§ 46, 4.).

Sei nun ein Dreikant $(r_a r_b r_c)$ gegeben, das auf der Kugeloberfläche die Punkte A, B, C; A', B', C' ausschneidet. Es lassen sich dann aus diesen Punkten 8 Punktetripel bilden, wenn, wie natürlich, Gegenpole wie A und A' nicht in demselben Tripel vorkommen dürfen.

Wir erhalten somit in dem eben angegebenen Sinne $8 \cdot 16 = 128$ eigentliche und 128 uneigentliche Dreiecke, die alle demselben Dreikant zugehören.

Wir wollen daher das Dreikant mit einem einleuchtenden Bilde als „Stamm", die Dreiecke selbst aber als „stammverwandt" bezeichnen.

Gehen wir andererseits auf die analytische Darstellung zurück, so erkennen wir, daß wegen der Gleichungen (8), (8'), (10), (10'), (12) und immer unter Beachtung, daß jetzt äquivalente Dreiecke als identisch gelten, die allgemeinste Substitution S darstellbar ist in der Form

$$S \sim E_1^{e_1} E_2^{e_2} E_3^{e_3} \mathsf{E}_1^{\varepsilon_1} \mathsf{E}_2^{\varepsilon_2} \mathsf{E}_3^{\varepsilon_3} \tag{13}$$
$$(e_1, e_2, e_3; \varepsilon_1, \varepsilon_2, \varepsilon_3 = 0, 1).$$

Es sind dies im Ganzen 64 verschiedene Substitutionen. Bei der analytischen Darstellung gehen also aus einem Dreieck des Stammes 64 eigentliche oder 64 uneigentliche Dreiecke hervor, je nachdem das Urdreieck eigentlich oder uneigentlich war.

Bei der geometrischen Betrachtung erhalten wir demnach von einem Stamm zunächst doppelt soviel Dreiecke als bei der analytischen. Dies hat seinen einfachen Grund darin, daß zwei symmetrisch gelegene Dreiecke, wie ABC und $A'B'C'$, die dieselben Seiten und Winkel haben, wohl geometrisch, nicht aber analytisch verschieden sind; unsere analytischen Ausdrücke liefern uns ja lediglich die Größe der Seiten und Winkel.

6. Um hier Einheitlichkeit zu erreichen, führen wir eine letzte Erweiterung des Dreiecksbegriffes ein, und gelangen so zu dem „Studyschen Dreiecksbegriff“:

Unter einem Dreieck verstehen wir den Inbegriff der Seiten a, b, c und der Winkel α, β, γ, unbekümmert um ihre zufällige Lage auf der Kugel.

Darnach sind also alle zu einem Dreieck kongruenten und symmetrischen Dreiecke, sofern sie nur dieselben Seiten und Winkel haben, als ein und dasselbe Dreieck aufzufassen.

7. Indem wir nun äquivalente Dreiecke wieder als verschieden ansehen, können wir unseren Resultaten folgende Fassung geben:

Die Gesamtheit aller zu einem Stamm gehöriger Dreiecke zerfällt in 64 Scharen eigentlicher und 64 Scharen uneigentlicher Dreiecke. Man kann diese Dreiecke sämtlich erhalten, indem man auf irgend ein Dreieck des Stammes zunächst die 64 in

$$S = E_1^{e_1} E_2^{e_2} E_3^{e_3} \mathsf{E}_1^{\varepsilon_1} \mathsf{E}_2^{\varepsilon_2} \mathsf{E}_3^{\varepsilon_3}$$
$$(e_1, e_2, e_3; \varepsilon_1, \varepsilon_2, \varepsilon_3 = 0, 1)$$

enthaltenen Substitutionen anwendet. Aus den so entstehenden 64 Dreiecken erhält man dann durch Anwendung der Substitutionen $(\mathfrak{N})$ und $(\mathfrak{N}')$ sämtliche stammverwandte Dreiecke, und zwar sind die durch $(\mathfrak{N})$ entstehenden Dreiecke zugleich mit dem Urdreieck eigentlich oder uneigentlich, während es sich mit den durch $(\mathfrak{N}')$ entstehenden entgegengesetzt verhält.

Ist das Urdreieck ein Eulersches, und läßt man die Seiten zwischen 0 und π variieren, so liefert $(S\mathfrak{N})$ alle überhaupt existierenden eigentlichen, $(S\mathfrak{N}')$ alle überhaupt existierenden uneigentlichen Dreiecke.

Daß dabei dem Typus nach dasselbe Dreieck mehrfach auftritt, insofern die E_k nichts wesentlich neues liefern, wurde schon bemerkt.

8. Es möge hier noch eine Bemerkung über die Möglichkeit noch anderer Erweiterungen des Dreiecksbegriffs Platz finden. Bei dem Studyschen Dreiecksbegriff bildet immer noch das geometrische Gebilde den Ausgangspunkt, und es wird dann freilich als wesentlich etwas analytisches angesehen, nämlich die Größen der

Stücke $a, b, c, \alpha, \beta, \gamma$. Von hier aus liegt ein Schritt sehr nahe, nämlich zunächst vom geometrischen Gebilde ganz abzusehen und rein analytisch zu definieren:

„Unter einem sphärischen Dreieck versteht man ein System von Größen $a, b, c, \alpha, \beta, \gamma$, das den Gll. (I) (§ 41) des sphärischen Kosinussatzes genügt."

Diese Erweiterung gibt die Möglichkeit, auch Dreiecke mit komplexen Seiten und Winkeln einzuführen. Es ist Schilling[1]) gelungen, selbst für solche „komplexe Dreiecke" durch Einführung einer Nichteuklidischen Maßbestimmung, deren absolute Fläche die Kugel ist, (§ 11, 18.) eine geometrische Deutung zu finden. Die Kanten des projizierenden Dreikants gehen dabei nicht mehr durch den Mittelpunkt der Kugel, sondern kreuzen sich.

Ihren Wert gewinnen diese Betrachtungen aber erst in der Funktionentheorie, und sie werden deshalb hier, wo es sich um Elementarmathematik handelt, ausgeschlossen.

§ 49. Gruppentheoretische Betrachtungen.

1. Die bisherigen Resultate gewinnen an Übersicht durch Zuziehung des Gruppenbegriffs — oder vielmehr, wir haben tatsächlich fortwährend von diesem fundamentalen Begriffe Gebrauch gemacht.

Wie wir im 1. Bande (S. 161 ff.) Gruppen betrachtet haben, deren „Elemente" Permutationen waren — Permutationsgruppen — so untersuchen wir hier noch Gruppen, deren Elemente lineare Substitutionen sind — „Substitutionsgruppen". Permutationsgruppen sind offenbar ein spezieller Fall von Substitutionsgruppen.

2. Die von uns bisher betrachteten Substitutionen hatten die speziellen Formen:

$$a' = p_a a + q_a \qquad \alpha' = p_\alpha \alpha + q_\alpha$$
$$b' = p_b b + q_b \qquad \beta' = p_\beta \beta + q_\beta$$
$$c' = p_c c + q_c \qquad \gamma' = p_\gamma \gamma + q_\gamma$$

die wir zusammenfassen in

$$(1) \qquad x' = px + q$$

und durch S, genauer durch $[p, q]$ bezeichnen. Dabei sei p von Null verschieden vorausgesetzt; im übrigen seien zunächst p und q beliebige Zahlen.

1) Schilling, Beiträge z. geom. Theorie der Schwarzschen s-Funktion. Math. Ann. Bd. 44. — Vgl. übrigens auch Schoenflies, Über Kreisbogendreiecke usw., ebenda.

Aus

$$x' = p\,x + q \qquad (2)$$
$$x'' = p'\,x' + q'$$

folgt für die „Komposition" zweier Substitutionen (vgl. Bd. I, S. 153 ff.)

$$(3) \qquad \begin{cases} x'' = p''\,x + q'' \\ p'' = p\,p' \\ q'' = p'q + q', \end{cases}$$

was symbolisch durch

$$(4) \qquad \text{oder genauer} \quad \begin{cases} S\,S' = S'' \\ [p, q] \cdot [p', q'] = [p'', q''] \end{cases}$$

bezeichnet wird.

3. Die Substitution $[1, 0] = J$ ist die identische Substitution; durch Zusammensetzung mit ihr wird keine Substitution geändert:

$$(5) \qquad SJ = JS = S.$$

4. Zu jeder Substitution S gibt es eine und nur eine S^{-1}, die der Bedingung

$$S^{-1}S = J$$

genügt. Man braucht in der Tat in (3) nur

$$p' = \frac{1}{p}, \qquad q' = -\frac{q}{p}$$

zu setzen, um dies einzusehen.

Die Substitution S^{-1} heißt zu S entgegengesetzt oder reziprok.

Für die reziproken Substitutionen und die Substitutionen mit negativen Exponenten gilt jetzt das Gleiche wie in Band I, S. 157 f.

Sind die p und q nicht beliebige Zahlen, sondern irgendwie auf bestimmte (z. B. ganze) Zahlen beschränkt, so braucht zu einer gegebenen Substitution, wie die letzten Gleichungen lehren, nicht notwendig die reziproke zu existieren.

5. Im allgemeinen gilt für zwei Substitutionen nicht das kommutative Gesetz, wie schon aus der Zugehörigkeit der Permutationen zu den Substitutionen hervorgeht; es kann also $S_h S_k$ von $S_k S_h$ verschieden sein.

Dagegen gilt jederzeit das assoziative Gesetz:

$$S_i(S_h S_k) = (S_i S_h) S_k,$$

wovon man sich durch Rechnung leicht überzeugt.

6. Genau analog wie bei den Permutationsgruppen sagen wir nun:

Ein System von Substitutionen

$$S_1, S_2, S_3, \cdots$$

bildet eine Substitutionsgruppe $\mathfrak{S}$, wenn es den folgenden Bedingungen genügt:

1) Sind S_h, S_k irgend zwei Substitutionen des Systems, oder auch zweimal dieselbe, so gehört die durch Komposition gebildete

$$S_h S_k = S_l$$

ebenfalls zum System $\mathfrak{S}$.

2) Zu jeder Substitution S_k kommt innerhalb des Systems $\mathfrak{S}$ auch die reziproke S_k^{-1} vor.

Die Bedingung 2) ist nach 4. nicht selbstverständlich, sondern muß ausdrücklich gefordert werden.

Bei den von uns zu betrachtenden Substitutionen ist $p = \mp 1$, und zu jedem q kommt auch die entgegengesetzte Größe $-q$ vor. Die Bedingung 2) wird daher für unsere Substitutionen erfüllt sein.

Aus der Bedingung 2) folgt mit Rücksicht auf die Definition der reziproken Substitutionen:

Jede Gruppe enthält die identische Substitution J.

Ein Teil der Substitutionen von $\mathfrak{S}$ kann wieder für sich eine Gruppe bilden und heißt dann ein „Teiler“ oder eine „Untergruppe“ von $\mathfrak{S}$.

7. Als fundamentaler Unterschied gegen die Permutationsgruppen sei hervorgehoben, daß eine Substitutionsgruppe aus unendlich vielen Substitutionen bestehen kann.

Wir unterscheiden daher unendliche Gruppen und endliche Gruppen, je nachdem die Anzahl der in ihnen enthaltenen Substitutionen unendlich oder endlich ist.

Von beiden werden wir Beispiele kennen lernen.

Ist eine (endliche oder unendliche) Gruppe so beschaffen, daß für alle ihre Substitutionen das kommutative Gesetz gilt, daß also allgemein

$$S_h S_k = S_k S_h$$

ist, so heißt sie eine „Abelsche“ oder „kommutative“ Gruppe.

8. Ist die Gruppe $\mathfrak{S}$ endlich, so heißt die Anzahl g ihrer Substitutionen ihr Grad.

Für endliche Substitutionsgruppen lassen sich alle Schlüsse aus § 52 des ersten Bandes wiederholen. Insbesondere:

Für jede Substitution S gibt es einen kleinsten Exponenten s, für den

(6) $$S^s = J$$

ist; s heißt „Grad" der Substitution S.

Die Gruppe heißt „involutorisch", wenn jede ihrer Substitutionen vom zweiten Grade ist; sie ist dann zugleich kommutativ.

Wenn in einer endlichen Gruppe $\mathfrak{S}$ vom Grade g eine andere Gruppe $\mathfrak{T}$ vom Gerade h als Untergruppe enthalten ist, so ist h ein Teiler von g.

9. Wenn von drei Substitutionen S_h, S_k, S_l einer endlichen oder unendlichen Gruppe $\mathfrak{S}$ beliebig zwei gegeben sind, so kann man die dritte auf eine und nur eine Weise so bestimmen, daß

(7) $$S_h S_k = S_l$$

wird.

Ist etwa S_k die gesuchte Substitution, so bilde man aus (7) durch Komposition mit S_h^{-1}:

$$S_h^{-1}(S_h S_k) = S_h^{-1} S_l,$$

woraus dann nach Nr. 5 folgt:

$$S_k = S_h^{-1} S_l.$$

Ähnlich findet man, wenn S_h gesucht wird:

$$S_h = S_l S_k^{-1}.$$

10. Wir gehen zu den Anwendungen auf die sphärische Trigonometrie über.

Zunächst betrachten wir einige Permutationsgruppen.

Als erstes Beispiel diene die Polarisation.

Wir können sie darstellen durch eine Gruppe $\mathfrak{P}_2$ vom Grade 2, bestehend aus den Substitutionen

$$P = \begin{pmatrix} a & b & c & \alpha & \beta & \gamma \\ \alpha & \beta & \gamma & a & b & c \end{pmatrix}, \quad P^2 = J,$$

und sagen:

Die Gesamtheit der Formeln der sphärischen Trigonometrie ist gegenüber der Gruppe $\mathfrak{P}_2$ invariant, d. h. sie bleibt bestehen, wenn die Permutationen dieser Gruppe auf sie angewendet werden.

Eine Gruppe $\mathfrak{C}_3$ vom Grade 3 bilden ferner die zyklischen Vertauschungen. Bezeichnet man den Doppelzyklus

$$\begin{pmatrix} a & b & c & \alpha & \beta & \gamma \\ b & c & a & \beta & \gamma & \alpha \end{pmatrix} = (a, b, c)(\alpha, \beta, \gamma)$$

mit C, so ist die Gruppe $\mathfrak{C}_3$ dargestellt durch

$$C, \quad C^2, \quad C^3 = J.$$

Auch der Gruppe $\mathfrak{C}_3$ gegenüber sind die Formeln der sphärischen Trigonometrie invariant.

Die Gruppe $\mathfrak{C}_3$ ist aber nur ein Teiler der Gruppe aller Permutationen der Größenpaare a, α; b, β; c, γ. Auch dieser Gruppe vom Grade 6 gegenüber ist unser Formelsystem invariant, wovon wir aber keinen Gebrauch gemacht haben.

11. Wir kommen nun zu den eigentlichen Substitutionsgruppen.

Von Substitutionen haben wir bisher betrachtet:

1. Die Substitutionen M des Systems $\mathfrak{M}$ (§ 46, 2);
2. die Substitutionen N und N' der Systeme $\mathfrak{N}$ und $\mathfrak{N}'$ (§ 46, 3);
3. die Substitutionen, die aus den „Erzeugenden“ E_1, E_2, E_3, E_1, E_2, E_3 durch beliebig wiederholte Komposition entstehen, und deren Gesamtheit wir jetzt mit $\mathfrak{G}$ bezeichnen.

Wegen § 48, Nrr. 1. und 2. können wir die allgemeinste Substitution von $\mathfrak{G}$ in die Form setzen:

$$E_1^{e_1} E_2^{e_2} E_3^{e_3} \mathsf{E}_1^{\varepsilon_1} \mathsf{E}_2^{\varepsilon_2} \mathsf{E}_3^{\varepsilon_3} \cdot N$$
$$(e_1, e_2, e_3; \varepsilon_1, \varepsilon_2, \varepsilon_3 = 0, 1).$$

Auf Grund der Definition 6. können wir nun sagen:

Die Systeme $\mathfrak{M}$, $\mathfrak{N}$, $\mathfrak{G}$ bilden je eine unendliche Gruppe.

Dagegen ist $\mathfrak{N}'$ keine Gruppe im Sinne der Definition Nr. 6. Bezeichnet N' eine feste Substitution von $\mathfrak{N}'$, so kann man das System $\mathfrak{N}'$ in der Form $\mathfrak{N}N'$ schreiben. Man nennt dann nach Weber[1]) $\mathfrak{N}'$ eine „Nebengruppe“ zu $\mathfrak{N}$, und schreibt:

$$\mathfrak{M} = \mathfrak{N} + \mathfrak{N}N'.$$

Auf ein bestimmtes „Ausgangsdreieck“ angewandt, liefert

die Gruppe $\mathfrak{M}$ die Gesamtheit aller — eigentlichen und uneigentlichen — Dreiecke, die mit dem Ausgangsdreieck von gleichem Typus sind;

1) H. Weber, Lehrbuch der Algebra, 2. Aufl. Braunschweig 1899. Zweiter Band § 1 ff. — In diesem Werke ist die Gruppentheorie in ihrer allgemeinsten Form ausführlich behandelt.

die Gruppe $\mathfrak{N}$ die Gesamtheit aller zum Ausgangsdreieck äquivalenter Dreiecke;

die zu $\mathfrak{N}$ gehörige Nebengruppe $\mathfrak{N}'$ die Gesamtheit aller der Dreiecke, die mit dem Ausgangsdreieck vom gleichen Typus, aber nicht zu ihm äquivalent sind;

die Gruppe $\mathfrak{G}$ die Gesamtheit aller eigentlichen oder aller uneigentlichen stammverwandten Dreiecke, je nachdem das Ausgangsdreieck eigentlich oder uneigentlich ist.

Ist das Ausgangsdreieck ein eigentliches, und bezeichnet N' wieder eine feste Substitution aus $\mathfrak{N}'$, so kann man sagen:

Die Gruppe $\mathfrak{G}$ und die Nebengruppe $\mathfrak{G}N'$ umfassen die Gesamtheit aller stammverwandten Dreiecke, und zwar umfaßt $\mathfrak{G}$ die eigentlichen, $\mathfrak{G}N'$ die uneigentlichen Dreiecke.

12. Weiterhin ergibt sich geometrisch wie analytisch einleuchtend: Es ist

$$\mathfrak{N} \text{ in } \mathfrak{G}$$
$$\mathfrak{N}' \text{ in } \mathfrak{G}N'$$
$$\mathfrak{N} \text{ und } \mathfrak{N}' \text{ in } \mathfrak{M}$$

enthalten.

Es haben also $\mathfrak{G}$ und $\mathfrak{M}$ als „gemeinschaftlichen Teiler" die Gruppe $\mathfrak{N}$, $\mathfrak{G}N'$ und $\mathfrak{M}$ aber $\mathfrak{N}'$.

In mehr geometrischer Ausdrucksweise:

$\mathfrak{G}$ und $\mathfrak{M}$ „schneiden sich" in $\mathfrak{N}$, $\mathfrak{G}N'$ und $\mathfrak{M}$ aber in $\mathfrak{N}'$.

13. Die Resultate gewinnen an Eleganz, wenn man äquivalente Dreiecke als nicht verschieden ansieht, analytisch gesprochen, wenn man die Substitutionen N der Gruppe $\mathfrak{N}$ der identischen Substitution als gleich betrachtet (vgl. § 48, 5.).

Die unendliche Gruppe $\mathfrak{G}$ geht dann in eine endliche Gruppe $\mathfrak{G}_{64}$ von 64 Substitutionen über, deren sämtliche Substitutionen in der Form

$$S = E_1^{e_1} E_2^{e_2} E_3^{e_3} \mathsf{E}_1^{\varepsilon_1} \mathsf{E}_2^{\varepsilon_2} \mathsf{E}_3^{\varepsilon_3}$$
$$(e_1,\ e_2,\ e_3;\ \varepsilon_1,\ \varepsilon_2,\ \varepsilon_3 = 0,\ 1)$$

enthalten sind.

Auf ein Dreieck des Stammes angewandt, liefert $\mathfrak{G}_{64}$ je nachdem das Ausgangsdreieck ein eigentliches oder uneigentliches ist, 64 eigentliche oder uneigentliche „Stammrepräsentanten", aus denen dann wieder leicht durch $\mathfrak{N}$ und $\mathfrak{N}'$ alle stammverwandten Dreiecke erhalten werden (vgl. § 48, 7.). Analytisch ausgedrückt:

(8) $$\mathfrak{G} = \mathfrak{G}_{64} \cdot \mathfrak{N}, \qquad \mathfrak{G}N' = \mathfrak{G}_{64} \cdot \mathfrak{N}'.$$

Es lassen sich leicht Untergruppen von $\mathfrak{G}_{64}$ aufstellen, deren Grade nach 8. Teiler von 64 sein müssen.

Setzt man, wenn i, k, l die Zahlen $1, 2, 3$ in irgend welcher Reihenfolge bezeichnen:

$$(9) \qquad \begin{cases} E_i E_k = D_l, & \mathsf{E}_i \mathsf{E}_k = \Delta_l, \\ E_1 E_2 E_3 = T, & \mathsf{E}_1 \mathsf{E}_2 \mathsf{E}_3 = \mathsf{T}, \end{cases}$$

so erhält man folgende bemerkenswerte Untergruppen vom Grade 4:

$$\begin{array}{ccccc} D_1 & D_2 & D_3 & J & (\mathfrak{G}_4) \\ \Delta_1 & \Delta_2 & \Delta_3 & J & (\mathfrak{G}_4') \\ T & \mathsf{T} & T\mathsf{T} & J & (\mathfrak{H}_4) \\ D_1\Delta_1, & D_2\Delta_2, & D_3\Delta_3, & J. & \end{array}$$

Die geometrische Bedeutung dieser Gruppen ist leicht einzusehen.

Bemerkenswert ist, daß sie sämtlich involutorische Gruppen sind (Nr. 7).

Die Substitutionen E_1, E_2, E_3, J selbst bilden ebensowenig wie die zu ihnen polaren eine Gruppe, was auch geometrisch einleuchtet.

14. Aus § 48, Nrr. 1. 2. folgt:

$$(10) \qquad D_k T \sim E_k, \quad \Delta_k \mathsf{T} \sim \mathsf{E}_k \qquad (k = 1, 2, 3).$$

Da mithin die Substitutionen D_k, Δ_k, T, T ausreichen, um die E_k und E_k herzustellen, kann man sie auch als Erzeugende benutzen; für die Gruppe $\mathfrak{G}$ heißt dies:

Die Gruppe $\mathfrak{G}$ ist die Gesamtheit aller der Substitutionen, die durch unbegrenzte Wiederholung der Substitutionen

$$D_k, \quad \Delta_k, \quad T, \quad \mathsf{T}$$

entstehen. Identifiziert man die Äquivalenz mit der Identität, so erhält man wieder die Gruppe $\mathfrak{G}_{64}$.

Vom gruppentheoretischen Standpunkt aus ist diese Erzeugung der bisher benutzten vorzuziehen, da ihre Erzeugenden selbst Gruppen bilden. Des weiteren folgt leicht:

Die aus den D_k und Δ_k gebildeten Gruppen $\mathfrak{G}_4$ und $\mathfrak{G}_4'$ erzeugen eine Gruppe $\mathfrak{G}_{16}$, die ebenfalls Untergruppe von $\mathfrak{G}_{64}$ ist: durch Komposition von $\mathfrak{G}_{16}$ mit $\mathfrak{H}_4$ erhält man die gesamte Gruppe $\mathfrak{G}_{64}$.

15. Als letzte Anwendung der Gruppentheorie diene die Begründung der Neperschen Regel (§ 48, 3).[1])

Wir haben diese Regel als rein empirische Zusammenfassung der Formeln für das rechtwinklige Dreieck kennen gelernt. Aber schon Neper (1614) selbst und deutlicher noch Lambert suchten nach einem tieferen Grunde für diese Regel; namentlich Lamberts[2]) (1765) Beweis „operiert unbewußt mit dem Begriffe der Gruppe".[3])

Konstruiert man zu der Kathete a und der Hypotenuse c eines rechtwinkligen sphärischen Dreiecks ABC die Pole A' und P (s. Fig. 189), und legt durch sie einen vierten Hauptkreis, so entsteht, wenn man A auch mit B' bezeichnet, ein ebenfalls rechtwinkliges Dreieck $A'B'C'$, dessen Stücke mit denen des alten durch die Gleichungen verbunden sind:

$$a' = \frac{\pi}{2} - c \qquad \alpha' = \frac{\pi}{2} - a$$

$$b' = \frac{\pi}{2} - \beta \qquad \beta' = \alpha$$

$$c' = \frac{\pi}{2} - b \qquad \gamma' = \gamma = \frac{\pi}{2}.$$

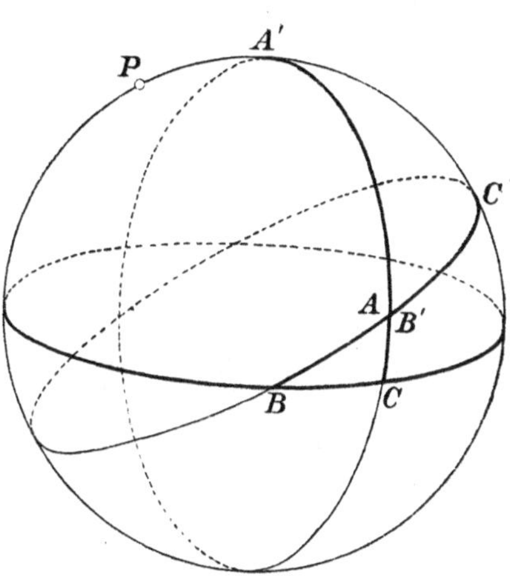

Fig. 189.

Zu jedem rechtwinkligen sphärischen Dreieck mit dem rechten Winkel γ existiert also ein anderes $A'B'C'$, das mit jenem durch die Substitution

$$A = \begin{pmatrix} a & b & c & \alpha & \beta & \gamma \\ \frac{\pi}{2} - c & \frac{\pi}{2} - \beta & \frac{\pi}{2} - b & \frac{\pi}{2} - a & \alpha & \gamma \end{pmatrix}$$

verknüpft ist.

Diese Substitution läßt sich, indem man γ durch seinen Wert $\pi/2$ ersetzt, als Zyklus schreiben (vgl. Bd. I, § 51):

$$A = \left(\alpha, \ \frac{\pi}{2} - a, \ c, \frac{\pi}{2} - b, \ \beta\right).$$

Dieser Zyklus ist vom Grade 5, so daß die Substitutionen

1) Vgl. Pund in den „Mitteilungen d. math. Gesellsch. in Hamburg. Bd. III. Nr. 4, 1897; auch Engel und Stäckel, Urkunden zur Geschichte der nichteuklidischen Geometrie. Leipzig 1899, Bd. I, p. 150 und 326, und Gauß Werke II, p. 401 ff.

2) Johann Heinrich Lambert, hervorragender Mathematiker, aber auch als Philosoph bedeutend, war geboren zu Mülhausen im Elsaß 1728 und starb in Berlin als Oberbaurat und Mitglied der Akademie 1777.

3) v. Braunmühl, Gesch. d. Trigonometrie II. p. 131.

$$A \quad A^2 \quad A^3 \quad A^4 \quad A^5 = J$$

eine Permutationsgruppe $\mathfrak{g}_5$ vom Grade 5 bilden. Als „Erzeugende" dieser Gruppe kann jede ihrer Substitutionen benutzt werden. Benutzt man A^2 und setzt $A^2 = B$, also

$$B = \left(\alpha, \quad c, \quad \beta, \quad \frac{\pi}{2} - a, \quad \frac{\pi}{2} - b\right),$$

so besteht $\mathfrak{g}_5$ aus den Substitutionen:

$$(\mathfrak{B}) \qquad B \quad B^2 \quad B^3 \quad B^4 \quad B^5 = J.$$

Die in ($\mathfrak{B}$) vorkommenden Stücke — dieselben, die wir S. 374 auf der Peripherie eines Kreises angeordnet hatten — heißen „zirkuläre Stücke".

Die geometrische Deutung unserer Gruppe $\mathfrak{g}_5$ führt jetzt zu dem Satz:

Zu jedem rechtwinkligen sphärischen Dreiecke ABC mit dem rechten Winkel γ existieren noch vier andere, die durch fortgesetzte zyklische Vertauschung der in ($\mathfrak{B}$) enthaltenen „zirkulären Stücke" aus dem ursprünglichen hervorgehen.

Jede Relation zwischen zirkulären Stücken ist diesen zyklischen Vertauschungen gegenüber invariant.

Solcher Relationen folgen aber zwei unmittelbar aus den spärischen Kosinussätzen, nämlich:

$$\cos c = \sin\left(\frac{\pi}{2} - a\right) \cdot \sin\left(\frac{\pi}{2} - b\right)$$

$$\cos c = \operatorname{cotg} \alpha \cdot \operatorname{cotg} \beta .$$

Die Anwendung unseres Satzes auf diese beiden Formeln ergibt unmittelbar die Nepersche Regel.

§ 50. Die L'Huilier-Serretschen Formeln.

1. Aus der ersten Delambreschen Formel (§ 45, (III_1a)) folgt durch korrespondierende Subtraktion und Addition:

$$\frac{\sin\frac{\beta+\gamma}{2} - \sin\frac{\alpha}{2}}{\sin\frac{\beta+\gamma}{2} + \sin\frac{\alpha}{2}} = \frac{\cos\frac{b-c}{2} - \varrho\cos\frac{a}{2}}{\cos\frac{b-c}{2} + \varrho\cos\frac{a}{2}},$$

wobei

$$\varrho = \begin{cases} +1 \\ -1 \end{cases} \text{für} \begin{cases} \text{eigentliche} \\ \text{uneigentliche} \end{cases} \text{Dreiecke ist.}$$

Die Anwendung der Additionstheoreme ergibt:

$$\frac{\sin\frac{\beta+\gamma-\alpha}{4}\cos\frac{\beta+\gamma+\alpha}{4}}{\cos\frac{\beta+\gamma-\alpha}{4}\sin\frac{\beta+\gamma+\alpha}{4}}=\left(\frac{\sin\frac{a+b-c}{4}\sin\frac{c+a-b}{4}}{\cos\frac{a+b-c}{4}\cos\frac{c+a-b}{4}}\right)^{\varrho}$$

Indem man mit den übrigen Delambreschen Formeln entsprechend verfährt und zugleich die Bezeichnungen von § 42, Gleichungen (4) einführt, erhält man folgendes

Erstes System der L'Huilier-Serretschen Formeln.[1])

$$(H_1)\begin{cases}\operatorname{tg}\frac{\sigma_0}{2}\operatorname{tg}\frac{\sigma_1}{2}=\left(\operatorname{tg}\frac{s_2}{2}\operatorname{tg}\frac{s_3}{2}\right)^{\varrho} & \operatorname{tg}\frac{\sigma_2}{2}\operatorname{cotg}\frac{\sigma_3}{2}=\left(\operatorname{cotg}\frac{s_2}{2}\operatorname{tg}\frac{s_3}{2}\right)^{\varrho}\\ \operatorname{tg}\frac{\sigma_0}{2}\operatorname{cotg}\frac{\sigma_1}{2}=\left(\operatorname{cotg}\frac{s_0}{2}\operatorname{tg}\frac{s_1}{2}\right)^{\varrho} & \operatorname{tg}\frac{\sigma_2}{2}\operatorname{tg}\frac{\sigma_3}{2}=\left(\operatorname{tg}\frac{s_0}{2}\operatorname{tg}\frac{s_1}{2}\right)^{\varrho}\end{cases}$$

$$(H_2)\begin{cases}\operatorname{tg}\frac{\sigma_0}{2}\operatorname{tg}\frac{\sigma_2}{2}=\left(\operatorname{tg}\frac{s_3}{2}\operatorname{tg}\frac{s_1}{2}\right)^{\varrho} & \operatorname{tg}\frac{\sigma_3}{2}\operatorname{cotg}\frac{\sigma_1}{2}=\left(\operatorname{cotg}\frac{s_3}{2}\operatorname{tg}\frac{s_1}{2}\right)^{\varrho}\\ \operatorname{tg}\frac{\sigma_0}{2}\operatorname{cotg}\frac{\sigma_2}{2}=\left(\operatorname{cotg}\frac{s_0}{2}\operatorname{tg}\frac{s_2}{2}\right)^{\varrho} & \operatorname{tg}\frac{\sigma_3}{2}\operatorname{tg}\frac{\sigma_1}{2}=\left(\operatorname{tg}\frac{s_0}{2}\operatorname{tg}\frac{s_2}{2}\right)^{\varrho}\end{cases}\quad (H)$$

$$(H_3)\begin{cases}\operatorname{tg}\frac{\sigma_0}{2}\operatorname{tg}\frac{\sigma_3}{2}=\left(\operatorname{tg}\frac{s_1}{2}\operatorname{tg}\frac{s_2}{2}\right)^{\varrho} & \operatorname{tg}\frac{\sigma_1}{2}\operatorname{cotg}\frac{\sigma_2}{2}=\left(\operatorname{cotg}\frac{s_1}{2}\operatorname{tg}\frac{s_2}{2}\right)^{\varrho}\\ \operatorname{tg}\frac{\sigma_0}{2}\operatorname{cotg}\frac{\sigma_3}{2}=\left(\operatorname{cotg}\frac{s_0}{2}\operatorname{tg}\frac{s_3}{2}\right)^{\varrho} & \operatorname{tg}\frac{\sigma_1}{2}\operatorname{tg}\frac{\sigma_2}{2}=\left(\operatorname{tg}\frac{s_0}{2}\operatorname{tg}\frac{s_3}{2}\right)^{\varrho}\end{cases}$$

Es verdient hervorgehoben zu werden, daß in dem System (H) die Formeln für eigentliche und uneigentliche Dreiecke wesentlich verschiedene Struktur haben, insofern für die Tangenten der s_ν die Kotangenten und umgekehrt eintreten (vgl. Fußnote S. 381).

2. Die Formeln (H) lassen sich in eine einzige zusammenfassen. Man findet nämlich aus (H_1) oder (H_2) oder (H_3)

$$(1)\qquad \prod_{\nu=0}^{3}\operatorname{tg}\frac{\sigma_\nu}{2}=\left(\prod_{\nu=0}^{3}\operatorname{tg}\frac{s_\nu}{2}\right)^{\varrho}=M^2.$$

Dann ergibt sich weiter

$$(2)\qquad \operatorname{tg}\frac{\sigma_i}{2}\operatorname{tg}\frac{\sigma_k}{2}\cdot\left(\operatorname{tg}\frac{s_i}{2}\operatorname{tg}\frac{s_k}{2}\right)^{\varrho}=M^2$$
$$(i,\ k=0,\ 1,\ 2,\ 3).$$

Man kann wegen (2), indem man $i=k$ wählt, das Vorzeichen der Wurzel dadurch definieren, daß man

1) Simon L'Huilier lebte 1750—1840 als Professor der Mathematik in Genf. — Joseph Alfred Serret, 1819—1885, war Professor am Collège de France und Mitglied der Akademie zu Paris.

$$(3)\qquad \operatorname{tg}\frac{\sigma_i}{2}\left(\operatorname{tg}\frac{s_i}{2}\right)^{\varrho} = M$$
$$(i = 0,\ 1,\ 2,\ 3)$$

setzt. Indem man in (3) den Wert von M aus (1) einsetzt, erhält man ein dem ersten äquivalentes

Zweites System der L'Huilier-Serretschen Formeln:

$$(\mathrm{IV})\qquad \operatorname{tg}\frac{\sigma_i}{2}\left(\operatorname{tg}\frac{s_i}{2}\right)^{\varrho} = \sqrt{\prod_{\nu=0}^{3}\operatorname{tg}\frac{\sigma_\nu}{2}} = \left(\sqrt{\prod_{\nu=0}^{3}\operatorname{tg}\frac{s_\nu}{2}}\right)^{\varrho}.$$
$$(i = 0,\ 1,\ 2,\ 3)$$

Das Vorzeichen der Wurzel hat hier natürlich nichts mit der Einteilung in eigentliche und uneigentliche Dreiecke zu tun. Für Eulersche Dreiecke ist die Wurzel in (IV) stets positiv zu ziehen.

Die Formeln (IV) gestatten, bei gegebenen Seiten die Winkel und bei gegebenen Winkeln die Seiten auf mehrere Arten zu berechnen; hierüber näheres in Teil D.

3. Zur Geschichte der L'Huilier-Serretschen Formeln[1]) sei bemerkt, daß von L'Huilier die aus (IV) für $\varrho = +1$ und $i = 0$ folgende Formel stammt, während die Fälle $\varrho = +1$, $i = 1, 2, 3$ zuerst von Serret in seinem Traité de Trigonométrie gegeben wurden. Die außerordentlich elegante Zusammenfassung (IV) der L'Huilierschen und Serretschen Formeln rührt von Study (l. c. p. 130) her, der übrigens nur die Fälle $\varrho = +1$ behandelt hat. Die vollkommen symmetrische Gestalt der Formel (IV) in bezug auf die Indizes $i = 0, 1, 2, 3$ beruht auf dem Umstande, daß Study mit $2s_0$ nicht wie üblich die Größe $a + b + c$, sondern die Größe $2\pi - (a + b + c)$, und entsprechend mit σ_0 die Größe $2\pi - (\alpha + \beta + \gamma)$ bezeichnet.

Die Ableitung der L'Huilierschen und Serretschen Formeln aus den Delambreschen durch korrespondierende Subtraktion und Addition stammt nach v. Braunmühl von Lobatto her.

4. Die Formel (1) führt zu einem sehr einfachen Beweise für den uns aus § 45 schon bekannten Satz, daß in den drei Delambreschen Systemen (III_k) $(k = 1, 2, 3)$ gleichzeitig $\varrho = +1$ oder $\varrho = -1$ gewählt werden muß. Da nämlich einem System (III_k) ein System (H_k) entspricht, und da, wie schon erwähnt, aus jedem System (H_k) die Formel (1) abgeleitet werden kann, so findet man, wenn man das zu (III_k) gehörige ϱ mit ϱ_k bezeichnet:

1) v. Braunmühl, Geschichte der Trigonometrie II, p. 195 f.

$$\prod_{\nu=0}^{3} \operatorname{tg}\frac{\sigma_\nu}{2} = \left(\prod_{\nu=0}^{3} \operatorname{tg}\frac{s_\nu}{2}\right)^{\varrho_1}$$
$$= \left(\prod_{\nu=0}^{3} \operatorname{tg}\frac{s_\nu}{2}\right)^{\varrho_2}$$
$$= \left(\prod_{\nu=0}^{3} \operatorname{tg}\frac{s_\nu}{2}\right)^{\varrho_3},$$

woraus unmittelbar

$$\varrho_1 = \varrho_2 = \varrho_3$$

folgt.

D. Angewandte sphärische Trigonometrie.

§ 51. Hilfssätze über die Schärfe trigonometrischer Rechnungen. — „Übergangsformeln“.

1. Während für uns bisher theoretische Fragen im Vordergrunde standen, handelt es sich in diesem Abschnitte um Fragen der Praxis. Wir wollen aus gegebenen Dreiecksstücken die fehlenden berechnen; dabei kommen für den Praktiker in erster Linie zwei Dinge in Betracht:

a) bequemes logarithmisches Rechnen;

b) möglichste Schärfe der Rechnung.

2. Um der Forderung a) zu genügen, werden wir in unseren Formeln Produkte und Quotienten den Summen und Differenzen vorziehen. Wo dies nicht angeht, werden wir uns durch Einführung von Hilfswinkeln zu helfen suchen.

3. Die zweite Forderung bedarf etwas genauerer Erörterung. Da wir mit begrenzter Stellenzahl zu rechnen gezwungen sind, so wird eine trigonometrische Funktion um so „schärfere“ Resultate liefern, je größer ihr „Gefälle“ ist, d. h. je größer der (positive oder negative)

---

1) Wer sich über die Praxis der Trigonometrie, über zweckmäßige Anlage der Rechnungen, Rechnungsvorteile usw. näher unterrichten will, dem sei das inhaltreiche Werk: Hammer, Lehrbuch der ebenen und sphärischen Trigonometrie, Stuttgart 1897, empfohlen. — Von älteren Lehrbüchern sei Serret, Traité de Trigonométrie hervorgehoben.

Zuwachs der Funktion im Verhältnis zu demselben kleinen Zuwachs δ des Winkels ausfällt.

Um über die Brauchbarkeit der trigonometrischen Funktionen in dieser Beziehung zu entscheiden, knüpfen wir an § 114 des ersten Bandes an. Aus den dort stehenden Reihen (9) folgt in erster Annäherung

$$(1)\qquad \begin{cases} \cos x = 1 - \dfrac{x^2}{2}, \\ \sin x = x - \dfrac{x^3}{6} = x\left(1 - \dfrac{x^2}{6}\right). \end{cases}$$

Diese Formeln gelten um so genauer, je kleiner x ist. Man ersieht aus ihnen, daß für Werte von x, die nahe an Null liegen — bei denen also x^2 klein gegen x ist — der Kosinus nahezu konstant gleich 1, mithin unbrauchbar zur Rechnung wird, während dagegen der Sinus annähernd dem Winkel proportional, mithin sehr wohl geeignet zur Rechnung wird. Indem man bedenkt, daß $\sin x = \cos(\pi/2 - x)$ ist, findet man, daß in der Nähe von $\pi/2$ umgekehrt der Sinus unbrauchbar, der Kosinus brauchbar ist.

Es sei ferner δ eine so kleine Größe, daß δ^2 gegen δ vernachlässigt werden darf[1]); wir können dann $\cos\delta = 1$ und $\sin\delta = \delta$ setzen. Erteilen wir nun dem x den Zuwachs δ, so ergibt sich für die entsprechenden Zuwächse von $\sin x$ und $\cos x$, die wir mit $\Delta_{\sin x}$ und $\Delta_{\cos x}$ bezeichnen:

$$\Delta_{\sin x} = \sin(x+\delta) - \sin x = \sin x \cos\delta + \cos x \sin\delta - \sin x = \delta \cos x,$$

$$\Delta_{\cos x} = \cos(x+\delta) - \cos x = \cos x \cos\delta - \sin x \sin\delta - \cos x = -\delta \sin x.$$

Für das Gefälle G folgt daraus:

$$(2)\qquad \begin{cases} G_{\sin x} = \dfrac{\Delta_{\sin x}}{\delta} = \cos x, \\ G_{\cos x} = \dfrac{\Delta_{\cos x}}{\delta} = -\sin x. \end{cases}$$

Indem wir uns zunächst auf den ersten Quadranten beschränken und beachten, daß uns nur der absolute Wert des Gefälles interessiert, finden wir:

Es ist

$|G_{\sin x}| > |G_{\cos x}|$, so lange $\cos x > \sin x$, d. h. von $x = 0$ bis $x = \dfrac{\pi}{4}$,

$|G_{\cos x}| > |G_{\sin x}|$, so lange $\sin x > \cos x$, d. h. von $x = \dfrac{\pi}{4}$ bis $x = \dfrac{\pi}{2}$.

1) Bei fünfstelligen Tafeln wäre das der Fall bis zu etwa 20 Sekunden. Übrigens muß δ hier selbstverständlich in Bogenmaß, nicht nach Graden gemessen werden.

Da sich nun den absoluten Werten nach diese Verhältnisse im zweiten Quadranten wiederholen, so können wir, indem wir gleichzeitig noch die Winkelmessung in Graden einführen (vgl. Art. 5.), zusammenfassend den Satz aussprechen:

Der Sinus übertrifft den Kosinus an Schärfe in den Intervallen von 0^0 bis 45^0 und von 135^0 bis 180^0. Dagegen übertrifft umgekehrt der Kosinus den Sinus an Schärfe in dem Intervall von 45^0 bis 135^0.

In der Nähe von 0^0 und 180^0 liefert der Kosinus, in der Nähe von 90^0 der Sinus praktisch unbrauchbare Resultate.

4. Was die Tangente und Kotangente betrifft, so bemerke man fürs erste, daß sie als zueinander reziprok von gleicher Schärfe sind. Da ferner sowohl $\operatorname{tg} 0 = 0$ als $\sin 0 = 0$, im übrigen aber nach § 35, 1.:

$$(3) \qquad \sin\alpha < \operatorname{tg}\alpha, \qquad \cos\alpha < \operatorname{ctg}\alpha$$

ist, muß das Gefälle der Tangente größer als das des Sinus, das der Kotangente größer als das des Kosinus sein. Es folgt:

Durch die Tangente oder Kotangente ist der Winkel jederzeit schärfer als durch Sinus und Kosinus bestimmt.

Aus den Gleichungen (2) Band I § 144:

$$(3) \qquad \lim_{\alpha=0} \frac{\sin\alpha}{\alpha} = 1, \quad \lim_{\alpha=0} \frac{\operatorname{tg}\alpha}{\alpha} = 1$$

ergibt sich:

In unmittelbarer Nähe von 0^0 und 180^0 wird der Winkel annähernd gleich gut durch Sinus und Tangente (oder Kotangente), in unmittelbarer Nähe von 90^0 annähernd gleich gut durch Kosinus und Tangente (oder Kotangente) bestimmt.

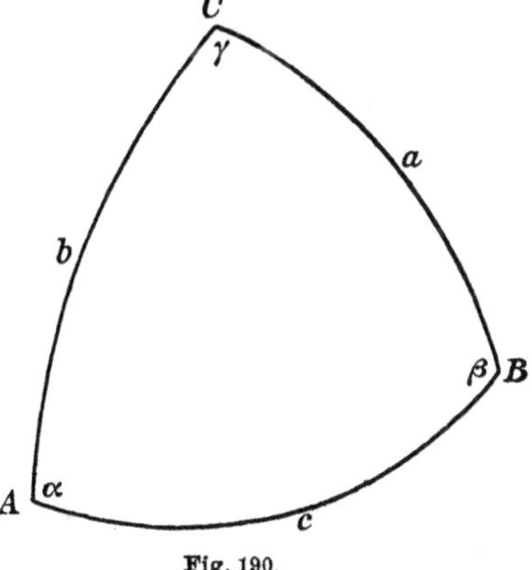

Fig. 190.

Die angeführten Sätze lassen sich leicht durch einen Blick in eine trigonometrische Tafel bestätigen.

Wie weit Messungsfehler Einfluß auf die Schärfe der Resultate haben, liegt außerhalb unserer Betrachtung.

5. Da der Praktiker nicht in die Lage kommt, mit Dreiecken zu arbeiten, deren Seiten und Winkel π übersteigen, und da ihm aus Gründen der Anschauung die alte Eulersche Bezeichnung der Winkel bequemer ist (§ 38, 6.), so setzen wir fest:

Die von uns jetzt zu betrachtenden Dreiecke sind „gewöhnliche“, d. h. Eulersche Dreiecke in Eulerscher Bezeichnung (Fig. 190).

Ferner messen wir in diesem Abschnitt diese Winkel nicht in Bogenmaß, sondern nach Graden.

Da unsere Seiten und Winkel jetzt 180^0 nicht übersteigen, so sind sie

eindeutig bestimmt durch Kosinus, Tangente, Kotangente;
zweideutig bestimmt durch Sinus.

Aber auch der Sinus wird oft zur eindeutigen Bestimmung verwendbar durch die in § 36, 7. zusammengestellten Sätze über das Eulersche Dreieck, die uns in diesem Abschnitt häufig von Nutzen sein werden.

6. Unterscheiden wir für den Augenblick unsere bisherige (Moebiussche) Bezeichnung von der jetzt anzuwendenden „gewöhnlichen“, indem wir der letzteren einen Akzent geben, und führen die für diesen ganzen Abschnitt gültigen Abkürzungen ein (Winkel in Graden):

$$(4)\quad \begin{cases} 2s_0' = a' + b' + c', & 2\sigma_0' = \alpha' + \beta' + \gamma', \\ 2s_1' = -a' + b' + c', & 2\sigma_1' = -\alpha' + \beta' + \gamma', \\ 2s_2' = a' - b' + c', & 2\sigma_2' = \alpha' - \beta' + \gamma', \\ 2s_3' = a' + b' - c', & 2\sigma_3' = \alpha' + \beta' - \gamma', \\ \varepsilon = \alpha' + \beta' + \gamma' - 180^0, \end{cases}$$

so bestehen für den Übergang von der Moebiusschen zur „gewöhnlichen“ Bezeichnungsweise folgende „Übergangsformeln“:

$$(5)\quad \begin{cases} a = a', & \alpha = 180^0 - \alpha', \\ b = b', & \beta = 180^0 - \beta', \\ c = c', & \gamma = 180^0 - \gamma', \\ 2s_0 = 360^0 - 2s_0', & 2\sigma_0 = 2\sigma_0' - 180^0 = \varepsilon, \\ 2s_1 = 2s_1', & 2\sigma_1 = 180^0 - 2\sigma_1' = 2\alpha' - \varepsilon, \\ 2s_2 = 2s_2', & 2\sigma_2 = 180^0 - 2\sigma_2' = 2\beta' - \varepsilon, \\ 2s_3 = 2s_3', & 2\sigma_3 = 180^0 - 2\sigma_3' = 2\gamma' - \varepsilon. \end{cases}$$

Hat man mit Hilfe der Formeln (5) den Übergang zu einem „gewöhnlichen“ Formelsystem vollzogen, so läßt man nachträglich überall die Akzente weg.

§ 52. Die Auflösung des rechtwinkligen sphärischen Dreiecks.

1. Es sei $\gamma = 90^0$ (Fig. 191). Es gelten dann die in § 43, (9*) bis (14*) bereits zusammengestellten und durch die Nepersche Regel miteinander verbundenen Formeln:

(1) $$\cos c = \cos a \cos b\,,$$

(2) $$\cos c = \operatorname{cotg}\alpha \operatorname{cotg}\beta\,,$$

(3) $$\cos a = \frac{\cos\alpha}{\sin\beta}, \qquad \cos b = \frac{\cos\beta}{\sin\alpha}.$$

(4) $$\sin\alpha = \frac{\sin a}{\sin c}, \qquad \sin\beta = \frac{\sin b}{\sin c}.$$

(5) $$\cos\alpha = \frac{\operatorname{tg} b}{\operatorname{tg} c}, \qquad \cos\beta = \frac{\operatorname{tg} a}{\operatorname{tg} c}.$$

(6) $$\operatorname{tg}\alpha = \frac{\operatorname{tg} a}{\sin b}, \qquad \operatorname{tg}\beta = \frac{\operatorname{tg} b}{\sin a}.$$

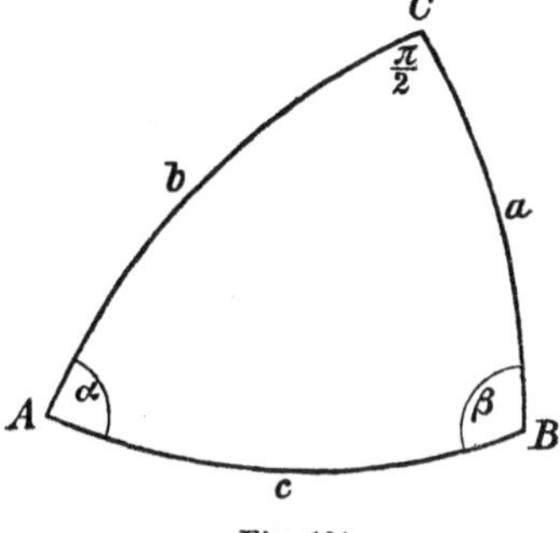

Fig. 191.

2. Erster Fall: Gegeben a, b. Gesucht α, β, c.

(6) $$\operatorname{cotg}\alpha = \operatorname{cotg} a \sin b\,,\quad \operatorname{cotg}\beta = \operatorname{cotg} b \sin a\,;$$

(1) $$\cos c = \cos a \cos b\,.$$

Liegen a, b, oder c nahe an 0^0, so versagt Formel (1); man rechnet dann nach der Formel:

(5) $$\operatorname{tg} c = \frac{\operatorname{tg} b}{\cos\alpha} = \frac{\operatorname{tg} a}{\cos\beta}.$$

Die Lösung ist stets reell und eindeutig.

3. Zweiter Fall: Gegeben a, c. Gesucht b, α, β.

(1) $$\cos b = \frac{\cos c}{\cos a}.$$

(4) $$\sin\alpha = \frac{\sin a}{\sin c}.$$

(5) $$\cos\beta = \frac{\operatorname{tg} a}{\operatorname{tg} c}.$$

Die Lösung ist eindeutig; nachdem nämlich b gefunden, ergibt sich von den beiden Werten, die aus $\sin\alpha$ folgen, der zu wählende aus dem Satze, daß dem größeren Winkel die größere Seite gegenüberliegt (§ 36, 7.).

Realitätsbedingung: $\cos c < \cos a$.

4. Dritter Fall: Gegeben a, α. Gesucht b, c, β.

(6) $$\sin b = \operatorname{tg} a \cdot \operatorname{cotg} \alpha .$$

(4) $$\sin c = \frac{\sin a}{\sin \alpha} .$$

(3) $$\sin \beta = \frac{\cos \alpha}{\cos a} .$$

Realitätsbedingung:

1) $\sin a \overline{\lessgtr} \sin \alpha$.

2) $\operatorname{tg} a$ und $\operatorname{tg} \alpha$ gleichzeitig positiv oder gleichzeitig negativ, weil sonst $\sin b$ negativ würde. Geometrisch gesprochen: a und α müssen gleichzeitig spitze, stumpfe (oder im Grenzfall rechte) Winkel sein.

Die Lösung ist im allgemeinen zweideutig, wenn nicht gerade $a = \alpha$. Ist $a < \alpha$, so erhalten wir als Lösungen zwei Nebendreiecke (siehe Fig. 192).

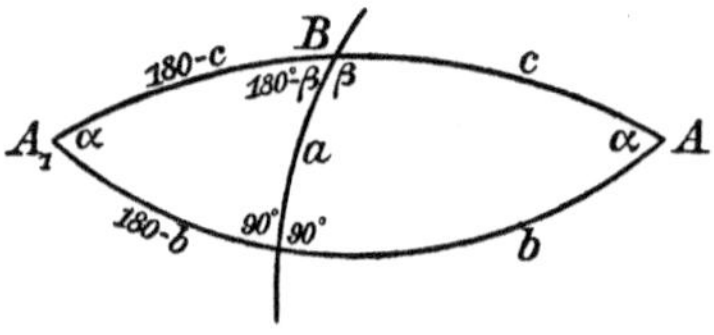

Fig. 192.

Die Gleichungen liefern zunächst für b, c, β je zwei Werte. Sind b und $180 - b$ diese beiden Werte, so gehört wegen (6) und (1) zu b ein ganz bestimmtes β und c; zu $180 - b$ gehören dann $180 - \beta$ und $180 - c$.

Im Fall $a = \alpha$ erhalten wir ein zweirechtwinkliges Dreieck.

5. Vierter Fall: Gegeben a, β. Gesucht b, c, α.

(6) $$\operatorname{tg} b = \sin a \operatorname{tg} \beta .$$

(5) $$\operatorname{cotg} c = \operatorname{cotg} a \cos \beta .$$

(3) $$\cos \alpha = \cos a \sin \beta .$$

Die Lösungen sind jederzeit reell und eindeutig.

Liegt α in der Nähe von 0^0, so rechne man nach Bestimmung von c nach der Formel:

(4) $$\sin \alpha = \frac{\sin a}{\sin c} .$$

6. Fünfter Fall: Gegeben c, α. Gesucht a, b, β.

(4) $$\sin a = \sin c \sin \alpha .$$

(5) $$\operatorname{tg} b = \operatorname{tg} c \cos \alpha .$$

(2) $$\operatorname{cotg} \beta = \cos c \operatorname{tg} \alpha .$$

Die Lösung ist eindeutig; von den beiden sich für a ergebenden Werten ist der zu wählen, der dem Satz § 36, 7. entspricht. Liegt a nahe an 90^0, so berechne man zuerst b und β und dann a nach der Formel

(5) $$\operatorname{tg} a = \operatorname{tg} c \cos\beta,$$

oder auch

(1) $$\cos a = \frac{\cos c}{\cos b}\cdot$$

7. Sechster Fall: Gegeben α, β. Gesucht a, b, c.

(3) $$\cos a = \frac{\cos\alpha}{\sin\beta}, \qquad \cos b = \frac{\cos\beta}{\sin\alpha}\cdot$$

(2) $$\cos c = \operatorname{cotg}\alpha\cdot\operatorname{cotg}\beta\,.$$

Realitätsbedingung:

$$-1 \leqq \frac{\cos\alpha}{\sin\beta} \leqq +1\,.$$

Ist diese Bedingung erfüllt, so ist die Lösung eindeutig.

§ 53. Die „gewöhnlichen" Formeln für das schiefwinklige Dreieck.

Es werden in diesem Paragraphen die für die Dreiecksberechnung wichtigen Formeln der früheren Abschnitte mittels der Übergangsformeln § 51, (5) in der „gewöhnlichen" Form dargestellt. Daß die auftretenden Wurzeln sämtlich positiv zu ziehen sind, ist leicht einzusehen, teilweise unter Benutzung der Sätze über die Winkelsummen in § 36, 7. Bei allen Formeln 2. Ordnung ist natürlich $\varrho = +1$ zu setzen.

Sinussatz (§ 42, II und (5)):

(I) $$\left\{\begin{aligned} &\frac{\sin a}{\sin\alpha} = \frac{\sin b}{\sin\beta} = \frac{\sin c}{\sin\gamma} = \frac{D}{\varDelta},\\ D &= \sin b \sin c \sin\alpha = \sin c \sin a \sin\beta = \sin a \sin b \sin\gamma\\ &= \underset{+}{\sqrt{4 \sin s_0 \sin s_1 \sin s_2 \sin s_3}}\,,\\ \varDelta &= \sin\beta \sin\gamma \sin a = \sin\gamma \sin\alpha \sin b = \sin\alpha \sin\beta \sin c\\ &= \underset{+}{\sqrt{4 \sin\sigma_0 \sin\sigma_1 \sin\sigma_2 \sin\sigma_3}}\,. \end{aligned}\right.$$

Kosinussätze (§ 41, I und I'):

(II) $$\left|\begin{aligned} \cos a &= \cos b \cos c + \sin b \sin c \cos\alpha,\\ \cos b &= \cos c \cos a + \sin c \sin a \cos\beta,\\ \cos c &= \cos a \cos b + \sin a \sin b \cos\gamma. \end{aligned}\right.$$

$$\text{(III)}\qquad \begin{cases} \cos\alpha = -\cos\beta\cos\gamma + \sin\beta\sin\gamma\cos a, \\ \cos\beta = -\cos\gamma\cos\alpha + \sin\gamma\sin\alpha\cos b, \\ \cos\gamma = -\cos\alpha\cos\beta + \sin\alpha\sin\beta\cos c. \end{cases}$$

Es folgen die Formeln (1), (1'), (2), (2') des § 43:

$$\text{(IV)}\qquad \begin{cases} \sin a\cos\beta = \cos b\sin c - \sin b\cos c\cos\alpha, \\ \sin a\cos\gamma = \cos c\sin b - \sin c\cos b\cos\alpha; \\ \sin b\cos\gamma = \cos c\sin a - \sin c\cos a\cos\beta, \\ \sin b\cos\alpha = \cos a\sin c - \sin a\cos c\cos\beta; \\ \sin c\cos\alpha = \cos a\sin b - \sin a\cos b\cos\gamma, \\ \sin c\cos\beta = \cos b\sin a - \sin b\cos a\cos\gamma. \end{cases}$$

$$\text{(V)}\qquad \begin{cases} \sin\alpha\cos b = \cos\beta\sin\gamma + \sin\beta\cos\gamma\cos a, \\ \sin\alpha\cos c = \cos\gamma\sin\beta + \sin\gamma\cos b\cos a; \\ \sin\beta\cos c = \cos\gamma\sin\alpha + \sin\gamma\cos\alpha\cos b, \\ \sin\beta\cos a = \cos\alpha\sin\gamma + \sin\alpha\cos\gamma\cos b; \\ \sin\gamma\cos a = \cos\alpha\sin\beta + \sin\alpha\cos\beta\cos c, \\ \sin\gamma\cos b = \cos\beta\sin\alpha + \sin\beta\cos\alpha\cos c. \end{cases}$$

$$\text{(VI)}\qquad \begin{cases} \sin\alpha\operatorname{cotg}\beta = \operatorname{cotg} b\sin c - \cos c\cos\alpha, \\ \sin\alpha\operatorname{cotg}\gamma = \operatorname{cotg} c\sin b - \cos b\cos\alpha; \\ \sin\beta\operatorname{cotg}\gamma = \operatorname{cotg} c\sin a - \cos a\cos\beta, \\ \sin\beta\operatorname{cotg}\alpha = \operatorname{cotg} a\sin c - \cos c\cos\beta; \\ \sin\gamma\operatorname{cotg}\alpha = \operatorname{cotg} a\sin b - \cos b\cos\gamma, \\ \sin\gamma\operatorname{cotg}\beta = \operatorname{cotg} b\sin a - \cos a\cos\gamma. \end{cases}$$

$$\text{(VII)}\qquad \begin{cases} \sin a\operatorname{cotg} b = \operatorname{cotg}\beta\sin\gamma + \cos\gamma\cos a, \\ \sin a\operatorname{cotg} c = \operatorname{cotg}\gamma\sin\beta + \cos\beta\cos a; \\ \sin b\operatorname{cotg} c = \operatorname{cotg}\gamma\sin\alpha + \cos\alpha\cos b, \\ \sin b\operatorname{cotg} a = \operatorname{cotg}\alpha\sin\gamma + \cos\gamma\cos b; \\ \sin c\operatorname{cotg} a = \operatorname{cotg}\alpha\sin\beta + \cos\beta\cos c, \\ \sin c\operatorname{cotg} b = \operatorname{cotg}\beta\sin\alpha + \cos\alpha\cos c. \end{cases}$$

Die Neperschen Analogieen (§ 43, (6)):

$$\begin{cases} \dfrac{\operatorname{tg}\frac{b+c}{2}}{\operatorname{tg}\frac{a}{2}} = \dfrac{\cos\frac{\beta-\gamma}{2}}{\cos\frac{\beta+\gamma}{2}}, \qquad \dfrac{\operatorname{tg}\frac{b-c}{2}}{\operatorname{tg}\frac{a}{2}} = \dfrac{\sin\frac{\beta-\gamma}{2}}{\sin\frac{\beta+\gamma}{2}}, \\[2ex] \dfrac{\operatorname{tg}\frac{c+a}{2}}{\operatorname{tg}\frac{b}{2}} = \dfrac{\cos\frac{\gamma-\alpha}{2}}{\cos\frac{\gamma+\alpha}{2}}, \qquad \dfrac{\operatorname{tg}\frac{c-a}{2}}{\operatorname{tg}\frac{b}{2}} = \dfrac{\sin\frac{\gamma-\alpha}{2}}{\sin\frac{\gamma+\alpha}{2}}, \end{cases}$$

$$
\text{(VIII)}\quad
\left\{
\begin{array}{ll}
\dfrac{\operatorname{tg}\dfrac{a+b}{2}}{\operatorname{tg}\dfrac{c}{2}}=\dfrac{\cos\dfrac{\alpha-\beta}{2}}{\cos\dfrac{\alpha+\beta}{2}}, &
\dfrac{\operatorname{tg}\dfrac{a-b}{2}}{\operatorname{tg}\dfrac{c}{2}}=\dfrac{\sin\dfrac{\alpha-\beta}{2}}{\sin\dfrac{\alpha+\beta}{2}}, \\[2ex]
\dfrac{\operatorname{tg}\dfrac{\beta+\gamma}{2}}{\operatorname{cotg}\dfrac{\alpha}{2}}=\dfrac{\cos\dfrac{b-c}{2}}{\cos\dfrac{b+c}{2}}, &
\dfrac{\operatorname{tg}\dfrac{\beta-\gamma}{2}}{\operatorname{cotg}\dfrac{\alpha}{2}}=\dfrac{\sin\dfrac{b-c}{2}}{\sin\dfrac{b+c}{2}}, \\[2ex]
\dfrac{\operatorname{tg}\dfrac{\gamma+\alpha}{2}}{\operatorname{cotg}\dfrac{\beta}{2}}=\dfrac{\cos\dfrac{c-a}{2}}{\cos\dfrac{c+a}{2}}, &
\dfrac{\operatorname{tg}\dfrac{\gamma-\alpha}{2}}{\operatorname{cotg}\dfrac{\beta}{2}}=\dfrac{\sin\dfrac{c-a}{2}}{\sin\dfrac{c+a}{2}}, \\[2ex]
\dfrac{\operatorname{tg}\dfrac{\alpha+\beta}{2}}{\operatorname{cotg}\dfrac{\gamma}{2}}=\dfrac{\cos\dfrac{a-b}{2}}{\cos\dfrac{a+b}{2}}, &
\dfrac{\operatorname{tg}\dfrac{\alpha-\beta}{2}}{\operatorname{cotg}\dfrac{\gamma}{2}}=\dfrac{\sin\dfrac{a-b}{2}}{\sin\dfrac{a+b}{2}}.
\end{array}
\right.
$$

Die Delambreschen Formeln (§ 45, III):

$$
\text{(IX)}\quad
\left\{
\begin{array}{ll}
\dfrac{\sin\dfrac{b+c}{2}}{\sin\dfrac{a}{2}}=\dfrac{\cos\dfrac{\beta-\gamma}{2}}{\sin\dfrac{\alpha}{2}}, &
\dfrac{\sin\dfrac{b-c}{2}}{\sin\dfrac{a}{2}}=\dfrac{\sin\dfrac{\beta-\gamma}{2}}{\cos\dfrac{\alpha}{2}}, \\[2ex]
\dfrac{\sin\dfrac{c+a}{2}}{\sin\dfrac{b}{2}}=\dfrac{\cos\dfrac{\gamma-\alpha}{2}}{\sin\dfrac{\beta}{2}}, &
\dfrac{\sin\dfrac{c-a}{2}}{\sin\dfrac{b}{2}}=\dfrac{\sin\dfrac{\gamma-\alpha}{2}}{\cos\dfrac{\beta}{2}}, \\[2ex]
\dfrac{\sin\dfrac{a+b}{2}}{\sin\dfrac{c}{2}}=\dfrac{\cos\dfrac{\alpha-\beta}{2}}{\sin\dfrac{\gamma}{2}}, &
\dfrac{\sin\dfrac{a-b}{2}}{\sin\dfrac{c}{2}}=\dfrac{\sin\dfrac{\alpha-\beta}{2}}{\cos\dfrac{\gamma}{2}}, \\[2ex]
\dfrac{\cos\dfrac{b+c}{2}}{\cos\dfrac{a}{2}}=\dfrac{\cos\dfrac{\beta+\gamma}{2}}{\sin\dfrac{\alpha}{2}}, &
\dfrac{\cos\dfrac{b-c}{2}}{\cos\dfrac{a}{2}}=\dfrac{\sin\dfrac{\beta+\gamma}{2}}{\cos\dfrac{\alpha}{2}}, \\[2ex]
\dfrac{\cos\dfrac{c+a}{2}}{\cos\dfrac{b}{2}}=\dfrac{\cos\dfrac{\gamma+\alpha}{2}}{\sin\dfrac{\beta}{2}}, &
\dfrac{\cos\dfrac{c-a}{2}}{\cos\dfrac{b}{2}}=\dfrac{\sin\dfrac{\gamma+\alpha}{2}}{\cos\dfrac{\beta}{2}}, \\[2ex]
\dfrac{\cos\dfrac{a+b}{2}}{\cos\dfrac{c}{2}}=\dfrac{\cos\dfrac{\alpha+\beta}{2}}{\sin\dfrac{\gamma}{2}}, &
\dfrac{\cos\dfrac{a-b}{2}}{\cos\dfrac{c}{2}}=\dfrac{\sin\dfrac{\alpha+\beta}{2}}{\cos\dfrac{\gamma}{2}}.
\end{array}
\right.
$$

Die Formeln (1), (1′) und (2) des § 45 ergeben, wenn zur Abkürzung gesetzt wird:

$$\sqrt[+]{\frac{\sin s_1 \sin s_2 \sin s_3}{\sin s_0}} = k, \qquad \sqrt[+]{\frac{\cos\sigma_1 \cos\sigma_2 \cos\sigma_3}{-\cos\sigma_0}} = \varkappa,$$

folgende Formelgruppen:

$$\text{(X)} \quad \begin{cases} \sin\frac{\alpha}{2} = \sqrt[+]{\frac{\sin s_2 \sin s_3}{\sin b \sin c}}; & \cos\frac{\alpha}{2} = \sqrt[+]{\frac{\sin s_0 \sin s_1}{\sin b \sin c}}; & \operatorname{tg}\frac{\alpha}{2} = \frac{k}{\sin s_1}; \\ \sin\frac{\beta}{2} = \sqrt[+]{\frac{\sin s_3 \sin s_1}{\sin c \sin a}}; & \cos\frac{\beta}{2} = \sqrt[+]{\frac{\sin s_0 \sin s_2}{\sin c \sin a}}; & \operatorname{tg}\frac{\beta}{2} = \frac{k}{\sin s_2}; \\ \sin\frac{\gamma}{2} = \sqrt[+]{\frac{\sin s_1 \sin s_2}{\sin a \sin b}}; & \cos\frac{\gamma}{2} = \sqrt[+]{\frac{\sin s_0 \sin s_3}{\sin a \sin b}}; & \operatorname{tg}\frac{\gamma}{2} = \frac{k}{\sin s_3}. \end{cases}$$

$$\text{(XI)} \quad \begin{cases} \sin\frac{a}{2} = \sqrt[+]{\frac{-\cos\sigma_0 \cos\sigma_1}{\sin\beta \sin\gamma}}; & \cos\frac{a}{2} = \sqrt[+]{\frac{\cos\sigma_2 \cos\sigma_3}{\sin\beta \sin\gamma}}; & \operatorname{tg}\frac{a}{2} = \frac{\cos\sigma_1}{\varkappa}; \\ \sin\frac{b}{2} = \sqrt[+]{\frac{-\cos\sigma_0 \cos\sigma_2}{\sin\gamma \sin\alpha}}; & \cos\frac{b}{2} = \sqrt[+]{\frac{\cos\sigma_3 \cos\sigma_1}{\sin\gamma \sin\alpha}}; & \operatorname{tg}\frac{b}{2} = \frac{\cos\sigma_2}{\varkappa}; \\ \sin\frac{c}{2} = \sqrt[+]{\frac{-\cos\sigma_0 \cos\sigma_3}{\sin\alpha \sin\beta}}; & \cos\frac{c}{2} = \sqrt[+]{\frac{\cos\sigma_1 \cos\sigma_2}{\sin\alpha \sin\beta}}; & \operatorname{tg}\frac{c}{2} = \frac{\cos\sigma_3}{\varkappa}. \end{cases}$$

Die L'Huiliersche Formel ergibt sich aus § 50, (IV) für $\varrho = +1$, $i = 0$ unter Benutzung des zweiten Produkts:

$$\text{(XII)} \qquad \operatorname{tg}\frac{\varepsilon}{4} = \sqrt[+]{\operatorname{tg}\frac{s_0}{2} \operatorname{tg}\frac{s_1}{2} \operatorname{tg}\frac{s_2}{2} \operatorname{tg}\frac{s_3}{2}}.$$

Die Serretschen Formeln (§ 50, (IV) für $\varrho = +1$, $i = 1, 2, 3$):

$$\text{(XIII)} \quad \begin{cases} \operatorname{tg}\left(\frac{\alpha}{2} - \frac{\varepsilon}{4}\right) = \sqrt[+]{\frac{\operatorname{tg}\frac{s_2}{2} \operatorname{tg}\frac{s_3}{2}}{\operatorname{tg}\frac{s_0}{2} \operatorname{tg}\frac{s_1}{2}}}, \\ \operatorname{tg}\left(\frac{\beta}{2} - \frac{\varepsilon}{4}\right) = \sqrt[+]{\frac{\operatorname{tg}\frac{s_3}{2} \operatorname{tg}\frac{s_1}{2}}{\operatorname{tg}\frac{s_0}{2} \operatorname{tg}\frac{s_2}{2}}}, \\ \operatorname{tg}\left(\frac{\gamma}{2} - \frac{\varepsilon}{4}\right) = \sqrt[+]{\frac{\operatorname{tg}\frac{s_1}{2} \operatorname{tg}\frac{s_2}{2}}{\operatorname{tg}\frac{s_0}{2} \operatorname{tg}\frac{s_3}{2}}}. \end{cases}$$

Benutzt man in § 50, IV das erste Produkt, so treten an Stelle von (XII) und (XIII) die ebenfalls von Serret stammenden Formeln:

$$
\text{(XIV.)}\quad
\left\{
\begin{aligned}
\operatorname{tg}\frac{s_0}{2} &= \underset{+}{\sqrt{\frac{\operatorname{tg}\frac{\varepsilon}{4}}{\operatorname{tg}\left(\frac{\alpha}{2}-\frac{\varepsilon}{4}\right)\operatorname{tg}\left(\frac{\beta}{2}-\frac{\varepsilon}{4}\right)\operatorname{tg}\left(\frac{\gamma}{2}-\frac{\varepsilon}{4}\right)}}},\\
\operatorname{tg}\frac{s_1}{2} &= \underset{+}{\sqrt{\frac{\operatorname{tg}\frac{\varepsilon}{4}\operatorname{tg}\left(\frac{\beta}{2}-\frac{\varepsilon}{4}\right)\operatorname{tg}\left(\frac{\gamma}{2}-\frac{\varepsilon}{4}\right)}{\operatorname{tg}\left(\frac{\alpha}{2}-\frac{\varepsilon}{4}\right)}}},\\
\operatorname{tg}\frac{s_2}{2} &= \underset{+}{\sqrt{\frac{\operatorname{tg}\frac{\varepsilon}{4}\operatorname{tg}\left(\frac{\gamma}{2}-\frac{\varepsilon}{4}\right)\operatorname{tg}\left(\frac{\alpha}{2}-\frac{\varepsilon}{4}\right)}{\operatorname{tg}\left(\frac{\beta}{2}-\frac{\varepsilon}{4}\right)}}},\\
\operatorname{tg}\frac{s_3}{2} &= \underset{+}{\sqrt{\frac{\operatorname{tg}\frac{\varepsilon}{4}\operatorname{tg}\left(\frac{\alpha}{2}-\frac{\varepsilon}{4}\right)\operatorname{tg}\left(\frac{\beta}{2}-\frac{\varepsilon}{4}\right)}{\operatorname{tg}\left(\frac{\gamma}{2}-\frac{\varepsilon}{4}\right)}}}.
\end{aligned}
\right.
$$

Die Formeln (XIV) vertreten die zu (XII) und (XIII) polaren Formeln; um diese zu erhalten, wäre die zu ε polare Größe

$$e = 360^0 - (a + b + c)$$

einzuführen. Man würde dann z. B. aus (XII) erhalten:

$$\operatorname{tg}\frac{e}{2} = \underset{+}{\sqrt{-\operatorname{tg}\left(45^0+\frac{\sigma_0}{2}\right)\operatorname{tg}\left(45^0-\frac{\sigma_1}{2}\right)\operatorname{tg}\left(45^0-\frac{\sigma_2}{2}\right)\operatorname{tg}\left(45^0-\frac{\sigma_3}{2}\right)}}.$$

Wegen ihrer uneleganten Form sind diese Formeln nicht empfehlenswert.

Man nennt ε den „sphärischen Exzeß“, e den „sphärischen Defekt“ des sphärischen Dreiecks.

§ 54. Die Auflösung des schiefwinkligen Dreiecks.

Wir haben sechs Fälle zu unterscheiden, von denen aber je zwei polar gegenüberstehen: je zwei Polarfälle werden daher gleichzeitig behandelt.

Erster und zweiter Fall.

Gegeben a, b, γ. Gesucht α, β, c.	Gegeben α, β, c. Gesucht a, b, γ.

1. Die vom mathematischen Standpunkt aus nächstliegende Methode: durch Spaltung des Dreiecks in zwei rechtwinklige die uns bereits

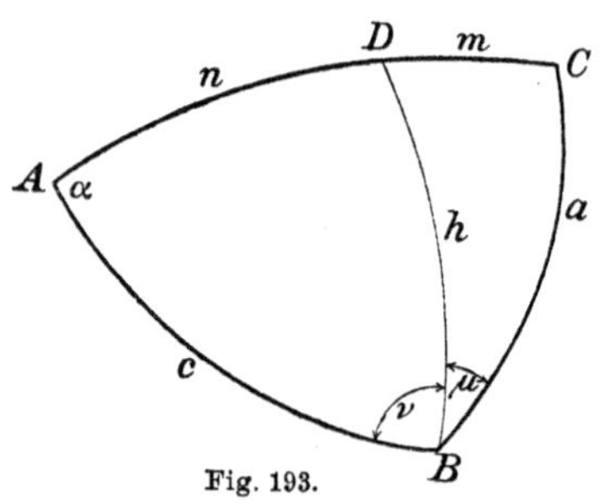

Fig. 193.

bekannten Formeln des rechtwinkligen Dreiecks anwendbar zu machen, führt zu einem rechnerisch sehr befriedigenden Resultat.

Wir fällen zu dem Ende die Höhe $BD = h$ (Fig. 193, schematisch) und finden aus den so entstehenden rechtwinkligen Dreiecken sofort unter Anwendung der Formeln § 52, (1), (5), (3), (2):

(1) $\cos c = \cos h \cos(b - m)$.

Zur Bestimmung von m und h dient:

(2) $\operatorname{tg} m = \operatorname{tg} a \cos \gamma$,

(3) $\cos h = \dfrac{\cos a}{\cos m}$.

Setzt man (3) in (1) ein, so findet man zur Berechnung von c die Regel:

Man berechne m aus der Gleichung

$$\operatorname{tg} m = \operatorname{tg} a \cos \gamma$$

und darauf c aus

(4) $\cos c = \dfrac{\cos a \cos(b - m)}{\cos m}$.

Die Berechnung von α und $\beta = \mu + \nu$ aus den vorhandenen rechtwinkligen Dreiecken hat nach Kenntnis von c keine Schwierigkeit mehr.

(1) $\cos \gamma = \cos h \sin(\beta - \nu)$.

Zur Bestimmung von ν und h dient:

(2) $\operatorname{cotg} \nu = \operatorname{tg} \alpha \cos c$,

(3) $\cos h = \dfrac{\cos \alpha}{\sin \nu}$.

Setzt man (3) in (1) ein, so findet man zur Berechnung von γ die Regel:

Man berechne ν aus der Gleichung:

$$\operatorname{cotg} \nu = \operatorname{tg} \alpha \cos c$$

und darauf γ aus

(4) $\cos \gamma = \dfrac{\cos \alpha \sin(\beta - \nu)}{\sin \nu}$.

Die Berechnung von a und $b = m + n$ aus den beiden rechtwinkligen Dreiecken hat nach Kenntnis von γ keine Schwierigkeit mehr.

2. Aus den Formeln (4) läßt sich ein interessantes Resultat gewinnen. Wendet man nämlich das Additionstheorem und darauf die Formeln (2) an, so findet man:

$$\cos c = \cos a \cos b + \cos a \sin b \operatorname{tg} m$$
$$= \cos a \cos b + \sin a \sin b \cos \gamma.$$

$$\cos \gamma = \cos \alpha \sin \beta \operatorname{ctg} \nu - \cos \alpha \cos \beta$$
$$= -\cos \alpha \cos \beta + \sin \alpha \sin \beta \cos c.$$

Diese Formeln sind aber nichts anderes als die beiden sphärischen Kosinussätze. Setzt man, wie dies ja in den meisten elementaren Lehrbüchern geschieht, die Formeln des rechtwinkligen Dreiecks als die zuerst bekannten voraus, so kann man sagen:

Das erste Aufgabenpaar über das schiefwinklige Dreieck führt, wenn man vom rechtwinkligen ausgeht, von selbst und mit Notwendigkeit auf die sphärischen Kosinussätze.

Selbstverständlich gilt dieser Beweis nur für Eulersche Dreiecke.

3. Von unserem Standpunkt erscheint der Kosinussatz:

(5) $$\cos c = \cos a \cos b + \sin a \sin b \cos \gamma$$

(5) $$\cos \gamma = -\cos \alpha \cos \beta + \sin \alpha \sin \beta \cos c$$

als ursprüngliche Lösung unserer Aufgabe, und wir werden umgekehrt fragen: Wie kann man ihn in die Form (4) bringen, die sich ja durch ihre logarithmische Brauchbarkeit empfiehlt?

Dies geschieht durch Einführung eines Hilfswinkels (vgl. § 51, Art. 2). Wir setzen in (5), wenn p, m, ν Hilfsgrößen bezeichnen:

(6) $$\begin{cases} \cos a = p \cos m, \\ \sin a \cos \gamma = p \sin m. \end{cases}$$

Dann sind p und m eindeutig bestimmt aus:

(7) $$\operatorname{tg} m = \operatorname{tg} a \cos \gamma,$$

(8) $$p = \frac{\cos a}{\cos m} = \frac{\sin a \cos \gamma}{\sin m}.$$

Unter Anwendung von (7) und (8) geht (5) über in

(9) $$\cos c = p \cos (b - m) = \frac{\cos a \cos (b - m)}{\cos m},$$

wobei m aus (7) zu entnehmen ist.

(6) $$\begin{cases} \cos \alpha = p \sin \nu, \\ \sin \alpha \cos c = p \cos \nu. \end{cases}$$

Dann sind p und ν eindeutig bestimmt aus:

(7) $$\operatorname{cotg} \nu = \operatorname{tg} \alpha \cos c,$$

(8) $$p = \frac{\cos \alpha}{\sin \nu} = \frac{\sin \alpha \cos c}{\cos \nu}.$$

Unter Anwendung von (7) und (8) geht (5) über in

(9) $$\cos \gamma = p \sin (\beta - \nu) = \frac{\cos \alpha \sin (\beta - \nu)}{\sin \nu},$$

wobei ν aus (7) zu entnehmen ist.

Es ist also, geometrisch gedeutet, p identisch mit dem früheren $\cos h$.

4. Um die Winkel α, β zu berechnen, kann man, wenn man c als berechnet voraussetzt, den Sinussatz anwenden:

$$\sin \alpha = \frac{\sin a}{\sin c} \sin \gamma$$

und entsprechend für β.

Setzt man c nicht als bekannt voraus, so kombiniere man den Sinussatz mit (IV):

4. Um die Seiten a, b zu berechnen, kann man, wenn man γ als berechnet voraussetzt, den Sinussatz anwenden:

$$\sin a = \frac{\sin \alpha}{\sin \gamma} \sin c$$

und entsprechend für b.

Setzt man γ nicht als bekannt voraus, so kombiniere man den Sinussatz mit (V):

$$(9)\begin{cases}\sin c\sin\alpha=\sin a\sin\gamma,\\ \sin c\cos\alpha=\cos a\sin b\\ \qquad\qquad -\sin a\cos b\cos\gamma,\end{cases}$$

woraus durch Division eine Formel für $\operatorname{tg}\alpha$ folgt.

Diese läßt sich zur logarithmischen Rechnung geeignet machen wieder durch Einführung der Größen m und p. Man findet aus (6) und (9):

$$\sin c\sin\alpha=\sin a\sin\gamma,$$
$$\sin c\cos\alpha=p\sin(b-m),$$

also

$$\operatorname{tg}\alpha=\frac{\sin a\sin\gamma}{p\sin(b-m)}.$$

Die Anwendung des zweiten Ausdrucks (8) liefert:

$$\operatorname{tg}\alpha=\frac{\sin m\operatorname{tg}\gamma}{\sin(b-m)},$$

wobei m aus (7) zu entnehmen ist. Entsprechendes gilt für β.

5. Eine andere logarithmisch brauchbare Berechnung der Winkel liefern die Neperschen Analogieen (VIII):

$$\operatorname{tg}\frac{\alpha+\beta}{2}=\operatorname{cotg}\frac{\gamma}{2}\cdot\frac{\cos\frac{a-b}{2}}{\cos\frac{a+b}{2}},$$

$$\operatorname{tg}\frac{\alpha-\beta}{2}=\operatorname{cotg}\frac{\gamma}{2}\cdot\frac{\sin\frac{a-b}{2}}{\sin\frac{a+b}{2}}.$$

Will man c erst nach den Winkeln berechnen, so geschieht dies zweckmäßig durch die Delambreschen Gleichungen, z. B.:

$$\cos\frac{c}{2}=\cos\frac{a+b}{2}\cdot\frac{\sin\frac{\gamma}{2}}{\cos\frac{\alpha+\beta}{2}}$$

$$(9)\begin{cases}\sin\gamma\sin a=\sin\alpha\sin c,\\ \sin\gamma\cos a=\cos\alpha\sin\beta\\ \qquad\qquad +\sin\alpha\cos\beta\cos c,\end{cases}$$

woraus durch Division eine Formel für $\operatorname{tg}a$ folgt.

Diese läßt sich zur logarithmischen Rechnung geeignet machen wieder durch Einführung der Größen ν und p. Man findet aus (6) und (9):

$$\sin\gamma\sin a=\sin\alpha\sin c,$$
$$\sin\gamma\cos a=p\cos(\beta-\nu),$$

also

$$\operatorname{tg}a=\frac{\sin\alpha\sin c}{p\cos(\beta-\nu)}.$$

Die Anwendung des zweiten Ausdrucks (8) liefert:

$$\operatorname{tg}a=\frac{\cos\nu\operatorname{tg}c}{\cos(\beta-\nu)},$$

wobei ν aus (7) zu entnehmen ist. Entsprechendes gilt für b.

5. Eine andere logarithmisch brauchbare Berechnung der Seiten liefern die Neperschen Analogieen (VIII):

$$\operatorname{tg}\frac{a+b}{2}=\operatorname{tg}\frac{c}{2}\cdot\frac{\cos\frac{\alpha-\beta}{2}}{\cos\frac{\alpha+\beta}{2}},$$

$$\operatorname{tg}\frac{a-b}{2}=\operatorname{tg}\frac{c}{2}\cdot\frac{\sin\frac{\alpha-\beta}{2}}{\sin\frac{\alpha+\beta}{2}}.$$

Will man γ erst nach den Seiten berechnen, so geschieht dies zweckmäßig durch die Delambreschen Gleichungen, z. B.:

$$\cos\frac{\gamma}{2}=\sin\frac{\alpha+\beta}{2}\cdot\frac{\cos\frac{c}{2}}{\cos\frac{a-b}{2}}$$

oder

$$\sin\frac{c}{2} = \sin\frac{a+b}{2}\cdot\frac{\sin\frac{\gamma}{2}}{\cos\frac{\alpha-\beta}{2}}.$$

oder

$$\sin\frac{\gamma}{2} = \cos\frac{\alpha-\beta}{2}\cdot\frac{\sin\frac{c}{2}}{\sin\frac{a+b}{2}}.$$

Von diesen Gleichungen wird man die wählen, die das schärfste Resultat liefern (§ 51).

Dritter und vierter Fall.

Gegeben a, b, c. Gesucht α, β, γ.

6. Erste Auflösung.

Nach (II) ist:

$$\cos\alpha = \frac{\cos a - \cos b\cos c}{\sin b\sin c}$$

usw.

Gegeben α, β, γ. Gesucht a, b, c

Erste Auflösung.

Nach (III) ist:

$$\cos a = \frac{\cos\alpha + \cos\beta\cos\gamma}{\sin\beta\sin\gamma}$$

usw.

Da diese Lösungen logarithmisch nicht bequem sind, wird man die folgenden vorziehen.

7. Zweite Auflösung:

Man rechnet nach den Formeln (X) und (XI). Von diesen sind wegen der größten „Schärfe" (§ 51) die Tangentenformeln am empfehlenswertesten. Also

$$\operatorname{tg}\frac{\alpha}{2} = \frac{k}{\sin s_1}$$

usw.

$$k = \sqrt[+]{\frac{\sin s_1\sin s_2\sin s_3}{\sin s_0}}.$$

$$\operatorname{tg}\frac{a}{2} = \frac{\cos\sigma_1}{\varkappa}$$

usw.

$$\varkappa = \sqrt[+]{\frac{\cos\sigma_1\cos\sigma_2\cos\sigma_3}{-\cos\sigma_0}}.$$

8. Dritte Auflösung:

Setzt man (Formel (1) des § 50):

$$M = \sqrt[+]{\frac{\operatorname{tg}\frac{s_1}{2}\operatorname{tg}\frac{s_2}{2}\operatorname{tg}\frac{s_3}{2}}{\operatorname{tg}\frac{s_0}{2}}} = \sqrt[+]{\operatorname{tg}\frac{\varepsilon}{4}\cdot\operatorname{tg}\left(\frac{\alpha}{2}-\frac{\varepsilon}{4}\right)\cdot\operatorname{tg}\left(\frac{\beta}{2}-\frac{\varepsilon}{4}\right)\cdot\operatorname{tg}\left(\frac{\gamma}{2}-\frac{\varepsilon}{4}\right)},$$

so liefern (XII), (XIII) und (XIV):

$$\operatorname{tg}\frac{\varepsilon}{4} = M\cdot\operatorname{tg}\frac{s_0}{2}$$

$$\operatorname{tg}\left(\frac{\alpha}{2}-\frac{\varepsilon}{4}\right) = M\cdot\operatorname{cotg}\frac{s_1}{2}$$

$$\operatorname{tg}\frac{s_0}{2} = \frac{\operatorname{tg}\frac{\varepsilon}{4}}{M}$$

$$\operatorname{tg}\frac{s_1}{2} = M\cdot\operatorname{cotg}\left(\frac{\alpha}{2}-\frac{\varepsilon}{4}\right)$$

$$\operatorname{tg}\left(\frac{\beta}{2}-\frac{\varepsilon}{4}\right)=M\cdot\operatorname{cotg}\frac{s_2}{2},\qquad \operatorname{tg}\frac{s_2}{2}=M\cdot\operatorname{cotg}\left(\frac{\beta}{2}-\frac{\varepsilon}{4}\right),$$

$$\operatorname{tg}\left(\frac{\gamma}{2}-\frac{\varepsilon}{4}\right)=M\cdot\operatorname{cotg}\frac{s_3}{2}.\qquad \operatorname{tg}\frac{s_3}{2}=M\cdot\operatorname{cotg}\left(\frac{\gamma}{2}-\frac{\varepsilon}{4}\right).$$

Hieraus folgen α, β, γ, resp. a, b, c durch einfache Additionen. Diese Methode ist besonders wertvoll durch die Möglichkeit scharfer Rechnungsproben:

$$\frac{\varepsilon}{4}+\left(\frac{\alpha}{2}-\frac{\varepsilon}{4}\right)+\left(\frac{\beta}{2}-\frac{\varepsilon}{4}\right)+\left(\frac{\gamma}{2}-\frac{\varepsilon}{4}\right)=90^0.\qquad -\frac{s_0}{2}+\frac{s_1}{2}+\frac{s_2}{2}+\frac{s_3}{2}=0.$$

Fünfter und sechster Fall.

Gegeben c, a, γ. Gesucht α, β, b.

9. Erste Auflösung.

Nach dem Sinussatze ist:

$$\sin\alpha=\frac{\sin a}{\sin c}\sin\gamma. \tag{10}$$

Nach Berechnung von α liefern Formeln (VIII):

$$(11)\quad\begin{cases}\operatorname{cotg}\dfrac{\beta}{2}=\dfrac{\sin\dfrac{c+a}{2}}{\sin\dfrac{c-a}{2}}\operatorname{tg}\dfrac{\gamma-\alpha}{2},\\[2ex] \operatorname{tg}\dfrac{b}{2}=\dfrac{\sin\dfrac{\gamma+\alpha}{2}}{\sin\dfrac{\gamma-\alpha}{2}}\operatorname{tg}\dfrac{c-a}{2}.\end{cases}$$

10. Zweite Auflösung.

Soll b allein oder zuerst berechnet werden, so liefert der Kosinussatz:

$$\cos c=\cos a\cos b+\sin a\sin b\cos\gamma$$

eine quadratische Gleichung für $\sin b$, nachdem man

$$\cos b=\sqrt{1-\sin^2 b}$$

eingesetzt hat.

Weit einfacher rechnet man wieder unter Einführung von Hilfsgrößen. Setzt man nämlich nach (7)

$$\operatorname{tg} m=\operatorname{tg} a\cos\gamma\qquad 0^0<m<180^0$$

Gegeben γ, α, c. Gesucht a, b, β.

9. Erste Auflösung.

Nach dem Sinussatze ist:

$$\sin a=\frac{\sin\alpha}{\sin\gamma}\sin c. \tag{10}$$

Nach Berechnung von a liefern Formeln VIII:

$$(11)\quad\begin{cases}\operatorname{tg}\dfrac{b}{2}=\dfrac{\sin\dfrac{\gamma+\alpha}{2}}{\sin\dfrac{\gamma-\alpha}{2}}\cdot\operatorname{tg}\dfrac{c-a}{2},\\[2ex] \operatorname{cotg}\dfrac{\beta}{2}=\dfrac{\sin\dfrac{c+a}{2}}{\sin\dfrac{c-a}{2}}\cdot\operatorname{tg}\dfrac{\gamma-\alpha}{2}.\end{cases}$$

10. Zweite Auflösung.

Soll β allein oder zuerst berechnet werden, so liefert der Kosinussatz:

$$\cos\gamma=-\cos\alpha\cos\beta+\sin\alpha\sin\beta\cos c$$

eine quadratische Gleichung für $\sin\beta$, nachdem man

$$\cos\beta=\sqrt{1-\sin^2\beta}$$

eingesetzt hat.

Weit einfacher rechnet man wieder unter Einführung von Hilfsgrößen. Setzt man nämlich nach (7)

$$\operatorname{cotg}\nu=\operatorname{tg}\alpha\cos c\qquad 0^0<\nu<180^0$$

so liefert (9) unmittelbar:

(12) $$\cos(b - m) = \frac{\cos c \cos m}{\cos a}.$$

Soll β allein oder zuerst berechnet werden, so liefern der Sinussatz und die zweite Gleichung (V):

$$\sin\alpha \sin c = \sin\gamma \sin a,$$
$$\sin\alpha \cos c = \cos\gamma \sin\beta + \sin\gamma \cos\beta \cos a,$$

woraus durch Division und vermittels $\cos\beta = \sqrt{1 - \sin^2\beta}$ eine quadratische Gleichung für $\sin\beta$ folgt.

so liefert (9) unmittelbar:

(12) $$\sin(\beta - \nu) = \frac{\cos\gamma \sin\nu}{\cos\alpha}.$$

Soll b allein oder zuerst berechnet werden, so liefern der Sinussatz und die zweite Gleichung (IV):

$$\sin a \sin\gamma = \sin c \sin\alpha,$$
$$\sin a \cos\gamma = \cos c \sin b - \sin c \cos b \cos\alpha,$$

woraus durch Division und vermittels $\cos b = \sqrt{1 - \sin^2 b}$ eine quadratische Gleichung für $\sin b$ folgt.

Um hier zur bequemen Rechnung Hilfswinkel einzuführen, gehe man wieder auf die Figur 22 zurück und setze (wobei $p = \cos h$):

(13) $$\begin{cases} \cos\gamma = p \sin\mu, \\ \sin\gamma \cos a = p \cos\mu. \end{cases}$$

Dann sind p und μ bestimmt aus

(14) $$\operatorname{cotg}\mu = \cos a \operatorname{tg}\gamma,$$

(15) $$p = \frac{\sin\gamma \cos a}{\cos\mu}.$$

Man hat dann:

$$\sin\alpha \sin c = \sin\gamma \sin a,$$
$$\sin\alpha \cos c = p \cos(\beta - \mu),$$

also durch Division und Anwendung von (15):

$$\operatorname{tg} c = \frac{\cos\mu \operatorname{tg} a}{\cos(\beta - \mu)},$$

oder endlich:

(16) $$\cos(\beta - \mu) = \operatorname{tg} a \operatorname{cotg} c \cos\mu,$$

wobei μ aus (14) zu entnehmen ist.

(13) $$\begin{cases} \cos c = p \cos n, \\ \sin c \cos\alpha = p \sin n. \end{cases}$$

Dann sind p und n bestimmt aus

(14) $$\operatorname{tg} n = \cos\alpha \operatorname{tg} c,$$

(15) $$p = \frac{\sin c \cos\alpha}{\sin n}.$$

Man hat dann:

$$\sin a \sin\gamma = \sin c \sin\alpha,$$
$$\sin a \cos\gamma = p \sin(b - n),$$

also durch Division und Anwendung von (15):

$$\operatorname{tg}\gamma = \frac{\sin n \operatorname{tg}\alpha}{\sin(b - n)},$$

oder endlich:

(16) $$\sin(b - n) = \operatorname{tg}\alpha \operatorname{cotg}\gamma \sin n,$$

wobei n aus (14) zu entnehmen ist.

11. Diskussion der Lösungen. Die etwas verwickelte Diskussion führen wir nur für den fünften Fall, da sich das Resultat ohne weiteres auf den sechsten übertragen läßt.

Aus (10) ergeben sich drei Hauptfälle.

1. $\frac{\sin a \sin \gamma}{\sin c} > 1$ keine reelle Lösung.

2. $\frac{\sin a \sin \gamma}{\sin c} = 1$ eine reelle Lösung: das Dreieck wird rechtwinklig mit dem rechten Winkel α.

3. $\frac{\sin a \sin \gamma}{\sin c} < 1$ Hier liefert (10) zwar zwei Werte von α, es bedarf aber einer weiteren Überlegung, ob und welche Werte von α zulässig sind.

Wir bezeichnen, um die Untersuchung des dritten Falles zu führen, von den sich aus (10) ergebenden Winkeln α den spitzen mit α', den stumpfen mit α'', so daß

$$\alpha'' = 180^0 - \alpha'$$

wird. Damit dann unsere Aufgabe entweder eine oder zwei Lösungen habe, ist erforderlich, daß entweder eine der beiden Größen α' und α'' oder beide in (11) eingesetzt, positive Werte für $\operatorname{cotg} \beta/2$ und $\operatorname{tg} b/2$ liefern. Das heißt aber:

für jede reelle Lösung müssen $\gamma - \alpha$ und $c - a$ von gleichem Vorzeichen sein.

Die Zusammenstellung der sich hieraus ergebenden Fälle geben wir in Tabellenform. Um das Zustandekommen der Tabelle zu erläutern, mag hier der erste in ihr aufgeführte Fall näher betrachtet werden. Es sei also vorausgesetzt:

$$c < 90^0, \quad a < 90^0, \quad c < a.$$

Da also $c - a < 0$ ist, muß auch $\gamma - \alpha < 0$ werden. Nun ist bei unseren Voraussetzungen $\sin c < \sin a$, also nach (10) $\sin \alpha > \sin \gamma$. Da aber, wie gezeigt, $\gamma < \alpha$ werden muß, haben wir keine Lösung, sobald $\gamma > 90^0$, zwei Lösungen, sobald $\gamma < 90^0$. Setzen wir:

$$c = 90^0 \mp \varphi^0, \quad a = 90^0 \mp \psi^0,$$

dann bedeutet

$\varphi < \psi$: c liegt näher an 90^0 als a;

$\varphi > \psi$: a liegt näher an 90^0 als c.

Nach diesen Vorbereitungen wird das Verständnis den nun folgenden Tabelle keine Schwierigkeit mehr haben.

$c < 90^0$, $a < 90^0$,

$c < a$	zwei Lösungen	je nachdem	$\gamma < 90^0$
	keine Lösung		$\gamma > 90^0$
$c = a$	s. unten		
$c > a$	eine Lösung: $\alpha = \alpha'$.		

$\boldsymbol{c > 90^0}$, $\boldsymbol{a} < 90^0$,

$\varphi > \psi$ zwei Lösungen, keine Lösung, je nachdem $\gamma > 90^0$, $\gamma < 90^0$

$\varphi = \psi$ eine Lösung: $\alpha = \alpha'$, keine Lösung, je nachdem $\gamma > 90^0$, $\gamma < 90^0$

$\varphi < \psi$ eine Lösung: $\alpha = \alpha'$.

$\boldsymbol{c < 90^0}$, $\boldsymbol{a > 90^0}$,

$\varphi > \psi$ zwei Lösungen, keine Lösung, je nachdem $\gamma < 90^0$, $\gamma > 90^0$

$\varphi = \psi$ eine Lösung $\alpha = \alpha''$, keine Lösung, je nachdem $\gamma < 90^0$, $\gamma > 90^0$

$\varphi < \psi$ eine Lösung: $\alpha = \alpha''$.

$\boldsymbol{c > 90^0}$, $\boldsymbol{a} > 90^0$,

$c > a$ zwei Lösungen, keine Lösung, je nachdem $\gamma > 90^0$, $\gamma < 90^0$

$c = a$ s. unten

$c < \alpha$ eine Lösung: $\alpha = \alpha''$.

Besonders behandelt muß noch werden der Fall $\boldsymbol{c = a}$. Dann ist auch $\alpha = \gamma$ (§ 36, 7.), und aus der Formel (VIII) folgt:

$$\operatorname{cotg} \frac{\beta}{2} = \operatorname{tg} \gamma \cos c; \qquad \operatorname{tg} \frac{b}{2} = \operatorname{tg} c \cos \gamma .$$

Damit also $\operatorname{tg} \beta/2$ und $\operatorname{tg} b/2$ positiv seien ist hinreichend und notwendig, daß c und γ entweder beide spitz oder beide stumpf sind.

Es gibt nur eine Lösung — außer wenn $a = c = \gamma = 90^0$. In diesem Fall haben wir wie leicht ersichtlich unendlich viele Lösungen.

12. Die Diskussion der sechsten Aufgabe (γ, α, c) fällt genau ebenso aus, nur sind überall Seiten und Winkel zu vertauschen. Unter Einführung folgender Bezeichnungen:

$c = 90^0 \mp \varphi^0$	$\gamma = 90^0 \mp \varphi^0$
$a = 90^0 \mp \psi^0$	$\alpha = 90^0 \mp \psi^0$

$$\delta_{xy} = \begin{cases} +1 & \text{wenn } x, y \text{ gleichartige}^{1)} \text{ Winkel sind,} \\ 0 & \text{wenn } x, y \text{ ungleichartige Winkel sind,} \end{cases}$$

$$\mathfrak{z} = \text{Anzahl der Lösungen}$$

kommt man auf Grund unserer Tabelle zu dem abschließenden Resultat:

(1) $\frac{\sin a \sin \gamma}{\sin c} > 1$: $\mathfrak{z} = 0$		(1) $\frac{\sin \alpha \sin c}{\sin \gamma} > 1$: $\mathfrak{z} = 0$
(2) $\frac{\sin a \sin \gamma}{\sin c} = 1$: $\mathfrak{z} = 1$		(2) $\frac{\sin \alpha \sin c}{\sin \gamma} = 1$: $\mathfrak{z} = 1$
(3) $\frac{\sin a \sin \gamma}{\sin c} < 1$:		(3) $\frac{\sin \alpha \sin c}{\sin \gamma} < 1$:

a) $\varphi < \psi$: $\mathfrak{z} = 1$

b) $\varphi = \psi$: $\mathfrak{z} = \delta_{c\gamma}$, $\delta_{a\alpha} = 1$

c) $\varphi > \psi$: $\mathfrak{z} = 2\delta_{c\gamma}$.

Ausnahmefall:	Ausnahmefall:
$a = c = \gamma = 90^0$: $\mathfrak{z} = \infty$	$\alpha = \gamma = c = 90^0$: $\mathfrak{z} = \infty$.

13. In den Fällen, in denen zwei Lösungen vorhanden sind, erhält man die beiden Werte von b und β, indem man in (11) einmal

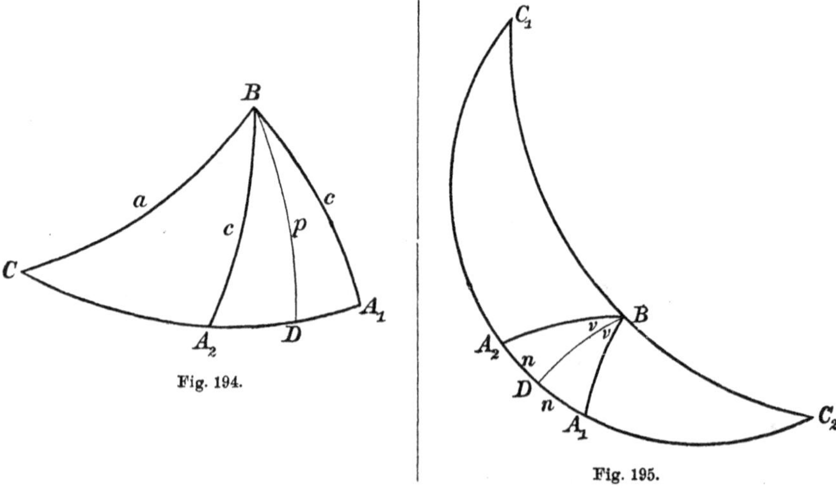

Fig. 194.

Fig. 195.

$\alpha = \alpha'$ (bez. $a = a'$), das andere Mal $\alpha = \alpha''$ (bez. $a = a''$) setzt.

Etwas anders verhält es sich bei der Anwendung der Hilfswinkel.

1) Zwei Winkel heißen „gleichartig," wenn sie gleichzeitig spitz oder gleichzeitig stumpf sind, sonst „ungleichartig".

Hier wird $b - m$ durch seinen Kosinus bestimmt. Ist der eine Wert davon n, so ist der andere $-n$, und

$$b' = m + n,$$
$$b'' = m - n.$$

Ebenso wird $\beta - \mu$ durch seinen Kosinus bestimmt. Aus $\beta - \mu = \mp \nu$ folgt dann

$$\beta' = \mu + \nu,$$
$$\beta'' = \mu - \nu.$$

Dies wird durch Betrachtung der (schematischen) Figur 194 bestätigt, in der

$$DA_1 = DA_2 = n,$$
$$\sphericalangle A_1BD = \sphericalangle A_2BD = \nu,$$
$$CD = m,$$
$$\sphericalangle CBD = \mu,$$

ist.

Hier wird $(\beta - \nu)$ durch seinen Sinus bestimmt. Ist der eine Wert davon μ, so ist der andere $180^0 - \mu$, und

$$\beta' = \nu + \mu,$$
$$\beta'' = \nu + 180^0 - \mu.$$

Ebenso wird $b - n$ durch seinen Sinus bestimmt. Aus $b - n = \mp m$ folgt dann

$$b' = n + m,$$
$$b'' = n + 180^0 - m.$$

Dies wird durch Betrachtung der Figur 195 bestätigt, in der

$$\sphericalangle C_1BD = \mu, \quad \sphericalangle C_2BD = 180^0 - \mu,$$
$$\sphericalangle DC_1 = m, \quad DC_2 = 180^0 - m,$$
$$A_1BD = \sphericalangle A_2BD = \nu,$$
$$DA_1 = DA_2 = n,$$

ist.

§ 55. Berechnung anderer wichtiger Dreiecksstücke.

1. Radius ϱ des Inkreises.

Der sphärische Radius des eingeschriebenen Kreises sei ϱ, μ sein Mittelpunkt, D, E, F seine Berührungspunkte (Fig. 196, schematisch). Man erkennt wie in der Ebene, daß

$$AE = AF = s_1,$$
$$BF = BD = s_2,$$
$$CD = CE = s_3$$

ist. Aus dem rechtwinkligen Dreieck $AF\mu$ ergibt sich

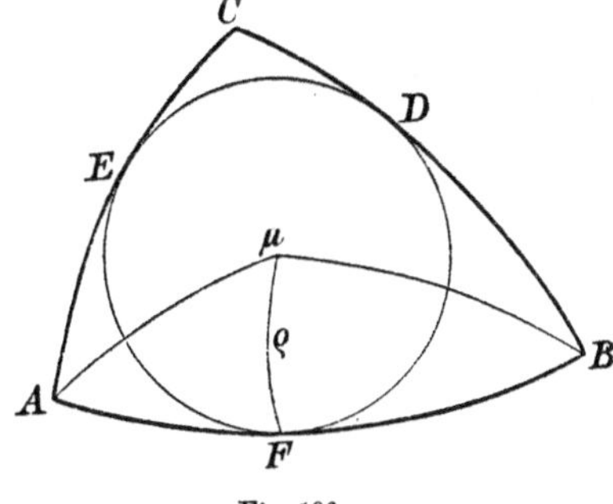

Fig. 196.

(1)
$$\operatorname{tg}\frac{\alpha}{2} = \frac{\operatorname{tg}\varrho}{\sin s_1},$$
$$\operatorname{tg}\frac{\beta}{2} = \frac{\operatorname{tg}\varrho}{\sin s_2},$$
$$\operatorname{tg}\frac{\gamma}{2} = \frac{\operatorname{tg}\varrho}{\sin s_3}.$$

Der Vergleich mit § 53, (X) ergibt:

(2)
$$\operatorname{tg}\varrho = \underset{+}{\sqrt{\frac{\sin s_1 \sin s_2 \sin s_3}{\sin s_0}}} = k.$$

Die Gleichungen (1) lassen sich auch schreiben:

$$\operatorname{cotg}\frac{\alpha}{2}=\frac{\sin s_1}{\operatorname{tg}\varrho},\qquad \operatorname{cotg}\frac{\beta}{2}=\frac{\sin s_2}{\operatorname{tg}\varrho};$$

hieraus folgt durch Addition:

$$\operatorname{cotg}\frac{\alpha}{2}+\operatorname{cotg}\frac{\beta}{2}=\frac{2\sin\frac{s_1+s_2}{2}\cos\frac{s_1-s_2}{2}}{\operatorname{tg}\varrho},$$

oder:

$$\operatorname{cotg}\varrho=\frac{\sin\frac{\alpha+\beta}{2}}{2\cos\frac{a-b}{2}\sin\frac{c}{2}\sin\frac{\alpha}{2}\sin\frac{\beta}{2}}.$$

Die letzte Delambresche Gleichung (§ 53, IX) gestaltet dies um in

$$\operatorname{cotg}\varrho=\frac{\cos\frac{\gamma}{2}}{2\cos\frac{c}{2}\sin\frac{c}{2}\cdot\sin\frac{\alpha}{2}\sin\frac{\beta}{2}}=\frac{4\cos\frac{\alpha}{2}\cos\frac{\beta}{2}\cos\frac{\gamma}{2}}{\sin c\sin\alpha\sin\beta}.$$

Unter Benutzung von § 53, (I) folgt hieraus:

(3) $$\operatorname{cotg}\varrho=\frac{4}{\varDelta}\cdot\cos\frac{\alpha}{2}\cos\frac{\beta}{2}\cos\frac{\gamma}{2}.$$

2. Radien der Ankreise ϱ_1, ϱ_2, ϱ_3.

Ist ϱ_1 der Radius des der Seite a angeschriebenen Ankreises, so bedenke man, daß dieser Kreis zugleich Inkreis des an a anstoßenden Nebendreiecks mit den Seiten a, 180^0-b, 180^0-c ist. Die Formeln (1) bis (3) liefern daher sofort:

(4) $$\operatorname{tg}\frac{\alpha}{2}=\frac{\operatorname{tg}\varrho_1}{\sin s_0},\qquad \operatorname{tg}\frac{\beta}{2}=\frac{\operatorname{tg}\varrho_2}{\sin s_0},\qquad \operatorname{tg}\frac{\gamma}{2}=\operatorname{tg}\frac{\varrho_3}{\sin s_0},$$

(5) $$\begin{cases}\operatorname{tg}\varrho_1=\underset{+}{\sqrt{\dfrac{\sin s_0\sin s_2\sin s_3}{\sin s_1}}},\qquad \operatorname{tg}\varrho_2=\underset{+}{\sqrt{\dfrac{\sin s_0\sin s_3\sin s_1}{\sin s_2}}},\\ \operatorname{tg}\varrho_3=\underset{+}{\sqrt{\dfrac{\sin s_0\sin s_1\sin s_2}{\sin s_3}}}.\end{cases}$$

(6) $$\begin{cases}\operatorname{cotg}\varrho_1=\dfrac{4}{\varDelta}\cos\dfrac{\alpha}{2}\sin\dfrac{\beta}{2}\sin\dfrac{\gamma}{2},\\ \operatorname{cotg}\varrho_2=\dfrac{4}{\varDelta}\cos\dfrac{\beta}{2}\sin\dfrac{\gamma}{2}\sin\dfrac{\alpha}{2},\\ \operatorname{cotg}\varrho_3=\dfrac{4}{\varDelta}\cos\dfrac{\gamma}{2}\sin\dfrac{\alpha}{2}\sin\dfrac{\beta}{2}.\end{cases}$$

Aus (5) folgen durch Multiplikation die bemerkenswerten Relationen:

$$\begin{aligned} &\operatorname{tg}\varrho_1 \operatorname{tg}\varrho_2 = \sin s_0 \sin s_3, \\ (7)\qquad &\operatorname{tg}\varrho_2 \operatorname{tg}\varrho_3 = \sin s_0 \sin s_1, \\ &\operatorname{tg}\varrho_3 \operatorname{tg}\varrho_1 = \sin s_0 \sin s_2. \end{aligned}$$

3. Jede der Formeln (1) bis (7) hat eine analoge in der Ebene (vgl. § 31 und § 24). Die zu (3) analoge und aus § 31, (11) und (12) abzuleitende Formel heißt

$$\frac{1}{\varrho} = \frac{4r}{J}\cos\frac{\alpha}{2}\cos\frac{\beta}{2}\cos\frac{\gamma}{2},$$

wo J der Inhalt und r der Radius des Umkreises des ebenen Dreiecks ist. An die Stelle von Δ ist also hier $J:r$ getreten. Dasselbe gilt für Gl. (6).

Es mag bemerkt werden, daß auch die Ableitung dieser Formeln in der Ebene genau analog geführt werden kann.

4. Radius R des Umkreises.

Nach § 39, 14. ist der Radius R des Umkreises polar und komplementär zu ϱ. Unter Beachtung, daß bei unserer jetzigen Bezeichnung die Seiten des Dreiecks die Supplemente der Winkel des Polardreiecks sind — nicht mehr gleich den Winkeln selbst — ergibt sich aus (1) bis (3):

$$(8)\qquad \operatorname{cotg}\frac{a}{2} = \frac{\operatorname{cotg} R}{\cos\sigma_1}, \quad \operatorname{cotg}\frac{b}{2} = \frac{\operatorname{cotg} R}{\cos\sigma_2}, \quad \operatorname{cotg}\frac{c}{2} = \frac{\operatorname{cotg} R}{\cos\sigma_3},$$

$$(9)\qquad \operatorname{cotg} R = \sqrt{\frac{\cos\sigma_1 \cos\sigma_2 \cos\sigma_3}{-\cos\sigma_0}} = \varkappa,$$

$$(10)\qquad \operatorname{tg} R = \frac{4}{D}\cdot\sin\frac{a}{2}\sin\frac{b}{2}\sin\frac{c}{2}.$$

5. Inhalt i eines sphärischen Dreiecks.

Zwei Hauptkreise der Kugel begrenzen vier „Zweiecke". Um den Inhalt z eines von ihnen zu berechnen, ist es vorteilhaft, die Winkel in Bogenmaß zu messen. Bezeichnet dann wieder r den Halbmesser der Kugel, F ihre Oberfläche, ζ den Winkel des Zweiecks, so verhält sich offenbar (Fig. 197)

$$z : F = \zeta : 2\pi,$$

woraus

$$z = 2r^2\zeta$$

folgt.

Hat man nun auf der Kugel ein sphärisches Dreieck ABC (in Eulerscher Bezeichnung), und sind A', B', C' die Gegenpunkte von A, B, C (Fig. 198), so übertrifft die Summe der sphärischen Zweiecke

$$ABA'C, \quad BAB'C, \quad CB'C'A'$$

die in der Figur vordere Halbkugel um das Dreieck ABC und sein

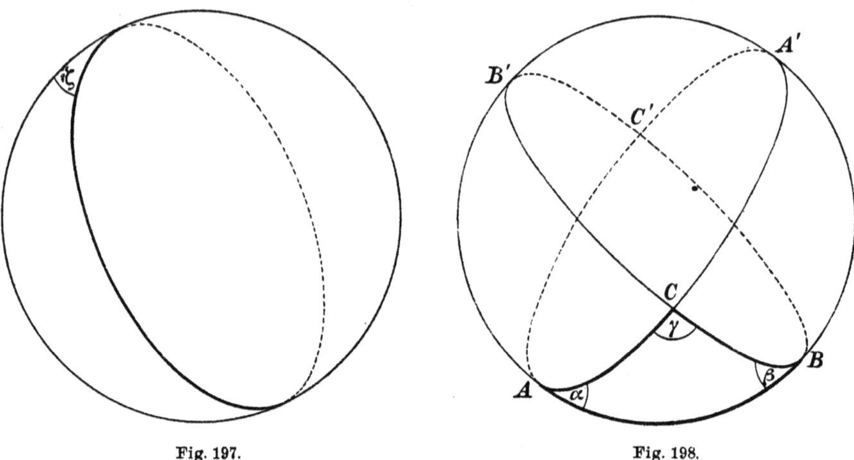

Fig. 197. Fig. 198.

Gegendreieck $A'B'C'$. Die Winkel der Zweiecke (in Bogenmaß) sind aber α, β, γ, und die Dreiecke ABC und $A'B'C'$ sind inhaltsgleich, wie leicht zu beweisen. Also ist:

$$2r^2(\alpha + \beta + \gamma) - 2i = 2r^2\pi,$$

und daher, wenn man wieder

$$\varepsilon = \alpha + \beta + \gamma - \pi$$

setzt:

$$(11) \qquad i = r^2 \cdot \varepsilon.$$

6. Man erkennt aus dieser Ableitung, daß stets $\varepsilon > 0$, oder daß die Winkelsumme eines sphärischen Dreiecks stets größer als 180^0 ist (§ 36, 7.).

Der Inhalt eines sphärischen Dreiecks ist für einen bestimmten Kugelradius nach (11) nur abhängig von der Winkelsumme des Dreiecks. Da mit einem größeren Inhalt notwendig eine größere Winkelsumme verknüpft ist, folgt der Satz:

Ähnliche Dreiecke im Sinne der Planimetrie sind im Gebiete der Sphärik nicht möglich. Dagegen gibt es ähnliche sphärische Dreiecke auf Kugeln von verschiedenem Radius, und ihre Inhalte verhalten sich dann wie die Quadrate dieser Radien.

7. Wie wir in § 36, 4. die Seiten unabhängig vom Kugelradius in reinen, dimensionslosen Zahlen gemessen haben, so ist es auch für den Inhalt zweckmäßig, eine dimensionslose Zahl zu haben. Wir bezeichnen daher als „rationellen Inhalt" eines sphärischen Dreiecks die Größe:

$$i_r = \frac{i}{r^2} = \varepsilon . \tag{12}$$

Es gilt dann der Satz:

Der rationelle Inhalt eines sphärischen Dreiecks ist unabhängig vom Kugelradius, abhängig dagegen von den Winkeln, und zwar ist er gleich dem sphärischen Exzeß.

8. Zur Berechnung des Inhalts bei gegebenen Seiten dient die L'Huiliersche Formel (§ 53, XII):

$$\operatorname{tg} \frac{\varepsilon}{4} = \sqrt{\operatorname{tg} \frac{s_0}{2} \operatorname{tg} \frac{s_1}{2} \operatorname{tg} \frac{s_2}{2} \operatorname{tg} \frac{s_3}{2}} \tag{13}$$

in Verbindung mit (11).

Den „rationellen" Inhalt liefert diese Formel direkt.

§ 56. Beziehungen zwischen sphärischer und ebener Trigonometrie. „Kleine" Dreiecke: Satz von Legendre.

1. Halten wir die Ecken A, B, C eines sphärischen Dreiecks fest und lassen den Kugelradius r unbegrenzt wachsen, so geht nach der gewöhnlichen Vorstellung der Euklidischen Geometrie die Kugel in die durch A, B, C bestimmte Ebene, das sphärische Dreieck in ein ebenes über.

Die Seiten a, b, c konvergieren dabei gegen 0, nicht aber die Bogenlängen zwischen den Ecken. Wir setzen in Übereinstimmung mit § 36, 4.:

$$a = \frac{\bar{a}}{r} \qquad b = \frac{\bar{b}}{r} \qquad c = \frac{\bar{c}}{r}, \tag{1}$$

wo $\bar{a}, \bar{b}, \bar{c}$ die absoluten Bogenlängen bezeichnen.

Unsere Absicht ist, die Formeln der ebenen Trigonometrie durch Grenzübergang aus den sphärischen herzuleiten.

2. Aus Formel (12) von § 55:

$$i_r = \frac{i}{r^2} = \varepsilon$$

folgt $\varepsilon = 0$ für $r = \infty$.

Der Satz von der Winkelsumme im Dreieck ist also in der Planimetrie das Analogon zu dem Satzes § 55, 7. über den rationellen Inhalt in der Sphärik.

Ferner ergibt jetzt Formel (11) des § 55 den Satz:

Für die Planimetrie erscheint der absolute Inhalt in der Form $i = 0 \cdot \infty$; hieraus erklärt sich, daß bei einem ebenen Dreieck der Inhalt nicht durch die Winkel bestimmt wird, da ja $0 \cdot \infty$ unbestimmt ist.

3. Um für die eigentlichen trigonometrischen Formeln den Grenzübergang zu vollziehen, benutzen wir die für unendlich kleine Winkel, d. h. für unendlich großes r mit unendlich großer Genauigkeit geltenden Formeln (Bd. I, p. 377, (9)):

$$\sin x = x - \frac{x^3}{6} = \frac{\bar{x}}{r} - \frac{\bar{x}^3}{6r^3},$$

$$\cos x = 1 - \frac{x^2}{2} + \frac{x^4}{24} = 1 - \frac{\bar{x}^2}{2r^2} + \frac{\bar{x}^4}{24r^4}.$$

Der sphärische Sinussatz geht dann ohne weiteres in den ebenen über.

4. Der Kosinussatz:

$$\cos a = \cos b \cos c + \sin b \sin c \cos \alpha$$

nimmt die Form an:

$$1 - \frac{\bar{a}^2}{2r^2} + \frac{\bar{a}^4}{24r^4}$$
$$= \left(1 - \frac{\bar{b}^2}{2r^2} + \frac{\bar{b}^4}{24r^4}\right)\left(1 - \frac{\bar{c}^2}{2r^2} + \frac{\bar{c}^4}{24r^4}\right) + \left(\frac{\bar{b}}{r} - \frac{\bar{b}^3}{6r^3}\right)\left(\frac{\bar{c}}{r} - \frac{\bar{c}^3}{6r^3}\right)\cos\alpha.$$

Durch Ausmultiplizieren und Multiplizieren mit $-2r^2$ erhält man unter Vernachlässigung höherer als vierter Potenzen von $1/r$:

$$\begin{aligned}\bar{a}^2 &= \bar{b}^2 + \bar{c}^2 - 2\bar{b}\bar{c}\cos\alpha \\ &- \frac{1}{12r^2}\left[\bar{b}^4 + 6\bar{b}^2\bar{c}^2 + \bar{c}^4 - \bar{a}^4 - 4\bar{b}\bar{c}(\bar{b}^2 + \bar{c}^2)\cos\alpha\right].\end{aligned} \tag{2}$$

Für $r = \infty$ folgt:

Auch der sphärische Kosinussatz geht in den ebenen über.

5. Es ist auf diese Weise möglich, zu jeder sphärischen Formel die analoge ebene aufzusuchen. Wir heben als besonders bemerkenswert noch Formel (13) des § 55 hervor. Da ε gegen 0 geht, können wir $\operatorname{tg} \varepsilon/4$ durch $\varepsilon/4$ ersetzen; ferner ist $s_i = \bar{s}_i/r$. Daher liefert (13) für das ebene Dreieck

$$\sqrt{\bar{s}_0 \cdot \bar{s}_1 \cdot \bar{s}_2 \cdot \bar{s}_3} = \lim r^2 \varepsilon = \bar{i},$$

die bekannte Inhaltsformel der ebenen Trigonometrie (§ 24 (6), § 31 (7)).

6. Wir haben soeben das ebene Dreieck als Grenzfall des sphärischen aufgefaßt.

Für den praktischen Geodäten ungleich wichtiger ist die Frage: Kann man, und unter welchen Umständen, ein sphärisches Dreieck rechnerisch wie ein ebenes behandeln?

Hierüber existiert ein Satz von Legendre, der in der Praxis ausgedehnte Anwendung findet:

Hat ein sphärisches Dreieck kleine Seiten und infolge dessen kleinen Exzeß, so ist seine Fläche nahezu gleich der Fläche eines ebenen Dreiecks mit denselben absoluten Seitenlängen, während jeder Winkel des sphärischen Dreiecks um ein Drittel des Exzesses größer ist als der entsprechende des ebenen Dreiecks.

Der Begriff „kleines" Dreieck ist etwas unbestimmt. Die Geodäten haben praktische Regeln über die Gültigkeitsgrenzen des Satzes. Für uns genügt es zu sagen: Sind die Seiten des sphärischen Dreiecks gegeben durch

$$a = \frac{\bar{a}}{r}, \quad b = \frac{\bar{b}}{r}, \quad c = \frac{\bar{c}}{r},$$

so sollen $\bar{a}, \bar{b}, \bar{c}$ klein gegen r sein, und zwar sollen jedenfalls Glieder von der Größenordnung $(\bar{a}/r)^4$ u. s. w. als Null gelten. Der Exzeß soll so klein sein, daß mit demselben Annäherungsgrad $\varepsilon = \operatorname{tg} \varepsilon = \sin \varepsilon$ und $\cos \varepsilon = 1$ gesetzt werden darf. Das sphärische Dreieck ABC mit den in Längenmaß gemessenen Seiten $\bar{a}, \bar{b}, \bar{c}$ und den Winkeln α, β, γ wird durch den Satz von Legendre in Beziehung gesetzt mit einem ebenen Dreieck $A_1 B_1 C_1$ von ebenfalls den Seiten $\bar{a}, \bar{b}, \bar{c}$, aber den Winkeln $\alpha_1 = \alpha - \varepsilon/3$, $\beta_1 = \beta - \varepsilon/3$, $\gamma_1 = \gamma - \varepsilon/3$.

Unter unseren Voraussetzungen folgt genau wie unter 5. für den Inhalt

$$i = r^2 \varepsilon = 4 r^2 \cdot \frac{\varepsilon}{4} = \sqrt{\bar{s}_0 \cdot \bar{s}_1 \cdot \bar{s}_2 \cdot \bar{s}_3} = i_1,$$

womit der erste Teil des Satzes bewiesen ist.

7. Zum Beweise des zweiten Teiles bilde man aus (2) unter Vernachlässigung vierter und höherer Potenzen von $1/r$:

$$\bar{a}^4 = (\bar{b}^2 + \bar{c}^2 - 2\bar{b}\bar{c}\cos\alpha)^2 + \frac{K}{r^2},$$

wobei K eine von r unabhängige Größe ist. Setzt man diesen Wert von $\bar{a}^4$ in die eckige Klammer von (2) ein, so geht, wieder unter Vernachlässigung höherer als vierter Potenzen von $1/r$, (2) über in:

$$\bar{a}^2 = \bar{b}^2 + \bar{c}^2 - 2\bar{b}\bar{c}\cos\alpha - \frac{\bar{b}^2\bar{c}^2\sin^2\alpha}{3r^2}.$$

Hier kann, immer unter unseren Voraussetzungen,

$$\tfrac{1}{2}\bar{b}\bar{c}\sin\alpha = i$$

gesetzt werden:

$$\bar{a}^2 = \bar{b}^2 + \bar{c}^2 - 2\bar{b}\bar{c}\cos\alpha - \frac{2i}{3r^2}\bar{b}\bar{c}\sin\alpha.$$

Da aber nach § 55, (12) $i/r^2 = \varepsilon$ ist, so folgt:

$$\bar{a}^2 = \bar{b}^2 + \bar{c}^2 - 2\bar{b}\bar{c}\left(\cos\alpha + \frac{\varepsilon}{3}\sin\alpha\right),$$

oder, da

$$\cos\left(\alpha - \frac{\varepsilon}{3}\right) = \cos\alpha\cos\frac{\varepsilon}{3} + \sin\alpha\sin\frac{\varepsilon}{3}$$

ist und $\cos\varepsilon/3 = 1$, $\sin\varepsilon/3 = \varepsilon/3$ gesetzt werden kann:

$$\bar{a}^2 = \bar{b}^2 + \bar{c}^2 - 2\bar{b}\bar{c}\cos\left(\alpha - \frac{\varepsilon}{3}\right). \tag{3}$$

Nimmt man die beiden durch zyklische Vertauschung folgenden Formeln noch hinzu, so ist der Legendresche Satz auch in seinem zweiten Teil bewiesen.

DRITTES BUCH.

ANALYTISCHE GEOMETRIE UND STEREOMETRIE.

Siebenter Abschnitt.

Analytische Geometrie der Ebene.

§ 57. Koordinaten.

1. Zur Auffindung neuer Wahrheiten und zur Führung von Beweisen bedient sich die Geometrie zweier verschiedener Methoden, von denen die erste, ältere, die synthetische, die andere die analytische genannt wird. Die synthetische Geometrie schöpft unmittelbar aus der Raumanschauung und ist eine Weiterbildung der Elemente des Euklid. Sie gewährt bei jedem Schritt einen unmittelbaren Einblick in die geometrische Natur des Beweisverfahrens, hat aber nicht so bestimmt vorgewiesene Wege wie die analytische Methode.

Die Kunst des Analytikers besteht darin, unschöne Rechnungen zurückzudrängen und die algebraischen Gedanken herauszuarbeiten, also an Stelle der Raumanschauung die Zahlenanschauung zu verwenden.[1])

2. Das Hilfsmittel, dessen sich die analytische Geometrie vorzugsweise bedient, sind die Koordinaten, die wir schon im achten Abschnitt des ersten Bandes zur geometrischen Darstellung imaginärer Zahlen angewandt haben.

Man nimmt in der Ebene zwei zu einander rechtwinklige Achsen, die x-Achse und die y-Achse, willkürlich an, die sich in einem Punkte O, dem Koordinatenanfangspunkte, schneiden. Auf jeder dieser Geraden wird eine der beiden Richtungen willkürlich die positive genannt.

Um die Lage eines Punktes P zu bestimmen, fälle man von ihm aus Perpendikel auf die beiden Achsen, deren Fußpunkte Q und R sein mögen. Die Maßzahlen x, y der Strecken OQ und OR, mit dem positiven oder negativen Zeichen behaftet, je nachdem Q und R

1) Man schreibt die Entdeckung der analytischen Geometrie Descartes zu, dessen „Géométrie" im Jahre 1637 im Druck erschien. Gleichzeitig und unabhängig davon hat sich auch Fermat mit ähnlichen Gedanken getragen (Brief an Roberval von 1636), und seine späteren Publikationen gehen noch über Descartes hinaus. Schon bei Apollonius finden sich Spuren der analytischen Betrachtungsweise. Die höchste formale Vollendung der analytisch-geometrischen Methoden findet sich wohl bei Hesse (1811—1874).

von O aus gesehen in der positiven oder negativen Richtung der Achse liegen, heißen die Koordinaten des Punktes P. Sind diese gegeben, so ist die Lage des Punktes P eindeutig bestimmt. Zum Unterschied von anderen Koordinatenbestimmungen, von denen wir gleich ein Beispiel kennen lernen werden, heißen diese rechtwinklige oder auch Cartesische Koordinaten.

3. Jede gerade Linie bestimmt zwei entgegengesetzte Richtungen. Läßt man die Gerade aber von einem Punkte aus als „Strahl" nur nach der einen Seite hin verlaufen, so erhält man eine einzige bestimmte Richtung. Durch jeden beliebigen Punkt der Ebene kann man zu einem solchen Strahl einen Parallelstrahl legen, und alle diese Parallelstrahlen haben die gleiche Richtung.

Um eine Richtung mittels des Koordinatensystems zu bestimmen, lege man einen Parallelstrahl s durch den Anfangspunkt, und denke sich einen beweglichen Strahl, etwa wie den Zeiger einer Uhr, aus der x-Richtung in die Richtung s gedreht.

Wir bezeichnen (willkürlich) eine Drehung als positiv, wenn sie in dem Sinne von der positiven x-Achse zur positiven y-Achse hin erfolgt (in der Richtung des Pfeiles, bei der Annahme der Figur von rechts nach links), die entgegengesetzte Drehung als negativ. Macht dann der Winkel ϑ die kleinste positive Drehung, durch die man aus der Richtung x in die Richtung s gelangt, so liegt ϑ zwischen 0 und 2π. Jeder Winkel ϑ in diesem Intervall gibt uns eine und nur eine Richtung s; aber Drehungen, die sich um positive oder negative Vielfache von 2π unterscheiden, geben dieselbe Richtung. Die Richtung ist also eindeutig bestimmt, wenn $\sin\vartheta$ und $\cos\vartheta$ gegeben sind.

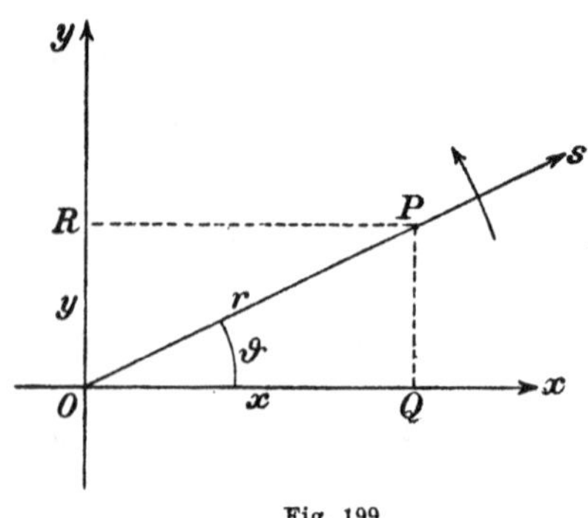

Fig. 199.

4. Hiernach kann die Lage des Punktes P auch bestimmt werden durch Richtung und Länge des vom Anfangspunkt nach P gehenden Strahles r. Die Richtung bestimmt man durch den Winkel ϑ, dem man irgend ein Intervall von der Größe 2π anweist, etwa das Intervall $0, 2\pi$ oder $-\pi, +\pi$ (wobei die eine der beiden Grenzen ausgeschlossen, die andere eingeschlossen ist). Die Länge r wird in irgend einer Längeneinheit gemessen, aber immer als positiv betrachtet. Da hiernach r und ϑ die Lage des Punktes P eindeutig bestimmen, so bezeichnet man sie gleichfalls als Koordinaten des Punktes P, und

zwar, zum Unterschied von den rechtwinkligen, als Polarkoordinaten. Der Anfangspunkt O heißt der Pol dieses Koordinatensystems.

5. Aufgabe: Es sind zwei Punkte 1 und 2 durch ihre Koordinaten x_1, y_1 und x_2, y_2 gegeben. Es soll ihre Entfernung (12) und die Richtung von 1 nach 2 bestimmt werden.

Die Lösung der Aufgabe ergibt sich einfach aus der Figur 200. Zieht man durch die Punkte 1, 2 Parallelen zu der x-Achse und zu der y-Achse, so erhält man ein rechtwinkliges Dreieck (123), in dem die Hypotenuse (12) ist, während die Katheten (13) und (23), vom Vorzeichen abgesehen, gleich $x_2 - x_1$ und $y_2 - y_1$ sind. Liegt der

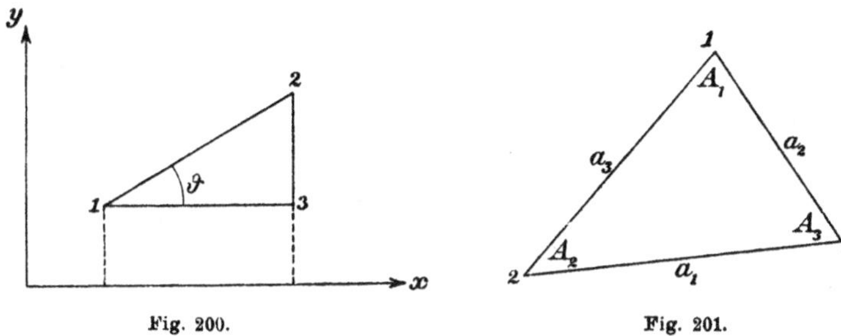

Fig. 200. Fig. 201.

Winkel ϑ im ersten Quadranten, so sind die beiden Differenzen positiv, und man erhält:

$$x_2 - x_1 = (12)\cos\vartheta, \qquad y_2 - y_1 = (12)\sin\vartheta, \tag{1}$$

$$(12) = \sqrt{(x_2 - x_1)^2 + (y_2 - y_1)^2}. \tag{2}$$

Wenn aber der Punkt 2 im positiven Sinne um 1 rotiert, so ändert $x_2 - x_1$ sein Zeichen beim Übergang aus dem ersten in den zweiten Quadranten, $y_2 - y_1$ beim Übergang in den dritten Quadranten. Es ändern also diese Differenzen ebenso ihre Vorzeichen, wie $\cos\vartheta$ und $\sin\vartheta$, und folglich sind die Formeln (1) gültig für jede Lage der Punkte 1, 2.

6. Es seien drei Punkte 1, 2, 3, die ein Dreieck bilden, durch ihre Koordinaten x_1, y_1; x_2, y_2; x_3, y_3 gegeben (Fig. 201). Wir wollen die Bezeichnung so wählen, daß ein Umlauf um das Dreieck in der Richtung von 1, 2, 3 einer positiven Drehung entspricht (Fig. 202). Es sollen die Seiten a_1, a_1, a_3 und die Winkel A_1, A_2, A_3 des Dreiecks aus den Koordinaten abgeleitet werden.

Fig. 202.

Die Lösung dieser Aufgabe ergibt sich unmittelbar aus (1) und (2). Darnach ist zunächst

$$a_1 = \sqrt{(x_3 - x_2)^2 + (y_3 - y_2)^2},$$
$$a_2 = \sqrt{(x_1 - x_3)^2 + (y_1 - y_3)^2},$$
$$a_3 = \sqrt{(x_2 - x_1)^2 + (y_2 - y_1)^2}.$$

Sind ferner ϑ_1, ϑ_2, ϑ_3 die Winkel der Richtungen $\overline{23}$, $\overline{31}$, $\overline{12}$ mit der x-Achse, so ist

$$A_1 = \vartheta_2 - \vartheta_3 \pm \pi,$$
$$A_2 = \vartheta_3 - \vartheta_1 \pm \pi,$$
$$A_3 = \vartheta_1 - \vartheta_2 \pm \pi,$$

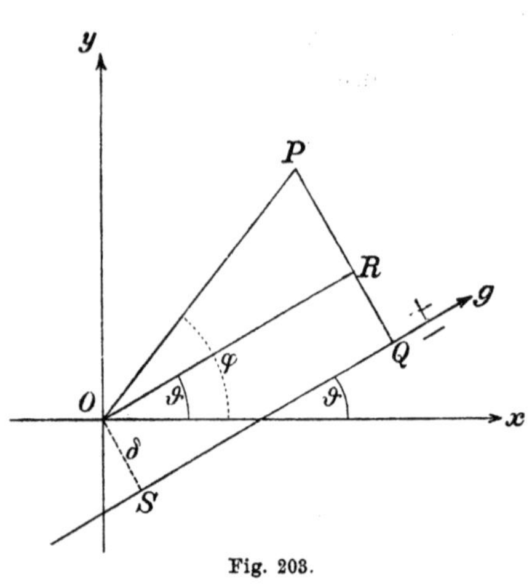

Fig. 203.

und folglich

$$\sin A_1 = \sin\vartheta_3 \cos\vartheta_2 - \cos\vartheta_3 \sin\vartheta_2,$$
$$-\cos A_1 = \cos\vartheta_3 \cos\vartheta_2 + \sin\vartheta_3 \sin\vartheta_2.$$

Es ist ferner nach (1)

$$a_2 \cos\vartheta_2 = x_1 - x_3,$$
$$a_2 \sin\vartheta_2 = y_1 - y_3,$$
$$a_3 \cos\vartheta_3 = x_2 - x_1,$$
$$a_3 \sin\vartheta_3 = y_2 - y_1,$$

und folglich

$$a_2 a_3 \sin A_1 = (x_1 - x_3)(y_2 - y_1) - (x_2 - x_1)(y_1 - y_3),$$
$$-a_2 a_3 \cos A_1 = (x_2 - x_1)(x_1 - x_3) + (y_2 - y_1)(y_1 - y_3).$$

Die erste dieser Formeln gibt uns zugleich den doppelten Flächeninhalt des Dreiecks. Und wenn wir diesen doppelten Flächeninhalt mit Δ bezeichnen, so folgt durch Ausmultiplizieren:

$$(3) \qquad \Delta = (x_2 y_3 - x_3 y_2) + (x_3 y_1 - x_1 y_3) + (x_1 y_2 - x_2 y_1).$$

Beim Gebrauch dieses Ausdrucks ist aber darauf zu achten, daß die Reihenfolge der Punkte 1, 2, 3 so gewählt ist, wie wir es festgesetzt haben. Ändert man diese Reihenfolge, indem man z. B. 1 mit 2 vertauscht, so ändert der Ausdruck (3) sein Vorzeichen, stellt also dann den negativen Wert des Flächeninhaltes dar.

7. Auf einer geraden Linie g gibt es zwei einander entgegengesetzte Richtungen. Wir bezeichnen eine von diesen Richtungen nach Willkür als die positive und markieren sie in der Figur 203 durch einen Pfeil.

Jeder auf der Geraden angenommene Punkt teilt dann die Gerade in eine positive und eine negative Halbgerade.

Um aber die Linie g vollständig zu bestimmen, muß zu der Richtung noch eine weitere Angabe gemacht werden, z. B. die, daß die Linie g durch einen gegebenen Punkt gehen soll. Statt dessen kann auch ihr senkrechter Abstand vom Koordinatenanfangspunkt gegeben sein. Wenn aber dieser nicht gleich Null ist, die Linie also nicht durch den Anfangspunkt geht, dann ist die Linie dadurch nicht eindeutig, sondern zweideutig bestimmt.

8. Um diese Zweideutigkeit zu beseitigen, bezeichnen wir von den beiden Halbebenen, in die die Ebene durch die Gerade g geteilt wird, eine als die positive, nämlich die, in die der positive Halbstrahl g bei einer positiven Drehung um einen seiner Punkte hineingeführt wird, das ist bei der Annahme, die in der Figur festgehalten ist, die Seite der Geraden g, die bei einem in der positiven Richtung von g fließenden Strom das linke Ufer bilden würde.

Wir nehmen dann den Abstand eines Punktes P von g positiv oder negativ, je nachdem P auf der positiven oder negativen Seite von P liegt.

Die Linie g ist dann eindeutig bestimmt, wenn ihre Richtung durch den Winkel ϑ und den Abstand δ des Koordinatenanfangspunktes von g, aber nicht bloß dem absoluten Werte nach, sondern mit seinem Vorzeichen, gegeben ist.

9. Wir stellen nun die folgende Aufgabe: Es ist die Gerade g durch ϑ und δ gegeben und außerdem ein Punkt P durch seine Koordinaten x, y. Es soll der Abstand D des Punktes P von der Linie g bestimmt werden.

Um sie zu lösen, fälle man von dem Punkt P (Fig. 203) ein Perpendikel $\overline{PQ}$ auf g, dessen Länge gleich D ist. Hierauf ziehe man durch O eine Parallele $\overline{OR}$ zu g und fälle das Perpendikel $\overline{OS} = \delta$ auf g.

Ist φ der Winkel, den die Richtung $\overline{OP}$ mit der Richtung x einschließt und r der Abstand $\overline{OP}$, so ist nach Nr. 4.:

$$x = r\cos\varphi, \quad y = r\sin\varphi,$$

und aus dem rechtwinkligen Dreieck OPR erhält man

$$\overline{PR} = r\sin(\varphi - \vartheta) = r(\sin\varphi\cos\vartheta - \cos\varphi\sin\vartheta).$$

Es ist aber $D = \overline{PR} + \overline{RQ}$ und $\overline{RQ} = \overline{OS} = \delta$, mithin

$$D = -x\sin\vartheta + y\cos\vartheta + \delta. \tag{4}$$

Es ist in der Figur angenommen, daß O und P beide auf der positiven Seite von g liegen, und daß P weiter von g entfernt ist als O, d. h. daß $D > \delta$ sei. Ist aber $D < \delta$ und δ noch positiv, so ist

$\sin(\varphi - \vartheta)$ negativ, und dann ist $\overline{PR} = -r\sin(\varphi - \vartheta)$. Zugleich ist aber auch $D = -\overline{PR} + \overline{RQ}$, wenn $\overline{PR}$ und $\overline{RQ}$ in absolutem Sinne, D mit Rücksicht auf das Vorzeichen verstanden wird. Folglich bleibt (4) auch jetzt noch gültig. Und auf die gleiche Weise findet man diese Formel bestätigt, wenn O auf der positiven Seite von g liegt, also δ negativ ist.

9. Nehmen wir für die Gerade g die x-Achse selbst, und als positive Richtung auf g die positve x-Richtung, so ist $\delta = 0$, $\vartheta = 0$ und es wird $D = y$. Nehmen wir aber die positive y-Richtung für die Richtung der Geraden g, so wird $\vartheta = \pi/2$ und $D = -x$.

§ 58. Gleichung der Geraden.

1. Wenn wir analytisch ausdrücken wollen, daß der Punkt P auf der geraden Linie g liegen soll, so haben wir nur den senkrechten Abstand D des Punktes P von der Geraden g gleich Null zu setzen, und wir erhalten also nach § 57 (4) hierfür die Gleichung

$$-x\sin\vartheta + y\cos\vartheta + \delta = 0. \tag{1}$$

Diese Gleichung besagt, daß die Koordinaten x, y einem Punkte der durch ϑ und δ bestimmten Geraden angehören.

Aus diesem Grunde nennt man diese Gleichung die Gleichung der Geraden.

Wird also eine der beiden Koordinaten x, y eines Punktes der Geraden willkürlich angenommen, so ist die andere dadurch bestimmt, und wenn wir der einen eine stetige Veränderung erteilen, so ändert sich die andere in bestimmter, davon abhängiger Weise.

Die Gleichung (1) erhält keinen anderen Inhalt, wenn man sie mit einem beliebigen von Null verschiedenen Zahlenfaktor h multipliziert, sie also in die Form setzt:

$$-hx\sin\vartheta + hy\cos\vartheta + h\delta = 0. \tag{2}$$

Setzt man dann

$$-h\sin\vartheta = a, \quad h\cos\vartheta = b, \quad h\delta = c, \tag{3}$$

so nimmt sie die Form an:

$$ax + by + c = 0, \tag{4}$$

und das ist die Gleichung derselben Geraden wie (1). Die Gleichung (1) heißt (nach Hesse) die Normalform, (4) die allgemeine Form der Gleichung der Geraden.

2. Hat man eine Gleichung von der Form (4) mit beliebig gegebenen a, b, c (wenn nur nicht a und b beide $= 0$ sind), so kann man immer eine zugehörige Gerade finden, deren Gleichung sie ist.

Denn aus (3) ergibt sich $h = \sqrt{a^2 + b^2}$, und daraus

$$\sin\vartheta = \frac{-a}{\sqrt{a^2+b^2}}, \quad \cos\vartheta = \frac{b}{\sqrt{a^2+b^2}},$$

und hierdurch sind zwei zueinander entgegengesetzte, also derselben Geraden angehörige Richtungen bestimmt. Gibt man der Quadratwurzel ein bestimmtes Zeichen, z. B. das positive, so ist unter diesen beiden Richtungen eine als die positive ausgewählt, z. B. wenn a positiv ist, die, deren Winkel gegen die x-Achse im dritten oder vierten Quadranten liegt. Hiermit ist also die Gerade g ihrer Richtung nach und zugleich ihre positive Seite bestimmt.

Wegen

$$\delta = \frac{c}{\sqrt{a^2+b^2}}$$

hat man der Linie einen Abstand δ von dem Koordinatenanfangspunkt O zu geben und zwar, je nachdem δ positiv oder negativ ist, so, daß der Punkt O auf die positive oder negative Seite von g fällt.

Demnach ist jede Gleichung von der Form (4) die Gleichung einer geraden Linie und wird darum auch eine lineare Gleichung genannt.

3. Setzt man in der Gleichung (2)

$$h = \frac{1}{\cos\vartheta}, \quad \delta = -l\cos\vartheta,$$

so nimmt sie die Form an

(5) $$y = x\operatorname{tg}\vartheta + l,$$

wodurch y als lineare Funktion von x dargestellt ist. l ist dann der Wert von y, der der Abzisse $x = 0$ entspricht, also der Abschnitt auf der y-Achse.

Diese Form, in der die Gleichung der Geraden häufig verwendet wird, läßt sich nur dann nicht herstellen, wenn ϑ ein rechter Winkel, also $\cos\vartheta = 0$ ist. Dann ist die Gerade parallel der y-Achse, und es entspricht allen Punkten der Geraden ein und derselbe Wert von x.

Ist die Gleichung der Geraden in der allgemeinen Form (4) gegeben, so ist immer

(6) $$\operatorname{tg}\vartheta = -\frac{a}{b},$$

und wenn ν den Winkel bedeutet, den die Senkrechte auf der Geraden (die Normale der Geraden) mit der x-Achse einschließt, so ist, welche Richtung der Normalen man auch nehmen mag,

(7) $$\operatorname{tg}\nu = \frac{b}{a}.$$

Also sind

$$(8)\qquad \begin{aligned} ax + by + c &= 0, \\ bx - ay + d &= 0; \end{aligned}$$

welche Werte die Konstanten a, b, c, d auch haben mögen, die Gleichungen zweier aufeinander rechtwinkliger Geraden.

4. In der Folge wird von dem Begriff einer Gleichung in einem doppelten Sinne Gebrauch gemacht. Einmal kommen Gleichungen zwischen den Koordinaten x, y vor, die diesen Koordinaten eine Beschränkung auferlegen, wie die Gleichung einer Geraden, die nur richtig ist, wenn x und y die Koordinaten eines Punktes der Geraden sind. Dann aber benutzen wir auch Gleichungen zwischen x, y, die für alle Punkte der Ebene richtig sind, bei denen also beide Seiten gewissermaßen nur verschiedene Benennungen derselben Sache sind. Solche Gleichungen nennen wir Identitäten oder identische Gleichungen. Es ist bisweilen zweckmäßig, für diese beiden Arten von Gleichungen verschiedene Zeichen zu gebrauchen. In solchen Fällen soll für die Identität das Zeichen $\equiv$ (gesprochen „identisch") angewandt werden.

5. Wir werden zur Vereinfachung oft kompliziertere algebraische Ausdrücke durch einen einzigen Buchstaben bezeichnen. Hier handelt es sich dann um Identitäten; also wenn wir setzen

$$A \equiv -x \sin\vartheta + y \cos\vartheta + \delta,$$

so ist $A = 0$ die Gleichung einer Geraden in der Normalform. Setzen wir

$$U \equiv ax + by + c,$$

so ist $U = 0$ die Gleichung derselben Geraden in der allgemeinen Form. Wir werden dann bisweilen auch A und U als Zeichen für die Gerade selbst gebrauchen. Es ergibt sich dann nach § 57 (4.) der Satz:

Setzt man in den Ausdruck A, der den linken Teil der Gleichung der Geraden g in der Normalform darstellt, die Koordinaten x, y eines Punktes, der nicht auf der Geraden liegt, so erhält man den senkrechten Abstand dieses Punktes von der Geraden g, mit negativem oder positivem Zeichen, je nachdem der Punkt x, y auf der negativen oder positiven Seite der Geraden liegt.

Alle Punkte, die von zwei gegebenen Geraden gleichen Abstand haben, liegen auf den beiden Geraden, die die Winkel der beiden gegebenen Geraden halbieren.

Sind also $A_1 = 0$, $A_2 = 0$ die Gleichungen der gegebenen Geraden in der Normalform, so sind

$$A_1 - A_2 = 0, \quad A_1 + A_2 = 0$$

die Gleichungen der beiden Winkelhalbierenden (nicht in der Normalform), und zwar halbiert die erste dieser Geraden den Winkelraum, der für beide Geraden auf der positiven oder für beide auf der negativen Seite liegt, die zweite den Winkelraum, der für die eine Gerade auf der positiven, für die andere auf der negativen Seite liegt.

§ 59. Schnittpunkte von Geraden.

1. Wenn man den Schnittpunkt zweier Geraden finden soll, deren Gleichungen in der allgemeinen Form

$$U_1 \equiv a_1 x + b_1 y + c_1 = 0,$$
$$U_2 \equiv a_2 x + b_2 y + c_2 = 0$$

sind, so hat man die x, y als Unbekannte zu betrachten, die aus diesen beiden linearen Gleichungen zu finden sind.

Es gibt nach Bd. I § 39 immer einen und nur einen Schnittpunkt, außer wenn die Determinante $a_1 b_2 - b_1 a_2$ verschwindet, und in diesem Falle sind die Geraden entweder nicht voneinander verschieden oder sie sind parallel. Wir können immer annehmen, daß entweder a_1 und a_2 oder b_1 und b_2 beide von Null verschieden sind; denn wenn a_2 und $a_1 b_2 - b_1 a_2$ verschwinden, so muß, da a_2 und b_2 nicht zugleich verschwinden sollen, $a_1 = 0$ sein, und dann sind b_1 und b_2 von Null verschieden. Nehmen wir also an, daß a_1 und a_2 nicht verschwinden, so folgt:

$$a_1 U_2 - a_2 U_1 - a_1 c_2 + a_2 c_1 \equiv 0,$$

und es tritt der erste oder der zweite Fall ein, je nachdem $a_1 c_2 - a_2 c_1$ verschwindet oder nicht verschwindet.

2. Die notwendige und hinreichende Bedingung dafür, daß die Gleichungen $U_1 = 0$, $U_2 = 0$ dieselbe Gerade darstellen, besteht darin, daß sich zwei von Null verschiedene Zahlenfaktoren m_1, m_2 so angeben lassen, daß

$$m_1 U_1 + m_2 U_2 \equiv 0 \tag{1}$$

ist. Die notwendige und hinreichende Bedingung dafür, daß die Geraden U_1, U_2 parallel sind, ist die, daß sich drei von Null verschiedene Zahlenfaktoren m_1, m_2, m_3 so bestimmen lassen, daß

$$m_1 U_1 + m_2 U_2 + m_3 \equiv 0 \quad \text{ist.} \tag{2}$$

3. Wir betrachten jetzt drei gerade Linien und setzen

$$\begin{aligned} U_1 &\equiv a_1 x + b_1 y + c_1, \\ U_2 &\equiv a_2 x + b_2 y + c_2, \\ U_3 &\equiv a_3 x + b_3 y + c_3. \end{aligned} \tag{3}$$

Es lassen sich immer drei Koeffizienten m_1, m_2, m_3 so bestimmen, daß

$$a_1 m_1 + a_2 m_2 + a_3 m_3 = 0,$$
$$b_1 m_1 + b_2 m_2 + b_3 m_3 = 0$$

wird. Man hat nach Bd. I. § 41 nur

$$m_1 : m_2 : m_3 = (a_2 b_3 - a_3 b_2) : (a_3 b_1 - a_1 b_3) : (a_1 b_2 - b_1 a_2)$$

zu setzen; und wenn unter den drei Geraden U_1, U_2, U_3 nicht zwei parallel sind, so sind m_1, m_2, m_3 von Null verschieden; dann aber ergibt sich aus (3):

$$m_1 U_1 + m_2 U_2 + m_3 U_3 \equiv -(m_1 c_1 + m_2 c_2 + m_3 c_3).$$

Wenn sich nun die drei Geraden in einem Punkte schneiden, so gibt es ein Wertepaar x, y, für das U_1, U_2, U_3 zugleich verschwinden, und es muß dann also $m_1 c_1 + m_2 c_2 + m_3 c_3 = 0$ sein, also die identische Gleichung bestehen:

$$m_1 U_1 + m_2 U_2 + m_3 U_3 \equiv 0. \tag{4}$$

Wenn umgekehrt diese identische Gleichung erfüllt ist, so wird im Schnittpunkt von U_1 und U_2 auch U_3 verschwinden, also die drei Geraden durch einen Punkt gehen. Wir haben also den Satz:

Die notwendige und hinreichende Bedingung dafür, daß die drei Geraden U_1, U_2, U_3 durch einen Punkt gehen, ist die, daß es drei von Null verschiedene Faktoren m_1, m_2, m_3 gibt, die die Identität (4) erfüllen.

Der Satz bedarf aber einer Ergänzung, weil wir angenommen haben, daß nicht zwei von den Geraden U_1, U_2, U_3 parallel sind. Ist die Identität (4) erfüllt, und schneiden sich zwei der drei Geraden in einem Punkte, so geht die dritte durch denselben Punkt. Wenn also zwei von diesen Geraden parallel sind, so ist auch die dritte mit den beiden ersten parallel. Umgekehrt folgt auch aus 2., daß sich die Identität (4) befriedigen läßt, wenn die drei Geraden parallel sind. Um diese Ausnahme zu beseitigen, sagt man wohl auch, daß sich *parallele Gerade in einem unendlich fernen Punkt schneiden*, und dann gilt der ausgesprochene Satz allgemein.

3. Es ist nur ein anderer Ausdruck dieses Satzes, wenn wir sagen:

Sind U_1, U_2 zwei gegebene Geraden, so ist

$$U \equiv m U_1 + n U_2 = 0$$

die Gleichung einer anderen Geraden, die durch den Schnitt von U_1 und U_2 hindurchgeht, wenn m, n konstante Faktoren sind. Wenn m von Null verschieden, also U nicht die Linie U_2 ist, so können wir U durch mU ersetzen und $n = \lambda m$ setzen. Dadurch erhält diese Gleichung die einfachere Form

$$U \equiv U_1 + \lambda U_2,$$

und wenn man λ verändert, so erhält man alle Geraden, die durch den Schnittpunkt von U_1 und U_2 gehen, mit Ausnahme der Linie U_2; diese kann man dem Werte $\lambda = \infty$ entsprechen lassen. Die Gesamtheit dieser Geraden heißt ein Strahlenbüschel, und λ heißt der Parameter des Büschels.

§ 60. Anwendung auf die Geometrie der Dreiecke.

1. Aus den im vorigen Paragraphen gegebenen Sätzen lassen sich mit großer Leichtigkeit die Sätze über die Schnittpunkte der Ecktransversalen eines Dreiecks ableiten.

Wir nehmen die positiven Richtungen der drei Dreiecksseiten so an, daß man beim Fortschreiten in diesen Richtungen einen positiven Umlauf um das Dreieck macht; dann liegt das Innere des Dreiecks für alle drei Geraden auf der positiven Seite.

Es seien $A_1 = 0$, $A_2 = 0$, $A_3 = 0$ die Normalformen der Gleichungen der drei Geraden. Dann sind

$$A_2 - A_3 = 0, \quad A_3 - A_1 = 0, \quad A_1 - A_2 = 0$$

die Gleichungen der Winkelhalbierenden, und

$$A_2 + A_3 = 0, \quad A_3 + A_1 = 0, \quad A_1 + A_2 = 0$$

sind die Gleichungen der Halbierungslinien der Außenwinkel (§ 58, 5.). Es bestehen dann die Identitäten

$$(A_2 - A_3) + (A_3 - A_1) + (A_1 - A_2) \equiv 0,$$
$$(A_2 - A_3) + (A_3 + A_1) - (A_1 + A_2) \equiv 0,$$

und diese besagen, daß sich die Halbierungslinien der Innenwinkel einerseits, und die Halbierungslinien zweier äußeren und des dritten Innenwinkels andererseits in je einem Punkte schneiden.

2. Bezeichnen wir mit α_1, α_2, α_3 die drei Winkel unseres Dreiecks, so haben wir für einen Punkt der Höhe auf (2, 3), wie die Fig. 204 zeigt,

$$A_2 : A_3 = \cos\alpha_3 : \cos\alpha_2,$$

und daher sind die Gleichungen der drei Höhen:

$$A_2 \cos \alpha_2 - A_3 \cos \alpha_3 = 0,$$
$$A_3 \cos \alpha_3 - A_1 \cos \alpha_1 = 0,$$
$$A_1 \cos \alpha_1 - A_2 \cos \alpha_2 = 0.$$

Wenn man hier die linken Seiten addiert, so erhält man identisch 0 und damit den Beweis des Satzes, daß sich die drei Dreieckshöhen in einem Punkte schneiden.

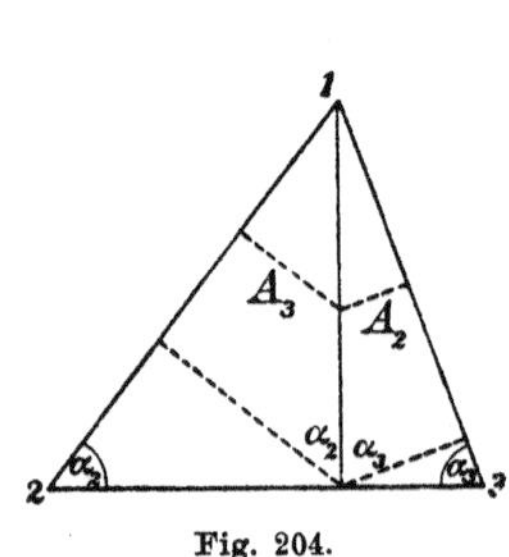

Fig. 204.

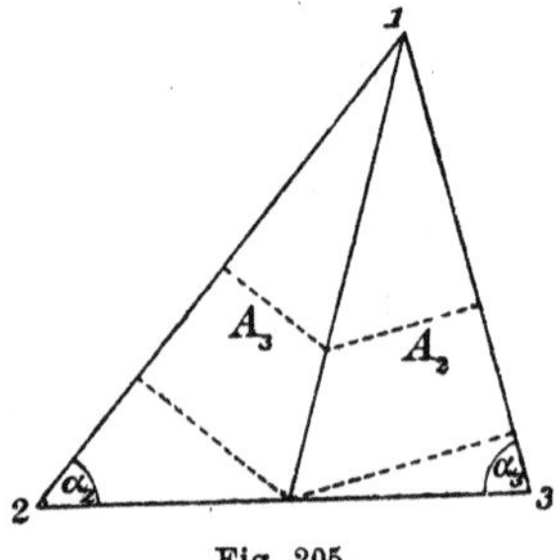

Fig. 205.

3. Für die Linien, die von den Ecken nach den Mitten der Gegenseiten führen, erhalten wir ebenso leicht die Gleichungen:

$$A_2 \sin \alpha_2 - A_3 \sin \alpha_3 = 0,$$
$$A_3 \sin \alpha_3 - A_1 \sin \alpha_1 = 0,$$
$$A_1 \sin \alpha_1 - A_2 \sin \alpha_2 = 0,$$

und aus

$$(A_2 \sin \alpha_2 - A_3 \sin \alpha_3) + (A_3 \sin \alpha_3 - A_1 \sin \alpha_1) + (A_1 \sin \alpha_1 - A_2 \sin \alpha_2) \equiv 0$$

folgt dann wieder, daß sich diese drei Geraden in einem Punkte schneiden.

4. Der Satz von Desargues. Es seien U_1, U_2, U_3 drei Gerade, die sich in einem Punkt schneiden. Wir können dann, indem wir geeignete konstante Faktoren in die Bezeichnung U_1, U_2, U_3 mit hineinnehmen,

$$U_1 + U_2 + U_3 \equiv 0 \tag{1}$$

setzen. Nun nehmen wir ein Dreieck, dessen Ecken auf den Geraden U_1, U_2, U_3 liegen, und die Seiten dieses Dreiecks mögen die Gleichungen $u_1 = 0$, $u_2 = 0$, $u_3 = 0$ haben.

Wenn sich u_2, u_3 auf U_1 schneiden sollen, so müssen sich die Zahlenfaktoren m_1, n_1 so bestimmen lassen, daß

$$U_1 \equiv m_1 u_2 - n_1 u_3,$$

und ebenso folgt

$$U_2 \equiv m_2 u_3 - n_2 u_1,$$
$$U_3 \equiv m_3 u_1 - n_3 u_2.$$

Es ergibt sich aber aus (1), weil sich u_1, u_2, u_3 nicht in einem Punkte schneiden: $n_2 = m_3$, $n_3 = m_1$, $n_1 = m_2$, und wenn man also wieder die m, n in die Bezeichnung der u mit aufnimmt, so kann man setzen:

$$U_1 \equiv u_2 - u_3, \quad U_2 \equiv u_3 - u_1, \quad U_3 \equiv u_1 - u_2.$$

Ist aber v_1, v_2, v_3 ein zweites Dreieck, dessen Ecken gleichfalls auf U_1, U_2, U_3 liegen, so erhalten wir

$$\begin{aligned} U_1 &\equiv u_2 - u_3 \equiv v_2 - v_3, \\ U_2 &\equiv u_3 - u_1 \equiv v_3 - v_1, \\ U_3 &\equiv u_1 - u_2 \equiv v_1 - v_2, \end{aligned} \tag{2}$$

und daraus:

$$u_1 - v_1 \equiv u_2 - v_2 \equiv u_3 - v_3 \equiv V. \tag{3}$$

Es ist also $V = 0$ die Gleichung einer Geraden, auf der sich die drei Linienpaare u_1, v_1; u_2, v_2; u_3, v_3 schneiden, und dies ist der Satz von Desargues, den wir so formulieren können:

Wenn sich die Ecken zweier Dreiecke einander so zuordnen lassen, daß sich die drei Verbindungslinien je zweier entsprechender Ecken in einem Punkte schneiden, so liegen die drei Schnittpunkte entsprechender Seiten auf einer Geraden.

Der Satz gilt auch umgekehrt. Denn wenn sich entsprechende Seiten der beiden Dreiecke in drei Punkten einer Geraden schneiden, so kann man die Gleichungen der Dreiecksseiten in einer Form annehmen, daß die Identitäten (3) befriedigt sind, aus denen dann rückwärts (2) und (1) folgen.

§ 61. Die Sätze von Ceva und Menelaos.

1. Neben der Normalform wollen wir noch eine zweite besondere Form der Gleichung einer Geraden betrachten, die auf dem Ausdruck für den Flächeninhalt eines Dreiecks (§ 57 (3)) beruht. Es seien a_1, b_1; a_2, b_2 die Koordinaten zweier Punkte 1, 2 auf der Geraden g. Die Richtung von 1 nach 2 soll die positive Richtung dieser Geraden sein (Fig. 206). Es sei ferner p ein beliebiger Punkt der Ebene mit den Koordinaten x, y. Dann ist

$$\Delta = x(b_1 - b_2) - y(a_1 - a_2) + a_1 b_2 - a_2 b_1$$

der doppelte Flächeninhalt des Dreiecks $(1\,2\,p)$, positiv gerechnet, wenn p auf der positiven Seite von g liegt, im andern Falle negativ.

Wenn der Punkt p in die Gerade g hineinfällt, so wird $\Delta = 0$, und dies ist also die **Gleichung der Geraden**.

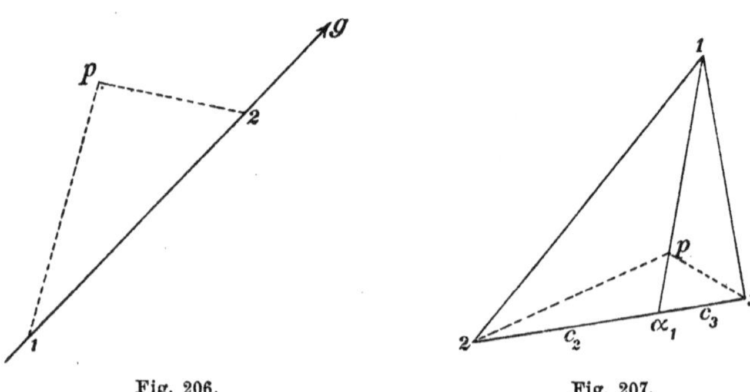

Fig. 206. Fig. 207.

2. Um hiervon eine Anwendung zu machen, nehmen wir ein Dreieck $1\,2\,3$, dessen Ecken so numeriert seien, daß das **Innere des Dreiecks** auf der positiven Seite von $\overline{23}$, $\overline{31}$, $\overline{12}$ liegt. Die Gleichungen der Seiten dieses Dreiecks sind dann:

$$\Delta_1 \equiv x(b_2 - b_3) - y(a_2 - a_3) + a_2 b_3 - a_3 b_2 = 0,$$
$$\Delta_2 \equiv x(b_3 - b_1) - y(a_3 - a_1) + a_3 b_1 - a_1 b_3 = 0,$$
$$\Delta_3 \equiv x(b_1 - b_2) - y(a_1 - a_2) + a_1 b_2 - a_2 b_1 = 0.$$

Es sind dann, wenn x, y die Koordinaten eines beliebigen Punktes p sind, $\Delta_1, \Delta_2, \Delta_3$ die doppelten Flächeninhalte der Dreiecke $(2\,3\,p)$, $(3\,1\,p)$, $(1\,2\,p)$ (mit Rücksicht auf das Vorzeichen, also alle drei positiv, wenn der Punkt p im Innern des Dreiecks liegt).

3. Wir wollen nun die Seite $\overline{23}$ unseres Dreiecks durch zwei Punkte α_1, α_1' innerlich und äußerlich in dem Verhältnis zweier Strecken $c_2 : c_3$ teilen. Wenn dann p auf der Verbindungslinie $\overline{1\,\alpha_1}$ liegt, so stehen die Dreiecksflächen $(1\,p\,2)$ und $(1\,p\,3)$ in dem Verhältnis $c_2 : c_3$. Denn sie haben dieselbe Grundlinie $\overline{1\,p}$, und ihre Höhen stehen in dem Verhältnis $c_2 : c_3$. Daraus ergibt sich, daß für einen solchen Punkt $\Delta_2 : \Delta_3 = c_2 : c_3$ ist.

Demnach haben wir die Gleichung der Geraden $(1\,\alpha_1)$:

$$\frac{\Delta_2}{c_2} - \frac{\Delta_3}{c_3} = 0.$$

Ebenso ergibt sich für die Verbindungslinie $\overline{1\,\alpha_1'}$ die Gleichung

$$\frac{\Delta_2}{c_2} + \frac{\Delta_3}{c_3} = 0.$$

Jetzt teilen wir ebenso die Seiten $\overline{3\,1}$ im Verhältnis $c_3 : c_1$ durch die Punkte α_2, α_2' und $\overline{1\,2}$ im Verhältnis $c_1 : c_2$ durch die Punkte α_3, α_3', und wir erhalten für die Gleichungen der sechs Geraden, die von den Ecken nach diesen Teilpunkten führen:

$$(1) \qquad \frac{\Delta_2}{c_2} - \frac{\Delta_3}{c_3} = 0, \quad \frac{\Delta_3}{c_3} - \frac{\Delta_1}{c_1} = 0, \quad \frac{\Delta_1}{c_1} - \frac{\Delta_2}{c_2} = 0,$$

$$(2) \qquad \frac{\Delta_2}{c_2} + \frac{\Delta_3}{c_3} = 0, \quad \frac{\Delta_3}{c_3} + \frac{\Delta_1}{c_1} = 0, \quad \frac{\Delta_1}{c_1} + \frac{\Delta_2}{c_2} = 0.$$

Man hat aber:

$$\left(\frac{\Delta_2}{c_2} - \frac{\Delta_3}{c_3}\right) + \left(\frac{\Delta_3}{c_3} - \frac{\Delta_1}{c_1}\right) + \left(\frac{\Delta_1}{c_1} - \frac{\Delta_2}{c_2}\right) \equiv 0,$$

$$\left(\frac{\Delta_2}{c_2} - \frac{\Delta_3}{c_3}\right) + \left(\frac{\Delta_3}{c_3} + \frac{\Delta_1}{c_1}\right) - \left(\frac{\Delta_1}{c_1} + \frac{\Delta_2}{c_2}\right) \equiv 0,$$

und noch zwei analoge Gleichungen, und daraus ergibt sich der Satz, daß sich die vier Systeme von drei Geraden

$$\begin{array}{lll} \overline{1\,\alpha_1}, & \overline{2\,\alpha_2}, & \overline{3\,\alpha_3} \\ \overline{1\,\alpha_1}, & \overline{2\,\alpha_2'}, & \overline{3\,\alpha_3'} \\ \overline{1\,\alpha_1'}, & \overline{2\,\alpha_2}, & \overline{3\,\alpha_3'} \\ \overline{1\,\alpha_1'}, & \overline{2\,\alpha_2'}, & \overline{3\,\alpha_3} \end{array}$$

in je einem Punkte schneiden (Fig. 208 a. f. S.). Dies ist der (erweiterte) Satz des Ceva.

4. Wir betrachten ferner die geraden Linien, die durch die zwei Gleichungen dargestellt sind:

$$(3) \qquad \begin{aligned} \frac{\Delta_1}{c_1} + \frac{\Delta_2}{c_2} + \frac{\Delta_3}{c_3} &= 0, \\ -\frac{\Delta_1}{c_1} + \frac{\Delta_2}{c_2} + \frac{\Delta_3}{c_3} &= 0. \end{aligned}$$

Die erste dieser Gleichungen ist erfüllt, wenn zugleich

$$\Delta_1 \quad \text{und} \quad \frac{\Delta_2}{c_2} + \frac{\Delta_3}{c_3}$$

gleich Null sind, also für den Punkt α_1', und auf gleiche Weise sieht man, daß sie in den Punkten α_2', α_3' erfüllt ist, daß also diese drei Punkte auf einer geraden Linie liegen. Die zweite Gleichung (3) ist ebenfalls in dem Punkte α_1' erfüllt, außerdem aber in den Punkten α_2, α_3 und daher liegen auch die drei Punkte $\alpha_1', \alpha_2, \alpha_3$ in gerader Linie; und ebenso findet man, daß die Punkte $\alpha_1, \alpha_2', \alpha_3$ und $\alpha_1, \alpha_2, \alpha_3'$ je in einer geraden Linie liegen. Das ist der Satz des Menelaos.

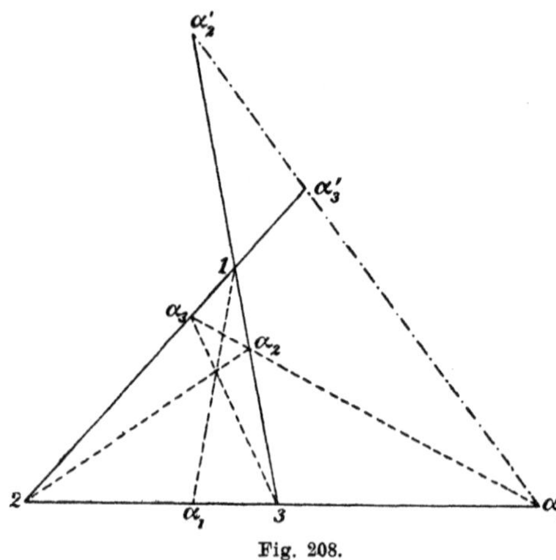

Fig. 208.

Wenn man in dem Dreieck (123) auf (23) den Punkt α_1 und auf (31) den Punkt α_2 beliebig annimmt, so kann man den Punkt α_3 eindeutig konstruieren, wenn man 1 mit α_1 und 2 mit α_2 verbindet und den Schnittpunkt dieser beiden Geraden mit 3. Die letzte Verbindungslinie schneidet auf (12) den Punkt α_3 aus. Verbindet man dann α_2 mit α_3, so schneidet diese Verbindungslinie die verlängerte Seite (23) in dem Punkte α_1' und so die übrigen. Die Punkte 2, 3 und α_1, α_1' sind harmonische Punktepaare (Fig. 208).

§ 62. Der Kreis.

1. Sind a, b und x, y die Koordinaten zweier Punkte, so ist nach dem Pythagoräischen Lehrsatz

$$r^2 = (x-a)^2 + (y-b)^2$$

das Quadrat der Entfernung dieser beiden Punkte. Sind also a, b, c gegebene Größen, so liegen alle Punkte x, y, deren Koordinaten der Gleichung

$$(1) \qquad K \equiv (x-a)^2 + (y-b)^2 - c^2 = 0$$

genügen, auf einem Kreise mit dem Mittelpunkt a, b und dem Radius c. Daher heißt $K = 0$ die Gleichung dieses Kreises in demselben Sinne, wie wir von der Gleichung einer Geraden gesprochen haben. Wir nennen (1) die Normalform der Kreisgleichung. Die allgemeine Form $L = 0$ erhalten wir, wenn wir K mit einem von Null verschiedenen Zahlenfaktor multiplizieren.

Jede Gleichung von der Form

$$(2) \qquad m(x^2 + y^2) + 2\alpha x + 2\beta y + \gamma = 0,$$

in der m, α, β, γ gegebene Größen sind, ist eine Kreisgleichung. Denn setzen wir

$$\alpha = -ma, \quad \beta = -mb, \quad \gamma = m(a^2 + b^2 - c^2),$$

so geht die Gleichung (2) in (1) über. Die Mittelpunktskoordinaten des Kreises (2) sind $a = -\alpha/m$, $b = -\beta/m$ und der Radius $c = \sqrt{\alpha^2 + \beta^2 - m\gamma}/m$.

Damit also der Radius reell sei, muß $m\gamma < \alpha^2 + \beta^2$ sein. Wenn $m\gamma = \alpha^2 + \beta^2$ ist, dann wird $c = 0$, und es gibt einen einzigen Punkt, der der Gleichung (2) genügt. Solche Kreise, die sich auf einen Punkt reduzieren, heißen Punktkreise.

2. Wenn ein Punkt P mit den Koordinaten x, y nicht auf dem Kreise K liegt, so wird für diesen Punkt der Ausdruck K nicht gleich Null. Bezeichnen wir den Abstand des Punktes xy vom Kreismittelpunkt mit r, so ist

$$r^2 = (x-a)^2 + (y-b)^2,$$

und es wird

$$K = r^2 - c^2 = (r-c)(r+c). \tag{3}$$

Diese Größe heißt die Potenz des Punktes x, y in bezug auf den Kreis K. Die Potenz läßt sich in verschiedener Weise geometrisch deuten: Liegt der Punkt P außerhalb des Kreises, so ist $r^2 - c^2$ positiv. Man kann von P aus zwei gleich lange Tangenten t an den Kreis legen, und aus dem rechtwinkligen Dreieck OTP (Fig. 209) ergibt sich

$$t^2 = r^2 - c^2.$$

Die Potenz ist also das Quadrat der Tangente, die man von dem Punkte P aus an die Kreisperipherie legen kann.

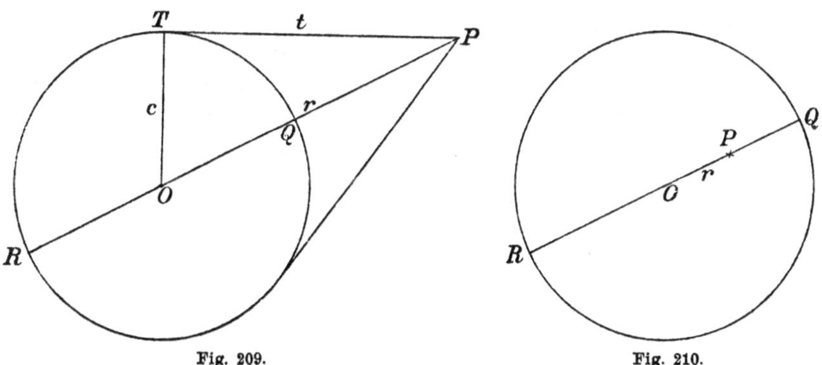

Fig. 209. Fig. 210.

Nach dem zweiten Ausdruck (3) ist die Potenz auch gleich dem Produkt der beiden Abschnitte $PQ \cdot PR$, die der Kreis auf der Verbindungslinie von P mit dem Mittelpunkt bildet. Diese letztere Erklärung der Potenz bleibt auch bestehen, wenn P ein innerer Punkt ist. Dann ist die Potenz zwar negativ, und es ist $PQ = c - r$, $PR = c + r$, die Potenz ist also gleich dem negativen Produkt dieser beiden Strecken, also auch gleich dem negativen Quadrat der kleinsten durch P gehenden Halbsehne.

3. Es sollen jetzt die Schnittpunkte des Kreises K mit einer geraden Linie g untersucht werden. Die Gerade g möge durch den Punkt P mit den Koordinaten x, y gehen und, in einer bestimmten Richtung positiv gerechnet, mit der positiven x-Achse den Winkel α einschließen. Es seien ξ, η die Koordinaten eines veränderlichen Punktes π auf der Geraden und ϱ der Abstand $P\pi$, positiv gerechnet, wenn π von P aus in der positiven Richtung der Geraden g liegt, sonst negativ. Dann ist (§ 57, 5.)

$$\xi - x = \varrho \cos \alpha, \quad \eta - y = \varrho \sin \alpha.$$

Soll nun der Punkt π auf dem Kreise K liegen, so müssen ξ, η der Gleichung genügen

$$(\xi - a)^2 + (\eta - b)^2 - c^2 = 0;$$

daher ist

$$(\varrho \cos \alpha + x - a)^2 + (\varrho \sin \alpha + y - b)^2 - c^2 = 0,$$

oder endlich durch Auflösung der Quadrate

$$(4) \quad \varrho^2 + 2\varrho\,((x-a)\cos\alpha + (y-b)\sin\alpha) + ((x-a)^2 + (y-b)^2 - c^2) = 0.$$

Wir haben also eine quadratische Gleichung für ϱ, deren beide Wurzeln wir mit ϱ_1, ϱ_2 bezeichnen, und es ist nach Bd. I. § 46, 3.

$$(5) \quad \varrho_1 \varrho_2 = (x-a)^2 + (y-b)^2 - c^2,$$

also von dem Winkel α unabhängig und gleich der Potenz des Punktes x, y in bezug auf den Kreis.

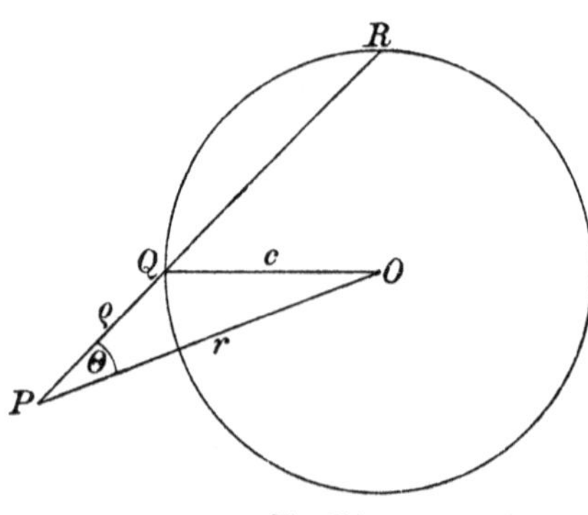

Fig. 211.

Es ist dies eine Verallgemeinerung der oben gegebenen Deutungen der Potenz.

Bezeichnen wir mit r den Abstand des Punktes P vom Kreismittelpunkt O, mit β den Winkel, den die Richtung $\overline{PO}$ mit der positiven x-Achse bildet, und mit Θ den Winkel $\alpha - \beta$, so ist

$$a - x = r \cos \beta,$$
$$b - y = r \sin \beta$$

und folglich

$$(x-a)\cos\alpha + (y-b)\sin\alpha = -r\cos\Theta.$$

Die Gleichung (4) erhält daher die Gestalt

$$(6) \quad \varrho^2 - 2\varrho r \cos\Theta + r^2 - c^2 = 0,$$

die sich auch nach dem Kosinussatz ableiten läßt, und man sieht so leicht, daß ϱ_1 und ϱ_2 die Abschnitte PQ und PR sind.

Die Diskriminante dieser Gleichung ist (Bd. I. § 43 (2))

$$4(r^2\cos\Theta^2 - r^2 + c^2) = 4(c^2 - r^2\sin\Theta^2).$$

Diese ist immer positiv, wenn $r^2 < c^2$, der Punkt P also innerhalb des Kreises liegt. Für einen inneren Punkt sind also beide Wurzeln ϱ_1, ϱ_2 immer reell. Ist aber P ein äußerer Punkt, so sind ϱ_1, ϱ_2 nur reell, wenn $\sin\Theta^2 < c^2/r^2$ ist. Die Werte $\sin\Theta = \pm c/r$ entsprechen den beiden von P ausgehenden Tangenten an den Kreis.

§ 63. Schnittpunkte zweier Kreise.

1. Aus der Geometrie ist bekannt, daß sich zwei Kreise in zwei Punkten schneiden können. Sollen die Schnittpunkte zweier Kreise K_1, K_2 analytisch bestimmt werden, so handelt es sich um die Bestimmung der Werte der Unbekannten x, y aus den zwei Gleichungen $K_1 = 0$, $K_2 = 0$, die beide vom zweiten Grade sind. Es ist eine besondere Eigentümlichkeit dieser Gleichungen, daß sie auf eine Gleichung zweiten Grades zurückführbar sind, die darauf beruht, daß die Glieder zweiter Ordnung in beiden Gleichungen in derselben Verbindung, nämlich in der Verbindung $x^2 + y^2$ vorkommen. Infolgedessen ist die Differenz $K_1 - K_2$, die ja auch in den Schnittpunkten von K_1 und K_2 verschwindet, nur vom ersten Grade, und $K_1 - K_2 = 0$ ist daher die Gleichung einer Geraden, und man hat also nur die Schnittpunkte dieser Geraden mit einem der beiden Kreise aufzusuchen. Wir wollen hier die quadratische Gleichung, von der das Problem abhängt, direkt aus den gegebenen Gleichungen $K_1 = 0$, $K_2 = 0$ ableiten.

2. Es sei also

$$K_1 \equiv (x - a_1)^2 + (y - b_1)^2 - c_1{}^2,$$
$$K_2 \equiv (x - a_2)^2 + (y - b_2)^2 - c_2{}^2.$$

Wenn wir

$$x - a_1 = c_1\cos\vartheta,$$
$$y - b_1 = c_1\sin\vartheta$$

setzen, so ist K_1 für jeden Wert von ϑ gleich Null; es sind x, y die Koordinaten eines beliebigen Punktes des ersten Kreises, und ϑ ist der Winkel, den der nach diesem Punkt gezogene Radius dieses Kreises mit der x-Achse bildet. Setzen wir diese Ausdrücke in die Gleichung des zweiten Kreises ein, so ergibt sich eine Gleichung für ϑ, die erfüllt sein muß, wenn der Punkt xy auf beiden Kreisen liegen soll. Diese Gleichung lautet

$$(a_1 - a_2 + c_1\cos\vartheta)^2 + (b_1 - b_2 + c_1\sin\vartheta)^2 - c_2{}^2 = 0.$$

Bezeichnen wir mit e die Entfernung der Mittelpunkte der beiden Kreise, so ist $e^2 = (a_1 - a_2)^2 + (b_1 - b_2)^2$, und die vorige Gleichung erhält die Form

$$e^2 - c_2^2 + c_1^2 + 2c_1[(a_1 - a_2)\cos\vartheta + (b_1 - b_2)\sin\vartheta] = 0.$$

Hieraus läßt sich auf verschiedene Weise eine quadratische Gleichung ableiten, z. B. für $\sin\vartheta$ oder für $\cos\vartheta$ oder $\operatorname{tang}\vartheta$. Am einfachsten wird wohl die Rechnung, wenn wir nach § 29 (11)

$$\operatorname{tang}\frac{\vartheta}{2} = t, \quad \cos\vartheta = \frac{1-t^2}{1+t^2}, \quad \sin\vartheta = \frac{2t}{1+t^2}$$

setzen. Man kann dann x, y rational durch t ausdrücken in der Form

$$x = a_1 + c_1\frac{1-t^2}{1+t^2}, \quad y = b_1 + c_1\frac{2t}{1+t^2},$$

und es ist also der Punkt xy durch t eindeutig bestimmt.

Für t ergibt sich dann die quadratische Gleichung

$$(e^2 - c_2^2 + c_1^2)(1+t^2) + 2c_1[(a_1 - a_2)(1-t^2) + 2(b_1 - b_2)t] = 0$$

oder geordnet:

$$t^2[e^2 - c_2^2 + c_1^2 - 2c_1(a_1 - a_2)] + 4c_1(b_1 - b_2)t$$
$$+ (e^2 - c_2^2 + c_1^2) + 2c_1(a_1 - a_2) = 0,$$

die sich nach der allgemeinen Methode auflösen läßt.

3. Wir bilden noch die Diskriminante D dieser Gleichung:

$$D = 16c_1^2(b_1 - b_2)^2 - 4[(e^2 - c_2^2 + c_1^2)^2 - 4c_1^2(a_1 - a_2)^2]$$
$$= 16c_1^2e^2 - 4(e^2 - c_2^2 + c_1^2)^2,$$

die sich folgendermaßen in Faktoren zerlegen läßt:

$$D = -4(e + c_1 + c_2)(e + c_1 - c_2)(e - c_1 + c_2)(e - c_1 - c_2).$$

Nehmen wir $c_1 \geqq c_2$ an, so ist D positiv, wenn

$$c_1 - c_2 < e < c_1 + c_2$$

ist, und nur in diesem Fall haben also die beiden Kreise reelle Schnittpunkte, ein Resultat, das ja auch geometrisch evident ist.

Wird $e = c_1 + c_2$ oder $= c_1 - c_2$, so verschwindet D. Die beiden Schnittpunkte fallen in einen Berührungspunkt zusammen.

§ 64. Ähnlichkeitspunkte und Ähnlichkeitsachsen.

1. Zwei Kreise K_1, K_2, die einander nicht schneiden, haben vier gemeinschaftliche Tangenten, von denen wir zwei als innere, zwei als äußere bezeichnen. Die Schnittpunkte α, α' der gemeinsamen

Tangenten mit der Verbindungslinie ihrer Mittelpunkte m_1, m_2, die wir die Zentrale nennen, teilt den Mittelpunktsabstand innerlich und äußerlich im Verhältnis der Radien, wie sich aus den ähnlichen Dreiecken $m_1 n_1 \alpha$, $m_2 n_2 \alpha$ und $m_1 n_1' \alpha'$, $m_2 n_2' \alpha'$ ergibt (Fig. 212).

Die Punkte α, α' heißen der innere und der äußere Ähnlichkeitspunkt der beiden Kreise.

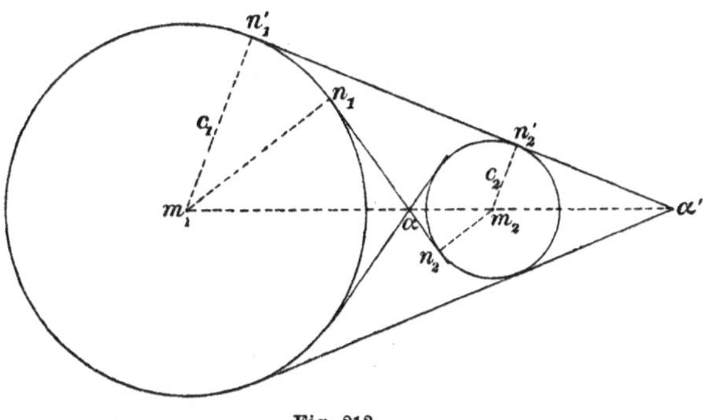

Fig. 212.

Für den Fall, daß die beiden Kreise einander schneiden, existieren diese Punkte α, α' ebenfalls. Aber nur von dem äußeren Ähnlichkeitspunkte aus laufen gemeinschaftliche Tangenten an die beiden Kreise.

Wenn der eine Kreis von dem anderen umschlossen ist, so kann man auch dann noch die beiden Punkte finden, aber sie liegen beide in dem innern Kreise, und durch keinen von ihnen gehen Tangenten an die Kreise.

Man kann diese Punkte in allen Fällen dadurch finden, daß man in beiden Kreisen parallele Durchmesser zieht und die Endpunkte dieser Durchmesser verbindet.

2. Betrachten wir nun ein System von drei Kreisen K_1, K_2, K_3 mit den Radien c_1, c_2, c_3, den Mittelpunkten m_1, m_2, m_3, die die Koordinaten $a_1 b_1$, $a_2 b_2$, $a_3 b_3$ haben und nicht in gerader Linie liegen, so haben wir für je zwei von ihnen zwei Ähnlichkeitspunkte $\alpha_1 \alpha_1'$, $\alpha_2 \alpha_2'$, $\alpha_3 \alpha_3'$, die die Seiten des Dreiecks $m_1 m_2 m_3$ innerlich und äußerlich im Verhältnis $c_2 : c_3$, $c_3 : c_1$, $c_1 : c_2$ teilen, und wir können auf dieses Dreieck den Satz des Menelaos (§ 61, 4.) anwenden. Danach liegen

die	Punkte	$\alpha_1' \alpha_2' \alpha_3'$	auf	einer	Geraden	A',
„	„	$\alpha_1' \alpha_2 \alpha_3$	„	„	„	A_1,
„	„	$\alpha_1 \alpha_2' \alpha_3$	„	„	„	A_2,
„	„	$\alpha_1 \alpha_2 \alpha_3'$	„	„	„	A_3,

und diese vier Geraden heißen die Ähnlichkeitsachsen der drei Kreise, A' die äußere, die drei anderen die inneren Ähnlichkeitsachsen.

Setzen wir wie in § 61, 2.:

$$\Delta_1 \equiv x(b_2 - b_3) - y(a_2 - a_3) + a_2 b_3 - a_3 b_2,$$
$$\Delta_2 \equiv x(b_3 - b_1) - y(a_3 - a_1) + a_3 b_1 - a_1 b_3,$$
$$\Delta_3 \equiv x(b_1 - b_2) - y(a_1 - a_2) + a_1 b_2 - a_2 b_1,$$

so ist die Gleichung der äußeren Ähnlichkeitsachse

$$\frac{\Delta_1}{c_1} + \frac{\Delta_2}{c_2} + \frac{\Delta_3}{c_3} = 0,$$

und man erhält die drei inneren Ähnlichkeitsachsen daraus, wenn man c_1, c_2 oder c_3 durch $-c_1$, $-c_2$, $-c_3$ ersetzt.

§ 65. Potenzachse und Potenzzentrum.

1. Es seien

$$K_1 \equiv (x - a_1)^2 + (y - b_1)^2 - c_1^2 = 0,$$
$$K_2 \equiv (x - a_2)^2 + (y - b_2)^2 - c_2^2 = 0$$

die Gleichungen zweier nicht konzentrischer Kreise in der Normalform. Es ist dann

$$\begin{aligned} K_1 - K_2 \equiv\ & 2x(a_2 - a_1) + 2y(b_2 - b_1) \\ & + a_1^2 + b_1^2 - a_2^2 - b_2^2 - c_1^2 + c_2^2 \end{aligned} \tag{1}$$

ein Ausdruck ersten Grades in x, y, und die Gleichung

$$K_1 - K_2 = 0 \tag{2}$$

stellt also eine gerade Linie dar, die wir die Potenzachse der beiden Kreise nennen wollen. Sie ist der geometrische Ort aller der Punkte der Ebene, die für beide Kreise dieselbe Potenz haben.

Die Gleichung (2) ist erfüllt, wenn K_1 und K_2 beide $= 0$ sind. Wenn sich also die beiden Kreise schneiden, so geht ihre Potenzachse durch die Schnittpunkte. Daher heißt diese Linie auch die gemeinsame Sekante der beiden Kreise. Dieser Ausdruck ist, genau genommen, nur dann gerechtfertigt, wenn sich die beiden Kreise in zwei Punkten schneiden. Wenn sich die Kreise berühren, so ist die gemeinschaftliche Tangente Potenzachse.

Die Potenzachse steht senkrecht auf der Zentrale. Denn bezeichnen wir mit α den Winkel, den die Normale an die Potenzachse mit der x-Achse einschließt, so ergibt sich aus (1) nach § 58, (7):

$$\operatorname{tg} \alpha = \frac{b_2 - b_1}{a_2 - a_1},$$

und diese Normale hat also dieselbe Richtung wie die Verbindungslinie der Mittelpunkte.

2. In bezug auf die Lage der beiden Kreise haben wir drei Fälle zu unterscheiden, je nachdem die Kreise sich schneiden, oder der kleinere in dem größeren liegt, oder endlich beide Kreise ganz auseinander liegen.

Bezeichnen wir mit e den Abstand der beiden Mittelpunkte und nehmen $c_1 > c_2$ an, so sind diese drei Fälle folgendermaßen gekennzeichnet

$$1)\qquad 0 < c_1 - c_2 < e < c_1 + c_2,$$
$$2)\qquad e < c_1 - c_2,$$
$$3)\qquad e > c_1 + c_2.$$

Ist ξ der Abstand eines Punktes auf der Zentrale, vom Mittelpunkt m_1 des ersten Kreises gegen m_2 hin positiv gerechnet, so ist für den Schnittpunkt der Potenzachse mit der Zentralen

$$\xi^2 - c_1^2 = (\xi - e)^2 - c_2^2,$$

also

$$2\xi e = e^2 + c_1^2 - c_2^2.$$

Hieraus ersieht man zunächst, daß ξ immer positiv ist. Die Potenzachse liegt also, vom Mittelpunkt des großen Kreises aus gesehen, immer nach der Seite des Mittelpunktes des kleinen Kreises.

Im Falle 1) ergibt sich aus

$$(3)\qquad 2\xi = \frac{e^2 + c_1^2 - c_2^2}{e} = e + \frac{(c_1 - c_2)(c_1 + c_2)}{e},$$

wenn man $c_1 + c_2$ durch das zu kleine oder $c_1 - c_2$ durch das zu große e ersetzt:

$$e + c_1 - c_2 < 2\xi < e + c_1 + c_2,$$

und mit Rücksicht auf 1):

$$e < e + c_1 - c_2 < 2\xi < e + c_1 + c_2 < 2e.$$

Es liegt also ξ zwischen $\frac{1}{2}e$ und e, und die Potenzachse geht zwischen beiden Kreismittelpunkten durch, aber näher am zweiten.

Im Falle 2) ist $c_2 < c_1 - e$ und folglich

$$2\xi = e + \frac{c_1^2 - c_2^2}{e} > e + \frac{c_1^2 - (c_1 - e)^2}{e} = 2c_1,$$

also liegt die Potenzachse außerhalb der beiden Kreise, nach der Seite des kleineren.

Im Falle 3) folgt aus (3), wenn man $c_1 + c_2$ durch das zu große e ersetzt:

$$2\xi < e + c_1 - c_2,$$

und folglich

$$\xi - c_1 < e - \xi - c_2.$$

Es verläuft also die Potenzachse zwischen den beiden Kreisen, und zwar näher an dem großen als an dem kleinen Kreise.

2. Betrachten wir jetzt ein System von drei Kreisen K_1, K_2, K_3, deren Mittelpunkte nicht in gerader Linie liegen, so haben je zwei von diesen eine Potenzachse:

$$K_2 - K_3 = 0, \quad K_3 - K_1 = 0, \quad K_1 - K_2 = 0,$$

die wir mit p_1, p_2, p_3 bezeichnen wollen. Da aber

$$(K_2 - K_3) + (K_3 - K_1) + (K_1 - K_2) \equiv 0$$

ist, so schneiden sich diese drei Geraden in einem Punkte, der das Potenzzentrum heißt. Wir bezeichnen ihn mit P. Dieser Punkt hat für alle drei Kreise dieselbe Potenz, und es ist der einzige Punkt, der diese Eigenschaft hat.

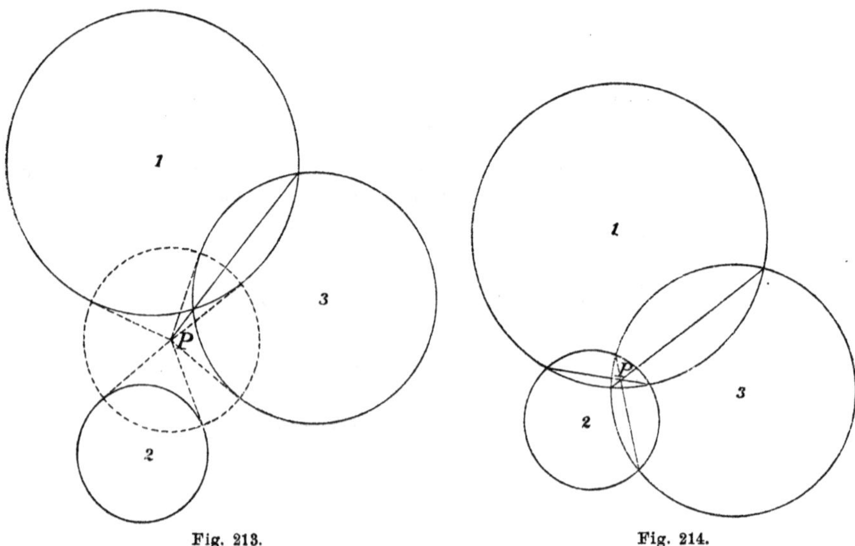

Fig. 213. Fig. 214.

Liegt das Potenzzentrum außerhalb des einen Kreises, so liegt es auch außerhalb der beiden anderen, und es lassen sich von ihm aus sechs Tangenten an die drei Kreise legen, die alle von gleicher Länge sind.

Die sechs Berührungspunkte liegen also auf einem Kreise, der seinen Mittelpunkt in P hat. Dieser Kreis heißt der Orthogonalkreis der drei gegebenen Kreise, weil in seinen Schnittpunkten mit jedem der gegebenen Kreise die Tangenten beider Kreise aufeinander senkrecht stehen (Fig. 213).

Wenn aber das Potenzzentrum im Innern des einen der drei Kreise liegt, so liegt er auch im Innern der beiden anderen, weil die Potenz dann negativ ist, und es gibt keinen Orthogonalkreis (Fig. 214).

Der letzte Fall, daß kein Orthogonalkreis vorhanden ist, daß also die Potenz des Punktes P für alle drei Kreise negativ ist, kann nur dann eintreten, wenn sich je zwei der gegebenen Kreise in zwei Punkten schneiden und diese beiden Schnittpunkte durch den dritten Kreis voneinander getrennt sind.

Wenn sich nämlich zwei der Kreise, etwa K_1 und K_2, nicht schneiden, so ist auf der ganzen Potenzachse p_3 und folglich auch in P die Potenz positiv. Schneiden sich die beiden Kreise aber in zwei Punkten α, β, so ist die Potenz nur auf der Strecke $\overline{\alpha\beta}$ negativ und wenn also die Potenz in P negativ sein soll, so muß P auf dieser Strecke liegen.

Lassen wir einen Punkt π auf der Linie p_3 wandern, so wird die Differenz $K_3 - K_1$ nur einmal, nämlich in P, gleich Null, und sie wechselt beim Durchgang von π durch den Punkt P das Vorzeichen. Wenn also P zwischen α und β liegt, so muß $K_3 - K_1$ und folglich auch K_3 selbst in α und β entgegengesetzte Vorzeichen haben, d. h. es muß von den beiden Punkten α, β der eine innerhalb, der andere außerhalb des Kreises K_3 liegen.

§ 66. Die Ellipse.

1. Die Kreislinie ist definiert als der Inbegriff (der geometrische Ort) aller Punkte, die von einem festen Punkte, dem Mittelpunkte, die gleiche Entfernung haben. Wir verallgemeinern nun diese Definition, indem wir statt des einen Punktes deren zwei nehmen, die wir die Brennpunkte nennen, und definieren als

Ellipse den Inbegriff aller der Punkte, für die die Summe der Entfernungen von den beiden Brennpunkten einen konstanten Wert hat.

2. Aus dieser Definition läßt sich zunächst eine Erzeugungsweise der Ellipse ableiten, die fast ebenso einfach ist wie das Zeichnen eines Kreises mittels des Zirkels (Fig. 215).

Man befestige in den beiden Brennpunkten f und f' zwei Stifte. Hierauf knüpfe man einen Faden zu einem geschlossenen Ring, dessen Umfang $2a + 2c$ größer ist als die doppelte Entfernung $4c$ der beiden Brennpunkte, und lege diese Schleife um die beiden Stifte in f und f'. Dann spanne man die Schleife mittels eines Schreibstiftes p zum Dreieck $(ff'p)$ und führe den Schreibstift auf der Zeichenfläche herum, indem man den Faden immer gespannt erhält. Der Stift p beschreibt dann eine Ellipse, da wir den Faden als undehnbar voraussetzen und daher der Umfang des Dreiecks $(ff'p)$ und folglich auch die Summe der

Seiten $\overline{fp} + \overline{f'p}$ eine unveränderliche Länge haben. Die Kurve wird dem Kreise um so ähnlicher, je näher bei gleichbleibender Fadenlänge die beiden Brennpunkte einander liegen.

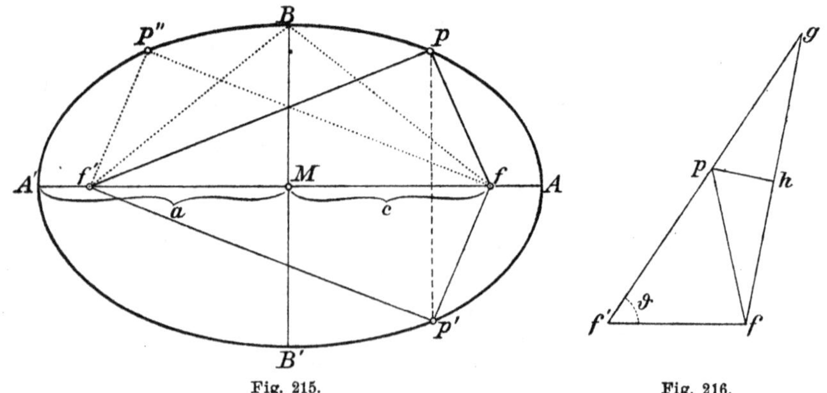

Fig. 215. Fig. 216.

3. Will man an Stelle der Fadenerzeugung eine exakte Konstruktion setzen, so verfahre man so (Fig. 216): Man ziehe von dem einen der Brennpunkte, etwa von f' aus, einen Strahl $\overline{f'g}$ von der Länge $2a$ in beliebiger Richtung. Hierauf verbinde man g mit f und halbiere diese Strecke in h. Die Mittelsenkrechte $\overline{hp}$ auf $\overline{fg}$ schneidet auf der Strecke $\overline{f'g}$ einen Punkt p der Ellipse aus, denn das Dreieck (fpg) ist gleichschenklig und folglich $\overline{f'p} + \overline{fp} = \overline{f'g} = 2a$. So kann man bei gegebenen Brennpunkten und gegebener Länge $2a$ auf jedem von f' auslaufenden Strahl einen und nur einen Punkt der Ellipse finden; $\overline{f'p}$ ist immer kleiner als $2a$. Die Kurve ist daher geschlossen und ist ganz in einen Kreis eingeschlossen, der um den Punkt f' mit dem Radius $2a$ beschrieben ist.

4. Einige andere Eigenschaften der Ellipse ergeben sich unmittelbar aus der Definition.

Wenn ein Punkt p der Ellipse angehört, so liegt der Punkt p', der durch Spiegelung an der Verbindungslinie AA' der Brennpunkte aus p entsteht, gleichfalls auf der Kurve, denn es ist

$$\overline{f'p} + \overline{fp} = \overline{f'p'} + \overline{fp'},$$

und ebenso liegt der Punkt p'', der durch Spiegelung von p an der Mittelsenkrechten BB' zu $\overline{ff'}$ entsteht, auf der Kurve. Die beiden zueinander rechtwinkligen Linien AA' und BB' teilen also die Ellipse in vier symmetrische und kongruente Teile (Fig. 215).

Der Punkt M heißt der Mittelpunkt der Ellipse. Die Linien

$\overline{AA'}$, $\overline{BB'}$ heißen die Hauptachsen, die Punkte A, A', B, B', in denen die Kurve von den Achsen geschnitten wird, die Scheitel. Die Strecke $\overline{AA'}$ hat die Länge $2a$, denn es ist, weil A ein Kurvenpunkt ist, $\overline{f'A} + \overline{fA} = 2a$, und wegen der Symmetrie ist $\overline{fA} = \overline{f'A'}$. Folglich ist

$$\overline{f'A} + \overline{f'A'} = \overline{AA'} = 2a.$$

Die Strecke $\overline{AA'}$ heißt die große Achse der Ellipse.

Die Strecke $\overline{BB'}$ wird die kleine Achse genannt und mit $2b$ bezeichnet. Die Längen $\overline{MA} = a$, $\overline{MB} = b$ heißen auch die große und kleine Halbachse.

Es heißt ferner $\overline{Mf} = \overline{Mf'} = c$ die lineare Exzentrizität der Ellipse. Das Verhältnis von c zu a, also den Bruch

$$e = \frac{c}{a}$$

nennt man die numerische Exzentrizität. Während also die lineare Exzentrizität eine Strecke ist, die in irgend einem Längenmaß gemessen sein kann, ist die numerische Exzentrizität eine reine Zahl und zwar ein echter Bruch. Je kleiner dieser Bruch ist, um so mehr nähert sich die Ellipse der Kreisgestalt. Der Kreis ist eine Ellipse mit der Exzentrizität Null. Da $\overline{f'B} + \overline{fB} = 2a$ ist, so ist $\overline{fB} = a$, und aus dem rechtwinkligen Dreieck BMf ergibt sich nach dem Pythagoräischen Lehrsatz die Relation:

$$a^2 = b^2 + c^2. \tag{1}$$

5. Ein Strahl, der vom Mittelpunkt ausläuft, trifft die Ellipse stets in einem und nur einem Punkte. Denn läßt man auf diesem Strahl einen veränderlichen Punkt P vom Nullpunkt aus stets in derselben Richtung wandern, so wächst die Summe $\overline{Pf} + \overline{Pf'}$ von $2c$ an über alle Grenzen und wird also einmal jeden Wert, der größer ist als $2c$, also auch den Wert $2a$, annehmen.

Verlängert man den Strahl nach rückwärts, so wird er in der gleichen Entfernung auf der entgegengesetzten Seite die Kurve wieder treffen. Das zwischen diesen beiden Punkten gelegene Stück des Strahles heißt ein Durchmesser der Ellipse.

§ 67. Die Hyperbel.

1. Die Konstruktion, die wir in Nr. 3 des vorigen Paragraphen angegeben haben, läßt sich auch ausführen, wenn a kleiner als c ist. Sie führt aber dann zu einer Kurve, deren Punkte p der Bedingung genügen, daß die Differenz $\overline{f'p} - \overline{fp}$ eine Konstante $2a$ ist. Diese Kurve heißt Hyperbel (Fig. 217).

Bei einer bestimmten Richtung des Strahles $\overline{f'g}$ (Fig. 218) kann der Fall eintreten, daß $\overline{fg}$ auf $\overline{f'g}$ senkrecht steht; dann werden $\overline{f'p}$ und $\overline{hp}$ parallel und der Punkt p rückt in unendliche Entfernung.

Bezeichnen wir den Winkel $gf'f$ mit ϑ, so tritt dieser Fall ein,

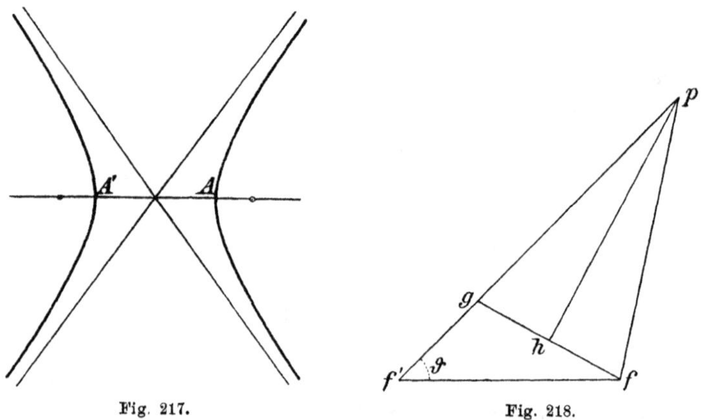

Fig. 217. Fig. 218.

wenn $\cos\vartheta = a/c$ ist. Die hierdurch bestimmte Richtung heißt die asymptotische Richtung.

Nimmt man den Winkel ϑ noch größer an, so trifft die Linie $\overline{hp}$ den Strahl $\overline{f'g}$ gar nicht mehr, wohl aber seine Verlängerung nach rückwärts in einem Punkte p', für den dann $\overline{fp'} - \overline{f'p'} = 2a$ ist. Auf diese Weise entsteht ein zweiter Zweig, der das Spiegelbild des ersten ist, der mit dem ersten zusammen erst die vollständige Hyperbel bildet (Fig. 217). Daß die beiden Zweige der Hyperbel zusammengehören, hat bereits Apollonius erkannt.

Die Punkte A, A', in denen die Kurve von der Verbindungslinie $\overline{ff'}$ getroffen wird, heißen die Scheitel der Hyperbel. Ihre Entfernung $\overline{AA'}$, die gleich $2a$ ist, heißt die Hauptachse der Hyperbel. Ihr Mittelpunkt M ist auch der Mittelpunkt der Hyperbel, und die in ihm errichtete Senkrechte auf die Achse, die die Kurve in keinem Punkte trifft, heißt die Nebenachse.

§ 68. Gleichung der Ellipse und Hyperbel.

1. Um die Ellipse durch eine Gleichung im Sinne der analytischen Geometrie auszudrücken, brauchen wir nur die angegebene Konstruktion in Formeln zu übertragen.

Wir wollen ein Koordinatensystem annehmen, dessen Anfangspunkt im Brennpunkt f' liegt, und dessen positive x-Achse mit der Richtung von f' nach f zusammenfällt. Die y-Achse stehe darauf senkrecht und möge positiv nach oben gerechnet sein.

Wir bezeichnen mit x, y die Koordinaten eines Punktes p und mit r, r' die Entfernungen $\overline{pf'}, \overline{pf}$. Es ist dann

$$r^2 = x^2 + y^2 \tag{1}$$

und für die Ellipse

$$r + r' = 2a. \tag{2}$$

Wenn nun ϑ der Winkel ist, den $\overline{f'p}$ und die positive x-Achse einschließen, so ist

$$x = r\cos\vartheta, \qquad y = r\sin\vartheta, \tag{3}$$

und nach dem Kosinussatz:

$$r'^2 = r^2 + 4c^2 - 4rc\cos\vartheta. \tag{4}$$

Nach (2) ist

$$r'^2 = 4a^2 - 4ar + r^2,$$

und folglich nach (4)

$$r(a - c\cos\vartheta) = a^2 - c^2, \tag{5}$$

und nach § 66 (1) ist $a^2 - c^2 = b^2$, also

$$r = \frac{b^2}{a - c\cos\vartheta}.$$

Dies ist die Gleichung der Ellipse in Po arkoordinaten.

Sie wird noch etwas einfacher, wenn man $b^2 : a = p$, $c : a = e$ setzt:

$$r = \frac{p}{1 - e\cos\vartheta}. \tag{6}$$

Die Zahl e haben wir schon früher als die numerische Exzentrizität bezeichnet. Die Strecke $2p$ heißt der Parameter der Ellipse. Es ist nämlich p der Wert, den r für $\vartheta = \pi/2$ ($\cos\vartheta = 0$) erhält, und folglich ist $2p$ die Sehne der Ellipse, die in f auf der großen Achse senkrecht steht.

Die Exzentrizität e ist immer ein echter Bruch, und folglich ist $1 - e\cos\vartheta$ immer positiv. Für $e = 0$ wird nach (6) $r = p$, d. h. r konstant, also die Kurve ein Kreis.

2. Um die Gleichung der Ellipse in rechtwinkligen Koordinaten zu erhalten, leiten wir aus (5) und (3) zunächst ab:

$$ar = b^2 + cx,$$

und durch Quadrieren mittels (1)

$$a^2(x^2 + y^2) = b^4 + 2cb^2x + c^2x^2$$

oder

$$b^2x^2 + a^2y^2 - 2cb^2x = b^4.$$

Dafür können wir auch setzen

$$b^2(x-c)^2 + a^2y^2 = b^4 + b^2c^2,$$

oder, da $b^2 + c^2 = a^2$ ist:

(7) $$b^2(x-c)^2 + a^2y^2 = a^2b^2.$$

Nehmen wir ein Koordinatensystem x_1, y_1, dessen Achsen dieselbe Richtung haben wie die von x, y, dessen Anfangspunkt aber im Mittelpunkt liegt, so ist $x_1 = x - c$, $y_1 = y$, und wir erhalten die Gleichung der Ellipse, bezogen auf das neue Koordinatensystem, dessen Achsen die Hauptachsen sind, in der Form:

$$b^2x_1{}^2 + a^2y_1{}^2 = a^2b^2,$$

oder auch

(8) $$\frac{x_1{}^2}{a^2} + \frac{y_1{}^2}{b^2} = 1.$$

3. Bei der Hyperbel hat man für die beiden Zweige verschiedene Bedingungen, für den einen, den wir den ersten nennen wollen, der den Brennpunkt f' umschließt, ist

(9) $$r' = r + 2a,$$

und für den anderen ist

(10) $$r' = r - 2a.$$

Setzen wir in der Gleichung (4) nach (9)

$$r'^2 = r^2 + 4ar + 4a^2,$$

so ergibt sich für den ersten Zweig

(11) $$r(a + c\cos\vartheta) = c^2 - a^2,$$

und wenn wir hier

$$c^2 - a^2 = b^2, \quad c = ea, \quad \frac{b^2}{c} = p$$

setzen, so folgt

(12) $$r = \frac{p}{1 + e\cos\vartheta}.$$

Diese Gleichung ist ganz ähnlich wie die Gleichung (6) der Ellipse gebaut. Man kann sie genau in dieselbe Form bringen, wenn man ϑ durch $\pi - \vartheta$ ersetzt. Die Zahl e, die hier größer als 1 ist, heißt gleichfalls die numerische Exzentrizität. Der Parameter p ist auch hier die in dem Brennpunkt auf der Hauptachse senkrechte Sehne.

Für den zweiten Zweig, der den Punkt f umschließt, erhält man, wenn man

$$r'^2 = r^2 - 4ar + 4a^2$$

setzt:

(13) $$r(c\cos\vartheta - a) = c^2 - a^2,$$

oder

(14) $$r = \frac{p}{e\cos\vartheta - 1}.$$

Es wird also r unendlich, wenn

$$\cos\vartheta = \frac{1}{e} = \frac{a}{c},$$

$$\sin\vartheta = \frac{b}{c}, \quad \operatorname{tg}\vartheta = \frac{b}{a}$$

ist, und dieser Winkel bestimmt also die asymptotische Richtung. Die asymptotische Richtung für den ersten Zweig ergibt sich nach (12), wenn man $\cos\vartheta = -1 : e$ setzt.

4. Setzt man für den ersten Zweig nach (11)

$$ar = b^2 - cx,$$

und für den zweiten nach (13)

$$-ar = b^2 - cx,$$

so erhält man durch Quadrierung für beide Zweige die nämliche Gleichung:

$$a^2(x^2 + y^2) = b^4 - 2cb^2x + c^2x^2,$$

woraus, wenn man $c^2 - a^2 = b^2$, $b^4 = b^2c^2 - a^2b^2$ setzt:

$$b^2x^2 - a^2y^2 - 2cb^2x + b^2c^2 = a^2b^2,$$

oder endlich

$$b^2(x-c)^2 - a^2y^2 = a^2b^2.$$

Setzt man auch hier $x - c = x_1$, $y = y_1$, so erhält man die Gleichung der Hyperbel auf die Hauptachsen als Koordinatenachsen bezogen, in der Form

(15) $$\frac{x_1^2}{a^2} - \frac{y_1^2}{b^2} = 1.$$

Diese Gleichung gilt für beide Zweige der Hyperbel, und es ist ohne Anwendung der Wurzelzeichen nicht möglich, eine Gleichung in rechtwinkligen Koordinaten zu finden, die nur für den einen der beiden Zweige gilt. Es gehören also auch in der analytischen Geometrie die beiden Zweige als Teile einer Kurve zusammen.

§ 69. Die Parabel.

1. Wenn r und ϑ die Polarkoordinaten eines veränderlichen Punktes sind (§ 57, 4.), so werden durch die Gleichungen von der Form

(1) $$r = \frac{p}{1 + e\cos\vartheta}$$

sowohl die Ellipse als die Hyperbel dargestellt. Um die Ellipsengleichung § 68 (6) auf diese Form zu bringen, hat man nur ϑ durch $\pi - \vartheta$ zu ersetzen, d. h. man hat die ganze Figur um die y-Achse umzuklappen. Der Pol des Koordinatensystems ist der eine der Brennpunkte; e ist eine positive Zahl, die bei der Ellipse kleiner als 1 ist. Hält man p fest und denkt sich e veränderlich, so erhält man eine Schar von Kurven, die alle durch die beiden festen Punkte $r = p$, $\vartheta = \pm\pi/2$ gehen, worunter sowohl Ellipsen als Hyperbeln sind. Dem Werte $e = 0$ entspricht ein Kreis mit dem Radius p (Fig. 219).

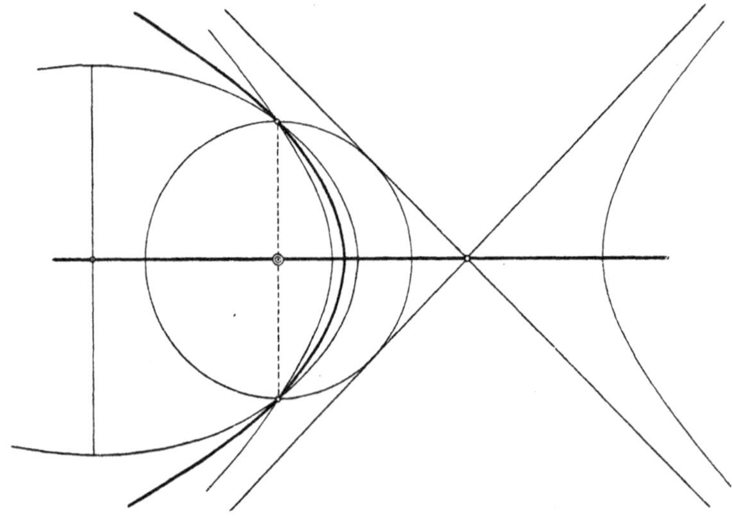

Fig. 219.

2. Wir stellen nun die naheliegende Frage nach der Bedeutung dieser Gleichung für $e = 1$.

Man erhält dann eine Kurve, die zwischen der Ellipse und der Hyperbel steht und die Parabel genannt wird (Fig. 219).

Die Gleichung ergibt für $e = 1$

$$r(1 + \cos\vartheta) = p,$$

und wenn man $r\cos\vartheta = x$ setzt:

(1) $$r = p - x.$$

Diese Gleichung ist zunächst dazu geeignet, eine Erzeugungsweise dieser Kurve zu geben. Man trage auf der positiven x-Achse eine Strecke p ab und errichte in ihrem Endpunkt eine Senkrechte D. Diese Linie heißt die Leitlinie oder Direktrix der Parabel (Fig. 220).

Nimmt man einen beliebigen Punkt π mit der Abszisse x, so ist $p - x$ der Abstand dieses Punktes von der Direktrix, und da r den Abstand des Punktes π von f bedeutet, so besagt die Gleichung (1), daß die Parabel der Inbegriff aller der Punkte ist, für die der senkrechte Abstand von der Direktrix ebenso groß ist, wie der Abstand vom Brennpunkt.

3. Um den Parabelpunkt zu konstruieren, der auf einem beliebig gegebenen Strahl r liegt, nehme man einen beliebigen Punkt g auf r an, ziehe gh parallel der x-Achse und mache $\overline{gh} = \overline{fg}$, so daß fgh ein gleichschenkliges Dreieck ist. Die Verbindungslinie hf schneidet D in einem Punkte k, durch den man eine Parallele zur x-Achse legt. Diese schneidet dann fg in einem Kurvenpunkte π, weil das Dreieck $f\pi k$ mit fgh ähnlich, also gleichfalls gleichschenklig ist. Auf diese Weise kann man eine beliebige Zahl von Kurvenpunkten finden, durch die man die Kurve mit freier Hand mit jeder gewünschten Genauigkeit ziehen kann. Die Kurve ist in bezug auf die x-Achse symmetrisch. Der Punkt A, in dem sie von der Achse getroffen wird, heißt der Scheitel (Fig. 220).

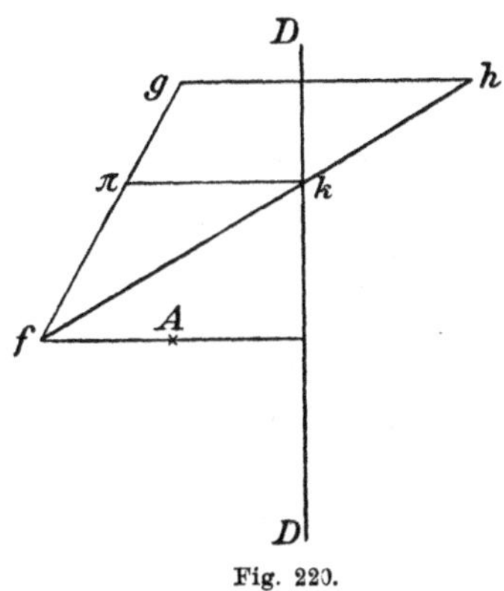

Fig. 220.

4. Will man die Parabelgleichung in rechtwinkligen Koordinaten ausdrücken, so braucht man nur (1) ins Quadrat zu erheben und $r^2 = x^2 + y^2$ zu setzen. Man erhält so

$$y^2 = p^2 - 2px, \tag{2}$$

also eine Gleichung, die nur die eine der beiden Koordinaten, y, in der zweiten Potenz enthält.

5. Man kann die Gleichung auch so darstellen:

$$y^2 + 2p\left(x - \frac{p}{2}\right) = 0, \tag{3}$$

oder, wenn man $x - p/2 = x_1$, $y = y_1$ setzt,

$$y_1^2 + 2px_1 = 0. \tag{4}$$

Es sind dann x_1, y_1 die Koordinaten eines Punktes, bezogen auf ein Koordinatensystem, dessen Anfangspunkt im Scheitel liegt, und (3) heißt daher auch die Scheitelgleichung der Parabel. Die Gleichung

$$y_1^2 - 2px_1 = 0 \tag{5}$$

stellt eine kongruente Parabel dar, die das Spiegelbild der ersten (gespiegelt an der y_1-Achse) ist, die also ihre Öffnung nach der entgegengesetzten Seite kehrt.

6. Nimmt man die Gleichung der Ellipse in der Form (§ 68 (7)):

$$b^2(x-c)^2+a^2y^2=a^2b^2,$$

und setzt darin

$$b^2=cp, \quad a^2=c^2+b^2=c(c+p),$$

so erhält man, wenn man $(x-c)^2=x^2-2cx+c^2$ setzt und mit c^2 dividiert:

$$\frac{px^2}{c}+\left(1+\frac{p}{c}\right)y^2-2px=p^2. \tag{6}$$

Wenn man hierin c unendlich wachsen läßt, so wird $p:c$ gleich Null und man erhält die Gleichung

$$y^2-2px=p^2,$$

die durch Vertauschung von x mit $-x$ in die Gleichung (2) der Parabel übergeht.

Wenn man also bei einer Ellipse den einen Brennpunkt und den Parameter $2p$ festhält, den anderen Brennpunkt aber ins Unendliche rücken läßt, so geht die Ellipse in eine Parabel über.

Ebenso kann man auch die Parabel aus der Hyperbel ableiten.

Die drei Kurvenarten: Ellipse, Hyperbel, Parabel werden unter dem Namen Kegelschnitte zusammengefaßt.

Der Kreis ist als Spezialfall darunter enthalten.

§ 70. Koordinatentransformation.

1. Die Formeln, die im Sinne der analytischen Geometrie dazu dienen, geometrische Beziehungen darzustellen, sind von zweierlei Umständen abhängig. Einmal hängen sie ab von der Natur und den Eigenschaften der darzustellenden Figuren; aber andererseits sind sie auch bedingt durch die Lage des Koordinatensystems, die mit den Eigenschaften der Figur an sich nichts zu tun hat. So stellt jede lineare Gleichung $ax+by+c=0$ eine gerade Linie dar, während doch alle geraden Linien geometrisch ganz gleichartig sind, und die Gleichung, wenn man z. B. die x-Achse in die darzustellende Gerade verlegt, die viel einfachere Form $y=0$ erhält.

Bei minder einfachen Relationen ist es also zunächst erforderlich, das was den Figuren selbst anhaftet von dem zu trennen, was nur in der zufälligen Wahl des Koordinatensystems begründet ist, und dazu dient die Transformation der Koordinaten.

2. Unser Koordinatensystem besteht aus zwei einander rechtwinklig schneidenden Geraden x, y, deren jede eine bestimmte positive Richtung hat, und wir wollen beispielsweise annehmen, daß die positive y-Richtung für einen in der positiven x-Richtung fortschreitenden Wanderer links liegt. Jede dieser Achsen teilt die Ebene in zwei Halbebenen. Die Seite, nach der die positive Richtung der anderen Achse weist, möge als die positive Seite einer jeden der beiden Achsen bezeichnet werden.

Man beachte, daß diese Bestimmung mit der früheren Definition der positiven Seite einer Geraden (§ 57, 8.) nur für die eine der beiden Achsen übereinstimmt; für die andere sind beide entgegengesetzt.

3. Wir nehmen nun eine beliebige Gerade ξ mit einer bestimmten positiven Richtung an. Dann ist, wie in § 57, 8. der zur Linken dieser Richtung liegende Teil der Ebene die positive Seite der Linie ξ.

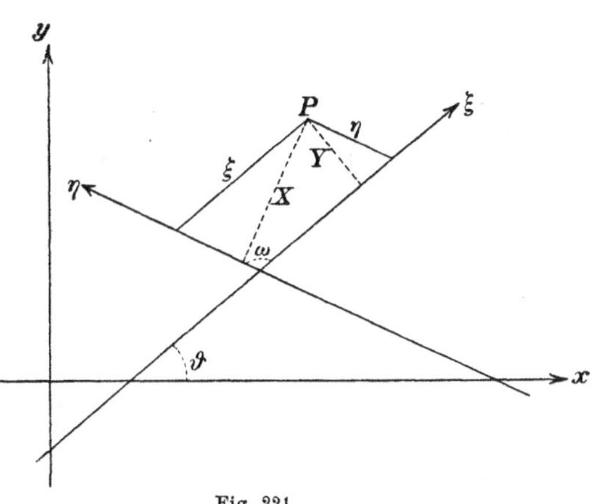

Fig. 221.

Bezeichnen wir mit Y den Abstand, den ein Punkt P mit den Koordinaten x, y von dieser Linie hat, mit Y_0 den Abstand des Koordinatenanfangspunktes und mit ϑ den Winkel, den die positive ξ-Richtung mit der x-Richtung bildet, so ist nach § 57 (4)

$$Y = -x \sin\vartheta + y \cos\vartheta + Y_0, \tag{2}$$

wobei die Abstände der Punkte auf der positiven Seite der Linie ξ positiv, die anderen negativ gerechnet sind.

Wir nehmen eine zweite Gerade η, die gegen die Gerade ξ im positiven Sinne um den Winkel ω gedreht ist und daher mit der x-Achse den Winkel $\vartheta + \omega$ bildet. Von dieser habe der Punkt P die senkrechte Entfernung $-X$ und der Koordinatenanfang die Entfernung $-X_0$; dann ist nach § 57 (4)

$$X = x \sin(\vartheta + \omega) - y \cos(\vartheta + \omega) + X_0.$$

Es sind dann X und Y die Entfernungen des Punktes P von den beiden Geraden η, ξ, wenn man (wie bei den Koordinatenachsen) bei jeder dieser Geraden die Seite als die positive betrachtet, die die positive Richtung der anderen enthält. Setzt man noch

$$X = \xi \sin\omega, \quad Y = \eta \sin\omega,$$
$$X_0 = \xi_0 \sin\omega, \quad Y_0 = \eta_0 \sin\omega,$$

so sind ξ, η die Seiten eines auf den Linien ξ, η gezeichneten Parallelogrammes, dessen diesen Seiten gegenüberliegende Ecke der Punkt P ist, und ξ_0, η_0 haben dieselbe Bedeutung für den Anfangspunkt. Man erhält

$$(3) \quad \begin{aligned} \xi \sin\omega &= x \sin(\vartheta + \omega) - y \cos(\vartheta + \omega) + \xi_0 \sin\omega, \\ \eta \sin\omega &= - x \sin\vartheta + y \cos\vartheta + \eta_0 \sin\omega, \end{aligned}$$

und man nennt, wenn $\sin\omega$ nicht gleich Null ist, wie wir annehmen wollen, ξ, η die Koordinaten des Punktes P, bezogen auf das Koordinatensystem ξ, η. Denn sie bestimmen ebenso die Lage des Punktes P, wie die Koordinaten x, y (Fig. 221).

Ist der Winkel ω kein rechter, so heißt das Koordinatensystem ξ, η schiefwinklig.

4. Will man die alten Koordinaten x, y durch die neuen ξ, η ausdrücken, so hat man die Gleichungen (3) nach x, y aufzulösen. Man multipliziere zu diesem Zweck die Gleichungen mit $\cos\vartheta$, $\cos(\vartheta + \omega)$, und dann mit $\sin\vartheta$, $\sin(\vartheta + \omega)$ und addiere jedesmal. Beachtet man noch die Formel

$$\cos\vartheta \sin(\vartheta + \omega) - \sin\vartheta \cos(\vartheta + \omega) = \sin\omega,$$

und setzt

$$\begin{aligned} - x_0 &= \xi_0 \cos\vartheta + \eta_0 \cos(\vartheta + \omega), \\ - y_0 &= \xi_0 \sin\vartheta + \eta_0 \sin(\vartheta + \omega), \end{aligned}$$

so ergibt sich

$$(4) \quad \begin{aligned} x &= \xi \cos\vartheta + \eta \cos(\vartheta + \omega) + x_0, \\ y &= \xi \sin\vartheta + \eta \sin(\vartheta + \omega) + y_0. \end{aligned}$$

5. Sind ξ_0, η_0 und folglich x_0, y_0 gleich Null, so haben beide Koordinatensysteme den gleichen Anfangspunkt und die Achsen haben veränderte Richtung. Man erhält für diesen Fall

$$(5) \quad \begin{aligned} x &= \xi \cos\vartheta + \eta \cos(\vartheta + \omega), \\ y &= \xi \sin\vartheta + \eta \sin(\vartheta + \omega), \end{aligned}$$

und hieraus erhält man wieder den allgemeinen Fall, wenn man x, y durch $x - x_0$, $y - y_0$ ersetzt.

Die Koordinatentransformation läßt sich so aus zwei nacheinander auszuführenden speziellen Transformationen zusammensetzen, von denen die eine in einer Drehung der Achsen, die andere in einer Parallelverschiebung besteht.

6. Wenn der Winkel $\omega = \pi/2$ ist, so ist das neue Koordinatensystem gleichfalls rechtwinklig. In diesem Falle werden die Formeln (3)

$$(5)\qquad \begin{aligned} \xi &= \xi_0 + x\cos\vartheta + y\sin\vartheta, \\ \eta &= \eta_0 - x\sin\vartheta + y\cos\vartheta, \end{aligned}$$

und ihre Auflösungen:

$$(6)\qquad \begin{aligned} x &= x_0 + \xi\cos\vartheta - \eta\sin\vartheta, \\ y &= y_0 + \xi\sin\vartheta + \eta\cos\vartheta. \end{aligned}$$

Setzt man $\omega = -\pi/2$, so wird das zweite Koordinatensystem gleichfalls rechtwinklig, aber die η-Achse liegt entgegengesetzt zur ξ-Achse, wie die y-Achse zur x-Achse.

§ 71. Kurven zweiten Grades.

1. In der Gleichung der geraden Linie:

$$ax + by + c = 0$$

kommen die Koordinaten x, y des veränderlichen Punktes nur in der ersten Potenz und nicht miteinander multipliziert vor, und diese Eigenschaft bleibt erhalten, wenn man nach § 70 x und y durch die Koordinaten in irgend einem schiefwinkligen System ausdrückt. Darum heißen die geraden Linien in der analytischen Geometrie Linien ersten Grades und die Gleichungen, durch die gerade Linien dargestellt werden, lineare Gleichungen.

2. In der Gleichung des Kreises kommen die Quadrate von x und y vor, aber nicht das Produkt der Koordinaten. Dieses tritt aber sofort auf, wenn man nach § 70 (4) ein schiefwinkliges Koordinatensystem einführt. Wie man aber auch transformieren mag, höhere Potenzen als die zweite treten in der Kreisgleichung nicht auf.

Wir schreiben den Gliedern x^2, y^2, xy die Ordnung 2 zu, den ersten Potenzen x, y die Ordnung 1, einer Konstanten die Ordnung 0, und nennen eine Funktion, die keine Glieder von höherer als der zweiten Ordnung enthält, eine Funktion zweiter Ordnung oder zweiten Grades. Setzt man eine solche Funktion gleich Null, so erhält man eine Gleichung zweiten Grades. Die Kreisgleichung ist also eine Gleichung zweiten Grades, aber nicht jede Gleichung zweiten Grades ist eine Kreisgleichung. Auch die Gleichungen der Kegelschnitte, die wir im § 68, 69 abgeleitet haben, sind Gleichungen zweiten Grades.

Die Gesamtheit der Punkte, deren Koordinaten eine Gleichung zweiten Grades befriedigen, bildet eine Linie oder Kurve zweiten Grades. Wir werden später sehen, daß diese Kurven mit den oben betrachteten Kegelschnitten identisch sind und wollen sie auch schon hier Kegelschnitte **nennen**.

3. Nach der Definition hat die allgemeine Funktion zweiten Grades (Bd. I, § 90) die Form

$$f(x, y) = ax^2 + by^2 + c + 2a'y + 2b'x + 2c'xy. \tag{1}$$

Hierin sind a, b, c, $2a'$, $2b'$, $2c'$ irgend welche konstante Koeffizienten (daß drei der Koeffizienten durch $2a'$, $2b'$, $2c'$ statt durch a', b', c' bezeichnet sind, ist ganz willkürlich und geschieht nur, um gewisse Formeln etwas einfacher darstellen zu können).

Wenn man will, kann man die Funktionen ersten Grades als spezielle Fälle der Funktionen zweiten Grades betrachten, wenn man a, b, c' gleich Null setzt.

Man kann die Funktionen $f(x, y)$ nach einer der beiden Veränderlichen ordnen und erhält, wenn man nach y ordnet,

$$f(x, y) = by^2 + 2F_1 y + F_2, \tag{2}$$

worin

$$F_1 = c'x + a', \quad F_2 = ax^2 + 2b'x + c \tag{3}$$

zu setzen ist.

4. Wir verbinden jetzt die Gleichung eines Kegelschnittes

$$f(x, y) = 0, \tag{4}$$

den wir den Kegelschnitt f nennen wollen, mit der Gleichung einer Geraden l.

Bezeichnen wir mit ϑ den Winkel, den die Gerade l mit der positiven x-Achse einschließt, und setzen $p = \operatorname{tg}\vartheta$, so hat die Gleichung der geraden Linie die Form (§ 58 (5))

$$y = px + q, \tag{5}$$

und darin ist q die Strecke (mit positivem oder negativem Zeichen), die die Gerade auf der y-Achse (d. h. für $x = 0$) abschneidet.

Der besondere Fall, daß die Gerade der y-Achse parallel, also $\vartheta = \pi/2$ ist, ergibt sich, wenn man p unendlich groß werden läßt.

Wir fragen nun nach der Bedeutung des Zusammenbestehens der beiden Gleichungen (4) und (5).

Genügen x, y der Gleichung (4), so liegt der Punkt π, der die Koordinaten x, y hat, auf dem Kegelschnitt f, und wenn die Gleichung (5) erfüllt ist, so liegt der Punkt π auf der Geraden l. Das Zusammenbestehen beider Gleichungen besagt also, daß der Punkt π auf beiden Linien zugleich liegt, also ein Schnittpunkt des Kegelschnittes f mit der Linie l ist. Die Auflösung der beiden Gleichungen (4), (5) in bezug auf die Unbekannten x, y gibt uns also den Schnittpunkt oder die Schnittpunkte dieser beiden Linien.

5. Wir werden hier also auf die algebraische Aufgabe geführt, zwei Unbekannte aus einer Gleichung ersten und zweiten Grades zu bestimmen. Um sie zu lösen, setzen wir y aus (5) in die Gleichung (4) ein, indem wir $f(x, y)$ in der Form (2) annehmen. Wir erhalten so:

$$b(px+q)^2 + 2F_1(px+q) + F_2 = 0,$$

oder, wenn wir für F_1, F_2 die Werte (3) einsetzen und in bezug auf x ordnen:

$$Px^2 + 2Qx + R = 0, \tag{6}$$

worin zur Abkürzung

$$\begin{aligned} P &= bp^2 + 2c'p + a, \\ Q &= bpq + c'q + a'p + b', \\ R &= bq^2 + 2a'q + c \end{aligned} \tag{7}$$

gesetzt ist.

Wir haben also eine quadratische Gleichung für x erhalten. Nehmen wir eine Wurzel dieser Gleichung, so gibt uns die Gleichung (5) den zugehörigen Wert von y, und es entspricht also jeder Wurzel der Gleichung (6) ein und nur ein Schnittpunkt des Kegelschnittes f und der Geraden l.

§ 72. Die Tangenten.

1. Eine quadratische Gleichung hat entweder zwei reelle oder zwei imaginäre Wurzeln oder endlich eine Doppelwurzel. Im ersten Falle schließen wir, daß die gerade Linie l und der Kegelschnitt zwei Schnittpunkte haben. Imaginäre Wurzeln haben keine geometrische Bedeutung als Schnittpunkte, und wenn also die Gleichung (6), § 71, imaginäre Wurzeln hat, so schneiden sich die beiden Linien gar nicht. Der Übereinstimmung im Ausdruck wegen sagt man aber in diesem Falle, daß die gerade Linie und der Kegelschnitt zwei imaginäre Schnittpunkte haben.

Wenn endlich die Gleichung (6) eine Doppelwurzel hat, so haben der Kegelschnitt und die Gerade nur einen Punkt gemein, den man aber als durch die Vereinigung zweier Schnittpunkte entstanden ansieht. In diesem Falle heißt die gerade Linie Tangente oder berührende Gerade des Kegelschnittes.

2. Löst man die Gleichung (6) nach x auf, so ergibt sich (Bd. I, § 43):

$$x = \frac{-Q \pm \sqrt{Q^2 - PR}}{P},$$

und wir erhalten zwei reelle Schnittpunkte, wenn

$$Q^2 - PR \quad \text{positiv},$$

zwei imaginäre Schnittpunkte, wenn

$$Q^2 - PR \quad \text{negativ}$$

und zusammenfallende Schnittpunkte, wenn

(1) $$Q^2 - PR = 0 \quad \text{ist.}$$

3. Die Gleichung (1) lautet, ausführlicher geschrieben:

(2) $$(bpq + c'q + a'p + b')^2 - (bp^2 + 2c'p + a)(bq^2 + 2a'q + c) = 0$$

und wenn man hier entwickelt, heben sich viele Glieder heraus. Um den Endausdruck einfacher zu schreiben, führen wir die Bezeichnungen ein:

(3) $$\begin{aligned} A &= bc - a'^2, & A' &= b'c' - aa', \\ B &= ca - b'^2, & B' &= c'a' - bb', \\ C &= ab - c'^2, & C' &= a'b' - cc'. \end{aligned}$$

Es sind dann A, B, C, A', B', C' die Unterdeterminanten (Bd. I, § 40) der Determinante

$$H = \begin{vmatrix} a, & c', & b' \\ c', & b, & a' \\ b', & a', & c \end{vmatrix},$$

und die Gleichung (2) nimmt die einfache Form an:

(4) $$Ap^2 + Cq^2 + B - 2A'q - 2C'p + 2B'pq = 0.$$

Diese Gleichung drückt die Bedingung aus, der die Koeffizienten p, q genügen müssen, wenn die Gerade l Tangente an den Kegelschnitt f sein soll.

Nimmt man die Gleichung der Geraden l in der Form an

$$ux + vy + w = 0,$$

so wird $p = -u/v$, $q = -w/v$ und die Gleichung (4) erhält die noch elegantere Gestalt:

$$Au^2 + Bv^2 + Cw^2 + 2A'vw + 2B'wu + 2C'uv = 0.$$

§ 73. Asymptoten.

1. In bezug auf den Schnitt einer Geraden mit einem Kegelschnitt können noch andere Besonderheiten eintreten, die wir jetzt diskutieren wollen.

Es kann für gewisse Werte von p, q eintreten, daß der Koeffizient P in der Gleichung (§ 71 (6)) verschwindet, daß also

(1) $$bp^2 + 2c'p + a = 0$$

ist. Wenn dies eintritt, so reduziert sich die Gleichung (6) auf eine Gleichung ersten Grades, und die Linie l hat nur einen Punkt mit dem Kegelschnitt f gemein, ohne jedoch Tangente zu sein.

Da die Gleichung (1) nur p enthält, so hängt das Eintreten dieses Umstandes nur von der Richtung der Geraden l ab, und man nennt eine solche Richtung eine asymptotische Richtung.

Die Linien asymptotischer Richtung bilden also Scharen untereinander paralleler Geraden.

2. Die Gleichung (1) ist eine quadratische Gleichung für p, und man kann also daraus schließen, daß es im allgemeinen zwei asymptotische Richtungen gibt. Man erhält die beiden Wurzeln:

(2) $$p = \frac{-c' \pm \sqrt{c'^2 - ab}}{b},$$

oder wenn man

(3) $$D = c'^2 - ab$$

setzt:

(4) $$bp + c' = \pm\sqrt{D}.$$

Die hier auftretende Größe D, die nichts anderes ist als das vorhin schon benutzte $-C$, heißt die Diskriminante der Funktion $f(x, y)$.

3. Es können nun drei Fälle eintreten, nach denen wir drei Arten von Kegelschnitten unterscheiden:

a) D ist negativ, die asymptotischen Richtungen sind imaginär: **Ellipsen.**

b) D ist positiv, die asymptotischen Richtungen sind reell: **Hyperbeln.**

c) D ist $= 0$. Es gibt nur eine asymptotische Richtung: **Parabeln.**

Inwieweit die hier gebrauchten Namen Ellipse, Hyperbel, Parabel mit den Bezeichnungen in § 68, 69 übereinstimmen, werden wir später sehen.

4. Wenn in der Gleichung § 71 (6) außer P auch noch Q verschwindet, während R von Null verschieden ist, dann kann diese Gleichung überhaupt nicht mehr befriedigt werden, und die gerade Linie l hat gar keinen Punkt mit dem Kegelschnitt gemein, weder einen reellen noch einen imaginären. Sie heißt in diesem Falle eine Asymptote. Da $P = 0$ ist, so hat die Asymptote jedenfalls eine asymptotische Richtung. Die Bedingung für eine Asymptote erhalten wir, wenn wir, nachdem p aus $P=0$ bestimmt ist, q aus der linearen Gleichung $Q=0$ bestimmen. Diese ergibt nach (4)

$$\mp\sqrt{D}q = a'p + b' = \frac{-B' \pm a'\sqrt{D}}{b}, \tag{5}$$

und man erhält also im Falle der Hyperbel zwei reelle Asymptoten.

Ist $D=0$, so hat die Gleichung (5) keine Lösung und die Parabel hat also keine Asymptote.

Eine Ausnahme kann dann eintreten, wenn mit D zugleich $a'p+b'$ verschwindet. Dann ist (5) für alle Werte von β erfüllt und jede Linie von asymptotischer Richtung ist zugleich Asymptote. Dies tritt aber nur bei den im folgenden Paragraphen zu erörternden uneigentlichen Kegelschnitten ein.

5. Wenn $b=0$ ist, so wird eine der Wurzeln (2) unendlich, d. h. die y-Achse hat asymptotische Richtung. Die Gleichung einer zur y-Achse parallelen Linie hat die Form $x=x_0$, wenn x_0 der Abstand dieser Linie von der y-Achse ist. Den einzigen Schnittpunkt dieser Linie mit dem Kegelschnitt erhält man aus

$$2y(c'x_0 + a') + ax_0^2 + 2b'x_0 + c = 0,$$

und es wird also gar kein Schnittpunkt vorhanden und die Linie $x=x_0$ Asymptote sein, wenn $c'x_0 + a' = 0$ ist. Diese Gleichung ergibt einen Wert für x_0 außer wenn $c'=0$ ist. Ist aber b und $c=0$, so ist wieder $D=0$.

§ 74. Uneigentliche oder zerfallende Kegelschnitte.

1. Es bleibt endlich noch die Möglichkeit zu erörtern, daß in der quadratischen Gleichung § 71 (6), von der die gemeinschaftlichen Punkte des Kegelschnittes f und der Geraden l abhängen, die drei Koeffizienten P, Q, R verschwinden. Wenn dies der Fall ist, dann ist jeder Punkt der Geraden l zugleich ein Punkt des Kegelschnittes f. Die Gerade ist also ein Teil des Kegelschnittes.

In diesem Fall läßt sich $f(x, y)$ in zwei lineare Faktoren L, L' zerlegen und die Gleichung $f(x, y) = 0$ ist nur dann befriedigt, wenn entweder L oder L' verschwindet. Der Kegelschnitt zerfällt also in zwei gerade Linien, deren Gleichungen $L=0$ und $L'=0$ sind. Wir nennen dann den Kegelschnitt einen uneigentlichen oder zerfallenden.

2. Um die Zerlegbarkeit nachzuweisen und zugleich die Faktoren L und L' zu bilden, bemerken wir, daß, wenn P, Q, R zugleich verschwinden, nach § 71, 5. die Gleichung

$$(1) \qquad b(px+q)^2 + 2F_1(px+q) + F_2 = 0$$

identisch, d. h. für alle x befriedigt ist, denn diese Gleichung ist mit der Gleichung $Px^2 + 2Qx + R = 0$ identisch.

Nun ist nach § 71, (2)

$$(2) \qquad f(x, y) = by^2 + 2F_1 y + F_2,$$

und wenn man also (1) von (2) subtrahiert und von der Zerlegung

$$y^2 - (px+q)^2 = (y - px - q)(y + px + q)$$

Gebrauch macht und $F_1 = c'x + a'$ setzt (§ 71, (3)), so folgt:

$$f(x, y) = (y - px - q)(b(y + px + q) + 2(c'x + a')).$$

Hierdurch ist $f(x, y)$ in die beiden Faktoren

$$(3) \qquad L = y - px - q, \quad L' = by + (bp + 2c')x + bq + 2a'$$

zerlegt.

3. Wir haben schon in § 90 des 1. Bandes die Bedingung für das Zerfallen einer quadratischen Funktion f in der Form aufgestellt:

$$H = \begin{vmatrix} a, & c', & b' \\ c', & b, & a' \\ b', & a', & c \end{vmatrix} = 0,$$

die entwickelt auch so geschrieben werden kann:

$$(4) \qquad abc - aa'^2 - bb'^2 - cc'^2 + 2a'b'c' = 0.$$

Um diese Bedingung aus dem Verschwinden von P, Q, R abzuleiten, kann man so verfahren:

Wir suchen aus den drei Gleichungen $P = 0$, $Q = 0$, $R = 0$, d. h. aus

$$(5) \qquad \begin{aligned} bp^2 + 2c'p + a \qquad &= 0, \\ bpq + c'q + a'p + b' &= 0, \\ bq^2 + 2a'q + c \qquad &= 0 \end{aligned}$$

die beiden Unbekannten zu eliminieren. Aus der zweiten von ihnen aber folgt:

$$q = -\frac{a'p + b'}{bp + c'},$$

und wenn wir dies in die dritte einsetzen und mit $(bp + c)^2$ multiplizieren, so folgt:

$$b(a'p + b')^2 - 2a'(a'p + b')(bp + c') + c(bp + c')^2 = 0.$$

Ordnet man diese Gleichungen nach p und benutzt die Bezeichnungen § 72 (3):

$$A = bc - a'^2, \quad B' = c'a' - bb', \quad C' = a'b' - cc',$$

so folgt:

$$(bp^2 + 2c'p)A - b'B' - c'C' = 0,$$

und dies wird mit Benutzung der ersten Gleichung (5)

$$Aa + B'b' + C'c' = 0,$$

was entwickelt auf (4) führt.

In dem hier ausgeschlossenen Fall, daß die Funktion $f(x, y)$ die Variable y gar nicht enthält, in dem also der Kegelschnitt zwei zur y-Achse parallele Gerade darstellt, ist $a' = 0$, $b = 0$, $c' = 0$ und folglich die Bedingung (4) gleichfalls befriedigt.

4. Sind ϑ und ϑ' die Winkel, die die beiden Geraden L und L' eines zerfallenden Kegelschnittes mit der x-Achse einschließen, so ist nach (3) (wenn b von Null verschieden angenommen wird)

$$\operatorname{tg}\vartheta = p, \quad \operatorname{tg}\vartheta' = -p - \frac{2c'}{b},$$

und die beiden Linien werden also miteinander parallel sein, wenn diese beiden Ausdrücke einander gleich sind, also $p = -c'/b$ ist. Aus der ersten Gleichung (5) folgt aber dann $c'^2 - ab = 0$. Damit also der Kegelschnitt f in zwei parallele Gerade zerfalle, sind die beiden Bedingungen

$$H = 0, \quad D = 0$$

notwendig. Man kann deshalb diesen Fall zu den Parabeln rechnen.

5. Endlich können die beiden Faktoren L und L' auch dieselbe Gerade darstellen, der Kegelschnitt also in eine doppelt zu zählende Gerade ausarten.

In diesem Fall muß L mit L' bis auf den Faktor b identisch werden, woraus sich

$$p = -\frac{c'}{b}, \qquad q = -\frac{a'}{b}$$

ergibt, und die Gleichungen (5) gehen dann über in:

$$(6) \qquad ab - c'^2 = 0, \quad bb' - a'c' = 0, \quad cb - a'^2 = 0,$$

aus denen leicht auch die anderen folgen:

$$(7) \qquad cc' - a'b' = 0, \quad ac - b'^2 = 0, \quad aa' - c'b' = 0.$$

Damit also f das Quadrat einer linearen Funktion sei, ist notwendig und hinreichend, daß nicht bloß H sondern seine sämtlichen Unterdeterminanten A, B, C, A', B', C' gleich Null seien.

Der zuvor ausgeschlossene Fall $b = 0$ ist unter diesen allgemeinen Resultaten aber gleichfalls mit enthalten. Denn ist $b = 0$, so kann $f = 0$ nur dann zwei parallele Gerade darstellen, wenn diese parallel der y-Achse sind, d. h. wenn zugleich a' und c' und folglich auch H und D verschwinden, und diese beiden Geraden fallen zusammen, wenn auch $ac - b'^2 = 0$ ist. Damit sind denn auch die Gleichungen (6), (7) befriedigt.

6. Haben

$$f(x, y) = ax^2 + by^2 + 2c'xy + 2b'x + 2a'y + c,$$
$$D = c'^2 - ab$$

die frühere Bedeutung, so hat eine durch den Koordinatenanfangspunkt gehende Gerade von asymptotischer Richtung die Gleichung (§ 71 (5), § 73 (4)):

$$by + c'x \pm x\sqrt{D} = 0,$$

und wenn man die beiden hierin enthaltenen Gleichungen multipliziert und b weghebt, so erhält man

(8) $$ax^2 + by^2 + 2c'xy = 0$$

als Gleichung eines Linienpaares von asymptotischer Richtung.

§ 75. Schnittpunkte zweier Kegelschnitte.

1. Wenn die Gleichungen zweier Kegelschnitte

(1) $$\begin{aligned} f(x, y) &= ax^2 + by^2 + c + 2a'y + 2b'x + 2c'xy = 0, \\ \varphi(x, y) &= \alpha x^2 + \beta y^2 + \gamma + 2\alpha' y + 2\beta' x + 2\gamma' xy = 0 \end{aligned}$$

gegeben sind, so sind die Werte, die beiden Gleichungen zugleich genügen, die Koordinaten der Schnittpunkte dieser beiden Kegelschnitte Wir haben in § 90 des ersten Bandes schon gesehen, daß es vier Lösungen dieser Gleichungen gibt, deren Bestimmung von der Lösung einer Gleichung vierten Grades abhängt, und wir schließen daraus, daß sich zwei Kegelschnitte im allgemeinen in vier Punkten schneiden.

2. Die Gleichung vierten Grades, von der diese Schnittpunkte abhängen, läßt sich auf folgende Art bilden. Wir setzen:

(2) $$\begin{aligned} f(x, y) &= by^2 + 2F_1 y + F_2 = 0 \quad &&\Big|\quad \beta, \; -\Phi_2, \\ \varphi(x, y) &= \beta y^2 + 2\Phi_1 y + \Phi_2 = 0 \quad &&\Big|\quad -b, \quad F_2, \end{aligned}$$

wenn

(3) $$\begin{aligned} F_1 &= c'x + a', \qquad & F_2 &= ax^2 + 2b'x + c, \\ \Phi_1 &= \gamma' x + \alpha', \qquad & \Phi_2 &= \alpha x^2 + 2\beta' x + \gamma. \end{aligned}$$

Es sind also F_1, Φ_1 vom ersten, F_2 und Φ_2 vom zweiten Grad in bezug auf x. Multiplizieren wir die Gleichungen (2) mit den beigeschriebenen Faktoren und addieren jedesmal, so erhalten wir die beiden Gleichungen

$$2(F_1\beta - \Phi_1 b)y + (F_2\beta - \Phi_2 b) = 0,$$
$$(F_2\beta - \Phi_2 b)y + 2(F_2\Phi_1 - F_1\Phi_2) = 0,$$

woraus sich ergibt:

(4) $$y = -\frac{1}{2}\frac{F_2\beta - \Phi_2 b}{F_1\beta - \Phi_1 b} = -2\frac{F_2\Phi_1 - F_1\Phi_2}{F_2\beta - \Phi_2 b}.$$

Daraus folgt:

(5) $$(F_2\beta - \Phi_2 b)^2 - 4(F_1\beta - \Phi_1 b)(F_2\Phi_1 - F_1\Phi_2) = 0,$$

und das ist nach (3) eine Gleichung vierten Grades in bezug auf x. Zu jeder Wurzel x dieser Gleichung erhält man aus (4) den zugehörigen Wert von y.

3. Die Gleichung (5) kann sich in besonderen Fällen auf den dritten Grad reduzieren. Um zu erkennen, wann das stattfindet, suchen wir den Koeffizienten von x^4 in der Gleichung (5) auf. Verschwindet dieser, so ist die Gleichung vom dritten Grad, und die beiden Kegelschnitte haben nur drei Schnittpunkte. Nach (3) ist aber die Bedingung hierfür:

(6) $$(a\beta - b\alpha)^2 - 4(c'\beta - b\gamma')(a\gamma' - c'\alpha) = 0.$$

Wir erinnern uns, daß nach § 73, (1) durch die Gleichung

$$bp^2 + 2c'p + a = 0$$

die asymptotischen Richtungen des Kegelschnittes f bestimmt sind, und ebenso sind durch

$$\beta p^2 + 2\gamma' p + \alpha = 0$$

die asymptotischen Richtungen von φ bestimmt. Eliminiert man aber p aus diesen beiden Gleichungen, so wie vorher x aus den beiden Gleichungen (2) eliminiert wurde, so erhält man genau die Bedingung (6), und daraus folgt also:

Zwei Kegelschnitte haben dann nur drei Schnittpunkte, wenn sie eine gemeinsame asymptotische Richtung haben.

4. Die Gleichung vierten Grades kann sich noch weiter reduzieren, und es kommen Kegelschnittpaare vor, die nur zwei, einen oder selbst gar keinen Schnittpunkt haben.

Wenn sich z. B. die Glieder zweiter Ordnung

$$ax^2 + 2c'xy + by^2, \quad \alpha x^2 + 2\gamma' xy + \beta y^2$$

nur durch einen konstanten Faktor unterscheiden, wenn also

(7) $$a : c' : b = \alpha : \gamma' : \beta$$

ist, dann ist die Gleichung (5) nur vom zweiten Grad, und die Kegelschnitte haben also nur zwei Schnittpunkte. Die Bedingungen (7) drücken aus, daß beide asymptotische Richtungen zusammenfallen. Dieser Fall trifft bei zwei Kreisen zu, die bekanntlich, obwohl es Kegelschnitte sind, nur zwei Schnittpunkte haben. Indessen sind die asymptotischen Richtungen in diesem Fall imaginär.

Auch dann haben die Kegelschnitte nur zwei Schnittpunkte, wenn sie nicht bloß eine gemeinsame asymptotische Richtung, sondern eine gemeinsame Asymptote haben.

Es können endlich zwei Kegelschnitte nur einen oder selbst gar keinen Schnittpunkt haben. Letzteres trifft z. B. dann zu, wenn die Funktionen f und φ nur im konstanten Gliede voneinander verschieden sind, wenn also $a = \alpha$, $b = \beta$, $a' = \alpha'$, $b' = \beta'$, $c' = \gamma'$ und c von γ verschieden ist.

Wie man von zwei parallelen Geraden sagt, daß sie sich im Unendlichen schneiden, so kann man in diesen Fällen den Satz von den vier Schnittpunkten zweier Kegelschnitte dadurch allgemein aufrecht halten, daß man einen oder mehrere dieser Schnittpunkte im Unendlichen annimmt.

Man kann dieser Ausdrucksweise dadurch eine gewisse reale Bedeutung geben, daß man die Funktionen f, φ zunächst so annimmt, daß vier Schnittpunkte vorhanden sind und die Koeffizienten $a, b, \cdots, \alpha, \beta, \cdots$ sodann stetig in solche spezielle Werte übergehen läßt, die den besonderen Bedingungen genügen. Dadurch rücken die verlorenen Schnittpunkte ebenso ins Unendliche, wie der Schnittpunkt zweier sich schneidender Geraden, wenn die eine von ihnen durch stetige Drehung der anderen parallel gemacht wird.

§ 76. Konjugierte Richtungen und Hauptrichtungen.

1. Wir gehen nun dazu über, die allgemeine Gleichung zweiten Grades zu vereinfachen, indem wir sie auf ein Koordinatensystem beziehen, das der besonderen Funktion f angepaßt ist, um die Mannigfaltigkeit den Kurven zu übersehen, die darin enthalten sind.

Wir nehmen zunächst eine Drehung des Koordinatensystems mit Beibehaltung des Anfangspunktes vor. Wir setzen also nach den Formeln § 70 (5):

$$x = \xi \cos\vartheta + \eta \cos(\vartheta + \omega),$$
$$y = \xi \sin\vartheta + \eta \sin(\vartheta + \omega), \tag{1}$$

und dadurch geht die Funktion

$$f(x, y) = ax^2 + by^2 + 2c'xy + 2a'y + 2b'x + c \tag{2}$$

in eine Funktion derselben Form über:

$$(3) \qquad \varphi(\xi, \eta) = \alpha\xi^2 + \beta\eta^2 + 2\gamma'\xi\eta + 2\alpha'\eta + 2\beta'\xi + \gamma,$$

worin, wie die Rechnung zeigt:

$$(4) \quad \begin{cases} \alpha = a\cos^2\vartheta + b\sin^2\vartheta + 2c'\sin\vartheta\cos\vartheta, \\ \beta = a\cos^2(\vartheta+\omega) + b\sin^2(\vartheta+\omega) + 2c'\sin(\vartheta+\omega)\cos(\vartheta+\omega), \\ \gamma' = a\cos\vartheta\cos(\vartheta+\omega) + b\sin\vartheta\sin(\vartheta+\omega), \\ \qquad\qquad + c'(\cos\vartheta\sin(\vartheta+\omega) + \sin\vartheta\cos(\vartheta+\omega)), \\ \alpha' = a'\sin\vartheta + b'\cos\vartheta, \\ \beta' = a'\sin(\vartheta+\omega) + b'\cos(\vartheta+\omega), \\ \gamma = c. \end{cases}$$

2. Zur Vereinfachung des Ausdruckes $\varphi(\xi, \eta)$ stehen uns die beiden Winkel ϑ, ω zur Verfügung, und wir wollen diese so bestimmen, daß $\gamma' = 0$ wird.

Wenn wir

$$\cos(\vartheta+\omega) = \cos\vartheta\cos\omega - \sin\vartheta\sin\omega,$$
$$\sin(\vartheta+\omega) = \sin\vartheta\cos\omega + \cos\vartheta\sin\omega$$

setzen, so erhält die Gleichung $\gamma' = 0$ die Form:

$$(5) \quad \begin{aligned} &\cos\omega\,(a\cos^2\vartheta + b\sin^2\vartheta + 2c'\sin\vartheta\cos\vartheta) \\ &\quad + \sin\omega\,((b-a)\sin\vartheta\cos\vartheta + c'(\cos^2\vartheta - \sin^2\vartheta)) = 0. \end{aligned}$$

Nimmt man also zunächst ϑ beliebig an, so ergibt sich für ω der Ausdruck:

$$(6) \qquad \operatorname{tg}\omega = -\frac{a\cos^2\vartheta + b\sin^2\vartheta + 2c'\sin\vartheta\cos\vartheta}{(b-a)\sin\vartheta\cos\vartheta + c'(\cos^2\vartheta - \sin^2\vartheta)},$$

und man erhält also für jede beliebige Richtung der ξ-Achse eine (genauer zwei entgegengesetzte) Richtung der η-Achse, von der Eigenschaft, daß in der auf das Achsensystem $\xi\eta$ bezogenen Gleichung des Kegelschnittes das Glied mit $\xi\eta$ nicht vorkommt. Zwei solche Richtungen heißen konjugierte Richtungen.

3. Es kann vorkommen, daß die beiden konjugierten Richtungen in eine zusammenfallen, und dann sind diese Richtungen nicht als Koordinatenachsen zu brauchen.

Dies tritt dann ein, wenn ϑ so bestimmt wird, daß

$$a\cos^2\vartheta + b\sin^2\vartheta + 2c'\sin\vartheta\cos\vartheta = 0$$

wird. Daraus ergibt sich eine quadratische Gleichung für $\operatorname{tg}\vartheta$:

$$b\operatorname{tg}^2\vartheta + 2c'\operatorname{tg}\vartheta + a = 0,$$

mit den beiden Wurzeln:

$$\operatorname{tg}\vartheta = \frac{-c' \pm \sqrt{D}}{b},$$

worin wie früher

$$D = c'^2 - ab$$

die Diskriminante der Funktion f ist.

Die Vergleichung mit § 73 (2) zeigt, daß die asymptotischen Richtungen und nur diese mit ihren konjugierten zusammenfallen.

4. Wir wollen nun ϑ so zu bestimmen suchen, daß die beiden konjugierten Richtungen aufeinander senkrecht stehen. Solche Richtungen nennen wir Hauptrichtungen. Beziehen wir die Gleichung des Kegelschnittes auf ein System von Hauptrichtungen als Achsen, so ist das Koordinatensystem rechtwinklig, und in der Gleichung des Kegelschnittes kommt das Produkt der beiden Veränderlichen nicht vor.

Hauptrichtungen sind immer vorhanden. Um sie zu erhalten, haben wir in der Formel (6) $\omega = \frac{1}{2}\pi$, folglich $\operatorname{tg}\omega$ gleich unendlich, d. h. den Nenner gleich Null zu setzen. Dies gibt:

$$(b - a)\sin\vartheta\cos\vartheta + c'(\cos^2\vartheta - \sin^2\vartheta) = 0,$$

oder nach den Formeln der Trigonometrie:

$$(7) \qquad (b - a)\sin 2\vartheta + 2c'\cos 2\vartheta = 0,$$

woraus man

$$(8) \qquad \operatorname{tg} 2\vartheta = -\frac{2c'}{b - a}$$

erhält.

Da jedem positiven oder negativen Wert der Tangente ein Winkel zwischen $-\pi/2$ und $+\pi/2$ entspricht, so erhält man aus (8) für ϑ einen bestimmten Winkel zwischen den Grenzen $-\pi/4$ und $+\pi/4$. Es genügen derselben Bedingung aber alle Winkel, die sich von diesem ϑ um ein Vielfaches von $\pi/2$ unterscheiden; diese geben alle nur zwei aufeinander senkrechte gerade Linien, von denen nach Willkür eine für die ξ-Achse, eine für die η-Achse genommen werden kann.

5. Ein Ausnahmefall ist hier hervorzuheben, in dem die Gleichung (7) für jeden beliebigen Winkel ϑ erfüllt ist, nämlich dann, wenn

$$a = b, \qquad c' = 0$$

ist. In diesem Falle ist $f = 0$ die Gleichung eines Kreises, und für diese sind je zwei aufeinander rechtwinklige Richtungen Hauptrichtungen.

Die Funktion $f(x, y)$ hat in diesem Falle die Form

$$a(x^2 + y^2) + 2a'y + 2b'x + c$$

und kann auf die Form gebracht werden

$$a\left[\left(x+\frac{b'}{a}\right)^2+\left(y+\frac{a'}{a}\right)^2\right]-\frac{a'^2+b'^2-ca}{a}.$$

Es sind also $-b':a$, $-a':a$ die Mittelpunktskoordinaten, und $(a'^2+b'^2-ac):a$ ist das Quadrat des Radius des Kreises.

6. Ferner kann auch noch der Fall vorkommen, daß für einen bestimmten Winkel ϑ Zähler und Nenner des Ausdruckes (6) verschwinden; dann ist für diesen Wert ϑ die Gleichung (5) für jedes ω befriedigt und der Koeffizient γ' für j e d e s ω gleich Null. Es ist hierfür ϑ so zu bestimmen, daß die beiden Gleichungen

$$a\cos^2\vartheta+b\sin^2\vartheta+2c'\sin\vartheta\cos\vartheta=0,$$

$$(b-a)\sin\vartheta\cos\vartheta+c'(\cos^2\vartheta-\sin^2\vartheta)=0$$

zugleich befriedigt werden. Diese beiden Gleichungen lassen sich mit Hilfe der Relationen:

$$2\cos^2\vartheta=1+\cos 2\vartheta,\quad 2\sin^2\vartheta=1-\cos 2\vartheta,\quad 2\sin\vartheta\cos\vartheta=\sin 2\vartheta$$

auch so darstellen:

$$(a-b)\cos 2\vartheta+2c'\sin 2\vartheta=-(a+b),$$

$$(a-b)\sin 2\vartheta-2c'\cos 2\vartheta=0,$$

und wenn man diese quadriert und addiert, so folgt:

$$(a-b)^2+4c'^2=(a+b)^2$$

oder:

$$c'^2-ab=0.$$

Ist umgekehrt diese Bedingung erfüllt, so folgt von den beiden Gleichungen die eine aus der anderen.

Der Ausnahmefall also, daß γ' für ein bestimmtes ϑ und für jedes beliebige ω verschwindet, tritt immer dann ein, wenn die Diskriminante D verschwindet, d. h. b e i d e n P a r a b e l n. Die Richtung der ξ-Achse ist in diesem Falle die einzig vorhandene a s y m p t o t i s c h e R i c h t u n g (§ 73, 3.).

7. Die Diskriminante D der Funktion zweiten Grades $f(x, y)$ war definiert durch

$$D=c'^2-ab.$$

Ebenso ist die Diskriminante Δ der transformierten Funktion $\varphi(\xi, \eta)$ (§ 76, 1.)

$$\Delta=\gamma'^2-\alpha\beta,$$

und zwischen diesen beiden Diskriminanten besteht eine Beziehung, die aus den Ausdrücken (4) für α, β, γ' folgt. Wenn man nämlich diese Ausdrücke in Δ einsetzt, so ergibt eine leichte Rechnung, die wir dem Leser überlassen können:

(9) $$\varDelta = D \sin^2 \omega.$$

Der Quotient

$$\varDelta : \sin^2 \omega$$

ist also eine von der Veränderung des Koordinatensystems ganz unabhängige Größe, die zur Charakterisierung des durch die Gleichung $f = 0$ oder $\varphi = 0$ dargestellten Kegelschnittes dient. Wir nennen sie die Diskriminante dieses Kegelschnittes.

Die Unterscheidung, die wir früher nach dem Vorzeichen der Diskriminante getroffen haben, ist also vom Koordinatensystem ganz unabhängig. Wir haben:

1) Kegelschnitte, mit verschwindender Diskriminante oder Parabeln;

2) Kegelschnitte mit positiver Diskriminante oder Hyperbeln;

3) Kegelschnitte mit negativer Diskriminante oder Ellipsen.

Da $\sin^2 \omega$ immer positiv ist, weil der Winkel ω weder gleich Null noch gleich einem Vielfachen von π sein darf, so läßt sich aus der Funktion $\varDelta = \gamma'^2 - \alpha\beta$ allein schon erkennen, zu welcher der drei Arten ein Kegelschnitt gehört.

Ehe wir auf die geometrischen Eigenschaften dieser drei Arten von Kegelschnitten eingehen, müssen wir in der Transformation der Koordinaten noch einen Schritt weiter gehen, indem wir zu der Drehung der Koordinaten noch eine Koordinatenverschiebung hinzufügen.

§ 77. Mittelpunkt.

1. Wir nehmen jetzt an, der Kegelschnitt sei von vornherein auf ein System von konjugierten Richtungen als Koordinatenachsen bezogen. Dann fehlt in der Gleichung des Kegelschnittes das Glied mit dem Produkt xy, und sie lautet also:

(1) $$ax^2 + by^2 + 2a'y + 2b'x + c = 0.$$

Die Diskriminante des Kegelschnittes ist hier $= -ab$, und wir haben also folgende Unterscheidungen

Die Gleichung (1) stellt

eine Ellipse dar, wenn a, b gleiche Zeichen haben,
eine Hyperbel, wenn a, b verschiedene Zeichen haben,
eine Parabel, wenn a oder b gleich 0 ist.

(Sind a und b gleich 0, so ist (1) die Gleichung einer geraden Linie.)

2. Wir führen nun wieder ein neues Koordinatensystem ξ, η ein, das dem System x, y parallel ist, dessen Anfangspunkt die Koordinaten x_0, y_0 hat. Es ist dann

$$\xi = x - x_0, \quad \eta = y - y_0.$$

Die Koeffizienten von ξ^2, η^2 sind dann die gleichen wie die von x^2, y^2, und (1) geht also in die Form über:

$$(2) \qquad a\xi^2 + b\eta^2 + 2\alpha'\eta + 2\beta'\xi + \gamma = 0,$$

worin

$$(3) \qquad \begin{aligned} \alpha' &= by_0 + a', \\ \beta' &= ax_0 + b', \\ \gamma &= ax_0^2 + by_0^2 + 2a'y_0 + 2b'x_0 + c. \end{aligned}$$

Durch Verfügung über x_0, y_0 kann man nun weitere Vereinfachungen herbeiführen.

3. Wenn a und b beide von Null verschieden sind, so setze man

$$x_0 = \frac{-b'}{a}, \quad y_0 = \frac{-a'}{b},$$

wodurch α' und β' gleich 0 werden, also die Gleichung (2) die Form erhält:

$$(4) \qquad a\xi^2 + b\eta^2 + \gamma = 0.$$

4. Ist aber einer der beiden Koeffizienten a, b, etwa a, gleich 0, also bei der Parabel, so kann man β' nicht mehr gleich Null machen. Man setze $\alpha' = 0$, also $y_0 = -a' : b$.

Ist b' von Null verschieden, so kann man x_0 aus der Gleichung $\gamma = 0$ bestimmen, nämlich

$$x_0 = \frac{a'^2 - bc}{2bb'},$$

und erhält aus (2):

$$(5) \qquad b\eta^2 + 2\beta'\xi = 0.$$

Ist aber $b' = 0$, so ist auch $\beta' = 0$ (für jedes x_0), und γ wird unabhängig von x_0 gleich $(bc - a'^2) : b$. Demnach erhält man die Gleichung

$$(6) \qquad b\eta^2 + \gamma = 0.$$

Damit sind alle Fälle erschöpft, die sich bei der Gleichung (1) bieten können.

5. Die Gleichungen (4) und (6), in denen keine ersten Potenzen der Unbekannten vorkommen, bleiben richtig, wenn ξ in $-\xi$, η in $-\eta$ verwandelt werden. Jede durch den Anfangspunkt gehende Gerade schneidet die Kurve in zwei gleichweit vom Anfangspunkt abstehenden Punkten. Der Koordinatenanfangspunkt heißt der Mittelpunkt der Kurve.

Während aber in (4) der Mittelpunkt ein einziger, ganz bestimmter ist, kann in (6) jeder Punkt der ξ-Achse als Mittelpunkt betrachtet werden.

In dem Falle (5) ist kein Mittelpunkt vorhanden.

In den Fällen (4), (5) und (6) wird jede Sehne, die der η-Achse parallel ist, durch die ξ-Achse halbiert, und in dem Falle (4) wird auch jede zur ξ-Achse parallele Sehne von der η-Achse halbiert.

Wir untersuchen jetzt die verschiedenen Möglichkeiten, die bei Kurven zweiter Ordnung vorkommen können.

6. Wenn in (4) γ von Null verschieden ist und a, b, γ das gleiche Vorzeichen haben, so teilen wir durch γ, schreiben a^2, b^2 für $\gamma : a$, $\gamma : b$ und x, y für ξ, η; dann erhalten wir

1) $$\frac{x^2}{a^2} + \frac{y^2}{b^2} + 1 = 0.$$

Diese Gleichung ist aber für keinen reellen Punkt erfüllt, da die Summe von drei positiven Größen nicht gleich Null sein kann. Diese Gleichung hat keine geometrische Bedeutung:

Imaginäre Ellipse.

7. γ ist von Null verschieden. a, b gleiches, γ das entgegengesetzte Zeichen. Setzt man wieder a^2, b^2 für $-\gamma : a$, $-\gamma : b$, so erhält man die Gleichung:

2) $$\frac{x^2}{a^2} + \frac{y^2}{b^2} = 1.$$

Ellipse.

8. γ von Null verschieden. b, γ das gleiche, a das entgegengesetzte Zeichen:

3) $$\frac{x^2}{a^2} - \frac{y^2}{b^2} = 1.$$

Hyperbel.

Der Fall, daß a, γ das gleiche, b das entgegengesetzte Zeichen haben, ist davon nicht wesentlich verschieden; er ergibt

$$-\frac{x^2}{a^2} + \frac{y^2}{b^2} = 1$$

und geht aus 3) hervor, wenn man die x-Achse zur y-Achse macht und umgekehrt.

9. $\gamma = 0$, a und b gleiches Zeichen. Setzt man $1 : a^2$, $1 : b^2$ statt a, b, so folgt:

4) $$\frac{x^2}{a^2} + \frac{y^2}{b^2} = 0.$$

Diese Gleichung ist nur für $x = 0$, $y = 0$, also für den Koordinatenanfangspunkt erfüllt. Die linke Seite läßt sich aber in zwei imaginäre Faktoren ersten Grades zerlegen:

$$\frac{x}{a} + \frac{iy}{b}, \quad \frac{x}{a} - \frac{iy}{b},$$

und man spricht daher von einem imaginären Linienpaar.

10. $\gamma = 0$, a und b verschiedenes Zeichen. Setzt man $1 : a^2$, $-1 : b^2$ für a, b, so erhält man

5) $$\frac{x^2}{a^2} - \frac{y^2}{b^2} = 0.$$

Diese Gleichung ist erfüllt, wenn entweder

$$\frac{x}{a} - \frac{y}{b} = 0 \quad \text{oder} \quad \frac{x}{a} + \frac{y}{b} = 0$$

ist, und stellt also zwei gerade Linien dar, die sich im Anfangspunkt schneiden und von den Koordinatenachsen harmonisch getrennt werden:

Linienpaar.

11. Wir gehen zur Betrachtung der Gleichung (5) über, in der b von Null verschieden ist. Ist β' von Null verschieden und von entgegengesetztem Zeichen wie b, so setzen wir $\beta' : b = -p$, schreiben wieder x und y für ξ und η und erhalten:

6) $$y^2 = 2px,$$

Parabel.

Der Fall, daß b und β gleiche Zeichen haben, ist davon nicht wesentlich verschieden. Der eine geht in den anderen über, wenn man x mit $-x$ vertauscht.

12. Wenn in (5) $\beta' = 0$ ist, so erhalten wir die Gleichung:

7) $$y^2 = 0,$$

der nur die Punkte der x-Achse genügen.

Doppelt gezählte Gerade.

13. Wenn in (6) γ von Null verschieden ist und b und γ das gleiche Zeichen haben, so erhalten wir, wenn wir $\gamma : b = c^2$ setzen:

8) $$y^2 + c^2 = 0.$$

Imaginäres Parallellinienpaar.

14. Wenn b und γ in (6) verschiedene Zeichen haben, so setzen wir

9) $$y^2 - c^2 = 0, \quad y = \pm c;$$

wir erhalten also zwei der x-Achse parallele Gerade:

Reelles Parallellinienpaar.

Der Fall, daß in (6) $\gamma = 0$ ist, führt wieder auf 7), und es sind hiermit also alle denkbaren Fälle erschöpft.

Die Gleichungen der eigentlichen Kegelschnitte 2), 3), 6) stimmen mit den in § 68, 69 auf anderem Wege abgeleiteten Gleichungen von Ellipse, Hyperbel und Parabel überein. Damit ist bewiesen, daß die Kurven 2ten Grades mit den früher betrachteten Kegelschnitten identisch sind.

Wir haben also hier dieselben Fälle wieder erhalten, wie in § 68, 69 dazu aber noch die uneigentlichen oder zerfallenden Kegelschnitte.

15. Bei der Hyperbel sind die Asymptoten die durch den Mittelpunkt gehenden Geraden von asymptotischer Richtung. Wählt man die Asymptoten selbst zu Koordinatenachsen, so erhält die Hyperbel die Gleichung

$$10) \qquad xy = c.$$

Stehen die Asymptoten aufeinander senkrecht, so heißt die Hyperbel eine gleichseitige (Fig. 222).

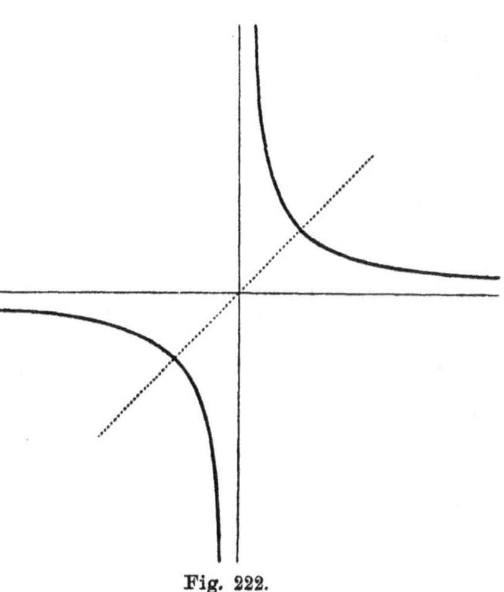

Fig. 222.

§ 78. Tangenten der Ellipse.

1. Im folgenden betrachten wir einige Eigenschaften der Ellipse, bemerken aber, daß für die Hyperbel und Parabel ganz ähnliche Betrachtungen und Resultate gelten. Wir nehmen dabei die Gleichung der Ellipse auf die Hauptachsen bezogen, also, bei rechtwinkligen Koordinaten, in der Form an:

$$(1) \qquad \frac{x^2}{a^2} + \frac{y^2}{b^2} - 1 = 0.$$

Die Koeffizienten, die wir in der allgemeinen Betrachtung des § 76 mit

$$a, \quad b, \quad c, \quad a', \quad b', \quad c'$$

bezeichnet haben, sind also hier

$$\frac{1}{a^2}, \quad \frac{1}{b^2}, \quad -1, \quad 0, \quad 0, \quad 0,$$

und die Unterdeterminanten der Determinante H sind

$$A = -\frac{1}{b^2}, \quad B = -\frac{1}{a^2}, \quad C = \frac{1}{a^2 b^2}, \quad A' = B' = C' = 0$$

2. Damit also die gerade Linie l, deren Gleichung

(2) $$y = px + q$$

ist, Tangente der Ellipse sei, müssen p und q der Bedingung (§ 72, (4)):

$$-\frac{p^2}{b^2} - \frac{1}{a^2} + \frac{q^2}{a^2 b^2} = 0$$

oder

(3) $$a^2 p^2 + b^2 = q^2$$

genügen. Soll nun die gerade Linie l durch einen Punkt $x_0 y_0$ gehen, so muß

$$q = y_0 - p x_0$$

sein, und wenn $x_0 y_0$ ein Punkt der Kurve, also der Berührungspunkt selbst ist, so muß

(4) $$\frac{x_0^2}{a^2} + \frac{y_0^2}{b^2} = 1$$

sein. Die Gleichung (3) wird unter dieser Voraussetzung

$$(a^2 - x_0^2) p^2 + 2 p x_0 y_0 + b^2 - y_0^2 = 0,$$

und wenn man nach (4)

$$a^2 - x_0^2 = \frac{a^2 y_0^2}{b^2}, \quad b^2 - y_0^2 = \frac{b^2 x_0^2}{a^2}$$

setzt,

$$\frac{a^2 y_0^2 p^2}{b^2} + 2 p x_0 y_0 + \frac{b^2 x_0^2}{a^2} = 0.$$

Die linke Seite ist aber das Quadrat von

$$\frac{a y_0 p}{b} + \frac{b x_0}{a},$$

und es folgt also

$$p = -\frac{b^2 x_0}{a^2 y_0}.$$

Es wird also die Gleichung (2)

$$\frac{(x - x_0) b^2 x_0}{a^2 y_0} + y - y_0 = 0,$$

und wenn man mit $y_0 : b^2$ multipliziert und nochmals die Gleichung (4) benutzt:

(5) $$\frac{x x_0}{a^2} + \frac{y y_0}{b^2} - 1 = 0.$$

Dies ist also die Gleichung der Tangente an die Ellipse (1) in dem Punkte $x_0 y_0$, den wir mit π bezeichnen wollen.

3. Man erhält hieraus nach § 58, (8) die Gleichung einer Geraden, die auf der Tangente senkrecht steht:

(6) $$\frac{x y_0}{b^2} - \frac{y x_0}{a^2} - d = 0,$$

worin d eine beliebige Konstante ist. Soll diese Senkrechte durch den Punkt $x_0 y_0$ gehen, so muß $d = x_0 y_0 (1/b^2 - 1/a^2)$ sein, und man erhält:

$$\frac{(x - x_0) y_0}{b^2} - \frac{(y - y_0) x_0}{a^2} = 0. \tag{7}$$

Diese Gerade heißt die Normale der Ellipse im Punkte $x_0 y_0$. Sie steht senkrecht auf der Tangente und geht durch den Berührungspunkt.

4. Man versteht unter der Richtung einer krummen Linie in einem ihrer Punkte die Richtung der Tangente. Die krumme Linie ändert daher von Punkt zu Punkt ihre Richtung, während die Gerade in allen ihren Punkten dieselbe Richtung hat. Die Normale ist daher nicht nur zu der Tangente, sondern zu der Kurve selbst senkrecht.

5. Setzt man in (6) $d = 0$, so erhält man die Gleichung des Lotes auf die Tangente vom Mittelpunkt aus:

$$\frac{x y_0}{b^2} - \frac{y x_0}{a^2} = 0.$$

Von größerem Interesse ist das Lot von einem Brennpunkt auf die Tangente. Die Brennpunkte f, f' haben nämlich, wenn

$$c^2 = a^2 - b^2 \tag{8}$$

gesetzt ist, die Koordinaten $+c, 0$ und $-c, 0$, und es ist also die Gleichung des Lotes vom Brennpunkt f aus:

$$\frac{(x - c) y_0}{b^2} - \frac{y x_0}{a^2} = 0. \tag{9}$$

Um die Koordinaten des Fußpunktes π' dieses Perpendikels zu erhalten, hat man x und y aus den beiden Gleichungen (5) und (9) zu berechnen.

6. Lassen wir nun den Punkt π auf der Ellipse wandern, so wird der Punkt π' gleichfalls wandern und dabei eine gewisse Kurve beschreiben, deren Gleichung wir bestimmen wollen. Zu dem Ende haben wir x_0, y_0 aus den drei Gleichungen

$$\begin{gathered} \frac{x x_0}{a^2} + \frac{y y_0}{b^2} = 1, \\ \frac{(x - c) y_0}{b^2} - \frac{y x_0}{a^2} = 0, \\ \frac{x_0^2}{a^2} + \frac{y_0^2}{b^2} = 1 \end{gathered} \tag{10}$$

zu eliminieren. Um dies zu bewerkstelligen, verstehen wir unter λ

einen unbestimmten Faktor und setzen nach der zweiten Gleichung (10):

$$\lambda \frac{x_0}{a^2} = x - c, \quad \lambda \frac{y_0}{b^2} = y.$$

Setzt man dies in die erste und dritte Gleichung (10) ein, so folgt

$$x(x-c) + y^2 = \lambda,$$
$$a^2(x-c)^2 + b^2y^2 = \lambda^2,$$

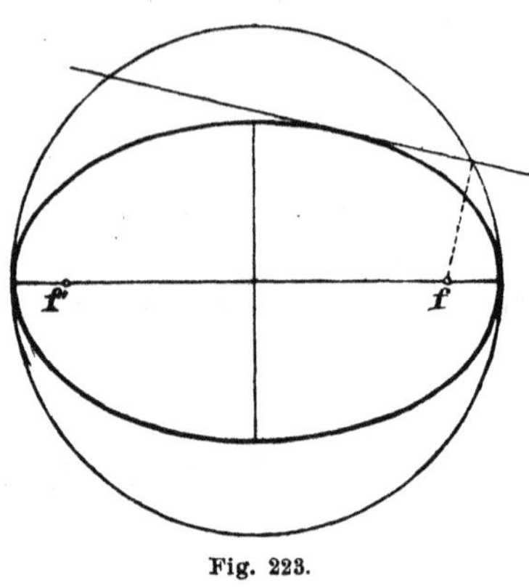

Fig. 223.

und wenn man die erste dieser Gleichungen quadriert und dann beide Werte von λ^2 einander gleichsetzt:

$$a^2(x-c)^2 + b^2y^2 = (x(x-c) + y^2)^2.$$

Diese Gleichung läßt sich aber noch sehr vereinfachen. Man erhält nämlich, wenn man

$$x^2 + y^2 = r^2$$

setzt:

$$r^4 - 2r^2cx + c^2x^2$$
$$= a^2x^2 + b^2y^2 - 2ca^2x + a^2c^2,$$

oder wenn man $b^2 = a^2 - c^2$ setzt:

$$r^4 - a^2r^2 - 2cx(r^2 - a^2) + c^2(r^2 - a^2) = 0$$

oder

$$(r^2 - a^2)(r^2 - 2cx + c^2) = 0.$$

Der zweite Faktor ist hier

$$r^2 - 2cx + c^2 = (x-c)^2 + y^2$$

und kann daher nicht verschwinden. Es ist also $r^2 = a^2$, und damit ist der Satz bewiesen:

Die Fußpunkte des von einem Brennpunkte auf die Tangenten einer Ellipse gefällten Perpendikels liegen auf einem Kreise.

Dieser Kreis hat denselben Mittelpunkt wie die Ellipse, und sein Durchmesser ist die große Achse der Ellipse (Fig. 223).

7. Wir betrachten die beiden Geraden, die den Punkt π der Ellipse mit den Brennpunkten f, f' verbinden. Die Gleichungen dieser Geraden müssen erfüllt sein für $x = x_0$, $y = y_0$ und außerdem die eine für $y = 0$, $x = -c$, die andere für $y = 0$, $x = +c$. Demnach erhalten wir für diese Gleichungen

$$(11) \qquad \begin{aligned} y_0(x - x_0) - (y - y_0)(c + x_0) &= 0, \quad (\overline{\pi f'}), \\ y_0(x - x_0) + (y - y_0)(c - x_0) &= 0, \quad (\overline{\pi f}). \end{aligned}$$

Nach § 58, 2. bringt man diese Gleichungen auf die Normalform, wenn man sie durch die Quadratwurzel aus der Summe der Quadrate der Koeffizienten von x und von y dividiert, also die erste durch

$$r = \sqrt{(c+x_0)^2 + y_0^2},$$

die andere durch

$$r' = \sqrt{(c-x_0)^2 + y_0^2}.$$

Es sind dann r und r' die Vektoren $\overline{f'\pi}$ und $\overline{f\pi}$ (wie in § 66 und 68, so daß r dem Brennpunkt f, und r' dem Brennpunkt f' gegenüber liegt) und nach der Grundeigenschaft der Ellipse ist

$$(12) \qquad \begin{aligned} r + r' &= 2a, \\ r - r' &= \frac{r^2 - r'^2}{r + r'} = \frac{2cx_0}{a}. \end{aligned}$$

Wir erhalten also die Normalform für die Gleichungen (11):

$$(13) \qquad \begin{aligned} A &\equiv \frac{y_0(x-x_0) - (y-y_0)(c+x_0)}{r} = 0, \\ A' &\equiv \frac{y_0(x-x_0) + (y-y_0)(c-x_0)}{r'} = 0, \end{aligned}$$

und nach § 58, 5. sind dann

$$(14) \qquad A' - A = 0, \quad A' + A = 0$$

die Gleichungen der beiden Winkelhalbierenden zu $\overline{f\pi}$ und $\overline{f'\pi}$.

Es ist aber

$$A' - A \equiv \frac{y_0(x-x_0)(r-r') + (y-y_0)[c(r+r') - x_0(r-r')]}{rr'},$$

$$A' + A \equiv \frac{y_0(x-x_0)(r+r') + (y-y_0)[c(r-r') - x_0(r+r')]}{rr'}.$$

Dies ergibt also nach (12) mit Berücksichtigung der Gleichung (4)

$$A' - A \equiv \frac{2cay_0}{rr'}\left(\frac{xx_0}{a^2} + \frac{yy_0}{b^2} - 1\right),$$

$$A' + A \equiv \frac{2b^2a}{rr'}\left[\frac{(x-x_0)y_0}{b^2} - \frac{(y-y_0)x_0}{a^2}\right].$$

Die Gleichungen (14) sind also nichts anderes als die Gleichungen der Tangente und Normale an die Ellipse, und wir erhalten daher den Satz:

Tangente und Normale an die Ellipse halbieren die Winkel zwischen den Leitstrahlen von den Brennpunkten nach den Berührungspunkten.

§ 79. Geometrischer Beweis des Satzes von den Tangenten.

1. Der zuletzt aus der analytischen Geometrie bewiesene Satz läßt sich in einfacher Weise, ohne die Benutzung der Gleichungen, aus der Fundamentaleigenschaft der Ellipse ableiten.

Es seien p und π zwei Punkte der Ellipse mit den Brennpunkten f, f' (Fig. 224). Die Verbindungslinie von p mit π ist eine Sekante der Ellipse, und die Strecke $\overline{\pi p}$, die wir mit s bezeichnen, ist die Sehne.

Wir setzen

$$\overline{f'p} = r, \quad \overline{fp} = r', \quad \overline{p\pi} = s,$$
$$\overline{f'\pi} = \varrho, \quad \overline{f\pi} = \varrho',$$

und wegen der Grundeigenschaft der Ellipse ist

$$r + r' = \varrho + \varrho' = 2a. \tag{1}$$

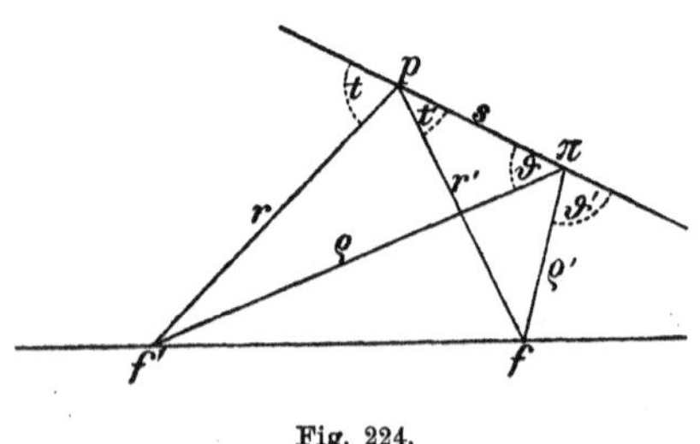

Fig. 224.

In den beiden Dreiecken $f'p\pi$, $fp\pi$ haben wir folgende Winkel:

in $f'p\pi$: r gegenüber $\sphericalangle\, \vartheta$,
ϱ „ $\sphericalangle\, \pi - t$,
s „ $\sphericalangle\, t - \vartheta$,
in $fp\pi$: ϱ' „ $\sphericalangle\, t'$,
r' „ $\sphericalangle\, \pi - \vartheta'$,
s „ $\sphericalangle\, \vartheta' - t'$.

Demnach ergibt sich aus dem Sinussatz

$$\frac{r}{s} = \frac{\sin\vartheta}{\sin(t-\vartheta)}, \quad \frac{\varrho}{s} = \frac{\sin t}{\sin(t-\vartheta)},$$
$$\frac{r'}{s} = \frac{\sin\vartheta'}{\sin(\vartheta'-t')}, \quad \frac{\varrho'}{s} = \frac{\sin t'}{\sin(\vartheta'-t')},$$

folglich nach (1):

$$\frac{\sin\vartheta}{\sin(t-\vartheta)} + \frac{\sin\vartheta'}{\sin(\vartheta'-t')} = \frac{\sin t}{\sin(t-\vartheta)} + \frac{\sin t'}{\sin(\vartheta'-t')},$$

oder was dasselbe ist:

$$\frac{\sin t - \sin\vartheta}{\sin(t-\vartheta)} = \frac{\sin\vartheta' - \sin t'}{\sin(\vartheta'-t')}.$$

Hierin setzen wir nun nach den trigonometrischen Formeln (§ 29, (5), (6))

$$\sin t - \sin\vartheta = 2\sin\frac{t-\vartheta}{2}\cos\frac{t+\vartheta}{2},$$
$$\sin(t-\vartheta) \quad = 2\sin\frac{t-\vartheta}{2}\cos\frac{t-\vartheta}{2},$$

$$\sin\vartheta' - \sin t' = 2\sin\frac{\vartheta'-t'}{2}\cos\frac{\vartheta'+t'}{2},$$

$$\sin(\vartheta'-t') = 2\sin\frac{\vartheta'-t'}{2}\cos\frac{\vartheta'-t'}{2},$$

und erhalten, wenn wir die Faktoren $2\sin\frac{1}{2}(t-\vartheta)$, $2\sin\frac{1}{2}(\vartheta'-t')$ im Zähler und Nenner wegheben:

$$(2) \qquad \frac{\cos\frac{t+\vartheta}{2}}{\cos\frac{t-\vartheta}{2}} = \frac{\cos\frac{\vartheta'+t'}{2}}{\cos\frac{\vartheta'-t'}{2}}.$$

Jetzt lassen wir die Punkte p und π auf der Ellipse in einen Punkt zusammenfallen. Dann geht die Sekante $p\pi$ in die Tangente über. Der Winkel t wird $=\vartheta$, $t'=\vartheta'$. Es wird

$$\cos\frac{t-\vartheta}{2} = 1, \qquad \cos\frac{\vartheta'-t'}{2} = 1,$$

$$\cos\frac{t+\vartheta}{2} = \cos\vartheta, \qquad \cos\frac{\vartheta'+t'}{2} = \cos\vartheta',$$

und die Gleichung (2) geht über in

$$\cos\vartheta = \cos\vartheta',$$

und da die Winkel ϑ, ϑ' im ersten Quadranten liegen:

$$\vartheta = \vartheta'.$$

Das ist aber der Satz am Schlusse des § 78.

2. Noch einfacher ist der folgende indirekte Beweis (Fig. 225): Es seien f, f' die Brennpunkte und p ein beliebiger Punkt der Ellipse, also $\overline{fp}+\overline{f'p}=2a$. Man verlängere $\overline{fp}$ um die Strecke $\overline{f''p}=\overline{f'p}$ und halbiere den Winkel $f'pf''$ durch die gerade Linie t. Wenn dann diese gerade Linie t noch einen zweiten Punkt p' mit der Ellipse gemein haben sollte, so müßte auch

$$\overline{fp'}+\overline{f'p'} = \overline{fp'}+\overline{f''p'} = \overline{fpf''} = 2a$$

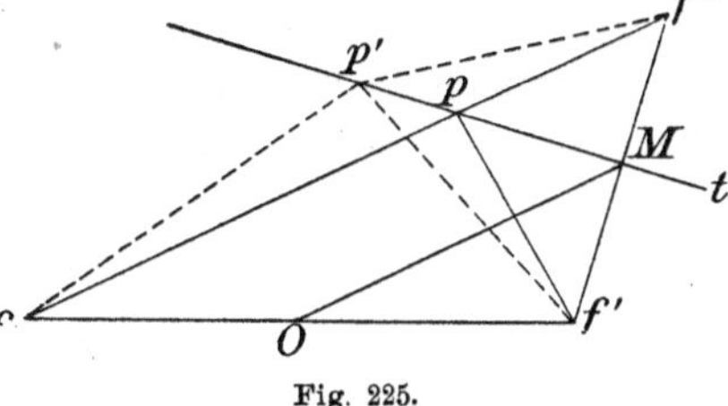

Fig. 225.

sein. Dies ist aber unmöglich, weil in dem Dreieck $fp'f''$ die Seite ff'' kleiner ist als die Summe der beiden anderen. Es hat also t nur einen Punkt mit der Ellipse gemein und ist folglich Tangente.

Ist O der Mittelpunkt der Ellipse und M die Mitte von $f'f''$, so verbindet OM im Dreieck $f'ff''$ die Mitten zweier Seiten, und es ist $OM=\frac{1}{2}ff''=a$, womit auch der Satz § 78, 6. von neuem bewiesen ist.

3. Der Satz 1. gibt uns eine Eigenschaft der Ellipsentangente, aus der sich der Name Brennpunkt erklärt.

Nach den Gesetzen der Optik wird ein Lichtstrahl von einer spiegelnden Fläche so reflektiert, daß die Senkrechte auf der spiegelnden Fläche im reflektierenden Punkt (das Einfallslot) mit dem einfallenden und dem reflektierten Strahl in einer Ebene liegt und mit beiden gleiche Winkel bildet. Denkt man sich also die Innenseite der Peripherie der Ellipse spiegelnd, so wird jeder Strahl, der von dem einen Brennpunkte ausgeht und in der Ebene der Ellipse verläuft, nach dem anderen Brennpunkte reflektiert, und alle von dem einen Brennpunkt ausgehenden Strahlen werden in dem anderen vereinigt.

Dasselbe findet auch noch statt, wenn man eine spiegelnde Fläche erzeugt, indem man die Ellipse um ihre große Achse gedreht denkt. Man erhält so eine Fläche, die man ein Rotationsellipsoid nennt, die ebenfalls zwei Brennpunkte besitzt und in bezug auf diese dieselben Eigenschaften im Raume besitzt, wie die Ellipse in der Ebene, nämlich daß die Summe der Leitstrahlen nach den beiden Brennpunkten über die ganze Fläche konstant ist.

Wenn der eine der beiden Brennpunkte ins Unendliche hinausrückt, so nähert sich die Ellipse der Parabel, und das Rotationsellipsoid geht in ein Rotationsparaboloid über. Auf diese Weise kommt man zu der Vorstellung der parabolischen Hohlspiegel, die die Eigenschaft haben, die Strahlen, die der Achse parallel einfallen, z. B. die Sonnenstrahlen, in einem Punkte, dem Brennpunkte zu vereinigen und dort eine große Hitze zu erzeugen.

§ 80. Konjugierte Durchmesser.

1. Wenn man durch den Mittelpunkt einer Ellipse zwei Geraden in konjugierten Richtungen zieht, die miteinander den Winkel ω einschließen, und diese zu Achsen eines schiefwinkligen Koordinatensystems nimmt, so erhält die Gleichung der Ellipse nach § 77 die Form

$$\frac{x^2}{\alpha^2}+\frac{y^2}{\beta^2}=1. \tag{1}$$

Dem Werte $y=0$ entsprechen die Werte $x=\pm\alpha$, und dem Werte $x=0$ die Werte $y=\pm\beta$. Die Strecken $\overline{AA'}$, $\overline{BB'}$ werden konjugierte Durchmesser genannt. Ihre Längen sind 2α und 2β. Ein spezieller Fall der konjugierten Durchmesser sind die Hauptachsen.

2. Legt man durch irgend einen Punkt P mit den Koordinaten x_0, y_0 Parallele zu den konjugierten Durchmessern, so erhält man konjugierte Sehnen. Jede dieser beiden Sehnen wird durch P in zwei Abschnitte PQ_1, PQ_2; PP_1, PP_2 geteilt.

Die Punkte Q_1, Q_2 haben dieselbe Abszisse x_0 und entgegengesetzte Ordinaten $\pm y$, die aus der Gleichung

$$\frac{x_0^2}{\alpha^2} + \frac{y^2}{\beta^2} = 1 \tag{2}$$

bestimmt werden, und es ist $\overline{PQ_1} = y - y_0$, $\overline{PQ_2} = y + y_0$ und folglich

$$\overline{PQ_1} \cdot \overline{PQ_2} = y^2 - y_0^2.$$

Ebenso ergibt sich

$$\overline{PP_1} \cdot \overline{PP_2} = x^2 - x_0^2,$$

wenn x aus der Gleichung

$$\frac{x^2}{\alpha^2} + \frac{y_0^2}{\beta^2} = 1 \tag{3}$$

bestimmt wird. Aus (2) und (3) ergibt sich aber durch Subtraktion:

$$\frac{x^2 - x_0^2}{\alpha^2} = \frac{y^2 - y_0^2}{\beta^2},$$

oder

$$\overline{PQ_1} \cdot \overline{PQ_2} : \overline{PP_1} \cdot \overline{PP_2} = \beta^2 : \alpha^2, \tag{4}$$

also der Satz:

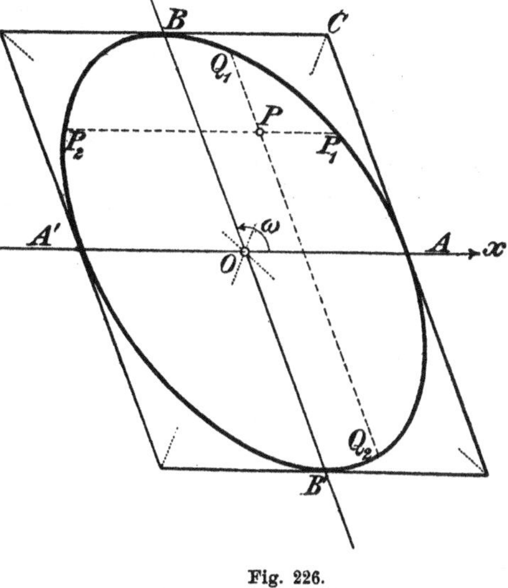

Fig. 226.

Konjugierte Sehnen schneiden sich so, daß die Produkte der Abschnitte sich zueinander verhalten wie die Quadrate der zu den Sehnen parallelen Durchmesser.

3. Für die beiden Schnittpunkte einer zur y-Achse parallelen Geraden erhält man nach (1)

$$y = \pm \beta \sqrt{1 - \frac{x^2}{\alpha^2}},$$

und diese fallen in eine zusammen, wenn $x = \pm \alpha$ ist.

Daraus ergibt sich also der Satz:

Die Tangenten in den Endpunkten eines Durchmessers der Ellipse haben die zu dem Durchmesser konjugierte Richtung.

4. Die Diskriminante der Gleichung (1) ist

$$\Delta = -\frac{1}{\alpha^2\beta^2},$$

und es folgt also nach § 76, 7., daß das Produkt

$$\alpha\beta \sin\omega$$

eine von der speziellen Wahl der konjugierten Richtungen unabhängige Größe ist. Diese Größe ist aber gleich dem Flächeninhalt des Parallelogramms $OACB$, und wir haben den Satz:

Der Flächeninhalt eines der Ellipse umgeschriebenen Parallelogramms, dessen Seiten konjugierte Richtungen haben, ist konstant, und zwar gleich dem Flächeninhalt des aus den Achsen der Ellipse gebildeten Rechtecks.

5. Die Gleichung einer Ellipse, auf die Hauptachsen bezogen, hat die Form:

$$\frac{x^2}{a^2} + \frac{y^2}{b^2} = 1. \tag{1}$$

Diese Gleichung ist identisch befriedigt, wenn man setzt:

$$\begin{aligned} x &= a\cos\varphi, \\ y &= b\sin\varphi, \end{aligned} \tag{2}$$

worin φ ein veränderlicher Winkel ist, der die einzelnen Punkte der Ellipse voneinander unterscheidet.

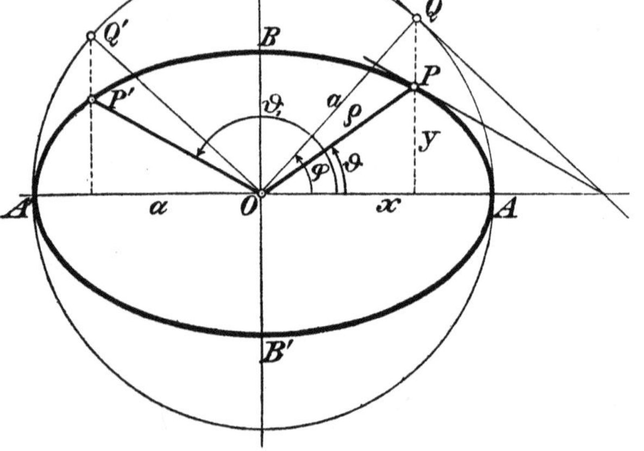

Fig. 227.

Die geometrische Bedeutung dieses Winkels φ ist leicht einzusehen (Fig. 227). Ist nämlich P ein beliebiger Punkt der Ellipse und ϑ der Winkel, den der Radiusvektor OP oder ϱ mit der x-Achse bildet, so ist

$$\begin{aligned} x &= \varrho\cos\vartheta, \\ y &= \varrho\sin\vartheta. \end{aligned} \tag{3}$$

Fällen wir von P aus ein Lot auf die x-Achse und verlängern es bis zu seinem Durchschnitt Q mit dem der Ellipse umgeschriebenen Kreise vom Radius a, so ist, wenn φ

den Winkel bedeutet, den der Radius OQ mit der x-Achse bildet, $x = a\cos\varphi$, und aus (1) folgt dann $y = b\sin\varphi$. Der Punkt P durchläuft die ganze Ellipse, wenn φ von 0 bis 2π geht.

6. Diese Darstellungsweise ist sehr zweckmäßig, wenn es sich um die Aufgabe handelt, konjugierte Durchmesser der Ellipse zu finden, von denen der eine die beliebige Richtung OP hat. Sind die konjugierten Halbmesser α, β, so lautet die Gleichung der Ellipse, auf diese als Koordinatenachsen bezogen:

$$\frac{\xi^2}{\alpha^2} + \frac{\eta^2}{\beta^2} = 1, \tag{4}$$

und die Beziehung zwischen α, β, a, b erhalten wir aus § 76, (4), wenn wir dort

$$\alpha, \quad \beta, \quad \gamma', \quad a, \quad b, \quad c'$$

durch

$$\frac{1}{\alpha^2}, \quad \frac{1}{\beta^2}, \quad 0, \quad \frac{1}{a^2}, \quad \frac{1}{b^2}, \quad 0$$

ersetzen und $\vartheta + \omega = \vartheta_1$ setzen:

$$\begin{aligned} \frac{1}{\alpha^2} &= \frac{\cos^2\vartheta}{a^2} + \frac{\sin^2\vartheta}{b^2}, \\ \frac{1}{\beta^2} &= \frac{\cos^2\vartheta_1}{a^2} + \frac{\sin^2\vartheta_1}{b^2}, \\ 0 &= \frac{\cos\vartheta\cos\vartheta_1}{a^2} + \frac{\sin\vartheta\sin\vartheta_1}{b^2}. \end{aligned} \tag{5}$$

Führen wir für ϑ, ϑ_1 die Winkel φ, φ_1 ein, setzen also nach (2) und (3)

$$\begin{aligned} \alpha\cos\vartheta &= a\cos\varphi, & \alpha\sin\vartheta &= b\sin\varphi, \\ \beta\cos\vartheta_1 &= a\cos\varphi_1, & \beta\sin\vartheta_1 &= b\sin\varphi_1, \end{aligned} \tag{6}$$

so ergibt sich aus der letzten Gleichung (5)

$$\cos\varphi\cos\varphi_1 + \sin\varphi\sin\varphi_1 = \cos(\varphi - \varphi_1) = 0,$$

woraus sich $\varphi_1 = \varphi + \frac{1}{2}\pi$ ergibt. Die Linien OQ und OQ' stehen also aufeinander senkrecht. Die beiden ersten Gleichungen (5) sind identisch befriedigt, und aus (6) ergibt sich noch

$$\begin{aligned} \alpha\cos\vartheta &= a\cos\varphi, & \alpha\sin\vartheta &= b\sin\varphi, \\ \beta\cos\vartheta_1 &= -a\sin\varphi, & \beta\sin\vartheta_1 &= b\cos\varphi; \end{aligned} \tag{7}$$

$$\begin{aligned} &\alpha\beta\sin\omega = ab, \quad \alpha\beta\cos\omega = -\tfrac{1}{2}(a^2 - b^2)\sin 2\varphi, \\ &\operatorname{cotg}\omega = -\frac{a^2 - b^2}{2ab}\sin 2\varphi, \end{aligned} \tag{8}$$

worin $\omega = \vartheta_1 - \vartheta$ der Winkel zwischen den konjugierten Halbmessern ist. Der Winkel ω ist also ein Rechter, wenn $\varphi = 0$ und $\varphi = \frac{1}{2}\pi$ ist; im übrigen ist ω ein stumpfer Winkel, der seinen größten Wert erhält, wenn $\varphi = \pi/4$ ist.

Wir haben ferner

$$
\begin{aligned}
\alpha^2 &= a^2 \cos^2\varphi + b^2 \sin^2\varphi, \\
\beta^2 &= a^2 \sin^2\varphi + b^2 \cos^2\varphi,
\end{aligned} \tag{9}
$$

$$
\alpha^2 + \beta^2 = a^2 + b^2. \tag{10}
$$

Diese Formel enthält den Satz des Apollonius:

Die Summe der Quadrate konjugierter Halbmesser ist konstant.

7. Aus (7) folgt noch

$$
\frac{\alpha^2}{\beta^2} = \frac{a^2\cos^2\varphi + b^2\sin^2\varphi}{a^2\sin^2\varphi + b^2\cos^2\varphi} = \frac{b^2}{a^2} + \frac{a^4 - b^4}{a^2(b^2 + a^2\operatorname{tg}^2\varphi)}. \tag{11}
$$

Lassen wir φ von 0 bis $\pi/2$ gehen, so geht $\operatorname{tg}\varphi$ stets wachsend von Null bis Unendlich, und das Verhältnis α^2/β^2 abnehmend von a^2/b^2 bis b^2/a^2.

8. Aus (6) erhalten wir noch, da $\cos\varphi = \sin\varphi_1$, $\sin\varphi = -\cos\varphi_1$ ist:

$$
\begin{aligned}
(a + b)\cos\varphi &= \alpha\cos\vartheta + \beta\sin\vartheta_1, \\
(a + b)\sin\varphi &= \alpha\sin\vartheta - \beta\cos\vartheta_1,
\end{aligned} \tag{12}
$$

und daraus durch Quadrieren und Addieren:

$$
\begin{aligned}
(a + b)^2 &= \alpha^2 + \beta^2 + 2\alpha\beta\sin\omega \\
&= (\alpha + \beta)^2 - 2\alpha\beta(1 - \sin\omega).
\end{aligned}
$$

Da $1 - \sin\omega$ stets positiv ist, so folgt hieraus:

Die Summe zweier konjugierter Durchmesser ist größer als die Summe der Achsen.

Und ebenso:

$$
(a - b)^2 = (\alpha - \beta)^2 + 2\alpha\beta(1 - \sin\omega),
$$

woraus folgt, daß $(a - b)^2$ größer ist als $(\alpha - \beta)^2$, und $(\alpha - \beta)^2$ erreicht seinen kleinsten Wert Null, wenn $\varphi = \pi/4$ ist.

Diese und ähnliche Sätze finden sich im 7ten Buch der „Kegelschnitte“ des Apollonius.

§ 81. Der Krümmungskreis.

1. Zwei Kegelschnitte haben, wie wir früher gesehen haben, vier Schnittpunkte. Durch diese selben vier Punkte geht aber eine ganze Schar von Kegelschnitten, und eine solche Schar heißt ein Kegelschnittbüschel. Die vier Punkte, die allen Kurven des Büschels gemeinsam sind, heißen die Grundpunkte des Büschels. Sind $f = 0$, $\varphi = 0$ die Gleichungen von zweien dieser Kegelschnitte, und λ eine Konstante, so ist

$$f + \lambda\varphi = 0 \tag{1}$$

die Gleichung eines Kegelschnittes des Büschels, denn sie ist erfüllt, wenn f und φ gleichzeitig verschwinden, also in den vier Schnittpunkten von f und φ.

Denken wir uns einen der beiden Kegelschnitte f und φ fest, den anderen veränderlich, so können wir annehmen, daß von ihren Schnittpunkten zwei in einen zusammenfallen. Dann haben beide Kegelschnitte in diesem Punkte eine gemeinsame Tangente, und man schreibt den beiden Kegelschnitten selbst eine Berührung in diesem Punkte zu. Alle Kegelschnitte des Büschels berühren einander in diesem Punkte.

2. Die beiden anderen Schnittpunkte können gleichfalls zusammenfallen; dann erhält man zwei Kegelschnitte, die einander in zwei verschiedenen Punkten berühren: Doppelt berührende Kegelschnitte.

3. Es können auch drei der Schnittpunkte in einen zusammenfallen, während der vierte davon getrennt ist. Man erhält dann eine innigere Berührung in dem dreifachen Punkte, die man als Berührung zweiter Ordnung, Oskulation oder dreipunktige Berührung bezeichnet.

Es können endlich auch alle vier Schnittpunkte zusammenfallen. Dann erhält man eine Berührung dritter Ordnung oder vierpunktige Berührung.

4. Unter allen Kegelschnitten, die einen gegebenen Kegelschnitt in einem gegebenen Punkte π dreipunktig berühren, ist ein und nur ein Kreis enthalten, weil durch drei Punkte ein Kreis vollständig bestimmt ist. Dieser Kreis schneidet den gegebenen Kegelschnitt noch in einem vierten Punkte. Man nennt diesen Kreis den Krümmungskreis des Kegelschnittes in dem Punkt π und schreibt dem Kegelschnitt in dem Punkt π dieselbe Krümmung zu, wie diesem Kreis. Da eine Kreislinie offenbar um so stärker gekrümmt ist, je kleiner ihr Radius ist, so betrachtet man als Maß der Krümmung den reziproken Wert des Radius des Krümmungskreises. Dieser Radius heißt darum auch der Krümmungsradius, und der Mittelpunkt des Krümmungskreises der Krümmungsmittelpunkt des Kegelschnittes im Punkte π.

In besonderen Punkten (den Scheiteln des Kegelschnittes) kann der Krümmungskreis mit dem Kegelschnitt eine vierpunktige Berührung eingehen.

5. In bezug auf die Lage des Krümmungskreises wollen wir noch folgendes bemerken: Nehmen wir zunächst drei getrennte Punkte 1, 2, 3 auf einem Kegelschnitt, etwa einer Ellipse. Durch diese drei Punkte läßt sich ein Kreis legen, und wenn dieser Kreis bei 1 aus der Ellipse austritt, so wird er bei 2 wieder eintreten und bei 3 zum zweitenmal austreten (Fig. 228). Wenn wir nun die drei Punkte in einen Punkt π zusammenfallen lassen, so geht der Kreis in den Krümmungskreis über, der also in dem Punkte π die Ellipse nicht nur berührt, sondern zugleich durchdringt. Er geht z. B. in π vom Inneren nach dem Äußeren und tritt in dem vierten Schnittpunkte wieder in das Innere ein. Eine Ausnahme findet nur an den Stellen vierpunktiger Berührung statt, wo der Krümmungskreis ganz innerhalb oder ganz außerhalb der Ellipse bleibt.

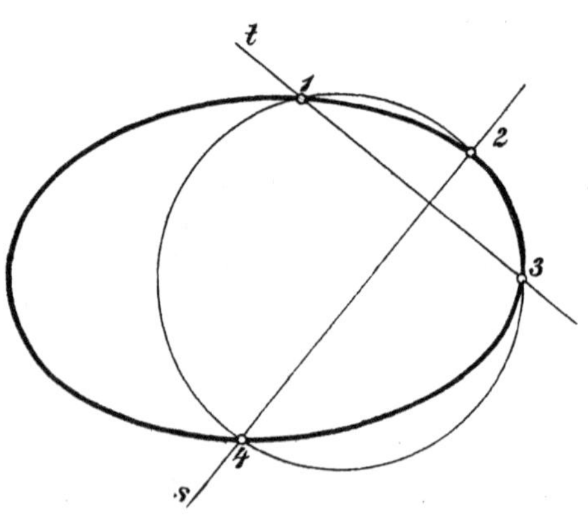

Fig. 228.

6. Bei der analytischen Bestimmung des Krümmungskreises beschränken wir uns auf den Fall der Ellipse, deren Gleichung wir auf die Hauptachsen beziehen, also in einem rechtwinkligen Koordinatensystem in der Form

(2) $$E \equiv \frac{x^2}{a^2} + \frac{y^2}{b^2} - 1 = 0$$

annehmen.

Wir nehmen auf dieser Ellipse zunächst drei getrennte Punkte 1, 2, 3 an, verbinden die Punkte 1, 3 durch eine Gerade t, und legen dann noch durch 2 eine zweite Gerade s, die die Ellipse in irgend einem vierten Punkt 4 treffen möge. Diese beiden Geraden betrachten wir als ein Linienpaar, und wenn $t = 0$, $s = 0$ die Gleichungen dieser Geraden sind, so ist durch

(3) $$E + \lambda s t = 0$$

das Büschel dargestellt, das die Punkte 1, 2, 3, 4 zu Grundpunkten hat. In diesem Büschel ist aber nur dann ein Kreis enthalten, wenn 4 der vierte Schnittpunkt des durch 1, 2, 3 gehenden Kreises ist.

7. Wenn nun die drei Punkte 1, 2, 3 in einen Punkt π zusammenfallen, dessen Koordinaten x_0, y_0 sein mögen, so wird t die Tangente in diesem Punkte, während s eine durch π gehende Sekante wird. Wir können daher setzen:

$$t \equiv \frac{x x_0}{a^2} + \frac{y y_0}{b^2} - 1,$$
$$s \equiv \alpha(x - x_0) + \beta(y - y_0),$$

worin α, β unbestimmte Koeffizienten sind, deren Verhältnis erst durch den Punkt 4 bestimmt ist.

Da also, auch wenn der Punkt 4 gegeben ist, ein gemeinschaftlicher Faktor von α und β unbestimmt bleibt, so können wir $\lambda\alpha$, $\lambda\beta$ durch α, β ersetzen, und daher die Gleichung (3) in der Form annehmen:

(4) $$\begin{aligned} &\frac{x^2}{a^2} + \frac{y^2}{b^2} - 1 \\ &+ (\alpha(x - x_0) + \beta(y - y_0))\left(\frac{x x_0}{a^2} + \frac{y y_0}{b^2} - 1\right) = 0. \end{aligned}$$

Lassen wir α und β beide unbestimmt, so bleibt der Punkt 4 unbestimmt, und durch (4) ist eine Schar von Kegelschnitten dargestellt, die einander in dem Punkte π oskulieren. Darunter ist der Krümmungskreis enthalten.

8. Um ihn zu ermitteln, haben wir α und β so zu bestimmen, daß die Gleichung (4) in eine Kreisgleichung übergeht. Dazu ist notwendig und hinreichend, daß in (4) das Produkt xy nicht vorkommt und daß die Koeffizienten von x^2 und y^2 einander gleich sind (§ 62, (2)), und man erhält so die Bedingungen:

(5) $$\begin{aligned} &\frac{\alpha y_0}{b^2} + \frac{\beta x_0}{a^2} = 0, \\ &\frac{1 + \alpha x_0}{a^2} = \frac{1 + \beta y_0}{b^2}. \end{aligned}$$

Aus der ersten dieser Gleichungen folgt das Verhältnis $\alpha : \beta$ oder, wenn λ einen noch unbestimmten Faktor bedeutet:

(6) $$\alpha = \frac{\lambda x_0}{a^2}, \quad \beta = -\frac{\lambda y_0}{b^2},$$

und demnach läßt sich die Gleichung der Linie s in die Form bringen:

$$\frac{x x_0}{a^2} - \frac{y y_0}{b^2} = \frac{x_0^2}{a^2} - \frac{y_0^2}{b^2}.$$

9. Dies Resultat genügt bereits, um mit Hilfe der gegebenen Ellipse den zweiten Schnittpunkt 4 der Linie s mit der Ellipse und sodann den Krümmungskreis selbst zu konstruieren, wenn nicht x_0 oder y_0 verschwindet, d. h. wenn der Punkt π keiner der Scheitel ist. Denn in den Gleichungen von s und t unterscheiden sich die Koeffizienten von x und y nur durch das Vorzeichen, und demnach bildet die Linie s mit der x-Achse den entgegengesetzten Winkel wie t. Da diese Linie überdies durch den Punkt π geht, so kann man sie sofort zeichnen und hat dann einen Kreis zu legen, der die Linie t in π berührt und außerdem durch den Punkt 4 geht (Fig. 229).

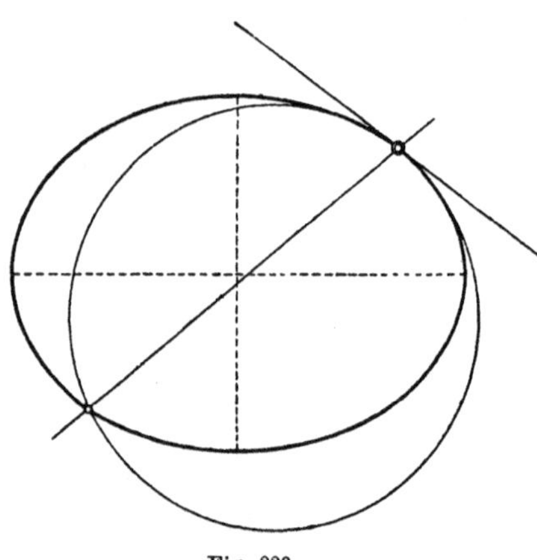

Fig. 229.

10. Um die Bestimmung des Krümmungskreises analytisch durchzuführen, setze man, um λ zu bestimmen, die Ausdrücke (6) in die zweite Gleichung (5) ein und erhält, wenn man zur Abkürzung

$$\sigma = \frac{x_0^2}{a^4} + \frac{y_0^2}{b^4}, \tag{7}$$

$$a^2 - b^2 = c^2, \tag{8}$$

setzt:

$$\lambda = \frac{c^2}{a^2 b^2 \sigma},$$

$$\alpha = \frac{c^2 x_0}{a^4 b^2 \sigma}, \quad \beta = -\frac{c^2 y_0}{a^2 b^4 \sigma}, \tag{9}$$

und folglich wird

$$\frac{1 + \alpha x_0}{a^2} = \frac{1}{a^2 b^2 \sigma}\left[b^2\left(\frac{x_0^2}{a^4} + \frac{y_0^2}{b^4}\right) + \frac{a^2 - b^2}{a^4} x_0^2\right],$$

woraus man mit Benutzung der Ellipsengleichung:

$$\frac{x_0^2}{a^2} + \frac{y_0^2}{b^2} = 1$$

erhält:

$$\frac{1 + \alpha x_0}{a^2} = \frac{1 + \beta y_0}{b^2} = \frac{1}{a^2 b^2 \sigma};$$

ferner:

$$\alpha x_0 + \beta y_0 = \lambda\left(\frac{x_0^2}{a^2} - \frac{y_0^2}{b^2}\right) = \frac{c^2}{a^2 b^2 \sigma}\left(\frac{x_0^2}{a^2} - \frac{y_0^2}{b^2}\right).$$

Die Gleichung (4) des Krümmungskreises wird danach:

$$\frac{1}{a^2b^2\sigma}(x^2+y^2) - x\left[\alpha + \frac{x_0}{a^2}(\alpha x_0 + \beta y_0)\right]$$

$$-y\left[\beta + \frac{y_0}{b^2}(\alpha x_0 + \beta y_0)\right] + \alpha x_0 + \beta y_0 - 1 = 0,$$

oder endlich mit nochmaliger Benutzung der Ellipsengleichung:

$$(10)\quad \frac{1}{a^2b^2\sigma}\left[x^2+y^2 - \frac{2c^2xx_0^3}{a^4} + \frac{2c^2yy_0^3}{b^4} + \frac{c^2x_0^2}{a^2} - \frac{c^2y_0^2}{b^2} - a^2b^2\sigma\right] = 0.$$

Bezeichnet man die Koordinaten des Krümmungsmittelpunktes mit ξ, η, den Krümmungsradius mit ϱ, so kann man diese Gleichung nach Abwerfung des Faktors $1 : a^2b^2\sigma$ in die Form setzen

$$(11)\quad (x-\xi)^2 + (y-\eta)^2 = \varrho^2,$$

und die Vergleichung der Koeffizienten der ersten Potenzen von x und y in (10) und (11) ergibt:

$$(12)\quad \xi = \frac{c^2x_0^3}{a^4}, \quad \eta = -\frac{c^2y_0^3}{b^4}.$$

Da der Punkt x_0, y_0 auf dem Kreise (11) liegt, so ist

$$\varrho^2 = (x_0-\xi)^2 + (y_0-\eta)^2,$$

und aus (12) folgt:

$$x_0 - \xi = b^2x_0\sigma,$$

$$y_0 - \eta = a^2y_0\sigma,$$

und daraus:

$$(13)\quad \varrho^2 = a^4b^4\sigma^3.$$

Die Gleichungen (12) zeigen durch ihre Vorzeichen, daß der Krümmungsmittelpunkt im vierten Quadranten liegt, wenn der Punkt π im ersten Quadranten liegt.

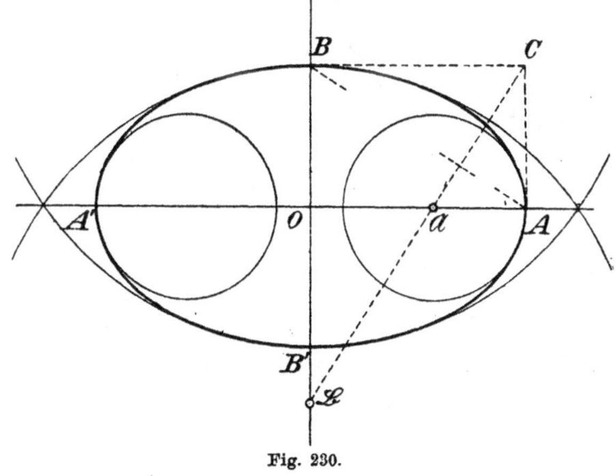

Fig. 230.

11. Es ist jetzt leicht, die Krümmungsmittelpunkte für die Scheitel, die wir vorhin ausschließen mußten, zu konstruieren (Fig. 230). Nach (12) haben diese Punkte 𝔄, 𝔅 die Koordinaten $\xi = c^2/a$, $\eta = 0$; $\xi = 0$, $\eta = -c^2/b$. Man konstruiere also das Rechteck $OACB$ mit den Seiten a, b, und fälle $\overline{C\mathfrak{A}\mathfrak{B}}$ senkrecht auf AB; dann schneidet diese Senkrechte auf den Achsen die gesuchten Punkte $\mathfrak{A}\mathfrak{B}$ ab. Denn es ist z. B. für den Punkt $\mathfrak{A}$, wenn $O\mathfrak{A} = \xi$ gesetzt wird, aus den ähnlichen Dreiecken $\mathfrak{A}CA$ und ABC: $(a-\xi) : b = b : a$, woraus $\xi = (a^2 - b^2)/a = c^2/a$, und auf gleiche Weise ergibt sich $\eta = O\mathfrak{B}$.

12. Aus den Gleichungen (12) kann man die folgenden ableiten:

$$\frac{x_0}{a} = \left(\frac{a\xi}{c^2}\right)^{\frac{1}{3}}, \quad \frac{y_0}{b} = -\left(\frac{b\eta}{c^2}\right)^{\frac{1}{3}},$$

und wenn man quadriert und addiert, so folgt, da x_0, y_0 der Ellipsengleichung genügen:

$$(14) \qquad \left(\frac{a\xi}{c^2}\right)^{\frac{2}{3}} + \left(\frac{b\eta}{c^2}\right)^{\frac{2}{3}} = 1.$$

Diese Gleichung ist unabhängig von x_0, y_0 und es genügen ihr also alle Krümmungsmittelpunkte der Ellipse; betrachtet man ξ, η als Koordinaten eines veränderlichen Punktes, so stellt (14) die Gleichung einer Kurve dar, die die Evolute der Ellipse genannt wird. Die Figur 231 zeigt ihre ungefähre Gestalt.

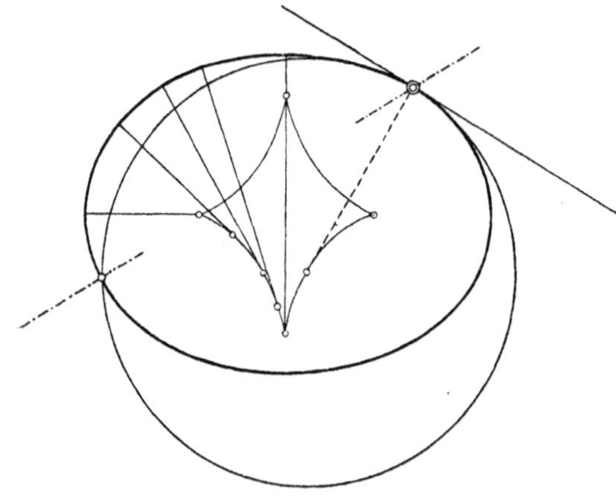

Fig. 231.

13. Die Gleichung (14) enthält, wie man sieht Kubikwurzeln, ist also irrational; will man sie davon befreien, so muß man zunächst beide Seiten in die dritte Potenz erheben und erhält

$$\frac{a^2\xi^2}{c^4} + \frac{b^2\eta^2}{c^4} + 3\left(\frac{ab^2\xi\eta^2}{c^6}\right)^{\frac{2}{3}} + 3\left(\frac{a^2b\xi^2\eta}{c^6}\right)^{\frac{2}{3}} = 1.$$

Es ist aber nach (14):

$$\left(\frac{ab^2\xi\eta^2}{c^6}\right)^{\frac{2}{3}} + \left(\frac{a^2b\xi^2\eta}{c^6}\right)^{\frac{2}{3}} = \left(\frac{ab\xi\eta}{c^4}\right)^{\frac{2}{3}}\left(\left(\frac{b\eta}{c^2}\right)^{\frac{2}{3}} + \left(\frac{a\xi}{c^2}\right)^{\frac{2}{3}}\right) = \left(\frac{ab\xi\eta}{c^4}\right)^{\frac{2}{3}};$$

folglich wird unsere Gleichung:

$$3\left(\frac{ab\xi\eta}{c^4}\right)^{\frac{2}{3}} = 1 - \frac{a^2\xi^2}{c^4} - \frac{b^2\eta^2}{c^4},$$

und wenn man also nochmals in die dritte Potenz erhebt:

$$(15) \qquad \left(\frac{a^2\xi^2}{c^4} + \frac{b^2\eta^2}{c^4} - 1\right)^3 + \frac{27a^2b^2\xi^2\eta^2}{c^8} = 0.$$

Diese Gleichung ist von Wurzelzeichen frei. Durch Entwicklung des Kubus kann man sie nach ξ und η ordnen, was wir hier nicht ausführen wollen. Für $\xi = 0$, $\eta = 0$ ist die linke Seite von (15) negativ, für hinlänglich große Werte von ξ, η positiv. Wir schließen daraus, daß die linke Seite von (15) negativ ist, wenn ξ, η im Innern der Evolute liegt, und positiv, wenn es außerhalb liegt.

§ 82. Tangenten und Normalen aus einem gegebenen Punkt.

1. Wenn eine Ellipse

$$E \equiv \frac{x^2}{a^2} + \frac{y^2}{b^2} - 1 = 0 \tag{1}$$

und ein beliebiger Punkt p mit den Koordinaten ξ, η gegeben sind, so kann man sich die Aufgabe stellen, eine Tangente an die Ellipse zu legen, die durch den Punkt p geht.

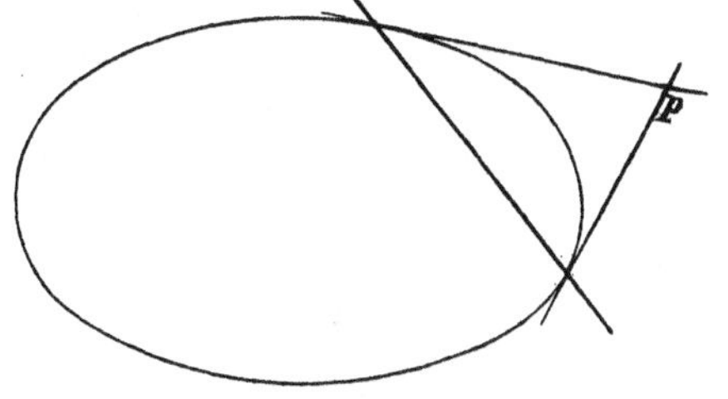

Fig. 232.

Ist $x_0 y_0$ der gesuchte Berührungspunkt, so muß die Gleichung der Tangente in ihm,

$$\frac{x x_0}{a^2} + \frac{y y_0}{b^2} - 1 = 0,$$

in dem Punkt p befriedigt sein, d. h. es muß

$$\frac{\xi x_0}{a^2} + \frac{\eta y_0}{b^2} - 1 = 0$$

sein. Bezeichnen wir also wieder mit x, y veränderliche Koordinaten, so muß die Gleichung der Geraden

$$P \equiv \frac{\xi x}{a^2} + \frac{\eta y}{b^2} - 1 = 0 \tag{2}$$

in dem Punkt x_0, y_0 befriedigt sein. Diese Gerade schneidet aber die Ellipse in zwei Punkten, und demnach gibt es zwei durch p gehende Tangenten.

2. Die gerade Linie P wird die Polare des Punktes p, in Bezug auf den Kegelschnitt E, genannt.

Man kann sie leicht konstruieren, ohne die Ellipse dabei zu benutzen. Denn wenn man P in die Form setzt

$$\frac{x}{\alpha} + \frac{y}{\beta} - 1 = 0,$$

so erkennt man, daß $\alpha = a^2 : \xi$, $\beta = b^2 : \eta$ die Abschnitte sind, die die

Linie P auf den beiden Achsen macht. Um also z. B. α zu erhalten, hat man das gegebene Quadrat a^2 in ein Rechteck zu verwandeln, dessen eine Seite die gegebene Länge ξ hat.

3. Die beiden Schnittpunkte von P und E können reell oder imaginär sein. Im letzteren Fall wird es keine Tangenten durch den Punkt p geben, und die Anschauung schon zeigt, daß dies der Fall ist, wenn p im Innern der Ellipse liegt. Wenn der Punkt p auf der Ellipse selbst liegt, so wird die Polare zur Tangente, d. h. ihre beiden Schnittpunkte fallen zusammen.

Dieses anschauungsmäßig sofort einleuchtende Resultat läßt sich auch leicht analytisch gewinnen, wenn man die Diskriminante der quadratischen Gleichung berechnet, die sich durch Elimination der einen Unbekannten, x oder y, aus den beiden Gleichungen (1) und (2) ergibt. Hierauf wollen wir hier nicht eingehen.

4. Normalenproblem. Es soll von einem gegebenen Punkt p mit den Koordinaten ξ, η eine geradlinige Strecke nach einem gesuchten Punkt π der gegebenen Ellipse gezogen werden, die in ihrem Fußpunkt π auf der Ellipse senkrecht steht, also eine Normale ist.

Sind x, y die Koordinaten von π, so müssen diese zunächst der Gleichung (1) der gegebenen Ellipse genügen:

$$E \equiv \frac{x^2}{a^2} + \frac{y^2}{b^2} - 1 = 0,$$

und nach der Gleichung der Normalen im Punkt xy (§ 78 (7)), die im Punkt ξ, η erfüllt sein muß, ist

$$F \equiv \frac{(\xi - x)y}{b^2} - \frac{(\eta - y)x}{a^2} = 0. \tag{3}$$

Der gesuchte Punkt, oder, wenn es deren mehrere gibt, die gesuchten Punkte, sind also die Schnittpunkte der beiden Kurven $E = 0$, $F = 0$, und da diese beiden Kurven Kegelschnitte sind, so gibt es vier Normalen durch einen gegebenen Punkt p (Fig. 233).

5. Die Kurve $E = 0$ ist die gegebene Ellipse selbst. Die Kurve $F = 0$ ist eine gleichseitige Hyperbel, die durch den Punkt $x = 0$, $y = 0$, d. h. durch den Mittelpunkt der Ellipse E und durch den Punkt $x = \xi$, $y = \eta$, d. h. durch den gegebenen Punkt p geht. Die Koordinatenachsen haben asymptotische Richtung für diese Hyperbel.

Die Gleichung der Hyperbel F läßt sich in der Form schreiben

$$f \equiv xy + \frac{b^2 x \eta}{c^2} - \frac{a^2 y \xi}{c^2} = 0, \tag{4}$$

worin $c^2 = a^2 - b^2$ ist. Setzt man $f = 0$ in die Form

$$(x - \alpha)(y - \beta) - \alpha\beta = 0,$$

so sind α, β die Koordinaten des Mittelpunktes der Hyperbel, für die sich die Werte ergeben

$$\alpha = \frac{a^2 \xi}{c^2}, \quad \beta = -\frac{b^2 \eta}{c^2}.$$

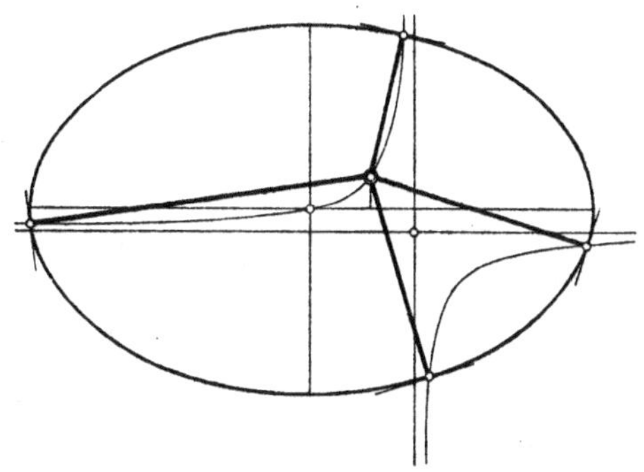

Fig. 233.

Wenn also p im ersten Quadranten liegt, so liegt der Punkt $\alpha\beta$ im vierten Quadranten, und α ist immer größer als ξ.

6. Der eine Zweig der Hyperbel H, der durch den Mittelpunkt der Ellipse geht, muß an zwei Stellen aus der Ellipse austreten, von denen die eine im ersten, die andere im dritten Quadranten liegt; der andere Zweig kann je nach der Lage des Punktes p die Ellipse in zwei Punkten treffen, in einem Punkt berühren, oder außerhalb verlaufen, ohne die Ellipse zu schneiden.

Durch den Punkt p (im ersten Quadranten) gibt es also immer zwei reelle Normalen, deren Fußpunkte im ersten und dritten Quadranten liegen.

Es gibt aber noch zwei andere Normalen, die, wenn sie reell sind, ihre Fußpunkte im vierten Quadranten haben. Sie können aber auch zusammenfallen oder imaginär sein.

7. Um zu entscheiden, welcher dieser drei Fälle eintritt, müssen wir die biquadratische Gleichung untersuchen, von der die Fußpunkte abhängen.

Diese biquadratische Gleichung hat immer zwei reelle Wurzeln. Die beiden anderen können reell oder imaginär sein.

Nehmen wir statt der biquadratischen Gleichung eine ihrer kubischen Resolventen (Bd. I, § 87 f.), so hat diese im ersten Fall drei reelle Wurzeln, im zweiten Fall eine reelle und zwei konjugirt imaginäre Wurzeln.

8. Wir nehmen hier naturgemäß als kubische Resolvente die Gleichung, von der die drei Linienpaare abhängen, die sich durch die vier Fußpunkte legen lassen. Diese sind reell, wenn die vier Fußpunkte reell sind. Wenn aber zwei von den Fußpunkten konjugiert imaginär sind, so ist eines dieser Linienpaare reell, die beiden anderen imaginär. Fallen aber zwei der Fußpunkte 1, 2, 3, 4, etwa 3 und 4 in einen zusammen, so fallen auch zwei von den Linienpaaren in eines zusammen, nämlich in das Linienpaar $\overline{31}, \overline{32}$. Das andere Linienpaar besteht aus der Linie $\overline{12}$ und der Tangente in 3.

Sind die beiden Punkte 3, 4 konjugiert imaginär, so ist die sie verbindende Gerade reell, schneidet aber die Ellipse in imaginären Punkten. Wir haben dann das reelle Linienpaar $\overline{12}$, $\overline{34}$. Die Linienpaare $\overline{13}$, $\overline{24}$ und $\overline{14}$, $\overline{23}$ sind konjugiert imaginär.

9. Wir haben also nun die Linienpaare aufzusuchen, die in dem Kegelschnittbüschel

$$2f + \lambda E = 0$$

enthalten sind (Bd. I, § 90). Die Gleichung dieses Büschels lautet entwickelt

$$\lambda \frac{x^2}{a^2} + \lambda \frac{y^2}{b^2} + 2xy + 2\frac{b^2 x\eta}{c^2} - \frac{2a^2 y\xi}{c^2} - \lambda = 0,$$

und sie wird nach § 75 ein Linienpaar, wenn die Determinante

$$H = \begin{vmatrix} \frac{\lambda}{a^2}, & 1, & \frac{b^2\eta}{c^2} \\ 1, & \frac{\lambda}{b^2}, & -\frac{a^2\xi}{c^2} \\ \frac{b^2\eta}{c^2}, & \frac{-a^2\xi}{c^2}, & -\lambda \end{vmatrix}$$

gleich Null wird. Darnach ergibt sich für λ die kubische Gleichung:

$$\frac{\lambda^3}{a^2b^2} + \lambda\left(\frac{a^2\xi^2}{c^4} + \frac{b^2\eta^2}{c^4} - 1\right) + \frac{2a^2b^2\xi\eta}{c^4} = 0,$$

und wenn man durch ab dividiert und $\lambda : ab = u$ setzt:

$$(5) \qquad u^3 + u\left(\frac{a^2\xi^2}{c^4} + \frac{b^2\eta^2}{c^4} - 1\right) + \frac{2ab\xi\eta}{c^4} = 0.$$

Es ist nun leicht, die Diskriminante dieser Gleichung zu bilden: Nach Bd. I, §§ 83. 85 gilt in bezug auf die Realität der Wurzeln dieser Gleichung folgende Unterscheidung:

Ist $\left(\frac{a^2\xi^2}{c^4} + \frac{b^2\eta^2}{c^4} - 1\right)^3 + 27\frac{a^2b^2\xi^2\eta^2}{c^8} < 0$: drei reelle Wurzeln,
$= 0$: zwei Wurzeln einander gleich,
> 0: eine reelle Wurzel.

Die Größe, deren Vorzeichen hiernach entscheidet, ist aber genau die linke Seite der Evolutengleichung, die nach § 81, 13. im Innern der Evolute negativ und außerhalb positiv ist, und es ist also damit bewiesen:

Von einem Punkt im Innern der Evolute sind vier Normalen an die Ellipse möglich, von einem Punkt auf der Evolute drei und von einem Punkt außerhalb der Evolute nur zwei.

§ 83. Analytische Sphärik.

1. Die Untersuchungen des ersten und vierten Teiles der sphärischen Trigonometrie haben wiederholt die weitgehende Analogie zwischen Sphärik und Planimetrie hervortreten lassen. Die Frage liegt nahe, ob sich diese Analogie auch analytisch durchführen läßt.

Und da ergibt sich in der Tat bei geschickter Wahl des Koordinatensystems eine überraschende Übereinstimmung zwischen den Formeln der analytischen Geometrie der Ebene und denen der „analytischen Sphärik“, besonders wenn man je zwei diametral gegenüberliegende Kugelpunkte als einen „Punkt“ zusammenfaßt (vgl. § 10, 2.). Die analytische Sphärik ist dann ein treues Bild der analytischen Geometrie der Ebene.

Der Kugelradius sei im folgenden gleich Eins gesetzt. Ein Hauptkreis werde auch als „Kugelgerade“ bezeichnet, da er das sphärische Analogon der Geraden ist.

Die Winkel zwischen zwei Kugelradien bezeichnen wir hier in der allgemein üblichen Weise, also nicht nach den Festsetzungen von § 38, 8. Wir brauchen uns daher auch nicht jeden Hauptkreis als mit Richtungssinn versehen vorzustellen.

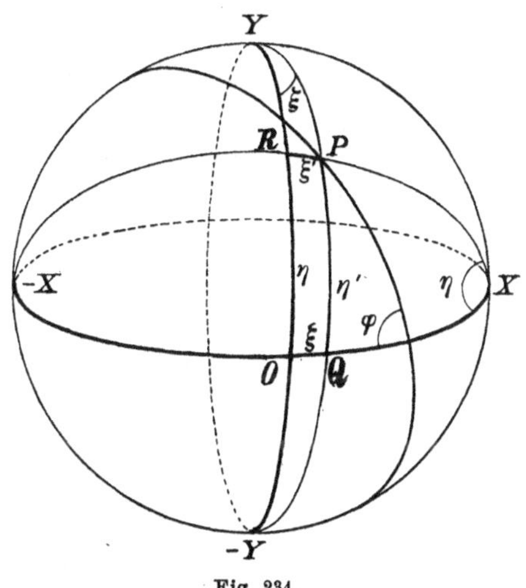

Fig. 234.

Als „Koordinatenachsen“ wählen wir zwei zueinander normale Kugelgeraden und bezeichnen einen ihrer Schnittpunkte als „Anfangspunkt“ O. Von O aus legen wir eine positive Abszissenrichtung OX und eine positive Ordinatenrichtung OY fest, wobei die Punkte X und Y um je einen Quadranten von O entfernt seien (Fig. 234).

Sei nun P ein Punkt der Kugel. Wir fällen von P die sphärischen Lote $PQ = \eta'$ und $PR = \xi'$ auf die „Koordinatenachsen“, und setzen unter Beachtung der Vorzeichen die Bogen:

$$OQ = \xi, \qquad OR = \eta.$$

Unter den „sphärischen Koordinaten“ x, y des Punktes P verstehen wir nun die trigonometrischen Tangenten der Bogen η und ξ, so daß also

$$x = \operatorname{tg} \xi, \quad y = \operatorname{tg} \eta$$

wird. Dann ist nach der Figur

$$\xi = \sphericalangle OYQ, \quad \eta = \sphericalangle OXR.$$

Damit die Beziehung zwischen Koordinaten und Punkten eindeutig werde, müssen wir uns wegen $\operatorname{tg} \varphi = \operatorname{tg}(\pi + \varphi)$ auf das Intervall $-\pi/2 \leqq \xi, \eta \lesseqqgtr + \pi/2$ beschränken, oder geometrisch gesprochen: Wir treiben Geometrie der Halbkugel. In unserer Figur kommt für uns nur die vordere Halbkugel in Betracht.

Dann entspricht jedem Wertepaar x, y zwischen $-\infty$ und $+\infty$ ein und nur ein Punkt der Halbkugel und umgekehrt.

Der Hauptkreis $X, Y, -X, -Y$ bildet die Grenze unseres Gebietes, und vertritt daher die Stelle der unendlich fernen Geraden. Der Zusammenhang zwischen ξ und ξ' einerseits, η und η' andererseits wird vermittelt durch die Formeln (§ 52, (6)):

$$\operatorname{tg} \xi' = \cos \eta \operatorname{tg} \xi, \quad \operatorname{tg} \eta' = \cos \xi \operatorname{tg} \eta. \tag{1}$$

2. Eine Kugelgerade möge mit der sphärischen x-Achse den Winkel φ bilden und auf den „Koordinatenachsen" die Strecke α und β abschneiden. Ist $P\{xy\}$ ein Punkt der Kugelgeraden, so hat man (§ 32):

$$\operatorname{tg} \varphi = \frac{\operatorname{tg} \beta}{\sin \alpha} = \frac{\operatorname{tg} \eta'}{\sin(\alpha - \xi)} = \frac{\operatorname{tg} \eta \cos \xi}{\sin \alpha \cos \xi - \cos \alpha \sin \xi}$$

oder:

$$\frac{\sin \alpha}{\operatorname{tg} \beta} = \frac{\sin \alpha}{\operatorname{tg} \eta} - \frac{\cos \alpha \operatorname{tg} \xi}{\operatorname{tg} \eta},$$

oder:

$$\frac{\operatorname{tg} \xi}{\operatorname{tg} \alpha} + \frac{\operatorname{tg} \eta}{\operatorname{tg} \beta} = 1.$$

Setzt man:

$$\operatorname{tg} \alpha = a, \quad \operatorname{tg} \beta = b,$$

so hat man die Gleichung der Kugelgeraden:

$$\frac{x}{a} + \frac{y}{b} = 1. \tag{G}$$

Geht die Kugelgerade durch einen festen Punkt $P_1\{x_1 y_1\}$, so wird ihre Gleichung:

$$\frac{x - x_1}{a} + \frac{y - y_1}{b} = 0. \tag{G$_1$}$$

Die Gleichung (G) ist linear in x und y. Umgekehrt repräsentiert jede in x und y lineare Gleichung eine Kugelgerade. Denn aus der allgemeinen linearen Gleichung $px + qy - r = 0$ geht durch $p/r = a$ und $q/r = b$ sofort die Form (G) hervor.

Die Gleichung einer Kugelgeraden durch zwei Punkte P_1 und P_2 wird daher genau wie in der Ebene:

$$(\mathrm{G}_2) \qquad y - y_1 = \frac{y_1 - y_2}{x_1 - x_2}(x - x_1).$$

3. Die sphärische Ellipse (Hyperbel) ist der Ort der Punkte, deren sphärische Abstände ϱ und ϱ' von zwei festen Punkten f und f', den „Brennpunkten", die konstante Summe (Differenz) 2α haben.

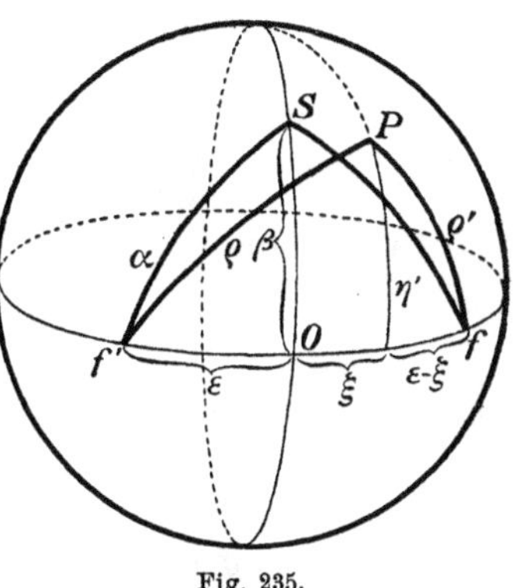

Fig. 235.

Um die Gleichung dieser Kurven aufzustellen, nehmen wir die Brennpunkte auf der sphärischen x-Achse äquidistant von O an. Es sei dann

$$Of = Of' = \varepsilon$$

gesetzt. Wir betrachten zunächst die sphärische Ellipse. Einen ausgezeichneten Punkt S auf ihr erhalten wir sofort, indem wir über ff' das sphärische gleichschenklige Dreieck mit den Schenkeln $\varrho = \varrho' = \alpha$ errichten. Seine Höhe SO soll mit β bezeichnet werden. Man nennt 2α die „große Achse", 2β die „kleine Achse" der sphärischen Ellipse.

Nach § 52 (1) ist:

$$(2) \qquad \cos\beta = \frac{\cos\alpha}{\cos\varepsilon},$$

also, wenn man quadriert und die Kosinusquadrate nach § 26 (5) durch die Tangenten ausdrückt:

$$(3) \qquad \operatorname{tg}^2\varepsilon = \frac{\operatorname{tg}^2\alpha - \operatorname{tg}^2\beta}{1 + \operatorname{tg}^2\beta}.$$

Ferner:

$$(4) \qquad \begin{cases} \cos\varrho' = \cos\eta'\cos(\varepsilon - \xi), \\ \cos\varrho = \cos\eta'\cos(\varepsilon + \xi). \end{cases}$$

Unter Benutzung der Bezeichnungen:

$$\varrho + \varrho' = 2\alpha, \quad \varrho - \varrho = 2\delta$$

folgt nun nach (4) und § 29 (5):

$$\tfrac{1}{2}(\cos\varrho + \cos\varrho') = \cos\alpha\cos\delta,$$
$$\tfrac{1}{2}(\cos\varrho + \cos\varrho') = \cos\eta'\cos\varepsilon\cos\xi = \frac{\cos\varepsilon\cos\xi}{\sqrt{1+\operatorname{tg}^2\eta'}},$$
$$\cos\alpha\cos\delta = \frac{\cos\varepsilon\cos\xi}{\sqrt{1+\operatorname{tg}^2\eta'}},$$

also nach (1) und (2):

$$\cos\beta\cos\delta = \frac{\cos\xi}{\sqrt{1+\cos^2\xi\operatorname{tg}^2\eta}}, \qquad \frac{1}{\cos^2\beta\cos^2\delta} = 1 + \operatorname{tg}^2\xi + \operatorname{tg}^2\eta,$$

(5) $$(1+\operatorname{tg}^2\beta)(1+\operatorname{tg}^2\delta) = 1 + \operatorname{tg}^2\xi + \operatorname{tg}^2\eta.$$

Wir drücken jetzt δ durch α und ξ aus. Zu dem Ende bilden wir aus (4) nach § 29 (5):

$$\cos\varrho - \cos\varrho' = -2\sin\alpha\sin\delta = -2\cos\eta'\sin\varepsilon\sin\xi,$$
$$\cos\varrho + \cos\varrho' = 2\cos\alpha\cos\delta = 2\cos\eta'\cos\varepsilon\cos\xi.$$

Durch Division folgt:

(6) $$\operatorname{tg}\delta = \frac{\operatorname{tg}\varepsilon\operatorname{tg}\xi}{\operatorname{tg}\alpha},$$

und hieraus nach (3):

$$\operatorname{tg}^2\delta = \frac{\operatorname{tg}^2\xi}{\operatorname{tg}^2\alpha}\,\frac{\operatorname{tg}^2\alpha - \operatorname{tg}^2\beta}{1+\operatorname{tg}^2\beta}.$$

Daher wird die linke Seite von (5):

$$(1+\operatorname{tg}^2\beta)(1+\operatorname{tg}^2\delta) = 1 + \operatorname{tg}^2\beta + \operatorname{tg}^2\xi - \frac{\operatorname{tg}^2\beta\operatorname{tg}^2\xi}{\operatorname{tg}^2\alpha},$$

und es ergibt sich jetzt aus (5)

$$\operatorname{tg}^2\eta = \operatorname{tg}^2\beta - \frac{\operatorname{tg}^2\beta\operatorname{tg}^2\xi}{\operatorname{tg}^2\alpha},$$

also endlich die Gleichung der sphärischen Ellipse

(E) $$\left\{\begin{array}{l} \dfrac{\operatorname{tg}^2\xi}{\operatorname{tg}^2\alpha} + \dfrac{\operatorname{tg}^2\eta}{\operatorname{tg}^2\beta} = 1, \\ \text{oder} \\ \dfrac{x^2}{a^2} + \dfrac{y^2}{b^2} = 1, \end{array}\right.$$

wobei

$$\operatorname{tg}\alpha = a, \quad \operatorname{tg}\beta = b$$

gesetzt ist.

Auf analogem Wege erhält man als Gleichung der sphärischen Hyperbel

(H) $$\frac{x^2}{a^2} - \frac{y^2}{b^2} = 1.$$

Hier läßt sich aber b (oder β) nicht geometrisch deuten. Man nennt daher bei der sphärischen Hyperbel 2β nicht die kleine, sondern die „imaginäre Achse".

4. Wir kommen nun zur Diskussion der Gleichung (E). Da x und y nur im Quadrat vorkommen, ist die sphärische Ellipse symmetrisch in Bezug auf die Koordinatenachsen. Und da die linke Seite von (E) wesentlich positiv ist, so ergibt sich die sphärische Ellipse als eine geschlossene Kurve, die ganz innerhalb des sphärischen Rechtecks mit den Eckpunkten (a, b), $(-a, b)$, $(a, -b)$, $(-a, -b)$ liegt.

Ebenfalls folgt leicht, daß die Ellipse symmetrisch zu O liegt. O heißt Mittelpunkt, die Endpunkte der Achsen Scheitel der Ellipse.

Läßt man die Beschränkung $-\pi/2 < \xi$, $\eta < +\pi/2$ fallen, so erkennt man, daß der Gleichung (E) auch noch Punkte genügen, die den bisher untersuchten diametral gegenüberliegen. Die ganze Kurve (E) besteht dann aus zwei diametral gegenüberliegenden, übrigens geschlossenen und zu den Koordinatenachsen symmetrischen Stücken E und E_1.

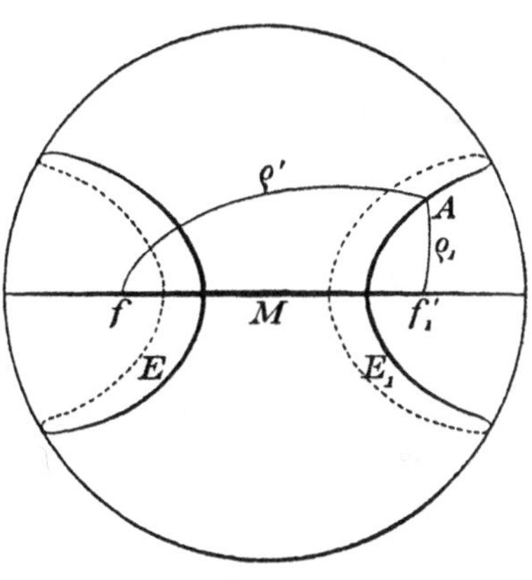

Fig. 236.

Dabei ist aber für den Teil E_1 nicht mehr $\varrho + \varrho' = 2\alpha$, sondern, wie geometrisch einleuchtet, $\varrho + \varrho' = 2\pi - 2\alpha$. Es liegt dies daran, daß wir bei Aufstellung der Gleichung nicht 2α, sondern $\cos 2\alpha$ als konstant betrachtet haben. Eine einheitliche Definition könnten wir auch jetzt noch erhalten, wenn wir $\cos(\varrho + \varrho') = \text{const.}$ in die Definition aufnähmen.

5. Der Teil E_1 kann auch als ursprünglich angesehen werden und hat dann seine Brennpunkte f_1 und f_1' und seinen Mittelpunkt O_1. Dabei soll f_1 diametral gegenüber f, und f_1' gegenüber f' angenommen sein.

Es sei nun A ein Punkt auf E_1 (Fig. 236). Wir ziehen nach A die Brennstrahlen $fA = \varrho'$ und $f_1'A = \varrho_1$. Da f und f_1 diametral gegenüberliegen, so geht jeder durch A und f gelegte Hauptkreis auch durch f_1. Daher ist:

$$\pi = ff_1 = fA + Af_1 = \varrho' + Af_1.$$

Aber $Af_1 = 2\alpha - Af_1' = 2\alpha - \varrho_1$; mithin

$$\varrho' - \varrho_1 = \pi - 2\alpha = 2\bar{\alpha} = \text{const.}$$

Dreht man also die Kugel der Figur 235 derart, daß f_1' und f auf die vordere Halbkugel kommen, und beschränkt sich wieder auf die neue vordere Halbkugel, so haben wir jetzt als Kurve zwei getrennte Äste, nämlich die Hälften der früheren E und E_1, als Brennpunkte f und f_1'. Und diese Kurve ist der Ort der Punkte, deren Abstände von f und f_1' die konstante Differenz $2\bar{\alpha}$ haben.

Die sphärische Ellipse läßt sich also auch als sphärische Hyperbel mit den Brennpunkten f und f_1' auffassen. Die grossen Achsen ergänzen sich zu 2π.

Da der die Halbkugel begrenzende Kreis nach dem Schlußsatz von 1. die unendlich ferne Gerade vertritt, so ist die sphärische Hyperbel auch darin der ebenen analog, daß sie sich gleichsam bis ins Unendliche erstreckt.

6. Die Tangente an eine sphärische Kurve ist eine Kugelgerade, die mit der Kurve zwei zusammenfallende Punkte gemein hat.

Um die Gleichung der Tangente an eine sphärische Ellipse oder Hyperbel aufzustellen, stellen wir zunächst die der Sekante auf und lassen dann deren Endpunkte zusammenfallen.

Die Gleichung einer Kugelgeraden durch die Punkte $x_1 y_1$ und $x_2 y_2$ ist nach (2.):

$$(G_2) \qquad y - y_1 = \frac{y_1 - y_2}{x_1 - x_2}(x - x_1).$$

Da nun die beiden Punkte auf E liegen sollen, ist

$$y_1^2 = b^2 - \frac{b^2}{a^2} x_1^2,$$

$$y_2^2 = b^2 - \frac{b^2}{a^2} x_2^2,$$

woraus durch Subtraktion folgt:

$$\frac{y_1 - y_2}{x_1 - x_2} = -\frac{b^2}{a^2} \cdot \frac{x_1 + x_2}{y_1 + y_2}.$$

Als Gleichung der Sehne erhält man daher mit Hilfe von (G_2):

$$y - y_1 = -\frac{b^2}{a^2} \cdot \frac{x_1 + x_2}{y_1 + y_2}(x - x_1).$$

Um zur Tangente überzugehen, setzen wir $x_1 = x_2$ und erhalten:

$$\frac{x x_1}{a^2} + \frac{y y_1}{b^2} = \frac{x_1^2}{a^2} + \frac{y_1^2}{b^2}.$$

Unter Benutzung von (E) wird daher die Gleichung der sphärischen Ellipsentangente:

$$\frac{x x_1}{a^2} + \frac{y y_1}{b^2} = 1.$$

Analog folgt für die Tangente der sphärischen Hyperbel:

$$\frac{x x_1}{a^2} - \frac{y y_1}{b^2} = 1.$$

In der Tat sind dieses Gleichungen von Kugelgeraden, die mit der Ellipse bez. Hyperbel nur den einen Punkt $x_1 y_1$ gemein haben, denn sie sind nur für diesen einen Punkt der betreffenden Kurve erfüllt.

7. Für $\varepsilon = 0$ fallen f und f' mit O zusammen und aus (6) folgt $\varrho = \varrho'$, also $\delta = 0$. Die Kurve (E) geht in eine Kurve (K) über, deren Punkte sämtlich von O konstanten sphärischen Abstand haben. Die Kurve (K) ist also ein Kreis mit dem sphärischen Mittelpunkte O (§ 39, 12.) und dem sphärischen Radius a. Seine Gleichung wird:

$$\text{(K)} \qquad \frac{x^2}{a^2} + \frac{y^2}{a^2} = 1.$$

Die Gleichung (K) läßt sich übrigens leicht unmittelbar aus der definierenden Eigenschaft des Kreises ableiten, daß seine Punkte von O konstanten sphärischen Abstand haben. Man erhält sofort

$$\cos^2 \alpha = \cos^2 \eta' \cos^2 \xi,$$

woraus (K) unter Zuhilfenahme von (1) folgt.

8. Stellen wir die Gleichungen (E) und (K) zusammen:

$$\text{(E)} \qquad \frac{x^2}{a^2} + \frac{y^2}{b^2} = 1,$$

$$\text{(K)} \qquad \frac{x^2}{a^2} + \frac{y^2}{a^2} = 1,$$

so erkennen wir, daß die Ordinate $\bar{y}$ eines Kreispunktes zu der eines „senkrecht“ unter ihm liegenden Ellipsenpunktes sich verhält wie a zu b.

Jedem Punkte des Kreises entspricht ein Punkt der Ellipse mit derselben Abszisse, dessen Ordinate aus der des Kreispunktes durch Verkürzung im Verhältnis $b : a$ hervorgeht.

9. Wir denken uns nun die Kugelfläche doppelt bedeckt und bezeichnen die Flächen, in denen Ellipse und Kreis liegen, mit σ und $\bar{\sigma}$. Dann können wir in Verallgemeinerung des Vorhergehenden jedem Punkte $\bar{A}$ von $\bar{\sigma}$ einen Punkt A von σ zuordnen, indem wir die Ordinate von $\bar{A}$ in der angegebenen Weise verkürzen.

Was entspricht nun bei dieser „Verwandtschaft“ einer Kugelgeraden $\bar{l}$ von $\bar{\sigma}$ in σ?

Die Gleichung von $\bar{l}$ sei:

$$\frac{\bar{x}}{m} + \frac{\bar{y}}{n} = 1.$$

Setzen wir nun, um das entsprechende Gebilde in σ zu erhalten:

$$\bar{x} = x, \quad \bar{y} = \frac{b}{a} y,$$

so erhalten wir

$$\frac{x}{m} + \frac{by}{an} = 1,$$

also wieder eine Kugelgerade.

Eine Kugelgerade geht also bei der angegebenen Verwandtschaft in eine Kugelgerade über. Wir bezeichnen sie daher in Anlehnung an die Planimetrie als eine kollineare Verwandtschaft oder Kollineation.

Jeder Punkt der x-„Achse" entspricht sich selbst. Also gilt der Satz:

Jede Kugelgerade von $\bar{\sigma}$ schneidet die entsprechende von σ auf der x-Achse.

10. Man bemerkt leicht, daß die „unendlich fernen Gebilde", nämlich die die Halbkugeln σ und $\bar{\sigma}$ begrenzenden Kreise in σ und $\bar{\sigma}$ einander entsprechen. In Anlehnung an die Planimetrie können wir daher sagen:

Die von uns betrachtete Kollineation charakterisiert sich des Näheren als „affine" Verwandtschaft.[1])

1) Ausführlicheres über die analytische Sphärik findet man bei Hübner, Ebene und räumliche Geometrie des Maßes u. s. w. (Teubner 1895).

Achter Abschnitt.

Punkte, Ebenen und Gerade im Raum.

§ 84. Die Grundgebilde der Geometrie des Raumes.

Wir setzen in der Geometrie des Raumes die Axiome der Planimetrie einschließlich des Parallelenaxioms voraus, wollen aber zeigen, daß man ohne Zuziehung neuer axiomatischer Annahmen zu den Maßbestimmungen und den Kongruenzsätzen im Raume gelangen kann. Hierauf hat bereits Hilbert in seinen „Grundlagen der Geometrie" (2. Aufl. S. 15) hingewiesen. In den neueren Lehrbüchern (unter anderen auch bei Baltzer) ist dies nicht streng durchgeführt, und die Schlüsse werden nur durch Zuziehung eines Axioms für den Raum verständlich.

Der Gegensatz zwischen rechts und links, der auf einer Geraden und in der Ebene durch Veränderung des Standpunktes aufgehoben werden kann, läßt sich im Raume nicht mehr ausgleichen, und er spielt darum im Raume eine viel wichtigere Rolle. Er läßt sich nur an Objekten der Erfahrung demonstrieren.

1. Die Grundgebilde der Geometrie des Raumes sind: der Punkt, die Gerade und die Ebene.

a) Zwei Punkte bestimmen ausnahmslos eine Gerade, ihre Verbindungslinie.

b) Eine Gerade und ein Punkt, der nicht in der Geraden liegt, bestimmen eine Ebene.

c) Drei Punkte, die nicht in einer Geraden liegen, bestimmen eine Ebene.

d) Zwei Geraden, die einen Punkt gemein haben, bestimmen eine Ebene, in der beide Geraden enthalten sind.

e) Zwei Geraden, die in einer Ebene liegen, haben entweder einen Punkt gemein, oder sie sind zueinander parallel.

Zwei Geraden, die weder einen Punkt gemein haben, noch zu einander parallel sind, also nicht in einer Ebene liegen, heißen „einander kreuzend“ oder „windschief“.

f) Zwei Ebenen, die einen Punkt miteinander gemein haben, bestimmen eine Gerade, ihre Schnittlinie.

g) Zwei Ebenen, die keinen Punkt miteinander gemein haben, heißen parallel.

h) Eine Ebene hat mit einer Geraden, die nicht in ihr liegt, höchstens einen Punkt gemein. Haben die Ebene und die Gerade keinen Punkt gemein, so heißen sie parallel.

2. Sätze:

a) Zwei parallele Ebenen α, β werden von einer Ebene γ, die durch je einen Punkt von α und von β geht, in zwei parallelen Geraden a, b geschnitten.

Denn wenn die in der Ebene γ liegenden Geraden a, b nicht parallel wären, so müßten sie einen Schnittpunkt haben, und dieser müßte zugleich auf α und auf β liegen.

b) Durch einen Punkt A kann man zu einer diesen Punkt nicht enthaltenden Ebene α nicht mehr als eine parallele Ebene legen.

Denn hätte man zwei solche Ebenen β, γ, so könnte man durch A und einen beliebigen Punkt B von α eine Ebene ε legen. Sind a, b, c die Schnittlinien von ε mit α, β, γ, so wären a und b parallel mit c. Es gäbe also in der Ebene ε durch den Punkt A zwei Parallelen zu einer Geraden c, was dem Axiom in der Ebene widerspricht.

Durch einen Punkt A kann man zu einer ihn nicht enthaltenden Ebene α beliebig viele parallele Gerade ziehen. Denn verbindet man A mit einem beliebigen Punkt B von α durch eine Ebene ε, die die Ebene α in der Geraden a schneidet, so kann man durch A in ε eine Parallele zu a legen, die dann auch parallel zu α ist.

c) Zwei durch A gehende, zu α parallele Geraden a, b bestimmen eine zu α parallele Ebene.

Denn angenommen, die Ebene (a, b) wäre nicht parallel zu α, so hätte sie mit α eine Schnittlinie e. Diese müßte wenigstens die eine der beiden Geraden a, b schneiden, und diese wäre nicht parallel zu α.

Ist dann c eine dritte Parallele zu α durch den Punkt A, so muß diese in der Ebene (a, b) liegen, weil sonst mehr als eine parallele Ebene zu α durch A gehen würde.

Wir können also den Satz b) so ergänzen:

d) Durch einen Punkt A kann man immer eine und nur eine parallele Ebene β zu einer den Punkt A nicht enthaltenden Ebene α legen. Jede in der Ebene β gelegene Gerade ist parallel zu α, und jede durch irgend einen Punkt von β gehende zu α parallele Gerade ist in β enthalten.

e) Sind a und b zwei parallele Geraden in der Ebene α, und ist A ein nicht auf α gelegener Punkt, so schneiden sich die beiden Ebenen $\overline{Aa}$, $\overline{Ab}$ in einer Linie c, die sowohl zu a als zu b parallel ist.

Denn wenn die Schnittlinie von $\overline{Aa}$ und $\overline{Ab}$ die Ebene α in einem Punkt träfe, so müßte dieser Punkt sowohl auf a als auf b liegen, während doch diese beiden Geraden keinen gemeinschaftlichen Punkt haben.

Etwas anders ausgedrückt besagt dieser Satz:

f) Wenn zwei Geraden zu einer dritten parallel sind, so sind sie auch untereinander parallel.

Denn nach dem planimetrischen Axiom kann man durch einen Punkt A eine und nur nur eine Parallele zu a legen. Dann ist $a \| b$ und $a \| c$ und nach e) auch $b \| c$.

g) Wenn zwei Ebenen α und β zu einer dritten γ parallel sind, so ist auch α mit β parallel.

Denn sollten sich α und β in einer Geraden e schneiden, so lege man durch einen Punkt von e eine die Ebene γ schneidende Ebene ε. Die Ebenen α, β, γ werden dann in drei Geraden a, b, c geschnitten, die nach a) miteinander parallel sein müssen, während sich doch a, b auf e schneiden.

Über den Schnitt von drei Ebenen können wir nun folgendes aussagen:

α) Die drei Ebenen gehen durch eine Gerade; sie haben unendlich viele Schnittpunkte.

β) Die drei Ebenen sind parallel; sie haben keinen Schnittpunkt.

γ) Zwei von ihnen sind parallel; sie werden von der dritten in parallelen Geraden geschnitten, und die drei Ebenen haben keinen Schnittpunkt.

δ) Die dritte Ebene ist parallel zu der Schnittlinie der beiden ersten. In diesem Fall sind die drei Schnittlinien je zweier der Ebenen parallel. Die drei Ebenen haben keinen Schnittpunkt.

ε) Die dritte Ebene schneidet die Schnittlinie der beiden ersten in einem Punkt. Dieser Punkt gehört allen drei Ebenen an und ist ihr Schnittpunkt. Die drei Schnittlinien je zweier der Ebenen gehen durch diesen Punkt und liegen nicht in einer Ebene. Die drei Ebenen bilden ein Dreiflach oder Triëder.

3. Denken wir uns drei von einem Punkte auslaufende geradlinige Strecken in bestimmter Reihenfolge mit den Ziffern 1, 2, 3 bezeichnet, und denken uns dieses „Dreibein" beweglich, jedoch mit der Beschränkung, daß bei der stetigen Verschiebung niemals die eine Strecke durch die Ebene der beiden anderen hindurchgehen darf, so müssen wir zwei Arten dieser Dreibeine (oder der Numerierung) unterscheiden, so daß jedes dieser Systeme mit einem System derselben Art, niemals aber mit einem der anderen Art zur Deckung gebracht werden kann. Man unterscheidet demnach Rechtssysteme und Linkssysteme, die am besten durch die drei zwanglos ausgestreckten Finger, Daumen (1), Zeigefinger (2), Mittelfinger (3), der rechten und linken Hand veranschaulicht und erklärt werden.

Man kann die vier Seiten oder die vier Ecken eines regelmäßigen Tetraeders auf zwei Arten mit den Ziffern 1, 2, 3, 4 bezeichnen, und zwei Bezeichnungen der gleichen Art können durch Drehung und Verschiebung des Tetraeders zur Deckung gebracht werden, zwei von verschiedener Art nicht.

Man kann die Ecken 1, 2, 3 mit den Ecken 1′, 2′, 3′ eines kongruenten Tetraeders zur Deckung bringen, und dann kann die Ecke 4′ entweder mit 4 zusammenfallen, oder es ist 4′ das Spiegelbild von 4.

Die Chemie hat diese Vorstellungen benutzt (in der Stereochemie), um gewisse Erscheinungen, die einen Gegensatz zwischen rechts und links zeigen, wie die Drehung der Polarisationsebene des Lichtes im einen oder im anderen Sinne, zu erklären.

Eine Bewegung eines Körpers, die aus einer Fortbewegung in einer bestimmten Richtung und einer Drehung um eine zu dieser Richtung parallele Achse zusammengesetzt ist, heißt eine Schraubenbewegung oder Schraubung.

Der Raum, den irgend ein Teil des bewegten Körpers (z. B. ein nicht in der Achse liegender Punkt) überstreicht, heißt eine Schraube (im geometrischen Sinn). Man unterscheidet Rechtsschraubungen und Linksschraubungen. Eine Rechtsschraubung ist eine solche, bei der die Drehung für einen in der Richtung der Achse stehenden menschlichen Körper vor den Augen von rechts nach links geschieht.

Eine Rechtsschraubung ist jede ungezwungene Bewegung des rechten Armes, z. B. wenn ich einem Freunde die Hand entgegenstrecke; die entsprechende Bewegung der linken Hand wäre eine Linksschraubung. Rechts gewunden sind die meisten im täglichen Leben gebrauchten Schrauben, die Korkzieher, die meisten Schneckenhäuser (doch gibt es auch links gewundene Arten), die meisten Schlingpflanzen.

Ein linearer elektrischer Strom erzeugt in seiner Umgebung ein die Strombahn umkreisendes Magnetfeld, dessen Drehung in Verbindung mit der Stromrichtung eine Rechtsschraubung gibt (Ampèresche Regel)[1]).

§ 85. Winkel.

1. Um den Winkel zweier windschiefer Geraden a, b zu erklären, ziehe man durch irgend einen Punkt C zwei Parallelen $\overline{CA}$, $\overline{CB}$ zu a und b. Der (ebene) Winkel $\sphericalangle ACB$ wird dann als der Winkel zwischen den beiden Geraden a, b bezeichnet. Daß diese Definition von der Wahl des Punktes C unabhängig ist, ergibt die folgende einfache Betrachtung (Fig. 237):

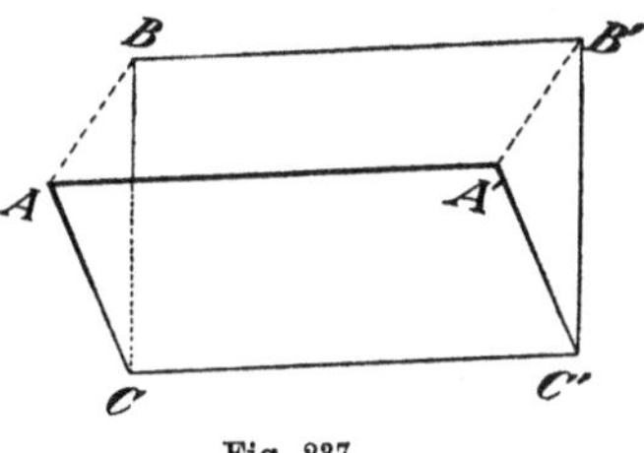

Fig. 237.

Man nehme einen zweiten Punkt C' an und verbinde ihn mit C durch eine gerade Linie. Dann mache man

$$\overline{C'A'} \text{ parallel und gleich } \overline{CA},$$
$$\overline{C'B'} \quad \text{„} \quad \text{„} \quad \text{„} \quad \overline{CB}$$

und ziehe $\overline{AA'}$, $\overline{BB'}$. Diese Linien sind dann parallel zu $\overline{CC'}$, und folglich (nach § 84, 2. f.) auch untereinander parallel. Da überdies beide gleich $\overline{CC'}$ sind, so sind sie auch untereinander gleich, und $AA'B'B$ ist ein Parallelogramm. Folglich $\overline{AB} \cong \overline{A'B'}$ und $\triangle ABC$ kongruent $\triangle A'B'C'$, also auch

$$\sphericalangle ACB \cong A'C'B'.$$

2. Zwei Ebenen α, β, die sich in einer Geraden c schneiden, teilen den Raum in vier Fächer ein, die man **Flächenwinkel** nennt.

---

1) Der Physiker Ampère, Begründer der Elektrodynamik, lebte von 1775 bis 1836. Er stellte für die Ablenkung der Magnetnadel durch den elektrischen Strom die Regel auf: Denkt man sich einen Schwimmer, das Gesicht der Nadel zugekehrt, mit dem Strome fortschwimmen, so wird der Nordpol der Nadel nach links abgelenkt.

Um ein Maß für die Flächenwinkel zu gewinnen, errichtet man in einem Punkt C der Schnittlinie c von α und β in diesen Ebenen Lote auf c ($\overline{CA}$ und $\overline{CB}$ in Fig. 238) und bezeichnet den ebenen Winkel ACB als Maß für den Flächenwinkel der Ebenen α, β.

Daß dieses Maß von der Wahl des Punktes C unabhängig ist, ergibt sich wie in 1. Ist $\sphericalangle ACB$ ein rechter, so sagt man, die beiden Ebenen α, β stehen aufeinander senkrecht.

3. Normale und Normalebene. Ziehen wir in der Ebene ABC (Fig. 238), die wir mit ε bezeichnen wollen, eine beliebige Linie CD, so steht auch diese senkrecht auf c. Um dies einzusehen, nehme man in c zwei Punkte P und Q in gleicher Entfernung von C und verbinde A mit B. Dann ist

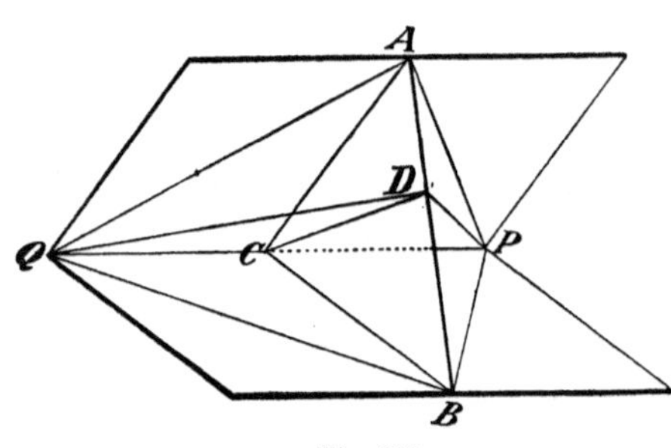

Fig. 238.

$$\triangle ACP \cong ACQ,$$
$$\triangle BCP \cong BCQ,$$

weil die Dreiecke in zwei Seiten und dem eingeschlossenen Winkel (dem rechten Winkel bei C) übereinstimmen (I[ter] Kongruenzsatz). Folglich ist $\overline{AP} = \overline{AQ}$, $\overline{BP} = \overline{BQ}$, $\overline{AB} = \overline{AB}$, und mithin ist

$$\triangle ABP \cong ABQ \text{ (III}^{\text{ter}}\text{ Kongruenzsatz).}$$

Folglich ist

$$\sphericalangle PAB \cong QAB,$$

und folglich

$$\triangle PAD \cong QAD,$$

also

$$\overline{PD} \cong \overline{QD},$$

$$\triangle PDC \cong QDC \text{ (III}^{\text{ter}}\text{ Kongruenzsatz),}$$

folglich

$$\sphericalangle DCP \cong DCQ,$$

und daher jeder dieser Winkel ein Rechter.

Aus diesem Grunde heißt die Ebene ε rechtwinklig oder normal zu c. Jede in dieser Ebene gelegene Gerade, auch wenn sie nicht durch C geht, steht auf c senkrecht.

Da c jede beliebige Gerade sein kann, so haben wir den Satz:

a) Durch jeden Punkt einer gegebenen Geraden läßt sich eine und nur eine Normalebene legen.

Die Linie c heißt die **Normale** der Ebene ε im Punkt C, und es gilt der Satz:

b) **In jedem Punkt C einer gegebenen Ebene ε läßt sich eine und nur eine Normale errichten.**

Daß es nicht zwei Normalen e, e' in C geben kann, ist unmittelbar ersichtlich, denn sonst würden ja die beiden Geraden e, e' auf der Schnittlinie ihrer Ebene mit ε senkrecht stehen.

Um also die Normale e zu erhalten, ziehe man durch C zwei beliebige Geraden a, b in ε und nehme zu diesen in C (nach a)) die Normalebenen α, β. Die Schnittlinie dieser Ebenen ist dann die gesuchte Normale e, weil auf ihr zwei Linien a, b der Ebene ε senkrecht stehen. Nach diesen Festsetzungen ergibt sich noch:

c) **Der Flächenwinkel zweier Ebenen ist auch gleich einem der Winkel, die die Normalen der Ebenen einschließen.**

d) **Von einem außerhalb der Ebene ε gelegenen Punkt P kann man eine und nur eine Normale (Perpendikel) auf ε fällen, und zu jeder Geraden e läßt sich durch einen gegebenen Punkt P eine und nur eine Normalebene legen.**

Man hat nur zu einer beliebigen Normalen der Ebene ε oder Normalebene zu e eine parallele Gerade oder Ebene durch P zu legen.

e) **Steht eine Gerade a senkrecht auf einer Ebene α, so steht jede durch a gehende Ebene senkrecht auf α. Ist aber a nicht normal zu α, so kann man durch a eine und nur eine Ebene legen, die auf α senkrecht steht.**

Um diese Ebene zu erhalten, fälle man von einem beliebigen Punkt von a das Lot d auf α. Die Ebene der beiden Geraden a und d ist dann die gesuchte Normalebene.

Das gilt auch noch, wenn a zu α parallel ist oder wenn a in α liegt.

f) **Ein Maß für den Winkel, den eine Gerade a mit der Ebene α bildet, erhält man, wenn man durch a eine auf α senkrechte Ebene legt, die die Ebene α in einer Linie e schneidet. Der ebene Winkel zwischen a und e wird dann als der Winkel zwischen α und a definiert.**

Der Winkel zwischen einer Ebene und ihrer Normalen ist ein rechter.

§ 86. Kürzester Abstand zweier windschiefer Geraden.

1. Sind a, b zwei gerade Linien, die nicht in einer Ebene liegen, so kann man einen Punkt A auf a und einen Punkt B auf b von der Art finden, daß die Verbindungslinie $\overline{AB}$ auf a und auf b senkrecht steht (Fig. 239).

Um diese Punkte zu erhalten, lege man durch einen beliebigen Punkt X der Geraden a die Normalebenen zu a und b. Diese schneiden sich in einer Geraden x, die auf a und b senkrecht steht und die Linie a trifft, im allgemeinen aber die Linie b nicht treffen wird.

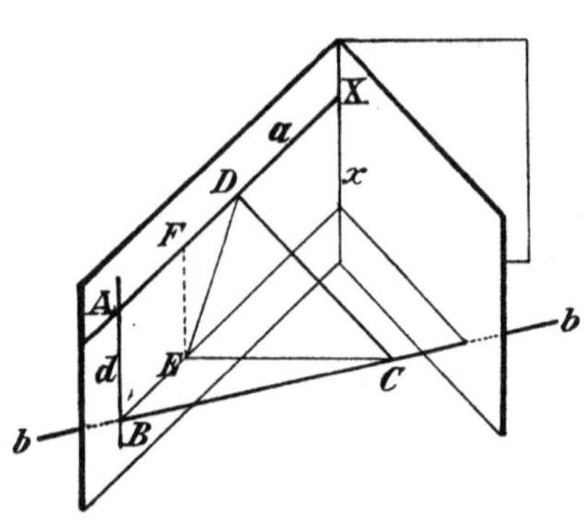

Fig. 239.

Die Ebene ax kann aber auch nicht zu b parallel sein, weil sonst eine durch X gelegte parallele Gerade zu b auf x senkrecht stehen und folglich mit a zusammenfallen müßte; es wären also, gegen die Voraussetzung, a und b parallel. Die Ebene ax schneidet daher die Gerade b in einem Punkt B, und wenn man durch diesen eine Parallele d zu x zieht, so wird a von dieser in einem Punkt A geschnitten, und zugleich steht d auf a und b senkrecht.

2. Es gibt nur eine solche Linie d, und diese ist die kürzeste Entfernung, die irgend zwei Punkte der Geraden a und b haben können, also der kürzeste Abstand der beiden Geraden.

Daß es keine zweite solche Gerade geben kann, die durch einen der beiden Punkte A, B geht, ist unmittelbar daraus zu ersehen, daß es sonst von diesem Punkt, etwa von B, zwei Perpendikel auf a gäbe. Zugleich erhellt, daß jede Entfernung des Punktes B von einem von A verschiedenen Punkt der Geraden a größer als d ist.

Betrachten wir also eine Gerade, die durch zwei von A, B verschiedene Punkte C, D geht. Wir fällen von C aus ein Perpendikel CE auf die Ebene BAD. Fällt E nicht mit B zusammen, so steht dieses Perpendikel senkrecht auf BE und auf DE, und EBC ist die Normalebene zu d, weil d auf zwei Geraden dieser Ebene, nämlich auf b und auf CE, senkrecht steht. Aus dem rechtwinkligen Dreieck CED folgt

$$CD > ED,$$

und wenn man durch E eine Parallele EF zu AB zieht, so folgt (da F auch mit D zusammenfallen könnte)

$$ED \gtreqless EF = d,$$

mithin

$$CD > d,$$

und dies gilt auch noch, wie die Figur unmittelbar zeigt, wenn E mit B zusammenfällt.

Damit ist die Minimumseigenschaft von d erwiesen. Sollte aber CD gleichfalls auf a und b senkrecht stehen, so würde ja ebenso $d > CD$ folgen; es ist also auch dies unmöglich.

§ 87. Körperliche Ecken.

1. Wenn drei Ebenen a, b, c durch einen Punkt P gehen und keine Gerade gemein haben, so schneiden sie sich zu zweien in drei Geraden $A = (bc)$, $B = (ca)$, $C = (ab)$. Die drei Ebenen teilen den Raum in acht Teile, die man körperliche Ecken oder Trieder nennt. (Auf einer Kugelfläche, deren Mittelpunkt in P liegt, werden diese Trieder als sphärische Dreiecke projiziert, wie wir in der sphärischen Trigonometrie gesehen haben.) Je zwei dieser Trieder, die nur in dem Punkt P zusammenstoßen, heißen Scheitelecken.

Man hat bei einer solchen Ecke drei „Seiten“, nämlich Teile der Ebenen a, b, c und drei Kanten, nämlich die die Seiten begrenzenden Teile der Linien A, B, C.

Die körperliche Ecke hat drei Flächenwinkel und drei Kantenwinkel, die ersteren bezeichnen wir mit α, β, γ, die zweiten mit a, b, c (a, b, c sind die Seiten, α, β, γ die Winkel des entsprechenden sphärischen Dreiecks).

Zwei Trieder ABC und $A'B'C'$ heißen kongruent, wenn sich ihre Seiten und Flächen so aufeinander beziehen lassen, daß entsprechende Seitenwinkel und entsprechende Flächenwinkel gleich sind, und wenn ABC und $A'B'C'$ zwei gleichartige Systeme (beide Rechtssysteme oder beide Linkssysteme, § 84) bilden.

Bilden aber ABC und $A'B'C'$ bei Gleichheit entsprechender Winkel entgegengesetzte Systeme, so sind beide Ecken spiegelbildlich gleich oder invers.

Zwei Scheitelecken sind invers.

Wenn man durch einen beliebigen Punkt Q parallele Ebenen zu a, b, c legt, so entstehen kongruente Ecken um Q.

2. Zwei Trieder sind kongruent, wenn sie bei gleichartiger Bezeichnung übereinstimmen

I. in zwei Seiten und dem eingeschlossenen Winkel,
II. in einer Seite und den beiden anliegenden Winkeln,
III. in drei Seiten.

Diese drei Kongruenzsätze sind ganz analog den drei ersten Kongruenzsätzen für ebene Dreiecke und werden ebenso bewiesen. Es kommt aber ein vierter hinzu:

IV. Zwei Trieder sind kongruent, wenn sie bei gleichartiger Bezeichnung in den drei Winkeln übereinstimmen.

Diesen Satz leitet man aus dem dritten in folgender Weise her: Wenn man in drei Punkten A, B, C auf den Kanten eines Trieders P drei zu diesen Kanten normale Ebenen errichtet, so schneiden sich diese in einem Punkt Q, in dem sie wieder eine dreiseitige Ecke bilden, die wir die Gegenecke zu P nennen wollen (Fig. 240).

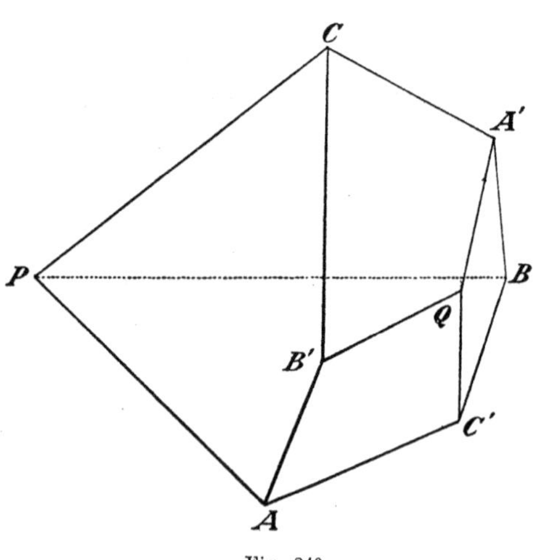

Fig. 240.

Kongruente Ecken haben kongruente Gegenecken.

Jede Kante der Gegenecke mündet in eine Seitenfläche der gegebenen Ecke. Bei entsprechender Zählung der Kanten der Ecke und Gegenecke sind diese beiden nicht gleichartig, sondern die eine ist ein Rechtssystem, die andere ein Linkssystem.

Die Kantenwinkel der Ecke P ergänzen die entsprechenden Flächenwinkel von Q zu zwei Rechten, z. B.:

$$\sphericalangle\, CB'A + CPA = 2R \quad \text{(Fig. 240)},$$

weil die beiden Winkel bei A und C in dem Viereck $PAB'C$ Rechte sind; und die Flächenwinkel von P ergänzen die Kantenwinkel von Q zu zwei Rechten, z. B.:

$$\sphericalangle\, A'CB' + A'QB' = 2R.$$

Die Gegenecke von der Gegenecke ist wieder die ursprüngliche Ecke.

Wenn also zwei Ecken in den Winkeln übereinstimmen, so stimmen die Gegenecken in den Seiten überein und sind also, wenn sie gleichartig sind, miteinander kongruent. Demnach sind auch die gegebenen Ecken kongruent.

Dem vierten Kongruenzsatz bei ebenen Dreiecken entsprechend würden noch zwei weitere Fragen entstehen, nämlich: Wann findet Kongruenz statt, wenn zwei Ecken in zwei Seiten und einem anliegenden Winkel oder in zwei Winkeln und einer anliegenden Seite übereinstimmen?

Eine deutliche räumliche Anschauung in diesen Fällen zu gewinnen, ist nicht so leicht. Indessen geben die Formeln der sphärischen Trigonometrie noch die beiden folgenden Theoreme:

V. Wenn zwei gleichartige Ecken in den Stücken β, γ, b übereinstimmen, so sind sie kongruent, wenn

$$\beta + \gamma < \pi, \quad \beta > \gamma,$$

oder wenn

$$\beta + \gamma > \pi, \quad \beta < \gamma.$$

VI. Wenn die beiden Ecken in den Stücken b, c, β übereinstimmen, so sind sie kongruent, wenn

$$b + c < \pi, \quad b > c,$$

oder

$$b + c > \pi, \quad b < c.$$[1]

Wir beweisen noch folgende auf die körperliche Ecke bezüglichen Sätze:

3. Es sei ASB (Fig. 241) ein Dreieck, in dem die Winkel bei A und B spitz seien, und $AS'B$ seine Projektion auf die Ebene

---

1) Setzt man im Falle V.

$$t = \operatorname{tg} \frac{a}{2},$$

im Falle VI.

$$t = \operatorname{tg} \frac{\alpha}{2},$$

so erhält man aus den Formeln der sphärischen Trigonometrie (§ 43 (2), (2′)), wenn man $\sin \alpha$ und $\cos a$, $\sin a$ und $\cos \alpha$ nach § 29 (11) durch t ausdrückt, für t die quadratischen Gleichungen:

$$\text{V.} \qquad t^2 \sin(\beta + \gamma) - 2t \operatorname{cotg} b \sin \beta - \sin(\beta - \gamma) = 0,$$

$$\text{VI.} \qquad t^2 \sin(b - c) + 2t \operatorname{cotg} \beta \sin b - \sin(b + c) = 0.$$

Diese Gleichungen haben nur je eine positive Wurzel, wenn

$$\frac{\sin(\beta - \gamma)}{\sin(\beta + \gamma)} \quad \text{oder} \quad \frac{\sin(b + c)}{\sin(b - c)}$$

positiv sind. Dann müssen also zwei körperliche Ecken, die in β, γ, b oder in b, c, β übereinstimmen, auch in a oder α übereinstimmen, und mithin kongruent sein.

ABC (also $SS' \perp ABC$). Man lege die Ebene $SS'L$ senkrecht zu AB, dann ist $SL > S'L$, weil das Dreieck $LS'S$ bei S' rechtwinklig ist. Es ist aber

$$\operatorname{tg}(LSB) = LB : LS, \qquad \operatorname{tg}(LS'B) = LB : LS',$$

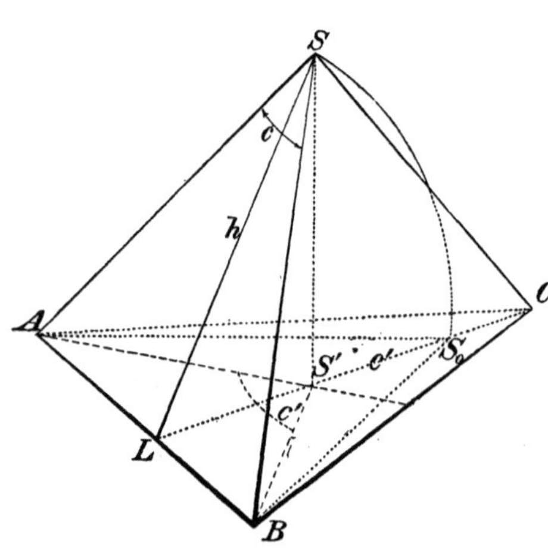

Fig. 241.

und folglich

$$\sphericalangle LSB < LS'B,$$

und ebenso

$$\sphericalangle LSA < LS'A.$$

Darnach folgt durch Addition

$$(1) \qquad \sphericalangle ASB < AS'B.$$

Aus der gleichen Betrachtung ergibt sich

$$\operatorname{tg} LBS = LS : LB,$$
$$\operatorname{tg} LBS' = LS' : LB,$$

und folglich

$$(2) \qquad \sphericalangle LBS > LBS'.$$

Rein anschaulich kann man (1) und (2) auch aus der in der Figur angedeuteten Umlegung ableiten.

4. Wenn wir eine körperliche Ecke $SABC$ haben mit den Kantenwinkeln a, b, c, so lege man durch S eine beliebige Linie SS', die das sphärische Dreieck ABC im Innern trifft, und lege eine zu dieser Linie senkrechte Ebene ABC, dann erhält man durch dreimalige Anwendung von 3. (wie Fig. 241 zeigt):

$$0 < a + b + c < a' + b' + c' = 2\pi,$$

und wir haben damit den Satz:

Die Summe der Kantenwinkel eines Trieders ist immer kleiner als vier Rechte.

5. Sind α, β, γ die Flächenwinkel unserer Ecke, so sind $\pi - \alpha$, $\pi - \beta$, $\pi - \gamma$ die Kantenwinkel der Gegenecke, und die Anwendung von 4. auf diese gibt

$$0 < \pi - \alpha + \pi - \beta + \pi - \gamma < 2\pi,$$
$$\pi < \alpha + \beta + \gamma < 3\pi$$

also den Satz:

Die Summe der Flächenwinkel einer dreiseitigen Ecke (die Summe der Winkel eines sphärischen Dreiecks) liegt zwischen zwei Rechten und sechs Rechten.

6. Wenn wir in einer dreiseitigen Ecke $SABC$ durch eine Kante SC eine Ebene SCC' senkrecht auf die Ebene SAB legen (Fig. 242), so ist nach (2)

$$\sphericalangle\, b = CA > C'A\,,$$

$$\sphericalangle\, a = CB > C'B\,.$$

Wenn SC' zwischen SA und SB fällt, so ist

$$\sphericalangle\, C'A + C'B = AB = c\,,$$

und folglich

(3) $$a + b > c\,.$$

Fällt aber C' außerhalb AB, so ist schon der eine der beiden Winkel a, b, etwa a, größer als c. Wir haben also den Satz:

In einer dreiseitigen Ecke ist die Summe zweier Kantenwinkel größer als der dritte.

Durch Übergang zur Gegenecke folgt für die Flächenwinkel:

(4) $$\pi + \alpha > \beta + \gamma\,.$$

7. Wenn in einem Trieder zwei Kantenwinkel einander gleich sind, so sind auch die gegenüberliegenden Flächenwinkel einander gleich und umgekehrt.

Der Beweis ergibt sich, wie beim gleichschenkligen Dreieck, in der Ebene:

Es sei zunächst in dem Trieder $SABC$ (Fig. 242).

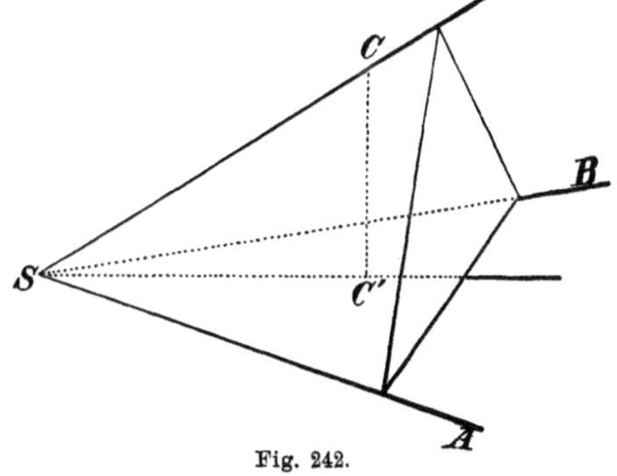

Fig. 242.

$$a = b\,.$$

Man halbiere den Winkel c durch einen Strahl SC' und lege die Ebene SCC'; man erhält dann zwei Trieder, die in den Kantenwinkeln übereinstimmen, und die daher nach dem dritten Kongruenz-

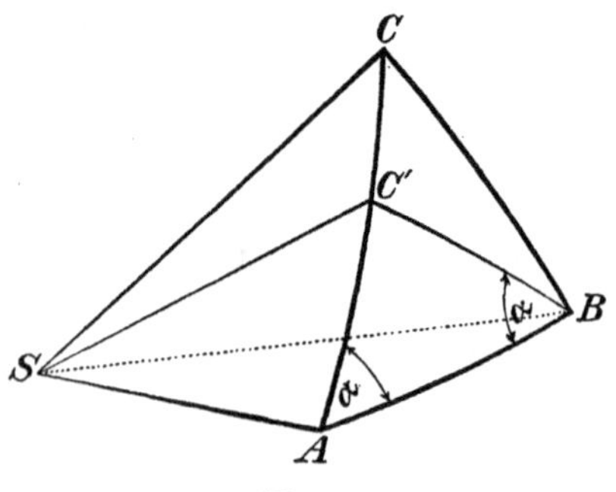

Fig. 243.

satz spiegelbildlich gleich sind. Sie stimmen daher auch in den Winkeln überein, d. h. es ist $\alpha = \beta$.

Die Umkehrung folgt durch Übergang zur Gegenecke.

8. In einem Trieder liegt dem größeren Flächenwinkel der größere Kantenwinkel gegenüber.

Es sei (in Fig. 243)

$$\beta > \alpha.$$

Man lege durch SB eine Ebene SBC' unter dem Winkel $C'BA = \alpha$. Dann fällt der Strahl C' zwischen A und C. Nach 7. ist $BC' = AC'$ und nach 6.:

$$\sphericalangle AC = BC' + C'C > BC,$$

also:

$$b > a.$$

Der entsprechende Satz für das ebene Dreieck findet sich bei Euklid Buch I Nr. 18, von wo auch der hier gegebene Beweis übertragen ist.

Neunter Abschnitt.

Rauminhalt und Flächeninhalt.

§ 88. Inhaltsmaß.

1. Für die Bestimmung der Rauminhaltsgröße eines begrenzten Raumteils oder eines Volumens gelten zunächst dieselben Grundsätze wie für den Flächeninhalt ebener Figuren.

Man nennt zwei Körper zerlegungsgleich, wenn sie in wechselseitig kongruente Teile zerlegbar sind, und inhaltsgleich, wenn sie durch Hinzufügung kongruenter Körper in solche übergehen, die in kongruente Teile zerlegbar sind (vgl. § 22).

Hilbert hat in seiner Programmrede beim zweiten internationalen Mathematikerkongreß in Paris (Göttinger Nachrichten 1900) die Frage angeregt, ob sich dieser Begriff der Inhaltsgleichheit allgemein mit dem deckt, was die Stereometrie sonst immer unter inhaltsgleichen Polyedern verstand, und die analoge Frage für die Ebene ist, wie wir oben gesehen haben, zu bejahen.[1])

Um so merkwürdiger war es aber, daß dies, wie Dehn (Mathematische Annalen Bd. 55) nachgewiesen hat, für den Raum nicht mehr zutrifft; daß die Raumgleichheit von Polyedern im allgemeinen nur geschlossen werden kann aus der Übereinstimmung von Inhaltszahlen (Volumen, Kubikinhalt), die durch einen unendlichen Prozeß gewonnen werden müssen.

Es ist das eine Aufgabe der Integralrechnung, über deren allgemeine Hilfsmittel wir hier nicht verfügen. Indessen ist die Schlußweise der Integralrechnung, wenn auch unter anderem Namen, bereits im Altertum (Archimedes) bekannt gewesen und ist auch stets, wenn auch nur stillschweigend, von der Elementarmathematik angewandt worden.

Hier wollen wir uns die Aufgabe stellen, die Lehre vom Rauminhalt zunächst von Polyedern, dann aber auch von Körpern mit

---

1) Auch für sphärische Polygone, wie Dehn in einer neuen Arbeit gezeigt hat (Math. Ann. Bd. 60). Vgl. zu diesem Abschnitt ferner: Kagan, Über die Transformation der Polyeder; Minkowski, Volumen und Oberfläche; Schatunovsky, Über den Rauminhalt der Polyeder; (alles Math. Annalen 57).

krummen Grenzflächen einfacher Art, wie Kegel, Zylinder, Kugel, unter Voraussetzung der Euklidischen Geometrie abzuleiten.

2. Wir wollen einem Körper, der sich nirgends ins Unendliche erstreckt, also z. B. ganz in eine Kugel von endlichem Radius eingeschlossen werden kann, eine bestimmte Zahl als Inhaltsmaß oder Rauminhalt zuordnen, wobei folgende Bedingungen eingehalten werden sollen:

1) Wenn ein Körper B Teil eines Körpers A ist, so soll die Inhaltszahl a von A größer sein als die Inhaltszahl b von B.

2) Ist ein Körper A aus mehreren, $A_1, A_2, \cdots$, zusammengesetzt, so ist die Inhaltszahl von A die Summe der Inhaltszahlen von $A_1, A_2, \cdots$, also

$$a = a_1 + a_2 + \cdots.$$

3) Wird von A ein Teil B weggenommen, so bleibt ein Körper C, und es ist die Inhaltszahl von C:

$$c = a - b.$$

4) Kongruente Körper haben gleiche Inhaltszahlen, woraus folgt, daß auch zerlegungsgleiche und inhaltsgleiche Körper gleiche Inhaltszahlen haben. Ebenso sollen spiegelbildlich gleiche Körper dieselbe Inhaltszahl haben.

Inwieweit durch diese Forderungen die Inhaltszahlen bestimmt sind, werden wir später sehen. Einstweilen beschränken wir die Betrachtung auf Körper mit ebenen Grenzflächen, die wir allgemein als Polyeder bezeichnen.

Ganz dieselben Betrachtungen werden sich übrigens auf die Bestimmung der Flächenzahlen von Figuren in der Ebene anwenden lassen, was wir nicht ausführen.

3. Wir legen den Würfeln, deren Kante die Längeneinheit ist, (z. B. dem Kubikdezimeter, Liter) die Zahl 1 als Inhaltsmaß bei.

Teilen wir die Kante des Würfels in eine beliebige Anzahl n gleicher Teile, so können wir durch drei Systeme paralleler Ebenen den Einheitswürfel in n^3 kongruente Würfel teilen. Nach der Forderung 2) muß also jeder dieser Teilwürfel den Inhalt $1/n^3$ haben.

Nehmen wir ferner ein rechtwinkliges Prisma, dessen Seiten α, β, γ mit der Längeneinheit kommensurabel sind, also rationale Maßzahlen

$$\alpha = \frac{a}{n}, \quad \beta = \frac{b}{n}, \quad \gamma = \frac{c}{n}$$

haben, so können wir das ganze Prisma in abc Würfel von der

Seite $1/n$ teilen, und folglich ist der Rauminhalt dieses Prismas nach 2) gleich dem Produkte $\alpha\beta\gamma$.

Sind nun α, β, γ alle oder zum Teil irrational, so kann doch der Rauminhalt des Prismas keinen anderen Wert haben als das Produkt $\alpha\beta\gamma$. Nehmen wir nämlich an, die Maßzahl sei μ, und etwa

$$\alpha\beta\gamma < \mu.$$

Es gibt dann (vgl. Bd. I. § 22) rationale Zahlen a/n, b/n, c/n, von der Art, daß

$$\alpha < \frac{a}{n}, \quad \beta < \frac{b}{n}, \quad \gamma < \frac{c}{n},$$

und daß doch noch

$$\alpha\beta\gamma < \frac{abc}{n^3} < \mu;$$

es würde dann das rationale Prisma ganz in dem Prisma $\alpha\beta\gamma$ enthalten sein, und doch wäre die Maßzahl des letzteren größer als die des ersteren. Ebenso kann die Annahme $\mu < \alpha\beta\gamma$ als unstatthaft nachgewiesen werden.

I. Wir sind also gezwungen, einem rechtwinkligen Prisma als Rauminhalt das Produkt aus den Maßzahlen seiner Seiten zuzuweisen.

Daß diese Bestimmung des Rauminhalts den Forderungen von Nr. 2. entspricht, ergibt sich dann aus den Rechenregeln mit Irrationalzahlen.

Man kann ein gerades Prisma mit rechteckiger Basis durch eine Ebene, die zwei parallele Diagonalen der Endflächen enthält, in zwei kongruente dreiseitige Säulen zerlegen, deren jede als Rauminhalt die Hälfte des vorigen, also das Produkt der Grundfläche und Höhe hat.

Da man Polygone in rechtwinklige Dreiecke zerlegen kann, so ergibt sich die Verallgemeinerung des vorigen Satzes:

II. Der Rauminhalt einer geraden Säule ist gleich dem Produkt aus der Grundfläche und der Höhe.

Diese Festsetzung der Inhaltszahlen gerader Säulen ist, nachdem der Einheitswürfel festgesetzt ist, nach den Forderungen 1) bis 4) notwendig, und sie genügt auch umgekehrt, wenn das Rechnen mit Irrationalzahlen erklärt ist, diesen Forderungen.

Von hier an greift ein neues Prinzip der Integralrechnung ein.

Wir werden nun zunächst voraussetzen, daß für die betrachteten Körper Inhaltszahlen existieren und unter dieser Voraussetzung die Zahlen bestimmen. Auf die Berechtigung zu dieser Voraussetzung kommen wir dann später (in § 92) zurück.

§ 89. Rauminhalt von Pyramiden.

1. Wir betrachten eine Pyramide von beliebiger polygonaler Basis, und nehmen zunächst an, daß die Projektion der Spitze (der Fußpunkt der Höhe) in das Innere oder an die Grenze des Basispolygons fällt, und daß dieses Polygon ein konvexes sei.

Wenn wir die Höhe der Pyramide mit h bezeichnen und in dem Abstand x von der Spitze eine zur Grundfläche parallele Ebene legen, so schneidet diese die Oberfläche der Pyramide in einem Polygon, das dem Basispolygon ähnlich ist, und das Verhältnis entsprechender Längen ist $x : h$. Sind also $\varDelta_x$ und $\varDelta$ die Flächeninhalte der beiden Polygone, so ist (§ 22, Satz 13)

$$\varDelta_x : \varDelta = x^2 : h^2.$$

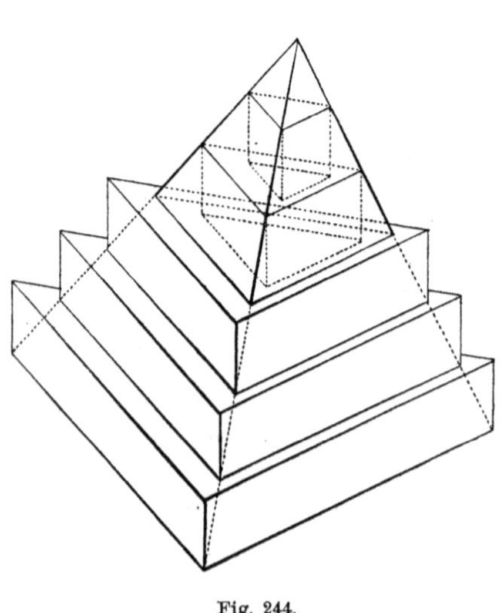

Fig. 244.

Wir teilen die Höhe der Pyramide in eine beliebige Anzahl, n, gleicher Teile und legen durch die Teilpunkte parallele Ebenen zur Grundfläche, die die Pyramide in den Flächen $\varDelta_1$, $\varDelta_2, \cdots, \varDelta_n = \varDelta$ schneiden. Es ist dann

$$\varDelta_1 : \varDelta = \frac{h^2}{n^2} : h^2,$$

$$\varDelta_2 : \varDelta = \frac{4h^2}{n^2} : h^2, \cdots$$

und folglich:

$$\varDelta_1 = \frac{\varDelta}{n^2} 1^2,$$

$$\varDelta_2 = \frac{\varDelta}{n^2} 2^2, \cdots, \varDelta_n = \frac{\varDelta}{n^2} n^2.$$

Wir errichten nun auf allen diesen Flächen $\varDelta_i$ als Grundflächen prismatische Körper von der Höhe h/n, und zwar sowohl nach oben solche, die aus der Pyramide hervorragen, als nach unten solche, die in der Pyramide enthalten sind. Wir bekommen so zwei staffelförmige Körper, von denen der eine die Pyramide enthält, der andere in ihr enthalten ist.

Nennen wir S_1, S_2 das Volumen dieser beiden Körper, so muß die Zahl Π für das Volumen der Pyramide, wenn sie existiert, der Bedingung genügen:

$$(1) \qquad S_1 > \Pi > S_2,$$

und nach § 88, 2) ist

$$S_1 = \frac{h\Delta}{n^3}(1^2 + 2^2 + 3^2 + \cdots + n^2),$$

$$S_2 = \frac{h\Delta}{n^3}(1^2 + 2^2 + 3^2 + \cdots + (n-1)^2).$$

Wir haben aber im § 57 des ersten Bandes für die Summe der n ersten Quadratzahlen die Formel erhalten:

$$1^2 + 2^2 + \cdots + n^2 = \frac{n(n+1)(2n+1)}{6},$$

und hiernach ist

$$S_1 = \frac{h\Delta}{6n^3}n(n+1)(2n+1) = \frac{h\Delta}{3}\left(1 + \frac{1}{n}\right)\left(1 + \frac{1}{2n}\right),$$

$$S_2 = \frac{h\Delta}{6n^3}n(n-1)(2n-1) = \frac{h\Delta}{3}\left(1 - \frac{1}{n}\right)\left(1 - \frac{1}{2n}\right).$$

Diese beiden Ausdrücke unterscheiden sich, wenn man n groß genug annimmt, beliebig wenig von $\frac{1}{3}h\Delta$, und sie beweisen also den Satz:

III. Das Volumen einer Pyramide mit beliebiger polygonaler Basis ist gleich dem dritten Teile des Produktes aus Grundfläche und Höhe.

Die beschränkende Voraussetzung, die wir gemacht haben, daß das Basispolygon ein konvexes sei, und daß die Projektion der Spitze in das Innere falle, hat zur Folge, daß jeder Strahl, der von der Spitze nach einem Punkt des Basispolygons läuft, ganz in das Innere dieses Polygons oder in seine Grenze projiziert wird, und dadurch ist die Ungleichung (1) gesichert. Dies ist der Grund der gemachten Beschränkung, von der wir uns jetzt leicht befreien können. Betrachten wir zunächst eine dreieckige Basis; die Spitze soll aber senkrecht über einem Punkt außerhalb der Dreiecksfläche liegen. Dann kann man immer durch Hinzufügung von Pyramiden, die der beschränkenden Voraussetzung genügen, eine größere Pyramide herstellen, die ebenfalls diesen Bedingungen genügt. Für beide gilt dann der Satz III. und folglich auch für ihre Differenz, die die gegebene Pyramide ist. Und da man jedes einfache Polygon in Dreiecke zerlegen kann, so ist damit der Satz allgemein erwiesen.

2. Es hängt also der Rauminhalt der Pyramide nur von dem Flächeninhalt der Grundfläche und von der Höhe, nicht von der Gestalt der Grundfläche ab.

Man kann danach auch leicht den Rauminhalt eines Pyramidenstumpfes berechnen. Schneidet man nämlich die Pyramide durch eine zur Grundfläche parallele Ebene, so erhält man einen Stumpf, der durch zwei ähnliche Polygone Δ_1, Δ_2 begrenzt ist und eine Höhe $h_1 - h_2 = h$ hat, und es ist $\Delta_1 : \Delta_2 = h_1^2 : h_2^2$. Danach ergibt sich:

$$h_1 = \frac{h\sqrt{\Delta_1}}{\sqrt{\Delta_1} - \sqrt{\Delta_2}}, \quad h_2 = \frac{h\sqrt{\Delta_2}}{\sqrt{\Delta_1} - \sqrt{\Delta_2}},$$

und für das Volumen des Stumpfes:

$$(2) \qquad S = \frac{\Delta_1 h_1 - \Delta_2 h_2}{3} = h\frac{\sqrt{\Delta_1}^3 - \sqrt{\Delta_2}^3}{3(\sqrt{\Delta_1} - \sqrt{\Delta_2})}$$
$$= h\frac{\Delta_1 + \Delta_2 + \sqrt{\Delta_1 \Delta_2}}{3}.$$

Es ist also S gleich dem Volumen eines Prismas von der Höhe h und der Grundfläche $\frac{1}{3}(\Delta_1 + \Delta_2 + \sqrt{\Delta_1 \Delta_2})$.

Bezeichnet man mit Δ_m den Flächeninhalt des Mittelschnittes, so ist

$$\Delta_1 : \Delta_m : \Delta_2 = h_1^2 : \tfrac{1}{4}(h_1 + h_2)^2 : h_2^2 = \Delta_1 : \tfrac{1}{4}(\sqrt{\Delta_1} + \sqrt{\Delta_2})^2 : \Delta_2,$$

und folglich

$$\Delta_m = \tfrac{1}{4}(\sqrt{\Delta_1} + \sqrt{\Delta_2})^2 = \tfrac{1}{4}(\Delta_1 + \Delta_2 + 2\sqrt{\Delta_1 \Delta_2}).$$

Eliminiert man aus (2) $\sqrt{\Delta_1 \Delta_2}$, so ergibt sich:

$$(3) \qquad S = \frac{h}{6}(\Delta_1 + \Delta_2 + 4\Delta_m).$$

§ 90. Das Cavalierische Prinzip.

1. Eine strenge Begründung der Inhaltsbestimmung von Körpern, bei denen auch gekrümmte Grenzflächen zugelassen werden, läßt sich mit elementaren Hilfsmitteln nicht geben, und sie macht selbst in der Integralrechnung noch Schwierigkeiten, die in der Übertragung des Zahlenreiches auf die Raumanschauung ihren Grund haben. Begnügen wir uns aber mit dem, was uns die naive Raumanschauung gibt, so haben wir ein reiches Material von einfach lösbaren Aufgaben der Inhaltsbestimmung.

2. Unter einer Zylinderfläche versteht man die Fläche, die von allen Geraden, den Erzeugenden der Zylinderfläche, erfüllt wird, die man in allen Punkten einer ebenen Kurve senkrecht auf der Ebene der Kurve errichtet. Ist die ebene Kurve ein Kreis, so entsteht die Fläche, die im engeren Sinne Zylinderfläche genannt wird. Wenn man eine Zylinderfläche durch zwei auf den Erzeugenden senkrechte Ebenen schneidet, so erhält man eine Säule, und unter diesen Begriff fällt auch als spezieller Fall die im § 88 betrachtete prismatische Säule.

Wenn man den Flächeninhalt der Grundfläche der Säule angeben kann, so gilt auch hier noch der Satz: daß der Rauminhalt einer Säule gleich dem Produkt aus der Grundfläche und der Höhe ist.

Denn man kann in der Grundfläche zwei Polygone annehmen, von denen das eine einen kleineren, das andere einen größeren Flächeninhalt hat als die Grundfläche, deren Maßzahlen einander beliebig nahe kommen. Errichtet man über diesen Polygonen prismatische Säulen von gleicher Höhe wie die gegebene Säule, so liegt der Rauminhalt dieser letzteren zwischen den Rauminhalten der beiden ersteren. Der Rauminhalt der gegebenen Säule kann also keinen anderen Wert haben als das Produkt aus Grundfläche und Höhe.

3. Wir betrachten jetzt einen Körper K, der zwischen zwei parallelen Ebenen eingeschlossen ist und in diesen Ebenen mit zwei Flächen endigt, die wir die Endflächen nennen wollen. Die Endflächen können sich auch auf Punkte oder Linien zusammenziehen.

Die Fläche, die aus einer zwischen den Endflächen gelegenen, zu dieser parallelen Ebene ausgeschnitten wird, wollen wir einen Querschnitt nennen. Die Endflächen sollen als untere und als obere unterschieden werden. Die senkrechte Entfernung der Endflächen heißt die Höhe des Körpers; wir bezeichnen sie mit h.

Die Höhe eines beliebigen Querschnittes über der unteren Endfläche soll mit x bezeichnet werden, und wir nehmen an, daß der Flächeninhalt Q eines Querschnittes als eine stetige Funktion $Q(x)$ von x bekannt sei. Die Flächeninhalte der Endflächen sind $Q(0)$ und $Q(h)$.

Wir teilen die Höhe h in n gleiche Teile, deren jeder also die Länge $\delta = h/n$ hat, und legen durch die Teilpunkte Querschnitte Q_1, $Q_2, \cdots, Q_{n-1}$; Q_0 und Q_n bedeuten die Endflächen selbst.

Diese Querschnitte zerlegen den Körper K in n Scheiben S_1, $S_2, \cdots, S_n$, und die Inhaltszahl K des Körpers ist gleich der Summe der Inhaltszahlen $S_1, S_2, \cdots, S_n$ dieser Scheiben:

$$K = S_1 + S_2 + \cdots + S_n. \tag{1}$$

Diese S werden um so dünner, je mehr die Zahl n wächst, und zugleich werden sie sich, je größer n wird, um so weniger von säulenförmigen Tafeln unterscheiden, deren Grundfläche eine der Endflächen von S_i (etwa die obere) ist. Der Inhalt einer solchen Tafel ist aber gleich $Q_i\delta$, und wir erhalten also

$$K = \frac{h}{n}(Q_1 + Q_2 + \cdots + Q_n) \tag{2}$$

für ein unendlich großes n.

4. Dieser Schluß würde sich strenger begründen lassen bei der Annahme über den Körper K, daß jeder höhere Querschnitt, in die Ebene eines jeden tieferen projiziert, ganz in diesem enthalten ist oder ihn ganz umschließt.

Dann würden sich für K, ähnlich wie in § 89 für die Pyramide, die beiden Grenzen

$$\frac{h}{n}(Q_0 + Q_1 + \cdots + Q_{n-1}), \quad \frac{h}{n}(Q_1 + Q_2 + \cdots + Q_n)$$

angeben lassen, zwischen denen sein Volumen liegt, und die einander unbegrenzt genähert werden können. Dies gilt auch dann noch, wenn K in eine endliche Anzahl von Teilen zerlegt werden kann, die dieser Forderung genügen. Im allgemeinen ist es aber schwer, wenn nicht unmöglich, die genauen Bedingungen anzugeben, unter denen die Formel (2) gilt.

5. In der Formel (2) ist das sogenannte Cavalierische Prinzip[1]) enthalten, das man auch in der Form aussprechen kann:

Wenn zwei Körper zwischen denselben parallelen Ebenen die Eigenschaft haben, daß je zwei in derselben Höhe liegende Querschnitte gleichen Flächeninhalt haben, so haben die beiden Körper gleiches Volumen.

6. Eine große Zahl von Anwendungen sind in der Voraussetzung enthalten, daß die Funktion $Q(x)$, die den Flächeninhalt eines Querschnittes ausdrückt, eine ganze Funktion sei. Ist diese Funktion vom m^{ten} Grade, so setzen wir:

$$Q(x) = c_0 + c_1 x + c_2 x^2 + \cdots + c_m x^m, \tag{3}$$

woraus

$$\begin{aligned} Q_1 &= c_0 + c_1 \frac{h}{n} + c_2 \frac{h^2}{n^2} + \cdots + c_m \frac{h^m}{n^m}, \\ Q_2 &= c_0 + c_1 \frac{2h}{n} + c_2 \frac{4h^2}{n^2} + \cdots + c_m \frac{2^m h^m}{n^m}, \\ &\cdots\cdots\cdots\cdots\cdots\cdots \\ Q_n &= c_0 + c_1 \frac{nh}{n} + c_2 \frac{n^2 h^2}{n^2} + \cdots + c_m \frac{n^m h^m}{n^m}, \end{aligned} \tag{4}$$

also wenn wir zur Abkürzung

$$S_\nu(n) = 1^\nu + 2^\nu + \cdots + n^\nu$$

setzen, also mit $S_\nu(n)$ die Summe der ν^{ten} Potenzen der n ersten natürlichen Zahlen bezeichnen, nach (2):

$$K = c_0 h + c_1 \frac{h^2}{n^2} S_1(n) + c_2 \frac{h^3}{n^3} S_2(n) + \cdots + c_m \frac{h^{m+1}}{n^{m+1}} S_m(n). \tag{5}$$

---

1) Cavalieri, Jesuit, Professor in Bologna 1591 (oder 1598)—1647.

Die ν^{ten} Potenzen der aufeinander folgenden Zahlen 1, 2, 3, ... bilden eine arithmetische Reihe ν^{ten} Grades, und ihre Summe kann also nach Bd. I, § 57 gefunden werden. Wir setzen, indem wir mit $B_\nu^{(n)}$ die Binomialkoeffizienten bezeichnen,

$$S_\nu(n) = \alpha_0 + \alpha_1 B_1^{(n)} + \alpha_2 B_2^{(n)} + \cdots + \alpha_{\nu+1} B_{\nu+1}^{(n)}, \tag{6}$$

worin die $\alpha_0, \alpha_1, \cdots, \alpha_{\nu+1}$ aus der Annahme $n = 0, 1, 2, \cdots, \nu + 1$ der Reihe nach gefunden werden.

Der Wert von $\alpha_{\nu+1}$ läßt sich leicht bestimmen. Denn es ist

$$S_\nu(n) - S_\nu(n-1) = n^\nu$$
$$= \alpha_1 (B_1^{(n)} - B_1^{(n-1)}) + \alpha_2 (B_2^{(n)} - B_2^{(n-1)}) + \cdots + \alpha_{\nu+1} (B_{\nu+1}^{(n)} - B_{\nu+1}^{(n-1)}),$$

also nach Band I, § 53 (7):

$$n^\nu = \alpha_1 B_0^{(n-1)} + \alpha_2 B_1^{(n-1)} + \cdots + \alpha_{\nu+1} B_\nu^{(n-1)}. \tag{7}$$

Diese Gleichung muß für jedes n befriedigt sein, und da eine Gleichung ν^{ten} Grades nicht mehr als ν Wurzeln haben kann, so muß sie in bezug auf n identisch sein. Die Binomialkoeffizienten $B_0^{(n-1)}, B_1^{(n-1)}, \cdots$ sind aber alle in bezug auf n von niedrigerem als dem ν^{ten} Grade, und nur

$$B_\nu^{(n-1)} = \frac{(n-1)(n-2)\cdots(n-\nu)}{\nu!}$$

erreicht den ν^{ten} Grad, und n^ν hat den Koeffizienten $1/\nu!$

Hiernach folgt aus (7):

$$\alpha_{\nu+1} = \nu! \tag{8}$$

Für die Bestimmung von K kommt es nach (5) nur an auf den Grenzwert des Verhältnisses $S_\nu(n)/n^{\nu+1}$ für ein unendliches n. Es ist aber

$$\frac{B_\mu^{(n)}}{n^{\nu+1}} = \frac{n(n-1)\cdots(n-\mu+1)}{n^{\nu+1}\mu!}$$
$$= \frac{1}{n^{\nu-\mu+1}\mu!}\left(1-\frac{1}{n}\right)\left(1-\frac{2}{n}\right)\cdots\left(1-\frac{\mu-1}{n}\right),$$

und dies wird gleich Null, wenn $\mu < \nu + 1$ ist, und gleich $1/(\nu+1)!$ für $\mu = \nu + 1$.

Demnach ist nach (6) und (8):

$$\lim_{n=\infty} \frac{S_\nu(n)}{n^{\nu+1}} = \frac{1}{\nu+1}. \tag{9}$$

Aus (5) ergibt sich demnach für K:

$$K = c_0 h + \frac{c_1 h^2}{2} + \frac{c_2 h^3}{3} + \cdots + \frac{c_m h^{m+1}}{m+1}. \tag{10}$$

Ist z. B. $m = 2$, also

$$Q(x) = c_0 + c_1 x + c_2 x^2, \tag{11}$$

so erhält man

$$K = c_0 h + \frac{c_1 h^2}{2} + \frac{c_2 h^3}{3}, \tag{12}$$

und man kann nun die c_0, c_1, c_2 eliminieren, wenn man drei Querschnittsflächen kennt. Nimmt man die beiden Endquerschnitte und den mittleren, die man wie in § 89 mit $\varDelta_1, \varDelta_2, \varDelta_m$ bezeichnet, so ist

$$\varDelta_1 = c_0,$$
$$\varDelta_2 = c_0 + c_1 h + c_2 h^2,$$
$$\varDelta_m = c_0 + c_1 \frac{h}{2} + c_2 \frac{h^2}{4},$$

und man kann $c_0, c_1 h, c_2 h^2$ aus (12) eliminieren und erhält:

$$K = \frac{h}{6}(\varDelta_1 + \varDelta_2 + 4\varDelta_m), \tag{13}$$

wie in dem speziellen Fall § 89 (3).

Ebenso kann man aus der allgemeinen Formel (10) mittels der Ausdrücke für $m+1$ spezielle, z. B. äquidistante, Querschnitte, die Konstanten $c_0, c_1, \cdots, c_m$ eliminieren.[1])

Die Formel (13) gilt auch noch, wenn $Q(x)$ eine Funktion dritten Grades ist, wie sich aus (10) und (3) leicht ergibt.

§ 91. Beispiele.

1. Auf die Formel (11) und damit auf (12) und (13) des § 90 kommen viele spezielle Inhaltsbestimmungen zurück, von denen hier einige der wichtigsten angeführt werden sollen; zunächst das Prismatoid.

Unter einem Prismatoid wollen wir allgemein einen Körper mit nur geradlinigen Kanten verstehen, dessen Ecken auf zwei parallelen Ebenen η, η' liegen und der von η, η' und allen zu η parallelen Ebenen zwischen η, η' in geradlinig begrenzten Vielecken geschnitten wird; gesucht wird das Volumen des zwischen η und η' liegenden Körpers. Je nachdem die Grenzflächen des Prismatoids ausschließlich eben sind oder nicht, möge es gerade oder windschief genannt werden.

Das windschiefe Prismatoid hat ebene Endflächen und neben

---

1) Vgl. die Mitteilung von Finsterbusch in den Verhandlungen des dritten internationalen Mathematikerkongresses (Leipzig, Teubner 1905) S. 687.

ebenen auch krumme Seitenflächen (s. Fig. 245), auf denen unbegrenzt viele gerade Linien liegen, sogenannte (windschiefe) Regelflächen, wie sie bei Uferbauten und Dachkonstruktionen vorkommen. Zu den geraden Prismatoiden gehören u. a.:

a) das Prisma und die Pyramide (eine der Grenzebenen geht durch die Spitze);
b) das Tetraeder in der speziellen Lage, daß η und η' durch zwei gegenüberliegende Kanten gehen;
c) der sogenannte Körperstumpf, der mit η, η' wirkliche Vielecke (nicht degenerierte) gemein hat.

Die Volumina aller Prismatoide sind nach den Formeln (11), (12), (13) des § 90 zu berechnen.

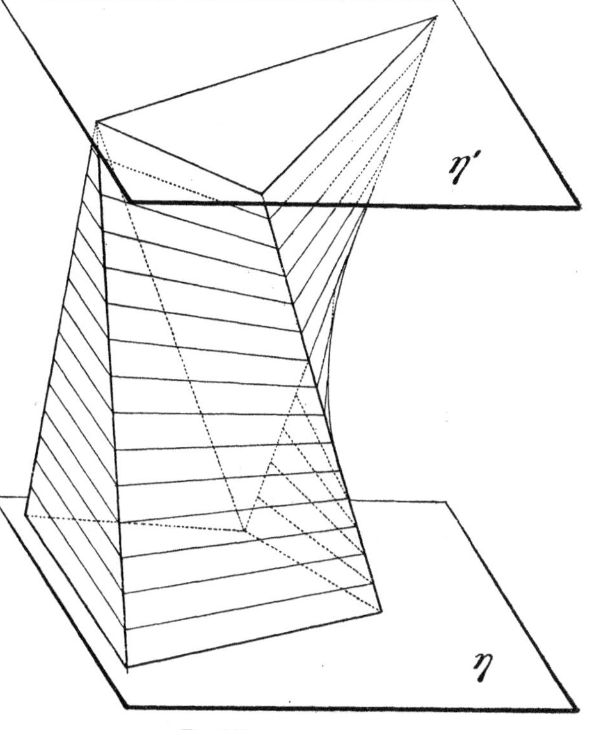

Fig. 245.

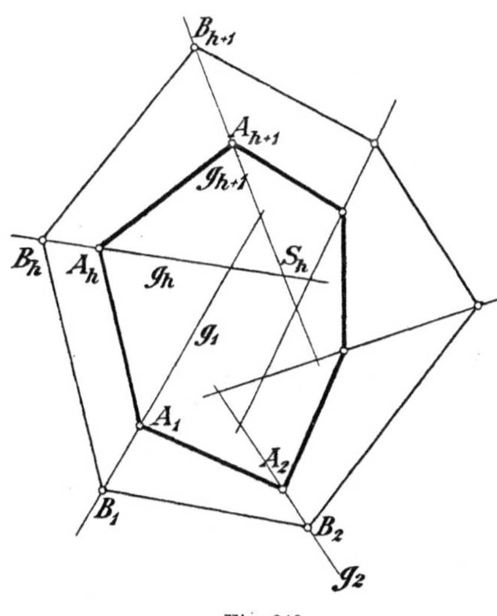

Fig. 246.

Es läßt sich nämlich zeigen, daß der Querschnitt $Q(x)$ in der Höhe x über der Grundfläche η eine quadratische Funktion von x ist. Zu dem Zwecke projizieren wir $Q(x)$ orthogonal auf die Ebene η und erhalten so ein Vieleck $B_1 B_2 \cdots B_h B_{h+1} \cdots$ (Fig. 246), das aus dem in η selbst liegenden Vieleck $Q(0)$ oder $A_1 A_2 \cdots A_h A_{h+1} \cdots$ durch Hinzufügung der Vierecke $A_1 A_2 B_2 B_1$, $A_2 A_3 B_3 B_2$, $\cdots$ hervorgeht. Ändert sich x, so bewegen sich die Punkte B_1, B_2, $\cdots$ auf gewissen durch A_1, A_2, $\cdots$ gehenden Geraden $g_1, g_2, \cdots$, den Projektionen der Kanten des Prismatoids. Die Strecken $A_1 B_1$, $A_2 B_2$, $\cdots$, $A_h B_h$ berechnen sich in der Form $c_1 x$,

$c_2 x, \cdots, c_h x$, wo die Faktoren $c_1, c_2, \cdots, c_h$ nicht von x, sondern nur von der Neigung der Kanten zur Ebene η abhängen. Ist S_h der Schnittpunkt von g_h und g_{h+1}, so ist die Fläche

$$\begin{aligned} & A_h B_h B_{h+1} A_{h+1} \\ = & B_h S_h B_{h+1} - A_h S_h A_{h+1} = \tfrac{1}{2}(S_h A_h + x c_h)(S_h A_{h+1} + x c_{h+1}) \sin(g_h g_{h+1}) \\ & - \tfrac{1}{2} S_h A_h \cdot S_h A_{h+1} \sin(g_h g_{h+1}), \end{aligned}$$

also eine quadratische Funktion von x, und diese Formel definiert auch den Inhalt, den man dem Viereck beilegen muß, wenn zwei seiner Seiten sich überschneiden; nun ist

$$Q(x) = Q(0) + \sum^{h} A_h B_h B_{h+1} A_{h+1},$$

also $Q(x)$ eine quadratische Funktion von x, was zu beweisen war.

2. Die Volumina von Zylindern und Kegeln können wir erhalten, wenn wir sie als Grenzfälle von Prismen und Pyramiden betrachten. Ist r der Radius der Basis und h die Höhe, so ist

$$\begin{aligned} &\text{Volumen des Zylinders} = \pi r^2 h, \\ &\quad\text{"}\quad\quad \text{"}\quad \text{Kegels} \quad = \tfrac{1}{3}\pi r^2 h, \end{aligned}$$

und diese Formeln gelten auch für schiefe Zylinder und Kegel.

3. Eine Kugel vom Radius r wird von einer Ebene, die vom Mittelpunkt den Abstand x hat, in einem Kreise vom Radius $\varrho = \sqrt{r^2 - x^2}$ geschnitten. Die Fläche dieses Kreises ist $\pi(r^2 - x^2)$ und folglich eine Funktion zweiten Grades von x. Demnach läßt sich die Formel (13), § 90, anwenden. Man erhält aus ihr:

$$\text{Volumen der Kugel} = \frac{4\pi}{3} r^3,$$

und das Volumen einer Kugelhaube von der Höhe $z = r - x$:

$$\frac{\pi z^2}{3}(3r - z).$$

4. Zwei kongruente Zylinder mit kreisförmigem Querschnitt und dem Radius r sollen sich so durchdringen, daß sich ihre Achsen unter rechtem Winkel schneiden (Fig. 247). Das gemeinschaftliche Stück dieser beiden Zylinder ist ein kissenförmiger Körper, der von vier aus den Zylinderflächen ausgeschnittenen Zweiecken begrenzt ist, dessen Kanten Ellipsen sind. Von einer Ebene, die in der Entfernung x mit der Ebene der beiden Achsen parallel läuft, wird aus diesem Körper ein Quadrat geschnitten, dessen Seite gleich $2\sqrt{r^2 - x^2}$ und dessen Fläche $4(r^2 - x^2)$, also ebenfalls eine Funktion zweiten Grades ist.

Wir können also auch hier die Formel § 90 (13) anwenden. Die Höhe des Körpers ist $2r$ und die Fläche des Mittelquerschnittes $\varDelta_m = 4r^2$, während die Endquerschnitte verschwunden sind.

Demnach ist das Volumen dieses Körpers $16r^3/3$, also $\frac{2}{3}$ von dem Volumen des umgeschriebenen Würfels. Es ist beachtenswert, daß dieses Volumen, obwohl die Grenzflächen aus dem Kreise abgeleitete krumme Flächen sind, die Zahl π nicht enthält, sondern zum Würfelvolumen in rationalem Verhältnis steht.

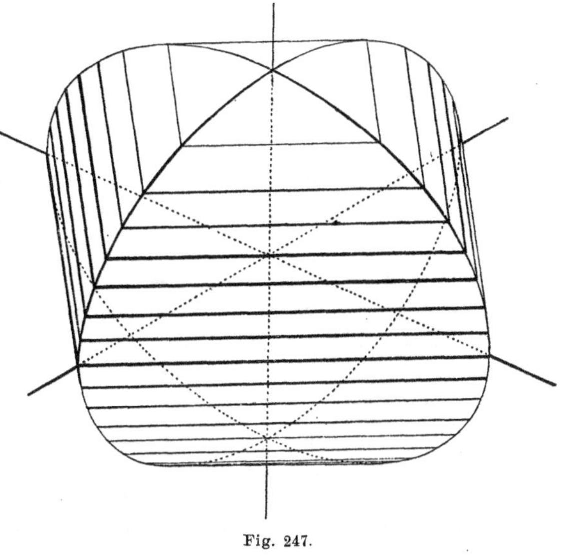

Fig. 247.

§ 92. Existenz von Inhaltszahlen.

Die allgemeine Begründung der Existenz von Volumenzahlen gehört zu den schwierigsten Problemen der Infinitesimalrechnung und fällt daher aus dem Rahmen unserer Betrachtungen heraus. Immerhin müssen wir einiges darüber beibringen, was wenigstens in den einfachsten Fällen Licht verbreiten kann.

Wir denken uns, nachdem die Längeneinheit festgesetzt und eine beliebige ganze Zahl n angenommen ist, Würfel von der Kantenlänge $1/n$, also vom Volumen $1/n^3$; diese Würfel sollen Elementarwürfel heißen. Jeder Körper, der aus Elementarwürfeln aufgebaut ist, hat dann eine rationale Inhaltszahl, deren Nenner n^3 und deren Zähler gleich der Anzahl der verwendeten Würfel ist.

Ist nun irgend ein Körper K gegeben, so können wir aus Elementarwürfeln zwei Körper A_n, B_n aufbauen, von denen der erste ganz in K enthalten ist, der zweite K ganz enthält, und die Volumenzahl muß, wenn sie existiert, zwischen A_n und B_n liegen. Zugleich ist $A_n < B_n$. Können wir durch Vergrößerung von n den Unterschied zwischen A_n und B_n beliebig klein machen, so erzeugen die Volumenzahlen

$$A_n, A_{n+1}, A_{n+2}, \cdots; B_n, B_{n+1}, B_{n+2}, \cdots$$

einen Dedekindschen Schnitt und damit eine (rationale oder irrationale) Zahl, und diese ist das Inhaltsmaß von K. Daß durch diese Definition die Forderungen des § 88, 2. erfüllt sind, ergibt sich aus den Rechenregeln mit Irrationalzahlen (Bd. I. § 24).

Alles weitere kommt also auf die Frage hinaus, ob es möglich ist, die Volumenzahlen A_n, B_n einander beliebig nahe zu bringen.

Denken wir uns zunächst, was immer möglich ist, einen Körper M aus Elementarwürfeln aufgebaut, der den Körper K ganz enthält. Dieser Körper M wird eine gewisse Anzahl von Würfeln enthalten, die ganz in K stecken; deren Gesamtheit und zugleich die Volumenzahl bezeichnen wir mit A. Dann wird es eine gewisse Anzahl von Würfeln in M geben, die nur zum Teil in K enthalten sind. Deren Gesamtheit und Volumenzahl sei a. Die übrigen in M enthaltenen Würfel liegen ganz außerhalb K und können weggelassen werden. Wir können dann $B = A + a$ setzen, und der Körper B enthält den Körper K ganz in seinem Innern.

Eine Volumenzahl für K muß, wenn sie existiert, zwischen A und B liegen, und sie wird existieren, wenn die Zahl a für unendlich wachsendes n unendlich klein wird.

Daß diese Bedingung immer befriedigt ist, wenn der Körper K von ebenen Flächen begrenzt ist, sieht man leicht. Denn denkt man sich die Grenzflächen von K durch Wände von der Dicke der Diagonale des Elementarwürfels ersetzt, so sind alle Würfel a in diesen Wänden verborgen, das Volumen ist kleiner als das Volumen einer endlichen Anzahl von prismatischen Räumen von der Höhe der Würfeldiagonale.

Es ergibt sich daraus dann weiter, daß die Bedingung erfüllt ist bei allen Körpern, für die sich ein enthaltenes und ein enthaltendes Polyeder konstruieren läßt, die einander beliebig nahe gebracht werden können. Dies trifft für die Zylinder, Kegel und Kugeln zu.

Wenn die Körper A, K, B und der Einheitswürfel durch ähnliche Körper ersetzt werden, bei denen das Verhältnis ε entsprechender Längen dasselbe ist, so werden die Zahlenverhältnisse nicht geändert, der Rauminhalt eines Würfels aber im Verhältnis $1 : \varepsilon^3$ vergrößert (§ 88, 3.). Daraus ergibt sich der Satz:

Die Inhaltszahlen ähnlicher Körper, bei denen sich entsprechende Längen wie 1 zu ε verhalten, verhalten sich wie 1 zu ε^3.

§ 93. Flächeninhalt gekrümmter Flächen.

1. Noch größere Schwierigkeiten als die Volumenzahl bietet die Bestimmung des Flächeninhaltes gekrümmter Flächen, weil sich eine gekrümmte Fläche nicht unmittelbar mit einer ebenen Fläche vergleichen läßt. Wir sind hier von vornherein auf einen Grenzübergang angewiesen.

Wenn in der niederen Geodäsie ein Grundstück auf der Erde gemessen und sein Flächeninhalt etwa in Quadratmetern ausgedrückt wird, so behandelt man diese Fläche, als ob sie in einer Ebene läge, und man begeht darin bei der schwachen Krümmung der Erdoberfläche keinen merklichen Fehler. Dehnt man dies Verfahren auf eine große Zahl von Grundstücken aus, die in ihrer Gesamtheit einen erheblichen Teil der Erdoberfläche bedecken, so erhält man eine Zahl von Quadratmetern, die man mit einer um so größeren Annäherung als ein Flächenmaß für den betreffenden Teil der Erdoberfläche betrachten wird, je kleiner die einzelnen gemessenen Grundstücke und je größer ihre Zahl ist. Anders aber wird sich schon die Sache verhalten, wenn unter den gemessenen Grundstücken solche vorkommen, die an steilen Abhängen liegen, auch wenn die Höhe dieser Abhänge im Vergleich zur Gesamtfläche verschwindend klein ist. Man wird dann für den Flächeninhalt eine zu große Zahl erhalten. Schon hieraus ersieht man, welche Umstände bei einer exakten Definition der Flächenzahlen zu berücksichtigen sind und welche Schwierigkeiten daraus erwachsen können. Wir beschränken uns im folgenden auf die einfachsten Fälle und stützen uns dabei auf die Anschauung.

2. Zylinder.

Wie wir einen Kreis als ein Polygon mit unendlich vielen Seiten betrachten können, ebenso können wir einen Zylinder als ein Prisma mit unendlich vielen rechteckigen Seitenflächen auffassen. Wir bekommen dann für die Oberfläche des Zylindermantels (d. h. die Oberfläche des Zylinders ohne die Endflächen) das Produkt aus der Höhe und dem Umfang der Grundfläche, also, wenn h die Höhe, r der Radius der Grundfläche ist:

$$\text{Zylindermantel} = 2\pi r h.$$

3. Ebenso können die Flächen des geraden Kegels als Pyramidenflächen mit unendlich vielen dreieckigen Seitenflächen betrachtet werden. Die Gesamtgröße der Grundlinien dieser Dreiecke ist dann gleich dem Umfang der Grundfläche, und die Höhe ist gleich der Länge s der Erzeugenden, oder, wenn h die Höhe des Kegels und r der Radius der Basis ist, gleich $\sqrt{h^2 + r^2}$.

Demnach ist die Oberfläche des Kegelmantels (ohne die Grundfläche) gleich

$$\pi r s = \pi r \sqrt{h^2 + r^2}.$$

4. Die Mantelfläche eines Kegelstumpfes, dessen beide Radien r_1, r_2 sind, erhält man, wenn s_1, s_2 die Seitenlängen der Kegel sind, deren Differenz der Kegelstumpf ist, gleich $\pi(r_1 s_1 - r_2 s_2)$. Es ist aber $r_1 : s_1 = r_2 : s_2$ und daher ergibt sich hierfür auch $\pi(r_1 + r_2)(s_1 - s_2)$, oder wenn man mit r den mittleren Radius $\frac{1}{2}(r_1 + r_2)$, mit s die Seitenlänge des Kegelmantels $s_1 - s_2$ bezeichnet:

$$\text{Mantelfläche des Kegelstumpfs} = 2\pi r s,$$

also gleich einem Rechteck, dessen eine Seite die Seitenlänge des Kegelmantels, dessen andere der Umfang des Mittelkreises, $2\pi r$ ist.

5. Man kann diese Resultate der Anschauung noch näher bringen, wenn man sich die Mantelflächen von Zylinder, Kegel und Kegelstumpf etwa aus Papier hergestellt und dann in die Ebene aufgerollt denkt. Der Zylindermantel gibt dann ein Rechteck, der Kegel einen Kreissektor und der Kegelstumpf ein Stück einer ringförmigen Fläche, die von zwei Radien begrenzt ist.

6. Diese Flächen, die zu den sogenannten abwickelbaren gehören, gestatten durch die Ausbreitung in die Ebene noch einen unmittelbar anschaulichen Vergleich mit ebenen Flächen. Anders aber verhält es sich bei der Kugel.

Die Bestimmung der Kugeloberfläche gehört zu den glänzendsten Errungenschaften des Altertums, und mit Recht hat in ihr Archimedes seinen größten Ruhmestitel erblickt, so daß er nach Ciceros Bericht verordnete, daß die Figur der Kugel mit dem Zylinder auf seinem Grabmal dargestellt werde.

Man bestimmt den Flächeninhalt der Kugeloberfläche dadurch, daß man sie durch Parallelkreise in unendlich viele Zonen zerlegt, und eine solche unendlich schmale Zone als Oberfläche eines Kegelstumpfes betrachtet.

7. Wir schneiden die Kugel durch zwei parallele Ebenen AG, BE (Fig. 248) und nehmen die in der Mitte zwischen beiden verlaufende Ebene PQ. In P legen wir eine Tangente $\overline{AB} = s$ an den Meridiankreis in der Ebene CAB. Wir haben dann die ähnlichen Dreiecke ABH, CPQ, und wenn also r den Kugelradius, ϱ den des Parallelkreises PQ und h die Höhe der Zone bedeutet, so ist $\varrho : r = h : s$ oder $\varrho s = hr$, und es ergibt sich für die Mantelfläche des Kegelstumpfes, der zwischen den Parallelebenen der Kugel umgeschrieben ist, nach 4.:

$$2\pi\varrho s = 2\pi r h.$$

Es ist aber $2\pi r h$ eine Zylinderfläche, deren Höhe h und deren Basis ein Hauptkreis der Kugel ist.

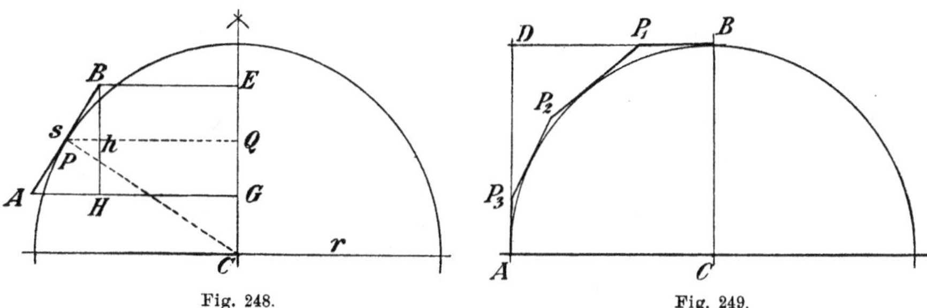

Fig. 248. Fig. 249.

8. Wir umschreiben nun dem Quadranten CBA (Fig. 249) ein Quadrat $(CBDA)$ und ein Polygon $BP_1P_2P_3 \cdots A$, dessen erste Seite BP_1 mit AC parallel ist. Denken wir uns diese Figur um die Achse BC gedreht, so beschreibt der Kreisquadrant AB die Halbkugel, die Linie AD einen der Halbkugel umschriebenen Zylinder, und das Polygon $P_1P_2P_3 \cdots A$ eine Fläche, die aus abgestumpften Kegelflächen zusammengesetzt ist, und deren Gesamtinhalt nach 7. dem Inhalt des Zylindermantels AD gleich ist. Der Inhalt dieser Fläche ist also von der Anzahl der Punkte $P_1, P_2, P_3, \cdots$ nicht abhängig und bleibt derselbe, wenn die Zahl dieser Punkte unbegrenzt vermehrt wird. Dadurch nähert sich aber diese Fläche immer mehr der Halbkugelfläche an, und wenn wir dieselbe Betrachtung auf die andere Halbkugel anwenden, so folgt der Satz:

Die Oberfläche der Kugel ist gleich der Mantelfläche des umgeschrieben Zylinders.

Die Kugelfläche hat also, da der umgeschriebene Zylinder die Höhe $2r$ hat, das Inhaltsmaß $4\pi r^2$, was wir auch so ausdrücken können, daß die Kugelfläche viermal so groß ist als ein Hauptkreis.

Die Fläche einer Kugelzone ist gleich dem von den Endflächen der Zone ausgeschnittenen Teil der Zylinderfläche.

9. Wenn man das Volumen V der Kugel kennt, so kann man die Oberfläche S auch auf folgende Weise bestimmen: Man zerteile die Oberfläche in unendlich viele unendlich kleine Flächenteile, z. B. durch ein Netz von Parallelkreisen und Meridianen, und verbinde die Peripheriepunkte eines solchen Flächenelementes mit dem Kugelmittelpunkt; es entsteht dann eine Pyramide, deren Grundfläche zwar gekrümmt ist, aber um so mehr als eben betrachtet werden kann, je kleiner die Elemente sind. Die Höhe dieser Pyramiden ist gleich dem Radius r der Kugel, und folglich ist ihr Gesamtvolumen gleich ihrer gesamten Oberfläche, multipliziert mit $\frac{1}{3}r$, d. h.

$$V = \tfrac{1}{3} r S.$$

Nach § 91, 3. ist aber $V = 4\pi r^3/3$ und folglich $S = 4\pi r^2$.

10. Denkt man sich eine krumme Oberfläche, z. B. eine Kugel oder einen Zylinder von einem Netze von Punkten überzogen, und je drei dieser Punkte zu einem ebenen Dreieck verbunden, so erhält man ein der gegebenen Fläche eingeschriebenes Polyeder, und es könnte scheinen, daß die Oberfläche dieses Polyeders, wenn man die Punkte auf der Fläche unendlich dicht nimmt, die gegebene Oberfläche zur Grenze habe.

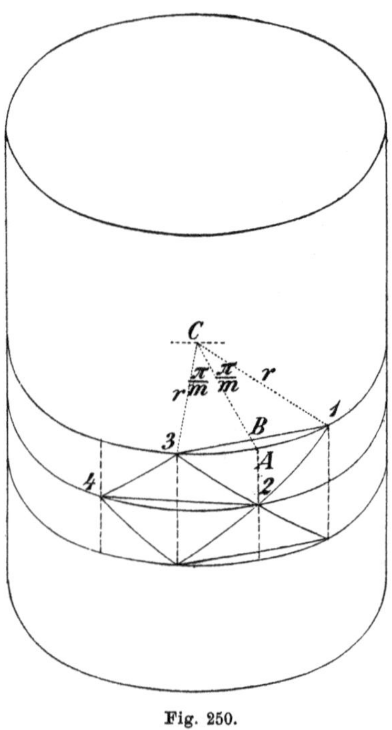

Fig. 250.

Daß dies aber nicht allgemein richtig ist, hat zuerst H. A. Schwarz bemerkt, und wird durch das folgende Beispiel bewiesen.

Wir wollen eine Zylinderfläche vom Radius r und der Höhe h betrachten (Fig. 250). Wir teilen die Höhe in n Teile, deren jeder die Höhe h/n hat, und die Peripherie eines jeden Teilkreises in m Teile, deren jeder den Winkel $2\pi/m$ faßt; wir verschieben aber die Teilpunkte auf jedem folgenden Kreise um π/m, wie die Figur zeigt. So entstehen die Dreiecke (123), (234), (345), $\cdots$. Wir wollen den Flächeninhalt eines dieser (kongruenten) Dreiecke bestimmen.

Die Grundlinie $\overline{13}$ eines solchen Dreiecks ist gleich $2r\sin\pi/m$. Die Höhe ist aber nicht gleich h/n, sondern gleich der Hypotenuse des rechtwinkligen Dreiecks $2AB$, dessen eine Kathete h/n und dessen andere Kathete gleich dem „Pfeil" $\overline{AB}$ ist. Dieser Pfeil ist aber gleich

$$r - r\cos\frac{\pi}{m} = 2r\left(\sin\frac{\pi}{2m}\right)^2,$$

und folglich ist der Flächeninhalt des besagten Dreiecks:

$$r\sin\frac{\pi}{m}\sqrt{\frac{h^2}{n^2} + 4r^2\left(\sin\frac{\pi}{2m}\right)^4}.$$

Da wir nun auf dem Zylinder $2mn$ solche Dreiecke haben, so ergibt sich für die Gesamtoberfläche des Polyeders

$$rmn\sin\frac{\pi}{m}\sqrt{\frac{h^2}{n^2}+4r^2\left(\sin\frac{\pi}{2m}\right)^4},$$

oder, indem man für unendlich kleine Winkel den Sinus durch den Winkel ersetzt (Bd. I, § 114),

$$\pi r\sqrt{h^2+\pi^4 r^2\frac{n^2}{4m^4}}.$$

Lassen wir n und m unabhängig voneinander ins Unendliche wachsen, so ist dieser Ausdruck ganz unbestimmt. Er erhält aber den Grenzwert $\pi r h$, wenn $n:m$ in einem endlichen Verhältnisse bleibt. Er kann auch ins Unendliche wachsen, z. B. wenn man $n = m^3$ setzt. Es ist aber immer die Fläche des Zylinders $\pi r h$ die untere Grenze aller der Werte, deren der obige Ausdruck fähig ist.

Zehnter Abschnitt.

Drehungsgruppen und reguläre Körper.

§ 94. Drehungen und ihre Zusammensetzung.

1. Wir wollen einen starren Körper K von beliebiger Gestalt betrachten, der einen im Raume festen Punkt O hat, um diesen Punkt aber frei beweglich ist. Der Körper kann hiernach noch unendlich viele Stellungen annehmen, und er kann aus jeder Stellung A in eine andere Stellung B auf unendlich viele Arten gebracht werden.

Unter den verschiedenen möglichen Bewegungen des Körpers sind besonders ausgezeichnet und verständlich die Drehungen um eine Achse. Die Größe einer solchen Drehung wird gemessen durch den Winkel, den eine mit dem Körper fest verbundene, durch die Achse gehende Ebene in ihrer anfänglichen Lage mit ihrer Endlage bildet, und man unterscheidet entgegengesetzte Drehungen durch das Vorzeichen dieses Winkels. Darnach ist das Maß des Drehungswinkels unbegrenzt, wenn auch zur Bestimmung der Stellungen ein Intervall von der Größe 2π genügt. Wir bezeichnen die eine der beiden Richtungen der Achse als die positive, und rechnen die Drehungen positiv, wenn sie für den in der positiven Achse aufrecht Stehenden dem Uhrzeiger entgegengesetzt erfolgen.

2. Satz. Der Körper K kann aus einer gegebenen Stellung A in eine beliebig gegebene Stellung B immer durch Drehung um eine bestimmte Achse a gebracht werden.

Der Beweis ergibt sich, wenn man bedenkt, daß die Stellung des Körpers durch die Stellung von irgend zweien seiner durch O gehenden Geraden bestimmt ist. Sind a_1, a_2 diese Geraden in der Stellung A, und b_1, b_2 dieselben Geraden in der Stellung B, so müssen die Winkel $(a_1 a_2)$, $(b_1 b_2)$ einander gleich sein. Legt man zwei Ebenen, die auf den Ebenen $a_1 b_1$ und $a_2 b_2$ senkrecht stehen und die Winkel $(a_1 b_1)$ und $(a_2 b_2)$ halbieren, so schneiden sich diese in einer Geraden a, und die körperlichen Ecken $a a_1 a_2$, $b b_1 b_2$ sind kongruent, weil sie in den drei Kantenwinkeln übereinstimmen. Dreht man also den Körper um die Achse a, bis a_1 nach b_1 kommt, so fällt auch a_2 nach b_2, und damit ist die Stellung A in die Stellung B übergeführt.

3. Gehen wir von einer bestimmten Grundstellung A aus, so ist eine zweite Stellung B eindeutig bestimmt, wenn die Achse a und der zugehörige Drehungswinkel Θ gegeben sind. Den Inbegriff beider wollen wir eine Drehung nennen, die wir auch durch einen griechischen Buchstaben, etwa α, bezeichnen. Ist A und α gegeben, so ist dadurch die Stellung B eindeutig bestimmt.

Sind aber umgekehrt A und B gegeben, so ist zwar die Achse der entsprechenden Drehung eindeutig bestimmt, der Drehungswinkel aber nur bis auf Vielfache von 2π. Wir werden aber im folgenden Drehungen, die sich um Vielfache von 2π unterscheiden, als dieselbe Drehung betrachten, und danach können wir eine Drehung eindeutig durch die beiden Stellungen A und B, also etwa durch (A, B) bezeichnen.

Drehen wir um die gleiche Achse a die Stellung B nach A zurück, so nennen wir dies die zu α entgegengesetzte Drehung, und wir bezeichnen sie mit α^{-1} oder auch mit (B, A).

Jede Drehung des Körpers hat also ihre entgegengesetzte, und die entgegengesetzte von der entgegengesetzten ist wieder die ursprüngliche Drehung.

4. Wir denken uns die Drehungsachse in fester Verbindung mit dem Körper (etwa durch einen mit dem Körper fest verbundenen Stab gekennzeichnet). Dann können wir eine Drehung α bei jeder beliebigen Lage des Körpers vollziehen. Die Drehungen, wie wir sie hier verstehen, haften also dem Körper an, nicht seiner Stellung im Raume. Ist $\alpha = (A, B)$, und vollziehen wir eine zweite Drehung β von B aus, so können wir $\beta = (B, C)$ bezeichnen, wenn C die Stellung ist, in die der Körper aus B durch β übergeführt wird. Die Stellung C ist aber von A aus gleichfalls durch eine Drehung γ erreichbar, und wir nennen diese Drehung (A, C) aus α und β zusammengesetzt. Wir deuten dies durch eine symbolische Multiplikation an, und setzen

$$(1) \qquad \gamma = \alpha\beta \quad \text{oder} \quad (A, C) = (A, B)(B, C).$$

Dabei sei aber von vornherein betont, daß $\alpha\beta$ im allgemeinen von $\beta\alpha$ verschieden ist.

Es gilt also bei dieser Multiplikation nicht das kommutative Gesetz. Dagegen gilt das assoziative Gesetz, das sich in folgender evidenten Formel ausspricht:

$$(A, B)(B, C)(C, D) = (A, C)(C, D) = (A, B)(B, D) = (A, D).$$

5. Die Komposition der Drehungen wird erst dann allgemein erklärt sein, wenn wir die Nulldrehung α^0, d. h. die unveränderte

Stellung $(A, A) = (B, B), \cdots$ hinzunehmen. Denn nur dann erhält die Zusammensetzung entgegengesetzter Drehungen einen Sinn:

$$\alpha\alpha^{-1} = \alpha^{-1}\alpha = \alpha^0. \tag{2}$$

Die Zusammensetzung einer Drehung mit α^0 ändert nichts, und diese spielt daher in der symbolischen Multiplikation die Rolle der Einheit.

6. Eine Drehung $\omega = (A, A')$, die von der Stellung A zu A' führt, kann auch von der Stellung B aus vollzogen werden und möge von B nach B' führen, und es ist

$$\begin{aligned} \omega &= (A, A') = (B, B'), \\ \omega^{-1} &= (A', A) = (B', B). \end{aligned} \tag{3}$$

Es liegt jetzt B' zu B ebenso wie A' zu A, und wenn wir uns also A' mit A zu einem starren System $[AA']$ verbunden denken, so geht dieses durch die Drehung α, von A aus vollzogen, in die Lage $[BB']$ über.

Ist nun α die Drehung (A, B), so ist

$$\omega^{-1}\alpha\omega = (A', A)(A, B)(B, B') = (A', B'),$$

und es ist also

$$\alpha' = \omega^{-1}\alpha\omega \tag{4}$$

die Drehung, die A' in B' überführt.

Die Drehung α' heißt mit α konjugiert (durch ω). Es ist zugleich

$$\alpha = \omega\alpha'\omega^{-1},$$

also α mit α' durch ω^{-1} konjugiert.

7. Ist β' mit β und γ' mit γ konjugiert, so ist $\beta'\gamma'$ mit $\beta\gamma$ konjugiert.

Denn es ist

$$\beta'\gamma' = \omega^{-1}\beta\omega\omega^{-1}\gamma\omega = \omega^{-1}\beta\gamma\omega \quad \text{(nach 5.)}. \tag{5}$$

8. Die Wiederholung einer Drehung α, wobei also die Achse ungeändert bleibt, bezeichnen wir durch Potenzen $\alpha^2, \alpha^3, \cdots$, und die Wiederholung der entgegengesetzten Drehung mit $\alpha^{-1}, \alpha^{-2}, \alpha^{-3}, \cdots$.

Ist Θ der Drehungswinkel von α, so sind $2\Theta, 3\Theta, \cdots$ die Drehungswinkel von $\alpha^2, \alpha^3, \cdots$ und $-\Theta, -2\Theta, -3\Theta, \cdots$ die von $\alpha^{-1}, \alpha^{-2}, \alpha^{-3}, \cdots$. Die Komposition dieser Potenzen geschieht, wie bei der Multiplikation von Zahlenpotenzen, durch Addition der Exponenten:

$$\alpha^\mu\alpha^\nu = \alpha^{\mu+\nu}. \tag{6}$$

9. Ist $\alpha' = \omega^{-1}\alpha\omega$, so ist nach 7.:

$$\alpha'^{-1} = \omega^{-1}\alpha^{-1}\omega,$$

und für jeden positiven und negativen Exponenten ν:

$$\alpha'^{\nu} = \omega^{-1}\alpha^{\nu}\omega. \tag{7}$$

10. Wenn der Drehungswinkel Θ zu 2π in einem rationalen Verhältnis steht, so heißt die Drehung zyklisch. Es gibt dann gewisse Exponenten h, für die $\alpha^h = \alpha^0$, d. h. gleich der Nulldrehung ist. Ist μ der kleinste positive unter diesen Exponenten, so sind die Drehungen

$$\alpha^0, \alpha^1, \alpha^2, \cdots, \alpha^{\mu-1} \tag{8}$$

alle voneinander verschieden. Jede andere Potenz von α ist mit einer aus der Reihe (8) identisch, und es ist $\alpha^{h+\mu} = \alpha^h$. Ein α^h ist dann und nur dann gleich α^0, wenn h durch μ teilbar ist. Denn durch Division kann man jedes h in die Form bringen: $h = q\mu + \mu'$, worin $0 \leqq \mu' < \mu$ ist, und es ist $\alpha^h = \alpha^{\mu'}$. Soll nun $\alpha^h = \alpha^0$ sein, so muß μ', da es kleiner als μ ist, gleich Null sein.

Der Exponent μ heißt der Grad der zyklischen Drehung α und die Reihe (8) die Periode von α.

Nach (7) gilt der Satz:

Konjugierte Drehungen haben denselben Grad.

11. Ist α nicht zyklisch, so kommt unter der Reihe der Potenzen

$$\cdots \alpha^{-2}, \alpha^{-1}, \alpha^0; \alpha, \alpha^2, \alpha^3, \cdots$$

dasselbe Element nicht zweimal vor.

Denn ist $\alpha^h = \alpha^k$, so ist $h\Theta = k\Theta + 2\pi m$, also $\Theta = 2\pi m/(h-k)$.

§ 95. Endliche Drehungsgruppen.

1. Ein aus einer endlichen Anzahl n von Drehungen bestehendes System

$$S = \alpha, \beta, \gamma, \cdots \tag{1}$$

heißt eine Gruppe von Drehungen, wenn jede aus zwei Elementen von S zusammengesetzte Drehung gleichfalls in S enthalten ist.

Die Anzahl n der in S enthaltenen Drehungen heißt der Grad der Gruppe.

Wir werden sehen, daß es nur eine sehr beschränkte Anzahl von Arten solcher Gruppen gibt.

2. Aus der Definition ergibt sich, daß, wenn α eine Drehung in S ist, alle Potenzen von α gleichfalls in S enthalten sind, und daraus folgt, daß α zyklisch sein muß. Denn wäre α nicht zyklisch, so wäre die Anzahl der Drehungen nach § 94, 11. nicht endlich. Ist μ der Grad von α, so sind

$$\alpha,\ \alpha^2,\ \alpha^3,\ \cdots,\ \alpha^{\mu-1} = \alpha^{-1},\ \alpha^{\mu} = \alpha^0$$

in S enthalten.

I. Es enthält also S immer die Nulldrehung und außerdem zu jeder ihrer Drehungen die entgegengesetzte.

3. Wir gehen von einer Grundstellung E aus und setzen die Drehungen von S in die Form

$$(2) \qquad \alpha = (E, A), \quad \beta = (E, B), \quad \gamma = (E, C), \cdots.$$

Es sind dann $A, B, C, \cdots$ Stellungen des Körpers K, und man kann durch Drehungen aus S jede dieser Stellungen, zu denen wir noch E hinzunehmen, in jede andere überführen, denn es ist z. B.

$$\alpha^{-1}\beta = (A, B).$$

4. Wir denken uns jetzt das ganze System der Stellungen E, $A, B, C, \cdots$ zu einem einzigen starren Körper M verbunden. Führen wir dann an dem Körper M eine der Drehungen $\vartheta = (E, T)$ von S aus, indem $A, B, C, \cdots$ dabei das E begleiten, so gehen durch diese Drehung $A, B, C, \cdots$ in bestimmte andere Stellungen A', B', C' über, die nach § 94, 6. bestimmt sind durch

$$\vartheta = (E, T) = (A, A') = (B, B') = (C, C') = \cdots.$$

Daraus folgt:

$$\alpha\vartheta = (E, A'), \quad \beta\vartheta = (E, B'), \quad \gamma\vartheta = (E, C'), \quad \cdots,$$

und die Drehungen $\alpha\vartheta, \beta\vartheta, \gamma\vartheta, \cdots$ stimmen in ihrer Gesamtheit (von der Reihenfolge abgesehen) mit S überein. Denn sie sind alle in S enthalten, es sind keine zwei von ihnen identisch, und ihre Anzahl ist n. Es stimmt also auch die Gesamtheit der Stellungen A', $B', C', \cdots$ mit der Gesamtheit $A, B, C, \cdots$ überein, und es folgt:

Der Körper M hat die Eigenschaft, daß er durch jede der Drehungen S mit sich selbst zur Deckung kommt.

5. Jede Drehung in S, mit Ausnahme der Nulldrehung, hat eine bestimmte Achse. Es können aber mehrere Drehungen dieselbe Achse haben. Durch jede Drehung in S geht das System dieser Achsen in sich selbst über, und auf der Betrachtung dieser Achsen beruht die Bestimmung aller möglichen endlichen Drehungsgruppen.

Eine Achse a heißt von der ersten Art, wenn es in S eine Drehung ω gibt, die a umkehrt (holoedrische Achsen), von der zweiten Art, wenn es in S keine Drehung gibt, die a umkehrt (hemiedrische Achsen).

Eine Achse a heißt ν-zählig, wenn es, mit Einschluß der Nulldrehung, ν Drehungen in S gibt, die a ungeändert lassen. Diese Drehungen

(3) $$Q = \alpha^0, \alpha^1, \alpha^2, \cdots, \alpha^{\nu-1}$$

kann man als Potenzen von einer unter ihnen, die den kleinsten positiven Drehungswinkel hat, darstellen.

Ist a von der ersten Art, und sind ω', ω zwei Drehungen, die die Achse umkehren, so sind $\omega'\omega^{-1}$ und $\omega^{-1}\omega'$ Drehungen, die a ungeändert lassen, also $\omega'\omega^{-1} = \alpha^\varkappa$, $\omega' = \alpha^\varkappa\omega$, und $\omega^{-1}\omega' = \omega^{-1}\alpha^\varkappa\omega$ läßt a ungeändert. Daraus folgt:

II. Die Gesamtheit der Drehungen von S, die eine Achse erster Art umkehren, ist in dem System

(4) $$Q\omega = \omega, \alpha\omega, \alpha^2\omega, \cdots, \alpha^{\nu-1}\omega$$

enthalten, und das System $\omega^{-1}Q\omega$ ist mit Q identisch.

Wenn die Achse a durch zwei verschiedene Drehungen ϑ und ϑ_1 in dieselbe Lage a_1 übergeht, so bleibt a durch $\vartheta\vartheta_1^{-1}$ ungeändert, und es ist also $\vartheta = \alpha^\varkappa\vartheta_1$; demnach ist die Gesamtheit der Drehungen, die a in a_1 überführen, in der Form

$$Q\vartheta_1 = \vartheta_1, \alpha\vartheta_1, \alpha^2\vartheta_1, \cdots, \alpha^{\nu-1}\vartheta_1$$

enthalten; und wenn a von der ersten Art ist, geht a durch $\omega\vartheta_1$ in die zu a_1 entgegengesetzte Richtung über, und a_1 ist also auch von der ersten Art, und wir erhalten den Satz:

III. Die Anzahl der Drehungen in S, die a in a_1 überführen, ist gleich 2ν bei den Achsen erster Art, und gleich ν bei den Achsen zweiter Art.

Die Drehung ϑ_1^{-1} führt a_1 in a über, $\alpha^\varkappa$ bedeutet eine Drehung um a, und ϑ_1 führt wieder a in a_1 über; daher bedeutet $\vartheta_1^{-1}\alpha^\varkappa\vartheta_1$ eine Drehung um a_1, und in dieser Form sind auch alle Drehungen um a_1 enthalten, weil, wenn α_1 eine Drehung um a_1 ist, $\vartheta_1\alpha_1\vartheta_1^{-1}$ eine Drehung um a, also ein $\alpha^\varkappa$ und $\alpha_1 = \vartheta_1^{-1}\alpha^\varkappa\vartheta_1$ ist.

IV. Demnach ist a_1 ebenfalls ν-zählig wie a, und die Anzahl der in S enthaltenen Drehungen um a_1 (ohne die Nulldrehung) ist gleich $\nu - 1$.

Durch die Gesamtheit der Drehungen S möge nun a in die μ verschiedenen Lagen

(5) $$a, a_1, a_2, \cdots, a_{\mu-1}$$

übergehen. Diese sind alle gleichzeitig ν-zählig und alle von der ersten oder alle von der zweiten Art.

Wir nennen (5) ein System konjugierter Achsen, und μ soll der Grad dieses Systems heißen.

Da jede Drehung in S die Achse a in eine der Achsen des Systems (5) überführt, und da ν mindestens gleich 2 ist, so folgt:

V. Ist ein System von μ konjugierten ν-zähligen Achsen von der ersten Art, so ist

$$\mu\nu = \tfrac{1}{2}n, \qquad \mu \leqq \tfrac{1}{4}n,$$

und ist es von der zweiten Art, so ist

$$\mu\nu = n, \qquad \mu \leqq \tfrac{1}{2}n.$$

Aus IV. und V. folgt noch

VI. Die Anzahl der in S enthaltenen Drehungen um eine der Achsen eines Systems von μ konjugierten ν-zähligen Achsen ist gleich $\mu(\nu-1)$, also

$= \tfrac{1}{2}n - \mu$ bei Systemen erster Art,

$= n - \mu$ „ „ zweiter Art.

4. Mit Hilfe dieser Sätze lassen sich jetzt alle Möglichkeiten für die Drehungsgruppen festsetzen.

Die Anzahl der in S enthaltenen Drehungen ist, wenn wir von der Nulldrehung absehen, gleich $n-1$. Wenn also nur ein System konjugierter Achsen vorhanden ist, so ist nach VI.

$$n - 1 = \tfrac{1}{2}n - \mu \quad \text{oder} \quad n - 1 = n - \mu.$$

Die erste Annahme ist aber unmöglich, da sich daraus ein negatives oder verschwindendes μ ergeben würde; die zweite Annahme gibt $\mu = 1$, während ν beliebig bleibt. Wir erhalten daraus den ersten Fall:

I. Pyramidendrehung.

Es existiert eine einzige Achse zweiter Art. Es ist $\nu = n$, und für n ergibt sich keine Beschränkung.

5. Es seien zwei Systeme konjugierter Achsen vorhanden. Es ergeben sich dann zunächst drei Möglichkeiten: entweder es sind beide Achsensysteme von der ersten Art, oder es sind beide von der zweiten Art oder es ist das eine von der ersten, das andere von der zweiten Art. Diese Fälle sind so charakterisiert, wenn ν die Zähligkeit, μ den Grad der betreffenden Systeme bedeutet:

$$1)\quad n - 1 = \mu_1(\nu_1 - 1) + \mu_1'(\nu_1' - 1) = n - \mu_1 - \mu_1',$$

$$2)\quad n - 1 = \mu_2(\nu_2 - 1) + \mu_2'(\nu_2' - 1) = 2n - \mu_2 - \mu_2',$$

$$3)\quad n - 1 = \mu_1(\nu_1 - 1) + \mu_2(\nu_2 - 1) = \frac{3n}{2} - \mu_1 - \mu_2.$$

Der erste Fall ist unmöglich, weil dann $\mu_1 + \mu_1' = 1$ sein müßte, während doch jede der Zahlen μ_1, μ_1' mindestens gleich 1 ist. Im zweiten Fall würde sich ergeben

$$\mu_2 + \mu_2' = n + 1,$$

was aber auch unmöglich ist, da μ_2 und μ_2' nach V. $\overline{\gtrless} n/2$ sein müßten.

Es bleibt also nur der dritte Fall übrig, in dem

$$\mu_1 + \mu_2 = \frac{n}{2} + 1$$

ist. In diesem Fall kann ν_2 nicht größer als 3 sein, denn ist $\nu_2 \overline{\gtrless} 4$, so ist nach V. $\mu_2 \overline{\lessgtr} n/4$, und es ergibt sich aus 3):

$$\mu_1 = \frac{n}{2} + 1 - \mu_2 \overline{\gtrless} \frac{n}{4} + 1.$$

Dies ist aber nach V. unmöglich.

Ist $\nu_2 = 2$, $\mu_2 = \frac{1}{2}n$, so muß $\mu_1 = 1$, $\nu_1 = \frac{1}{2}n$ sein. Dieser Fall ist möglich, wie wir sehen werden, und führt zur

II. Doppelpyramidendrehung oder Diederdrehung (mit ungeradzähliger Basis).

Ist aber $\nu_2 = 3$, also $\mu_2 = n/3$, so ergibt sich

$$\mu_1 = \frac{n}{6} + 1 \leqq \frac{n}{4}, \quad 1 \leqq \frac{n}{12}.$$

Dieser Fall ist nur möglich für $n = 12$, und wir haben

$$n = 12; \quad \mu_1 = 3, \quad \nu_1 = 2; \quad \mu_2 = 4, \quad \nu_2 = 3:$$

III. Tetraederdrehung.

6. Wenn drei Systeme konjugierter Achsen vorhanden sind, so müssen alle von der ersten Art sein; denn wäre eine, zwei oder drei von der zweiten Art darunter, so würde wie in 5. folgen:

$$\begin{aligned} \mu + \mu' + \mu'' &= n + 1 \overline{\lessgtr} n, \\ &= \frac{3n}{2} + 1 \overline{\lessgtr} \frac{5n}{4}, \\ &= 2n + 1 \overline{\lessgtr} \frac{3n}{2}, \end{aligned}$$

was unmöglich ist.

Es seien also die drei Systeme von der ersten Art. Dann haben wir

$$\mu + \mu' + \mu'' = \frac{n}{2} + 1. \tag{6}$$

Daraus folgt, daß von den drei Zahlen ν, ν', ν'' mindestens eine gleich 2 sein muß; denn sind sie alle $\overline{\gtrless} 3$, so sind μ, μ', $\mu'' \overline{\lessgtr} n/6$ und ihre Summe gleich oder kleiner als $\frac{1}{2}n$, während sie doch nach (6) gleich $\frac{1}{2}n + 1$ sein muß. Ist also $\nu'' = 2$, $\mu'' = n/4$, so folgt:

(7) $$\mu + \mu' = \frac{n}{4} + 1.$$

Hiernach können wieder nicht ν und $\nu' \gtreqless 4$, μ und $\mu' \lesseqgtr n/8$ sein, da sonst $\mu + \mu' \lesseqgtr n/4$ wäre, und wir haben zwei Fälle:

erstens: $\nu' = 2$, $\mu' = n/4$, $\mu' = 1$, $\nu = n/2$:

IV. Doppelpyramidendrehung, Diederdrehung (mit geradzähliger Basis)

$$\mu = 1, \quad \nu = \tfrac{1}{2}n; \quad \mu' = \tfrac{1}{4}n, \quad \nu' = 2; \quad \mu'' = \tfrac{1}{4}n, \quad \nu'' = 2,$$

n eine beliebige durch 4 teilbare Zahl.

Ist zweitens $\nu' = 3$, $\mu' = n/6$, so folgt:

$$\mu = \frac{n}{12} + 1, \qquad \nu = \frac{6n}{n+12};$$

also ist $\nu < 6$, und da $\nu = 2$ durch IV. schon erledigt ist, bleibt $\nu = 3, 4, 5$.

Der Fall $\nu = 3$ kann aber nicht vorkommen, denn es wäre in diesem Fall:

$$n = 12, \quad \nu = 3, \quad \nu' = 3, \quad \nu'' = 2,$$
$$\mu = 2, \quad \mu' = 2, \quad \mu'' = 3.$$

Sind also a und a_1 die beiden zu $\nu = 3$, $\mu = 2$ gehörigen konjugierten Achsen, so müßte es eine Drehung ϑ in S geben, durch die a in a_1 übergeht, und durch Wiederholung dieser Drehung würde a_1 in die entgegengesetzte Richtung von a übergehen. Es müßte also ϑ mindestens vierzählig sein. Eine vier- oder höherzählige Drehung kommt aber in S nicht vor.

Für $\nu = 4$ ergibt sich:

$$n = 24, \quad \nu = 4, \quad \nu' = 3, \quad \nu'' = 2,$$
$$\mu = 3, \quad \mu' = 4, \quad \mu'' = 6:$$

V. Oktaederdrehung oder Würfeldrehung,

und für $\nu = 5$:

$$n = 60, \quad \nu = 5, \quad \nu' = 3, \quad \nu'' = 2,$$
$$\mu = 6, \quad \mu' = 10, \quad \mu'' = 15:$$

VI. Ikosaederdrehung oder Dodekaederdrehung.

7. Mehr als drei Systeme von konjugierten Achsen können überhaupt nicht vorkommen. Denn es ist

$$\text{für Systeme erster Art: } \mu(\nu - 1) = \frac{n}{2} - \mu \quad \gtreqless \frac{n}{4},$$

$$\text{„ „ zweiter Art: } \mu(\nu - 1) = n - \mu \quad \gtreqless \frac{n}{2},$$

also in jedem Fall $\mu(\nu-1) \gtreqless n/4$. Wenn daher auf der rechten Seite der Formel

$$n-1=\mu(\nu-1)+\mu'(\nu'-1)+\mu''(\nu''-1)+\cdots$$

mehr als drei Summanden vorkämen, so würde sich der Widerspruch $n-1 \gtreqless n$ ergeben.

Wir haben damit ein beschränktes System von Möglichkeiten für die Drehungsgruppen bestimmt. Daß diese Fälle alle vorkommen, wird die folgende geometrische Betrachtung zeigen.

Schon die Namen, durch die wir die Drehungsgruppen bezeichnet haben, weisen darauf hin, auf welchem Gebiete ihre Realisierung zu suchen ist.

So erhalten wir die Gruppe der Pyramidendrehungen (I.), wenn wir uns über einem regulären m-Eck eine gerade Pyramide errichten. Es gibt dann nur eine Achse, nämlich das von der Spitze auf die Grundfläche gefällte Perpendikel, und es gibt m Drehungen, die diesen Körper mit sich selbst zur Deckung bringen.

Nehmen wir eine Doppelpyramide, d. h. über einem regulären m-Eck zwei symmetrisch gleiche Pyramiden, so kommen zu den m Drehungen um die Verbindungslinie der Spitze noch weitere Drehungen hinzu. Ist m eine ungerade Zahl, so sind die Verbindungslinien der Ecken des Grundpolygons mit den Mitten der gegenüberliegenden Seiten ein System konjugierter zweizähliger Achsen zweiter Art, und wir erhalten den Fall II. Ist m gerade, so erhalten wir in den Verbindungslinien gegenüberliegender Ecken und der Mitten gegenüberliegender Seiten zwei Systeme von je m konjugierten Achsen erster Art, und wir erhalten den Fall IV.

Statt der Doppelpyramide kann man auch ein Dieder nehmen, d. h. eine körperlich gedachte reguläre Polygonfläche, deren beide Seiten als unterschiedene Flächen angesehen werden.

§ 96. Der Eulersche Polyedersatz.

1. Unter einem Polyeder wollen wir hier einen Körper verstehen, der rings von ebenen Vielecken begrenzt ist, die einander nirgends durchdringen (Eulersches Polyeder). Die sogenannten Sternpolyeder, deren Seitenflächen sich gegenseitig durchdringen, schließen wir aus. Für die Eulerschen Polyeder gilt die berühmte Eulersche Formel, die zwischen der Anzahl der Flächen F, der Kanten K und der Ecken E die Relation gibt:[1])

1) Baltzer vermutet, daß die Formel schon dem Altertum bekannt gewesen sei und stellt fest, daß sie Descartes besaß. Wiedergefunden und publiziert wurde sie von Euler 1752.

$$(1) \qquad E + F - K = 2.$$

Wir wollen den Beweis hier auf die folgende Betrachtung gründen.

2. Ein in der Ebene ausgebreitetes, die Ebene einfach bedeckendes Flächenstück, das von einer in sich zurücklaufenden Linie begrenzt ist, zerfällt durch jeden Schnitt, der einen Begrenzungspunkt mit einem anderen verbindet, in zwei getrennte Stücke, und heißt darum **einfach zusammenhängend**; diese Eigenschaft bleibt erhalten, wenn das Flächenstück aus der Ebene herausgenommen und ohne Zerreißung beliebig verbogen wird.

Flächenstücke, bei denen es Schnitte gibt, die die Fläche nicht zerstücken, heißen **mehrfach zusammenhängend**. Dahin gehören z. B. die ringförmigen ebenen Flächen (Fig. 251), die zweifach zusammenhängend sind, weil man *einen* Schnitt legen kann, der die Fläche nicht zerstückt.

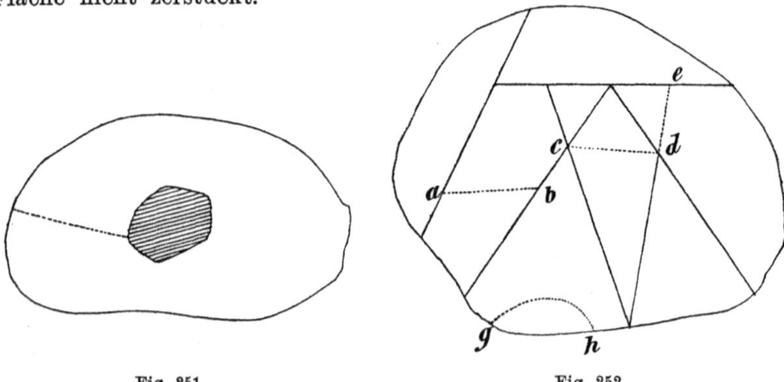

Fig. 251. Fig. 252.

Wir nehmen an, es sei eine solche (einfach oder mehrfach zusammenhängende) Fläche durch ein Netz von Linien irgend welcher Art in einfach zusammenhängende Flächenstücke (**Maschen**) zerlegt. Die Anzahl dieser Maschen sei f.

Punkte, von denen drei oder mehr Schnitte auslaufen, heißen **Knotenpunkte**. Ihre Anzahl sei e, wobei jedoch solche, die etwa an der Grenze selbst liegen, nicht mitzählen.

Die Verbindungsstrecken zweier Knotenpunkte, die keinen dritten zwischen sich enthalten, heißen **Fäden**. Ihre Anzahl sei k. Fäden können auch zwei Punkte des Randes miteinander verbinden und enthalten dann keine Knoten.

In Fig. 252 ist (ohne die punktierten Linien) $f = 8$, $e = 5$, $k = 12$. Durch Hinzufügung eines Fadens zu den schon vorhandenen geht f in $f + 1$ über (weil die Flächen einfach zusammenhängend sind). Der neue Faden hat zwei Enden, und jedes dieser Enden kann entweder in einem schon vorhandenen Knoten liegen; er vermehrt dann die Anzahl der Knoten nicht und läßt auch die schon vorhandenen Fäden ungeändert, oder er liegt am Rande, und dann gilt dasselbe, oder er liegt im Inneren eines schon vorhandenen Fadens und teilt diesen in zwei Fäden, während gleichzeitig die Zahl der Knoten um 1 vermehrt wird. In allen Fällen bleibt also durch einen solchen Endpunkt die Differenz $e - k$ ungeändert; es tritt aber noch der neu hinzugefügte Faden zu k hinzu, und es bleibt also $e + f - k$ durch den neu hinzugefügten Schnitt ungeändert. Die punktierten Linien in der Fig. 252 veranschaulichen diese Möglichkeiten.

Nimmt man die ursprüngliche Fläche S schon einfach zusammenhängend an, so ist vor jeder Zerschneidung $e = 0$, $f = 1$, $k = 0$, folglich allgemein

(2) $$e + f - k = 1.$$ [1]

3. Daraus ergibt sich der Eulersche Polyedersatz auf folgende Weise: Wenn man aus der Polyederfläche von F Flächen, E Ecken und K Seiten eine m-eckige Polyederfläche herausnimmt, so bleibt eine Fläche S, die von der Peripherie des weggenommenen m-Ecks begrenzt wird, und die durch die übrigen Polyederkanten in einfach zusammenhängende Stücke (Polygone) zerlegt ist. In dieser Zerlegung ist:

$$e = E - m, \quad k = K - m, \quad f = F - 1,$$

und hiernach ergibt sich die Formel (1) aus (2).

§ 97. Die regulären Polyeder.

1. Mit Hilfe der Eulerschen Formel können wir zunächst die Frage beantworten, ob es Polyeder gibt, in denen alle Seitenflächen gleichviel Ecken und alle Ecken gleichviel Kanten haben.

Es sei also ein Polyeder von lauter p-Ecken begrenzt, und in jeder Ecke stoßen q Kanten zusammen.

Da in jeder Kante zwei Flächen zusammenstoßen und jede Fläche p Kanten enthält, so ist

(1) $$pF = 2K,$$

und ebenso

(2) $$qE = 2K,$$

mithin nach der Eulerschen Formel (§ 96 (1)):

---

1) Im allgemeinen ist $k - e - f + 2$ die Ordnung des Zusammenhangs der Fläche S.

(3) $$K\left(\frac{2}{p}+\frac{2}{q}-1\right)=2.$$

Hieraus folgt zunächst, daß

(4) $$\frac{2}{p}+\frac{2}{q}>1,$$

und weil p und q mindestens gleich 3 sein müssen, so ist

$$\frac{2}{p}>1-\frac{2}{q}>\frac{1}{3},\quad p<6$$

und ebenso $q<6$. Es bleiben also für p und q nur die drei Zahlen 3, 4, 5 übrig, und es ergeben sich aus (1) bis (4) die folgenden Möglichkeiten:

p	q	K	E	F	
3	3	6	4	4	Tetraeder
3	4	12	6	8	Oktaeder
3	5	30	12	20	Ikosaeder
4	3	12	8	6	Hexaeder
5	3	30	20	12	Dodekaeder

2. Nimmt man außerdem noch an, daß die Flächen und Ecken aller dieser Polyeder regulär und untereinander kongruent sind, so erhält man die fünf regulären (sogenannten Platonischen) Körper.

Die Ecken dieser Polyeder liegen auf einer Kugel, und wenn man durch den Mittelpunkt dieser Kugel und die Kanten Ebenen legt, so erhält man die regelmäßigen Kugelnetze, aus denen man umgekehrt wieder diese regelmäßigen Körper ableitet, indem man die regelmäßigen sphärischen Polygone durch ebene Polygone mit denselben Ecken ersetzt.[1])

3. Diese Körper geben uns Beispiele für die drei noch übrigen in § 95 abgeleiteten Drehungsgruppen und die Systeme konjugierter Achsen.

Das Tetraeder gibt uns die Gruppe III $n=12$ mit den zwei Systemen konjugierter Achsen, nämlich den vier Höhen (zweiter Art,

1) Reiches Material hierüber findet man in den Werken von Edmund Heß: Einleitung in die Lehre von der Kugelteilung, Leipzig, Teubner 1883, und Max Brückner: Vielecke und Vielflache, woselbst viele schöne Abbildungen (ebenda 1900); dazu Nachtrag in dem Bericht über den Heidelberger Kongreß, S. 707.

Der in räumlicher Anschauung noch Ungeübte wird den Gebrauch von Modellen nicht gut entbehren können.

$\mu = 4$, $\nu = 3$) und den drei Verbindungslinien der Mitten gegenüberliegenden Kanten (erster Art, $\mu = 3$, $\nu = 2$).

Würfel und Oktaeder geben die Gruppe V ($n = 24$) mit den drei Systemen konjugierter Achsen erster Art $\mu = 3$, $\nu = 4$ (Verbindungslinien der Mitten der Würfelflächen), $\mu = 6$, $\nu = 2$ (Verbindungslinien der Mitten gegenüberliegender Kanten) $\mu = 4$, $\nu = 3$ (Würfeldiagonalen). Für das Oktaeder erhält man dieselbe Drehungsgruppe.

Ikosaeder und Dodekaeder geben die Gruppe VI ($n = 60$), und die Systeme konjugierter Achsen sind für das Ikosaeder: $\mu = 15$, $\nu = 2$ (Verbindung der Mitten gegenüberliegender Kanten), $\mu = 6$, $\nu = 5$ (Hauptdiagonalen), $\mu = 10$, $\nu = 3$ (Verbindungen der Mitten gegenüberliegender Flächen), und dasselbe erhält man beim Dodekaeder.

Selbstverständlich kann man dieselben Gruppen noch auf unendlich viele andere Arten realisieren.

So erhält man z. B. das Rhombendodekaeder (Granatoeder der Mineralogen) durch Abstumpfung der Würfelkanten, oder auch der Oktaederkanten, und dieser Körper hat daher dieselbe Drehungsgruppe wie Würfel und Oktaeder.

Durch Abstumpfung der Kanten des Ikosaeders oder Pentagondodekaeders erhält man einen Rhombendreißigflächner, der die Ikosaedergruppe zeigt.

Elfter Abschnitt.

Analytische Geometrie des Raumes.

§ 98. Koordinaten.

1. Wie man in der Ebene einen Punkt durch zwei Koordinaten bestimmt, so braucht man zur Festlegung eines Punktes im Raume drei Abmessungen. Um diese zu erklären, denken wir uns von einem festen Punkt, dem Nullpunkt O, drei gerade Linien auslaufen, die nicht in einer Ebene liegen und die drei durch je zwei dieser Geraden bestimmten Ebenen. Diese Ebenen bilden eine dreiseitige Ecke. Denken wir uns diese Geraden auch nach der entgegengesetzten Seite unbegrenzt fortgesetzt, so teilen die durch sie gelegten Ebenen den Raum in acht Fächer (Oktanten) ein.

Wir bezeichnen die drei Geraden mit x, y, z, und ihre Fortsetzungen nach der entgegengesetzten Seite mit $-x$, $-y$, $-z$; die drei Ebenen nennen wir die yz-, zx-, xy-Ebene.

Die acht Oktanten können dann durch die Vorzeichen so unterschieden werden:

1) $+x$, $+y$, $+z$,
2) $-x$, $+y$, $+z$,
3) $+x$, $-y$, $+z$,
4) $+x$, $+y$, $-z$,
5) $+x$, $-y$, $-z$,
6) $-x$, $+y$, $-z$,
7) $-x$, $-y$, $+z$,
8) $-x$, $-y$, $-z$.

Sie mögen in dieser Reihenfolge als 1ter, 2ter, $\cdots$, 8ter Oktant bezeichnet sein. Der erste soll auch der positive Oktant heißen. Zwei Oktanten, in denen die drei Zeichen entgegengesetzt sind, stoßen nur in einem Punkte, dem Nullpunkte zusammen und heißen entgegengesetzte Oktanten (Scheitelräume). Je zwei nicht entgegengesetzte stoßen entweder in einer Linie oder in einer Ebene zusammen.

Das ganze System dieser Linien und Ebenen heißt ein Koordinatensystem. Die Kanten werden die Koordinatenachsen, die Ebenen die Koordinatenebenen genannt.

Da drei Elemente sechs Permutationen zulassen, so kann man die drei Kanten des positiven Oktanten auf sechs verschiedene Arten mit x, y, z bezeichnen. Diese sechs Arten zerfallen aber in zwei Klassen, von denen die eine aus den Rechtssystemen, die andere aus den Linkssystemen besteht (§ 84, 3.). Bilden, wie wir in der Folge immer annehmen wollen, x, y, z ein Rechtssystem, so sind

$$\left.\begin{matrix} x, y, z \\ y, z, x \\ z, x, y \end{matrix}\right\} \text{ Rechtssysteme,} \qquad \left.\begin{matrix} x, z, y \\ y, x, z \\ z, y, x \end{matrix}\right\} \text{ Linkssysteme.}$$

Stehen die drei Achsen aufeinander senkrecht, so heißt das Koordinatensystem ein rechtwinkliges. Dieses gibt die einfachsten Resultate und wird daher fast ausschließlich angewandt.

2. Um die Lage irgend eines Punktes P gegen das Koordinatensystem zu bestimmen, lege man durch P drei Ebenen parallel zu den Koordinatenebenen. Diese bilden zusammen mit den Koordinatenebenen ein Parallelepipedon, dessen zwölf Kanten zu je vier den Koordinatenachsen parallel sind. Diese Kanten werden in irgend einer Maßeinheit gemessen und, je nach der Lage des Punktes P in einem der Oktanten, mit einem Vorzeichen versehen. Diese Maßzahlen heißen die Koordinaten des Punktes P. Um einzusehen, daß durch irgend drei Werte x, y, z der Koordinaten ein und nur ein Punkt bestimmt ist, trage man zunächst die Strecke x auf der x-Achse nach der durch das Vorzeichen bestimmten Seite ab, lege durch den Endpunkt dieser Strecke parallel der y-Achse eine Strecke y, wieder nach der durch das Vorzeichen bestimmten Seite, endlich durch den in der xy-Ebene gelegenen Endpunkt dieser Strecke eine zur z-Achse parallele Strecke z. Der Endpunkt dieser letzteren ist dann der Punkt P. Hätte man die Konstruktion in einer anderen Reihenfolge gemacht, so wäre man zu demselben Punkt gelangt. Man hat nämlich, vom Nullpunkt ausgehend, eine gebrochene Linie zu durchlaufen, die aus drei aufeinanderfolgenden, nicht in einer Ebene liegenden Kanten des erwähnten Parallelepipedons besteht.

Ist das Koordinatensystem ein rechtwinkliges, so kann man die Koordinaten auch als die vom Punkt P auf die Koordinatenebenen gefällten Perpendikel erklären.

Da jede Veränderung der Koordinaten auch den Punkt verändert, so heißen die drei Zahlenangaben, die den Punkt festlegen, voneinander unabhängig.

Da solcher voneinander unabhängiger Zahlenangaben drei nötig sind, so sagen wir: Die Gesamtheit der Punkte im Raume bildet eine dreifach ausgedehnte Menge, oder anders ausgedrückt: Es gibt ∞^3 Punkte im Raume.

Dies ist der exakte Ausdruck für die Tatsache, daß der Raum drei Dimensionen hat.

3. Die bisher besprochene Art der Bestimmung eines Punktes durch Koordinaten heißt die Cartesische. Man kann aber auf unendlich viele andere Arten einen Punkt im Raume festlegen und erhält so andere Koordinatensysteme, unter denen wir, ihrer häufigen Anwendung wegen, noch die Polarkoordinaten besprechen wollen.

Wir nehmen zunächst einen festen Punkt an, den wir den Pol oder Nullpunkt des Koordinatensystems nennen. Um die Lage eines Punktes zu bestimmen, messen wir zunächst dessen Abstand vom Pol. Dieser Abstand ist eine Zahl, die jeden positiven Wert haben kann; negative Werte haben für diese Abmessung keine Bedeutung. Der Wert Null kommt nur dem Pole selbst zu. Wir bezeichnen den Pol mit O, den veränderlichen Punkt mit P und den Abstand $\overline{OP}$ mit r. Dieser Abstand ist die erste der drei Polarkoordinaten. Alle Punkte, für die r denselben Wert hat, erfüllen eine Kugelfläche vom Radius r, deren Mittelpunkt im Pole liegt.

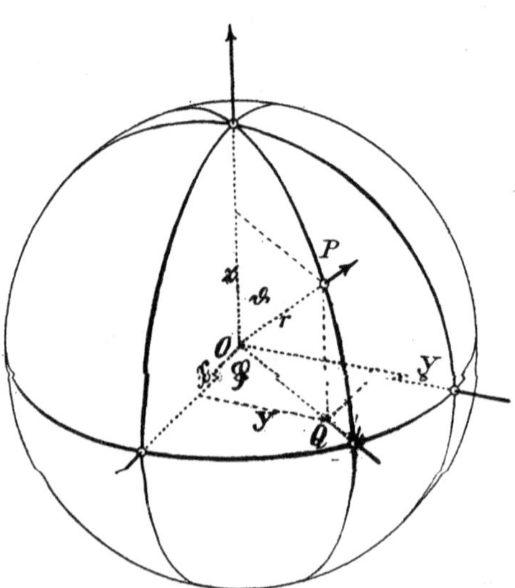

Fig. 253.

Um die Punkte der Kugel voneinander zu unterscheiden, führen wir zunächst eine durch den Pol gehende feste Gerade ein, die wir die Polarachse nennen; auf dieser nehmen wir eine bestimmte Richtung als die positive an und messen als zweite Polarkoordinate den Winkel, den der nach dem Punkt P gezogene Strahl mit der positiven Polarachse einschließt. Diesen Winkel, den wir mit ϑ bezeichnen, nehmen wir zwischen 0^0 und 180^0. Alle Punkte, die denselben Wert von ϑ haben, liegen auf einer Kegelfläche, erfüllen aber nur den einen Mantel dieses Kegels, während dem anderen Mantel das Supplement von ϑ entspricht. Die Werte $\vartheta = 0^0$ und $\vartheta = 180^0$ kommen der positiven und der negativen Hälfte der Polarachse zu. Dem Winkel $\vartheta = 90^0$ entspricht eine Ebene, die Äquatorialebene.

Diese Kegelflächen und die vorhin erwähnten Kugeln schneiden einander in Kreisen, die die Parallelkreise der Kugelfläche heißen (z. B. auf der Erdoberfläche oder an der Himmelskugel). Die Polarachse schneidet die Kugelfläche in zwei Punkten, dem Nordpol und dem Südpol. Die Äquatorialebene schneidet die Kugelfläche im Äquator. Der Winkel ϑ heißt die Poldistanz. Sein Komplement ist auf der als Kugeloberfläche angenommenen Erdoberfläche die geographische Breite.

Um endlich die Lage des Punktes P auf seinem Parallelkreis zu bestimmen, nehmen wir eine feste, durch die Polarachse gelegte Halbebene an, die wir den Anfangsmeridian (Nullmeridian) nennen. Wir legen dann durch den Punkt P und die Polarachse gleichfalls eine Halbebene und nehmen als dritte Polarkoordinate den Winkel φ, den diese beiden Ebenen miteinander einschließen. Wir messen diesen Winkel in einem bestimmten Drehungssinn (z. B. nach Osten) als positiv und müssen ihn dann von 0^0 bis 360^0 gehen lassen; oder wir messen ihn nach der einen Seite positiv, nach der entgegengesetzten negativ, wobei dann das Intervall von 0^0 bis 180^0 genügt (östliche und westliche Länge). Alle Punkte, die demselben Winkel φ entsprechen, liegen auf einer Meridianebene, d. h. einer durch die Polarachse gehenden Halbebene. Diese Ebenen schneiden die Kugelfläche in größten Halbkreisen, die durch die beiden Pole gehen; in der Geographie heißen sie Meridiane.

4. Um die rechtwinkligen Koordinaten eines Punktes P durch seine Polarkoordinaten auszudrücken, nehme man die Polarachse zur z-Achse, den Äquator zur xy-Ebene, den Anfangsmeridian zur xz-Ebene und errichte die y-Achse senkrecht, positiv gegen Osten (Fig. 253). Fällt man vom Punkt P ein Perpendikel auf die Äquatorebene, dessen Fußpunkt Q sei, so ist OQP ein rechtwinkliges Dreieck, dessen Hypotenuse $= r$, dessen beide Katheten z und ϱ sein mögen. Es ist $z = r \cos \vartheta$, $\varrho = r \sin \vartheta$, und x, y sind zugleich die Koordinaten des Punktes Q in der xy-Ebene. Daraus folgt:

$$x = r \sin \vartheta \cos \varphi\,,$$

$$y = r \sin \vartheta \sin \varphi\,,$$

$$z = r \cos \vartheta\,.$$

§ 99. Richtungen im Raume.

1. Es seien zwei Punkte P, P_0 durch ihre rechtwinkligen Koordinaten x, y, z; x_0, y_0, z_0 gegeben. Die Entfernung $\overline{PP_0}$ bezeichnen wir mit r und geben der Verbindungslinie der beiden Punkte in der Richtung von P_0 nach P das positive Zeichen.

Legen wir durch beide Punkte Parallelebenen zu den Koordinatenebenen, so erhalten wir ein rechtwinkliges Parallelepipedon, dessen Kanten gleich den Projektionen von r auf die Koordinatenachsen sind, und mit Rücksicht auf das Vorzeichen die Länge haben $x - x_0$, $y - y_0$, $z - z_0$. Es ergibt sich dann durch zweimalige Anwendung des Pythagoreischen Lehrsatzes:

$$r^2 = (x - x_0)^2 + (y - y_0)^2 + (z - z_0)^2. \tag{1}$$

Bezeichnen wir mit α, β, γ die Winkel, die die Linie $\overline{P_0 P}$ mit den positiven Koordinatenachsen bildet, so ist

$$\begin{aligned} x - x_0 &= r \cos\alpha, \\ y - y_0 &= r \cos\beta, \\ z - z_0 &= r \cos\gamma, \end{aligned} \tag{2}$$

und aus (1) folgt:

$$\cos\alpha^2 + \cos\beta^2 + \cos\gamma^2 = 1. \tag{3}$$

Diese Formel gilt, wenn α, β, γ die Winkel sind, die eine beliebige Gerade g mit den Koordinatenachsen bildet.

2. Die Größen

$$a = \cos\alpha, \quad b = \cos\beta, \quad c = \cos\gamma,$$

zwischen denen die Relation

$$a^2 + b^2 + c^2 = 1 \tag{4}$$

besteht, heißen die Richtungskosinusse der Geraden g.

Irgend drei Größen a, b, c, zwischen denen die Relation (4) besteht, bestimmen als Richtungskosinusse immer eine Richtung. Diese Richtung kann durch eine vom Koordinatenanfangspunkt auslaufende Gerade dargestellt werden.

Denn nimmt man diese Größen a, b, c als Koordinaten eines Punktes P, so hat dieser Punkt nach (1) vom Anfangspunkt O die Entfernung 1, und die Linie $\overline{OP}$ hat nach (2) die Richtungskosinusse a, b, c.

3. Es seien jetzt zwei Richtungen gegeben:

$$a_1, b_1, c_1; \quad a_2, b_2, c_2;$$

wir ziehen unter diesen Richtungen zwei Strahlen l_1, l_2 durch den Koordinatenanfangspunkt. Es soll der Winkel (l_1, l_2), den diese beiden Richtungen bilden, bestimmt werden.

Wenn wir auf den Strahlen l_1, l_2 von O aus beliebige Längen r_1, r_2 abtragen, so erhalten wir zwei Punkte 1, 2, deren Koordinaten nach

(2) gleich $r_1 a_1, r_1 b_1, r_1 c_1; r_2 a_2, r_2 b_2, r_2 c_2$ sind, und es ist daher, wenn (1, 2) die Entfernung der beiden Punkte bedeutet, nach (1):

$$\begin{aligned}(1, 2)^2 &= (r_1 a_1 - r_2 a_2)^2 + (r_1 b_1 - r_2 b_2)^2 + (r_1 c_1 - r_2 c_2)^2 \\ &= r_1^2 + r_2^2 - 2 r_1 r_2 (a_1 a_2 + b_1 b_2 + c_1 c_2).\end{aligned}$$

Andererseits ist nach dem Kosinussatz der Trigonometrie (§ 28, 4.):

$$(1, 2)^2 = r_1^2 + r_2^2 - 2 r_1 r_2 \cos(l_1, l_2),$$

und die Vergleichung der beiden Formeln gibt das Resultat:

$$\cos(l_1, l_2) = a_1 a_2 + b_1 b_2 + c_1 c_2. \tag{5}$$

Die Bedingung dafür, daß die beiden Richtungen aufeinander senkrecht stehen, ist daher

$$a_1 a_2 + b_1 b_2 + c_1 c_2 = 0. \tag{6}$$

4. Wir betrachten noch den Flächeninhalt $\varDelta$ des Dreiecks (0, 1, 2). Wenn wir das Dreieck $\varDelta$ auf die Koordinatenebenen projizieren, so erhalten wir die drei Projektionen $\varDelta_x, \varDelta_y, \varDelta_z$, und es ist nach § 57, 6.

$$\begin{aligned}2\varDelta_x &= r_1 r_2 (b_1 c_2 - c_1 b_2), \\ 2\varDelta_y &= r_1 r_2 (c_1 a_2 - a_1 c_2), \\ 2\varDelta_z &= r_1 r_2 (a_1 b_2 - b_1 a_2).\end{aligned} \tag{7}$$

Diese Ausdrücke haben das positive oder negative Zeichen, je nachdem der Umlauf (0, 1, 2) in der Projektion ein positiver oder negativer ist.

Ziehen wir eine Normale n an die Ebene (0, 1, 2), und zwar in dem Sinne, daß 1, 2, n ein Rechtssystem bilden, falls das Koordinatensystem ein Rechtssystem ist, so ist, auch mit Rücksicht auf das Vorzeichen,

$$\begin{aligned}\varDelta_x &= \varDelta \cos(n, x), \\ \varDelta_y &= \varDelta \cos(n, y), \\ \varDelta_z &= \varDelta \cos(n, z),\end{aligned} \tag{8}$$

wovon man sich überzeugen kann, wenn man das System 1, 2, n mit xyz oder mit yzx oder mit zxy zusammenfallen läßt. Daraus folgt aber:

$$\varDelta^2 = \varDelta_x^2 + \varDelta_y^2 + \varDelta_z^2, \tag{9}$$

worin man eine Verallgemeinerung des Pythagoräischen Lehrsatzes erkennt. Bemerkenswert ist dabei, daß die Größen, von denen er handelt, nämlich die Quadrate von Flächen im dreidimensionalen Raume, keine anschauliche Bedeutung mehr haben, und daß also ein direkter geometrischer Beweis, nach Analogie des Pythagoräischen Satzes, nicht möglich ist.

Es ist aber nach der Trigonometrie (§ 31 (6)):

$$2\Delta = r_1 r_2 \sin(l_1, l_2),$$

und wenn wir hier quadrieren und (7) und (9) benutzen, so folgt

$$(10) \quad \sin^2(l_1, l_2) = (b_1 c_2 - c_1 b_2)^2 + (c_1 a_2 - a_1 c_2)^2 + (a_1 b_2 - b_1 a_2)^2.$$

Da (l_1, l_2) zwischen 0 und π liegt, so ist $\sin(l_1, l_2)$ immer positiv. Durch Rechnung kann man diese Formel auch aus (5) ableiten.

5. Wir können hiernach die Aufgabe lösen, die Richtung n zu bestimmen, die auf den beiden Richtungen l_1, l_2 senkrecht steht. Sind α, β, γ die Richtungskosinusse von n, so haben wir nach (6) und (4) die drei Bedingungen zu erfüllen:

$$(11) \quad \begin{aligned} \alpha a_1 + \beta b_1 + \gamma c_1 &= 0, \\ \alpha a_2 + \beta b_2 + \gamma c_2 &= 0, \\ \alpha^2 + \beta^2 + \gamma^2 &= 1. \end{aligned}$$

Aus den beiden ersten findet man die Verhältnisse $\alpha : \beta : \gamma$ (Bd. I. § 41)

$$(b_1 c_2 - c_1 b_2) : (c_1 a_2 - a_1 c_2) : (a_1 b_2 - b_1 a_2),$$

und wenn man einen Proportionalitätsfaktor nach (10) bestimmt, so ergibt sich aus der letzten Gleichung (11) mit Rücksicht auf (10):

$$(12) \quad \begin{aligned} \alpha \sin(l_1, l_2) &= b_1 c_2 - c_1 b_2, \\ \beta \sin(l_1, l_2) &= c_1 a_2 - a_1 c_2, \\ \gamma \sin(l_1, l_2) &= a_1 b_2 - b_1 a_2. \end{aligned}$$

Das Vorzeichen in diesen Formeln ändert sich, wenn man l_1 mit l_2 vertauscht oder eine der drei Richtungen l_1, l_2, n in die entgegengesetzte verwandelt. Um das Vorzeichen zu bestimmen, nehmen wir $\sin(l_1, l_2)$ positiv. Lassen wir dann l_1, l_2, n mit x, y, z zusammenfallen, so gibt die letzte der Formeln (12) die Identität $1 = 1$, und es folgt also:

Die Formeln (12) sind richtig, wenn das System (l_1, l_2, n) mit (x, y, z) gleichartig ist, also, bei unserer Annahme, wenn l_1, l_2, n ein Rechtssystem ist.

6. Die Formeln, die wir hier abgeleitet haben, können unter anderem dazu verwandt werden, um die Grundformeln der sphärischen Trigonometrie auf analytischem Wege zu gewinnen. Wir wollen dies an dem Kosinussatz durchführen, aus dem, wie früher gezeigt, die übrigen Formeln abgeleitet werden können.

Wir betrachten eine dreiseitige körperliche Ecke mit den Kantenwinkeln a, b, c und den Flächenwinkeln α, β, γ; alle diese Winkel seien kleiner als π. Die drei Kanten mögen mit l_1, l_2, l_3 bezeichnet sein und zwar so, daß (l_1, l_2, l_3) ein Rechtssystem bilden. Wir errichten auf den drei Flächen die Normalen n_1, n_2, n_3 in dem Sinne, daß auch (l_2, l_3, n_1), (l_3, l_1, n_2), (l_1, l_2, n_3) Rechtssysteme bilden. Dann ist auch (n_1, n_2, n_3) ein Rechtssystem.

Wir nehmen nun an:

l_1	habe die Richtungskosinusse	$a_1, b_1, c_1,$
l_2	„ „ „	$a_2, b_2, c_2,$
l_3	„ „ „	$a_3, b_3, c_3,$
n_1	„ „ „	$\alpha_1, \beta_1, \gamma_1,$
n_2	„ „ „	$\alpha_2, \beta_2, \gamma_2,$
n_3	„ „ „	$\alpha_3, \beta_3, \gamma_3.$

Aus den Formeln (12) ergibt sich dann:

$$\alpha_2 \sin b = b_3 c_1 - c_3 b_1, \qquad \alpha_3 \sin c = b_1 c_2 - c_1 b_2,$$
$$\beta_2 \sin b = c_3 a_1 - a_3 c_1, \qquad \beta_3 \sin c = c_1 a_2 - a_1 c_2,$$
$$\gamma_2 \sin b = a_3 b_1 - b_3 a_1, \qquad \gamma_3 \sin c = a_1 b_2 - b_1 a_2,$$

und durch Multiplikation je zweier entsprechender dieser Formeln und Addition nach (5):

$$\cos \alpha \sin b \sin c = \Sigma (b_3 c_1 - c_3 b_1)(b_1 c_2 - c_1 b_2),$$

worin das Summenzeichen auf der Rechten sich auf die drei Glieder erstreckt, die man aus dem ersten durch zyklische Vertauschung der Buchstaben a, b, c erhält. Rechnet man diese Summe aus, so ergibt sich

$$(a_1 a_2 + b_1 b_2 + c_1 c_2)(a_1 a_3 + b_1 b_3 + c_1 c_3)$$
$$- (a_2 a_3 + b_2 b_3 + c_2 c_3)(a_1^2 + b_1^2 + c_1^2),$$

und daher nach (4) und (5):

$$\cos \alpha \sin b \sin c = \cos b \cos c - \cos a.$$

Dies ist der sphärische Kosinussatz (§ 41).

§ 100. Gleichung der Ebene.

1. Eine Ebene ist vollständig und eindeutig bestimmt, wenn ihr senkrechter Abstand δ vom Koordinatenanfangspunkt und die Winkel α, β, γ, die dieses Perpendikel mit den Achsen bildet, gegeben sind. Zwischen diesen Winkeln muß die Relation § 99, (4) bestehen.

Es sei nun außer dieser Ebene e ein Punkt P mit den Koordinaten x, y, z gegeben; es wird der senkrechte Abstand d dieses Punktes von der Ebene gesucht. Die Verbindungslinie OP, deren Länge r sei, hat die Richtungskosinusse x/r, y/r, z/r (§ 99, (2)), und demnach ist nach § 99, (5):

$$r\cos(\delta, r) = x\cos\alpha + y\cos\beta + z\cos\gamma. \tag{1}$$

Rechnen wir d positiv, wenn der Punkt P auf der entgegengesetzten Seite von e liegt, wie O, so ist $d + \delta = r\cos(\delta, r)$, also:

$$d = x\cos\alpha + y\cos\beta + z\cos\gamma - \delta. \tag{2}$$

Geht aber die Ebene e durch den Koordinatenanfangspunkt selbst, so setzen wir nach Willkür eine der beiden Seiten von e als die positive fest, und verstehen unter $\cos\alpha$, $\cos\beta$, $\cos\gamma$ die Richtungskosinusse der nach der positiven Seite gerichteten Normale. Es ist dann d positiv, wenn P auf der positiven Seite von e liegt.

2. Wenn $d = 0$ ist, so liegt der Punkt P auf der Ebene e, und demnach ist

$$x\cos\alpha + y\cos\beta + z\cos\gamma - \delta = 0 \tag{3}$$

die Gleichung der Ebene e, und zwar in der Normalform, und wir haben, ganz wie bei der Gleichung der Geraden in der Ebene, den Satz:

Setzt man in die Gleichung einer Ebene in der Normalform die Koordinaten eines Punktes P ein, so erhält man den senkrechten Abstand des Punktes P von der Ebene.

3. Durch Multiplikation der Gleichung (3) mit einem konstanten von Null verschiedenen Faktor erhält man die Gleichung der Ebene in der allgemeinen Form

$$ax + by + cz + d = 0, \tag{4}$$

und man zeigt ebenso wie in der Geometrie der Ebene (§ 58, 2.), daß jede Gleichung ersten Grades in x, y, z eine Ebene darstellt.

Charakteristisch für die Normalform ist die Relation

$$a^2 + b^2 + c^2 = 1.$$

Eine andere besondere Form der Gleichung der Ebene, die sich nur dann nicht herstellen läßt, wenn die Ebene durch den Koordinatenanfangspunkt geht, ist diese:

$$\frac{x}{a} + \frac{y}{b} + \frac{z}{c} - 1 = 0. \tag{5}$$

Hier bedeuten a, b, c die Abschnitte, die die Ebene auf den Koordinatenachsen bestimmt.

§ 101. Das Tetraedervolumen.

1. Es seien vier Punkte im Raume 0, 1, 2, 3 durch ihre Koordinaten gegeben. Es soll das Volumen des Tetraeders ausgedrückt werden, dessen Ecken diese vier Punkte sind. Wir verlegen der Einfachheit halber den Punkt 0 in den Koordinatenanfangspunkt und wählen die Bezeichnung so, daß 01, 02, 03 ein Rechtssystem bilden. Ziehen wir dann die Normale n an die Ebene (012), so wie wir es im § 99, 4. vorausgesetzt haben, so liegt der Punkt 3 auf der positiven Seite dieser Ebene. Ist wie dort Δ die Oberfläche des Dreiecks (0, 1, 2), und d das Perpendikel von 3 auf diese Ebene, so ist nach § 100, (2):

$$d = x_3 \cos(nx) + y_3 \cos(ny) + z_3 \cos(nz), \tag{1}$$

und nach § 99 (7), (8):

$$\begin{aligned} 2\Delta \cos(nx) &= y_1 z_2 - y_2 z_1, \\ 2\Delta \cos(ny) &= z_1 x_2 - z_2 x_1, \\ 2\Delta \cos(nz) &= x_1 y_2 - x_2 y_1; \end{aligned} \tag{2}$$

nun ist das Tetraedervolumen T gleich $\frac{1}{3} d\Delta$, also nach (1) und (2):

$$6T = x_3(y_1 z_2 - y_2 z_1) + y_3(z_1 x_2 - z_2 x_1) + z_3(x_1 y_2 - x_2 y_1), \tag{3}$$

und dieser Ausdruck läßt sich nach Bd. I. § 40 als Determinante schreiben:

$$6T = \begin{vmatrix} x_1, & y_1, & z_1 \\ x_2, & y_2, & z_2 \\ x_3, & y_3, & z_3 \end{vmatrix}. \tag{4}$$

Das Vorzeichen ist hier richtig unter der Voraussetzung, daß (01), (02), (03) ein Rechtssystem bilden (wie das Koordinatensystem); andernfalls muß das Vorzeichen das entgegengesetzte sein.

2. Führt man statt der Koordinaten die Richtungskosinusse ein, setzt man also

$$x_i = r_i a_i, \quad y_i = r_i b_i, \quad z_i = r_i c_i,$$

und setzt

$$D = \begin{vmatrix} a_1, & b_1, & c_1 \\ a_2, & b_2, & c_2 \\ a_3, & b_3, & c_3 \end{vmatrix},$$

so folgt, wenn man den Satz über die Multplikation der Determinanten voraussetzt, nach § 99, (4), (5):

(5)
$$D^2 = \begin{vmatrix} 1, & \cos(12), & \cos(13) \\ \cos(21), & 1, & \cos(23) \\ \cos(31), & \cos(32), & 1 \end{vmatrix}$$

$$= 1 - \cos^2(23) - \cos^2(31) - \cos^2(12) + 2\cos(23)\cos(31)\cos(12)$$

und:

(6)
$$6T = r_1 r_2 r_3 D.$$

Hierin ist D dieselbe Größe, die wir in der sphärischen Trigonometrie als Eckensinus bezeichnet haben (§ 42).

3. Man kann das Tetraedervolumen, oder vielmehr sein Quadrat, durch die sechs Kanten des Tetraeders ausdrücken, und man erhält alle die Ausdrücke durch Anwendung einfacher Determinantensätze. Wir wollen die Kanten so bezeichnen:

$$r_1 = (01), \quad r_2 = (02), \quad r_3 = (03),$$
$$\varrho_1 = (23), \quad \varrho_2 = (31), \quad \varrho_3 = (12).$$

Man hat dann nach dem Kosinussatz der ebenen Trigonometrie und nach § 99, (5)

$$\varrho_3^2 = r_1^2 + r_2^2 - 2r_1 r_2 \cos(12),$$
$$x_1 x_2 + y_1 y_2 + z_1 z_2 = r_1 r_2 \cos(12) = \tfrac{1}{2}(r_1^2 + r_2^2 - \varrho_3^2),$$

und analog die übrigen Ausdrücke.

Also wenn man die Determinante (4) ins Quadrat erhebt und jede Reihe mit 2 multipliziert:

(7)
$$288\,T^2 = \begin{vmatrix} 2r_1^2, & r_1^2 + r_2^2 - \varrho_3^2, & r_1^2 + r_3^2 - \varrho_2^2 \\ r_2^2 + r_1^2 - \varrho_3^2, & 2r_2^2, & r_2^2 + r_3^2 - \varrho_1^2 \\ r_3^2 + r_1^2 - \varrho_2^2, & r_3^2 + r_2^2 - \varrho_1^2, & 2r_3^2 \end{vmatrix}.$$

Setzt man $T = 0$, so bekommt man die Beziehung zwischen den sechs Abständen von vier Punkten einer Ebene (§ 32, 2.).

Wenn man der Determinante (7) eine 4te und 5te Vertikalreihe

$$\begin{matrix} r_1^2 & 0 \\ r_2^2 & 0 \\ r_3^2 & 0 \\ 1 & 0 \\ 0 & 1 \end{matrix}$$

und eine 4te und 5te Horizontalreihe

$$\begin{matrix} 0 & 0 & 0 & 1 & 0 \\ r_1^2 & r_2^2 & r_3^2 & 0 & 1 \end{matrix}$$

hinzufügt, so ändert sich der Wert der Determinante nicht. Man kann ihn aber dann durch Anwendung des Satzes, nach dem man eine Reihe von einer anderen subtrahieren darf, ohne den Wert der Determinante zu ändern, die symmetrische Form geben:

$$(8) \qquad 288\,T^2 = \begin{vmatrix} 0 & \varrho_3^2 & \varrho_2^2 & r_1^2 & 1 \\ \varrho_3^2 & 0 & \varrho_1^2 & r_2^2 & 1 \\ \varrho_2^2 & \varrho_1^2 & 0 & r_3^2 & 1 \\ r_1^2 & r_2^2 & r_3^2 & 0 & 1 \\ 1 & 1 & 1 & 1 & 0 \end{vmatrix}.$$

In dieser Form ist keine der Ecken vor den anderen bevorzugt.

§ 102. Flächen zweiten Grades.

1. Sind a, b, c die Koordinaten eines festen Punktes P_0, und x, y, z die eines veränderlichen Punktes P, ist ferner r eine gegebene Länge, so drückt die Gleichung

$$(1) \qquad k \equiv (x-a)^2 + (y-b)^2 + (z-c)^2 - r^2 = 0$$

die Bedingung aus, daß der Punkt P von P_0 die konstante Entfernung r haben soll, und ist also die Gleichung einer Kugelfläche mit dem Mittelpunkt P_0 und dem Radius r.

Entwickelt lautet die Gleichung so:

$$(2) \qquad x^2 + y^2 + z^2 - 2ax - 2by - 2cz + a^2 + b^2 + c^2 - r^2 = 0.$$

Sie ist also in Bezug auf x, y, z vom zweiten Grade, und die Kugel gehört zu den Flächen zweiten Grades.

Umgekehrt stellt jede Gleichung zweiten Grades, in der die Glieder zweiter Ordnung nur in der Verbindung $x^2 + y^2 + z^2$ vorkommen, eine Kugel dar. Diese Kugel kann allerdings auch imaginär sein, wenn r^2 in (1) einen negativen Wert erhalten sollte. Für $r = 0$ ergibt sich die „Punktkugel“.

2. Setzen wir in k für x, y, z die Koordinaten eines Punktes P ein, der nicht auf der Kugelfläche liegt und vom Kugelmittelpunkt die Entfernung ϱ hat, so ergibt sich

$$k = \varrho^2 - r^2 = (\varrho - r)(\varrho + r),$$

und dies ist die Potenz des Punktes P in Bezug auf die Kugel k. Hieran knüpfen sich ähnliche Betrachtungen wie beim Kreis in der Ebene, worauf wir hier nicht näher eingehen.

3. Jede Gleichung zweiten Grades von der Form

$$A(x^2 + y^2 + z^2) + Bx + Cy + Dz + E = 0$$

stellt eine Kugel dar, außer wenn $A = 0$ ist. In diesem Falle artet die Kugel in eine Ebene aus. Lage und Größe der Kugel hängen ab von den Verhältnissen der fünf Größen A, B, C, D, E, und man kann also eine Kugel durch vier gegebene Punkte legen.

4. Sind k und k' zwei Ausdrücke von der Form (1), so ist $k - k' = 0$ die Gleichung einer Ebene. Sie heißt die Potenzebene der beiden Kugeln. Ist λ ein unbestimmter Parameter, so stellt die Gleichung

$$k - \lambda k' = 0 \tag{3}$$

ein Kugelbüschel dar. Alle Kugeln des Büschels haben dieselbe Potenzebene und gehen, wenn sie sich überhaupt in reellen Punkten schneiden, durch einen und denselben Kreis. Dieser Kreis kann in einen Punkt ausarten. Dann berühren sich die Kugeln des Büschels in diesem Punkt.

Nehmen wir einen dritten Ausdruck k'' hinzu, der nicht dem Büschel (3) angehört, und bezeichnet μ einen zweiten unbestimmten Parameter, so ist

$$k + \lambda k' + \mu k'' = 0 \tag{4}$$

die Gleichung eines Kugelbündels. Die drei Kugeln k, k', k'' schneiden sich in zwei Punkten, die reell oder imaginär oder zusammenfallend sein können. Alle Kugeln des Bündels gehen durch dieselben zwei Punkte. Ebenso ist

$$k + \lambda k' + \mu k'' + \nu k''' = 0 \tag{5}$$

die Gleichung eines Kugelgebüsches. Ein spezieller Fall ist der, daß k, k', k'', k''' einen gemeinsamen Punkt haben. Durch diesen gehen dann alle Kugeln des Gebüsches.

Nimmt man einen fünften Ausdruck k'''' und einen Parameter ϱ hinzu, so ergibt sich eine Gleichung:

$$k + \lambda k' + \mu k'' + \nu k''' + \varrho k'''' = 0,$$

in der jede beliebige Kugel enthalten ist.

5. Die Kugel ist ein spezieller Fall der Flächen zweiten Grades. Die allgemeine Gleichung zweiten Grades $F(x, y, z) = 0$ enthält die zehn Glieder:

$$x^2,\ y^2,\ z^2,\ yz,\ zx,\ xy,\ x,\ y,\ z,\ 1, \tag{6}$$

jedes mit einem Koeffizienten multipliziert. Diese Koeffizienten lassen sich aus linearen Gleichungen so bestimmen, daß die Fläche durch neun gegebene Punkte geht, und diese Bestimmung ist, wenn die Punkte keine besondere Lage haben, eindeutig.

6. Enthält die Gleichung $F(x, y, z) = 0$ nur die Glieder $x^2, y^2, z^2, yz, zx, xy$, so heißt sie homogen. Ist eine solche Gleichung für irgend einen Punkt x, y, z erfüllt, so bleibt sie richtig, wenn x, y, z durch hx, hy, hz ersetzt werden, wo h beliebig ist. Sie bleibt also richtig für alle Punkte einer Geraden, die durch den Nullpunkt und durch den Punkt x, y, z geht, d. h. diese Gerade liegt ihrer ganzen Ausdehnung nach auf der Fläche. Die Fläche ist eine Kegelfläche.

7. Wir müssen uns hier darauf beschränken, die Normalformen der Gleichungen zweiten Grades anzugeben, auf die man geführt wird, wenn man dem Koordinatensystem eine besondere Lage gegen die Fläche gibt.

1) Ellipsoid: $$\frac{x^2}{a^2} + \frac{y^2}{b^2} + \frac{z^2}{c^2} = 1.$$

Die Fläche wird durch die Koordinatenebenen in acht symmetrische und kongruente Teile geteilt. Der Nullpunkt ist der Mittelpunkt der Fläche, d. h. jede Sehne, die durch diesen Punkt geht, wird in ihm halbiert.

Die Koordinatenachsen heißen die Hauptachsen, die Koordinatenebenen die Hauptebenen der Fläche.

Jede Hauptebene schneidet die Fläche in einer Ellipse, und die halben Hauptachsen dieser Ellipsen sind b, c; c, a; a, b.

Die Strecken a, b, c heißen auch die Halbachsen der Fläche, ($2a, 2b, 2c$ die Achsen).

2) $$\frac{x^2}{a^2} + \frac{y^2}{b^2} - \frac{z^2}{c^2} = 1.$$

Einschaliges Hyperboloid. Die Fläche wird von den Ebenen $x = 0$, $y = 0$ in Hyperbeln, von $z = 0$ in einer Ellipse geschnitten.

3) $$-\frac{x^2}{a^2} - \frac{y^2}{b^2} + \frac{z^2}{c^2} = 1.$$

Zweischaliges Hyperboloid. Die Fläche wird von $x = 0$, $y = 0$ in Hyperbeln, von $z = 0$ aber gar nicht geschnitten. Diese drei Flächen sind die Mittelpunktsflächen zweiten Grades.

Als besondere Fälle, die geeignet sind, ein anschauliches Bild dieser Flächen zu geben, bemerke man die Rotationsflächen, die der Annahme $a = b$ entsprechen. Man kann zweierlei Rotationsellipsoide unterscheiden, von denen das eine, das abgeplattete, durch Umdrehung einer Ellipse um die kleine Achse, das andere, das verlängerte oder eiförmige, durch Umdrehung um die große Achse entsteht. Die beiden Rotationshyperboloide entstehen durch Umdrehung einer Hyperbel um jede der beiden Achsen. Das eine ist eine zusammenhängende kelchartige Fläche, das andere besteht aus zwei getrennten schalenartigen Teilen.

Modelle würden hier zur Ausbildung der Vorstellung gute Dienste leisten. Graphische Darstellungen werden im dritten Bande gegeben werden.

8. Außer diesen Mittelpunktsflächen hat man noch zwei Arten von Flächen, die keinen Mittelpunkt haben, deren Gleichungen folgende Form gegeben werden kann:

$$4)\qquad \frac{z}{c} = \frac{x^2}{a^2} + \frac{y^2}{b^2}$$

erstes oder elliptisches Paraboloid,

$$5)\qquad \frac{z}{c} = \frac{x^2}{a^2} - \frac{y^2}{b^2}$$

zweites oder windschiefes (hyperbolisches) Paraboloid.

Das erste geht in eine Rotationsfläche über, wenn $a = b$ ist. Es entsteht durch Umdrehung einer Parabel um ihre Achse und hat eine schalenförmige Gestalt.

Die zweite Art enthält keine Rotationsflächen.

9. Die Fläche 5) ist eine Regelfläche, d. h. sie kann durch Bewegung einer Geraden erzeugt werden, und zwar auf zwei Arten. Setzen wir sie nämlich in die Form

$$(7)\qquad \frac{z}{c} = \left(\frac{x}{a} + \frac{y}{b}\right)\left(\frac{x}{a} - \frac{y}{b}\right)$$

und setzen, indem wir unter λ einen Parameter verstehen,

$$(8)\qquad \frac{x}{a} - \frac{y}{b} = \lambda, \quad \frac{z}{c} = \lambda\left(\frac{x}{a} + \frac{y}{b}\right),$$

so ist die Gleichung (7) identisch befriedigt.

Es stellt aber jede der Gleichungen (8) für ein konstantes λ eine Ebene dar, und ihr Zusammenbestehen bedeutet also die Schnittlinie dieser Ebenen. Jede dieser Geraden liegt also ihrer ganzen Ausdehnung nach auf der Fläche.

Die zweite Schar von Geraden, die auf der Fläche liegen, erhält man durch die Gleichungen

$$(9)\qquad \frac{x}{a} + \frac{y}{b} = \lambda, \quad \frac{z}{c} = \lambda\left(\frac{x}{a} - \frac{y}{b}\right).$$

Ebenso kann das einschalige Hyperboloid 2) auf zwei Arten durch gerade Linien erzeugt werden. Denn seine Gleichung ist bei jeder der beiden Annahmen

$$(10)\qquad \frac{y}{b} - \frac{z}{c} = \lambda\left(1 - \frac{x}{a}\right), \quad \lambda\left(\frac{y}{b} + \frac{z}{c}\right) = \left(1 + \frac{x}{a}\right),$$

$$(11)\qquad \frac{y}{b}+\frac{z}{c}=\lambda\left(1-\frac{x}{a}\right),\quad \lambda\left(\frac{y}{b}-\frac{z}{c}\right)=\left(1-\frac{x}{a}\right)$$

bei unbestimmten Werten des Parameters λ befriedigt.

Vertauscht man in diesen Gleichungen x und y, so erhält man eine neue Darstellung, aber keine anderen Geraden.

§ 103. Fläche der Ellipse und Volumen des Ellipsoids.

1. Es sei eine Ellipse mit der Gleichung

$$(1)\qquad \frac{x^2}{a^2}+\frac{y^2}{b^2}=1$$

gegeben. Wir umschreiben dieser Ellipse einen Kreis mit dem Radius a, dessen Gleichung, wenn Y die Ordinate des Kreises ist, die Form hat

$$(2)\qquad \frac{x^2}{a^2}+\frac{Y^2}{a^2}=1.$$

Konstruieren wir bei der Abszisse x zwei Rechtecke mit der gemeinschaftlichen Basis Δ und mit den Höhen y und Y, so verhalten sich die Flächen dieser Rechtecke wie $y : Y$.

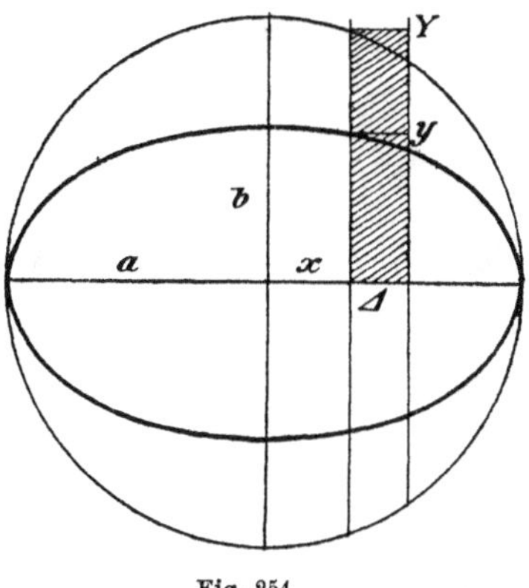

Fig. 254.

Es ergibt sich aber aus (1) und (2):

$$y : Y = b : a,$$

also ist das Verhältnis dieser Rechtecke von x unabhängig.

Teilt man also die Ellipse und den Kreis in unendlich viele Rechtecke dieser Art, so folgt, daß die Fläche der Ellipse zur Fläche des Kreises ebenfalls im Verhältnis $b : a$ steht. Die Fläche des Kreises ist aber πa^2, und folglich ist die Fläche der Ellipse

$$(2)\qquad \pi a b.$$

2. Hiernach können wir leicht durch Anwendung des Cavalierischen Prinzips den Rauminhalt des Ellipsoids finden, dessen Gleichung wir in der Form annehmen:

$$(3)\qquad \frac{x^2}{a^2}+\frac{y^2}{b^2}+\frac{z^2}{c^2}=1.$$

Schneiden wir diese Fläche durch eine Ebene parallel zur yz-Ebene, wo also x einen konstanten Wert hat, so ist die Schnittkurve eine Ellipse, deren Gleichung in einem ebenen Koordinatensystem yz diese ist:

(4) $$\frac{y^2}{b^2\left(1-\frac{x^2}{a^2}\right)}+\frac{z^2}{c^2\left(1-\frac{x^2}{a^2}\right)}=1,$$

und um den Inhalt dieser Fläche zu finden, haben wir also in (2) a, b zu ersetzen durch

$$b\sqrt{1-\frac{x^2}{a^2}},\quad c\sqrt{1-\frac{x^2}{a^2}}.$$

Der Inhalt ist daher

$$\pi bc\left(1-\frac{x^2}{a^2}\right)$$

und ist also eine Funktion 2ten Grades von x. Da die Höhe des Körpers zwischen den beiden Werten $x = \pm a$ gleich $2a$ ist, so ergibt sich, wenn man in § 90, (13)

$$h = 2a,\quad \varDelta_1 = \varDelta_2 = 0,\quad \varDelta_m = \pi bc$$

setzt:

(5) $$\text{Volumen des Ellipsoids} = \frac{4\pi abc}{3}.$$

Für $a = b = c$ gibt dieser Ausdruck das Volumen der Kugel.

Nachtrag zu den Grundlagen der Geometrie.

Von H. Weber.

In der Fußnote zu Seite 144 habe ich einer Meinungsverschiedenheit zwischen meinem Mitarbeiter und mir gedacht, über die ich mich hier noch etwas näher erklären möchte, will aber gleich von vornherein hervorheben, daß sie nicht derart ist, daß nicht eine Vereinigung zu erzielen wäre, und daß sie überhaupt mehr den Ausdruck als die Sache betrifft.

In einer berühmten Stelle in Kants Kritik der reinen Vernunft heißt es:

„Laßt von eurem Erfahrungsbegriffe eines Körpers alles, was daran empirisch ist, nach und nach weg: die Farbe, die Härte oder Weiche, die Schwere, die Undurchdringlichkeit, so bleibt doch der Raum übrig, den er (der nun ganz verschwunden ist) einnahm, und den könnt ihr nicht weglassen."

Und ähnlich an einer anderen Stelle:

„Man kann sich niemals eine Vorstellung davon machen, daß kein Raum sei, ob man sich gleich ganz wohl denken kann, daß keine Gegenstände darin angetroffen werden."

Mag man im übrigen zu Kants Raumlehre stehen wie man will, so ist doch hier eine unbestreitbare Tatsache unseres Bewußtseins konstatiert, auf der wir weiter bauen müssen. Das Gleiche gilt von der Zeit. Ich kann hierin nichts anderes als eine „Anschauungsnotwendigkeit" erblicken, von der übrigens ganz dahingestellt bleibt, in welchem Stadium unseres individuellen Lebens und unter welchen Einflüssen sie entstanden ist, ob sie also „apriorisch" oder „empirisch" ist.

Ich kann mir unmöglich vorstellen, daß der Raum, in dem sich beispielsweise die Erde heute vor einem Jahre befand, gegenwärtig nicht mehr vorhanden sei, und in diesem Sinne bin ich gezwungen, an eine absolute Zeit und einen absoluten Raum zu glauben, wie sie Newton verlangt:

„Die absolute, wahre und mathematische Zeit verfließt an sich und vermöge ihrer Natur gleichförmig und ohne Beziehung auf irgend einen Gegenstand."

„Der absolute Raum bleibt, vermöge seiner Natur und ohne Beziehung auf einen äußeren Gegenstand, stets gleich und unbeweglich." (Philosophiae naturalis principia mathematica. Deutsche Ausgabe von Wolfers.)

Stellt man sich aber auf den empiristischen Standpunkt, den heutzutage die meisten Naturforscher einnehmen, wonach es die Aufgabe der Wissenschaft ist, Bilder zu schaffen, deren Zusammenhang dem Zusammenhang der Dinge entspricht, wie Heinrich Hertz es ausdrückt: „Innere Scheinbilder oder Symbole der äußeren Gegenstände von der Art, daß die denknotwendigen Folgen der Bilder stets wieder die Bilder seien von naturnotwendigen Folgen der abgebildeten Gegenstände", so erscheint auch von hier aus die Annahme der absoluten Zeit und des absoluten Raumes weitaus als die beste und einfachste. Läßt man diese Voraussetzungen fallen, so führen die mechanischen Grundbegriffe, Geschwindigkeit, Beschleunigung, Trägheit, Kraft, in unvermeidliche Widersprüche und Schwierigkeiten.

Irgend eine Erfahrung, die mit der Annahme eines absoluten Raumes und einer absoluten Zeit jemals in Widerspruch stehen könnte, ist undenkbar.

Heinrich Hertz leitet das erste Buch seiner Prinzipien der Mechanik mit der Erklärung ein:

„Die Zeit des ersten Buches ist die Zeit unserer inneren Anschauung. Sie ist daher eine Größe, von deren Änderungen die Änderungen der übrigen betrachteten Größen abhängig gedacht werden können, während sie selbst stets unabhängig veränderlich ist.

Der Raum des ersten Buches ist der Raum unserer Vorstellung. Er ist also der Raum der Euklidischen Geometrie mit allen Eigenschaften, welche diese Geometrie ihm zuspricht. Es ist gleichgültig für uns, ob man diese Eigenschaften ansieht als gegeben durch die Gesetze der inneren Anschauung, oder als denknotwendige Folgen willkürlicher Definitionen."

Erst im zweiten Buch, bei der Anwendung auf bestimmte Vorgänge werden dann, ganz wie es auch bei Newton geschieht, für Raum und Zeit relative, durch bestimmte Vorgänge und Objekte erklärte Maße eingeführt.

> Aber die ursprüngliche Vorstellung vom Raume enthält nichts genaues, nichts scharfes in sich. Es gibt darin keinen Punkt, keine Linie, keine Fläche und also auch keine Maße und keine Geometrie.

Diese Begriffe sind Schöpfungen des denkenden Geistes, und zwar entspringen sie aus der allerallgemeinsten, fundamendalsten und fruchtbarsten Geistestätigkeit, der Bildung von Gattungsbegriffen, Klassen oder Ideen.[1])

1) Diese Auffassung berührt sich mit den Ideenlehren Platons. Ich habe

Diese Ideenbildung vollzieht sich in unserer Seele unbewußt, und ich will es dahingestellt sein lassen, ob unsere Raum- und Zeitanschauung selbst das Ergebnis einer Ideenbildung ist. Der Nachweis der einzelnen Schritte und ihres Zusammenhanges ist eine schwere und verwickelte Aufgabe, die noch kaum in Angriff genommen ist, von der aber eine tiefere Einsicht in die Grundlagen der Geometrie abhängt. Denn wie können Beweise befriedigend ausfallen, so lange man nicht weiß, was die Dinge sind, deren Eigenschaften man erkennen will?

Ich will hier versuchen, an dem einfachsten Fall, dem Begriff des Punktes, den Weg darzulegen, auf dem die Lösung der Aufgabe gesucht werden könnte.

Wie schon bemerkt, haben wir in unserer Raumvorstellung keine scharfen Grenzen. Bei keinem physischen Körper können wir, wie sehr wir auch die Beobachtung verschärfen mögen, genau angeben, was zu ihm gehört, was nicht.

Ich gehe aber von folgenden, der Anschauung entnommenen Voraussetzungen aus:

1. Ich unterscheide im Raume verschiedene Raumteile, die nicht scharf gegeneinander abgegrenzt sind.

2. Jeder Raumteil hat selbst wieder Teile, die nicht mit ihm identisch sind (echte Teile).

3. Ist A irgend ein Raumteil, so gibt es von A verschiedene Raumteile A', die unzweifelhaft in A enthalten sind, und andere Raumteile A'', die mit A unzweifelhaft nichts gemein haben.

(Außerdem gibt es noch Raumteile, die mit A einen Teil gemein haben oder bei denen die Sache der unscharfen Grenzen wegen zweifelhaft ist.)

In diesen Voraussetzungen ist die Kontinuität der Raumanschauung enthalten.

Ein Raumteil A_1 heißt kleiner als A ($A_1 < A$ oder $A > A_1$), wenn A_1 nicht mit A identisch aber unzweifelhaft in A enthalten ist. Es heißt dann A_1 ein Teil von A.

4. Ich gehe aus von einem beliebigen Raumteil A und nehme

---

schon vor fünfundzwanzig Jahren in einer Königsberger Rektoratsrede den Versuch gemacht, die Kausalität auf den Klassenbegriff zurückzuführen (Über Kausalität in den Naturwissenschaften. Im Druck erschienen bei Wilhelm Engelmann, Leipzig 1881). Diese kleine Schrift ist zwar ihrer Natur nach wenig bekannt geworden, hat aber doch hin und wieder Beachtung gefunden. Ich habe mich seitdem, ohne mich gerade systematisch damit weiter zu beschäftigen, durch die Erfahrung mehr und mehr von der Fruchtbarkeit dieses Gedankens überzeugt.

einen Teil A_1 von A, sodann einen Teil A_2 von A_1, einen Teil A_3 von A_2 u. s. f. unbegrenzt. Die so entstandene Reihe von Raumteilen

$$A,\ A_1,\ A_2,\ \cdots,\ A_n\ \cdots\quad (a)$$

nenne ich (in Ermangelung eines besseren Wortes) eine Raumreihe und bezeichne sie mit a.

5. Sind

$$a = A,\ A_1,\ A_2,\ \cdots,\ A_n,\ \cdots,$$
$$b = B,\ B_1,\ B_2,\ \cdots,\ B_m,\ \cdots$$

zwei Raumreihen, so haben wir folgende Fälle zu unterscheiden:

α) Es läßt sich zu jedem noch so großen n ein ν bestimmen von der Art, daß B_ν und folglich auch $B_{\nu+1}$, $B_{\nu+2}$, $\cdots$ Teile von A_n sind.

In diesem Falle nennen wir b in a enthalten.

Ist b in a und eine dritte Raumreihe c in b enthalten, so ist auch c in a enthalten.

β) Enthalten a und b sich gegenseitig, so nennen wir a und b einander gleich oder äquivalent ($a = b$). Sind zwei Raumreihen a und b einer dritten c gleich, so sind sie auch untereinander gleich.

Alle untereinander gleichen Raumreihen a, b, c, $\cdots$ fassen wir zu einer neuen Idee zusammen, die wir ein Raumelement nennen. Wir bezeichnen es mit einem griechischen Buchstaben und setzen etwa

$$\alpha = a,\ b,\ c,\ \cdots.$$

Jede der Raumreihen a, b, c, $\cdots$ oder jeder der Raumteile A_m, B_n, C_p, $\cdots$ ist ein Repräsentant des Raumelementes.

γ) Wenn b in a, aber nicht a in b enthalten ist, so heißt b ein Teil von a oder b kleiner als a, oder a größer als b ($a > b$, $b < a$).

Wenn a größer ist als b, b größer als c, so ist auch a größer als c.

Die Beziehung $a > b$ bleibt erhalten, wenn a und b je durch eine gleiche Raumreihe ersetzt werden und überträgt sich daher auf die Raumelemente.

Es gibt aber auch Raumreihen und Raumelemente, die keine Größenbeziehung (im Sinne von β), γ)) zueinander haben.

6. Ein Raumelement α heißt ein (mathematischer) Körper, wenn es einen Raumteil K gibt, der in allen Raumteilen A_n einer reprä-

sentierenden Raumreihe enthalten ist. Es folgt dann, daß K in allen zu a gehörigen Raumteilen enthalten ist.

7. Ein Raumelement, das keinen Teil hat, heißt ein Punkt.

Diese Definition besagt nach γ): Eine Raumreihe a repräsentiert einen Punkt, wenn jede in a enthaltene Raumreihe b auch ihrerseits a enthält.[1])

Hier würde nun der Satz folgen, daß es in jedem Raumteil Punkte gibt. Dieser Satz läßt sich vielleicht noch weiter reduzieren, muß aber einstweilen als Axiom angenommen werden.

Das weitere Ziel wäre dann eine entsprechende Definition für die Begriffe Linie und Fläche. Diese Aufgabe dürfte nicht so einfach sein, wie es auf den ersten Blick scheinen könnte, und müßte sich auf tiefer gehende Untersuchungen über die „analysis situs" (in dem Sinne von § 7, 5.) stützen.

Schließlich sei noch die wohl selbstverständliche Bemerkung gemacht, daß die auf Anwendungen aller Art gerichtete Sprech- und Denkweise an Stelle der Ideen irgend einen passenden Repräsentanten setzt, genau so, wie der praktische Rechner an Stelle einer irrationalen Zahl eine genäherte rationale Zahl setzt.

1) Hier werden wir also auf das Euklidische „Σημεῖόν ἐστιν, οὗ μέρος οὐθέν" geführt, wenn ich auch nicht behaupten will, daß es bei Euklid so zu verstehen ist. Im Gegenteil, ich kann mich trotz der Einwendungen, die von philologischer Seite dagegen gemacht werden, wenn ich die Euklidischen Definitionen I, II, IV, die in § 1, 2. dieses Bandes zusammengestellt sind, betrachte, nicht ganz der Vermutung entschlagen, daß Euklid (in umgekehrter Reihenfolge) sagen wollte: „Eine Fläche ist, was nur Länge und Breite hat. Eine Linie ist Länge ohne Breite. Ein Punkt ist, was weder Länge, noch Breite, noch Dicke hat".

Alphabetisches Register.

Nachträge.

Von J. Wellstein.

I. Zu Seite 163, Zeile 4 von unten.

Zu „zusammenfällt“ gehört die Bemerkung:

> Ist umgekehrt U, V ein irgendwie nachgewiesenes Punktepaar, das A, B und M, N harmonisch trennt, und ist U derjenige Punkt des Paares, der zur Klasse $[A, B]$ gehört, so ist U ein Punkt x, der mit dem zugehörigen y zusammenfällt;

denn nach Satz 4. werden wir zeigen, daß die Gerade PQ, welche den Schnittpunkt P von US und AR mit dem Schnittpunkt Q von UR und BS verbindet, durch M geht. Bezeichnet man nämlich den Schnittpunkt von PQ und AB vorläufig mit M', so gibt es nach Satz 4. zu U einen Punkt V' von der Art, daß

a) A, B durch U, V' harmonisch getrennt wird,

b) M', N „ U, V' „ „ „ .

Andererseits wird nach Voraussetzung

α) A, B durch U, V harmonisch getrennt,

weshalb wegen a) der Punkt V' mit V identisch ist, und

β) M, N durch U, V harmonisch getrennt,

so daß also wegen b) auch M' mit M zusammenfällt, w. z. b. w.

II. Zum Literaturverzeichnis § 19:

Das erste Buch war bereits gedruckt, als die beiden Werke von Liebmann und Vahlen erschienen:

Liebmann, H.: Nichteuklidische Geometrie. Leipzig 1905 (Sammlung Schubert XLIX).

Vahlen, K. Th.: Abstrakte Geometrie. Leipzig 1905.

Berichtigungen zu Band I.

Zu § 3, S. 10:

Wir verdanken Herrn Theodor Schneller in Linz a. d. Donau die Mitteilung, daß in dem Beweis von Nr. 7 (S. 10) ein Fehler liegt, der darin besteht, daß von N'_a die Eigenschaft β'') an dieser Stelle noch nicht erwiesen ist, weil noch nicht feststeht, daß a nicht in N'_a enthalten ist. Um diesen Fehler zu berichtigen, ist den Nummern **7**, **8**, **9** folgende Fassung zu geben, wodurch die Schlußfolgerung zugleich vereinfacht wird.

7. Die Zahl 1 ist in N_1 nicht enthalten.

Bezeichnen wir nämlich mit N' die Zahlenmenge, die aus N durch Entfernung der Zahl 1 entsteht, setzen also $N' = N - 1$, so genügt N' den Bedingungen α') β') S. 9 (für $a = 1$) und N' ist also ein Z_1. Andererseits ist N' in jedem Z_1 enthalten. Denn aus jedem Z_1 entsteht durch Hinzufügung der Zahl 1 ein Z, und wenn N' nicht in Z_1 enthalten wäre, so wäre N nicht in Z enthalten, was der Definition von N widerspricht.

8. Wenn a nicht in N_a enthalten ist, so ist $a + 1$ nicht in N_{a+1} enthalten.

Denn nach der Voraussetzung kommt a nicht in $N'_a = N_a - (a + 1)$ vor, und folglich erfüllt N'_a die Forderungen α''), β''). N'_a ist also ein Z_{a+1}. Andererseits ist N'_a in jedem Z_{a+1} enthalten; denn es ist $Z_{a+1} + (a + 1)$ ein Z_a und enthält also N_a. Folglich ist $N'_a = N_{a+1}$.

9. Die Zahl a ist in N_a nicht enthalten.

Bezeichnen wir nämlich mit A die Menge der Zahlen a, die der Forderung genügen, daß N_a von a frei ist, so ist die Zahl 1 in A enthalten (nach 7.). Ist ferner z eine Zahl in A, so ist auch $z + 1$ in A enthalten (nach 8.). Folglich ist A ein Z und enthält die Menge N (nach 4.). Also ist jede natürliche Zahl a in A enthalten, w. z. b. w.

Von Nr. **10** an bleibt alles weitere ungeändert.

S. 70, Z. 13 v. u. l. c, c' statt a, a'.

S. 88, Z. 13 v. u. l. 52 statt 50.

S. 93, Z. 3 v. o. l. A statt a.

S. 146, Z. 2 v. o. l. $\vartheta_1 + \vartheta$ statt $\vartheta_1 - \vartheta$.

S. 251, Nr. 2.: Die Zahl 19109 ist nicht von der Form $8n + 1$, sondern von der Form $8n + 5$, und es sind alle durch 4 teilbaren Zahlen auszuschließen. Verwendet man die Exkludenten 3, 5, 7, 11, 13, so bleiben für x die Werte 10, 23, 47, 65, von denen nur 47, 65 für $m - x^2$ Quadratzahlen ergeben.

S. 270: Die vier ersten Zeilen müssen heißen:

$$\frac{\vartheta}{3} = 15^0 22' 2{,}5'', \quad \frac{\pi - \vartheta}{3} = 44^0 37' 57{,}5'', \quad \frac{\pi + \vartheta}{3} = 75^0 22' 2{,}5'',$$

$$\log y_1 = 0{,}3650684, \qquad y_1 = 2{,}317760,$$

$$\operatorname{tg}(-y_2) = 0{,}2331322, \qquad -y_2 = 1{,}710536,$$

$$\operatorname{tg}(-y_3) = 0{,}\ 7833491 - 1, \qquad -y_3 = 0{,}607224.$$

Ich hätte hier nicht versäumen sollen die Probe zu machen, daß $y_1 + y_2 + y_3 = 0$ sein muß.

S. 305, Z. 8 v. o., l. quadratischen statt algebraischen.

Zu § 96, S. 306:

Es ist uns der Wunsch ausgesprochen worden, daß ein mit elementaren Hilfsmitteln zu führender Beweis von der Irreduzibilität der Kreisteilungsgleichung in dem Buche mitgeteilt werde. Da ein solcher sich aus den in dem Buche enthaltenen Sätzen mit wenigen Worten führen läßt, so möge er hier noch eine Stelle finden, wenngleich für die Anwendungen, die von der Kreisteilung gemacht sind, dieser Beweis nicht notwendig wäre.

Es handelt sich darum, zu beweisen, daß die Funktion

$$X = x^{p-1} + x^{p-2} + \cdots + x + 1,$$

wenn p eine Primzahl ist, irreduzibel, d. h. nicht in Faktoren mit rationalen Koeffizienten zerlegbar ist. Dies ergibt sich sehr einfach aus dem Eisensteinschen Satze (§ 63, 4. S. 196). Denn es ist

$$X = \frac{x^p - 1}{x - 1},$$

und wenn wir also $x - 1 = z$ setzen, nach dem binomischen Satze:

$$X = \frac{(z+1)^p - 1}{z} = z^{p-1} + B_1^{(p)} z^{p-2} - B_2^{(p)} z^{p-3} + \cdots + B_{p-1}^{(p)}.$$

Die Binomialkoeffizienten $B_1^{(p)}, B_2^{(p)}, \cdots, B_{p-1}^{(p)}$ sind aber (§ 55, 3. S. 173) alle durch p teilbar, und der letzte von ihnen, $B_{p-1}^{(p)} = p$, ist nicht durch p^2 teilbar. Die Voraussetzungen des Eisensteinschen Satzes sind also erfüllt, und die Irreduzibilität von X ist damit bewiesen.

S. 347, Z. 2 v. o. lies $\frac{1}{2^{n-m-1}}$ statt $\frac{1}{2^{n-m+1}}$.

S. 431, Z. 4 v. o. statt B_1 lies B_2.

S. 431, Z. 18 v. o. statt $\Phi(x_\nu)$ lies $Q(z_\nu)$.

Berichtigungen zu Band II.

S. 131, Z. 2 v. u. lies die statt den.

S. 153, Z. 1 v. o. lies c statt C.

S. 156, Z. 14 v. u. lies Vorstellung statt Verstellung.

S. 162, Z. 7 v. u. lies § 12 statt § 20.

S. 380, Z. 2 v. u. lies (5) statt (6).

S. 382, Z. 18 v. u. lies § 43 statt § 8.

S. 384, Z. 4 v. u. lies Figur 184 statt Figur 183.

S. 397, Figur rechts oben lies $E_{10}^{(0)}$ statt $E^{(0)}$.

S. 427, Z. 14 v. o. lies Figur 193 statt Figur 22.

P. P.

Meinen umfangreichen Verlag auf dem Gebiete der **Mathematischen**, der **Technischen** und **Naturwissenschaften** nach allen Richtungen hin weiter auszubauen, ist mein stetes durch das Vertrauen und Wohlwollen zahlreicher hervorragender Vertreter obiger Gebiete von Erfolg begleitetes Bemühen, wie mein Verlagskatalog zeigt, und ich hoffe, daß bei gleicher Unterstützung seitens der Gelehrten und Schulmänner des In- und Auslandes auch meine weiteren Unternehmungen Lehrenden und Lernenden in Wissenschaft und Schule jederzeit förderlich sein werden. **Verlagsanerbieten** gediegener Arbeiten auf einschlägigem Gebiete werden mir deshalb, wenn auch schon gleiche oder ähnliche Werke über denselben Gegenstand in meinem Verlage erschienen sind, stets sehr willkommen sein.

Unter meinen zahlreichen Unternehmungen mache ich ganz besonders auf die von den Akademien der Wissenschaften zu Göttingen, Leipzig, München und Wien herausgegebene **Encyklopädie der Mathematischen Wissenschaften** aufmerksam, die in 7 Bänden die Arithmetik und Algebra, die Analysis, die Geometrie, die Mechanik, die Physik, die Geodäsie und Geophysik und die Astronomie behandelt und in einem Schlußband historische, philosophische und didaktische Fragen besprechen, sowie ein Generalregister zu obigen Bänden bringen wird. Eine **französische Ausgabe**, von französischen Mathematikern besorgt, hat zu erscheinen begonnen.

Weitester Verbreitung erfreuen sich die mathematischen und naturwissenschaftlichen Zeitschriften meines Verlags, als da sind: Die **Mathematischen Annalen**, die **Bibliotheca Mathematica**, das **Archiv der Mathematik und Physik**, die **Jahresberichte der Deutschen Mathematiker-Vereinigung**, die **Zeitschrift für Mathematik und Physik** (Organ für angewandte Mathematik), die **Zeitschrift für mathematischen und naturwissenschaftlichen Unterricht**, ferner **Natur und Schule** (Zeitschrift für den gesamten naturkundlichen Unterricht aller Schulen), die **Geographische Zeitschrift** u. a.

Seit 1868 veröffentliche ich in kurzen Zwischenräumen: **„Mitteilungen der Verlagsbuchhandlung B. G. Teubner“**. Diese „Mitteilungen“, welche unentgeltlich in 30000 Exemplaren sowohl im In- als auch im Auslande von mir verbreitet werden, sollen das Publikum, welches meinem Verlage Aufmerksamkeit schenkt, von den erschienenen, unter der Presse befindlichen und von den vorbereiteten Unternehmungen des Teubnerschen Verlags in Kenntnis setzen und sind ebenso wie das bis auf die Jüngstzeit fortgeführte **Ausführliche Verzeichnis des Verlags von B. G. Teubner auf dem Gebiete der Mathematik, der Technischen und Naturwissenschaften nebst Grenzgebieten**, 100. Ausgabe [XLVIII u. 272 S. gr. 8], in allen Buchhandlungen unentgeltlich zu haben, werden auf Wunsch aber auch unter Kreuzband von mir unmittelbar an die Besteller übersandt.

Leipzig, Poststraße 3. **B. G. Teubner.**

www.ingramcontent.com/pod-product-compliance
Lightning Source LLC
LaVergne TN
LVHW011245110826
845149LV00001B/54

* 9 7 8 1 4 1 8 1 8 5 8 2 4 *